Mit besten Empfehlungen
milupa

Spezielle Gynäkologie und Geburtshilfe

mit Andrologie und Neonatologie

Herausgegeben von
Erich Burghardt

Springer-Verlag Wien GmbH

Prof. Dr. Erich Burghardt
Geburtshilflich-gynäkologische Universitätsklinik Graz, Österreich

Mit 151 zum Teil farbigen Abbildungen

CIP-Kurztitelaufnahme der Deutschen Bibliothek

Spezielle Gynäkologie und Geburtshilfe: mit Andrologie u. Neonatologie/
hrsg. von Erich Burghardt. — Wien-New York: Springer, 1985.

ISBN 978-3-7091-3816-8   ISBN 978-3-7091-3815-1 (eBook)
DOI 10.1007/978-3-7091-3815-1

NE: Burghardt, Erich [Hrsg.]

Vorwort

Dieses Buch ist als Ratgeber für die praktische Arbeit des klinisch tätigen Gynäkologen und Geburtshelfers, des frei praktizierenden Facharztes und des in Fachausbildung stehenden Assistenten gedacht. Aber auch dem Diabetologen, dem Neonatologen, Andrologen, Onkologen, Pathologen und Genetiker wird das Buch von Nutzen sein. Es behandelt aktuelle Probleme der Frauenheilkunde und ihrer Randgebiete, die jedoch schon von einem gesicherten Standpunkt aus betrachtet werden können. So kann dem Leser über die Problemstellung hinaus bereits nahegebracht werden, wie und wo geeignete Lösungen zu suchen und zu finden sind.

Im klassischen Lehrbuch steht die Ausführlichkeit, mit der ein Thema behandelt wird, meist im umgekehrten Verhältnis zu seiner Aktualität, einfach weil es didaktisch notwendig und besser ist, neue Fakten auf das breite Fundament des überkommenen Wissens zu stellen. Praktisch kann das für den Leser bedeuten, daß er für die umfassende Orientierung über ein neues Gebiet auf die Vielfalt der Zeitschriftenliteratur zurückgreifen muß, die nicht immer bei der Hand ist, und die eher auf Teilaspekten als auf systematischen Darstellungen beruht.

Mit der Behandlung einer speziellen Thematik wird — ohne jeglichen Anspruch auf Vollständigkeit — eine Brücke vom allgemeinen Wissensstand zum derzeit noch speziellen Fachwissen gebaut. Die Auswahl der Themen richtete sich einerseits nach den aktuellen Perspektiven, wurde aber auch maßgeblich durch die Erfahrung beeinflußt, die in das jeweilige Thema eingebracht werden konnte. Die andrologischen und neonatologischen Kapitel wurden in das Buch aufgenommen, weil sie in der Frauenheilkunde zunehmend an Bedeutung gewonnen haben.

Einige Sachgebiete, wie etwa die Schwangerschaft bei Diabetes mellitus, haben eine systematische Darstellung erfahren, wie sie bis jetzt noch nicht gegeben war. Bei anderen wurde der Gegenstand bis in jene Details geschildert, ohne deren Kenntnis die Anwendung einer Methode oft nicht möglich ist.

Das Buch ist kein Vielmännerbuch im eigentlichen Sinne. Es stammt aus einer Institution und ihrem engsten Umfeld und ist das Ergebnis echter Teamarbeit sowohl in praktischen Belangen als auch bei der Formulierung der einzelnen Themen. Die Gefahr der Überschneidung und kontroversiellen Darstellung war somit von vornherein ausgeschaltet.

Unser Dank gilt den Mitarbeitern, die anonym geblieben sind, ohne deren tägliche Arbeit jedoch weder die Erweiterung unserer praktischen Kenntnisse noch die Arbeit am Schreibtisch möglich gewesen wäre. Ein besonderer Dank gilt Frl. Astrid Hambrosch für die Erstellung der in ihrer Ausführung sehr hochwertigen Operationsdarstellungen in Kapitel 11. Schließlich haben wir auch bei der Herstellung des Buches die Hilfe und das Entgegenkommen des Verlages stets dankbar empfunden.

Graz, im April 1985   E. Burghardt

Autorenverzeichnis

Prof. Dr. E. Burghardt
Dipl.-Ing. J. Haas
Dr. H. Hofmann
Dr. M. Lahousen
Univ.-Doz. Dr. W. Lichtenegger
Univ.-Doz. Dr. H. Pickel
Dr. H. H. Pusch
Univ.-Doz. Dr. H. Rosegger
Dr. W. D. Schneeweiss
Univ.-Doz. Dr. G. Tscherne
Dr. W. Urdl
Univ.-Doz. Dr. P. A. M. Weiss
Univ.-Doz. Dr. R. Winter

Alle: Geburtshilflich-gynäkologische Universitätsklinik Graz,
Auenbruggerplatz 14, A-8036 Graz, Österreich.

Dr. F. Anderhuber
Anatomisches Institut der Universität Graz,
Harrachgasse 21, A-8010 Graz, Österreich.

Prof. Dr. H. Stettner
Mathematisches Institut der Universität Klagenfurt,
Universitätsstraße 67, A-9020 Klagenfurt, Österreich.

Inhaltsverzeichnis

7 Früherkennung des Endometriumkarzinoms 89
Von E. Burghardt und M. Lahousen

8 Die Behandlung des Ovarialkarzinoms 104
Von E. Burghardt, H. Pickel und H. Stettner

9 Trophoblasttumor 137
Von G. Tscherne

10 Tumormarker in der gynäkologischen Onkologie 158
Von W. Urdl und M. Lahousen

11 Die operative Behandlung des prolabierten Scheidenblindsackes nach Hysterektomie 185

Von E. Burghardt, F. Anderhuber und W. Lichtenegger

12 Amenorrhoe 203

Von G. Tscherne und W. Urdl

13 Moderne andrologische Aspekte der Betreuung des kinderlosen Ehepaares 227

Von H. H. Pusch

14 Extrakorporale Befruchtung 236
Von R. Winter und W. Urdl

15 Die In vitro-Fertilisation aus andrologischer Sicht 257
Von H. H. Pusch und R. Winter

16 Gynäkologie im Kindes- und Jugendalter 271
Von G. Tscherne

17 Pränatale Diagnose genetischer Defekte 296
Von R. Winter und H. Hofmann

18 Plasmapherese zur Behandlung der schweren fetalen Rhesuserkrankung 312
Von P. A. M. Weiss

19 Prostaglandine in der Geburtshilfe 320
Von W. Lichtenegger

20 Diabetes mellitus und Schwangerschaft 337
Von P. A. M. Weiss und H. Hofmann

21 Das Problem der Beckenendlage 428
Von R. Winter und H. Hofmann

22 Die erweiterte Erstversorgung von Neugeborenen 444
Von H. Rosegger

23 Modell und Ausrüstung einer Spezialpflegeeinheit für Neugeborene (SCU) an einer großen Gebärklinik 468

Von H. Rosegger

1

Formale Genese des Plattenepithelkarzinoms der Zervix

E. Burghardt

1.1 Theorien der Karzinogenese

Es gibt heute noch keine einheitlichen Ansichten über die formale Genese des Zervixkrebses, wie des Krebses überhaupt. Die verschiedenen Vorstellungen beruhen zum Teil auf theoretischen Erwägungen, zum Teil aber auch auf Befunden unterschiedlichster Art, deren Reduzierung auf objektive Maße oft nur schwer möglich ist. Am zuverlässigsten erweisen sich morphometrische Daten, die aufgrund stets reproduzierbarer Techniken gewonnen werden können. Eine der älteren und der am besten bekannten Vorstellungen über die Morphogenese der Karzinome besagt, daß das Karzinom aus demjenigen Epithel hervorgeht, das es imitiert. Das Plattenepithelkarzinom soll daher vom Plattenepithel stammen, der drüsige Krebs hingegen vom Drüsenepithel. Die Plattenepithelkarzinome der Zervix müßten sich demnach aus dem Plattenepithel entwickeln, das normalerweise die Ektozervix überkleidet.

Dem ist entgegenzuhalten, daß zervikales Plattenepithel sehr häufig durch eine indirekte Metaplasie erst sekundär anstelle von Zylinderepithel entsteht (s. S. 3). Auf die gleiche Weise könnte aber auch ein atypisches Plattenepithel entstanden sein, das sich später zum Karzinom weiterentwickelt. In einem solchen Fall wäre das Plattenepithelkarzinom nicht aus präexistentem Plattenepithel, sondern im Bereiche des Zylinderepi-

thels herangewachsen und zwar direkt aus einer Zelle, die manche als die *Reservezelle* des Zylinderepithels betrachten, die aber besser wertfrei als *subzylindrische Zelle* bezeichnet wird. Vorstellbar wäre schließlich auch, daß bei Metaplasie zunächst ein unverdächtiges Plattenepithel heranwächst, das erst sekundär kanzerisiert wird.

Bezüglich der direkten krebsigen Umwandlung des Plattenepithels gibt es verschiedene Vorstellungen. Ältere Ansichten besagen, daß es in einem geschichteten Epithel zunächst zur Entartung einzelner Zellen kommt, die in *allen Epithelschichten* sitzen und daher auch einen gewissen Grad von Differenzierung haben können (Abb. 1.1 a). Nach anderen Meinungen sind nur die noch *undifferenzierten basalen Zellen*, von denen auch die laufende Regeneration ausgeht, zur atypischen Umwandlung befähigt. Diese Umwandlung soll nach der einen Vorstellung zunächst eine *einzige Zelle* oder bestenfalls einen kleinen Zellkomplex betreffen (Abb. 1.1 b), während nach anderen Ansichten stets alle Basalzellen in einem ganzen Feld beteiligt sind (Abb. 1.1 c).

Eine jede dieser Theorien ist notgedrungen mit weiteren Vorstellungen über die Frage des Wachstums und der Ausbreitung der ersten atypischen Proliferation verknüpft. Ginge nämlich die Umwandlung von mehreren Zellen in verschiedenen Epi-

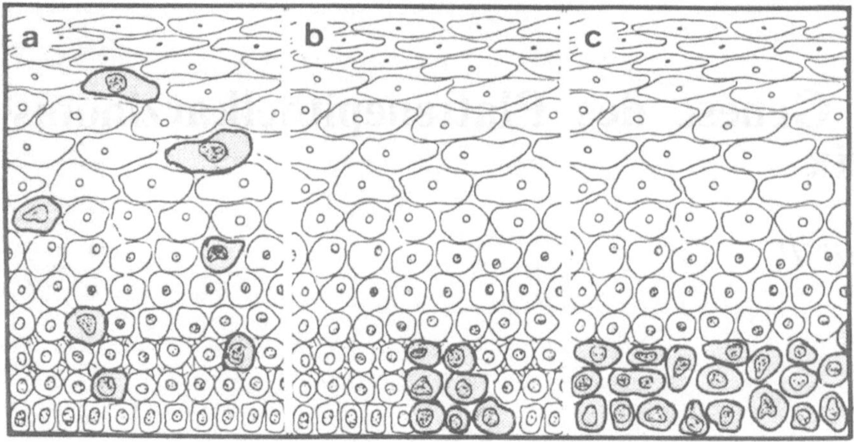

Abb. 1.1. Verschiedene Vorstellungen über die Initialstadien der krebsigen Umwandlung im Plattenepithel
a Krebsige Umwandlung einzelner Zellen in allen Schichten des Epithelverbandes. Dieser Vorgang setzt eine fortschreitende Verkrebsung des Epithels von mehreren Initialherden voraus
b Eine einzige krebsig umgewandelte Zelle oder ein Zellklon ist Ausgangspunkt der Kanzerisierung des Epithels. Mit dieser Vorstellung muß eine intraepitheliale Ausbreitung des initialen Krebsherdes postuliert werden
c Krebsige Umwandlung im Rahmen der fortlaufenden Epithelregeneration. In den basalen Schichten tritt eine neue Zellrasse auf, die allmählich die höheren Zellagen ersetzt. Der Vorgang bleibt auf einen scharf begrenzten Epithelabschnitt beschränkt (siehe auch Abb. 1.13)

thelschichten aus (Abb. 1.1 a), so wäre eine *Zunahme der Atypie in Stufen* durchaus denkbar. Wäre hingegen eine einzige Zelle oder ein kleiner Zellkomplex der Ausgangspunkt der Karzinomentwicklung (Abb. 1.1 b), so müßte sich die neue Zellrasse *innerhalb des Epithels ausbreiten* oder dieses auf irgendeine Weise ersetzen. Bei der atypischen Transformation der basalen Zellen eines ganzen Feldes würde die Notwendigkeit für eine derartige Ausbreitung nicht bestehen; das Epithel würde in einem solchen Fall *von der Basis her umgewandelt* werden, d. h. im Rahmen des stets gegebenen Zellnachschubes würde der Ersatz durch eine atypische Zellrasse erfolgen.

Morphologische und insbesondere auch morphometrische Untersuchungen können Befunde liefern, die die eine oder die andere Theorie in Frage stellen oder aber erhärten. Die Gültigkeit einer Theorie wird umso wahrscheinlicher sein, je eher sie mit allen sichtbaren und meßbaren Befunden verein-

bar ist. Das gilt auch für Theorien über ursächliche Faktoren in der Karzinogenese. Eine Theorie der Karzinomentstehung durch *Mutation* einer Einzelzelle kann z. B. nur existieren, wenn auch alle Untersuchungen zur formalen Genese des Krebses für die *Einzelltheorie* sprechen und vice versa. Eine Theorie hingegen, die eher Eingriffe in den Regulationsmechanismus des Gewebswachstums voraussetzt, wird sich viel eher auf eine *Feldtheorie* stützen müssen. Schließlich könnte ein infektiöses Agens entweder als entscheidendes Mutans oder nur als ein Kofaktor in einem komplexen Geschehen betrachtet werden, je nachdem welche Theorie über die formale Genese des Krebses der Vorzug gegeben werden muß. Schon H. RIBBERT sagte 1907: „Nur wer sich mit den Wachsthumsvorgängen der Carcinome ganz vertraut gemacht hat, kann mit Aussicht auf Erfolg an das Studium der Genese derselben herangehen."

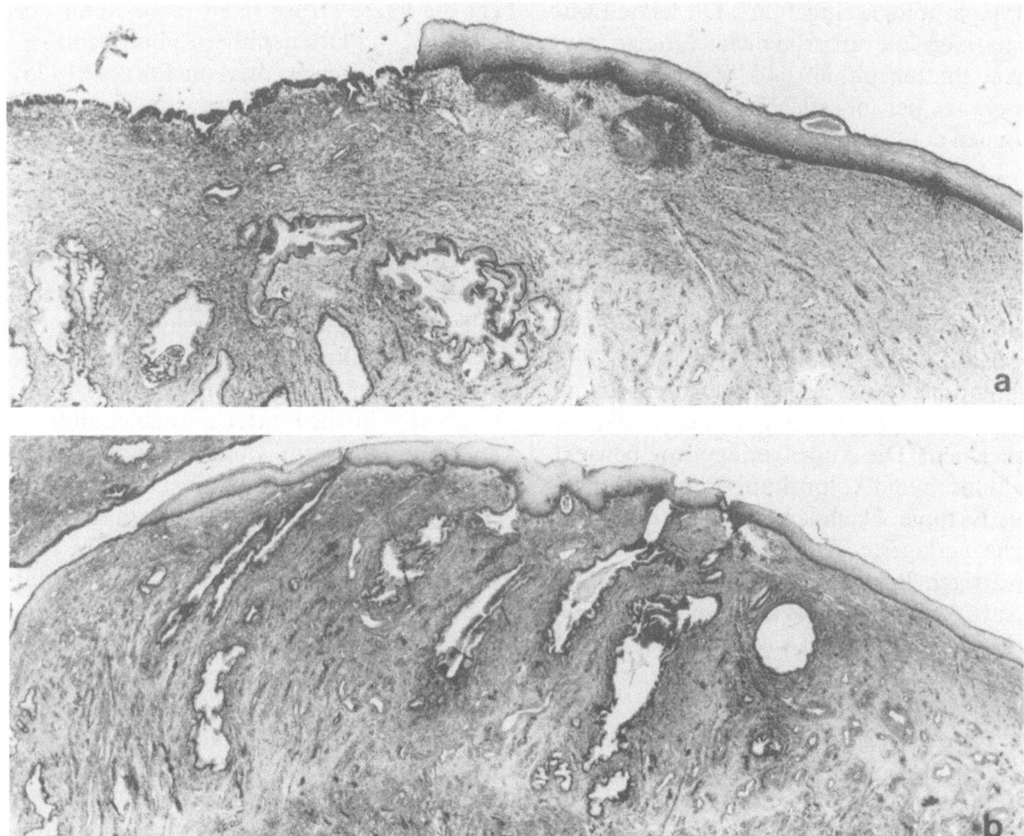

Abb. 1.2. Verschiedene Orte der Plattenepithel-Zylinderepithelgrenze an der Zervix
a Unter normalen Verhältnissen liegt diese Grenze über der letzten Zervixdrüse
b Nach einem Umwandlungsvorgang innerhalb der Zervixschleimhaut liegt die Grenze inmitten des Drüsenfeldes.
Die letzte Drüse markiert jetzt die ehemalige Position dieser Grenze. Zwischen der aktuellen Epithelgrenze und der
letzten Drüse ist ein neues, unregelmäßig konturiertes Plattenepithel ausgebildet (aus: BURGHARDT, 1984:
Kolposkopie. Zervixpathologie. Stuttgart: G. Thieme)

1.2 Der Boden der Karzinomentwicklung an der Zervix

Die Zervix wird von zwei Epithelarten überkleidet. An ihrer Außenfläche, der Ektozervix, findet sich normalerweise geschichtetes
Plattenepithel. Es ist ein Plattenepithel vom
Glykogentyp, das in den Zellen der höheren
Epithelschichten Glykogen speichert. Unter
idealen Umständen findet sich am äußeren
Muttermund die Grenze zum Zylinderepithel der Zervixschleimhaut, die die Oberfläche des Zervikalkanals, also die Endozervix,
auskleidet. Das schleimbildende Zylinderepithel vergrößert seine Oberfläche, indem
es sich in der Form von Buchten und
Krypten in das Zervixstroma einsenkt. Obwohl es sich um keine echten Drüsen handelt, werden diese Einstülpungen gewöhnlich als Zervixdrüsen bezeichnet. Dort wo
Plattenepithel und Zylinderepithel oberflächlich aufeinandertreffen, findet sich in
der Tiefe auch die letzte Einbuchtung, also
die *letzte Zervixdrüse* (Abb. 1.2 a). Dieser
Begriff wurde von OBER et al. (1958) in die

Zervixpathologie eingeführt. Die letzte Drüse markiert die ursprüngliche Grenze zwischen Plattenepithel und Zylinderepithel besser als der oberflächliche Grenzpunkt zwischen den beiden Epitheltypen, da dieser im Laufe des Lebens eine Verschiebung erfahren kann. Nach Untersuchungen der Arbeitsgruppe um HAMPERL (HAMPERL et al., 1958) kommt es vor allem während der Geschlechtsreife zu einer Verschiebung der Plattenepithel-Zylinderepithelgrenze nach außen auf die Ektozervix (s. Abb. 5.2, S. 68), während sich das zervikale Drüsenfeld im Senium eher weiter in den Zervikalkanal zurückzieht. Die Außenverlagerung bewirkt die klinisch und kolposkopisch bedeutungsvolle Ektopie. Nachdem das an die Außenfläche verlagerte Zylinderepithel einer andersartigen Beanspruchung und einem andersartigen Chemismus ausgesetzt ist als im Kanal, kommt es zu Umwandlungsvorgängen, die einen Ersatz des Zylinderepithels durch Plattenepithel bewirken.

Die Plattenepithelneubildung beginnt gewöhnlich im epithelialen Grenzbereich und schreitet muttermundwärts fort. Sie kann auf zwei Arten erfolgen: durch *aufsteigende Überhäutung* (HAMPERL et al., 1954) und durch *indirekte Metaplasie* (FISCHER-WASELS, 1927). Bei der aufsteigenden Überhäutung wird eine randständige Erosion im Zylinderepithel, wie bei der Wundheilung durch einen Ausläufer des Plattenepithels überkleidet (Abb. 1.3). Viel häufiger ist die Plattenepithelneubildung im Rahmen einer sogenannten indirekten Metaplasie (s. u.). Im ersteren Fall handelt es sich um ein aktives Eindringen von Plattenepithel in den Schleimhautbereich, während im zweiten Fall das Plattenepithel an Ort und Stelle entsteht. Auf jeden Fall entsteht aber eine neue Situation, indem an die Oberfläche der Zervixschleimhaut, also über die Zervixdrüsen, ein Plattenepithel gelangt. Diese neuartige Kombination wurde sehr treffend als *dritte Schleimhaut* bezeichnet (CASTANO-ALMENDRAL und BEATO, 1968). Kolposkopisch ist die dritte Schleimhaut die sogenannte Umwandlungszone. Bei dieser Situation

liegt die letzte Drüse nicht mehr unter der aktuellen Plattenepithel-Zylinderepithelgrenze. Die Grenze, die von PIXLEY (1976) als „neosquamocolumnar junction" bezeichnet wird, befindet sich jetzt inmitten der Zervixschleimhaut, während die letzte Drüse den Punkt markiert, an dem sich die ursprüngliche Grenze befunden hatte (Abb. 1.2 b). Die letzte Drüse bezeichnet also nach der abgelaufenen Umwandlung die Grenzstelle zwischen dem ursprünglichen, dem originären Plattenepithel und einem sekundär entstandenen Plattenepithel.

Die oberflächliche Plattenepithelneubildung kann sich auch im Bereiche der normal lokalisierten Zervixschleimhaut, also von der Gegend des Muttermundes ausgehend, im Zervikalkanal abspielen. In diesem Fall wird die neue Epithelgrenze in den Kanal verlagert.

Schließlich kann die Plattenepithelmetaplasie auch das Drüsenepithel betreffen. Man hat früher vom Eindringen des (atypischen) Plattenepithels in die Zervixdrüsen gesprochen. Am geeigneten Untersuchungsgut findet man aber immer wieder Beweise für die ortständige metaplastische Umwandlung des Zylinderepithels, die gegebenenfalls auch ein durchaus normales Plattenepithel hervorbringen kann (BURGHARDT, 1972 und 1984). Wird das gesamte Drüsenepithel umgewandelt, so resultieren solide Plattenepithelformationen, die bei epithelialer Atypie ein invasives Karzinom vortäuschen könnten. Es wurde auch vermutet, daß Zervixdrüsen über diesen oder einen anderen Mechanismus eliminiert werden können, so daß die Frage, ob die letzte Drüse tatsächlich die letzte Drüse ist, offen zu bleiben hätte. Dem widerspricht die regelhafte Zuordnung der letzten Drüse zu Epithelgrenzen (Abb. 1.11 und 5.1, 5.2, 5.3, S. 63—69) sowie die Tatsache, daß die letzte Zervixdrüse zeitlebens einen Punkt darstellt, auf den die Fasern und Gefäße der äußeren zervikalen Hüllen gerichtet sind und bei Verschiebung des Drüsenfeldes gerichtet bleiben (OBER et al., 1958).

Wir haben es also an der Zervix gegebenen-

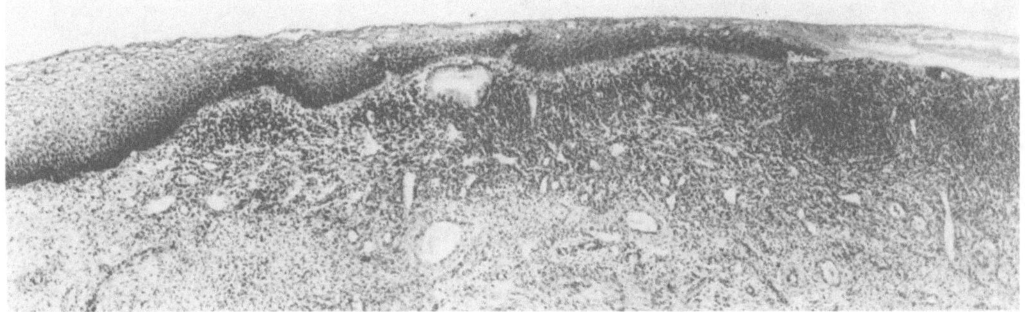

Abb. 1.3. Aufsteigende Überhäutung. Ein sich verjüngender Keil des präexistenten Plattenepithels schiebt sich über eine Erosion im Drüsenfeld. Das ist der einzige Vorgang, bei dem die biologische Marke der letzten Drüse aktiv überschritten wird (aus: BURGHARDT, 1984: Kolposkopie. Zervixpathologie. Stuttgart: G. Thieme)

falls mit drei charakteristischen und gut abgrenzbaren Epithelabschnitten zu tun. Es sind dies der Bereich des originären Plattenepithels, die vom Zylinderepithel überkleidete Zervixschleimhaut, sowie Zervixschleimhaut, die oberflächlich von Plattenepithel überkleidet worden ist. Theoretisch kann es in jedem dieser Abschnitte zur Karzinomentwicklung kommen. Die Lehrmeinung besagt, daß die dritte Schleimhaut, also die Umwandlungszone, die Predilektionsstelle der Karzinogese ist. Manche glauben, daß das Karzinom nur in diesem Abschnitt entstehen kann (COPPLESON et al., 1978). Auch die etwas vage Formulierung der angloamerikanischen Literatur, daß das Karzinom an der *Plattenepithel-Zylinderepithelgrenze* (squamocolumnar junction) entsteht, könnte auf diesen Abschnitt projiziert werden. Es bleibt daher die Frage, wie sich erkennbare Umwandlungsvorgänge an der Zervix abspielen, wo sie lokalisiert sind und in welcher Form sich die Endstadien der Epithelumwandlung präsentieren.

1.3 Aufsteigende Überhäutung

Bei der aufsteigenden Überhäutung kommt es zum Eindringen von Plattenepithel in den Zylinderepithelbereich. Es ist der einzige Vorgang, bei dem die letzte Drüse durch ein oberflächlich vordringendes Epithel *überschritten* werden kann. Nach alten Vorstellungen (MEYER, 1930) wird das Zylinderepithel durch einen Plattenepithelkeil unterminiert und „wie durch eine Pflugschar" abgehoben. Neuere Ansichten verwerfen die Möglichkeit eines solchen „Grenzkampfes" der Epithelien. Die in Frage stehenden Bilder rühren einfach daher, daß das Zylinderepithel im Rahmen der Plattenepithelmetaplasie über dem zentralen Abschnitt des neugebildeten Plattenepithels abgestoßen wird, während es an den Rändern über eine mehr oder minder lange Strecke noch persistiert.

Nach der Meyerschen Lehre von der *Erosionsheilung* (MEYER, 1930) soll die Ektopie („Erosion") darauf beruhen, daß eine echte Erosion des Plattenepithels an der Grenze zur Zervixschleimhaut durch Zylinderepithel überkleidet wird. Neuere Untersuchungen haben gezeigt, daß genau das Gegenteil der Fall ist: Ein Plattenepithelkeil kriecht über eine echte Erosion des Zylinderepithels (Abb. 1.3). Dieser Vorgang wurde als *aufsteigende Überhäutung* bezeichnet (HAMPERL

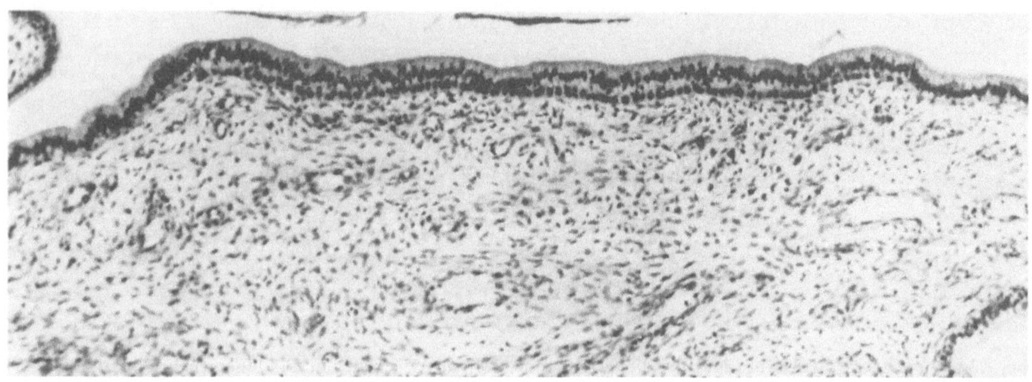

Abb. 1.4. Subzylindrische- oder Reservezellen unter einem begrenzten Abschnitt des Zylinderepithels. Aus diesen Zellen bildet sich in der Regel ein Plattenepithel, dessen Qualität aber nicht voraussehbar ist (aus: BURGHARDT, 1984: Kolposkopie. Zervixpathologie. Stuttgart: G. Thieme). Siehe auch Abb. 1.6

et al., 1954) und entspricht durchaus der Wundheilung in Plattenepithelbereichen. Er stellt demnach einen Regenerationsvorgang dar. Das neu gebildete Plattenepithel entspricht seinem Charakter nach stets dem Mutterboden, von dem die Regeneration ausgeht. Eine Grenzlinie, wie bei der Metaplasie (s. S. 9 f), kann daher nicht zustandekommen. Bei großen Ausstülpungen der Zervixschleimhaut, also bei großen Ektopien, wird das Zylinderepithel nur in den randständigen Partien auf diese Weise durch Plattenepithel ersetzt. In den zentralen Abschnitt kann die „Umwandlung" des Zylinderepithels in Plattenepithel nur auf dem Wege der Plattenepithelmetaplasie erfolgen.

1.4 Plattenepithelmetaplasie

Die Plattenepithelmetaplasie spielt sich im Bereich des Zylinderepithels ab. Nachdem sich die Zylinderzellen nicht direkt in Plattenepithelzellen umwandeln können, handelt es sich um keine direkte, sondern nur um eine *indirekte Metaplasie* (FISCHER-WASELS, 1927). Zur Neubildung von Plattenepithel kommt es, indem unter dem Zylinderepithel Zellen auftreten, die sich vermehren, zu Plattenepithel hochschichten und dabei das Zylinderepithel abstoßen. Die Herkunft dieser *subzylindrischen Zellen* ist noch nicht geklärt. Sie werden einerseits als Abkömmlinge des Zylinderepithels (HAMPERL, 1975), anderseits aber auch als Abkömmlinge des Stromas bezeichnet (COPPLESON und REID, 1968). Es ist völlig unbewiesen und auch unwahrscheinlich, daß sie sich zu Zylinderzellen differenzieren können, so daß sie auch nicht als die „Reservezellen" des Zylinderepithels bezeichnet werden sollten.

In der normalen Zervixschleimhaut sind diese subzylindrischen Zellen nicht zu finden. Treten sie in Erscheinung, so liegen sie in einer geschlossenen Reihe, oder, zweidimensional gesehen, in einem *abgegrenzten Feld* (Abb. 1.4). In angrenzenden Abschnitten findet sich wieder Zylinderepithel ohne subzylindrische Zellen oder Plattenepithel. Die subzylindrischen Zellverbände können in verschiedenen Feldern unabhängig voneinander auftreten. In diesem Fall kann man verschiedene Stadien der Plattenepithelmetaplasie gleichzeitig vorfinden. Sind derartig

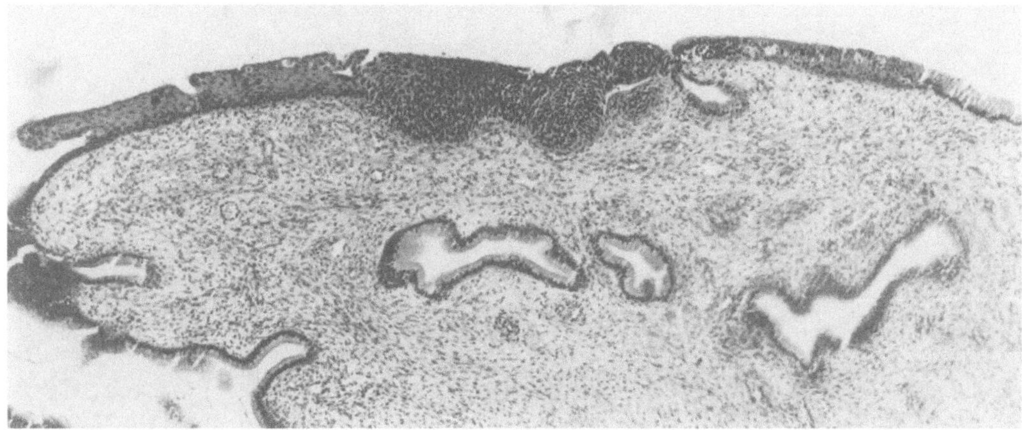

Abb. 1.5. Metaplastische Plattenepithelneubildung in verschiedenen Abschnitten des Zylinderepithels. In voneinander unabhängigen Feldern entwickeln sich unterschiedliche Epitheltypen aus subzylindrischen Zellen (aus: BURGHARDT, 1984: Kolposkopie. Zervixpathologie. Stuttgart: G. Thieme)

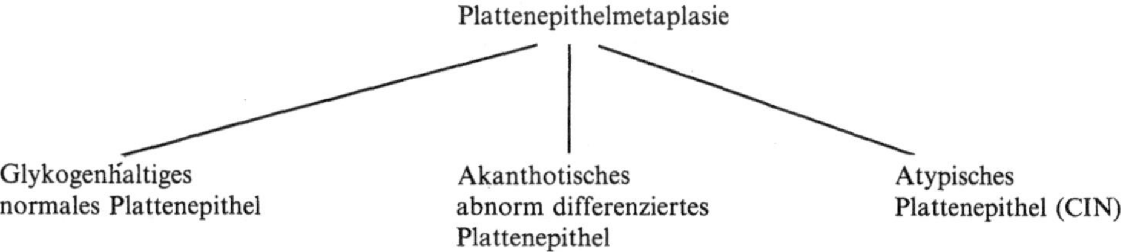

Abb. 1.6. Verschiedene Entwicklungsmöglichkeiten des Plattenepithels im Rahmen der Metaplasie (aus: BURGHARDT, 1984: Kolposkopie. Zervixpathologie. Stuttgart: G. Thieme)

voneinander unterscheidbare Felder benachbart, so sind sie gegenseitig scharf abgegrenzt (Abb. 1.5 und 5.1, 5.2, 5.3, S. 66—69). Die Proliferation der subzylindrischen Zellen bringt unserem bisherigen Wissen nach immer Plattenepithel hervor, das durchaus die Charakteristika des glykogenhaltigen Plattenepithels annehmen kann (Abb. 1.6). Im Vergleich zu dem originären Plattenepithel zeigt dieses jedoch signifikante kariometrische Unterschiede (CASTANO-ALMENDRAL und BEATO, 1968). Auch ist es in seiner Architektur nicht so regelmäßig wie das originäre Plattenepithel (Abb. 1.2 b). Die zweite Möglichkeit ist die Ausbildung eines Plattenepithels vom Typ der Epidermis. Dieses speichert kein Glykogen, wird hauptsächlich von Stachelzellen aufgebaut und zeigt eine verschieden starke parakeratotische oder echte Verhornung. Manchmal ist ein Stratum granulosum zu sehen, niemals jedoch ein Stratum lucidum. Oft zeigt es stark erhöhte Stromapapillen (Abb. 1.7). In rund 80% der Fälle liegt es den kolposkopischen Veränderungen der Punktierung, des Mosaiks und der Leukoplakie zugrunde. Es wurde von HINSELMANN (1933) als *einfach atypisches Epithel* und später von GLATTHAAR (1950) als *abnormes Epithel* bezeichnet. Aus Gründen der Übersetzbarkeit in die englische Sprache, die die Begriffe abnorm und atypisch synonym verwendet, wurde zuletzt der Ausdruck *akanthotisches Epithel* gewählt (BURGHARDT, 1984 b).

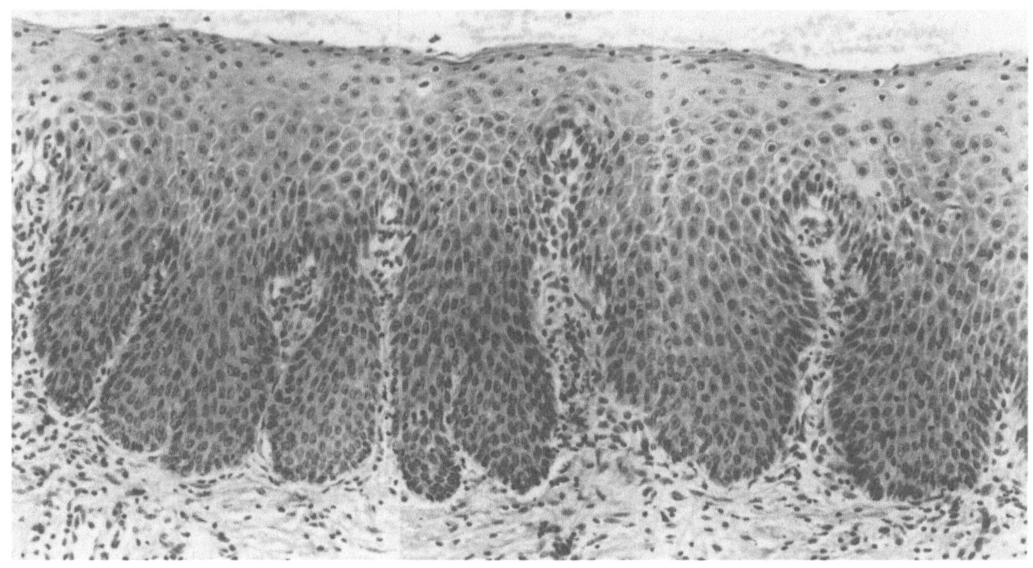

Abb. 1.7. Akanthotisches abnormes Epithel mit hohen Stromapapillen und angedeuteter parakeratotischer Verhornung. Derartige Epithelstrukturen machen das kolposkopische Bild der Punktierung und des Mosaiks aus (aus: BURGHARDT, 1984: Kolposkopie. Zervixpathologie. Stuttgart: G. Thieme)

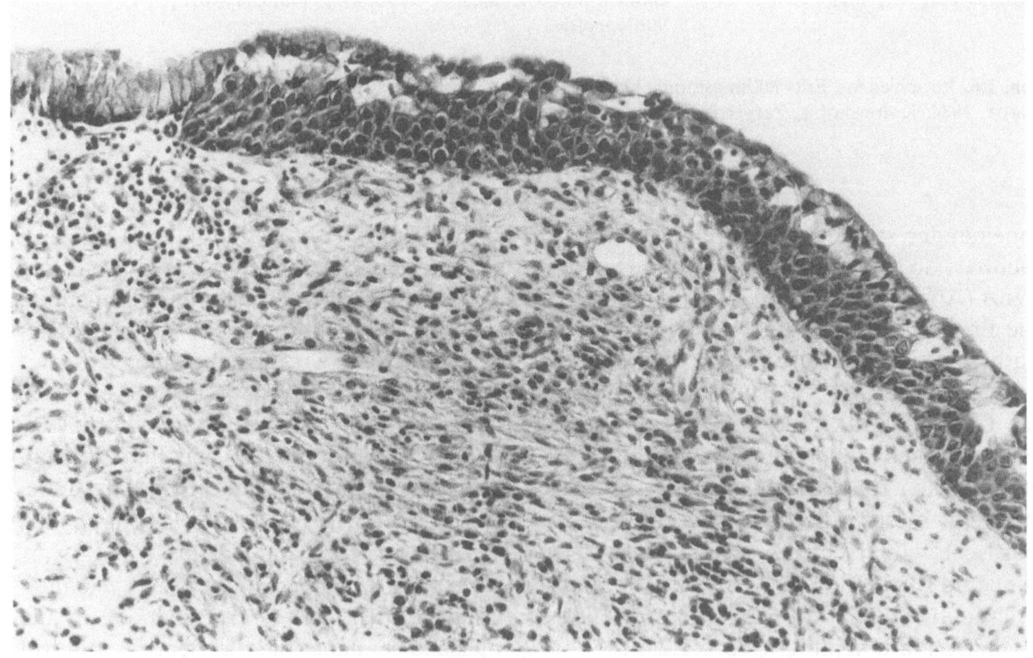

Abb. 1.8. Entwicklung eines atypischen Epithels aus subzylindrischen Zellen. An der Oberfläche des noch niedrigen Plattenepithels finden sich Reste von Zylinderepithel (aus: BURGHARDT, 1984: Kolposkopie. Zervixpathologie. Stuttgart: G. Thieme)

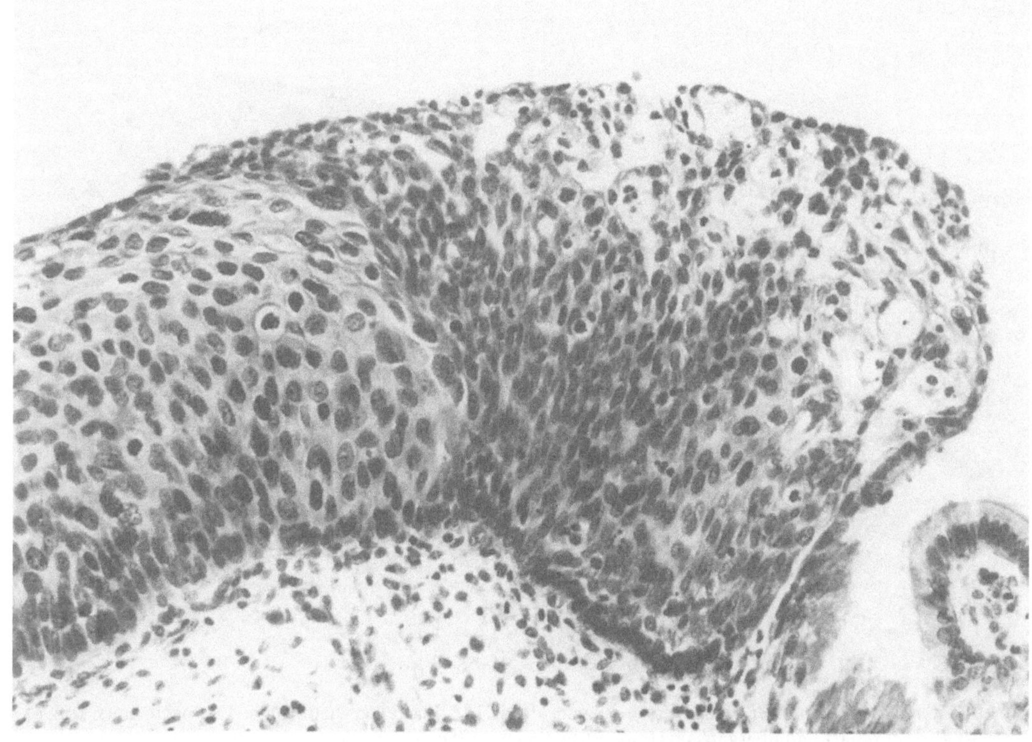

Abb. 1.9. Scharfe Grenzen zwischen zwei völlig verschiedenartigen Typen eines atypischen Epithels im Rahmen der Plattenepithelmetaplasie

Die dritte Möglichkeit ist, daß die Proliferation der subzylindrischen Zellen gleich mit dem Auftreten von Atypien einhergeht. Sie wird dann als atypische Plattenepithelmetaplasie bezeichnet (Abb. 1.8). Von wesentlicher Bedeutung ist, daß die Atypie niemals nur einen Teil des subzylindrischen Zellverbandes betrifft, sondern daß stets das gesamte Epithelfeld eine gleichförmige atypische Umwandlung zeigt. Bei Hochschichtung einer derartigen atypischen Proliferation zeigt es sich sehr bald, daß diese in verschiedenen Fällen oder auch in verschiedenen Feldern des gleichen Falles und daher auch in benachbarten Feldern von durchaus verschiedenem Aussehen sein kann (Abb. 1.9 und 5.1, 5.2, 5.3, S. 66—69).

Vergleicht man verschiedene Stadien der Plattenepithelmetaplasie, so findet man, daß das metaplastische Epithel allmählich höher aufgebaut wird, um schließlich seine endgültige Form zu erreichen, niemals überschreitet es jedoch die Grenzen seines Feldes. Das Endresultat ist demnach ein streng auf das Feld begrenztes Plattenepithel. Grenzt dieses an ein anderes Feld mit Plattenepithel und unterscheiden sich die Epithelien in ihrem Aufbau, so müssen sie eine gegenseitige scharfe Abgrenzung zeigen.

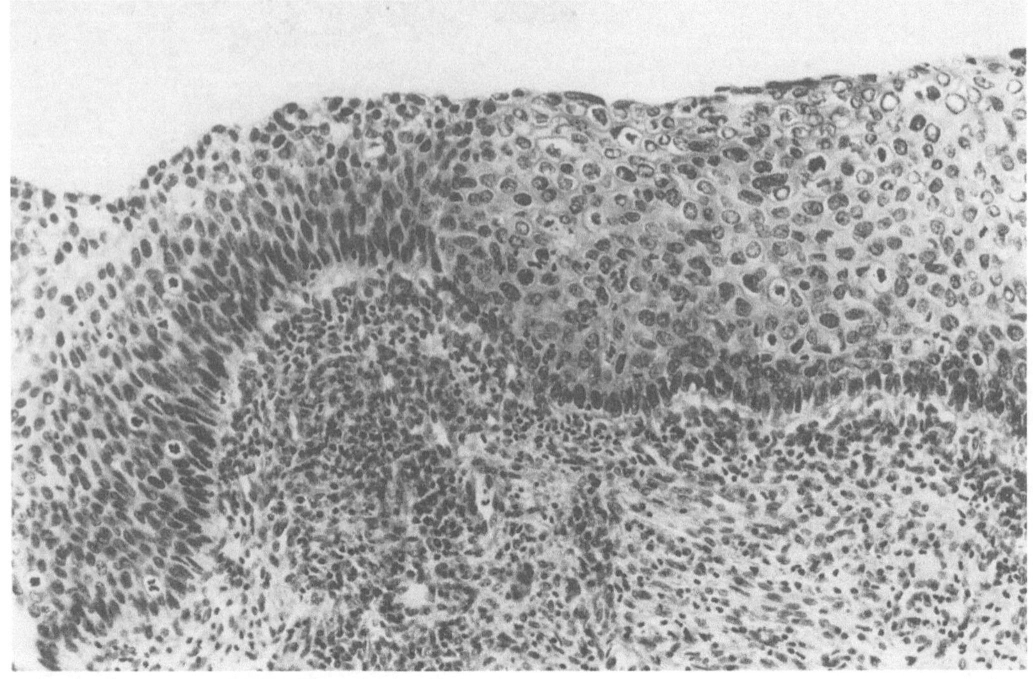

Abb. 1.10. Koinzidenz von zwei völlig verschiedenen atypischen Plattenepithelformen. Die nach links konvexe Grenze ist absolut scharf und übergangslos (aus: BURGHARDT, 1984: Kolposkopie. Zervixpathologie. Stuttgart: G. Thieme)

1.5 Epithelgrenzen

Die Kenntnis der Epithelgrenzen ist ein Schlüssel für das Verständnis der Karzinogenese. An der Zervix wurden sie zuerst von BAJARDI (1962) beschrieben. In anderen Organen sind sie seit langem bekannt (s. b. BURGHARDT, 1972). Ihr systematischer Nachweis und ihre Beziehung zu den verschiedenen Strukturen der Zervix kann nur in Übersichtschnitten erfolgen. Am besten eignen sich Stufenserienschnitte, in denen dreidimensionale Rekonstruktionen möglich sind. In derartigen Präparaten sind scharfe Epithelgrenzen ein regelmäßiger Befund. Man findet sie zwischen allen möglichen Epithelvarianten, also auch zwischen verschiedenen Formen eines atypischen Epithels (Abb. 1.9 und 1.10). Meist verlaufen die Grenzen senkrecht und geradlinig. Unregel-

mäßige Grenzlinien täuschen unscharfe Übergänge vor, besonders wenn die Schnittebene durch sie verläuft. Gegebenenfalls besteht der Plattenepithelüberzug der Zervix aus mehreren Feldern, deren Grenzen auch kolposkopisch sichtbar werden können (Abb. 5.1, 5.2 und 5.3, S. 66—69).

Natürlich kann ein atypischer Plattenepithelüberzug der Zervix auch einheitlich aufgebaut sein. Bei großen Feldern wäre es auch denkbar, daß diese aus mehreren Untereinheiten bestehen, in denen jeweils der gleiche Epitheltyp herangewachsen ist. In 41 % aller Fälle mit einem atypischen Epithel findet man jedoch, daß zwei oder mehrere pathologische Epitheltypen vorliegen (HOLZER und PICKEL, 1975).

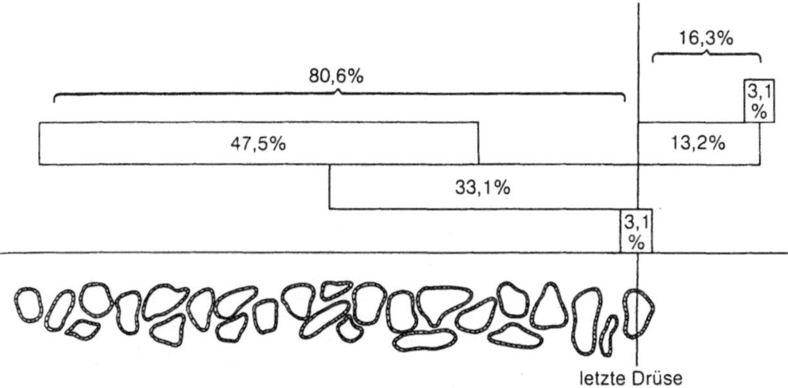

Abb. 1.11. Schematische Darstellung des räumlichen Verhaltens atypischer Epithelformen zur letzten Zervixdrüse. In 97% liegen die Epithelstrecken diesseits oder jenseits der Drüse. In 33,1% und 13,2% fällt die letzte Drüse mit der distalen oder proximalen Epithelgrenze zusammen. Nur in 3% überschreitet ein gleichförmig aufgebautes Epithel die letzte Drüse, wie bei dem Vorgang der aufsteigenden Überhäutung (aus: BURGHARDT, 1973: Gibt es ein Flächenwachstum des intraepithelialen Carcinoms an der Cervix? Arch. Gynäk. **215**, 1). Siehe auch Abb. 5.1, 5.2 und 5.3, S. 66—69

1.6 Die Lokalisation des pathologischen Plattenepithels

Da das atypische Plattenepithel in begrenzten Feldern entsteht und die Grenzen dieser Felder gewahrt werden, muß das Epithel auch auf den Boden beschränkt bleiben, auf dem es herangewachsen ist. Die Gültigkeit dieser Folgerung kann an einem markanten Grenzpunkt geprüft werden. Die letzte Zervixdrüse dürfte nicht überschritten werden, wenn eine oberflächliche Ausbreitung des atypischen Epithels tatsächlich nicht existieren würde, da sowohl metaplastische Vorgänge als auch Umwandlungsvorgänge im präexistenten Plattenepithel nur bis zur letzten Drüse reichen können. Morphometrische Untersuchungen an repräsentativen Schnitten von Konisationspräparaten haben zunächst gezeigt, daß die letzte Drüse sehr häufig die proximale oder die distale Grenze einer atypischen Epithelstrecke ist (BURGHARDT und HOLZER, 1970). Eine weitere Überprüfung dieser Frage unter Heranziehung von Parallelschnitten hat dann ergeben, daß in rund 97% der Fälle die Epithelstrecken zur Gänze diesseits oder jenseits der letzten Drüse liegen und häufig an der letzten Drüse enden oder aber, daß die Grenze zwischen verschiedenen Epitheltypen über der letzten Drüse liegt (BURGHARDT, 1972). Nur in 3% zog ein einheitlich aufgebautes Epithel über die letzte Drüse hinweg (Abb. 1.11).

Diese Befunde zwingen zu dem Schluß, daß ein atypisches Epithel nicht nur im Bereiche der Zervixschleimhaut vorkommt, sondern auch anstelle des originären Plattenepithels entstehen kann. Sie bestätigen des weiteren, daß die atypischen Epithelien die Grenzen ihrer Felder und insbesondere ihres Mutterbodens nicht überschreiten (Abb. 5.1, 5.2 und 5.3, S. 66—69.

Morphometrische Untersuchungen haben weiters gezeigt, daß die sogenannten Dysplasien, also die CIN I und II, insgesamt anders lokalisiert sind als die CIN III, also das Carcinoma in situ (REAGAN und PATTEN, 1962; BURGHARDT und HOLZER, 1970; CASTANO-ALMENDRAL et al., 1973). Die gleichen Unterschiede hinsichtlich der Lokalisation ergaben sich, wenn man innerhalb der einzelnen diagnostischen Gruppen Vergleiche an-

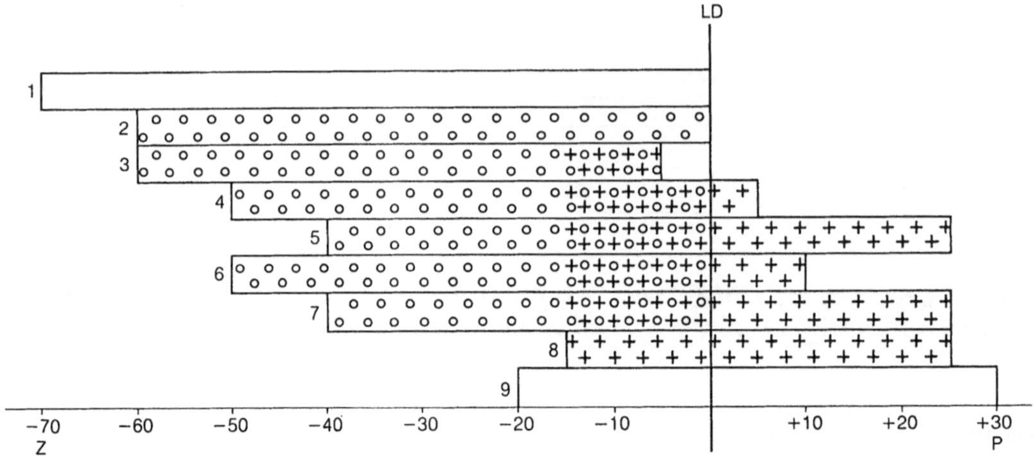

Abb. 1.12. Schematische Darstellung der Lagen jener Bereiche, in denen etwa 95% aller Epithelarten liegen. Die am wenigsten differenzierten Epithelveränderungen schneiden kanalwärts (*Z*) mit der atypischen Metaplasie und die am höchsten differenzierten Veränderungen portiowärts (*P*) mit der basalen Hyperplasie genau ab. **1** einfache Plattenepithelmetaplasie; **2** atypische Plattenepithelmetaplasie; **3** Carcinoma in situ, unreif; **4** Carcinoma in situ, mittlerer Reifegrad; **5** Carcinoma in situ, hoher Reifegrad; **6** Dysplasie hohen Grades (CIN II); **7** Dysplasie geringen Grades (CIN I); **8** atypische basale Hyperplasie; **9** abnormes Epithel. *LD* letzte Zervixdrüse; *P* peripherer Abtragungsrand des Konus; *Z* zervikaler Abtragungsrand des Konus. ○ Plattenepithelmetaplasie; + basale Hyperplasie. ♀ Beide Vorgänge der Epithelumwandlung möglich (aus: BURGHARDT und HOLZER, 1972: Die Lokalisation des pathologischen Cervixepithels. IV. Epithelgrenzen. Letzte Cervixdrüse. Schlußfolgerungen. Arch. Gynäk. **212**, 130)

stellte. So liegen geringe Dysplasien (CIN I) weiter vaginalwärts als mittlere oder höhere Dysplasien (CIN II) und das undifferenzierte Carcinoma in situ weiter zervikalwärts, als die hoch differenzierte Form des Oberflächenkarzinoms (BURGHARDT und HOLZER, 1970). Auch wenn sich die Bereiche der einzelnen Epithelformen überschneiden, gibt es doch Lokalisationen, in denen nur ein Epitheltyp vorkommt. Der Abb. 1.12 ist zu entnehmen, daß in den höheren Abschnitten des Zervikalkanals nur das undifferenzierte Carcinoma in situ, also der höchste Grad der Atypie, gefunden wird. Nachdem es sich herausgestellt hat, daß es eine flächenhafte Ausbreitung des atypischen Epithels nicht gibt (s. o.), kann das Carcinoma in situ zumindest an dieser Stelle nicht über eine zunehmende Atypie entstanden sein. Es ist daher auch nicht anzunehmen, daß sich die Entwicklung in anderen Abschnitten der Zervix auf diese Art abgespielt hätte.

1.7 Atypische basale Hyperplasie

Es ist selbstverständlich, daß ein atypisches Plattenepithel, wenn es jenseits der letzten Zervixdrüse liegt, nicht auf dem Wege der Plattenepithelmetaplasie entstanden sein kann. Hier muß also ein anderer Entstehungsmechanismus zum Tragen gekommen sein.

Die atypische basale Hyperplasie wird nur selten erwähnt. Man findet sie fast ausschließlich in Übersichtspräparaten peripher

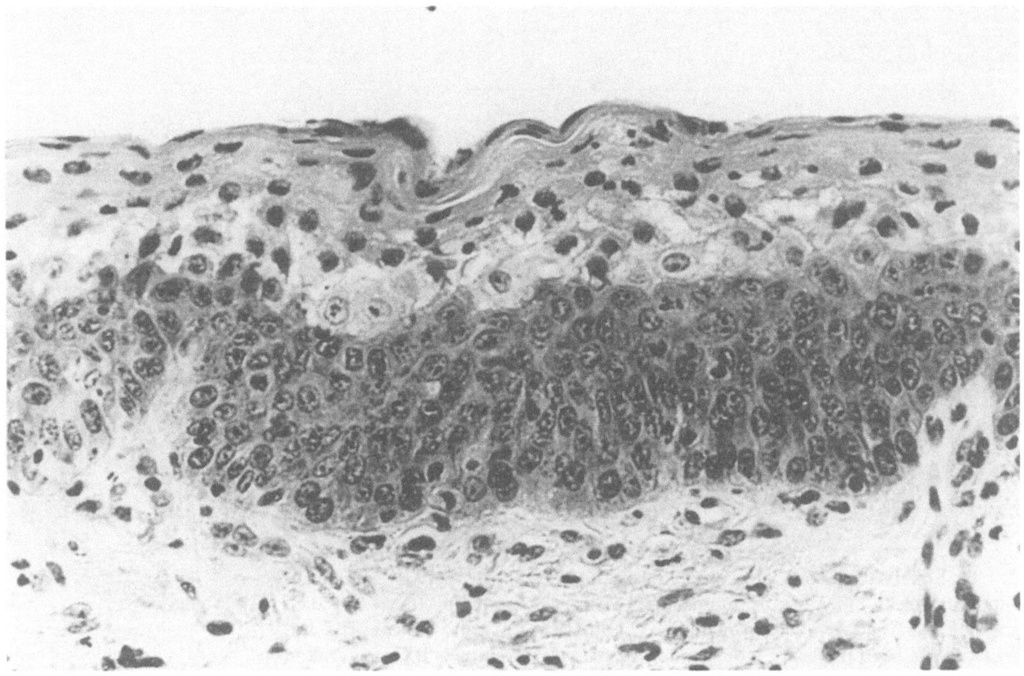

Abb. 1.13. Atypische basale Hyperplasie. Von der Epithelbasis her ersetzt eine neue Zellrasse die höheren Epithelschichten (aus: BURGHARDT, 1984: Kolposkopie. Zervixpathologie. Stuttgart: G. Thieme). Siehe auch Abb. 1.1

von atypischen Epithelveränderungen. Die einfache Form einer basalen Hyperplasie ist hingegen ein häufiger Befund: Das normale Plattenepithel der Zervix weist eine streng einzeilige Basalzellreihe auf. Auf sie folgt unmittelbar eine nicht sehr breite Stachelzellschichte. Befindet sich das Plattenepithel in einem Zustand erhöhter Aktivität, z. B. bei Regenerationsvorgängen oder auch im Rahmen einer Entzündung, so verlieren die Basalzellen ihre einzeilige Anordnung und bilden eine deutlich verbreitete Schichte. Zeichen der Atypie oder auch Mitosen sind nicht zu sehen.

Bei der atypischen basalen Hyperplasie tritt an die Stelle der Basalzellreihe und der Stachelzellschichte eine *neue Zellrasse* mit allen Zeichen der Atypie. Mitosen können in beträchtlicher Zahl gefunden werden. Zum Unterschied von der einfachen basalen Hyperplasie ist die atypische Form von den

höhergelegenen Epithelschichten scharf abgegrenzt (Abb. 1.13). Die atypische Proliferation gehört also nicht in den noch vorhandenen Epithelverband, sondern baut durch sukzessive Verbreiterung eine neue, atypische Epithelform auf.

Es ist sehr wahrscheinlich, daß die atypische basale Hyperplasie den Entwicklungsmodus darstellt, der zum atypischen Umbau eines bereits vorhandenen Plattenepithels führt. Wie Abb. 1.12 zeigt, schneidet der Bereich der atypischen basalen Hyperplasie (+) peripherwärts genau mit dem hoch differenzierten Carcinoma in situ und der geringen Dysplasie ab. Er reicht aber auch in das Drüsenfeld hinein. Dieser Umstand bedeutet offenbar, daß auch ein zunächst unverdächtiges Plattenepithel der dritten Schleimhaut (s. S. 3) über eine basale Hyperplasie sekundär atypisch umgewandelt werden kann.

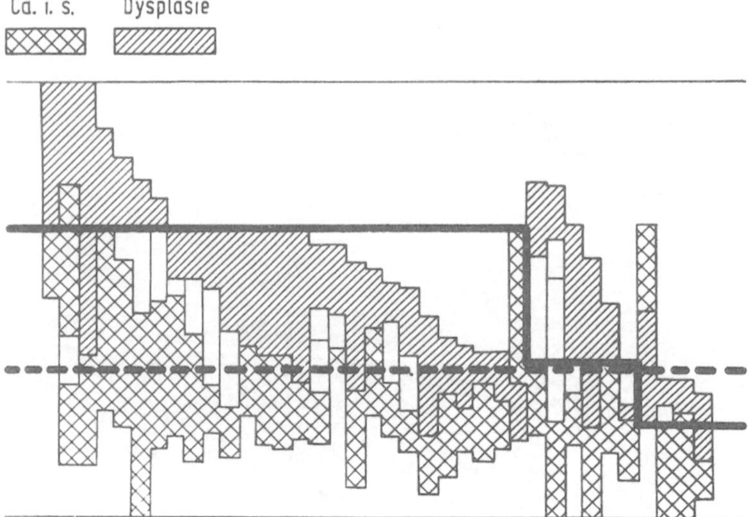

Abb. 1.14. Lokalisation von Carcinomata in situ und Dysplasien bei Koinzidenz der Veränderungen an einer Muttermundslippe. Mit der Ausnahme von zwei Fällen liegen die Dysplasien stets distal von den Carcinomata in situ (aus: BURGHARDT und HOLZER, 1970: Die Lokalisation des pathologischen Cervixepithels I. Carcinoma in situ, Dysplasien und abnormes Plattenepithel. Arch. Gynäk. **209**, 305). Siehe auch Abb. 5.1, 5.2 und 5.3, S. 66—69

Die atypische basale Hyperplasie ist gewöhnlich auf relativ langen Strecken ausgebildet. Zum Unterschied von den ersten Stadien der Metaplasie zeigen diese keine scharfe Abgrenzung zum unveränderten Plattenepithel. Das fertig aufgebaute atypische Epithel liegt allerdings auch im Bereiche des originären Plattenepithels innerhalb scharfer Grenzen. Wie sich diese schließlich herausbilden, muß derzeit noch als unklar bezeichnet werden.

1.8 Carcinoma in situ und Dysplasie

Die Gesetzmäßigkeit in der Lokalisation der atypischen Epithelformen sowie ihre Ausbildung und Persistenz in begrenzten Feldern haben gezeigt, daß Dysplasien und Carcinomata in situ nicht aufeinanderfolgende Veränderungen sein können (s. o.). Auch wurde gefunden, daß in 47% der Fälle mit atypischen Epithelformen Carcinomata in situ und Dysplasien koinzidieren (HOLZER und PICKEL, 1975). Dabei liegen die Dysplasien fast immer peripher von den In-situ-Karzinomen (Abb. 1.14 und 5.1, 5.2, 5.3, S. 66—69).

Ein weiteres wichtiges Faktum ist, daß die Dysplasien direkt zum invasiven Wachstum übergehen können und daß höher differenzierte Mikrokarzinome ihren Ursprung in Dysplasien haben (Abb. 1.15), während das undifferenzierte Karzinom auch von dem undifferenzierten Carcinoma in situ ausgeht. Daher entspricht auch die Lokalisation der hoch differenzierenden verhornenden Plattenepithelkarzinome der Zervix den Prädilektionsstellen der Dysplasien (REAGAN and PATTON, 1962). Es gibt Fälle, bei denen

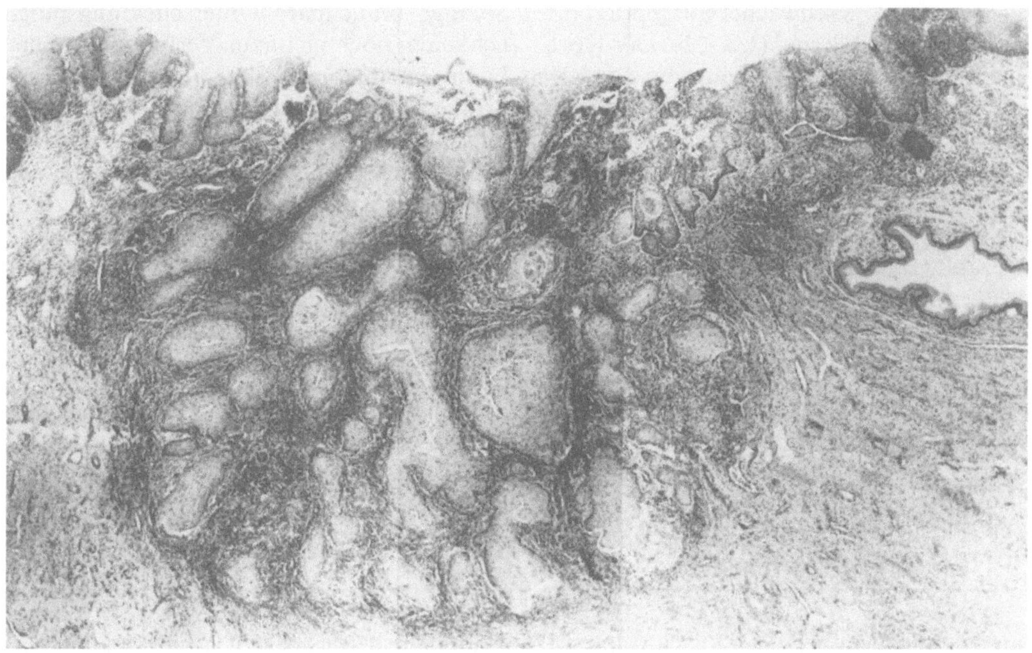

Abb. 1.15. Hochdifferenziertes Mikrokarzinom, ausgehend von einem mäßig dysplastischen Epithel. Die soliden invasiven Verbände zeigen eine hochgradige Ausreifung ihrer zentralen Schichten (aus: BURGHARDT, 1973: Histologische Frühdiagnose des Zervixkarzinoms. Stuttgart: G. Thieme)

sowohl ein Carcinoma in situ als auch eine Dysplasie invasiv werden, so daß sich verschieden differenzierte Mikrokarzinome entwickeln (BURGHARDT, 1984a). Auch große solide karzinomatöse Tumoren der Zervix können schließlich aus verschieden aufgebauten und voneinander scharf abgegrenzten Tumortypen zusammengesetzt sein.

Die Dysplasien verhalten sich demnach wie hoch differenzierte Oberflächenkarzinome. Sie sind gewissermaßen die *Carcinomata in situ der Plattenepithelbereiche,* insbesondere auch der Vagina und der Vulva, wo die „klassischen" Carcinomata in situ eher selten sind. Vergleicht man die Dysplasie mit allen möglichen Erscheinungsformen des invasiven Karzinoms, so findet man, daß sie ihre Entsprechung in besonders hoch differenzierten Tumortypen haben.

Es war daher zu begrüßen, daß die Begriffe Carcinoma in situ und Dysplasie durch den einheitlichen Terminus „Cervikale Intraepitheliale Neoplasie (CIN)" ersetzt wurde (RICHART, 1967). Die einzelnen Atypiegrade sollten allerdings nur die Wahrscheinlichkeit ausdrücken, mit der es sich bei der einzelnen Veränderung bereits um ein Carcinoma in situ im biologischen Sinne handelt.

Es wird jedoch auch heute noch behauptet, daß eine *Progression* der Dysplasie zum Carcinoma in situ nachgewiesen werden kann. Derartige Untersuchungen lassen stets die Tatsache der Koinzidenz der beiden Veränderungen außer acht, wobei es durchaus möglich ist, daß sich das Carcinoma in situ erst entwickelt, nachdem die Dysplasie bereits vorhanden war.

Sicher ist, daß sich Dysplasien *zurückbilden* können, während Carcinomata in situ stets persistieren. Hier spielt wahrscheinlich die diagnostische Unschärfe eine Rolle, die umso größer wird, je schwächer ausgeprägt die Zeichen der Atypie sind (s. S. 23). Der Korb der Dysplasien beinhaltet sehr verschiedenartige Veränderungen. Neben hoch differenzierten und persistierenden Carcinomata in situ werden aus Gründen der diagnostischen Unsicherheit auch nicht karzinom-spezifische Hyperproliferationen den Dysplasien zugezählt. In letzter Zeit wurde darauf hingewiesen, daß man eine Reihe von Dysplasien als virusbedingte kondylomatöse Veränderungen identifizieren kann. Sie sind in hohem Grade reversibel (MEISELS, 1981).

Solange brauchbare Unterscheidungsmöglichkeiten noch nicht zur Verfügung stehen, kann nur im biologischen Experiment geprüft werden, welchen Charakter eine Dysplasie hat. Persistiert die Veränderung über längere Zeit (mindestens ein Jahr) in scharfen Grenzen, so ist mit einer echten karzinomatösen Atypie zu rechnen. Die Unterscheidung ist wichtig. Es könnte sonst zu einer Überbewertung und damit auch zu einer Überbehandlung oder zu einer fatalen Unterbewertung von Dysplasien kommen.

1.9 Übergang zum invasiven Wachstum

Untersuchungen über den Ausgangspunkt des beginnend invasiven Wachstums haben gezeigt, daß die beginnende Invasion von einem undifferenzierten oder mittelreifen Carcinoma in situ etwa dreimal so häufig ausgeht wie von einem höher differenzierten Carcinoma in situ. Noch seltener ist die Dysplasie der Ausgangspunkt der Invasion (PICKEL und BURGHARDT, 1973). Die Tendenz zur Invasion dürfte je nach Differenzierungsgrad des Epithels verschieden sein.

Die beginnende Invasion geht von großflächigen Epithelveränderungen aus. Morphometrische Untersuchungen ergaben, daß die erkrankten Epithelflächen bei den geringgradigen Dysplasien (CIN I) am geringsten sind, größer bei den Dysplasien hohen Grades (CIN II), um schließlich bei den Carcinomata in situ und bei der beginnenden Stromainvasion nochmals an Größe zuzunehmen (s. Abb. 3.9, S. 43). Diese Tatsache könnte wieder für die Theorie sprechen, daß die intraepitheliale Atypie mit der schwächsten Form, der geringen Dysplasie beginnt, um sich im weiteren zu verstärken und oberflächlich auszubreiten. Allerdings konnte gezeigt werden, daß die Größenzunahme der erkrankten Areale nicht auf einer aktiven Ausbreitung des ursprünglichen

Krankheitsherdes beruht, sondern auf einer *Apposition* neuer Felder, die gegebenenfalls stärkere Atypiezeichen aufweisen (Abb. 1.9 und 1.10). Je größer also die Epithelfelder sind, umso eher sind sie aus mehreren Epithelfeldern zusammengesetzt (HOLZER und PICKEL, 1975).

In diesem Zusammenhang erhebt sich auch die Frage nach einer Karzinomentwicklung, die gewissermaßen als *Drama in einem Akt* ablaufen soll. In einem solchen Fall müßte das notwendigerweise vorhandene Vorstadium sehr schnell zu invasivem Wachstum übergehen und dieses wieder zu rascher Tumorvergrößerung führen — ganz im Gegensatz zu den auf S. 79 geäußerten Vorstellungen. Obwohl es Berechnungen über die Häufigkeit von schnell wachsenden Karzinomen gibt (PEDERSEN et al., 1971; HILLEMANNS und LIMBURG, 1972; HILGARTH und SCHULTZ, 1981), konnte im eigenen großen klinischen Patientengut sowie auch auf anderen Kliniken (KINDERMANN, 1979) noch kein eindeutig belegter Fall dieser Art gefunden werden. Mit einiger Wahrscheinlichkeit beruht der Nachweis eines vermeintlich schnell wachsenden Karzinoms auf vorausgegangenen diagnostischen Fehlleistungen.

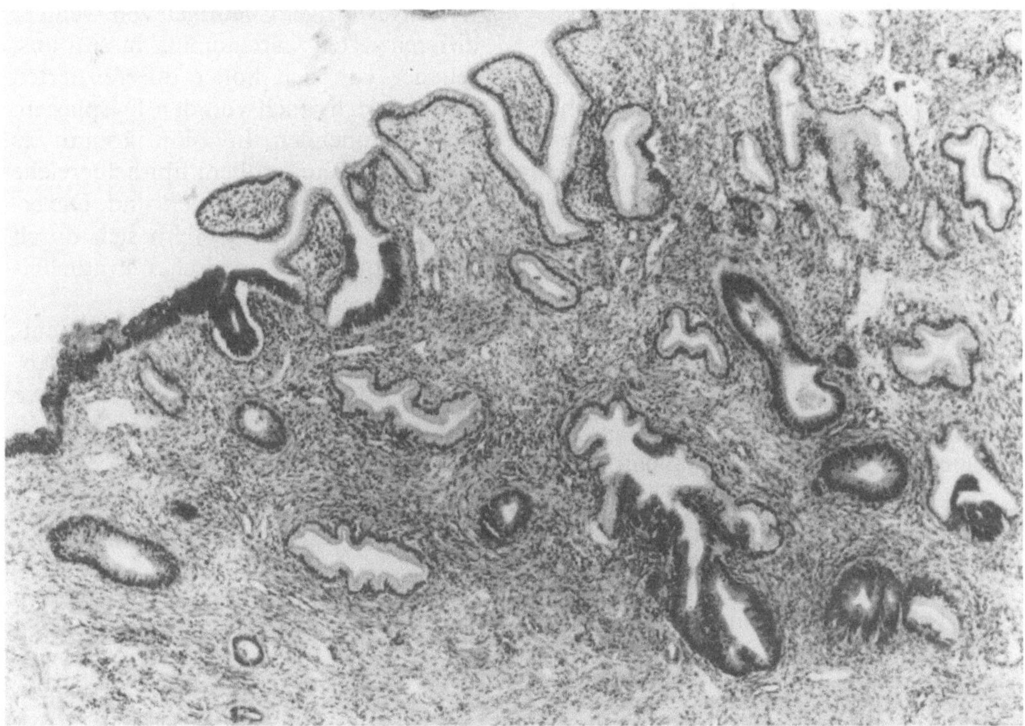

Abb. 1.16. Adenocarcinoma in situ. Atypisches Zylinderepithel an der Oberfläche der Zervixschleimhaut und in einzelnen Zervixdrüsen. Die Epithelatypie ist auf scharf begrenzte Strecken ausgebildet, so daß Teile der Drüsen unverändert bleiben

1.10 Adenocarcinoma in situ

Die Diagnose des Adenocarcinoma in situ ist eindeutig (BURGHARDT, 1966 und 1972; PIKKEL, 1978). Die diagnostischen Kriterien sind neben der hochgradigen Kernatypie und der gestaffelten Anordnung der Kerne das Auftreten von Mitosen, die sonst nicht sichtbar sind; sie liegen in den appikalen Protoplasmasäumen. Die Atypieform ist endgültig. Für eine Entwicklung der epithelialen Atypie in Stufen gibt es keinen Anhaltspunkt. Ein entscheidendes Kriterium ist die Ausbildung auch dieser Veränderungen in *scharf begrenzten Feldern*. Charakteristisch sind Zervixdrüsen, in denen das Zylinderepithel nur auf eine Strecke umgewandelt ist, während es in den übrigen Abschnitten unverändert bleibt (Abb. 1.16). Betroffen wird das oberflächliche Zylinderepithel sowie das Zylinderepithel in Drüsen, die meist in der Gegend des äußeren Muttermundes, d. h. in ektopischen Bereichen, liegen.

1.11 Zusammenfassende Betrachungen über die formale Genese des Zervixkarzinoms

Aufgrund aller erhebbaren Befunde gelten für die ersten Stadien der Karzinomentwicklung folgende Gesetzmäßigkeiten:

A. Das atypische Plattenepithel entwickelt sich aus den proliferierenden subzylindrischen oder basalen Zellen ganzer Felder.

Es verbleibt in den scharfen Grenzen dieser Felder; eine oberflächliche Ausbreitung existiert nicht. In verschiedenen Epithelfeldern können unterschiedliche Formen eines atypischen Epithels ausgebildet sein.

B. Am häufigsten entwickelt sich das atypische Plattenepithel auf dem Boden der Zervixschleimhaut über den Vorgang einer atypischen Plattenepithelmetaplasie. Sie bringt die weniger differenzierten Formen der intraepithelialen Neoplasie hervor. Wesentlich seltener ist die Entwicklung im präexistenten Plattenepithel über eine atypische basale Hyperplasie, die zu der Entwicklung der höher differenzierten Carcinomata in situ oder der Dysplasien führt. Auf gleiche Weise kann ein sekundär entstandenes Plattenepithel der „dritten Schleimhaut" atypisch umgewandelt werden.

C. Der Unterschied zwischen weniger differenzierten Carcinomata in situ und persistierenden Dysplasien liegt in der Differenzierung. Ihre verschiedene Lokalisation in bezug auf die „letzte Drüse" drückt aus, daß die Dysplasie eher im Bereiche des Plattenepithels und das Carcinoma in situ eher im Schleimhautbereich entsteht. Die persistierenden Dysplasien sind nichts anderes als besonders hoch differenzierte Carcinomata in situ.

D. Die Invasion geht häufiger von weniger differenzierten Carcinomata in situ aus, seltener von den höher differenzierten Formen, d. h. auch von den Dysplasien. Zur beginnenden Invasion kommt es meist erst, wenn größere Epithelbereiche karzinomatös umgewandelt sind. Die erkrankten Areale vergrößern sich durch Apposition neuer atypischer Epithelfelder.

E. Auch das Adenocarcinoma in situ entwickelt sich in scharf begrenzten Abschnitten des Zylinderepithels gleichzeitig in allen Zellen. Für eine abgestufte Ausbildung der epithelialen Atypie gibt es keinen Anhaltspunkt.

Folgende Prämissen können *nicht mehr* aufrechterhalten werden:

a) Das Karzinom hat seinen Ursprung in einer Einzelzelle oder in einem kleinen Herd.

b) Das atypische Epithel entsteht vorzugsweise an der Plattenepithel-Zylinderepithelgrenze und breitet sich von da über die Oberfläche der Zervix aus.

c) Die Atypie entwickelt sich in Stufen über die Dysplasie zum Carcinoma in situ, welches erst die Befähigung zum invasiven Wachstum hat.

d) Das atypische Epithel entsteht nur auf dem Wege der Metaplasie; normales Plattenepithel ist invulnerabel gegenüber karzinogenen Faktoren.

1.12 Ursächliche Faktoren der Karzinogenese

Aufgrund von meßbaren morphologischen Daten ist die Karzinomentwicklung aus einer Einzelzelle oder einem Zellklon (Abb. 1.1 b) eher unwahrscheinlich. Nimmt man es nämlich als gegeben an, daß in der formalen Genese des Karzinoms ein intraepitheliales Stadium durchlaufen werden muß, so würde die Entstehung aus einer Einzelzelle oder einer kleinen Zellgruppe eine intraepitheliale Ausbreitung voraussetzen, für deren Existenz es aber keinen Anhaltspunkt gibt. Hingegen gibt es eine sichtbare Entwicklung in Feldern, in denen eine Vielzahl von Zellen gleichzeitig umgewandelt wird. Ob diese Felder der Ausdruck eines mosaikartigen Aufbaues von Deckgewebe sind oder ob sie auf irgendeine andere Art geprägt werden, ist fraglich. Die Aufklärung des Mechanismus der indirekten Metaplasie würde zweifellos Entscheidendes zu der Lösung dieser Frage beitragen.

In Verbindung mit der Feldtheorie wäre es denkbar, daß die Karzinomentwicklung auf der Entgleisung von Regulationsmechanismen beruht, die die formale Entwicklung des Gewebes im Rahmen der fortlaufenden Regeneration kontrollieren. Äußere Einflüsse, vor allem infektiöse Agentien, könnten sich daher am ehesten auswirken, wenn sie in innere Mechanismen einzugreifen vermögen, die auch für die Determination der einzelnen Felder verantwortlich sind. Es ist keine neue Feststellung, daß die Karzogenese multifaktoriell sein muß, wobei äußere Faktoren zweifellos auch mit einer von innen her geprägten Disposition zusammentreffen müssen.

Literatur

BAJARDI, F. (1962): Über Wachstumsbeschränkungen des Collumcarcinoms in seinem invasiven und auch präinvasiven Stadium. Arch. Gynäk. **197**, 407.

BURGHARDT, E. (1966): Das Adenocarcinoma in situ der Cervix. Arch. Gynäk. **203**, 57.

— (1972): Histologische Frühdiagnose des Zervixkrebses. Stuttgart: G. Thieme.

— (1984 a): Kolposkopie. Spezielle Zervixpathologie. Stuttgart-New York: G. Thieme.

— (1984 b): Colposcopy. Cervical Pathology. Stuttgart-New York: Thieme Stratton.

— HOLZER, E. (1970): Die Lokalisation des pathologischen Cervixepithels. I. Carcinoma in situ, Dysplasien und abnormes Plattenepithel. Arch. Gynäk. **209**, 305.

CASTANO-ALMENDRAL, A., BEATO, M. (1968): Die Frühstadien des Plattenepithelcarcinoms des Collum uteri. II. Histometrische Untersuchungen. Arch. Gynäk. **205**, 428.

— MÜLLER, H., NAUJOKS, H., CASTANO-ALMENDRAL, J. L. (1973): Topographical and histological localization of dysplasias, carcinomata in situ, microinvasions, and microcarcinomata. Gynecol. Oncol. **1**, 320.

COPPLESON, M., REID, B. (1968): Aetiology of squamous carcinoma of the cervix. Obstet. Gynec. **32**, 432.

— PIXLEY, E. (1978): Colposcopy. Springfield, Ill.: Ch.C Thomas.

FISCHER-WASELS, B. (1927): Metaplasie und Gewebsmißbildung. In: Handbuch der normalen und pathologischen Physiologie (BETHE, A., Hrsg.), Bd. XIV/2, S. 1211. Berlin: Springer.

GLATTHAAR, E. (1950): Studien über die Morphogenese des Plattenepithelkarzinoms der Portio vaginalis uteri. Basel: Karger.

HAMPERL, H., KAUFMANN, C., OBER, K. G. (1954): Histologische Untersuchungen an der Cervix schwangerer Frauen. Arch. Gynäk. **184**, 181.

— — — SCHNEPPENHEIM, P. (1958): Die „Erosion" der Portio. (Die Entstehung der Pseudoerosion, das Ektropion und die Plattenepithelüberhäutung der Cervixdrüsen auf der Portiooberfläche). Virchows Arch. path. Anat. **331**, 51.

— (1975): Zur Frage der sogenannten Reservezellen im menschlichen Cervixepithel. Arch. Gynäk. **218**, 205.

HILGARTH, M., SCHULTZ, R. (1981): Ursachen und Ausmaß falsch negativer Befunde in der gynäkologischen Krebsvorsorge. Frauenarzt **22**, 324.

HILLEMANNS, H. G., LIMBURG, H. (1972): Dysplasie — Carcinoma in situ — Mikrokarzinom der Cervix uteri. In: Handbuch der speziellen pathologischen Anatomie und Histologie (UEHLINGER, E., Hrsg.), Vol. VII/4, S. 727. Berlin-Heidelberg-New York: Springer.

HINSELMANN, H. (1933): Einführung in die Kolposkopie. Hamburg: Hartung.

HOLZER, E., PICKEL, H. (1975): Die Ausdehnung des atypischen Plattenepithels an der Zervix. Arch. Geschwulstf. **45**, 79.

KINDERMANN, G. (1979): Krebsfrüherkennung und operative Gynäkologie. I. Zur Praxis der Vorsorgeuntersuchung sowie über Auswirkungen auf Krebsdiagnostik und Krebstherapie. Geburtsh. Frauenheilk. **39**, 3.

MEISELS, A., MORIN, C., CASAS-CORDERO, M., ROY, M., FORTIER, M. (1981): Condylomatöse Veränderungen der Cervix, Vagina und Vulva. Gynäkologe **14**, 254.

MEYER, R. (1930): Die pathologische Anatomie der Gebärmutter. In: Handbuch der speziellen und pathologischen Anatomie und Histologie (HENKE, F., LUBARSCH, O., Hrsg.), Bd. 7/I. Berlin: Springer.

OBER, K. G., SCHNEPPENHEIM, P., HAMPERL, H., KAUFMANN, C. (1958): Die Epithelgrenzen im Bereich des Isthmus uteri. Arch. Gynäk. **190**, 346.

PEDERSEN, E., HOEG, K., KOLSTAD, P. (1971): Mass screening for cancer of the uterine cervix in Ostfold County. Norway: an experiment. Second Report of the Norwegian Cancer Society. Acta Obstet. Gynecol. Scand., Suppl. 11.

PICKEL, H. (1978): Die Lokalisation des Adenocarcinoma in situ der Cervix uteri. Arch. Gynäk. **225**, 247.

— BURGHARDT, E. (1973): Die Lokalisation des beginnenden invasiven Krebswachstums an der Cervix. Arch. Gynäk. **215**, 187.

PIXLEY, E. (1976): Morphology of the fetal and prepubertal cervico-vaginal epithelium. In: The Cervix (JORDAN, J. A., SINGER, A., Hrsg.). London: W. B. Saunders.

REAGAN, J. W., PATTEN, F., jr. (1962): Dysplasia: a basic reaction to injury in the uterine cervix. Ann. New York Acad. Sci. **97**, 662.

RIBBERT, H. (1907): Beiträge zur Entstehung der Geschwülste. Bonn: Cohen.

RICHART, R. M. (1967): Natural history of cervical intraepithelial neoplasia. Clin. Obstet. Gynec. **10**, 748.

2

Behandlung der intraepithelialen Neoplasie des Zervixkarzinoms

E. Burghardt

2.1 Begriffsbestimmung

Der Begriff der zervikalen intraepithelialen Neoplasie (CIN) umfaßt Dysplasien und Carcinomata in situ (s. S. 15). Da sich diese Veränderungen noch innerhalb des Epithels, also „in situ" abspielen und die Grenze zwischen Epithel und Stroma noch nicht überschreiten, stellen sie keine aktuelle Gefahr für den Organismus dar. Dazu kommt der Umstand, daß sie in scharf begrenzten Feldern entstehen und offenbar nicht fähig sind, die Grenzen dieser Felder zu überschreiten und sich auf Kosten des benachbarten Epithels auszubreiten (s. S. 10 f). Somit erscheint das therapeutische Problem einfach: Es muß genügen, die intraepithelialen Veränderungen in toto zu eliminieren, um jegliche potentielle Gefahr von dem Organismus abzuwenden. Die einzige Schwierigkeit liegt darin, bereits prätherapeutisch festzulegen, um welche Veränderungen es sich handelt, wo sie lokalisiert sind, wie weit ihre Ausbreitung reicht und ob es sich im individuellen Fall tatsächlich nur um eine intraepitheliale, also nicht invasive Veränderung handelt.

2.2 Lokalisation der CIN und Drüsenbefall

Bereits an anderer Stelle wurden Gesetzmäßigkeiten in der Lokalisation des atypischen Zervixepithels besprochen (s. S. 11). Grundsätzlich kann die CIN an der Oberfläche der Ektozervix und der Endozervix ausgebildet sein. Proximal der letzten Zervixdrüse (s. S. 3) wird die Oberfläche durch zahlreiche verzweigte Einbuchtungen des Zylinderepithels vergrößert. Obwohl es sich nur um Krypten und nicht um Drüsen im eigentlichen Sinne handelt, werden sie in der Regel als Zervixdrüsen bezeichnet. Es bestand die Vorstellung, daß eine CIN von der Oberfläche her aktiv in die Zervixdrüsen einzudringen vermag. Dabei sollte das Zylinderepithel der Drüse „wie durch eine Pflugschar" durch das keilförmig vordringende atypische Epithel abgehoben werden. Diese Vorstellung ist überholt. Nachdem sich das atypische Zervixepithel auch an der Oberfläche nicht auszubreiten vermag (s. S. 11), kann es auch nicht aktiv in Zervixdrüsen eindringen, sondern entsteht in den Drüsen selbst an Ort und Stelle durch indirekte Metaplasie (s. S. 3).
Die Krypten oder Drüsen der Zervix-

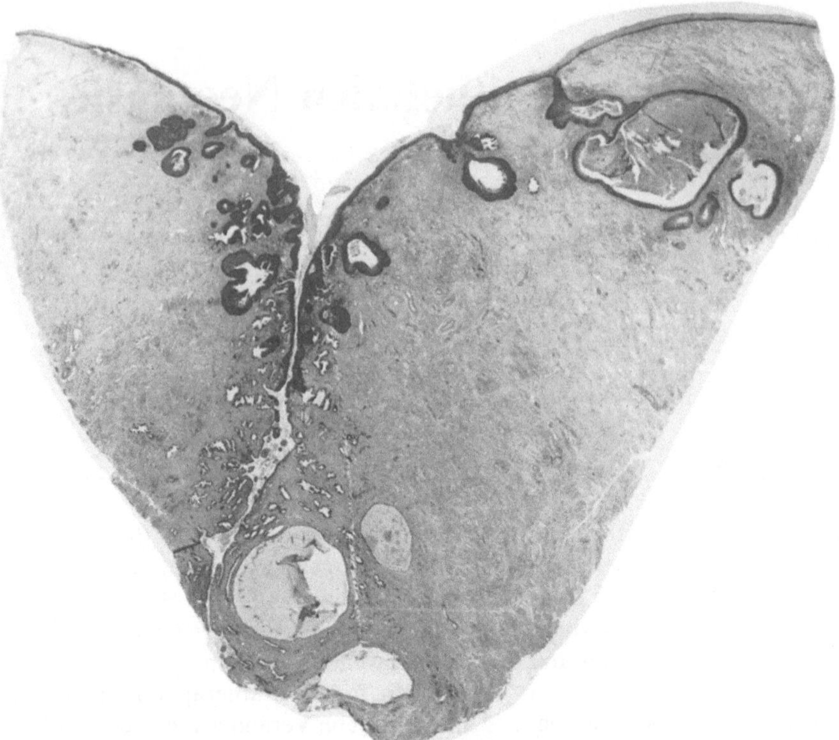

Abb. 2.1. Konisationspräparat mit einem Carcinoma in situ an der Zervixaußenfläche, im untersten Abschnitt des Kanals und in zahlreichen Zervixdrüsen. Der Fall zeigt sehr deutlich, wie Krebsepithel an völlig unvermuteten Stellen lokalisiert sein kann. Zu beachten sind die Drüsen an der im Bilde rechten Muttermundslippe, die unter normalem Plattenepithel gelegen sind. Von der zystisch ausgeweiteten Drüse geht in Parallelschnitten beginnend invasives Wachstum aus (aus: BURGHARDT, 1973: Histologische Frühdiagnose des Zervixkrebses. Stuttgart: G. Thieme)

schleimhaut können lebhaft verzweigt sein und relativ weit in die Tiefe des Stromas reichen. Bei der Untersuchung von 343 Konisationspräparaten wurde gefunden, daß die am tiefsten gelegenen Drüsenabschnitte bis 7,83 mm unter die Oberfläche reichen; von atypischem Plattenepithel eingenommene Drüsen waren jedoch nicht tiefer als 5,22 mm gelegen (ANDERSON und HARTLEY, 1980). Untersucht man allerdings eine größere Zahl von Fällen, so wird man auch Ausnahmen von dieser Regel finden, vor allem aber feststellen müssen, daß sich befallene Zervixdrüsen auch an völlig unvermuteten Stellen befinden können (Abb. 2.1).

Der Drüsenbefall kommt am häufigsten bei einer Ektopie vor. Bei Verlagerung von Zervixschleimhaut auf die Ektozervix kann im Rahmen der Umwandlung (s. S. 3 f) auch Drüsenepithel durch Plattenepithel ersetzt werden. Dazu kommt es nur selten, wenn an der Oberfläche der Zervix metaplastisch ein normales Plattenepithel entsteht. Viel häufiger ist der Drüsenbefall, wenn oberflächlich ein atypisches Plattenepithel ausgebildet wird.

Das im Drüsenfeld liegende atypische Epithel kann nur auf dem Wege der indirekten Metaplasie entstanden sein. Es zeigt daher in der Regel das Bild des Carcinoma in situ oder einer höheren Dysplasie. Die geringen Dysplasien (CIN I und CIN II) entstehen eher in einem bereits vorhandenen Plattenepithel (s. S. 11 f). Da ein unverändertes

Plattenepithel in Zervixdrüsen nur selten gefunden wird und Dysplasien auch relativ häufig außerhalb des Drüsenfeldes liegen (Abb. 1.12, S. 12), ist mit einem Drüsenbefall umso weniger zu rechnen, je schwächer die Dysplasie ausgeprägt ist. Die Sonderstellung der Dysplasie bedarf einer eigenen Besprechung.

2.3 Die Dysplasie (CIN I und CIN II) als diagnostisches Problem

In Kapitel 1 wurde hervorgehoben, daß es sich bei der Dysplasie sowohl um eine fertige intraepitheliale Neoplasie als auch um eine reversible Epithelveränderung handeln kann, die in keinem direkten Zusammenhang mit der Karzinogenese steht. Der Nachweis einer Dysplasie zwingt also nicht ohne weiteres zum sofortigen therapeutischen Handeln. Vielmehr sollten zunächst die wichtigen Fragen abgeklärt werden:

● Ist die Dysplasie die einzige Veränderung oder ist sie mit anderen Veränderungen, z. B. einem Carcinoma in situ kombiniert?

● Wie groß ist die Fläche, die von der Dysplasie eingenommen wird und ist diese mit ihrem ganzen Umfang sichtbar?

● Wie verhält sich die Dysplasie zum zervikalen Drüsenfeld; ist sie innerhalb oder außerhalb der Umwandlungszone gelegen?

● Handelt es sich um eine reversible oder um eine persistierende Veränderung?

Zur Beantwortung der ersten Frage muß zunächst eine zytologische und eine kolposkopische Untersuchung gemacht werden. Meistens wird eine gezielte Biopsie nötig sein, um auch eine histologische Information zu erlangen, die aber nur für die Stelle der Biopsieentnahme zutreffen kann. Daher ist der Vergleich zwischen Histologie und Zytologie besonders wichtig. Besteht nämlich eine ausgeprägte Diskrepanz zwischen histologischem Befund und zytologischem Zellbild, so muß damit gerechnet werden, daß außer den histologisch nachgewiesenen auch noch andere Veränderungen vorliegen. In solchen Fällen empfiehlt es sich, die Zytologie zu wiederholen, Biopsien von anderen Stellen zu entnehmen und gegebenenfalls eine Kürettage des Zervikalkanals zu machen.

Die Frage nach der flächenhaften Ausdehnung der Veränderungen kann nur kolposkopisch beantwortet werden. Es gibt eine direkte Relation zwischen Ausdehnung der Veränderungen und der Ausprägung der Atypie (Abb. 3.9, S. 43). Daher kann umso eher angenommen werden, daß eine Dysplasie vorliegt, je kleiner die Veränderungen sind. Bei der kolposkopischen Untersuchung muß auch festgestellt werden, ob der veränderte Bezirk in seinem ganzen Umfang sichtbar ist. Hauptsächlich geht es um die Frage, ob die Veränderung in den Zervikalkanal hineinreicht und dort womöglich an eine nicht einsehbare Veränderung grenzt. Eine solche Möglichkeit kann nur ausgeschlossen werden, wenn die an der Ektozervix lokalisierte Veränderung kanalwärts von Zylinderepithel begrenzt wird.

Auch an der Ektozervix können Dysplasien über dem ektopischen Drüsenfeld liegen. Man kann das kolposkopisch erkennen, indem man nach den Attributen der Umwandlungszone sucht (BURGHARDT, 1984). Selbst bei dieser Lokalisation von Dysplasien ist ein Drüsenbefall selten. Er ist ganz ausgeschlossen, wenn die Dysplasie außerhalb der Umwandlungszone liegt.

Am schwierigsten zu beantworten ist die Frage nach *Reversibilität* oder *Persistenz*. Eine verbindliche Antwort kann nur durch Beobachtung erlangt werden. Sie wird gemacht, wenn die bisher erörterten Umstände für das isolierte Vorkommen der Dysplasie sprechen. Eine Persistenz kann erwartet werden, wenn die zytologische Atypie, also die Atypie der Einzelzelle stark ausgeprägt ist, wenn atypische Mitosen im histologischen Präparat gefunden worden sind und vor allem auch, wenn die kolposkopischen Veränderungen scharf begrenzt sind und die charakteristischen Bilder der Keratinisierung (Leukoplakie), der Punktierung (Grund) und des Mosaiks (Felderung) aufweisen. Zu Rückbildungen neigen am ehesten Veränderung, die in ungewöhnlichen Umwandlungszonen gefunden werden, also im Rahmen eines noch nicht abgeschlossenen Prozesses. Das gleiche gilt für alle kolposkopischen Veränderungen, deren Begrenzung unscharf ist und bei denen zumindest die Vermutung besteht, daß sie auf Entzündungen oder reparativen Prozessen beruhen. Entschließt man sich zur *Beobachtung* von Dysplasien, so wird diese mit Hilfe der zytologischen und vor allem der kolposkopischen Untersuchung gemacht. Bei der Kolposkopie wird, abgesehen von der Beobachtung des verdächtigen Epithelbezirkes, auch darauf geachtet, ob in dessen Umgebung weitere verdächtige Veränderungen auftreten. Wird gegebenenfalls auch eine Verstärkung der zytologischen Atypie registriert, so darf angenommen werden, daß sich in einem neuen Feld eine weitere atypische Veränderung entwickelt hat. In einem solchen Fall kann mit einer Rückbildung der ursprünglichen Veränderung nicht mehr gerechnet werden.

Empfehlenswert ist, die Kontrolluntersuchungen in mindestens 6monatigen Abständen zu machen. Persistieren die Veränderungen auch nach zwei bis drei Untersuchungen, also nach 12 bis 18 Monaten, ist eine Regression nicht mehr zu erwarten. Zahlreiche Untersuchungen haben gezeigt, daß die Rückbildungsrate von der Ausprägung der Atypiezeichen abhängt. Bei geringen Dysplasien (CIN I) kann mit einer Regression in 60% gerechnet werden. Bei mittleren und etwas höheren Dysplasien (CIN II) kommen Rückbildungen höchstens in 30% vor (GLATTHAAR, 1960). Bei ganz hochgradigen Dysplasien, die sich nur mehr wenig vom Carcinoma in situ unterscheiden und die von vielen der diagnostischen Gruppe CIN III zugerechnet werden, ist mit einer Rückbildung kaum noch zu rechnen.

Ein besonderes Kapitel stellen *flache Kondylome* dar, die aufgrund ihrer mehr oder minder ausgeprägten Zell- und Kernunruhe oft als Dysplasien bezeichnet werden (WOODRUFF und PETERSON, 1958; MEISELS et al., 1981). Bei der einfachen lichtmikroskopischen Untersuchung spricht das Vorhandensein von Koilozyten für den papillomatösen Charakter der Veränderungen. In der Regel finden sich besonders hohe Stromapapillen, die für die fibroepitheliale Wucherung charakteristisch sind. Die flachen und nicht ausgesprochen atypischen Kondylome machen sicherlich einen großen Teil der reversiblen Dysplasien aus. Kolposkopisch unterscheiden sie sich von anderen Epithelveränderungen durch den perlmutterartigen Glanz ihrer Oberfläche (BURGHARDT, 1984). Ein charakteristisches Bild scheint auch das jodpositive Mosaik (Abb. 4.4) zu sein (s. S. 63). Die *atypischen Kondylome* (MEISELS et al., 1981) zeigen eine ausgeprägte Zell- und Kernatpyie, eine Vermehrung von Mitosen, gegebenenfalls auch atypische Teilungsfiguren. Von den stärkeren Dysplasien und den Carcinomata in situ unterscheiden sie sich lediglich durch das Vorhandensein von Koilozyten in den höheren Epithelschichten. Dem bisherigen Wissen nach sind diese Veränderungen irreversibel und daher behandlungsbedürftig.

2.4 Diagnostische Erfordernisse

Es sollte selbstverständlich sein, daß jede behandlungsbedürftige Veränderung an der Zervix vor der Therapie ausreichend definiert ist. Dazu gehört die Kenntnis bestimmter diagnostischer Kriterien.

Es liegt auf der Hand, daß diese Kriterien nur durch den Einsatz spezieller diagnostischer Methoden erkannt werden können. Dazu gehören die Kolposkopie, die Zytologie sowie die kolposkopisch gezielte Biopsie

Tabelle 2.1. Diagnostische Möglichkeiten an der Zervix (nach HOLZER)

Diagnostische Kriterien der CIN	Diagnose durch			
	Kolposkopie	Zytologie	gezielte Biopsie	Konisation
Histologisches Bild	(+)	+	+	+
Oberflächliche Ausbreitung	+ (nur Ektozervix)	—	—	+
Drüsenbefall	—	—	—	+
Ausschluß von Invasion	—	—	—	+

und schließlich die Konisation. Wie aus der Tab. 2.1 hervorgeht, sind weder die Kolposkopie, noch die Zytologie und auch nicht die gezielte Biopsie in der Lage, alle erforderlichen diagnostischen Merkmale zu erfassen.

Die Kolposkopie gibt nur Aufschluß über die oberflächliche Ausbreitung der Veränderungen an der Ektozervix. Ein Drüsenbefall kann angenommen werden, wenn mosaikähnliche Strukturen auf solide Epithelformationen in der Tiefe hinweisen (BURGHARDT, 1984). Rückschlüsse auf das histologische Bild sind mit einiger Sicherheit möglich, wenn man in der kolposkopischen Gefäßdiagnostik gut bewandert ist. Hingegen ist der Ausschluß von früher Invasion kolposkopisch niemals sicher möglich, wenn auch etwas größere Mikrokarzinome für den geübten Kolposkopiker erkennbar sind.

Die Zytologie weist auf das Vorhandensein zellulärer Atypien hin. Aufgrund bestimmter Differenzierungsformen der atypischen Zellen kann geschlossen werden, ob es sich um höher differenzierte Veränderungen, also um Dysplasien, oder um ein weniger differenziertes Carcinoma in situ handelt. Weder für das Ausmaß der oberflächlichen Ausbreitung, noch für den Drüsenbefall gibt es zytologische Kriterien. Schließlich darf auch nicht angenommen werden, daß es zytologisch möglich ist, bereits invasives Wachstum auszuschließen.

Die gezielte Biopsie kann nur Auskunft über die histologische Qualität der Veränderungen geben. Man kann mit ihr weder feststellen, wie ausgedehnt die Veränderungen sind,

noch kann man invasives Wachstum ausschließen. Selbst wenn mit der Biopsie eine befallene Drüse getroffen worden ist, weiß man nichts über Ausdehnung und Tiefe des Drüsenbefalles.

Die Konisation ermöglicht zum Unterschied zu den anderen diagnostischen Maßnahmen die präzise Beantwortung aller kritischen Fragen. Dazu gehört natürlich die möglichst vollständige Exzision der Veränderungen sowie eine einigermaßen ausreichende histologische Aufarbeitung des Konus (s. S. 28).

Die Frage, ob es möglich ist, die nötigen diagnostischen Kriterien auch aufgrund von *indirekten Hinweisen* zu beurteilen, kann nicht glatt verneint werden. Die Hinweise ergeben sich aufgrund der Kenntnisse morphometrischer Daten, die insbesondere die Lokalisation und die Ausdehnung der Veränderungen betreffen (s. Kapitel 1). Diesbezüglich können folgende Regeln aufgestellt werden:

● Die atypischen epithelialen Veränderungen sind umso höher differenziert, d. h. es handelt sich umso eher um eine Dysplasie, je weiter sie an der Ektozervix liegen (Abb. 1.12, S. 12).

● Der Drüsenbefall ist bei Dysplasien seltener und weniger tief reichend als bei Carcinomata in situ.

● Veränderungen, die außerhalb des Drüsenfeldes, also der Umwandlungszone liegen, können keine Drüsen befallen.

● Invasives Wachstum geht meist von großflächigen Veränderungen aus (Abb. 3.9 und 5.2, S. 43 und 68).

Diese Hinweise sind besonders als Auswahl-kriterien für die oberflächlich zerstörende Behandlung von entscheidender Bedeutung. Bei ihrer Beachtung kann es mit einiger Sicherheit gelingen, Fälle mit tiefreichendem Drüsenbefall oder Fälle mit Mikrokarzino-men von einer Behandlung auszuschließen. Auf der anderen Seite darf aber nicht überse-hen werden, daß auch mit diesen indirekten Hinweisen kein absoluter Schutz vor schwer-wiegenden Behandlungsfehlern gegeben ist.

2.5 Behandlungsmethoden

Mit der zunehmenden Kenntnis über die Verhaltungsformen der CIN hat sich die Therapie atypischer Epithelveränderungen an der Zervix stark verändert. Noch vor wenigen Jahrzehnten konnte man von radi-kalen Eingriffen zur Behandlung eines Car-cinoma in situ hören. Die Uterusexstirpation ist auch heute noch eine gängige Behand-lungsmethode, besonders, wenn kein Kin-derwunsch mehr besteht. Der Vorschlag einer lediglichen lokalen Exzision der Verän-derungen ist zunächst auf viel Unverständ-nis und sogar auf vehemente Ablehnung gestoßen. Heute werden extrem konservati-ve Behandlungsmethoden vorgeschlagen, die lediglich eine Zerstörung des erkrankten Gewebes zum Ziel haben.

2.5.1 Behandlung durch Konisation

Die Konisation wurde eigentlich nicht als therapeutischer Eingriff konzipiert. Zum Unterschied von der nur flachen Ringbiop-sie, mit der hauptsächlich Veränderungen an der Ektozervix ausgeschnitten werden, um-faßt sie auch die unteren Anteile des Zervi-kalkanals, die eine wichtige Prädilektions-stelle der Karzinomentwicklung sind. Die konusförmige Gewebsexzision ist immer noch in erster Linie ein diagnostischer Ein-griff, der eine präzise Definition von be-handlungsbedürftigen Veränderungen er-möglichen soll. Es ist daher auch nicht wirklich zulässig, die Konisation mit rein therapeutischen Maßnahmen, wie etwa der oberflächlichen Gewebszerstörung, zu ver-gleichen.

2.5.1.1 Indikationen zur Konisation

Eine Konisation ist immer dann indiziert, wenn der Wunsch besteht, atypische Epi-thelveränderungen an der Zervix hinsicht-lich ihrer Qualität und Ausdehnung genau zu definieren. In welcher Weise vor der Konisation sichergestellt wird, daß eine ab-klärungswürdige Veränderung vorliegt, wird verschieden beantwortet. Zweifellos ist es am sichersten, zunächst eine möglichst kolposkopisch geleitete informative Biopsie zu machen, um das krankhafte Substrat histologisch zu beurteilen. Aufgrund des bisherigen Wissens über die epithelialen Aty-pien an der Zervix ergibt sich die Indikation zur Konisation aufgrund des histologischen Nachweises folgender Veränderungen:

● Geringe Dysplasien, die mindestens über ein Jahr persistiert haben.

● Hochgradige Dysplasien und Carcinomata in situ.

● Verdacht auf beginnend invasives Wachs-tum.

● Invasives Wachstum, das jedoch auf-grund der klinischen und kolposkopischen Untersuchung das Ausmaß des Mikrokarzi-noms wahrscheinlich nicht überschritten hat.

Mit letzterer Indiaktion wird das Ziel ver-folgt, daß Mikrokarzinom genau zu vermes-sen (s. S. 36 f).

Verschiedentlich wird die zwischengeschal-tete informative Biopsie abgelehnt und die Konisation gleich zur Abklärung eines zyto-logischen Verdachtsbefundes gemacht. Auf-grund einer guten zytologischen Diagnose ist es sicher möglich, daß Vorliegen einer schwerwiegenden atypischen Epithelveränderung mit der nötigen Sicherheit vorauszusagen. Durch gleichzeitige kolposkopische Untersuchung wird diese Sicherheit noch erhöht. Auf jeden Fall soll man aber unnötige Konisationen vermeiden, da der Eingriff doch mit einem stationären Aufenthalt verbunden ist und daher nicht nur für die Patientin eine Belastung darstellt.

2.5.1.2 Technik der Konisation

Die Technik der Konisation erscheint auf den ersten Blick einfach. Dieser Anschein trügt, wenn man ein möglichst gutes Operationsergebnis und einen komplikationsfreien Verlauf im Auge hat. Die Konisation war eine Zeitlang in Verruf geraten, weil sie unkritisch ohne präzise Indikationen gemacht worden war und weil sie bei schlechter Operationstechnik eine hohe Komplikationsrate hatte. Weitere Unzulänglichkeiten, die sich vor allem bei der histologischen Untersuchung des Präparates zeigen, sind Größe und Qualität des Konus.

Diese Umstände beruhen zumeist auf einer mangelhaften Umschneidung der sichtbaren Veränderungen an der Ektozervix und im Zervikalkanal sowie auf einer unregelmäßigen Schnittführung, bedingt durch ungünstige Konsistenz des Gewebes und eine schlechte Übersicht wegen starker Blutung.

Die Schwierigkeiten in der Schnittführung, der schlechte Überblick sowie die wichtigste postoperative Komplikation, die Nachblutung, können weitestgehend vermieden werden, wenn die Zervix vor der Konisation infiltriert wird (Tab. 2.2). Man verwendet dazu die Lösung einer vasopressorischen Substanz, des Ornitin 8-Vasopressin (POR 8-Sandoz) in einer Verdünnung von 5 I.E. pro 200 ml physiologischer Kochsalzlösung (BURGHARDT und ALBEGGER, 1969; BURGHARDT, 1984).

BJERRE et al. (1976) konnten durch die

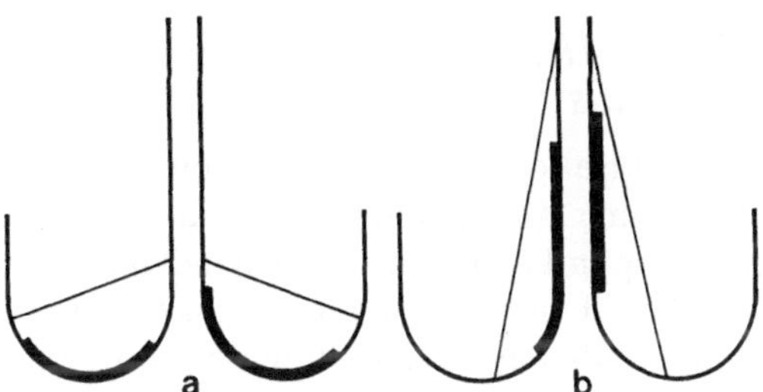

Abb. 2.2. Schnittführung bei der Konisation, je nach Lokalisation der Veränderungen. Die dick ausgezogenen Linien stellen das atypische Epithel dar. Es liegt bei **a** an der Zervixaußenfläche und in sichtbaren Abschnitten des untersten Kanals; bei **b** ist das Krebsepithel im Zervikalkanal und in der Gegend des äußeren Muttermundes lokalisiert (aus: BURGHARDT, 1984: Kolposkopie. Zervixpathologie. Stuttgart: G. Thieme)

Infiltration der Zervix die Frequenz der Nachblutung von 23% auf 4% herabsetzen. Narbenstenosen können vermieden werden, wenn man auf eine Nahtversorgung der Konisationswunde verzichtet und diese lediglich einer Elektrokoagulation unterzieht. Entzündliche Komplikationen sind schließlich mit weitestgehender Sicherheit zu vermeiden, wenn latente Entzündungen präoperativ durch Kontrolle der Blutsenkungsgeschwindigkeit und des Reinheitsgrades der Scheide ausgeschlossen werden.

Die Form des Konus hängt von der Ausdehnung der sichtbaren Veränderungen an der Ektozervix ab. Man beurteilt sie am besten kolposkopisch. Sieht man, daß die Veränderungen etwa nur bis zum äußeren Muttermund oder nur in den unteren Anteil des Zervikalkanals reichen, so wird ein stumpfer

Tabelle 2.2. Komplikationen der Konisation (Graz 1958—1983)

Zahl der Fälle	4452	(%)
Perforation	2	0,04
Nachblutung	293	6,6
Bluttransfusion	56	1,3
Entzündung	12	0,3
Stenose	32	0,7

Kegel umschnitten (Abb. 2.2 a). Liegen die Veränderungen hingegen um den äußeren Muttermund und reichen sie so weit in den Zervikalkanal, daß ihre obere Grenze nicht mehr sichtbar ist, so wird ein spitzer Kegel exzidiert (Abb. 2.2 b).

Alle technischen Details sind wiederholt beschrieben und abgebildet worden (BURGHARDT, 1963; BURGHARDT und ALBEGGER, 1969; BURGHARDT, 1984).

2.5.1.3 Histologische Aufarbeitung des Konus

Die Konisation hat auch als diagnostische Maßnahme wenig Sinn, wenn das Operationspräparat nicht einer eingehenden histologischen Untersuchung unterzogen wird. Am vorteilhaftesten sind Stufenserienschnitte in Abständen von 200—300 Mikron, nachdem das fixierte Präparat durch Sagittalschnitt in zwei Hälften zerlegt und in zwei Blöcke eingebettet worden ist (BURGHARDT, 1972 und 1984). Es ist auch möglich, das Präparat durch Sagittalschnitte in mehrere Scheiben zu zerlegen, die Blöcke anzuschneiden und je nach histologischem Befund weiterzuschneiden oder nicht (OBER, 1969). Die Untersuchung von nur wenigen Stellen, die aus dem Konisationspräparat herausgeschnitten werden, ist widersinnig. Systematische Untersuchungen haben gezeigt, daß bei der Untersuchung von mindestens 15 Schnitten pro Konus invasives Wachstum zwar nicht übersehen wird, zur Feststellung seines wahren Ausmaßes aber zusätzliche Schnitte notwendig sind (BURGHARDT, 1972).

Mit der histologischen Untersuchung ist vor allem auch festzustellen, ob die gesamten atypischen Veränderungen mit der Konisation entfernt worden sind. Dazu ist an und für sich eine größere Schnittzahl notwendig als für die Feststellung oder den Ausschluß von bereits invasivem Wachstum. Alle Restbefunde, die nach angeblich vollständiger Konisation gefunden worden sind, beruhen darauf, daß die Schnittränder in zu großen Abständen untersucht wurden.

2.5.1.4 Klinische Konsequenzen der Konisation

Für alle weiteren Überlegungen nach der Konisation stellt sich in erster Linie die Frage, ob die Veränderungen vollständig entfernt worden sind oder nicht.

Vollständige Entfernung der Veränderungen: Die Konisation kann nur für den Fall als therapeutischer Eingriff gelten, daß alle präinvasiven Veränderungen vollständig entfernt worden sind und daß invasives Wachstum nicht ein Ausmaß überschritten hat, bei dem bereits eine Metastasierung befürchtet werden muß (s. S. 40). Rezidive sind in derartigen Fällen außerordentlich selten. Im eigenen Bereich wurden unter 761 Fällen, darunter 28 mikroinvasive Karzinome, nach einer Beobachtungszeit von mindestens sechs Jahren nur drei Rezidive in der Form eines Carcinoma in situ und von zwei leichten Dysplasien gefunden. Es ist deshalb wichtig, auch nach vollständiger Konisation regelmäßige Kontrolluntersuchungen zu machen.

Unvollständige Entfernung der Veränderungen: Verlaufen die Schnittränder eines Konisationspräparates nicht überall durch gesundes Gewebe, muß damit gerechnet werden, daß an der Restzervix atypische Veränderungen zurückgeblieben sind. Derartige Konisationen können zunächst nicht als therapeutischer Eingriff gewertet werden. Entschließt man sich aus gegebenen Gründen und im Einverständnis mit der Patientin trotzdem zu einem expektativen Verhalten, so hat man sich beiderseits der latenten Gefahr bewußt zu sein. Das ist ein großer und wichtiger Unterschied zu den Verfahren, bei denen man, etwa nach Gewebszerstörung, niemals sicher wissen kann, ob atypische Veränderungen zurückgeblieben sind oder nicht. Ein expektatives Verhalten kommt vor allem in Frage, wenn die *peripheren Resektionsränder* des Konus von einem atypischen Epithel besetzt sind, da persistierende Veränderungen an der Ektozervix verbleiben und kolposkopisch leicht faßbar sind. Verläuft hingegen der Resektionsrand im Zervikalkanal durch ein atypisches Epithel, so sollte nur bei dringendstem Kinderwunsch und absolut verläßlicher Patientin auf ein weiteres konservatives Verhalten eingegangen werden. In diesen Fällen muß bei den Kontrolluntersuchungen außer der Zytologie und Kolposkopie auch immer wieder eine Kürettage des Zervikalkanals gemacht werden.

Der Entschluß zu abwartendem Verhalten kann in solchen Fällen auch durch den Umstand gerechtfertigt sein, daß Restbefunde nach scheinbar unvollständiger Konisation wesentlich seltener sind, als es aufgrund des Befundes am Konus erwartet werden müßte. Die Schnittführung verläuft in einem Teil der Fälle offenbar ganz knapp an der Grenze zu den Veränderungen, ohne daß diese zurückbleiben oder es werden geringfügige Reste im Rahmen der Wundnekrose oder nach Elektrokoagulation der Wundfläche und Wundränder abgestoßen. Wie aus Tab. 2.3 hervorgeht, wurden bei Hysterekto-

Tabelle 2.3. Hysterektomie innerhalb eines Jahres nach unvollständiger Konisation eines Carcinoma in situ (Graz 1958—1975)

Restbefunde am Uterus		
Zahl der Fälle	388	(%)
Präinvasive Veränderungen	78	20,1
Mikroinvasive Karzinome	29	7,5
Größere Karzinome	8	2,1
Insgesamt	115	30,0

mien innerhalb eines Jahres nach unvollständiger Konisation nur in 30% Restbefunde an der Zervix gefunden. Diese Patientengruppe umfaßt alle Fälle, bei denen ein expektatives Verhalten aufgrund schwerwiegender Befunde a priori abgelehnt wurde. Die Resultate nach der Beobachtung von Frauen, bei denen aufgrund der Befunde am Konus ein abwartendes Verhalten riskiert

Tabelle 2.4. Restbefunde bei unvollständiger Konisation eines Carcinoma in situ (Graz 1958—1975)

Zahl der Fälle	314	(%)
Präinvasive Veränderungen	28	8,9
Mikroinvasive Karzinome	3	0,5
Größere Karzinome	4	1,3
Insgesamt	35	11,1

werden konnte, zeigt Tab. 2.4. Hier wurden im Laufe einer mindestens sechsjährigen Beobachtung nur in 11,1% Restbefunde entdeckt, darunter in 1,3% auch Karzinome, die größer waren, als es der Definition eines Mikrokarzinoms entspricht. Letztere fallen durchwegs unregelmäßigen Kontrolluntersuchungen zulasten. Sie wurden einer operativen Behandlung unterzogen und sind nach einer Beobachtungszeit von mindestens 11 Jahren rezidivfrei geblieben.

2.5.1.5 Wiederholte Konisation

Restbefunde nach Konisation nehmen in der Regel nur kleine Flächen ein. Nach einer technisch gut durchgeführten und gewebsschonenden Konisation verbleibt stets noch ausreichend zervikales Gewebe für einen neuerlichen Eingriff. Es ist deshalb gut möglich, sichtbare Restbefunde nochmals in toto auszuschneiden. Liegen die persistierenden Veränderungen im Zervikalkanal, so kann eine neuerliche Konisation erwogen werden. Sie unterscheidet sich technisch nicht von der primären Konisation. Es muß lediglich darauf geachtet werden, daß der Zervikalkanal nach dem ersten Eingriff verkürzt ist und die Gefahr besteht, den inneren Muttermund zu überschreiten. Durch eine wiederholte Konisation gelingt es in der Regel, die Zervix endgültig zu sanieren. In einem Fall kam es nach der dritten Konisation zu zwei Schwangerschaften, die mit der Spontangeburt von ausgetragenen Kindern endeten (BURGHARDT, 1984).

Konisation und Schwangerschaft

Die Konisation kann in der Schwangerschaft bis zur 20. Woche bedenkenlos gemacht werden. Die Operationstechnik ist nicht anders als außerhalb der Schwangerschaft. Da die Veränderungen während der Gravidität in der Regel stark evertiert und daher hauptsächlich an der Ektozervix lokalisiert sind, kann ein stumpfer Kegel ausgeschnitten werden (Abb. 2.2 a). Ganz besonders in der Schwangerschaft empfiehlt sich für die Wundversorgung die Elektrokoagulation (BURGHARDT, 1984).

Die Auswirkung einer vorausgegangenen Konisation auf spätere Schwangerschaften wird, im Hinblick auf die Verschlußfunktion der Zervix, stark überschätzt. Auch diesbezüglich muß von der Voraussetzung ausgegangen werden, daß die Operation technisch korrekt gemacht wurde und das Ausmaß der Gewebsentnahme nicht das notwendige Maß überschritten hat. Nach der bisherigen Erfahrung entspricht die Fertilitätsrate nach Konisation der Erwartung bei nicht konisierten Frauen (HOLZER, 1972; KOFLER und PHILIPP, 1977; JONES III und BULLER, 1980). Bei Angaben über die Fehlgeburtenfrequenz wird oft verabsäumt zu berücksichtigen, daß die gleichen Patienten auch schon vor der Konisation abortiert hatten. Im eigenen Krankengut betrug die Abortusrate nach Konisation 25,4%, hatte aber bei den gleichen Patientinnen schon vor der Konisation 19,5% betragen. Das gleiche gilt für die Frühgeburtsfrequenz. Sie betrug nach der Konisation 13,8%, gegenüber einer Frühgeburtenhäufigkeit von 18,6% vor der Konisation. Schließlich besteht auch kein Anlaß, in der Konisation einen Grund für eine stark erhöhte Sektiofrequenz zu sehen. Im gegebenen Fall beruht sie wahrscheinlich auf einer zu frühen Indikationsstellung. Bei expektativem Verhalten unter strenger Kontrolle geht ein zunächst narbig erscheinender Muttermund oft überraschend schnell und ohne weitere Verletzungen auf. Im eigenen Krankengut waren unter 101 termingerechten Geburten nach Konisation nur in drei Fällen

Kaiserschnitte zur Überwindung von Eröffnungsschwierigkeiten nötig (BURGHARDT, 1984).

2.5.2 Behandlung durch Hysterektomie

Der einzige Vorteil der *primären Hysterektomie* gegenüber der Konisation liegt darin, daß sie keine Veränderungen zurückläßt, falls diese auf die Zervix beschränkt sind. Schwerer wiegen die Nachteile: Je nach präoperativer Abklärung kann das Ausmaß der Veränderungen unterschätzt worden sein. Rezidive und sogar Todesfälle am Karzinom sind die Folge (HOLZER, 1979; BURGHARDT und HOLZER, 1980). Ist eine Hysterektomie im vorhinein geplant und will man die Konisation vermeiden, so müssen andere und auch nicht unbeträchtliche diagnostische Eingriffe vorausgehen, wie die Portioabschabung und Zervixkürettage (EGGER et al., 1975 und 1979). Die Beschränkung auf Zytodiagnostik, Kolposkopie und gezielte Biopsie birgt unweigerlich die erwähnten Gefahren in sich. Sie können nur vermieden werden, wenn die Indikation zur primären Hysterektomie ähnlich streng gestellt wird wie für die gewebszerstörenden Verfahren (s. u.).

Ansonsten bringt die Exstirpation des gesamten Organs keinen Vorteil gegenüber der totalen Ausschneidung der Veränderungen durch die Konisation. Solange es sich noch um lokalisierte Veränderungen handelt, wie dies beim nicht invasiven atypischen Epithel unbedingt der Fall ist, kann durch die nicht befallenen Anteile der Gebärmutter weder die Propagation, noch das Rezidivieren der Veränderungen beeinflußt werden.

2.5.3 Behandlung durch gewebszerstörende Eingriffe

Es kann völlig außer Frage bleiben, daß eine erfolgreiche Behandlung von intraepithelialen Veränderungen durch ihre vollständige Zerstörung möglich ist. Es dürfte dabei auch völlig gleichgültig sein, ob die Zerstörung durch Elektro- oder Kältekoagulation oder durch den Laserstrahl erfolgt (HOLLYOCK und CHANEN, 1976; SZALMAY, 1981; HEINZL, 1981). Von Bedeutung ist lediglich die Frage, wie man es gewährleisten kann, daß sämtliche Veränderungen ausreichend zerstört worden sind. Nachdem eine totale Ausschneidung und genaue histologische Untersuchung der Veränderungen nicht in Frage kommt, da ja sonst kein behandlungsbedürftiges Substrat verbleiben würde, muß der Behandlungsplan auf indirekten diagnostischen Hinweisen beruhen (s. S. 25). Von allen verantwortungsbewußten Vertretern dieser sehr konservativen Behandlungsmethoden werden strenge Restriktionen bei der Auswahl der Fälle gefordert. Die wichtigsten Auswahlkriterien sind

● die Lokalisation der Veränderungen ausschließlich auf der Ektozervix und

● die Beschränkung der Veränderungen auf möglichst kleine Flächen.

Damit kann sowohl die Ausbreitung der Veränderungen in tiefer gelegene Zervixdrüsen als auch bereits invasives Wachstum mit relativ großer Sicherheit ausgeschlossen werden (s. o.). Eine absolute Sicherheit ist jedoch niemals gegeben. Überblickt man wirklich zahlreiche Fälle, so wird man immer wieder finden, daß befallene Zervixdrüsen an völlig unvermuteten Stellen oder in unvermuteter Tiefe gefunden werden (Abb. 2.1). Auch tiefer reichende Mikrokarzinome finden sich ausnahmsweise im Rahmen von rein ektozervikalen Veränderungen (BURGHARDT, 1984). Die Gefahr bei präinvasiven oder invasiven Veränderungen, die in der Tiefe der Wunde zurückgeblieben sind, besteht darin, daß sie sich nach neuerlicher Formierung der Zervix der zytologischen oder kolposkopischen Entdeckung entziehen, bis sie als invasive Veränderungen sekundär an die Oberfläche durchbrechen.

Die Hauptgefahr bei den gewebszerstörenden Behandlungsmethoden liegt darin, daß sie ambulant durchgeführt werden können und daß dieser Umstand eine Verlockung sowohl für die Patientin als auch für den Arzt darstellt. Operationen, die offenbar aufgrund zu geringer diagnostischer Kenntnisse und daher aufgrund völlig mangelhafter Selektion gemacht worden sind, haben in einer Reihe von Fällen bereits zum Tode durch fortschreitendes Krebswachstum geführt (HENRIKSEN, 1979; HILGARTH et al., 1979; KRANZFELDER und MESTWERDT, 1978; SEVIN et al., 1979; TOWNSEND et al., 1981).

Das Zurückbleiben von atypischen Epithelveränderungen an einsehbaren oder zugänglichen Stellen wird nach oberflächlicher Gewebszerstörung häufig beobachtet, und zwar unabhängig von der angewandten Methode (HOLLYOCK und CHANEN, 1976; OSTERGARD, 1980; CHARLES und SAVAGE, 1980; MASTERSON et al., 1981; HEINZL, 1981). Die Gewebszerstörung muß daher oft mehrmals wiederholt werden. Die Rate solcher Restbefunde ist umso geringer, je tiefer die Gewebszerstörung reicht. Heute wird angenommen, daß 7 mm bei der geforderten Selektion der Fälle als Behandlungstiefe ausreichen (DORSEY et al., 1979; MASTERSON et al., 1981; HEINZL, 1981).

JORDAN (JORDAN, 1981; JORDAN und MYLOTTE, 1982) hat aufgrund aller bisheriger positiver und negativer Erfahrungen die Vorbedingungen für die destruktive Behandlung wörtlich folgendermaßen zusammengefaßt:

● Die Patientin muß von einem kolposkopischen Experten gesehen und beurteilt werden.

● Der kolposkopische Experte kann die gesamte Veränderung überblicken, d. h. er sieht die Plattenepithel-Zylinderepithel-Grenze.

● Der kolposkopische Experte muß ein invasives Karzinom durch kolposkopisch gezielte Biopsie oder Biopsien ausschließen.

● Der kolposkopische Experte muß die destruktive Behandlung selbst durchführen.

● Genaue zytologische und kolposkopische Kontrolluntersuchungen müssen gewährleistet sein.

Abgesehen davon, daß in diesen Restriktionen auch die diagnostischen Kenntnisse des Operateurs berücksichtigt werden, bleibt die Frage, wie häufig die Fälle sind, die für eine Behandlung mit gewebszerstörenden Maßnahmen in Frage kommen. Untersuchungen an Konisationspräparaten haben ergeben, daß nur 5% aller CIN rein ektozervikal ausgebildet sind. In weiteren 35% reichen die Veränderungen in den untersten Anteil des Zervikalkanals. Wenn man annimmt, daß sie bei der Spekulumuntersuchung soweit evertiert werden können, daß ihre Begrenzung zur Zervixschleimhaut sichtbar wird, so sind es bestenfalls 42% der Fälle, die für die in Frage stehende Therapieform geeignet sein könnten (BURGHARDT, 1984).

2.6 Die Nachsorge nach Behandlung der CIN

Nach der Behandlung der CIN sind genauso lückenlose Kontrolluntersuchungen erforderlich wie nach Behandlung anderer oder fortgeschrittenerer Genitalkrebse. Wenn auch nach einer totalen Ausschneidung der Veränderungen durch einen Konus das neuerliche Auftreten einer CIN außerordentlich selten ist, darf man es nicht völlig ausschließen. Nach unvollständiger Konisation, nach primärer Hysterektomie oder nach oberflächlich zerstörender Behandlung sind die regelmäßigen Nachkontrollen unabdingbar. Die Kontrolluntersuchungen werden kolposkopisch und zytologisch gemacht. Bei verdächtigen Veränderungen ist eine Biopsie angezeigt. Ist der zytologische Befund bei negativer Kolposkopie verdächtig, so muß eine Kürettage des Zervikalkanals gemacht werden. Nach oberflächlich zerstörenden Maßnahmen sollte die CK-Kürettage auch ohne sonstige Hinweise ein- bis zweimal im Jahr erfolgen.

Es hat sich bewährt, die Kontrolluntersuchungen in den ersten zwei Jahren nach der Behandlung alle drei Monate vorzunehmen. Im dritten und vierten Jahr erfolgen sie vierteljährlich und im fünften Jahr halbjährlich. Weitere Kontrollen werden einmal jährlich durchgeführt.

Literatur

ANDERSON, M. C., HARTLEY, R. B. (1980): Cervical crypt involvement by intraepithelial neoplasia. Obstet. Gynec. **55**, 546.

BJERRE, B., ELIASSON, G., LINELL, F., SÖDERBERG, H., SJÖBERG, N. O. (1976): Conization as only treatment of carcinoma in situ of the uterine cervix. Amer. J. Obstet. Gynec. **125**, 143.

BURGHARDT, E. (1972): Histologische Frühdiagnose des Zervixkrebses. Stuttgart: G. Thieme.

— (1984): Kolposkopie. Spezielle Zervixpathologie. Stuttgart-New York: G. Thieme.

— HOLZER, E. (1980): Treatment of Carcinoma in situ: Evaluation of 1609 cases. Obstet. Gynec. **55**, 539.

CHARLES, E. H., SAVAGE, E. W. (1980): Cryosurgical treatment of cervical intraepithelial neoplasia: Analysis of failures. Gynecol. Oncol. **9**, 391.

DORSEY, J. H., DIGGS, E. S. (1979): Microsurgical conization of the cervix by carbon dioxide laser. Obstet. Gynec. **54**, 565.

EGGER, H., KINDERMANN, G., MICHALZIK, K. (1975): Portioabschabung und Zervixkürettage — eine Alternative zur Konisation bei positiver Zytologie. Geburtsh. Frauenheilk. **35**, 913.

— HOMMEL, G., MICHALZIK, K. (1979): Portioabschabung und Cervix-Curettage — eine Alternative zur Konisation bei positiver Cytologie. Arch. Gynäk. **227**, 249.

GLATTHAAR, E. (1950): Studien über die Morphogenese des Plattenepithelkarzinoms der Portio vaginalis uteri. Basel: Karger.

HEINZL, S. (1981): Die Behandlung benigner und prämaligner Zervixveränderungen mit CO_2-Laser. Gynäkologe **14**, 245.

HENRIKSEN, M. M. (1979): The cryosurgical treatment of intraepithelial neoplasia. Acta Obstet. Gynec. Scand. **58**, 271.

HILGARTH, M., HILLEMANNS, H. G., ROLL, H. (1979): Der besondere Fall: Plattenepithelkarzinom der

Cervix uteri nach Kryosation bei einer 23jährigen Patientin. Fortschr. Med. 97, 2145.

HOLZER, E. (1972): Fertilität, Schwangerschaft und Geburtsverlauf nach Konisation der Portio vaginalis uteri. Geburtsh. Frauenheilk. 32, 950.

— (1979): Die Behandlung des Carcinoma in situ. I. Arch. Gynecol. 227, 205.

JONES, III., H. W., BULLER, R. E. (1980): The treatment of cervical intraepithelial neoplasia by cone biopsy. Amer. J. Obstet. Gynec. 137, 882.

JORDAN, J. A. (1981): CO_2 laser therapy. In: Gynecologic Oncologie, Bd. II (COPPLESON, M., Hrsg.), S. 817. Edinburgh: Livingstone.

— MYLOTTE, J. (1982): Treatment of CIN by destruction—laser. In: Pre-clinical Neoplasia of the Cervix (JORDAN, J. A., et al., Hrsg.). London: The Royal College of Obstet. Gynec.

KOFLER, E., PHILIPP, K. (1977): Schwangerschaft und Konisation wegen atypischer Epithelprozesse der Cervix uteri. Geburtsh. Frauenheilk. 37, 942.

KRANZFELDER, D., MESTWERDT, W. (1978): Kollumkarzinom 3 Jahre nach kryochirurgischer Behandlung der Portio vaginalis uteri. Geburtsh. Frauenheilk. 38, 289.

MASTERSON, B. J., KRANTZ, K. E., CALKINS, J. W., MAGRINA, J. F., CARTER, R. P. (1981): The carbon dioxide laser in cervical intraepithelial neoplasia: A five-year experience in treating 230 patients. Amer. J. Obstet. Gynec. 139, 565.

MEISELS, A., MORIN, C., CASAS-CORDERO, M., ROY, M., FORTIER, M. (1981): Condylomatöse Veränderungen der Cervix, Vagina und Vulva. Gynäkologe 14, 254.

OBER, K. G. (1969): Die Sicherung der durch Suchteste ausgesprochenen Verdachtsdiagnose einer malignen Cervixerkrankung und die daraus resultierenden therapeutischen Folgerungen. Arch. Gynäk. 207, 317.

OSTERGARD, D. R. (1980): Cryosurgical treatment of cervical intraepithelial neoplasia. Obstet. Gynec. 56, 231.

SEVIN, B. U., FORD, J. H., GIRTANNER, R. D., HOSKINS, W. J., NG, A. B. P., NORDQUIST, ST. R. B., AVERETTE, H. E. (1979): Invasive cancer of the cervix after cryosurgery. Obstet. Gynec. 53, 465.

SZALMAY, G. (1981): Kryotherapie der benignen und prämalignen Veränderungen der Cervix uteri. Gynäkologe 14, 239.

TOWNSEND, D. E., RICHART, R. M., MARKS, E., NIELSEN, J. (1981): Invasive cancer following outpatient evaluation and therapy for cervical disease. Obstet. Gynec. 57, 145.

WOODRUFF, J. D., PETERSON, W. F. (1958): Condylomata acuminata of the cervix. Amer. J. Obstet. Gynec. 75, 1354.

3
Problem des mikroinvasiven Karzinoms in der Gynäkologie

E. Burghardt

3.1 Geschichtliches

Das mikroinvasive Karzinom wurde erstmals im Rahmen der Gynäkologie definiert. Im Jahre 1947 berichtete MESTWERDT über 30 kleinste invasive Karzinome, bei denen entweder nur eine einfache Hysterektomie (15 Fälle), eine flache Portioamputation (14 Fälle) und eine einfache Exzision (1 Fall) vorgenommen worden war. Trotz invasiver Lokalrezidive in drei Fällen und von vier präinvasiven Rezidiven hatten bis zum Zeitpunkt· des Berichtes sieben Patientinnen mindestens fünf Jahre und 22 Patientinnen zehn Jahre und länger überlebt, während eine Patientin aus anderen Ursachen verstorben war. In keinem einzigen Fall hatte sich ein Hinweis auf metastatische Ausbreitung des Karzinoms ergeben.

MESTWERDT (1953) hat diese kleinsten Karzinome der Zervix als *Mikrokarzinome* bezeichnet. Seinen Worten nach sind das invasive Krebse, die weder mit der gewöhnlichen Palpation und Spekulumuntersuchung zu diagnostizieren sind, sondern mit Hilfe der Kolposkopie und der Serienschnittuntersuchung unter dem Mikroskop entdeckt werden. MESTWERDTS Vorschlag, diese kleinsten Karzinome einer eigenen diagnostischen Gruppe zuzuordnen und anders zu behandeln als die größeren und klinisch faßbaren Krebse, ist zunächst auf vehemente Ablehnung gestoßen. Damals wurde invasives

Wachstum, ganz unabhängig von der Größe des Karzinoms, als die Ursache aller Gefahren gewertet, die mit der Karzinomkrankheit verbunden sind.

Nach Einführung der Konisation und der Entwicklung besonderer histologischer Untersuchungstechniken (BURGHARDT, 1972) wurden kleine und kleinste invasive Karzinome der Zervix in zunehmender Zahl gefunden und behandelt. Die heutigen Vorstellungen über das Problem des Mikrokarzinoms an der Zervix beruhen demnach auf Erfahrungswerten, die anhand größerer Behandlungsserien gewonnen werden konnten. Trotzdem kann nicht behauptet werden, daß alle Fragen, die sich im Zusammenhang mit dem Mikrokarzinom der Zervix ergeben, als gelöst betrachtet werden dürfen.

Natürlich existiert das Problem des mikroinvasiven Karzinoms nicht nur an der Zervix. Ganz allgemein stellt sich die Frage, ob sich invasive Karzinome, gleich welcher Lokalisation, in ihren frühesten Stadien anders verhalten als die makroinvasiven und in der Regel klinisch diagnostizierbaren Krebse. Erste Untersuchungen zu dieser Frage am Beispiel zahlreicher Organkrebse sprechen eher für eine solche Annahme (BURGHARDT und HOLZER, 1982). In der Gynäkologie wird außer dem kleinsten Zervixkarzinom auch das mikroinvasive Karzinom der Vulva beschrieben. An seinem Beispiel ist gut zu erkennen, welche Fragen mit der Definition des mikroinvasiven Karzinoms noch verbunden sind. Am Endometrium und am Ovarium befindet sich das Problem hingegen noch in den ersten Ansätzen der Diskussion.

3.2 Die Definition des mikroinvasiven Wachstums

MESTWERDT (1953) hat ein *Tiefenwachstum* von maximal 5 mm als Grenzwert für die Definition des Mikrokarzinoms der Zervix angenommen. Diese Zahl ist sicher willkürlich. Sie beruht u. a. auch auf dem Umstand, daß wir das Dezimalsystem verwenden. In späteren Jahren ist dem Kriterium des Tiefenwachstums entscheidende Bedeutung beigemessen worden. Meistens wird die 5-mm-Grenze akzeptiert, jedoch gibt es auch Beschränkungen in der Definition des mikroinvasiven Karzinoms, die nur ein Tiefenwachstum von 1 mm (AVERETTE et al., 1976) oder 3—4 mm (ULLERY et al., 1965; YOKOYAMA und WADA, 1971) zulassen.

In diesem Zusammenhang wird viel Scharfsinn auf die Frage verwendet, ob das Tiefenwachstum an der Zervix stets von der Oberfläche gemessen werden sollte oder von der Basis des Krebsepithels, sei dieses an der Oberfläche oder in einer befallenen Drüse gelegen (AVERETTE et al., 1976). Auch für das Mikrokarzinom der Vulva gibt es verschiedene Vorschläge. Man mißt sein Tiefenwachstum von der epithelialen Oberfläche aus oder aber von der Basalmembran der höchsten Stromapapille oder von der Basis der tiefsten Epithelzapfen (WILKINSON et al., 1982). Diese Fokussierung auf das Tiefenwachstum, das zum Teil mit präzisen Meßokularen auf Zehntelmillimeter genau gemessen wird, hat eher zur Verunsicherung als zur Klärung des Problems beigetragen. In der Diagnostik des Vulvakarzinoms z. B. wurden durch die alleinige Berücksichtigung des Tiefenwachstums Karzinome bis zu einem Durchmesser von 2,5 cm mit in die Definition des Mikrokarzinoms einbezogen (WOODRUF, 1982).

Zweifellos gibt es Organe, bei denen das Tiefenwachstum von besonderer Bedeutung sein muß, da mit zunehmender Invasionstiefe verschiedene Organstrukturen betroffen werden. Das gilt z. B. für die Karzinome des Gastrointestinaltraktes, bei denen deutliche prognostische Unterschiede gefunden werden können, je nachdem ob das Karzinom bis zur Muscularis mucosae reicht oder diese überschreitet (GEORGII und OSTERTAG, 1982). An der Zervix gibt es keine derartigen abgrenzbaren Schichten. Allenfalls könnte im Schleimhautbereich die am tiefsten gelegene Zervixdrüse als eine gewisse Grenze betrachtet werden. Bis jetzt gibt es aber keine Hinweise auf die prognostische Bedeutung einer solchen Marke. Auch an der Vulva konnten keine Unterschiede gefunden werden, wenn das Karzinom die Anhangsgebilde der Haut der Tiefe nach überschritten hat oder nicht (WILKINSON et al., 1982).

An der Zervix werden bereits 0,5 mm unter der Basalmembran Gefäßräume gefunden (AVERETTE et al., 1976). Ähnliche Verhältnisse treffen auch für die Vulva zu. In beiden Organen findet man histologisch tatsächlich Gefäßeinbrüche in sehr naher Distanz von der Epithelbasis (BAJARDI und BURGHARDT, 1956). Nachdem die Wahrscheinlichkeit eines Kontaktes mit dem Gefäßsystem bei größerer Tumorausbreitung größer werden muß, wird die Wahrscheinlichkeit eines Gefäßeinbruches mit einer lateralen Ausbreitung ebenso zunehmen, wie mit der Ausbreitung der Tiefe nach. Das Tiefenwachstum allein kann daher, ob es nun 1, 3, 5 oder 7 mm beträgt, nicht von entscheidender Bedeutung sein.

Tatsächlich wurden Zervixkarzinome beschrieben, die bei einem Tiefenwachstum von kaum 3 mm in die regionären

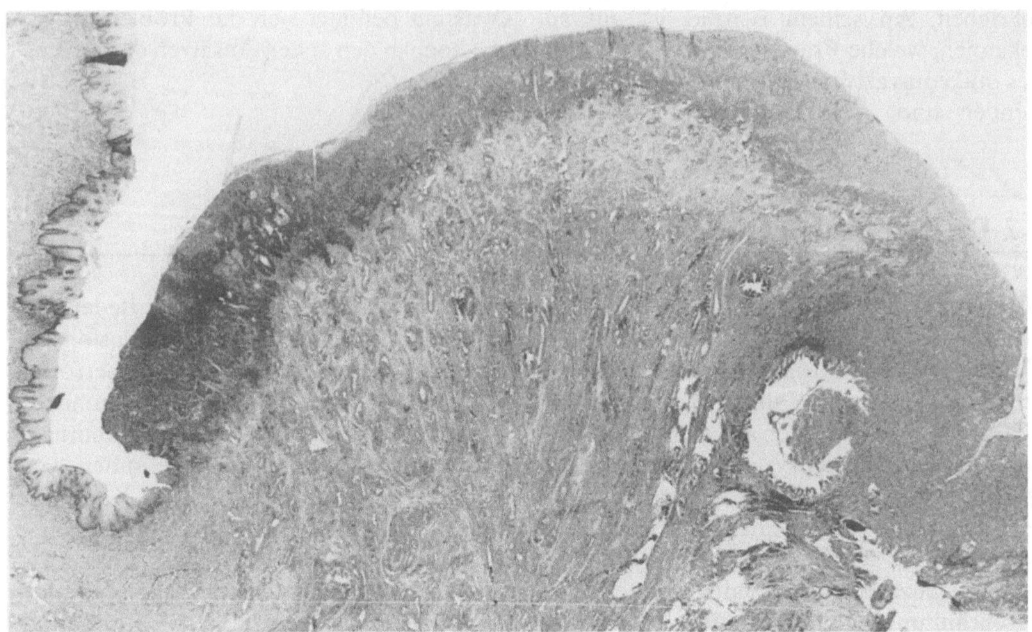

Abb. 3.1. Invasives Karzinom, das eine gesamte Muttermundslippe einnimmt. Die größte Tiefe der Invasion überschreitet 5 mm nicht. Insgesamt hat das Karzinom aber ein beträchtliches Volumen (aus: BURGHARDT, 1984: Microinvasive Carcinoma in Gynaecological Pathology. Clinics in Obstet. and Gynaecol, Vol. 11, S. 239)

Lymphknoten metastasiert und zum Tode der Patientinnen geführt hatten (SCHÜLLER, 1958). Die invasive Front dieser Karzinome war aber auf großer Breite ausgebildet. Sie waren demnach viel größer als Mikrokarzinome, die z. B. in allen drei Dimensionen 5 mm messen. In Operationspräparaten kann man immer wieder finden, daß Karzinome eine gesamte Muttermundslippe einnehmen, ohne größeres Tiefenwachstum zu zeigen (Abb. 3.1). Derartige Fälle kann man nicht mit Karzinomen vergleichen, die sogar etwas tiefer eindringen, jedoch eine wesentlich geringere flächenhafte Ausdehnung haben (Abb. 3.2).

Diese Beispiele zeigen, daß das Konzept des mikroinvasiven Karzinoms wertlos werden müßte, wenn seine Definition nur von einer Dimension des Wachstums, z. B. dem Tiefenwachstum, abhängen würde. Unter dem Begriff des Mikrokarzinoms soll das *kleine invasive Karzinom* und nicht das Karzinom mit geringem Tiefenwachstum verstanden werden.

Die beste Definition der Tumorgröße beruht auf der Messung seiner drei größten Durchmesser. Dazu muß der Tumor in Stufenschnitten aufgearbeitet werden (Abb. 3.3). Die beiden größten Durchmesser sind in diesen Schnitten leicht zu bestimmen. Für die Errechnung der dritten Dimension muß man die Schnitte zählen, in denen der Tumor zu sehen ist und die Schnittdicken sowie die Abstände zwischen den Stufenschnitten addieren. Ist es nicht möglich, Stufenserien anzufertigen, so sollte man die *beiden größten Tumordurchmesser* in der vertikalen Schnittebene suchen (Abb. 3.4). Sie werden als Tiefe und als Breite bezeichnet. Man kann dann auch die dritte Dimension abschätzen, indem man annimmt, daß sie den größten der beiden gemessenen Durchmesser um nicht mehr als 50% überschreiten dürfte. Wird also das Tiefenwachstum mit 5 mm bestimmt und die größte quere Ausbreitung mit 7 mm, so haben wir es mit einer Tumorfläche von 35 mm² oder einem geschätzten maximalen *Volumen* von rund

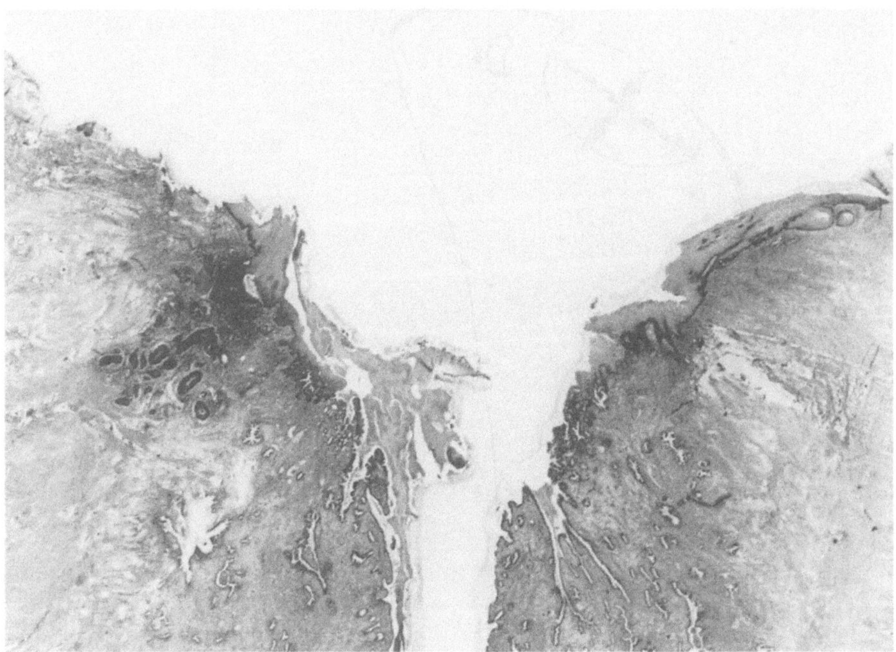

Abb. 3.2. Obwohl das kleine Karzinom an der im Bilde linken Muttermundslippe bis zu 6 mm in die Tiefe reicht, ist es bei einem queren Durchmesser von 5 mm viel eher als Mikrokarzinom zu bezeichnen, als der Krebs in Abb. 3.1 (aus: BURGHARDT, 1984: Microinvasive Carcinoma in Gynaecological Pathology. Clinics in Obstet. and Gynaecol, Vol. 11, S. 239)

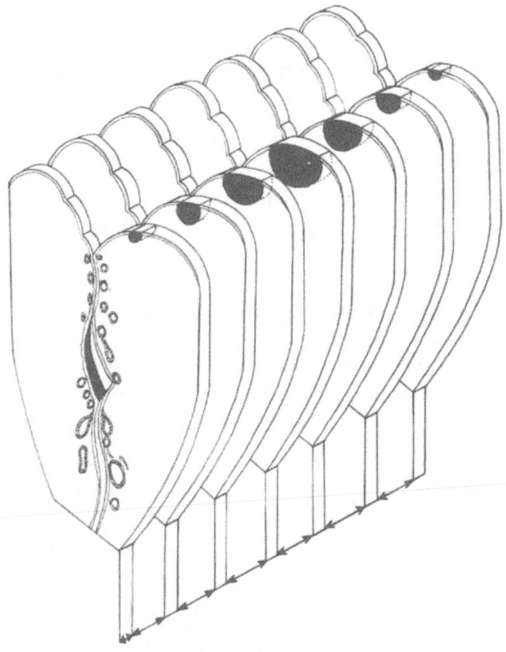

368 mm³ 5 × 7 × 10,5 (= 7 + 3,5) zu tun. Wird auf diese Weise die Tumorfläche oder das Tumorvolumen bestimmt, so wird die Frage, von welchem Punkt aus das Tiefenwachstum zu messen ist, sofort gegenstandslos. Darüber hinaus muß allein die zweidimensionale Messung zu einer wesentlich besseren Definition führen als jeglicher Einsatz von optischen Meßinstrumenten, die in der Lage sind, ein eher bedeutungsloses Einzelmaß auf Zehntel von Millimetern genau zu bestimmen.

Abb. 3.3. Bestimmung der dritten Dimension eines kleinen Karzinoms in Stufenserienschnitten von einem Konisationspräparat. Der dritte Durchmesser wird durch Addition der Schnittdicken und der Abstände zwischen den Stufenserienschnitten bestimmt (aus: BURGHARDT, 1982: Diagnostic and Prognostic Criteria in Cervical Microcarcinoma. Clinics in Oncology, Vol. 1, S. 323)

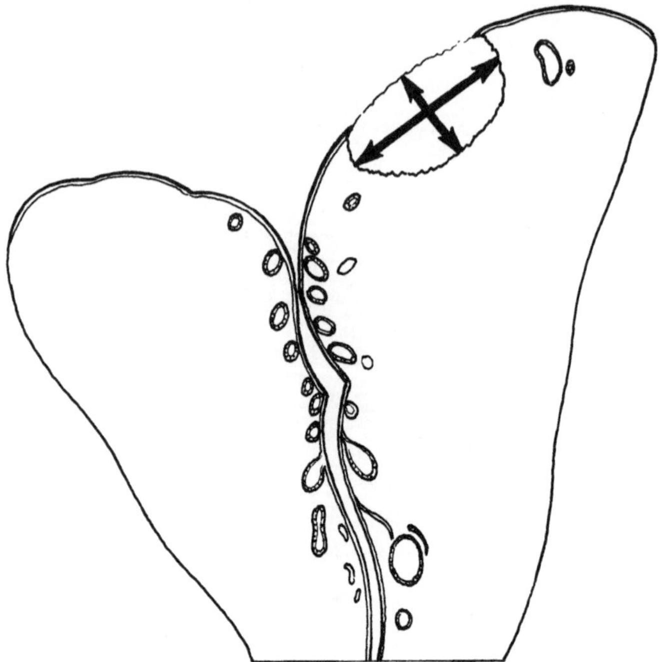

Abb. 3.4. Die Bestimmung der beiden größten Dimensionen eines Mikrokarzinoms ergibt eine weitaus bessere Aussage, als die Bestimmung des Tiefenwachstums allein. Nach Multiplikation der beiden Durchmesser wird die Fläche in mm² angegeben (aus: BURGHARDT, 1982: Diagnostic and Prognostic Criteria in Cervical Microcarcinoma. Clinics in Oncology, Vol. 1, S. 323)

Wesentlich schwieriger zu beantworten ist die Frage nach der *oberen Grenze,* bis zu der man noch von einem mikroinvasiven Karzinom sprechen kann. Sie muß auf Erfahrungswerten beruhen und ist sicher von Organ zu Organ verschieden. Es sollte sich jeweils um Tumoren handeln, bei denen man aufgrund ihrer Kleinheit und aufgrund anderer Kriterien *noch nicht mit einer Metastasierung rechnen muß.*

Als kleinste Veränderungen, die schon als mikroinvasives Karzinom zu bezeichnen sind, gilt das beginnend invasive Karzinom oder die frühe Stromainvasion. Diese äußert sich in der Form einzelner oder mehrerer invasiver Zapfen, die in der Regel noch mit der Basis eines Carcinoma in situ — oder einer Dysplasie — in Verbindung stehen. Sie sind wesentlich kleiner als mikroinvasive Karzinome, die sich bereits zu einem kleinen Tumorverband formiert haben. Nicht nur aus diesen Gründen, sondern auch aufgrund der klinischen Erfahrung hat es sich bewährt, das mikroinvasive Karzinom einer weiteren Unterteilung zu unterziehen:

3.2.1 Die frühe Stromainvasion

Es handelt sich um den ersten invasiven Einbruch eines kleinsten Zellkomplexes in das Stroma. Von einem atypischen Plattenepithel gehen spitze oder kolbige Zapfen aus, die an der Zervix und auch an der Vulva sehr charakteristische Veränderungen zeigen können (Abb. 3.5 und 3.11). Bei atypischem Zylinderepithel kommt es zunächst zu soliden Knospen (Abb. 3.6), die nach Vergrößerung ein Lumen ausbilden, um sich schließ-

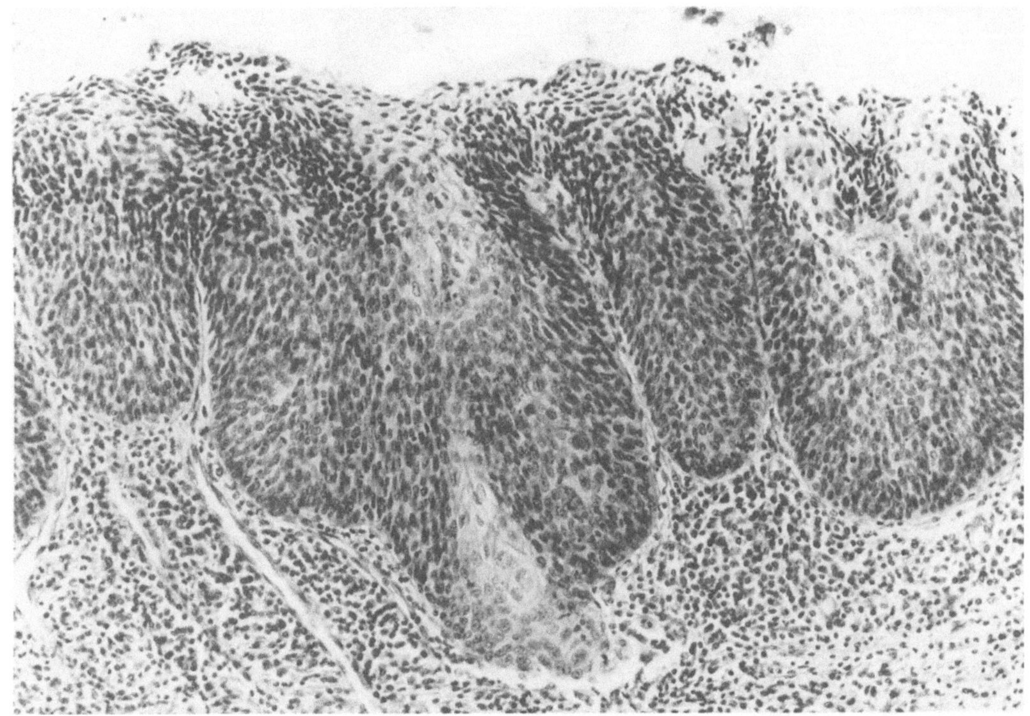

Abb. 3.5. Beginnende oder frühe Stromainvasion. An der Basis eines atypischen Epithelzapfens entwickelt sich eine Knospe, die sich durch Aufhellung ihrer Zellen und Vergrößerung der Zellkerne stark vom Mutterboden unterscheidet. Dichte perifokale Infiltration mit Rundzellen bei deutlicher Auflockerung des Stromas

lich als drüsige Gebilde von ihrem Mutterboden abzuschnüren. Die beginnend invasiven Formationen sind im histologischen Schnitt mit freiem Auge nicht sichtbar. Ihre Dimensionen betragen nur Bruchteile eines Millimeters, so daß ihre Messung belanglos ist.

3.2.2 Das Mikrokarzinom

Es entspricht einem kleinen invasiven Tumor, der im histologischen Schnitt schon mit freiem Auge gesehen werden kann (Abb. 3.7). Dieser Umstand ist ein wichtiges Kriterium für seine Definition. Der Durchmesser beträgt in der Regel mindestens 1 mm. Ein sichtbarer oder vermuteter Gefäßein-

bruch schließt die *Definition* der beginnenden Stromainvasion oder des Mikrokarzinoms nicht aus. Fälle mit Gefäßeinbruch müssen aber in Statistiken eigens erwähnt und klinisch berücksichtigt werden.
Das beschriebene Erscheinungsbild gilt vor allem für das Mikrokarzinom der Zervix und der Vulva. Es ist kaum möglich, derartige Maßstäbe an das Karzinom des Endometriums oder der Ovarien anzulegen. In beiden Fällen steht das Problem des mikroinvasiven Karzinoms erst zur Diskussion. Derzeit gibt es lediglich Hinweise auf die Rolle, die der Faktor Tumorgröße in der Prognose dieser Karzinome spielt; jedoch bewegt man sich noch in Größenordnungen, die eher im makroskopischen als im mikroskopischen Bereich liegen (s. u.).

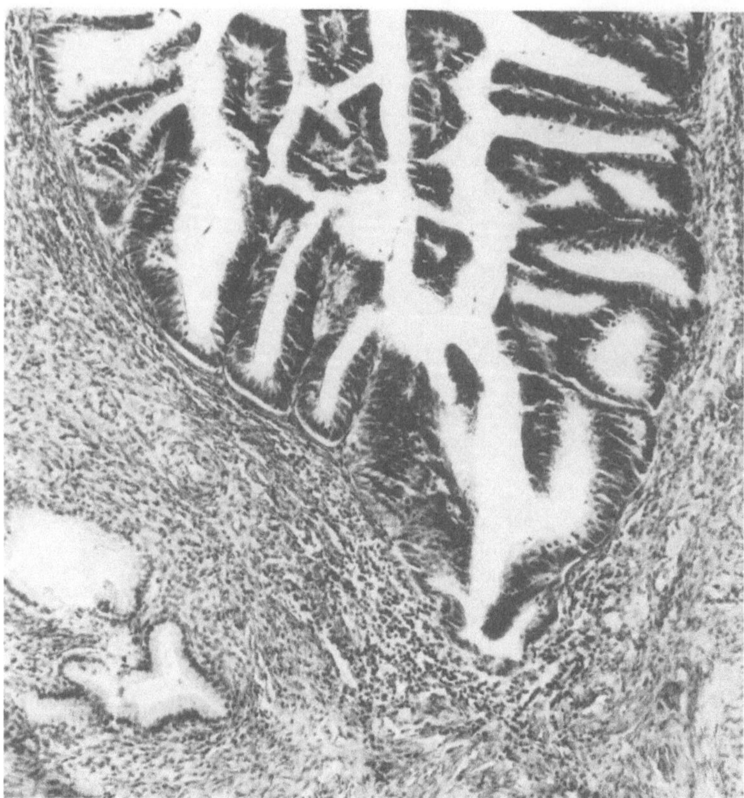

Abb. 3.6. Beginnende Stromainvasion von einem Adenocarcinoma in situ. Auffallend ist die lebhafte innere Fältelung des Drüsenepithels. Die Invasion ist eher an der perifokalen Stromareaktion erkennbar, als an der Epithelformation selbst

3.3 Prognostische Kriterien

Praktisch bei allen Karzinomen besteht ein Zusammenhang zwischen Tumormasse und Prognose. Beim Zervixkarzinom kann man zeigen, daß die vermessene *Tumorgröße* beim klinisch diagnostizierten Karzinom mit der Häufigkeit des *Lymphknotenbefalles* korreliert (s. Abb. 6.3, S. 76). Ähnliches gilt für das Vulvakarzinom. Kleine Karzinome weisen viel seltener Lymphknotenmetastasen auf als große Tumoren. Daraus könnte abgeleitet werden, daß es eine Größe gibt, unter der eine Metastasierung überhaupt noch nicht vorkommt. Daß eine solche Überlegung nicht falsch ist, sieht man zumindest an dem Beispiel der frühen Stromainvasion, bei der noch niemals eine metastatische Ausbreitung gefunden wurde.

Neben der Tumorgröße spielt auch der histologisch sichtbare *Gefäßeinbruch* des Karzinoms eine Rolle als prognostisches Kriterium. Am Beispiel des klinisch diagnostizierten Zervixkarzinoms kann gezeigt werden, daß die Häufigkeit des Lymphknotenbefalls bei nachgewiesenem Gefäßeinbruch mehr als doppelt so groß ist als ohne sichtbare Gefäßbeteiligung (s. Abb. 6.5, S. 78). Zieht man in Betracht, daß ein vorhandener Gefäßeinbruch nicht immer nachgewiesen werden kann, muß die Rolle der Gefäßinvasion noch bedeutender sein, als errechnet wird.

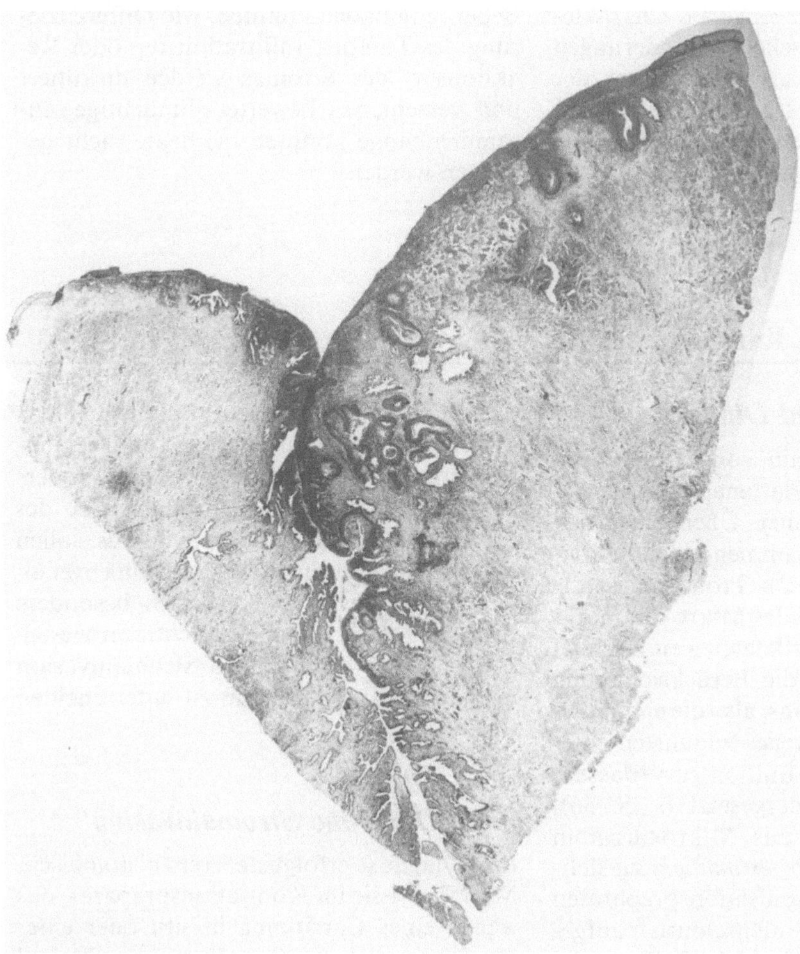

Abb. 3.7. Mikrokarzinom an der im Bild rechten Muttermundslippe. Maximales Tiefenwachstum 4 mm. Größte Breite 7 mm. Der kleine Tumor ist im histologischen Schnitt mit
freiem Auge sichtbar (aus: BURGHARDT, 1973: Histologische Frühdiagnose des Zervixkarzinoms. Stuttgart: G. Thieme)

Abb. 6.6 (S. 78) zeigt, daß die prognostischen Faktoren Tumorgröße und Gefäßeinbruch auch in gegenseitiger Beziehung stehen. Bei Gefäßeinbruch und voluminöserem
Tumor kommt es häufiger zur Bildung von
Metastasen als bei kleineren Tumoren trotz
des Gefäßbefalles. Die Deutung dieses Phä-
nomens ist hypothetisch. Es könnte angenommen werden, daß der nachgewiesene
Gefäßeinbruch ein Ausdruck der besonderen Aggressivität des Tumors ist. Eine Verschleppung von Tumorzellen ist die wahrscheinliche Folge. Diese können aber offenbar erst dann Metastasen bilden, wenn die
Abwehrkraft des Organismus geschwächt
ist. Nachdem angenommen werden darf,
daß auch die lokale Ausbreitung des Tumors
von der Abwehrkraft des Organismus abhängt, könnte die Tumorgröße ein Indikator
für diese Abwehrlage sein, indem ein großer
Tumor für eine bereits geschwächte Abwehr
spricht.
Bei dem mikroinvasiven Karzinom kann
man annehmen, daß die Abwehrlage des
Organismus noch günstig ist und sowohl der
lokalen als auch der metastatischen Ausbrei-

tung des Krebses entgegenwirkt. Charakteristische morphologische Veränderungen beim beginnend invasiven Karzinom der Zervix und der Vulva (s. S. 43 und 48) sowie auch ihr klinisches Verhalten sprechen für derartige Zusammenhänge.

Andere Kriterien, die eine prognostische Bedeutung haben könnten, wie Differenzierung des Tumors, Infiltrationstyp oder Reaktionsart des Stromas werden diskutiert und verschieden bewertet. Eindeutige Zusammenhänge konnten bis heute nicht gefunden werden.

3.4 Mikroinvasives Karzinom der Zervix

3.4.1 Definition und Diagnose

Es gibt eine große Zahl von Mitteilungen über mikroinvasive Plattenepithelkarzinome der Zervix. In einer Übersichtsarbeit wurden 2617 Fälle zusammengestellt (MORGAN und NELSON, 1982). Trotzdem ist die Frage einer Definition des Mikrokarzinoms noch offen. Erst in der letzten Zeit zeichnet sich die Tendenz ab, die Berücksichtigung nur des Tiefenwachstums, also die eindimensionale Betrachtungsweise, zugunsten einer zweidimensionalen Definition zu verlassen. Wie bereits auseinandergesetzt (s. S. 36), wäre es am besten, das Mikrokarzinom aufgrund einer *Volumsbestimmung* zu definieren. Das ist in Konisationspräparaten möglich, wenn sie in Stufenschnitten aufgearbeitet worden sind (Abb. 3.3). Im Routinebetrieb kann zweifellos auch mit der geschilderten zweidimensionalen Definition (Abb. 3.4) und der approximativen Bestimmung des Volumens das Auslangen gefunden werden (s. S. 36 f). Im Rahmen einer kooperativen Studie wurde als oberste Grenze für die Definition des mikroinvasiven Karzinoms willkürlich ein Volumen von 500 mm³ angenommen (BURGHARDT et al., 1973; LOHE et al., 1978). Nimmt man auch weiterhin 5 mm als das Tiefenwachstum, bis zu dem ein Mikrokarzinom definiert werden kann, so sollte der quere Durchmesser des kleinen Tumors nicht mehr als 7 mm betragen. Das würde ein geschätztes Volumen von nicht ganz 400 mm³ bedeuten (s. S. 36). Die Bestimmung der beiden größten Durchmesser des Tumors hat schon allein den Vorteil, daß

die Frage, von welchem Punkt aus das Tiefenwachstum zu messen ist, völlig belanglos wird. Auf Gefäßeinbrüche ist besonders zu achten. Sie schließen die Diagnose des mikroinvasiven Karzinoms nicht aus, sollen aber in einer eigenen Gruppe zusammengefaßt werden. Schließlich hat es sich besonders beim Zervixkarzinom als richtig erwiesen, zwischen der beginnenden Stromainvasion und dem Mikrokarzinom zu unterscheiden (s. S. 38 f).

3.4.2 Die frühe Stromainvasion

Ihre Diagnose erfolgt stets rein histologisch. Man findet sie im Konisationspräparat, das wegen eines Carcinoma in situ oder einer Dysplasie gewonnen wurde. Das beginnend invasive Wachstum geht in über 80% der Fälle von einem Carcinoma in situ aus, in etwa 15% jedoch von einem „dysplastischen" Epithel. Zieht man die verschiedenen atypischen Epithelformen in Betracht, so findet man, daß ein undifferenziertes Carcinoma in situ am häufigsten der Mutterboden des invasiven Wachstums ist (Abb. 3.8). In etwa 70% sind von einem atypischen Plattenepithel befallene Zervixdrüsen der Ausgangspunkt der Invasion. Demnach gehören nur 30% der invasiven Herde einem oberflächlich lokalisierten Epithel an (PIKKEL und BURGHARDT, 1973).

Kolposkopisch kann die frühe Stromainvasion nicht diagnostiziert werden. Es gibt allerdings eine Relation zwischen der Größe eines kolposkopisch atypischen Herdes und

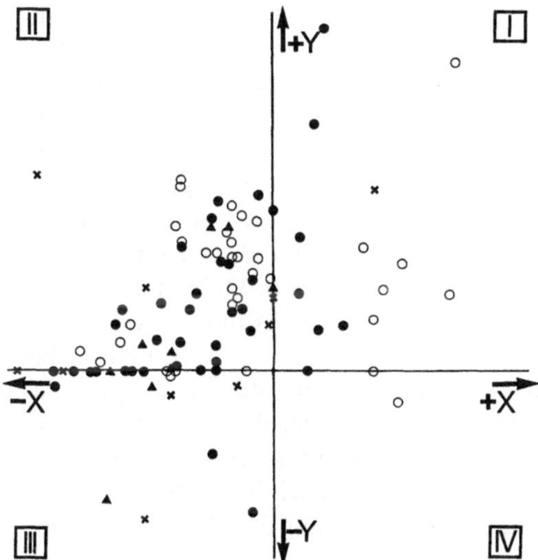

Abb. 3.8. Verteilungsmuster der beginnenden Stromainvasion. In dem Koordinatensystem entspricht die Abszisse der letzten Drüse, die Ordinate dem äußeren Muttermund. Die negativen Schenkel der X- und Y-Achse geben die Richtung vaginalwärts, die positiven Schenkel die Richtung kanalwärts an. Im Quadranten I finden sich demnach die rein intrazervikal lokalisierten Herde. Im Quadranten II die Herde, die zwischen dem äußeren Muttermund und letzter Zervixdrüse an der Portioaußenfläche lokalisiert sind. In den Quadranten III fallen die außerhalb der letzten Zervixdrüse an der Portioaußenfläche gelegenen Herde. Im Quadranten IV ein Herd, der distal einer in den Zervikalkanal zurückgezogenen letzten Drüse lokalisiert ist. Die mit der X-Achse zusammenfallenden Herde sind in der Höhe der letzten Drüse gelegen oder gehen von der letzten Drüse aus. Die Herde auf der Y-Achse fallen mit dem äußeren Muttermund zusammen. Die verschiedenen Zeichen, die die Orte der beginnenden Invasion markieren, geben das Erscheinungsbild oder den Differenzierungsgrad des Epithels an, von dem die Invasion ausgeht: ○ Undifferenziertes Carcinoma in situ; × mittelreifes Carcinoma in situ; ▲ hochdifferenziertes Carcinoma in situ; ● Dysplasie (aus: PICKEL und BURGHARDT, 1973: Die Lokalisation des beginnenden invasiven Krebswachstums an der Cervix. Arch. Gynäk. **215**, 187)

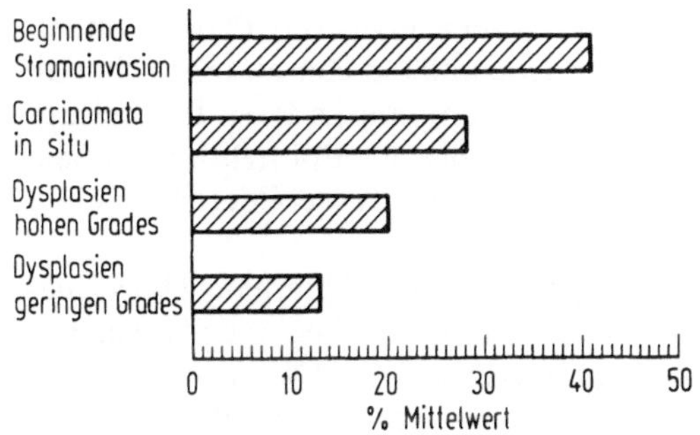

	Mittelwert
Beginnende Stromainvasion	41,18
Carcinomata in situ	28,68
Dysplasien hohen Grades	20,12
Dysplasien geringen Grades	13,33

Abb. 3.9. Zunehmende flächenhafte Ausdehnung des atypischen Epithels bei Dysplasien, Carcinoma in situ und beginnender Stromainvasion als Maximalveränderung (aus: BURGHARDT, 1973: Histologische Frühdiagnose des Zervixkarzinoms. Stuttgart: G. Thieme)

der Wahrscheinlichkeit des bereits invasiven Wachstums: Je größer die Fläche ist, die von einem atypischen Epithel eingenommen wird, umso eher ist auch mit beginnender Stromainvasion oder einem Mikrokarzinom zu rechnen (Abb. 3.9). Natürlich kann bei flächenhaft kleineren Veränderungen das beginnend invasive Wachstum nicht ausgeschlossen werden.

Die frühe Stromainvasion (Abb. 3.5) hat ein charakteristisches histologisches Erscheinungsbild (BURGHARDT, 1972 und 1984). Hervorstechend ist, daß sich die beginnend invasive Epithelformation von ihrem Mutterboden geradezu abrupt unterscheidet. Veränderungen an Zellen und Kernen des invasiven Verbandes sprechen für eine Abwehrreaktion gegenüber dem ersten invasiven Einbruch. Stromaveränderungen um den beginnend invasiven Zapfen mit der Anhäufung von Rundzellen und dem immer wieder beobachtbaren Auftreten von Fremdkörperriesenzellen deuten ebenfalls auf die Existenz eines derartigen Mechanismus hin. Manchmal gehen die Veränderungen so weit, daß man an eine erfolgreiche Abwehr glauben könnte. Es ist durchaus denkbar, daß die bekannte lange Latenzzeit des atypischen Epithels bis zu seinem definitiven Übergang zum invasiven Wachstum darauf beruht, daß invasive Einbrüche in das Stroma durch längere Zeit erfolglos bleiben. Die Veränderungen an Epithel und Stroma sind beim frühen invasiven Plattenepithelkarzinom jedenfalls so charakteristisch, daß eine Verwechslung mit anderen Epithelzapfen oder mit atypischen Epithelformationen, die in Zervixdrüsen ausgebildet sind, nicht möglich sein sollte.

Schwieriger ist es beim Übergang eines *Adenocarcinoma in situ* zum beginnend invasiven Wachstum (Abb. 3.6). Die Verwechslung mit stark verzweigten Drüsenformationen ist leicht möglich. Hier sind es vor allem die Stromaveränderungen, die den Rückschluß auf das bereits invasive Wachstum erlauben (PICKEL, 1978). Ein völlig unverändertes Stroma spricht stets sehr eindeutig gegen die Invasion.

Es ist bisher noch kein Fall bekannt geworden, bei dem nach der Behandlung eines beginnend invasiven Karzinoms ein invasives Rezidiv oder eine Metastase aufgetreten wäre. Das gilt auch für Fälle, bei denen der beginnend invasive Zapfen offenbar in Gefäßräume eingebrochen ist (BURGHARDT, 1984). Man kann also durchaus annehmen, daß es bei einer Ausschwemmung von Krebszellen in den Kreislauf zu keinem Angehen von Metastasen kommen kann. Hier wirken sich offenbar Mechanismen aus, wie sie selbst noch bei größeren Karzinomen nachweisbar sind (Abb. 6.6, S. 78).

Die Behandlung kann demnach durchaus nach den Regeln erfolgen, wie sie für die Behandlung der nicht invasiven CIN gültig sind (s. S. 26 ff). Wesentlich ist, daß die gesamten Veränderungen, also besonders auch die noch nicht invasiven atypischen Epithelien, zur Gänze eliminiert werden. Man erreicht das am besten, indem man zunächst eine Konisation macht und am Konus histologisch untersucht, ob er die gesamten Veränderungen umfaßt hat. Ist das nicht der Fall, so wird der Uterus exstirpiert oder es werden die restlichen Veränderungen nach Abheilen der Konisationswunde in einer zweiten Sitzung durch eine neuerliche Konisation entfernt (s. S. 29). Die operative Behandlung ohne Konisation, also durch primäre Uterusexstirpation, ist in der Regel nicht möglich, da die Diagnose nicht bekannt ist.

Selbst bei zufälligem Nachweis des beginnend invasiven Wachstums in einer gezielten Biopsie kann nicht beurteilt werden, welche Veränderungen sich in dem meist großen Krankheitsfeld (Abb. 3.9) sonst noch abspielen. Das gleiche gilt für die gewebszerstörende Therapie. Sie wird aufgrund kolposkopischer Diagnosen und gezielter Biopsien vorgenommen (s. S. 30). Dabei muß beginnend invasives Wachstum unweigerlich übersehen werden. Ihre relativen Erfolge bei der Behandlung vermeintlich intraepithelialer Veränderungen beruhen daher auf dem Umstand und beweisen ihn, daß der beginnend invasive Einbruch in das Stroma noch keine akute Bedrohung des Organismus darstellt.

3.4.3 Das Mikrokarzinom

Dieses ist gewissermaßen der Prüfstein für alle Probleme, die sich in Verbindung mit der Definition, der Diagnose und der Behandlung mikroinvasiver Karzinome ergeben. Es ist der kleinste karzinomatöse Knoten, der aus mehreren bis vielen Karzinomverbänden zusammengesetzt ist (Abb. 3.2). Daher ist er um vieles größer als der beginnend invasive Epithelzapfen und kann, nachdem man ihn identifiziert hat, im histologischen Schnitt bereits *mit freiem Auge* gesehen werden (Abb. 3.7). Die Differenzierung der Karzinomverbände beim Mikrokarzinom entspricht in der Regel der Differenzierung des Krebsepithels, von dem die Invasion ausgegangen ist. Herdförmig finden sich degenerative Veränderungen am Epithel, wie sie bei der beginnenden Stromainvasion beschrieben worden sind. Auch das Stroma ist stets reaktiv. Seine Veränderungen sind oft relativ scharf auf das invasive Feld begrenzt und tragen damit zur Sichtbarkeit des kleinen Karzinoms bei (BURGHARDT, 1972 und 1984). Weitgehende Veränderungen im Epithel und Stroma, die auf eine erfolgreiche Abwehr der bereits fortgeschrittenen Invasion deuten würden, konnten bisher nicht identifiziert werden. Die Vorstellung, daß auch das Mikrokarzinom in seinem Wachstum noch gehemmt wird, d. h. daß seine weitere Ausbreitung nur langsam erfolgt, ist daher hypothetisch. Sie beruht auf den seltenen Beobachtungen über die sehr langsame Progredienz bereits klinisch invasiver Karzinome (NAVRATIL, 1960).

Auf ein aggressiveres Verhalten lassen nur die sichtbaren *Gefäßeinbrüche* schließen. Auch sie stellen zunächst ein diagnostisches Problem dar. Einerseits können Gefäßeinbrüche durch fixationsbedingte Schrumpfung des Stromas um kleine Krebsverbände vorgetäuscht werden (BURGHARDT, 1972). Andererseits hängt ihr sicherer Nachweis von der Schnittzahl ab, mit der das Mikrokarzinom untersucht worden ist. Die Bedeutung des Gefäßeinbruches liegt in dem Umstand, daß alle bisher bekannten Rezidive und Todesfälle bei den genau diagnostizierten Mikrokarzinomen nur bei dem Nachweis von Gefäßeinbrüchen vorgekommen sind (BURGHARDT und HOLZER, 1977; LOHE et al., 1978). Andererseits ist aber noch bei keinem Mikrokarzinom, das wegen eines Gefäßeinbruches radikal operiert worden ist, eine Lymphknotenmetastase oder eine andere metastatische Absiedelung gefunden worden (Tab. 3.1).

Die Frage der adäquaten Behandlung ist aus zwei Gründen schwierig. Zum einen sind die meisten Berichte über die Behandlungsergebnisse bei Mikrokarzinomen nur sehr begrenzt verwertbar, da die diagnostischen Kriterien zu ungenau und nicht einheitlich waren (MORGAN und NELSON, 1982). Der zweite Unsicherheitsfaktor beruht auf dem bisher noch nicht beachteten Umstand, daß die Größenverhältnisse innerhalb der bisher angenommenen Volumensdefinition außerordentlich verschieden sind. Der Größenunterschied zwischen dem kleinsten bereits erkennbaren Mikrokarzinom und einem Tumorknoten mit einem Volumen von 500 mm³ ist jedenfalls unvergleichlich größer, als er innerhalb der Gruppe der makroskopisch sichtbaren Tumoren sein kann. Die bisherigen Erfahrungen beruhen hauptsächlich auf kleineren Tumorvolumina. Behandlungsergebnisse bei exakt vermessenen Tumoren mit Volumina über 200, 300 oder gar 400 gemessenen Kubikmillimetern liegen nur in sehr geringer Zahl vor. Zieht man außerdem noch in Betracht, daß die wenigen Fälle verschiedenen therapeutischen Maßnahmen unterzogen worden sind, werden die einzelnen diagnostischen Gruppen statistisch unbrauchbar.

Daher ist jeder Fall von Mikrokarzinom individuell zu betrachten und zu behandeln. Anzustreben ist eine möglichst genaue Größenbestimmung. Die Beziehung des Tumors zum Gefäßsystem ist besonders genau zu überprüfen. Der Pathologe wird gegebenenfalls seine Blöcke weiter aufzuschneiden haben. Schließlich muß aufgrund aller vorliegenden Kriterien entschieden werden, ob die Metastasierungsfähigkeit des Tumors mit größter Wahrscheinlichkeit ausgeschlossen werden kann. Ist dies der Fall, so haben wir es mit einer lokalisierten Erkrankung zu tun, die auch mit lokalen Maßnahmen, z. B. der Konisation, zu behandeln ist. Eine Uterusexstirpation bringt nicht mehr Sicherheit, außer die Ränder des Konus gehen durch ein atypisches Epithel. Geht die Abtragungsfläche des Konus hingegen durch invasive Verbände, so ist die Diagnose des Mikrokarzinoms erst gar nicht zulässig. Bei solchen Fällen sowie bei dem Verdacht auf eine bereits gegebene Metastasierungsfähigkeit müssen radikale Eingriffe gemacht werden,

Tabelle 3.1. Abdominale Radikaloperation mit Lymphadenektomie bei Mikrokarzinomen mit Gefäßeinbruch (Graz 1978—1983)

Jahr	N	Volumen/mm³	Befallene Knoten
1978	2	110/40	keine
1979	1	40	keine
1980	4	120/120/100/50	keine
1981	5	300/230/95/60/15	keine
1982	3	350/60/50	keine
1983	2	186/110	keine
Total	17		

da nicht vorauszusehen ist, welche Drüsenstation zuerst befallen wird (s. Abb. 6.14, S. 85). Die vaginale Radikaloperation ohne Lymphadenektomie, wie sie manchmal als Kompromiß vorgeschlagen wird, ist für die Behandlung des Mikrokarzinoms wertlos. Die Mitnahme der Parametrien allein sowie einer Scheidenmanschette kann das Schicksal der Patientinnen nicht positiv beeinflussen, wenn das Karzinom bereits zu diskontinuierlicher Propagation befähigt ist. Die Entscheidung liegt daher letzten Endes zwischen dem *kleinsten Eingriff* und dem *größten Eingriff*. Für die Anwendung von Eingriffen, die ihrer Größe nach dazwischen liegen, gibt es keine vernünftigen Gründe.

3.5 Mikroinvasives Adenokarzinom der Zervix

Das mikroinvasive Adenokarzinom wird nur selten diagnostiziert. Häufiger ist die Diagnose eines Adenocarcinoma in situ (BURGHARDT, 1966, 1972, 1981; PICKEL, 1978; CHRISTOPHERSON et al., 1979). Sie beruht auf einer atypischen Umwandlung des Zylinderepithels in Zervixdrüsen oder an der Oberfläche des Zervikalkanals. Die atypischen Veränderungen sind auch beim Adenocarcinoma in situ in scharf begrenzten Feldern ausgebildet (s. S. 17) und zeigen eine scharfe Abgrenzung zum unveränderten Zylinderepithel. Man findet daher häufig, daß nur Teile von Zervixdrüsen verändert sind (Abb. 1.16, S. 17). Abgesehen von den Atypiezeichen an Zellen und Kernen wird die Diagnose durch das Vorhandensein von Mitosen bekräftigt. Es ist charakteristisch, daß sie in den apikalen Protoplasmasäumen liegen.

Die atypischen Drüsen findet man in der Regel um den äußeren Muttermund. Sie gehören dem intrazervikalen Drüsenfeld oder einer ektopischen Zervixschleimhaut an (PICKEL, 1978).

Die Diagnose eines Adenocarcinoma in situ oder auch der mikroinvasiven Adenokarzinome wird meist zufällig gestellt. Man findet die Veränderungen in Konisationspräparaten, die aufgrund einer Atypie des Plattenepithels gemacht worden sind. Die Koinzidenz des atypischen Drüsenepithels mit einer Atypie des Plattenepithels findet sich in über 90% (BURGHARDT, 1981).

Die frühe Stromainvasion ist beim Adenokarzinom schwer zu diagnostizieren. Da die Zervixdrüsen gewöhnlich von irregulärer Form sind, ist es schwierig zu entscheiden, ob papilläre Protrusionen bereits als Invasion zu deuten sind oder nicht (s. S. 44).

Die Diagnose des Mikrokarzinoms der Zervixdrüsen ist hingegen einfach. Drüsenfelder mit *Rücken an Rücken* liegenden atypischen Drüsen unterscheiden sich von dem gewöhnlichen Adenokarzinom der Zervix nur durch ihre Größe (Abb. 3.10). Die Definition des Mikrokarzinoms beruht auf den gleichen diagnostischen Kriterien wie bei dem Mikrokarzinom des Plattenepithels.

Die klinischen Erfahrungen mit dem mikroinvasiven Adenokarzinom sind sehr gering. Die beginnende Stromainvasion ist offenbar von keiner wesentlichen Bedeutung; Berichte über das Verhalten von Mikrokarzinomen liegen nicht vor. Im eigenen Bereich wurden im Verlaufe von 16 Jahren lediglich vier Fälle eines Mikrokarzinoms sowie weitere vier Fälle eines etwas größeren, okkulten Adenokarzinoms gefunden. Mit Ausnahme eines Falles wurden alle in Konisationspräparaten entdeckt. In drei Fällen fand sich auch eine frühe Stromainvasion des Plattenepithels und in einem Fall lag gleichzeitig ein Mikrokarzinom des Plattenepithels vor. In zwei Fällen war das Mikrokarzinom vom adenosquamösen Typ. Gefäßeinbrüche konnten bei keinem Fall nachgewiesen werden.

Die Größe der okkulten Adenokarzinome variierte zwischen 520 und 1000 mm³. In vier der acht Fälle erfolgte die abdominelle Radikaloperation mit Lymphadenektomie. Alle

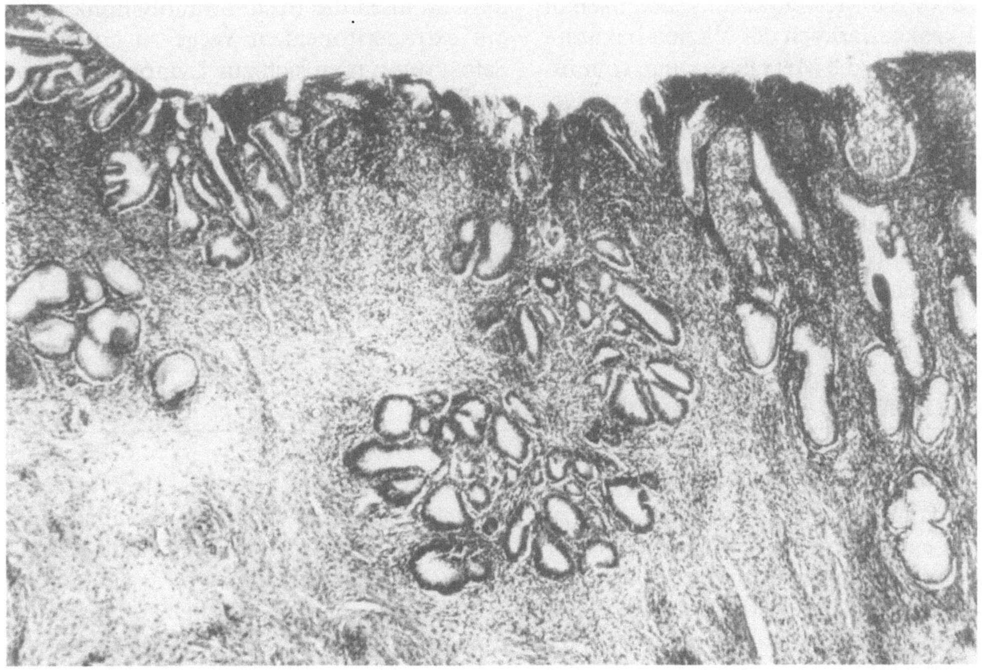

Abb. 3.10. Mikroinvasives Adenokarzinom der Zervix. Die atypischen Drüsen liegen Rücken an Rücken und werden von einem aufgelockerten Stroma umgeben. Beiderseits unveränderte Zervixdrüsen (aus: BURG-HARDT, 1984: Kolposkopie. Zervixpathologie. Stuttgart: G. Thieme)

exstirpierten Lymphknoten waren negativ. In drei weiteren Fällen wurde die vaginale Radikaloperation durchgeführt, während die Patientin in einem Fall eine weitere Therapie nach der Konisation ablehnte. Bei diesem ergab sich nach einer Beobachtungszeit von sieben Jahren kein Anhaltspunkt für ein Rezidiv. Fünf der übrigen sieben Fälle wurden bis heute durch mehr als fünf Jahre beobachtet. In keinem Fall ist ein Rezidiv aufgetreten.

Nach der bisherigen Erfahrung besteht kein Grund, für das Mikrokarzinom der Zervix eine andere Behandlung vorzuschlagen als für das Mikrokarzinom des Plattenepithels.

3.6 Mikroinvasives Karzinom der Vagina

Über das mikroinvasive Karzinom der Vagina gibt es keinerlei Erfahrung. Selbst die Diagnose des Carcinoma in situ der Vagina ist außerordentlich selten. An der Grazer Klinik wurden in den letzten 10 Jahren ein Carcinoma in situ, ein Carcinoma in situ mit früher Stromainvasion und drei Mikrokarzinome diagnostiziert. Die Veränderungen treten in scharf umschriebenen Herden auf. Man wird versuchen, sie im Gesunden zu exzidieren. Das gesamte Material sollte in Stufenserienschnitten untersucht werden. Dabei können Herde von früher Stromainvasion oder von Mikrokarzinomen gefunden werden. Sie unterscheiden sich nicht von analogen Herden an der Zervix.

Bei der Frage ihrer Behandlung wird man zunächst entscheiden müssen, ob man dem Karzinom bereits eine Metastasierung zutraut oder nicht. Mangels Erfahrung ist wenig über die Metastasierungsbereitschaft von Mikrokarzinomen der Vagina bekannt. Befürchtet man die Metastasierung, so müssen die regionären Lymphdrüsen ausgeräumt werden. Bei höhergelegenen Karzinomen wären das die Beckenwandlymphknoten, bei tief sitzenden Karzinomen hingegen eher die inguinalen Knoten. Bei Karzinomen im mittleren Scheidendrittel haben wir es als notwendig empfunden, die inguinalen Knoten und auch die Beckenwandlymphknoten auf extraperitonealem Wege zu entfernen. Selbst wenn man sich zur Lymphonodektomie entschließt, ist über die lokale Exzision hinaus eine weitere operative Behandlung der Scheide nicht nötig, falls der gesamte erkrankte Herd im Gesunden entfernt worden ist. Gegebenenfalls kann man postoperativ eine Kontaktbestrahlung durchführen.

3.7 Mikroinvasives Karzinom der Vulva

Ebenso wie an der Zervix wird auch an der Vulva gewöhnlich ein *Tiefenwachstum* bis zu 5 mm als eines der Kriterien für die Definition des mikroinvasiven Karzinoms bezeichnet. Als zweites Maß wird ein *Durchmesser* von 2 cm oder weniger angegeben. Letzteres entstammt der Definition des Stadiums I des Cancer Committee der FIGO, die allerdings den Begriff des mikroinvasiven Karzinoms nicht kennt.

Die Diagnose wird am besten durch histologische Aufarbeitung des zur Gänze ausgeschnittenen Krankheitsherdes vorgenommen. Auch hier bewähren sich Stufenschnitte zur Bestimmung der größten Durchmesser. Berechnung des Tumorvolumens können in gleicher Weiser angestellt werden wie an der Zervix (s. S. 36).

Das Tiefenwachstum des Tumors wird in verschiedener Weise bestimmt. Man mißt es ausgehend von der epithelialen Oberfläche oder aber von der Basalmembran der höchsten Strompapille oder auch von der Basis des tiefsten Epithelzapfens (WILKINSON et al., 1982). Diese Frage erübrigt sich, wenn durch Multiplikation der beiden Tumordurchmesser die Tumorfläche oder gar das Tumorvolumen errechnet wird.

Die *frühe Stromainvasion* an der Vulva ist nur selten beschrieben worden (PICKEL, 1976). Da ihre Diagnose an einem oft sehr lebhaft zapfenbildenden Vulvaepithel schwierig sein kann, gibt es zweifellos Fehlinterpretationen. Die Invasion geht sowohl von einem Epithel aus, das als Dysplasie bezeichnet werden könnte, als auch von einem der verschiedenen Formen des Carcinoma in situ. Im ersteren Fall treten an der Epithelbasis, meist in Epithelzapfen, Herde von Zellen mit einem hellen Zytoplasma und größeren blasigen Kernen auf (Abb. 3.11). Ist ein Carcinoma in situ der Ausgangspunkt der Invasion, so sind die Veränderungen am Epithel ähnlich wie beim Zervixkarzinom (s. S. 43): Es kommt zu einer Aufhellung des Zytoplasmas sowie zu einer Vergrößerung der Kerne im invasiven Herd. Stromaveränderungen sind stets vorhanden, wenn auch nicht so deutlich ausgeprägt wie an der Zervix.

Das *Mikrokarzinom* der Vulva ist noch nicht wirklich definiert. Mit Recht ist die Wertigkeit des Tiefenwachstums als einziges Kriterium bezweifelt worden (WHARTON et al., 1974; DIPAOLA et al., 1975; PARKER et al., 1975). Auf der anderen Seite sind Angaben über Durchmesser von „2 cm und weniger" praktisch wertlos, da sie einen sehr großen Spielraum lassen. Bei einem Tiefenwachstum von 5 mm können sich Volumina ergeben, die bis zu 2000 mm³ betragen. Mit derartigen Größenbestimmungen werden aber Tumoren definiert, die mit einer Häufigkeit von bis zu 12% metastasieren (WILKINSON et al., 1982). Aufgrund genauer Messungen haben die gleichen Autoren festgestellt, daß nur bei einem Tiefenwachstum bis zu 1,5 mm die Tumorvolumina 1000 mm³

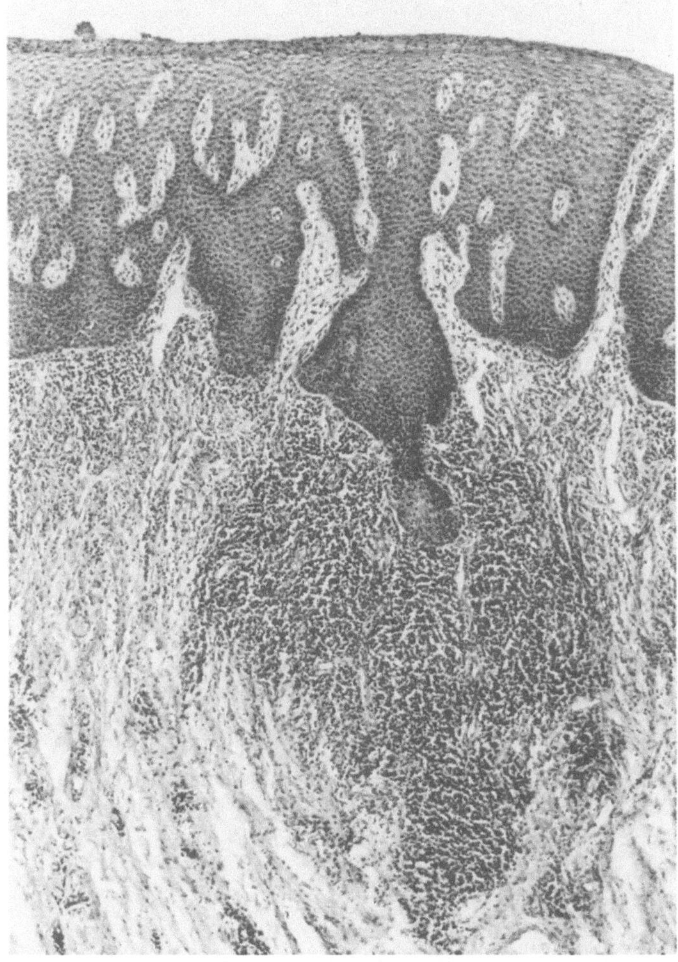

Abb. 3.11. Beginnende Stromainvasion an der Vulva. Von einem lebhaft
zapfenbildenden dysplastischen Epithel dringt eine aufgehellte Knospe in
ein herdförmig dicht infiltriertes Stroma ein

und weniger betragen. Bei einem Tiefenwachstum zwischen 1,5 und 4 mm hingegen streuen die Tumorvolumina von 200—4800 mm³, ohne daß eine lineare Beziehung zwischen Tiefenwachstum und Volumen bestünde. Diese Berechnungen gelten allerdings nur für den Fall, daß die Ausdehnung der Breite nach beliebig groß sein kann.

Von den meisten Autoren werden histologisch sichtbare Gefäßeinbrüche, geringe Differenzierung und Konfluenz der Tumorverbände als ungünstige Kriterien bezeichnet. Auch Tumoren ohne einen größeren präinvasiven Randbelag sollen eine schlechtere Prognose haben, als wenn die Invasion von größeren Feldern eines Carcinoma in situ ausgeht (BARNES et al., 1980).

Bisher ist kein Fall bekannt, bei dem es bei nur beginnender Stromainvasion zu einer metastatischen Ausbreitung gekommen wäre. Auch bei der Invasionstiefe von weniger als 1 mm wurde bis jetzt keine Metastasierung beschrieben.

Die prognostische Bewertung des bereits

Tabelle 3.2. Vulvakarzinom: 32 Fälle mit lymphatischer Metastasierung bei einer Invasionstiefe von 5 mm und einem maximalen Durchmesser von 2 cm

Durchmesser bestimmt	Durchmesser < 1 cm	Verhalten zu Gefäßen beurteilt	Gefäßeinbruch	Durchmesser und Gefäßeinbruch berücksichtigt	Weder Durchmesser noch Gefäße berücksichtigt
10	3*	21	10	9	10

* Ein Fall mit Gefäßeinbruch, ein weiterer Fall ohne diesbezügliche Daten (Literatur bei WILKINSON, E. J., et al., 1982).

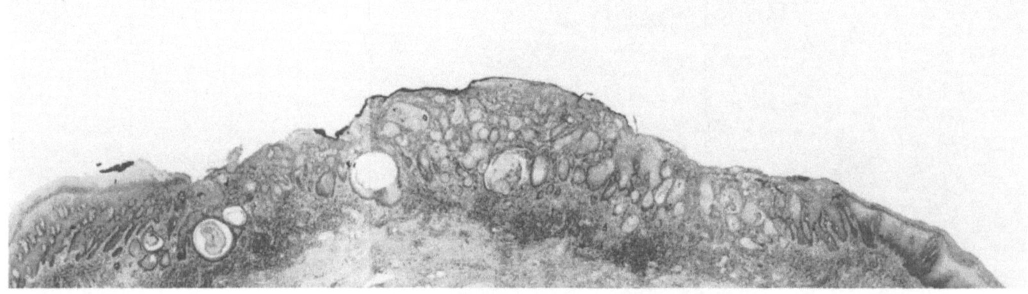

Abb. 3.12. Mikrokarzinom der Vulva. Der größte Durchmesser des kleinen Tumors beträgt 7 mm, das Tiefenwachstum 1,5 mm. Deutliche Stromareaktion im invasiven Bereich und auch im Bereich des randständigen lebhaft gegliederten dysplastischen Epithels

größeren invasiven Tumors ist schwierig, da die Angaben über die meisten behandelten Fälle ungenau sind oder Tumoren betreffen, deren Größe weit über das Maß hinausgeht, das der Definition eines Mikrokarzinoms zugrunde gelegt werden sollte. Wie aus der Tab. 3.2 hervorgeht, wurden bei der Mitteilung von 32 metastasierenden Fällen eines „mikroinvasiven Karzinoms" nur sehr unvollständige Angaben bezüglich des Tiefenwachstums, des Tumordurchmessers und eines Gefäßeinbruches gemacht.

Nach allem, was bis jetzt bekannt ist, wird es notwendig werden, die Definition des mikroinvasiven Karzinoms der Vulva weiter einzuengen. Wird angenommen, daß das Tiefenwachstum mit 5 mm begrenzt werden sollte, so müßte der größte quere Durchmesser wahrscheinlich unter 10 mm liegen. Karzinome dieser Größe (Abb. 3.12) werden allerdings eher selten gefunden. An der Grazer Klinik wurden innerhalb von 15 Jahren 96 invasive Vulvakarzinome behandelt. Darunter waren neun Fälle mit beginnender Stromainvasion und nur sechs Fälle mit einem Durchmesser bis zu 9 mm und einem Tiefenwachstum bis zu 4 mm. Die Behandlung der Mikrokarzinome erfolgte durch einfache Vulvektomie. Die Patientinnen sind nach einer Beobachtungsdauer von mindestens 5 Jahren rezidivfrei geblieben.

Für eine prospektive Beurteilung des Problems wird es nötig sein, eine repräsentative Zahl von genau diagnostizierten Fällen zu überblicken. Ihre Diagnose muß zumindest auf der Bestimmung des Tiefenwachstums und des größten queren Durchmessers beruhen. Berücksichtigt werden muß ein nachweisbarer Gefäßeinbruch sowie die Differenzierungsform des Tumors. Erst nach der Auswertung eines solchen Materials wird festzustellen sein, aufgrund welcher Kriterien eine Metastasierung mit genügender Sicherheit ausgeschlossen werden kann. Damit wird auch das Ziel zu erreichen sein, die Fälle zu definieren, bei denen der große und verstümmelnde Eingriff zugunsten einer nur lokalen Exzision der Veränderungen aufgegeben werden kann.

3.8 Mikroinvasives Karzinom des Endometriums

Das mikroinvasive Karzinom des Endometriums ist noch nicht beschrieben. Eine Voraussetzung wäre die genaue Definition eines Carcinoma in situ, das in der Form, wie sie von HERTIG und BENGLOFF (1949) angegeben wurde, nur in wenigen Fällen nachzuweisen ist (s. S. 90). Weit häufiger können in der Umgebung von kleinen invasiven Karzinomen Herde mit adenomatöser Hyperplasie festgestellt werden, die als Vorstadium des Endometriumkarzinoms in Frage kommen (GUSBERG et al., 1954; DALLENBACH-HELLWEG, 1975). Unbekannt sind bis jetzt Bilder, die den Übergang derartiger Hyperproliferationen zum beginnend invasiven Wachstum darstellen würden.

Auch kleinste invasive Tumoren sind außerordentlich selten. Im eigenen Material wurden innerhalb von 12 Jahren unter 483 Endometriumkarzinomen nur 15 Fälle mit kleinen, aber immer noch makroskopisch sichtbaren Krebsen gefunden. Nur in einem Fall wurde eine Veränderung gesehen, die aufgrund ihres Erscheinungsbildes und ihrer Ausmaße als Mikrokarzinom angesprochen werden könnte (PICKEL, 1982).

Bekannt ist, daß auch beim Karzinom des Endometriums eine direkte Beziehung zwischen Tumorausbreitung, d. h. *Tumorgröße und Prognose* besteht (GUSBERG et al., 1960; ANDERSON, 1982). Alle diesbezüglichen Untersuchungen betreffen aber Karzinome aus dem makroskopischen Bereich. Es ist die Frage, ob es überhaupt möglich sein wird, im Falle des Endometriumkarzinoms ein mikroinvasives Karzinom als eigene diagnostische Gruppe zu definieren. Allein die primäre Diagnose der Veränderungen am Endometrium durch Abrasion, d. h. durch Zerstückelung des histologischen Materials, steht solchen Bestrebungen entgegen.

3.9 Mikroinvasives Karzinom des Ovars

Auch am Ovar wurde bisher noch kein Mikrokarzinom diagnostiziert. Es wäre aber „wichtig, es zu definieren und zu diskutieren, in der Hoffnung, daß neuere diagnostische Möglichkeiten seine Erkennung in der Zukunft ermöglichen werden" (SCULLY, 1982). Die Schwierigkeiten in der Diagnostik sind augenscheinlich. Sie werden noch vergrößert durch die Vielzahl von Ovarialgeschwülsten, von denen eigentlich eine jede für sich betrachtet werden müßte.

Bis heute gibt es nur wenige Angaben über die Größe von Ovarialkarzinomen als prognostischer Faktor. Diesbezüglich sind die Granulosazelltumoren und die Dysgerminome am besten untersucht. Beim Granulosazelltumor wurde eine hundertprozentige Überlebensrate gefunden, wenn der Tumor einen kleineren Durchmesser als 5 cm hatte, während bei größeren Tumoren nur 57% der Patientinnen überlebten (Fox et al., 1975). Auch andere Berichte weisen auf Zusammenhänge zwischen der *Tumorgröße* und der *Überlebensrate* hin (STENWIG et al., 1979; BJÖRKHOLM und SILVERSWÄRD, 1981). Kleinste Dysgerminome sind Zufallsbefunde. Sie werden in dysgenetischen Gonaden entdeckt, die phänotypisch weiblichen Personen mit einem Y im Kariotyp entnommen wurden. Der bisherigen Erfahrung nach hat noch kein Tumor solcher Größenordnung metastasiert oder ein Rezidiv entwickelt (SCULLY, 1982).

Es ist vorstellbar, daß kleinste Krebse auch in Dermoidzysten, Brennertumoren und eventuell in endometroiden Karzinomen durch Zufall gefunden werden. Hingegen dürfte die Entdeckung kleiner atypisch proliferierender Herde in serösen und muzinösen Zystadenomen, die man als mikroinvasive Karzinome bezeichnen könnte, eher als problematisch zu bezeichnen sein. Am ehesten könnten derartige minimale Karzinome gefunden werden, wenn anläßlich der Operation eines großen Ovarialtumors das kontralaterale Ovar entfernt und histologisch untersucht wird. Das wäre allerdings ein Nebenbefund, der auf das Krankheitsgeschehen keinen entscheidenden Einfluß hätte.

Heute steht im Zusammenhang mit dem Ovar noch das Konzept des *kleinen Krebses (small cancer)* mit einem Durchmesser von 5 cm oder weniger zur Diskussion (SCULLY, 1982). Es wird daher nötig sein, innerhalb des Stadiums I a des Ovarialkarzinoms Daten über das Verhalten von Ovarialtumoren verschiedener Größenordnung zu sammeln. Erst die intensivere Beschäftigung mit dieser Problematik wird auch zum Problem des kleinsten invasiven Karzinoms führen, wie es als mikroinvasives Karzinom verstanden werden könnte.

3.10 Zusammenfassende Betrachtungen

Die Definition des mikroinvasiven Karzinoms ist sowohl von theoretischem als auch von praktischem Wert. Zum ersten stellt sich die Frage, ob es im Laufe des Wachstums und der Ausbreitung von Karzinomen gewissermaßen ein invasives Übergangsstadium gibt, das vom Organismus in Schach gehalten und fallweise vielleicht sogar mit Erfolg bekämpft werden kann. Wahrscheinlich führt nicht jeder invasive Einbruch eines karzinomatösen Epithels zum fortschreitenden Tumorwachstum. An der Zervix sieht man relativ häufig multiple Herde von beginnender Stromainvasion, jedoch nur selten mehrere Mikrokarzinome beim gleichen Fall. Auch der bereits formierte mikroinvasive Tumor hat noch keine Propagationsfähigkeit, außer es weisen besondere Merkmale, wie ein Gefäßeinbruch, auf seine Aggressivität hin. Der Übergang vom mikroinvasiven Karzinom zum größeren, klinisch sichtbaren Tumor dürfte eine Frage der Überwindung lokaler und allgemeiner Abwehrreaktionen sein.

Das Konzept des mikroinvasiven Karzinoms krankt derzeit nocht an der Frage seiner Definition. Als besonders unglücklich hat es sich erwiesen, daß die Mikroinvasion bisher nur aufgrund des Tiefenwachstums definiert worden ist. Damit sind Karzinome sehr unterschiedlicher Größenordnung erfaßt worden, deren Verhalten auch dementsprechend verschieden sein muß, was eher zur Verunsicherung als zur Klärung des Problems beigetragen hat. Die Beziehung zwischen Tumorgröße einerseits und Metastasierung sowie auch Prognose anderseits ist bei vielen Organkrebsen bekannt. Auch beim mikroinvasiven Karzinom kommt es offenbar auf seine Größe und nicht nur auf seine Penetrationstiefe an. Dazu kommen weitere Merkmale, die es ermöglichen, sein Verhalten besser zu verstehen. Zu suchen ist demnach nach dem kleinen Krebs, dem „Minimal invasive carcinoma" (GALLAGHER und MARTIN, 1971), das noch nicht zur diskontinuierlichen Ausbreitung befähigt ist. Es ist nicht zu erwarten, daß dieser Krebs in jedem Organ die gleichen Dimensionen aufweisen wird. Daher wird sich die Notwendigkeit ergeben, das Problem des mikroinvasiven Karzinoms in jedem Organ für sich zu studieren, um die Wechselbeziehungen aufzudecken, die durchaus ortsbedingt sein können.

Die praktische Bedeutung einer genauen Definition von Mikrokarzinomen liegt in der Möglichkeit einer individualisierten Behandlung. Bezeichnenderweise bewegt man sich bei der Wahl der Behandlungsmethoden in Extremen. Traut man dem individuellen Karzinom bereits eine Metastasierung zu, so müssen radikale Eingriffe vorgenommen werden. Ist man hingegen überzeugt, daß der kleinste Tumor noch nicht zu metastasieren vermag, so hat man es mit einer lokalisierten Erkrankung zu tun, die durch einfache Exzision des Krankheitsherdes oder bestenfalls durch Exstirpation des Organes beherrscht werden kann. Die Bedeutung solcher Unterschiede in der Therapie liegt vor allem bei der Zervix und bei der Vulva auf der Hand.

Literatur

ANDERSON, B. (1982): The relationship of tumour volume to prognosis in endometrial cancer. In: Minimal Invasive Cancer (Microcarcinoma) (BURGHARDT, E., HOLZER, E., Hrsg.). (Clinics in Oncology, Vol. 1), S. 363. London: W. B. Saunders.

AVERETTE, H. E., NELSON, J. H., NG, A. B. P., HOSKINS, W. J., BOYCE, J. G., FORD, J. H., JR. (1976): Diagnosis and management of microinvasive (Stage I A) carcinoma of the uterine cervix. Cancer 38, 414.

BAJARDI, F., BURGHARDT, E. (1956): Ergebnisse von histologischen Serienschnittuntersuchungen beim Carcinoma colli. O. Arch. Gynäk. 189, 392.

BARNES, A. E., CRISSMAN, J. D., SCHELLHAS, H. F., AZOURY, R. S. (1980): Microinvasive carcinoma of the vulva: A clinicopathologic evaluation. Obstet. Gynec. 56, 234.

BJÖRKHOLM, E., SILFVERSWÄRD, C. (1981): Prognostic factors in granulosa cell tumors. Gynecol. Oncol. 11, 261.

BURGHARDT, E. (1966): Das Adenocarcinoma in situ der Cervix. Arch. Gynäk. 203, 57.

— (1972): Histologische Frühdiagnose des Zervixkrebses. Stuttgart: G. Thieme.

— (1981): Pathology of preclinical invasive carcinoma (Microinvasive and occult invasive carcinoma). In: Gynecol. Oncol. (COPPLESON, M., Hrsg.). Edinburgh: Livingstone.

— (1984): Kolposkopie. Spezielle Zervixpathologie. Stuttgart-New York: G. Thieme.

— HOLZER, E. (1977): Diagnosis and treatment of microinvasive carcinoma of the cervix uteri. Obstet. Gynec. 49, 641.

— — (1982): Minimal Invasive Cancer (Microcarcinoma) (BURGHARDT, E., HOLZER, E., Hrsg.). (Clinics in Oncology, Vol. 1.) London: W. B. Saunders.

— MESTWERDT, G., OBER, K. G. (1973): Der Unterschied zwischen der Einstufung Zervixkrebs des Stadiums I a und dem Begriff Mikrokarzinom. Geburtsh. Frauenheilk. 33, 168.

CHRISTOPHERSON, W. M., NEALON, N., GRAY, L. A. (1979): Noninvasive precursor lesions of adenocarcinoma and mixed adenosquamous carcinoma of the cervix uteri. Cancer 44, 975.

DALLENBACH-HELLWEG, G. (1975): Histopathology of the Endometrium. Berlin-Heidelberg-New York: Springer.

DIPAOLA, G. R., GOMEZ-RUEDA, N., ARRIGHI, L. (1975): Relevance of microinvasion in carcinoma of the vulva. Obstet. Gynec. 45, 647.

FOX, H., AGRAWAL, K., LANGLEY, F. (1975): A clinicopathologic study of 92 cases of granulosa cell tumor of the ovary with special reference to the factors influencing prognosis. Cancer 35, 231.

GALLAGER, H. S., MARTIN, J. E. (1971): An orientation to the concept of minimal breast cancer. Cancer 28, 1519.

GEORGII, A., OSTERTAG, H. (1982): Pathology and survival times in early gastric cancer. In: Minimal Invasive Cancer (Microcarcinoma) (BURGHARDT, E., HOLZER, E., Hrsg.). (Clinics in Oncology, Vol. 1), S. 571. London: W. B. Saunders.

GUSBERG, S. B., MOORE, D. B., MARTIN, F. (1954): Precursors of corpus cancer. II. A clinical and pathologic study of adenomatous hyperplasia. Amer. J. Obstet. Gynec. 68, 1472.

— JONES, H. C., TOVELL, H. M. M. (1960): Selection of treatment for corpus cancer. Amer. J. Obstet. Gynec. 80, 374.

HERTIG, A. T., BENGLOFF, A. (1949): Genesis of endometrial carcinoma. III. Carcinoma in situ. Cancer 2, 964.

LOHE, K. J., BURGHARDT, E., HILLEMANNS, H. G., KAUFMANN, C., OBER, K. G., ZANDER, J. (1978): Early squamous cell carcinoma of the uterine cervix. Gynecol. Oncol. 6, 31.

MESTWERDT, G. (1947): Die Frühdiagnose des Kollumkarzinoms. Zbl. Gynäk. 69, 198.

— (1953): Atlas der Kolposkopie. Jena: Fischer.

MORGAN, L. S., NELSON, J. H., JR. (1982): Surgical treatment of early cervical cancer. Seminars in Oncol. **9**, 312.

NAVRATIL, E. (1960): Beitrag zur Frage der örtlichen Wachstumsschnelligkeit des invasiven Plattenepithelkarzinoms der Portio. Wien. med. Wschr. **110**, 494.

PARKER, R. T., DUNCAN, I., RAMPONE, J., CREASMANN, W. (1975): Operative management of early invasive epidermoid carcinoma of the vulva. Amer. J. Obstet. Gynec. **123**, 349.

PICKEL, H. (1976): Die beginnende Stromainvasion an der Vulva. Arch. Gynäk. **221**, 197.

— (1978): Die Lokalisation des Adenocarcinoma in situ der Cervix uteri. Arch. Gynäk. **225**, 247.

— GIRARDI, F. (1982): The diagnosis of endometrial microinvasive adenocarcinoma. In: Minimal Invasive Cancer (Microcarcinoma) (BURGHARDT, E., HOLZER, E., Hrsg.). (Clinics in Oncology, Vol. 1), S. 373. London: W. B. Saunders.

— BURGHARDT, E. (1973): Die Lokalisation des beginnend invasiven Krebswachstums an der Cervix. Arch. Gynäk. **215**, 187.

SCHÜLLER, E. (1958): Carcinoma colli uteri incipiens. Arch. Gynäk. **190**, 520.

SCULLY, R. E. (1982): Minimal cancer of the ovary. In: Minimal Invasive Cancer (Microcarcinoma) (BURGHARDT, E., HOLZER, E., Hrsg.). (Clinics in Oncology, Vol. 1). London: W. B. Saunders.

STENWIG, J. T., HAZEKAMP, J. T., BEECHAM, J. B. (1979): Granulosa cell tumors of the ovary. A clinicopathological study of 118 cases with long-term follow-up. Gynecol. Oncol. **7**, 136.

ULLERY, J. C., BOUTSELIS, J. G., BOTSCHNER, A. C. (1965): Microinvasive carcinoma of the cervix. Obstet. Gynec. **26**, 866.

WHARTON, J. T., GALLAGER, S., RUTLEDGE, F. N. (1974): Microinvasive carcinoma of the vulva. Amer. J. Obstet. Gynec. **118**, 159.

WILKINSON, E. J., RICO, M. J., PIERSON, K. K. (1982): Microinvasive carcinoma of the vulva. Internat. J. Gynecol. Pathol. **1**, 29.

WOODRUFF, J. D. (1982): Early invasive carcinoma of the vulva. In: Minimal Invasive Cancer (Microcarcinoma) (BURGHARDT, E., HOLZER, E., Hrsg.). (Clinics in Oncology, Vol. 1), S. 349. London: W. B. Saunders.

YOKOYAMA, Y., WADA, A. (1971): Results of surgical treatment for preinvasive and early invasive carcinoma of the cervix. Acta Obstet. Gynaecol. Japon. **18**, 95.

4

Stellenwert der Kolposkopie in der heutigen Gynäkologie

E. Burghardt

4.1 Die Entwicklung der kolposkopischen Untersuchungsmethode

Die Kolposkopie wurde 1925 von HINSEL-MANN (HINSELMANN, 1925) in die gynäkologische Diagnostik eingeführt. HINSELMANN hatte die Aufgabe übernommen, für das Handbuch von VEIT-STOECKEL das Kapital über die „Symptomatologie und Diagnostik des Uteruskarzinoms" neu zu bearbeiten (HINSELMANN, 1930). Sein besonderes Interesse galt der Frühdiagnostik. Zur damaligen Zeit wurde ein taubeneigroßes Zervixkarzinom noch als *Frühfall* bezeichnet. HINSELMANN kam auf den Gedanken, mit einem optischen Instrument noch viel kleinere Karzinome zu finden. Zunächst benützte er eine Leitzsche binokulare Präparierlupe, die er mit einer Beleuchtungsquelle verband und auf einen Stapel von Büchern stellte. Bald konstruierte er das erste „Kolposkop", das grundsätzlich schon den heutigen Geräten entsprach. Die erste wichtige Erkenntnis, die HINSELMANN gewinnen mußte, war, daß sich das Karzinom nicht aus dem kleinsten, punktförmigen Herd entwickelt, den er eigentlich suchte, sondern daß sich die Karzinogenese an der Zervix in flächenhaften Veränderungen abspielt. Diese Tatsache hätte erwartet werden können, da schon in den vorausgegangenen zwei Jahrzehnten die histologischen Bilder des atypischen Epithels oder des Oberflächenkarzinoms beschrieben worden waren (SCHAUENSTEIN,

1908; PRONAI, 1909; RUBIN, 1910; SCHOTT-LÄNDER und KERMAUNER, 1912).

Die Kolposkopie war die *erste Methode* in der Gynäkologie, die für die Frühdiagnose eines Karzinoms eingesetzt werden konnte. Aus den verschiedensten Gründen, die nicht immer mit der Sache zu tun hatten, hat sich die Kolposkopie nur sehr zögernd durchgesetzt. Sie gewann im deutschsprachigen Raum glühende Anhänger, wurde aber zumindest ebenso oft strikt abgelehnt. Nicht besser war es in anderen europäischen Ländern, während die Methode im angloamerikanischen Bereich zunächst überhaupt nicht Fuß fassen konnte.

Durch die Etablierung einer zweiten, im Jahre 1943 publizierten frühdiagnostischen Methode (PAPANICOLAOU und TRAUT, 1943) ist die Kolposkopie fast endgültig in Vergessenheit geraten. Die *Zytologie* erschien in ihrer Anwendung weitaus praktikabler. Die Abstrichabnahme setzte keine speziellen Kenntnisse voraus, sie konnte also auch von einem praktischen Arzt durchgeführt werden. Damit war es möglich, die Frühdiagnose auf wirklich breite Basis zu stellen. Ein weiterer Vorteil der Zytologie war, daß sie intrazervikale Veränderungen in gleicher Weise wie Veränderungen der Ektozervix erfassen konnte.

Mit den gegebenen Möglichkeiten wurde

Tabelle 4.1. Kolposkopie und Zytologie in 838 Fällen von Carcinoma in situ und Mikrokarzinom (Univ.-Frauenklinik Graz)

Entdeckt durch	(%)
Kolposkopie	663 = 79,1
Zytologie	729 = 87,0
Kolposkopie und Zytologie	828 = 98,9

(nach NAVRATIL, 1964)

Tabelle 4.2. Zytologie und Kolposkopie in 306 Fällen (Univ.-Frauenklinik Graz)

	Nr.	(%)
Zytologie positiv Kolposkopie positiv	220	71,9
Zytologie negativ Kolposkopie positiv	26	8,5
Zytologie unbrauchbar Kolposkopie positiv	5	1,6
Zytologie positiv Kolposkopie negativ	51	16,6
Zytologie negativ Kolposkopie negativ	4	1,3
Entdeckt durch beide Methoden	302	98,7

(nach NAVRATIL et al., 1958)

eine ganz neue Ära eingeleitet. Es ist der heutigen Generation wahrscheinlich unbekannt und sicher auch unverständlich, daß die Bedeutung des Carcinoma in situ und somit auch seiner Diagnose bis in die letzte Nachkriegszeit heftig umstritten war. Erst als atypische Epithelveränderungen mit dem Einsatz der Zytologie immer häufiger entdeckt und einer differenzierten Betrachtung unterzogen wurden, gewann die Auseinandersetzung eine neue Dimension. Die Entscheidung beruhte schließlich auf dem immer besser erkannten Zusammenhang zwischen atypischem Epithel und beginnend invasivem Wachstum und damit auch auf zunehmenden Erkenntnissen über die Karzinogenese an der Zervix (s. S. 1 ff).

Im Gegensatz zu früheren Ansichten kam nunmehr der Wunsch auf, im Rahmen der Bekämpfung des Zervixkarzinoms möglichst jede Veränderung zu erfassen, die mit der Karzinogenese in Zusammenhang gebracht werden konnte. Sehr bald wurde erkannt, daß die naturgemäß nicht fehlerfreien Ergebnisse der Zytologie durch die *gleichzeitige Anwendung* der Kolposkopie verbessert werden konnten, ebenso wie gezeigt werden konnte, daß Fehlleistungen der Kolposkopie mittels der Zytologie zu kompensieren waren (HELD et al., 1954; LIMBURG, 1956; NAVRATIL et al., 1956). Die Tab. 4.1 und 4.2 zeigen Ergebnisse, die auf den damaligen Untersuchungen über die Kombination beider Methoden beruhen. Die erste Tabelle zeigt den Fehlerprozentsatz von Kolposkopie und Zytologie sowie die Tatsache, daß mit der Kombination beide Methoden ein fast 100%iges Resultat erreicht wer-

den konnte. Aus der zweiten Tabelle geht hervor, daß beide Methoden gleichzeitig nur in rund 70% positiv waren, während sich durch die verschiedene Kombination der Resultate eine zusätzliche Ausbeute ergab, die schließlich wieder zu einer fast 99%igen Treffsicherheit führte. Diese überzeugenden Ergebnisse gaben der Kolposkopie neue Impulse und erwarben ihr eine neue Anhängerschaft.

Eine ganz andere Geschichte hatte die „Entdeckung der Kolposkopie" im anglo-amerikanischen Raum. Hier hatte die Zytologie zunächst das Feld allein beherrscht. Zu einem eigenen Problem wurde allerdings die Frage der bioptischen bzw. histologischen Abklärung des zytologischen Verdachtsbefundes. Als einigermaßen brauchbar erwiesen sich multiple Biopsien (Four-point biopsy), eventuell kombiniert mit einer Kürettage des Zervikalkanals. Andere verwendeten die Ringbiopsie. Später wurde die Konisation zur Abklärung zytologischer Verdachtsbefunde eingesetzt.

Aus der zunehmenden Zahl von Konisationen erwuchs besonders der amerikanischen Gynäkologie schließlich ein echtes Problem. Dieses gab den wenigen Anhängern der Kolposkopie einen Ansatzpunkt für die Propagierung der von ihnen vertretenen Methode. Mit dem immer wieder vorgebrachten Hinweis, daß die Kolposkopie in der Lage sei, die zytologisch angezeigten Veränderungen zu bewerten und zu lokalisieren und damit Konisationen zu ersparen, kam es zunächst zu einer zögernden, in den letzten Jahren aber bereits stürmischen Verbreitung der Methode. Die Kolposkopie wurde allerdings nicht als frühdiagnostisches Prinzip, sondern als übergeordnete, hoch spezialisierte *endoskopische Methode* eingesetzt und gewertet. Patientinnen mit verdächtigen zytologischen Abstrichen werden Kolposkopiekliniken (oder „Dysplasiekliniken") zugewiesen, um hier der endgültigen Abklärung durch den spezialisierten Kolposkopiker unterzogen zu werden. In zunehmendem Maße widmen sich heute aber auch praktizierende Gynäkologen und sogar praktische Ärzte dieser Aufgabe. Die Kolposkopie wird also in dieser Entwicklung nicht als diagnostische Routinemethode eingesetzt, sie dient demnach auch nicht zur Verbesserung der Frühdiagnostik, sondern wird erst aufgrund von zytologischen Hinweisen *selektiv* angewendet.

Einen besonderen Aufschwung hat die Kolposkopie in den USA durch das in Europa nicht existierende DES-Problem erfahren: Bei der weiblichen Nachkommenschaft von Frauen, die in der Schwangerschaft mit Diäthylstilboestrol behandelt worden waren, traten gehäuft Adenosen, vereinzelt auch Karzinome der Vagina auf (HERBST et al., 1971; POMERANCE, 1973; STAFL und MATTINGLY, 1976). Einen weiteren Anstoß erhielt die Kolposkopie durch das immer mehr aktualisierte Problem der virusbedingten Veränderungen (MEISELS et al., 1977, 1981).

Ein weiteres Feld eröffnete sich der selektiven Kolposkopie, als sich mit der Elektrokoagulation, der Kältebehandlung und dem CO_2-Laser neue Möglichkeiten in der Behandlung der Epithelatypien der Zervix ergaben (s. S. 30). Unter der Leitung des Kolposkopes konnten die abgrenzbaren Krankheitsherde gezielt zerstört werden.

Eklatante Mißerfolge (SEVIN et al., 1979; TOWNSEND et al., 1981) mußten jedoch bald zu der Forderung führen, daß eine solche Behandlung hochspezialisierten Fachleuten, „kolposkopischen Experten", vorbehalten zu bleiben hat (s. S. 31). Leider steht dem die sowohl für den Arzt als auch für die Patientin verlockende Möglichkeit einer ambulanten Behandlung ohne weiteren Krankenhausaufenthalt entgegen.

Der größte Nachteil der selektiven Kolposkopie ist, daß die Methode den Fehler der Zytologie mit übernimmt, da sie erst beim zytologischen Verdachtsbefund eingesetzt wird. Zu einer Zeit, als zytologische Präparate nur von pathologisch-anatomisch geschulten Ärzten befundet wurden, lag die Fehlerquote bei etwa 10% (BURGHARDT und BAJARDI, 1956; BAJARDI et al., 1959; NAVRATIL et al., 1958). Für die heutige Routinezytologie auf breiter Basis ist es sicher realistisch, auch mit 20—30% falsch-negativen Befunden zu rechnen, wobei ein Teil der Fehler sicherlich auf eine falsche Abnahmetechnik zurückzuführen ist (SEYBOLT und JOHNSON, 1971; COPPLESON und BROWN, 1974; NAUJOKS et al., 1976; BAYERLE, 1977; RYLANDER, 1977).

Ein weiterer Nachteil der sekundär eingesetzten Kolposkopie ist, daß der Kolposkopiker zumeist nur Veränderungen zu Gesicht bekommt, die tatsächlich auf einer epithelialen Atypie beruhen. Ihm entgeht somit das gesamte Spektrum der physiologischen und der grenzwertigen Veränderungen und damit die Kenntnis über die Dynamik der physiologischen und pathologischen Wachstumsprozesse an der Zervix. Ein derartig geschulter Kolposkopiker wird nur schwer verstehen, daß Biopsien aus einem Mosaik (Felderung) oder einer Punktierung (Grund) einmal auch ein nicht atypisches und nur abnorm differenziertes Epithel ergeben, wie ihm überhaupt unbekannt bleiben muß, daß etwa 80% der kolposkopisch bedeutsamen Befunde, die *Matrixbezirke* (Keratose, Punktierung und Mosaik), nur auf einem abnormen Epithel (s. S. 7) beruhen, das HINSELMANN (1933) seinerzeit als einfach

Tabelle 4.3. Malignitätsindex*

	(%)
Leukoplakie	7,4
Mosaik Punktierung	18,6
Leukoplakie + Mosaik + Punktierung	31,0
Abnorme Umwandlungszone	17,0
Jodnegativer Bezirk	1,7

(nach BAJARDI et al., 1959)

* Der Malignitätsindex bedeutet die prozentuelle Häufigkeit eines atypischen Epithels (CIN), das unter dem kolposkopischen Bild gefunden wird. Bei dem Rest handelt es sich um unverdächtiges, meist um abnormes, akanthotisches Epithel.

atypisches Epithel bezeichnet hatte (Abb. 1.7, S. 8). Der *Malignitätsindex* (Tab. 4.3) ist ein Ausdruck dieser Verhältnisse.

Im angloamerikanischen Bereich sind diese Zusammenhänge unbekannt geblieben. Nachdem die Kolposkopie nicht routinemäßig eingesetzt worden ist, ergab sich auch nicht die Notwendigkeit einer histologischen Abklärung der meisten Matrixbezirke. Daher war selbst der angloamerikanischen Patho-Histologie die Existenz des abnormen Epithels weitgehend unbekannt geblieben.

Hatte man es zufällig gefunden, so wurde es ganz verschieden bezeichnet, z. B. als metaplastisches Epithel, Leukoplakie, Prosoplasie und schließlich auch als eine Variante des normalen Plattenepithels.

Auch die im angloamerikanischen Bereich sehr gängige Theorie von der *atypischen Umwandlungszone* (COPPLESON et al., 1978) ist mit diesen Zusammenhängen nicht vertraut. Nach dieser Theorie werden alle kolposkopisch auffälligen Veränderungen, also Punktierung, Mosaik, Leukoplakie, essigweißes Epithel und atypische Gefäßmuster, dem Begriff der atypischen Umwandlung unterstellt. Sie sollen ein obligater Schritt in der Karzinogenese sein, der sich kolposkopisch unter Umständen früher manifestiert als die zytologische Atypie. Die *Theorie von der atypischen Umwandlungszone* entspricht demnach vollkommen der HINSELMANNschen Theorie von den Matrixbezirken, die mit dem einfach atypischen Epithel und dem gesteigert atypischen Epithel auch verschiedene Stufen in der Karzinogenese postuliert hatte. Später hat es sich herausgestellt, daß das einfach atypische Epithel, also das abnorme Epithel oder akanthotische Epithel der heutigen Terminologien, nichts mit der Karzinogenese zu tun hat (DIETEL und FOKKEN, 1955), jedoch ist der selektiven Kolposkopie diese Tatsache nur am Rande bekannt geworden.

4.2 Kolposkopie und Zytologie

Sowohl die Kolposkopie als auch die Zytologie sollten als Suchmethode zur Frühdiagnose des Zervixkarzinoms eingesetzt werden. Das bedeutet, daß beide Methoden ein Teil jeder gynäkologischen Gesamtuntersuchungen sein müßten. Während der Nachweis atypischer Zellen im zytologischen Ausstrich das Vorhandensein einer epithelialen Atypie signalisiert, gibt die Kolposkopie Aufschluß über die Qualität sichtbarer Veränderungen an der Ektozervix und daher auch über die Lokalisation von vorhande-

nen Atypien. Werden bei negativer Kolposkopie atypische Zellen im Abstrich gefunden, so kann mit weitestgehender Sicherheit angenommen werden, daß die Veränderungen im Zervikalkanal sitzen.

Der zytologische Abstrich sollte stets im Rahmen der kolposkopischen Untersuchung abgenommen werden. Der Zeitpunkt der Sekretabnahme ist nicht gleichgültig. Die Abnahme vor Beginn der kolposkopischen Untersuchung hat den Nachteil, daß sie ungezielt erfolgt. Der einzige Vorteil kann sein, daß bei Smearabnahme mit Watteträger oder mit der Platinöse Verletzungen der Zervix vermieden werden und die kolposkopische Untersuchung nicht erschwert wird. Besser ist es, die Portio zunächst kolposkopisch zu betrachten und den Abstrich von der Stelle zu entnehmen, an der sich eine verdächtige Veränderung befinden könnte. Sieht man an der Ektozervix nur originäres Plattenepithel, so ist gezielt ein Abstrich aus dem Zervikalkanal zu machen. Wird das kolposkopische Bild durch Scheidensekret getrübt, ist es immer noch besser, einen kontrollierten Abstrich nach Entfernung des Sekretes zu machen, als die Smearentnahme blind durchzuführen. In einem solchen Fall muß man die oberflächlich noch locker haftenden Zellagen mit einem Ayrschen Spatel unter leichtem Druck abstreifen. Auf diese Weise kann man den zytologischen Abstrich selbst nach der obligaten Essigsäureprobe, also nahezu am Ende des kolposkopischen Untersuchungsganges, abnehmen. Der eigenen Erfahrung nach leidet die Qualität des zytologischen Abstriches durch die vorhergegangene Behandlung der Zervix in keiner Weise. Ganz im Gegenteil ist in solchen Abstrichen, wenn sie von einer atypischen Veränderung stammen, das Verhältnis atypischer zu normalen Zellen sehr zugunsten der ersteren verschoben. Bei der ungezielten Gewinnung des Scheidensekretes ist das Gegenteil der Fall. Durch den Einsatz der Kolposkopie kann somit auch die Qualität der zytologischen Untersuchung verbessert werden.

Der stets gleichzeitige Einsatz von Kolposkopie und Zytologie kann in verschiedenen Kombinationen erfolgen:

1. Der Kolposkopiker macht seine Diagnose, wartet aber in jedem Fall zunächst das Resultat der Zytologie ab. Erst bei verdächtigem Abstrich macht er die weitere Abklärung durch Gewebsentnahme. Auf diese Weise können zwar unnötige Biopsien erspart werden, jedoch wird der Fehler der Zytologie nicht kompensiert. Das Ergebnis ist das gleiche wie bei dem Einsatz der Kolposkopie zur Abklärung eines zytologischen Verdachtsbefundes.

2. Der Kolposkopiker wartet trotz eines kolposkopischen Verdachtes die Zytologie ab. Ist diese negativ, so wiederholt er den Abstrich und macht den Zytologen auf den kolposkopischen Befund aufmerksam. Bleibt die Zytologie weiterhin negativ, so muß bei hochgradigem kolposkopischen Verdacht die bioptische Abklärung erfolgen. Auf diese Weise können falsch-negative zytologische Befunde korrigiert werden. Die Treffsicherheit muß eindeutig größer sein als bei 1.

3. Der Kolposkopiker wartet den zytologischen Befund nicht ab, sondern macht bei jedem kolposkopischen Verdacht gleich eine gezielte Biopsie. Ein Einwand gegen dieses Vorgehen ist, daß in einer Zahl von Fällen Biopsien unnötig vorgenommen werden. Andererseits ist es für den Kolposkopiker aber wichtig zu erfahren, daß eine Leukoplakie, eine Punktierung oder ein Mosaik gegebenenfalls nur auf einem abnorm differenzierten Epithel beruht, das praktisch nie einer malignen Transformation unterliegt (DIETEL und FOKKEN, 1955). Auch wird auf diese Weise mit der größten Sicherheit gewährleistet, daß jede Atypie entdeckt wird.

Erfahrungsgemäß ergeben sich aus einer solchen Kombination, bei der zu Kolposkopie und Zytologie die gezielte Biopsie als dritter Schritt hinzukommt, folgende Möglichkeiten:

- Kolposkopie und Biopsie *positiv* — Zytologie *positiv*
- Kolposkopie und Biopsie *positiv* — Zytologie negativ
- Kolposkopie positiv — Biopsie negativ — Zytologie *positiv*

In letzterem Fall muß die Biopsie von einer anderen Stelle entnommen werden. Vorher wird ein neuer zytologischer Abstrich gemacht. Bleibt die Biopsie negativ, die Zytologie jedoch positiv, so ist gegebenenfalls die Konisation indiziert.

- Kolposkopie negativ — Zytologie *positiv*

In einem solchen Fall ist die Zervix neuerlich

kolposkopisch zu untersuchen. Bei dieser Gelegenheit kann entweder festgestellt werden, daß ein kolposkopischer Verdachtsbefund übersehen worden ist oder vorhandene Veränderungen erscheinen auch weiterhin als unverdächtig. Sie sind jetzt trotzdem bioptisch zu überprüfen. Gleichzeitig ist eine gründliche Kürettage des Zervikalkanals vorzunehmen. Das gilt besonders auch für den Fall, daß die Ektozervix unverändert ist. Bleibt bei persistierendem zytologischen Be-

fund die histologische Untersuchung negativ, so ist die Konisation indiziert.

Schließlich ergibt sich noch die Möglichkeit:

● Kolposkopie *positiv* — Biopsie negativ — Zytologie negativ

Bei wirklich schwererwiegendem kolposkopischen Verdacht sollten zwei bis drei zytologische, kolposkopische und bioptische Kontrollen in nicht zu langen Intervallen durchgeführt werden.

4.3 Die Schillersche Jodprobe als obligater Teil des kolposkopischen Untersuchungsganges

Die Resultate der Essigsäureprobe und der Schillerschen Jodprobe (SCHILLER, 1929) geben wichtige Aufschlüsse für die Bewertung kolposkopischer Epithelveränderungen (BURGHARDT, 1984). Während die Essigsäureprobe allgemein angewendet wird, ist die Bedeutung der Jodprobe, besonders außerhalb Europas, oft nicht bekannt. Die falsche Einschätzung dieser Probe beruht zumeist auf der Meinung, daß sich ihre Aussage in nur zwei Befunden erschöpft. Man spricht gewöhnlich von einem

jodnegativen Bezirk

oder einer *positiven Schillerschen Probe*

oder von einem *jodpositiven Epithel,* d. h. einer *negativen Schillerschen Probe.*

Im Gegensatz zu dieser Ansicht findet man bei *kolposkopischer Beurteilung* der Jodprobe, daß das Zervixepithel in viel differenzierterer Weise mit der Jodlösung (Lugolsche Lösung: Jod 2,0 g, Jodkalium 4,0 g und Aqua dest. ad. 200,0 g) reagieren kann. Die verschiedenen Reaktionen ergeben wertvolle Hinweise auf die Qualität des Epithels:

● Die Jodlösung färbt das normale glykogenhaltige Plattenepithel der geschlechtsreifen Frau kastanienbraun.

● Ein kolposkopisch veränderter Plattenepithelbezirk, aber auch das gesamte Scheidenepithel kann sich wesentlich heller anfärben und die verschiedensten Brauntöne aufweisen. Außerdem kann sich eine fleckige

---

Abb. 4.1 (links oben). Jodprobe bei einer Ektopie mit abgeschlossener randständiger Umwandlung. Das originäre Plattenepithel färbt sich tiefbraun an. Der Saum des Umwandlungsepithels hat ebenfalls eine dunkelbraune Farbe angenommen, ist aber noch an den hellen Drüsenöffnungen erkennbar. Die Ektopie selbst bleibt ungefärbt und hat ihre Eigenfarbe behalten. Eine Reaktion mit der Jodlösung ist in diesem Bereich demnach ausgeblieben (aus: BURGHARDT, 1984: Kolposkopie. Zervixpathologie. Stuttgart: G. Thieme)

Abb. 4.3 (links unten). Mit der Jodprobe werden Grenzen innerhalb eines veränderten Epithelbezirkes an der Zervix sichtbar. Zwischen 6 und 8 Uhr wie auch bei 4 Uhr hebt sich ein hellbraun angefärbter Bezirk hervor. Er entspricht einem flachen Kondylom (aus: BURGHARDT, 1984: Kolposkopie. Zervixpathologie. Stuttgart: G. Thieme)

Abb. 4.2 (rechts oben). Typische ockergelbe Reaktion eines abnormen Epithels mit der Jodlösung. Zu beachten ist die ganz scharfe Grenze zu dem kastanienbraunen normalen Plattenepithel. Die Zervixschleimhaut innerhalb des äußeren Muttermundes bleibt ungefärbt (aus: BURGHARDT, 1984: Kolposkopie. Zervixpathologie. Stuttgart: G. Thieme)

Abb. 4.4 (rechts unten). Jodpositives Mosaik am Rande einer Umwandlungszone. Dieses wenig bekannte Bild entspricht einer kondylomatösen Veränderung mit hohen Stromapapillen, jedoch glykogenhaltigem Epithel (aus: BURGHARDT, 1984: Kolposkopie. Zervixpathologie. Stuttgart: G. Thieme)

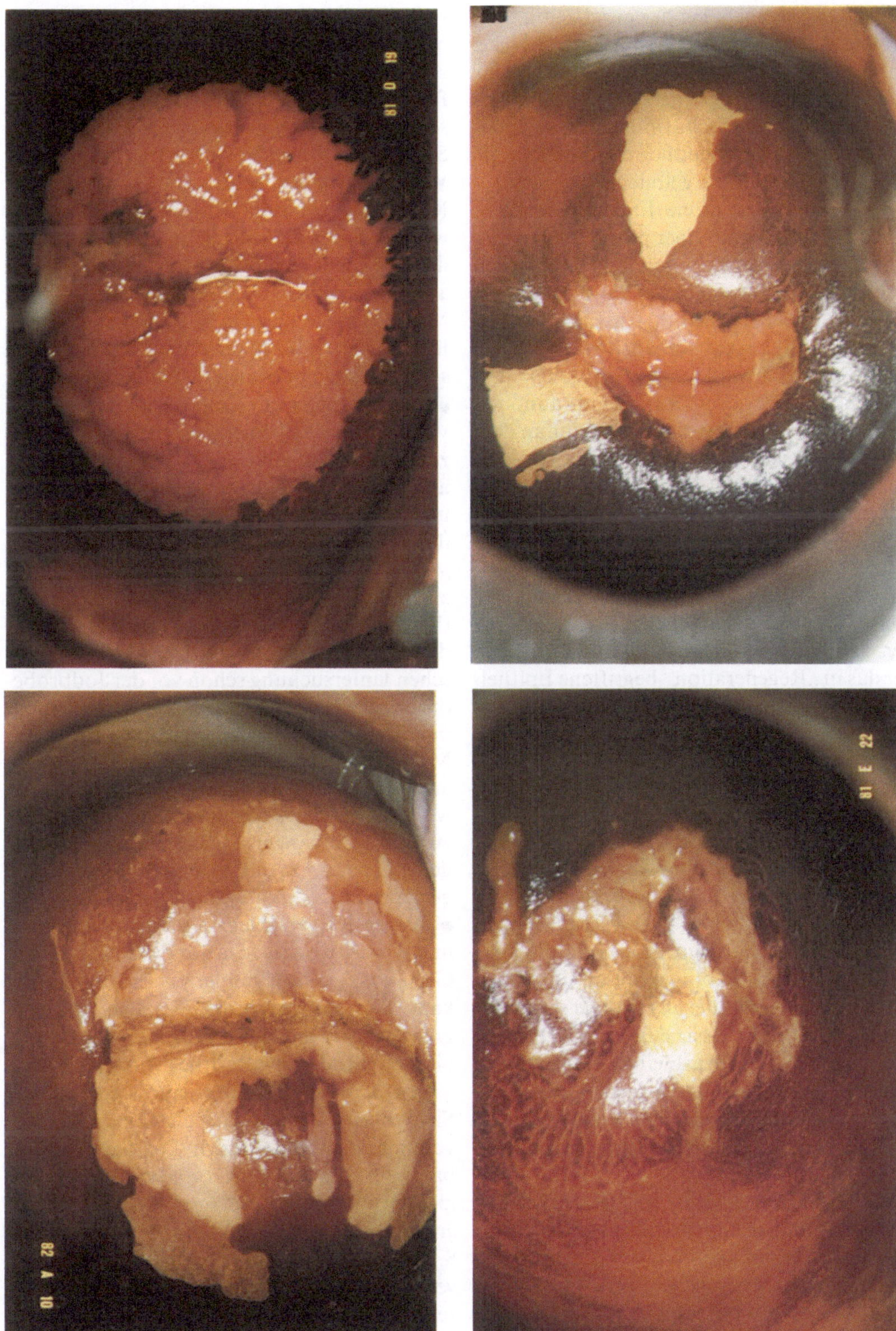

Anfärbung ergeben, bei der gleichzeitig tiefbraune Abschnitte und hellbraune Bezirke vorkommen. Eine solche Reaktion ist für die nachlassende Östrogenwirkung im Klimakterium charakteristisch. Im Senium reagiert das gesamte Plattenepithel der Portio und Scheide hellbraun bis gelblich.

Verschiedene Brauntöne finden sich allerdings auch innerhalb einer normalen, unverdächtigen Umwandlungszone. In dieser wächst unter physiologischen Umständen ein normales Plattenepithel heran, das zunehmend Glykogen einbaut. Nach abgeschlossener Umwandlung färbt sich das Plattenepithel wieder kastanienbraun, so daß die Umwandlungszone nur mehr an den Öffnungen von Zervixdrüsen oder Nabothseiern erkannt werden kann (Abb. 4.1).

● Ein kolposkopisch veränderter Bezirk reagiert mit der Jodlösung überhaupt nicht, sondern wird durch diese nur benetzt. Diesen Vorgang findet man bei der Ektopie, die von Zylinderepithel überkleidet ist oder bei der ganz frischen Umwandlungszone, bei der das in „Regeneration" begriffene Epithel noch ganz niedrig und glykogenfrei ist. Auch entzündliche Plaques verhalten sich bei der Jodprobe in gleicher Weise.

Diese eigentlich jodnegativen Bezirke bleiben bei der kolposkopischen Betrachtung rötlich und sind bestenfalls mit einem Flüssigkeitsfilm oder mit Tropfen bedecket, die die Eigenfarbe des Jodes aufweisen (Abb. 4.1). Besonders wichtig ist dieses Ergebnis für die Beurteilung großer entzündlicher Herde. Sie können kolposkopisch durchaus das Bild der Punktierung aufweisen und zeigen auch nach Essigsäure eine gewisse Quellung. Erst das Ausbleiben einer Reaktion mit der Jodlösung und vor allem ihre völlig unscharfe Begrenzung gegenüber dem braunen benachbarten Epithel zeigt ihre wahre Natur.

● Die Jodlösung reagiert mit einem kolposkopisch abnormen Plattenepithelherd in sehr charakteristischer Weise, indem dieser eine intensiv ockergelbe Farbe annimmt (Abb. 4.2). Dazu kommt, daß derartige ockergelbe Herde von dem benachbarten kastanienbraunen normalen Plattenepithel meist ganz scharf abgegrenzt sind. Die scharfe Grenze deutet darauf hin, daß das Plattenepithel innerhalb des Herdes in einem scharf begrenzten Feld neu entstanden ist, (s. S. 10), daß es sich also im weitesten Sinne des Wortes um eine Neubildung handelt. Der Kolposkopiker muß wissen, daß diese sowohl auf einer abnormen Differenzierung des neugebildeten Plattenepithels als auch auf einer epithelialen Atypie beruhen kann. Man findet die spezifische Reaktion stets bei Bildern der Punktierung und des Mosaiks sowie bei der abnormen Umwandlungszone.

● Nach negativer Kolposkopie, also bei vermeintlich normalem Plattenepithelüberzug, können sich nach der Jodprobe kleinere aber auch größere charakteristisch jodgelbe und gestochen scharf abgegrenzte Bezirke darstellen. Diese *kolposkopisch stummen jodgelben Bezirke* beruhen in der Regel auf einem abnorm differenzierten Plattenepithel. Bei Kenntnis dieses Befundes kann man den Bezirk bei einer nächsten kolposkopischen Untersuchung schon vor der Jodprobe durch einen ganz feinen Farbunterschied innerhalb von scharfen Grenzen erkennen. Mit einem solchen Befund kann gelegentlich auch ein atypischer Epithelherd aufgedeckt werden, der der kolposkopischen Diagnose zunächst entgangen ist. Der stumme jodgelbe Bezirk hat daher einen, wenn auch geringen, *Malignitätsindex* (Tab. 4.3).

● Außer den verschiedenen Farbreaktionen und dem Nachweis scharfer oder unscharfer Grenzen zum unveränderten Plattenepithel kann man mit der Jodprobe auch Epithelgrenzen *innerhalb* eines größeren kolposkopisch veränderten Bezirkes finden (Abb. 4.3). Auch diese Grenzen sind stets scharf. Sie weisen auf die Tatsache hin, daß ein veränderter Epithelbezirk komplex aufgebaut sein kann, wobei verschiedene pathologische Epitheltypen in enger Nachbarschaft aneinandergrenzen (s. Abb. 5.1, 5.2, 5.3 S. 66—69). Da sich alle atypischen Epithelveränderungen innerhalb von scharfen Grenzen abspielen, ist dieses Ergebnis der Jodprobe von besonderem Wert.

Aufgrund der verschiedenen Reaktionen mit der Jodlösung kann man schließlich das Resultat der kolposkopisch beurteilten Schillerschen Jodprobe in folgender Weise zusammenfassen:

Normale und unverdächtige Reaktionen
a) *Jodpositive Reaktion* = tiefbraune Anfärbung = normales glykogenhaltiges Plattenepithel,
b) *Jodnegativer Bezirk* = keinerlei Reaktion mit der Jodlösung = Zylinderepithel, frische Umwandlungszone, entzündliche Plaques,
c) *Jodschwacher Bezirk — verschiedene Töne der helleren Braunfärbung* = nachlassende Östrogenwirkung, normale Umwandlungszone verschiedener Ausreifung,

Abnorme und verdächtige Reaktionen
d) *Jodgelber Bezirk* = charakteristische okkergelbe Färbung = Mosaik, Punktierung, atypische Umwandlungszone,
e) *Kolposkopisch stummer jodgelber Bezirk,*
f) *Scharfe Abgrenzung* von d und e.

Schließlich gibt es bisher noch kaum bekannte Reaktionen mit der Jodprobe, bei denen ein vorher glasiger oder perlmutterartig glänzender Bezirk eine tiefbraune Färbung annimmt, jedoch ein Mosaik ausspart (Abb. 4.4). Dieses *jodpositive Mosaik* ist allem Anschein nach charakteristisch für kondylomatöse Veränderungen (BURGHARDT, 1984). Der letzte Beweis für diese Vermutung wird allerdings noch durch die virologische Untersuchung zu erbringen sein.

Literatur

BAJARDI, F., BURGHARDT, E., KERN, H., KROEMER, H. (1959): Nouveaux résultats de la cytologie et de la colposcopie systématiques dans le diagnostic précoce du cancer du col de l'utérus. Gynéc. prat. **5**, 315.

BAYRLE, W. (1977): Kritische Betrachtungen zur Rate der „falsch negativen" Befunde in der gynäkologischen Zytologie. Geburtsh. Frauenheilk. **37**, 864.

BURGHARDT, E., BAJARDI, F. (1956): Ergebnisse der Früherfassung des Collumcarcinoms mittels Cytologie und Kolposkopie an der Univ.-Frauenklinik Graz 1954. Arch. Gynäk. **187**, 621.

— (1984): Kolposkopie. Spezielle Zervixpathologie. Stuttgart-New York: G. Thieme.

COPPLESON, L. W., BROWN, B. (1974): Estimation of the screening error rate from the observed detection rates in repeated cervical cytology. Amer. J. Obstet. Gynec. **119**, 953.

COPPLESON, M., PIXLEY, E., REID, B. (1978): Colposcopy. Springfield, Ill.: Ch. C Thomas.

DIETEL, H., FOCKEN, A. (1955): Das Schicksal des atypischen Epithels an der Portio. Geburtsh. Frauenheilk. **15**, 593.

HELD, E., SCHREINER, W. E., OEHLER, I. (1954): Bedeutung der Kolposkopie und Cytologie zur Erfassung des Genitalkarzinoms. Schweiz. med. Wschr. **84**, 856.

HERBST, A. L., ULFELDER, U., POSKANZER, D. C. (1971): Adenocarcinoma of the vagina. New Engl. J. Med. **284**, 878.

HINSELMANN, H. (1925): Verbesserung der Inspektionsmöglichkeiten von Vulva, Vagina und Portio. Münch. med. Wschr. **72**, 1733.

— (1930): Die Ätiologie. Symptomatologie und Diagnostik des Uteruscarcinoms. In: Handbuch der Gynäkologie (VEIT, J., STÖCKEL, W., Hrsg.), Bd. 6/I, S. 854. München: Bergmann.

— (1933): Einführung in die Kolposkopie. Hamburg: Hartung.

LIMBURG, H. (1956): Die Frühdiagnose des Uteruscarcinoms. Stuttgart: G. Thieme.

MEISELS, A., FORTIN, R., ROY, M. (1977): Condylomatous lesions of the cervix. II. Cytologic, colposcopic and histopathologic study. Acta Cytol. **21**, 379.

— MORIN, C., CASAS-CORDERO, M., ROY, M., FORTIN, M. (1981): Condylomatöse Veränderungen der Cervix, Vagina und Vulva. Gynäkologe **14**, 254.

NAUJOKS, H., LEPPIEN, G., ROGOSAROFF-FRICKE, R. (1976): Negativer zytologischer Abstrich bei Carcinoma in situ der Cervix uteri. Geburtsh. Frauenheilk. **36**, 570.

NAVRATIL, E., BURGHARDT, E., BAJARDI, F. (1956): Ergebnisse der Erfassung präklinischer Karzinome an der Univ.-Frauenklinik Graz. Krebsarzt **11**, 193.

— (1964): Colposcopy. In: Dysplasia, Carcinoma in situ and Micro-Invasive Carcinoma of the Cervix Uteri (GRAY, L. A., Hrsg.). Springfield, Ill.: Ch. C Thomas.

— BURGHARDT, E., BAJARDI, F., NASH, W. (1958): Simultaneous colposcopy and cytology used in screening for carcinoma of the cervix. Amer. J. Obstet. Gynec. **75**, 1292.

PAPANICOLAOU, G. N., TRAUT, H. F. (1943): Diagnosis of Uterine Cancer by the Vaginal Smear. New York: The Commonwealth Fund.

POMERANCE, W. (1973): Post-stilbestrol secondary syndrome. Obstet. Gynec. **42**, 12.

PRONAI, K. (1909): Zur Lehre von der Histogenese und dem Wachstum des Uteruscarcinoms. Arch. Gynäk. **89**, 596.

RUBIN, I. C. (1910): The pathological diagnosis of incipient carcinoma of the uterus. Amer. J. Obstet. Gynec. **62**, 668.

RYLANDER, E. (1977): Negative smears in women developing invasive cervical cancer. Acta obstet. gynec. scand. **56**, 115.

SCHAUENSTEIN, W. (1908): Histologische Untersuchungen über atypysches Plattenepithel an der Portio und an der Innenfläche der Cervix uteri. Arch. Gynäk. **85**, 576.

SCHILLER, W. (1929): Jodpinselung und Abschabung des Portioepithels. Zbl. Gynäk. **53**, 1056.

SCHOTTLÄNDER, J., KERMAUNER, F. (1962): Zur Kenntnis des Uteruskarzinoms. Berlin: Karger.

SEVIN, B. U., FORD, J. H., GIRTANNER, R. D., HOSKINS, W. J., NG, A. B. P., NORDQUIST, ST. R. B., AVERETTE, H. E. (1979): Invasive cancer of the cervix after cryosurgery. Obstet. Gynec. **53**, 465.

SEYBOLT, J. F., JOHNSON, W. D. (1971): Cervical cytodiagnostic problems—A survey. Amer. J. Obstet. Gynecol. **109**, 1089.

STAFL, A., MATTINGLY, R. F. (1976): Diethylstilbestrol and the cervico-vaginal epithelium. In: The Cervix (JORDAN, A. J., SINGER, A., Hrsg.). London: W. B. Saunders.

TOWNSEND, D. E., RICHART, R. M., MARKS, E., NIELSEN, J. (1981): Invasive cancer following outpatient evaluation and therapy for cervical disease. Obstet. Gynec. **57**, 145.

5

Histologische Grundlagen kolposkopischer Befunde

E. Burghardt und *W. D. Schneeweiß*

Die richtige histologische Beurteilung der Epithelverhältnisse an der Zervix hängt von mehreren Faktoren ab. Ein wichtiger Umstand ist die Art der Gewebsentnahme. Kleine Exzisionen ermöglichen nur die Beurteilung der Veränderungen im betroffenen Bereich und, bei genügender Tiefe der Exzision, auch das Verhalten des untersuchten Epithelabschnittes zum Stroma. In größeren Exzisionen können verschiedene Epithelarten gleichzeitig getroffen sein, so daß deren Wechselbeziehung erkannt werden kann. Ein vollständiger Überblick über die zumeist vielfältigen Veränderungen ist aber auch mit größeren Teilexzisionen meist nicht möglich. Eine wesentliche Rolle für die histologische Beurteilung spielt auch die Gewebspräparation. Eine schlechte Fixierung, eine ungünstige Einbettung des Materials sowie eine ungünstige Schnittführung bedingen Präparate, die nicht in jedem Detail korrekt beurteilt werden können. Zwar gelingt es zumeist, Aussagen über die Epithelqualitäten zu machen, jedoch bleiben die Einzelheiten der Topographie und der Wechselbeziehung zwischen verschiedenen Veränderungen oft unerkannt. Aus diesen und ähnlichen Gründen sind wichtige Fakten in der Zervixpathologie bis heute weitgehend unbekannt geblieben, obwohl sie nicht nur für die Diagnose des Einzelfalles von Bedeutung sind, sondern auch wichtige Kriterien im Rahmen der Karzinogenese darstellen.

Eine umfassende Information ist histologisch nur aufgrund der Untersuchung des gesamten veränderten Epithelbereiches möglich. Die totale Exzision der Veränderungen wird in der Regel mit der Konisation erreicht. Aber auch bei der histologischen Untersuchung von Konisationspräparaten wird routinemäßig nur auf die Beurteilung der maximalen Epithelveränderungen und auf die Diagnose von bereits invasivem Wachstum geachtet. Erst die besondere histologische Aufarbeitung eines Konus in Serienschnitten (BURGHARDT 1972 und 1984) ermöglicht es, alle Einzelheiten am Zervixepithel mit der Genauigkeit zu erkennen, die nicht nur für eine umfassende Diagnose sondern auch für Studienzwecke unumgänglich notwendig ist.

Auch mit dem Kolposkop kann man die Veränderungen an der Außenfläche der Zervix insgesamt überblicken. Die lupenoptische Vergrößerung gestattet es darüber hinaus, innerhalb eines größeren Bezirkes Einzelheiten, wie verschiedene Epithelqualitäten, deren gegenseitige Abgrenzung, Niveauunterschiede, Drüsenöffnungen usw., so weit zu identifizieren, daß sich ein vollständiges Bild der räumlichen Beziehungen zwischen diesen Strukturen ergibt. Werden die Details photographisch festgehalten, so ist es durchaus möglich, die Korrelation zum mikroskopischen Bild herzustellen und, soweit es die histologische Aufarbeitung des entnommenen Gewebes gestattet, genaue topographische Zuordnungen zu machen.

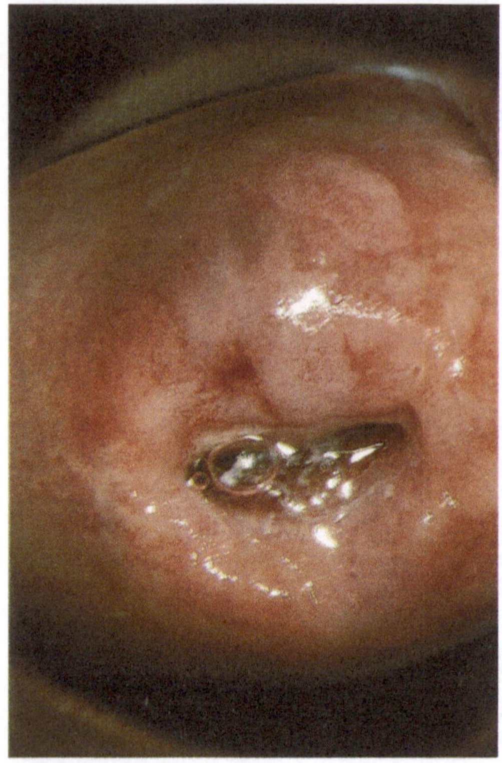

Abb. 5.1 a

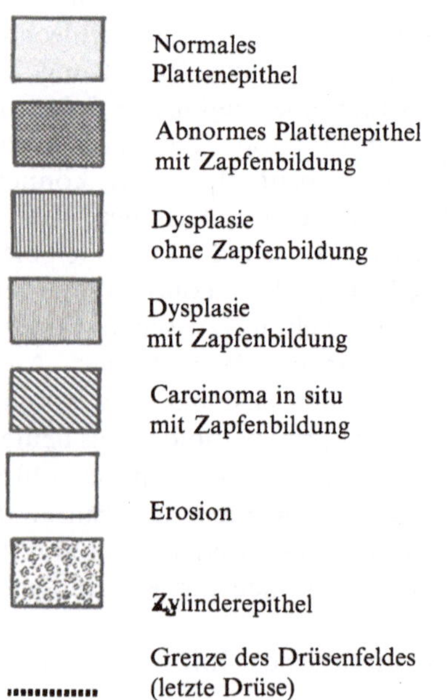

Abb. 5.1 b

Abb. 5.1 a. Das kolposkopische Bild zeigt nach Essigsäureeinwirkung ein weißliches Epithel, innerhalb dessen zarte Grenzen erkennbar sind. An mehreren Stellen sind Mosaikstrukturen sichtbar

Abb. 5.1 b. Die Korrelation mit dem histologischen Präparat zeigt verschiedene Epithelqualitäten, die in scharf abgegrenzten Feldern ausgebildet sind. Das Drüsenfeld reicht nur wenig über den äußeren Muttermund hinaus. Die beiden längsgestellten Linien markieren die Ebene der als I und II gekennzeichneten Schnitte.
Mit den arabischen Zahlen sind Epithelstrecken bezeichnet, die sowohl innerhalb der Rekonstruktion als auch am histologischen Schnitt erkennbar sind

Abb. 5.1 c. I. Schnitt aus der in der Abb. 5.1 b links eingezeichneten Ebene. II. Schnitt aus der in der gleichen Abbildung rechts angegebenen Ebene. Die mit Zahlen gekennzeichneten Epithelabschnitte beziehen sich auf die in Abb. 5.1 b markierten Strecken

Normales
Plattenepithel

Abnormes Plattenepithel
mit Zapfenbildung

Dysplasie
ohne Zapfenbildung

Dysplasie
mit Zapfenbildung

Carcinoma in situ
mit Zapfenbildung

Erosion

Zylinderepithel

Grenze des Drüsenfeldes
(letzte Drüse)

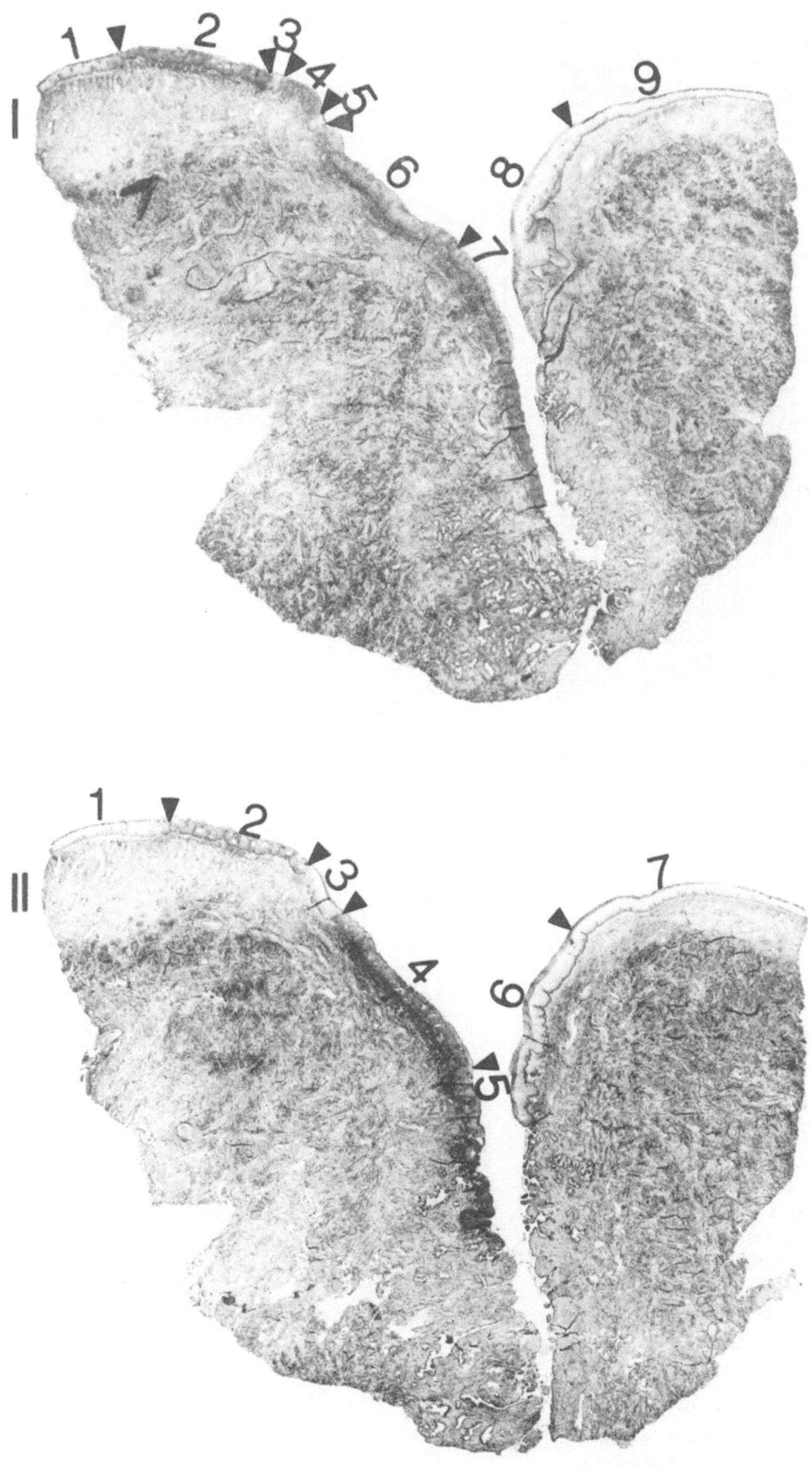

Abb. 5.1 c

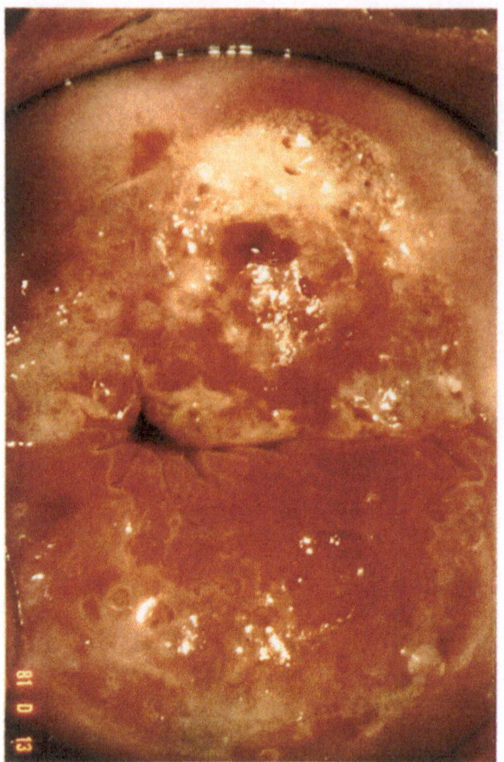

Abb. 5.2 a

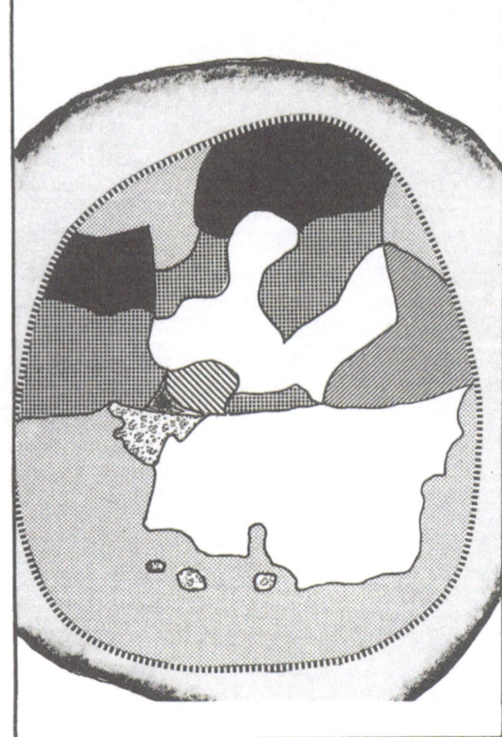

Abb. 5.2 b

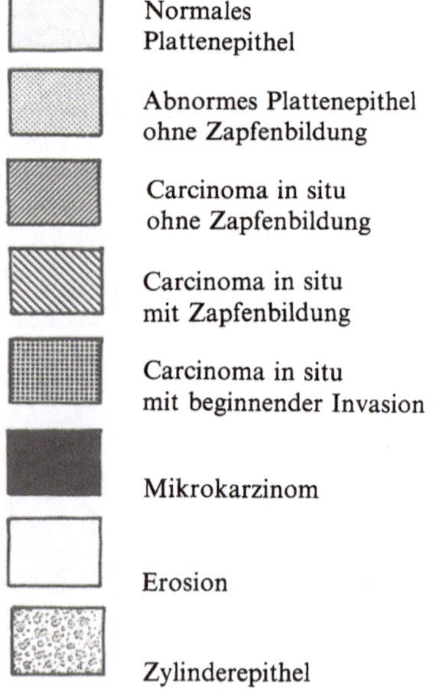

Abb. 5.2 a. Innerhalb des kolposkopischen Bildes können bei genauer Betrachtung Epithelgrenzen erkannt werden. An der vorderen Muttermundslippe eine atypische Umwandlungszone mit einem leicht vorgewölbten, auffallend opaken und gefäßreichen Bezirk zwischen 12 und 1 Uhr. An der hinteren Muttermundslippe eine große Erosion, umgeben von einer leicht opaken abnormen Umwandlung

Abb. 5.2 b. Die Rekonstruktion aufgrund der Histologie zeigt zwei Herde eines Mikrokarzinoms sowie ein Carcinoma in situ mit beginnend invasivem Wachstum. An der hinteren Muttermundslippe hauptsächlich abnormes Plattenepithel. Die gesamten Veränderungen liegen innerhalb des ektopischen Drüsenfeldes

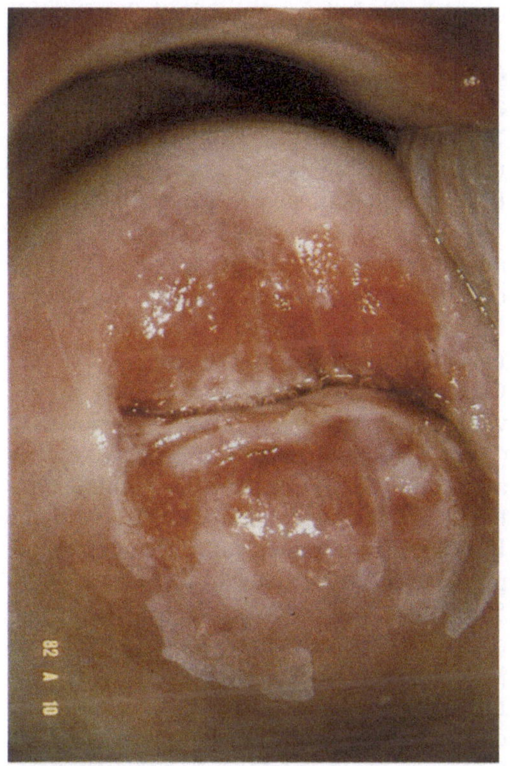

Abb. 5.3 a

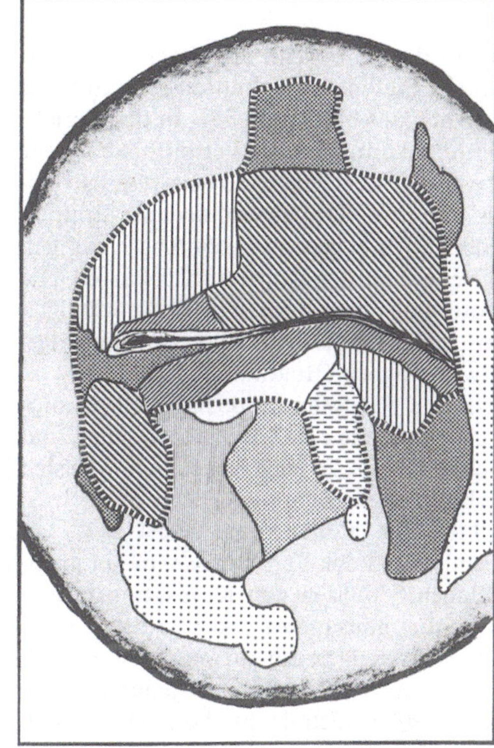

Abb. 5.3 b

Abb. 5.3 a. Der komplexe Aufbau der Veränderungen ist im kolposkopischen Bild gut zu erkennen. In der Peripherie finden sich Bezirke mit zarter Verhornung. Um den Muttermund herum, sowohl opake Bezirke einer atypischen Umwandlungszone als auch ein Mosaik

Abb. 5.3 b. Die Rekonstruktion zeigt eine bunte Vielfalt von Veränderungen. Neben einem abnormen Epithel finden sich Dysplasien verschiedener Struktur und schließlich Carcinomata in situ, gleichfalls mit und ohne Zapfenbildung. Die pathologischen Epitheltypen liegen sowohl innerhalb als auch außerhalb der Grenze der letzten Drüse, ohne daß diese Grenze überschritten werden würde. Abnormes Epithel und Dysplasien sind vorzugsweise außerhalb oder in der Peripherie des Drüsenfeldes lokalisiert

Das ist der Fall, wenn das Konisationspräparat in Stufenserienschnitten aufgearbeitet worden ist (Abb. 3.3, S. 37). In den Serienschnitten kann man die Verhältnisse an der Oberfläche der Zervix soweit rekonstruieren, daß eine Mappe verschiedener Epithelfelder und ihrer gegenseitigen Abgrenzungen gezeichnet werden kann (Abb. 5.1 a—c). Die Zuordnung verschiedener Veränderungen zum kolposkopischen Bild ist dann unschwer möglich (BURGHARDT, 1984).

Derartige Analysen kolposkopisch-histologischer Befunde erhellen fast zwingend, und noch besser als die Histologie allein, wie sich die Karzinogenese an der Zervix abspielt (s. S. 1 ff). Die Kolposkopie selbst zeigt ein lebendes Bild der Verhältnisse, die in großflächigen Schnitten von Konisationspräparaten nur mühsam zu rekonstruieren sind. Umgekehrt zeigen die aufwendigen Rekonstruktionen wieder, daß sich jedes einzelne histologische Detail im kolposkopischen Bild widerspiegelt und dort zuverlässig erkannt werden kann. Für eine vertiefte Kenntnis der Zervixpathologie sind solche Anschauungsmöglichkeiten unerläßlich.

Die Mappierungen gleichen einem Puzzlespiel und ermöglichen es, histologisch und morphometrisch erkannte Gesetzmäßigkeiten über das Wachstumsverhalten und die Lokalisation pathologischer Epithelformen in einer neuen Dimension zu sehen. Zum Zwecke der Orientierung und auch zur Abgrenzung anatomisch verschiedener Abschnitte an der Zervix ist es nötig, bestimmte Referenzpunkte festzuhalten. Die letzte Drüse (OBER et al., 1958) befindet sich an der Junktur zwischen Zervixschleimhaut und Portioepithel (s. S. 3 und 11). Bei der Rekonstruktion werden die Positionen der letzten Drüsen verbunden, womit die Grenzlinie des *Drüsenfeldes* gezeichnet ist (Abb. 5.1 b, 5.2 b und 5.3 b).

Durch die Zuordnung der Epithelveränderungen zum Drüsenfeld wird sich zunächst die sehr bedeutungsvolle Tatsache ergeben, daß die Grenze des Drüsenfeldes immer auch eine Grenze für die Epithelveränderungen darstellt. Diese spielen sich stets in ihrer Gesamtheit auf dem gleichen Mutterboden ab und überschreiten dessen Grenze nicht (s. S. 10 ff). Diese Respektierung einer Landmarke zeigt am besten, wie das atypische Plattenepithel innerhalb einer Fläche entsteht und sich über diese Fläche hinaus nicht auszubreiten vermag, d. h. daß es keine oberflächliche Ausbreitung eines atypischen Epithels gibt (s. S. 17 f).

Die Grenze des Drüsenfeldes kann in der Gegend des äußeren Muttermundes liegen, wie das für den Normalfall erwartet wird (Abb. 5.1 b und 1.2 a, S. 4). Sie kann aber auch weit in der Peripherie der Zervixaußenfläche situiert sein, so daß sich sämtliche Epithelveränderungen innerhalb des ektropionierten Drüsenfeldes abspielen (Abb. 5.2 b und 1.2 b, S. 4). Es ist aber auch durchaus möglich, daß sich diesseits und jenseits der auf die Ektozervix verlagerten Drüsengrenze Veränderungen zeigen, ohne daß ein einheitlich aufgebautes Epithel die Grenze des Drüsenfeldes überschritten hätte (Abb. 5.3 b).

Neben der Grenze zwischen Drüsenfeld und dem ursprünglichen Plattenepithelbereich kann auch eine Vielfalt anderer Grenzen erkannt werden, die durchaus auf den bekannten histologischen Bildern beruhen (Abb. 1.5, S. 7; 1.9, S. 9 und 1.10, S. 10). Ihre Aufdeckung wird oft durch die Jodprobe (s. S. 60 ff) erleichtert, wenn sich verschiedene Farbtöne innerhalb ganz scharfer Grenzen finden (Abb. 4.3, S. 61). Diese *scharfen Grenzen* sind wichtige Kriterien der kolposkopischen Diagnostik, insoferne als sie Veränderungen markieren, die in begrenzten Arealen de novo entstanden sind; diese stellen also Neubildungen und nicht reaktive Veränderungen dar, die stets unscharf begrenzt sind. Allein die Kenntnis der scharf begrenzten Veränderungen führt zu einem besseren Verständnis der Vorgänge, die sich an der Zervix abspielen und widerlegt jegliche Vorstellungen, die eine aktive oberflächliche Ausbreitung atypischer Epithelformationen postulieren müssen (s. S. 17).

Schließlich wird bei solchen Rekonstruktionen auch erkennbar, wie vielfältig die Veränderungen sein können, denen das Zervixepithel unterliegt. Aus den Abb. 5.1, 5.2 und 5.3 geht die Vielfalt der veränderten Epithelformen deutlich hervor. Besonders wichtig ist es, den Umstand zu registrieren, daß ein derartig komplexer Aufbau der Epithelfelder nicht nur im Drüsenfeld vorkommt, in dem jegliches Plattenepithel durch metaplastische Vorgänge neu gebildet wurde (s. S. 16 ff), sondern daß auch die Veränderungen im ursprünglichen Plattenepithel durchaus von verschiedenem Aufbau sind (Abb. 5.1. und 5.3). Dabei kommen wieder die Gesetzmäßigkeiten zum Tragen, auf die bereits wiederholt hingewiesen worden ist (BURGHARDT und HOLZER, 1970; BURGHARDT, 1972; BURGHARDT, 1984): Die verschiedenen Formen eines atypischen Plattenepithels haben auch eine verschiedene Lokalisation. Höher differenzierte Veränderungen, also Dysplasien oder verhornende Carcinomata in situ liegen weiter in der Peripherie und gehören eher dem Bereich des originären Plattenepithels an als weniger differenzierte Oberflächenkrebse (Abb. 1.12, S. 12 und 1.14, S. 14). Dieses regelhafte Verhalten zeigt, daß sich jede atypische Epithelform auf dem eigenen Boden entwickelt und daß morphogenetisch somit keine wirklichen Beziehungen zwischen den verschieden differenzierten Epitheltypen, also auch zwischen Dysplasien und Carcinomata in situ, bestehen können (s. S. 14 ff).

Literatur

BURGHARDT, E. (1972): Histologische Frühdiagnose des Zervixkrebses. Stuttgart: G. Thieme.

— (1984): Kolposkopie. Spezielle Zervixpathologie. Stuttgart-New York: G. Thieme.

— HOLZER, E. (1970): Die Lokalisation des pathologischen Cervixepithels. I. Carcinoma in situ, Dysplasien und abnormes Plattenepithel. Arch. Gynäk. **209**, 305.

OBER, K. G., SCHNEPPENHEIM, P., HAMPERL, H., KAUFMANN, C. (1958): Die Epithelgrenzen im Bereich des Isthmus uteri. Arch. Gynäk. **190**, 346.

6

Prognostische Faktoren und operative Behandlung des Zervixkarzinoms

E. Burghardt, H. Pickel und *J. Haas*

6.1 Einleitung

Im Rahmen der Diagnose und der Behandlung von Karzinomen besteht die Möglichkeit, anhand bestimmter Merkmale prognostische Schlüsse zu ziehen. Es ist z. B. eine altbekannte Tatsache, daß ein metastasierendes Karzinom eine unvergleichlich schlechtere Prognose hat als der noch lokalisierte Krebs. Auch das Ausmaß der lokalen Ausbreitung ist schon seit langer Zeit als prognostischer Faktor bekannt. In letzter Zeit wurde eine Reihe weiterer Merkmale gefunden, die es ermöglichen, noch bessere Aussagen bezüglich des Krankheitsverlaufes zu machen. Ihr Wert ist umso größer, je besser sie meßbar und damit auch vergleichbar sind. Die zunehmende Anwendung morphometrischer Untersuchungsmethoden zusammen mit der statistischen Auswertung ihrer Ergebnisse hat in dieser Entwicklung die entscheidende Rolle gespielt.

Soweit es sich um eine operative Behandlung handelt, können die wesentlichen prognostischen Faktoren

prätherapeutisch
intraoperativ
postoperativ

erkannt und beurteilt werden.

Natürlich ist die Auswertung eines Operationspräparates mit der Möglichkeit, viele Einzelheiten objektiv erfassen und in exakte Meßdaten übersetzen zu können, der Möglichkeit der prätherapeutischen und auch der intraoperativen Diagnostik bei weitem überlegen. Es ist zwar beim Zervixkarzinom fallweise durchaus möglich, eine metastatische Ausbreitung bereits vor der Operation zu erkennen und auch die lokale Ausbreitung des Tumors, z. B. auf die Vagina oder bis an die Beckenwand, einigermaßen genau festzustellen, doch spielt hier auch die Subjektivität des klinischen Untersuchers eine Rolle.

Beim Zervixkarzinom werden prätherapeutisch gewonnene klinische Daten zur Karzinomausbreitung in die *internationale klinische Stadieneinteilung* gebracht. Es hat sich in der letzten Zeit eingebürgert, diese Einteilung der FIGO zu kritisieren, indem die unterschiedliche Interpretationsmöglichkeit von Tastbefunden verschiedener Untersucher herausgestellt wird. Dieser Einwand ist an und für sich richtig; insgesamt geht die Kritik aber oft an den Argumenten vorbei, die doch noch für eine Brauchbarkeit, ja Notwendigkeit der internationalen Stadieneinteilung sprechen. Es ist daher weiterhin zweckmäßig, sie auch im Zusammenhang mit meßbaren und reproduzierbaren Größen zu betrachten.

6.2 Klinische Stadieneinteilung

Die klinische Stadieneinteilung beruht auf dem tastmäßigen *Eindruck,* der bei der rektalen Untersuchung der möglichst entspannten (Narkose!) Patientin gewonnen wird.

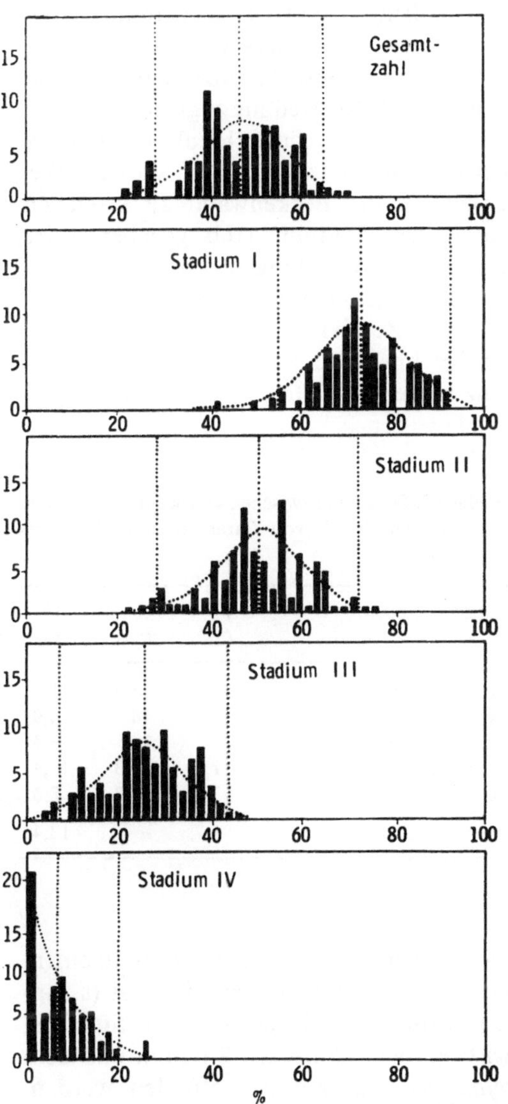

Abb. 6.1. Fünfjährige Überlebenszeit beim Zervixkarzinom in der Auswertung der Ergebnisse von 102 Institutionen im XII. Annual Report (aus: FRIEDMANN und TAYLOR JR., 1965: Amer. J. Obstet. Gynec. **93**, 758)

Seine Interpretation beruht auf überkommenen Vorstellungen über die *Ausbreitung des Zervixkrebses* (s. unten). Mit der Zuordnung zu den klinischen Stadien I bis IV gelingt es, diagnostische Gruppen zu etablieren, die eine unterschiedliche prognostische Aussage ermöglichen (Abb. 6.1).

Natürlich bringt es die Subjektivität des Untersuchungsergebnisses mit sich, daß die Zuordnung zu den einzelnen Stadien durch verschiedene Untersucher ganz unterschiedlich sein kann. Zwei Faktoren werden diesbezüglich ins Treffen geführt: die notgedrungen gegebene Verschiedenheit des Tastempfindens, eventuell aber auch die Tendenz, Grenzfälle dem jeweils höheren Stadium zuzuteilen, was eine Verbesserung der Resultate in den jeweils niedrigeren Stadien zur Folge haben kann. Dazu kommen noch verschiedene Unsicherheitsfaktoren, wie z. B. die Unterscheidung zwischen den Stadien I a und I b, die meist nur aufgrund schriftlich vorliegender histologischer Befunde getroffen wird. Eine Auswirkung dieser Tatsachen ergibt sich aus dem Vergleich der Häufigkeit von Lymphknotenmetastasen in den einzelnen Stadien bei verschiedenen Untersuchern (Tab. 6.1).

Erwartungsgemäß müssen auch die Behandlungsresultate in den einzelnen klinischen

Tabelle 6.1. Häufigkeit des Lymphknotenbefalles beim Zervixkarzinom Stadium I b

	(%)
MEIGS et al. (1950)	17,9
GRÜNBERGER (1953)	11,7
BRUNSCHWIG (1960)	17,7
MASUBUCHI et al. (1969)	4,7
PIVER (1975)	26,8
MORLEY (1976)	12,6
BORONOW (1977)	26,0
FALK et al. (1982)	9,2
BALTZER (1979)	18,9
SHINGLETON et al. (1983)	15,0
GRAZ (1984)	31,1

Stadien recht verschieden sein. Aus Abb. 6.1 geht die breite Streuung der im XII. Annual Report veröffentlichten Ergebnisse hervor. Ihre Mittelwerte zeigen aber doch einen signifikanten Unterschied von Gruppe zu Gruppe.

Diese *Signifikanz der Mittelwerte* spricht für die Brauchbarkeit und die Zuverlässigkeit der Methode, soweit sie innerhalb einer Institution auf übereinstimmend angewandten Kriterien beruht. Die *breite Streuung* innerhalb der Gruppe selbst zeigt hingegen die sehr schlechte Vergleichbarkeit, wenn die Methode in verschiedenen Institutionen zur Anwendung kommt. Die klinische Stadieneinteilung kann daher durchaus ihren Zweck erfüllen, so lange sie

● prognostische Unterschiede innerhalb eines einheitlich diagnostizierten Kollektives, oder

● die Resultate verschiedener Behandlungsmethoden innerhalb eines einheitlich diagnostizierten Kollektives

herausarbeiten soll.

Das könnte z. B. für die Frage der Vergleichbarkeit von Resultaten nach operativer oder radiologischer Behandlung fortgeschrittener, aber immer noch operabler Zervixkarzinome gelten. Leider scheitert dieser Versuch unter anderem oft einfach daran, daß Operateure und Radiologen ihre Fälle getrennt klassifizieren.

Schließlich wird die klinische Stadieneinteilung in ihrer bisherigen Form nicht aufgegeben werden können, weil nicht die geringste Aussicht darauf besteht, daß ein größerer Teil der Institutionen, in denen Karzinome operativ behandelt werden, in absehbarer Zeit in die Lage kommen wird, adäquate *morphometrische Untersuchungen* an Operationspräparaten zu machen.

In diesem Zusammenhang ist es sicher nötig, die Frage zu erörtern, auf welchen Faktoren die wenn auch nur *relative Vergleichbarkeit* der klinischen Stadieneinteilung eigentlich beruhen soll. Nach der Lehrmeinung erfolgt die Unterscheidung der verschiedenen Stadien vor allem aufgrund des Umstandes, ob das Karzinom die Grenzen der Zervix über-

schritten hat oder nicht. Es sollte betont werden, daß damit nur die *lokale Ausbreitung* gemeint ist, da eine lymphatische Metastasierung prätherapeutisch bzw. durch klinische Untersuchungsmethoden nicht genügend sicher feststellbar ist und posttherapeutisch auch nur durch den Operateur, nicht aber durch den Strahlentherapeuten objektiviert werden kann. Sie geht daher auch nicht in die Stadieneinteilung ein. Die Kardinalfrage bleibt, ob das Karzinom über die Grenzen der Zervix hinaus auf das parametrane Gewebe übergegriffen hat. Dem liegt die Vorstellung zugrunde, daß sich das Karzinom zunächst lokal auf die Parametrien ausbreitet, um auf diesem Weg schließlich die Beckenwand zu erreichen, womit das Stadium III b gegeben wäre. Derartige Vorstellungen können anhand neuerer Untersuchungen über die Ausbreitung des Zervixkrebses zumindest für das heutige operative Krankengut nicht mehr ganz aufrechterhalten werden (s. unten).

Tabelle 6.2. Beziehung zwischen klinischen Stadien und histologischem Befall von Parametrien und Vagina (N = 239)

Klinische Stadien	I b (%)	II a (%)	II b (%)
Parametrien befallen	12,2	14,3	21,1
kontinuierlich	—	14,3	4,9
diskontinuierlich	—	—	3,5
Lymphknoten	11,1	14,3	13,4
Gefäße	3,3	14,3	8,5
Vagina befallen	6,7	—	13,4

Wie aus Tab. 6.2 hervorgeht, kann in einem besonders aufgearbeiteten Material (s. unten) *histologisch* keine Übereinstimmung zwischen dem klinischen Stadium und dem *Befall der Parametrien* gefunden werden. Wird als parametraner Befall nicht nur das kontinuierliche Eindringen des Karzinoms, sondern auch die diskontinuierliche Absiedelung, die Metastasierung in parametrane

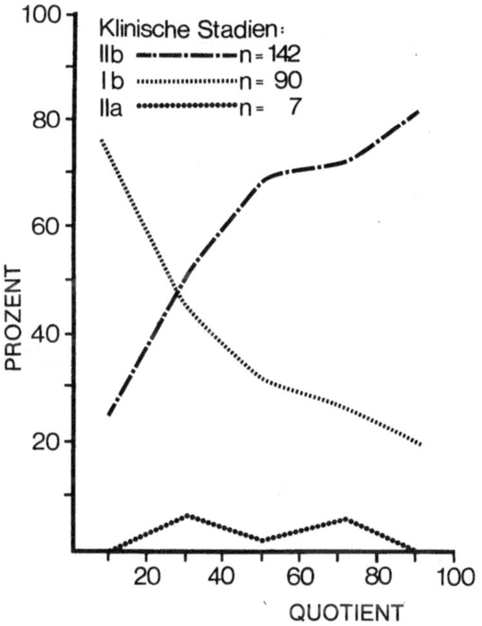

Abb. 6.2. Klinisches Stadium und Tumorgröße. Aus der Abbildung geht hervor, daß die kleineren Karzinome in überwiegender Zahl dem Stadium I b zugeordnet worden sind, daß dieses aber auch Karzinome größter Ausdehnung umfaßt. Im Stadium II b sind die Werte reziprok. Die uncharakteristische Verteilung im Stadium II a dürfte auf der kleinen Fallzahl beruhen

Lymphknoten sowie eine Lymphangiosis carcinomatosa verstanden, so ergibt sich eine nicht unbeträchtliche parametrane Beteiligung in den Stadien I b und II a, die eigentlich freie Parametrien aufweisen sollten. Im Stadium II b hingegen, das aufgrund eines vermeintlichen Parametrienbefalls etabliert wird, kann ein solcher Vorgang eher selten objektiviert werden. Wird gemäß den klassischen Vorstellungen nur das kontinuierliche Einwachsen des Karzinoms in das Parametrium genommen, so bleibt das Stadium I wohl frei, das Stadium II a hingegen zeigt den häufigsten parametranen Befall, der hingegen beim Stadium II b verschwindend gering ist.

Das gleiche gilt auch für die *Ausbreitung auf die Vagina*. Sie konnte bei Fällen des Stadium II a histologisch nicht verifiziert werden, war jedoch beim Stadium I b in 6,7%

und im Stadium II b sogar in 13,4% der Fälle vorhanden.

Es besteht demnach keine brauchbare Korrelation zwischen dem klinischen Stadium und der tatsächlichen Ausbreitung auf Parametrium und Vagina.

Aus Abb. 6.2 geht hingegen hervor, daß eine sehr gute Korrelation zwischen dem klinischen Stadium und der *meßbaren Tumorgröße* existiert.

Diese wird nach einer standardisierten Methode bestimmt. Die Operationspräparate werden im Zusammenhang fixiert, wobei die Parametrien in der seitlichen Ebene ausgespannt sind. Nach der Fixation wird das Corpus uteri abgetrennt und die Zervix durch einen Frontalschnitt so zerlegt, daß die Parametrien in der Schnittebene bleiben. Das Präparat wird in einen Paraffinblock eingebettet, von dem mehrere Großflächenschnitte mit einer Schnittdicke von 8—10 Mikron hergestellt werden (Abb. 6.7 und 6.12). Die Achsen der Schnittebene sind Zervikalkanal und Parametrien. An diesen Präparaten werden sämtliche tumormetrische Untersuchungen mit einem Bildanalysesystem durchgeführt. Dabei werden in einem Arbeitsgang mehrere ein- und zweidimensionale Kenngrößen bestimmt. Da das Tumorvolumen, selbst mit Hilfe modernster Techniken, nur approximativ aus den Tumordurchmessern bestimmt werden kann, werden in dem eigenen Modell als Kenngröße Flächenmaße angegeben, die eine sehr hohe Meßgenauigkeit aufweisen (Variationskoeffizient CV > 0,02) und die Größenverhältnisse somit genau beschrieben. Wegen der wechselweisen Beeinflussung von Zervixgröße und Tumorausbreitung wird die Tumorgröße in Relation zur Zervix als *Tumor/Zervix-Flächenquotient* angegeben.

Bei Berücksichtigung dieses Quotienten zeigt es sich, daß die kleinste Tumorgröße in 75,7% dem Stadium I b zugehört, während die mittlere Tumorgröße in 68,1% und die größten Tumoren in 81,0% als Stadium II b eingestuft worden sind. Es darf allerdings nicht übersehen werden, daß sich unter den Fällen des Stadiums I auch ganz große Tumoren und im Stadium II b auch Tumoren der kleinsten Größenkategorie finden lassen.

Die relative Brauchbarkeit der *klinischen Stadieneinteilung* beruht somit auf dem Umstand, daß die einzelnen Stadien vor allem die *Größe oder das Volumen des Tumors* widerspiegeln, das wieder ein wichtiges prognostisches Kriterium darstellt (s. unten).

6.3 Tumormerkmale und lymphatische Metastasierung

Es ist eine offene Frage, warum Karzinome gleicher Lokalisation und etwa gleicher Morphologie zu einem Teil sehr bald Metastasen setzen, während andere sehr spät oder überhaupt nicht metastasieren. Auf der Suche nach besonderen Kennzeichen, die mit einer *Metastasierungstendenz* in Zusammenhang gebracht werden könnten, wurden Merkmale gefunden, die durchaus brauchbare Anhaltspunkte darstellen. Klinisch gesehen ist es ein Nachteil, daß die wichtigsten Kennzeichen erst am Operationspräparat nachweisbar werden können. Sie sind somit weder für die Planung einer Strahlentherapie noch für die Planung des operativen Vorgehens, z. B. im Hinblick auf die Notwendigkeit einer Lymphadenektomie, geeignet. Trotzdem stellen sie entscheidende Erkenntnisse der Onkologie dar.

6.3.1 Tumorgröße

Es ist schon seit relativ langer Zeit bekannt, daß zwischen Tumorgröße und der Tendenz zur lymphatischen Metastasierung eine direkte Beziehung besteht (BRUNSCHWIG, 1960; HUHN, 1964; KINDERMANN und OBER, 1972; PIVER, 1975; BURGHARDT und PICKEL, 1978; BALTZER, 1978; BURGHARDT et al., 1982; SHINGLETON et al., 1983). Gleichgültig ob der Tumordurchmesser, das fiktive Tumorvolumen, die Tumorfläche oder der Quotient von Tumor- und Zervixfläche bestimmt worden ist, fanden sich signifikante Zusammenhänge zwischen diesen Maßen und z. B. der Häufigkeit des karzinomatösen Befalles der Beckenlymphknoten.

Die Abb. 6.3 zeigt solche Zusammenhänge zwischen Tumor/Zervix-Quotienten und der Häufigkeit von Lymphknotenmetastasen. Bemerkenswert ist einerseits, daß die Kurve bei noch operablen Zervixkarzinomen bis zu einer Häufigkeit von 63,3% ansteigt, sich nach links aber dem Nullpunkt nähert, der ja bei den kleinsten invasiven Karzinomen tatsächlich erreicht wird (s. S. 44). Ebenso muß aber auch bedacht wer-

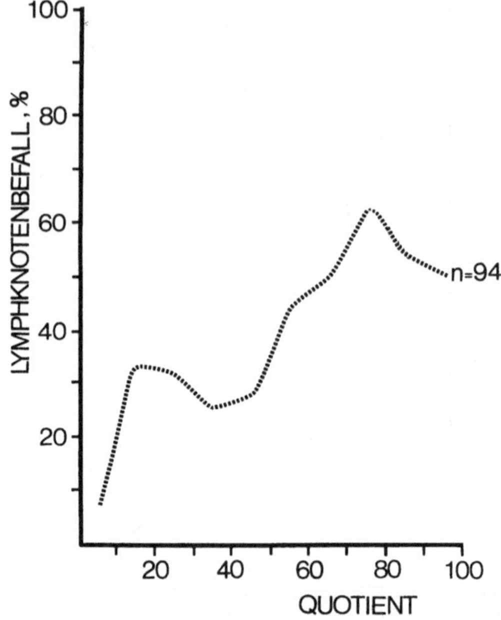

Abb. 6.3. Lymphknotenmetastasen bei verschiedenen Tumorgrößen. Wenn auch kein linearer Anstieg erfolgt, zeigt sich ein signifikanter Zusammenhang zwischen Tumorgröße und der Häufigkeit von befallenen Lymphknoten (P = 0,004). Um auch das Verhalten der kleinsten Tumoren zu zeigen, erfolgte die Auswertung im Gegensatz zu den übrigen Diagrammen nach zehn Größenklassen

den, daß es Tumoren gibt, die trotz ihrer Größe nicht metastasieren, so wie andererseits in der Gruppe der kleinsten klinischen Karzinome bis zu einem Karzinom/Zervix-Quotienten von 9% schon metastasierende Fälle gefunden worden sind. Es ist nur selbstverständlich, daß die Tumorgröße allein nicht den entscheidenden Faktor darstellen kann. Durch seine Relativierung mit anderen, gleichzeitig vorkommenden Merkmalen können weitere Aufschlüsse gewonnen werden.

6.3.2 Lokale Tumorausbreitung

Hier interessiert vor allem die kontinuierliche Tumorausbreitung, also die Ausbreitung des Primärtumors selbst, besonders

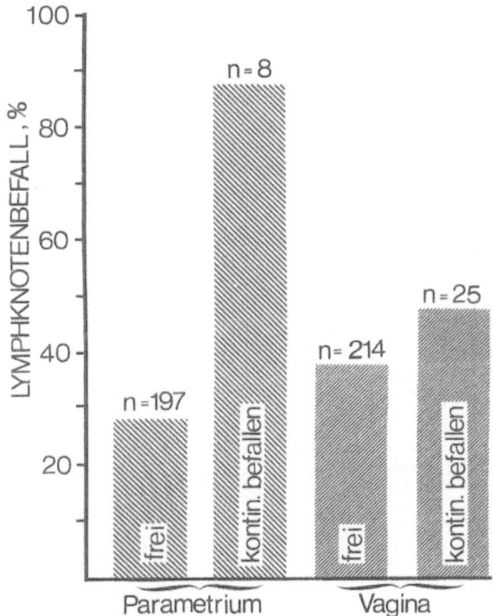

Abb. 6.4. Das Histogramm zeigt den Unterschied im Befall der regionären Lymphknoten bei kontinuierlichem Übergreifen des Tumors auf die Parametrien und bei freien Parametrien sowie den Unterschied bezüglich der Beteiligung der Vagina

durch sein Überschreiten der Zervixwand. In Frage kommt vor allem die Ausbreitung in das parametrane Gewebe. OBER und HUHN (1962) haben darauf hingewiesen, daß es keine scharfe Grenzlinie zwischen Zervixwand und Parametrium gibt, so daß man parametrane Einbrüche von einem Millimeter oder von Bruchteilen eines Millimeters nicht messen kann. Sie beschreiben eine *Grenzzone,* in der sich auf einer Breite von bis zu 5 mm Parametrium und Zervix geweblich mischen. Der eindeutige Befall des Parametriums kann deshalb erst nach Überschreiten dieser Grenzzone festgestellt werden.

Aus Abb. 6.4 geht die Bedeutung des Übergreifens auf die Parametrien hervor. In den Fällen mit kontinuierlichem Parametrienbefall sind die regionären Lymphknoten in einem sehr hohen Prozentsatz befallen. Sind die Parametrien hingegen frei, so ist die lymphatische Metastasierung in weniger als einem Drittel der Fälle zu finden. Dabei ist

zu berücksichtigen, daß die Ausbreitung auf die Parametrien nur in wenigen Schnitten überprüft werden kann und daß bei größeren Schnittzahlen sicher noch in weiteren Fällen ein Übergreifen auf die Parametrien festgestellt werden würde.

Aber auch schon bei Befall der Grenzzone steigt die Häufigkeit der lymphatischen Metastasierung sprunghaft an (OBER und HUHN, 1962; KINDERMANN und OBER, 1972). Im eigenen Material waren in praktisch der Hälfte aller Fälle mit Befall der Grenzzone auch die Lymphknoten der Beckenwand betroffen. War die Grenzzone frei, so waren nur in rund 15% Metastasen vorhanden (BURGHARDT und PICKEL, 1978).

Auch der Scheidenbefall ist ein Faktor, der die lymphatische Metastasierung fördert. Wie aus der Abb. 6.4 hervorgeht, sind bei Scheidenbefall in genau der Hälfte der Fälle Lymphknotenmetastasen vorhanden. Ist die Scheide nicht befallen, so liegt der Lymphknotenbefall immer noch bei 38,3%. Analoge Zahlen wurden auch in einer anderen Untersuchungsserie gewonnen (KINDERMANN und OBER, 1972).

6.3.3 Gefäßeinbruch

Die prognostische Bedeutung des Gefäßeinbruches im Primärtumor ist schon seit längerer Zeit bekannt (FRIEDELL und PARSSONS, 1961; BURGHARDT und PICKEL, 1978; ZANDER et al., 1981).

Unter Gefäßeinbruch wird der histologische Nachweis von Zellverbänden in Gefäßräumen des Primärtumors bezeichnet. Die Diagnose ist nicht immer einfach (BURGHARDT, 1972). Je dünner die Wand des vermeintlichen Gefäßes, umso eher besteht die Möglichkeit der Verwechslung mit Artefakten. Für den geschulten Histologen ist es aber mit einiger, wenn auch nicht mit absoluter Sicherheit möglich, eine Unterscheidung zu treffen.

Es entspricht der Erwartung, daß die Häufigkeit von Lymphknotenmetastasen davon abhängt, ob Gefäßeinbrüche nachgewiesen

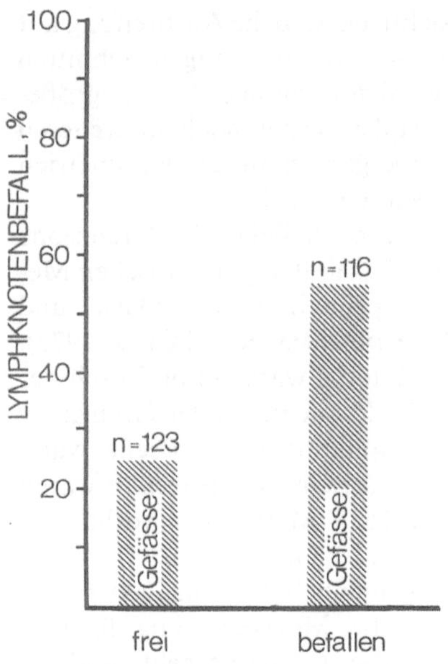

Abb. 6.5. Bedeutung des Gefäßeinbruches für die lymphatische Metastasierung. Bei histologisch faßbarem Gefäßeinbruch ist die Metastasierungshäufigkeit mehr als doppelt so hoch, als wenn ein Gefäßeinbruch im Primärtumor nicht nachgewiesen werden kann

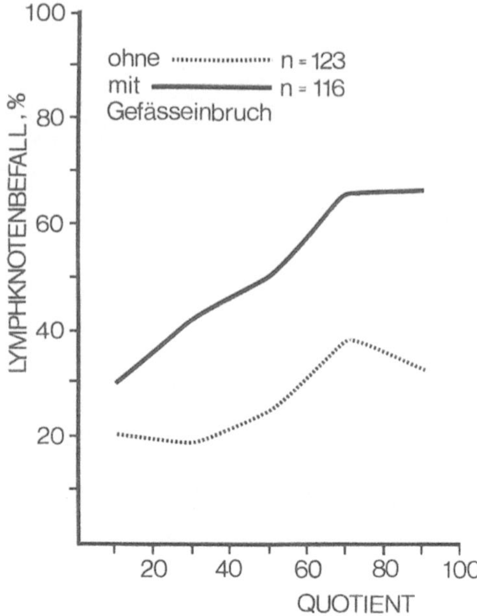

Abb. 6.6. Zusammenhang zwischen Tumorgröße und Gefäßeinbruch einerseits und Häufigkeit der lymphatischen Metastasierung. Bei Gefäßeinbruch ist die lymphatische Metastasierung zwar häufiger, doch wirkt sie sich eher aus, je größer der Tumor ist. Der Gefäßeinbruch allein ist daher von geringerer Bedeutung als in Verbindung mit der Tumorgröße (P = 0,02)

worden sind oder nicht. Der Unterschied geht aus der Abb. 6.5 hervor. Aber auch der Gefäßeinbruch selbst kann nicht isoliert betrachtet werden. Zunächst ist festzustellen, daß der Einbruch umso häufiger gefunden wird, je größer der Tumor ist (Tab. 6.3). Werden die prognostischen Faktoren *Gefäßeinbruch und Tumorgröße* aber noch weiter in Beziehung gesetzt, so ergibt sich ein sehr bemerkenswerter Zusammenhang (Abb. 6.6). Der Gefäßeinbruch ist im Hinblick auf die lymphatische Metastasierung bei volu-

minöseren Tumoren signifikant von größerer Bedeutung als bei kleinen Tumoren (s. S. 41).

6.3.4 Andere Tumormerkmale

Über eine Beziehung zwischen dem *Reifegrad* oder der *Differenzierung* des Tumors und seiner metastatischen Propagation gibt es sehr verschiedene Aussagen. Meist wird eine positive Beziehung zwischen diesen

Tabelle 6.3. Häufigkeit des Gefäßeinbruches in Relation zur Tumorgröße

Quotient	0—20%	20—40%	40—60%	60—80%	80%	Summe
Gefäßein- bruch	13 = 35,1%	23 = 44,2%	29 = 42,0%	39 = 65,0%	12 = 57,1%	116 = 48,5%
Kein Gefäßein- bruch	24 = 64,9%	29 = 55,8%	40 = 58,0%	21 = 35,0%	9 = 42,9%	123 = 51,5%

Merkmalen hergestellt (SIDHU et al., 1970; ZANDER et al., 1980; CHUNG et al., 1980), doch gibt es Untersuchungen, bei denen eine solche Beziehung nicht gefunden werden konnte (BEECHAM et al., 1978). Während eine größere Metastasierungshäufigkeit bei undifferenzierten Karzinomen vorkommen soll, gibt es Untersuchungen, aufgrund deren festgestellt wird, daß die höher differenzierten Krebse eher Metastasen setzen (SIDHU et al., 1970). Manche Autoren unterscheiden zwischen Differenzierung der Karzinomverbände an der Invasionsfront und in den mittleren Tumorabschnitten (ZANDER et al., 1980), wie ja überhaupt darauf hingewiesen werden muß, daß das Problem sehr durch die Tatsache erschwert wird, daß große solide Tumoren durchaus aus mehreren völlig verschiedenartigen Tumorkompartimenten zusammengesetzt sein können. Bei der Untersuchung von 239 eigenen Fällen konnte kein statistisch gesicherter Unterschied zwischen den verschiedenen Differenzierungsformen des Tumors im Hinblick auf die Häufigkeit von Lymphknotenmetastasen gefunden werden, und zwar weder bei Berücksichtigung der einzelnen Differenzierungsarten, noch bei der Berücksichtigung von Unterschieden in den peripheren oder zentralen Abschnitten des Tumors.

Eine negative Korrelation zu der Metastasierungshäufigkeit ergibt sich auch bei der Berücksichtigung weiterer Tumormerkmale, wie der Wachstumsrichtung (exophytisch, endophytisch), der Wachstumstypen (z. B. plumpe Zapfen, schmale Bänder), der Beschaffenheit des Stromas, der zellulären Stromareaktion, der kleinzelligen Infiltration des Tumors und reaktiver Veränderungen an den Tumorzellen selbst. Lediglich bei der Auswertung der Mitosenzahlen pro Blickfeld zeigt sich ein Trend im Sinne einer Häufung von Lymphknotenmetastasen. Die Unterschiede sind jedoch nicht signifikant.

6.4 Bedeutung der prognostischen Faktoren

Soweit sie isoliert betrachtet werden, haben sich bis jetzt die Tumorgröße, die kontinuierliche Ausbreitung des Tumors in die Grenzzone zwischen Parametrium und Zervix sowie über diese Grenzzone hinaus, wie auch der Gefäßeinbruch des Primärtumors als signifikante Faktoren im Hinblick auf die metastatische Ausbreitung des Zervixkarzinoms in die regionären Lymphknoten erwiesen. Es hat sich aber auch herausgestellt, daß zwischen diesen Faktoren *Wechselbeziehungen* bestehen, mit denen sie sich im Hinblick auf ihre Auswirkung gegenseitig stark beeinflussen (Abb. 6.6). Die Deutung dieser *Korrelationen* ist nicht einfach. Wir glauben aber vorschlagen zu dürfen, daß der Gefäßeinbruch sowie auch das kontinuierliche Überschreiten der Organgrenze als der Ausdruck einer besonderen *Aggressivität* des Tumors gewertet wird. Ziehen wir hingegen in Betracht, daß die lokale Ausbreitung des Tumors offenbar *Abwehrmechanismen* unterworfen ist (s. S. 52), so könnte die Tumorgröße ein Ausdruck der vorhandenen oder der abnehmenden Abwehrkraft des Organismus sein. Lange Latenzzeiten in der lokalen Ausbreitung bereits fortgeschrittener Krebse (NAVRATIL, 1960) zeigen tatsächlich, daß das an und für sich lebhaft proliferierende Karzinomgewebe nicht zu der raschen Tumorvergrößerung führt, die eigentlich erwartet werden müßte, sondern daß gerade das Zervixkarzinom ein außerordentlich *chronisches Leiden* ist. Wird also angenommen, daß größere Tumorvolumina nur zustandekommen können, wenn die Abwehrlage des Organismus geschwächt ist, so könnte zumindest eine Deutung der Wechselbeziehung zwischen Tumoraggressivität und Tumorgröße versucht werden: Der Einbruch des Tumors in Gefäßräume, aber auch in das Paragewebe führt mit größter Wahrscheinlichkeit zu einer Verschleppung von Tumorzellen. Ob sich diese z. B. in den

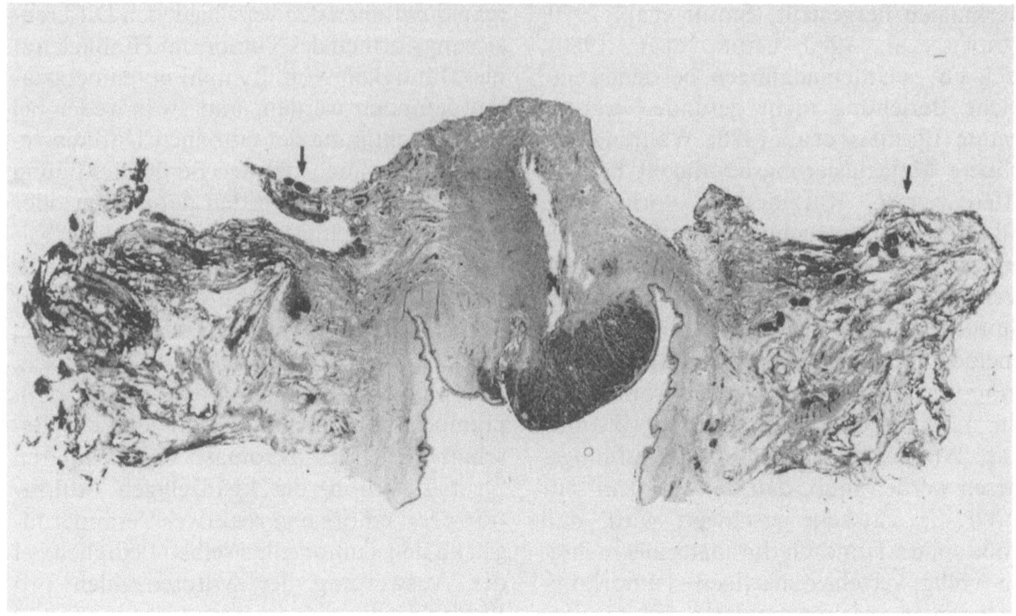

Abb. 6.7. Operationspräparat nach abdominaler Radikaloperation mit Zervix, Scheidenmanschette, parazervikalem und paravaginalem Gewebe. Der einzelne Schnitt ist nicht für das Ausmaß des resezierten Paragewebes repräsentativ, da dieses nicht immer in der gleichen Ebene liegt. Das Karzinom in der Abbildung nimmt hauptsächlich eine Muttermundslippe ein und entspricht einem Flächenquotienten von 15. In dem Paragewebe beiderseits etwas über pfefferkorngroße Lymphknötchen. Die mit Pfeilen bezeichneten Knoten sind metastatisch befallen

regionären Lymphknoten festsetzen und hier als metastatische Tumoren anwachsen und weiterwachsen, hängt wieder von der Abwehrkraft des Organismus ab. Haben wir es mit größeren Tumorvolumina als Ausdruck der geschwächten Abwehr zu tun, so kommt es mit größerer Wahrscheinlichkeit zur Metastasenbildung, als wenn es bei kleinen Tumorgrößen (und damit einer offenbar besseren Abwehrlage) zur diskontinuierlichen Propagation von Tumorzellen über das Gefäßsystem kommt.

6.5 Bedeutung des Lymphknotenbefalles

Das Zervixkarzinom bleibt lange Zeit auf das Becken beschränkt. Bei diskontinuierlicher Ausbreitung werden zunächst die Lymphknoten der Beckenwand als Stationen im lymphatischen Abfluß der Zervix befallen. Die Brücke zwischen Zervix und Beckenwand stellt das parametrane, besser das parazervikale und paravaginale Gewebe dar, das auch als Gefäßleitgewebe, Ligamentum Mackenrodt, als Ligamentum cardinale oder als Web bezeichnet wird. Es wird, offenbar in Abhängigkeit von der histologischen Untersuchungstechnik, immer wieder übersehen, daß Lymphknoten bereits auch in die Lymphwege der Parametrien eingeschaltet sind. Bei geeigneter Schnittführung (BURGHARDT und PICKEL, 1978) kommen diese Lymphknoten mit großer Zuverlässigkeit zur Darstellung (Abb. 6.7). Die *parametranen und parakolpanen Lymphknoten* wer-

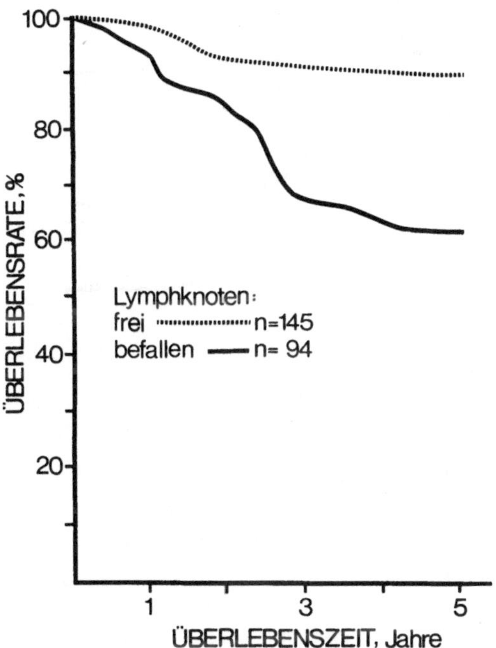

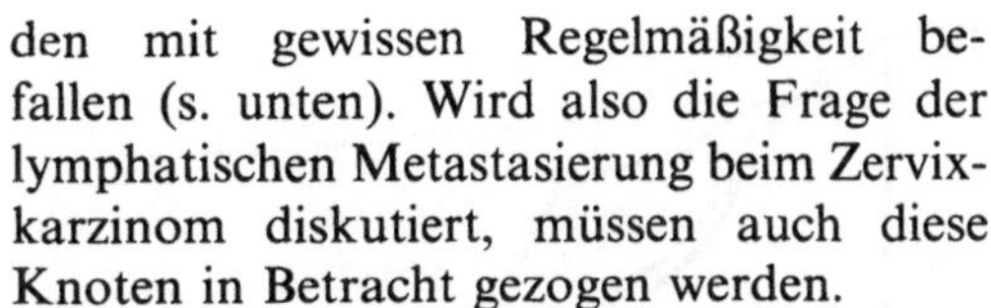

Abb. 6.8. Überlebenskurve bei Lymphknotenbefall, einschließlich parametraner Knoten. Sind die Lymphknoten befallen, so sinkt die Überlebenswahrscheinlichkeit nach fünf Jahren auf 61,6% ab (P = 0,001)

den mit gewissen Regelmäßigkeit befallen (s. unten). Wird also die Frage der lymphatischen Metastasierung beim Zervixkarzinom diskutiert, müssen auch diese Knoten in Betracht gezogen werden.

Es ist eine wohlbekannte Tatsache, daß die bereits stattgehabte metastatische Ausbreitung die Prognose eines jeden Karzinoms schlagartig verschlechtert. Wie weit der Befall der regionären Lymphknoten beim Zervixkarzinom die Prognose im Hinblick auf die 5-Jahres-Heilung nach primärer operativer Behandlung beeinflußt, geht aus der Abb. 6.8 hervor. Der Unterschied zwischen den Kollektiven mit und ohne Lymphknotenbefall ist signifikant. Es kann aber auch gezeigt werden, daß noch weitere prognostische Unterschiede bestehen, wenn man die Größe der Absiedelungen in den Lymphknoten berücksichtigt (Abb. 6.9). Der Befall weniger oder mehrerer Lymphknotenstationen wirkt sich ebenfalls aus (Abb. 6.10). Hingegen gibt es keinen prognostischen Unterschied bei der Beteiligung der verschiedenen anatomischen Gruppen (Abb. 6.11).

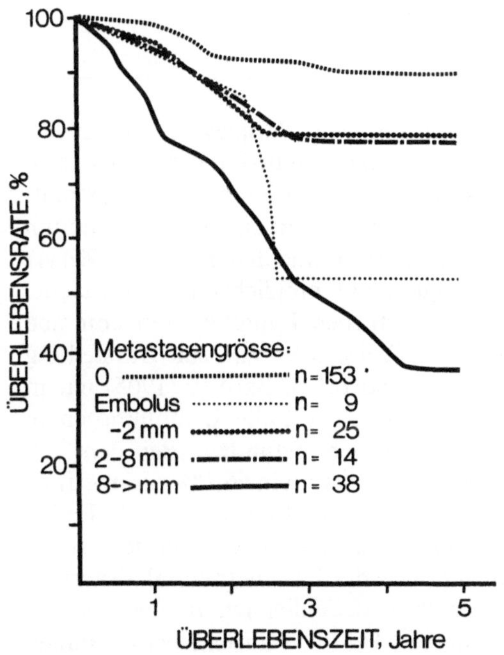

Abb. 6.9. Überlebenskurve bei verschiedenen Größen von Lymphknotenmetastasen. Parametrane Knoten sind nicht berücksichtigt. Ein signifikanter Unterschied besteht nur zwischen den größten Metastasen und allen anderen Metastasen, die einen Durchmesser von 8 mm und weniger haben (P = 0,001). Der Verlauf der Kurve beim Tumorembolus ist durch die geringe Fallzahl zu erklären

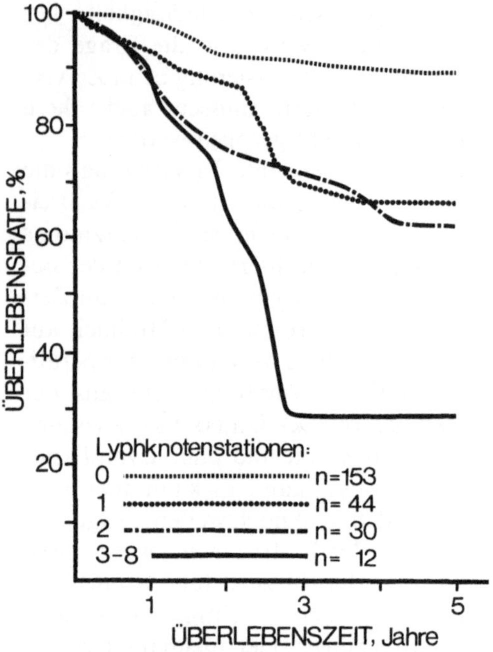

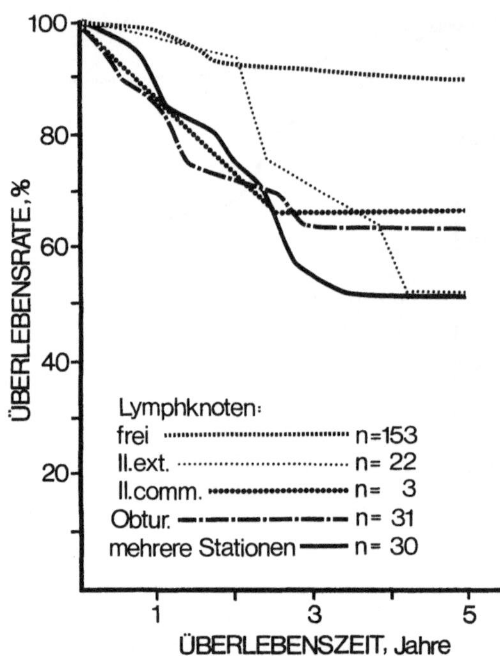

Abb. 6.10. Überlebenskurven bei dem Befall von einer oder mehreren Lymphknotenstationen. Es ist jeweils die einzelne Station befallen. Die Lebensdauer fällt mit der Anzahl der befallenen Stationen rasch ab (P = 0,001)

Abb. 6.11. Überlebenskurven in Abhängigkeit vom Befall anatomisch definierter Lymphknotenstationen (s. Abb. 8.5, S. 113). Parametrane Knoten sind nicht berücksichtigt. Die Lokalisation des Lymphknotenbefalles ergibt statistisch keinen signifikanten Unterschied im Hinblick auf die Überlebenszeit

6.6 Bedeutung des Parametrienbefalles

KUNDRAT (1903) sowie BRUNET (1905) haben die Parametrien der von WERTHEIM bzw. MACKENRODT radikal exstirpierten Uteri bei Zervixkarzinomen untersucht. Sie unterschieden zwischen
● kontinuierlichem Übergreifen auf das Parametrium,
● diskontinuierlichen, an keine spezifischen Strukturen gebundenen Krebsabsiedelungen im Parametrium.
● Befall von parametranen Lymphknoten,
● Krebsabsiedelungen in parametranen Lymphgefäßen.
Wir können dieser Einteilung durchaus folgen, zumal sie sich bei der systematischen Untersuchung von Parametrien geradezu aufdrängt. Für die histologische Untersu-

chung des seitlichen Paragewebes eignet sich die von uns angewandte Untersuchungstechnik besonders gut (s. S. 75). Der Frontalschnitt zeigt das Parametrium und das Parakolpium in breitem Zusammenhang mit der Zervix und Vagina auf möglichst großer Fläche. Die parametranen Lymphknoten kommen auf diese Weise sehr gut zur Darstellung (Abb. 6.7 und 6.12). BRUNET (1905) hat in zwei Drittel seiner Fälle Lymphknoten in den Parametrien gefunden. Bei den 239 eigenen Fällen waren in 66,1% parametrane Lymphknoten zu finden. In 80 Fällen (50,6%) waren diese Knoten in der zervixnahen Hälfte der Parametrien lokalisiert, in 38 (24,0%) ausschließlich in der beckenwandnahen Hälfte, während bei 40 Fällen

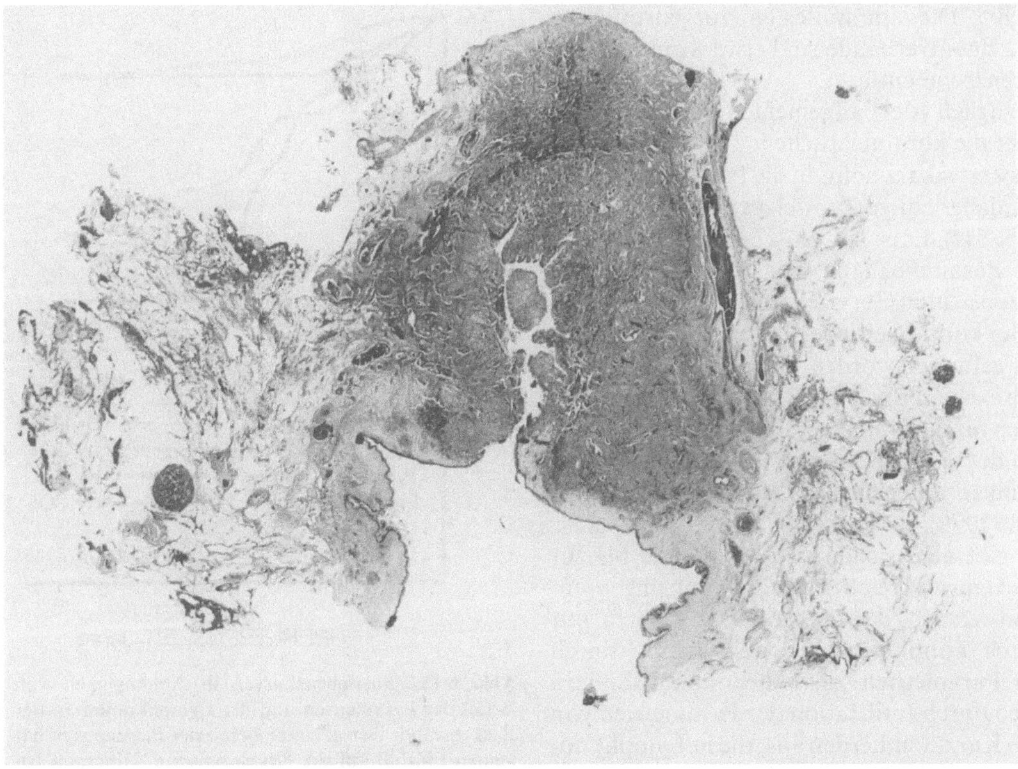

Abb. 6.12. Operationspräparat nach abdominaler Radikaloperation mit Zervix, Scheidenmanschette, parazervikalem und paravaginalem Gewebe. Der einzelne Schnitt ist nicht für das gesamte Ausmaß des resezierten Paragewebes repräsentativ, da dieses nicht immer in der gleichen Ebene liegt. Das Karzinom in der Abbildung ist hauptsächlich intrazervikal ausgebildet und entspricht einem Quotienten von 66. Beiderseits in den Parametrien Lymphknoten, die allerdings nicht befallen sind

(25,3%) in beiden Abschnitten Knoten zu finden waren.

Tab. 6.4 zeigt, wie häufig Absiedelungen jeglicher Art im Parametrium nachgewiesen werden konnten (s. Tab. 6.2). Bei der Aufschlüsselung findet man, daß der Befall *parametraner Lymphknoten* relativ am häufigsten vorkommt. Bezieht man den Lymphknotenbefall nur auf die Fälle mit nachgewiesenen parametranen Knoten, so ergibt sich, daß diese in 19,0% befallen waren.

Ein eigenes Problem stellt der *kontinuierliche Tumoreinbruch in das Parametrium* dar. Wenn wir nur das Überschreiten der Grenzzone (s. S. 77) als sicheren Parametrieeinbruch werten, so ist diese Art der

Tabelle 6.4. Parametraner Befall in 239 Operationspräparaten nach abdominaler Radikaloperation

Kontinuierlich	8	3,3%
Diskontinuierlich	5	2,1%
Lymphknoten	30	12,6%
Gefäße	13	5,4%
Insgesamt	42	17,6%

Propagation nur selten zu finden, obwohl unser Material eine beträchtliche Zahl voluminöser Tumoren aufweist, bei denen das direkte Übergreifen auf das Parametrium vor allem vorkommen sollte. Dazu kommt, daß das kontinuierliche Wachstum stets auf die zervixnahen Abschnitte des Parametriums beschränkt bleibt. Die am weitesten vorgedrungenen Karzinomverbände sind etwa 8 mm von der Grenzzone entfernt.

Bezüglich der allgemeinen Vorstellungen über die kontinuierliche lokale Ausbreitung des Zervixkarzinoms in die Parametrien müssen daher einige Zweifel angemeldet werden (s. S. 74 f). Es ist unwahrscheinlich, daß in den im Zusammenhang belassenen und genau untersuchten Zervizes und Parametrien ein tiefer kontinuierlicher Einbruch nicht häufiger gefunden worden wäre, wenn er tatsächlich existieren würde. Das gilt gleichermaßen auch für die Untersuchung von 718 Präparaten der vier deutschen Universitäts-Frauenkliniken unter der Federführung von BALTZER (1979).

Es gibt aber sicher Karzinome, die bis zur Beckenwand reichen. Daher kann angenommen werden, daß dieser Zustand nicht nur durch kontinuierliches Vorwachsen durch die Parametrien zustandekommt, sondern auch durch Infiltration der Parametrien von den Karzinomherden aus, die in Lymphknoten, Lymphgefäßen und auch unabhängig von diesen Strukturen zu finden sind (Tab. 6.4).

Die prognostische Bedeutung des Parametrienbefalles ist widersprüchlich. Aus Abb. 6.4 geht hervor, daß bei kontinuierlichem Übergreifen des Karzinoms auf die Parametrien die Beckenwandlymphknoten wesentlich häufiger befallen sind, als wenn die Parametrien frei bleiben. Das gleiche gilt auch für die anderen Typen des Parametrienbefalles. Auf die 5-Jahres-Heilung wirkt

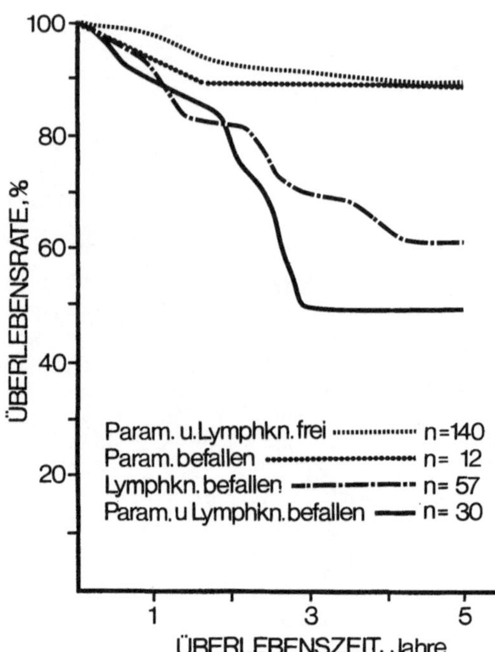

Abb. 6.13. Überlebenskurven in Abhängigkeit von Befall der Parametrien und der Lymphknoten an der Beckenwand. Der alleinige Befall der Parametrien hat keinen Einfluß auf die Überlebensrate. Hingegen besteht ein signifikanter Unterschied zwischen alleinigem Parametrienbefall und alleinigem Lymphknotenbefall. Sind Parametrien und Lymphknoten gleichzeitig befallen, so sinkt die Überlebensrate weiter ab (P = 0,001). Siehe auch Abb. 6.8

sich die alleinige parametrane Beteiligung jedoch nicht aus (Abb. 6.13). Werden hingegen Parametrien und Lymphknoten befallen, ist die Heilungsziffer mit 49,2% eindeutig geringer, als wenn die Lymphknoten allein betroffen sind (61,4%).

6.7 Das Parametrienproblem bei der operativen Behandlung des Zervixkarzinoms

Die Erweiterung der Uterusexstirpation auf die Parametrien und auf die obere Scheide samt dem dazugehörigen Parakolpium hat die Heilungsresultate beim Zervixkarzinom sprunghaft verbessert. Unter Parametrium verstehen wir im weiteren das parazervikale Gewebe, das auch als Gefäßleitgewebe bezeichnet werden könnte und das sich nach distal in das Parakolpium fortsetzt, welches entsprechend dem Scheidenverlauf (s. S. 185 f) auch als horizontaler Bindegewebsgrundstock oder Vaginalpfeiler bezeichnet wird (PEHAM und AMREICH, 1930).

Die Verbesserung der Heilungserfolge durch

die Mitnahme von parametranem (und paravaginalem) Gewebe war vor allem dadurch bedingt, daß die *Resektionslinien* zumeist weit genug vom Tumor lagen und nicht, wie bei den gewöhnlichen Hysterektomien, knapp an der Zervixgrenze oft durch Tumorgewebe gingen. Dieser Effekt wird stets dann erreicht, wenn nach Freipräparation der Ureteren die Parametrien möglichst nahe der Beckenwand durchtrennt werden, unabhängig davon, ob ¼ bis ⅓ des Parametriums an der Beckenwand zurückbleibt (KÄSER et al., 1983) oder ob nur eine Hälfte des Parametriums mitentfernt wird. Auch die vaginale Radikaloperation des Zervixkarzinoms beruht auf diesem Prinzip, indem die Resektionslinie im Parametrium möglichst weitab vom Tumor liegt.

Die abdominale Radikaloperation wird in der Regel mit der pelvinen Lymphadenektomie verbunden. Diese sollte so gründlich wie möglich gemacht werden (s. S. 120). Das Ziel ist, nicht nur den Primärtumor, sondern auch die auf das Becken beschränkten diskontinuierlichen Absiedelungen, d. h. womöglich alles Tumorgewebe zu entfernen. So lange das ein logischer Schluß ist, wird man bestrebt sein müssen, das gesamte erreichbare lymphatische Abflußgebiet der Zervix zu entfernen. Das Parametrium leitet die Lymphgefäße zur Beckenwand. Die parametranen Lymphknoten sind die erste Station, was nicht bedeuten soll, daß sie auch als erste befallen werden (Abb. 6.14). Wird also parametranes Gewebe, ganz gleich in welchem Ausmaß, belassen, so können befallene

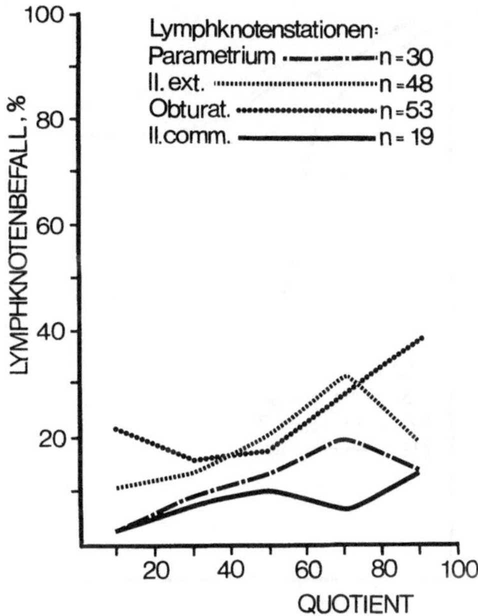

Abb. 6.14. Lymphknotenbefall bei verschiedenen Tumorgrößen. Die Kurven zeigen einen etwa gleichsinnigen Verlauf. Daraus kann man schließen, daß es mit zunehmender Größe des Primärtumors keine Reihenfolge in dem Befall der einzelnen Lymphknotenstation gibt

Lymphbahnen und Lymphknoten sowie freie Tumorabsiedelungen im kleinen Becken verbleiben und ein Beckenwandrezidiv bewirken. Verfolgt man also eine möglichst *vollständige Elimination von Tumorgewebe,* so ist es unumgänglich notwendig, sich der zweifellos wesentlich größeren Mühe zu unterziehen, das Parametrium möglichst vollständig, also unmittelbar an der Beckenwand, zu durchtrennen.

6.8 Die erreichbaren Ergebnisse bei der operativen Behandlung des Zervixkarzinoms

Mitteilungen von Behandlungsergebnissen beim Zervixkarzinom kranken immer auch an der Tatsache, daß ihnen die sehr subjektive klinische Stadieneinteilung (s. S. 73 ff) zugrunde gelegt wird. Zum Unterschied vom Strahlentherapeuten hat der Operateur aber die Möglichkeit, sein Operationspräparat genau zu untersuchen und den Primärtumor wie auch sekundäre Absiedelungen zu lokalisieren und zu vermessen. Somit können die Tumoren nach allen möglichen objektivierbaren Gesichtspunkten eingeteilt werden.

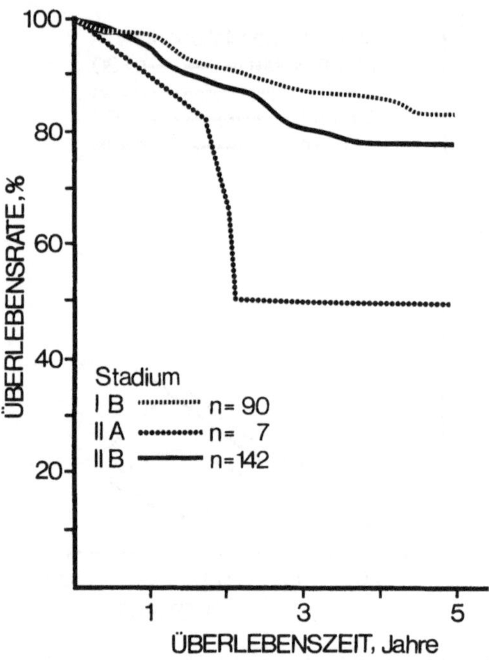

Abb. 6.15. Überlebenskurven nach klinischen Stadien. Die 5-Jahres-Überlebenszeit fällt beim Stadium I b auf 83,4% ab, während sie im Stadium II b 78,1% beträgt. Dieser Unterschied ist nicht signifikant (P = 0,147). Der Verlauf der Kurve für das Stadium II a ist durch die geringe Fallzahl zu erklären

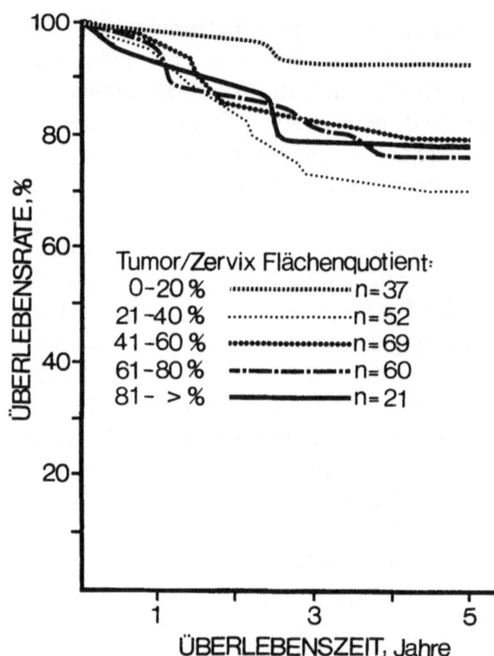

Abb. 6.16. Überlebenskurven nach Tumorgrößen. Ein Unterschied besteht lediglich zwischen den Tumoren der kleinsten Gruppe (93,1%) und allen größeren Tumorgruppen (P = 0,038). Bei den größeren Tumoren schwankt die 5-Jahres-Heilung zwischen 70,5% und 80,1%

Ein besonderes Augenmerk verdient die Tumorgröße. Durch die tumormetrische Einteilung in Größenkategorien werden verschiedene Kollektive und damit unter Umständen auch verschiedene Behandlungstechniken gut vergleichbar.

Die 239 ausgewerteten Fälle wurden alle in einer Klinik behandelt, in der stets die gleiche Operationstechnik angewendet wird. Mit ihr werden die Parametrien an der Beckenwand durchtrennt. Seit dem Jahre 1982 wird dieser Operationsakt ohne Klemmen durchgeführt, womit tatsächlich eine *totale Exstirpation der Parametrien* möglich ist. Die Gefäße werden mit Hemoclips versorgt. Zweifellos bedeutet das eine Erschwernis der Operation, mit einer sprunghaften Vergrößerung der intraoperativen Blutungsgefahr aus dem Einflußgebiet der V. ilica interna. Die Vagina wird nur zwei bis drei fingerbreit reseziert. Allerdings wird mit der Scheidenmanschette auch das zugehörige parakolpane Gewebe entfernt. Die Adnexe werden je nach dem Alter der Patientin belassen.

Die Überlebenskurven wurden mit dem Produkt-Limit-Schätzer nach KAPLAN-MEIER berechnet, die Signi-

fikanz mit den Tests von MANTEL-COX und BRESLOW geprüft. Häufigkeiten wurden mit dem Chi-Quadrat-Test bzw. bei kleinen Fallzahlen mit FISHERS exaktem Test verglichen.

Abb. 6.15 zeigt zunächst die 5-Jahres-Ergebnisse bei der Einteilung nach klinischen Stadien. Beim Stadium I b ist die hohe Zahl von positiven Lymphknoten (Tab. 6.1) zu bedenken. Das schlechte Abschneiden des Stadiums II a ist hinsichtlich seiner Zuverlässigkeit durch die kleine Fallzahl belastet. Es wirkt sich daher auf das Gesamtergebnis beim Stadium II nicht sehr aus.
In Abb. 6.16 wird die Überlebenszeit nach der Tumorgröße dargestellt. Es handelt sich durchwegs um klinisch diagnostizierte Karzinome. Der kleinste Tumor der ersten Gruppe nahm 1% der Zervixfläche ein. Besonders hinzuweisen ist auf die überwiegende Zahl der größeren Tumoren, die in

45,7% (N = 145) mindestens die Hälfte der Zervix ersetzten, während in der Gruppe der größten Tumoren 43 Fälle (18,0%) mindestens 75% oder die gesamte Zervix eingenommen hatten.

Bei dem Vergleich der einzelnen Gruppen fällt auf, daß ein Unterschied in der 5-Jahres-Heilung nur zwischen den kleinen Tumoren der ersten Gruppe und allen anderen Gruppen besteht. Es könnte daraus abgeleitet werden, daß sich die Ergebnisse besonders verschlechtern, wenn der Tumor mehr als 20% der Zervix einnimmt. In den größeren Gruppen verlaufen die Kurven für die Heilungsergebnisse fast gleichsinnig; zwischen diesen Gruppen konnte auch *kein statistisch signifikanter Unterschied* festgestellt werden. Insgesamt ist der relativ flache Verlauf der Kurven bemerkenswert. Nur mit dem Hinweis auf den statistisch nicht vorhandenen Unterschied ist das mit 70,0% ungünstigste 5-Jahres-Ergebnis in der Gruppe mit einem Quotienten zwischen 21 und 40 zu erwähnen, während in der Gruppe mit den größten Quotienten die Heilungsziffer 79,9% betrug. Ein Vergleich zwischen den Abb. 6.15 und 6.16 zeigt vor allem aber auch, daß es am eigenen Material möglich war, die klinische Stadieneinteilung so vorzunehmen, daß eine weitgehende Übereinstimmung mit den objektiven Berechnungen der Heilungsergebnisse nach der Tumorgröße besteht.

Für die operative Behandlung des Zervixkarzinoms kann gelten, daß eine Heilung über fünf Jahre in einem hohen Prozentsatz möglich ist, wenn eine wirklich *radikale Tumorelimination* gemacht wird. Die Radikalität wird durch Exstirpation des gesamten parametranen Gewebes (s. oben) und einer optimalen Lymphadenektomie (s. S. 120) erreicht. Bei dem Vergleich mit einem Krankengut, das tumormetrisch ebenfalls genau aufgearbeitet worden ist, dessen operative Behandlung jedoch weniger radikal war (BALTZER, 1978), wird ersichtlich, daß sich die maximale Radikalität besonders bei der Behandlung der volumsmäßig größten Tumoren sehr stark auswirkt. Bei den kleinen Tumoren hingegen dürfte mit der Ausweitung der Radikalität hinsichtlich des Heilungserfolges nichts mehr zu gewinnen sein. So gesehen könnte der Trend verständlich werden, nur noch kleinere Tumoren operativ zu behandeln und die Tumoren größerer Ausdehnung oder fortgeschrittenere klinische Stadien eher einer Strahlentherapie zu unterziehen.

Ein wirklich zutreffender *Vergleich* mit den Resultaten der *Strahlentherapie* ist allerdings noch nicht möglich. Die Vergleichbarkeit der Behandlungsresultate wird erst gegeben sein, wenn durch ein bildgebendes Verfahren die Tumorgröße auch beim Zervixkarzinom mit einiger Genauigkeit in situ gemessen werden kann. Behauptungen über die Leistungsfähigkeit der einen oder anderen Methode sind daher immer noch verfrüht. Ein Vergleich von Resultaten verschiedener operativer Strategien wäre hingegen unschwer möglich, wenn an den Operationspräparaten allein die Tumorgröße bestimmt werden würde.

Literatur

BALTZER, J. (1978): Die operative Behandlung des Zervixkarzinoms. Klinische, histologische und tumormetrische Untersuchungsergebnisse einer kooperativen Studie an vier Universitäts-Frauenkliniken bei 1092 Patientinnen mit Zervixkarzinom. Habil., Med. Fak., Univ. München.

— KOEPCKE, W. (1979): Tumor size and lymphnode metastases in squamous cell carcinoma of the uterine cervix. Arch. Gynecol. **227**, 271.

— — LOHE, K. J., KAUFMANN, C., OBER, K. G., ZANDER, J. (1979): Die operative Behandlung des Zervixkarzinoms. Arch. Gynäkol. **228**, 274.

BRUNET, G. (1905): Ergebnisse der abdominalen Radikaloperation des Gebärmutterscheidenkrebses mittels Laparotomia hypogastrica. Z. Geburtsh. Gynäkol. **56**, 1.

BRUNSCHWIG, A. (1960): Surgical treatment of stage I cancer of the cervix. Cancer **13**, 34.

BURGHARDT, E. (1972): Histologische Frühdiagnose des Zervixkrebses. Stuttgart: G. Thieme.

— PICKEL, H. (1978): Local spread and lymphnode involvement in cervical cancer. Obstet. Gynecol. **52**, 138.

— — LAHOUSEN, M. (1982): Morphologische Parameter als Grundlage der operativen Behandlung des Zervixkarzinoms. Gynäk. Rdsch. **22**, 5, Suppl. 1.

CHUNG, C. K., STRYKER, J. A., WARD, S., NAHHAS, W. A., MORTEL, R. (1981): Histologic grade and prognosis of carcinoma of the cervix. Obstet. Gynecol. **57**, 636.

FRIEDELL, G. H., PARSONS, L. (1961): The spread of cancer of the uterine cervix as seen in giant histological sections. Cancer **14**, 42.

HUHN, F. O. (1964): Die Lymphknotenveränderungen beim Zervixkarzinom und die Beziehungen Tumorgröße und lymphogene Tumorausbreitung. Habil., Med. Fak., Univ. Köln, S. 82.

KÄSER, O., IKLÉ, F. A., HIRSCH, H. A. (1973): Atlas der gynäkologischen Operationen, 3. Aufl., S. 343. Stuttgart: G. Thieme.

KINDERMANN, E., OBER, K. G. (1972): Ausbreitung des Zervixkrebses. In: Gynäkologie und Geburtshilfe (KÄSER, O., et al., Hrsg.), Vol. 3, S. 432. Stuttgart: G. Thieme.

KUNDRAT, R. (1903): Über die Ausbreitung des Karzinoms im parametranen Gewebe beim Krebs des Collum uteri. Arch. Gynäk. **69**, 355.

NAVRATIL, E. (1960): Beitrag zur Frage der örtlichen Wachstumsschnelligkeit des invasiven Plattenepithelkarzinoms der Portio. Wien. Med. Wschr. **110**, 494.

OBER, K. G., HUHN, F. D. (1962): Die Ausbreitung des Zervixkrebses auf die Parametrien und die Lymphknoten der Beckenwand. Arch. Gynäk. **197**, 262.

PEHAM, H., AMREICH, I. (1930): Gynäkologische Operationslehre. Berlin: Karger.

PIVER, M. S., CHUNG, W. S. (1975): Prognostic significance of cervical lesion size and pelvic node metastases in cervical carcinoma. Obstet. Gynecol. **46**, 507.

SHINGLETON, H. M., GORE, H., SOONG, S. J., ORR, J. W. (1983): Tumor recurrence and survical in stage I b of the cervix. Am. J. Clin. Oncol. **6**, 265.

SIDHU, G. S., KOSS, L. G., BARBER, H. R. K. (1970): Relation of histologic factors to the response of stage I epidermoid carcinoma of the cervix on surgical treatment. Obstet. Gynecol. **35**, 329.

ZANDER, J., BALTZER, J., LOHE, K. J., OBER, K. G., KAUFMANN, C. (1981): Carcinoma of the cervix: An attempt to individualize treatment. Am. J. Obstet. Gynecol. **139**, 752.

7
Früherkennung des Endometriumkarzinoms

E. Burghardt und *M. Lahousen*

7.1 Einleitung

Noch vor 20 Jahren stand die Häufigkeit von Endometriumkarzinom und Zervixkarzinom in einem Verhältnis von 1:4. Heute wird das Endometriumkarzinom in Europa gleich häufig wie das Zervixkarzinom diagnostiziert. Diese Verschiebung in der Frequenz der beiden Karzinome beruht sicherlich nicht auf einer absoluten Zunahme des Endometriumkrebses. Vielmehr waren es günstige Umstände, die eine systematische und erfolgreiche Frühdiagnose des Zervix-karzinoms und damit die Reduktion seiner fortgeschritteneren Formen ermöglichten. Beim Endometriumkarzinom waren die Bemühungen um eine frühe Diagnose bei weitem nicht von den gleichen Erfolgen gekrönt. Diese Tatsache beruht weitgehend auf zwei Unsicherheitsfaktoren: der Frage der histologischen Definition der Frühformen des Endometriumkarzinoms und dem Problem der zytologischen Diagnostik beim Endometriumkarzinom.

7.2 Frühformen des Endometriumkarzinoms

Über die Frühformen des Endometriumkarzinoms gibt es noch nicht genügend Klarheit. In dem außerordentlich dynamischen Endometrium, das in der Geschlechtsreife Zyklus für Zyklus Regeneration, Proliferation, Transformation und Desquamation mitmacht, können die verschiedensten Formen hyperplastischer Reaktionen auftreten. Ihre Zugehörigkeit zur karzinomatösen Hyperproliferation ist oft nur schwer beurteilbar. Nach den heutigen Vorstellungen durchläuft jedes Karzinom ein präinvasives intraepitheliales Stadium. Dies muß also auch beim Endometriumkarzinom vorhanden sein. Die Frage ist nur, in welchem Ausmaß es erkennbar ist. An der Cervix uteri finden sich neben eindeutigen epithelialen Atypien auch Veränderungen des Epithels, bei denen nicht sicher zwischen der karzinomatösen und der unspezifischen Hyperproliferation unterschieden werden kann (s. S. 14 ff). Auch die Histopathologie des Ovar bietet derartige Probleme. Sie haben zum Begriff der *borderline lesions* geführt (s. S. 106). Am Endometrium ist dieses *Problem der schwierigen Zuordnung* in noch wesentlich höherem Maße gegeben als in den erwähnten Organen.

Die immer wieder geäußerte Annahme, daß die Entwicklung des Endometriumkarzinoms über ein Kontinuum geht, das vom normalen Endometrium über die glandulär-

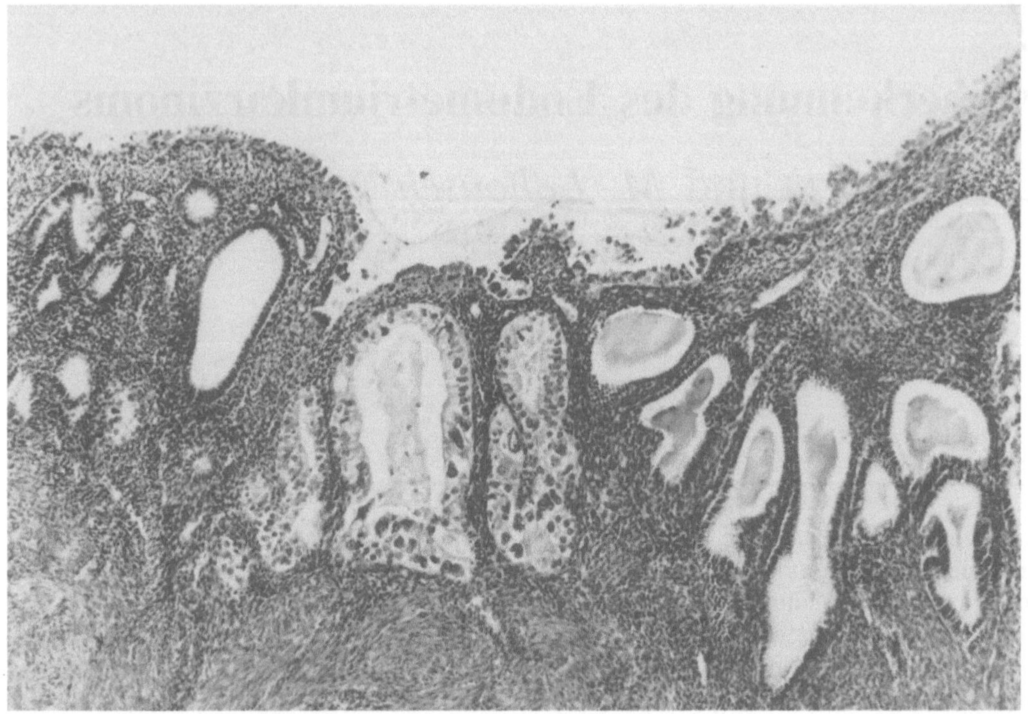

Abb. 7.1. Kleines Adenocarcinoma in situ inmitten glandulär-hyperplastischer Korpusmukosa. Die atypischen Drüsenformationen zeichnen sich durch ein auffallend helles Zytoplasma und durch starke Anisokaryose auf

zystische Hyperplasie und die adenomatöse Hyperplasie zur atypischen adenomatösen Hyperplasie und schließlich zum invasiven Karzinom führt (DALLENBACH-HELLWEG, 1975; GUSBERG, 1947, 1963; SHERMAN, 1978), beruht einerseits auf dem Umstand, daß wahrscheinlich alle genannten Veränderungen auf einer hormonellen Stimulation beruhen können und andererseits auch auf der Tatsache, daß z. B. Herde adenomatöser Hyperplasie oder einer atypischen adenomatösen Hyperplasie manchmal innerhalb eines glandulär-zystischen Endometriums gefunden werden. Derartige Beobachtungen müssen aber nicht als Beweis für eine in Stufen ablaufende Malignisierung gelten. Sie können ebenso zwanglos als *Koinzidenz der Veränderungen* erklärt werden, zumal hervorzuheben ist, daß eine hormonelle Überstimulation wohl zur Hyperplasie der gesamten Gebärmutterschleimhaut führen kann, während es kaum jemals zur adeno-

matösen oder karzinomatösen Umwandlung des gesamten Endometriums kommt, sondern vielmehr genau umschriebene, offenbar auch durch andere Faktoren prädisponierte Abschnitte der karzinomatösen Umwandlung anheimfallen (Fox und BUCKLEY, 1982).

Im Jahre 1928 ist von LAHM eine Veränderung beschrieben worden, die später von HERTIG et al. (1949) sowie MÜLLER und KELLER (1957) als *Carcinoma in situ* des Endometriums bezeichnet worden ist. Es soll sich um eine herdförmige Veränderung im Endometrium mit dicht stehenden Drüsen, intraglandulären epithelialen Brücken, Zeichen der epithelialen Atypie bei zum Teil hoch geschichtetem Epithel und vor allem einem hellen eosinophilen Protoplasma handeln. Besonders das letztgenannte Merkmal trägt dazu bei, daß derartige Drüsengruppen aus einem sonst mehr oder minder unveränderten Endometrium hervorstechen (Abb. 7.1).

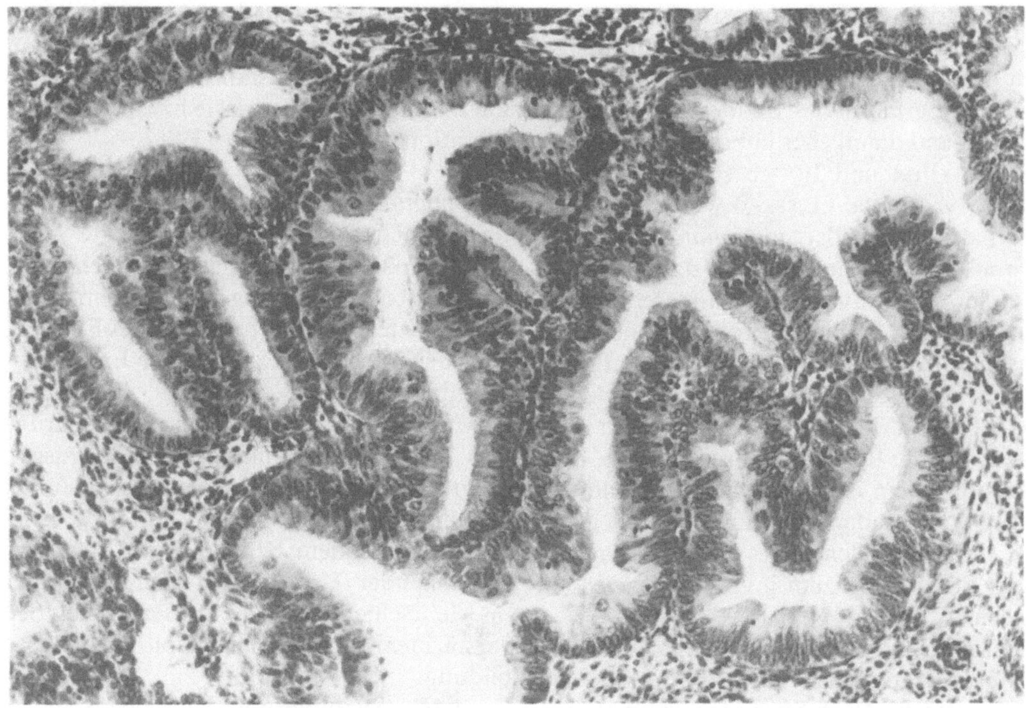

Abb. 7.2. Adenomatöse Hyperplasie *ohne* zytologische aber *mit* architektonischen Atypien

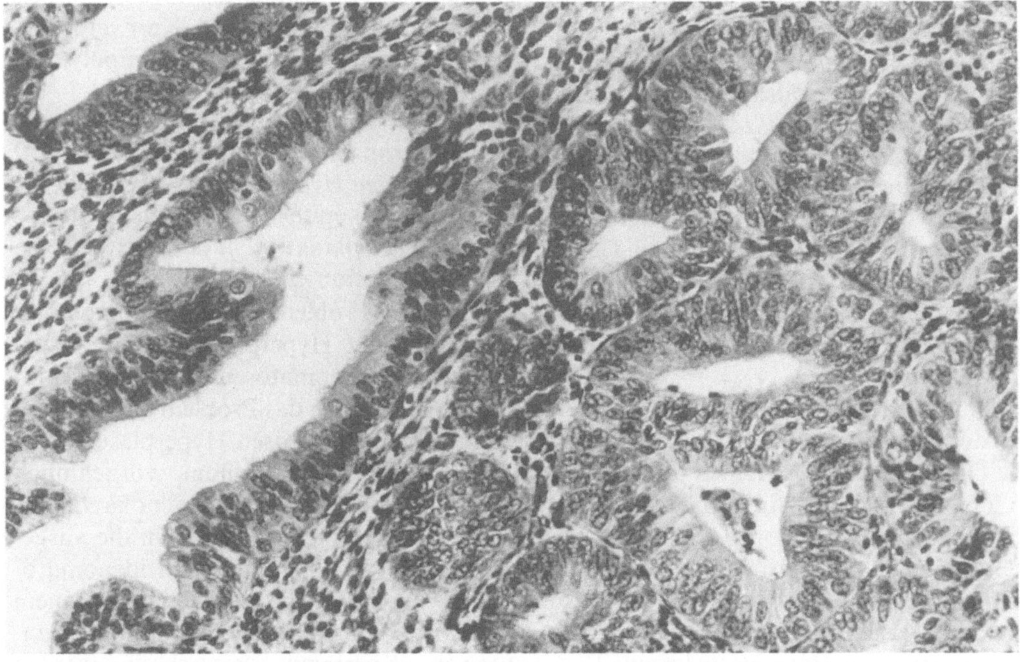

Abb. 7.3. Adenomatös-hyperplastische Endometriumdrüse mit zytologischer und architektonischer Atypie, re. im Bild (li. hyperplastische Drüsen ohne Atypien)

Der Begriff „Carcinoma in situ" wird in der Zwischenzeit immer mehr abgelehnt, da er für die verschiedensten Erscheinungsformen einer Hyperplasie des Endometriums angewendet und damit eher unbrauchbar geworden ist (Fox und BUCKLEY, 1982; SILVERBERG, 1984). Von GUSBERG wurde im Jahre 1947 der Begriff der *adenomatösen Hyperplasie* geprägt, der sowohl das Bild des Carcinoma in situ, als auch andere, wesentlich häufigere atypische Proliferationen umfassen soll. Im weiteren hat es um den Inhalt dieses Begriffes viele Diskussionen gegeben (WELCH und SCULLY, 1977; TAVASSOLI und KRAUS, 1978; Fox und BUCKLEY, 1982). Das Hauptproblem ist, innerhalb der gesamten Gruppe Veränderungen zu unterscheiden, die ein verschieden hohes Risiko bezüglich einer Progression zum invasiven Karzinom haben.

Tatsächlich beruht die Definition der adenomatösen Hyperplasie auf ganz verschiedenen Kriterien. Nach SILVERBERG (1984), der die Bezeichnung *Endometriumhyperplasie* bevorzugt, kann man vom histologischen Erscheinungsbild her zwei Gruppen unterscheiden. Die eine zeigt nur die Zeichen der *atypischen Architektur ohne zytologische Atypien* (Abb. 7.2), während in der zweiten Gruppe sowohl *architektonische als auch zytologische Atypien* gefunden werden (Abb. 7.3). Wenn auch in verschiedenem Maße, so sollen doch beide das Risiko der Progression zum invasiven Wachstum beinhalten. Damit liegt insbesondere im Hinblick auf die erste Gruppe, die frei von zytologischen Atypien ist, das Problem der Frühdiagnose bereits auf der Hand.

Ein Komitee der Sektion Gynäkopathologie und der Arbeitsgemeinschaft Gynäkologische Onkologie der Deutschen Gesellschaften für Pathologie und für Gynäkologie und Geburtshilfe hat 1983 im Rahmen eines internationalen Symposiums eine Nomenklaturempfehlung erarbeitet, die eine sehr begrüßenswerte Ordnung in die Definition der *adenomatösen Hyperplasie* bringt (DALLENBACH-HELLWEG und SCHMIDT-MATTHIESEN, 1983). Die Unterteilung erfolgt nach drei Graden, die offenbar die Wahrscheinlichkeit ausdrücken, mit der es sich bei dem hyperplastischen Zustand bereits um eine karzinomatöse Hyperplasie bzw. Hyperproliferation handelt:

Adenomatöse Hyperplasie
Grad I. Umschriebene, ausgeprägte oder diffuse mäßige adenomatöse Wucherung mit Drüsenschlängelung, reduziertem Stroma, Unreife und Mehrreihigkeit des Epithels oder beginnender intraluminaler Epithelpapillenbildung.
Grad II. (Synonym im englischen Schrifttum: Atypical Hyperplasia.) Diffuse, ausgeprägte adenomatöse Wucherung und fokal beginnende kleinalveoläre Aufgliederung mit weitgehendem Schwund des Stromas, zunehmender Unreife und Mehrreihigkeit bis Mehrschichtigkeit des Drüsenepithels bei verstärkter intraluminaler Epithelpapillenbildung.
Grad III. (Synonym im englischen Schrifttum: Adenocarcinoma in situ.) Zusätzlich zu den Kriterien des Grad II umschriebene eosinophile Aufhellung des Drüsenepithels bei Mehrschichtigkeit und Kernvergrößerungen sowie beginnenden Kernpolymorphien.

In diese Nomenklaturempfehlung wird auch der nicht von allen Autoren benützte Begriff der *atypischen Hyperplasie* als Ausdruck der zunehmenden epithelialen Atypie sowie das *Adenocarcinoma in situ* in der oben angegebenen Definition eingeführt.

Außer dem Problem der Zuordnung einer adenomatösen Hyperplasie zum Formenkreis der karzinomatösen Frühstadien gibt es aber auch noch das Problem der Abgrenzung der adenomatösen Hyperplasien vom bereits invasiven Karzinom, vornehmlich vom hoch differenzierten Adenokarzinom. Es geht dabei in erster Linie um die ausgeprägten Formen der atypischen adenomatösen Hyperplasie, die durchaus mit einem diagnostisch nicht genügend abgeklärten invasiven Karzinom verwechselt werden könnten (Abb. 7.4). Zur Unterscheidung dieser doch sehr verschiedenen Zustände

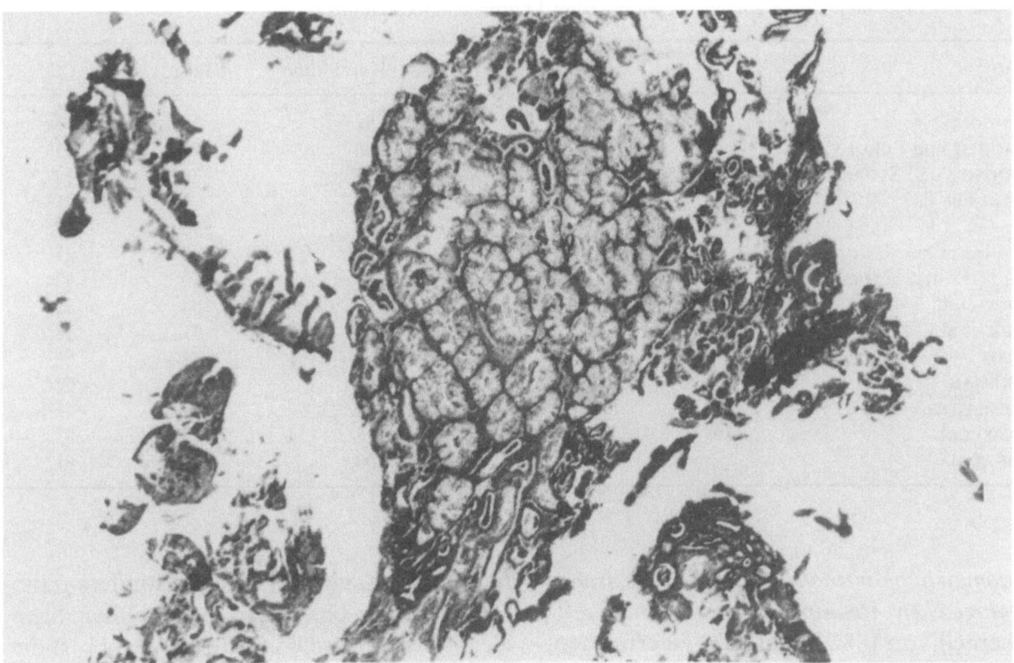

Abb. 7.4. Korpusmukosa nach Pistolet-Absaugung. In der Mitte größeres Schleimhautstück mit einem klarzelligen Adenokarzinom. Histologische Aufarbeitung

wurde eine Reihe von Kriterien angegeben (SILVERBERG, 1984). Für das bereits invasive Karzinom sprechen vor allem ausgeprägte zelluläre Atypien, gegebenenfalls mit atypischen Mitosen, besonders starke intraglanduläre Proliferationen mit der Ausbildung von epithelialen Brücken sowie Veränderungen des Stromas, wie Schwund, fibrotische Umwandlung des zytogenen Stromas und Auftreten von Nekroseherden und Schaumzellen.

Die Schwierigkeiten bei der Lösung dieser und auch anderer Fragen in der diagnostischen Zuordnung ergeben sich natürlich nicht an großen Schnitten von exstirpierten Uteri. Hat man es jedoch mit dem unzusammenhängenden Material eines Geschabsels oder nur mit kleinen Endometriumfragmenten oder gar nur mit Drüsenbruchstücken zu tun, steht man oft vor kaum zu beantwortenden Fragen.

Es ist leicht verständlich, wie sehr sich die angeführten diagnostischen Probleme auch auf die Möglichkeit einer echten Frühdiagnose auswirken müssen. Die unbefriedigenden Resultate, die vor allem auch mit der Zytodiagnostik erreicht worden sind, können zum großen Teil auf diese ungünstigen Faktoren zurückgeführt werden.

7.3 Frühdiagnostische Möglichkeiten

7.3.1 Zytologie des Endometriumkarzinoms

Schon bald nach Einführung der Zytodiagnostik in die Gynäkologie hat es sich herausgestellt, daß die zytologischen Resultate beim Korpuskarzinom bei weitem nicht die guten Ergebnisse zeigen wie beim Plattenepithelkarzinom der Zervix. Wie aus der Tab. 7.1 hervorgeht, ist beim fertigen *invasiven*

Tabelle 7.1. Ergebnisse der vaginalen Zytologie beim Endometriumkarzinom

Autor	Jahr	Karzinome	Positiv	(%)
JAMESON	1961	51	28	55
TIMONEN und PUROLA	1962	96	72	75
JOHNSSON und STORMBY	1968	113	38	34
TORRES et al.	1969	22	9	41
KOFLER et al.	1970	190	70	37
NAHHAS et al.	1971	92	23	25
SCHOLTES und HAUCK	1972	187	80	43
FRICK et al.	1973	193	64	33
BURK et al.	1974	154	31	18
SMITH	1974	64	42	66
LUKEMAN	1974	85	53	62
HOFMEISTER	1974	40	18	45
BIBBO et al.	1974	197	105	53
NEIS et al.	1984	100	61	61

Endometriumkarzinom mit den *klassischen zytologischen Abnahmemethoden* eine Treffsicherheit von 18% bis zu 75% zu erreichen. Im Durchschnitt ergibt sich bei der Auswertung der 1584 Fälle eine Treffsicherheit von 44%.

Das ungünstige Resultat wurde zunächst auf die *Schwierigkeiten bei der Materialgewinnung* zurückgeführt. Die Annahme, daß mit den üblichen Methoden der zytologischen Materialentnahme regelmäßig auch Zellen des Endometriums aufgefangen werden können, hat sich nicht bestätigt. Abstriche von Vagina und Zervix haben sich diesbezüglich als weitgehend unbrauchbar erwiesen. Bessere Resultate wurden angeblich mit Absaugungen aus dem Zervikalkanal erzielt (NAVRATIL, 1955; REAGAN und NG, 1973). Neuerdings wird wieder auf relativ gute Ergebnisse bei Absaugung aus dem hinteren Scheidenfornix hingewiesen, mit denen aber auch nicht mehr als ein Drittel der positiven Fälle erfaßt werden konnten (KOSS et al., 1984).

Ein weiterer Faktor, der unabhängig von der Art der zytologischen Materialgewinnung zu diagnostischen Schwierigkeiten führt, ist die *Vielfalt des Zellbildes,* die sowohl im Laufe des zyklischen Geschehens als auch im Rahmen von hyperplastischen Zuständen der verschiedensten Art zu beobachten ist.

Dieser Umstand wirkt sich besonders dann aus, wenn verschiedenartige Veränderungen gleichzeitig auftreten (s. oben). Daher ist die Treffsicherheit bei der zytologischen Erfassung des Endometriumkarzinoms in der Prämenopause auch wesentlich geringer als in der Postmenopause, in der die karzinomatöse Hyperproliferation viel häufiger die einzige Veränderung darstellt (REAGAN und NG, 1973).

Schließlich ist hervorzuheben, daß das *zytologische Bild* an und für sich bei den verschiedenen Stadien der adenomatösen Hyperplasie, vor allem auch beim fertigen Karzinom, beträchtliche diagnostische Schwierigkeiten bereiten kann. Ausgeprägte Atypiezeichen finden sich meist nur bei bestimmten Typen des bereits weiter fortgeschrittenen Endometriumkarzinoms (Abb. 7.5). Wie bereits erwähnt, gibt es Formen der adenomatösen Hyperplasie (Grad I), die nur aufgrund architektonischer Abweichungen im Gefüge der Drüsen erkennbar sind (s. S. 92). Es ist aussichtslos, derartige Veränderungen im zytologischen Abstrichbild erkennen zu wollen. Morphometrische Untersuchungen haben zwar ergeben, daß mit den höheren Graden der adenomatösen Hyperplasie auch eine erhöhte Abschilferungsquote sowie eine zunehmende Größe von Zellen und Kernen einhergeht (REAGAN und NG, 1973),

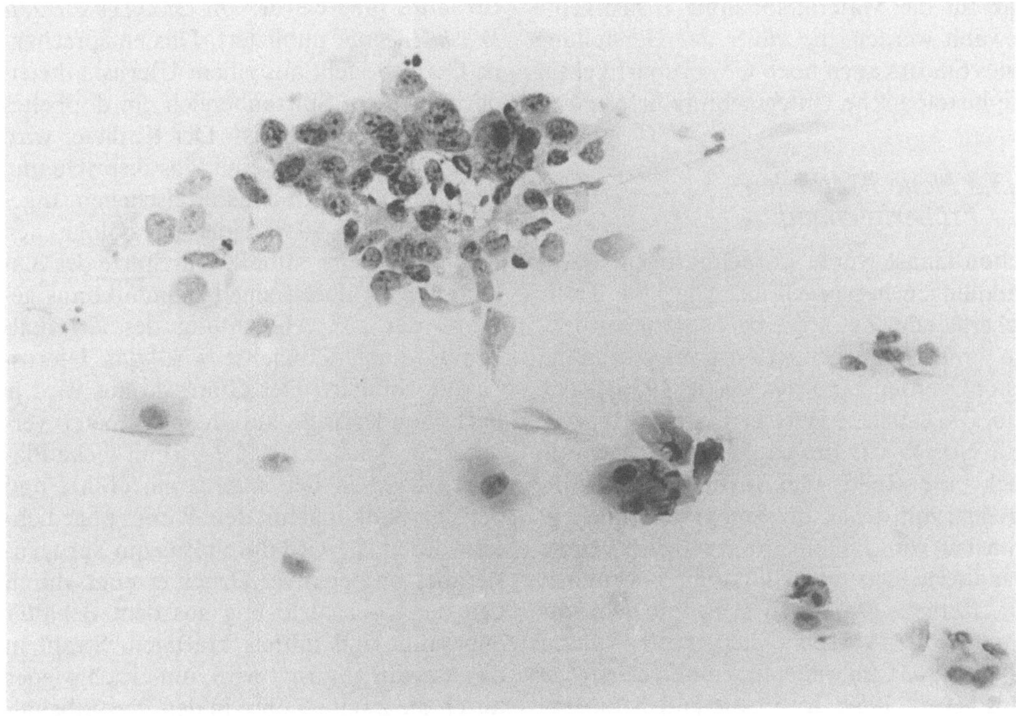

Abb. 7.5. Zytologischer Ausstrich mit einem größeren Zellkomplex aus einem Adenokarzinom. Die Karzinomzellen fallen durch vergrößerte Kernkörperchen auf

doch sind diese Unterschiede bei weitem nicht ausgeprägt genug, um zytologisch ähnliche Unterscheidungen treffen zu können, wie sie bei den Vorstufen des Zervixkarzinoms mit einiger Sicherheit möglich sind. Es war daher eine weitere Entwicklung nötig, um all diesen Schwierigkeiten zu begegnen.

7.3.2 Die zusätzliche histologische Untersuchung

Die Ergebnisse bei der Suche nach Frühstadien oder asymptomatischen Fällen von Endometriumkarzinom haben sich schlagartig verbessert, als begonnen wurde, auch Gewebsbröckel, die gewissermaßen als Abfallprodukt der zytologischen Materialentnahme gewonnen wurden, einzubetten und histologisch zu untersuchen. Das war naheliegend, veränderte das ganze System jedoch grundlegend, da zur zytologischen Untersu-

chung auch die technisch ganz verschiedenartige Histologie hinzukam. Die Zytologie konnte ihre Bedeutung im Rahmen dieses Systems nur mehr schwer behaupten. Der eigenen Erfahrung nach (LAHOUSEN und SCHNEEWEISS, 1984) wurden neun asymptomatische Fälle stets histologisch entdeckt, während die Zytologie nur in vier Fällen aussagekräftig war. In einer anderen Serie konnte allerdings einer von 17 Fällen nur mittels der zytologischen Untersuchung diagnostiziert werden (Koss et al., 1984). Daraus ergibt sich, daß die Zytologie heute zumindest in den Hintergrund gedrängt wird. Man soll aber nicht auf sie verzichten; immerhin ist es kein wesentlich größerer Arbeitsaufwand, wenn man vom Schaft des Abnahmeinstrumentes ein zytologisches Präparat abnimmt. Die parallele Untersuchung mit dem eingebetteten Material fördert auch den Lernprozeß. Entscheidend ist, daß für die Materialabnahme Instrumente gewählt werden, die außer der Herstellung eines Smears auch noch Gewebspartikel für die histologische Untersuchung liefern.

7.3.3 Neue Methoden der Früherkennung

Schon längst wurde in sachbezogenen Abhandlungen hervorgehoben, daß die Treffsicherheit der Zytologie bei Materialentnahme direkt aus dem Cavum uteri wesentlich erhöht werden kann (NAVRATIL, 1955; STOLL und DALLENBACH-HELLWEG, 1968; REAGAN und NG, 1973). Im Laufe der Zeit wurde auch eine Reihe von Instrumenten konstruiert, mit denen die Smearabnahme unmittelbar vom Endometrium möglich wurde. Das älteste Instrument dürfte ein Instrument zur *Absaugung* gewesen sein, mit dem nur zytologische Abstriche hergestellt wurden (CARY, 1943). Im weiteren wurden *Bürstchen* (BOSCHANN, 1957; JOHNSSON und STORMBY, 1968) sowie *Plastikinstrumente* wie Mi-Mark (MILAN und MARKLEY, 1973) zur Smearabnahme entwickelt. Das letztgenannte Instrument wurde neuerdings von KOSS et al. (1981, 1984) zur Materialentnahme auch für die Histologie verwendet.

Später wurden technisch verbesserte und aufwendigere Absaugeinstrumente konstruiert:

Das Prinzip des *Vabra-Aspirators* dürfte bekannt sein. Mit einem elektrischen Sauger wird ein Unterdruck hergestellt, der endometranes Material durch eine Metallkanüle ansaugt. Im Prinzip ähnlich ist der *Vakutage* (VUOPALA, 1977; INGLIS und WEIR, 1976). Ein gewisser Nachteil beider Apparate ist, daß der Zervikalkanal gelegentlich aufgedehnt werden muß und mit dem starken Unterdruck eher eine Kürettage gemacht wird. Beide Methoden kommen daher für den Routinebetrieb oder die Sprechstunde kaum in Frage.

Der letzte Umstand hat zur Konstruktion von Apparaten geführt, bei denen eine Spülung und/oder Absaugung manuell durchgeführt werden kann:

Im Jahre 1969 wurde von GRAVLEE die *Jet-Wash-Technik* publiziert. Das entsprechende Gerät besteht aus einem Uteruskatheter, der in seinem Spitzenbereich ein doppeltes Röhrensystem aufweist. Der Katheter wird über ein T-Stück an eine Plastikspritze und gleichzeitig an ein Plastikfläschchen angeschlossen, das 50 ml einer physiologischen Kochsalzlösung enthält. Die Spitze des Katheters wird durch einen Gummikonus geführt, der zur Abdichtung des Zervikalkanals dient. Zunächst wird das Uteruskavum sondiert. Der Gummikonus wird je nach Sonderlänge auf dem Katheter verschoben. Nachdem der 2—5 mm dicke Plastikkatheter in den Uterus eingeführt und der Zervikalkanal mit dem Konus abgedichtet worden ist, wird durch Zug am Spritzenstempel ein negativer Druck erzeugt, durch den die Kochsalzlösung aus dem Behälter angesaugt und mittels kräftigem Strahl in das Kavum gespritzt wird, um gleich wieder durch die zweite Röhre in den Plastikbehälter angesaugt zu werden. Die Flüssigkeit wird danach zentrifugiert und kann zur Herstellung sowohl von zytologischen Abstrichen als auch zur histologischen Einbettung dienen.

Ein Nachteil der Methode ist neben ihrer Aufwendigkeit, daß sie stärkere Beschwerden bei der Patientin verursachen kann, so daß verschiedentlich Parazervikalblockaden vorgenommen werden müssen (HENDERSON et al., 1975; RODRIGUES et al., 1973). Ein schwerwiegender Einwand ist, daß Endometriumzellen über die Tuben in die freie Bauchhöhle verschleppt werden können (LANDOWSKI et al., 1982). Schließlich wird von RODRIGUES et al. (1973) bemerkt, daß eine hohe diagnostische Sicherheit vor allem bei voll entwickelten Adenokarzinomen, jedoch weniger bei den Frühstadien, insbesondere bei den Hyperplasien gegeben ist.

Wesentlich einfachere Absaugeinstrumente sind das von WYSS et al. (1975) konstruierte *Pistolet,* der *Isaacs-cell-sampler* (ISAACS und WILHOITE, 1974; HUTTON et al., 1978) sowie das japanische *Instrument von* MASUBUCHI et al. (1970). Die Geräte arbeiten nach dem gleichen Prinzip: Das Material wird durch perforierte Metall- oder Plastikkanülen von 2—3 mm Stärke mittels einer gut abgedichteten Spritze angesaugt. Das *Pistolet* ist insoferne von Vorteil, als die Bedienung der in eine „Pistole" eingespannten Spritze mit einer Hand möglich ist. Nach Ansaugen wird die Kanüle zurückgezogen. Zunächst wird das an der Oberfläche haftende Material auf einen Objektträger ausgestrichen, während das restliche Material durch Ansaugen von Fixationsflüssigkeit aus der Spritze und Kanüle ausgespült wird.

Der Vorteil dieser Geräte ist, daß die dünnen Kanülen in der überwiegenden Mehrzahl der Fälle ohne Schwierigkeiten in das Cavum uteri eingeführt werden können. Unserer Erfahrung nach hat es sich bewährt, die Metallkanülen mit einem Mandrin zu versehen, der dann, wenn die Überwindung des inneren Muttermundes zunächst nicht gelingt, zum Bougieren verwendet werden kann. Eine Lokalanästhesie ist nicht notwendig. Komplikationen, wie etwa Perforationen, sind bis jetzt nicht bekannt geworden. Die Schmerzhaftigkeit ist minimal. Wichtig ist, die Patientinnen vor Einführen des Instrumentes darüber aufzuklären, was gemacht wird und welche Art von Sensationen dabei auftreten können.

Neuerdings werden *Einmalgeräte aus Plastik* für die intrauterine Smearabnahme angegeben:

Mit dem *Prevical* (FEICHTER und TAUBER, 1981), dem *Endocyte* (FERENCZY und GELFAND, 1984), dem *Exploret-Fatol* (CLOCUH et al., 1982) und dem *Abradul* (BACHMEYER et al., 1984) soll durch schabende oder drehende Bewegungen Material nur zur *zytologischen* Untersuchung gewonnen werden. Außer dem Nachteil der alleinigen Smearabnahme wird vielfach eingewendet, daß immer wieder Zervixdilatationen notwendig sind, da der Mindestdurchmesser der Geräte 3 mm beträgt.

Schließlich gibt es Instrumente, die etwa nach dem Prinzip der *Strichkürettage* nur Material zur *histologischen* Untersuchung entnehmen:

Die *Kevorkian-Kürette* ist ein Instrument mit gefenstertem Kopf, mit dem nach *Aufdehnung* des Zervikalkanals Material zur histologischen Untersuchung gewonnen wird (HOFMEISTER, 1974; FERENZY et al., 1979).

7.3.4 Indikationen zur Endometriumbiopsie

Bei der Frage der Indikationsstellung zur Endometriumbiopsie werden mehrere Faktoren zu berücksichtigen sein:
● Die strenge Unterscheidung zwischen *asymptomatischen* Fällen und solchen, bei denen bereits der Verdacht auf ein Endometriumkarzinom gegeben ist.
● Das *Alter* der Patientinnen.
● *Risikofaktoren* für die Entwicklung des Endometriumkarzinoms.

Es ist selbstverständlich, daß Patientinnen *mit Symptomen* nicht in das Programm der Frühdiagnose aufgenommen werden dürfen, oder zumindest nicht der frühdiagnostischen Untersuchung allein zu unterziehen sind, sondern daß sie in jedem Fall auch mit einer *Vollkürettage* abgeklärt werden müssen. Es wäre ein schwerer Fehler, wenn ein invasives Endometriumkarzinom trotz Symptomen übersehen werden würde, weil es nur mit den eingeschränkten Mitteln der Frühdiagnostik untersucht worden ist.

Selbstverständlich wird man mit der Frühdiagnose erst ab einem gewissen *Alter* der Patientinnen beginnen. Man könnte auch von der biologischen Marke der Menopause ausgehen und damit den Beginn der speziellen Diagnostik individualisieren. Hat man die organisatorischen Probleme bewältigt, so macht es an und für sich keine größeren Schwierigkeiten, mit der Diagnostik ab dem Alter einzusetzen, ab dem das Endometriumkarzinom in nennenswertem Ausmaß in Erscheinung tritt. Im eigenen Bereich hat es sich als möglich erwiesen, alle Patientinnen ab dem 45. Lebensjahr zu untersuchen (LAHOUSEN et al., 1983).

Eine wesentliche Einschränkung im Hinblick auf die Zahl der Untersuchungen ergibt sich, wenn innerhalb der bestimmten Altersgruppen nur Patientinnen untersucht werden, die die bekannten *Risikofaktoren* für das Endometriumkarzinom, wie Adipositas, Hypertension, Diabetes mellitus, Nulliparität, späte Menopause und Zustand nach langdauernder Hormonbehandlung aufweisen. Auch hier könnte man wieder nach dem Auftreten eines oder mehrerer Faktoren unterscheiden. Bezüglich eines derartigen Programmes liegen bereits Erfahrungen vor (LAHOUSEN et al., 1982).

7.4 Ergebnisse der Suchprogramme auf Endometriumkarzinom

Alle neuen Ergebnisse des Screenings auf Endometriumkarzinom wurden mit der *Kombination* von Zytologie und Histologie erreicht (s. oben). Eine wesentliche Frage in diesem Zusammenhang ist, mit welcher Häufigkeit überhaupt adäquates Material aus dem Cavum uteri gewonnen werden kann. Es ergibt sich von selbst, daß die Materialgewinnung aus kleinen atrophischen Uteri wesentlich schwieriger sein muß als bei Frauen, die noch nicht weit jenseits der Menopause sind. Erfreulicherweise kann angenommen werden, daß die Ausbeute an Material bei karzinomatöser Wucherung besonders günstig sein muß. Es ist daher auch kaum zu befürchten, daß bei Frauen, bei denen kein Material aus dem Cavum uteri zu erhalten ist, Karzinome übersehen werden. Die Ausbeute an endometranem Material ist bei verschiedenen Untersuchern unterschiedlich (KOSS et al., 1984; LAHOUSEN und SCHNEEWEISS, 1984). Während in den letztgenannten Serien mit dem Pistolet die Materialgewinnung bis auf 76,4% gesteigert werden konnte, erreichten die erstgenannten Autoren mit dem Isaacs-cell-sampler und Mi-Mark 85,65%. Der Unterschied kann kaum auf den verschiedenen Instrumenten beruhen, da sie praktisch nach dem gleichen Prinzip arbeiten. Zweifellos spielt dabei die zunehmende Erfahrung eine Rolle, wobei zu bemerken ist, daß die Untersuchung bei Koss et al. (1984) stets in den Händen einer auf diese Arbeit hochspezialisierten Gruppe lag, während die zuerst genannte Serie auf der Materialabnahme in einem gynäkologischen Routinebetrieb beruhte. Trotzdem sind die Resultate vergleichbar.

In einer ersten Serie wurden 548 Frauen über 45 Jahren untersucht (LAHOUSEN et al., 1983). Meistens handelte es sich um asymptomatische Patientinnen. Das mit dem Pistolet gewonnene Material wurde nur histologisch aufgearbeitet. Wie aus Tab. 7.2 hervorgeht, konnte in rund 70% kein Material gewonnen werden. Bei 211 dieser Frauen wurde der Uterus exstirpiert oder eine Kürettage durchgeführt. In keinem Fall wurde

Tabelle 7.2. Ergebnisse der histologischen Untersuchung von Endometriumaspiraten bei 548 Frauen (Graz 1981)

Kein Endometrium	379	(69,2%)
Uterusexstirpation oder Kürettage o. B.	211	
Weitere Kontrolle o. B.	168	
Unverdächtiges Endometrium	158	(28,8%)
Verdächtige Befunde (Kürettage o. B.)	3	(0,5%)
Adenokarzinome mit Symptomen	4	(0,75%)
Asymptomatische Adenokarzinome	4	(0,75%)
Total	548	

Tabelle 7.3. Ergebnis des routinemäßigen Screenings auf Endometriumkarzinom bei 1685 Frauen (Graz 1981—1984)

Kein Endometrium	398	(23,6%)
Unverdächtiges Endometrium	1252	(74,4%)
Verdächtige Befunde (Kürettage o. B.)	17	(1,0%)
Adenokarzinome mit Symptomen	9	(0,5%)
Asymptomatische Adenokarzinome	7	(0,4%)
Adenomatöse Hyperplasie Grad II	2	(0,1%)
Total	1685	

Die Asymptomatischen Adenokarzinome (7, 0,4%) und die Adenomatöse Hyperplasie Grad II (2, 0,1%) ergeben zusammen 9 (0,5%).

ein Karzinom entdeckt. Die restlichen 168 Patientinnen wurden weiter kontrolliert. Sie zeigten bei Kontrolluntersuchung nach mindestens zwei Jahren keine Anzeichen für das Vorliegen eines Endometriumkarzinoms. Die 158 Patientinnen, bei denen unverdächtiges Endometrium gewonnen wurde, wurden auch weiter kontrolliert und sind bis heute ebenfalls unauffällig geblieben. Unter den 11 Verdachtsbefunden fanden sich acht bereits *invasive Adenokarzinome,* von denen allerdings nur vier symptomlos waren. Kein Karzinom wurde übersehen!

In dieser Gruppe, mit der ein gewisser Lernprozeß absolviert werden sollte, konnte allem Anschein nach eine hundertprozentige Trefferrate erzielt werden.

Im weiteren wurde das Screeningprogramm auf alle Patientinnen über 45 Jahre ausgeweitet (Lahousen und Schneeweiss, 1984). In diesem Programm wurde das abgesaugte Material sowohl *histologisch als auch zytologisch* untersucht. Mit 76,4% verwertbarem Material konnte die Materialausbeute wesentlich verbessert werden. Wie aus der Tab. 7.3 hervorgeht, wurden bei 1685 Patientinnen insgesamt 16 Adenokarzinome, davon sieben völlig asymptomatische Fälle sowie zwei adenomatöse Hyperplasien Grad II entdeckt.

Ganz ähnlich sind die Ergebnisse von Koss et al. (1983 und 1984). Die Autoren haben in New York der weiblichen Bevölkerung über 45 Jahre ein Screeningprogramm angeboten.

Es wurden nur Frauen ohne Blutungssymptome in der Anamnese untersucht. Zur endouterinen Materialgewinnung wurde ein Plastikinstrument (Mi-Mark) und eine Aspirationskanüle (Isaac-cell-sampler) verwendet (s. S. 96). Bei 2586 Frauen wurden 16 symptomlose invasive Adenokarzinome (0.6%) und vier adenomatöse Hyperplasien Grad II gefunden (insgesamt 0,8%).

Schließlich sollte angenommen werden, daß die Ausbeute an Endometriumkarzinomen und seinen Frühstadien größer wird, wenn man nur Patientinnen mit *Risikofaktoren* berücksichtigt. Diese Annahme konnte bestätigt werden. In einem eigenen Programm, im Rahmen dessen 100 Patientinnen mit den Risikofaktoren Adipositas, Hypertension und Diabetes mellitus untersucht wurden, betrug die Ausbeute mit drei invasiven Endometriumkarzinomen und einer adenomatösen Hyperplasie 4,0%. Alle invasiven Karzinome waren asymptomatisch. Somit wurden innerhalb dieses Programmes achtmal soviel Karzinome und Frühfälle entdeckt, als mit der routinemäßigen Untersuchung bei allen Frauen über 45 Jahren (Tab. 7.4). In diesem Zusammenhang muß aber festgestellt werden, daß unter den 9 asymptomatischen Fällen der randomisierten Serien (Tab. 7.3) nur fünf Fälle Risikofaktoren aufgewiesen hatten. Hätte man also das Screeningprogramm auf das letzte Modell abgestimmt, wären vier Patientinnen der Erfassung entgangen.

Tabelle 7.4. Ergebnisse der histologischen Untersuchung bei 100 Endometriumaspirationen bei asymptomatischen Frauen *mit* Risikofaktoren (Graz 1980)

	1 RF	2 RF	3 RF
Kein Endometrium	16	—	—	—
Unverdächtiges Endometrium	80	—	—	—
Adenokarzinome	3 } (4%)	1	2	—
Adenomatöse Hyperplasie Grad II	1 }	—	1	—
Total	100	1	3	—
RF = Risikofaktor			

7.5 Organisation eines Suchprogrammes auf Endometriumkarzinom

Aufgrund der bisherigen Erfahrungen muß man sich zunächst vor Augen führen, daß zum Unterschied vom Screening auf Zervixkarzinom beim Endometriumkarzinom wesentlich mehr invasive Karzinome gefunden werden als echte präinvasive Frühstadien. Diese Tatsache könnte auf zwei Faktoren zurückgeführt werden. Zum einen auf die eingangs geschilderten Schwierigkeiten bei der Definition und Erfassung der adenomatösen Hyperplasie im weiteren Sinne. Dieser Faktor könnte wahrscheinlich nur über eine Verbesserung der Materialgewinnung und einen weiteren Lernprozeß beeinflußt werden. Zum anderen wäre es vorstellbar, daß die Vorstadien früher auftreten als unter 45 Jahren. Gegen diese Annahme sprechen aber alle bisherigen Erfahrungen aufgrund von Uterusexstirpationen und Kürettagen bei präklimakterischen oder klimakterischen Blutungsstörungen. Es liegt also kein Grund dafür vor, mit dem Screeningprogramm bereits in früheren Altersstufen zu beginnen. Ganz im Gegenteil muß festgestellt werden, daß weder in den eigenen Untersuchungsserien (LAHOUSEN et al., 1982, 1983, 1984) noch bei KOSS et al. (1984) Karzinome oder Frühfälle *unter 50 Jahren* gefunden wurden.

Andererseits muß man wissen, daß es sich auch bei symptomlosen invasiven Karzinomen nicht unbedingt um frühe Stadien der Erkrankung handeln muß. Wie aus Tab. 7.5

Tabelle 7.5 Stadieneinteilung der asymptomatischen Endometriumkarzinome

KOSS et al.	15	Stadium I
(1984)	1	Stadium III
LAHOUSEN et al.	5	Stadium I
(1984)	2	Stadium III

hervorgeht, fanden sich unter asymptomatischen Fällen durchaus auch Karzinome der Stadien III. Auch wurde festgestellt, daß nur 16—20% der Patientinnen mit einem Endometriumkarzinom des Stadiums I Blutungsabnormalitäten über mehr als ein Jahr hatten, während bei 17% von asymptomatischen Patientinnen mit Endometriumkarzinom bereits das Stadium II bis IV vorgelegen war (MALKASIAN et al., 1980).

Ob man sich nach Kenntnis aller bekannten Daten zu der Einführung eines Screeningprogrammes entschließen will, ist letztlich eine Sache der Auffassung und der gegebenen Möglichkeiten. Genau genommen, sind die Erfolge beim Screening des Endometriumkarzinoms nicht geringer als bei dem Screening auf Frühstadien des Zervixkarzinoms. Sie sind sogar besonders wichtig, weil sie hauptsächlich zur Entdeckung asymptomatischer invasiver Krebse führen und damit den Zeitpunkt ihrer Behandlung vorverlegen.

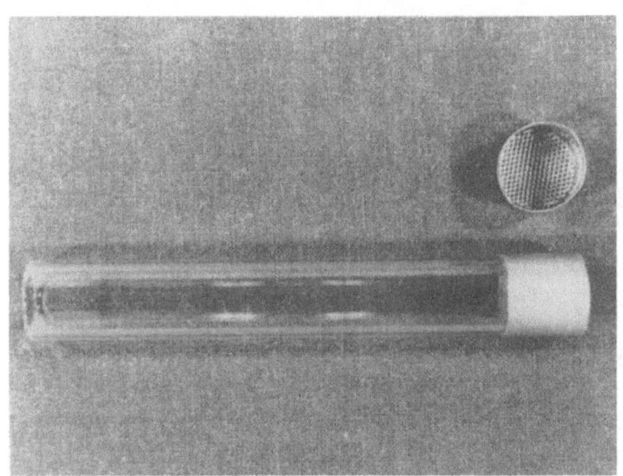

Abb. 7.6. Probenröhrchen mit Fangkörbchen für spärliches Gewebsmaterial

Der arbeitsmäßige und personelle Aufwand bei der Erfassung der symptomlosen Endometriumkarzinome ist nicht größer als für die übliche zytologische Smearabnahme und für die Kolposkopie. Somit wird sich der Entschluß zur Durchführung eines solchen Programmes vielfach auf die Frage der Organisierbarkeit und Finanzierbarkeit beschränken.

Aufgrund der eigenen Erfahrung ist eine Materialentnahme zur Frühdiagnose des Endometriumkarzinoms im Rahmen eines Ambulanzbetriebes oder der Sprechstunde durchaus möglich. Benötigt werden außer einem geeigneten *Abnahmeinstrument, Objektträger* für die Zytologie und pro Fall ein *Glasbehälter* mit einer Fixationsflüssigkeit (z. B. fünfprozentige Formallösung).

Dieser Behälter muß so beschaffen sein, daß das Gewebsmaterial aus der Spritze sowie aus der Kanüle des Instrumentes herausgespült werden kann. Besonders bewährt hat sich dafür ein Proberöhrchen mit Fangkörbchen an einem Ende (Abb. 7.6). Es gelingt damit, auch sehr spärliches Gewebsmaterial aufzufangen und der histologischen Aufarbeitung zuzuführen. Entsprechende Formblätter dienen der Mitteilung wichtiger klinischer Daten an die untersuchende Stelle.

Der Teil des Abnahmeinstrumentes, der in die Gebärmutterhöhle eingeführt wird, muß steril sein. Eine gezielte Desinfektion der Vagina ist nicht nötig. Sie wird, ebenso wie die Portio, mit trockenen Wattebäuschchen gesäubert. Im eigenen Bereich erfolgt die Materialabnahme am Ende des kolposkopischen Untersuchungsganges (BURGHARDT, 1984). Bei der kolposkopischen Untersuchung ist die Portio und Scheide sorgfältig gereinigt worden. Zum Schluß werden Portio und das obere Scheidendrittel mit Lugolscher Lösung angefärbt. Damit ist auch eine milde Desinfektion gegeben.

Die Materialentnahme steht demnach auch am Ende des gesamten gynäkologischen Untersuchungsganges, der der Reihenfolge nach aus palpatorischer Untersuchung, Smearabnahme unter dem Kolposkop, kolposkopischer Untersuchung und schließlich aus der Untersuchung des Endometriums besteht. Bezüglich des Ablaufes gibt es keine Bedenken. Die einzelnen Schritte der Untersuchung stören einander nicht.

Zur Untersuchung des Endometriums muß die vordere Muttermundslippe mit einer Kugelzange angehakt werden. Durch leichten Zug wird der Uterus möglichst in Streckstellung gebracht. Mit der Kanüle wird in das Cavum uteri eingegangen bis der Fundus leicht berührt wird. Der innere Muttermund wird mit einem geeigneten Instrument in über 96% ohne Schwierigkeiten überwunden. Gelingt das nicht, so muß zuerst mit einem dünnen Mandrin (bei der Pistolet-Methode) oder mit einer dünnen Uterussonde der Zervikalkanal vorgedehnt werden (s. S. 97). Die wichtigste Erkenntnis im Rahmen der modernen Screeningprogramme war, daß mit der zytologischen Untersuchung auch eines direkt aus dem Cavum uteri entnommenen Abstriches nicht die nötige diagnostische Sicherheit erreicht werden kann. Ganz entscheidend ist die zusätzliche Einbettung von Material mit histologischer Untersuchung, d. h. die *Kombination beider Methoden.* Ein rein zytologisches Laboratorium ist daher für diese Untersuchungen nicht geeignet. Unbedingt muß die Möglichkeit der Materialeinbettung und der histologischen Aufarbeitung bestehen.

Literatur

BACHMEYER, H., GUSEK, W., GNANN, G. (1984): Endometriumzytologie mit dem neuen Gerät Abradul. Geburtsh. u. Frauenheilk. **44**, 25.

BIBBO, M., RICE, A. M., WIED, G. L., ZUSPAN, F. P. (1974): Comparative specificity and sensitivity of routine cytologic examinations and the Gravlee jet wash technic of diagnosis of endometrial changes. Obstet. Gynecol. **43**, 253.

BOSCHANN, H. W. (1957): Cytologie des Cavumaspirats bei gut- und bösartigen Erkrankungen. Arch. Gynäk. **189**, 376.

BURGHARDT, E. (1984): Kolposkopie. Spezielle Zervixpathologie. Stuttgart: G. Thieme.

BURK, J. R., LEHMANN, H. F., WOLF, F. S. (1974): Inadequacy of Papanicolaou smears in the detection of endometrial cancer. N. Engl. J. Med. **291**, 191.

CARY, W. H. (1943): Method of obtaining endometrial smears for study of their cellular content. Am. J. Obstet. Gynecol. **46**, 422.

CLOCUH, Y. P., PETERS-WELTE, A. C., FISCHBACH, F., KRIEGLSTEINER, P. (1982): Ergebnisse zytologischer Untersuchungen von direkt entnommenem Zellmaterial aus dem Uteruskavum mit der Exploret-Fatol. Geburtsh. u. Frauenheilk. **42**, 39.

DALLENBACH-HELLWEG, G. (1975): Histopathology of the Endometrium, S. 133. Berlin-Heidelberg-New York: Springer.

— SCHMIDT-MATTHIESEN, H. (1983): Hyperplasien, Präcancerosen und Carcinome des Endometriums. Mitteilungen der Dtsch. Ges. für Gynäkologie und Geburtshilfe 7, 13.

FEICHTER, G. F., TAUBER, P. F. (1981): Zytologische Endometriumdiagnostik mit Prevical. Fortschr. Med. **99**, 943.

FERENZY, A., SHORE, M., GURALNICK, M., GELFAND, M. (1979): The Kevorkian curette. An appraisal of its effectiveness in endometrial evaluation. Obstet. Gynecol. **54**, 262.

— GELFAND, M. (1984): Outpatient endometrial sampling with Endocyte: Comparative study of its effectiveness with endometrial biopsy. Obstet. Gynecol. **63**, 295.

FOX, H., BUCKLEY, C. H. (1982): The endometrial hyperplasias and their relationship to endometrial neoplasia. Histopathology **6**, 493.

FRICK, H. C., MUNNELL, E. W., RICHART, R. M., BERGER, A. P., LAWRY, M. F. (1973): Carcinoma of the endometrium. Am. J. Obstet. Gynecol. **115**, 663.

GRAVLEE, L. C. (1969): Jet-irrigation method for a diagnosis of endometrial adenocarcinoma: Its principle and accuracy. Obstet. Gynecol. **34**, 168.

GUSBERG, S. B. (1947): Precursors of corpus carcinoma: estrogens and adenomatous hyperplasia. Am. J. Obstet. Gynecol. **54**, 905.

— KAPLAN, A. L. (1963): Precursors of corpus cancer: V. Adenomatous hyperplasia as stage 0 carcinoma of endometrium. Am. J. Obstet. Gynecol. **87**, 662.

HENDERSON, S., ROXBURGH, D., BOBROW, L., POLLARD, S., GREENING, S. (1975): Endometrial washing: histological and cytological assessment of material obtained with an intrauterine jet washing device. Brit. J. Obstet. Gynecol. **82**, 976.

HERTIG, A. T., SOMMER, S. C., BENGLOFF, H. (1949): Carcinoma in situ. Cancer **2**, 946.

HOFMEISTER, F. J. (1974): Endometrial biopsy: Another look. Am. J. Obstet. Gynecol. **118**, 773.

HUTTON, J. D., MORSE, A. R., ANDERSON, J. C., BEARD, R. W. (1978): Endometrial assessment with Isaac cell sampler. Brit. Med. J. **i**, 947.

INGLIS, R. M., WEIR, J. H. (1976): Endometrial suction biopsy: Appraisal of a new instrument. Amer. J. Obstet. Gynec. **125**, 1070.

ISAACS, J., WILHOITE, R. (1974): Aspiration cytology of the endometrium: Office and hospital sampling procedures. Am. J. Obstet. Gynecol. **118**, 679.

JAMESON, M. H. (1961): A clinical appraisal of techniques for obtaining fresh cells for endometrial cytology. N. Z. Med. J. **60**, 316.

JOHNSSON, J. E., STORMBY, N. G. (1968): Cytological brush technique in malignant disease of the endometrium. Acta Obstet. Gynecol. Scand. **47**, 38.

KOFLER, E., REINHOLD, E., ULM, R., WAGENBICHLER, P. (1970): Möglichkeiten und Grenzen der zytologischen Diagnostik der Carcinoma adenomatosum uteri. Fortschr. Med. **88**, 733.

KOSS, L., SCHREIBER, K., OBERLANDER, S. G., MOUKHTAR, M., LEVINE, M. S., MOUSSOURIS, H. F. (1981): Screening of asymptomatic women for endometrial cancer Obstet. Gynecol. **57**, 681.

— — MOUSSOURIS, H., OBERLANDER, S. G. (1982): Endometrial carcinoma and its precursors: detection and screening. Clin. Obstet. Gynecol. **25**, 49.

— — OBERLANDER, S., MOUSSOURIS, H., LESSER, M. (1984): Detection of endometrial carcinoma and hyperplasia in asymptomatic women. Obstet. Gynecol. **64**, 1.

LAHM, W. (1928): Das Karzinom des Uterus nach ätiologischen und pathologisch-anatomischen Gesichtspunkten. In: Biologie und Pathologie des Weibes (HALBAN, J., SEITZ, L., Hrsg.), Band 3, S. 669. Berlin-Wien: Urban und Schwarzenberg.

LAHOUSEN, M., PICKEL J.H., TSCHERNE, G., ZIERLER, H. (1982): Früherfassung des Korpuskarzinoms. Wien. Med. Wschr. **132**, 391.

— — SCHNEEWEISS, W. D., SCHREITHOFER, H., TSCHERNE, K. (1983): Ambulante Frühdiagnose des Endometriumkarzinoms. Gynäk. Rdsch. **23**, 139.

— SCHNEEWEISS, W. D. (1984): Früherfassung des Endometriumkarzinoms. Kongreßband der 45. Tagung der Deutschen Gesellschaft für Gynäkologie und Geburtshilfe (im Druck).

LANDOWSKI, J., CANIELS, B., HAMMANS, W. (1982): Probleme zur Früherfassung des Korpuskarzinoms mit einer kritischen Prüfung von Jet-Wash und Curity-Technik. Geburtsh. u. Frauenheilk. **42**, 387—390.

LUKEMAN, J. M. (1974): An evaluation of the negative pressure "jet washing" of the endometrium in menopausal and postmenopausal patients. Acta Cytol. **18**, 462.

MALKASIAN, G. D., ANNEGERS, J. F., FOUNTAIN, K. S. (1980): Carcinoma of the endometrium: Stage I. Am. J. Obstet. Gynecol. **136**, 872.

MASUBUCHI, K., LIN, C. T., SUZUKI, T., YAMAZAKI, M. (1970): Endometrial aspiration cytology for the detection of cancer of the corpus uteri. Jpn. J. Cancer Clin. **16**, 919.

MILAN, A., MARKLEY, R. (1973): Endometrial cytology by a new technique. Obstet. Gynecol. **42**, 469.

MÜLLER, J. H., KELLER, M. (1957): Atypische Proliferationserscheinungen des Endometriums und ihre Beziehungen zum manifesten und latenten Corpus-Carcinom. Gynäcologia **144**, 31.

NAHHAS, W. A., LUND, C. J., RUDOLPH, J. H. (1971): Carcinoma of the corpus uteri. A 10 year review of 225 patients. Obstet Gynecol. **38**, 564.

NAVRATIL, E. (1955): Frühdiagnose des Uteruskarzinoms. In: Biologie und Pathologie des Weibes (SEITZ, L., AMREICH, A., Hrsg.), Band IV, S. 639. Berlin-Innsbruck-München-Wien: Urban und Schwarzenberg.

NEIS, K. J., BITSCH, M., SCHÖNDORF, N. K. (1984): Zur Treffsicherheit der Vaginalzytologie beim Adenokarzinom des Endometriums. Geburtsh. u. Frauenheilk. **44**, 291.

REAGAN, J. W., NG, A. B. P. (1973): The Cells of Uterine Adenocarcinoma (Monographs in Clinical Cytology, Vol. 1, 2. Aufl.). Basel: Karger.

RODGRIGUES, A., RUBIN, A., KOSS, L., HARRIS, J. (1974): Evaluation of endometrial jet wash technic (GRAVLEE) in 303 patients in a Community Hospital. Obstet. Gynecol. **43**, 392.

SCHOLTES, G., HAUCK, J. (1977): Neuere Beobachtungen bei Korpus-(Endometrium-)Carcinomen. Arch. Gynaekol. **212**, 308.

SHERMAN, A. I. (1978): Precursors of endometrial cancer. Isr. J. Med. Sci. **3**, 370.

SILVERBERG, ST. (1984): New aspects of endometrial carcinoma. Clin. Obstet. Gynaecol. **11**, 189.

SMITH, J. P., EHRLICH, C. E., LUKEMAN, J. M. (1974): Detection of endometrial adenocarcinoma using a jet washer. Obstet. Gynecol. **43**, 522.

STOLL, P., DALLENBACH-HELLWEG, G. (1968): Systematik der gynäkologischen Morphologie. Fortschr. Med. **86**, 403.

TAVASSOLI, F., KRAUS, T. (1978): Endometrial lesions in uteri resected for atypical endometrial hyperplasia. Am. Clin. Path. **70**, 770.

TIMONEN, S., PUROLA, E. (1962): Early diagnosis of uterine carcinoma. Ann. Chir. Gynaecol. Fenn. **51**, 405.

TORRES, J. E., HOLMQVIST, N. D., DANOS, M. L. (1969): The endometrial irrigation smear in the detection of adenocarcinoma of the endometrium. Acta Cytol. **13**, 163.

VUOPALA, S. (1977): Diagnostic accuracy and clinical applicability of cytological and histological methods for investigating endometrial carcinoma. Acta Obstet. Gynec. Scand. **70**, 1.

WELCH, W. R., SCULLY, R. E. (1977): Precancerous lesions of the endometrium. Hum. Pathol. **8**, 503.

WYSS, R., VASSILAKOS, P., RIOTTON, G. (1975): Zur Früherfassung endometrialer Veränderungen: Eine neue Aspirationsmethode mit Pistolet. Geburtsh. u. Frauenheilk. **35**, 846.

8
Die Behandlung des Ovarialkarzinoms

E. Burghardt, H. Pickel und *H. Stettner*

8.1 Einleitung

Der Eierstockkrebs stellt heute eine der größten Herausforderungen in der gynäkologischen Onkologie dar. Die überraschenden Erfolge der Chemotherapie beim Ovarialkarzinom sowie die nachgewiesene Beziehung zwischen der Wirkung von Zytostatika und dem Tumorvolumen haben neue Behandlungsstrategien entstehen lassen, die sich sowohl in einer Verbesserung der zytostatischen Behandlung als auch in einer wesentlich aggressiveren operativen Therapie äußern. Dazu kommen ganz neue Erkenntnisse über den Ausbreitungsmodus des Eierstockkrebses, die einen Einfluß auf die Planung der operativen Therapie haben müssen. Schließlich hat die Bedeutung der Strahlentherapie für die Behandlung des Ovarialkarzinoms in letzter Zeit wieder zugenommen. Allen neuen Therapiebestrebungen kommt die Tatsache entgegen, daß mit wesentlich verbesserten Möglichkeiten zur Überwachung des Therapieerfolges weitere und gegebenenfalls viel frühere Eingriffe in einem späteren Ablauf des Krankheitsgeschehens möglich sind.

Damit wird der Eierstockkrebs zu einem diagnostischen und therapeutischen Problem, das die Zusammenarbeit verschiedener hochspezialisierter Sparten erfordert. Die Zeiten sollten vorbei sein, in denen in beliebigen Standardkrankenhäusern durch Laparotomie und Probeexzision angeblich inoperable Eierstockkrebse diagnostiziert werden, um sie entweder einem angeblich unausweichlichen Schicksal zu überlassen oder adjuvanten Therapieformen zuzuführen, an deren Erfolg im vorhinein zu zweifeln war. Ganz im Gegenteil muß die Therapie heute großen Zentren vorbehalten bleiben, denen alle Möglichkeiten der modernen Diagnostik und Therapie zur Verfügung stehen.

8.2 Besondere Aspekte in der Morphogenese der Ovarialkarzinome (Tumordifferenzierung als Prognosefaktor)

Lange Zeit herrschte Unklarheit über das Muttergewebe, aus dem die Ovarialkarzinome hervorgehen. Nach dem derzeitigen Wissen leiten sich die epithelialen Geschwülste von *indifferenten Zellen des Keimepithels,* d. h. des Serosaüberzuges des Eierstockes ab. Diese Zellen besitzen nach herrschender Lehrmeinung noch embryonale Potenzen, die bei Malignisierung verschieden differenzierte Karzinome hervorbringen können.

Vom Coelomepithel abstammende Neoplasmen

Ovarielles „Keim"-Epithel	Müllerscher Gang	Reifes Peritonealepithel
Seröses Karzinom	Tubenkarzinom	Endo-Salpingiose
Endometrioides Karzinom	Endometrium-Karzinom	Endometriose
Muzinöses Karzinom	Adenokarzinom der Cervix	extragenitale Karzinome (morph. wie Ovarialkarzinome)

Abb. 8.1. Histogenetische Ableitung der epithelialen Tumoren des inneren Genitale

Die diesbezüglichen Differenzierungsvarianten gleichen den Abkömmlingen des Müllerschen Gangepithels, welches dem Zölomepithel entstammt (Fox, 1980; LANGLEY, 1982). Dementsprechend soll in der Onkogenese eine Differenzierung in Richtung *Tubenepithel* zur Ausbildung von serösen Tumoren oder Karzinomen führen, während die endometroiden Tumoren der Differenzierung nach dem Drüsenepithel des *Endometrium* entsprechen würden. Der letzten Gruppe werden auch die sogenannten mesonephroiden oder klarzelligen Karzinome zugezählt (LANGLEY, 1982). Hinsichtlich der muzinösen Geschwülste werden Parallelen zum *Zervixdrüsenepithel* gezogen (Abb. 8.1). Es gibt aber auch muzinöse Tumoren, in deren neoplastischem Epithel Zellen nachgewiesen werden können, die histochemisch wie Zellen des Intestinaltraktes reagieren. Für sie wird die Entstehung aus monodermalen Teratomen diskutiert (Fox, 1980; LANGLEY, 1982). Allerdings ist es nicht gelungen, eine spezielle Unterscheidung dieser Tumoren durch die Bestimmung des im Intestinaltrakt ubiquitären zellgebundenen CEA zu erreichen. Schließlich ist eine Zuordnung der nicht klassifizierbaren Epithelmalignome, die als anaplastische, unreife oder solide Karzinome bezeichnet werden, zu den oben angeführten Gruppen natürlich nicht möglich.

Von besonderer Bedeutung ist, daß grob-morphologisch scheinbar einheitlich aufgebaute Karzinome durchaus aus verschieden differenzierten oder aus verschieden reifen Gewebskomponenten zusammengesetzt sein können (s. S. 109). Der eigentliche Karzinomtyp ist in solchen Fällen an den am meisten ausgereiften Geschwulstabschnitten auszumachen. Aus solchen *pleomorphen Karzinomkompositionen* können sich besondere Probleme für die Therapie ergeben: Immer wieder ist zu beobachten, daß die unreifen Karzinompartien auf die zytostatische Behandlung oder die Radiotherapie anders, in der Regel schlechter ansprechen, als die ausgereiften Tumoranteile und jene somit auch den rezidivierenden oder metastasierenden Tumor allein ausmachen. Auch für die zytostatische Sensitivitätsprüfung muß dieser Umstand von besonderer Bedeutung sein: Bei der Prüfung kleiner Gewebsfragmente können durchaus die aktivsten Tumorabschnitte der Untersuchung entgehen.

Auch prognostisch ist das histologische Erscheinungsbild des Ovarialkarzinoms von Bedeutung (s. S. 109). Bei fortgeschrittenen Tumorstadien handelt es sich häufiger um undifferenzierte Karzinome, also um unausgereifte Krebse (LANGLEY, 1982; CASTAÑO-ALMENDRAL, 1983; PICKEL, 1983). Den unreif-anaplastischen Malignomen kommt offenbar eine höhere Proliferationskraft zu, während die ausreifenden Karzinome langsamer wachsen und deshalb in früheren Tumorstadien entdeckt werden (LANGLEY, 1982). Prognostisch am wichtigsten ist die *Kombination von Tumortyp und Differenzierungsgrad.* Die beste Prognose haben die ausgereiften endometroiden Karzinome, gefolgt von den muzinösen und klarzelligen (mesonephrischen) Karzinomen (BJÖRKHOLM et al., 1982). Ungünstiger verhalten sich die serösen Krebse (KOLSTAD, 1979; PICKEL, 1983). Die schlechteste Prognose besitzen erwartungsgemäß die undifferenzierten anaplastischen und nicht klassifizierbaren Geschwülste (BREITENECKER et al., 1982; CASTAÑO-ALMENDRAL, 1983; PICKEL, 1983).

Die häufigsten Ovarialmalignome sind die serösen Karzinome, gefolgt von den prognostisch ungünstigen unreif-anaplastischen Krebsen. Am geringsten ist die Häufigkeit der muzinösen und endometroiden Karzinome.

8.3 Die grenzwertigen Ovarialtumoren (Borderline tumors)

Der Begriff der „Borderline-Fälle" oder der Ovarialtumoren mit „niedrigem Malignitätspotential" (Low potential malignancy) hat sich besonders in der englischsprachigen Literatur eingebürgert. Sowohl die FIGO als auch die WHO (SEROV et al., 1973) benutzen diese Begriffe für die Klassifikation der Ovarialgeschwülste (s. S.109). Die histologische Definition ist nicht unumstritten; auch hat sie in den letzten Jahrzehnten einen wichtigen Wandel erfahren.

Die Etablierung dieser Untergruppe geht auf eine Publikation von TAYLOR (1929) zurück, in der auf die bemerkenswert gute Prognose von bestimmten serösen Ovarialtumoren hingewiesen wurde. Diese zeigten sowohl Tumormerkmale, die als histologische Zeichen der Malignität gedeutet wurden, als auch eine peritoneale Aussaat. Abgesehen davon, daß es sich immer wieder um Verlegenheitsdiagnosen handelt, beruht die *derzeit gültige Definition* der grenzwertigen Tumoren auf einer *stärkeren epithelialen Proliferation,* als sie bei den eindeutig gutartigen Formen des gleichen Tumortypes gefunden wird. Knospenbildung und Mehrreihigkeit des Epithels, eine erhöhte mitotische Aktivität und Kernatypien werden als die wichtigsten Kriterien genannt (RUSSELL, 1979 und 1984). Es handelt sich somit um Fälle, die eigentlich als Carcinomata in situ bezeichnet werden könnten und die verschiedentlich, bei ausgeprägter Atypie, bereits als fertige Karzinome gewertet werden (HART und NORRIS, 1973).

Sind peritoneale oder anderweitige *Absiedelungen* vorhanden, so dürfen auch diese lediglich die Zeichen der *epithelialen Atypie,* aber keine Invasion und Destruktion aufweisen, soweit man sie als grenzwertige Veränderungen bezeichnen will. Je nach Lokalisation derartiger Absiedelungen können auch die grenzwertigen Tumoren in die FIGO-Stadien I a—IV unterteilt werden (s. S. 107 f).

Die Zehn-Jahres-Überlebensrate wird bei den grenzwertigen serösen Tumoren mit 75 bis 90% und bei den muzinösen Tumoren mit 68 bis 95% angegeben (FOX, 1980). Auch bei längeren Beobachtungszeiten gibt es große Differenzen in den Heilungsergebnissen. Die 15-Jahres-Überlebenszeit schwankt bei serösen Tumoren zwischen 73% (NIKRUI, 1983) und 88% (TANG et al., 1980).

Die *Bewertung* der „Borderline"-Tumoren ist ein Problem von grundsätzlicher Bedeutung. In der näheren Vergangenheit, aber auch noch heute, wurde und wird sie vielfach durch die Idee von einer graduellen Malignisierung beherrscht. Die Malignität wird nicht als eine unteilbare Einheit betrachtet, sondern als eine den Tumoren innewohnende Eigenschaft von verschiedener Wertigkeit. Diese Ansichten beruhen in der Regel auf der Erfassung von derartig frühen Stadien in der Karzinomentwicklung, daß ihre sichere Unterscheidung von unspezifischen Proliferationen noch nicht möglich ist. Notgedrungen ergeben sich damit auch ganz *verschiedene Reaktionsformen* der Veränderungen, wie Reversibilität oder Progression, die wieder als der Ausdruck verschiedener Malignitätsstufen gedeutet werden. An der Zervix hat dieser Umstand zum „Dysplasieproblem" geführt (s. S. 23 f). Dementsprechend ergibt sich auch bei den Ovarialtumoren die Frage, ob im Einzelfall entschieden werden kann, ob eine verstärkte Proliferation auf einer bereits in situ erfolgten Malignisierung beruht oder lediglich ein unspezifisches Phänomen darstellt. Beim Ovarialkarzinom kommt noch ein weiterer Umstand hinzu: Bei der Größe des Untersuchungsobjektes kann es immer wieder vorkommen, daß eindeutig invasive Abschnitte des Krebses bei der histologischen Untersuchung nicht gefunden werden und der Fall demnach als präinvasive Hyperproliferation oder eben als „borderline" Tumor eingestuft wird. Werden demnach alle „grenzwertigen" Veränderungen in einen Korb geworfen, so muß dieser zwangsläufig drei verschiedene Tumortypen beinhalten:

● Gutartige Tumoren
● Präinvasive Tumoren („Carcinomata in situ")
● Invasive Karzinome

Dementsprechend werden die Behandlungsresultate in einer solchen Gruppe davon abhängen, wie groß die einzelne Komponente ist — sie werden umso besser sein, je weniger echte Karzinome die Gruppe beinhaltet.

Die gleiche Bewertung gilt auch für die sogenannten Peritonealabsiedelungen, bei denen es sich durchaus um gutartige, präin-vasive oder bereits invasive Veränderungen handeln kann. So konnte in einer Gruppe von grenzwertigen serösen Ovarialtumoren der Stadien II a bis III retrospektiv eine gute Korrelation mit dem günstigen oder ungünstigen Ausgang der Erkrankung getroffen werden, wenn zwischen bereits invasiven und nicht-invasiven Peritonealabsiedelungen unterschieden worden ist (RUSSEL, 1984). In diesem Zusammenhang ist zu erwähnen, daß es sich bei solchen peritonealen Absiedelungen mit ihrem sehr häufig gutartigen Verhalten auch um eine örtliche Umwandlung des Coelomepithels in Richtung des embryonalen Müllerschen Epithels mit seinen histologischen Abkömmlingen handeln kann (s. a. S. 104). In Analogie zur Endometriose könnte man bei serösen Formen solcher Herde auch von einer „Endosalpingiose" sprechen (Fox, 1980).

Aus den erörterten Gründen kann es auch keine Behandlungsrichtlinien für die „Borderlinetumoren" geben, wie die Existenz dieser diagnostischen Gruppe auch eher einen *Mißbegriff* als eine diagnostische Entscheidungshilfe bedeutet. Sie ist eine Verlegenheitslösung, die am besten durch eine möglichst genaue histologischen Untersuchung und Einschätzung umgangen wird. In erster Linie ist bei atypischen Proliferationen nach invasiven Abschnitten zu fahnden. Sind diese auszuschließen, ist eine weitergehende Behandlung als die Tumorexstirpation sicher nicht notwendig. Bei invasiven Herden ist vor allem die weitere Stadieneinteilung von ausschlaggebender Bedeutung (s. S. 109). Für einen Zusammenhang zwischen der Prognose und der Größe des oder der invasiven Herde gibt es noch keine sicheren Anhaltspunkte (s. S. 51).

8.4 Die Stadieneinteilung des primären Ovarialkarzinoms

Die Stadieneinteilung des Ovarialkarzinoms ist umso bedeutungsvoller, als sie eine wichtige Entscheidungshilfe für die Behandlungsstrategie darstellt. Im internationalen Schrifttum wird fast ausschließlich die FIGO-Klassifikation angewandt. Sie geht beim Ovarialkarzinom insoferne von wichtigen Grundprinzipien ab, als sie über die rein klinische Klassifikation hinaus auch auf der chirurgischen und damit der histologischen und/oder zytodiagnostischen Exploration beruht. Das bedeutet, daß vor jeglicher Art der Behandlung die Ausbreitung des Krebses im eröffneten Abdomen überprüft werden muß.

Wie auch die anderen gynäkologischen Malignome wird das Ovarialkarzinom in vier Stadien unterteilt:

Stadium I: Der Tumor auf ein Ovar beschränkt.

Stadium I a: Der Tumor auf ein Ovar beschränkt; kein Aszites. (i) Kein Tumorgewebe an der Oberfläche; die Kapsel intakt. (ii) Tumorgewebe an der Außenfläche sichtbar und/oder die Kapsel rupturiert.

Stadium I b: Der Tumor auf die beiden Ovarien beschränkt; kein Aszites. (i) Kein Tumor an der Außenfläche; die Kapsel intakt. (ii) Tumorgewebe an der Außenfläche und/oder die Kapsel(n) rupturiert.

Stadium I c: Tumoren entweder im Stadium I a oder I b; jedoch ist sicher Aszites* vorhanden oder die peritoneale Spülflüssigkeit ist (zytologisch) positiv.

Stadium II: Tumor in einem oder beiden Ovarien mit Ausbreitung ins Becken.

Stadium II a: Ausbreitung und/oder Metastasen auf/in Uterus und/oder Tuben.

Stadium II b: Ausbreitung auf andere Strukturen des Beckens.

Stadium II c: Tumor entweder im Stadium II a oder Stadium II b; jedoch ist sicher Aszites* vorhanden oder die peritoneale Spülflüssigkeit ist (zytologisch) positiv.

Stadium III: Tumor in einem oder beiden Ovarien mit intraperitonealen Metastasen außerhalb des Beckens und/oder positiven retroperitonealen Knoten. Tumor auf das kleine Becken beschränkt mit histologisch nachgewiesener Ausbreitung auf den Dünndarm oder in das Netz.

Stadium IV: Tumor in einem oder beiden Ovarien mit Fernmetastasen. Bei Pleuraergüssen muß die zytologische Untersuchung positiv sein, um die Zuordnung zum Sta-

dium IV zu rechtfertigen. Parenchymatöse Lebermetastasen machen ein Stadium IV aus.

Das Stadium III ist in seiner derzeitigen Fassung eine Gruppe, die sehr verschiedene Zustände beinhalten kann. Es ist sicher ein großer Unterschied, ob die Metastasen im Abdominalraum nur mikroskopisch verifiziert werden können oder ob das Abdomen große Tumormassen enthält. Aus diesen Gründen wird im Krebskomitee der FIGO eine weitere Unterteilung des Stadium III diskutiert:

Stadium III

Stadium III a: nur mikroskopische Ausbreitung im Abdomen;

Stadium III b: Absiedelungen bis zu einer Größe von 2 cm;

Stadium III c: alle anderen Fälle von intraabdominaler Ausbreitung.

Mit dieser Unterteilung könnten die Ergebnisse in der Gruppe III, die die Hauptmasse der behandelten Fälle umfaßt, noch weiter spezifiziert und damit vergleichbarer gemacht werden.

Die klinische Stadieneinteilung beruht auf einer sehr genauen und zum Teil auch sehr aufwendigen Exploration des Abdomens. Sie ist umso sorgfältiger durchzuführen, als sie nicht nur die Grundlage vergleichbarer Behandlungsresultate sein soll, sondern weil auch die Behandlung selbst auf der objektiven Kenntnis der tatsächlichen Tumorausbreitung fußen muß. Der bisherigen Erfahrung nach ist eine Unterbewertung der Tumorausbreitung im Rahmen der Stadieneinteilung viel häufiger der Fall als das Gegenteil (Abb. 8.2). Das geht u. a. aus ungünstigen Behandlungsresultaten bei Tumoren hervor, die als Stadium I a (i) ausgewiesen werden (BUSH und DEMBO, 1980; YOUNG et al., 1982). Der Irrtum beruht zumeist auf übersehenen kleinen (manchmal aber auch größeren) Absiedelungen am Zwerchfell oder am parietalen bzw. viszeralen Peritoneum des Abdominalraumes. Es muß deshalb bei jedem Ovarialtumor mit glatter Oberfläche, dessen Malignität nicht sicher

---

* Aszites ist Peritonealflüssigkeit, die nach der Meinung des Chirurgen pathologisch ist und/oder die normale Flüssigkeitsmenge deutlich überschreitet.

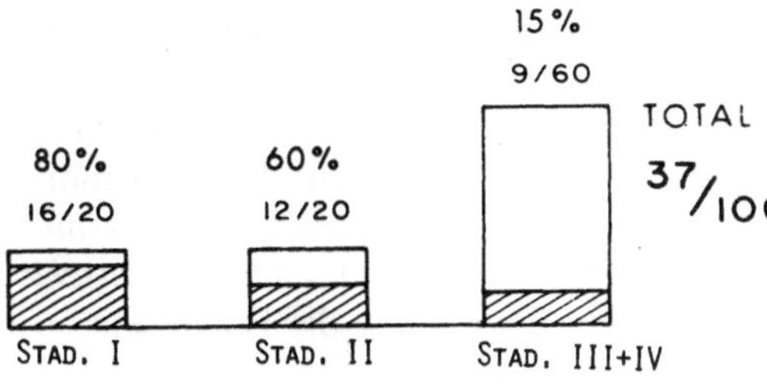

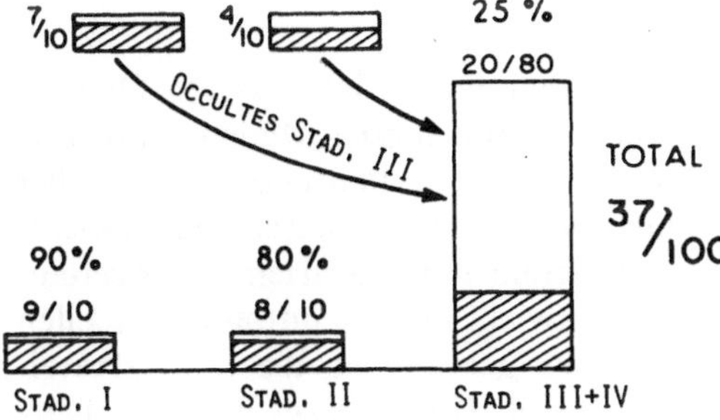

Abb. 8.2. Schematische Darstellung der stadienmäßigen Unterbewertung des Ovarialkarzinoms. Eine Reihe von Fällen der Stadien I und II ist in Wirklichkeit dem Stadium III zuzuordnen. Diese Unterbewertung kann eine der Ursachen von ungünstigen Heilungsergebnissen in scheinbar niedrigeren Stadien sein. [Verändert nach ULFELDER, H. (1981): Classification systems. Int. J. Radiat. Oncol. Biol. Phys. 7, 1083. © 1981 by Pergamon Press]

auszuschließen ist, eine ebenso genaue Exploration des Abdominalraumes erfolgen, wie bei sicher karzinomatösen Tumoren. Wesentlich ist die Exzision und histologische Untersuchung auch kleinster Knötchen, wo immer sie im Bauchraum gefunden werden. Erweisen sie sich als metastatische Absiedelungen, bedingen sie ein Stadium III (III a). Das Stadium I c ist die erste Einteilungsstufe, bei der, allerdings erst bei der „Second-look-Operation", positive retroperitoneale Lymphknoten gefunden wurden (s. S. 114). Diese Tatsache kompliziert die Frage, ab welchem Stadium mit der Lymphadenektomie begonnen werden sollte. Abgesehen davon, daß das Stadium I c aufgrund einer positiven Zytologie von Spülflüssigkeit erst nachträglich festgesetzt werden kann, sollte die Lymphadenektomie bei Aszites grundsätzlich vorgenommen werden.

8.4.1 Histologische Klassifizierung

Beim Ovarialkarzinom bestehen gesicherte Zusammenhänge zwischen dem histologischen Tumortyp und der Prognose (s. S. 104 f). Auch dieses Wissen sollte in das Management des Ovarialkarzinoms einfließen. Bei der Auswahl adjuvanter Therapieformen wird es sicherlich zunehmend an Bedeutung gewinnen. Je nach histologischer Struktur werden folgende Karzinomtypen unterschieden:

1. Seröse Zystadenokarzinome
2. Muzinöse Zystadenokarzinome
3. Endometroide Adenokarzinome
4. Mesonephroide (hellzellige) Zystadenokarzinome
5. Undifferenzierte Karzinome
6. Mischformen epithelialer Karzinome
7. Histologisch nicht klassifizierbare Malignome

In manchen Fällen von undifferenzierten inoperablen und weit ausgebreiteten malignen Tumoren kann es für den Gynäkologen schwierig oder unmöglich sein, den Ausgangspunkt des karzinomatösen Wachstums zu erkennen. Derartige Fälle sollten nicht in die Heilungsstatistik des Ovarialkarzinoms aufgenommen werden. Sie müssen als *Abdominalkarzinome* klassifiziert werden.

In der offiziellen Klassifizierung der FIGO werden die histologischen Gruppen 1 bis 4 noch weiter unterteilt. Unter a) werden die gutartigen Varianten des jeweiligen Tumortyps angeführt. Unter b) werden die Tumoren mit verstärkter Proliferation der epithelialen Zellen und mit Kernabnormalitäten, jedoch ohne infiltratives Wachstum, aufgelistet. Sie werden als „borderline cases" (grenzwertige Fälle) oder als „Fälle mit geringgradiger Malignität" bezeichnet (s. oben). In die Untergruppe c) fallen schließlich die manifesten Karzinome.

Eine besondere Betrachtung verdienen die gemischten, d. h. *kombinierten epithelialen Tumoren*. Sie können aus zwei oder mehreren Komponenten bestehen, die den angeführten histologischen Typen 1 bis 4 entsprechen. Ein derartiges Faktum kann nur durch eine möglichst genaue histologische Untersuchung aufgedeckt werden. Werden aus einem großen Tumor nur wenige Stellen zur histologischen Untersuchung entnommen, so kann leicht übersehen werden, daß dieser aus mehreren meist gut abgrenzbaren Teilen besteht. Nur auf diese Weise erklären sich Metastasen, die angeblich eine andere Differenzierungsform haben als der Primärtumor. Bleibt eine „malignere" Tumorkomponente unentdeckt, kann auch eine *falsche prognostische Beurteilung* die Folge sein.

8.5 Epidemiologie

In neuerer Zeit konnten mehrere bedeutsame Risikofaktoren für das Ovarialkarzinom herausgestellt werden:
Eine der wichtigsten Erkenntnisse ist, daß bei der Entstehung des Ovarialkarzinoms hereditäre Faktoren eine bedeutsame Rolle spielen dürften (SMITH und OI, 1984). Es wurden Familien beschrieben, in denen durch einen autosomal dominanten Erbgang Ovarialkarzinome vermehrt auftraten (LYNCH et al., 1982; PIVER et al., 1982). Das Beispiel einer solchen Familie mit gehäuft auftretenden Ovarialkarzinomen zeigt die Abb. 8.3. Weiblichen Mitgliedern aus derartig gefährdeten Familien muß eine besonders strenge klinische Überwachung empfohlen werden. Es wurden sogar die Ovarien von solchen Frauen oder Mädchen prophylaktisch entfernt (LYNCH et al., 1982), aber trotzdem ist es bei histologisch nachgewiesener Tumorfreiheit der Ovarien später vereinzelt zur Entwicklung von intraabdominellen Malignomen gekommen, die Ovarialkarzinomen glichen (TOBACMAN et al., 1982). Daraus könnte abgeleitet werden, daß sich in solchen Fällen die Bereitschaft zur Tumorentwicklung nicht auf das Keimepithel, also auf die Serosa der Ovarien, beschränkt hatte, sondern daß das Peritoneum als Ganzes zur tumorösen Wucherung prädestiniert war (s. S. 107).

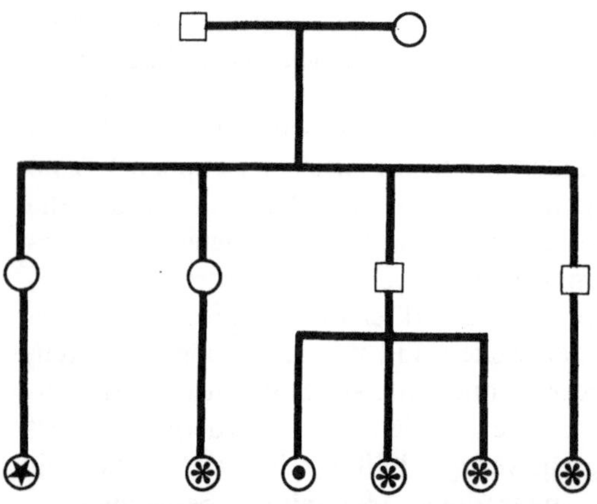

Frauen mit Müttern oder Schwestern, die Ovarialkarzinome entwickelt hatten, sind als vorrangige Risikoträgerinnen zu bewerten und dementsprechend zu überwachen (SMITH und OI, 1984). Ein weiterer wichtiger Faktor für die Genese des Ovarialkarzinoms scheint die lange anhaltende und von keiner Schwangerschaft oder aus anderen Gründen unterbrochene ovulatorische Tätigkeit zu sein. Dementsprechend gelten nullipare Frauen über 45 Jahre oder Frauen, die erst mit mehr als 30 Jahren schwanger geworden sind, sowie Frauen mit später Menopause als krebsgefährdet (SMITH und OI, 1984). In diesem Zusammenhang wäre auch eine protektive Wirkung von Ovulationshemmern zu diskutieren (SMITH und OI, 1984). Bisherige Untersuchungen haben gezeigt, daß mit dem Gebrauch von oralen Kontrazeptiva das Risiko geringer wird, ein Ovarialkarzinom zu entwickeln (SMITH und OI, 1984). Schließlich wird bestimmten physikalischen oder chemischen Agentien, wie Talk und

Abb. 8.3. Auftreten von Ovarial-/bzw. Mammakarzinomen bei sämtlichen Gliedern der dritten Generation einer Familie. Eltern und Großeltern frühzeitig interkurrent verstorben; sie dürften die Manifestierung ihrer eventuell vorhandenen Disposition zur Entwicklung von Neoplasien nicht mehr erlebt haben (⊛ Mammakarzinom. ✴ Ovarialkarzinom ⊙ Mamma- und Ovarialkarzinom ☐ ◯ männl./weibl. ohne Malignom)

Asbest, eine Rolle bei der Entstehung des Ovarialkarzinoms zugeschrieben. Intimpflegemittel enthalten beispielsweise Talk, der bei dauerndem Gebrauch solcher Kosmetika über die Vagina in die Peritonealhöhle gelangen kann und bei entsprechender Disposition als Kokarzinogen wirken soll (PIVER et al., 1982, SMITH und OI, 1984).

8.6 Die Ausbreitung des Ovarialkarzinoms

Die außerordentlich exponierte anatomische Situation des Eierstockes im Abdomen mit seiner großen Serosaoberfläche und seiner reichlichen Lymph- und Blutgefäßversorgung bedingt eine fast beispiellose Ausbreitungsmöglichkeit seiner Malignome.

Die wesentlichen Wege der Ausbreitung beim metastasierenden Ovarialkarzinom sind seit vielen Jahren bekannt; immer noch bestehen aber Unklarheiten über bestimmte Ausbreitungsmechanismen sowie über Frequenz und bevorzugte Lokalisation der Metastasen in den diversen Abflußgebieten.

Der bekannteste und augenfälligste Ausbreitungsweg des Ovarialkarzinoms beruht offenbar auf der Abschilferung von oberflächlich gelegenen Karzinomzellen, die mit dem physiologischen Strom der Peritonealflüssigkeit entlang bestimmter Straßen im Abdomen wandern und an den viszeralen sowie parietalen Serosaoberflächen implantiert werden (Abb. 8.4). Diese Tumorzellmigration wird vor allem durch den negativen hydrostatischen Druck im subdiaphragmalen Raum gefördert, der eine gewisse Sogwirkung ausübt. Unter physiologischen Bedingungen leitet das reichlich mit Lymphgefäßen ausgestattete *Zwerchfell* die Peritonealflüssigkeit unter Mitwirkung der Atembewegungen in die mediastinalen Lymphgefäße und Lymphknoten ab. Bei karzinomatöser Verlegung der afferenten Lymphgefäß-

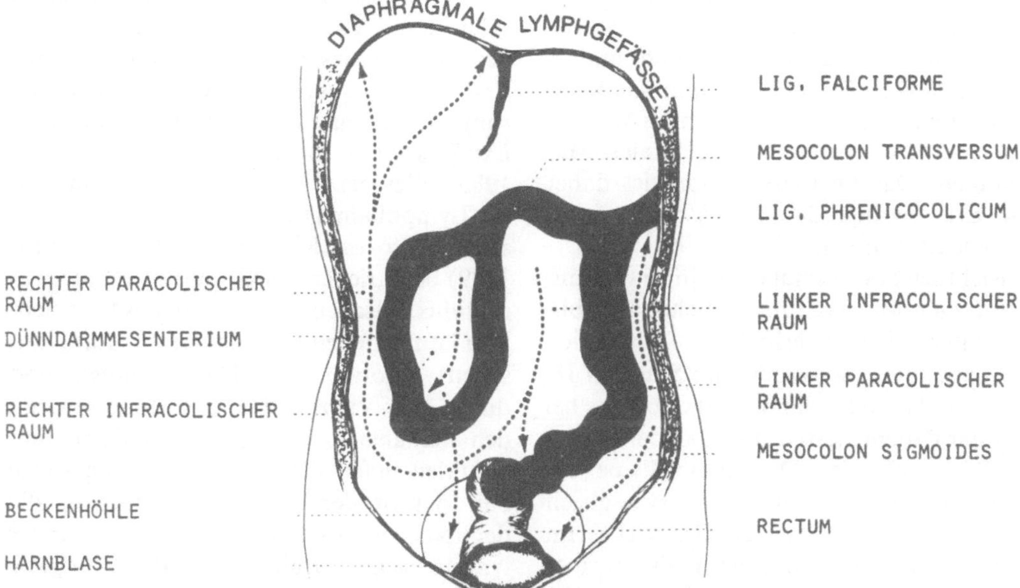

Abb. 8.4. Mit der Zirkulation der Peritonealflüssigkeit ergeben sich auch die Wege der intraabdominellen Tumorausbreitung [nach: AVERETTE, H. E. et al., 1983: Retroperitoneal lymphatic involvement by ovarian cancer. In: Cancer Campaign (GRUNDMANN, E., Hrsg.), Vol. 7: Carcinoma of the Ovary. Stuttgart: Fischer]

Tabelle 8.1. Operierte Ovarialkarzinome Stadien III und IV (Graz 1976—1984)

Stadium	n	Metastasen an der Leber-oberfläche	Carcinosis peritonei (inkl. Netz)	Isolierte Netz-metastasen	Intra-hepatische Metastasen
III	117	19 (15%)	78 (61,4%)	49 (38,6%)	0
IV	28	20 (71%)	16 (57,1%)	2 (7%)	10 (35,7%)
	145	39	94	51	10

plexus im Diaphragma wird dieser Abfluß behindert und es bildet sich zunehmend Aszites (AVERETTE et al., 1983). Dieser wird allerdings nicht nur durch den geschilderten Pathomechanismus verursacht; vielmehr produzieren auch die Zellen der tumorfreien Serosaabschnitte, möglicherweise unter Einwirkung von neoangiogenetischen Wirkstoffen, vermehrt Peritonealflüssigkeit (BEECHAM et al., 1983).

Durch die Blockierung des Lymphabflusses vom Diaphragma über die mediastinalen und pulmonalen Lymphknotenstationen in den Ductus thoracicus und damit in den venösen Kreislauf ist auch die rasche extraabdominale Tumorgeneralisierung erschwert. Tatsächlich ist die hämatogene Metastasierung in Lunge, Hirn und andere parenchymatöse Organe sowie in das Knochensystem beim Ovarialkarzinom wesentlich seltener als bei anderen genitalen Malignomen. Das Ovarialkarzinom ist daher eine Erkrankung, die *sehr lange auf den Abdominalraum beschränkt* bleibt.

Hinsichtlich des Ausmaßes der intraabdominellen Tumorausbreitung bestehen erhebliche Unterschiede innerhalb der Spätstadien des Karzinoms. So wurden im Stadium III nur bei 15%, im Stadium IV aber bereits bei 77% der Patienten Metastasen an der Leber-*oberfläche* gefunden. Die Carcinosis peritonei ist bei beiden Spätstadien etwa gleich häufig (61,4% im Stadium III, 57,1% im Stadium IV). Netzmetastasen als einziger intraabdomineller Befund sind bei 38,6% der Patienten im Stadium III, aber nur bei 7% der Patienten im Stadium IV anzutreffen (Tab. 8.1).

Auf jeden Fall ist das Maximum der abdominellen Metastasierung bei den Spätstadien des Ovarialkarzinoms in den Oberbauch verlagert. Dieser ist mit seiner großen viszeralen und parietalen Serosaoberfläche das bedeutungsvollste Rezeptakulum für die abgeschilferten Tumorzellen im Abdominalraum.

Die direkte *lymphogene* Metastasierung aus dem tumorös veränderten Ovar geht über dessen efferente Lymphgefäße in die der Region zugehörigen Knoten. Es bestand und es besteht noch die *Lehrmeinung,* daß der Hauptweg der lymphogenen Metastasierung entlang der ovariellen Blutgefäße zuerst zu den paraortalen Lymphknoten in Höhe des unteren Nierenpoles rechts bzw. in der Gegend des linken Nierenhilus führt. Erst von dort aus soll die weitere Metastasierung auf retrogradem Wege in die pelvinen Lymphknoten erfolgen (AVERETTE et al., 1983). Weniger Beachtung wurde bisher einer Lymphbahn geschenkt, die von französischen Autoren (MARCILLE, 1902; CORDIER, 1959) beschrieben wurde und die vom Ovarialhilus zwischen den Blättern des Ligamentum latum zu den interiliakalen (obturatorischen) Knoten zieht. Diese Knoten sind durch eine Vielzahl von Anastomosen mit den iliakalen externen, den medialen und lateralen tiefen iliakalen kommunen sowie den paraortalen Knoten verbunden, die demnach zu sekundären Stationen in der lymphatischen Drainage der Beckenorgane werden können (PLENTL und FRIEDMAN, 1971). Für die Metastasierung in Uterus und Tuben wären hingegen akzessorische Lymphbahnen im Ligamentum ovarii proprium verantwortlich (AVERETTE et al., 1983).

Klinische Studien auf Basis von systematischer Exstirpation und histologischer Serienschnittuntersuchung der retroperitonealen Lymphknoten haben unser heutiges Wissen über Wege und Frequenz der lymphogenen Metastasierung vom Ovarialkarzinom erweitert. Aufgrund dieser Untersuchungen muß angenommen werden, daß der erwähnte Metastasierungsweg über das Ligamentum latum eine wichtigere Rolle spielt, als bisher angenommen worden ist. Es konnte gezeigt werden, daß es offenbar regelhaft erst *nach* Befall der Beckenwandlymphknoten zur Metastasierung in die paraaortalen Lymphknoten kommt (BURGHARDT et al., 1984). Ein isolierter Befall dieser Knoten konnte bisher nicht nachgewiesen werden, solange die pelvinen Lymphknoten sicher metastasenfrei geblieben sind; gegenteilige Ergebnisse wurden nur aufgrund von Lymphknotenbiopsien, nicht aber bei systematischer Lymphadenektomie gewonnen (CHEN und LEE, 1983).

Das Muster der Metastasenfrequenz in den einzelnen pelvinen Lymphknotengruppen gibt keinen Hinweis für eine Regelhaftigkeit

Tabelle 8.2. Metastatischer Befall der Lymphknoten beim Ovarialkarzinom Stadium III

	Pelvine Lymphknoten	Paraaortale Lymphknoten
AVERETTE et al. 1983	36,4%	40,9%
CHEN und LEE 1983	12,9%	41,9%

in der Verteilung. Die meisten Metastasen wurden in iliakalen externen und kommunen Lymphknoten gefunden. In den tiefen obturatorischen Lymphknoten ist die Metastasenhäufigkeit geringer (Abb. 8.5).

Über die stadienkonforme Frequenz der lymphogenen Metastasierung gibt es widersprüchliche Angaben, weil die diesbezüglichen Ergebnisse nicht auf einer vergleichbaren Vorgangsweise beruhen. Die meistens *selektive* Lymphadenektomie basiert auf der Exstirpation von nur palpatorisch verdächtigen, d. h. vergrößerten Lymphknoten (KNAPP und FRIEDMAN, 1974; CREASMAN et al., 1978; YOUNG et al., 1982; AVERETTE et al., 1983; CHEN und LEE, 1983). Damit entgeht sicher ein beachtlicher Teil der Lymphknotenmetastasen der Entdeckung, weil einerseits vergrößerte Lymphknoten keineswegs immer Metastasen aufweisen müssen und andererseits palpatorisch unverdächtige Drüsen metastatisch befallen sein können. Dieser Auswahlmodus bringt demnach die große Gefahr mit sich, daß man zu Untersuchungsergebnissen gelangt, die die wahren Verhältnisse hinsichtlich Lokalisation und Frequenz der Lymphknotenmetastasen verfälschen. So wurde beispielsweise für das Stadium III eine Metastasenfrequenz von 40,6 bzw. 41,9% in den paraaortalen Lymphknoten, für die pelvinen Lymphknoten hingegen 36,4 bzw. 12,9% angegeben (AVERETTE et al., 1983; CHEN und LEE, 1983). (Tab. 8.2).

Bei *systematischer* Lymphadenektomie ergeben sich ganz andere Zahlen. Die *pelvinen*

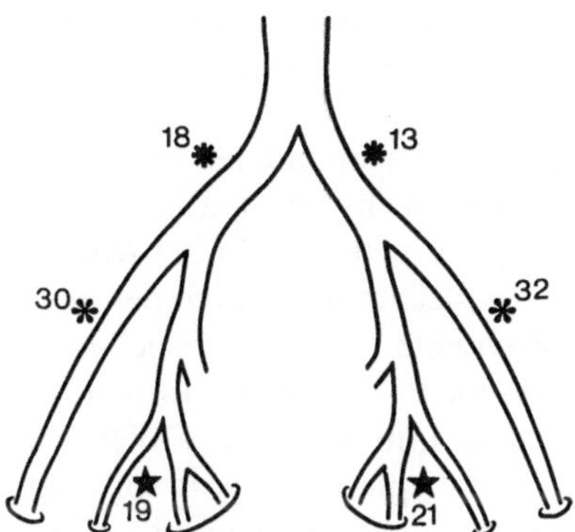

Abb. 8.5. Die Verteilung von metastatisch befallenen pelvinen Lymphknoten bei 65 Fällen von Ovarialkarzinomen (Graz, 1980—1984)

Tabelle 8.3. Metastatischer Befall der pelvinen Lymphknoten beim Ovarialkarzinom (Graz 1980—1984)

Stadium	Zahl der untersuchten Fälle	positive Lymphknoten
I a	1	0
I b	2	1 (50,0%)
I c	5	0
II b	1	0
III	54	34 = 63,0%
IV	6	5 = 83,3%
Summe	69	40 58,0%

Tabelle 8.4. Lymphadenektomie bei der Second-look-Operation (Graz 1980—1984)

Stadium	Zahl der untersuchten Fälle	positive Lymphknoten
I a	0	— —
I b	—	— —
I c	4	3 (75,0%)
II b	—	— —
III	7	4 (57,1%)
IV	1	1 (100,0%)
Summe	12	8 (66,7%)

Tabelle 8.5. Metastatischer Befall der paraaortalen Lymphknoten (Graz 1980—1984)

Stadium	Zahl der untersuchten Fälle	positive Lymphknoten
I a	1	0
I b	1	0
I c	2	0
II b	0	—
III	26	6 = 23,1%
IV	3	1 (33,3%)
Summe	33	7 21,2%

Tabelle 8.6. Zusammenhang zwischen metastatischem Zwerchfellbefall und Lymphknotenmetastasen (Graz 1980—1984)

Zwerchfell		Lymphknoten	
		positiv	negativ
Positiv	23	19 82,2%	4 17,4%
Negativ	20	10 50,0%	10 50,0%
	43	29	14

Lymphknoten sind in einem überraschend hohen Prozentsatz, nämlich in 58% metastatisch befallen; im Stadium III sogar in 63% (Tab. 8.3).

Selbst in den Frühstadien muß mit pelvinen Lymphknotenmetastasen gerechnet werden: So wurden bei einem Fall im Stadium I b Absiedelungen in Lymphdrüsen beobachtet. Mehrfach konnten bei Patienten mit Ovarialkarzinomen des Stadiums I c nach vollständiger zytostatischer Behandlung anläßlich der Second-look-Operation offenbar *chemoresistente Lymphknotenmetastasen* nachgewiesen werden (Tab. 8.4). Aus der Tabelle geht auch hervor, daß die Frequenz positiver Lymphknoten nach Chemotherapie nicht kleiner ist als bei Behandlungsbe-

ginn. Dieser Umstand ist besonders wichtig, da seine Kenntnis in Zusammenhang mit den häufigen Rezidiven behandelter Ovarialkarzinome gesehen werden muß und daher auch therapeutische Konsequenzen haben sollte.

Da die paraaortale Lymphadenektomie bei den gleichen Fällen nicht systematisch, sondern auch nur *selektiv* durchgeführt wurde, ist ein echter Vergleich hinsichtlich der Metastasierungsfrequenz mit den pelvinen Lymphknoten nicht möglich. Immerhin wurden bei den untersuchten Fällen in 23,1% der exstirpierten paraaortalen Lymphknoten Karzinommetastasen gefunden (Tab. 8.5).

Aufgrund der eigenen Untersuchungsergebnisse handelt es sich bei der Metastasierung in das Zwerchfell und in die retroperitonealen Lymphknoten kaum um zwei streng aufeinanderfolgende oder gar getrennt ablaufende Ereignisse. Vielmehr konnte ge-

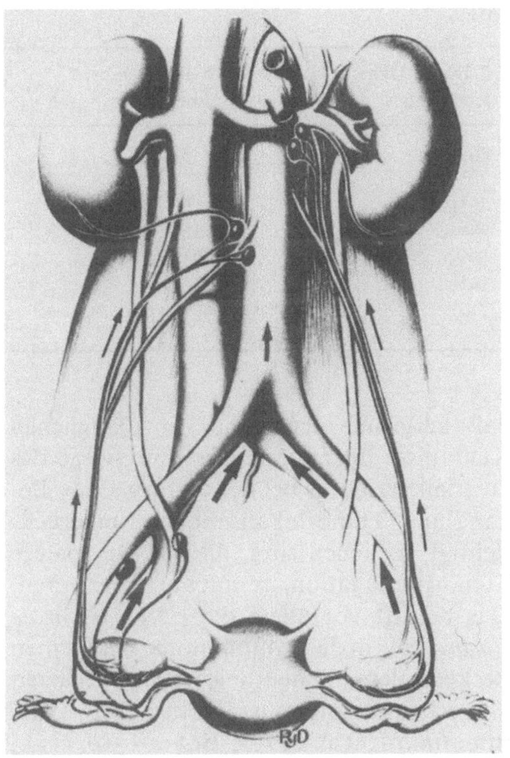

zeigt werden, daß ein signifikanter Zusammenhang zwischen dem gleichzeitigen metastatischen Zwerchfell- und Lymphknotenbefall besteht. Dies bedeutet, daß bei der Entdeckung einer karzinomatösen Besiedelung des Zwerchfells mit einer bereits bestehenden Metastasierung in den retroperitonealen Lymphknoten gerechnet werden muß (Tab. 8.6). Demnach erreicht das Ovarialkarzinom einerseits auf transabdominellem Wege offensichtlich verhältnismäßig rasch den Oberbauch und setzt andererseits parallel über die lymphatischen Gefäßbahnen hauptsächlich des Ligamentum latum Metastasen zuerst in die pelvinen und dann in die paraaortalen Lymphknoten (Abb. 8.6).

Abb. 8.6. Die Hauptwege des Lymphabflusses aus den Ovarien. Die Stärke des Abflusses wird durch unterschiedlich dicke Pfeile markiert. [Verändert nach: PLENTL, A. A., FRIEDMAN, E. A., 1971: Lymphatic system of the female genitalia. In: Major Problems in Obstetrics and Gynecology (FRIEDMAN, E. A., Hrsg.), Vol. 2. Philadelphia: W. B. Saunders]

8.7 Operative Behandlung

8.7.1 Zielsetzung

In der Therapie zumindest der weiter fortgeschrittenen Stadien des Ovarialkarzinoms hatten wir es in den vorausgegangenen Jahrzehnten mit einer Art Pattstellung zu tun. Die chirurgische Behandlung wurde zumeist abgebrochen, wenn nach der Laparotomie das kleine Becken kaum noch zugänglich erschien, wenn der Tumor in der Abdominalhöhle über das große Netz hinausgegriffen hatte, wenn ein massiverer Befall von Darmabschnitten gegeben war oder wenn gar Metastasen in der Leber vorhanden waren. In solchen Fällen hat man sich auf die Probeexzision und bestenfalls auf palliativ-chirurgische Maßnahmen beschränkt. Bei klinisch nachgewiesener Ausbreitung über den Abdominalraum hinaus wurden zum Teil nur Minilaparotomien zur Materialent-

nahme vorgenommen, oder man begnügte sich mit der zytologischen Untersuchung von Aszitesflüssigkeit oder eines Pleuraergusses.

Eine solche Strategie wurde u. a. auch durch die Vorstellung gefördert, daß eine nur unvollständige Entfernung des Tumors die Prognose eher verschlechtert. Schließlich waren auch die Resultate der Bestrahlung nach vollständig oder subtotal operierten Ovarialkarzinomen nicht so ermutigend, daß sie zu größeren Anstrengungen genötigt hätten (s. unten).

Erst die Einführung der Zytostatika in die Therapie des Ovarialkarzinoms, die Erarbeitung optimaler Therapieschemata (s. unten) und die damit erzielten günstigen Resultate haben zu einem rigorosen Umdenken geführt. Dieses betraf nicht nur das chirurgische Vorgehen, sondern führte auch zu

Tabelle 8.7. Überlebensraten bei Resttumoren im Stadium III

Tumorgröße	Zahl der Patienten	2-Jahres-Über-lebensraten	5-Jahres-Über-lebensraten
Kein Tumor	31	80%	63%
0—1 cm	84	70%	41%
1—2 cm	46	49%	15%
3—6 cm	144	28%	8%
7—9 cm	36	16%	0%
10 cm	273	16%	3%

(Nach SMITH, 1983)

neuen radiologischen Techniken (s. S. 128 f), die offenbar mit der zytostatischen Additivtherapie konkurrieren können.

Mit zunehmender Erfahrung hat es sich gezeigt, daß die additive zytostatische Therapie (und das gleiche dürfte für entsprechende radiologische Behandlungen gelten) zu umso besseren Resultaten führt, je mehr die Tumormasse des Ovarialkarzinoms reduziert werden konnte (WHARTON und HERSON, 1981; PICKEL et al., 1983; SMITH, 1983). Dabei kommt es nicht so sehr auf die Reduktion des gesamten Volumens an, sondern auf die Masse der größten zurückgebliebenen Einzelherde. Erfahrungsgemäß ist die Prognose umso besser, je kleiner diese Herde sind, wobei eine kritische Grenze bei 1,5—2 cm zu liegen scheint. Aus Tab. 8.7 geht der Unterschied hervor, der sich in den 2- und 5-Jahres-Überlebensraten ergibt, wenn das Abdomen nach der Operation makroskopisch tumorfrei war oder wenn Tumorreste übriggeblieben sind, deren Durchmesser kleiner oder größer als 2 cm war. Ähnliche Ergebnisse wurden wiederholt mitgeteilt (SMITH, 1980; BUSH und DEMBO, 1980; LEWIS und YOUNG, 1980; YOUNG et al., 1982).

Kritische Autoren haben festgestellt, daß auch die neuen Behandlungsstrategien nicht wirklich zu einer Verbesserung der Heilungsresultate geführt haben, sondern lediglich zu einer Verlängerung der Überlebenszeit (SYMMONDS, 1983). Nach dem neuesten Wissenstand könnten früher oder später aufgetretene Rezidive einfach darauf beruhen, daß aufgrund der bisher unzulänglichen Kenntnisse über die Ausbreitungswege des Ovarialkarzinoms bei der chirurgischen Behandlung Tumorlokalisationen unberücksichtigt geblieben sind, die für die spätere Tumorpropagation verantwortlich waren. Das betrifft vor allem die *retroperitoneale Ausbreitung* in die Lymphknoten des kleinen Beckens, deren Bedeutung erst in der letzten Zeit erkannt worden ist (PICKEL et al., 1981; BURGHARDT et al., 1983; BURGHARDT et al., 1984). Wird die Häufigkeit derartiger Lymphknotenmetastasen und ihre Resistenz gegenüber der Chemotherapie in Betracht gezogen (s. unten), so werden die beklagten Mißerfolge in der Behandlung des Ovarialkarzinoms vielleicht verständlich.

Behandlungserfolg und Überlebensdauer werden letztlich aber auch von Umständen abhängen, die eng mit der postoperativen Behandlung und schließlich mit der Nachsorge verbunden sind. Im optimalen Fall müssen alle diese Aufgaben in einer Hand vereinigt bleiben. Die Behandlung des Ovarialkarzinoms sollte daher *Zentren* vorbehalten bleiben, die nicht nur genügend Erfahrung mit der zytostatischen Behandlung und der postoperativen Strahlentherapie haben, sondern die auch über entsprechende morphologische und biochemische Untersuchungsmöglichkeiten verfügen (Untersuchung von Tumormarkern, Hormonrezeptoren u. ä.) sowie auch über eine entsprechende Organisation zur Nachsorge, mit der Möglichkeit des Einsatzes aller modernen bildgebenden Verfahren (s. S. 130). Es sollte daher darauf gedrungen werden, daß Ovarialkarzinome primär derartigen Zentren zugewiesen werden oder daß bei Fällen, bei denen erst anläßlich der Laparotomie ein weiter fortgeschrittenes Ovarialkarzinom festgestellt wird, das Abdomen ohne weitere operative Versuche wieder verschlossen und die Patientin dem Zentrum zugewiesen wird. Kleinere gynäkologische oder chirurgische Fachabteilungen vergeben sich damit nichts, sondern schützen sich im Gegenteil vor dem Vorwurf einer Behandlung mit untauglichen Mitteln.

8.7.2 Das operative Vorgehen beim Ovarialkarzinom

8.7.2.1 Intraoperative Stadieneinteilung

Das Stadium der Erkrankung bestimmt die weitere operative Behandlung. Die genaue Inspektion des eröffneten Abdomens steht daher an erster Stelle (s. S. 108). Wenn nötig, werden Gefrierschnitte angefertigt.

Viele ältere Statistiken sind nur bedingt verwertbar, da die Stadienzuteilung unzureichend oder falsch war. Werden bei Tumoren, die scheinbar auf das kleine Becken beschränkt sind, z. B. Zwerchfellmetastasen oder kleinste Metastasen am Peritoneum des Mesenterium übersehen, so wird der Fall stadienmäßig *unterbewertet*. Damit wird der Unterschied zwischen Heilungsergebnissen verschiedener Stadien verfälscht (s. S. 109, Abb. 8.2).

Das histologische Erscheinungsbild des Tumors und die Bestimmung seines Differenzierungsgrades spielen intraoperativ keine wesentliche Rolle. Unabhängig von der Differenzierung soll der Tumor nach den Regeln behandelt werden, die für das jeweilige Krankheitsstadium Gültigkeit haben.

Das Abdomen wird stets in der Medianen eröffnet. Der Schnitt führt links um den Nabel herum und reicht mindestens noch einige Zentimeter über die Nabelgrube, im extremen Fall bis zum Xiphoid. Nach Eröffnung des Peritoneums erfolgt eine erste Inspektion des Abdomens. Werden außer einem Tumor oder von Tumoren, die auf das Ovar beschränkt sind, keine weitere Absiedelungen gesehen, so wird zunächst eine Peritonealspülung vorgenommen. Physiologische Kochsalzlösung wird der Reihenfolge nach in den Douglas, in die parakolischen Räume, in das Leberbett sowie in den Oberbauch gegossen und nach Spülen in getrennten Portionen abgesaugt. Im Laboratorium werden die Zentrifugate auf das Vorhandensein atypischer Zellen untersucht. Der nächste Schritt ist die genaue Inspektion des Abdominalraumes. Sowohl das parietale als auch das viszerale Peritoneum, insbesondere das Peritoneum des Dünndarmmesenteriums wird systematisch überprüft. Jede verdächtige Verdickung, d. i. jedes kleinste Knötchen wird entfernt und gegebenenfalls der Gefrierschnittuntersuchung zugeführt. Besonders sorgfältig ist das Zwerchfell zu überprüfen. Aus jedem verdächtigen Herd wird eine Biopsie entnommen. Die Leber ist palpatorisch, nach Möglichkeit aber auch visuell zu untersuchen. Einer genauen Exploration wird das Netz unterzogen. Besonders zu achten ist auch auf die kranialen lateralen Anteile des großen Netzes, die etwas schwerer zugängig sind.

Zu der Stadieneinteilung gehört auch die Überprüfung der retroperitonealen Lymphknoten. Aufgrund der bisherigen Ansichten über die Ausbreitung des Ovarialkarzinoms wurden in der Regel die paraaortalen Knoten überprüft. Zunächst wurde palpatorisch festgestellt, ob vergrößerte oder verdächtige Knoten zu tasten sind. Sie wurden, falls nachweisbar, entfernt (sampling). Obwohl durchaus bekannt war, daß mit der selektiven Entfernung einzelner Knoten Metastasen eher zufällig gefunden werden und daß metastatische Absiedelungen auch in palpatorisch völlig unverdächtigen Knoten nachgewiesen werden können (SMITH, 1983), wurde bis in die neuere Zeit von dieser nur diagnostischen Lymphadenektomie nicht abgegangen. Erst in der letzten Zeit wurde damit begonnen, die retroperitonealen Knoten nicht mehr zum Zwecke der Stadieneinteilung, sondern aus kurativen Gründen systematisch zu exstirpieren (BURGHARDT et al., 1984). Die Suche nach Lymphknoten wird daher nicht mehr an den Anfang der Operation gestellt, sondern im Rahmen der *systematischen Lymphadenektomie* durchgeführt (s. unten).

8.7.2.2 Die Behandlung des Stadium I

Ist der Tumor nur auf ein Ovar beschränkt, die Kapsel glatt und nicht rupturiert und kein Aszites nachweisbar, liegt also ein Stadium I a (i) vor, genügt durchaus die Exstirpation der Adnexe der befallenen Seite. Natürlich wird man bei Frauen im fortgeschrittenen Alter ohne weiteren Kinderwunsch mit ihrem Einverständnis auch die Gebärmutter und die Adnexe der anderen Seite entfernen.

Beim Stadium I a (ii), also bei Tumor an der Außenfläche der Kapsel oder bei rupturierter Kapsel, jedoch immer noch ohne Aszites, kann bei dringendem Kinderwunsch in gleicher Weise wie bei dem Stadium I a (i) vorgegangen werden. Ansonsten werden bei der Patientin der Uterus samt den Adnexen beider Seiten entfernt.

Der Uterus ist auch im Stadium I b zu exstirpieren, wenn beide Ovarien befallen und demnach zu entfernen sind. Die Untergruppen (i) und (ii) machen keinen Unterschied in der Behandlung.

Im Stadium I c wurden bereits positive Beckenwandlymphknoten und auch paraaortale Knoten gefunden (CHEN und LEE, 1983; BURGHARDT et al., 1984). Ab diesem Stadium wird daher außer der Entfernung der Adnexe beider Seiten und des Uterus sowie der Resektion des großen Netzes auch die *Lymphadenektomie* durchgeführt (s. unten).

Jeweils nach der Entfernung des Uterus wird das Peritoneum des kleinen Beckens nochmals genau inspiziert, da zunächst versteckt gebliebene kleine Absiedelungen bereits das Stadium II ausmachen.

8.7.2.3 Die Behandlung im Stadium II

Im Stadium II a wird die Behandlung wie im Stadium I c vorgenommen. Hat der Tumor auf das Peritoneum des kleinen Beckens übergegriffen (Stadium II b), so sind die befallenen Peritonealflächen exakt zu entfernen. Das gelingt technisch unschwer. Das Peritoneum ist außerhalb der Tumorbeläge zu spalten und kann mit der Präparierschere leicht von der lockeren Unterlage abpräpariert werden. Gegebenenfalls sind die Ureteren aus Gründen der Sicherheit aufzusuchen.

8.7.2.4 Die Behandlung in den Stadien III und IV

In diesen Stadien sollen nach Möglichkeit der Uterus samt beiden Adnexen und das große Netz entfernt werden. Des weiteren sind alle metastatischen Absiedelungen, wenn irgend möglich, zu exstirpieren oder zumindest zu verkleinern (s. oben). Diese Operationsschritte sind die wesentlichsten Faktoren der modernen chirurgischen Behandlung des Ovarialkarzinoms. Bei entsprechendem Einsatz des Operateurs wird es bald augenscheinlich, daß mit einer derartigen *radikalen Tumorreduktion* unvergleichlich mehr erreicht werden kann, als noch vor einiger Zeit angenommen worden wäre. Das gilt nicht nur für die Entfernung einzelner oder multipler peritonealer Knoten (ausgenommen natürlich eine diffuse mikronoduläre Carcinosis peritonei), sondern auch von rasenförmigen Absiedelungen am Peritoneum des kleinen Beckens, der Blase und des parietalen Peritoneums der übrigen Bauchhöhle (s. bei Stadium II b). Auch große Ovarialtumoren, die zunächst hoffnungslos mit dem Peritoneum, den Organen des kleinen Beckens sowie mit Dünn- oder Dickdarm verbacken erscheinen, können bei hartnäckigem Bemühen fast immer entfernt werden. Verletzungen von Hohlorganen sind natürlich zu vermeiden, können aber leicht in Kauf genommen werden, wenn es dafür gelingt, das Tumorgewebe zu eliminieren.

Tabelle 8.8. Resttumor bei operierten Ovarialkarzinomen, Stadium III und IV (Graz 1976—1984)

	Op.-Art	N	Kein Resttumor im Abdomen	Tumor < 2 cm	Tumor > 2 cm
III	Radikal*	61	31 50,8%	9 14,8%	21 34,4%
	Total**	37	16 43,2%	3 8,1%	18 48,6%
	Palliativ	44	0	1	43
IV	Radikal	7	2	0	5
	Total	14	1	3	10
	Palliativ	16	0	0	16
		179	50	16	113

* Abdominale Totalexstirpation des Uterus mit beiden Adnexen, Omentektomie und retroperitonealer Lymphadenektomie.
** Abdominelle Totalexstirpation des Uterus mit beiden Adnexen und Omentektomie.

Sind Rektum, Sigma oder einzelne Dünndarmschlingen derartig befallen, daß das Tumorgewebe nicht ohne gröbere Verletzung des Darmes entfernt werden kann, so sind diese *Darmabschnitte* am besten zu *resezieren,* falls damit weitgehende Tumorfreiheit erreicht wird. Die Resektion wird gewöhnlich einem versierten Abdominalchirurgen überlassen, der die Problematik der operativen Behandlung des Ovarialkarzinoms kennt. Nach Rektum- und Sigmaresektionen kann bei dem heutigen Stand der chirurgischen Technik eine Kolostomie in der Regel vermieden werden.

Fallweise wird es nötig, Teile der Blasenwand zu resezieren, während sich die Notwendigkeit der Teilresektion des Ureters im eigenen Bereich noch nicht ergeben hatte. Hingegen wurde ein Befall des Uterus samt dem *Parametrium* beobachtet, wodurch eine Mitnahme der Parametrien nach der Art der Radikaloperation beim Zervixkarzinom notwendig wurde.

Schließlich können auch oberflächliche Lebermetastasen entfernt werden. Sitzt ein metastatischer Knoten am Milzhilus, so sollte nicht gezögert werden, ihn samt dem Organ zu exstirpieren.

Im Stadium IV wird trotz Fernmetastasen oder parenchymatöser Lebermetastasen in Hoffnung auf die Wirkung der additiven Chemotherapie oder Radiotherapie vorgegangen, wie beim Stadium III.

Sowohl beim Stadium III als auch beim Stadium IV wird die systematische Lymphadenektomie angeschlossen (s. unten).

Aus Tab. 8.8 geht hervor, daß es bei maximaler operativer Radikalität in 33 von 68 Fällen des Stadium III und IV gelungen ist, das Abdomen makroskopisch tumorfrei zu machen. Dieses Resultat wurde erreicht, indem in zehn Fällen, oder in 40%, Teile des Rektums oder des Sigmas reseziert wurden (Tab. 8.9). In neun Fällen (13,2%) der radikal operierten Patienten hatten die zu-

Tabelle 8.9. Darmresektion zur Erreichung der Tumorfreiheit anläßlich der Operation des Ovarialkarzinoms, Stadium III und IV (Graz 1976—1984)

Stadien	N	Dickdarm
III	61	12
IV	7	1
Gesamt	68	13

rückgebliebenen Tumorreste einen kleineren Durchmesser als 2 cm. In 26 Fällen (38,2%) mußten größere Tumorverbände zurückgelassen werden, deren weitere Unterteilung nach Durchmessern nicht mehr sinnvoll erscheint.

8.8 Die Bedeutung der Lymphadenektomie in der operativen Behandlung des Ovarialkarzinoms

In dem bisherigen Schrifttum wird stets nur von der Überprüfung und Entfernung einzelner Lymphknoten (sampling) gesprochen.

Aufgrund der bisherigen Ansichten über die lymphatische Ausbreitung des Ovarialkarzinoms (s. S. 112) wird zumeist die paraaortale Region überprüft. Nur einzelne Autoren berichten über das „Sampling" auch von Beckenlymphknoten (CREASMAN et al., 1978; AVERETTE et al., 1983; CHEN und LEE, 1983). Die neuen Erkenntnisse über die metastatische Ausbreitung des Ovarialkarzinoms in die Beckenlymphknoten, die in den meisten Fällen sogar die erste Station des Lymphknotenbefalles sein dürfte (s. S. 113), haben dazu geführt, daß am eigenen Krankengut seit dem Jahre 1980 die pelvine Lymphadenektomie beim Ovarialkarzinom ab dem Stadium I c systematisch vorgenommen wird (BURGHARDT et al., 1984).

Technisch und in ihrer *Radikalität* unterscheidet sich die Lymphadenektomie beim Ovarialkarzinom nicht von der Lymphadenektomie bei der Radialoperation des Zervixkarzinoms. Entfernt werden *alle erreichbaren Knoten* in den Feldern der Aa. iliacae internae und communes. Die Ausräumung der interiliakalen Felder (der obturatorischen Knoten) hat der Vollständigkeit halber unter Resektion der obturatorischen Gefäße zu geschehen. Besonders zu achten ist auf die tiefen iliakalen externen sowie die tiefen lateralen und medialen iliakalen kommunen Knoten (PLENTL und FRIEDMAN, 1971), die bis an die sogenannten Psoasgrube hinauf nach Abdrängen der großen Gefäße von der Beckenwand über den Plexus lumbosacralis bzw. von der lateralen bis dorsalen Wand der Gefäße gewonnen werden

können. Knoten entlang der Aa. iliacae internae und praesacrale Knoten werden nur entfernt, wenn sie palpabel sind. Es empfiehlt sich, die Lymphknoten der einzelnen Stationen in getrennten Gefäßen mit Fixierflüssigkeit unterzubringen.

Die Lymphadenektomie im Bereiche der Aa. iliacae communes soll bis zur Aortenbifurkation gehen. Nach weiterer Spaltung des Peritoneums wird die paraaortale Region freigelegt. Hier sollten die Knoten mindestens bis zu den Mesenterialgefäßen, nach Möglichkeit bis zu den Aa. renales systematisch entfernt werden. Höher gelegene Lymphknoten können auch, soweit sie palpabel sind, auf transperitonealem Wege exstirpiert werden.

Diese Art der Lymphadenektomie zielt, weit über die Frage der Stadieneinteilung hinaus, auf die Erweiterung der *kurativen Möglichkeiten*. Aus Tab. 8.3 (s. S. 114) geht hervor, daß in dem Stadium III unter 54 Fällen 34 Fälle (63%) mit positiven Lymphknoten gefunden wurden. Die entsprechenden Zahlen beim Stadium IV betrugen 5 von 6 oder 83,3%. Es erscheint durchaus einleuchtend, daß die Belassung von Lymphknotenmetastasen in einem derartig hohen Prozentsatz die Heilungsresultate in bedeutendem Maße beeinträchtigen muß.

In diesem Zusammenhang ergibt sich natürlich die Frage, in welchem Maße die additive zytostatische Therapie nicht nur intraabdominale Tumorreste, sondern auch Lymphknotenmetastasen positiv zu beeinflussen vermag. Dieser Frage konnte anhand von Fällen nachgegangen werden, bei denen die Lymphadenektomie nach voller zytostatischer Behandlung mit den Therapieschemata AC II-PARKER et al., 1975; AC I-LLOYD

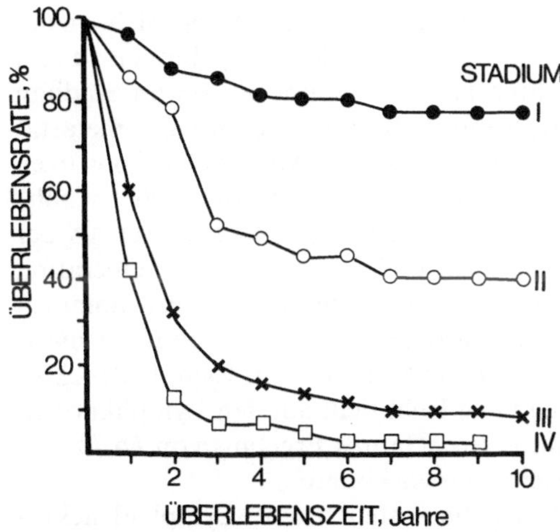

Abb. 8.7. Überlebenswahrscheinlichkeiten bei Ovarialkarzinomen der Stadien I bis IV [verändert nach: SMITH, J. P., 1983: Long time results in correlation to surgical treatment. In: Cancer Campaign (GRUNDMANN, E., Hrsg.), Vol. 7: Carcinoma of the Ovary. Stuttgart: Fischer]

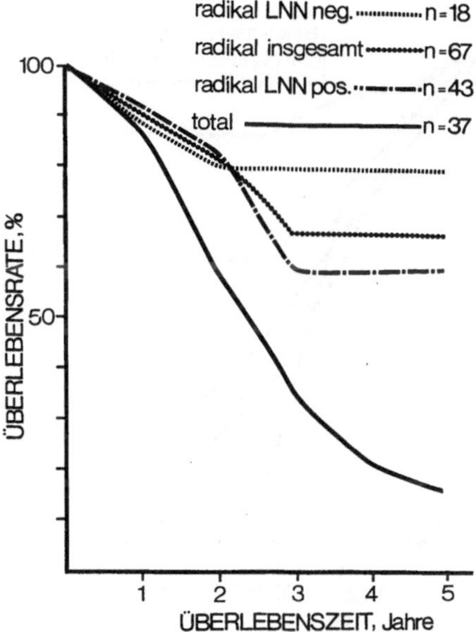

Abb. 8.8. Überlebenswahrscheinlichkeiten nach der actuarial method bei Ovarialkarzinomen im Stadium III. Das rapide Absinken der Kurve bei Patienten mit Lymphadenektomie und mit Resttumoren (RT) wird durch die geringe Zahl der mindest drei Jahren beobachteten Fälle verursacht

et al., 1976; PAC I-EHRLICH et al., 1979 erst anläßlich der „second look"-Operation durchgeführt worden ist (Tab. 8.4). Der Nachweis positiver Lymphknoten in 57,1% und 100% im Stadium III und IV zeigt keinen signifikanten Unterschied zu der Frequenz positiver Knoten bei der primären Lymphadenektomie. Es könnte daraus geschlossen werden, daß auch die intensive Chemotherapie nicht in der Lage ist, die befallenen Lymphknoten zu sanieren.

Die unbefriedigenden Resultate früherer chirurgischer und konservativ therapeutischer Maßnahmen könnten damit eine Erklärung finden. Abb. 8.7 zeigt die Heilungsresultate bei 1292 allerdings sehr uneinheitlich behandelten Patientinnen mit Ovarialkarzinomen des M. D. Anderson Hospital and Tumor Institute in Houston aus den Jahren 1944—1973. Aus der Abbildung geht u. a. auch hervor, daß die meisten Todesfälle am Karzinom innerhalb der ersten drei Jahre vorkommen. Erst nach dem dritten Jahr verflachen die Kurven deutlich. Ähnliche Ergebnisse wurden am eigenen Material gewonnen, wenn bei Ovarialkarzinomen des

Stadiums III nur die möglichst totale Entfernung der intraabdominellen Tumorabsiedelungen durchgeführt wurde (Abb. 8.8). Bemerkenswert ist, daß zwischen den Überlebensraten der Fälle mit Totalexstirpation und Omentektomie nach drei und auch nach fünf Jahren kein statistischer Unterschied besteht, unabhängig davon, ob das sichtbare Tumorgewebe total entfernt werden konnte oder nicht. In der gleichen Abbildung finden sich auch die Ergebnisse bei den Fällen, bei denen die Lymphadenektomie zusätzlich erfolgt ist. Hier findet sich die überraschende Tatsache, daß nach vollständiger Tumorentfernung und Lymphadenektomie ein 82%iges Überlebensergebnis erreicht werden konnte. (Überlebenswahrscheinlichkeit berechnet aufgrund von 31 Fällen nach der actuarial method.) Aber auch die Überlebensergebnisse der Fälle, bei denen intraabdominal Tumorgewebe zurückgelassen werden mußte, waren nach zwei Jahren besser als die Ergebnisse nach totaler

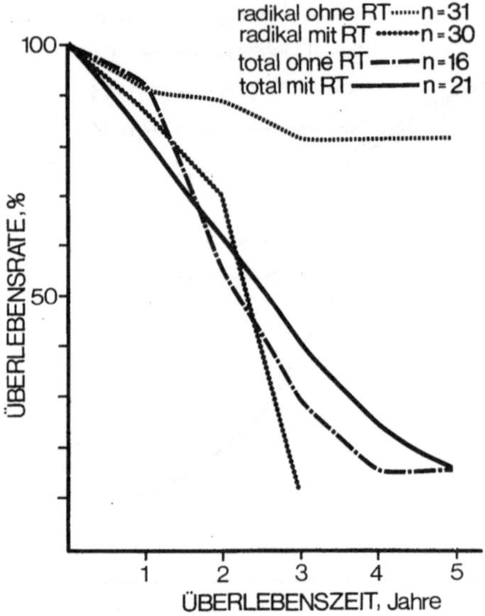

Abb. 8.9. Überlebensraten (Überlebenswahrscheinlichkeiten nach der actuarial method) bei Ovarialkarzinomen im Stadium III, ungeachtet der bei der Operation zurückgelassenen Tumorreste (RT). Die Abbildung belegt den Wert der systematischen Lymphadenektomie

Tumorentfernung aber ohne Ausräumung der Lymphknoten, wobei das rapide Absinken der Kurve im dritten Jahr durch die geringe Anzahl der mindestens drei Jahre beobachteten Fälle mitbedingt ist.
Eine weitere Aufschlüsselung dieses Materials zeigt Abb. 8.9. Hier findet sich wieder ein 79,5%iges Überlebensergebnis bis zu fünf Jahren nach Radikaloperation im Stadium III, wenn die Lymphknoten nicht metastatisch befallen waren. Aber auch bei positiven Knoten sind die Ergebnisse nach Lymphadenektomie unvergleichlich besser als bei sämtlichen Fällen, bei denen die Operation ohne Lymphadenektomie vorgenommen worden war. Schließlich ist darauf hinzuweisen, daß bei 61 Fällen mit Lymphadenektomie ohne Rücksicht auf den Lymphknotenstatus ein 5-Jahres-Ergebnis von 66,7% erreicht werden konnte.
Durch die systematische Lymphadenektomie wird eine bisher ungeahnt große Zahl von Fällen mit positiven Lymphknoten entdeckt. Nach den Regeln der klinischen Stadieneinteilung (s. S. 107f) gehören sie zumindest dem Stadium III an. Ältere und neuere Statistiken sind daher nicht unbedingt vergleichbar. In der Zeit, in der eine systematische Lymphadenektomie noch nicht durchgeführt worden ist, wurde eine Zahl von Fällen ohne Kenntnis der lymphatischen Metastasierung einem niedrigeren Stadium zugeordnet (s. S. 109, Abb. 8.2). Das erklärt die zum Teil überraschend schlechten Resultate in der Gruppe I (s. S. 108). Wie sich die echten Stadien I a bis I c prognostisch wirklich verhalten, werden erst neuere Ergebnisse zeigen.

8.9 Die systematische Relaparotomie (Second-look)

Es handelt sich um die zweite, manchmal aber auch schon um die dritte Eröffnung des Abdomens, wenn der Fall zur endgültigen chirurgischen Behandlung nach zunächst auswärts durchgeführter diagnostischer Laparotomie dem Zentrum überantwortet worden war. Der „*second-look*" ist ein obligater Schritt in der Behandlung des Ovarialkarzinoms. Er muß mit der Patientin vor Beginn aller therapeutischen Maßnahmen eindringlich besprochen werden. Das Ziel der zweiten Laparotomie ist die Exploration des Abdomens nach oder während der zytostatischen oder radiologischen Behandlung (s. S. 123, 128). Zum einen soll festgestellt werden, ob noch Tumorreste vorhanden sind oder ob trotz der adjuvanten Behandlung ein Rezidiv aufgetreten ist. Man geht dabei so vor, wie auf S. 117f bei der Stadieneinteilung beschrieben. Zum zweiten soll versucht werden, zunächst inoperabel gewesene Karzinome oder zurückgelassene Tumorreste und schließlich auch Rezidivtumoren genauso radikal zu entfernen, wie das sonst bei der

Tabelle 8.10. Ergebnisse der Second-look-Operation bei 18 Fällen von *palliativ* operierten Ovarialkarzinomen der Stadien III und IV (Graz 1976—1984)

Stadien	N	Exst. d. Genitale	kein Tumor	Verbliebene Tumorreste < 2 cm	> 2 cm
III	17	14	5	3	9
IV	1*	1	1		
Total	18	15	6	3	9

* Initial Pleuritis carcinomatosa.

primären Operation angestrebt wird. Das ist immer wieder in überraschendem Maße möglich. Aus Tab. 8.10 geht hervor, daß es in 6 von 18 palliativ operierten Fällen gelungen ist, bei der Zweitoperation alles Tumorgewebe zu entfernen. In 15 Fällen (83,3%) konnte das bei der Primäroperation zurückgelassene Genitale *total* entfernt werden. Bei grob makroskopisch tumorfrei erscheinendem Abdomen ist es von besonderer Bedeutung, jeden auch nur einigermaßen auffälligen Herd am parietalen oder viszeralen Peritoneum zu exstirpieren und der mikroskopischen Untersuchung zu unterziehen. Desgleichen sollten Peritoneallavagen durchgeführt werden (s. S. 117). Das Resultat dieser Untersuchungen entscheidet nämlich über die Fortsetzung der adjuvanten Behandlung (s. S. 124).

Die *Laparoskopie* ist zur Überprüfung des Abdomens nach abgeschlossener Behandlung obsolet. Weder kann sie mit letzter Sicherheit feststellen, ob noch Karzinomherde im Abdomen vorhanden sind, noch kann sie ausreichend beurteilen, ob ein effektiv vorhandener Tumor entfernt werden kann oder nicht. Beide Fragen können nur durch systematische Exploration des Abdomens nach Laparotomie beantwortet werden.

8.10 Chemotherapie

8.10.1 Einleitung

Seit etwa 15 Jahren wird die Chemotherapie systematisch für die Behandlung des Ovarialkarzinoms angewandt. Abgesehen von den malignen Trophoblasttumoren reagieren die Ovarialkarzinome von allen gynäkologischen Malignomen am besten auf die zytostatische Chemotherapie. Obwohl das Ovarialkarzinom bekanntermaßen radiosensibel ist, blieb doch die radiologische Behandlung hinsichtlich der optimalen Dosisfindung und der Verträglichkeit das kompliziertere und unpraktischere Verfahren. Demgegenüber empfahl sich die Chemotherapie durch die bemerkenswerten Erfolge bei der Behandlung von Leukämien und soliden kindlichen Tumoren als die relativ einfachere Methode auch für das Ovarialkarzinom. Die Entwicklung und der Einsatz von wirksamen zytostatischen Substanzen und Substanzkombinationen wurde daher für die postoperative Behandlung des Eierstockkrebses stark forciert (KAGAN, 1981; LEWIS und YOUNG, 1980). Heute hat es sich, zu Recht oder zu Unrecht, eingebürgert, der Chemotherapie nach der primären Operation des Ovarialkarzinoms gegenüber der Nachbestrahlung den Vorzug zu geben. Die Chemotherapie soll dabei folgende Aufgaben erfüllen:

● Die Vernichtung restlicher *mikroskopi-*

Tabelle 8.11. Kontraindikation für die Chemotherapie

Alter über 70 Jahre

Tumorkachexie

Gravidität

Mangelnde Kooperation der Patientinnen

Akute Infekte

Diffuser Knochenmarksbefall

Knochenmarksinsuffizienz

Leber und/oder Niereninsuffizienz (bei Platinverbindungen, Folsäureantagonisten sowie Alkylantien)

Kardiomyopathien (bei Anthrazyklinderivaten)

Obstruktive Lungenerkrankungen (bei Bleomycin)

Neuropathien (bei Platinderivaten)

scher Tumorabsiedelungen, die trotz radikaler chirurgischer Tumorentfernung zurückgeblieben sind.

● Die Vernichtung zurückgebliebener *makroskopischer Tumorverbände.*

● Die Herstellung der *Operabilität* oder die Ermöglichung der Radikaloperation nach Reduktion der Tumormassen bei primärer Inoperabilität.

● Die Bekämpfung von *Fernmetastasen.*

Es hat sich gezeigt, daß sich die Chemotherapie umso günstiger auswirkt, je kleiner die nach der Operation zurückgebleibenen Tumorreste sind. Die kritische Grenze soll bei einem maximalen Durchmesser zurückgelassener Tumorherde von 2 cm liegen (SMITH, 1980; WHARTON und HERSON, 1981). Unabhängig davon muß aber eine *jede Patientin* nach der primären operativen Behandlung der adjuvanten Chemotherapie unterzogen werden. Kontraindikationen sind allerdings zu beachten. Sie gehen aus Tab. 8.11 hervor.

Bei dem hinsichtlich des histologischen Erscheinungsbildes und des Ausbreitungsgrades so heterogenen Ovarialkarzinoms hat sich die *Kombination* zytostatischer Substanzen als wirkungsvollste Chemotherapie erwiesen (WILLSON et al., 1981; YOUNG et al., 1982). So konnte gezeigt werden, daß mit den neueren Zytostatikakombinationen die

Resttumoren bei unvollständig operierten Patienten rascher als mit der Monotherapie zum Verschwinden gebracht werden können (DECKER et al., 1982; YOUNG et al., 1982). Bei Patienten mit radikaler Geschwulstentfernung dürfte die aggressivere Polychemotherapie zuverlässiger zur Konsolidierung des chirurgischen Therapieerfolges beitragen (PFLEIDERER, (1982).

Für die Chemotherapie des Ovarialkarzinoms haben sich im letzten Jahrzehnt mehrere zytostatische Präparate und deren Kombinationen bewährt:

An erster Stelle stehen die *Alkylantien,* von denen vor allem das Cyclophosphamid (Endoxan®) sowie das Melphalan (Alkeran®) zu nennen sind. Wichtige Zytostatika sind die *Anthrazyklinderivate* (vor allem das Adriamycin). Eine gewisse Rolle spielen ferner die *Antimetaboliten* (z. B. Methotrexate®) und das *Hexamethylmelamin.* In neuester Zeit sind die *organischen Schwermetallverbindungen* dazugekommen, unter denen das Cis-Platin (Platinol®) das derzeit wirksamste ist. Alle diese Präparate werden teils parenteral (z. B. Adriamycin, Cis-Platin, Endoxan®, Methotrexate®) appliziert, teils peroral (Alkeran®, Hexamethylmelamin) verabreicht.

8.10.2 Chemotherapie nach der Erstoperation

Nach der Erstoperation wird, vorausgesetzt daß die Patientin nicht bereits aus anderen Gründen zytostatisch behandelt worden ist, die Chemotherapie in voller Dosis eingesetzt. Die derzeit üblichen Behandlungsschemata beim Ovarialkarzinom gehen aus der Tab. 8.12 hervor. Die Tabelle zeigt sowohl die Dosismodifikationen, die für die zytostatischen Substanzen streng zu beachten sind, als auch die Verabreichungsform.

8.10.3 Chemotherapie nach der zweiten Operation

Die Frage der Fortsetzung einer Chemotherapie nach der Second-Look-Operation, bei der noch Resttumoren oder ein Tumorrezi-

Tabelle 8.12. Chemotherapieschemata beim Ovarialkarzinom

AC I	(LLOYD et al., 1976)		
	Adriamycin	Tag 1	
	40 mg/m² i.v.		10—12mal alle 4 Wochen
	Cyclophosphamid	Tag 3—6	
	200 mg/m² oral		
AC II	(PARKER et al., 1975)		
	Adriamycin	Tag 1	
	40 mg/m² i.v.		10—12mal alle 4 Wochen
	Cyclophosphamid	Tag 1	
	500 mg/m² i.v.		
PAC I	(EHRLICH et al., 1979)		
	Cis Platin	Tag 1	
	50 mg/m² i.v.		
	Adriamycin	Tag 1	10—12mal alle 4 Wochen
	50 mg/m² i.v.		
	Cyclophosphamid	Tag 1	
	750 mg/m² i.v.		

Dosislimits: Adriamycin ca. 550 mg/m²
Cis Platin ca. 800 mg/m²

Dosismodifikation nach Zahl der Leuko- bzw. Thrombozyten:

Leukozyten/mm³	Thrombozyten/mm³	Dosis
über 5000	über 150 000	100%
4000—5000	100 000—150 000	75%
3000—4000	75 000—100 000	50%
2000—3000	50 000—75 000	25%
unter 2000	unter 50 000	0%

Dosismodifikation bei eingeschränkter Nieren- oder Leberfunktion:

Serumbilirubin	Serumtransaminasen	Serumkreatinin	Dosis
< 1,2 mg%	> 2—3fache der		75%
1,2—3 mg%	Normalwerte	>1,5 mg%	50%
> 3,0 mg%			25%

div gefunden werden, ist bis heute noch nicht schlüssig zu beantworten. Weder der Versuch mit einer höheren Dosierung der bereits verwendeten Zytostatika, noch die Umstellung auf ein anderes Therapieschema, hat zu überzeugenden Resultaten geführt. Das gilt besonders dann, wenn primär mit den potentesten zytostatischen Substanzen, wie dem Adriamycin oder Cis-Platin in Kombination mit anderen Chemotherapeutika behandelt worden ist. Deswegen werden derzeit größere Hoffnungen in den Einsatz einer mit der Chemotherapie alternierenden Hochvolttherapie gesetzt, wobei auch diesbezüglich mit Schwierigkeiten bei der Wahl einer einerseits schon tumoriziden, anderseits noch verträglichen Dosierung gerechnet werden muß.

8.10.4 Resultate der Chemotherapie

Die Resultate der Chemotherapie fließen so gut wie immer in die Gesamtresultate bei der Therapie des Ovarialkarzinoms ein, da die Chemotherapie in der Regel auf die operative Behandlung folgt. Deshalb sind auch Vergleiche mit rein operativ behandelten historischen Kollektiven problematisch. Seit der Einführung der Chemotherapie hat sich die operative Behandlung wesentlich verändert — sie ist aggressiver geworden.

8.10.5 Chemosensibilitätstestung

Die Wirksamkeit zytostatischer Substanzen wurde empirisch ermittelt. Es wird deshalb seit einiger Zeit versucht, die Wirksamkeit von Zytostatika mit Hilfe von Chemosensibilitätstestungen zu bestimmen. Bis jetzt haben sich nur zwei Methoden in der klinischen Routine als praktikabel erwiesen:
1. Die Kurzzeit-Inkubationsmethode (VOLM und MATTERN, 1982).

2. Die Gewebskulturmethode in Form des sogenannten Stammzelltests oder des Kolonietests (SURWIT et al., 1983).
Derzeit läßt sich mit diesen Tests nur eine *Tumorresistenz* im allgemeinen, nicht aber die *Sensibilität* gegenüber einem bestimmten Zytostatikum voraussagen (VOLM und MATTERN, 1982; KAUFMANN et al., 1982; KAUFMANN, 1983). Die Treffsicherheit bezüglich der Tumorresistenz beträgt unter günstigen Bedingungen ca. 90%. Ein Prädiktivtest für eine individuelle antitumorale Chemotherapie steht bislang noch nicht zur Verfügung.

8.11 Neben- und Langzeitwirkungen der Chemotherapie

Es gibt kein Zytostatikum, das nebenwirkungsfrei ist. Der häufigste und gravierendste Effekt der zytotoxischen Chemotherapie ist die *Myelosuppression* (Tab. 8.13). Diese für die meisten zytostatischen Substanzen typische Nebenwirkung läßt sich durch Blutbildkontrollen zwischen den zytostatischen Kuren soweit erkennen, daß lebensbedrohende Komplikationen durch Dosisreduktion rechtzeitig vermieden werden können. Myelosuppressionen treten schon bei der zytostatischen Monotherapie auf; umso mehr ist die Polychemotherapie mit starken knochenmarksdepressiven Wirkungen verbunden. Die Myelosuppression setzt relativ rasch ein. Bereits nach zwei zytostatischen Kuren, beispielsweise mit der Kombination Adriamycin und Cyclophosphamid (LLOYD- und PARKER-Schema, s. S. 125), tolerieren nur noch 50% der Patienten die übliche Volldosis (PICKEL und LAHOUSEN, 1980). Nach etwa 12—16 Therapiekursen ist der Anteil der Patienten, die die zytostatische Volldosis vertragen, auf 10% gesunken. Es besteht guter Grund anzunehmen, daß diese erzwungenen Dosisbeschränkungen für die Resistenzentwicklung des Tumors gegen die Zytostatika mitverantwortlich sind (PICKEL und LAHOUSEN, 1980).
Neuerdings macht man sich die ungeklärte granulopoetische Nebenwirkung der antidepressiven Lithiumpräparate, wie z. B. das Lithiumkarbonat (Quilonorm-Retard®), bei der *Mitigierung von zytostatisch bedingten Leukopenien* zunutze (LYMAN et al., 1980). Es konnte gezeigt werden (LAHOUSEN et al., 1984), daß Patienten, die mit einer Dosis von zweimal 450 mg/die Quilonorm Retard® behandelt wurden, für die Erreichung der Adriamycin-Gesamtdosis maximal 15 zytostatische Kuren benötigen. In der Kontrollgruppe waren es hingegen maximal 21 Kuren, bis das Dosislimit von Adriamycin erreicht werden konnte (Abb. 8.10).
Wie bereits erwähnt, ist bei manchen zytostatischen Substanzen eine Limitierung der *kumulativen Gesamtdosis* zu beachten. Das bekannteste Beispiel hiefür ist das *Adriamycin* (Adriblastin®) mit seiner potentiellen *Kardiotoxizität* (LEFRAK et al., 1973, BÜHNER et al., 1978, RICHTER V. ARNAULD et al., 1982). Eine Gesamtdosis von 550 mg/m^2 Körperoberfläche soll bei der Anwendung dieses Zytostatikums nicht überschritten werden. Patienten mit vorbestehenden kardialen Affektionen, wie Myokardschäden und Koronarinsuffizienz sowie mit Dekompensationserscheinungen, sind einer Chemotherapie mit Adriamycin gar nicht zu unterziehen. Bei entsprechender Selektion

Tabelle 8.13. Nebenwirkungen der gebräuchlichen Zytostatika bei der Chemotherapie des Ovarialkarzinoms

Präparat	Myelosuppression (Leukozyten-, Thrombozyten-depression)	Sonstige Nebenwirkungen
Cyclophosphamid (Endoxan®, Cyclostin®)	mäßig bis ausgeprägt	Nausea und Erbrechen, Haarausfall Cystitis
Melphalan (Alkeran®)	mäßig bis ausgeprägt	Anorexie und Nausea
Vincristin (Oncovin®)	mäßig	Parästhesien, Areflexie, Fieber, Muskelschwäche, paralytischer Ileus
Adriamycin (Adriblastin®)	ausgeprägt	Nausea und Erbrechen, Haarverlust myokardtoxisch
Cis-diamminodiclorplatinum = Cisplatin (Platinol®, Platinex®, Abiplatin®)	mäßig	Nausea und Erbrechen nephrotoxisch ototoxisch hepatotoxisch periphere Neuropathie
Methotrexate®	mäßig	Nausea und Erbrechen, Stomatitis hepato- und pneumotoxisch

(Nach D'ANGIO, 1983)

der Patienten und bei strikter Einhaltung der Höchstdosis ist eine letale Kardiomyopathie allerdings nicht zu befürchten (LEFRAK et al., 1973; BÜHNER et al., 1978). Die vergleichs-

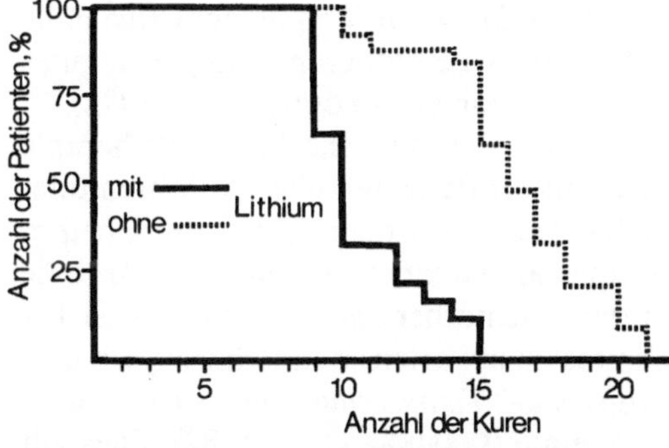

Abb. 8.10. Durch Mitigierung der Leukopenie mittels Lithiummedikation kann die Zahl der zytostatischen Kuren, mit denen die Volldosis von Adriamycin erreicht wird, reduziert werden (aus: LAHOUSEN et al., 1984; Wien. klin. Wschr. **96**, 739)

weise harmlose, für die Patienten aber oft sehr belastende Nebenwirkung der totalen *Alopezie* tritt bei allen Patientinnen mit Adriamycinmedikation auf, ist jedoch stets voll reversibel.

Cisplatin (Platinol®) ist ein Zytostatikum, dessen Anwendung infolge seiner ausgeprägten *Nephrotoxizität* entsprechende Vorsichtsmaßnahmen erfordert. Zur raschen Eliminierung des Zytostatikums über die Nieren ist die Erzeugung einer forcierten Diurese mit 10% Mannit bzw. mit diuretischen Medikamenten unter gleichzeitiger massiver Infusionstherapie unerläßlich. Die renale Ausscheidungsleistung unter Cis-Platin läßt sich hinreichend mit der Bestimmung des Serum-Kreatinin oder besser mit der Kreatininclearance überwacht (BITRAN et al., 1982). Cis-Platin zeigt außerdem eine ausgeprägte gastrointestinale Toxizität, die durch zentral sedierende Medikamente mitigiert werden kann (HIGI et al., 1982). Schließlich werden zentralnervöse Erscheinungen, die ein Absetzen dieses Zytostatikums erfordern können, ab einer kumulativen Gesamtdosis von ca. 800 mg/m² Körperoberfläche beobachtet (VOGL, 1983).

Für die dritte bei der Chemotherapie des Ovarialkarzinoms sehr häufig eingesetzten zytostatischen Stoffgruppe, die *Alkylantien,* zu denen das Cyclophosphamid (Endoxan®) und das Melphalan (Alkeran®) gehören, ist *kein* Dosislimit bekannt. Diese zytostatischen Substanzen sind jedoch wegen ihrer *Langzeiteffekte* gefürchtet, die sich in der Entwicklung von hämatologischen *Zweitmalignomen* äußern können (PENN, 1982). Die Latenzperiode zwischen dem Ende der Chemotherapie und dem Auftreten solcher Sekundärneoplasmen beträgt zwischen zwei und zwanzig Jahren. Ein maligner Zweittumor kann bei etwa 0,2% aller zytostatisch behandelten Patienten erwartet werden. Vor allem Leukämien und Lymphome wurden als Spätfolgen der Chemotherapie, vor allem mit Alkylantien, bekannt (REIMER et al., 1977). Deshalb sind bei Patienten, die mit alkylierenden Zytostatika behandelt wurden, ständige Kontrollen des Blutbildes unerläßlich. Beim geringsten Verdacht auf eine hämatologische Erkrankung, die sich primär in uncharakteristischen Symptomen, wie Blässe, Abgeschlagenheit und Fieber äußern kann, ist eine intensive Exploration indiziert.

8.12 Radiotherapie

Allgemein gesehen sind Ovarialkarzinome sowohl strahlenempfindlich als auch chemosensibel (CARTER, 1981; KAGAN, 1981; MARTINEZ, 1981; YOUNG, 1982). Für den Einzelfall kann jedoch nicht vorausgesagt werden, wie er auf die eine oder andere Behandlungsform reagieren wird.

Noch vor zwanzig Jahren war die perkutane Bestrahlung die einzige adjuvante postoperative Therapie. Inzwischen wurde die bis dahin angewandte Orthovolt-Röntgentherapie durch die Chemotherapie ersetzt. Mit ihr konnten drastische Tumorremissionen und in Einzelfällen auch Dauerheilungen erreicht werden. Dadurch entstand der Eindruck, daß die Chemotherapie der Bestrahlungsbehandlung in jedem Fall überlegen sei (PFLEIDERER, 1983).

Erst später wurde die Hochvoltteletherapie bzw. Gammatronbehandlung eingeführt, die anscheinend gleich gute Resultate wie die zytostatische Behandlung gebracht hat. Verschiedentlich wurde sogar zu beweisen versucht, daß mit der modernen Radiotherapie bessere Resultate als mit der Chemotherapie zu erreichen sind (SMITH et al., 1975; BUSH et al., 1977). Bis vor kurzem wurde stets nur die zytostatische Monotherapie mit einem Alkylans mit der Hochvoltbestrahlung verglichen. Aber auch eine Untersuchung aus der letzten Zeit, mit der ein Vergleich zwischen den Resultaten einer Hochvolt-Bestrahlungs-Behandlung und den Ergebnissen einer Polychemotherapie unter Verwendung von Cis-Platin angestellt wurde, zeigte keinen signifikanten Unterschied zwischen den beiden Modalitäten (MENCZER et al., 1984). Die besten Behandlungsresultate mit der Hochvolttherapie wurden bei lokalisierten Tumoren im kleinen Becken und bei operierten Frühstadien erzielt (BUSH und DEMBO, 1983). Natürlich sind derartige Fälle auch für die Chemotherapie ein gleich gutes Behandlungsobjekt (YOUNG et al., 1982).

Heute wird die moderne Hochvolttherapie vor allem bei Patienten über 70 Jahren oder bei Kontraindikationen gegen die Chemotherapie angewendet (DRINGS, 1974). Wie bei der Chemotherapie sind die besten Ergebnisse zu erwarten, wenn chirurgisch eine *weitgehende Tumorreduktion* erreicht werden konnte (GREINER et al., 1982). Dies gilt insbesondere auch für die Notwendigkeit der Exstirpation der retroperitonealen Lymphknoten, wenn sie metastatisch befallen sind, da die Radiotherapie bei 20—30%

der Patienten nicht in der Lage ist, Metastasen in belassenen pelvinen und paraaortalen Lymphknoten erfolgreich zu bekämpfen (YOUNG et al., 1982).

Für die Hochvolttherapie gibt es folgende Applikationsmöglichkeiten (YOUNG et al., 1982; BEECHAM et al., 1983):

1. *Die Großfeldbestrahlung:* Das Ziel ist, das gesamte Abdomen unter Einbeziehung der Zwerchfelldome gleichzeitig mit einer Dosis von maximal 3500 rad auszulasten. Die Nieren müssen mit einer Dosisreduktion auf ca. 1800 rad, die Leber mit einer solchen auf 2500 rad von der Volldosis ausgenommen werden. Dazu wird hingegen für das kleine Becken bis zur Symphyse die Dosis auf 4500 bis 5000 rad erhöht.

2. *Die Moving-strip-Technik:* Bei dieser Methode wird das Abdomen und das kleine Becken mit horizontalen Bestrahlungssegmenten von 4 bis 10 cm Höhe in kraniokaudaler Schrittfolge von jeweils 2,5 cm irradiiert. Die abgegebenen Strahlendosen bewegen sich pro Segment zwischen 1800 und 2600 rad. Auch hier werden teilweise die Nieren, nicht aber die Leber ausgespart.

Prinzipiell sollte kein Unterschied in der Effektivität der beiden Methoden bestehen. Der Moving-strip-Technik wird eine bessere Dosierbarkeit im Hinblick auf den zytotoxischen Strahleneffekt zugeschrieben. Zum Unterschied zur Großfeldmethode ist diese Bestrahlungstechnik aber technisch komplizierter und ruft stärkere Unverträglichkeitserscheinungen am Magen-Darm-Trakt hervor (YOUNG et al., 1982).

Außerdem ermöglicht die Hochvolttherapie eine *gezielte Pendelbestrahlung* von lokalisierten bzw. markierten Tumorresten sowie von nicht resezierbaren retroperitonealen Lymphknotenpaketen. Allerdings muß bei dieser Applikationsform beachtet werden, ob die betreffende Patientin nicht schon einmal bestrahlt wurde. In diesem Fall ist eine entsprechende Dosisreduktion vorzunehmen. Bei unbestrahlten Patienten können bis zu 6500 rad appliziert werden.

Allen modernen Bestrahlungstechniken sind durch die *myelosuppressive Wirkung* Grenzen gesetzt. Andererseits besteht das Problem der Dosisverteilung, die überall die gleiche zytotoxische Wirkung erreichen sollte.

Zur weiteren Verbesserung der Behandlungsresultate wird schon seit langem versucht, *Radiotherapie und Chemotherapie* zu kombinieren. Bis in die jüngste Zeit scheiterten alle diese Bemühungen an den oft schweren und unvorhersehbaren Unverträglichkeitsreaktionen, die sich vor allem bei der simultanen oder kurz aufeinanderfolgenden Anwendung beider Therapieformen ergaben. Andererseits mehren sich wieder die Hinweise, nach denen Patientinnen mit Ovarialkarzinomen durch eine kombinierte Radio- und Chemotherapie eine weitere Verbesserung ihrer Überlebenschancen erfahren könnten (HÜNIG et al., 1979; MARTINEZ, 1981; YOUNG et al., 1982; PICKEL, 1983). Es ist auch bekannt, daß Zytostatika und Strahlen ihre Wirkung gegenseitig potenzieren können (ENGELHARDT, 1979); nur ist die optimale Therapiekombination bis heute nicht gefunden worden (KAPP, 1983; SZEPESI et al., 1983). Möglicherweise wird die Lösung in der Einhaltung von größeren Intervallen zwischen beiden Behandlungsformen liegen, um schwere Nebenwirkungen vor allem myelosuppressiver Art zu vermeiden.

8.13 Nachsorge und Therapieüberwachung

Frauen, die an einem Ovarialkarzinom erkrankt waren, müssen zeitlebens überwacht werden, gleichgültig, ob sie nach der primären Behandlung über längere Zeit geheilt erscheinen oder nicht. Das Ziel von regelmäßigen Kontrolluntersuchungen ist, den Behandlungserfolg zu kontrollieren und Rezidive oder Metastasen so frühzeitig zu entdecken, daß die Patientinnen noch unter relativ günstigen Bedingungen einer weiteren Therapie zugeführt werden können. Zu beachten sind aber auch eine induzierte Morbidität bzw. Folgekrankheiten besonders nach länger dauernder Chemotherapie, wie z. B. Zweitmalignome, insbesondere leukämische Reaktionen und Lymphome (PENN, 1982).

Art und Frequenz der Nachsorgeuntersuchungen hängt hauptsächlich von der Ausgangslage nach Abschluß der operativen Primärtherapie ab. Es ist dabei zu unterscheiden, ob die Patientinnen nach Abschluß der Operation tumorfrei waren, ob Tumorreste zurückgeblieben sind oder ob es sich gar nur um palliative Eingriffe gehandelt hatte.

Die Tumornachsorge läuft nach einem Schematismus ab, der sowohl eine bestimmte Untersuchungsabfolge sowie regelmäßige zeitliche Intervalle der Kontrollen bestimmt: *Tumorfreie Patientinnen* sind in den ersten beiden Jahren nach Abschluß der Primärtherapie in dreimonatlichen Abständen zu kontrollieren. Ab dem dritten Jahr verlängert sich das Intervall auf vier bis sechs Monate; ab dem fünften Jahr sind nur noch jährliche Kontrollen erforderlich. Dieses Schema ist in gleicher Weise auch auf Patientinnen nach der Second-look-Operation in Anwendung zu bringen, wenn bei dieser kein Tumor mehr nachzuweisen war.

Die *klinische Exploration* besteht aus der Palpation des Abdomens, dem Ausschluß oder Nachweis von Aszites oder Pleuraergüssen sowie der vaginalen *und* rektalen Untersuchung. Bei jeder Kontrolle sind die *Tumormarker* (s. S. 158) zu überprüfen, gleichgültig ob diese prätherapeutisch erhöht waren oder nicht. *Computertomographie* bzw. *Ultraschalluntersuchungen* werden im ersten Jahr zumindest halbjährlich, dann jährlich eingesetzt. Steigen die Tumormarkerwerte ohne den sonstigen Nachweis eines Rezidives deutlich an, sind die bildgebenden Verfahren bis zur endgültigen Abklärung des Verdachtes entsprechend häufiger anzuwenden.

Bei palpablen oder sichtbar gemachten Rezidiven oder Metastasen sollte unbedingt eine histologische Verifizierung erfolgen. Bei intraabdominellen Rezidiven wird am besten gleich eine explorative Laparotomie vorgenommen, bei der der neu aufgetretene Tumor nach Möglichkeit exstirpiert wird. Bei Metastasen anderer Lokalisation, wie z. B. in den Lungen, sollte die histologische Verifizierung mit der Feinnadelbiopsie herbeigeführt werden. Oberflächennahe oder leicht erreichbare Tumoren können, gegebenenfalls transvaginal doer transrektal, mit der großkalibrigen Tru-Cut-Nadel® punktiert werden (LURAIN, 1982).

Patientinnen mit Resttumoren werden über längere Zeiträume in den kürzeren Abständen kontrolliert. Auch die speziellen Untersuchungsmethoden, wie die Computertomographie, werden ebenfalls in kürzeren Abständen eingesetzt. Dazu kommt das *Thorax-Röntgen* und das *Urogramm*. Kann ein Tumormarker bestimmt werden, so ist dieser ein guter Leitfaden für die Abfolge der Untersuchungen (s. S. 158).

Das gleiche gilt auch für die Überwachung einer *postoperativen Chemo- oder Radiotherapie*. Entweder wird die Reduktion der Tumormasse und das engültige Verschwinden des Tumors beobachtet oder, bei Tumorpersistenz oder gar Tumorprogredienz, der Zeitpunkt für einen Wechsel in der konservativen Therapie möglichst rechtzeitig bestimmt. Die *palliativ operierten Patientinnen* werden insbesondere auch im Hinblick auf das Auftreten von lebensbedrohenden okklusiven Zuständen im Gastrointestinal- und Urogenitaltrakt kontrolliert.

Eine wichtige Aufgabe ist die *psychosoziale Betreuung* der Patientinnen, besonders dann, wenn die Therapie eine künstliche Stuhl- oder Harnableitung notwendig gemacht hat. Überhaupt ist die psychische Führung bei allen Tumorpatienten ein wesentliches Element der nachgehenden Fürsorge. Diese darf umso weniger außer acht gelassen werden, je schwerer das Tumorleiden und je hoffnungsloser der Fall eines onkologischen Patienten ist.

Auf eine sorgfältige und möglichst lückenlose *Dokumentation* aller Befunde, die im Laufe der Tumornachsorge erhoben werden, ist großer Wert zu legen. Sie ermöglicht nicht nur eine objektive Beurteilung des Therapieerfolges, sondern durch die Vergleichbarkeit der Heilungsergebnisse auch eine Bewertung des eigenen Therapieschemata.

8.14 Adjuvante Hormontherapie

Ähnlich wie in der Mukosa und der Muskulatur des Uterus können auch in den verschiedenen Gewebskompartimenten der Ovarien Hormonrezeptoren als Mediatoren der endokrinen Wirkung nachgewiesen werden (SCHWARTZ et al., 1983). Was für den physiologischen Zustand gilt, ist auch auf neoplastische Verhältnisse übertragbar. Tatsächlich lassen sich vor allem bei Ovarialkarzinomen Hormonrezeptoren feststellen (BERGQUIST et al., 1981). Beim Eierstockkrebs ist, zum Unterschied vom Korpuskarzinom, nicht immer die gleiche gute Korrelation zwischen dem Gehalt an Östrogen- und Gestagenrezeptoren und dem Differenzierungsgrad nachzuweisen (SCHWARTZ et al., 1982; SCHWARTZ et al., 1983; FORD et al., 1982; TEUFEL et al., 1983). Vor allem hat es sich gezeigt, daß kein Zusammenhang zwischen dem histologischen Typ des Ovarialkarzinoms und seinem Rezeptorengehalt besteht. So konnte besonders bei den endometrioiden Karzinomen in der überwiegenden Mehrzahl kein Hormonrezeptor bestimmt werden. Diesbezüglich ist aber einzuschränken, daß ein anscheinend einheitlich aufgebauter Tumor mehrere Kompartimente mit verschiedener Morphologie (s. S. 105) und damit auch unterschiedlichen Rezeptorbeständen beinhalten kann (TEUFEL et al., 1983). Der höchste Gehalt an Östrogen- bzw. Gestagenrezeptoren läßt sich in den hochdifferenzierten Karzinomen vom serösen Typus mit 76% nachweisen. Bei den unreif-soliden Ovarialkarzinomen sind mehrheitlich (über 60%) keine der beiden Rezeptoren feststellbar (Tab.8.14). Patienten mit rezeptorpositiven Krebsen sollen im allgemeinen eine bessere Prognose haben und dürften wohl eher auf eine wachstumshemmende Gestagentherapie ansprechen (TEUFEL et al., 1983).

Tabelle 8.14. Ergebnisse der Hormonrezeptorbestimmung bei epithelialen Ovarialmalignomen (Graz 1981—1984)

Histologie	Östrogen R pos.	Progesteron R pos.	beide Rezeptoren	beide Rezeptoren
Prolif. seröses Zystadenom	4	2	2	—	—
Prolif. muzin. Zystadenom	2	—	1	—	1
Seröses Zystadenokarzinom	21	4	8	4	5
Muzin. Zystadenokarzinom	3	1	1	—	1
Endometroides Karzinom	8	1	1	—	6
Mesonephr. Karzinom	6	1	2	—	3
Unreife Karzinome	21	4	3	—	14
Gemischte Karzinome (serös-muzinös usw.)	2	—	1	—	1
Alle Fälle	67	13	19	4	31

Verschiedentlich werden bei Ovarialkarzinomen die Rezeptoren bestimmt. Der positive Nachweis der Gestagenrezeptoren läßt eine Sensibilität des Tumors auf Gestagene erwarten, so daß eine adjuvante Hormontherapie diskutiert werden könnte (BERGQUIST et al., 1981; TROPÉ et al., 1982; QUINN et al., 1982; RENDINA, 1982; GEISLER, 1983). Die Gestagentherapie, z. B. mit Medroxy-progesteronazetat, muß, wenn sie erfolgreich sein soll, hochdosiert durchgeführt werden, d. h. es sind mindestens 300 bis 500 mg oder noch besser 1000 mg/Tag zu verabfolgen. Ein positiver Effekt der Gestagentherapie ist zumindest eine deutlich anabole Wirkung (BERGQUIST et al., 1981; TROPÉ et al., 1982).

8.15 Perspektiven der Onkotherapie

Die Behandlung des Ovarialkarzinoms ist zu einem multidisziplinären Anliegen geworden. Außer den gynäkologischen Onkologen haben auch Vertreter anderer medizinischer Disziplinen, z. B. Biologen, Pharmakologen und internistische Onkologen, viel zur Bekämpfung dieses Krebsleidens beigetragen. Die gemeinsamen Bemühungen haben, wie neueste Untersuchungen zeigen (YOUNG, 1984), allen pessimistischen Prognosen zum Trotz doch zu berechtigten Hoffnungen auf eine bessere Heilbarkeit des Ovarialkarzinoms geführt. So konnte zumindest für die USA in der Zeit zwischen 1969 und 1980 eine Absenkung der Todesrate um 10% beobachtet werden (YOUNG, 1984).

Dieses erfreuliche Ergebnis beruht auf den Faktoren *frühere Erkennung, radikalere Operation* und verbesserte *konservative Onkotherapie*. Der Weg in eine noch bessere therapeutische Zukunft wird vornehmlich über eine Verfeinerung der angewandten Methoden führen.

Wie schon anläßlich der Erörterungen über die Genese des Ovarialkarzinoms erwähnt, wird die Erfassung und Früherkennung von potentiellen Karzinomträgerinnen eine immer größere Rolle spielen. Dazu gehören die intensive epidemiologische Durchleuchtung von sogenannten Krebsfamilien (Abb. 8.3), die besondere Beachtung von Hereditätsverhältnissen und die verstärkte Überwachung von Frauen, die nie oder erst sehr spät schwanger wurden.

Die ersten entscheidenden Schritte in Richtung auf eine biochemische Frühdiagnostik wurden mit der Entdeckung von monoklonalen *Tumormarkern* von der Art des CA 125, die für das Ovarialkarzinom spezifisch sind, bereits getan. Durch die sogenannte Hybridom-Technik, die vorläufig nur hochspezialisierten Zentren vorbehalten bleibt, wird es zukünftig möglich sein, mehr und spezifischere Marker zu entwickeln, die in noch früheren Stadien eine Krebsentstehung in den Ovarien signalisieren.

Für die fortgeschrittenen Karzinomstadien ist jedoch die zielgerichtete *selektive Radikalität* der operativen Vorgangsweise mit Berücksichtigung der tatsächlichen *Ausbreitungsmodalitäten* des Ovarialkarzinoms und damit der möglichst totalen Tumorexzision das wichtigste Gebot. Die *Radiotherapie* mit ihren verbesserten Bestrahlungstechniken, wie die Linearbeschleunigung etc. steht trotz ihrer zunehmenden Bedeutung in direktem Zusammenhang mit dem Erfolg der operativen Radikalität. Das gleiche gilt für die zytostatische Behandlung.

Die *Polychemotherapie* dürfte in den derzeitigen Anwendungsformen nicht mehr verbesserungsfähig sein. In der Zukunft werden für die Chemotherapie jedoch immer mehr besser tolerierte Substanzen zur Verfügung stehen, bei denen es sich zumeist um chemische Analoge der bereits bewährten Zytostatika handeln dürfte, wie sie bereits in der Form der Adriamycin-Derivate Farmorubicin® und Mitoxantron® sowie des Platinderivates Carboplatin® existieren. Damit wird auch dem Trend zu einem hochdosierten Einsatz insbesondere von Platinverbindungen gefolgt werden können, aber auch die intraperitoneale Chemotherapie dürfte einen festen Platz in den Behandlungsplänen für das Ovarialkarzinom erhalten. Ein besonderes Interesse werden auch bestimmte chemische Verbindungen gewinnen, die die Wirkung von zytostatischen Substanzen, wie der Anthrazykline (z. B. Adriamycin) oder von Alkylantien (z. B. Alkeran), ähnlich wie die sogenannten Radiosensitizer verstärken können. Die diesbezüglichen Möglichkeiten beruhen auf der Weiterentwicklung von Züchtungsmethoden für Ovarialkarzinomzellen, an denen die jeweiligen Stoffe getestet werden können. Damit könnte sich auch ein Ausweg aus dem Verhängnis der *Chemoresistenz* ergeben (HAMILTON, YOUNG und OZOLS, 1984).

Zu erwähnen wäre noch die Darstellung einer Substanz, die im Embryo die Entwicklung des Müllerschen Gangsystems und bei den Erwachsenen möglicherweise auch das Wachstum von Ovarialkarzinomen hemmt, die Müllerian Inhibiting Substance (OZOLS und YOUNG, 1984) sowie der Einsatz von spezifischen immunologischen Methoden, die sich als besonders aktivierter oder mit zytotoxischen Substanzen beladener Makrophagen und Lymphozyten bedienen (BAST und KNAPP, 1984). Letztere Methode könnte die Immunologie als Instrument der Tumortherapie aus der Sackgasse ihrer bisherigen Unspezifität führen.

Somit zeichnet diese knappe Übersicht über die Verbesserungen von herkömmlichen Behandlungsmethoden und die Einführung neuerer und neuester Behandlungsstrategien beim Ovarialkarzinom ein optimistisches Zukunftsbild.

Literatur

AVERETTE, H. E., LOVECCHIO, J. L., TOWNSEND, P. A., SEVIN, B. U., GIRTANNER, R. E., et al. (1983): Retroperitoneal lymphatic involvement by ovarian carcinoma. In: Cancer Campaign. Carcinoma of the ovary (GRUNDMANN, E., Hrsg.), Vol. 7, S. 101. Stuttgart: Fischer.

BAST, R. C., KNAPP, R. C. (1984): Immunologic approaches to the management of ovarian carcinoma. Semin. Oncol. 11, 264.

BEECHAM, J. B., HELMKAMP, B. F., RUBIN, P. (1983): Tumors of the female reproductive organs. In: Clinical Oncology (RUBIN, P., Hrsg.), 6. Aufl., S. 428. American Cancer Society.

BERGQUIST, A., KULLANDER, S., THORELL, J. (1981): A study of estrogen and progesterone cytosol receptor concentration in benign and malignant ovarian tumors and a review of malignant ovarian tumors treated with medroxyprogesteroneacetate. Acta Obstet. Gynecol. Scand., Suppl. 101, 75.

BITRAN, J. D., DESSER, R. K., BILLINGS, A. A., KOZLOFF, M. F., SHAPIRO, C. M. (1982): Acute nephrotoxicity following Cisdichlorodiammine-Platinum. Cancer 49, 1784.

BJÖRKHOLM, E., PETTERSON, F., EINHORN, N., KREBS, I., NILSSON, B., TJERNBERG, B. (1982): Long term follow up and prognostic factors in ovarian carcinoma. Acta Radiol. Oncol. 21, 413.

BREITENECKER, G., BARTL, W., SCHEIBER, V. (1982): Die Bedeutung verschiedener morphologischer Parameter für die Prognose des Ovarialkarzinoms. In: Ovarialtumoren (DALLENBACH-HELLWEG, G., Hrsg.), S. 145. Berlin-Heidelberg-New York: Springer.

BÜHNER, R., GOTTSCHALK, R. (1978): Neuere Methoden in der Früherkennung einer durch Adriamycin indizierten Kardiomyopathie. Onkologie 1, 258.

BURGHARDT, E., PICKEL, H., HOLZER, E., LAHOUSEN, M. (1983): The significance of lymphadenectomy in therapy of ovarian carcinoma. Am. J. Obstet. Gynecol. 146, 111.

— — STETTNER, H. (1984): Management of advanced ovarian cancer. Eur. J. Gynaecol. Oncol. 3, 155.

BUSH, R. S., ALLT, W. E. C., BEALE, A. F., PRINGLE, J. F., STURGEON, J. (1977): Treatment of epithelial carcinoma of the ovary: operation, irradiation and chemotherapy. Am. J. Obstet. Gynecol. 127, 692.

— DEMBO, A. J. (1980): Current status of treatment for patients with ovarian cancer. In: Ovarian Cancer (NEWMAN, C. E., FORD, C. H. J., JORDAN, J. A., Hrsg.), S. 115. Oxford: Pergamon Press.

— — (1983): Moving strip technique—Indication and results for patients with cancer of the ovary. In: Cancer Campaign (GRUNDMANN, E., Hrsg.), Vol. 7: Carcinoma of the Ovary, S. 119. Stuttgart: Fischer.

CARTER, S. K. (1981): The chemotherapy of epithelial ovarian cancer. In: Gynecologic Oncology (BALLON, S. C., Hrsg.), S. 253. Boston: Hall.

CASTAÑO-ALMENDRAL, A. (1983): Die Therapie der Ovarialtumoren. In: Festschrift Prof. Dr. Otto Käser (DA RUGNA, D., Hrsg.), S. 393. Basel: Schwabe.

CHEN, S. S., LEE, L. (1983): Incidence of para-aortic and pelvic lymphnode metastases in epithelial carcinoma of the ovary. Gynecol. Oncol. **16**, 95.

CORDIER, G. (1959): Quelques précisions sur la vascularisation et sur l'anatomie des lymphatiques de l'ovaire. Bull. Féd. Soc. Gynéc. Obstét. Franç. **11**, 109.

CREASMAN, W. T., ABU-GHAZALEH, S., SCHMIDT, H. J. (1978): Retroperitoneal metastatic spread of ovarian cancer. Gynecol. Oncol. **6**, 447.

D'ANGIO, F. (1983): Early and delayed complications of therapy. Cancer **51**, 2515.

DECKER, D. G., FLEMING, T. R., MALKASIAN, G. D., WEBB, M. J., JEFFRIES, J. A., EDMONSON, J. H (1982): Cyclophosphamide plus Cis-Platinum in combination: treatment program for stage III or IV ovarian carcinoma. Obstet. Gynecol. **60**, 481.

DRINGS, P. (1974): Allgemeine Richtlinien zur Anwendung der antineoplastischen Chemotherapie. In: Standardisierte Krebsbehandlung (OTT, G., KUTTIG, H., DRINGS, P., Hrsg.), S. 19. Berlin-Heidelberg-New York: Springer.

EHRLICH, C. E., EINHORN, L., WILLIAM, S. D., MORGAN, J. (1979): Chemotherapy for stage III-VI epithelial ovarian cancer with cis-dichlorodiammine platinum (II), adriamycin, and cyclophosphamide: a preliminary report. Cancer Treat. Rep. **63**, 281.

ENGELHARDT, R. (1979): Kombinierte Strahlen- und Chemotherapie aus der Sicht des internistischen Onkologen. In: Kombinierte Strahlen- und Chemotherapie (WANNENMACHER, M., Hrsg.), S. 88. München: Urban und Schwarzenberg.

FORD, L. C., BEREK, J. S., LAGASSE, L. D., HACKER, N. F., HEINS, Y., ESMAILIAN, F., LEUCHTER, R. S., DELANGE, R. J. (1973): Estrogen and progesterone receptors in ovarian neoplasms. Gynecol. Oncol. **15**, 299.

FOX, H. (1980): Advances in the histopathology of ovarian tumours. In: Ovarian Cancer (NEWMAN, C. E., FORD, C. H. J., JORDAN, J. A., Hrsg.), S. 9. Oxford: Pergamon.

GEISLER, H. E. (1983): Megestrol acetate for the palliation of advanced ovarian cancer. Obstet. Gynecol. **61**, 95.

GREINER, R., GOLDHIRSCH, A., JOSS, R., DREHER, E., LOCHER, G., VERAGUTH, D., BRUNNER, K. (1982): Postoperatives Behandlungskonzept des Ovarialkarzinoms: Technik, Bedeutung und Grenzen der Strahlentherapie. Strahlentherapie **158**, 653.

HAMILTON, T. C., YOUNG, R. C., OZOLS, R. F. (1984): Experimental model systems of ovarian cancer: Applications to the design and evaluation of new treatment approaches. Semin. Oncol. **11**, 285.

HART, W. R., NORRIS, H. J. (1973): Borderline and malignant mucinous tumours of the ovary. Cancer **31**, 1031.

HIGI, M., SCHMITT, G., SEEBER, S. (1982): Behandlung von Übelkeit und Erbrechen bei zytostatischer Chemotherapie. Tumor-Diagnostik und Therapie **3**, 69.

HÜNIG, R., MÜLLER, W., NAGEL, G. A. (1979): Kombination der internistischen Tumortherapie mit Chirurgie und Strahlentherapie. In: Internistische Krebstherapie (BRUNNER, K. W., NAGEL, G. A., Hrsg.), 2. Aufl., S. 110. Berlin-Heidelberg-New York: Springer.

KAGAN, A. R. (1981): The role of radiation therapy in the treatment of epithelial ovarian cancer. In: Gynecologic Oncology (BALLON, S. C., Hrsg.), S. 295. Boston: Hall.

KAPP, D. S. (1983): The role of the radiation oncologist in the management of gynecologic cancer. Cancer **51**, 2485.

KAUFMANN, M., VOLM, M., MATTERN, J., KUBLI, F. (1982): Chemosensibilitätstestung des Ovarial- und Mammakarzinoms — Möglichkeiten und Grenzen verschiedener Methoden und ihre klinische Anwendung. Geburtsh. u. Frauenheilk. **42**, 161.
— (1983): Clinical aspects of chemosensitivity testing modalities in ovarian cancer. In: Cancer Campaign (GRUNDMANN, E., Hrsg.), Vol 7: Carcinoma of the Ovary. Stuttgart: Fischer.

KNAPP, R. C., FRIEDMAN, E. A. (1974): Aortic lymph node metastases in early ovarian cancer. Am. J. Obstet. Gynecol. **119**, 1013.

KOLSTAD, P. (1979): Prognostic Indicators and Staging. In: Ovarian Cancer (NEWMAN, C. E., FORD, C. H. J., JORDAN, J. A., Hrsg.), S. 67. Oxford: Pergamon.

LAHOUSEN, M., PICKEL, H., HAAS, J. (1984): Lithiumkarbonat — ein Prophylaktikum gegen Leukopenien bei zytostatischer Therapie. Wien. klin. Wschr. **96**, 739.

LANGLEY, F. A. (1982): Ovarian tumours of the germinal epithelium. In: Ovarialtumoren (DALLENBACH-HELLWEG, G., Hrsg.), S. 121. Berlin-Heidelberg-New York: Springer.

LEFRAK, E. A., PITHA, J., ROSENHEIM, S., GOTTLIEB, J. A. (1973): A clinicopathologic analysis of adriamycin toxicity. Cancer **32**, 302.

LEWIS, B., YOUNG, R. (1980): Ovarian Cancer—future approaches to the development of treatment. In: Ovarian Cancer (NEWMAN, C. H., FORD, CH. J., JORDAN, J. A., Hrsg.), S. 229. Oxford: Pergamon.
— — (1980): Adjuvant and first line chemotherapy for ovarian cancer. In: Ovarian Cancer (NEWMAN, C. E., FORD, C. H. J., JORDAN, J. A., Hrsg.), S. 165. Oxford: Pergamon.

LLOYD, R. E., JONES, S. E., SALMON, S. E., DURIE, B. G. M., MC MAHON, L. J. (1976): Combination chemotherapy with adriamycin and cyclophosphamide for solid tumours. Cancer Treat. Rep. **60**, 77.

LURAIN, J. R. (1982): Newer diagnostic approaches to the evaluation of gynecologic malignancies. Obstet. Gynecol. Surv. **37**, 448.

LYMAN, G. H., WILLIAMS, C. C., PRESTON, D. (1980): The use of lithium carbonate to reduce infection and leukopenia during systemic chemotherapy. New Engl. J. Med. **302**, 257.

LYNCH, H. T., ALBANO, W. A., LYNCH, J. F., LYNCH, P. M., CAMPBELL, A. (1982): Surveillance and management of patients at high genetic risk for ovarian carcinoma. Obstet. Gynecol. **59**, 589.

MARCILLE, M. (1902): Lymphatiques et ganglions iliopelviens. Thèse pour le doctorat en médecine. Paris: Masson.

MARTINEZ, A. (1981): The role of radiation therapy in the treatment of epithelial ovarian cancer. In: Gynecologic Oncology (BALLON, S. C., Hrsg.), S. 300. Boston: Hall.

MENCZER, J., BENBARUCH, G., MODAN, M., BRENNER, J., BRENNER, H. (1984): A comparison of postoperative radiotherapy with postoperative chemotherapy in stage II–IV ovarian cancer-patients. Gynecol. Oncol. **17**, 207.

NIKRUI, N. (1981): Survey of clinical behaviour of patients with borderline epithelial tumours of the ovary. Gynecol. Oncol. **12**, 107.

NORRIS, H. J. (1982): The identification and prognosis of borderline epithelial tumors. In: Ovarialtumoren (DALLENBACH, G., Hrsg.), S. 167. Berlin-Heidelberg-New York: Springer.

OZOLS, R. F., YOUNG, R. C. (1984): Chemotherapy of ovarian cancer. Semin. Oncol. **11**, 251.

PARKER, L. M., LOKICH, J. J., GRIFFITHS, C. T., FREI, E. (1975): Adriamycin — Cyclophosphamide therapy in ovarian cancer. Proc. Am. Ass. Cancer Res. **16**, 263.

PENN, J. (1982): Second neoplasms following radiotherapy or chemotherapy for cancer. Am. J. Clin. Oncol. **5**, 83.

PFLEIDERER, A. (1982): Die Chemotherapie beim Ovarialkarzinom. Strahlentherapie **158**, 708.

— (1983): Die Therapie des Ovarialkarzinoms. In: Festschrift Prof. Dr. O. Käser (DA RUGNA, D., Hrsg.), S. 415. Basel: Schwabe.

PICKEL, H., LAHOUSEN, M. (1980): Chemotherapie des Ovarialkarzinoms. Gynäk. Rdsch. **20**, Suppl. 2, 77.

— — HOLZER, E. (1981): Zur Bedeutung der Lymphadenektomie für die Therapie des Ovarialkarzinoms. Geburtsh. u. Frauenheilk. **41**, 841.

— (1983): A study of the treatment of ovarian carcinoma. Arch. Gynecol. **233**, 175.

— STETTNER, H., LAHOUSEN, M., HACKL, A. (1983): Neue Aspekte in der Therapie des Ovarialkarzinoms. Tumor-Diagnostik und -Therapie **4**, 154.

PIVER, M. S., BARLOW, J. J., SAWYER, D. M. (1982): Familial ovarian cancer: Increasing in frequency. Obstet. Gynecol. **60**, 397.

PLENTL, A. A., FRIEDMAN, E. A. (1971): Lymphatic system of the female genitalia. In: Major Problems in Obstetrics and Gynecology (FRIEDMAN, E. A., Hrsg.), S. 173. Philadelphia: W. B. Saunders.

QUINN, M. A., PEARCE, R., ROME, R., FUNDER, J. U., FORTUNE, D., PEPPERELL, R. J. (1982): Zytoplasmatic steroid receptors in ovarian carcinoma. Brit. J. Obstet. Gynaec. **89**, 754.

REIMER, R. R., HOOVER, R., FRAUMENI, J. F., YOUNG, R. C. (1977): Acute leukemia after alkylating-agent therapy for ovarian cancer. N. Engl. J. Med. **297**, 177.

RENDINA, G. N., DONADIO, C., GIOVANNINI, M. (1982): Steroid receptors and progestine therapy in ovarian endometrioid carcinoma. Eur. J. Gynaec. Oncol. **3**, 241.

RICHTER v. ARNAULD, H. P., KLEEBERG, U. R., HASSEL, C., SPEHN, J., ERDMANN, H. (1982): Überwachung der Myokardfunktion während der Therapie mit kardiotoxischen Zytostatika. Onkologie **5**, 168.

RUSSELL, P. (1970): The pathological assessment of ovarian neoplasms II: The proliferating "epithelial" tumours. Pathology **11**, 251.

— (1984): Borderline epithelial tumours of the ovary: a conceptual dilemma. Clin. in Obstet. Gynec. **11**, 259.

SEROV, S. F., SCULLY, R. E., SOBIN, L. H. (1973): Histological typing of ovarian tumours (International histological classification of tumours No. 9), S. 17. Genf: WHO.

SMITH, J. P., RUTLEDGE, F. N., DELCLOS, L. (1975): Postoperative treatment of early cancer of the ovary. A random trial between postoperative irradiation and chemotherapy. Natl. Cancer Inst. Monogr. **42**, 149.

— DELGADO, G., RUTLEDGE, F. N. (1976): Second look operation in ovarian carcinoma. Postchemotherapy. Cancer **38**, 1438.

— (1980): Surgery for ovarian cancer. In: Ovarian Cancer (NEWMAN, C. E., FORD, C. H. J., JORDAN, J. A., Hrsg.), S. 38. Oxford: Pergamon.

— (1983): Long time results in correlation to surgical treatment. In: Cancer Campaign (GRUNDMANN, E., Hrsg.), Vol. 7: Carcinoma of the Ovary, S. 121. Stuttgart: Fischer.

— OI, R. H. (1984): Detection of malignant ovarian neoplasms: a review of the literature. I. Detection of the patient at risk; clinical, radiological and cytological detection. Obstet. Gynecol. Surv. **39**, 313.

SURWIT, E. A., ALBERTS, D. S., SALMON, S. E. (1983): Studies of ovarian cancer utilizing the human tumor stem cell assay. In: Cancer Campaign (GRUNDMANN, E., Hrsg.), Vol. 7: Carcinoma of the Ovary, S. 59. Stuttgart: Fischer.

SYMMONDS, R. E. (1983): What does debulking mean and what does it achieve. In: Cancer Campaign (GRUNDMANN, E., Hrsg.), Vol. 7: Carcinoma of the Ovary, S. 111. Stuttgart: Fischer.

SZEPESI, T., SZALAY, S., BREITENECKER, G., SCHRATTER-SEHN, A., ROGAN, A. M., RISS, T., WITTICH, G., HECKENTHALER, W., FASCHING, W., SCHEIBER,

V. (1983): Die Behandlung fortgeschrittener Ovarialkarzinome als interdisziplinäre Aufgabe: Chirurgie, Histopathologie, Strahlentherapie, Chemotherapie. Wien. klin. Wschr. **95**, 37.

SCHENKER, J. G., JOSEPH, S. M. (1982): Epidemiology of ovarian cancer. In: Ovarialtumoren (DALLEN-BACH-HELLWEG, G., Hrsg.), S. 9. Berlin-Heidelberg-New York: Springer.

SCHWARTZ, P. E., LIVOLSI, V. A., HILDRETH, N., MACLUSKY, N. J., NAFTOLIN, F. N., EISENFELD, A. J. (1982): Estrogen receptors in ovarian epithelial carcinoma. Obstet. Gynecol. **59**, 229.

— MACLUSKY, N., SAKAMOTO, H., EISENFELD, A. (1983): Steroid receptor proteins in nonepithelial malignancies of the ovary. Gynecol. Oncol. **15**, 305.

TAYLOR, H. C., jr. (1929): Malignant and semimalignant tumours of the ovary. Surg. Gynecol. Obstet. **48**, 204.

TEUFEL, G., GEYER, H., DE GREGORIO, G., FUCHS, A., KLEINE, W., PFLEIDERER, A. (1983): Östrogen- und Progesteronrezeptoren in malignen Ovarialtumoren. Geburtsh. u. Frauenheilk. **43**, 732.

TOBACMAN, J. K., TUCKER, M. A., KASE, R., GREENE, M. H., COSTA, J., FRAUMENI, J. F. (1982): Intraabdominal carcinomatosis after prophylactic oophorectomy in ovarian-cancer-prone families. Lancet ii, 795.

TROPÉ, D., JOHNSSON, J. E., SIGURDSON, K., SIMONSEN, E. (1982): High dose medroxyprogesteron-acetate for the treatment of advanced ovarian carcinoma. Cancer Treat. Rep. **66**, 1441.

TANG, M., LIAN, L., LIU, T. (1980): The characteristics of ovarian serous tumors of borderline malignancy. Chin. Med. J. **92**, 450.

VOGL, S. (1983): Persönliche Mitteilung. Symposium of combined modality of treatment of ovarian cancer. Round Table Discussion, 13th Int. Congr. of Chemotherapy, Vienna, August 28–September 2, 1983.

VOLM, M., MATTERN, J. (1982): Prätherapeutischer Nachweis der Resistenz von Tumoren gegen Zytostatika. Wien. klin. Wschr. **94**, 599.

WHARTON, J. T., HERSON, J. (1981): Surgery for common epithelial tumors of the ovary. Cancer **48**, 582.

WILLSON, J. K. V., OZOLS, R. F., LEWIS, B. J., YOUNG, R. C. (1981): Current status of therapeutic modalities for treatment of gynecologic malignancies with emphasis on chemotherapy. Am. J. Obstet. Gynecol. **141**, 81.

YOUNG, R. C., KNAPP, R. C., PEREZ, C. A. (1982): Cancer of the ovary. In: Cancer—Principles and Practice of Oncology (DEVITA, V. T., jr., HELLMAN, S., ROSENBERG, S. A., Hrsg.), S. 884. Philadelphia: Lippincott.

— (1984): Ovarian cancer treatment: progress or paralysis? Semin. Oncol. **11**, 327.

9
Trophoblasttumor

G. Tscherne

9.1 Einleitung

Die als Chorionepitheliom bekannte Geschwulst trophoblastischen Gewebes unterliegt in der Häufigkeit ihres Vorkommens extremen geographischen Schwankungen. Dementsprechend kommen aus Regionen mit epidemiologischer Häufung solcher Tumoren umfangreiche Erfahrungsberichte über die Anwendung neuer diagnostischer und therapeutischer Methoden und ihrer Ergebnisse (HOLLAND und HRESHCHYSHYN, 1967; BAGSHAWE, 1969; BREWER et al., 1971; BORONOW, 1976; HERTZ, 1978; GOLDSTEIN und BERKOWITZ, 1982). Im deutschsprachigen Raum stellen derartige Erkrankungen Einzelbeobachtungen dar; zusammenfassende Mitteilungen über ihre Behandlung basieren meist auf den Erfahrungen großer Zentren (SCOTT, 1969; HOLZMANN et al., 1975; KÄSER und CASTANO-ALMENDRAL, 1977). Eine relative Häufung im eigenen Bereich bildet die Grundlage für die Mitteilung eigener Ergebnisse (TSCHERNE, 1979).

Diagnostik, Therapie und Nachsorge trophoblastischer Erkrankungen haben in der letzten Zeit einen grundlegenden Wandel erfahren. Die rein morphologische Betrachtungsweise ist zugunsten biologischer Parameter in den Hintergrund geraten. Eine Differenzierung in verschiedene Schweregrade der Erkrankung wurde Voraussetzung für ein abgestuftes, dem Einzelfall angepaßtes Vorgehen. Die signifikanten Verbesserungen der Behandlungsergebnisse beruhen auf zwei charkteristischen Eigenschaften trophoblastischer Tumoren, nämlich auf dem guten Ansprechen auf eine konservative Behandlung mittels Zytostatika und der Möglichkeit, das Behandlungsergebnis mit einem sehr spezifischen Tumormarker zu kontrollieren.

Gegenwärtig kann die Prognose der Erkrankung bei zielgerichtetem Vorgehen sehr günstig gestellt werden. Voraussetzung ist eine rechtzeitige Diagnose sowie die richtige Beurteilung und Einschätzung jedes einzelnen Falles. Das Erkennen der Hinweise auf ein Tumorgeschehen und die Einleitung abklärender Maßnahmen ist Aufgabe des primär behandelnden Arztes. Die weiterführende Diagnostik und die Therapie sollte spezialisierten Zentren vorbehalten bleiben, die über entsprechende Einrichtungen und Erfahrungen verfügen.

9.2 Terminologie — Neue Einteilungsprinzipien

Mit den Erkenntnissen über die Bedeutung biologischer Parameter für die Beurteilung trophoblastischer Erkrankungen haben alle Einteilungen nach pathohistologischen Kriterien an Aktualität verloren. Sie waren auch unbefriedigend und verwirrend, weil sich nie

Tabelle 9.1. Terminologie und Einteilungsprinzipien trophoblastischer Erkrankungen

---

Einteilung aufgrund morphologischer Kriterien:

Blasenmole	invasive Mole	Chorionepitheliom
	Mola destruens	Chorionkarzinom

Einteilung aufgrund biologischer Kriterien:

Gestational Trophoblastic Disease (GTD)
  Gestationsbedingte Trophoblasterkrankungen (GTE)

Nonmetastatic gestational trophoblastic neoplasm (NMGTN)
Metastatic gestational trophoblastic neoplasm (MGTN)
  Nichtmetastatische Trophoblasterkrankungen (NMTE)
  Metastatische Trophoblasterkrankungen (MTE)

Gestational trophoblastic neoplasm (GTN)
  Trophoblasttumor

Tabelle 9.2. Terminologie — Trophoblasttumor

Trophoblasttumor:	Invasive bzw. metastasierende Wucherung von Choriongewebe.
Charakterisierung:	Klinisches Bild; Hormonausscheidung; Histologie; Angiographie; Computertomographie.
Differenzierung:	Niedriges Risiko — hohes Risiko.
Nicht einbezogen:	Unkomplizierte Blasenmole.

---

eine zwingende Korrelation zwischen morphologischem Bild und klinischem Verlauf herstellen ließ. Dieser Unsicherheit in der Zuordnung sind auch Bezeichnungen wie „Chorionepitheliose" und ähnliche Termini zuzuschreiben. Die morphologische Grundlage für eine Klassifizierung fehlt häufig überhaupt; die Diagnose kann auch ohne histologischen Befund mittels klinischer und biologischer Parameter gestellt werden. Neue Einteilungsprinzipien trugen dieser Situation Rechnung und stellten *biologische Kriterien* in den Vordergrund (Tab. 9.1). Aber auch diese Gruppierungen sind problematisch. Der Begriff „trophoblastische Erkrankung" schließt die unkomplizierte Blasenmole ein, beschränkt sich also nicht auf ein echtes Tumorgeschehen. Bei einer Gegenüberstellung trophoblastischer Erkrankungen mit und ohne Metastasierung ist zu berücksichtigen, daß die Wertigkeit von Metastasen je nach ihrer Lokalisation und der Art des Tumors sehr unterschiedlich und daher für die Prognose nicht unbedingt relevant ist. So ist z. B. eine in die Lunge metastasierende Blasenmole hinsichtlich des Risikos wesentlich günstiger einzustufen als ein auf den Uterus beschränktes Chorionkarzinom. Aus allen diesen Gründen wurde ein unverbindlicher übergeordneter Begriff für Tumoren wünschenswert. In zunehmendem Maß fand daher der Terminus Trophoblasttumor Verbreitung. Er ist sehr brauchbar, wenn man darunter invasive bzw. metastasierende Wucherungen von Choriongewebe versteht (Tab. 9.2). Die Diagnose läßt sich durch klinisches Bild, Hormonausscheidung, Histologie, Angiographie und Computertomographie präzisieren. Damit ist auch eine Differenzierung des Risikogrades und eine Vergleichbarkeit von Fällen in ausreichendem Maß möglich, womit wieder die geeignete Grundlage für therapeutische Maßnahmen gegeben ist. Gegenüber dem so definierten Trophoblasttumor sollte die unkomplizierte Blasenmole abgegrenzt werden. Sie ist kein eigentlicher Tumor und als solche nicht bösartig. Es ist an und für sich nicht anzunehmen, daß aus einer unkomplizierten Blasenmole selbst eine bösartige Geschwulst wird, entsprechend der Infragestellung einer Malignisierung in Stufen. Da aber nach allgemeinen Angaben in 3—5% der Blasenmolen Chorionkarzinome beobachtet und 40—50% aller Chorionkarzinome im Gefolge von oder in Kombination mit einer Blasenmole entdeckt werden, ist diese von der gesamten Problematik nicht zu lösen. Das gilt besonders für die Nachsorge, für die strenge Richtlinien einzuhalten sind.

9.3 Diagnostik

Für die Prognose der Erkrankung ist das Intervall zwischen Krankheitsbeginn und dem Beginn der Behandlung entscheidend. Es müssen daher alle Hinweise auf das Vorliegen einer Tumorbildung strengstens beachtet werden. Nach einer Blasenmole sollte die Entdeckung eines chorialen Tumors durch die obligate Nachkontrolle gewährleistet sein. Bei Entwicklung eines Trophoblasttumors nach Partus, Abortus oder Tubargravidität — und das betrifft ungefähr die Hälfte der Fälle — sind zunächst klinische Symptome der einzige Anhalt. Da sie oft geringfügig und wenig charakteristisch sind, kommt es häufig zu Fehldeutungen und dadurch zu einer Verzögerung der Diagnose. Allein eine lange Latenzzeit zwischen vorausgegangener Schwangerschaft und dem Auftreten von Symptomen, die bis zu mehreren Jahren betragen kann, erschwert die Diagnose ganz wesentlich (BAGSHAWE, 1976). Beachtung verdient auch die Tatsache, daß ein Tumor in relativ höherem Alter auftreten kann (JEQUIER und WINTERTON, 1973); die älteste eigene Patientin war 51 Jahre alt.

9.3.1 Klinische Hinweise

9.3.1.1 Blutungen

Anhaltende Blutungen nach Partus, Abortus oder Tubargravidität können als Leitsymptom angesehen werden. Die einfache immunologische Schwangerschaftsreaktion ist die erste differentialdiagnostische Maßnahme. Bei negativem Schwangerschaftstest kann man sich abwartend verhalten oder je nach der Situation eine Behandlung der Blutung einleiten. Sollte die Blutung nicht spontan sistieren oder therapierefraktär bleiben, ist die HCG-Ausscheidung, im Zweifelsfall mittels empfindlicherer Methoden (s. S. 140), zu überprüfen. Ein positiver Schwangerschaftstest bzw. jede nachweisbare HCG-Ausscheidung ist das Signal zum Einsatz weiterer diagnostischer Methoden.

9.3.1.2 Symptome durch Metastasen

Trophoblastische Tumoren neigen zu früher Metastasenbildung, so daß die entsprechenden Symptome den Hinweis auf das Grundleiden geben können. Bevorzugte Lokalisationen sind Lunge und Vagina. Bei Auftreten bronchopulmonaler Symptome bringt ein Thoraxröntgen Klarheit. Absiedelungen in der Vagina sind mittels Spekulumeinstellung darstellbar; diese ist bei jeder Untersuchung nach einer Schwangerschaft sorgfältig durchzuführen. Zerebrale Symptome im Anschluß an eine Schwangerschaft können Ausdruck einer Metastasierung in das Gehirn sein. Gelegentlich geben auch außergewöhnlich lokalisierte Metastasen (Schilddrüse, Augenhintergrund) den ersten Hinweis auf ein Tumorgeschehen.

9.3.1.3 Genitalbefund

Der Palpationsbefund ist uncharakteristisch. Meist ist der Uterus vergrößert und aufgelockert. Absiedelungen im Becken oder im Bereich der Adnexe sind gewöhnlich nicht so groß, daß sie getastet werden könnten. Eine Ausnahme bilden Luteinzysten, die bei Blasenmolen in unterschiedlichster Größe auftreten können.

9.3.2 Hormonausscheidung — HCG als Tumormarker

Für die Praxis kann von der Tatsache ausgegangen werden, daß vitale Trophoblasttumoren Choriongonadotropin produzieren. HCG kann demnach als spezifischer Tumormarker angesehen werden; seine Bestimmung nimmt im Rahmen der Diagnostik eine zentrale Stellung ein. Berichte über fehlende Gonadotropinausscheidung bei Trophoblasttumoren müssen als Rarität gewertet werden (s. S. 165). Voraussetzung für die Vermeidung von Fehlinterpretationen ist die Anwendung geeigneter und spezifischer Nachweismethoden sowie die Korrelation der Ergebnisse zum klinischen Bild. Ergeben sich bei persistierender HCG-Ausscheidung durch Ultraschalluntersuchung, Kürettage und/oder Laparoskopie keine Hinweise auf eine bestehende oder stattgehabte Schwangerschaft, so muß an einen Trophoblasttumor gedacht werden.

Immunologische Schwangerschaftstests eignen sich zur quantitativen Erfassung von HCG in größeren Mengen. Ihre Aussagekraft ist naturgemäß mit einer unteren Empfindlichkeitsgrenze beschränkt. Zur Bestimmung niedrigerer Werte stehen immunochemische und radioimmunologische Methoden zur Verfügung. Die Entwicklung einer neuen Generation von Schwangerschaftstests hat durch Anwendung monoklonaler Antikörper auch im Harn die Erfassung von spezifischem HCG (Beta-HCG) mit hoher Empfindlichkeit möglich gemacht. Die Unterscheidung zwischen plazentarem Gonadotropin und hypophysärem LH ist 1972 durch radioimmunologische Differenzierung von HCG-β (Beta-HCG) möglich geworden (VAITUKAITIS et al.). Diese Beta-Untereinheit des Glykoproteids HCG ist ausschließlich choriogener Herkunft und kann in kleinsten Mengen radioimmunologisch

im Serum gemessen werden. Es gibt keine Kreuzreaktion mit hypophysärem LH. Die Bestimmung ist mittels kommerzieller Kits in jedem Labor möglich, das für die Durchführung von Radioimmunoassays ausgestattet ist. Die untere Nachweisgrenze ist so niedrig, daß bei ihrer Unterschreitung die Annahme gerechtfertigt erscheint, daß kein vitales Trophoblastgewebe mehr vorhanden ist — die HCG-Ausscheidung kann als negativ betrachtet werden. Insgesamt steht uns heute ein ausgezeichnetes Spektrum von Methoden für die HCG-Bestimmung zur Verfügung:

- Für hohe HCG-Mengen: Immunologische Schwangerschaftsreaktion (quantitative Auswertung im Harn).
- Für niedrige HCG-Mengen: Immunochemische Tests (im Harn); Radioimmunologische Tests (im Harn); Tests neuer Generation mit Bestimmung von spezifischem HCG (im Harn).
- Für kleinste Mengen von spezifischem HCG: Radioimmunologische Bestimmung von HCG-β (im Serum).

Die Bestimmung anderer Plazentahormone hat für die Praxis keine Bedeutung. Raritäten sind Trophoblasttumoren, deren SP_1-Ausscheidung diejenige des β-HCG übersteigt, oder solche, die ausschließlich SP_1 produzieren (TATARINOV, 1978; SEARLE et al., 1978; O'BRIAN et al., 1980).

9.3.3 Die Wertigkeit des histologischen Befundes

Dem histologischen Befund kommt in der Diagnostik sowie bei der Beurteilung des Malignitätsgrades und der Prognose von chorialen Proliferationen nur bedingte Relevanz zu. Lediglich die eindeutige Diagnose eines Chorionkarzinoms (malignen Chorionepithelioms), erstellt am Kürettagematerial oder in einem Operationspräparat, ist für die Klassifizierung und das weitere Vorgehen wirklich maßgebend (s. S. 145). Der Befund „invasive Mole" (destruierende Mole) etwa ist schwerwiegend, in seiner

Tabelle 9.3. Indikationen zur Angiographie

Verdacht auf Tumorbildung im Zusammenhang mit Blasenmole

Signifikanter Wiederanstieg der HCG-Ausscheidung.
Plateaubildung der HCG-Kurve über 4 Wochen.
Faßbare HCG-Ausscheidung länger als 12 Wochen.

Verdacht auf Trophoblasttumor nach Abortus, Partus oder EU-Grav.

Klinische Symptome.
Positive HCG-Ausscheidung.

Destruierende (invasive) Mole.

Malignes Chorionepitheliom (Chorionkarzinom)

Bedeutung aber nur in der Zusammenschau mit dem klinischen Bild, der Hormonausscheidung und eventuellen weiteren Parametern zu werten.

In vielen Fällen kann der Pathohistologe keine eindeutige Diagnose stellen. Die Beurteilung des Verhaltens von trophoblastischem Gewebe zur Unterlage ist problematisch, vor allem im Kürettagematerial nach Blasenmole. Auch regressive Veränderungen in Tumoren oder in Metastasen können eine klare Aussage, besonders nach einer eventuell vorausgegangenen zytostatischen Behandlung, erschweren. Ein „falsch" negatives Ergebnis im Kürettagematerial ergibt sich bei fehlender Kommunikation eines Tumors mit dem Uteruskavum.

Nur bei Kenntnis und Berücksichtigung aller dieser Möglichkeiten und Zuordnung der histologischen Befunde zum klinischen Bild ist eine richtige Interpretation möglich. Selbstverständlich muß jegliches Gewebsmaterial, das bei einem Abortus, Partus oder einer Extrauteringravidität gewonnen wurde, histologisch untersucht werden. Die Unterlassung der histologischen Befundung von Operationsmaterial, das aufgrund der Annahme eines neuerlichen Abortus oder bei einer Tubargravidität gewonnen wurde, kann zu schwerwiegenden Verzögerungen der Diagnose eines tatsächlich bereits ausgebildeten Trophoblasttumors führen (TSCHERNE, 1977).

9.3.3.1 Problematik der diagnostischen Kürettage

Eine Kürettage zu diagnostischen Zwecken sollte bei Verdacht auf Trophoblasttumor nicht routinemäßig durchgeführt werden. Es besteht die Gefahr der Verschleppung von Tumormaterial, einer stärkeren Blutung und der Perforation. Ein falsch negativer Befund ergibt sich bei intramuralem Sitz eines Tumors, der sich bei fehlender Kommunikation mit dem Uteruskavum dem Nachweis durch die Abrasio entzieht. Die Notwendigkeit einer sekundären Kürettage nach Blasenmole ist selten geworden, weil es bei Anwendung von Prostaglandinen (s. S. 329), der Vakuumaspiration und der unmittelbar folgenden Nachkürettage fast immer gelingt, den Uterus vollständig zu entleeren.

9.3.4 Angiographie — Indikation und Interpretation

Die Angiographie des Beckens trägt durch Objektivierung von Sitz und Ausdehnung trophoblastischer Tumoren wesentlich zur Erweiterung des Bildes über die Erkrankung bei (BORELL et al., 1963; BREWIS und BAGSHAWE, 1968; SUGIMORI et al., 1975; TSCHERNE und SCHWARZ, 1976). Eine Beckenarteriographie ist für die Patientin nicht sehr belastend und kann als Routinemethode angewendet werden, wenn der Einsatz durch das zu erwartende Ergebnis gerechtfertigt er-

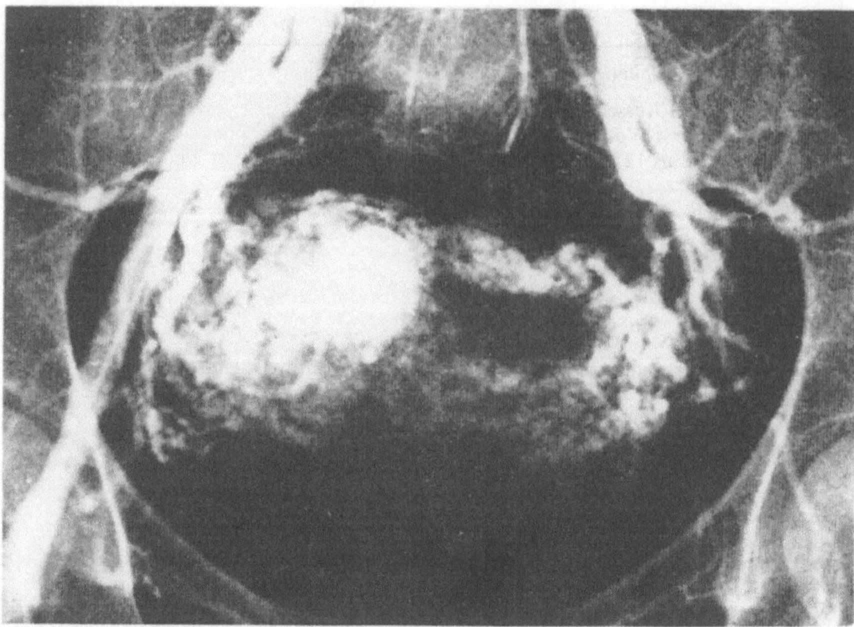

Abb. 9.1. Chorionkarzinom. Beckenangiographie. Arterielle Phase. Ausgedehnter Tumor im
Myometrium rechts mit Einbruch in das rechte Parametrium (aus: TSCHERNE, 1979)

scheint. Die Indikation ergibt sich aus diagnostischen Gründen bei Verdacht auf Trophoblasttumor, aber auch nach histologischem Nachweis von Tumorgewebe zur genauen Lokalisation und Abgrenzung der Geschwulst (Tab. 9.3).

Außer der Lokalisation und Größe des Tumors können im Angiogramm auch Einbrüche in das Paragewebe sowie Metastasen im Becken nachgewiesen werden (Abb. 9.1). Falls sich die Notwendigkeit ergibt, kann mittels Kontrollangiographie schließlich auch die Rückbildung von Tumoren nach konservativer Therapie objektiviert werden. Die richtige Interpretation von Angiogrammen erfordert die Erfahrung des Radiologen sowie die Kenntnis des klinischen Befundes. Veränderungen des uterinen Gefäßmusters allein sind kein sicheres diagnostisches Kriterium, da sie nach einer Schwangerschaft und besonders nach einer Blasenmole auch ohne Tumor vorkommen. Die Diagnose Trophoblasttumor ergibt sich beim Zusammentreffen folgender Merkmale:

● Ausweitung der Aa. uterinae und ihrer Äste im Myometrium.

● Reichtum an spiralig verlaufenden Gefäßen.

● Wolkenartige Kontrastmittelschatten und Kontrastmittelseen mit Tumorkontur.

● Arteriovenöse Shuntbildungen, die zu einer frühzeitigen Füllung von abführenden Venen führen.

Versuche einer angiographischen Differenzierung von Trophoblasttumoren hinsichtlich ihrer Dignität waren nicht zielführend. Bei der Interpretation von Angiogrammen nach Chemotherapie ist zu berücksichtigen, daß sich die Tumorzeichen nicht in jedem Fall zurückbilden müssen (BORONOW, 1970; TSCHERNE und SCHWARZ, 1976). Bei hormonell und klinisch normalen Befunden ergeben sich daraus keine weiteren Konsequenzen. Daher kann die Indikation zu Kontrollangiographien zurückhaltend gestellt werden, besonders auch im Hinblick auf die Möglichkeit der nicht invasiven Computertomographie.

9.3.5 Andere diagnostische Maßnahmen — Nachweis von Metastasen

Der Einsatz neuerer diagnostischer Methoden, wie der *Szintigraphie* und *Computertomographie,* dient vor allem der Suche nach Metastasen. Absiedelungen in bevorzugten Lokalisationen, wie der Lunge, der Vagina und dem Becken sind im Thoraxröntgen, durch klinische Untersuchung und mittels der Angiographie unschwer zu erfassen. Der für die Klassifizierung von Trophoblasttumoren wichtige Nachweis oder Ausschluß von Metastasen in Gehirn und Leber erfolgt in erster Linie durch nuklearmedizinische Methoden. Zum Nachweis von Hirnmetastasen kann auch die HCG-Bestimmung im Liquor cerebrospinalis herangezogen werden. Die *Ultraschalluntersuchung* hat in der Diagnostik der Trophoblasttumoren nur bedingte Aussagekraft. Bei invasiven Blasenmolen kann die Abgrenzung gegenüber dem Myometrium und die Ausdehnung sichtbar gemacht werden. Unentbehrlich ist sie zur Differentialdiagnose zwischen Tumor und einer neuerlichen Schwangerschaft. Die Indikation zu einer *Laparoskopie* wird sich nur bei besonderen Fragestellungen, wie Verdacht auf intraabdominelle Ausbreitung oder auf tumoröse Durchsetzung des Uterus, ergeben (BERKOWITZ et al., 1980).

9.3.6 Diagnostik der Blasenmole

Das Vorgehen zur diagnostischen Abklärung einer Blasenmole ist klar umrissen. Klinische Befunde, wie ein für die Gestationszeit zu großer Uterus, Blutungen oder in seltenen Fällen ein Abgang von Bläschen geben den Hinweis auf die Erkrankung. Entscheidend für die Diagnose sind die Bestimmung von Choriongonadotropin und die Ultraschalluntersuchung. Die HCG-Werte sind stark erhöht und bewegen sich zwischen einem Grenzwert von ungefähr 250 000 i.E./l Harn bis zu vielen Millionen Einheiten. Die Ultraschalluntersuchung sichert die Diagnose; das Bild einer Blasenmole ist klassisch. Der Palpationsbefund gibt Aufschluß über das Vorliegen von Luteinzysten. Ein Thoraxröntgen gehört in jedem Fall zum Untersuchungsgang.

9.4 Klassifizierung von Trophoblasttumoren nach dem Risiko

Die Erfahrung hat gezeigt, daß es unter Berücksichtigung anamnestischer und diagnostischer Daten möglich ist, den Schweregrad der Erkrankung zu beurteilen und eine Unterscheidung von Fällen mit hohem und niedrigem Risiko zu treffen. Damit ist die Grundlage für die Auswahl adäquater therapeutischer Maßnahmen und eine relativ genaue Prognosestellung gegeben. Die Differenzierung in High-risk- und Low-risk-Patientinnen ermöglicht aber auch eine gute Vergleichbarkeit von Fällen hinsichtlich der Ausgangssituation und der Therapieergebnisse. Voraussetzung ist eine umfassende Diagnostik mittels der angegebenen Methoden.

Parameter für die Klassifizierung sind:
- Latenzzeit zwischen dem Beginn der Erkrankung und dem Tumornachweis, d. h. dem Beginn der Behandlung.
- Art der vorausgegangenen Schwangerschaft (Molenschwangerschaft, Abortus, Tubargravidität, ausgetragene Schwangerschaft).
- Höhe und Verlauf der Gonadotropinausscheidung.
- Histologischer Befund.
- Angiographischer Befund.
- Vorhandensein und Lokalisation von Metastasen.

ISHIZUKA hat 1968 eine Punktetabelle zur Bewertung von trophoblastischen Tumoren angegeben, deren Gesamtindex die Dignität eines Tumors widerspiegelt. Für die praktische Anwendung ist dieses Schema aber zu kompliziert, da es zu viele nicht reproduzier-

Tabelle 9.4. Stadieneinteilung für Tophoblasttumoren (Internationale Gesellschaft zum Studium von Trophoblasttumoren; bei GOLDSTEIN-BERKOWITZ, 1982)

Stadium 0	Blasenmole A — niedriges Risiko B — hohes Risiko
Stadium I	begrenzt auf das Corpus uteri
Stadium II	Metastasen in Becken und Vagina
Stadium III	Metastasen in der Lunge
Stadium IV	andere Metastasen (Hirn, Leber)

bare Befunde und unklare Definitionen enthält. Von verschiedenen Autoren wurden daher Modifikationen und Vereinfachungen vorgenommen. Nach HAMMOND et al. (1973) ergibt sich eine schlechte Prognose vor allem bei langer Latenzzeit, hoher HCG-Ausscheidung und dem Vorliegen von Metastasen in Gehirn und Leber. Auf diese Einteilung bezieht sich auch BAGSHAWE (1976). Es muß besonders festgehalten werden, daß Hirn- und Lebermetastasen schwerwiegende Befunde sind, während Absiedelungen in Vagina, Becken und Lunge keine Erhöhung des Risikos bedeuten.

1979 wurde von der Internationalen Gesellschaft zum Studium von Trophoblasttumoren eine Stadieneinteilung vorgeschlagen, die als Grundlage für eine adäquate Behandlung und einer Vergleichbarkeit von Daten verschiedener Zentren dienen soll (GOLDSTEIN und BERKOWITZ, 1982). Dieses Staging beruht auf einer morphologischen Einteilung (Tab. 9.4). Die Blasenmole erfährt als Stadium 0 eine weitere Unterteilung nach dem Risiko einer Koinzidenz mit einem Tumor, abhängig von der Größe des Uterus, der Höhe der Hormonausscheidung, der Größe eventueller Luteinzysten und weiteren klinischen Daten. Die Stadien I bis IV sind durch die Ausdehnung des Tumors und die Metastasierung definiert. Für die Prognosestellung und die Auswahl des Therapieschemas muß diese Stadieneinteilung durch ein Score mit weiteren prognostischen Daten ergänzt werden (Tab. 9.5). Beträgt dieses Score sieben oder mehr, so ist die

Tabelle 9.5. Score zur Prognosestellung bei Trophoblasttumoren (Internationale Gesellschaft zum Studium von Trophoblasttumoren; bei GOLDSTEIN-BERKOWITZ, 1982)

		0	1	2	3
A	Vorausgegangene Schwangerschaft	Blasenmole	Abortus EU-Grav	Geburt	
B	Intervall in Monaten zwischen Ende der vorausgegangenen Schwangerschaft und Behandlungsbeginn	< 3	$3-6$	$7-12$	> 12
C	HCG-Wert bei Behandlungsbeginn	$< 10^3$	10^3-10^4	10^4-10^5	$> 10^5$
D	Blutgruppe der Patientin			B oder AB	
E	Größter Tumor (cm)	< 2		$2-5$	> 5
F	Sitz von Metastasen		Lunge	Gastrointestinaltrakt, Niere, Milz	Gehirn, Leber
G	Zahl der diagnostizierten Metastasen		$1-4$	$4-8$	8
H	Vorausgegangene Chemotherapie			erfolglos (prophylaktische Chemotherapie)	erfolglos (therapeutische Chemotherapie)

Patientin in die Gruppe mit hohem Risiko einzuordnen. Die praktische Anwendbarkeit auch dieses Staging ist durch Überschneidungen, kaum erhebbare Befunde und Unsicherheitsfaktoren limitiert.

Eine befriedigende Stadieneinteilung ist demnach bis heute nicht gelungen. Unter Zugrundelegung aller Einteilungsversuche und der Erfahrungen an den eigenen Patientinnen haben sich für eine Differenzierung von Trophoblasttumoren folgende Befunde als besonders schwerwiegende Kriterien erwiesen:

- Histologischer Befund Chorionkarzinom.
- Latenzzeit von über 6 Monaten zwischen Beendigung der vorausgegangenen Schwangerschaft und der Diagnose des Tumors bzw. dem Behandlungsbeginn.
- Ein HCG-Titer von über 100 000 i.E./l Harn.
- Metastasen in Gehirn und Leber.
- Tumor nach Abortus, Geburt oder ektopischer Schwangerschaft (nicht im Zusammenhang mit einer Blasenmole).
- Primär inadäquate Chemotherapie.

Ist eines dieser Merkmale gegeben, so ist die Patientin der Gruppe mit hohem Risiko zuzuordnen. Je größer die Zahl der Risikofaktoren im einzelnen Fall ist, desto schlechter wird die Prognose. Besonders schwerwiegend sind Metastasen in Gehirn und Leber, sie bedeuten höchstes Risiko. Auf diese Art ist noch eine weitere Graduierung möglich. So hat BAGSHAWE (1977) auch eine zusätzliche Gruppe mittleren Risikos definiert. Als Grundlage für das therapeutische Vorgehen im Einzelfall ist aber zunächst die Differenzierung zwischen niedrigem und hohem Risiko ausreichend, wobei die zuletzt angegebenen Parameter als relevant gelten können. Fehlen sie, so handelt es sich um einen Fall mit niedrigem Risiko, eine Low-risk-Patientin.

9.5 Therapie

Mit der Einführung von Zytostatika in die Therapie von Trophoblasttumoren (LI, HERTZ und SPENCER, 1956), haben sich die Heilungschancen entscheidend gebessert. Die chirurgische Behandlung ist weitgehend in den Hintergrund getreten und nur noch bei besonderen Indikationen am Platz. Die primäre Therapie ist heute überwiegend konservativ, vor allem bei jungen Frauen, deren Fertilität erhalten werden kann. Individuelles Vorgehen, je nach Art des Tumors und Risikogrades, sowie eine kontinuierliche Überwachung des Therapieerfolges mittels der Gonadotropinausscheidung haben zu den guten Behandlungsergebnissen wesentlich beigetragen. Aufgrund des erforderlichen Aufwandes und der notwendigen Kenntnisse und Erfahrung ist die Behandlung nur im klinischen Rahmen möglich.

9.5.1 Indikationen zur Therapie

Ein Trophoblasttumor (entsprechend der eingangs gegebenen Definition) ist in jedem Fall zu behandeln. Dies gilt unabhängig von der Art der Befunde, die zur Diagnose geführt haben. Es muß also auch ohne histologischen Nachweis behandelt werden. Die Möglichkeit einer spontanen Remission, wie sie immer wieder einmal beobachtet worden ist, darf nicht berücksichtigt werden. Das gilt besonders auch für Metastasen, die sich zwar wie z. B. Lungenmetastasen bei einer metastasierenden Blasenmole zurückbilden können, ohne daß jedoch vorausgesehen werden kann, ob das im individuellen Fall zutreffen wird. Das Risiko einer Verschlechterung der Prognose durch einen verzögerten Behandlungsbeginn sollte nicht in Kauf genommen werden. Bei individuellem Vorgehen und exakter Überwachung des Krankheitsverlaufes kann eine nachteilige Übertherapie vermieden werden.

Eine generelle zytostatische Prophylaxe nach Blasenmole, wie sie verschiedentlich diskutiert wird (GOLDSTEIN, 1974; CURRY et al., 1975; LEWIS, 1976), ist nicht notwendig und auch nicht vertretbar. Bei Nachkontrollen nach den geltenden Richtlinien (s. S. 154) ist die Gewähr dafür gegeben, daß ein koexistierender Tumor rechtzeitig erkannt wird. Daher ist auch eine Unterteilung von Blasenmolen hinsichtlich ihres Risikos (s. oben) nur von bedingtem Wert.

9.5.2 Differenzierte Behandlung in Abhängigkeit vom Risikograd

Die Behandlungsform hat sich dem Alter der Patientin, der Parität, dem klinischen Bild und vor allem der Einstufung des Tumors hinsichtlich seines Risikogrades anzupassen. Bei der gegebenen Aggressivität einer zytostatischen Behandlung gilt es, eine Übertherapie, aber auch eine ungenügende oder verschleppte Behandlung zu vermeiden. Durch kontinuierliche hormonelle Überwachung des Therapieergebnisses kann die Behandlungsdauer auf das notwendige Ausmaß beschränkt bleiben.

9.5.3 Chemotherapie

Das Mittel der Wahl für die zytostatische Behandlung von Trophoblasttumoren ist nach wie vor der Folsäureantagonist Ametopterin, das Methotrexat. Als weiteres hochwirksames Zytostatikum hat sich bei Trophoblasttumoren das Actinomycin-D bewährt. Andere Substanzen, wie 6-Mercaptopurin, Vinblastin, Vincristin, Chlorambucil, Cyclophosphamid, Adriamycin und 6-Azauridin finden für kombinierte Behandlungen Verwendung. Für eine Polychemotherapie werden die verschiedensten Kombinationen angegeben, darunter Schemata mit bis zu acht Substanzen pro Kur und Änderungen der Zusammensetzung von Tag zu Tag. Eine solche Multi-Drug-Behandlung ist sehr aufwendig, sehr toxisch und wohl nur in hochspezialisierten Zentren mit großer einschlägiger Erfahrung möglich. Bei seltenem Vorkommen trophoblastischer Tumoren und damit geringerer Erfahrung scheint es ratsam, die Behandlung mit Substanzen und Kombinationen zu beginnen,

mit deren Anwendung und Dosierung man vertraut ist.

Die Wahl des Zytostatikums, der Applikationsform und der Dosierung wird außer von der Klassifizierung des Tumors auch vom Allgemeinzustand der Patientin und von Laborparametern mitbestimmt. Bei auch nur gering eingeschränkter Leber- und Nierenfunktion ist Actinomycin-D dem Methotrexat vorzuziehen. Die Applikationsform ist gewöhnlich die intravenöse Verabreichung. Methotrexat kann auch peroral und intramuskulär gegeben, werden, vor allem bei Monotherapie. Die Nebenwirkungen sind bei peroraler Verabreichung allerdings stärker als bei der intravenösen Gabe, bei der sich eine raschere Eliminierung über die Nieren ergibt, wahrscheinlich aber auch eine geringere Wirkung auf den Tumor. Im Einzelfall anwendbare hochdosierte zytostatische Stoßbehandlungen oder gezielte intraarterielle und intrathekale Applikationen bleiben spezialisierten Institutionen vorbehalten.

Die zytostatische Therapie wird im allgemeinen in Form einer Intervallbehandlung durchgeführt. Der Abstand zwischen den einzelnen Kuren beträgt durchschnittlich 7—10 Tage, wird allerdings vom Schweregrad der Nebenwirkungen mitbestimmt. Trotz der möglichen Nebenwirkungen muß bereits die initiale Dosis möglichst hoch angesetzt werden, um die notwendige therapeutische Breite zu erzielen. Die Anzahl der zytostatischen Kuren und damit die Dauer der Behandlung hängt vom Ansprechen auf die Therapie ab.

9.5.3.1 Behandlung bei niedrigem Risiko

Bei Fällen mit niedrigem Risiko (Low-risk-Patientinnen) ist eine Monotherapie mit Methotrexat ausreichend. Bei peroraler Verabreichung ist eine Dosis von 15 mg pro Tag das Minimum. Um eine ausreichende Dosierung zu gewährleisten, sollten bereits bei der ersten Kur 20—25 mg pro Tag verabreicht werden, insgesamt also 100—125 mg pro

Tabelle 9.6. Zytostatische Therapie bei Trophoblasttumoren

Monotherapie	
Methotrexat (MTX)	20—25 mg/Tag per os durch 5 Tage, insges. 100—125 mg (4 × 2 bis 5 × 2 Tabl. à 2,5 mg pro Tag)
	0,3—0,5 mg/kg Körpergewicht pro Tag intravenös durch 5 Tage
Actinomycin-D (ACT-D)	0,5 mg/Tag intravenös durch 5—7 Tage
Kombinierte Behandlung	
MTX 0,3—0,5 mg/kg Körpergewicht pro Tag ⎱ ACT-D 0,5 mg pro Tag ⎰	intravenös durch 5 Tage
Zusätzliche Zytostatika zur Polychemotherapie: Chlorambucil, Cyclophosphamid Vincristin, Vinblastin 5-Fluouracil, Adriamycin Etoposid, Bleomycin, Cisplatin	

Kur (Tab. 9.6). 25 mg pro Tag sind bei peroraler Applikation die maximale Tagesdosis. In parenteraler Form können Mengen bis zu 200 mg (z. B. 50 mg intravenös durch 4 Tage) verabreicht werden. Für eine Chemotherapie bei niedrigem Risiko eignet sich auch das Schema des New England Trophoblastic Disease Center (GOLDSTEIN und BERKOWITZ, 1982), eine Kombination von Methotrexat mit Citrovorum-Faktor (Tab. 9.7). Eine Kombination von Methotrexat mit Leucovorin hat bereits BAGSHAWE (1969) zur primären Behandlung von Trophoblasttumoren verwendet. Wird eine Monotherapie wegen der geringeren Toxizität (s. S. 146) mit Actinomycin-D begonnen, so ist die parenterale Verabreichung in Form von Dactinomycin (Cosmegen®), 0,5 mg über 5—7 Tage, durchzuführen (Tab. 9.6).

Tabelle 9.7. Behandlung von Trophoblasttumoren mit Methotrexat (MTX) und Citrovorum-Faktor (CF) (New England Trophoblastic Disease Center; bei GOLDSTEIN-BERKOWITZ, 1982)

Tag	Uhrzeit	Therapie
1, 3, 5, 7	8 Uhr	Blutbild, SGOT
	16 Uhr	MTX, 1,0 mg/kg i.m.
2, 4, 6, 8	16 Uhr	CF, 0,1 mg/kg i.m.

Die Anzahl der notwendigen Kuren richtet sich nach den Kontrollparametern, wobei neben dem klinischen Bild der Trend der HCG-Ausscheidung den entscheidenden Hinweis liefert (s. S. 151). Bei raschem und kontinuierlichem Absinken des Choriongonadotropins kann unter Umständen mit einer Kur das Auslangen gefunden werden. Im allgemeinen werden zwei bis drei Behandlungsserien notwendig sein. Eine inadäquate Therapie ist unbedingt zu vermeiden. Bei nicht ausreichender Wirkung, die bei niedrigem Risiko allerdings kaum zu erwarten ist, muß die zytostatische Therapie geändert oder erweitert werden.

9.5.3.2 Behandlung bei hohem Risiko

Je mehr Faktoren für ein hohes Risiko sprechen und je schwerer diese wiegen, desto eher wird primär eine Polychemotherapie einzuleiten sein. Ross et al. (1965) haben erstmals darauf hingewiesen, daß Patientinnen mit sehr hohem HCG-Titer, langer Latenzzeit bis zur Diagnose und mit Hirn- oder Lebermetastasen auf eine Monotherapie nicht oder nur ungenügend reagieren. Wird nach Differenzierung des Risikos die Indikation zu einer primären Monotherapie gestellt, so kann mit den oben angegebenen Substanzen und Schemata begonnen wer-

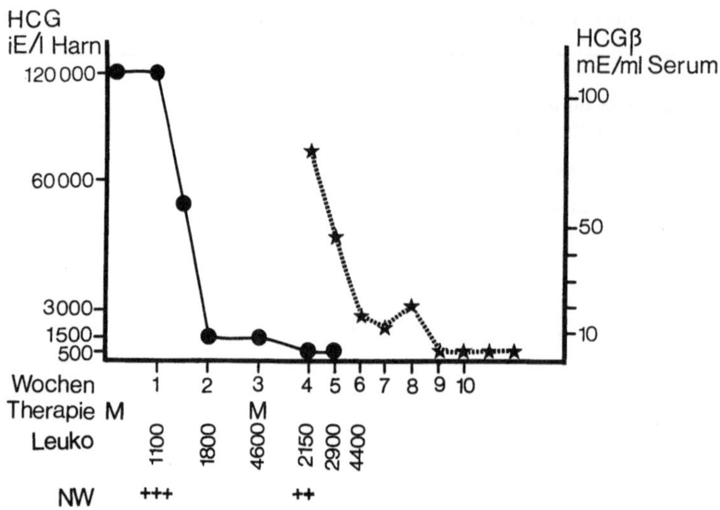

Abb. 9.2. Trophoblasttumor mit hohem Risiko (Pat. W. Ch., 17 Jahre). Behandlung mit Methotrexat (*M*) peroral. Bei negativem immunologischem Schwangerschaftstest weitere Kontrolle mittels Bestimmung von HCG-β im Serum. Gutes Ansprechen. Rezidivfrei seit sechs Jahren. *NW* Nebenwirkungen

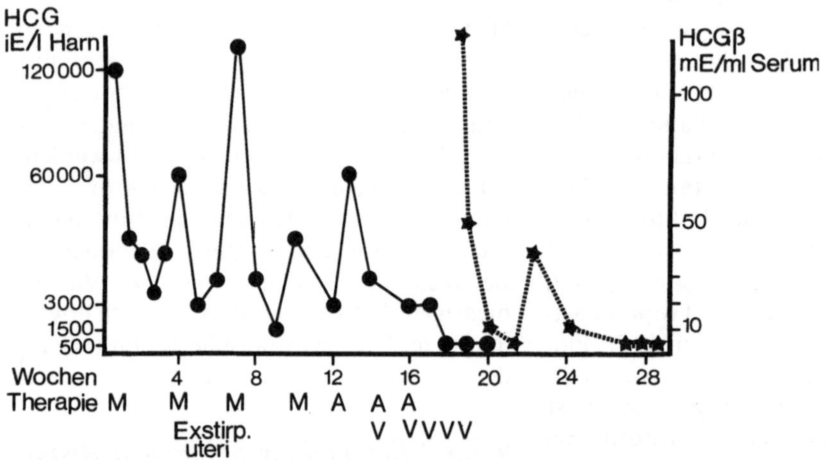

Abb. 9.3. Trophoblasttumor mit hohem Risiko (Chorionkarzinom), (Pat. P. E. 28 Jahre). Behandlung mit Methotrexat (*M*), Actinomycin-D (*A*) und Vincristin (*V;* Oncovin®). Primär schlechtes Ansprechen. Hysterektomie wegen Tumorprogredienz unter der Therapie. Rezidivfrei seit sechs Jahren

den. Voraussetzung ist eine exakte klinische Überwachung und kontinuierliche Überprüfung der HCG-Ausscheidung (Abb. 9.2). Wird eine ungenügende Wirksamkeit erkennbar, so ist die Therapie zu erweitern. Für eine kombinierte Behandlung kommt in erster Linie die parenterale Verabreichung von Methotrexat mit Actinomycin-D in Fra-

ge (Tab. 9.6). Die Anzahl der Kuren richtet sich wieder nach dem Ansprechen auf die eingeleitete Therapie (s. S. 151). Bei ungenügender Reaktion oder den Anzeichen einer Resistenzbildung ist die Zusammensetzung des Schemas zu ändern oder zu erweitern (Abb. 9.3). Als Ergänzung zu Methotrexat und Actinomycin-D eignen sich die in

Tabelle 9.8. Nebenwirkungen bei zytostatischer Behandlung mit Methotrexat

Obligat	Fakultativ
Leukozytendepression	Übelkeit, Erbrechen
Reduziertes Allgemeinbefinden	Extragenitale Blutungen
Stomatitis aphthosa (ulcerosa)	Exanthem
Pharyngitis, Laryngitis	Fieber
Haarausfall	Soor

Tab. 9.6 angegebenen Zytostatika. Die Zusammensetzungen reichen bis zu dem aufwendigen Chamoca-Schema von BAGSHAWE (1977). Damit ist auch noch bei schwersten Fällen ein positives Behandlungsergebnis zu erzielen (SURWIT und HAMMOND, 1980; WEED und HAMMOND, 1980; SURWIT et al., 1984). Eine angepaßte Behandlungsstrategie für die einzelnen Stadien bzw. Risikograde von Trophoblasttumoren findet sich bei GOLDSTEIN-BERKOWITZ (1982).

9.5.3.3 Nebenwirkungen und Risken der zytostatischen Behandlung

Jede Behandlung mit Zytostatika ist mit Nebenwirkungen belastet, die sich aus der Toxizität auf verschiedene Organsysteme und Gewebe ergeben (s. a. S. 126). Daraus resultiert bei der notwendigen hohen Dosierung die Aggressivität einer solchen Therapie. Bei Methotrexat sind besonders das hämatopoetische System und die Epithelien des Gastrointestinaltraktes betroffen. Die Nebenwirkungen, wie sie an den eigenen Patientinnen beobachtet wurden, sind in Tab. 9.8 aufgelistet. Sie sind in ihrer Ausprägung sehr unterschiedlich, das Ausmaß ist primär nicht abschätzbar. Zur Erfassung der toxischen Wirkung ist neben der Beobachtung klinischer Symptome eine umfangreiche Kontrolle sämtlicher Parameter hinsichtlich Organfunktionen, Stoffwechsel und Blutbildung obligat. Solche Untersuchungen sind vor und im Verlauf jeglicher zytostatischer Behandlung routinemäßig durchzuführen.

Das Intervall zwischen den einzelnen zytostatischen Kuren wird auch durch das Ausmaß der Nebenwirkungen bestimmt. Das gilt besonders für die Leukozytendepression, die bis zu Werten um 1000 gehen kann. Die Erholung erfolgt meist rasch. Mit einer neuerlichen Kur sollte erst begonnen werden, wenn die Leukozytenzahlen wieder über 3000 angestiegen sind. Bei besonders starken Nebenwirkungen ist es wahrscheinlich besser, die Dosis bei den nächsten Kuren zu reduzieren, als die Intervalle zwischen den Kuren zu verlängern (BALLON et al., 1977). Eine neuerliche Behandlungsserie kann allerdings nicht begonnen werden, wenn der Allgemeinzustand zu stark reduziert und die Leukozytenzahl zu gering ist (Abb. 9.2).

Auf mögliche Nebenwirkungen ist in aufklärenden Gesprächen vor Beginn einer zytostatischen Behandlung unbedingt hinzuweisen. Die Information der Patientinnen über ihre Erkrankung und die vorgesehenen Maßnahmen spielt eine ganz wesentliche Rolle für die notwendige Kooperation, die mitunter durch die lange Dauer der Therapie sehr belastet ist. Die psychische und psychologische Führung erfordert besonderes Einfühlungsvermögen. Die Reversibilität der auftretenden Komplikationen ist zu betonen; das gilt besonders bezüglich des praktisch obligaten Haarausfalles, der bis zur völligen Alopezie fortschreiten kann. Unterbrechungen des stationären Aufenthaltes, wann immer möglich, tragen viel zur psychischen Entlastung bei.

Eine Prävention von Nebenwirkungen ist nur bis zu einem gewissen Grad möglich. Durch zusätzliche Gabe von Leucovorin (6,0 mg alle sechs Stunden nach Methotrexat) lassen sich die Nebenwirkungen von Methotrexat vermindern. Eine Prävention

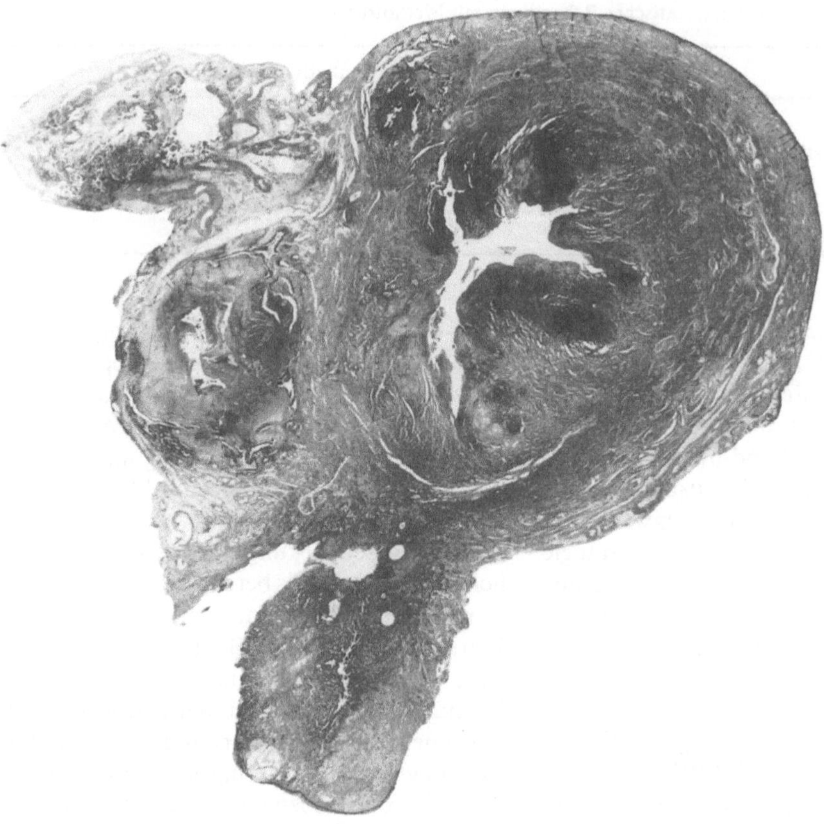

Abb. 9.4. Chorionkarzinom. Hysterektomie wegen Perforation in das Abdomen (aus: TSCHERNE, 1979)

der Leukozytendepression bei zytostatischer Therapie ist mit Lithiumkarbonat möglich (s. S. 126). Zur Behandlung von Komplikationen werden, je nach Art und Schweregrad, Antibiotika, Kortikoide, Anabolika, Antimykotika, Frischblut und lokale Maßnahmen anzuwenden sein.

9.5.4 Indikationen zu operativem Vorgehen

Ein chirurgisches Vorgehen ist bei Trophoblasttumoren nur noch in bestimmten Fällen angezeigt. Zwingend für eine Laparotomie und Hysterektomie sind vitale Blutung ex utero, Perforation eines Tumors in das Abdomen (Abb. 9.4) oder auch eine massive Zunahme der Tumormasse. Weiters ist bei sehr ausgedehnten Tumoren, die ungenügend auf eine Chemotherapie ansprechen, die operative Entfernung im Sinne einer Tumorreduktion zu überlegen. Bei älteren Patientinnen ist eine primäre Uterusexstirpation in Erwägung zu ziehen. Allerdings gibt es Hinweise dafür, daß die Prognose bei rein konservativer Behandlung besser ist (HERTZ, 1968). Werden biologisch inaktive Tumorreste größerer Ausdehnung, die angiographisch objektivierbar sind, nicht resorbiert, ergibt sich mitunter die Indikation zu einer sekundären chirurgischen Intervention.

Im Falle einer notwendigen Hysterektomie können die Adnexe belassen werden, sofern sie nicht von Geschwulstgewebe befallen sind. Bei primärer Operation sollte eine adjuvante Chemotherapie durchgeführt werden. Sie hat sich nach den individuellen Gegebenheiten, vor allem wieder nach dem Verlauf der Gonadotropinausscheidung, zu richten.

9.5.4.1 Chirurgische Behandlung von Metastasen

Die Indikation zur operativen Entfernung von Metastasen (HAMMOND et al., 1980) ergibt sich bei Komplikationen durch solitäre Absiedelungen. Dies gilt besonders für Geschwulstbildungen in der Lunge (EDWARDS et al., 1975; LIBSHITZ et al., 1977), die bis Faustgröße erreichen können. Sie bilden sich unter Umständen trotz erfolgreicher Chemotherapie nur langsam und unvollständig zurück. Über ihre biologische Aktivität gibt die HCG-Ausscheidung Aufschluß. Bei negativen HCG-β-Werten kann ihre Resorption auch langfristig abgewartet werden. Bei Anzeichen neuerlicher Tumoraktivität ist ein operatives Vorgehen erfolgversprechend. Im eigenen Krankengut wurde bei zwei Patientinnen eine Lobektomie vorgenommen. In einem Fall, es handelte sich um einen Trophoblasttumor sehr hohen Risikos, ist die Patientin ein Jahr nach der Operation gestorben (SCHMID und TSCHERNE, 1979); bei der zweiten Patientin wurde die Operation wegen eines geringfügigen Wiederanstieges der Gonadotropinwerte durchgeführt; die Patientin blieb rezidivfrei.

9.5.5 Beurteilung des Behandlungserfolges — HCG als Tumormarker

Bei gutem Ansprechen auf die Behandlung kommt es schon nach der ersten zytostatischen Kur zu einem signifikanten Absinken der Gonadotropinwerte. Zur Erfassung des Verlaufes der HCG-Ausscheidung sind fortlaufende Kontrollen notwendig; es werden ungefähr zwei Bestimmungen pro Woche durchgeführt. Häufigere Bestimmungen sind nicht sinnvoll, da für die Beurteilung des Therapieerfolges der *generelle Trend* der HCG-Kurve maßgebend ist. Schwankungen oder intermittierendes Wiederansteigen der HCG-Ausscheidung sind bei insgesamt fallender Tendenz bedeutungslos. Die Bestimmung von HCG-β im Serum ist erst dann notwendig, wenn die immunologischen oder immunochemischen Tests negativ geworden sind (Abb. 9.2 und 9.3).

Bei raschem und kontinuierlichem Absinken der Werte kann eine gute Prognose gestellt werden. Die Anzahl der notwendigen zytostatischen Kuren wird von dem Kurvenverlauf der Choriongonadotropinausscheidung entscheidend mitbestimmt. Bei eindeutig und anhaltend fallender Tendenz kann die Behandlung nach zwei oder drei Kuren beendet werden, selbst wenn noch eine Restausscheidung vorhanden ist. Das vollständige Verschwinden von HCG-β kann längere Zeit über das Ende der Behandlung hinaus in Anspruch nehmen (s. S. 154). Die Beachtung dieses Verhaltens ist die Grundlage für die Vermeidung einer zu langen Zytostatikagabe, also einer Übertherapie, die nicht nur wegen der Nebenwirkungen nachteilig ist, sondern wahrscheinlich auch wegen einer negativen Beeinflussung des Immunsystems und damit der gesamten Abwehrlage. So gesehen bedeutet das Prinzip des „killing the last cell" nach BAGSHAWE (1969) nicht, daß eine Therapie bis zum völligen Sistieren der HCG-Ausscheidung fortgesetzt werden muß. Man muß sich nur davon überzeugen, daß dieses Ziel letztlich erreicht wird und daß es auch dabei bleibt (s. S. 154).

Fehlendes oder mangelhaftes Ansprechen zeigt sich in erster Linie am Verhalten der Gonadotropinausscheidung: sie sinkt nur ungenügend ab oder es kommt zu einer Plateaubildung oder einem Wiederanstieg. Eine Resistenzbildung gegenüber den eingesetzten Substanzen zeigt sich an anhaltender HCG-Ausscheidung nach zunächst gutem Ansprechen auf die eingeleitete Therapie. Bei solchen Situationen muß die Chemotherapie geändert oder erweitert werden. Damit erhöht sich die Anzahl der zytostatischen Kuren (Abb. 9.3). Bei zunehmender Be-

Tabelle 9.9. Behandlung von Trophoblasttumoren: Beispiele für Fälle mit niedrigem Risiko

Pat.	Alter (Jahre)	Histologie	Zusätzliche Befunde	HCG I. E./1 Harn	Therapie	Ergebnis
P. M.	21	—	Angiographie: TU im Uterus	100 000	Zytostatisch (MTX)	Heilung (11 Jahre)
G. Th.	23	—	Vaginal-Meta	10 000	Zytostatisch (MTX)	Heilung (10 Jahre)
P. B.	20	—	Angiographie: TU im Uterus Meta im Becken	3 000	Zytostatisch (MTX)	Heilung (7 Jahre)
Sch. C.	51	Destruierende Mole	Angiographie: TU im Uterus	100 000	Zytostatisch (MTX) Hysterektomie	Heilung (10 Jahre)
F. E.	19	Blasenmole	Lungen-Meta	(22 400 000)	Zytostatisch (MTX)	Rezidivfrei (4 Jahre)
L. M.	25	—	Angiographie: TU im Uterus	40 000	Zytostatisch (MTX)	Rezidivfrei (3 Jahre)

handlungsdauer häufen sich die Komplikationen und die Prognose verschlechtert sich. Klinisch und mit bildgebenden Methoden läßt sich der Behandlungserfolg auch am Verhalten von Tumor und Metastasen ermessen. Der Palpationsbefund, die Beobachtung eventueller uteriner Blutungen und die Kontrolle des Thoraxröntgens sind meist ausreichend. Im Einzelfall ist eine Objektivierung der Rückbildung von Tumor und Metastasen mittels Angiographie, Computertomographie und Szintigraphie möglich. Zu beachten ist, daß die Rückbildung größerer Geschwülste längere Zeit in Anspruch nimmt, weit über das Sistieren der HCG-Ausscheidung hinaus. Bei anhaltend negativen HCG-β-Werten kann die vollständige oder weitgehende Resorption solcher inaktiver Resttumoren abgewartet werden. Eine chirurgische Entfernung ist im allgemeinen nicht notwendig (s. a. S. 150).

9.5.6 Behandlung der unkomplizierten Blasenmole

Das therapeutische Vorgehen bei Blasenmole hat sich geändert (HOLZMANN et al., 1973; CURRY et al., 1975; GOLDSTEIN und BERKOWITZ, 1982). Eine Blasenmole kann heute mittels Prostaglandinen zur Ausstoßung gebracht werden (s. S. 329); damit ist die gefährliche primäre instrumentelle Ausräumung gegenstandslos geworden. Nach dem Abgang der Blasenmole ist die vollständige Entleerung des Uterus mit stumpfer Kürette unmittelbar anzuschließen, was am kontrahierten Uterus meist ohne Schwierigkeiten gelingt. Bei älteren Frauen ist die primäre Hysterektomie in Erwägung zu ziehen. Eine histologische Untersuchung des Präparates ist in jedem Falle zu veranlassen. Allerdings ist die pathohistologische Beurteilung problematisch, der Proliferationsgrad sagt nichts über den weiteren Verlauf aus (s. S. 140). Entscheidend für die Einstufung als unkomplizierte Blasenmole ist die Verfolgung des klinischen Verlaufes und der HCG-Ausscheidung bis zu ihrem Sistieren. Die Kriterien für diese Nachsorge sind eindeutig festgelegt und müssen exakt eingehalten werden (s. S. 154). Eine prophylaktische Chemotherapie ist nicht indiziert (s. S. 145).

9.5.7 Behandlungsergebnisse

Aus Zentren, die über große Patientenzahlen verfügen, werden immer bessere Behandlungsergebnisse mitgeteilt. Trophoblasttumoren mit niedrigem Risiko haben eine sehr

Tabelle 9.10. Behandlung von Trophoblasttumoren: Beispiele für Fälle mit hohem Risiko

Pat.	Alter (Jahre)	Histologie	Zusätzliche Befunde	HCG I. E./1 Harn	Therapie	Ergebnis
P. J.	28	Chorion-karzinom	Ausbreitung im Becken, Perforation ins Abdomen	100 000	Hysterektomie Zytostatisch (MTX, ACT-D) Op. einer Lungen-Meta	Remissionen über 3 ½ Jahre, dann Exitus letalis
P. E.	28	Chorion-karzinom	Meta in Zervix, Becken u. Lunge	120 000	Zytostatisch (MTX, ACT-D, Vincr.) Hyster-ektomie	Heilung (6 Jahre)
F. R.	20	—	Angiographie: TU im Uterus	180 000	Zytostatisch (MTX)	Heilung (5 Jahre)
Sch. A.	46	Chorion-karzinom	Meta in Lunge, Leber, Schilddrüse	30 000	Zytostatisch (MTX, ACT-D, Vincr.)	Remission ½ Jahr Exitus letalis
R. M.	23	Chorion-karzinom	Angiographie: TU im Uterus	50 000	Zytostatisch (MTX)	Rezidivfrei (3 Jahre)
K. E.	34	Invasive Blasenmole	Angiographie: TU im Uterus	120 000	Zytostatisch (MTX, ACT-D)	Rezidivfrei (3 Jahre)
E. H.	29	Invasive Blasenmole	Meta im Becken	120 000	Zytostatisch (MTX, ACT-D)	Rezidivfrei (2 Jahre)

gute Prognose mit Heilungsaussichten bis zu 100%. Selbst für High-risk-Patientinnen werden totale Remissionen in 70—80% angegeben.

Die eigenen 12 Patientinnen mit niedrigem Risiko haben in jedem Fall auf die Therapie gut angesprochen mit Normalisierung der HCG-Ausscheidung und Tumorregression (Tab. 9.9). Metastasen in Lunge oder Becken haben sich zurückgebildet. Dazu waren bis zu drei Kuren mit Methotrexat notwendig. Alle Patientinnen blieben rezidivfrei.

Von den 17 Patientinnen mit hohem Risiko (Tab. 9.10) sind sechs gestorben, zwei erst nach Remissionen von dreieinhalb Jahren. Es handelte sich durchwegs um Patientinnen mit schwerwiegenden Risikofaktoren; zudem erfolgte ihre Behandlung überwiegend noch in einer Zeit, in der die Möglichkeit der HCG-β-Bestimmung, also der wirklich adäquaten Therapieüberwachung, noch nicht gegeben war. Die restlichen elf Patientinnen sind rezidivfrei geblieben (TSCHERNE, 1982). Von insgesamt 29 Patientinnen sind somit 23 geheilt bzw. rezidivfrei; das Ende der Behandlung liegt ein bis elf Jahre zurück. Das entspricht einem Ergebnis von fast 80% (79,3%).

9.6 Nachsorge

Bei dem bekannten erhöhten Risiko für das Auftreten eines Trophoblasttumors in Zusammenhang mit einer Blasenmole sind Nachkontrollen nach ihrer Entleerung unbedingt notwendig. Sie sind vom behandelnden Arzt in die Wege zu leiten und zu überprüfen. Nachkontrollen nach Behandlung von Trophoblasttumoren müssen genauestens vorgenommen werden, um eine ungenügende Therapie bzw. das Auftreten eines Rezidivs zu erkennen. Sie werden in der Regel dort erfolgen, wo die Behandlung durchgeführt wurde, das heißt in einem klinischen Zentrum.

9.6.1 Kontrollen nach Blasenmole

Nach einer Empfehlung des New England Trophoblastic Disease Center sollten die Kontrollen nach Ausräumung einer Blasenmole zunächst wöchentlich durchgeführt werden, bis drei aufeinanderfolgende HCG-Bestimmungen negativ bleiben, anschließend monatlich ein halbes Jahr hindurch.

Zum Zeitpunkt der Entlassung der Patientinnen nach Ausräumung einer Blasenmole ist der HCG-Titer gewöhnlich noch hoch. Die Patientinnen werden zur Nachuntersuchung bestellt und in Evidenz gehalten. Bei den ambulanten Kontrollen in wöchentlichen Abständen wird im mitgebrachten Morgenharn ein immunologischer Schwangerschaftstest mit quantitativer Bestimmung des HCG durchgeführt, bis drei negative Werte vorliegen. Weitere Bestimmungen erfolgen monatlich bis zu einem Jahr, aber zumindest ein halbes Jahr hindurch.

Der immunologische Schwangerschaftstest wird unabhängig von der primären Höhe der Gonadotropinausscheidung zwei bis vier Wochen nach Entleerung einer Blasenmole negativ. Nach eigenen Untersuchungen (TSCHERNE und PÜRSTNER, 1979) dauerte es von da an noch zwei bis neun Wochen, bis auch HCG-β nicht mehr nachweisbar ist. Diese Tatsache spielt für die Praxis der Nachkontrolle nach unkomplizierter Blasenmole keine Rolle. In der Regel genügt die Bestimmung von HCG mittels der angegebenen Tests im Morgenharn. Nur bei Unklarheiten sind HCG-β-Bestimmungen im Serum angezeigt.

Bei Einhaltung dieser Richtlinien ist die rechtzeitige Diagnose eines Trophoblasttumors gewährleistet. Für einen Tumor sprechen:
● Signifikanter Wiederanstieg der HCG-Ausscheidung;

● Plateaubildung der HCG-Kurve über 4 Wochen;
● HCG-β-Ausscheidung über mehr als 12 Wochen.
Bei Vorliegen derartiger Befunde sind weitere diagnostische Schritte bzw. eine entsprechende Therapie einzuleiten.

9.6.2 Kontrollen nach Tumorbehandlung

Von dem New England Trophoblastic Disease Center werden nach Behandlung eines Trophoblasttumors wöchentliche Kontrollen der HCG-β-Ausscheidung gefordert, bis drei aufeinanderfolgende Werte negativ bleiben, von da an monatliche Kontrollen über den Zeitraum eines Jahres. Radioimmunologische Bestimmungen von HCG-β im Serum sind unerläßlich. Ein negatives Ergebnis bedeutet, daß HCG-β unter die Nachweisgrenze abgesunken ist.

Die Rolle des Choriongonadotropins als Tumormarker bei der Beurteilung des Behandlungserfolges wurde auf Seite 151 dargelegt. Nach Beendigung der Chemotherapie sollte die Patientin so bald wie möglich entlassen werden, auch wenn noch eine geringe HCG-β-Ausscheidung vorliegt. Bei den ambulanten wöchentlichen Kontrollen wird HCG-β im Serum bestimmt, bis die Werte negativ bleiben. Je länger negative Werte vorliegen, desto geringer wird die Wahrscheinlichkeit eines Rezidivs. Erfahrungsgemäß manifestieren sich *Rezidive* überwiegend im ersten halben Jahr nach der Behandlung. Nach negativer HCG-β-Ausscheidung durch drei Monate ist in 98% der Fälle eine definitive Heilung wahrscheinlich (BORONOW, 1976). Im Zusammenhang mit der Diagnose eines Rezidivs ist zu berücksichtigen, daß im Verlauf der Nachkontrolle offenbar unspezifische HCG-Peaks auftreten können. Die Auswertung von kontinuierlichen HCG-β-Messungen (TSCHERNE und PÜRSTNER, 1979) hat gezeigt, daß auch nach mehreren negativen Werten und noch nach Monaten ein intermittierendes kurzfristiges Wiederansteigen beobachtet werden

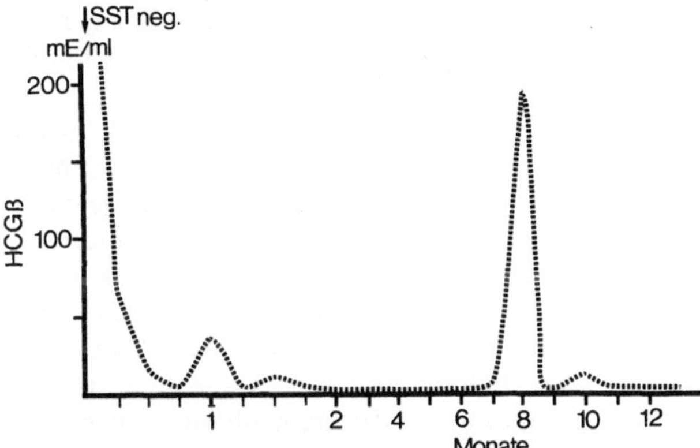

Abb. 9.5. HCG-Ausscheidung nach Behandlung eines Trophoblasttumors mit hohem Risiko (Pat. P. E., 28 Jahre). Nachkontrollen
mittels Bestimmung von HCG-β im Serum. Unspezifische Peaks
nach Monaten. Rezidivfrei seit sechs Jahren. *SST* Immunologischer Schwangerschaftstest

kann. In der Folge bleiben die Werte wieder negativ (Abb. 9.5). Bei einem Wiederanstieg von HCG müssen wöchentliche Kontrollintervalle neuerlich aufgenommen werden. Die Diagnose eines Rezidivs darf erst nach unzweifelhaftem Persistieren der HCG-Ausscheidung gestellt werden. Damit wird eine unnotwendige Wiederaufnahme der Chemotherapie vermieden, ohne daß im Falle eines echten Rezidivs die Therapie entscheidend verzögert wird. Aufgrund dieser Beobachtungen und Gegebenheiten sowie der eigenen Erfahrung nach dürfte das im folgenden angegebene Schema der Nachkontrolle Gewähr für die rechtzeitige Erkennung einer ungenügenden Behandlung oder eines Rezidivs bieten:

● Wöchentliche Bestimmungen von HCG-β bis 4 Werte negativ sind;
● zwei Bestimmungen in 2wöchentlichen Abständen;
● dann erst monatliche Kontrollen bis zu 1 Jahr;
● halbjährliche Kontrollen bis zu 5 Jahren;
● bei Wiederauftreten von HCG-β Aufnahme des wöchentlichen Kontrollintervalles bis zur Klärung.

Eine theoretische Fehlerquelle liegt in der Möglichkeit, daß nach Unterschreiten der Nachweisgrenze immer noch kleinste Mengen von HCG-β vorhanden sind. Es fehlt auch nicht an Publikationen, die die Grenzen der Aussagekraft von HCG-β-Bestimmungen aufzeigen (SCHREIBER et al., 1976; DAWOOD et al., 1977). Diese methodische Grenze beeinträchtigt aber den Wert einer solchen Nachsorge nicht entscheidend; sie stellt heute ein Optimum dar.

9.6.3 Neuerliche Schwangerschaft

Anknüpfend an die zitierten Empfehlungen des New England Trophoblastic Disease Center ist nach unkomplizierter Blasenmole eine neuerliche Schwangerschaft erlaubt, wenn der HCG-Test durch sechs Monate negativ blieb. Nach Behandlung eines Tumors werden 12 Monate Intervall bis zu einer neuerlichen Schwangerschaft gefordert. Während dieser Zeit ist für eine wirkungsvolle Antikonzeption zu sorgen. Die effizienteste Form ist die Verordnung eines Ovulationshemmers. Mit der Einnahme sollte aber erst begonnen werden, wenn die Behandlung erfolgreich abgeschlossen ist, wenn also die HCG-Ausscheidung eindeutig negativ bleibt. Auch in diesem Zusammenhang ist auf die Wichtigkeit einer genauen Information der Patientinnen hinzuweisen.

9.6.3.1 Schwangerschaften nach zytostatischer Therapie

Schwangerschaften nach zytostatischer Behandlung von Trophoblasttumoren stellen nach den bisherigen Erfahrungen kein faßbar erhöhtes Risiko dar (VAN THIEL et al., 1970; PASTORFIDE und GOLDSTEIN, 1973; WALDEN und BAGSHAWE, 1979). Es muß aber mindestens ein Jahr zwischen Beendigung der Therapie und dem Beginn der Schwangerschaft vergangen sein. Im Falle einer früher eintretenden Gravidität aufgrund unterlassener, ungenügender oder versagender Antikonzeption ist eine Interruptio in Erwägung zu ziehen.

Von den eigenen Patientinnen sind nach konservativer Therapie elf wieder schwanger geworden. Eine Schwangerschaft endete mit einem Abortus, einmal wurde eine Interruptio durchgeführt, weil das Intervall nach Beendigung der Chemotherapie zu kurz war. Neun Frauen haben 12 Kinder geboren, die keine Fehlbildungen oder sonstige mit der Behandlung in Zusammenhang zu bringende Schäden aufwiesen.

Literatur

BAGSHAWE, K. D. (1969): Choriocarcinoma. London: E. Arnold.

— (1976): Risk and prognostic factors in trophoblastic neoplasia. Cancer 38, 1373.

— (1977): Treatment of Trophoblastic Tumours (Recent Results in Cancer Research, Vol. 62), S. 192. Berlin-Heidelberg-New York: Springer.

BALLON, S. C., BERMANN, M. L., LAGASSE, L. D., WATRING, W. G., SCHLESINGER, R. E. (1977): The unique aspects of gestational trophoblastic disease. Obstet. and Gynec. Survey 32, 405.

BERKOWITZ, R. S., GOLDSTEIN, D. P., BERNSTEIN, M. L. (1980): Laparoscopy in the management of gestational trophoblastic neoplasms. J. Reprod. Med. 24, 261.

BORELL, U., FERNSTRÖM, I., MOBERGER, G., OHLSON, L. (1963): The Diagnosis of Hydatidiform Mole, Malignant Hydatidiform Mole and Chorion-Carcinoma with Special Reference to the Diagnostic Value of Pelvic Arteriography. Springfield, Ill.: Ch. C Thomas.

BORONOW, R. C. (1970): Pelvic arteriography after chemotherapy of malignant trophoblastic disease. Obstet. and Gynec. 36, 675.

— (1976): Gestational trophoblastic disease. In: Gynecologic Oncology (RUTLEDGE, F., BORONOW, R. C., WHARTON, J. T., Hrsg.). New York: J. Wiley.

BREWER, J. I., ECKMAN, T. R., DOLKART, R. E., TOROK, E., WEBSTER, A. (1971): Gestational trophoblastic disease. Amer. J. Obstet. Gynecol. 109, 335.

BREWIS, R. A. L., BAGSHAWE, K. D. (1968): Pelvic arteriography in invasive trophoblastic neoplasia. Brit. J. Radiol. 41, 481.

CURRY, S. L., HAMMOND, C. B., TYREY, L., CREASMAN, W. T., PARKER, R. T. (1975): Hydatidiform mole—diagnosis, management, and long-term follow up of 347 patients. Obstet. Gynec. 45, 1.

DAWOOD, M. Y., SAXENA, B., LANDESMAN, R. (1977): Human chorionic gonadotropin and its subunits in hydatidiform mole and choriocarcinoma. Obstet. Gynec. 50, 172.

EDWARDS, J. L., MAKEY, A. R., BAGSHAWE, K. D. (1975): The role of thoracotomy in the management of pulmonary metastases of gestational choriocarcinoma. Clin. Oncol. 1, 329.

GOLDSTEIN, D. P. (1974): Prevention of gestational trophoblastic disease by use of actinomycin D in molar pregnancy. Obstet. Gynec. 43, 475.

— BERKOWITZ, R. S. (1982): Gestational Trophoblastic Neoplasms. Philadelphia: W. B. Saunders.

HAMMOND, C. B., BORCHERT, L. G., TYREY, L., CREASMAN, W. T., PARKER, R. T. (1973): Treatment of metastatic trophoblastic disease—good and poor prognosis. Amer. J. Obstet. Gynecol. 115, 451.

— WEED, J. C., CURRIE, J. L. (1980): The role of operation in the currant therapy of gestational trophoblastic disease. Am. J. Obstet. Gynecol. 136, 884.

HERTZ, R. (1968): Eigenschaften und Behandlung des Chorionkarzinoms und verwandter Trophoblast-Tumoren bei Frauen. Geburtsh. u. Frauenheilk. 28, 809.

— (1978): Chorioncarcinoma and Related Gestational Trophoblastic Tumors in Women. New York: Raven Press.

HOLLAND, J. F., HRESHCHYSHYN, M. M. (1967): Choriocarcinoma. Transaction of a Conference of the International Union against Cancer. Berlin-Heidelberg-New York: Springer.

HOLZMANN, K., BAGSHAWE, K. D., HÖRMANN, G., ISHIZUKA, N., KÄSER, O., SCOTT, J. S., TOJO, S., VETTER, L. (1973): Die Blasenmole. (Ein schriftliches Symposion.) Geburtsh. u. Frauenheilk. 33, 338.

— — Castano-Almendral, A., Hertz, R., Hörmann, G., Ishizuka, N., Käser, O., Tojo, S. (1975): Klinische Probleme beim Chorionepitheliom. (Ein schriftliches Symposion.) Geburtsh. u. Frauenheilk. **35**, 661.

Ishizuka, N. (1968): Probleme zur Chemotherapie von Trophoblast-Tumoren. Sanfudjinka-no Sekai **20**, 469.

Jequier, A., Winterton, P. (1973): Diagnostic problems of trophoblastic disease in women aged 50 or more. Obstet. and Gynec. **42**, 378.

Käser, O., Castano-Almendral, A. (1977): Die gestationsbedingten Trophoblasterkrankungen (GTE). Gynäkologe **10**, 190.

Lewis, J. L. (1976): Current status of treatment of gestational trophoblastic disease. Cancer **38**, 620.

Li, M. C., Hertz, R., Spencer, D. B. (1956): Effects of methotrexate therapy upon choriocarcinoma and chorioadenoma. Proc. Soc. exp. Biol. (N.Y.) **93**, 361.

Libshitz, H. I., Baber, C. E., Hammond, C. B. (1977): The pulmonary metastases of choriocarcinoma. Obstet. Gynecol. **49**, 412.

O'Brian, T. J., Engvall, E., Schlaerth, J. B., Morrow, C. P. (1980): Trophoblastic disease monitoring: Evaluation of pregnancy-specific β_1-glycoprotein. Am. J. Obstet. Gynecol. **138**, 313.

Pastorfide, G. B., Goldstein, D. P. (1973): Pregnancy after hydatidiform mole. Obstet. Gynec. **42**, 67.

Ross, G. T., Goldstein, D. P., Hertz, R., Lipsett, N., Odell, W. D. (1965): Sequential use of methotrexate and actinomycin D in the treatment of metastatic choriocarcinoma and related trophoblastic diseases in women. Amer. J. Obstet. Gynecol. **93**, 223.

Schmid, K. O., Tscherne, G. (1979): Limits of therapy for malignant chorioepithelioma. Arch. Gynecol. **227**, 181.

Schreiber, J. R., Rebar, R. W., Hao-Chia Chen, Hodgen, G. D., Ross, G. T. (1976): Limitation of the specific serum radioimmunoassay for human chorionic gonadotropin in the management of trophoblastic neoplasms. Amer. J. Obstet. Gynecol. **125**, 705.

Scott, J. S. (1969): Blasenmole und Chorionepitheliom. In: Gynäkologie und Geburtshilfe (Käser, O., Friedberg, V., Ober, K. G., Thomsen, K., Zander, J., Hrsg.), Bd. 1. Stuttgart: G. Thieme.

Searle, F., Bagshawe, K. D., Leake, B. A., Dent, J. (1978): Serum-SP$_1$ pregnancy-specific-β-glycoprotein in choriocarcinoma and other neoplastic disease. Lancet **ii**, 579.

Sugimori, H., Nagata, Y., Nishimura, A., Taki, I., Takahashi, M. (1975): Angiography of trophoblastic tumors. Gynecol. Oncol. **3**, 61.

Surwit, E. A., Hammond, C. B. (1980): Treatment of metastatic trophoblastic disease with poor prognosis. Obstet. Gynecol. **55**, 565.

— Alberts, D. S., Christian, C. D., Graham, V. E. (1984): Poor-prognosis gestational trophoblastic disease: An update. Obstet. Gynecol. **64**, 21.

Tatarinov, Y. S. (1978): Trophoblast-specific beta-1-glycoprotein as a marker for pregnancy and malignancies. Gynec. Obstet. Invest. **9**, 65.

Tscherne, G., Schwarz, G. (1976): Die Wertigkeit der Angiographie bei der Diagnostik trophoblastischer Tumoren. Geburtsh. u. Frauenheilk. **36**, 1076.

— (1977): Fehlerquellen bei der Diagnostik von Trophoblasttumoren. Wien. med. Wschr. **127**, 546.

— (1979): Diagnostik, Therapie und Nachsorge bei Trophoblasttumoren in aktueller Sicht. Wien. klin. Wschr. **91**, Suppl. 103.

— Pürstner, P. (1979): Bestimmung von HCG-β nach Blasenmole und Chorionepitheliom. Geburtsh. u. Frauenheilk. **39**, 704.

— (1982): Ergebnisse der Behandlung von Trophoblasttumoren. Geburtsh. u. Frauenheilk. **42**, 371.

Vaitukaitis, J. L., Braunstein, G. D., Ross, G. T. (1972): A radioimmunoassay which specifically measures human chorionic gonadotropin in the presence of human luteinizing hormone. Amer. J. Obstet. Gynecol. **113**, 715.

Van Thiel, D. H., Ross, G. T., Lipsett, M. B. (1970): Pregnancies after chemotherapy of trophoblastic neoplasms. Science **169**, 1326.

Walden, A. M., Bagshawe, K. D. (1979): Pregnancies after chemotherapy for gestational trophoblastic tumours. Lancet **8**, 1241.

Weed, J. C., Hammond, C. B. (1980): Cerebral metastatic choriocarcinome: Intensive therapy and prognosis. Obstet. Gynecol. **55**, 89.

10
Tumormarker in der gynäkologischen Onkologie

W. Urdl und *M. Lahousen*

10.1 Allgemeiner Teil

10.1.1 Definition

Tumormarker sind diagnostizierbare Veränderungen von Körperflüssigkeiten oder Geweben, die Hinweise auf einen neoplastischen Prozeß geben können. Sie werden mit hämatologischen, zytologischen, klinisch-chemischen und serologischen Tests nachgewiesen.

Schon 1930 vertrat ZONDEK die Ansicht, daß mit dem Nachweis von *Choriongonadotropin* in Körperflüssigkeiten die Diagnose von Trophoblasttumoren möglich sein müßte. Mit der Entwicklung einer semiquantitativen Methode zum Nachweis dieses Hormons im Harn stand der erste „Tumormarker" zur Verfügung (ZONDEK, 1942). Seither sind Markersubstanzen Gegenstand intensiver Forschung geworden. In allen Sparten der Onkologie hat sich gezeigt, daß durch ihre Bestimmung und die richtige Bewertung dieser Ergebnisse Fortschritte bei der Behandlung von Tumorkranken erzielt werden können.

Aus Gründen der meist einfacheren und rascheren labortechnischen Handhabung werden zur Überwachung von Krebskranken gegenwärtig hauptsächlich jene Marker bestimmt, die man in *Blut* nachweisen kann. Diese *Tumormarker im eigentlichen Sinn* gelangen durch aktive Sekretion oder beim Zellverfall in die interstitielle Gewebsflüssigkeit und von dort in die Blutbahn. Sie werden bei ausreichender Konzentration biochemisch oder immunologisch erfaßbar. Qualitative oder quantitative Änderungen der Markersubstanzen sind Ausdruck einer veränderten Masse oder eines veränderten biologischen Verhaltens des Tumors, wie zum Beispiel im Rahmen einer Chemotherapie oder radiotherapeutischer Maßnahmen, vielfach jedoch Reaktionen des Stoffwechsels, des Endokrinums oder des Immunsystems, die am Beginn oder im Verlauf einer malignen Erkrankung in Erscheinung treten können. Sie werden auch bei benignen Tumorerkrankungen sowie bei Entzündungen in völlig unspezifischer Weise feststellbar.

Der Nachweis des spezifischen Tumor(Malignom)-Markers schlechtweg steht noch aus. *„If we waited for absolute specifity there would be no tests at all"* (BAGSHAWE, 1983). Die Bestimmung von Tumormarkern als „Suchtest" zur Erkennung bösartiger Erkrankungen hat bisher nur geringe Bedeutung erlangt. Hingegen ist der Wert laufender Markerkontrollen, besonders bei gleichzeitiger Bestimmung mehrerer Markersubstanzen, im Rahmen der Verlaufskontrolle solcher Erkrankungen unumstritten (s. S. 174 und S. 178).

10.1.2 Praktische Anwendbarkeit

Brauchbare Tumormarker oder Markerkombinationen sollten folgenden Anforderungen genügen:

● Das Ergebnis des Markernachweises sollte mit möglichst hoher *Spezifität* für das Vorliegen eines Malignoms sprechen. Als Maß hiefür können die Raten *„falsch positiver"* und *„falsch negativer"* Ergebnisse eines Markers gelten, die jeweils *10%* nicht übersteigen sollen (BAGSHAWE, 1983).

● Bei der Therapieüberwachung müssen Erfolg oder Mißerfolg durch *Konzentrationsänderung* der Marker erkennbar werden.

● Rezidive und/oder Metastasierung sollten möglichst *frühzeitig* erfaßt werden können.

● Die Bestimmungsmethode muß einfach und praktikabel, standardisiert und reproduzierbar sein.

10.1.3 Richtlinien zur Anwendung von Tumormarkern

Serum- oder Plasmaproben zur Bestimmung von Tumormarkern sollen *vor Behandlungsbeginn* entnommen werden, wenn zumindest der Verdacht auf eine maligne Erkrankung besteht. Die nächste Bestimmung erfolgt unmittelbar nach dem ersten Behandlungsschritt. Dieser kann eine Operation, die Verabfolgung einer vollen Strahlendosis oder eine Chemotherapie sein. Nach operativer Behandlung werden im entnommenen Tumorgewebe, bei diagnostischer Biopsie im Biopsiematerial Tumorantigene, Immunkomplexe, sowie Hormonrezeptoren bestimmt.

In der Folge sind diese Untersuchungen im Rahmen der Chemotherapie in vierwöchigen Abständen, nach Abschluß derselben im ersten Jahr vierteljährlich, im zweiten Jahr alle vier Monate, im dritten Jahr und bei allen weiteren Kontrollen zumindest halbjährlich oder nach individuellen Gesichtspunkten erforderlich. Bei allen Untersuchungen sollten möglichst mehrere Marker bestimmt werden (Tab. 10.7). Bei der Auswahl dieser *„Marker-Kombination"* soll das

sogenannte *„Antigen-Gewebsprofil"* berücksichtigt werden (s. S. 170 und S. 177).

Sinken anfangs erhöhte Markerwerte auf Normalwerte ab, so deutet dies nach der Erstbehandlung auf eine weitgehende Eliminierung der Tumorsubstanz hin. Zeigen die Werte hingegen bei weiteren Kontrollen eine *ansteigende Tendenz,* spricht dies für ein Weiterwachsen, ein Rezidiv oder für die Metastasierung. Ein *rascher Anstieg* der Titer-Verlaufskurve sowie sehr hohe Markereinzelwerte sind Verdachtsmomente auf metastatische Absiedelung. Im Verlauf des Tumorleidens kann es spontan oder unter dem Einfluß radiologischer oder chemotherapeutischer Maßnahmen zu Änderungen im mengenmäßigen Verhältnis von markerproduzierenden und „stummen" Tumorzellen kommen, womit sich auch eine Auswirkung auf die Konzentration der Markersubstanzen im Blut ergibt. Aufwendige diagnostische Verfahren zum klinischen Nachweis von Rezidiven oder einer Metastasierung, wie zum Beispiel die Computertomographie, sollen aufgrund der Markerbestimmung allein erst nach dem Vorliegen von mindestens zwei erhöhten Werten mit eindeutig *ansteigender Tendenz* bzw. bei Erhöhung des *„mittleren Tumormarkerspiegels"* im Blut eingesetzt werden.

10.1.4 Der „mittlere Tumormarkerspiegel" und der „Markertrennwert"

Es ist vielfach üblich, im Rahmen der Verlaufskontrolle maligner Erkrankungen schon bei *einmaligem* Anstieg eines Markerspiegels in den pathologischen Bereich von einer „Erhöhung" zu sprechen. Andererseits wird einzelnen erhöhten Markerwerten bei Patienten, die im Rahmen der onkologischen Nachsorge tumorfrei bleiben, oft keine Bedeutung beigemessen.

Um die Aussagekraft eines Tumormarkers objektiv beurteilen und verschiedene Studien, die die gleichen Markersubstanzen betreffen, miteinander vergleichen zu können, wurde der Begriff des *„mittleren Tumormarkerspiegels"* (MTS) im Blut als Meßgröße eingeführt (LAHOUSEN et al., 1984). Mit ihm gelingt es exakt, aufgrund der Analyse der Titerverlaufskurve deren Trend zu erfassen.

Bei der Ermittlung wird folgendermaßen vorgegangen: Die Meßwerte eines Patienten werden linear interpoliert. Die so gewonnene stückweise lineare Funktion wird über die gesamte Meßperiode integriert und schließlich durch die Dauer der Meßperiode dividiert (Mittelbildung). Der MTS errechnet sich nach folgender Formel:

$$MTS = \frac{1}{t_n - t_1} \sum_{i=1}^{n-1} \frac{1}{2} (f_{i+1} + f_i)(t_{i+1} - t_i)$$

Es bedeuten:

t_i = Meßzeitpunkte,
f_i = die zu t_i gemessenen Markerwerte,
n = die Anzahl der bei einer Patientin durchgeführten Messungen,
t_n = Zeitraum, in dem Messungen einer Markersubstanz erfolgten.

Die Bestimmung der MTS bei einem großen Kollektiv von Tumormarkern ermöglicht retrospektiv die Ermittlung eines *MTS-Trennwertes,* über dem signifikant höhere Rezidiv- und Sterblichkeitsraten auftreten. Hiefür müssen die MTS nach steigender Größe geordnet und statistischen Analysen unterzogen werden.

Eine Untersuchung soll hiefür als Beispiel dienen: Bei einem Kollektiv von 41 Frauen mit Ovarialkarzinom der Stadien III und IV wurde für den mittleren Ferritinspiegel ein Trennwert von 700—800 ng/ml ermittelt. Über diesem Trennwert lag die Rezidivrate bei 68,4%, darunter bei 31,8%. Die Sterblichkeitsrate über diesem Wert lag bei 52,6%, darunter bei 13,6% (LAHOUSEN et al., 1984).

10.1.5 Einteilung der Tumormarker

Nach der derzeit gebräuchlichen Einteilung zählen zu den Tumormarkern

- *Tumorantigene,*
- *Schwangerschaftsproteine und Glykoproteine,*
- *Hormone,*
- *Enzyme* und
- *Immunparameter.*

Die wichtigsten Vertreter der jeweiligen Gruppe sind der Tab. 10.1 zu entnehmen.

Tabelle 10.1. Einteilung der Tumormarker

1. Tumorantigene
Fetale und embryonale Antigene
    Karzinoembryonales Antigen (CEA)
    Alpha-1-Fetoprotein (AFP)
    Beta-onkofetales Antigen (BOA)
Tissue polypeptide antigen (TPA)
Non specific cross-reacting-Antigen (NCA)
Tennessee-Antigen (TAG)
Spezielle tumorassoziierte Antigene
    Ovarian cystadenocarcinoma antigens
    (OCAA und OCAA-1)
    Ovarian cancer antigen (OCA)
    Human cervical Antigen (TA-4)
    Cancer antigen (CA-125)

2. Schwangerschaftsproteine und Glykoproteine
Schwangerschaftsspezifisches β_1-Glykoprotein (SP$_1$)
Schwangerschaftsassoziiertes α_2-Glykoprotein (SP$_3$, α_2-PAG)
Ferritin
Regan-Isoenzym der alkalischen Phosphatase

3. Hormone
β-Human-Choriongonadotropin (β-HCG)
Steroidhormone
    Östrogene
    Androgene
Human placental lactogen (HPL)
Prolaktin
ACTH, Kalzitonin, Parathormon, Antidiuretisches Hormon
Serotonin, Gastrin, Glukagon, Insulin

4. Enzyme
Phosphohexoseisomerase (PHI)
Saure prostataspezifische Phosphatase
Alkalische Phosphatase
Glukosytransferasen
    Sialyltransferase
    Galaktosyltransferase
Gamma-glutamyl-Transpeptidase (Gamma-GT)
Transaminasen (GOT, GPT)
Lactatdehydrogenase (LDH)
Histaminase
Aldolase (ALD)
Cholinesterase

5. Immunparameter
Nachweis von Immunkomplexen
Indirekter Nachweis von Antigenen an Tumorzellen oder
Tumorzellextrakten (Tests mit spezifischen Antiseren oder zelluläre Reaktionen)

10.1.5.1 Tumorantigene

Tumorantigene sind an Membranen maligner Zellen gebundene oder im Serum frei zirkulierende Substanzen, die die Fähigkeit haben, eine tumorspezifische Immunreaktion zu induzieren. Bei der Immundiagnostik werden diese Antigene *direkt* an der Zelloberfläche oder frei zirkulierend im Blut nachgewiesen. *Indirekt* gelingt die Diagnostik mittels Bestimmung von Tumorantigen-Antikörperkomplexen oder zellvermittelnder Reaktionen.

Obwohl es dank zahlreicher labortechnischer Errungenschaften der letzten zehn Jahre möglich war, eine Vielzahl von Tumorantigenen zu isolieren (GALL et al., 1973; DORSETT et al., 1975; BAGSHAWE et al., 1978; 1980 a; 1980 b; STOLBACH et al., 1979; DAWSON et al., 1980; ASHALL et al., 1982; BHATTACHARYA et al., 1982 a; 1982 b; CHARPIN et al., 1982), war damit „der Tumormarker" trotzdem noch nicht gefunden. Es zeigte sich jedoch, daß die Ergebnisse von Antigenbestimmungen zur Therapieüberwachung von Krebserkrankungen eine hohe Übereinstimmung zum klinischen Verlauf aufwiesen, wenn folgende Faktoren berücksichtigt wurden:

● die *Konzentration* der einzelnen Antigene im Tumorgewebe, das sogenannte *„Antigen-Gewebs-Profil"*
● die Tumorausdehnung und somit das *Stadium der Erkrankung*
● *der Antigenmetabolismus*

Besitzt ein Tumor viele Zellen, die ein bestimmtes Antigen produzieren, z. B. bei großer Dichte der spezifischen Zellen im Tumorgewebe oder bei großer Tumorzellenmasse, so kann die Konzentration des betreffenden Antigens im Blut in hohem Maße mit dem klinischen Verlauf der Erkrankung korrelieren. Somit empfiehlt es sich, zu Beginn jeder Malignombehandlung den Gehalt bestimmter Antigene, das sogenannte *„Antigen-Gewebsprofil"*, im jeweiligen Tumor zu bestimmen (s. S. 170). Die gelingt mit immunhistochemischen Methoden am Operations- oder Biopsiematerial, wie zum Beispiel der Nachweis des karzinoembryonalen Antigens (CEA), des Alpha-1-Fetoproteins (AFP) und anderer Tumorantigene mit der *Immunperoxidase-Reaktion* (STERNBERGER et al., 1970; PRIMUS et al., 1978; VAN NAGELL et al., 1978 a; 1979) oder der Nachweis des karzinoembryonalen Antigens (CEA) (CHARPIN et al., 1982) und des Cancer-Antigens (CA 125) mit *monoklonalen* Antikörpern (KABAWAT und BAST, 1983).

Wie im Tierversuch (SHUSTER et al., 1973) und auch beim Menschen (LURIE et al., 1975) nachgewiesen werden konnte, werden Tumorantigene zum größten Teil in der *Leber* metabolisiert und über die Nieren ausgeschieden. Erkrankungen dieser Organe können sich somit auf die Plasmakonzentration derartiger Antigene auswirken.

10.1.5.1.1 Das karzinoembryonale Antigen (CEA)

Dieses Antigen ist einer der am häufigsten bestimmten Tumormarker. Chemisch handelt es sich um ein Glykoprotein mit einem Molekulargewicht von 180 000 Dalton.

Die Substanz wurde erstmals aus Adenokarzinomen des Colons isoliert (GOLD und FREEDMAN, 1965 a). Da sie wenig später auch im Darm, in der Leber sowie im Pankreas zwei bis sechs Monate alter menschlicher Feten gefunden wurde und Antigencharakter aufwies, wurde sie, obwohl ein Glykoprotein, der Gruppe der *fetalen Antigene* zugeordnet (GOLD und FREEDMAN 1965 b; GOLD et al., 1968). In der Folge gelang der Nachweis von CEA auch bei anderen Karzinomen des Gastrointestinaltraktes (HOLYOKE et al., 1972). Die ursprüngliche Annahme einer Tumor- oder Organspezifität, d. h. das Vorkommen von CEA ausschließlich bei hochdifferenzierten Malignomen des Gastrointestinaltraktes, konnte nicht bestätigt werden. Schließlich wurde CEA auch im Plasma von Bronchus- und Mammakarzinompatienten (LO GERFO et al., 1971; 1972) sowie beim Prostatakarzinom gefunden (PUSZTASZERI und MACH, 1972). Es konnte gezeigt werden, daß dieses CEA mit dem

Tabelle 10.2. CEA-Plasmaspiegel bei gynäkologischen Erkrankungen vor Behandlungsbeginn. Eine Zusammenfassung mehrerer Studien

	N	CEA-Spiegel im Plasma (über 2,5 ng/ml) N	(%)
Gesunde Kontrollpersonen	176	19	11
Gutartige gynäkologische Erkrankungen	95	17	18
Kollumkarzinom	592	313	53
Endometriumkarzinom	279	103	37
Ovarialkarzinom	203	95	46

(Nach VAN NAGELL et al., 1981)

Tabelle 10.3. Allgemeine Richtlinien zur Interpretation der CEA-Werte (Roche Collaborative Study 1972)

Titerbereich (ng/ml)	
bis 2,5	*Normbereich:* In der Regel gesunde Personen (ein normaler Titer schließt jedoch ein Malignom nicht mit Sicherheit aus).
2,6 bis 5,0	Das Vorhandensein eines Malignoms ist *möglich.* (Hier finden sich in 23,8% Patienten mit nicht-malignen Erkrankungen, sowie in 22,1% starke Raucher.)
5,1 bis 10,0	Es besteht der *Verdacht* auf eine maligne Erkrankung. (In 8,1% finden sich Patienten mit nicht-malignen Erkrankungen und in 8,3% starke Raucher.)
10,1 bis 20,0	Ein Malignom ist *wahrscheinlich.* (Es finden sich nur in 1,6% Patienten mit nicht-malignen Erkrankungen und in 0,7% starke Raucher.)
über 20,0	Praktisch *beweisend* für das Vorliegen einer malignen, meist metastasierenden Erkrankung.

CEA aus Kolonkarzinomen immunologisch identisch ist (PUSZTASZERI und MACH, 1973). In der Folge häuften sich Publikationen über das Vorkommen von CEA im Plasma von Patienten mit Hepatomen, Sarkomen, Schilddrüsenkarzinomen, Leukämien und anderen bösartigen Tumorerkrankungen (HALL et al., 1972; LAURENCE et al., 1972; REYNOSO et al., 1972 a; 1972 b).

Auch bei *gynäkologischen Malignomen* wurden erhöhte CEA-Werte im Plasma gefunden. Einen Überblick über positive CEA-Werte bei gynäkologischen Erkrankungen gibt die Tab. 10.2. Der höchste Prozentsatz prätherapeutisch positiver CEA-Werte fand sich bei wenig differenzierten muzinösen Ovarialkarzinomen, sowie bei wenig differenzierten Zervix- und Endometriumkarzinomen (s. S. 170 und S. 177).

Die Hoffnung, mit dem CEA ein tumorspezifisches Antigen entdeckt zu haben, wurde durch den Nachweis von CEA bei nichtmalignen Erkrankungen, wie zum Beispiel bei entzündlichen Darmerkrankungen, Kolonpolypen, alkoholischer Leberzirrhose und Lungenemphysem zunichte gemacht (KUPCHIK und ZAMCHECK, 1972; MOORE et al., 1972). Schließlich konnte man auch bei völlig gesunden Personen, insbesondere bei starken Rauchern und bei Schwangeren, erhöhte CEA-Werte im Plasma finden (THOMSON et al., 1969).

Anhand von über 9000 Fällen wurde die praktische Bedeutung des CEA relativiert (Roche Collaborative Study, 1972). Die wichtigsten Ergebnisse dieser Studie sind der Tab. 10.3 zu entnehmen. Eine ähnliche Studie wurde wenig später veröffentlicht (HANSEN et al., 1974).

Bei der Interpretation von CEA-Werten sind Besonderheiten zu berücksichtigen:

● Aus der Höhe des präoperativ bestimmten CEA-Wertes kann nur bedingt ein Rückschluß auf die Operabilität des Malignoms gezogen werden. Es ist erwiesen, daß die Höhe der CEA-Titer in hohem Maße mit der *Tumorzellmasse* und somit direkt mit der Tumorausdehnung korreliert. Derartige Zusammenhänge finden sich vor allem bei Karzinomen des Darmes und des Pankreas, wo jeweils besonders hohe CEA-Gewebskonzentrationen nachweisbar sind. Es konnte gezeigt werden, daß eine radikale Tumorexstirpation in etwa 90% gelingt, wenn der präoperativ erhobene CEA-Wert im Normbereich gelegen war. Hingegen war bei erhöhten CEA-Ausgangswerten eine radikale Tumorentfernung nur in weniger als 50% möglich (WINTZER, 1981).

● Die Höhe des CEA-Titers vor Beginn einer Chemotherapie steht in statistisch signifikanter Korrelation zum Therapieerfolg. So konnte beim metastasierenden Mammakarzinom nachgewiesen werden, daß partielle oder komplette Remissionen häufiger bei niedrigen als bei hohen CEA-Ausgangswerten zu beobachten sind (PREISS et al., 1981).

● Sinken nach einer Operation präoperativ erhöhte CEA-Werte in den Normalbereich, so spricht dies für die totale oder weitestgehende Entfernung des Malignoms (KHOO et al., 1973 a; 1979). Persistiert der erhöhte Wert hingegen über mehr als acht Wochen nach dem Eingriff, so kann eine unvollständige Tumorresektion oder eine schon vorbestehende Metastasierung angenommen werden (s. S. 170).

● Aussagekräftig sind die Ergebnisse wiederholter CEA-Bestimmungen, und damit die Erfassung des Trends der Titerkurve im Rahmen der Verlaufskontrolle malignen Erkrankungen (s. S. 159). Ein Wiederanstieg des Markerspiegels spricht für das Auftreten eines Lokalrezidivs oder von Metastasen. Anhaltend hohe CEA-Werte sind, ebenso wie der *steile Kurvenanstieg,* charakteristisch für die Metastasierung.

In der überwiegenden Mehrzahl der untersuchten Fälle erfolgt der CEA-Anstieg bis zu sechs Monaten vor dem neuerlichen Auftreten klinischer Symptome oder dem möglichen Nachweis von Tumorgewebe mittels Röntgenuntersuchung, Computertomographie, Sonographie und Palpation (KHOO et al., 1974; LAHOUSEN und PICKEL, 1985).

10.1.5.1.2 Das Alpha-1-Fetoprotein (AFP)

Das Alpha-1-Fetoprotein (AFP) wurde erstmals in Sera von Patienten mit *Leberzellkarzinom* und *Keimzelltumoren* gefunden (ABELEV et al., 1963; TATARINOV, 1964).

Es handelt sich um ein Glykoprotein mit einem Molekulargewicht von 70 000 Dalton. In der Embryonalperiode wird es physiologischerweise im Verdauungstrakt, in der Leber und im Dottersack gebildet. Deutlich erhöhte AFP-Werte finden sich beim primären Leberzellkarzinom, beim Pankreaskarzinom und beim Kolonkarzinom. Auch bei nichtmalignen Erkrankungen der Leber, so zum Beispiel bei der akuten Virushepatitis, bei der chronisch-aktiven Hepatitis und bei der Leberzirrhose, aber auch bei der neonatalen Hyperbilirubinämie sind erhöhte AFP-Werte nachgewiesen worden (SILVER et al., 1974; BLOOMER et al., 1975). Können derartige Erkrankungen ausgeschlossen werden, ist ein signifikanter AFP-Anstieg nach dem ersten Lebensjahr ein Hinweis auf einen Tumor, der wahrscheinlich *Dottersackstrukturen* enthält. Derartige Geschwülste kommen im Hoden, im Ovar (s. S. 172) und selten auch extragenital vor.

Seltener sind Mischtumoren, bestehend aus Trophoblast und Dottersack-Anteilen. In solchen Fällen ist sowohl der AFP-als auch der β-HCG-Nachweis positiv.

Tabelle 10.4. Erhöhte AFP-Spiegel bei Patientinnen mit gynäkologischen Malignomen vor Behandlungsbeginn

	N	Erhöhte AFP-Spiegel (> 20 ng/ml) in % der untersuchten Fälle
CIN	66	30
Invasives Kollumkarzinom	115	53
Endometriumkarzinom	42	50
Ovarialkarzinom	23	57
Vulvakarzinom	7	43
Invasive Karzinome gesamt	187	52
Kontrollgruppe	317	22

(Nach DONALDSEN et al., 1980)

AFP wird auch bei epithelialen gynäkologischen Malignomen als Tumormarker bestimmt. DONALDSON et al. (1980) untersuchten die Aussagekraft dieser Substanz an einem Kollektiv von über 250 Frauen mit bösartigen gynäkologischen Erkrankungen (Tab. 10.4).

Die größte Bedeutung besitzt das AFP im Rahmen der *pränatalen Diagnostik* angeborener Fehlbildungen, insbesondere von Neuralrohrdefekten. Sie gehen zum Teil mit massiv erhöhten AFP-Werten einher (s. Kapitel 17).

10.1.5.1.3 Das Tissue Polypeptide Antigen (TPA)

Vor wenigen Jahren wurde erstmals von einem Antigen berichtet, das von Zellen gebildet wird, die sich in Proliferation befinden (BJÖRKLUND, 1957; 1978). Es wurde daher als *Proliferationsantigen* oder *Tissue polypeptide antigen (TPA)* bezeichnet und besitzt je nach Aggregationszustand ein Molekulargewicht von 20000—45000 Dalton. TPA findet sich in hoher Konzentration in der normalen Plazenta, im Nabelschnurblut Neugeborener und im Serum von Wöchnerinnen.

Erhöhte TPA-Spiegel werden bei malignen Erkrankungen, aber auch bei benignen Prozessen, wie Hepatitis, Hepatosen, Diabetes mellitus und Infektionen des Harn- oder Respirationstraktes nachgewiesen. Bei gynäkologischen Malignomen wurden in 56% erhöhte Serumspiegel gefunden (BHATTACHARYA und BARLOW, 1979). Das TPA hat sich besonders bei der Verlaufskontrolle von Mamma- und Ovarialkarzinomen bewährt (s. S. 174). Beim Mammakarzinom wurde von einer 90%-Übereinstimmung mit dem Verlauf der Tumorerkrankung berichtet, wenn CEA und TPA in *Kombination* (s. S. 167) zur Überwachung eingesetzt wurden (SCHLEGEL et al., 1981).

10.1.5.1.4 Spezielle Tumor-assoziierte Antigene

Vor wenigen Jahren gelang es erstmals, ein *spezielles tumorassoziiertes Antigen* im Gewebe seröser Zystadenokarzinome des Ovars nachzuweisen (LEVI et al., 1968; 1969). Trotz Entdeckung zahlreicher weiterer derartiger Antigene (KNAUF und URBACH, 1974; KATO et al., 1977) erlangten nur wenige eine Bedeutung als Tumormarker, da es nur vereinzelt gelang, brauchbare radioimmunologische Verfahren zu ihrem Nachweis im Blut zu entwickeln.

Die wichtigsten dieser tumorassoziierten Antigene sind: Die Ovarian cystadenocarcinoma associated antigens, OCAA und OCAA-1 (BHATTACHARYA und BARLOW, 1973 a; 1973 b; 1978) und das Cancer antigen CA 125 (BAST et al., 1981; 1983).

Ovarian cystadenocarcinoma associated antigen (OCAA) ist ein hochmolekulares Mukoprotein. Es war in normalem *Ovarialgewebe* nicht nachweisbar und konnte immunologisch vom CEA und AFP unterschieden werden. Sein Nachweis gelang in 80% der serösen und in 100% der muzinösen Zystadenkarzinome des Ovars, nicht jedoch bei anderen gynäkologischen Tumoren. Eine Korrelation der *Serumspiegel* dieses Markers zum klinischen Verlauf fand sich bei Frühfällen von Ovarialkarzinom in über 60%, bei fortgeschrittenen Stadien in 80%. Bei der radioimmunologischen Bestimmung waren Kreuzreaktionen mit Seren von Kolon-, Zervix- und Mammakarzinomkranken feststellbar.

Ovarian cystadenocarcinoma associated antigen-1 (OCAA-1) ist im Gewebe von etwa 90% aller gynäkologischen Tumoren und gelegentlich in Mamma- und Kolontumoren sowie im Serum Schwangerer nachweisbar.

Gelang der Nachweis der bisher erwähnten tumorassoziierten Antigene nur durch Einsatz polyklonaler Antikörper, so hoffte man mit der Anwendung *monoklonaler* Antikörper aufgrund ihrer hohen Spezifität, ihrer homogenen Struktur und ihrer Bindungseigenschaften zu einzelnen Antigendeterminanten besser reproduzierbare Ergebnisse zu erzielen.

Kürzlich gelang die Bildung eines IgG_1-

monoklonalen Antikörpers durch Immunisierung von Mäusen mit lebenden Zellen eines serösen papillären Zystadenokarzinoms (BAST et al., 1981). Dieser Antikörper, er wurde *OC 125* benannt, besitzt die Fähigkeit, vorwiegend mit einem Antigen, das sich auf der Oberfläche seröser Zellen befindet, zu reagieren (KABAWAT und BAST, 1983). Im Gewebe von serösen Ovarialtumoren konnte, ungeachtet ihrer Dignität, eine Antikörperbindungsrate von 85% festgestellt werden. Bei muzinösen oder nichtepithelialen Ovarialtumoren war keine Antikörperbindung zu beobachten.

Das Antigen, mit dem OC 125 reagiert, wurde *Cancer antigen 125 (CA 125)* benannt und unterscheidet sich immunologisch vom CEA und anderen tumorassoziierten Antigenen. Es konnte im Epithel der Tube, des Endometriums und der Endozervix, in fetalen Strukturen im Epithel des Müllerschen Ganges, im Peritoneal- und Pleuraepithel, im Epithel des Perikards sowie im Amnion nachgewiesen werden.

Mit der Entwicklung eines Radioimmunoassays war die Bestimmung von CA 125 *im Serum,* und damit seine Anwendung als Tumormarker, möglich. Erhöhte Serumwerte waren in 0,2% bei gesunden Kontrollpersonen, in 2,1% bei gutartigen Erkrankungen, in 22% bei nichtgynäkologischen Karzinomen und in 75% bei Ovarialkarzinompatientinnen nachweisbar. Von den nichtgynäkologischen epithelialen Malignomen war das Pankreaskarzinom mit 45% am häufigsten positiv (BAST et al., 1983).

CROMBACH et al. (1983) fanden beim Ovarialkarzinom den größten Anteil erhöhter CA 125-Werte bei fortgeschrittenen Fällen (100% beim Stadium IV), bei histologisch undifferenzierten Tumoren (86% beim histologischen Grad 3) und bei serösen Karzinomen (87%). Wie erwähnt, konnte CA 125 in Strukturen, die von den Müllerschen Gängen abstammen, nachgewiesen werden. Erwartungsgemäß war dieser Marker auch bei Karzinomen von Abkömmlingen des Müllerschen Gangepithels häufig positiv: beim Tubenkarzinom in 100%, beim Endo-metriumkarzinom in 48% und beim Adenokarzinom der Zervix in 83% (NILOFF et al., 1984).

10.1.5.2 Schwangerschaftsproteine und andere Glykoproteine

Diese Substanzen sind in der Schwangerschaftsimmunologie sowie in der Tumor- und Transplantationsimmunologie von Bedeutung. Sie können im Gewebe immunhistochemisch, Ferritin auch immunradiometrisch (WEINSTEIN et al., 1982) nachgewiesen werden.

10.1.5.2.1 Das schwangerschaftsspezifische β_1-Glykoprotein (Pregnancy-specific β-1 glycoprotein, SP_1)

Dieses Glykoprotein besitzt ein Molekulargewicht von 90 000 Dalton. Es ist in der Plazenta, im Serum, im Harn, im Fruchtwasser und im Kolostrum sowie, in Spuren, im Nabelschnurblut des Feten nachweisbar. Als Bildungsort kann der Synzytiotrophoblast der Plazenta, bei Trophoblasttumoren die Langhansschichte angenommen werden. Diese Substanz eignet sich daher für die Erkennung und die Verlaufskontrolle von Trophoplasttumoren. Auch bei Mammakarzinomen und bei gewissen Hodenmalignomen kann eine positive Korrelation zum klinischen Befund festgestellt werden. *Trophoblasttumoren* gehen meist mit hoher β-HCG-Produktion und niedriger SP_1-Bildung einher. Gewöhnlich ist daher zur Erkennung und Verlaufskontrolle solcher Malignome die β-HCG-Bestimmung ausreichend (s. S. 137).

Raritäten sind Trophoblasttumoren, deren SP_1-Ausscheidung diejenige des β-HCG übersteigt, oder solche, die ausschließlich SP_1 produzieren (TATARINOV, 1978; SEARLE et al., 1978).

10.1.5.2.2 Das schwangerschaftsassoziierte α_2-Glykoprotein Pregnancy-associated α-2-glycoprotein, α-2-PAG, SP_3)

Dieses Glykoprotein, welches ein Molekulargewicht von 360 000 Dalton aufweist, kommt in Spuren im Serum vor. Bei endogenem Anstieg des Östrogenspiegels, wie in der Gravidität oder bei exogener Östrogenzufuhr steigt seine Konzentration an. Diese Substanz wird beim Bronchus-, Mamma-, Kollum- und Ovarialkarzinom als Tumormarker angewandt (SAWADA et al., 1981).

10.1.5.2.3 Das Ferritin

Das *Ferritin* ist die wasserlösliche Depotform des Eisens (STAGG und COWAN, 1979) und besitzt ein Molekulargewicht von etwa 440 000 Dalton. Erst 1972 gelang es nachzuweisen, daß Ferritin in Nanogrammengen ein normaler Bestandteil des menschlichen Serums ist (ADDISON et al., 1972). Nahezu alle Zellen des menschlichen Körpers sind zur Ferritinsynthese befähigt, doch zeigen Leber, Milz und Knochenmark die höchsten Bildungsraten (FEREBERGER, 1981).

Die von verschiedenen normalen Körperzellen und von Tumorzellen gebildeten Ferritintypen, die sogenannten *Isoferritine,* können aufgrund differenter chemischer oder physikalischer Eigenschaften unterschieden werden. Gegenstand der Forschung ist derzeit der Nachweis klinisch verwertbarer Charakteristika des „Tumor-Isoferritins". So ließen sich *saure* eisenarme Isoferritine im Herz-, Pankreas-, Nieren-, Plazenta- und fetalen Lebergewebe sowie in verschiedenen menschlichen und tierischen Tumorzellen nachweisen, während *basische* Isoferritine in adultem Leber- und Milzgewebe vorkommen (RICHTER, 1965; DRYSDALE et al., 1977; GILER und MOROZ, 1978). In Mammakarzinomen wurden sowohl saure als auch basische Isoferritine gefunden (MARCUS und ZINBERG, 1974; WEINSTEIN et al., 1982).

Unter normalen Bedingungen, bei Eisenmangel und bei Eisenüberschuß repräsentiert das Serumferritin das im retikuloendothelialen System gespeicherte Eisen. Erhöhte Serum-Ferritinspiegel werden im Rahmen von Gewebsnekrosen, vor allem der Leber, und bei entzündlichen und neoplastischen Prozessen beobachtet. Es war daher naheliegend, Ferritin auch als Tumormarker zu

bestimmen (MARCUS und ZINBERG, 1974). Die höchsten Ferritinwerte wurden bei akuten Leukämien und bei Lymphogranulomatose gefunden (JACOBS et al., 1976; JONES et al., 1976). Bei Bronchus-, Mamma-, Kollum-, Endometrium-, Ovarial- und Vulvakarzinom kann, meist in fortgeschrittenen Stadien der Erkrankung, eine Übereinstimmung zwischen Serumferritinwerten und dem klinischen Verlauf der Erkrankung festgestellt werden (LAMERZ, 1980; LAHOUSEN et al., 1984; FEREBERGER, 1984).

10.1.5.3 Hormone

10.1.5.3.1 Das β-Human-Choriongonadotropin (β-HCG)

Die Bedeutung des β-Human-Choriongonadotropins (β-HCG) zur Erkennung und Verlaufskontrolle von Trophoblasttumoren ist unumstritten (s. S. 165 und S. 137).

Darüber hinaus besitzt β-HCG auch bei epithelialen gynäkologischen Malignomen Bedeutung als Tumormarker. Sein Nachweis im Gewebe gelingt immunhistochemisch. VAN NAGELL et al. (1981) faßten die Angaben mehrerer Autoren über erhöhte β-HCG-Spiegel bei malignen gynäkologischen Erkrankungen zusammen (Tab. 10.5).

10.1.5.3.2 Steroidhormone

Granulosazellkarzinome produzieren in der Regel vermehrt *Östrogene,* Androblastome des Ovars vermehrt *Testosteron und/oder Dehydroepiandrosteronsulfat.* Die Bestimmung dieser *Steroidhormone* hat daher für die Erkennung und Verlaufskontrolle derartiger Tumoren Bedeutung (s. S. 222).

10.1.5.4 Enzyme

10.1.5.4.1 Die Phosphohexoseisomerase (PHI)

Dieses Enzym katalysiert in reversibler Form die Umwandlung von Glucose-6-phosphat zu Fructose-6-Phosphat bei der aeroben Glykose. Bei Zelltod oder Schädigung der Zellmembran gelangt es in die Blutbahn und kann dort nachgewiesen wer-

Tabelle 10.5. Erhöhte β-HCG-Spiegel (> 5 mU/ml) bei Patientinnen mit nicht-trophoblastischen gynäkologischen Malignomen vor Behandlungsbeginn. Eine Zusammenfassung mehrerer Studien

	Erhöhte β-HCG-Spiegel		
	N	N	(%)
Kontrollgruppe	317	9	3
Kollumkarzinom	318	111	35
Endometriumkarzinom	167	26	16
Ovarialkarzinom	139	52	38

(Nach VAN NAGELL et al., 1981)

den. Die Bestimmung erfolgt durch kinetische Messung der Extinktionszunahme (BUEDING und MC KINNON, 1955).

Hohe PHI-Konzentrationen im Serum wurden bei gutartigen Prozessen mit starker glykolytischer Aktivität, wie Erkrankungen der Leber, des Herzens und der Skelettmuskulatur beobachtet (MAITY und BURMA, 1973; MUNJAL et al., 1976; DI MARTINO et al., 1979). Zur Differentialdiagnose zwischen bakterieller und viraler Meningitis kann die PHI-Bestimmung im Liquor herangezogen werden (MATHIAS, 1980).

Schon 1926 erkannte WARBURG, daß die *gesteigerte aerobe Glykolyse* eines der auffälligsten Stoffwechselmerkmale bösartiger Tumoren ist. Es war daher naheliegend, die Bestimmung der PHI, eines zentralen Enzyms der aeroben Glykolyse, in das Rüstzeug der onkologischen Diagnostik aufzunehmen. Die PHI wurde erstmals beim metastasierenden Mammakarzinom als Tumormarker bestimmt (BODANSKY, 1954). Weitere Publikationen folgten über seine Bedeutung bei Gastrointestinal-, Bronchus- und Urogenitalkarzinomen sowie bei Leukosen (GRIFFITH und BECK, 1963; DAMLE et al., 1971; MAITY und BURMA, 1973; MUNJAL et al., 1976; DI MARTINO et al., 1979; LENHART und TRENDELENBURG, 1983). Die Rate erhöhter PHI-Serumkonzentrationen lag bei diesen Tumorerkrankungen zwischen

20 und 90%. Die beste Korrelation der Laborwerte zum klinischen Bild fand sich jeweils bei *fortgeschrittenen* Fällen.

BOWEN et al. (1981) veröffentlichten eine Studie, in der über 65% PHI-positive Fälle bei Mammakarzinomen berichtet wurde. Bei der Kombination der Ergebnisse der PHI-Bestimmung mit denen der CEA-Bestimmung stieg die Rate positiver Fälle auf 81% an (s. unten). Beim Mammakarzinom wurde auf stark schwankende PHI-Werte als typisches Merkmal der Metastasierung hingewiesen (BRANDAU und CAFFIER, 1979). Beim Ovarialkarzinom war das Ergebnis der PHI-Bestimmung in durchschnittlich 34% der Fälle positiv (HORNER et al., 1983).

10.1.5.4.2 Glukosyltransferasen

Diese Enzyme sind für den Transport von Monosacchariden zu Proteinstrukturen verantwortlich.

Als Tumormarker erlangte die *Galaktosyltransferase* besonders beim Ovarialkarzinom Bedeutung. Bei 32 bis 100% der Frauen mit diesem Karzinom fanden sich erhöhte Werte (BOHN, 1976; BHATTACHARYA et al., 1976; CHATTERJEE et al., 1980; BARLOW et al., 1981).

Kürzlich gelang beim Pankreaskarzinom und bei anderen Karzinomen des Gastrointestinaltraktes der Nachweis eines Isoenzyms, der *Galaktosyltransferase II* (WEISER und PODOLSKY, 1979). Bei der überwiegenden Mehrzahl der Patienten mit diesen Malignomen wurden erhöhte Spiegel des Isoenzyms gefunden. Bei gutartigen Erkrankungen des Gastrointestinaltraktes war dies nur in 1,8% der Fall (PODOLSKY et al., 1981). Über die Bedeutung des Isoenzyms bei gynäkologischen Malignomen liegen bisher keine Angaben vor.

10.1.6 Die Bedeutung von Markerkombinationen

Es muß immer wieder darauf hingewiesen werden, daß es nicht so sehr darauf ankommt, ob ein bestimmter Marker bei einem bestimmten Tumortyp mit größerer oder geringerer Wahrscheinlichkeit nachgewiesen werden kann, sondern in erster Linie auf den Umstand, ob im einzelnen Fall das Karzinom einen Marker produziert oder nicht. Es ist auch völlig gleichgültig, welcher Marker das ist, wenn er nur die Möglichkeit gibt, den

Krankheitsverlauf mit genügender Sicherheit widerzuspiegeln. So gesehen kann es nicht genügen, bei einem Tumortyp, z. B. beim Ovarialkarzinom, nach nur einem bestimmten Marker zu suchen. Vielmehr sollten, wenn immer durchführbar, möglichst viele Marker untersucht werden, von denen man annehmen kann, daß sie von dem Tumortyp produziert werden. Man bestimmt also *Markerkombinationen.*

Zu welchen Resultaten die Anwendung von Markerkombinationen führt, geht aus den Tab. 10.14—10.16, 10.20 und 10.21 hervor. Sie zeigen einerseits die positiven Ergebnisse, die bei der Bestimmung von einzelnen Markern erreicht werden konnten, andererseits aber, daß bei der Auswertung von mehreren Markern stets ein Prozentsatz erreicht wurde, der eindeutig über denjenigen der Einzelbestimmungen lag.

Eine wertvolle Hilfe bei der Suche nach der relevanten Markersubstanz könnte die *Gewebsbestimmung* von Markern sein (s. S. 161). Natürlich müßte auch im Rahmen dieser Methode versucht werden, mehrere Marker histochemisch zu bestimmen, um die entsprechende Auswahl treffen zu können.

Wird eine Markerkombination bestimmt, so wird man sich im weiteren vor allem auf den Marker beziehen, der entweder als einziger nachgewiesen werden konnte oder bei dem der höchste Spiegel im Serum zu finden war. Es muß allerdings berücksichtigt werden, daß es spontan, vor allem aber als Folge chemo- oder radiotherapeutischer Maßnahmen, zu Änderungen des biologischen Verhaltens von Tumorzellen mit entsprechenden Auswirkungen auf die Konzentration und die qualitative Zusammensetzung des Markerspektrums im Tumorgewebe kommen kann. Damit können sich Änderungen in der Konzentration einzelner Marker und auch Änderungen in der qualitativen Zusammensetzung des Markerspektrums ergeben. In der Therapieüberwachung wird es daher notwendig sein, auch die Markerkombinationen immer wieder neu zu bestimmen, vor allem dann, wenn die zunächst *leitende Markersubstanz* nicht mehr oder nur noch in geringen Mengen nachgewiesen werden kann. Es kann sich in solchen Fällen zeigen, daß sekundär ein Marker in den Vordergrund tritt, der zunächst nicht oder in nicht wesentlich erhöhtem Maße gefunden werden konnte.

10.2 Spezieller Teil

In der Tab. 10.6 sind die *Markersubstanzen* aufgelistet, die nach dem derzeitigen Stand in der gynäkologischen Onkologie vorwiegend untersucht werden. Die Tab. 10.7 zeigt, welche Marker (Markerkombinationen) bei den einzelnen *gynäkologischen Malignomen* von Bedeutung sind.

10.2.1 Tumormarker bei Ovarialmalignomen

Noch kein Tumormarker hat sich im Rahmen eines „Suchtests" auf Ovarialmalignom bewährt. Hingegen sind die Markersubstanzen für die *Therapieüberwachung* und die *Verlaufskontrolle* beim Ovarialkarzinom

und bei anderen Ovarialmalignomen von überragender Bedeutung (Tab. 10.7).

10.2.1.1 Das karzinoembryonale Antigen (CEA)

Das CEA ist eine Markersubstanz, deren Anwendung beim Ovarialkarzinom, insbesondere als Bestandteil von Markerkombinationen, sinnvoll ist. *Prätherapeutisch* positive Werte, in der Regel Werte über 2,5 ng/ml Plasma, finden sich bei diesem Malignom ungeachtet der histologischen Zuordnung oder des Tumorstadiums in durchschnittlich 46% (Tab. 10.2). Um die Ergebnisse in verschiedenen Behandlungskollektiven miteinander vergleichen zu kön-

Tabelle 10.6. Tumormarker in der gynäkologischen Onkologie

1. Tumorantigene
Fetale und embryonale Antigene
    Karzinoembryonales Antigen (CEA)
    Alpha-1-Fetoprotein (AFP)
    Tissue polypeptide antigen (TPA)
Spezielle tumorassoziierte Antigene
    Ovarian cystadenocarcinoma antigens
    (OCAA und OCAA-1)
    Cancer antigen (CA 125)

2. Schwangerschaftsproteine und Glykoproteine
Schwangerschaftsspezifisches β_1-Glykoprotein (SP$_1$)
Schwangerschaftsassoziiertes α_2-Glykoprotein (SP$_3$, α_2-PAG)
Ferritin

3. Hormone
β-Human-choriongonadotropin (β-HCG)
Steroidhormone
    Östrogene
    Androgene (Testosteron, Dehydro-epiandrosteron-Sulfat)

4. Enzyme
Phosphohexoseisomerase (PHI)
Glukosyltransferasen
    Galaktosyltransferase

5. Immunparameter

Tabelle 10.7. Tumormarker und ihre Anwendung bei gynäkologischen Malignomen

1. Ovarial- und Tubenmalignome
Tumorantigene: CEA, AFP, TPA, OCAA, OCAA-1, CA 125
Schwangerschaftsproteine und Glykoproteine: SP$_1$, SP$_3$, Ferritin
Enzyme: PHI, Galaktosyltransferase
Hormone: β-HCG, Steroidhormone (Östrogene, Androgene)

2. Endometriumkarzinom
Tumorantigene: CEA, AFP, TPA CA 125
Schwangerschaftsproteine und Glykoproteine: SP$_3$, Ferritin
Enzyme: PHI

3. Kollumkarzinom
Tumorantigene: CEA, AFP, TPA CA 125 (Adenokarzinome)
Schwangerschaftsproteine und Glykoproteine: SP$_3$, Ferritin
Enzyme: PHI

4. Vaginal- und Vulvakarzinom
Tumorantigene: CEA, TPA, CA 125
Schwangerschaftsproteine und Glykoproteine: Ferritin

5. Trophoblasttumoren
Schwangerschaftsproteine und Glykoproteine: SP$_1$
Hormone: β-HCG

nen, sind unterschiedliche CEA-Normwerte in solchen Studien zu berücksichtigen. Die Häufigkeit positiver CEA-Werte steigt, wie zu erwarten, vom Stadium I bis IV an (Tab. 10.8). Die höchste Rate positiver CEA-Werte wird beim *muzinösen* Ovarialkarzinom gefunden. Van Nagell et al. (1981) berichteten über 53% erhöhter CEA-Spiegel

beim muzinösen und über 31% beim serösen Zystadenokarzinom. Hingegen fanden Khoo und Mackay (1976) in 77% beim serösen und in 41% beim muzinösen Zystadenokarzinom erhöhte CEA-Titer. *Undifferenzierte* Tumoren (Grad 3) gehen häufiger

Tabelle 10.8. CEA-Spiegel in Prozent der untersuchten Fälle bei verschiedenen Stadien des Ovarialkarzinoms vor Behandlungsbeginn

	Stadium				Normbereich in ng/ml bis
	I	II	III	IV	
Khoo und Mackay, 1976	48	50	78	90	5,0
Malkin et al., 1978	0	14	24	47	4,0
Van Nagell et al., 1978 a	41	33	32	56	2,5
Stall und Martin, 1981	31	38	39	73	5,0
Disaia et al., 1977	26	50	58	73	2,5
Urdl et al., 1982	26	29	59	76	2,5

Tabelle 10.9. Positive CEA-Werte (> 2,5 ng/ml) vor Behandlungsbeginn bei Ovarialkarzinomen mit verschiedenem Differenzierungsgrad

	Prozentsatz erhöhter CEA-Werte	
	Van Nagell et al., 1978 b	Khoo und Mackay, 1976
Hochdifferenziert	28	43
mittelgradig differenziert	43	65
undifferenziert	54	94

Tabelle 10.10. CEA-Einzelbestimmungen bei 26 Frauen mit rezidivierendem oder metastasierendem Ovarialkarzinom

ng/ml	N	(%)	
Bis 2,5	2	7,4	18,9
2,6—5,0	3	11,5	
5,1—10,0	9	34,7	81,1
10,1—20,0	5	19,1	
über 20,1	7	27,3	

(Nach Urdl et al., 1982)

mit erhöhten CEA-Plasmaspiegeln einher als hochdifferenzierte Geschwülste (Grad 1). Wenig *differenzierte muzinöse* Ovarialtumore produzieren überhaupt die höchste Menge dieser Markersubstanz (Tab. 10.9).

Gelingt mit einer chirurgischen Erstbehandlung die komplette Tumorresektion, so ist innerhalb von vier bis acht Wochen das Absinken präoperativ erhöhter CEA-Plasmaspiegel in den Normbereich zu erwarten. Kommt es innerhalb dieser Frist nicht zur Normalisierung der Markerwerte, ist die unvollständige Tumorresektion oder eine vorbestehende Metastasierung anzunehmen. Führt eine chemotherapeutische oder radiologische Erstbehandlung zu einer Tumorremission, sinken prätherapeutisch erhöhte CEA-Spiegel meist erst etwa vier Montate nach Therapiebeginn ab (van Nagell et al., 1978 b; Khoo und Mackay, 1973 b; 1976; 1979). Bleiben bei den weiteren Verlaufskontrollen die CEA-Plasmaspiegel im Normbereich, so kann eine anhaltende Remission angenommen werden. Allerdings wurde mehrfach über Tumorrezidive bei anhaltend niedrigen CEA-Werten berichtet (Rutanen et al., 1978).

Der *Wiederanstieg* posttherapeutisch normaler CEA-Spiegel bei den weiteren Verlaufskontrollen ist ein Hinweis auf ein Lokalrezidiv oder auf eine Metastasierung. Bei 81% (21/26) der Frauen mit rezidivie-

rendem oder metastasierendem Ovarialkarzinom konnte das Wiederauftreten durch einen zumindest einmaligen CEA-Anstieg über 5 ng/ml bis zu sechs Monaten vor dem klinischen Nachweis erfaßt werden (Urdl et al., 1982). Die Ergebnisse dieser Untersuchung sind der Tabelle 10.10 zu entnehmen. Hohe CEA-Einzelwerte und der rasche Anstieg der Titerverlaufskurve sind charakteristisch für Metastasierung (Roche Collaborative Study, 1972).

Die *Latenzzeit,* der Zeitraum zwischen CEA-Anstieg und der ersten Objektivierung eines Lokalrezidivs oder der Metastasierung liegt im Mittel bei 10,7 Wochen, kann jedoch bis zu sechs Monate betragen (Khoo und Mackay, 1973 a; 1976; 1979; Lahousen und Pickel, 1985).

Wie erläutert (s. S. 161), ist die Konzentration eines Tumorantigens im Plasma, und damit seine klinische Aussagekraft, wesentlich vom *Antigengewebsspiegel* abhängig. In Fällen, in denen der Nachweis im Tumorgewebe positiv war, kam es bei Rezidiv in 80% zu einem CEA-Anstieg im Plasma. Bei Fällen mit negativem CEA-Gewebsnachweis war es hingegen in nur 28% möglich, das Rezidiv durch einen CEA-Wiederanstieg frühzeitig zu erfassen. Neben der qualitativen Diagnostik des Antigens spielt somit seine *Konzentration im Tumorgewebe* eine erhebliche Rolle: Die CEA-Plasmatiter korrelieren am ehesten mit dem klinischen Verlauf, wenn der CEA-Gehalt zumindest drei

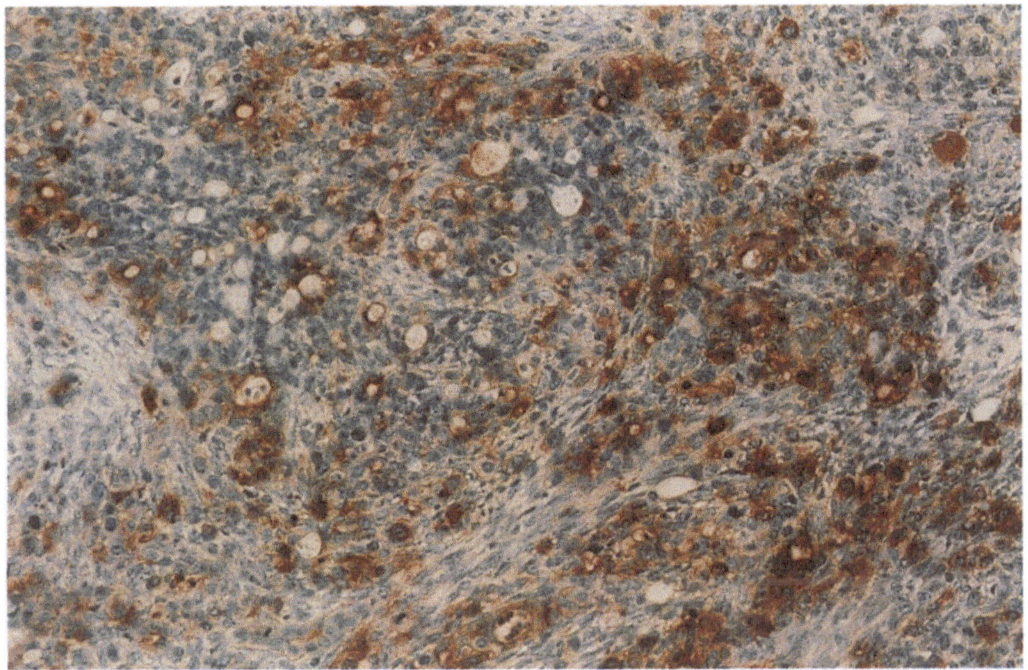

Abb. 10.1. CEA-Gewebsnachweis mittels Immunperoxidasereaktion im Schnitt eines Krukenbergtumors

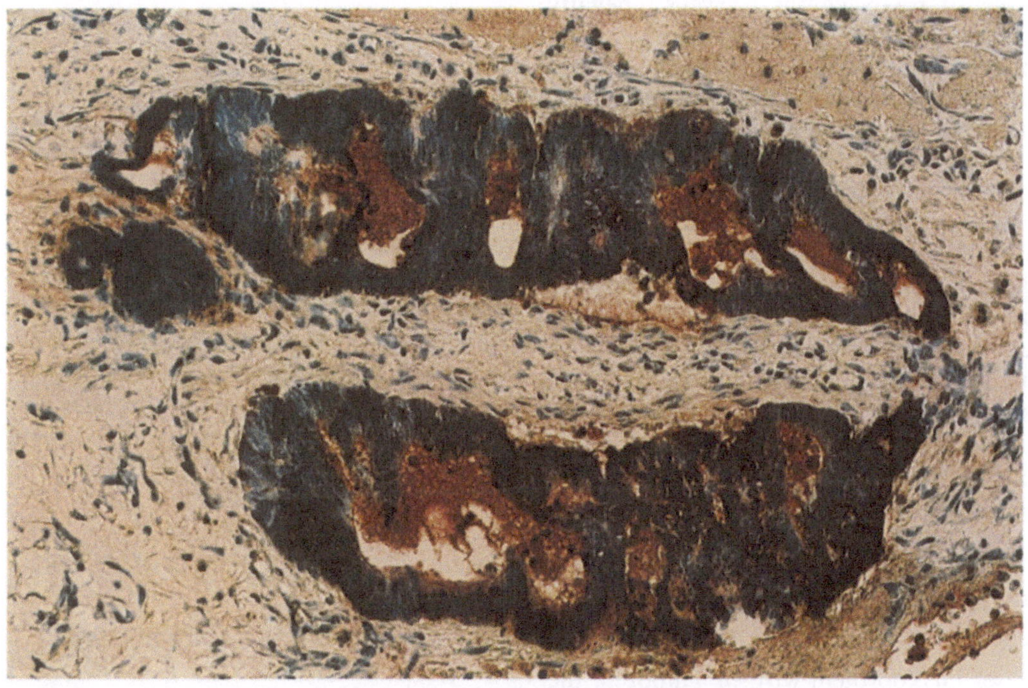

Abb. 10.2. CEA-Gewebsnachweis mittels Immunperoxidasereaktion im Schnitt eines endometroiden Ovarialkarzinoms

Tabelle 10.11. Histochemischer Nachweis von CEA in Operationspräparaten von 24 Patientinnen mit rezidivierendem und nicht-rezidivierendem Ovarialkarzinom der Stadien I c, III und IV

Gewebsnachweis von CEA	N	Rezidiv	Erhöhte CEA-Plasma-Spiegel	
			N	(%)
Positiv	12	7	5	71
Negativ	12	7	0	0

(Nach URDL et al., 1985)

Gamma pro Gramm Tumorgewebe beträgt (VAN NAGELL et al., 1978 b).

Auch die Anwendung *monoklonaler* Antikörper zum Nachweis von CEA im Gewebe brachte ähnliche Ergebnisse: Muzinöse Zystadenokarzinome zeigten in 100%, muzinöse „Borderline-Tumoren" in 80% und gutartige muzinöse Ovarialtumoren in 15% ein positives Ergebnis. Gleichzeitig war bei den untersuchten serösen Ovarialtumoren der Gewebs-CEA-Nachweis jeweils negativ (HEALD et al., 1979; CHARPIN et al., 1982). In einem ausgewählten Kollektiv von 24 Frauen mit Ovarialkarzinom unterschiedlicher Stadienzuordnung wurde in Gewebsschnitten des Operationspräparates CEA immunhistochemisch bestimmt. Bei 50% (12/24) der Fälle war dieser Nachweis hoch positiv (Abb. 10.1 und 10.2). Nur in diesen Fällen kam es bei Auftreten eines Rezidivs zum frühzeitigen CEA-Anstieg, während in der Gruppe mit *negativem* Gewebsnachweis das Rezidiv in *keinem* Fall durch einen Anstieg des CEA-Spiegels angezeigt wurde (URDL et al., 1985). Die Ergebnisse dieser Untersuchung sind in Tab. 10.11 zusammengefaßt. Sie stehen in Einklang mit Resultaten anderer Autoren (CASPERS et al., 1983).

10.2.1.2 Das Alpha-1-Fetoprotein (AFP)

Dieses Glykoprotein wird in Tumoren, die sich vom *Dottersack* herleiten, produziert (s. S. 163). Das gilt in erster Linie für den *Endodermalen Sinustumor*, aber auch für das *embryonale Karzinom*, das teilweise aus derartigen Strukturen besteht (KURMAN und NORRIS 1976 a; 1976 b). Auch in *Teratokarzinomen* können Dottersackanteile vorkommen. Diese seltenen Tumoren können allein oder vergesellschaftet mit Dysgerminomen oder Chorionkarzinomen auftreten (SELL et al., 1976). Echte Mischformen werden beobachtet. Abhängig vom Anteil an Dottersackstrukturen beträgt die Häufigkeit prätherapeutisch positiver AFP-Werte bis zu 100%.

Bei Patientinnen mit Ovarialkarzinomen wurden, ungeachtet ihrer histologischen Zuordnung, in bis zu 57% (Tab. 10.4), bei muzinösen Tumoren in bis zu 75% positive AFP-Werte vor Behandlungsbeginn beobachtet (DONALDSON et al., 1980). Die *Halbwertszeit* von AFP im Blut beträgt *etwa fünf Tage*. Diese Tatsache ist für die postoperative Verlaufskontrolle bedeutungsvoll: Bleiben die AFP-Plasmaspiegel nach dem fünften postoperativen Tag erhöht, ist eine unvollständige Tumorresektion oder eine vorbestehende Metastasierung anzunehmen (NEVILLE, 1980).

Bei Patientinnen mit endodermalem Sinustumor korrelieren die AFP-Werte in etwa 75% mit dem klinischen Verlauf (FORNEY et al., 1975; GALLION et al., 1979; WILKINSON et al., 1973). Bei Mischtumoren ist zu berücksichtigen, daß der AFP-Spiegel jeweils nur den AFP-produzierenden Tumoranteil repräsentiert. Embryonale Karzinome und Teratokarzinome, die sowohl Dottersack- als auch Trophoblaststrukturen enthalten, müssen daher mittels simultaner Bestimmung von AFP, β-HCG und eventuell auch SP_1 (s. S. 165) im Serum überwacht werden. AFP kann *im Gewebe* mit der Immunfluoreszenz- oder Immunperoxidasemethode nachgewiesen werden (VAN NAGELL et al., 1981).

10.2.1.3 Das Tissue-Polypeptide-Antigen (TPA)

Das TPA ist eine Markersubstanz, deren Anwendung beim Ovarialkarzinom empfehlenswert ist, besonders wenn man sie im Rahmen einer Markerkombination bestimmt (s. S. 167). Prätherapeutisch kann man mit etwa 50% positiver Werte rechnen (BHATTACHARYA und BARLOW, 1979).

HORNER et al. (1983) haben beim Ovarialkarzinom neben dem TPA auch das CEA, AFP und die PHI bestimmt. Mit 62% positiver Werte für das TPA fanden sie die beste Übereinstimmung zum klinischen Befund. Die Autoren konnten auch eine Abhängigkeit des TPA-Spiegels vom *Aktivitätsgrad* des Tumorleidens nachweisen. Bei Patientinnen, die zum Zeitpunkt der Markeranalyse und in den folgenden 12 Monaten klinisch rezidivfrei waren (Aktivitätsgrad 1), fanden sich in 33% erhöhte TPA-Werte. Bei klinisch manifestem, jedoch nicht progredientem Leiden (Aktivitätsgrad 2) stieg die Rate positiver Fälle auf 57% an. Bei progredienten Ovarialkarzinomen (Aktivitätsgrad 3) waren die TPA-Werte in 93% positiv.

Im eigenen Krankengut war das TPA beim Ovarialkarzinom der Stadien I c, III und IV vor Behandlungsbeginn in 32% positiv (Tab. 10.14). Wurde das TPA als Verlaufsparameter herangezogen (Abb. 10.3 bis 10.5), fand sich in 84% der Fälle eine Übereinstimmung zum klinischen Verlauf (Tab. 10.16). Kam es zu einem Rezidiv, war dieses in 73% der Fälle durch einen frühzeitigen Anstieg der TPA-Spiegel zu erfassen (Tab. 10.15).

10.2.1.4 Spezielle tumorassoziierte Antigene

10.2.1.4.1 Ovarian cystadenocarcinoma antigens (s. S. 164)

10.2.1.4.2 Das Cancer Antigen 125 (CA 125)

Das Cancer antigen (CA 125) hat sich als Einzelsubstanz, besonders aber auch als Teil einer Markerkombination (s. S. 167) beim Ovarialkarzinom bewährt. In verschiedenen Kollektiven waren die Spiegel dieses Markers vor Behandlungsbeginn im Mittel in 54% (36 bis 73%) erhöht. In Tab. 10.12 sind die Raten erhöhter Spiegel bei 15 Ovarialkarzinompatientinnen nach histologischen Kriterien aufgelistet.

Die Bestimmung von CA 125 als *Verlaufsparameter* beim Ovarialkarzinom der Stadien

Tabelle 10.12. Erhöhte CA-125-Spiegel bei 15 Patientinnen mit verschiedenen Ovarialkarzinomen (Graz 1983—1984)

		CA-125-Werte erhöht
Seröse Karzinome	9	8
Muzinöse Karzinome	2	1
Endometroide Karzinome	2	1
Solide Karzinome	2	1
Gesamt	15	11 (73,3%)

I c, III und IV ergab bei Fällen mit und ohne Rezidiv in 72% Übereinstimmung zum klinischen Verlauf (Tab. 10.16). Ein Rezidiv konnte in diesem Krankengut in 53,3% durch einen Anstieg der CA-125-Spiegel erfaßt werden (Tab. 10.15).

10.2.1.5 Schwangerschaftsproteine und andere Glykoproteine

10.2.1.5.1 Das schwangerschaftsassoziierte α_2-Glykoprotein (Pregnancy-associated α-2-glycoprotein, α_2-PAG)

SAWADA et al. (1981) fanden erhöhte Werte dieser Substanz bei Patientinnen mit Ovarialkarzinom in 78%, bei gutartigen Ovarialerkrankungen in 12% und in 4% bei gesunden Kontrollpersonen. Andere Untersucher konnten keine signifikante Erhöhung der Titer dieses Markers bei Ovarialkarzinompatientinnen finden.

10.2.1.5.2 Das Ferritin

Wie das CEA, das TPA und das CA 125 hat sich auch Ferritin als einzelner Marker, besonders jedoch als Teil einer Markerkombination, beim Ovarialkarzinom bewährt. Vor Behandlungsbeginn ist in etwa 50% mit erhöhten Ferritinspiegeln zu rechnen (Tab. 10.14). Solche Fälle sind in einem Kollektiv von 25 Ovarialkarzinompatientinnen in Tab. 10.13 nach histologischen Gesichtspunkten aufgelistet.

Bei 25 Frauen mit Ovarialkarzinom der

Tabelle 10.13. Erhöhte Ferritinspiegel bei 25 Patientinnen mit verschiedenen Ovarialkarzinomen (Graz 1983—1984)

		Erhöht
Seröse Karzinome	13	8
Muzinöse Karzinome	2	1
Endometroide Karzinome	5	1
Solide Karzinome	5	3
Gesamt	25	13 (52%)

Stadien I c, III und IV wurde die Bedeutung von Ferritin als Verlaufsparameter (Abb. 10.3 bis 10.5) untersucht: In 84% der Fälle mit und ohne Rezidiv fand sich eine Übereinstimmung zum klinischen Verlauf (Tab. 10.16). Bei Tumorrezidiv war ein Anstieg des Spiegels in 73% ein Hinweis auf das Wiederauftreten (Tab. 10.15).

10.2.1.6 Hormone (s. S. 166 und S. 222)

10.2.1.7 Enzyme (s. S. 166)

10.2.1.8 Markerkombinationen beim Ovarialkarzinom

Es ist insbesondere beim Ovarialkarzinom lohnend, von allem Anfang an mehrere Marker im Sinne einer Markerkombination (s. S. 167) zu bestimmen. Im eigenen Bereich hat es sich bewährt, gleichzeitig den Nachweis von *CEA, TPA, CA 125* und Ferritin zu führen. Aus der Tab. 10.14 geht hervor, daß in 19 von 25 Fällen (76%) präoperativ mindestens einer dieser vier Marker erhöht war.

An dem Beispiel dieses Kollektivs kann auch gezeigt werden, welche Bedeutung die Markerkombination beim Nachweis des *Tumorrezidivs* haben kann. In 14 von 15 rezidivierenden Fällen, d. h. in 93% war eine der Markersubstanzen erhöht (Tab. 10.15). Es ist bemerkenswert, daß nur in zwei der 14 Fälle lediglich eine Markersubstanz gefunden werden konnte, während in den restlichen 12 Fällen oder in 86% zwei und mehrere Marker positiv waren. Betrachtet man somit die Bedeutung der Markerkombination in der Nachsorge der 25 Fälle, so

Tabelle 10.14. Erhöhte Spiegel von CEA, TPA, CA 125, Ferritin sowie der Kombination dieser vier Marker bei 25 Frauen mit rezidivierenden und nicht-rezidivierenden Ovarialkarzinomen der Stadien I c, III und IV *vor Behandlungsbeginn* (Graz 1983—1984)

	Zahl positiver Fälle	
	N	(%)
1. CEA (> 2,5 ng/ml)	9	36
2. TPA (> 85 U)	8	32
3. CA 125 (> 35 U)	9	36
4. Ferritin (> 300 ng/ml)	12	48
5. *Kombination von 1—4*	**19**	**76**

Tabelle 10.15. Erhöhte Spiegel von CEA, TPA, CA 125, Ferritin sowie der Kombination dieser vier Marker bei 15 Patientinnen mit rezidivierendem Ovarialkarzinom. *Verlaufskontrollen* (Graz 1983—1984)

	Zahl positiver Fälle	
	N	(%)
1. CEA (> 2,5 ng/ml)	5	33,3
2. TPA (> 85 U)	11	73
3. CA 125 (> 35 U)	8	53,3
4. Ferritin (> 300 ng/ml)	11	73
5. *Kombination von 1—4*	**14**	**93**

Tabelle 10.16. Erhöhte Spiegel von CEA, TPA, CA 125, Ferritin sowie der Kombination dieser vier Marker bei 25 Patientinnen mit rezidivierendem und nicht-rezidivierendem Ovarialkarzinom. *Verlaufskontrollen* (Graz 1983—1984)

	In Übereinstimmung mit dem klin. Verlauf	
	N	(%)
1. CEA (> 2,5 ng/ml)	15	60
2. TPA (> 85 U)	21	84
3. CA 125 (> 35 U)	18	72
4. Ferritin (> 300 ng/ml)	21	84
5. *Kombination von 1—4*	**24**	**96**

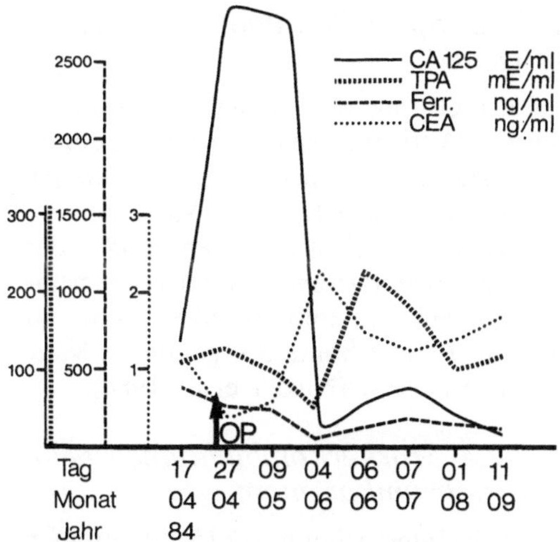

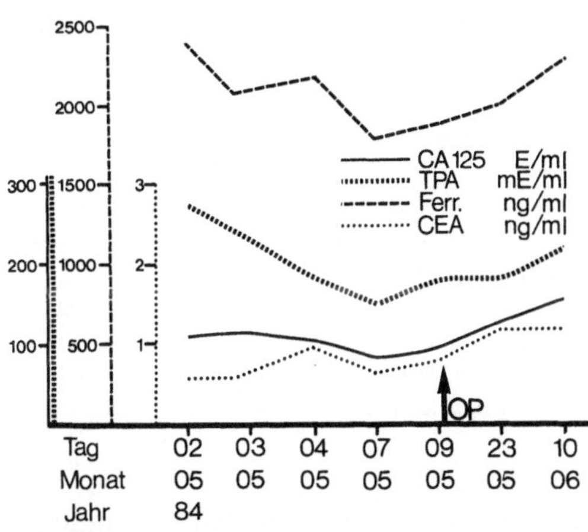

Abb. 10.3. Verlauf der Werte von CEA, TPA, CA 125 und Ferritin bei einer Patientin mit Ovarialkarzinom des Stadiums III. Die Patientin ist 6 Monate nach der Radikaloperation rezidivfrei

Abb. 10.5. Verlauf der Werte von CEA, TPA, CA 125 und Ferritin bei einer Patientin mit Ovarialkarzinom des Stadiums III. Tumorpersistenz nach 6 Monate zurückliegender Palliativoperation

zeigt es sich, daß die Markerbestimmung in 24 Fällen, also in 96%, in Übereinstimmung mit dem klinischen Verlauf stand (Tab. 10.16).

Die Abb. 10.3 bis 10.5 zeigen typische Verlaufskurven der Marker CEA, TPA, CA 125 und Ferritin bei Patientinnen mit Ovarialkarzinom.

10.2.2 Tumormarker beim Endometriumkarzinom

Im Vergleich zum Mamma- und Ovarialkarzinom haben Tumormarker bei der Diagnose und Verlaufskontrolle des Endometriumkarzinoms bislang nur im geringen Maße Bedeutung erlangt.

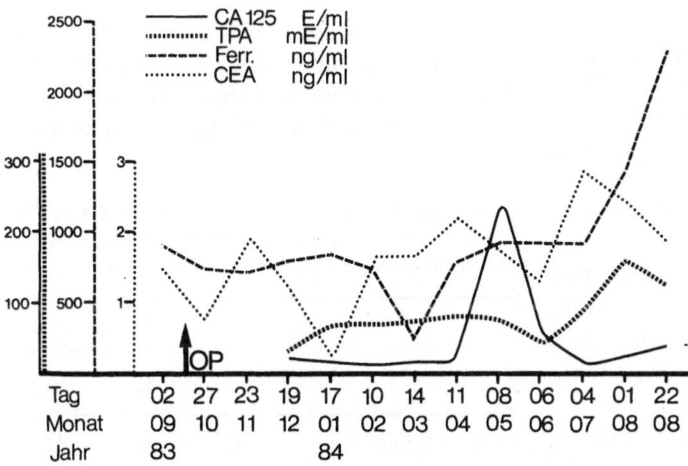

Abb. 10.4. Verlauf der Werte von CEA, TPA, CA 125 und Ferritin bei einer Patientin mit Ovarialkarzinom des Stadiums III. Anläßlich der second-look-Operation wurde 1 Jahr nach der Radikaloperation ein massives Tumorrezidiv gefunden

Tabelle 10.17. Erhöhte CEA-Spiegel beim Endometriumkarzinom in Abhängigkeit vom Tumorstadium in Prozent der untersuchten Fälle

	Stadium			
	I	II	III	IV
VAN NAGELL et al., 1977	21	25	50	100
DISAIA et al., 1977	24	63	57	100

Die Substanzen, die bei diesem Malignom bestimmt werden können, sind in Tabelle 10.7 angeführt.

10.2.2.1 Das karzinoembryonale Antigen (CEA)

Die Häufigkeit *prätherapeutisch* positiver Werte liegt bei diesem Malignom bei 37% (Tab. 10.2). Undifferenzierte Endometriumkarzinome weisen in 75%, hochdifferenzierte in 22% der Fälle erhöhte CEA-Spiegel auf. Die Rate positiver CEA-Serumwerte steigt auch beim Endometriumkarzinom mit dem Tumorstadium an (Tab. 10.17). In durchschnittlich 80% der Fälle mit rezidivierendem und/oder metastasierendem Endometriumkarzinom waren die CEA-Spiegel erhöht.

Auch zwischen der *Uterusgröße* und dem Prozentsatz der Fälle mit erhöhtem CEA-Spiegel konnte eine Beziehung hergestellt werden: Bei einer Uterussonderlänge von weniger als acht Zentimetern fanden sich in 20%, bei über 11 Zentimetern in 50% positive CEA-Werte.

Der immunhistochemische Nachweis von CEA *im Gewebe* gelingt bei diesem Malignom in weniger als 20% der Fälle (VAN NAGELL et al., 1977; RUTANEN et al., 1978).

10.2.2.2 Das Alpha-1-Fetoprotein (AFP)

Vor Behandlungsbeginn finden sich beim Endometriumkarzinom in 50% erhöhte Spiegel dieses Markers (Tab. 10.4).

10.2.2.3 Spezielle tumorassoziierte Antigene

Aus der Gruppe der speziellen tumorassoziierten Antigene spielt beim Endometriumkarzinom lediglich das *Cancer Antigen 125 (CA 125)* eine Rolle als Marker.

Vor Behandlungsbeginn waren in 48% der Fälle, bei rezidivierendem und/oder metasierendem Endometriumkarzinom in 78% der Fälle erhöhte Spiegel dieses Markers nachweisbar (NILOFF et al., 1984).

10.2.2.4 Markerkombinationen beim Endometriumkarzinom

Bei einer Untersuchung von 15 Patientinnen wurde die Aussagekraft von CEA, TPA, CA 125 und Ferritin *vor Behandlungsbeginn* verglichen. Mit 40% erhöhter Spiegel wies das CEA die beste Korrelation zum klinischen Befund auf. Die Ergebnisse der Untersuchung sind der Tab. 10.18 zu entnehmen.

Auch das SP_3 und die PHI scheinen beim Endometriumkarzinom als Markersubstanzen Bedeutung zu besitzen. Es fehlen jedoch bisher Untersuchungen größeren Umfanges, die ihre Aussagekraft belegen könnten.

10.2.3 Tumormarker beim Kollumkarzinom

Tumormarker haben sich bei der Therapieüberwachung und Verlaufskontrolle des Kollumkarzinoms bewährt. Als „Suchtest" zur Erkennung dieses Malignoms haben sie

Tabelle 10.18. Aussagekraft der Marker CEA, TPA, CA 125 und Ferritin beim Endometriumkarzinom *vor Behandlungsbeginn* (Graz 1983—1984)

		Markerspiegel erhöht	
	N	N	(%)
CEA (> 2,5 ng/ml)	15	6	40
TPA (> 85 U)	8	1	12,5
CA 125 (> 35 U)	12	2	17
Ferritin (> 300 ng/ml)	15	5	30

Tabelle 10.19. Erhöhte CEA-Spiegel (über 2,5 ng/ml) bei Frauen mit invasivem Kollumkarzinom·in Abhängigkeit vom Tumorstadium. Angaben in Prozent der untersuchten Fälle

	Stadium			
	I	II	III	IV
VAN NAGELL et al., 1978 c	45	72	71	75
NEVILLE, 1980	26	47	83	88
DONALDSON et al., 1980	91	72	86	71

hingegen bisher kaum praktische Bedeutung erlangt.

In Tab. 10.7 sind die Tumormarker, die derzeit zur Überwachung des Kollumkarzinoms eingesetzt werden, aufgelistet.

10.2.3.1 Das karzinoembryonale Antigen (CEA)

Vor allem CEA hat sich beim Kollumkarzinom als Markereinzelsubstanz, wie auch als Bestandteil einer Markerkombination, bestehend aus CEA, TPA, CA 125 und Ferritin, bewährt (s. Tab. 10.21). Die Häufigkeit *prätherapeutisch* erhöhter Spiegel dieses Markers, in der Regel Plasmawerte über 2,5 ng/ml, liegen ungeachtet des Stadiums der Erkrankung bei 53% (Tab. 10.2). Wie erwartet, steigt der Prozentsatz positiver CEA-Werte vom Stadium I bis IV an (Tab. 10.19). Erhöhte CEA-Spiegel fanden sich in 60% der Plattenepithelkarzinome und in 35% der Adenokarzinome. Positive Titer waren insbesondere bei *weniger differenzierten Tumoren* nachweisbar (VAN NAGELL et al., 1978 c).

Etwa 75 bis 80% der Kollumkarzinome produzieren meßbare Mengen an CEA. Besonders diese Fälle können mittels laufender CEA-Bestimmungen überwacht werden. Bei kompletter Tumorresektion kann innerhalb von vier bis acht Wochen ein Absinken präoperativ erhöhter CEA-Spiegel auf

Normwerte beobachtet werden (KHOO und MACKAY, 1974).

Bei erhöhten Werten kommt es nach primärer ·Strahlentherapie in 98% der Fälle zu einem Absinken der CEA-Spiegel. Die Veränderungen der Plasmakonzentration nach Bestrahlung sind jedoch nicht immer gleichbedeutend mit einer erfolgreichen Tumorbehandlung (KJORSTAD und ÖRJASETER, 1977).

ITO et al. (1977) konnten in 72% der Fälle ein Rezidiv aufgrund erhöhter CEA-Spiegel zwei bis sechs Monate vor dem Auftreten klinischer Tumorsymptome nachweisen. Bei einer Untersuchung von 29 Patientinnen mit rezidivierendem Kollumkarzinom konnte das Rezidiv hingegen nur in 45% der Fälle frühzeitig, im Mittel sechs Monate (1 bis 23 Monate) vor dem Auftreten klinischer Tumorsymptome erfaßt werden. Bei 55% dieser Fälle war der Anstieg des CEA-Spiegels gleichzeitig mit oder nach dem Auftreten klinischer Tumorsymptome nachweisbar (VAN NAGELL et al., 1978 c).

Die Bestimmung von CEA *im Gewebe* erfolgt mit der Immunperoxidasereaktion (PRIMUS et al., 1975; GOLDENBERG et al., 1976). Bei invasiven Kollumkarzinomen war sie ungeachtet der Histologie und des Krankheitsstadiums, in 63% (154/241) der Fälle positiv. Wurde dieses Kollektiv nach histologischen Kriterien aufgeschlüsselt, fand sich bei Plattenepithelkarzinomen in 70%, bei Adenokarzinomen in 36% eine positive Reaktion. Höhere CEA-Gewebskonzentrationen waren jeweils bei *undifferenzierten* Tumoren festzustellen. Die Gewebsreaktion wurde als positiv bezeichnet, wenn ein Gramm Tumorgewebe mindestens drei Gamma CEA enthielt (VAN NAGELL et al., 1979). Andere Untersucher fanden beim Plattenepithelkarzinom der Zervix in 80% und bei Adenokarzinomen in 8% eine positive CEA-Gewebsreaktion (WAHLSTRÖM et al., 1979). Ähnlich dem Ovarialkarzinom (s. S. 170) war bei positivem CEA-Gewebsnachweis in über 80% der Fälle eine Übereinstimmung zum klinischen Verlauf gegeben. Bei negativem CEA-Gewebsbefund war dies hingegen nur in 28% der Fall. *Rezidive* in der Gruppe mit positivem Gewebs-CEA waren mit 36% häufiger als in der Gruppe mit negativer CEA-Gewebsreaktion (25%). Der Unterschied war statistisch nicht signifikant. Wurden Schnitte von Rezidivtumoren auf ihren CEA-Gehalt untersucht, wiesen diese in 71%, Metastasen in 80% die histochemischen Charakteristika des Primärtumors auf (VAN NAGELL et al., 1979).

10.2.3.1.1 Das karzinoembryonale Antigen (CEA) bei Dysplasien und beim Oberflächenkarzinom der Zervix

Bei Dysplasien und bei Oberflächenkarzinomen der Zervix fanden sich vor Behandlungsbeginn in 6 bis 30% der untersuchten Fälle erhöhte CEA-Plasmaspiegel (VAN NAGELL et al., 1978 c).
In *Gewebsschnitten* war bei leichten Dysplasien in 24%, bei schweren Dysplasien in 37% und beim Oberflächenkarzinom in 60% der CEA-Nachweis positiv (LINDGREN et al., 1980). Letzterer Wert entspricht der Rate positiver CEA-Gewebsreaktionen in Schnitten von invasiven Kollumkarzinomen ohne Rücksicht auf deren Differenzierung.

10.2.3.2 Das Alpha-1-Fetoprotein (AFP)

Wie aus Tab. 10.4 hervorgeht, besitzt auch das AFP beim invasiven Kollumkarzinom Bedeutung als Tumormarker.

10.2.3.3 Das Tissue Polypeptide Antigen (TPA)

Diese Substanz ist als einzelner Marker, besonders aber als Bestandteil der schon erwähnten Markerkombination, beim Kollumkarzinom aussagekräftig. Bei diesem Malignom fanden sich *vor Behandlungsbeginn* in 36% der untersuchten Fälle erhöhte TPA-Spiegel. Die Werte bei den verschiedenen Stadien des Kollumkarzinoms und beim rezidivierenden Kollumkarzinom sind den Tabellen 10.20 und 10.21 zu entnehmen.

10.2.3.4 Das Cancer Antigen (CA 125)

Diese Substanz besitzt vor allem bei Adenokarzinomen der Zervix Bedeutung als Tu-

mormarker. Hier konnten in bis zu 83% der Fälle vor Behandlungsbeginn erhöhte Spiegel dieses Markers festgestellt werden (s. S. 165).

10.2.3.5 Schwangerschaftsproteine und Glykoproteine

10.2.3.5.1 Das schwangerschaftsassoziierte α_2-Glykoprotein (SP$_3$) (Pregnancy-associated α_2-glycoprotein, α_2-PAG)

Diese Substanz scheint beim Kollumkarzinom Bedeutung als Tumormarker zu besitzen. Es fehlen jedoch größere Untersuchungsreihen, die ihre Aussagekraft eindeutig bestätigen würden.

10.2.3.5.2 Das Ferritin

Diese Substanz spielt beim invasiven Kollumkarzinom als einzelner Marker wie auch als Bestandteil der erwähnten Markerkombination (s. S. 174) eine bedeutende Rolle. Vor Behandlungsbeginn waren die Ferritinspiegel ungeachtet der Stadieneinteilung und der histologischen Differenzierung in 33% der untersuchten Fälle erhöht. Die Häufigkeit positiver Werte bei den einzelnen Stadien des invasiven Kollumkarzinoms und beim rezidivierenden Kollumkarzinom geht aus den Tab. 10.20 und 10.21 hervor.

ITO et al. (1979) fanden in 51% (50/98) der untersuchten Frauen mit invasivem Kollumkarzinom vor Behandlungsbeginn erhöhte Ferritinspiegel. Von 36 Frauen, deren invasives Kollumkarzinom primär operativ behandelt wurde, trat bei 15 Frauen ein Rezidiv auf. Dieses Ereignis wurde in 75% (12/15) der Fälle durch einen Anstieg des Ferritinspiegels angezeigt.

10.2.3.6 Markerkombinationen beim invasiven Kollumkarzinom

Auch beim Kollumkarzinom können die Ergebnisse von Markereinzelbestimmungen durch gleichzeitige Untersuchung mehrerer Markersubstanzen verbessert werden (s. S. 167).
Die Aussagekraft der Marker *CEA, TPA, CA 125, Ferritin,* sowie einer *Kombination*

Tabelle 10.20. Aussagekraft von CEA, TPA, CA 125, Ferritin und der Kombination dieser Marker beim invasiven Kollumkarzinom *vor Behandlungsbeginn* in Prozent der untersuchten Fälle (Graz 1983—1984)

	Stadium		
	I b	II b	III und IV
1. CEA (> 2,5 ng/ml)	15,3 (8/52)	63 (12/19)	30 (4/13)
2. TPA (> 85 U)	29 (15/52)	73 (14/19)	30 (4/13)
3. CA 125 (> 35 U)	17 (9/52)	10 (2/19)	38 (5/13)
4. Ferritin (> 300 mg/ml)	36,5 (19/52)	73 (14/19)	23 (3/13)
5. *Kombination 1—4*	**92 (48/52)**	**84 (16/19)**	**85 (11/13)**

dieser vier Marker wurde bei Frauen mit invasivem Kollumkarzinom *vor Behandlungsbeginn* überprüft (LAHOUSEN et al., 1985). Beim Stadium I b war für Ferritin mit 36,5% der untersuchten Fälle die höchste Rate positiver Markerspiegel festzustellen. Die Aussagekraft der Markerkombination war hingegen mit 92% allen Einzeluntersuchungen überlegen. Beim Stadium II b fand sich für Ferritin und TPA mit jeweils 73% vor Behandlungsbeginn der höchste Anteil positiver Spiegel. Auch hier übertraf das Ergebnis der kombinierten Untersuchung mit 84% jenes der Einzeluntersuchungen. Bei den Stadien III und IV ergab die Bestimmung von CA 125 mit 38% die höchste Rate positiver Einzeluntersuchungen. Das Ergebnis der kombinierten Markerbestimmung war mit 85% den Einzeluntersuchungen bei weitem überlegen (Tab. 10.20).

Von 87 Frauen mit behandeltem invasivem Kollumkarzinom unterschiedlicher Stadien kam es bei 18 Frauen zu einem Tumorrezidiv. Die Ergebnisse der Bestimmung von CEA, TPA, CA 125 und Ferritin bei der Verlaufskontrolle dieser 18 Frauen gehen aus Tab. 10.21 hervor. Für CEA fand sich mit 94% erhöhter Spiegel vor dem Auftreten klinischer Tumorsymptome die höchste Übereinstimmung zum klinischen Verlauf. Durch die Kombinationsbestimmung wurde hingegen in *allen* 18 Fällen das Rezidiv

frühzeitig durch einen Anstieg von mindestens einem der vier Marker angezeigt.

10.2.4 Tumormarker beim Vaginal- und Vulvakarzinom

Tumormarker haben bei Malignomen der Vulva und der Vagina weder zur Erkennung noch zur Verlaufskontrolle größere Bedeutung erlangt.

Die Markersubstanzen, die bei diesen Geschwülsten bestimmt werden könnten, sind in Tab. 10.7 aufgelistet.

Bei einer Untersuchung von 19 Patientinnen mit invasivem Vulvakarzinom wurde die Aussage von CEA, TPA, CA 125 und Ferritin vor Behandlungsbeginn überprüft. Von diesen wies das TPA mit 37% erhöhter Spiegel das beste Ergebnis der Einzelbestimmungen auf (LAHOUSEN et al., 1985).

Tabelle 10.21. Aussagekraft von CEA, TPA, CA 125, Ferritin und der Kombination dieser Marker bei 18 Frauen mit rezidivierendem Kollumkarzinom der Stadien I b, II b und III b in Prozent der untersuchten Fälle. *Verlaufskontrollen* (Graz 1983—1984)

1. CEA (> 2,5 ng/ml)	94 (17/18)
2. TPA (> 85 U)	67 (12/18)
3. CA 125 (> 35 U)	0 (0/0)
4. Ferritin (> 300 ng/ml)	83 (15/18)
5. *Kombination von 1—4*	**100 (18/18)**

Literatur

ABELEV, G. I., PETROVA, S. D., KHRAMKOVA, N. I., POSTNIKOVA, Z. A., IRLIN, I. S. (1963): Production of embryonal alpha-globulin by transplantable mouse hepatomas. Transplant. Bull. **1**, 174.

ADDISON, G. M., BEAMISH, H. R., HALES, C. N., HODKINS, M., JAKOBS, A., LIEWELLIN, P. (1972): An immunradiometric assay for ferritin in serum of normal subjects and patients with iron deficiency and iron overload. J. clin. Path. **25**, 326.

ASHALL, F., BRAMWELL, M. E., HARRIS, H. (1982): A new marker for human cancer cells. The Ca antigen and the CA 1 antibody. Lancet **ii**, 1.

BAGSHAWE, K. D., WASS, M., SEARLE, F. (1978): Glycoproteins in ovarian cancer. In: Tumor Markers: Impact and Prospects (BOELSMA, E., RUMKE, P., Hrsg.), S. 218. New York: Elsevier.

— — — (1980a): Markers in gynaecological cancer. Arch. Gynaekol. **229**, 303.

— — — (1980b): Ovarian cancer serum markers. In: Ovarian Cancer. Proceedings of the International Symposium on Ovarian Cancer (NEWMAN, C. E., FORD, C. H. J., JORDAN, J. A., Hrsg.), Kap. 57. New York: Pergamon.

— (1983): Tumour markers—Where do we go from here? Br. J. Cancer **48**, 167.

BARLOW, J. J., DiCIOCCIO, R. A., DILLARD, P. H. (1981): Frequency of an allele for low activity of α-L-fucosidase in sera: possible increase in epithelial ovarian cancer patients. J. Natl. Cancer Inst. **67**, 1005.

BAST, R. C., jr., FEENEY, M., LAZARUS, H., NADLER, L. M., COLVIN, R. B., KNAPP, R. C. (1981): Reactivity of a monoclonal antibody with human ovarian carcinoma. J. Clin. Invest. **68**, 1331.

— KLUG, T. L., ST. JOHN, E. (1983): A radioimmunoassay using a monoclonal antibody to monitor the course of epithelial ovarian cancer. N. Engl. J. Med. **309**, 883.

BHATTACHARYA, M., BARLOW, J. J. (1973a): An immunologic comparison between serous cystadenocarcinoma of the ovary and other human gynecologic tumors. Am. J. Obstet. Gynecol. **117**, 849.

— — (1973b): Immunologic studies of human serous cystadenocarcinoma of ovary; demonstration of tumor-associated antigens. Cancer **31**, 588.

— CHATTERJEE, S. K., BARLOW, J. J. (1976): Uridine 5'-diphosphate-galactose: Glycoprotein galactosyltransferase activity in the ovarian cancer patient. Cancer Res. **36**, 2096.

— BARLOW, J. J. (1978): Ovarian tumor antigens. Cancer **42**, 1616.

— — (1979): Tumor markers for ovarian cancer. Int. Adv. Surg. Oncol. **2**, 155.

— CHATTERJEE, S. K., BARLOW, J. J. (1982a): Monoclonal antibodies recognizing tumor-associated antigens of human ovarian mucinous cystadenocarcinomas. Cancer Res. **42**, 1650.

— — — (1982b): Identification of a human cancer-associated glycoprotein GP 48, defined with monoclonal antibodies. Proc. Am. Assoc. Cancer Res. **23**, 276.

BJÖRKLUND, B., BJÖRKLUND, V. (1957): Antigenicity of pooled human malignant and normal tissues by cyto-immunolocial techniques: Presence of an insoluble heat-labile tumor antigen. Int. Arch. Allergy appl. Immun. **10**, 153.

— (1978): Tissue polypeptide antigen: review of physical chemistry and clinical application. Clinical application of CEA assay. Excerpta Medica Internat. Congr. Series **439**, 59.

BLOOMER, J. R., WALDMAN, T. A., McINTYRE, K. R., LATSKIN, G., (1975): Relationship of serum α-fetoprotein to the severity and duration of illness in patients with viral hepatitis. Gastroenterol. **68**, 342.

BODANSKY, O. (1954): Serum phosphohexose isomerase in cancer, II. As an index of tumor growth in metastatic carcinoma of the breast. Cancer **7**, 1200.

BOHN, H. (1976): Isolation and characterization of placental specific proteins SP_1, and PP_5. Protides Biol. Fluids Proc. Colloq. Bruges **24**, 117.

BOWEN, M., DE MELLO, J., COOPER, E. H. (1981): The clinical significance of phosphohexose isomerase levels in gastrointestinal and breast cancer. Tumor Diagnostik **1**, 22.

BRANDAU, H., CAFFIER, H. (1979): Phosphohexose isomerase and carcinoembryonic antigen during the course of metastatic breast cancer following chemotherapy. In: First International Congress on Hormones and Cancer, Rome, Italy, 1979, S. 218.

BUEDING, E., McKINNON, I. A. (1955): Studies of the Phosphoglucose isomerase of schistoma Mansoni. J. Biol. Chem. **215**, 507.

CASPERS, S., VAN NAGELL, J. R., jr., POWELL, D. F., DUBILIER, L. D., DONALDSON, E. S., HANSON, M. B., PAVLIK, E. J. (1984): Immunohistochemical localization of tumor markers in epithelial ovarian cancer. Am. J. Obstet. Gynecol. **149**, 154.

CHARPIN, C., BHAN, A. K., ZURAWSKI, V. R., jur. (1982): Carcinoembryonic antigen (CEA) and carbohydrate determinant 19-9 (Ca 19-9) localization in 121 primary and metastatic ovarian tumors: An immunhistochemical study with the use of monoclonal antibodies. Int. J. Gynecol. Pathol. **1**, 231.

CHATTERJEE, S. K., BHATTACHARYA, M., BARLOW, J. J. (1980): Determination of serum galactosyltransferase levels in ovarian cancer patients for the evaluation of the effectiveness of therapeutic programs. Cancer Lett. **8**, 247.

Collaborative Study of a test for carcinoembryonic antigen (CEA) in the sera of patients with carcinoma of the colon and rectum (1972). Canad. med. Ass. J. **107**, 25.

CROMBACH, G., ZIPPEL, H. H., GEIGER, W., WÜRZ, H. (1983): Klinische Bedeutung des CA 125 als Tumormarker beim Ovarialkarzinom. In: Tumormarker; Neue Möglichkeiten mit monoklonalen Antikörpern. Sonderausgabe zum Hamburger Symposium, Isotopen-Diagnostik, 1983.

DAMLE, S. R., TALAVDEKAR, R. V., PANSE, T. B. (1971): Studies on glycolytic enzymes in relation to cancer; part III: clinical significance of serum phosphohexose isomerase and aldolase in cancer of the prostate. A. Comparative study with serum acid phosphates and serum alkaline phosphatase. Indian J. Cancer 8, 176.

DAWSON, J. R., KUTTETH, W. H., WHITESIDES, D. B. (1980): Identification of tumor-associated antigens and their purification from cyst fluids of ovarian epithelial neoplasms. Gynecol. Oncol. 10, 6.

DiMARTINO, G., diMATTEO, L., deBELLIS, G., IANNUCCI, F., MOLERO, U., CATENA, E. (1979): I livelli sierici di GPI, A_1AT e CEA nelle neoplasie polmonari primitive e nelle broncopneumopatie croniche, Boll. Ist sieroter, Milan 58, 344.

DiSAIA, P. J., MORROW, C. P., HAVERBACK, B. J., DYCE, B. J. (1977): Carcinoembryonic antigen in cancer of the female reproductive system. Cancer 39, 2365.

DONALDSON, E. S., VAN NAGELL, J. R., PURSELL, S., GAY, E. C., MEEKER, W. R., KASHMIRI, R., VAN DE VOORDE, J. (1980): Multiple biochemical markers in patients with gynecologic malignancies. Cancer 45, 948.

DORSETT, B. H., IOACHIM, H. L., STOLBACH, L., WALKER, J., BARBER, H. R. K. (1975): Isolation of tumor specific antibodies from an effusion of ovarian carcinoma. Int. J. Cancer 16, 779.

DRYSDALE, J. W., ADELMAN, TH., G., AROSIO, P., CASAREALE, D., FITZPATRICK, P., HAZARD, J. T., YOKOTA, M. (1977): Human isoferritins in normal and disease states. Sem. Hematol. 14, 1.

FEREBERGER, W. (1981): Ferritin-Bestimmung und diagnostische Bedeutung. Wien. Med. Wschr. 10, 493.

— (1984): Eisen und Eisen bindende Proteine bei Entzündungen und Tumoren. Wien. med. Wschr., Suppl. 79.

FORNEY, J. P., DiSAIA, P. J., MORROW, C. P. (1975): Endodermal sinus tumor. A report of two sustained remissions treated postoperatively with a combination of actinomycin D, 5-fluorouracil, and cyclosphosphamide. Obstet. Gynecol. 45, 186.

GALL, S. A., WALLING, J., PEARL, J. (1973): Demonstration of tumor-associated antigens in human gynecologic malignancies. Am. J. Obstet. Gynecol. 115, 387.

GALLION, H., VAN NAGELL, J. R., POWELL, D. F., DONALDSON, E. S., HANSON, M. (1979): Therapy of endodermal sinus tumor of the ovary. Am. J. Obstet. Gynecol. 135, 447.

GILER, S., MOROZ, CH. (1978): The significance of ferritin in malignant diseases. Biomedicine 28, 203.

GOLD, P., FREEDMAN, S. O. (1965 a): Demonstration of tumorspecific antigens in human colonic carcinomata by immunological tolerance and absorption techniques. J. Exp. Med. 121, 439.

— — (1965 b): Specific carcinoembryonic antigens of the human digestive system. J. Exp. Med. 122, 467.

— GOLD, M., FREEDMAN, S. O. (1968): Cellular location of carcinoembryonic antigens of the human digestive system. Cancer Res. 28, 1331.

GOLDENBERG, D. M., SHARKEY, R. M., PRIMUS, F. J. (1976): Carcinoembryonic antigen in histopathology: Immunperoxidase staining of conventional tissue sections. J. Nat. Cancer Inst. 57, 11.

GRIFFITH, M. M., BECK, J. C. (1963): The value of serum phosphohexose isomerase as an index of metastatic breast carcinoma activity. Cancer 16, 1032.

HALL, R. R., LAURENCE, D. J. R., DARCY, D., STEVENS, U., JAMES, R., ROBERTS, S., MUNRO NEVILLE, A. (1972): Carcinoembryonic antigen in the urine of patients with urothelial carcinoma. Brit. med. J. 3, 609.

HANSEN, H. J., SNYDER, J. J., MILLER, E. (1974): Carcinoembryonic antigen (CEA) assay: A laboratory adjunct in the diagnosis and management of cancer. Hum. Pathol. 5, 139.

HEALD, J., BUCKLEY, CH., FOX, H. (1979): An immunohistochemical study of the distribution of carcinoembryonic antigen in epithelial tumours of the ovary. J. Clin. Pathol. 32, 918.

HOLYOKE, D., REYNOSO, G., CHU, T. M. (1972): Carcinoembryonic antigen (CEA) in patients with carcinoma of the digestive tract. Ann. Surg. 176, 559.

HORNER, G., CAFFIER, H., BRANDAU, H. (1983): Tumormarkerprofil im Serum und Krankheitsverlauf bei Patientinnen mit Ovarialkarzinom. In: Verhandlungen der Deutschen Gesellschaft für Gynäkologie und Geburtshilfe; 44. Versammlung, München, 13. bis 17. September 1982 (WULF, K. H., KREBS, D., Hrsg.), S. 345. Berlin-Heidelberg-New York-Tokyo: Springer.

ITO, H., KURIHARA, S., NISHIMURA, CH. (1977): Serum carcinoembryonic antigens in patients with carcinoma of the cervix. Obstet. Gynecol. 51, 468.

JACOBS, A., SLATER, A., WHITTACKER, J. A., CANELLOS, G., WIERNICK, P. (1976): Serum ferritin concentration in untreated Hodgkin's disease. Brit. J. Cancer 34, 162.

JONES, P. A. E., MILLER, F. M., WORWOOD, M., JACOBS, A. (1976): Ferritinaemia in leukemia and Hodgkin's disease. Brit. Cancer 34, 286.

KABAWAT, S. E., BAST, R. C., WELCH, W. R. (1983): Immunopathologic characterization of a monoclonal antibody that recognizes common surface antigens of human ovarian tumors of serous, endometrioid and clear cell types. Am. J. Clin. Pathol. 79, 98.

KATO, H., TORIGOE, T. (1977): Radioimmunoassay for tumor antigen of human cervical spuamous cell carcinoma. Cancer 40, 1621.

KHOO, S. K., MACKAY, E. V. (1973 a): Carcinoembryonic antigen in cancer of the female reproductive system. Sequential levels and effects of treatment. Aust. N. Z. J. Obstet. Gynecol. 13, 1.

— — (1973 b): Carcinoembryonic antigen in cancer of the female reproductive system: Its detection in the serum by microradioimmunoassay. Aust. N. Z. J. Obstet. Gynecol. 13, 107.

— — (1974): Carcinoembryonic antigen by radioimmunoassay in the detection of recurrence during long-term followup of female genital cancer. Cancer 34, 542.

— — (1976): Carcinoembryonic antigen (CEA) in ovarian cancer: factors influencing its incidence and changes which occur in response to cytotoxic drugs. Br. J. Obstet. Gynecol. 83, 10, 753.

— DAUNTER, B., MACKAY, E. (1979): Carcinoembryonic antigen and β_2 macroglobulin as serum tumor markers in women with genital cancer. Int. J. Gynecol. Obstet. 16, 388.

KJORSTAD, K. E., ÖRJASETER, H. (1977): Carcinoembryonic antigen levels in patients with squamous cell carcinoma of the cervix. Obstet. Gynecol. 51, 5, 536.

KNAUF, S., URBACH, G. I. (1974): Ovarian tumor-specific antigens. Am. J. Obstet. Gynecol. 119, 966.

KUPCHIK, H. Z., ZAMCHECK, N. (1972): Carcinoembryonic antigen(s) in liver disease. Gastroenterology 63, 95.

KURMANN, R. J., NORRIS, H. J. (1976 a): Endodermal sinus tumor of the ovary. Cancer 38, 2404.

— — (1976 b): Embryonal carcinoma of the ovary: A clinico-pathological entity distinct from endodermal sinus tumor resembling embryonal carcinoma of the adult testes. Cancer 38, 2420.

LAHOUSEN, M., STETTNER, H., PICKEL, H., PÜRSTNER, P., URDL, W. (1984): Serumferritin und Carcino-Embryonales Antigen beim Ovarialkarzinom. Tumordiagnostik, S. 211.

— PICKEL, H. (1985): Zur Effektivität der Tumornachsorge in der Gynäkologie. Wien. klin. Wschr. (im Druck).

— URDL, W., PICKEL, H., PÜRSTNER, P. (1985): Die Aussagekraft einer Kombination von Tumormarkern in der gynäkologischen Onkologie. Gynäk. Rdsch. (im Druck).

LAMERZ, R. (1980): Ferritinbestimmung bei Lungen- und Ovarialtumoren. In: Serumferritin, Methodische und klinische Aspekte (KALTWASSER, J. P., WERNER, E., Hrsg.), S. 233. Berlin-Heidelberg-New York: Springer.

LAURENCE, D. J. R., STEVENS, U., BETTELHEIM, R., DARCY, D., LEESE, C., TURBEVILLE, C., ALEXANDER, P., JOHNS, E. W., MUNRO NEVILLE, A. (1972): Role of plasma carcinoembryonic antigen in diagnosis of gastrointestinal, mammary and bronchial carcinoma. Brit. med. J. 3, 605.

LENHART, M., TRENDELENBURG, F. (1983): IgE- und PHI-Bestimmung bei Patienten mit Bronchialkarzinom. Prax. Klin. Pneumol. 37, 745.

LEVI, M. M., PARSHLEY, M. S., MANDL, I. (1968): Antigenicity of papillary serous cystadenoma tissue culture cells. Am. J. Obstet. Gynecol. 102, 433.

— KELLER, S., MANDL, I. (1969): Antigenicity of a papillary serous cystadenoma tissue hemogenate and its fractions. Am. J. Obstet. Gynecol. 105, 856.

LINDGREN, J., WAHLSTRÖM, T., SEPPÄLÄ, M. (1979): Gewebs-CEA in prämalignen Epithelveränderungen und Plattenepithelkarzinomen der Cervix uteri. Int. J. Cancer 23, 448.

LO GERFO, P., KRUPEY, J., HANSEN, H. J. (1971): Demonstration of an antigen common to several varieties of neoplasms. New Engl. J. Med. 285, 138.

— HERTER, F. P., BRAUN, J., HANSEN, H. J. (1972): Tumor associated antigen with pulmonary neoplasms. Ann. Surg. 175, 495.

LURIE, B. B., LOWENSTEIN, M. S., ZAMCHECK, N. (1975): Elevated carcinoembryonic antigen levels and biliary tract obstruction. JAMA 233, 326.

MAITY, C. R., BURMA, D. P. (1973): Metabolic changes in breast carcinoma. Phosphohexose isomerase and lactic dehydrogenase levels in serum. Ind. J. Cancer 10, 356.

MALKIN, A., KELLEN, J. A., LICKRISH, G. M., BUSH, R. S. (1978): Carcinoembryonic antigen (CEA) and other tumor markers in ovarian and cervical cancer. Cancer 42, 1452.

MARCUS, D., ZINBERG, N. (1974): Isolation of ferritin from human mammary and pancreatic carcinoma by means of antibody immunoabsorbent. Arch. Biochem. Biophys. 162, 493.

MATHIAS, D. (1980): Phosphohexose isomerase in cerebrospinal fluid in meningitis. Eur. J. Pediatr. 134, 75.

MOORE, T., KANTROWITZ, P. A., ZAMCHECK, N. (1972): Carcinoembryonic antigen (CEA) in inflammatory bowel disease. J. Amer. med. Ass. 22, 944.

MUNJAL, D., CHAWLA, P. L., LOKICH, J. J., ZAMCHECK, N. (1976): Carcinoembryonic antigen and phosphohexose isomerase, gamma-glutamyltranspeptidase and lactate dehydrogenase levels in patients with and without liver metastases. Cancer 37, 1800.

NEVILLE, A. M. (1980): Products of gynecological neoplasms: Clinical and pathological applications. Arch. Gynecol. 229, 311.

NILOFF, J. M., KLUG, TH. L., SCHAETZL, E., ZURAWSKI, V. R., jr., KNAPP, R. C., BAST, R. C., jr. (1984): Elevation of serum CA 125 in carcinomas of the fallopian tube, endometrium and endocervix. Am. J. Obstet. Gynecol. 148, 1057.

PODOLSKY, D. K., McPHEE, M. S., ALPERT, E. (1981): Galactosyltransferase isoenzyme II in the detection of pancreatic cancer: Comparison with radiologic, endoscopic and serologic tests. N. Engl. J. Med. 304, 1313.

PREISS, J., SCHULZ, V., KEMPF, P., RUMMEY, E. (1981): Erfolgsbeurteilung der Chemotherapie durch sequentielle Bestimmung des CEA. In: Tumordiagnostik, Symposiumband (UHLENBRUCK, G., WINTZER, G., Hrsg.), S. 90. Köln-Leonberg: Tumordiagnostik-Verlag.

PRIMUS, F. J., WANG, R. H., SHARKEY, R. M., GOLDENBERG, D. M. (1975): Detection of carcinoembryonic antigen in tissue sections by immunoperoxidase. J. Immunol. Methods **8**, 267.
— SHARKEY, R. M., HANSEN, H. J., GOLDENBERG, D. M. (1978): Immunoperoxidase detection of carcinoembryonic antigen. Cancer **42**, 1540.

PUSZTASZERI, G., MACH, J. P., DYSLI, M. (1972): Démonstration de déterminants antigéniques communs entre l'antigène carcino-embryonnaire digestif (CEA) et une glycoprotéine extraite des tissus normaux. Schweiz. med. Wschr. **102**, 1157.
— MACH, J. P. (1973): Carcinoembryonic antigen (CEA) in non digestive cancerous and normal tissues. Immunochemistry **10**, 197.

REYNOSO, G., CHU, T. M., GUINAN, P., MURPHY, G. P. (1972a): Carcino-embryonic antigen in patients with tumors of the urogenital tract. Cancer **30**, 1.
— — HOLYOKE, D., COHEN, E., NEOMOTO, T., CHUANG, J., GUINAN, P., MURPHY, G. P. (1972b): Carcinoembryonic antigen in patients with different cancers. J. Amer. med. Ass. **220**, 361.

RICHTER, G. W. (1965): Comparison of ferritins from neoplastic and non-neoplastic human cells. Nature **207**, 616.

RUTANEN, D. M., LINDGREN, J., SIPPONEN, P., STENMAN, U. H., SAKSELA, E., SEPPÄLÄ, M. (1978): Carcinoembryonic antigen in malignant and non-malignant gynecologic tumors. Cancer **42**, 581.

SAWADA, M., SHIMIZU, Y., OKUDAIRA, Y., MATSUI, Y., NISHIURA, H., HAYAKAWA, K. (1981): Diagnostic significance of pregnancy-associated α_2-glycoprotein in patients with ovarian cancer. Gynec. Oncol. **13**, 229.

SEARLE, F., BAGSHAWE, K. D., LEAKE, B. A., DENT, J. (1978): Serum-SP$_1$ pregnancy-specific-β-glycoprotein in choriocarcinoma and other neoplastic disease. Lancet ii, 579.

SELL, A., SGAARD, H., NORGAARD-PEDERSEN, B. (1976): Serum-alpha-fetoprotein as a marker for the effect of postoperative radiation therapy and/or chemotherapy in eight cases of ovarian endodermal sinus tumour. Int. J. Cancer **18**, 574.

SHUSTER, J., SILVERMAN, M., GOLD, P. (1973): Metabolism of human carcinoembryonic antigen in xenogeneic animals. Cancer Res. **33**, 65.

SILVER, H. K. B., DENEAULT, J., GOLD, P., THOMPSON, W. G., SHUSTER, J., FREEDMAN, S. O. (1974): The detection of alpha-fetoprotein in patients with viral hepatitis. Cancer Res. **34**, 244.

SCHLEGEL, G., LÜTHGENS, M., EKLUND, G., BJÖRKLUND, B. (1981): Correlation between activity in breast cancer and CEA, TPA, and eighteen common laboratory procedures and the improvement by the combined use of CEA and TPA. Tumor-Diagnostik **1**, 6.

STALL, K. E., MARTIN, E. W. (1981): Plasma CEA levels in ovarian cancer patients: A chart review and survey of published data. J. Reprod. Med. **26**, 73.

STAGG, B. H., COWAN, S. I. (1979): Ferritin-Bestimmung: Immunoassay. Laboratoriumsblätter **29**, 13.

STERNBERGER, L. A., HARDY, P. H., CUCULIS, J. J., MEYER, H. G. (1970): The unlabeled antibody enzyme method of immunhistochemistry preparation and properties of soluble antigen-antibody complexes (horseradish peroxidase—antihorseradish peroxidase) and its use in identification of spirochetes. J. Histochem. Cytochem. **18**, 315.

STOLBACH, L., PITT, A., GANDBHIR, L. (1979): Ovarian cancer patient antibodies and their relationship to ovarian cancer associated markers. In: Compendium of Assays for Immunodiagnosis of Human Cancer (HERBERMAN, R. B., Hrsg.), S. 553. New York: Elsevier.

TATARINOV, Y. S. (1964): Detection of embryospecific alpha-globulin in the blood sera of patients with primary liver tumor. Vopr. Med. Khim. **10**, 90.
— (1978): Trophoblast-specific beta-1-glycoprotein as a marker for pregnancy and malignancies. Gynec. Obstet. Invest. **9**, 65.

THOMPSON, D. M. P., KRUPEY, J., FREEDMAN, S. O., GOLD, P. (1969): The radioimmunoassay of circulating carcinoembryonic antigen of the human digestive system. Proc. nat. Acad. Sci. (Wash.) **64**, 161.

URDL, W., PICKEL, H., LAHOUSEN, M., PÜRSTNER, P. (1982): Das carcinoembryonale Antigen als Therapiekontrolle beim Ovarialcarcinom. Ein Bericht über 91 Fälle. III. Fortbildungstagung für Gynäkologie und Geburtshilfe, Obergurgl, 1982. Wissenschaftl. Information Milupa AG, S. 89.
— DESOYE, G., PICKEL, H., LAHOUSEN, M. (1985): Der immunhistochemische Nachweis von CEA und anderen Markern im Gewebe von Ovarialkarzinomen. Gynäk. Rdsch. (im Druck).

VAN NAGELL, J. R., jr., DONALDSON, E. S., WOOD, E. G., SHARKEY, R. M., GOLDENBERG, D. M. (1977): The prognostic significance of carcinoembryonic antigen in the plasma and tumors of patients with endometrial adenocarcinoma. Am. J. Obstet. Gynecol. **128**, 308.
— — GOLDENBERG, D. M. (1978a): The clinical significance of carcinoembryonic antigen in the plasma and tumors of patients with gynecologic malignancies. Cancer **42**, 1527.
— — GAY, E. C., SHARKEY, R. M., RAYBURN, P., GOLDENBERG, D. M. (1978b): Carcinoembryonic antigen in ovarian epithelial cystadenocarcinomas: Prognostic value of serial plasma determinations. Cancer **41**, 2335.
— — RAYBURN, P., POWELL, D. F., GOLDENBERG, D. M. (1978c): Carcinoembryonic antigen in carcinoma of the uterine cervix. Cancer **42**, 2428.
— — HUDSON, S., SHARKEY, R. M., PRIMUS, F. J., POWELL, D. F., GOLDENBERG, D. M. (1979): Carcinoembryonic antigen in carcinoma of the uterine cervix. 2. Tissue localization and correlation with plasma antigen concentration. Cancer **44**, 944.

VAN NAGELL, J. R., jr., DONALDSON, E. S., HANSON, M. B., GAY, E. C., PAVLIK, E. J. (1981): Biochemical markers in the plasma and tumors of patients with gynecologic malignancies. Cancer 48, 495.

WAHLSTRÖM, T., KORHONEN, M., LINDGREN, J., SEPPÄLÄ, M. (1979): Distinction between endocervical and endometrial adenocarcinoma with immunoperoxidase staining of carcinoembryonic antigen in routine histological tissue specimens. Lancet i, 1159.

WARBURG, O. (1926): Über den Stoffwechsel von Tumoren. Berlin: Springer.

WEINSTEIN, R. E., BOND, B. H., SILBERBERG, B. K. (1982): Tissue ferritin concentration in carcinoma of the breast. Cancer 50, 2406.

WEISER, M. M., PODOLSKY, D. K. (1979): Cancer-associated galactosyltransferase and glycopeptide acceptor activities. In: Tumor Associated Markers (WOLF, P. L., Hrsg.), S. 178. New York: Elsevier.

WILKINSON, E. J., FRIEDRICH, E. G., HOSTY, T. A. (1973): Alpha-fetoprotein and endodermal sinus tumor of the ovary. Am. J. Obstet. Gynecol. 116, 711.

WINTZER, G. (1981): CEA (Carcinoembryonales Antigen) und andere Tumormarker. In: Tumordiagnostik, Symposiumband (UHLENBRUCK, G., WINTZER, G., Hrsg.), S. 70. Köln-Leonberg: Tumordiagnostik-Verlag.

ZONDEK, B. (1942): The importance of increased production and excretion of gonadotrophic hormone for diagnosis of hydatidiform mole. J. Obstet. Gynecol. Br. Emp. 49, 397.

11

Die operative Behandlung des prolabierten Scheidenblindsackes nach Hysterektomie

E. Burghardt, F. Anderhuber und *W. Lichtenegger*

11.1 Definition und Häufigkeit des Scheidenvorfalles

Nach der Hysterektomie kann es zu mehr oder minder ausgeprägten Senkungen der vorderen und hinteren Scheidenwand, aber auch zum *Vorfall* des gesamten Scheidenblindsackes kommen. Von einem Vorfall darf nur gesprochen werden, wenn der Scheidengrund beim Pressen vor der Vulva erscheint. Bei der Identifikation des Scheidengrundes können Irrtümer entstehen. Man erkennt den Scheidengrund sicher an den grübchenförmigen Einziehungen, die beiderseits die Scheidenwinkel bilden (Abb. 11.3, s. S. 194). Meist ist die vordere Scheidenwand gänzlich vorgefallen, während die hintere Scheidenwand nur in ihrem oberen Anteil prolabiert ist (AMREICH, 1951). Im allgemeinen liegt bei Scheidenvorfall ein apfel- bis über doppelt faustgroßer Tumor vor der Vulva, der entsprechende Beschwerden verursacht. Bei jüngeren Frauen kommt es oft zur Epidermisierung der Scheidenschleimhaut, während die Schleimhaut der älteren Frauen meist atrophisch ist. Je nach dem Inhalt des prolabierten Scheidensackes können drei *Typen* des Scheidenvorfalles unterschieden werden:

- Typ der Enterozele,
- Typ der Zystozele,
- Typ der Rektozele.

Viel häufiger als die Beteiligung nur eines Hohlorganes ist der kombinierte Typ, den RICHTER (1982) in 72,2% seiner 97 Fälle vorgefunden hat. Weitaus am häufigsten, auch bei den kombinierten Fällen, liegt eine Enterozele vor.

Die Ursachen für den totalen Vorfall des Scheidenblindsackes liegen hauptsächlich in der Indikationsstellung und der Technik bei der vorausgegangenen Uterusexstirpation (s. unten). Dementsprechend ist seine Häufigkeit außerordentlich verschieden.

11.2 Die Halterung des inneren Genitale unter normalen Bedingungen

Abgesehen von den intraabdominalen Druckverhältnissen, die durch das Zusammenspiel zwischen Zwerchfell, Bauchdecken, Beckenbodenmuskulatur und den Adhäsionskräften zwischen den Eingeweiden aufrecht erhalten werden, ist die Position des inneren Genitale auch durch seine *Veranke-rung im kleinen Becken* bestimmt (AMREICH, 1951).

Sie erfolgt einerseits durch einen *Aufhänge-apparat* und andererseits durch einen *Unterstützungsapparat*. Als Aufhängeapparat wirken die subperitonealen Bindegewebsverdichtungen, die als Bestandteile des Corpus intrapelvinum an den Uterus und die Vagina herantreten. Der Unterstützungsapparat wird von den Gebilden des Beckenbodens, dem Diaphragma urogenitale und dem Diaphragma pelvis, also dem M. levator ani, gebildet. Zwischen Rektum und Vagina entsteht, den Hiatus levatorius unterteilend, durch Bindegewebsverdichtungen sowie Verflechtungen von Muskelfasern des Diaphragma urogenitale, der prärektalen Fasern des M. levator ani, des M. sphincter ani externus, der Schwellkörpermuskeln und von Fasern aus dem Rektum selbst die zwar schmale, jedoch stärkste Stelle des Beckenbodens, das *Centrum tendineum perinei* oder der *Perinealkeil.* Versagt die Muskulatur des Beckenbodens, so kann das Bindegewebe des Corpus intrapelvinum, vor allem dessen zentrale Züge, das Lig. cardinale Mackenrodt, allein einer Verlagerung des Uterus auf Dauer nicht entgegenwirken. Der Aufhängeapparat ist also eher als Hilfseinrichtung für den Unterstützungsapparat anzusehen (HAFFERL und THIEL, 1969). Durch die subperitonealen Bindegewebsverdichtungen wird der Uterus, natürlich unter Vermittlung von Blase und Rektum, derart in einer dorsalen Position über dem Beckenboden gehalten, daß sein Korpus oberhalb der Basis des Perinealkeils und seine Zervix sogar oberhalb der unpaaren Levatorplatte zu liegen kommt (Abb. 11.1). Verliert die Zervix diese dorsale Lage, so besteht sehr leicht die Möglichkeit eines Deszensus, weil der Uterus nun in den „Gefahrenbereich" des Hiatus levatorius gelangt. Die Scheide, die durch den Levatorspalt und über zwei „Schwellen", die des Perinealkeils und die der unpaaren Levatorplatte, nach hinten oben zur Zervix ziehen muß, kann also kein gerades, gestrecktes Rohr sein. Vielmehr zeigt sie einen S-förmigen Verlauf mit einer starken Perinealkrümmung, mit der sie um die vordere Kante des Centrum tendineum perinei nach hinten biegt (AMREICH, 1951). Bei intraabdominellen Drucksteigerungen wird die distale Hälfte der Scheide, ebenso indirekt der Uterus, gegen das fibromuskuläre Centrum tendineum perinei gepreßt,

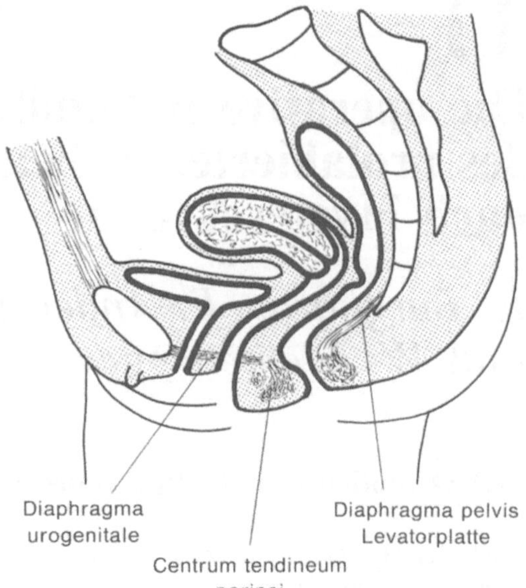

Abb. 11.1. Medianschnitt durch ein weibliches Becken. In der gerasterten Schnittfläche sind die Strukturen des Beckenbodens angedeutet, die Beckenorgane sind mit einer kräftigen schwarzen Linie schematisch dargestellt. Deutlich erkennbar ist der S-förmige Vorlauf der Scheide; mit ihrer Perinealkrümmung biegt sie um die „Schwelle" des Centrum tendineum perinei, mit ihrer inneren Krümmung erreicht sie die Cervix uteri. Scheidenende und Zervix projizieren sich nach unten auf die unpaare Levatorplatte, das Corpus uteri auf das Centrum tendineum perinei

wodurch ein Tiefertreten dieser Organe durch den Levatorspalt verhindert wird.

Natürlich kann die Scheide nicht nur durch ihren Zusammenhang mit dem Uterus bzw. der Zervix in ihrer Position gehalten werden. Andernfalls würde jede Uterusexstirpation unweigerlich zum Scheidenvorfall führen. Der wesentlichere Faktor für die *Aufhängung* der Scheide ist das *Parakolpium,* das als ein dreieckiger Fortsatz des Parametriums (Lig. Mackenrodt) vom oberen Drittel der Scheide entspringt. Die experimentellen Untersuchungen von MENGERT (1936), allerdings nur an Leichen, zeigten, daß es unter Zugbelastung nur nach Durchtrennung der oberen zwei Drittel des paravaginalen und/oder der unteren zwei Drittel des parametranen Gewebes zum Vorfall kommen kann, während die übrigen Ligamente offenbar keine diesbezügliche Funktion besitzen.

11.3 Die Halterung der Scheide nach Uterusexstirpation

Wie schon erwähnt, müßte es fast regelmäßig zum Scheidenvorfall kommen, wenn das Scheidenrohr als gerader Schlauch zum Uterus zöge und nur durch die Verbindung mit der Zervix in seiner Lage gehalten werden würde. Nach Exstirpation des Uterus kommt die enge Beziehung der Scheide zu dem parakolpanen (und parametranen) Gewebe, vor allem aber auch ihre Unterstützung durch die tragfähigen Elemente des Beckenbodens, erst recht zur Wirkung (s. oben). So lange der proximale Anteil der Scheide in seiner natürlichen Lage verankert ist, wird er bei erhöhtem intraabdominellem Druck gegen die unpaare Levatorplatte gepreßt, wodurch verhindert wird, daß auch der Scheidengrund über den Hiatus levatorius gelangt und im weiteren durch Druck auf die Längsachse der Scheide herausgepreßt werden kann. Natürlich ist die Unterstützung durch den Perinealkeil eine wichtige Voraussetzung für die Funktion dieses Mechanismus.

Einen wesentlichen Einfluß auf die Fixation des Scheidenstumpfes muß auch die *Vernarbung* haben die nach der Hysterektomie zustande kommt. Besonders nach Radikaloperation des Zervixkarzinoms ist sie mit ihren tastbaren Narbenzügen so stark ausgeprägt, daß sie auch als Halterung einer stärker verkürzten Vagina ausreicht. Die Art und das Ausmaß der Vernarbung dürfte auch sehr davon abhängen, wie der proximale, offene Teil des Scheidenstumpfes nach der Hysterektomie behandelt worden ist (s. unten).

11.4 Die Ätiologie des Scheidenvorfalles

Nach diesem Sachverhalt ist es klar, daß der totale Vorfall des Scheidenblindsackes nach Hysterektomie auf mehreren Faktoren beruhen kann oder muß. Die wichtigsten sind zweifellos, ganz in Analogie zu den normalen Verhältnissen (s. oben), die Aufhängung und die Unterstützung durch den Beckenboden.

AMREICH (1951) hat vor allem auf die häufig mangelhafte Verankerung des Scheidenstumpfes nach der Hysterektomie hingewiesen. Er stellte fest, daß der Scheidenvorfall hauptsächlich nach vaginaler Hysterektomie vorkommt. Dabei ging er von der Annahme aus, daß der Operateur bei der vaginalen Hysterektomie manchmal den oberen Anteil der Scheide mitentfernt, um leichter an den unteren Blasenpol und an den Douglas heranzukommen. Der verkürzte Scheidenstumpf würde damit vom Ligamentum Mackenrodt abgelöst, verbliebe mit seiner Kuppe im Levatorspalt und könne durch den intraabdominalen Druck vorgepreßt werden. Dem widerspricht die Tatsache, daß es trotz beträchtlicher Verkürzung der Scheide bei vaginalen und abdominalen Radikaloperationen des Zervixkarzinoms kaum je zu einem Vorfall kommt. Hier spielt offenbar die breite Vernarbung eine Rolle, die trotz Resektion auch der Parakolpien für die Aufhängung der Scheide ausreicht. Bei der gewöhnlichen Hysterektomie dürfte diesbezüglich die Art der Versorgung des Scheidenstumpfes von wesentlicher Bedeutung sein (s. unten).

Eine ungenügende Verankerung kann sich besonders auswirken, wenn der Unterstützungsapparat des Beckenbodens geschädigt ist. Die Unterlassung oder die technisch mangelhafte Durchführung von plastischen Korrekturen nach einer Hysterektomie, die wegen oder bei Senkungszuständen des Genitale gemacht worden ist, dürfte eine ganz entscheidende Rolle spielen.

Für diese Faktoren spricht vor allem der *frühzeitige Vorfall* nach der Uterusexstirpation. SYMMONDS et al. (1981) haben unter 190 operierten Patientinnen der Jahre 1968 bis

1975 in 71 Fällen (39%) frühe Vorfälle feststellen können. Unter diesen fanden sich 31 Fälle, bei denen der Vorfall innerhalb einiger Tage, weniger Wochen und auf jeden Fall innerhalb von 6 Monaten vonstatten ging. In 10 dieser Fälle war eine vaginale Hysterektomie ohne weitere plastische Maßnahmen wegen eines Prolapses gemacht worden. In 11 Fällen war ein Gebärmutterprolaps die Indikation für eine abdominale Hysterektomie. In diesem Zusammenhang stellen die Autoren fest, daß der Scheidenstumpfvorfall in ihrem Material fast gleich häufig nach abdominaler und vaginaler Hysterektomie vorkommt.

Schädigungen des Beckenbodens sind meist Folgen eines Geburtstraumas. Andere Faktoren sind angeborene Gewebsschwächen, die sich auch in der Ausbildung von Hernien anderer Lokalisation äußern. Sekundär kann das Gewebe altersbedingt oder durch Krankheit geschwächt werden.

Zu den seltenen Ursachen gehören Zustände nach Entfernung großer Tumoren des Bekkens. Vorausgegangene Antefixationsoperationen sollen sich durch verstärkte *Exposition des Douglasschen Raumes* disponierend auswirken (RICHTER, 1982). SYMMONDS et al. (1981) haben den Eindruck, daß eine Zystourethropexie den Scheidenvorfall begünstigen kann, da sie in 17 Fällen gefunden haben, daß eine Operation nach MARSHALL-MARCHETTI-KRANTZ vorausgegangen war. Diese Beobachtung widerspricht der eigenen Erfahrung.

Für alle Vorfälle, die auf einer allmählichen Schwächung des Aufhängeapparates beruhen, ist es charakteristisch, daß sie erst mehrere bis *viele Jahre nach der Hysterektomie* auftreten.

11.5 Prophylaxe des Scheidenvorfalles

Aus den bisherigen Überlegungen geht schon hervor, welche prophylaktische Maßnahmen anläßlich der Hysterektomie von Bedeutung sind. Im einzelnen handelt es sich um folgende operationstechnische Details:

Plastische Korrekturen bei der operativen Behandlung von Senkungszuständen des Genitale: Es sollte selbstverständlich sein, daß bei Senkungszuständen des Genitale oder gar beim Genitalprolaps nicht nur der Uterus exstirpiert wird. Besonders wichtig ist es, eine *Enterozele* zu erkennen und zu beheben. Um sicherzugehen, muß bei jeder Vorwölbung der hinteren Vaginalwand versucht werden, in diese von rektal her mit dem Finger einzugehen. Gelingt das nicht, so handelt es sich um eine Enterozele. In diesem Fall muß der Peritonealsack freipräpariert, eröffnet und mittels einer hohen Tabaksbeutelnaht verschlossen werden. Sorgfältige plastische Korrekturen der Scheide, besonders aber des Beckenbodens, sind nicht als Zusatzmaßnahme, sondern als ein wesentlicher Teil der Operation zu betrachten und möglichst genau durchzuführen. Dazu gehört vor allem der Aufbau eines hohen, festen Dammes mit ausgiebiger Levatornaht, wodurch die Funktion des Beckenbodens im entscheidenden Bereich des Perinealkeiles wiederhergestellt und gestärkt wird. Dabei ist darauf zu achten, daß tatsächlich die Levatorränder dargestellt und vereinigt werden und dieser Operationsakt nicht einfach durch die Vernähung von bulbokavernösem Gewebe vorgetäuscht wird. Eine zusätzliche Raffung des proximalen Anteiles der hinteren Scheidenwand durch ein „umgekehrtes Dreieck", dessen Spitze zur Spitze der Hegarschen Figur zeigt oder durch deren Verlängerung mittels eines medianen Schnittes bis zum Scheidenwundrand mit weiterer Raffung des Rektums und Resektion von überschüssiger Scheidenwand kann sich als günstig erweisen (RICHTER, 1963). Wir führen diesen Operationsakt nicht routinemäßig durch, ohne deshalb wesentliche Nachteile gesehen zu haben.

Erhaltung eines möglichst langen Scheidenstumpfes: Besonders der vaginalen Operation wird eine verkürzende Wirkung auf den Scheidenstumpf nachgesagt. Diese tritt nicht nur durch die Mitnahme der proximalen Anteile der Scheide auf (s. oben), sondern auch durch eine Vernähung des Scheidengrundes. Die Schule von AMREICH läßt bei der vaginalen Uterusexstirpation nach Verschluß der Peritonealhöhle den Vaginalstumpf offen, tamponiert ihn für zwei Tage und läßt ihn schließlich per granulationem ausheilen (PEHAM und AMREICH, 1930; RICHTER und LAKOMY, 1953; REIFFENSTUHL und PLATZER, 1974). Diese Maßnahme bewirkt nicht nur einen besseren Abfluß des Wundsekretes und damit einen günstigeren postoperativen Verlauf, sondern, durch aufsteigende Epithelisierung der Wundhöhle, auch eine Verlängerung und *narbige Fixierung* des Scheidenstumpfes. Damit soll sowohl die möglichst feste Verankerung der Scheide sowie die Unterstützung ihres proximalen Anteiles durch die unpaare Levatorplatte gewährleistet werden. Der Verzicht auf einen Verschluß des Scheidenrohres gilt im übrigen in gleicher Weise auch für die abdominale Uterusexstirpation.

Fixation des Scheidenwundrandes an die parametranen Stümpfe: Besonders bei der vaginalen Hysterektomie besteht die Gefahr, daß die proximale Scheide mehr als nötig von dem parakolpanen Gewebe abgelöst wird. Im Gegensatz dazu besteht bei der abdominalen Hysterektomie die Tendenz, das Scheidenrohr möglichst knapp an der Zervix abzusetzen. Schon AMREICH (1951) hat auf die Bedeutung der U-Nähte hingewiesen, die nach der vaginalen Hysterektomie zur Blutstillung durch Scheidenwinkel und parametrane Stümpfe gelegt werden und letztere an die Scheide fixieren. Nach der selbst geübten Technik werden die parametranen Stümpfe durch Z-Nähte mit dem Scheidenwundrand vernäht, indem die Nadel das Peritoneum über den Stümpfen, die Stümpfe selbst und die Scheidenwand durchsticht (REIFFENSTUHL und PLATZER, 1974). Eine Vernähung der Stümpfe in der Medianen oder gar die Vernähung der Adnexstümpfe und der Stümpfe der Ligg. rotunda erübrigt sich und dürfte sogar im Sinne der oben geschilderten Ausgranulation des Scheidenstumpfes ungünstig sein. Ungünstig kann sich auch die Fixation des Scheidenstumpfes nach abdominaler Hysterektomie an die verkürzten Ligg. rotunda auswirken, da diese Maßnahme manchmal zu einer Streckung und Steilstellung der Scheide führt (RICHTER, 1963).

Die hohe Peritonealisierung: Besser als die Vernähung der peritonealen Wundränder im Bereiche von Blase und Rektum ist es, diese nach vaginaler Hysterektomie an Zügeln nach abwärts zu ziehen und die peritonealen Nähte so hoch zu legen, daß das Peritoneum des Blasenbodens mit dem Peritoneum des Rektums bzw. Sigmas vereinigt wird. Durch diese Maßnahme kommt es einerseits zu einer zumindest partiellen *Verödung des Douglasschen Raumes.* Anderseits wird durch diese Art der Peritonealisierung der Dom über dem Scheidenstumpf weiter erhöht, was bei offenem Scheidengrund und vorübergehender Tamponade sowohl die Verlängerung des Scheidenrohres als auch die Narbenbildung und deren Haltefunktion begünstigt.

11.6 Operative Korrektur des Scheidenvorfalles nach Hysterektomie

Die Wahl der Operationsmethode hängt ganz davon ab, ob die Kohabitationsfähigkeit erhalten werden soll oder nicht. Ist dies nicht der Fall, so liegt das Problem relativ einfach.

11.6.1 Operationsmethoden ohne Berücksichtigung der Kohabitationsfähigkeit

- Partielle Kolpektomie
- Totale Kolpektomie
- Scheidenverschlußoperation

Für die *Kolpektomie* sind verschiedene Methoden angegeben worden (PERCY, 1961; OBER und MEINRENKEN, 1964). Als Verschlußoperation kommt die mediane Kolporrhaphie nach NEUGEBAUER-LE FORT sowie auch die subtotale Kolpoperineokleisis nach LABHARDT in Frage. Eine Zwischenstellung nehmen Operationen ein, bei denen trotz Entfernung großer Anteile der Scheidenschleimhaut bzw. weitgehendem Scheidenverschluß nennenswerte Restlumina verbleiben (MARSHALL, 1953; ANSELMINO, 1957; DIEGRITZ, 1959). Schließlich gehört in diese Gruppe auch die ausgedehnte vordere Kolporrhaphie mit Kolpoperineoplastik und Levatornaht unter weitgehender Verengung des Scheidenrohres. Ihre Ergebnisse sind ungünstig, Rezidive sind häufig (MARTIUS, 1943; MALPAS, 1957).

Wesentlich schwieriger ist das therapeutische Problem, wenn eine Erhaltung der Kohabitationsfähigkeit erwünscht ist. Hier werden sowohl abdominale als auch vaginale Verfahren angewendet. Sie stellen ganz unterschiedliche Zustände her.

11.6.2 Operationsverfahren mit Erhaltung der Kohabitationsfähigkeit

11.6.2.1 Abdominale Verfahren

- Ventrifixur (Ventropexie)
- Promontoriifixur
- Sakropexie

Bei diesen Methoden wird der Scheidengrund an Elemente der Bauchwand oder des knöchernen Beckens fixiert. Je nach Länge der Scheide kann eine direkte Fixation erfolgen, meistens muß aber die Distanz zwischen Scheidengrund und Fixationspunkt durch Bänder überbrückt werden.

Bei der *Ventrifixur* werden je nach Eröffnung der Bauchhöhle durch Quer- oder Längsschnitt Faszienstreifen aus der Externusaponeurose (SHAW, 1948; WILLIAMS und RICHARDSON, 1952) oder der Rektusfaszie (FLETCHER, 1954; UHLFELDER, 1963) aber auch Kunststoffäden (FERGUSON, 1964; BREMER, 1966; TE LINDE und MATTINGLY, 1970) verwendet. Durch Tunnelierung des Retroperitonealraumes werden die Streifen von ihren Ansatzstellen subperitoneal an den Scheidengrund herangeführt. In Variationen des Vorgehens von KÜSTER (1910) wird das Scheidenende aber auch direkt mit Nähten an die vordere Bauchwand fixiert (O'LEARY, 1965; KASKARELIS, 1978).

Eine direkte Fixation des Scheidengrundes an das *Promontorium,* etwa nach dem Prinzip der Promontoriifixur des Uterus nach KÜSTNER (1956) ist GRÜNBERGER (1976) gelungen.

Wesentlich häufiger wird der Scheidenblindsack an das *Kreuzbein* fixiert. Die stets zu große Distanz wird mit Bändern überbrückt, die entweder aus körpereigener Faszie (SYMMONDS, 1981), aus Tierfaszie (WARD, 1938) oder aus Kunststoff bestehen (LEE, 1971; SYMMONDS, 1981). Die Faszienstreifen werden gewöhnlich retroperitoneal an das Kreuzbein herangebracht, während Kunststoffbänder sowohl retroperitoneal (SYMMONDS und PRATT, 1960; RUST et al., 1976) als auch frei in der Bauchhöhle verlaufen können (BIRNBAUM, 1973).

Schließlich wurden auch Suspensionen des Scheidenblindsackes mit Hilfe der Ligg. rotunda (GÄNSSBAUER, 1950) oder an Resten der Ligamenta sacrouterina bzw. cardinalia nach Abpräparation der Blase sowie Eröffnung und Verkürzung des Scheidenblindsackes (SYMMONDS und PRATT, 1960) gemacht. LANGMADE (1965) präparierte die

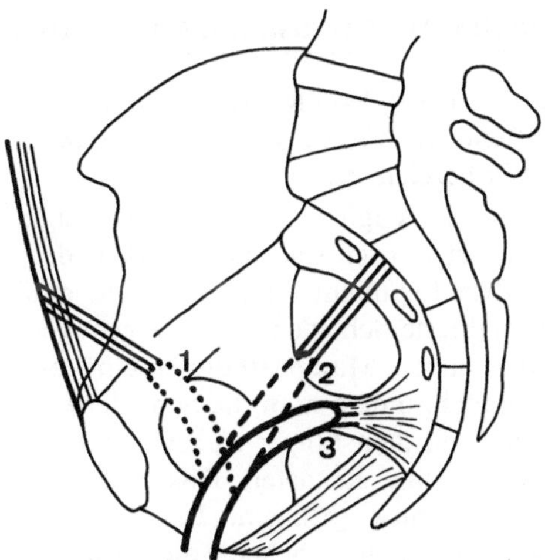

Abb. 11.2. Sagittalschnitt durch das knöcherne Becken. Verlauf der Scheide bei den verschiedenen Arten der Scheidenfixation. *1* Ventrifixur, *2* Sacropexie, *3* Vaginaefixatio sacrospinalis. Zu beachten ist die weite Eröffnung des Douglas bei 1 sowie der weitgehend den anatomischen Verhältnissen angenäherte Verlauf bei 3

Ligg. pubica bds. nach Eröffnung des Cavum Retzii und vernähte sie extraperitoneal mit dem Scheidenstumpf.

Die beschriebenen Verfahren werden verschiedentlich mit vaginalen Operationen zur Behebung der Zysto- oder Rektozele bzw. eines Enterozelensackes kombiniert (LEE, 1972; SYMMONDS, 1981).

Praktisch alle abdominalen Suspensionsverfahren sind mit dem Nachteil verbunden, daß sie die Vagina in eine ungewöhnliche Position bringen. Sie verläuft mehr oder minder steil und gestreckt unter Ausschaltung der natürlichen Krümmung und der natürlichen Beziehung zum Beckenboden (Abb. 11.2). Daran ändern auch Empfehlungen, die Fixation bei der Sakropexie möglichst weit unter dem Promontorium vorzunehmen (BIRNBAUM, 1973) bzw. den Scheidengrund bei der Ventrifixur nicht so weit nach vorne zu bringen (SYMMONDS et al., 1981), nicht allzuviel. Ganz besonders bei der Ventrifixur kommt es zu einer ungewöhnlich weiten Exposition des Douglas, womit der Weg für das Rezidiv bereits angebahnt ist. So haben SYMMONDS et al. (1981) nach 20 anderweitig durchgeführten

Ventrifixuren 16 Rezidive innerhalb eines Jahres nach der Operation gesehen, davon fünf Rezidive innerhalb weniger Wochen. Die Resultate sollen sich verbessern lassen, wenn stets eine bestehende Enterozele reseziert bzw. der Douglas verödet wird (MOSCHCOWITZ, 1912). Schließlich ist nicht zu vergessen, daß die Sakropexie mit beträchtlichen Verletzungsgefahren (bei retroperitonealem Vorgehen) und Ileusgefahr (bei frei verlaufenden Bändern) verbunden ist.

11.6.2.2 Vaginale Verfahren mit Erhaltung der Kohabitationsfähigkeit

Es ist kaum möglich, die verschiedenen Modifikationen, „von denen man annimmt, daß sie Verbesserungen darstellen" (RUST et al., 1976) in eine systematische Ordnung zu bringen. Allen diesen Methoden ist gemeinsam, daß sie den Enterozelensack im Sinne einer Hernienoperation darstellen, eröffnen und nach hohem Verschluß resezieren. Die Suspension der Vagina erfolgt an den Ligamenta sacrouterina und cardinalia (MILLER, 1927; SYMMONDS und PRATT, 1960; McCALL, 1961; MacFARLANE und TOWNSEND, 1961) oder an parakolpanem Gewebe (HOLLAND, 1972) bzw. an Gewebsstrukturen, die für die erwähnten Ligamente gehalten werden. Der Unterschied zwischen den verschiedenen Modifikationen besteht hauptsächlich in der Schnittführung. Es resultiert stets eine Verengung und wohl auch eine Verkürzung der Scheide, die aber auch willkürlich variiert werden kann (SYMMONDS und PRATT, 1960). Die bekannteste dieser Modifikationen ist die Methode von SYMMONDS und PRATT (1960). Sie wird verschiedentlich empfohlen und beschrieben (KRUSCHWITZ, 1977; RANDOW, 1979; KÄSER et al., 1983).

Inwieweit es gelingt, das Scheidenrohr mittels dieser Verfahren in eine derartige Relation zum Beckenboden zu bringen, daß dessen unterstützende Funktion (s. S. 186) wieder zum Tragen kommt, hängt sicher von dem operativen Vorgehen und dem Ausmaß der Scheidenwandresektion ab.

11.7 Die Operation nach Amreich II (Vaginaefixatio sacrospinalis vaginalis)

AMREICH, zu seiner Zeit sicher der beste Kenner der funktionellen und operativen Anatomie des kleinen Beckens, hat im Jahre 1951 ein operatives Verfahren zur Behandlung des prolabierten Scheidenblindsackes nach Hysterektomie angegeben, mit dem die natürlichen topographischen Verhältnisse im kleinen Becken weitestgehend wiederhergestellt werden sollen. Durch die Wahl eines möglichst tiefen Fixationspunktes wurde mit dieser Operation angestrebt, der Scheide sowohl ihre perineale Krümmung zu geben als auch die Verlagerung des proximalen Scheidenanteiles aus dem Hiatus laevatorius über die Levatorplatte zu bewirken. Als tiefer Fixationspunkt bot sich das kreuzbeinwärts divergierende Ligament an, das von der Spina ischiadica entspringt. Obwohl die Scheide auf diese Weise in ihrem proximalen Anteil eine leichte Deviation nach einer Seite erhält, werden weder im Hinblick auf ihre Halterung noch auf die Kohabitationsfähigkeit irgendwelche Nachteile gesehen.

Nach einer ausführlicheren Beschreibung von SEDERL (1958), die noch auf persönlichen Kommunikationen mit AMREICH beruht, kann diese Fixationsstelle auf zwei Wegen erreicht werden. SEDERL unterscheidet demnach eine Operation nach Amreich I und Amreich II. Bei der ersten Operation (Amreich I) wird das Steißbein in Seitenlage reseziert und der Ansatz des Levatormuskels durchtrennt. Nach Abschieben des Rektums auf die entsprechende Seite wird der Scheidengrund mit einem Stieltupfer gegen den Rektumpfeiler gedrängt, der über der Scheidenkuppe inzidiert wird, so daß der Scheidengrund in den Pararektalraum gelangt und hier an das Ligamentum sacrospinale fixiert werden kann.

Bei der zweiten Operation (Amreich II) gelangt man nach Separation von Scheide, Rektum und Blase an die Anheftungsstelle. Dieses Vorgehen wurde wiederholt beschrieben (SEDERL, 1958; RICHTER, 1967, 1981 und 1982; WUNDERLICH, 1980; NICHOLS und

RANDALL, 1983). Von RICHTER (1968) wurde es treffend als *Vaginaefixatio sacrospinalis vaginalis* bezeichnet.

Nachdem die Vagina derartig an das Ligament fixiert werden soll, daß der Scheidengrund dem Ligament direkt anhaftet, muß das prolabierte Scheidenrohr eine genügende Länge haben. Man prüft diesen Umstand ganz einfach, indem man die Scheide reponiert und mit dem Finger transvaginal versucht, die Spina zu tasten. Das muß ohne stärkeren Druck gelingen. In der Regel besitzt die prolabierte Scheide die notwendige Länge.

11.7.1 Operationstechnik

Der prolabierte Scheidensack wird im Bereiche der Scheidenwinkel mit Klemmen gefaßt und angespannt (Abb. 11.3 und 11.4). Ein Medianschnitt geht von der vorderen Scheidenwand (Abb. 11.3) über den prolabierten Scheidengrund hinweg auf die Hinterwand der Vagina. Hier kann im distalen Anteil gleich eine Hegarsche Anfrischungsfigur mit Freipräparation des Rektums und der Levatorschenkel durchgeführt werden (Abb. 11.4). Ist eine Zystozele vorhanden, so kann man den Schnitt im Bereiche der Vorderwand gleich oder später bis in den Bereich der Urethra fortführen. Als nächster Schritt wird die Scheide von den vorgefallenen Hohlorganen abpräpariert. Man geht vom Scheidengrund aus und bewegt sich zunächst nur in der unteren Hälfte des prolabierten Scheidensackes (Abb. 11.5). Die Separierung der Scheide von den Hohlorganen wird umso leichter, je strenger man sich an die Spatien zwischen Scheide und Blase bzw. Scheide und Rektum hält. Ist die Scheide weit genug abpräpariert, wölben sich die Hohlorgane vor, indem sie auf den ersten Blick als ein einheitliches Gebilde erscheinen (Abb. 11.6). Bei genauer Betrachtung lassen sich jedoch Grenzen erkennen, die zwischen Blase und Rektum liegen oder aber, was meistens der Fall ist, auch den zwischen Blase und Rektum befindlichen Enterozelensack demarkieren. Es erfolgt nun die Separierung dieser Hohlorgane. Ist eine Enterozele vorhanden, faßt man das Peritoneum mit einer zarten Klemme, indem man streng darauf achtet, den Inhalt des Bruchsackes nicht mitzufassen. Die Abpräparation von der Blase (Abb. 11.6) und dem Rektum gelingt leicht, da diese Organe mit dem Bruchsack nur durch lockeres Bindegewebe verbunden sind. Die Separierung geht so weit wie möglich, so daß schließlich der ganze Enterozelensack ringsum dargestellt ist. Er wird breit eröffnet. Bei diesem Operationsakt muß die Patientin gut relaxiert sein, damit die Operation durch herausgepreßte Darmteile nicht behindert wird. Durch den Bruchhals kann man mittels Spekulumeinstellung verbliebene Adnexe revidieren und sie gegebenenfalls entfernen. Es folgt die möglichst hohe Peritonealisierung mit einer zirkulären Naht (Abb. 11.7). Das überschüssige Peritoneum kann, muß aber nicht reseziert werden.

Bei Zysto- und Urethrozele werden Blase und Urethra noch weiter nach lateral abpräpariert und in der bekannten Weise mit weit ausholenden Nähten gerafft (Abb. 11.8). In diesem Bereich können die Wundränder der vorderen Scheidenwand bereits reseziert und vernäht werden.

Somit beginnt der eigentliche Operationsakt der Scheidenfixation. Das Rektum wird von dem rechten Rektumpfeiler (bei Linkshändern von dem linken Pfeiler) abgedrängt, wobei man einen Raum eröffnet, den man als medialen Pararektalraum bezeichnen könnte. Der Pfeiler besteht aus etwas verdichtetem Bindegewebe, dem einige glatte Muskelfasern beigemengt sind, und enthält nur wenige kleine Gefäße. Er wird mit dem Zeigefinger stumpf durchbohrt (Abb. 11.9), indem der Finger auf die Spina zielt. Das gelingt unschwer und ohne nennenswerte Blutung. Der durch lockeres Bindegewebe verlaufende Hohlraum wird nun mittels entsprechend langen und schmalen Breiskyspateln eingestellt. Ein nach seitlich und hinten gerichteter Spatel muß das Rektum abdrän-

gen, das sich von median her in das Operationsgebiet vorwölben kann. Das vordere Spekulum distanziert das Ligamentum cardinale und den Ureter, während ein drittes, lateral eingeführtes Spekulum nur zur Erweiterung des Operationsgebietes dient (Abb. 11.10). Dringt man mit einem Stieltupfer so weit vor, bis man auf festen Widerstand stößt, so hat man gewöhnlich den M. coccygeus dargestellt. Durch Präparation mit einem Kugeltupfer kann es, muß es aber nicht gelingen, Fasern des sakrospinalen Ligamentes freizulegen.

Die Fixationsstelle ist sorgfältig zu wählen. Sie sollte etwas distal und etwa 2 cm medial von der Spina liegen, um aus den Bereich der A. und V. pudenda und von Ästen des N. musculi laevatoris ani zu gelangen. Die Fixationsnähte werden angelegt, indem man sie an der bestimmten Stelle durch festes Gewebe führt, ohne Rücksicht darauf, wie viel man auch von dem Ligament gefaßt hat. Dazu dient ein langer Nadelhalter mit entsprechend starker runder Nadel oder die Dechampssche Nadel. Als Nahtmaterial wird Chromcatgut Nr. 3 oder Dexon bzw. Vicryl Nr. 2 verwendet. Im allgemeinen genügt je eine Naht für jede Scheidenhälfte. Die zweite Naht soll 0,5 bis 1 cm medial von der ersten Naht gelegt werden. Je ein Ende der Nähte wird nunmehr in der Gegend der Scheidenwinkel durch einen möglichst dikken Polster des subepithelialen Gewebes gestochen (Abb. 11.10). Nachdem die vordere Scheidenwand so weit als nötig reseziert worden ist, werden die Nähte nacheinander geknüpft, womit sich die Scheidenwände in die Tiefe des neugebildeten Hohlraumes zurückziehen (Abb. 11.11). Sie müssen der Fixationsstelle dicht anliegen, da die Scheide nicht durch die resorbierbaren Nähte, sondern durch Verwachsung mit ihrer Umgebung auf Dauer in ihrer neuen Position gehalten werden soll.

Wurde die Hegarsche Figur nicht zu Beginn gemacht (s. oben), wird sie jetzt durchgeführt, das Rektum gegebenenfalls weiter abpräpariert und gerafft. Nach weiterer Resektion von überschüssiger Scheiden-

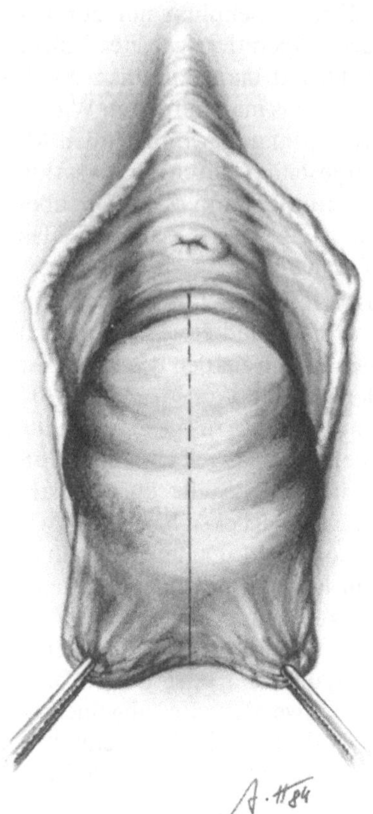

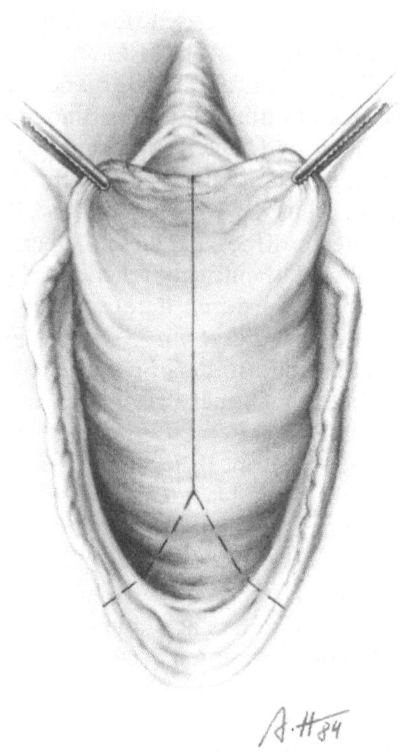

Abb. 11.3. Operation nach Amreich II (1). Der vollständig prolabierte Scheidenblindsack ist im Bereiche der grübchenförmigen Scheidenwinkel mit Klemmen gefaßt und nach abwärts gezogen. Die mediane Längsinzision geht zunächst von der Mitte der vorderen Vaginalwand bis zum Scheidengrund und setzt sich auf die hintere Vaginalwand fort. Je nach Situation wird die Inzision gleich oder später bis zum Urethalwulst verlängert, um eine vorhandene Zystozele darzustellen

Abb. 11.4. Operation nach Amreich II (2). Der Scheidenblindsack ist nach oben gezogen, so daß die hintere Scheidenwand sichtbar wird. Der auf der vorderen Scheidenwand bis zum Scheidengrund laufende Schnitt wird auf der hinteren Scheidenwand fortgesetzt. Er verläuft etwa bis an die Grenze zum unteren Scheidendrittel, wo gleich oder erst am Ende der Operation eine Hegarsche Anfrischungsfigur angeschlossen wird

Abb. 11.6. Operation nach Amreich II (4). Die Scheidenwand ist weitgehend von den Hohlorganen getrennt. Die zwischen Blase und Rektum liegende Enterozele wird vorsichtig gefaßt und von den Hohlorganen abpräpariert. An den Scheidenlappen ist beiderseits die Stelle der Scheidenwinkel sichtbar

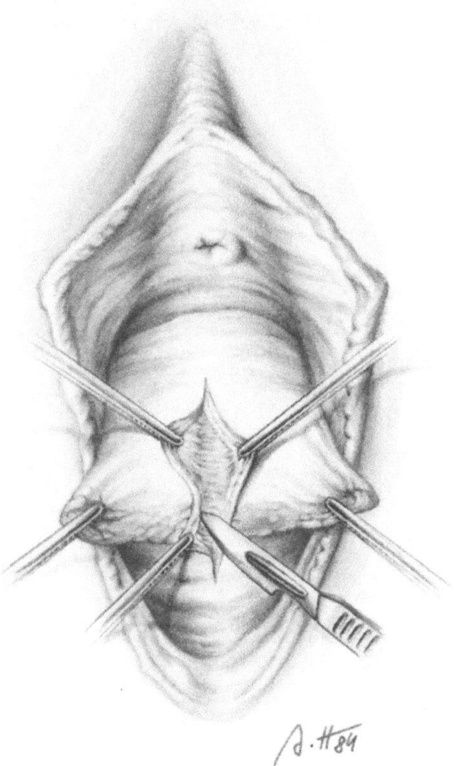

Abb. 11.5. Operation nach Amreich II (3). Mit der türflügelartigen Abpräparation der Scheidenwand von den Hohlorganen wird im Bereiche des Scheidengrundes und der proximalen Vagina begonnen

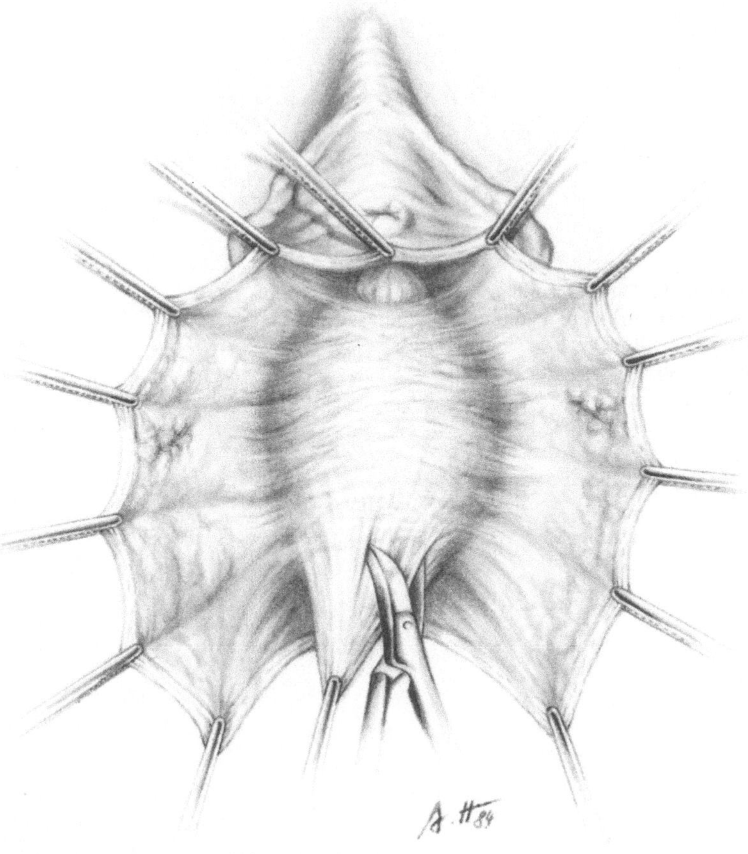

Abb. 11.6

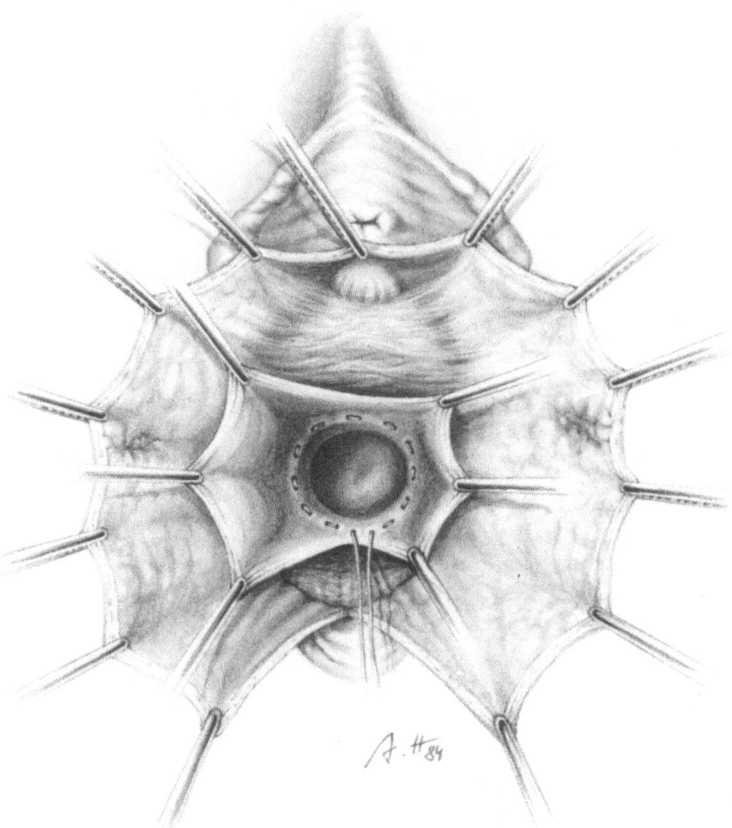

Abb. 11.7. Operation nach Amreich II (5). Die Enterozele ist rundum freipräpariert und eröffnet. Möglichst hoch wird eine zirkuläre Naht angelegt, die vorne das Blasenperitoneum und rückwärts das Peritoneum des Sigmoids fassen soll. Nach Knüpfen der Naht kann das überschüssige Peritoneum reseziert werden

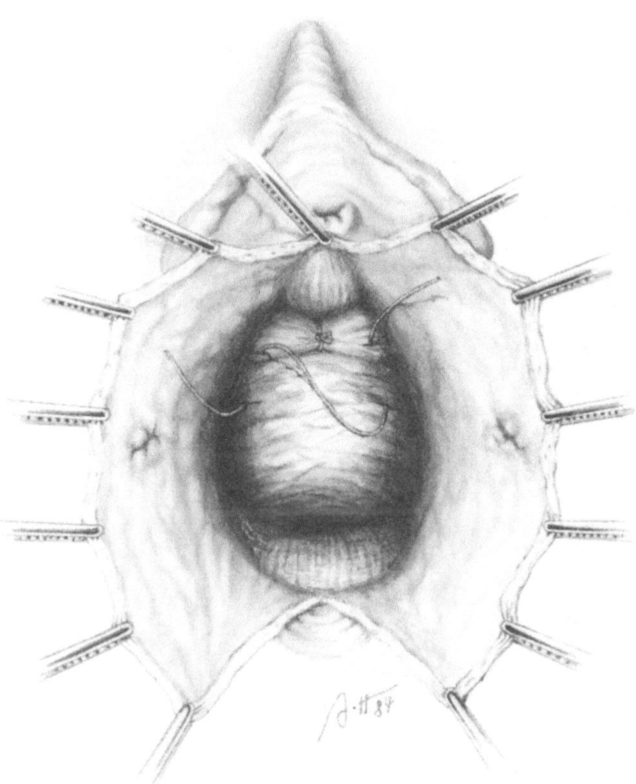

Abb. 11.8. Operation nach Amreich II (6). Blasenhals, der Blasenboden und das Rektum sind weiter dargestellt. Der Blasenboden wird durch Z-förmige quere Knopfnähte von distal nach proximal gerafft

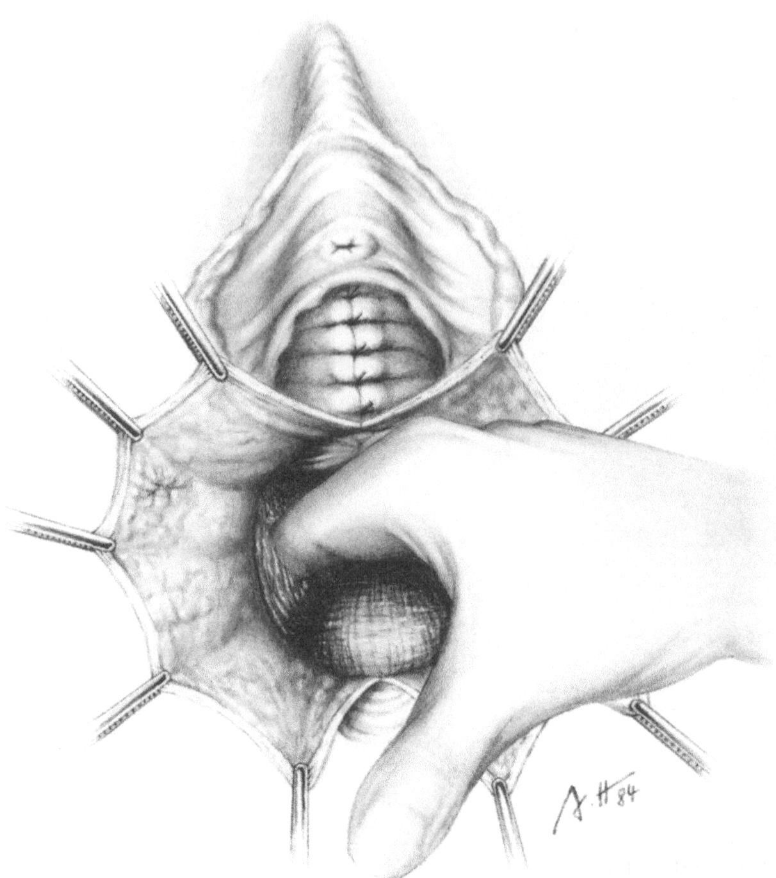

Abb. 11.9. Operation nach Amreich II (7). Die vordere Kolporrhaphie ist beendet, die vordere Scheidenwand in ihrem distalen Anteil nach Teilresektion vernäht. Das Rektum ist von dem rechten Rektumpfeiler abgedrängt. Der Zeigefinger der rechten Hand durchstößt das lockere Gewebe des Pfeilers, indem er auf die Spina ischiadica zielt

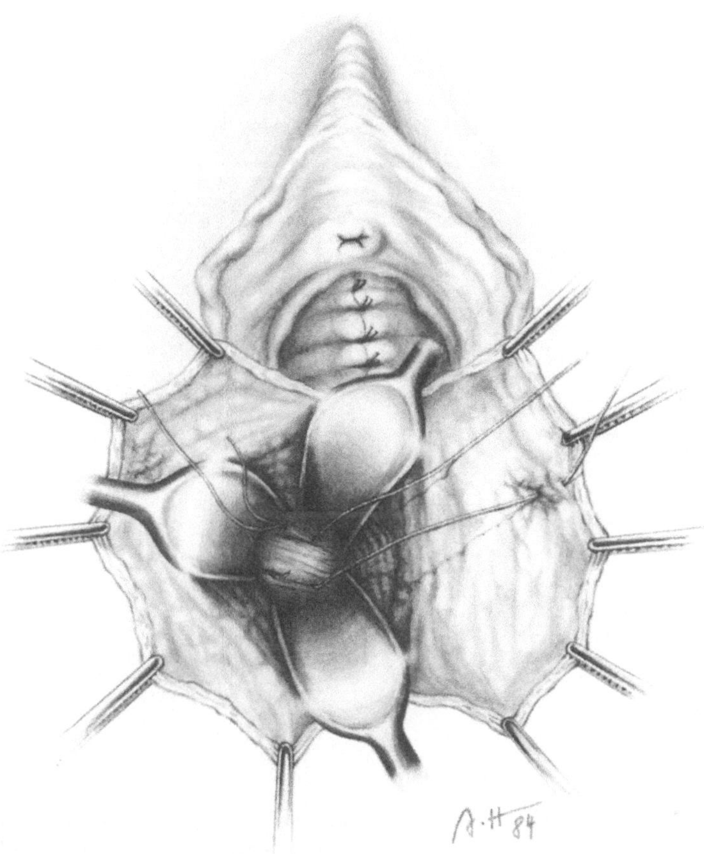

Abb. 11.10. Operation nach Amreich II (8). Der Hohlraum, in den die Scheidenlappen versenkt werden sollen, ist mittels dreier Spatel dargestellt. Der vordere Spatel distanziert das Ligamentum kardinale und den Ureter. Der hinten-seitlich eingeführte Spatel drängt das Rektum ab, das sich von medial her in die Wundhöhle vorwölben kann. Am Grunde des Hohlraumes sieht man Fasern, die dem M. coccygius angehören. Die Naht, mit der der linke Scheidenlappen in der Tiefe fixiert werden soll, ist bereits angelegt. Sie faßt im Bereiche der Scheidenwinkel einen möglichst starken Gewebspolster. Rechts wird die Naht soeben angelegt, indem man die Nadel durch möglichst zugfestes Gewebe führt

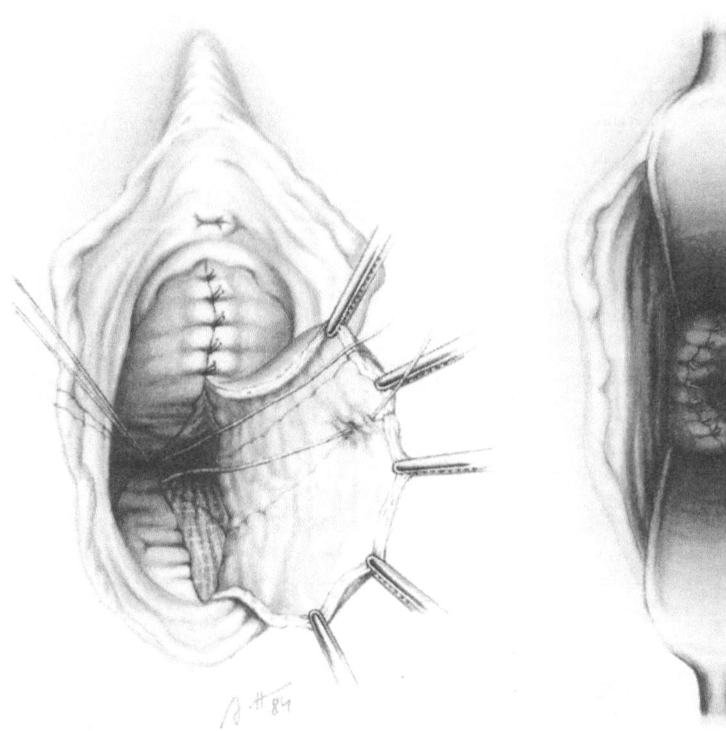

Abb. 11.11. Operation nach Amreich II (9). Nach Resektion von überschüssiger Scheidenwand und Knüpfen der rechten Naht hat sich der rechte Scheidenlappen in die Tiefe zurückgezogen. Er soll seiner Unterlage fest anhaften

Abb. 11.12. Operation nach Amreich II (10). Nach Versenkung auch des linken Scheidenlappens werden die Scheidenwände in der Medianen durch Einzelknopfnähte vereinigt. Mit einer hinteren Kolporrhaphie wird die Operation beendet

schleimhaut im Bereiche der Hinterwand werden die Wundränder im proximalen Anteil der Scheide vernäht (Abb. 11.12). Eine Kolpoperineoplastik mit ausgiebiger Levatornaht und dem Aufbau eines hohen Dammes beschließt den Eingriff. Es wird ein Dauerkatheter für vier bis fünf Tage gelegt und die Scheide mit einem Streifen austamponiert, der am dritten postoperativen Tag entfernt wird. Am Tage nach der Operation kann die Patientin mobilisiert werden. Die Verabfolgung von Östrogenen beschleunigt wahrscheinlich den Heilungsprozeß. Eine Antibiotikaprophylaxe ist unter Umständen bei betagten Patientinnen notwendig.

11.7.2 Komplikationen

Möglich sind vor allem Verletzungen von Blase und Rektum während der Separierung dieser Organe von der Scheidenwand. Besonders zu achten ist auch auf das sich von medial hervorwölbende Rektum während des Anlegens der Fixationsnähte medial der Spina. Zu tiefe und unkontrollierte Stiche anläßlich dieses Operationsaktes könnten die Vasa pudenda treffen und zu unangenehmen Blutungen führen. Die Einbeziehung des N. pudendus in die Naht kann zu postoperativen Schmerzen führen. Sie sistieren spontan, wenn resorbierbares Nahtmaterial benützt worden ist. Andernfalls müssen die Nähte entfernt werden. Das gleiche gilt für die Ausbildung eines Fadengranuloms (RICHTER und ALBRICH, 1981).

11.7.3 Resultate

In den Jahren 1973—1983 wurden an der Grazer Klinik 12 Operationen nach Amreich II durchgeführt. In allen Fällen war die Operation sowohl anatomisch als auch für die Patientin zufriedenstellend. In keinem Fall trat ein Rezidiv auf.

RICHTER (1982) berichtet über 81 Fälle. In 61,7% wurde ein befriedigendes Resultat erzielt. In 14,8% fand sich bei der Nachkontrolle eine Zystozele, bei 8,6% eine Rektozele und bei 3,7% eine Enterozele.

Literatur

AMREICH, I. (1951): Ätiologie und Operation des Scheidenstumpfprolapses. Wien. klin. Wschr. **63**, 74.

ANSELMINO, K. J. (1957): Zur operativen Behandlung von Scheidenprolapsen nach Totalexstirpation des Uterus. Geburtsh. u. Frauenheilk. **17**, 501.

BIRNBAUM, S. J. (1973): Rational therapy for the prolapsed vagina. Am. J. Obstet. Gynec. **115**, 411.

BREMER, E. H. (1966): Prolapses of the vagina following hysterectomy. Arch. Surg. **92**, 20.

DIEGRITZ, H. (1959): Querriegelkolporrhaphie ohne Uterus. Zbl. Gynäk. **81**, 351.

FERGUSON, W. H. (1964): New functional repair of post hysterectomy vaginal vault prolapse with Merlex mesh. Amer. Surg. **30**, 227.

FLETCHER, P. F. (1954): Abdominale Colpocystopexie for Complete Prolapse of the Vagina (LOWRIE, E. H. Hrsg.). Springfield, Ill.: Ch. C Thomas.

GÄNSSBAUER, H. (1950): Zur Operationstechnik bei Totalprolaps der blindendigenden Scheide und zur Ehrenrettung der Ligg. rotunda. Geburtsh. u. Frauenheilk. **10**, 109.

GRÜNBERGER, V. (1976): Promontoriofixur bei Prolaps des Scheidenblindsackes. Wien. klin. Wschr. **88**, 324.

HAFFERL, A., THIEL, W. (1969): Lehrbuch der topographischen Anatomie. Berlin-Heidelberg-New York: Springer.

HOLLAND, J. B. (1972): Enterocele and prolapse of the vaginal vault. Clin. Obstet. Gynecol. **15**, 1145.

KASKARELIS, D. B. (1978): An abdominal approach to the surgical repair of posthysterectomy vaginal inversion. Acta Obstet. Gynec. Scand. **57**, 173.

KÄSER, O., IKLÉ, F. A., HIRSCH, H. A. (1983): Atlas der gynäkologischen Operation. Stuttgart-New York: G. Thieme.

KRUSCHWITZ, S. (1977): Operative Behandlung des Vaginalprolapses nach Totalexstirpation des Uterus. Zbl. Gynäkol. **100**, 45.

KÜSTNER, O. (1910): Abdominale Totalexstirpation des Uterus. Ventrifixur des Scheidengewölbes, Kolporrhaphie, Verfahren bei großen Prolapsen. Mschr. Geburtsh. Gynäk. **32**, 1.

KÜSTNER, H. (1956): Zur Promontoriofixur. Zbl. Gynäkol. **78**, 1746.

LANGMADE, CH. F. (1965): Cooper ligament repair of vaginal vault prolapse. Am. J. Obstet. Gynecol. **92**, 601.

LEE, R. A., SYMMONDS, R. E. (1972): Surgical repair of posthysterectomy vault prolapse. Am. J. Obstet. Gynecol. **112**, 953.

MACFARLANE, K. T., TOWNSEND, D. E. R. (1961): Enterocele and prolapse of the vaginal vault. Canad. J. Surg. **4**, 411.

MALPAS, P. (1957): The choice of operation for genital prolapse. In: Progress in Gynecology (MEIGS, J. V., STURGIS, S. H., Hrsg.), Vol. 3, S. 663. New York: Grune & Stratton.

MARSHALL, C. (1953): The newer gynecology; some of its surgical and anatomical implications. Am. J. Obstet. Gynecol. **65**, 773.

MARTIUS, H. (1943): Die gynäkologischen Operationen. Leipzig: Thieme.

MACCALL, L. M. (1961): Posterior culdeplasty; a surgical technique for the cure of posterior enterocele and complete prolapse of the vaginal vault following hysterectomy. III. Weltkongreß f. Gynäkologie u. Geburtshilfe, Wien, Berichte, Bd. 3, 449.

MENGERT, W. F. (1936): Mechanics of uterine support and position. Am. J. Obstet. Gynecol. **31**, 775.

MILLER, N. F. (1927): Surg. Gynecol. Obstet. **44**, 550.

MOSCHCOWITZ, A. V. (1912): The pathogenesis, anatomy and cure of prolapse of the rectum. Surg. Gynecol. Obstet. **15**, 7.

NICHOLS, D. H., RANDALL, C. L. (1983): Vaginal Surgery. Baltimore-London: Williams & Wilkins.

OBER, K. G., MEINRENKEN, H. (1964): Gynäkologische Operationen. In: Allgemeine und spezielle chirurgische Operationslehre (GALEKE, N., ZENKER, R., Hrsg.). Berlin-Göttingen-Heidelberg-New York: Springer.

O'LEARY, J. A. (1965): Ventrofixation in the management of vaginal vault prolapse. Surg. Gynecol. Obstet. **120**, 1296.

PEHAM, H., AMREICH, I. (1930): Gynäkologische Operationslehre. Basel: Karger.

PERCY, N. M., PERL, J. (1961): Total colpectomy. Surg. Gynecol. Obstet. **8**, 175.

RANDOW, H. (1979): Zur operativen Behandlung des Scheidenstumpfprolapses. Zbl. Gynäkol. **101**, 1203.

REIFFENSTUHL, G., PLATZER, W. (1974): Die vaginalen Operationen. München: Urban & Schwarzenberg.

RICHTER, K. (1963): Die Prophylaxe und Therapie des Scheidenvorfalles nach Uterusexstirpation. Geburtsh. u. Frauenheilk. **23**, 1063.

— (1967): Die operative Behandlung des prolabierten Scheidengrundes nach Uterusexstirpation. Ein Bei-

trag zur Vaginaefixatio sacrotuberalis ·nach Amreich. Geburtsh. u. Frauenheilk. **27**, 943.

— (1968): Die chirurgische Anatomie der Vaginaefixatio sacrospinalis vaginalis. Ein Beitrag zur operativen Behandlung des Scheidenblindsackprolapses. Geburtsh. u. Frauenheilk. **28**, 321.

— (1982): Massive eversion of the vagina. Pathogenesis, diagnosis and therapy of the "true" prolapse of the vaginal stump. Clin. Obstet. Gynecol. **25**, 897.

— ALBRICH, W. (1981): Long term results following fixation of the vagina on the sacrospinal ligament by the vaginal route (Vaginaefixatio sacrospinalis vaginalis). Am. J. Obstet. Gynecol. **141**, 811.

— LAKOMY, W. (1953): Zur Technik der vaginalen Uterusexstirpation. Zbl. Gynäkol. **75**, 1921.

RUST, J. A., BOTTE, J. M., HAWLETT, R. J. (1976): Prolapse of the vaginal vault. Improved techniques for management of the abdominal approach or vaginal approach. Am. J. Obstet. Gynecol. **125**, 768.

SEDERL, J. (1958): Zur Operation des Prolapses der blind endigenden Scheide. Geburtsh. u. Frauenheilk. **18**, 824.

SHAW, H. N. (1948): Prolapse of the vaginal vault following hysterectomy. A new method of repair. West. J. Surg. Obstet. Gynecol. **56**, 127.

SYMMONDS, R. E., PRATT, J. H. (1960): Vaginal prolapse following hysterectomy. Am. J. Obstet. Gynecol. **79**, 899.

— WILLIAMS, T. J., LEE, R. A., WEBB, M. J. (1981): Posthysterectomy enterocele and vaginal vault prolapse. Am. J. Obstet. Gynecol. **140**, 852.

TE LINDE, R. W., MARRINGLY, R. F. (1970): Operative Gynecology. Philadelphia: Lippincott.

ULFELDER, H. (1963): Prolapse of the vagina following hysterectomy. In: Progress in Gynecology (MEIGS, J. V., STURGIS, S. H., Hrsg.). New York: Grune & Stratton.

WARD, G. E. (1938): Ox fascia lata for reconstruction of round ligaments in correcting prolapse of the vagina. Arch. Surg. **36**, 163.

WILLIAMS, G. A., RICHARDSON, A. C. (1952): Transplantation of external oblique aponeurosis—an operation for prolapse of the vagina following hysterectomy. Am. J. Obstet. Gynecol. **64**, 552.

WUNDERLICH, M. (1980): Beitrag zur Vaginaefixatio sacrospinalis vaginalis (Amreich II) beim Scheidenstumpfprolaps. Zbl. Gynäkol. **102**, 1136.

12
Amenorrhoe

G. Tscherne und *W. Urdl*

12.1 Einleitung

Die sprunghafte Erweiterung des Wissens über Funktionsabläufe im Rahmen der Zyklusregulierung sowie die Entwicklung und Verbesserung neuer diagnostischer Methoden hat zu einer wesentlich veränderten Bewertung des Symptoms Amenorrhoe geführt. Die Möglichkeit einer weitgehenden Abklärung der Störung mit einer sehr genauen Diagnose schuf die Basis für eine zielgerichtete Therapie, deren Ergebnisse besonders bei funktionellen Amenorrhoen entscheidend verbessert werden konnten. Diese stürmische Entwicklung wird deutlich, wenn man realisiert, daß die Strukturaufklärung des Gonadotropin-Releasinghormones und die Erforschung der Rolle des Prolaktins erst Anfang der siebziger Jahre erfolgte. Die Erkennung der Bedeutung von biogenen Aminen, Neurohormonen und Neurotransmittern hat zu immer genaueren Vorstellungen über eine neuroendokrine Kontrolle zentraler Funktionsabläufe geführt und damit zum Verständnis von Zyklusstörungen beigetragen. Diesem enormen Zuwachs an spezialisiertem Detailwissen steht auf der anderen Seite der für die Praxis positive Aspekt gegenüber, daß durch relativ einfache Basisuntersuchungen eine orientierende Abklärung von Amenorrhoen einfacher geworden ist. Damit lassen sich recht klare Richtlinien für das Vorgehen bei verschiedenen Formen von Amenorrhoen erstellen.

12.2 Definitionen

Amenorrhoe bedeutet das Fehlen einer menstruellen Blutung. Dieser Zustand ist physiologisch in der Kindheit und bis zur Menarche, nach der Menopause sowie während der Schwangerschaft und Laktation. Davon abgesehen bedeutet Amenorrhoe das Symptom einer Anomalie.

Unter *primärer Amenorrhoe* versteht man das Ausbleiben der Menarche, es kommt zu keiner spontanen Blutung. Als Grenze wird heute überwiegend das vollendete 16. Lebensjahr angenommen.

Von *sekundärer Amenorrhoe* kann gesprochen werden, wenn mehr als drei Monate hindurch keine spontane Blutung erfolgt, wobei zunächst ein mehr oder weniger normaler Zyklus gegeben war. Die zeitlichen Abgrenzungen werden unterschiedlich gehandhabt, die Übergänge von Oligo- zu Amenorrhoe sind fließend und die Bezeichnung *Oligo-Amenorrhoe* für Grenzfälle trägt dieser Situation Rechnung.

12.3 Ursachen — Einteilungsprinzipien

Voraussetzung für das Zustandekommen eines regulären Zyklus ist die Intaktheit der gonadalen und genitalen Anlage sowie die normale Ausreifung der hypothalamisch-hypophysären Zentren, also eine funktionstüchtige Achse Hypothalamus-Hypophyse-Ovar-Genitale. Anlagebedingte oder erworbene organische oder funktionelle Anomalien können auf jeder Ebene zu einer Störung des Systems mit dem Resultat einer Amenorrhoe führen.

Für das Verständnis des Zustandekommens funktioneller Störungen haben neue Vorstellungen über die *Zyklusregulierung* wesentlich beigetragen. Ihre Grundlage bildet die Erkenntnis, daß die Gonadotropinsekretion aus der Hypophyse nicht kontinuierlich, sondern in pulsatiler Form erfolgt (MIDGLEY und JAFFE, 1971; YEN et al., 1972; SANTEN und BARDIN, 1973). Die Gonadotropine — im besonderen das LH — werden episodisch abgegeben; die Intervalle zwischen den einzelnen Pulsen betragen in der Follikel- und frühen Lutealphase 60—120 Minuten, in der mittleren und späten Lutealphase ca. 4—8 Stunden. In Untersuchungen an Primaten wurde evident, daß diese Pulse gleichsinnig bolusartig abgegebenen Mengen von Gonadotropin-Releasinghormon entsprechen, also die Reflexion einer *pulsatilen GnRH-Sekretion* aus dem Hypothalamus darstellen (KNOBIL, 1980; WILDT und LEYENDECKER, 1981). Gleichbleibende Mengen von GnRH gelangen in pulsatorischer Form via Pfortadersystem des Hypophysenstieles in den Hypophysenvorderlappen. Die gonadotropen Zellen des HVL werden dadurch befähigt, Gonadotropine zu produzieren und freizusetzen und auf ovarielles Östradiol mit negativem und positivem Feedback zu reagieren. Damit kommt dem Ovar eine bedeutende modulierende Rolle für den Konzentrationsverlauf der gonadotropen Hormone zu. Die Rolle des Hypothalamus ist eine permissive, das heißt das pulsatile GnRH-Muster ist Voraussetzung für das Funktionieren dieser Regulationen. Die Gültigkeit dieses Prinzips für den Menschen wurde außer aufgrund experimenteller Studien durch die Erfahrungen bei der Behandlung hypothalamischer Amenorrhoen durch pulsatile Verabreichung von GnRH bestätigt (LEYENDECKER et al., 1983).

Das *GnRH (LHRH)* ist, wie andere Releasinghormone auch, ein Neurohormon, der Struktur nach ein Dekapeptid. Seine Freisetzung im mediobasalen Hypothalamus (nucleus arcuatus) wird von weiteren hypothalamischen Kerngebieten reguliert und beeinflußt. Ihre Topographie ist bereits sehr weitgehend bekannt. Sie sind durch Neurone und Synapsen miteinander verbunden. Diese hypothalamischen Areale stehen aber auch mit extrahypothalamischen Zentren in Verbindung, wodurch sich die Möglichkeit der Beeinflussung durch Kortex, limbisches System oder formatio reticularis ergibt. Die Übertragung von Informationen an die hypothalamischen Kerngebiete und der Informationsfluß zwischen diesen Zentren erfolgt neurohormonal durch *Neurotransmitter,* wie Noradrenalin, Adrenalin, Azetylcholin, Serotonin, Dopamin, Enkephaline, Endorphine. Diese komplexen und komplizierten Verbindungen machen auch die Störanfälligkeit des Regulationssystems verständlich. Verschiedenste Noxen können auf dem Weg über extrahypothalamische Zentren die pulsatile GnRH-Sekretion aus dem Hypothalamus aufheben, was im Endeffekt zu einer Amenorrhoe führt. Diese Zusammenhänge und Vorstellungen über eine neurohormonale Kontrolle der Ovulation sind in Abb. 12.1 dargestellt.

Unter Zugrundelegung dieser Betrachtungsweise könnte jede funktionelle Amenorrhoe als hypothalamische Amenorrhoe angesehen werden. Aus praktischen Überlegungen ergibt sich aber die Notwendigkeit von Unterteilungen nach ätiologischen und klinischen Gesichtspunkten.

Die Grundlage von *Einteilungen der Ame-*

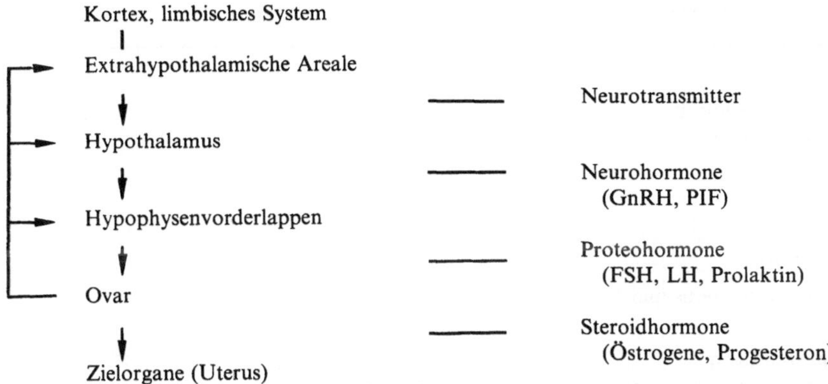

Abb. 12.1. Regelung der Ovarialfunktion — Berücksichtigung neuroendokriner Zusammenhänge

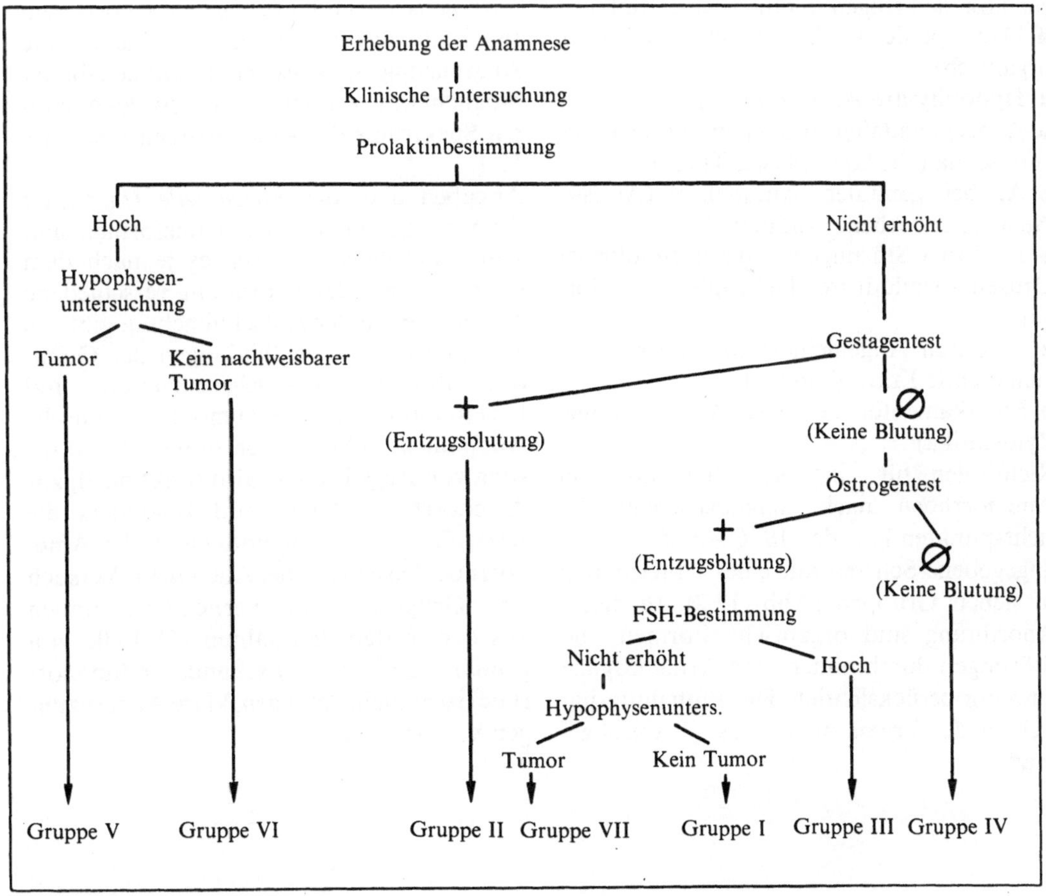

Abb. 12.2. Einteilung der Amenorrhoen nach dem Schema der WHO (nach BETTENDORF, 1976)

Tabelle 12.1. Einteilung von Amenorrhoen

Primär — Sekundär

Hypothalamische A. ⟨normogonadotrop / hypogonadotrop⟩

Hyperprolaktinämische A.

Androgenetische A.

Ovarielle A. — hypergonadotrop

A. bei Anomalien im Bereich von Uterus und Vagina ⟨angeboren / erworben⟩

A. bei organischer Hypophysenläsion

---

norrhoen ist die Differenzierung von primärer und sekundärer Amenorrhoe. Bezogen auf die Lokalisation der Störung bzw. die Ursache läßt sich folgende Gliederung treffen:
- Diencephale A. (funktionell; psychogen; organisch)
- Hypophysäre A. (organisch)
- A. bei gonadalen Anomalien (Dysgenesie; Intersexualität; Hypoplasie; Tumor)
- A. bei genitalen Anomalien (Atresie; Aplasie; erworbene Anomalie)
- A. durch Störungen anderer endokriner Drüsen (Schilddrüse; Nebenniere; Inselorgan)
- A. durch Allgemeinerkrankungen (konsumierende Erkrankungen)
- Medikamentös bedingte A. (Hormone, Zytostatika)

Richtlinien für eine Klassifizierung von Amenorrhoen nach diagnostischen Gesichtspunkten gibt das 1976 von der WHO angegebene Schema mit einer Unterteilung in sieben Gruppen (Abb. 12.2). In dieser Anordnung sind organische Formen und Störungen durch andere endokrine Organe zuwenig berücksichtigt. Die Einteilung hat sich in der Praxis nicht wirklich durchgesetzt.

Sehr übersichtlich und praxisgerecht ist die Einteilung funktioneller Amenorrhoen in *hypothalamische, hyperprolaktinämische, androgenetische* und *ovarielle* Amenorrhoen. Innerhalb dieser Gruppen ist eine weitere Abgrenzung spezifischer Krankheitsbilder möglich. Eine Zusammenfassung des gesamten Spektrums der Amenorrhoen gibt Tab. 12.1.

Angaben über die *prozentuelle Häufigkeit* der verschiedenen Amenorrhoeformen sind sehr unterschiedlich, weil es je nach dem Gesichtspunkt der Zuordnung verschiedene Möglichkeiten der Aufschlüsselung gibt. So sind angeborene Fehlbildungen der Gonaden, intra- oder suprasellläre Tumoren und hormonproduzierende Tumoren organische Anomalien, führen aber durch Beeinflussung von Regelkreisen, also funktionell, zur Amenorrhoe. Damit wird besonders die Klassifizierung als hypothalamische Amenorrhoe Ansichtssache. Auch beim Versuch einer Gruppierung der eigenen Patientinnen aus den letzten drei Jahren (65 Fälle von primärer und 240 von sekundärer Amenorrhoe) ist es nicht gelungen, klare Abgrenzungen vorzunehmen.

12.4 Allgemeine Diagnostik

Jede nicht physiologische Amenorrhoe ist als Symptom einer Störung zu werten. Eine möglichst genaue Diagnose ist daher anzustreben:

● Zum Ausschluß einer organischen Ursache mit Krankheitswert.
● Zur Klassifizierung als Voraussetzung für eine Information der Patientin mit Prognosestellung.
● Als Voraussetzung für eine sinnvolle zielgerichtete Therapie.

Eine weitgehende Abklärung gelingt bereits durch klinische Beurteilung und einfache Basisuntersuchungen. In zweiter Linie folgen je nach Gegebenheiten und Notwendigkeit weitere spezielle Untersuchungen, wie Hormonanalysen, zytogenetische Untersuchung, Laparoskopie, Gonadenbiopsie, Sonographie, Computertomographie, neurologische und/oder psychiatrische (psychosomatische) Untersuchung.

12.4.1 Anamnese

Eine exakte Anamnese ist die Grundlage für den weiteren Untersuchungsgang. Besonders zu beachten sind das bisherige Blutungsmuster, insbesondere die Differenzierung zwischen spontanen und ausgelösten Blutungen, vorhandene Symptome, Gewichtsveränderungen, eine eventuelle Einnahme von Medikamenten sowie psychische Probleme und Streßsituationen.

12.4.2 Klinische Untersuchung

Das körperliche Erscheinungsbild gibt bereits Anhaltspunkte für mögliche Ursachen der Amenorrhoe. Phänotyp, Sexualentwicklung und typische Stigmata, die für bestimmte Krankheitsbilder sprechen, sind richtungweisend. Gewicht und Körpergröße müssen festgehalten werden. Die gynäkologische Untersuchung ist zum Ausschluß einer Schwangerschaft, zur Erfassung von Fehlbildungen, zur Beurteilung des Uterus, der Ovarien und des Zervixsekretes unerläßlich.

Zu achten ist auf Zeichen einer Androgenisierung und auf eine eventuell vorhandene Galaktorrhoe.

12.4.3 Hormonelle Abklärung

Mittels Radioimmunoassays sind alle originären Hormone direkt im Serum bestimmbar; Untersuchungen im Harn sind daher weitgehend in den Hintergrund getreten. Hormonbestimmungen sollten gezielt eingesetzt werden. Voraussetzung für eine sinnvolle Interpretation der Ergebnisse ist eine an den klinischen Gegebenheiten orientierte Fragestellung. Die so häufig veranlaßte Durchführung eines globalen „Hormonstatus" ist auch aus ökonomischen Gründen zu überdenken. Aussagen aufgrund pathologischer Einzelwerte sind problematisch, die Diagnose ist durch Kontrolle der Befunde zu sichern, bei Unklarheiten sind unter Umständen auch mehrmalige Wiederholungen notwendig. Vier bis sechs Wochen vor einer Bestimmung ist jegliche Hormonbehandlung zu beenden. In diesem Zusammenhang ist besonders auf verabreichte Depotpräparate zu achten.

Hormonbestimmungen sind bei sekundären Amenorrhoen zunächst nicht notwendig (HAMMERSTEIN, 1981). Ihr Einsatz ist erst bei einer Dauer von über sechs Monaten angezeigt oder wenn zusätzliche Symptome, wie ovarielle Ausfallserscheinungen, Androgenisierung, Galaktorrhoe oder eine Cushing-Symptomatik vorhanden sind. Durch einfache *hormonelle Funktionstests* (Tab. 12.2) ist eine weitgehende Beurteilung der endokrinen Situation möglich, besonders eine Differenzierung des Schweregrades der Störung.

● Der *Gestagentest* gibt Aufschluß über den östrogenen Status. Bei positivem Ausfall, d. h. bei einer Blutung im Anschluß an die Medikation, muß eine signifikante Östrogenproduktion vorhanden gewesen sein, die zu einer Proliferation des Endometrium geführt hat. Das Ausbleiben einer Blutung besagt, daß die endogen gebildeten Östro-

Tabelle 12.2. Hormonelle Funktionstests bei Amenorrhoe

	Durchführung	Ergebnis
Gestagentest	2 × 5 mg Medroxyprogesteronazetat (in Österreich Medrogeston = Colpron®) durch 10 Tage	Positiv: Blutung Negativ: keine Blutung
Östrogentest	0,06 mg Äthinylöstradiol durch 10 Tage	Positiv: Blutung Negativ: keine Blutung
Clomiphentest	2 × 50 mg Clomiphenzitrat durch 5 Tage	Positiv: Blutung a) nach biphasischem Zyklus b) nach biphasischem Zyklus mit Lutealinsuffizienz c) nach monophasischem Zyklus Negativ: keine Blutung

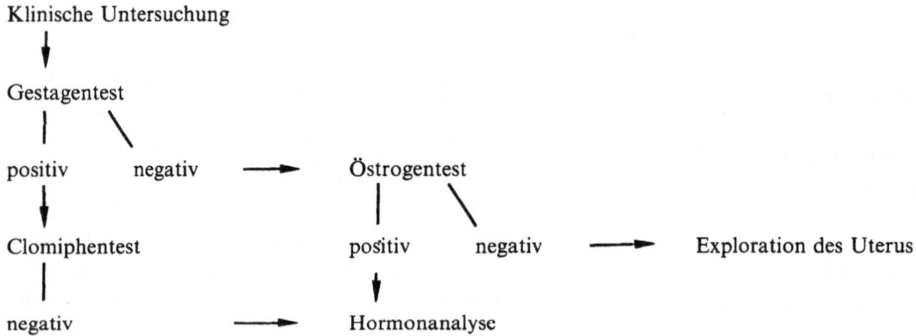

Abb. 12.3. Primärer Untersuchungsgang zur Abklärung von Amenorrhoen

genmengen nicht ausreichen, um das Endometrium so weit aufzubauen, daß eine Transformation mit folgender Blutung möglich ist, oder daß eine organische Schädigung vorliegt.

● Im Falle einer solchen uterinen Amenorrhoe ist der *Östrogentest* negativ. Tritt im Anschluß an die Östrogengabe eine Blutung auf, also bei positivem Östrogentest, so liegt eine funktionelle Störung höheren Schweregrades vor.

● Der *Clomiphentest* informiert über die hypothalamisch-hypophysäre Reaktionsfähigkeit. Er ist am fünften Tag nach einer provozierten Blutung zu beginnen; die Patientin ist zur Messung der Basaltemperatur anzuhalten. Der Test ist positiv, wenn es zu einer Blutung kommt, unabhängig davon, ob eine Ovulation erfolgt oder nicht. Diese Reaktion wird aus der Basaltemperaturkurve ersichtlich, aus deren Verlauf auch eine weitere Abstufung des Ergebnisses entsprechend dem Schweregrad der Störung abzuleiten ist (Tab. 12.2). Der Untersuchungsgang ist in seinem Ablauf in Abb. 12.3 zusammengefaßt.

● Ein *GnRH-Test* ist nur bei gegebener Indikation durchzuführen (s. S. 213, Tab. 12.6).

Die Notwendigkeit einer *Hormonanalyse* ergibt sich erst bei schwereren Formen von Amenorrhoen, d. h. bei negativem Gestagentest und nach Ausschluß einer uterinen Amenorrhoe auch bei negativem Clomiphentest. Mit der Bestimmung von Prolaktin, FSH, LH und möglichst auch Östradiol ist zunächst eine weitgehende Orientierung möglich. Zusätzliche Bestimmungen von Testosteron, Dehydroepiandrosteronsulfat, Cortisol, SHBG, Progesteron, 17α-OH-Progesteron und von weiteren spezifischen Hormonen sind je nach der Symptomatik gezielt einzusetzen. Das gilt ebenso für die dynamischen Funktionstests. Auf sie wird bei den einzelnen speziellen Formen der Amenorrhoen eingegangen.

12.4.4 Zusätzliche Basisdiagnostik

Neben der klinischen Diagnostik und der primären hormonellen Abklärung sollte bei längerdauernden Amenorrhoen ein Sellaröntgen und eine ophthalmologische Untersuchung (Fundus, Visus, Gesichtsfeld) zum Ausschluß eines hypophysären oder supra-sellären raumfordernden Prozesses veranlaßt werden. An Laborbefunden sind Blutbild, Leberfunktionsproben, Gesamteiweiß mit Elektrophorese, Elektrolyte und Glukosetoleranztest aufschlußreich. Eine wesentliche zusätzliche Information gibt die Beurteilung der *Schilddrüsenfunktion,* am besten in Form der Bestimmung von freiem Thyroxin (fT$_4$). Bei pathologischen Werten oder bei begründetem Verdacht auf eine Funktionsstörung ist eine Erweiterung der Diagnostik durch Bestimmung von T$_3$ und Durchführung eines TRH-Tests vorzunehmen.

Ein großer Teil der Amenorrhoen läßt sich mit diesem Untersuchungsgang abklären und einstufen, so daß keine weiteren diagnostischen Schritte notwendig sind. Bei pathologischen Hormonbefunden oder organischen Anomalien ist die Diagnostik durch Untersuchungen zu erweitern, die spezialisierten Institutionen vorbehalten sind.

12.5 Spezielle Diagnostik und Therapie

12.5.1 Differentialdiagnose der primären Amenorrhoe

Primäre Amenorrhoen sind überwiegend organisch bedingt oder durch angeborene Anomalien verursacht (Tab. 12.3). Die Differentialdiagnose und die Abgrenzung gegenüber funktionellen Formen ist möglichst früh anzustreben, um notwendige Maßnahmen rechtzeitig einleiten zu können. Daher sollte mit abklärenden Untersuchungen begonnen werden, wenn bei einem Mädchen *bis zum vollendeten 15. Lebensjahr* noch keine Blutung aufgetreten ist. Zur ersten Orientierung dient die Anamnese, die Beurteilung der Sexualentwicklung und die Erhebung des gynäkologischen Status zum Ausschluß von Fehlbildungen. Entsprechend dem Resultat ergeben sich die weiteren Schritte.

Tabelle 12.3. Häufigste Formen der primären Amenorrhoe

Pubertas tarda

Anatomische Anomalien (Aplasien, Atresien)

Intersexualität
    Pseudohermaphroditismus masculinus (testikuläre Feminisierung, inkomplette testikuläre Feminisierung; chromosomale Aberrationen)
    Pseudohermaphroditismus femininus (adrenogenitales Syndrom)

Gonadendysgenesien (Turner-Syndrom; reine Gonadendysgenesie)

Ovarialhypoplasie

Funktionelle Amenorrhoen

12.5.1.1 Pubertas tarda

Charakteristik: Die Grenzen der physiologischen Sexualentwicklung unterliegen beträchtlichen individuellen Schwankungen und sind auch familiär prädisponiert. Das Menarchealter liegt in unseren Breiten zwischen 12 und 13 Jahren; dementsprechend beginnt die Entwicklung der Brust und der Schambehaarung um das 10. bis 11. Lebensjahr (s. S. 279). Von einer *verzögerten Pubertät* kann gesprochen werden, wenn nach dem 13. Lebensjahr noch keine Zeichen einer Sexualentwicklung ausnehmbar sind und die Menarche bis zum vollendeten 15. Lebensjahr nicht aufgetreten ist. Charakteristisch ist auch der Minderwuchs, da der puberale Wachstumsschub verspätet erfolgt. Die Amenorrhoe ist also ein Symptom im Rahmen einer Entwicklungsanomalie, die verschiedene Ursachen haben kann. Pubertas tarda kann somit auch als übergeordneter Begriff verschiedener Formen verspäteter Entwicklung angesehen werden.

Abklärung: Diagnostisch ist zwischen einer konstitutionell bedingten späten Entwicklung als Normvariante und einem krankhaften Geschehen zu unterscheiden. Dazu sind heranzuziehen:

● Anamnese (familiäre und soziale Verhältnisse; gesundheitlicher Status; physisch und psychisch belastende Faktoren).
● Klinische Befunde (Größe; Gewicht; Entwicklungsstatus; Körperproportionen; Genitalbefund).
● Hormonbestimmungen (FSH, LH, Prolaktin, Östradiol, DHEAS); GnRH-Test.
● Knochenalter (Handwurzelröntgen).
● Zusätzliche Untersuchungen bei gegebener Indikation.

Nur die Koordination aller dieser Befunde führt zur richtigen Diagnose, zur Abgrenzung eines noch physiologischen Zustandes gegenüber hypothalamisch-hypophysären oder gonadalen Störungen und Allgemeinerkrankungen (BLUNCK, 1977; DEWHURST, 1980). Für eine konstitutionelle Spätentwicklung sprechen niedrige Hormonwerte, besonders von LH und DHEAS, sowie ein niedriger LH/FSH-Quotient. Als ergänzende hormonelle Untersuchung gibt ein GnRH-Test zusätzliche Information über die Reaktionsform des Hypophysenvorderlappens (s. S. 213). Das Knochenalter ist retardiert, d. h. hinter dem chronologischen Alter zurückgeblieben, es entspricht dem Entwicklungsstatus.

Behandlung: Eine Therapie ist bei einer konstitutionell verzögerten Pubertät nicht notwendig; bei entsprechender Information genügt die Beobachtung der Entwicklung. Nur selten wird aus psychologischen Gründen, wie Minderwertigkeitsgefühlen gegenüber Gleichaltrigen, eine Induktion der Sexualentwicklung durch Östrogene oder Östrogen-Gestagen-Kombinationen notwendig sein, analog der Behandlung bei Gonadendysgenesie (s. S. 283). Eine den physiologischen Verhältnissen entsprechende Therapieform wäre auch die Verabreichung von Dehydroepiandrosteron (LAURITZEN, 1983).

Eine Sonderform stellt das *Kallmann-Syndrom* (olfacto-genitales Syndrom) dar. Neben der fehlenden oder nur geringen Sexualentwicklung ist die Anosmie das charakteristische Symptom. Endokrinologisch ist das Krankheitsbild durch einen Gonadotropinmangel gekennzeichnet. Eine Sexualentwicklung kann durch Östrogen- bzw. Östrogen-Gestagen-Behandlung induziert werden. Bei Kinderwunsch eröffnet sich die Möglichkeit einer Behandlung durch pulsatile Verabreichung von GnRH (JÄNICKE et al., 1983).

12.5.1.2 Anatomische Anomalien

Angeborene Fehlbildungen im Genitalbereich werden durch die gynäkologische Untersuchung erfaßt; bei Notwendigkeit einer genauen Beurteilung des inneren Genitale ist eine Laparoskopie indiziert. Eine Ausscheidungsurographie zur Überprüfung allfälliger Fehlbildungen im Bereiche der ableitenden Harnwege ist obligat. Bei normaler Sexualentwicklung ist eine Hormonanalyse überflüssig. Bei Hymenalatresie und Scheidenaplasie mit Retention von Menstrualblut ist eine sofortige operative Korrektur notwendig. Eine plastisch-chirurgische Scheidenbildung, wie zum Beispiel beim *Mayer-Rokitansky-Küster-Syndrom,* sollte erst dann erfolgen, wenn die Voraussetzungen vom Alter und der psychosexuellen Reife her gegeben sind. Diese Problematik ist im Kapitel über gynäkologische Erkrankungen im Kindes- und Jugendalter ausführlich dargestellt (s. S. 285).

12.5.1.3 Intersexualität

Ein großer Teil der Fälle von Intersexualität wird erst durch die primäre Amenorrhoe erkannt und ihrer Abklärung zugeführt. Klinisches Bild, Genitalbefund, Hormonanalyse, zytogenetische Untersuchung und eventuelle Gonadenbiopsie führen zur Diagnose. Auf die verschiedenen Erscheinungsformen, die Diagnostik und die notwendigen therapeutischen Maßnahmen wird an anderer Stelle ausführlich eingegangen (s. S. 280).

12.5.1.4 Gonadendysgenesien

Gonadendysgenesien sind in erster Linie am *hypergonadotropen Hypogonadismus* erkennbar. Auch hier ist die primäre Amenorrhoe ein Leitsymptom. Phänotypische Stigmata in mehr oder weniger charakteristischer Ausprägung liefern zusätzliche Hinweise. Die primäre hormonelle Abklärung deckt die hypergonadotrope Situation auf. Bei erhöhten FSH-Werten ist in jedem Fall eine zytogenetische Untersuchung mit Chromosomenanalyse zu veranlassen. Eine frühzeitige Diagnose ist Voraussetzung für eine früh beginnende Substitutionsbehandlung und andere entsprechend dem Karyotyp notwendige therapeutische Konsequenzen. Auch auf diese Fragen wird im Kapitel „Gynäkologie im Kindes- und Jugendalter" eingegangen (s. S. 282).

12.5.1.5 Ovarialhypoplasie

Charakteristik: Manifestiert sich eine Ovarialhypoplasie so früh, daß es zu keiner oder keiner nennenswerten Gonadenfunktion kommt, resultiert eine primäre Amenorrhoe. Die Ursachen sind anlagebedingte Störungen, strukturelle Chromosomenanomalien oder Autoimmunerkrankungen. Sie sind im einzelnen schwer faßbar, meist bleiben sie unerkannt. Das klinische Bild entspricht, wie bei der Gonadendysgenesie, einem hypergonadotropen Hypogonadismus.

Abklärung: Fehlende oder nur geringe Sexualentwicklung und primäre Amenorrhoe sind die Leitsymptome. Der Phänotyp ist normal weiblich. Zur Differentialdiagnose vor allem gegenüber einer Gonadendysgenesie sind heranzuziehen:
- Klinische Befunde (Größe, Gewicht, Phänotyp, Grad der Sexualentwicklung, Genitalbefund).
- Hormonbestimmungen (FSH, LH, Prolaktin, Östradiol, DHEAS).
- Knochenalter.
- Zytogenetische Untersuchung (Chromosomenanalyse).
- Laparoskopie mit Gonadenbiopsie.

Richtungweisend für die Diagnose sind die signifikant erhöhten FSH-Werte. Der Karyotyp ist weiblich (46, XX). Zur Differentialdiagnose gegenüber einer Gonadendysgenesie mit normal weiblichem Chromosomensatz und auch zur genauen Beurteilung für eine Prognosestellung ist eine Laparoskopie mit Gonadenbiopsie indiziert. Das hypoplastische Ovar ist klein und walzenförmig. Histologisch ist zu differenzieren, ob und in welchem Ausmaß sich ovarielles Stroma mit Follikeln nachweisen läßt oder ob lediglich Bindegewebe entsprechend einer Streak-Gonade vorhanden ist.

Behandlung: Beim endokrinologisch und bioptisch gesicherten Fall ist eine kausale Therapie nicht möglich, die Prognose hinsichtlich der Fertilität muß negativ gestellt werden. Die Behandlung besteht in einer Substitution mit Östrogenen bzw. Östrogen-Gestagen-Kombinationen als Langzeittherapie entsprechend dem Vorgehen bei der Gonadendysgenesie (s. S. 283).

12.5.1.6 Funktionelle primäre Amenorrhoe

Charakteristik: Hypothalamische Störungen sind eher selten die Ursache primärer Amenorrhoen. Allerdings sind psychogene Formen als Ausdruck persönlicher oder familiärer Konfliktsituationen oder von Identitätsproblemen im Zunehmen begriffen. Auch Milieuwechsel und Veränderungen der Lebensgewohnheiten oder bereits früh gegebene Streßsituationen, wie schwere körperliche Belastungen, kommen als Ursache in Frage.

Abklärung: Zur Diagnose führen:
● Anamnese: familiäre und soziale Gegebenheiten; Umweltfaktoren; physische und psychische Belastungen; allgemeine Erkrankungen.
● Klinische Befunde: eher normale Körpergröße; Hypogonadismus mit spärlicher Sexualentwicklung; Hypoplasie des Genitale.
● Hormonbefunde: FSH, LH, Prolaktin und Östradiol niedrig; LH/FSH-Quotient niedrig; hypophysäre Reaktion auf GnRH je nach Schweregrad der Störung eingeschränkt.
● Psychosomatische (psychiatrische) Exploration.
Eine Hyperprolaktinämie ist selten die Ursache einer primären Amenorrhoe. Bei erhöhten Werten ist die Abklärung der Sella turcica angezeigt. Auch sonst ist die Differentialdiagnose gegenüber organischen Zwischenhirn-Hypophysenerkrankungen (Tumoren) entsprechend der Symptomatik vorzunehmen.

Behandlung: Eine kausale Therapie wäre die Beseitigung der Ursache, im gegebenen Fall durch eine psychosomatische Behandlung. Eine spontane schrittweise Normalisierung des Zyklus ist bei nicht zu schweren Störungen möglich. Blutungsauslösungen, primär als Gestagen-Test, weiters je nach dem Ausmaß der endogenen Östrogenproduktion mittels Gestagenen oder Östrogen-Gestagen-Kombinationen als Sexualhormonsubstitution sind symptomatische Maßnahmen.

12.5.1.7 Information der Patientinnen

Nach erfolgter Abklärung einer primären Amenorrhoe und Erstellung der Diagnose ist eine Information der Patientin über die gegebene Situation und die notwendigen Maßnahmen von essentieller Bedeutung. Die Konsequenzen sind mitunter schwerwiegend. Anomalien des körperlichen Erscheinungsbildes und Sterilität sind gravierende Beeinträchtigungen für das weitere Leben der Betroffenen. Die Informationen sind möglichst schonend zu erteilen. Schwerwiegende Tatsachen und ihre Folgen sollen schrittweise mitgeteilt werden, verständlich und dem Status der Patientin angepaßt. Besonders ist zu berücksichtigen, daß das wirkliche Erfassen und Verarbeiten von Mitteilungen über chirurgische Behandlungen und eine kontinuierliche Verabreichung von Hormonen Zeit braucht.

12.5.2 Sekundäre Amenorrhoe

Sekundäre Amenorrhoen sind überwiegend funktioneller Natur. Die häufigsten Formen sind in Tab. 12.4 zusammengefaßt. Nach diagnostischer Abklärung ist das therapeutische Vorgehen entsprechend den ätiologischen und klinischen Besonderheiten jedes einzelnen Falles auszurichten.

Tabelle 12.4. Häufigste Formen der sekundären Amenorrhoe

Hypothalamische A.
Psychogene A.; post pill-A.; A. post partum; A. bei anorexia nervosa; A. bei Sport
Hypophysäre A.
Tumorbedingt; Sheehan-Syndrom
Hyperprolaktinämische A.
Funktionell; tumorbedingt
Androgenetische A.
Adrenogenitales Syndrom; A. bei PCO-Syndrom (Stein-Leventhal-Syndrom); tumorbedingt
Ovarielle A.
Klimakterium praecox; A. nach Ovariektomie
Uterine A.

Tabelle 12.5. Schweregrad hypothalamischer Amenorrhoen (nach LEYENDECKER, 1981)

Grad	I	II	III
Gestagen-Test	+	+	—
Clomiphen-Test	+	—	—

12.5.2.1 Hypothalamische Amenorrhoe

Charakteristik: Diese große Gruppe von Amenorrhoen ist gekennzeichnet durch eine Störung des pulsatilen GnRH-Sekretionsmusters mit einer konsekutiven Beeinträchtigung der Hypophysenvorderlappen- und Ovarialfunktion. Im engeren Sinn versteht man darunter normo- und hypogonadotrope Amenorrhoen, die nicht auf anderen definierten endokrinologischen Störungen oder klinischen Besonderheiten beruhen. Als Ursache kommen verschiedenste Noxen psychischer und physischer Art in Frage, die über das ZNS und extrahypothalamische Zentren wirksam werden können. Der Schweregrad der Störung ist für die Prognose und das therapeutische Vorgehen maßgebend.

Abklärung: Hypothalamische Amenorrhoen lassen sich durch hormonelle Funktionstests und Hormonbestimmungen differenzieren. Nach LEYENDECKER (1981) können drei Schweregrade unterschieden werden (Tab. 12.5). Leichte Formen, entsprechend dem Grad I, sind gekennzeichnet durch positiven Gestagen- und positiven Clomiphentest. Hormonbestimmungen sind nicht notwendig, da normale Befunde zu erwarten sind (s. S. 207). Eine Abstufung ist noch durch die Beurteilung der Basaltemperaturkurve beim Clomiphentest möglich (s. Tab. 12.2, S. 208). Bei schwereren Formen hypothalamischer Amenorrhoen, entsprechend dem Grad II und III, liegen pathologische Hormonbefunde vor. Mit zunehmendem Schweregrad werden die Werte von LH und Östradiol immer niedriger, entsprechend den Übergängen von normo- zu hypogonadotroper Amenorrhoe. Mittels des GnRH-Tests (KELLER et al., 1975; LEYENDECKER et al., 1981) ist eine weitere Differenzierung durch die Beurteilung der Reservekapazität der Hypophyse möglich (Tab. 12.6). Seine Anwendung ist bei Grad I und II nicht notwendig, da bei gestagenpositiver Amenorrhoe der Hypophysenvorderlappen immer auf das Releasinghormon reagiert. Der Einsatz ist also nur bei hypothalamischen Amenorrhoen des Schweregrades III sinnvoll. Je schwerer die Amenorrhoe ist, desto geringer wird die Stimulierbarkeit des HVL. Die Möglichkeit einer noch genaueren Beurteilung der Reservekapazität ergibt sich durch die Anwendung von gestuften Releasinghormontests (WENTZ und ANDERSON, 1980; SCHWEDITSCH et al., 1983); die Stimulierbarkeit von LH läßt sich durch repetitive

Tabelle 12.6. GnRH-Test: Differenzierung der hypothalamischen Amenorrhoe vom Schweregrad III (modifiziert nach LEYENDECKER, 1981)

Durchführung: 100 µg GnRH i.v., Bestimmung von LH und FSH vor sowie 30, 60 und 120 Minuten nach der Verabreichung	
Ergebnis:	
Normale Reaktion („adultes Verhalten"): Der LH-Basiswert (über 3 mE/ml) soll um das Dreifache überschritten werden; die LH-Sekretion übersteigt die von FSH (Verdoppelung eines FSH-Basiswertes von über 2 mE/ml); maximaler Anstieg von LH und FSH 30—60 Minuten nach der GnRH-Gabe.	III a
Eingeschränkte Reaktion („präpuberales Verhalten"): Anstieg der LH-Sekretion reduziert, das Ausmaß ist dem Anstieg von FSH angeglichen.	III b
Fehlende Reaktion: Keine Veränderung von LH und FSH.	III c

GnRH-Applikation noch besser erfassen, was für die Prognosestellung von Bedeutung sein kann.

Behandlung: Bei leichten hypothalamischen Amenorrhoen ist eine Therapie nicht notwendig. Das Vorgehen hängt von der individuellen Situation ab und beschränkt sich auf Blutungsauslösungen mittels Gestagenen oder durch Ovulationshemmer mit niedrigem Steroidhormongehalt im Falle eines Wunsches nach Kontrazeption. Die Prognose bezüglich Fertilität ist positiv zu stellen. Bei dieser Form der Amenorrhoe ist auch eine spontane Normalisierung jederzeit möglich. Die Therapie schwererer hypothalamischer Amenorrhoen besteht in Blutungsauslösungen; bei stärkerem Östrogendefizit sind Östrogen-Gestagen-Kombinationen anzuwenden (z. B. Cyclacur® = Cyclo-Progynova; Trisequens®). Eine Stimulationsbehandlung ist nicht sinnvoll, da eine anhaltende Normalisierung des Zyklus im allgemeinen nicht zu erreichen ist. Die Induktion einer Ovulation als Therapie ist daher nur bei Kinderwunsch angezeigt.

12.5.2.1.1 Methoden zur Ovulationsauslösung

Clomiphen: Clomiphenzitrat ist das Mittel der Wahl zur Ovulationsinduktion bei normo- oder leicht hypogonadotroper Amenorrhoe (s. a. S. 239). Die Richtlinien für die Anwendung haben sich nicht geändert (GREENBLATT et al., 1961; TAUBERT, 1969; ZANDER et al., 1970; TSCHERNE, 1974; GRONAU et al., 1978). Die bevorzugte Dosierung ist 5 × 50 bis 5 × 100 mg, das sind zwei Tabletten zu 50 mg, vom 5. bis einschließlich 9. Tag nach einer provozierten Blutung. Bei ungenügendem Therapieerfolg kann eine Dosissteigerung auf 5 × 150 mg oder 10 × 100 mg versucht werden; zur Verbesserung der Ergebnisse kann auch HCG zusätzlich verabfolgt werden, und zwar in Form einer Ovulationsdosis von 5000—10 000 i. E. oder fraktioniert (3 × 1500—5000 i. E. in dreitägigen Abständen) in der zweiten Zyklushälfte zur Stimulierung der Lutealfunktion (RUST et al., 1974). Der Zeitpunkt der Verabreichung von HCG zur Ovulationsinduktion entspricht dem bei Gonadotropinbehandlung (siehe unten). Da sich Clomiphen nachteilig auf Menge und Spinnbarkeit des Zervixsekretes auswirken kann, ist eine additive präovulatorische Gabe von Östrogenen (Östriol, Äthinylöstradiol) sinnvoll. Die Nebenwirkungen der Clomiphenbehandlung sind gering; ein Überstimulierungssyndrom ist außerordentlich selten. Eine Ovulation ist in 70% der Fälle zu erwarten, eine Schwangerschaft in über 30% der behandelten Patientinnen.

Schwächere Ovulationsauslöser wie *Epimestrol* (Stimovul®) oder *Cyclofenil* (Fertodur®) sind in Österreich wenig gebräuchlich. Sie können bei normogonadotroper Amenorrhoe angewendet werden (SCHMIDT-ELMENDORFF und KÄMMERLING, 1977).

Gonadotropine: Bei denjenigen hypogonadotropen Amenorrhoen, die auf Clomiphen nicht reagieren, ist eine Ovulation mittels humaner Gonadotropine zu erzielen (GEMZELL et al., 1958; LUNENFELD, 1963; TSCHERNE, 1965; BETTENDORF, 1976; OELSNER et al., 1978; ZIMMERMANN et al., 1982). Eine solche HMG-HCG-Behandlung, die sowohl von der Durchführung her als auch finanziell aufwendig ist, erfordert ausreichende Erfahrung. Sie ist auch mit dem Risiko einer Überstimulierung behaftet, einer zystischen Vergrößerung der Ovarien, die in schweren Fällen mit peritonealen Symptomen und Veränderungen der Blutgerinnung durch Hämokonzentration einhergehen kann (SCHENKER und WEINSTEIN, 1978). Die Dosierung richtet sich nach dem Ansprechen, sie beträgt üblicherweise 150 i. E. HMG (2 Amp.) i. m. pro Tag bis zur Ausbildung eines sprungreifen Follikels. Die Reaktion des Ovars ist klinisch durch Beurteilung des Zervixfaktors (RAUSCHER, 1966; INSLER et al., 1972), endokrinologisch durch tägliche Östradiolbestimmungen im Serum und sonographisch durch die Follikelmessung zu überwachen (HACKELÖER et al., 1979; GEISTHÖVEL et al., 1982). Auf diese Weise läßt sich der Zeitpunkt für die Verabreichung der Ovulationsdosis von HCG relativ genau bestimmen und eine Überstimulierung vermeiden. Im Durchschnitt sind 10 Tage FSH-Stimulierung zur Erreichung eines präovulatorischen Follikels ausreichend. Dieser Moment ist an der optimalen Beschaffenheit des Zervixschleims, einem Östradiolwert von 400—600 pg/ml und einem Follikeldurchmesser von 18 mm und mehr zu erkennen. Zu diesem Zeitpunkt werden zur Ovulationsauslösung 5000—10 000 i. E. HCG i. m., eventuell an zwei aufeinanderfolgenden Tagen, verabreicht. Die Induktion einer Ovulation gelingt durch eine solche Behandlung in 70—90% der Fälle, die Schwangerschaftsrate liegt bei 30—50%. Durch das Heranreifen mehrerer Follikel bei Gonadotropinstimulierung ist die Frequenz von Mehrlingsschwangerschaften erhöht.

Die Möglichkeit einer differenzierteren Gonadotropinbehandlung ergibt sich neuerdings durch reine FSH-Präparationen, deren LH-Gehalt auf ein Minimum reduziert ist (SCHOEMAKER et al., 1978). Sie kommen für amenorrhoische Sterilitätspatientinnen mit relativ hohen LH-Werten in Frage, wie z. B. beim PCO-Syndrom, bei dem eine Behandlung mit LH-hältigen Präparaten nur mit besonderer Vorsicht durchgeführt werden sollte (s. S. 222). „Reines" FSH findet auch im Rahmen der In-Vitro-Fertilisierung Verwendung (s. S. 242).

Pulsatile Gabe von Gonadotropin-Releasinghormon: Eine erfolgreiche Behandlung mit GnRH ist erst möglich, seit erkannt wurde, daß die Voraussetzung für eine Ovulationsauslösung durch Releasinghormon seine pulsatile Verabreichung ist (LEYENDECKER et al., 1980; 1981; 1983). Diese wird mittels Pumpen durchgeführt, die ohne Behinderung am Körper getragen werden können. Der Katheter wird subkutan oder besser intravenös eingelegt. Das LHRH, in Therapie-Sets mit 0,8 mg und mit 3,2 mg erhältlich, wird in die Pumpe eingebracht und über einen quarzgesteuerten Zeitgeber in 90minütigen Intervallen in gleichbleibenden

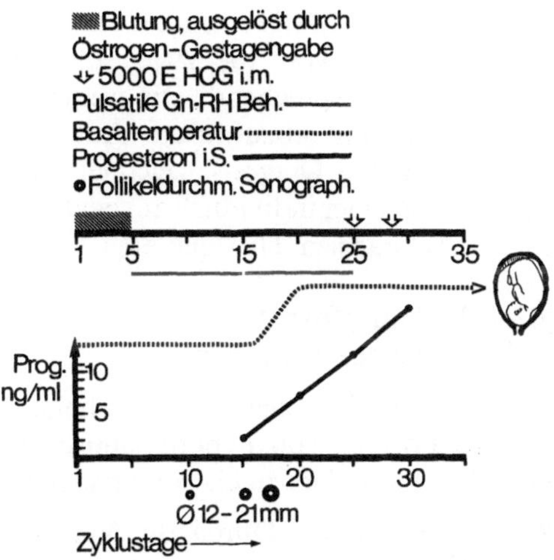

Abb. 12.4. Hypothalamische Amenorrhoe vom Schweregrad III b; primäre Sterilität (Pat. N. St., 29 Jahre). Pulsatile GnRH-Behandlung mittels Pumpe (Zyklomat®). Therapieset mit 0,8 mg LH-RH. Induktion einer Ovulation mit folgender Schwangerschaft

Mengen abgegeben. Das Ergebnis ist anhand der Basaltemperaturkurve, sonographischer Follikelmessung und Progesteronausscheidung überprüfbar (Abb. 12.4). Eine Unterstützung der Lutealphase durch drei Einzelinjektionen von HCG zu je 5000 i. E. in dreitägigen Intervallen oder durch weitere pulsatile LHRH-Gabe ist unerläßlich. Durch eine derartige Behandlung ist eine Ovulationsinduktion in bis zu 100% der Fälle erreichbar; Voraussetzung dafür ist die richtige Auswahl der Patientinnen. Für die Behandlung kommen nach Ausschluß anderer Ursachen hypothalamische Amenorrhoen der Schweregrade II—III b in Frage. Bei einer Behandlung mit einem Therapie-Set von 0,8 mg, entsprechend einem Puls von ungefähr 5 µg, sind dabei Nebenwirkungen und Risken im Vergleich mit einer Gonadotropinbehandlung niedriger. Überstimulierungserscheinungen sind nicht zu erwarten und wurden auch bei den eigenen Patientinnen nicht beobachtet. Die Gonadotropinbehandlung wird daher in Zukunft Therapieversagern oder Fällen des Schweregrades III c vorbehalten bleiben. Bei letzterer Form ist aber auch ein Versuch mit einem Therapie-Set, das 3,2 mg LHRH enthält, entsprechend einem Puls von 15—20 µg alle 90 Minuten, erfolgversprechend. Die weiteren Entwicklungen sind abzuwarten. Auf der Basis einer exakten Diagnose zeichnet sich die Möglichkeit einer individuell angepaßten möglichst risikoarmen Therapie ab.

12.5.2.1.2 Sonderformen hypothalamischer Amenorrhoen

Aufgrund ihrer klinischen Besonderheiten sind einige Formen von hypothalamischer Amenorrhoe besonders zu charakterisieren:

Psychogene Amenorrhoe: Durch die Verbindung des Hypothalamus mit extrahypothalamischen Arealen ergibt sich die Beeinflußbarkeit der GnRH-Sekretion von übergeordneten Zentren her. Auf diese Weise können psychische Belastungen und Konfliktsituationen jeglicher Art eine Amenorrhoe verursachen. Bekannt sind Haftamenorrhoe, Amenorrhoen bei Milieuwechsel (Internat, geographische Veränderungen) oder auch die eingebildete Schwangerschaft (Grossesse nerveuse). Im Rahmen der Anamneseerhebung kommt daher dem Erfassen des psychischen Hintergrundes, von Konflikt- und Streßsituationen wesentliche Bedeutung zu. Im Falle schwerer Belastungssituationen ist ein psychosomatisches Gespräch notwendig (RICHTER, 1982), bei echten psychischen Erkrankungen ist zur Behandlung ein Spezialist heranzuziehen. Psychische Faktoren spielen aber auch bei den anderen besonders charakterisierten Formen hypothalamischer Amenorrhoen eine wesentliche Rolle.

Post pill Amenorrhoe: Nach Absetzen eines Ovulationshemmers kann bei 98% der Frauen bis zum dritten Zyklus wieder mit einer Ovulation gerechnet werden. In seltenen Fällen hält die suppressive Wirkung länger an; es kommt zu einem *Oversuppression-Syndrom* mit Amenorrhoe. Die Häufigkeit wird mit 1—3% angegeben (LAURITZEN, 1978). Prädisponierende Faktoren sind späte Menarche, Zyklusanomalien und starke Gewichtsschwankungen, besonders intermittierender Gewichtsverlust. Die Bewertung der Rolle des Ovulationshemmers ist immer problematisch, weil die Möglichkeit einer spontan auftretenden Amenorrhoe zu berücksichtigen ist. Gestagenbetonte Pillen begünstigen eher das Zustandekommen einer Amenorrhoe, hingegen ist die Dauer der Pilleneinnahme von geringerem Einfluß.

Die Abklärung erfolgt zunächst klinisch. Eine Blutungsauslösung wird in Form des Gestagen-Tests durchgeführt. Bei positivem Ausfall kann zugewartet werden, da eine spontane Normalisierung jederzeit möglich ist. Bei anhaltender Amenorrhoe ist eine Bestimmung von LH, FSH, Östradiol und Prolaktin durchzuführen. Eine Hyperprolaktinämie, zum Teil mit Galaktorrhoe, wird in 2—20% der Fälle angegeben. Bei Bestehenbleiben einer normogonadotropen normoprolaktinämischen Amenorrhoe ist das weitere Vorgehen individuell festzulegen. Bei Kinderwunsch ist eine Clomiphenbehandlung erfolgversprechend.

Die Gefahr eines Oversuppression-Syndroms sollte nicht überbewertet werden. Bei Berücksichtigung der Auswahlkriterien und Anwendung niedrig dosierter Ovulationshemmer sind keine wesentlichen nachteiligen Folgen für die hypothalamisch-hypophysäre Funktion zu erwarten (s. a. S. 292).

Amenorrhoe post partum: Auch bei dieser Form handelt es sich um ein Oversuppression-Syndrom mit Ausbleiben der Regelblutung über die nach einer Geburt zu erwartende Zeitspanne hinaus. Die erste Maßnahme ist wieder eine Blutungsauslösung mittels Gestagen. Eine spontane Normalisierung ist möglich. Bei anhaltender Amenorrhoe ist eine hypophysäre Läsion auszuschließen. Dazu sind Bestimmungen von Prolaktin, LH, FSH und Östradiol und ein Sellaröntgen zu veranlassen; bei pathologischen Befunden ist eine weitere Abklärung anzuschließen (s. S. 217).

Anorexia nervosa: Der Terminus *Anorexia mentalis* wäre der Bezeichnung Anorexia nervosa vorzuziehen, hat sich allerdings noch nicht durchgesetzt. Die charakteristische Form manifestiert sich vorwiegend als sekundäre Amenorrhoe im Adoleszentenalter im Zusammenhang mit starkem Gewichtsverlust (VIGERSKY, 1977). Die Ursache ist psychischer bzw. psychosomatischer Natur und wurzelt in einer Identitätskrise, verbunden mit einem mehr oder weniger gestörten Verhältnis zur Familie, insbesondere zur Mutter. Die anfänglich kontrollierte Nahrungseinschränkung, mitunter verbunden mit besonderen Eßgewohnheiten und provoziertem Erbrechen, wird im weiteren Verlauf unbeeinflußbar. In schwereren Fällen kommt es zu extremer Abmagerung und zu lebensbedrohenden Zuständen, die eine stationäre Behandlung notwendig machen.

Die Amenorrhoe tritt mit dem Gewichtsverlust oder auch schon vorher auf und manifestiert sich bei der ausgeprägten Form der Anorexie als schwere hypothalamische Amenorrhoe mit negativem Gestagentest. Gonadotropin- und Östradiolwerte sind stark erniedrigt, der GnRH-Test zeigt eine eingeschränkte oder fehlende Reaktion des Hypophysenvorderlappens. Die Prognose hängt vom Verlauf der Erkrankung insgesamt ab. Bei einer Besserung, die nur über eine psychosomatische Beeinflussung erreichbar ist, ist je nach dem Schweregrad der Störung auch eine schrittweise Normalisierung der Ovarialfunktion möglich. Bei der Neigung zur Chronifizierung bleibt aber häufig die schwere hypothalamische Amenorrhoe bestehen. Eine hormonelle Behandlung ist zunächst nicht sinnvoll, es sei denn, eine Blutung wäre aus psychologischen Gründen erwünscht, was aber meist nicht der Fall ist. Bei längerdauernder Amenorrhoe wird eine Östrogensubstitution notwendig.

Amenorrhoe bei Sport: Bei forcierter sportlicher Tätigkeit und Ausübung von Leistungssport können in einem hohen Prozentsatz Störungen der Ovarialfunktion beobachtet werden (WOLF und WURSTER, 1985). Ein Viertel bis ein Drittel aller Mädchen und jungen Frauen, die extremen Sport betrei-

ben, sind amenorrhoisch. Die Ursache der Amenorrhoe liegt in einer Störung der hypothalamisch-hypophysären Funktion, bewirkt durch die körperlichen Anstrengungen, aber auch die wettkampfbedingten psychischen Belastungen. Dazu kommen niedriges Körpergewicht und die Tatsache, daß bei Leistungssportlerinnen die menstruellen Blutungen eher unerwünscht sind. Abgesehen von wettkampfmäßig betriebenem Sport kommen Amenorrhoen auch bei bestimmten sportlichen Tätigkeiten wie Jogging, Turnen und Ballett gehäuft vor.
Die Abklärung erfolgt nach den Richtlinien für hypothalamische Amenorrhoen. Eine Behandlung ergibt sich aus den individuellen Umständen, meist ist sie gar nicht erwünscht. Die Prognose ist eher günstig zu stellen.

12.5.2.2 Hypophysäre Amenorrhoe

Charakteristik: Durch ihre zentrale Position innerhalb der Achse Hypothalamus-Hypophyse-Ovar ist die Hypophyse über eine Beeinträchtigung der Gonadotropinsekretion beim Zustandekommen jeder funktionellen Amenorrhoe beteiligt. Diese hypothalamisch bedingten dienzephal-hypophysären Störungen sind gegenüber Amenorrhoen abzugrenzen, die auf organischen Läsionen der Hypophyse selbst beruhen. Bei diesen handelt es sich in erster Linie um Tumoren, insbesondere um chromophobe Adenome.

Abklärung: Neben der Amenorrhoe sind Sehstörungen, neurologische Symptome, Galaktorrhoe, Zeichen eines Morbus Cushing oder einer Akromegalie Hinweise auf einen Tumor. Sie geben die Veranlassung zu weiteren differentialdiagnostischen Untersuchungen:
● Sella-Röntgen; ophthalmologische Exploration (Fundus, Visus, Gesichtsfeld).
● Hormonbestimmungen (Prolaktin, FSH, LH, Östradiol, HGH). Abklärung von Nebennieren- und Schilddrüsenfunktion. Hypophysenstimulationstest (GnRH + TRH).
● Spezielle radiologische Untersuchung der

Tabelle 12.7. Häufigste Ursachen einer Hyperprolaktinämie

Funktionell	Organisch
Hyperplasie der laktotrophen Zellen im HVL	Prolaktinome
Psychischer oder physischer Streß	Hypophysenstielläsion
Hypo- und Hyperthyreose	Supraselläre Tumoren
Medikamente	Meningitis-Enzephalitis

Hypophyse (Sella-Tomographie; Computertomographie).

Je nach dem Ausmaß einer Hypophysenläsion sind die Hormonwerte und die Reaktionsfähigkeit des Hypophysenvorderlappens reduziert. Eine derartige spezielle Abklärung erfordert die Zusammenarbeit mit internistischen Endokrinologen, Neurochirurgen und Radiologen. Das Prolaktinom als Sonderform eines Hypophysenadenoms wird im Rahmen der Hyperprolaktinämie besprochen.

Behandlung: Bei Vorliegen eines Tumors muß eine kausale Therapie angestrebt werden. Hypophysäre Ausfallserscheinungen sind durch eine entsprechende Substitutionsbehandlung zu korrigieren. Auch hier ist eine Zusammenarbeit mit dem internistischen Endokrinologen erforderlich. Der Ausfall der gonadotropen Partialfunktion ist durch Verabreichung von Östrogenen, meist in Kombination mit Gestagenen, auszugleichen. Nur bei Kinderwunsch kommt eine Ovulationsauslösung mit Gonadotropinen in Frage.

Eine abgegrenzte organische hypophysäre Erkrankung ist das *Sheehan-Syndrom*. Ursache sind Blutverlust, Volumenmangelschock und intravasale Gerinnung im Rahmen einer schweren Geburt. Daraus resultiert eine ischämische Nekrose unterschiedlichen Ausmaßes im Hypophysenvorderlappen. Bei vollständiger Form ergibt sich ein Panhypopituitarismus mit pluriglandulärer Insuffizienz. Sie ist außerordentlich selten geworden. Unvollständige Formen sind durch die Amenorrhoe, eventuell kombiniert mit anderen endokrinen Ausfallserscheinungen, gekennzeichnet. Die Therapie

besteht in einer dem Ausmaß der Schädigung angepaßten Substitutionsbehandlung.

12.5.2.3 Hyperprolaktinämische Amenorrhoe

Charakteristik: Amenorrhoen bei Hyperprolaktinämie können aufgrund ihrer klinischen und endokrinologischen Besonderheiten als eigenständige Form abgegrenzt werden (JACOBS et al., 1976; RJOSK et al., 1976; SCHNEIDER und BOHNET, 1977; BERGH et al., 1977; NILLIUS, 1978; SCHNEIDER und BOHNET, 1981; BOHNET, 1981; FLÜCKIGER et al., 1982; RJOSK, 1983; TOLIS et al., 1983). Die Häufigkeit wird mit bis zu 20% angegeben; auch im eigenen Krankengut sind 18% der Amenorrhoen durch eine Hyperprolaktinämie bedingt (TSCHERNE, 1979). Die Ursachen können funktionell oder organisch sein (Tab. 12.7). Entweder wird die Wirkung des prolaktininhibierenden Faktors (PIF), der dem Dopamin gleichgesetzt werden kann, unterbrochen oder es liegt ein hormonproduzierendes Adenom vor. Das Resultat ist die erhöhte Ausscheidung von Prolaktin aus dem HVL.

Klinisch ist neben der Amenorrhoe die *Galaktorrhoe* ein wichtiger Hinweis auf kausale Zusammenhänge. Sie ist in rund 50% als Begleitsymptom nachweisbar. Man spricht von einem Amenorrhoe-Galaktorrhoe-Syndrom. Mit dem Nachweis der Hyperprolaktinämie als gemeinsamem Prinzip unterscheidet man heute ein Amenorrhoe-Hyperprolaktinämie-Syndrom mit oder ohne Galaktorrhoe sowie mit oder ohne Hypophysenadenom. Damit sind auch die bekannten Krankheitsbilder des *Chiari-Frommel-Syn-*

droms, Forbes-Albright-Syndroms und *Argonz-Del Castillo-Syndroms* erklärt und erfaßt.

Für die unterschiedlichen Angaben über die Frequenz von Adenomen bei hyperprolaktinämischer Amenorrhoe (bis zu 75%) ist auch die Qualität der Methoden des Tumornachweises maßgebend.

Abklärung: Die Diagnose der Hyperprolaktinämie ergibt sich aus der Erhöhung des Prolaktinspiegels im Blut. Die Störung der Ovarialfunktion korreliert der Schwere nach in etwa mit der Höhe des Prolaktinspiegels. Eine Amenorrhoe manifestiert sich erst bei signifikanter Hyperprolaktinämie. Von schweren Formen der hyperprolaktinämischen Amenorrhoe kann ab einem Prolaktinwert von 100 ng/ml gesprochen werden. Bei Ausscheidungen über 100 ng/ml ist in jedem Fall der Nachweis oder Ausschluß eines Adenoms exakt zu führen. Unter 24 eigenen amenorrhoischen Patientinnen mit Prolaktinwerten über 100 ng/ml wurde bei 18 ein Adenom diagnostiziert. Als orientierende Untersuchungen sind Sellaröntgen und Perimetrie notwendig, eventuell ergänzt durch eine Sellatomographie. Die weitaus effektivste Methode ist allerdings die Computertomographie. Geräte der dritten Generation sind in der Lage, Mikroadenome von ca. 5 mm Durchmesser zu differenzieren. Bei Verdacht auf ein Prolaktinom kann daher auf eine CT-Untersuchung nicht verzichtet werden.

Behandlung: Die Therapie einer hyperprolaktinämischen Amenorrhoe ist durch den Einsatz von dopaminergen Substanzen (Bromocriptin, Lisurid) sehr effizient geworden. Es kommt zur Normalisierung der Prolaktinausscheidung mit Auftreten ovulatorischer Zyklen (Abb. 12.5). Diese Möglichkeit einer kausalen Therapie hat im Rahmen der Sterilitätsbehandlung einen enormen Fortschritt gebracht (RJOSK, 1983).

Bei Vorliegen eines *Prolaktinoms* ist in jedem Fall zu entscheiden, ob ein chirurgisches oder konservatives Vorgehen angezeigt ist (AUER et al., 1985). Die Operation ist bei

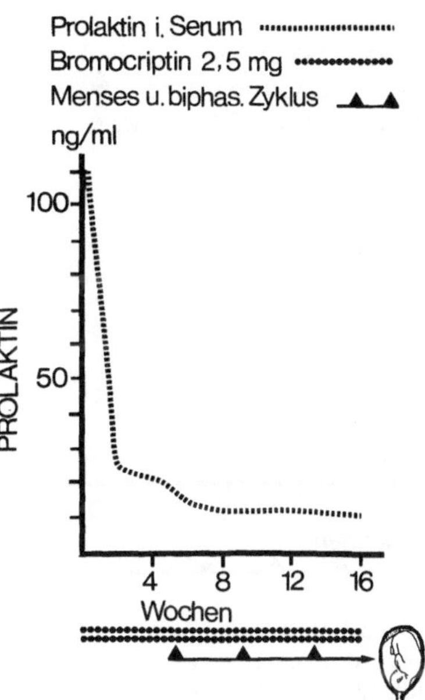

Abb. 12.5. Hyperprolaktinämische Amenorrhoe; primäre Sterilität (Pat. Sch. J., 23 Jahre). Behandlung mit Bromocriptin (Parlodel®). Normalisierung der Prolaktinausscheidung und der Ovarialfunktion mit folgender Schwangerschaft

transsphenoidalem mikrochirurgischem Vorgehen mit selektiver Entfernung des Adenoms ein nur wenig traumatisierender Eingriff mit relativ niedrigem Risiko (HARDY, 1973; FAHLBUSCH et al., 1978). Bei Makroadenomen, d. h. Tumoren mit einem Durchmesser von mehr als 10 mm, und Überschreiten der Sellagrenze ist die Indikation zur Operation von neurochirurgischer Seite gegeben. Bei Mikroadenomen ist die Entscheidung über das Vorgehen individuell zu stellen, abhängig vom Alter der Patientin, der klinischen Symptomatik und vor allem der Frage, ob Kinderwunsch besteht oder nicht. Die Tatsache, daß die Prolaktinsekretion auch bei Prolaktinomen medikamentös beeinflußt werden kann, wirft die Frage auf, inwiefern es sich bei diesen offenbar nicht autonomen Gebilden tatsächlich um echte Geschwülste handelt. Die Möglichkeit einer konservativen Therapie von Prolaktinomen hat dazu geführt, daß heute die Indikation zur chirurgischen Intervention kritischer ge-

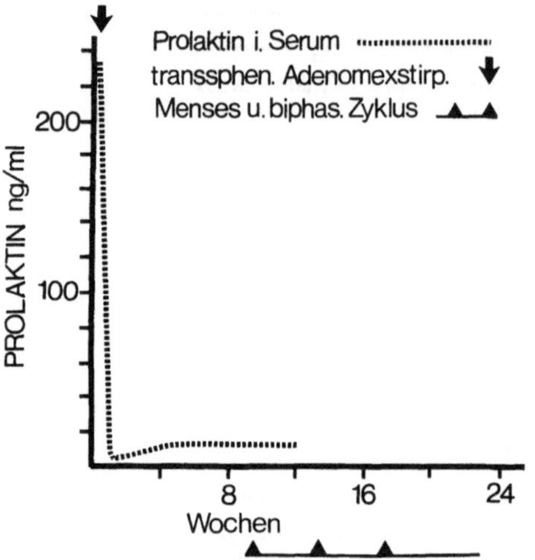

Abb. 12.6. Hyperprolaktinämische Amenorrhoe bei Prolaktinom (Mikroadenom), (Pat. P. E., 20 Jahre). Operative Behandlung. Normalisierung der Prolaktinausscheidung und der Ovarialfunktion

stellt wird. Das gilt auch im Falle des Kinderwunsches. Vor einer Schwangerschaft muß in Rechnung gestellt werden, daß die Gefahr von Komplikationen durch Größenzunahme eines Adenoms gegeben ist (MAGYAR und MARSHALL, 1978; HAMMOND et al., 1983). Andererseits wurde erkannt, daß bei solchen Komplikationen auch in der Schwangerschaft eine erfolgreiche Bromocriptinbehandlung ohne Risiko möglich ist (BERGH et al., 1982; NILLIUS, 1985). Diese Erfahrung kann auch anhand eigener Fälle bestätigt werden (URDL et al., 1985).
Die Normalisierung von Prolaktinwerten und Ovarialfunktion nach operativer Behandlung ist in 40—70% der Fälle zu erwarten; ein Beispiel ist in Abb. 12.6 wiedergegeben. Eine postoperativ persistierende Hyperprolaktinämie kann durch adjuvante Bromocriptinbehandlung beseitigt werden (Abb. 12.7), wodurch wieder eine Normalisierung der Ovarialfunktion zu erreichen ist. Insgesamt ist bei hyperprolaktinämischer Amenorrhoe die Prognose betreffend *Fertilität* sehr günstig zu stellen. Eine Normalisierung des Zyklus über die Behandlungsdauer

hinaus ist allerdings eher selten. Meist kommt es nach Absetzen der Dopaminagonisten zum Wiederanstieg des Prolaktins mit Amenorrhoe. Bei der Frage nach der Notwendigkeit einer Dauerbehandlung mit dopaminergen Substanzen ist die Tatsache zu berücksichtigen, daß es durch die Hyperprolaktinämie und das resultierende Östrogendefizit zu fibrozystischer Mastopathie und Osteoporose kommen kann.

12.5.2.4 Androgenetische Amenorrhoe

Charakteristik: Amenorrhoen durch erhöhte Androgenspiegel im Blut können organisch oder funktionell bedingt sein. Störungen der Steroidbiosynthese, Einflüsse durch andere endokrine Organe und hormonbildende Tumoren sind die Ursache. In jedem Fall führen die vermehrten Androgene über eine Störung der hypophysär-hypothalamischen Regulation zur Zyklusstörung (YEN et al., 1976; SCHWARTZ et al., 1981; MOLINATTI et al., 1983). Neben einer absoluten Androgenerhöhung im Blut kann auch ein relativer Androgenüberschuß bei Verminderung der Androgenträgerproteine von ursächlicher Bedeutung sein (ANDERSON und DAVID, 1974; HAMMERSTEIN et al., 1979; URDL et al., 1985); die wichtigste Rolle für die Bindung von Androgenen spielt das sexualhormonbindende Globulin (SHBG).

Abklärung: Den klinischen Hinweis auf das Vorliegen einer androgenetischen Amenorrhoe geben Androgenisierungserscheinungen. Für die Differentialdiagnose, besonders für den Ausschluß oder den Nachweis eines Tumors, sind gezielte Untersuchungen notwendig, im Einzelfall ergänzt durch weiterführend abklärende Maßnahmen:
● Klinische Befunde (Androgenisierung: Hirsutismus, androgenetische Alopezie, Virilisierungserscheinungen unterschiedlichen Ausmaßes: Gewichtszunahme; Defeminisierung).
● Hormonbestimmungen: LH, FSH, Prolaktin, Östradiol.

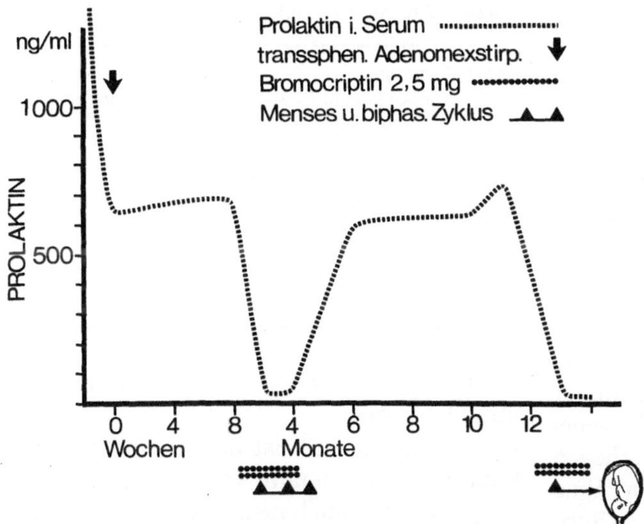

Abb. 12.7. Hyperprolaktinämische Amenorrhoe bei Prolaktinom (Makroadenom); primäre Sterilität (Pat. U. E., 26 Jahre). Operative Behandlung. Ungenügendes Absinken des Prolaktins. Normalisierung der Prolaktinausscheidung und des Zyklus durch adjuvante Bromocriptinbehandlung (Parlodel®). Wiederanstieg des Prolaktins mit Amenorrhoe bei Unterbrechung der Behandlung. Nach Wiederaufnahme der Medikation neuerlich Normalisierung der Ovarialfunktion mit folgender Schwangerschaft

Androgene:
Im Serum: *Testosteron,* Dihydrotestosteron, Androstendion; Dehydroepiandrosteron, *Dehydroepiandrosteron-Sulfat,* 17α-Hydroxyprogesteron, Cortisol, Cortisol-Tagesprofil.
Im Plasma: Sexualhormonbindendes Globulin (SHBG).
Im Harn: 17-Ketosteroide, 17-OH-Steroide, fraktionierte Ketosteroide (Pregnantriol).
Funktionsdynamische Tests: Dexamethason-Hemmtest (abgestuft, nach LIDDLE, 1960), Östrogen-Gestagen-Kombinationstest (Ovulationshemmer-Hemmtest).
● Sonographie; Laparoskopie; Szintigraphie; Computertomographie; Nebennierenphlebographie; Organvenenkatheterisierung.
Mittels Bestimmung von Testosteron und DHEA-S wird eine tumorbedingte Androgenproduktion aus dem Ovar wie auch aus der Nebenniere erfaßt. Der Verdacht auf einen androgenbildenden Tumor ergibt sich bei Testosteronwerten über 1,5 ng/ml

und/oder einem DHEAS-Spiegel über 6700 ng/ml (MOLTZ et al., 1984).

Behandlung: Tumoren sind chirurgisch zu behandeln. Bei funktionellen Störungen hängt die Therapie ab vom Schweregrad der Störung, den Ursachen, den Symptomen und der Frage, ob Kinderwunsch besteht oder nicht.

12.5.2.4.1 Sonderformen androgenetischer Amenorrhoen

Aufgrund ihrer klinischen Besonderheiten sind einzelne Formen von androgenetischer Amenorrhoe besonders zu charakterisieren:

Amenorrhoe bei PCO-Syndrom (Syndrom der polyzystischen Ovarien): Das PCO-Syndrom war bisher bekannt als *Stein-Leventhal-Syndrom.* Den unterschiedlichen Erscheinungsformen gemeinsam ist das Vorliegen polyzystischer Ovarien, der „großen grauen Ovarien". Daneben sind Übergewicht, Hirsutismus, Oligo-Amenorrhoe und Sterilität die führenden Symptome (LAURITZEN, 1969;

YEN et al., 1980; GOLDZIEHER, 1981). In etwa der Hälfte der Fälle liegt eine Amenorrhoe vor. Die Ursachen des PCO-Syndroms sind wahrscheinlich Enzymdefekte im Ovar, verbunden mit Störungen im hypothalamo-hypophysären System. Weiters werden eine adrenale Überfunktion und eine zusätzliche Verminderung des sexualhormonbindenden Globulins diskutiert.

Die Diagnose ergibt sich in erster Linie aus der Anamnese und den klinischen Befunden. Endokrinologisch sind erhöhte LH-Werte mit einem angehobenen LH/FSH-Quotient charakteristisch. Die Werte für Androgene, die meist absolut erhöht sind, unterliegen starken individuellen Schwankungen. Eine Überprüfung der Möglichkeiten der Suppression kann mittels Ovulationshemmer-hemmtest und Dexamethason-Hemmtest vorgenommen werden. Eine Laparoskopie mit Ovarialbiopsie ist nur in Ausnahmefällen notwendig. Die Behandlung besteht in einer zyklischen Verabreichung von Gestagenen oder Östrogen-Gestagen-Kombinationen zur Provokation von Blutungen aus einem transformierten Endometrium. Bei Hirsutismus ist als Gestagen das antiandrogen wirksame Cyproteronazetat geeignet, am einfachsten in Form des Diane®. Bei *Kinderwunsch* ist die Behandlung mit Clomiphen zur Ovulationsauslösung erfolgversprechend. Neuerdings scheint eine Stimulation mit reinem FSH oder einer pulsatilen GnRH-Verabreichung eine Erweiterung der Möglichkeiten zu bringen (s. a. S. 215). Nur bei Versagen einer medikamentösen Therapie ist die Keilresektion der Ovarien in Erwägung zu ziehen.

Amenorrhoe bei androgenbildenden Tumoren: Eine erhöhte Androgenausscheidung kann durch Geschwülste im Ovar oder in der Nebenniere verursacht sein (Tab. 12.8). Diese sind insgesamt sehr selten. Der häufigste androgenproduzierende Ovarialtumor ist das Arrhenoblastom, daneben können Hiluszelltumoren, Gonadoblastome oder auch Ovarialkarzinome endokrin aktiv werden. Gynandroblastome (Granulosazell-Arrheno-

Tabelle 12.8. Androgenbildende Tumoren

Ovarialtumoren
Arrhenoblastom (Sertoli-Leydigzelltumor)
Hiluszelltumor (Leydigzelltumor)
Gynandroblastom (Granulosazell-Arrhenoblastom-Mischtumor)
Gonadoblastom
Nebennierenrindentumoren
Adenome; Karzinome
Hypophysenadenome

blastom-Mischtumor) bilden Androgene und Östrogene.

Für die Diagnostik ist die Anamnese und klinische Symptomatik von größter Bedeutung. Rasch zunehmende Virilisierungserscheinungen sind charakteristisch. Der gynäkologische Palpationsbefund ist nur bedingt aussagekräftig, da androgenbildende Ovarialtumoren so klein sein können, daß sie nicht tastbar sind. Bei Androblastomen des Ovars ist in der Regel das Testosteron stark erhöht, bei solchen der Nebennierenrinde das DHEAS. In beiden Fällen liegt eine Erhöhung der 17-Ketosteroide vor. Die Androgene sind durch Funktionstests nicht oder unzureichend supprimierbar. Auch die Aussagekraft der Laparoskopie ist limitiert, da bei hilusnaher Lokalisation eines kleinen Tumors das Ovar völlig unauffällig erscheinen kann (Abb. 12.8). Bei Verdacht auf einen okkulten androgenbildenden Tumor kann man daher nur mit der *selektiven Katheterisierung* der Vv. suprarenales und ovaricae nach KIRSCHNER und JACOBS (1971) zu einer Diagnose kommen (MOLTZ, 1980). Im Rahmen dieser Untersuchung werden im Blut aus den genannten Venen sowie in Referenzblut Testosteron und DHEAS sowie, je nach Notwendigkeit, Östradiol und alle anderen Androgene bestimmt. Die Behandlung besteht in der operativen Entfernung des Tumors.

Das adrenogenitale Syndrom (AGS): Dieses Krankheitsbild ist ätiologisch und pathogenetisch nicht einheitlich. Es ist charakterisiert durch eine Überproduktion von androgenen Nebennierenrindensteroiden. Das

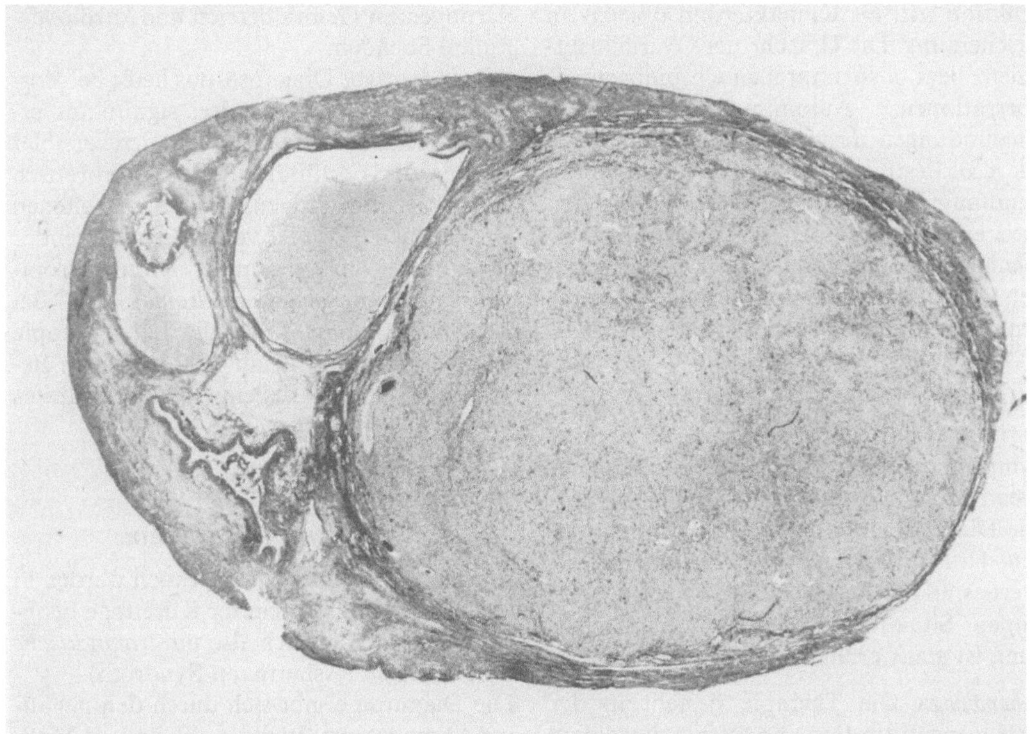

Abb. 12.8. Androgenetische Amenorrhoe (Pat. Th. D., 21 Jahre). Stark erhöhte Testosteronwerte (im Mittel 4,3 ng/ml) bei normalem DHEAS. Ungenügende Suppression durch dynamische Funktionstests. Nachweis eines androgenbildenden Tumors im rechten Ovar mittels selektiver Venenkatheterisierung. Das makroskopisch unauffällige exstirpierte Ovar weitgehend eingenommen von einem Hiluszelltumor

morphologische Substrat ist eine Nebennierenrindenhyperplasie oder ein Nebennierenrindentumor. Eine Hyperplasie kann angeboren sein (kongenitales AGS) oder später auftreten (erworbenes AGS).

Auf die Problematik des *kongenitalen AGS* wird im Kapitel „Gynäkologie im Kindes- und Jugendalter" eingegangen (s. S. 282). Die eingeleitete hormonelle Therapie wird als Langzeitbehandlung weitergeführt. Auch bei Spätmanifestation eines kongenitalen AGS sind die Hormonbefunde charakteristisch, für jeden Enzymdefekt spezifisch und durch Glukokortikoide normalisierbar. Im Serum ist das Progesteron und 17α-Hydroxyprogesteron stark erhöht, im Harn die Pregnanfraktion der 17-Ketosteroide. Die Therapie besteht in einer lebenslangen Glukokortikoidbehandlung.

Die Diagnose eines *erworbenen AGS* ergibt sich aus dem Auftreten von Androgenisierungserscheinungen bei Amenorrhoe. Charakteristisch ist eine Klitorishypertrophie ohne Sinus urogenitalis. DHEAS und vielfach Testosteron sind stark erhöht, ebenso die 17-Ketosteroide. Im Falle eines Tumors sind sie nicht supprimierbar. Zur Tumordiagnostik dienen weiters die bereits angeführten Untersuchungen. Hervorzuheben ist auch hier die selektive Venenkatheterisierung nach KIRSCHNER und JACOBS. Die Behandlung besteht bei erworbener NNR-Hyperplasie in einer Cortisolsubstitution, bei nachgewiesenem Tumor in der Operation.

12.5.2.5 Ovarielle Amenorrhoe

Charakteristik: Eine sekundäre Amenorrhoe durch vorzeitige Erschöpfung der Ovarialfunktion tritt als Klimakterium praecox in Erscheinung. Die Ursache der Ovarialinsuffizienz liegt in strukturellen Chromosomenaberrationen, Autoimmunerkrankungen, Entzündungen des Ovars sowie in Noxen wie z. B. Bestrahlung oder zytostatische Behandlung (BRECKWOLDT et al., 1981). In den meisten Fällen sind die kausalen Zusammenhänge jedoch nicht faßbar. Bei 27 eigenen Patientinnen unter 35 Jahren war nur in fünf Fällen eine Ursache zu eruieren (KO-WATSCH et al., 1984).

Abklärung: Klinisch treten neben der Amenorrhoe mehr oder weniger ausgeprägte Symptome der Ovarialinsuffizienz entsprechend dem Postmenopausesyndrom auf. Die Diagnose ergibt sich aus der abklärenden Hormonbestimmung. Erhöhte FSH-Werte sind der Ausdruck der hypergonadotropen Situation. Die Östradiolausscheidung ist stark erniedrigt.

Behandlung: Die Therapie besteht in der Östrogensubstitution, die entsprechend dem Alter der Patientinnen meist in Form einer Östrogen-Gestagen-Behandlung durchgeführt wird. Sie dient neben der Beeinflussung der Ausfallserscheinungen auch der Prävention von Folgezuständen des Hormonmangels, wie Osteoporose, Rückbildungsverän-

derungen im Genitalbereich und kardiovaskuläre Schäden.
Bei eindeutiger Diagnose, das heißt bei Vorliegen von mindestens drei signifikant erhöhten FSH-Werten, ist ein irreversibler Verlust der Fertilität gegeben. Theoretisch ist zu berücksichtigen, daß es in seltenen Fällen auch Formen von intermittierender Ovarialresistenz gegenüber Gonadotropinen (*Resistent ovary syndrome*) gibt. Bei Kinderwunsch ist daher die Laparoskopie mit Gonadenbiopsie zur histologischen Beurteilung des ovariellen Follikelapparates indiziert.

12.5.2.6 Uterine Amenorrhoe

Erworbene uterine Amenorrhoen werden in erster Linie nach forcierter Kürettage beobachtet. Es handelt sich also um *traumatische Amenorrhoen* (Ashermann-Syndrom).
Die Diagnose ergibt sich durch den negativen Östrogentest. Weitere abklärende Maßnahmen sind Sondierung des Uterus in Narkose, eventuell Hysterographie bzw. Hysteroskopie. Als therapeutische Maßnahme kommt der Versuch einer Lösung von Synechien und einer hochdosierten Östrogentherapie zur Schleimhautproliferation in Frage.

Literatur

ANDERSON, D. C., DAVID, C. (1974): Sex-hormone binding globulin. Clin. Endocrinol. 3, 69.

AUER, L. M., LEB, G., TSCHERNE, G., URDL, W., WALTER, G. F., Hrsg. (1985): Prolactinomas. Berlin-New York: de Gruyter.

BERGH, T., NILLIUS, S. J., WIDE, L. (1977): Hyperprolactinemia in amenorrhoea—Incidence and clinical significance. Acta Endocrinol. (Kbh.) 86, 683.

— — ENOKSSON, P. (1982): Bromocriptine-induced pregnancies in women with large prolactinomas. Clin. Endocrinol. 17, 625.

BETTENDORF, G. (1976): Zum Problem der Gonadotropinbehandlung. Symposium über Gonadotropin-Therapie. Geburtsh. u. Frauenheilk. 36, 1017.

BLUNCK, W. (1977): Pädiatrische Endokrinologie. München-Wien-Baltimore: Urban und Schwarzenberg.

BOHNET, H. G. (1981): Prolaktin und seine Bedeutung für die Frau. (Fortschritte der Fertilitätsforschung, Vol. 9.) Berlin: Grosse.

BRECKWOLDT, M., SIEBERS, J. W., MÜLLER, U. (1981): Die primäre Ovarialinsuffizienz. Gynäkologe 14, 131.

DEWHURST, J. (1980): Practical Pediatric and Adolescent Gynecology. (Reproductive Medicine, Vol. 1.) New York-Basel: Marcel Dekker.

FAHLBUSCH, R., RJOSK, H. K., VON WERDER, K. (1978): Operative treatment of prolactin producing adenomas. In: Treatment of Pituitary Adenomas (FAHLBUSCH, R., VON WERDER, K., Hrsg.), S. 225. Stuttgart: G. Thieme.

FLÜCKIGER, E., DEL POZO, E., VON WERDER, K. (1982): Prolactin. Berlin-Heidelberg-New York: Springer.

GEISTHÖVEL, F., SKUBSCH, U., ZOBEL, G., SCHILLIN-

GER, H., BRECKWOLDT, M. (1982): Ultrasonographic and endocrinological studies of ovarian function. Acta endocr. Suppl. **246**, 23.

GEMZELL, C. A., DISZFALUSY, E., TILLINGER, K. G. (1958): Clinical effect of human pituitary FSH. J. Clin. Endocrinol. Metab. **18**, 1333.

GOLDZIEHER, J. W. (1981): Polycystic ovarian disease. Fertil. Steril. **35**, 371.

GREENBLATT, R. B., BARFIELD, W. E., JUNGCK, E. C., RAY, A. W. (1961): Induction of ovulation with MRL-41. J. Amer. med. Ass. **178**, 101.

GRONAU, A., LEHMANN, F., LEIDENBERGER, G., BETTENDORF, G. (1978): Ergebnisse der Routinetherapie mit Clomiphen. Geburtsh. u. Frauenheilk. **38**, 775.

HACKELÖER, B. J., FLEMING, R., ROBINSON, H. P., ADAM, A. H., COUTTS, J. R. T. (1979): Correlation of ultrasonic and endocrinologic assessment of human follicular development. Am. J. Obstet. Gynecol. **135**, 122.

HAMMERSTEIN, J., LACHNIT-FIXSON, V., NEUMANN, F., PLEWIG, G. (1979): Androgenisierungserscheinungen bei der Frau. Amsterdam: Excerpta Medica.

— (1981): Sinn und Unsinn von Hormonbestimmungen in Gynäkologie und Geburtshilfe. Gynäk. Rdsch. **21**, 78.

HAMMOND, C. B., HANEY, A. F., LAND, M. R. (1983): The outcome of pregnancy in patients with treated and untreated prolactin-secreting pituitary tumors. Am. J. Obstet. Gynecol. **147**, 148.

HARDY, J. (1973): Transsphenoidal surgery of hypersecreting pituitary tumors. In: Diagnosis and Treatment of Pituitary Tumors (KOHLER, P. O., ROSS, G. T., Hrsg.), S. 179. Amsterdam: Excerpta Medica.

INSLER, V., MELMED, H., EICHENBRENNER, I., SERR, D. M., LUNENFELD, B. (1972): The cervical score. Int. J. Gynecol. Obstet. **10**, 223.

JACOBS, H., FRANKS, M. S., MURRAY, M. A. F., HULL, M. G. R., STEELE, J. S. J., NABARRO, J. D. N. (1976): Clinical and endocrine features of hyperprolactinemic amenorrhea. Clin. Endocrinol. **5**, 439.

JÄNICKE, F., RJOSK, H.-K., BERG, D., GLONING, K. (1983): Pulsatile GnRH-Substitution beim Kallmann-Syndrom der Frau. Geburtsh. u. Frauenheilk. **43**, 351.

KELLER, E., DAHLEN, H. G., FRIEDRICH, E., BOHNET, H. G., RICHTER, R., JOEL, E. W., SCHUBRING, G., KLEMT, W., STAEMMLER, H. J., WYSS, H. J., SCHINDLER, A. E., SCHNEIDER, H. P. G. (1975): Human pituitary gonadotropin index. I. Standardized LRH test criteria for evaluation of functional amenorrhea. J. Clin. Endocrinol. Metab. **40**, 959.

KIRSCHNER, M. A., JACOBS, J. B. (1971): Combined ovarian and adrenal vein catheterization to determine the site(s) of androgen overproduction in hirsute women. J. Clin. Endocrinol. Metab. **33**, 199.

KNOBIL, E. (1980): The neuroendocrine control of the menstrual cycle. Recent Prog. Horm. Res. **36**, 53.

KOWATSCH, A. W., TSCHERNE, G., URDL, W. (1984): Die sekundäre hypergonadotrope Amenorrhoe—Klimakterium praecox. Gynäk. Rdsch. **24**, Suppl. 2, 18.

LAURITZEN, CH. (1969): Polycystische Ovarien (Stein-Leventhal-Syndrom). Gynäkologe **1**, 122.

— (1978): Sekundäre Amenorrhoe nach hormonalen Kontrazeptiva. Med. Klin. **73**, 1343.

— (1983): Diagnostik und Therapie der Zyklusstörungen während Pubertät und Adoleszenz. Gynäkologe **16**, 32.

LEYENDECKER, G., WILDT, L., HANSMANN, M. (1980): Pregnancies following chronic intermittent (pulsatile) administration of Gn-RH by means of a portable pump („Zyklomat")—a new approach to the treatment of infertility in hypothalamic amenorrhea. J. Clin. Endocrinol. Metab. **51**, 1214.

— — PLOTZ, E. J. (1981): Die hypothalamische Ovarialinsuffizienz. Gynäkologe **14**, 84.

— STOCK, H., WILDT, L. (1983): Brain and Pituitary Peptides II. Pulsatile Administration of Gn-RH in Hypothalamic Failure: Basic and Clinical Aspects. Basel: Karger.

LIDDLE, G. W. (1960): Tests of pituitary-adrenal suppressibility in the diagnosis of Cushings's syndrome. J. Clin. Endocrinol. Metab. **20**, 1539.

LUNENFELD, B. (1963): Treatment of anovulation by human gonadotropins. Int. J. Gynecol. Obstet. **1**, 153.

MAGYAR, D. M., MARSHALL, J. R. (1978): Pituitary tumors and pregnancy. Am. J. Obstet. Gynecol. **132**, 739.

MIDGLEY, A. R., JAFFE, R. B. (1971): Regulation of human gonadotropins. Episodic fluctuation of LH during the menstrual cycle. J. Clin. Endocrinol. Metab. **33**, 962.

MOLINATTI, G. M., MARTINI, L., JAMES, V. H. T. (1983): Androgenization in Women: Pathophysiology and Clinical Aspects. New York: Raven Press.

MOLTZ, L. (1980): Localization of androgen-secreting tumors by ovarian-adrenal vein catheterization. Acta Endocrinol. (Suppl.) (Copenh.) **234**, 166.

— SCHWARTZ, V., SÖRENSEN, R., PICKARTZ, H., HAMMERSTEIN, J. (1984): Ovarian and adrenal vein steroids in patients with non neoplastic hyperandrogenism: Selective catheterisation findings. Fertil. Steril. **42**, 69.

NILLIUS, S. J. (1978): Prolactin. Acta Endocrinol. (Copenh.) Suppl. **216**, 99.

— (1985): Management of prolactinomas in pregnancy. In: Prolactinomas (AUER, L. M., et al., Hrsg.). Berlin-New York: de Gruyter.

OELSNER, G., SERR, D. M., MASHIACH, S., SHLOMO BLANKENSTEIN, J., SNYDER, M., LUNENFELD, B. (1978): The study of induction of ovulation with menotropins: analysis of results of 1897 treatment cycles. Fertil. Steril. **30**, 538.

RAUSCHER, H. (1966): Die Bedeutung des Zervixfaktors im Rahmen des Sterilitätsproblems. Wien. med. Wschr. **116**, 903.

RICHTER, D. (1982): Psychosomatisch und endokrinologisch orientierte Diagnostik und Therapie des sekundären Amenorrhoe-Syndroms. Gynäkologe 15, 173.

RJOSK, H. K., VON WERDER, K., FAHLBUSCH, R. (1976): Hyperprolaktinämische Amenorrhoe. Geburtsh. u. Frauenheilk. 36, 575.

— (1983): Sterilität durch Hyperprolaktinämie. München-Wien-Baltimore: Urban und Schwarzenberg.

RUST, L. A., ISRAEL, R., MISHELL, D. M. (1974): An individualized graduated therapeutic regimen for clomiphene. Am. J. Obstet. Gynecol. 120, 785.

SANTEN, R. J., BARDIN, C. W. (1973): Episodic luteinizing hormone secretion in man. Pulse analysis, clinical interpretation, physiological mechanism. J. clin. Invest. 52, 2617.

SCHENKER, J. G., WEINSTEIN, D. (1978): Ovarian hyperstimulation syndrome. Fertil. Steril. 30, 225.

SCHMIDT-ELMENDORFF, H., KÄMMERLING, R. (1977): Vergleichende klinische Untersuchungen von Clomiphen, Cyclofenil und Epimestrol. Geburtsh. u. Frauenheilk. 37, 531.

SCHNEIDER, H. P. G., BOHNET, H. G. (1977): Hyperprolaktinämische Amenorrhoe und Anovulation. Gynäkologe 10, 84.

— — (1981): Die hyperprolaktinämische Ovarialinsuffizienz. Gynäkologe 14, 104.

SCHOEMAKER, J., WENTZ, A. C., JONSE, G. S., DUBIN, N. H., SAPP, K. C. (1978): Stimulation of follicular growth with "pure" FSH in patients with anovulation and elevated LH levels. Obstet. Gynecol. 51, 270.

SCHWEDITSCH, M. O., URDL, W., PÜRSTNER, P. (1983): Repetitive GnRH-Administration bei Patienten mit hypothalamischer Amenorrhoe: Klassifikation dreier unterschiedlicher Formen. Arch. Gynäk. 235, 371.

SCHWARTZ, U., MOLTZ, L., HAMMERSTEIN, J. (1981): Die Hyperandrogenämische Ovarialinsuffizienz. Gynäkologe 14, 119.

TAUBERT, H. D. (1969): Die medikamentöse Auslösung der Ovulation mit Clomiphen. Gynäkologe 1, 139.

TOLIS, G. S. C., MOUNTOKALAKIS, T., LABRIE, F. (1983): Prolactin and Prolactinomas. New York: Raven Press.

TSCHERNE, E. (1965): Menopausengonadotropin bei Amenorrhoen und Sterilitäten. Geburtsh. u. Frauenheilk. 25, 843.

TSCHERNE, G. (1974): Weitere Erfahrungen bei der Behandlung der Sterilität mit Clomiphenzitrat. Wien. med. Wschr. 124, 662.

— (1979): Amenorrhö und Hyperprolaktinämie. Wien. klin. Wschr. 91, 790.

URDL, W., TSCHERNE, G., AUER, L. M., CLARICI, G., LEB, G., WARNKROSS, H. (1985): Pregnancies after treatment of prolactinomas. Course and complications. In: Prolactinomas (AUER, L. M. et al., Hrsg.). Berlin-New York: de Gruyter.

— SCHWEDITSCH, M. O., KOWATSCH, A. W., TSCHERNE, G., PÜRSTNER, P., HAAS, J. (1985): Die Wertigkeit von Laborparametern bei Androgenisierungserscheinungen der Frau unter besonderer Berücksichtigung des „freien Androgen-Index". Geburtsh. u. Frauenheilk. (im Druck).

VIGERSKY, R. (1977): Anorexia nervosa. A Monograph of the International Institute of Child Health and Human Development. New York: Raven Press.

WENTZ, A. C., ANDERSON, R. N. (1980): Response to repetitive luteinizing hormon-releasing hormone stimulation in hypothalamic and pituitary diesease. Am. J. Obstet. Gynecol. 138, 364.

WILDT, L., LEYENDECKER, G. (1981): Die endokrine Kontrolle des menstruellen Zyklus. Gynäkologe 14, 64.

WOLF, A. S., WURSTER, G. (1985): Leistungssport und Zyklusstörungen. Gynäkologe (in Vorbereitung).

YEN, S. S. C., TSAI, C. C., NAFTOLIN, F., VANDENBERG, G., AJABOR, G. (1972): Pulsatile patterns of gonadotropin release in subjects with and without ovarian function. J. Clin. Endocrinol. Metab. 34, 671.

— CHANEY, C., JUDD, H. (1976): Functional aberrations of the hypothalamic-pituitary system in polycystic ovary syndrome: A consideration of the pathogenesis. In: The Endocrine Function of the Human Ovary (JAMES, V. H. T., SERIO, M., GIUSTI, G., Hrsg.), S. 373. London: Academic Press.

— (1980): The polycystic ovary syndrome. Clin. Endocrinol. 12, 177.

ZANDER, J., LEIDENBERGER, F., HOLZMANN, K., RUNNEBAUM, B., BUNTRU, G., WINKHAUS, I., HEINRICHS, D. (1970): Weitere klinische Erfahrungen bei der Behandlung monophasischer Zyklusanomalien mit Clomiphen (Dyneric). Geburtsh. u. Frauenheilk. 30, 493.

ZIMMERMANN, R., SOOR, B., BRAENDLE, W., LEHMANN, F., WEISE, H. C., BETTENDORF, G. (1982): Gonadotropin therapy of female infertility. Gynecol. Obstet. Invest. 14, 1.

13
Moderne andrologische Aspekte der Betreuung des kinderlosen Ehepaares

H. H. Pusch

13.1 Die andrologische Sprechstunde als integrierender Bestandteil der Sterilitätsambulanz

13.1.1 Organisatorisches Vorgehen

Die Probleme, die bei der Betreuung beider Partner eines kinderlosen Ehepaares auftreten, sind direkt proportional zur räumlichen und zeitlichen Entfernung zwischen den behandelnden Spezialisten. Damit ist gesagt, daß die Koordination notwendiger diagnostischer und therapeutischer Maßnahmen beim Ehepaar im hohen Maße von der Kooperationsbereitschaft und -fähigkeit der beteiligten Ärzte abhängt. Es liegt auf der Hand, daß die ideale Konstellation, nämlich Gynäkologe und Androloge in einer Person, nur äußerst selten vorkommt. In der klinischen Praxis wird eine optimale Betreuung des ratsuchenden Ehepaares gewährleistet sein, wenn eine andrologische Sprechstunde in die Sterilitätsambulanz integriert ist. Die unterschiedliche Methodik der beiden Fachrichtungen macht unter Umständen eine Trennung zwischen der ambulanten Untersuchung und Beratung des Paares und der labortechnisch ungleich aufwendigeren Erstellung von Spermiogrammen notwendig. Dennoch ist die gegenseitige Befundmitteilung und die genaue Erörterung von Problemfällen zwischen den Mitgliedern des Sterilitätsteams innerhalb des Klinikbereiches gewährleistet. Dem gegenüber stehen die bekannten Kooperations- und Koordinationsprobleme, wenn einer der Partner außer Haus untersucht und behandelt wird. Insgesamt beruht das Problem auf der Tatsache, daß die Betreuung eines kinderlosen Paares den einzigen Fall in der gesamten Medizin darstellt, bei dem sich die Symptomatik auf mehr als eine Person erstrecken kann.

Traditionell sucht die Frau bei unerfülltem Kinderwunsch zuerst den Arzt auf, wenngleich sich die Bereitschaft des Mannes, den ersten Schritt zu tun, in den letzten Jahren verstärkt hat (PUSCH, 1983). Frauen, die erstmals die Sterilitätsambulanz aufsuchen, werden nach der Anamneseerhebung gynäkologisch untersucht und dahingehend informiert, daß vor der Durchführung weiterer diagnostischer oder therapeutischer Maßnahmen der Ehemann sich einer andrologischen Basisuntersuchung unterziehen muß. Die Frau erhält ein Informationsblatt, aus dem hervorgeht, welche Vorbedingungen für die andrologische Untersuchung notwendig sind (Tab. 13.1). Dieses Merkblatt erfüllt einen mehrfachen Zweck. Es enthält eine Rubrik zur Eintragung des Untersuchungstermines für den Mann. Des weiteren kann der Partner daraus Informationen entnehmen, die dazu dienen, die Schwellenangst bezüglich der geplanten Untersuchung herabzusetzen. Letztendlich

Tabelle 13.1. Informationsblatt für den Ehemann (Graz, Univ.-Frauenklinik)

Organisatorische Hinweise

Anmeldung und Terminvereinbarung.
Ort der Untersuchung.
Kassentechnische Modalitäten (Überweisung etc.).

Untersuchungsspezifische Hinweise

Sexuelle Karenz vor der andrologischen Untersuchung.
Kurze Information über den Ablauf der Untersuchung.
Anführung von Stichworten, über die der Patient bei der Erhebung der Anamnese Auskunft geben soll.
Kinderwunschdauer.
Antikonzeption.
Frühere Untersuchungen und Behandlungen.
Frühere Erkrankungen und Operationen im Genital-
 bereich.
Nikotin.
Medikamente.

Tabelle 13.2. Prozentuale Verteilung der Spermiogrammdiagnosen (Graz, Univ.-Frauenklinik, 1979—1983)

Normozoospermie	12,6%
Oligozoospermie	43,9%
Teratozoospermie	23,4%
Asthenozoospermie	16,5%
Azoospermie	3,6%

der Anteil normaler Spermiogrammbefunde mit ca. 12 bis 14% relativ niedrig. Dies unterstreicht die Notwendigkeit der Betreuung beider Partner in überzeugender Weise. Aus Tab. 13.2 wird die Verteilung der Spermiogrammdiagnosen ersichtlich, wie sie im andrologischen Labor in den Jahren 1979—1983 erhoben wurden.

13.1.3 Der psychosoziale Hintergrund von Patienten der Sterilitätssprechstunde

Die Erfassung des psychischen und sozialen Hintergrundes eines kinderlosen Paares ist wesentlich für das Verständnis der Gesamtproblematik und zugleich der Schlüssel zur individuellen Betreuung der Patienten. Diese Aspekte werden in der Regel zu wenig beachtet, da die entsprechenden Informationen nur mit großem Zeitaufwand gewonnen werden können. In umfangreichen eigenen Untersuchungen haben sich interessante Gesichtspunkte zu den Problemkreisen Partnerbeziehung, Motiv des Kinderwunsches und zur Einstellung zu therapeutischen Maßnahmen ergeben (PUSCH, 1983). Erstmals wurden die Reaktionen des Mannes auf die Untersuchung an einer Frauenklinik erfaßt. 72% der befragten Männer gaben an, daß die andrologische Untersuchung an einer Frauenklinik für sie keine zusätzliche Belastung darstellte. 63% sprachen sich dafür aus, gemeinsam mit der Frau zur Untersuchung zu kommen. 49% räumten ein, daß es sie Überwindung gekostet hätte, sich erstmals andrologisch untersuchen zu lassen. Die Art der Samengewinnung empfanden 18% als erhebliche Belastung, 38% als

wird der Gang der Untersuchung wesentlich beschleunigt, wenn der Mann durch vorgegebene Stichworte zur Anamnese in der Lage war, sich auf die Fragen einzustellen. Nach erfolgter andrologischer Untersuchung und Erstellung eines Spermiogrammes wird der Befund dem Patienten, dem betreuenden Arzt der Sterilitätsambulanz und dem Hausarzt mitgeteilt. Sobald beim Mann kein Normalbefund vorliegt, wird innerhalb des Sterilitätsteams und gemeinsam mit dem betroffenen Paar das weitere Vorgehen abgesprochen. Speziell vor invasiven diagnostischen Maßnahmen, Sterilitätsoperationen oder bei geplanter In-vitro-Fertilisation ist dieses Verfahren von wesentlicher Bedeutung.

13.1.2 Patientengut

Die meisten Frauen haben schon einen oder mehrere Ärzte konsultiert, bevor sie die klinische Sterilitätsambulanz aufsuchen. Für die andrologische Ambulanz gilt dies nicht im selben Ausmaß; hier ist der Prozentsatz der Männer, die erstmals untersucht werden größer, weil durch das oben beschriebene organisatorische Vorgehen eine gewisse Motivation vorliegt. Dennoch liegt

teilweise Belastung. 26% fühlten sich in ihrem Sexualleben durch den unerfüllten Kinderwunsch beeinträchtigt, 48% erhofften sich eine Besserung ihrer Ehesituation, wenn sich Nachwuchs einstellte. Immerhin sind 98% der Befragten der Meinung, daß der unerfüllte Kinderwunsch ein Problem beider Ehepartner ist. Bei den Kinderwunschmotiven liegt der Wunsch nach einer Familie mit 36% weit im Vordergrund, gefolgt von dem Wunsch nach Vervollständigung des Eheglücks, Liebe zu den Kindern, dem Wunsch nach einem Erben und anderen Motiven. 94% der Patienten waren verheiratet, die durchschnittliche Ehedauer betrug 5,1 ± 3,3 Jahre, die durchschnittliche Kinderwunschdauer 3,8 ± 2,7 Jahre. Die Zuordnung zu einer sozialen Schicht erfolgte aufgrund der Berufsangabe des Ehemannes. 14% gehörten der Oberschicht an, 57% der Mittelschicht, und 29% mußten als Angehörige der unteren sozialen Gruppierungen eingestuft werden.

13.1.4 Motivation und Compliance von Patienten mit Kinderwunsch

So unterschiedlich die Kinderwunschmotive auch sein können, die Nichterfüllung dieses Wunsches verursacht einen enormen Leidensdruck. Kinderlose Paare gehören sicherlich zu den am besten motivierten Patienten überhaupt. Eigene Untersuchungen ergaben, daß 50,4% der betroffenen Ehepaare gerne gemeinsam den ersten Arztbesuch absolvieren würden. 41,5% der Eheleute betrachten den unerfüllten Kinderwunsch als ihr vorrangiges und zentrales Eheproblem. Von wesentlichem Interesse für den behandelnden Arzt ist auch die Tatsache, daß sich 54% der Betroffenen keine Begrenzung für die Dauer der Behandlung gesetzt hatten.

Analog zur starken Motivation dieses Klientels läßt sich auch eine überdurchschnittliche Compliance bei Behandlungsmaßnahmen konstatieren. Die Ausschaltung bekannter Noxen im andrologischen Bereich als ersten Schritt der Therapie macht zum Beispiel bei Rauchern eine vollständige Nikotinkarenz erforderlich. Diese wird von 86% der Männer eingehalten. Gleiches gilt für die Langzeitbehandlung mit Tabletten oder Injektionen, die in der Regel drei Monate und länger dauert. Die empfohlenen Spermiogrammkontrollen werden zu 91,3% pünktlich eingehalten (PUSCH, 1985 a).

13.2 Männliche Fertilitätsstörungen: Häufigkeit und klinische Bedeutung

13.2.1 Der männliche Faktor in der kinderlosen Ehe

Die Bedeutung des männlichen Faktors für die kinderlose Ehe war wiederholt Gegenstand ausführlicher klinischer und statistischer Untersuchungen. Die Angaben schwanken von 11 bis 59% (siehe Tab. 13.3). Die stark abweichenden Angaben über die männliche Beteiligung am unerfüllten Kinderwunsch kamen deshalb zustande, weil den Untersuchungen unterschiedliche Kollektive zugrunde liegen. Schon die Erarbeitung der Basisdaten, wie zum Beispiel exakte Angaben über den Prozentsatz ungewollt kinderloser Ehen in einer Population, ist äußerst schwierig. Verläßliche Spermiogrammdaten in ausreichender Anzahl aus einem randomisierten Kontrollkollektiv oder von Probanden mit „nachgewiesener" Fertilität sind schwer zu erhalten. Die in großer Zahl verfügbaren Daten über Männer aus dem Kinderwunschkollektiv sind nicht repräsentativ, weil es sich um ein selektiertes Patientengut handelt. Geht man aber von der Voraussetzung aus, daß es eben dieses Patientenkollektiv ist, mit dem man klinisch arbeiten muß, so haben statistische Untersuchungen ihre Berechtigung. Sie lassen Zusammenhänge erkennen, die für die Betreuung des Paares von wesentlicher Bedeutung sind. Voraussetzung ist allerdings

Tabelle 13.3. Der prozentuale Anteil des Mannes bei Kinderlosigkeit in der Ehe (nach Literaturangaben)

Autor		(%)
MOENCH	(1931)	64
G. F. K. SCHULTZE	(1937)	11
STIASNY	(1944)	50
JOEL	(1953)	20—29
MARTIUS	(1956)	30
KIMMIG	(1957)	40
McCOMICK	(1958)	54
PUSCH	(1985)	46

Tabelle 13.4. EDV-gerechte Erfassung anamnestischer Daten des Paares (Graz, Univ.-Frauenklinik, 1979)

Gemeinsame Daten

Alter
Beruf
Dauer der sexuellen Partnerschaft
Kinderwunschdauer
Kinder aus dieser oder anderer Partnerschaft
Art und Dauer der Antikonzeption
Sexualgewohnheiten
Wohnungssituation
Noxen
Medikamente

Spezielle andrologische Daten

Sexuelle Karenz
Frühere Erkrankungen im Genitalbereich
Potenzstörungen
Allgemeinerkrankungen
Auswärts durchgeführte Untersuchungen und
  Behandlungen
Ausmaß und Dauer des Nikotinkonsums

Tabelle 13.5. Erfassung klinischer und spermatologischer Daten

Genitalbefund

Penis
Hodenvolumen
Hodenkonsistenz
Veränderungen an den Hoden
Nebenhoden
Ductus deferens
Prostata
Behaarungstyp
Varikozele
Eunuchoide Symptome

Spermiogramm

Ejakulatvolumen
pH des Ejakulates
Fruktosegehalt
Spermatozoendichte
Motilität
Morphologische Qualität
Verflüssigungsverhalten

eine genormte, möglichst EDV-gerechte Erfassung von anamnestischen, klinischen und spermatologischen Daten. Diese sind in Tab. 13.4 und 13.5 skizziert (PUSCH, 1985).

13.2.2 Der Spermatogenesezyklus und seine Bedeutung für die Therapie von Fertilitätsstörungen

Im Gegensatz zur Frau, wo Fortpflanzungsvorgänge einer zyklischen Regelung unterworfen sind, gibt es beim Mann einen kontinuierlichen Ablauf bei der Bereitstellung des zur Reproduktion nötigen Zellmaterials. Die Spermatogenese kommt mit der Puber-

tät in Gang und versiegt auch im Senium nicht völlig. Nach HELLER und CLERMONT (1963) dauert die Spermatogenese von den ersten Vorstufen bis zum fertigen Spermatozoon im Schnitt 84 ± 6 Tage. Aufgrund dieser Tatsache wird verständlich, daß eine medikamentöse Beeinflussung der Produktion von Spermatozoen grundsätzlich der Länge des Spermatogenesezyklus Rechnung zu tragen hat, daß also frühestens 3 Monate nach Einleitung einer Behandlung Spermatozoen im Ejakulat erscheinen, die während der ganzen Zeit den entsprechenden Pharmaka ausgesetzt waren. Mit kurzfristigen Behandlungserfolgen kann daher nicht gerechnet werden, die andrologische Behandlung ist grundsätzlich als Langzeittherapie zu verstehen. Eine Ausnahme bilden Medikamente, die nicht die Spermatogenese beeinflussen wie das Mesterolon, welches auf das System Nebenhoden — Ductus deferens — Bläschendrüsen einwirkt (SCHIRREN, 1982; BARWIN, 1982). Bakterielle Infektionen des Urogenitaltraktes und der ableitenden Samenwege können kurzfristig antibiotisch behandelt werden. Ebenso wird man bei der Therapie der gestörten Verflüssigung

(PUSCH, 1984 a) mit Ichthyol-Präparaten mit einer Therapiedauer von 6 Wochen das Auslangen finden. Die weitaus längsten Behandlungszeiten sind bei der Substitutionstherapie des sekundären hypogonadotropen Hypogonadismus erforderlich. Bis zum Erreichen einer Spermatogenese können 1 bis 2 Jahre erforderlich sein (LUNENFELD, 1981).

13.2.3 Die andrologische Therapie und damit verbundene Probleme

Trotz der enormen Fortschritte, die in der letzten Zeit bei der Erforschung der Physiologie der männlichen Reproduktion erzielt werden konnten, klaffen noch erhebliche Lücken im Wissensstand, so daß eine globale Erfassung des Problems bislang nicht möglich ist. Noch weitaus bruchstückhafter sind die Kenntnisse bezüglich der therapeutischen Möglichkeiten. Die andrologische Therapie ist weitgehend empirisch, der Angriffspunkt der verwendeten Medikamente, ihre Metabolisierung und ihre Pharmakokinetik sind sehr oft unbekannt. Die Verfeinerung der diagnostischen Verfahren hat dazu geführt, die vorhandenen Therapeutika gezielter einsetzen zu können, gleichzeitig konnten auch die Kriterien für die Wirksamkeit einer Behandlung optimiert werden. Bedauerlicherweise hielten die Fortschritte der Therapie nicht mit dem Zuwachs an physiologischem Wissen und einer Verfeinerung der Diagnostik Schritt. Nur bei wenigen Störungen besteht die Möglichkeit einer spezifischen Therapie. Dazu gehören die Behandlung von Entzündungen und Infektionen des männlichen Urogenitaltraktes und die sehr seltenen Fälle von hormoneller

Tabelle 13.6. Andrologische Therapiemöglichkeiten

Prophylaxe
Ausschaltung von Noxen wie Nikotin, Wärme, Toxine, Streß, Gewerbegifte etc.

Medikamentöse Therapie
Antioestrogene
Androgene
Gonadotropine
Releasing Hormone und ihre Analoga
Bromokriptin
Kallikrein
Antibiotika
Antiphlogistika
Ichthyol-Präparate

Operative Therapie
Hohe Ligatur der V. spermatica bei Varikozele
Epididymovasostomie
Vaso-Vasostomie
Hydrozele
Spermatozele
Hypospadie
Epispadie
Alloplastische Spermatozele

Technische Verfahren
Kryokonservierung des Spermas
Homologe und heterologe artifizielle Insemination
In-vitro-Fertilisation

Insuffizienz, die einer echten Substitutionstherapie zugänglich sind (LUNENFELD, 1972). Sicherlich ist die Ausschaltung erkannter Noxen (PUSCH, 1984; SCHIRREN, 1968) auch als erfolgreiche Behandlung zu werten, wenn es damit gelingt, den physiologischen Zustand wiederherzustellen.
Ein kurzer Überblick über die derzeit gängigen Therapiemöglichkeiten soll gleichzeitig den aktuellen Wissensstand skizzieren (Tab. 13.6).

13.3 Die gynäkologisch-andrologische Kooperation als Schlüssel zum Erfolg

13.3.1 Möglichkeiten und Chancen der Andrologie innerhalb der Gynäkologie

Das klinische Sonderfach Andrologie hat in den vergangenen drei bis vier Dezennien einen stürmischen Entwicklungsprozeß durchlaufen. Wie kaum ein anderes medizinisches Spezialgebiet erhielt die Andrologie wesentliche Impulse von einer Reihe ganz unterschiedlicher Fachdisziplinen mit völlig differenter historischer und klinischer Entwicklung (Abb. 13.1).
Jede einzelne Fachrichtung hat Wesentliches

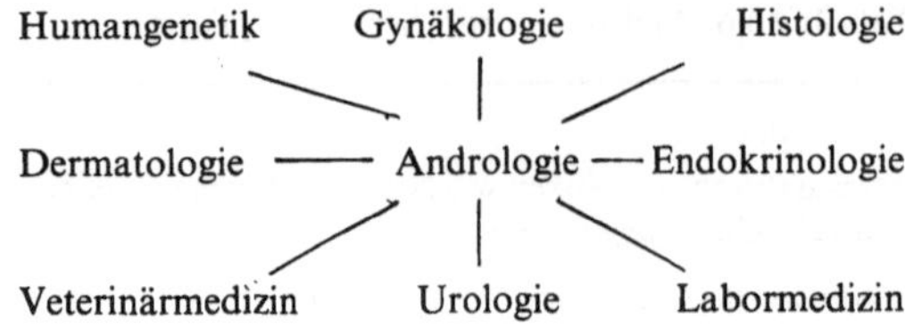

Abb. 13.1. Interdisziplinäre Verbindungen der Andrologie

zur Entstehung der andrologischen Wissenschaft beigetragen, und wenn diese sich mittlerweile als anerkanntes Spezialfach etabliert hat, so ist sie dennoch bei der Erweiterung ihres Wissensstandes mehr denn je auf die interdisziplinäre Zusammenarbeit angewiesen. Dabei wird der klinisch tätige Androloge andere Präferenzen haben als der Grundlagenforscher. Innerhalb der Gynäkologie ergibt sich für die Andrologie ein klinisches Aufgabengebiet von heute noch nicht absehbarer Ausdehnung. Die kinderlose Ehe ist in ihrer klinischen, psychologischen und sozialen Problematik mehr denn je eine Herausforderung für den Arzt. Bislang wurde die Andrologie nur in wenigen Staaten der Welt in den Ausbildungskatalog eines der traditionellen klinischen Fächer aufgenommen, hauptsächlich ist sie in den urologischen oder dermatologischen Bereich einbezogen. Aufgrund der direkten Bezüge sollte überlegt werden, die Andrologie auch in die Ausbildung zum Facharzt für Frauenheilkunde und Geburtshilfe einzugliedern. Jeder Frauenarzt wird sowohl in der Klinik als auch in der freien Praxis mit Sterilitätsproblemen konfrontiert, die er nur dann bewältigen kann, wenn er über eine andrologische Basisausbildung verfügt. Die vorhin angeschnittenen Probleme bei der gynäkologisch-andrologischen Kooperation lassen sich nur lösen, wenn der Gynäkologe in der Lage ist, beim männlichen Partner erhobene Befunde zu interpretieren oder noch besser selbst zu erheben. Es wird Aufgabe der vorhandenen klinischen Zentren für Sterilitätsbehandlung sein, das entsprechende Potential an Ausbildungs- und Fortbildungs-

möglichkeiten für eine wachsende Gruppe von Interessenten bereitzustellen. Für den Gynäkologen ergeben sich hier spezielle Chancen, denn er wird primär mit dem kinderlosen Ehepaar konfrontiert. Die jüngsten Errungenschaften moderner Sterilitätsbehandlung, wie zum Beispiel die In-vitro-Fertilisation, haben klar gezeigt, daß der männliche Faktor sowohl im klinischen als auch im Forschungsbereich immer wichtiger wird. Je besser diese Entwicklung verstanden wird, desto effizienter werden die diagnostischen und therapeutischen Maßnahmen sein können.

13.3.2 Die Befundmitteilung als Basis interdisziplinärer Kooperation

Eine der wesentlichen Voraussetzungen für eine funktionierende Zusammenarbeit zwischen Gynäkologen und Andrologen ist die Bereitschaft beider, die jeweils erhobenen Untersuchungsbefunde einander mitzuteilen. Wenn hier eine anscheinend selbstverständliche Forderung ausgedrückt wird, so beruht dies auf der Tatsache, daß in der Praxis der Austausch von Befunden nicht so gut funktioniert, wie dies im Interesse der betroffenen Ehepaare wünschenswert wäre. Nur ein reibungsloser Informationsaustausch in regelmäßigen, kurzen Abständen versetzt die beteiligten Ärzte in die Lage, das kinderlose Ehepaar adäquat zu behandeln. Werden Mann und Frau von verschiedenen Ärzten betreut, was immer noch als Regelfall zu betrachten ist, so zeigt sich, daß die Kooperationsbereitschaft zum Behandlungserfolg direkt proportional ist. Vorgedruckte Befundbögen, die wesentliche Informationen in Kurzform enthalten sollten, stellen ein wertvolles organisatorisches Hilfsmittel dar (SCHIRREN und LINDEMANN, 1972) (siehe Abb. 13.2). Wesentlich ergiebiger, aber organisatorisch ungleich aufwendiger ist folgende Vorgangsweise: Konsiliarisches Zusammentreffen der behandelnden Ärzte unter Einbeziehung des betroffenen Ehepaars. Auf diese Weise lassen sich ohne

Geburtshilflich-gynäkologische Universitätsklinik Graz
Vorstand Prof. Dr. E. Burghardt

Gynäkologischer Kurzbericht
(zur Schnellinformation zwischen Gynäkologen und Andrologen)

NAME: VORNAME:

geb.:

Anschrift:

ANAMNESE:

Menarche: Regeldauer: Regelintervall:

Partus: Abortus:

Wie lange Kinderwunsch:

Wann und welche Antikonzeptiva:

GYNÄKOLOGISCHE ERKRANKUNGEN:

Therapie: a) konservative:

           b) operative:

Bisher ermittelter gynäkologischer Befund:

Palpationsbefund:

Basaltemperatur:

Cervix:

Sims-Huhner-Test:

Pertubation:

H S G:

Laparoskopie/Blau:

Derzeit durchgeführte Therapie:

Behandelnder Arzt: **Datum:**   **Rücksendung erbeten an:**
                                                               Geburtshilflich-gynäkologische
                                                               Universitätsklinik Graz
                                                               Andrologisches Labor
                                                               Auenbruggerplatz 14
Steierm. Landesdruckerei, Graz. – 468-84*   **8036 Graz**

Abb. 13.2. Mitteilungsblatt zur Erleichterung der Information zwischen Gynäkologen und Andrologen (modifiziert nach SCHIRREN und LINDEMANN, 1982)

großen Zeitaufwand die bisher erhobenen Befunde interpretieren und die weiteren Schritte planen.

13.3.3 Koordinierung diagnostischer und therapeutischer Maßnahmen

Bei funktionierender Befundmitteilung oder bei Beratungsgesprächen mit dem Ehepaar wird man vermeiden können, daß vom Gynäkologen oder vom Andrologen Alleingänge in der Behandlung vorgenommen werden. Der am weitesten verbreitete Fehler ist, daß der Gynäkologe passiv bleibt und abwartet, bis die andrologische Behandlung zu einem Normalbefund geführt hat. Dieses „Abwarten" soll unter allen Umständen vermieden werden, weil es immer wertvolle Zeit kostet und die gesamte Behandlung unnötig verlängert. Aufgrund der besonderen Verhältnisse beim Mann (siehe Kapitel Spermatogenesezyklus) sollen schon während der Behandlung des Partners bei der Partnerin von gynäkologischer Seite notwendige Maßnahmen gesetzt werden. Umgekehrt machen zum Beispiel anovulatorische Zyklen bei der Frau den mühsam erreichten Effekt einer Anhebung der Spermaqualität zunichte. Die medikamentös erreichte Verbesserung ist in den meisten Fällen nur kurzfristig und häufig auf die Zeit der Behandlung beschränkt. Nach der Therapie sinkt die Spermaqualität

sehr bald wieder auf das ursprüngliche Niveau ab. Es kommt also sehr darauf an, schon während der Behandlung des Mannes auch bei der Ehefrau allfällige therapeutische Maßnahmen zu setzen.

Bei geplanter invasiver Diagnostik oder bei operativen Eingriffen ist eine exakte Koordinierung der Maßnahmen von besonderer Bedeutung, um nicht einen Partner unnötig stark zu belasten. So wird man zum Beispiel vor der operativen Behandlung einer Varikozele in jedem Fall eine Überprüfung des Tubenfaktors vornehmen. Gleiches gilt für den Fall, daß eine Verschlußazoospermie mittels Epididymovasostomie korrigiert werden soll. Bei angeborener Aplasie des Ductus deferens besteht die Möglichkeit, mittels der alloplastischen Spermatozele (WAGENKNECHT, 1978) Spermatozoen zu gewinnen, die zur extrakorporalen Fertilisierung verwendet werden können. Je komplizierter und aufwendiger die technischen Möglichkeiten sind, die uns heute zur Verfügung stehen, desto wesentlicher wird die exakte Koordinierung für das Gelingen sein. Wie in keinem anderen Fachgebiet ist hier die interdisziplinäre Zusammenarbeit zum Prüfstein für den Erfolg geworden. Ein schrittweises Vorgehen nach einem zusammen mit dem Ehepaar und allen Beteiligten vorher genau festgelegten Plan erleichtert die Standortbestimmung erheblich.

Literatur

BARWIN, B. N. (1982): Mesterolone: a new androgen for the treatment of male infertility. In: Treatment of Male Infertility (BAIN, J., SCHILL, W. B., Hrsg.), S. 117—123. Berlin-Heidelberg-New York: Springer.

HEITE, H. J., WOKALEK, H. (1980): Männerheilkunde. Stuttgart-New York: G. Fischer.

HELLER, C. G., CLERMONT, Y. (1963): Spermatogenesis in man: An estimate of its duration. Science **140**, 184.

KLOSTERHALFEN, H. (1972): Die operative Behandlung der männlichen Sterilität. Der Gynäkologe **5**, 15.

LUDVIK, W. (1976): Andrologie. Stuttgart: G. Thieme.

LUNENFELD, B., WEISSELBERG, R. (1972): The use of Gonadotrophins in the Induction of Spermatogene-

sis. In: Modern Trends in Endocrinology (PRUNTY, F. I. G., GORDINA-HILL, H., Hrsg.). London: Butterworths.

— GLEZERMAN, M. (1981): Diagnose und Therapie männlicher Fertilitätsstörungen. Berlin: Grosse.

PUSCH, H. (1983): Untersuchungen zum psychosozialen Hintergrund bei Sterilitätspatienten. Geburtsh. u. Frauenheilk. **43**, 655.

— (1984): Diagnose einer toxischen Leberschädigung auf Grund von Veränderungen im Spermiogramm. Wien. klin. Wschr. **96**. 857.

— (1984a): New aspects in diagnosis and therapy of liquefaction disturbances in human semen. J. Androl. **5**, 128.

Pusch, H. (1985): Zur Situation des kinderlosen Ehepaares: Statistische Untersuchungen, Fakten, Probleme. Geburtsh. u. Frauenheilk. **45** (im Druck).
— (1985 a): Zur Motivation und Compliance andrologischer Patienten. Andrologia **17** (im Druck).
Schirren, C. (1968): Fertilität. In: Nikotin. Pharmakologie und Toxikologie des Tabakrauches (Schievelbein, H., Hrsg.). Stuttgart: G. Thieme.
— Lindemann, H. J. (1972): Möglichkeiten einer andrologisch-gynäkologischen Kooperation bei der Behandlung der kinderlosen Ehe. Hamb. Ärzteblatt **26**, 305.
— (1977): Andrologie für den Gynäkologen. In: Klinik der Frauenheilkunde und Geburtshilfe (Döderlein, G., Wulf, K. H., Hrsg.), Vol. 5, Erg. 1977, S. 480/1. München-Wien-Baltimore: Urban und Schwarzenberg.

— Leidenberger, F., Stoll, P. (1980): Die kinderlose Ehe. Köln: Deutscher Ärzteverlag.
— (1982): Praktische Andrologie, 2. Aufl. Basel: Karger.
Slipyan, P. (1979): Ambulatory Evaluation and Treatment of Infertile Couples. Clin. Obstet. Gynecol. **22**, 521.
Stauber, M. (1979): Psychosomatik der sterilen Ehe. (Fortschritte der Fertilitätsforschung, Bd. 7.) Berlin: Grosse.
Vasterling, H. W. (1981): Koordinierte Fertilitätsdiagnostik von Frau und Mann. diagnostik **14**, 112.
Winkhaus, I. (1981): Mono- und multifaktorielle Partnersterilität — Häufigkeitsverteilung und Behandlungsergebnisse. In: Menschliche Fortpflanzung (Kaiser, R., Schumacher, G. F. B., Hrsg.), S. 287—297. Stuttgart: G. Thieme.

14

Extrakorporale Befruchtung

R. Winter und *W. Urdl*

14.1 Einleitung

Im Jahre 1978 wurde Louise Brown, das erste Kind nach extrakorporaler Befruchtung, in England geboren. Die Geburt war die Krönung einer Forschungstätigkeit von R. G. EDWARDS, die 1963 begonnen hatte. Unabhängig davon ist im Jahre 1980 auch einer Melbourner Arbeitsgruppe unter A. LOPATA die extrakorporale Zeugung eines Kindes gelungen. Diese Erfolge haben viele Frauen mit unüberwindlicher Sterilität, etwa mit irreparabel verschlossenen oder fehlenden Eileitern, neue Hoffnung auf leibliche Nachkommen gegeben. Die Methode der In vitro-Fertilisation (IVF) zur Sterilitätsbehandlung wurde in der Folge von vielen Zentren adoptiert. Im Juni 1982, vier Jahre nach der Geburt von Louise Brown, waren 73 Kinder nach extrakorporaler Befruchtung geboren worden. Im Mai 1984 konnten 590 „Retortenbabys" registriert werden. Ende 1985 werden es mehr als 2000 sein.

Die Indikation zur IVF wurde in den letzten Jahren lebhaft diskutiert und hat in der Zwischenzeit eine beträchtliche Erweiterung erfahren. Im Zusammenhang mit der neuen Technik werden wichtige Einblicke in den menschlichen Reproduktionsvorgang gewonnen. Es ist zu erwarten, daß mit diesem Lernprozeß die derzeitigen Ergebnisse der IVF noch bei weitem verbessert werden können.

14.2 Patientenauswahl

Die IVF wurde ursprünglich als Therapie der tubaren Sterilität entwickelt. Bald stellte sich heraus, daß die Methode auch für die Behandlung anderer Ursachen der Sterilität geeignet ist. Ihr Einsatz hat grundsätzlich nach bestimmten Prämissen zu erfolgen:

● Es müssen alle anderen Möglichkeiten der Sterilitätsbehandlung erschöpft sein!

● Es muß zumindest denkbar sein, daß die IVF im individuellen Fall ein gangbarer Weg zur Behandlung der vorliegenden Sterilität ist.

● Es muß die Frage einer Vertretbarkeit vom ethischen Standpunkt völlig klargestellt sein!

Derzeit sollte außer Frage stehen, daß Ehepaare oder Paare mit fester partnerschaftlicher Bindung und unüberwindlichen Sterilitätsursachen in ein IVF-Programm aufgenommen werden. Die Indikationen sind im wesentlichen Faktoren, die in jeder Sterilitätssprechstunde diskutiert werden müssen.

14.2.1 Tubare Sterilität

Das Fehlen beider Tuben stellt die beispielhafteste aller Indikationen zur IVF dar. In diesen Fällen ist die extrakorporale Befruchtung die einzige Möglichkeit für ein Ehepaar, ein leibliches Kind zu zeugen. Neben dem Fehlen der Eileiter ist es meist der postentzündliche Tubenverschluß, der die Unfruchtbarkeit bewirkt. Mikrochirurgische Interventionen sind je nach Schweregrad der Veränderung und Selektion der Patienten erfolgreich. Kommt es nach tubenchirurgischen Eingriffen zu einem neuerlichen Tubenverschluß, so scheint eine Zweitoperation nicht mehr zielführend zu sein (LAURITZEN et al., 1982). Selbst bei Patienten, deren Tubenlumen nach dem Eingriff wegsam geblieben ist und die innerhalb eines Jahres nach der Operation nicht schwanger geworden sind, wird die Aussicht auf eine Gravidität verschwindend gering.

14.2.2 Endometriose

Eine Endometriose der Adnexe mit konsekutiver Unwegsamkeit der Tuben oder breitflächigen Verwachsungen im kleinen Becken kann ein unüberwindliches Hindernis für die Konzeption sein. Selbst in Fällen von kleineren Endometrioseherden, bei denen sich nach suppressiver Therapie kein pathologisches Substrat bei der laparoskopischen Kontrolle erkennen läßt, ist eine Fortpflanzung oft nicht möglich. Tritt eine Schwangerschaft über ein Jahr nach therapeutischen Maßnahmen nicht ein, könnte eine IVF angezeigt sein.

14.2.3 Idiopathische Sterilität

Eine idiopathische Sterilität liegt vor, wenn es nach zweijährigem Kinderwunsch zu keiner Schwangerschaft gekommen ist und kein faßbarer Grund für die Sterilität gefunden werden konnte. Im Rahmen der Abklärung muß zunächst die genaue Anamnese erhoben werden; die Basaltemperatur ist zu messen; im Rahmen der endokrinologischen Abklärung werden Androgene, LH, FSH, E_2, Progesteron und Prolaktin bestimmt. Das Sperma soll mindestens zweimal untersucht werden. Angezeigt ist auch eine Untersuchung auf Spermaantikörper. Positive Postkoital- und Spermapenetrationstests müssen in kurzen Abständen wiederholt werden, damit auch intermittierend auftretende Veränderungen erfaßt werden. Nach dem Ausschluß von spezifischen Störungen und Allgemeinerkrankungen ist die Tubendurchgängigkeit laparoskopisch zu überprüfen. Auch das übrige innere Genitale darf keinen pathologischen Befund aufweisen. Da die Chance schwanger zu werden mit der Dauer des Kinderwunsches abnimmt, muß mit den abklärenden Maßnahmen möglichst bald begonnen werden.

Nach MCBAIN (1982) liegt die Schwangerschaftsrate für Patienten mit idiopathischer Sterilität bei 4% pro Zyklus, während mit IVF und Embryotransfer (ET) in dieser Gruppe 10—25% Schwangerschaften pro Behandlungszyklus erzielt werden können (MCBAIN und PEPPERELL, 1982). Nach eigenen Ergebnissen liegt die Fertilisationsquote der Oozyten von Frauen mit idiopathischer Sterilität signifikant niederer als im übrigen Kollektiv. Ob mit dieser Beobachtung eine der möglichen Ursachen für die Unfruchtbarkeit gefunden worden ist, muß noch dahingestellt werden (KOWATSCH et al., 1984).

14.2.4 Männliche Sterilität

In etwa 30—40% liegt die Ursache für das Fortpflanzungsproblem beim Manne (SCHIRREN, 1982). Die häufigsten Gründe sind verminderte Spermienzahl, herabgesetzte Beweglichkeit der Spermien und überhöhte Anzahl pathologischer Formen. Da die In vitro-Befruchtung durch direkten Kontakt der Spermien mit der Eizelle erfolgt, ist sie offensichtlich mit einer geringeren Spermienzahl als in vivo möglich. Daher können durch die IVF einige männliche Sterilitätsursachen behandelt werden (s. Kapitel 15).

14.3 Ausschlußkriterien für die In vitro-Fertilisation

Sowohl bei der Frau als auch beim Mann gibt es Störungen oder besondere Kriterien, die den Versuch einer IVF sinnlos machen oder den Erfolg à priori in Frage stellen:

Ursachen bei der Frau: Frauen, deren Ovarien mit Clomiphen (Cl) und/oder humanem Menopausengonadotropin (HMG) oder reinem follikelstimulierendem Hormon (FSH) nicht stimulierbar sind, können nicht in ein IVF-Programm aufgenommen werden. Das gleiche gilt, wenn Patienten mit einem Ovarialrest eine zu geringe Reaktion auf die Stimulation zeigen.

Das Alter der Frau ist ein limitierender Faktor. Obwohl Schwangerschaften durch IVF bei Frauen von über 40 Jahren eingetreten sind (WOOD und JOHNSTON, 1984), ist ab einem Lebensalter von 40 Jahren die Chance auf einen Erfolg gering; auch ist die Abortusrate sehr hoch (EDWARDS et al., 1984). Aus diesem Grunde akzeptieren manche Teams nur Frauen bis zum 35. Lebensjahr, andere wiederum ziehen die Grenze bei 40 Jahren.

Ursachen beim Mann: Bei der Azoospermie ist eine IVF nicht möglich. Als limitierender Faktor kann die hochgradige Oligozoospermie bezeichnet werden (s. Kapitel 15). Die geringste Spermatozoenmenge, mit der in vitro eine Schwangerschaft erzeugt werden konnte, war 8 Millionen Spermatozoen pro Milliliter (WOOD und JOHNSTON, 1984).

14.4 Vorbereitung der Patienten

Neben der exakten medizinischen Indikationsstellung sollte eine genaue Information des Ehepaares über jeden Schritt bei der IVF erfolgen. Vor allem dürfen keine Unklarheiten über die Erfolgsaussichten bestehen, wobei diese nicht auf die Zahl der Laparoskopien oder die Anzahl der ET's, sondern nur auf die Zahl der Behandlungszyklen bezogen sein sollte. Ist es geplant, die Follikelpunktion in Allgemeinnarkose durchzuführen, so sollte eine interne Untersuchung erfolgen und die Frage der Narkosetauglichkeit geklärt sein. Von der Frau müssen alle relevanten endokrinologischen Daten vorliegen. Mikrobiologische Untersuchungen des Zervixschleims werden nicht allgemein durchgeführt, sind jedoch zu empfehlen, da der Einfluß einer mikrobiologischen Kontamination der Zervix auf den Embryotransfer und die Implantationsrate bis heute unbekannt ist. Das Resultat der Mikrobiologie muß natürlich bereits vor dem Behandlungszyklus bekannt sein. Vom Manne sollen wenigstens zwei Spermiogramme vorliegen, vor allem, wenn die IVF aus männlicher Indikation erfolgt (s. Kapitel 15). Auch die Erstellung eines mikrobiologischen Befundes vom Sperma ist wichtig, da die Embryokultur durch eine bakterielle Kontamination mißlingen kann.

14.5 Das Ovulationstiming zur In vitro-Fertilisierung

Das Ziel jeder *Zyklusstimulation* im Rahmen eines IVF-Programmes ist es, die Funktionsabläufe, die zur Selektion des dominanten Follikels führen, durch ein erhöhtes Angebot an FSH zu durchbrechen, um damit mehr als einen Follikel zur präovulatorischen Reife zu bringen. Die Selektion des dominanten Follikels ist bei einer Zykluslänge von 28 Tagen um den siebenten Zyklustag, bei einer Länge von weniger als 26

Tagen um den fünften Zyklustag abgeschlossen. Mit der Stimulation der Ovarien muß daher *vor* diesem Zeitpunkt begonnen werden (DIEDRICH et al., 1983).

14.5.1 Pharmaka zur Zyklusstimulation

14.5.1.1 Clomiphenzitrat (CL)

Clomiphenzitrat (CL) ist eine nicht steroidale Substanz, die Strukturähnlichkeiten mit Diäthylstilböstrol aufweist. Neben ihrer Eigenschaft als Östrogenantagonist hat sie auch eine schwache östrogenähnliche Wirkung (SCHULZ, 1972). Es wird angenommen, daß die Östrogenrezeptoren im Hypothalamus durch CL kompetitiv gehemmt werden, wodurch es zu einer vermehrten Ausschüttung von Gonadotropin-Releasinghormon (GnRH) mit nachfolgender vermehrter Bildung und Ausschüttung von gonadotropen Hypophysenvorderlappenhormonen, insbesondere von FSH, kommt (SCHULZ et al., 1973). Ein direkter Angriffspunkt auf hypophysärer Basis und/oder auf ovarieller Eberie wird angenommen (SCHMIDT, 1984; WHITELAW et al., 1964; KISTNER, 1965; HAMMERSTEIN, 1973). Ob die östrogene oder antiöstrogene Wirkung bei therapeutischer Anwendung dieser Substanz im Vordergrund steht, ist in erster Linie vom Blutspiegel des CL in Relation zum Östrogenspiegel und von der absoluten CL-Konzentration am Wirkungsort abhängig. Im niedrigen und mittleren Dosisbereich überwiegt der antiöstrogene Effekt mit vermehrter Ausschüttung von GnRH und nachfolgendem Anstieg der zirkulierenden Gonadotropine. Bei hoher CL-Dosierung kumuliert die östrogene Wirksamkeit des Pharmakons, was eine Hemmung der Gonadotropinsekretion zur Folge haben kann.

Wird CL im Rahmen des IVF-Programmes an normal ovulierende Frauen verabreicht, kommt es zu einer ovariellen Überstimulierung mit Heranreifung mehrerer präovulatorischer Follikel.

14.5.1.2 Humanes Menopausengonadotropin (HMG) und Humanes Choriongonadotropin (HCG)

Gonadotropine können aus dem Harn menopausaler Frauen gewonnen werden (GEMZELL et al., 1958). Der Extrakt besteht aus gereinigtem follikelstimulierendem Hormon (FSH) und luteinisierendem Hormon (LH). Die Verabreichung von menschlichem Menopausengonadotropin (HMG) an normal ovulierende Frauen führt zu dem gleichen Ergebnis, wie es indirekt durch die Gabe von CL erzielt werden kann. Das Überangebot an Gonadotropinen, besonders von FSH, führt zu einer Überstimulierung mit Heranreifung mehrerer Follikel.

Mit der Verabfolgung von humanem Choriongonadotropin (HCG) zur Ovulationsauslösung im stimulierten Zyklus wird der endogene LH-peak mit seinen Auswirkungen auf den Follikel und die Oozyte imitiert. Von entscheidender Bedeutung für den Erfolg einer so programmierten Ovulation ist der *Zeitpunkt* der HCG-Verabfolgung. Wird HCG zu früh gegeben, bleibt die Eizelle infolge Unterbrechung von Reifungsprozessen *immatur*. Bei *verspäteter* Applikation kommt es hingegen infolge zu lange anhaltender Östradiol (E_2)-Wirkung zu einer Abschwächung der Reaktionsfähigkeit des Zielgewebes. Diese ,,down regulation", die sich vor allem an den LH-Rezeptoren der Granulosazellen auswirkt, führt zu einem beträchtlichen E_2-Abfall. Durch ihn wird wiederum der Reifungsprozeß der Oozyte gestört und ein Prozeß eingeleitet, der zu Degeneration und Atresie führt. Die Eizelle ist *postmatur* (LAUFER et al., 1984; HODGEN, 1983).

14.5.2 Methoden des Ovulationstiming zur IVF

14.5.2.1 Der Spontanzyklus

Zunächst wurde angenommen, daß die Eizelle am besten dem im Spontanzyklus heranwachsenden Follikel entnommen wird (EDWARDS et al., 1980; LOPATA et al., 1974).

Das Zyklusmonitoring erfolgt mittels mehrfacher LH-Bestimmung täglich aus 6 bis 12 Harnteilportionen und der sonographischen Follikelmessung. Die Laparoskopie zur Eizellaspiration erfolgt knapp vor der erwarteten Ovulation. In bezug auf die LH-Bestimmung im Harn wird die Laparoskopie 24—28 Stunden nach dem ersten LH-Anstieg (EDWARDS et al., 1981 a) oder 22—29 Stunden nach dem zeitlichen Mittelpunkt der ersten beiden ansteigenden LH-Werte (FEICHTINGER et al., 1981) angesetzt. Werden Plasma-LH-Bestimmungen zur Vorhersage der Ovulation herangezogen (TESTART et al., 1981; TROUNSON et al., 1982 b), wird die Laparoskopie 36 Stunden nach dem ersten Anstieg der LH-Spiegel terminisert. Bei Anwendung moderner Sektor-Scanner gelingt es sonographisch relativ leicht, den dominanten Follikel zu lokalisieren und dessen Durchmesser zu bestimmen. Im Spontanzyklus beträgt der Durchmesser dieses Follikels zum Zeitpunkt des LH-Anstieges im Mittel 19 mm (15—23 mm). Mit größter Wahrscheinlichkeit kann ausgeschlossen werden, daß der LH-Anstieg innerhalb der folgenden 24 Stunden beginnt, wenn dieser Durchmesser weniger als 15 mm beträgt (BUTTERY et al., 1983; SEIBEL et al., 1982).

14.5.2.2 Der stimulierte Zyklus

a) Clomiphenzitrat (CL): Bei ausschließlicher Stimulation mit Clomiphen (CL) erhalten die Patientinnen 100 bis 150 mg CL täglich über 5 Tage. Bei einem Zyklusintervall von 24—26 Tagen wird am 3., bei einem Intervall von 28 bis 30 Tagen am 5. Zyklustag mit der Tabletteneinnahme begonnen.
Zur Zyklusüberwachung erfolgt ab dem 8. bzw. 10. Zyklustag täglich die radioimmunologische Bestimmung von Östradiol im Serum und die sonographische Follikelmessung. Mit Beginn des E_2-Anstieges wird täglich auch der LH-Spiegel im Harn oder im Blut bestimmt, um den *endogenen LH-Anstieg* zu erfassen. Die weitere Vorgangsweise entspricht der beim Spontanzyklus.

Im stimulierten Zyklus kann die Gesamtzahl der heranreifenden Follikel sonographisch bestimmt und deren Diameter gemessen werden. Die gewonnenen Daten sind nicht nur für das Zyklusmonitoring, sondern auch bei der laparoskopischen Follikelpunktion von großem Wert. Der mittlere tägliche Zuwachs des Diameters aller Follikel beträgt 1,4 mm, jener der größeren Follikel 1,6 mm (BUTTERY et al., 1983; SEIBEL et al., 1982).
Die Eizellgewinnungsrate beträgt im Mittel weniger als zwei Eizellen pro Laparoskopie (QUIGLEY et al., 1983; TESTART et al., 1983). Im eigenen Patientengut (URDL et al., 1984) betrug sie bei 13 Patientinnen, die ausschließlich CL zur Zyklusstimulierung erhielten, im Mittel 1,8, bezogen auf die Zahl der Laparoskopien. Die Fertilisierungsrate lag, bezogen auf die *Gesamtzahl der aspirierten Oozyten,* bei 75%. Im Vergleich mit einer Gruppe von 46 Frauen, die mit CL und HCG sowie mit einer Gruppe von 67 Frauen, die mit CL, HMG und HCG stimuliert wurden, war dies weitaus die höchste Fertilisierungsrate. Hingegen war in der mit CL stimulierten Gruppe im Gegensatz zu den Vergleichsgruppen keine klinische Schwangerschaft zu erzielen (s. Tab. 14.1). Um die niedrige Rate der Eizellaspiration bei niedriger CL-Dosierung einerseits und den antiöstrogenen Effekt auf das Endometrium bei hoher CL-Dosierung andererseits zu umgehen, gingen viele IVF-Teams dazu über, verschiedenartige Kombinationen von CL und Gonadotropinen zur Zyklusstimulation einzusetzen.

b) Clomiphenzitrat (CL) und humanes Choriongonadotropin (HCG): Diese Art der Stimulierung hat weite Verbreitung gefunden. Die Verabreichung von CL entspricht den oben angegebenen Richtlinien. Auch das Zyklusmonitoring empfiehlt sich in gleicher Weise. Zusätzlich ist zur Bestimmung des optimalen Zeitpunktes der HCG-Applikation die Ermittlung des *Zervixscores* (INSLER et al., 1972) sinnvoll. 5000 IE HCG werden am Abend des Tages verabfolgt, an dem

Tabelle 14.1. Ergebnisse des In vitro-Fertilisationsprogrammes. (Graz, Juni 1982 bis Dezember 1984)

Zyklusstimulation	Clomiphen (N = 13)	Clomiphen und HCG (N = 46)	Clomiphen, HMG und HCG (N = 47)	McBain (N = 47) N = 20
Follikel pro Laparoskopie	2,5	3,1	4,4	4,9
Aspirierte Eizellen pro Laparoskopie	1,8	2,8	3,7	2,4
Fertilisierungsrate bezogen auf die Gesamtzahl der aspirierten Eizellen	75%	51,5%	52,5%	56,2%
Zahl der Embryotransfers pro Laparoskopie	9 (69,2%)	15 (54,3%)	27 (57,4%)	12 (60%)
Zahl der Embryonen pro Embryotransfer	1,3	1,1	2,2	1,5
Zahl der Schwangerschaften				
Insgesamt	4	5	6	5
Biochemisch	4	3	3	3
Klinisch	0	2	3	2
Geburt	0	0	1	0
Fortlaufende Schwangerschaften	0	0	0	1

● der LH-Wert noch im basalen Bereich liegt,
● der E_2-Wert pro Follikel mit einem Durchmesser von 15 mm und mehr zwischen 300 und 500 pg/ml beträgt,
● der Durchmesser des dominanten Follikels zwischen 18 und 20 mm aufweist.
● ein optimaler präovulatorischer Zervixscore gegeben ist.

Die laparoskopische Eizellaspiration soll 36 Stunden nach der HCG-Applikation festgesetzt werden.

Ist zum Zeitpunkt der HCG-Gabe bereits ein endogener LH-Anstieg zu verzeichnen, wird die Patientin aus dem IVF-Programm ausgeschieden, oder, bei faßbarem initialen LH-Anstieg, 24—27 Stunden nach diesem Zeitpunkt laparoskopiert (LOPATA et al., 1983). Im eigenen Patientengut (URDL et al., 1984) betrug die Eizellaspirationsrate bei 46 Frauen, die mit CL und HCG stimuliert wurden, im Mittel 2,8. Im Vergleich zu den Gruppen mit reiner CL-Stimulation und jenen mit CL, HMG und HCG-Stimulation war die Fertilisierungsrate, *bezogen auf die Gesamtzahl der aspirierten Oozyten,* mit 51,5% die niedrigste. Die Rate der klinischen Schwangerschaften, bezogen auf die Zahl der durchgeführten Laparoskopien, betrug 4,3% (s. Tab. 14.1).

c) Humanes Menopausengonadotropin (HMG) und humanes Choriongonadotropin (HCG): Die ersten Erfahrungen mit der Anwendung von menschlichem Menopausengonadotropin (HMG) zur Zyklusstimulation im Rahmen eines IVF-Programmes stammen aus den USA (JONES et al., 1982 b; GARCIA et al., 1983 a, 1983 b). Demnach werden täglich zwei Ampullen HMG (entsprechend je 75 Einheiten FSH und LH pro Amp.) in Abhängigkeit von der Länge der vorangegangenen Zyklen, beginnend mit dem dritten oder fünften Zyklustag, verabreicht. Das Zyklusmonitoring erfolgt mittels sonographischer Follikelmessung, der radioimmunologischen Bestimmungen von E_2 und LH im Serum und der täglichen Kontrolle des Zervixmukus sowie des Vaginalsmears zur Erfassung des sogenannten *„Biologic shift"*, der folgendermaßen definiert werden kann:
● 30% pyknotische Zellen im Vaginalsmear.

● Zervixschleimvolumen von mehr als 0,2 ml.

● Spinnbarkeit des Zervixschleimes von mehr als 10 cm.

● Gute Schleimqualität im Hinblick auf Zellzahl, Farnkrautphänomen und Durchsichtigkeit.

Der Zeitpunkt der Beendigung der HMG-Gabe ergibt sich aus der Höhe der E_2-Werte und dem ersten Auftreten des „Biologic shift". Je nach Höhe der E_2-Werte sind drei Gruppen von Patientinnen zu unterscheiden:

1. Solche mit geringer Stimulierbarkeit. Sie weisen E_2-Werte unter 300 pg/ml auf.

2. Solche mit normaler Stimulierbarkeit. Ihre E_2-Werte liegen zwischen 300 und 600 pg/ml.

3. Solche mit hoher Stimulierbarkeit, d. h. E_2-Werte über 600 pg/ml.

Der *Zeitpunkt der Beendigung der HMG-Gabe* wird folgendermaßen ermittelt:

● Bei Patientinnen mit geringer Stimulierbarkeit wird die HMG-Gabe drei Tage nach Beginn des „Biologic shift" abgesetzt.

● Bei normaler Stimulierbarkeit erfolgt dies mit dem ersten Auftreten des „Biologic shift".

● Bei hoher Stimulierbarkeit wird HMG bei Überschreiten eines E_2-Wertes von 600 pg/ml abgesetzt, unabhängig davon, ob zu diesem Zeitpunkt der „Biologic shift" eingesetzt hat oder nicht.

Das *HCG* wird bei geringer und normaler Stimulierbarkeit in einer Dosis von 10 000 IE *50 Stunden* nach der letzten HMG-Applikation verabreicht. Bei Patientinnen mit hoher Stimulierbarkeit muß dieses Intervall auf *26 Stunden* verkürzt werden, um eine exzessive Stimulation, die „down regulation" der LH-Rezeptoren und damit die Entwicklung postmaturer Oozyten zu verhindern.

Wird der Zeitpunkt der HCG-Gabe von sonographischen Befunden abhängig gemacht, wie dies bei Frauen mit schlecht beurteilbarem Zervixfaktor und/oder Vaginalsmear notwendig ist, erfolgt die HCG-Gabe bei einem Durchmesser des dominanten Follikels·von mindestens 18 mm. Die Laparoskopie wird *38 Stunden* nach der HCG-Applikation angesetzt. JONES et al. (1983 a) konnten eine eindeutige Korrelation zwischen dem Zeitpunkt der HCG-Gabe, bezogen auf den Verlauf der E_2-Kurve und der Schwangerschaftsrate nach IVF herstellen. Die höchste Schwangerschaftsrate wurde mit 27% erzielt, wenn die HCG-Gabe in den *ansteigenden Schenkel* der E_2-Kurve fiel. Der E_2-Wert stieg an dem der Injektion folgenden Tag weiter an und fiel erst am Tag der Eizellaspiration ab. Bei Anwendung dieser Stimulationsmethode wurde die mittlere Zahl der aspirierten Oozyten pro Laparoskopie mit 2,0 bzw. 2,4 angegeben (GARCIA et al., 1983 a, 1983 b). Auch von anderen Arbeitsgruppen wurde über ähnliche Erfahrungen berichtet (LOPATA, 1983).

Mit der Anwendung höherer HMG-Dosen (drei und mehr Ampullen pro Tag) konnte die mittlere Zahl der aspirierten Eizellen (LAUFER et al., 1983; QUIGLEY et al., 1984 c) pro Laparoskopie, nicht jedoch die Zahl der klinischen Schwangerschaften erhöht werden. Der Grund hiefür dürfte in einer Corpus luteum-Insuffizienz durch exzessive ovarielle Überstimulierung bei hoher HMG-Dosierung liegen (EDWARDS et al., 1980).

HMG kann zur Stimulation auch intermittierend, z. B. jeden zweiten Tag vom dritten bis zum elften Zyklustag verabfolgt werden (METTLER et al., 1981).

Seit kurzem steht *gereinigtes FSH* zur Ovulationsinduktion zur Verfügung (SCHOEMAKER et al., 1978). Derartige Präparate sind bei Frauen mit polyzystischem Ovarsyndrom zur Zyklusstimulation zu bevorzugen, da in diesen Fällen mit herkömmlichen Menopausengonadotropinen, aufgrund des LH-Anteiles derartiger Mischpräparate, häufig Überstimulierungen hervorgerufen werden.

d) Die kombinierte Anwendung von Clomiphenzitrat (CL), humanem Menopausengonadotropin (HMG) und humanem Choriongonadotropin (HCG): Die meisten auf dem Gebiet der IVF derzeit erfolgreichen Arbeitsgruppen wenden zur Zyklusstimulation eine Kombination von CL, HMG und HCG an (LOPATA, 1983; DIEDRICH et al., 1983). Es wird erwartet, daß mit einer derartigen Kombination im Vergleich zur niedrig dosierten CL-Gabe die Rate der aspirierten Oozyten erhöht werden könnte. Gleichzeitig sollte damit die negative Auswirkung einer hochdosierten HMG-Stimulation auf die Corpus luteum-Funktion und eine solche auf das Endometrium bei hochdosierter CL-Medikation zu vermeiden sein.

Man verabreicht 150 mg CL über fünf Tage, beginnend mit dem dritten oder fünften Zyklustag, entsprechend der Länge der vorangegangenen Zyklen. Zusätzlich werden ab dem sechsten bzw. achten Zyklustag zwei Ampullen HMG täglich appliziert.

Zur Zyklusüberwachung werden die Ergebnisse der E_2- und LH-Bestimmung im Serum, die Daten der sonographischen Follikelmessung und der Zervixscore herangezogen.

Die überlappende CL-HMG-Stimulation wird beendet, wenn die Follikel mit einem Durchmesser von mindestens 16 mm einen E_2-Wert von 300 bis 500 pg/ml pro Follikel aufweisen und der dominante Follikel einen Durchmesser von mindesten 18 mm hat. Am Abend des Tages, an dem diese Werte erreicht sind, werden 10 000 IE HCG injiziert. Die Laparoskopie erfolgt 36 Stunden später. Die Ergebnisse mit dieser Stimulationsmethode im eigenen Patientengut sind der Tab. 14.1 zu entnehmen.

Von den zahlreichen Modifikationen der kombinierten Stimulationsbehandlung mit CL, HMG und HCG ist jene von MCBAIN hervorzuheben. Mit ihr kann bei individueller Dosierung der verwendeten Pharmaka die jeweilige „hormonelle Antwort" auf die Stimulation berücksichtigt werden (LOPATA, 1983). Es werden 50—100 mg CL in Kombination mit ein bis vier Ampullen HMG (75 bis 300 IE FSH und LH) ab dem dritten bzw. fünften Zyklustag, je nach Länge der vorangegangenen Zyklen, über fünf bis sieben Tage verabfolgt.

Das Zyklusmonitoring entspricht der zuvor angegebenen Vorgangsweise. Am letzten Tag der CL-Gabe soll der sonographisch gemessene Follikeldurchmesser 8—16 mm betragen. Beträgt er nur 8—12 mm, sind im weiteren täglich 3 Ampullen HMG (225 IE FSH und LH) zu verabfolgen. Liegen die Follikeldiameter jedoch zwischen 12 und 16 mm, so werden täglich nur noch 2 Ampullen (150 IE FSH und LH) gegeben. Diese Dosis wird beibehalten, bis einer der heranwachsenden Follikel einen Durchmesser von 18 mm erreicht hat und die Bestimmung des E_2-Spiegels im Blut einen entsprechenden Anstieg zeigt. Nun werden 36 bis 48 Stunden nach der letzten HMG-Injektion 5000 IE HCG verabreicht. Die Follikelpunktion wird wiederum 36 Stunden später durchgeführt. LOPATA (1983) erzielte mit dieser Art der Stimulation eine Schwangerschaftsrate von 23,2%, bezogen auf die Zahl der Laparoskopien. Bei 20 eigenen Patientinnen konnte mit dieser Stimulationsmethode mit 10% die höchste Rate an klinischen Schwangerschaften erzielt werden (Tab. 14.1).

14.6 Keimzellgewinnung

Ein entscheidender Faktor bei der extrakorporalen Befruchtung ist die erfolgreiche Gewinnung der Keimzellen. Während diese beim männlichen Partner in der Regel keine Probleme macht, ist sie bei der Frau mit einem operativen Eingriff verbunden. Der erste erfolgreiche Versuch, eine Follikelpunktion beim Menschen laparoskopisch auszuführen, wurde von STEPTOE und EDWARDS gemacht (1970). Weitere Berichte folgten von MORGENSTERN und SOUPART (1972) sowie LOPATA et al., (1974).

Grundsätzlich können mehrere Wege beschritten werden, um zum Zwecke der Eizellgewinnung zu einem Ovar zu gelangen:

14.6.1 Laparoskopie

Die laparoskopische Gewinnung präovulatorischer Eizellen ist heute die gebräuchlichste Methode. Die Laparoskopie wird nach Prämedikation in Allgemeinanästhesie gemacht. Auf eine vorausgehende vaginale Untersuchung sollte wegen der Gefahr der Follikelruptur verzichtet werden. Für die Follikelpunktion hat sich die Drei-Einstich-Technik bewährt. Suprasymphysär wird eine Faßzange eingeführt, um das Ovar zu fixieren. Zwischen Nabel und Symphyse oder im linken bzw. rechten Unterbauch wird die Punktionsnadel mit einem Troikar eingestochen. Das Einführen des Laparoskopes kann besondere Schwierigkeiten machen, wenn, wie das meist der Fall ist, eine bis mehrere Laparotomien vorausgegangen sind. Für das Anlegen des Pneumoperitoneums wird von den meisten Teams 100% Kohlendioxid verwendet. Eine Arbeitsgruppe nimmt ein Mischgas mit 5% Kohlendioxid, 5% Sauerstoff und 90% Stickstoff, um schon während der Oozytengewinnung Bedingungen zu schaffen, wie sie später bei der Embryokultur herrschen (STEPTOE et al., 1980). Vor Beendigung der Operation muß ein solches Gasgemisch durch Kohlendioxid ausgewaschen werden, da die Frauen anderenfalls über abdominale Schmerzen nach der Laparaskopie klagen (STEPTOE und WEBSTER 1982). Für die Follikelpunktion wird von der amerikanischen Gruppe um JONES eine weitlumige Nadel mit 2,2 mm Innendurchmesser bevorzugt, während die australische Gruppe um TROUNSON und WOOD eine teflonbeschichtete Nadel mit einem Innendurchmesser von 1 mm verwendet. Der Aspirationsdruck liegt gewöhnlich bei 100 mm Hg. Er wird durch Vakuumgeräte erzeugt, deren Druckregler eine stufenlose Steuerung des Aspirationsdruckes mittels Fußschalter erlauben. Die Aspirationsbestecke zur Eizellgewinnung sind nicht mehr Einzelanfertigungen, sondern können käuflich erworben werden.

Der oder die Follikel sollen von lateral her durch feste Wandabschnitte punktiert werden und nicht durch die erkennbare und zerreißliche Stelle, an der die Spontanruptur erfolgen würde. Das Evakuieren der Follikelhöhle und die Spülung mit heparinisiertem Kulturmedium (100—150 IE/ml) werden auf diese Weise erleichtert. Ovarien, die wegen Adhäsionen nicht einsehbar sind und auch nicht freipräpariert werden können, müssen gegebenenfalls blind punktiert werden. Dabei ist topographisches Verständnis und höchste Konzentration erforderlich. Das stimulierte aufgelockerte Ovar ist beim Eindringen der Punktionsnadel durch seine Konsistenz meist leicht von benachbarten Organen und Geweben zu unterscheiden. Ist die Punktion eines Ovars beendet, so wird es durch die Punktionsnadel mit heparinisiertem Kulturmedium abgespült und die meist blutige Spülflüssigkeit aus dem Douglas abgesaugt. Beim zweiten Ovar wird analog vorgegangen. Bei der Absaugung des Douglas gelingt es der eigenen Erfahrung nach hin und wieder, eine fertilisierbare Oozyte zu gewinnen, vor allem wenn ein Follikel unabsichtlich nach kaudal zu perforiert wurde. Das Absaugen der blutigen Spülflüssigkeit ist allerdings in erster Linie als Adhäsionsprophylaxe gedacht.

Arbeitsgruppen, die die IVF einführen wollen, sind gut beraten, wenn sie die Follikelpunktion üben, bevor sie mit dem eigentlichen Programm beginnen. Dafür kommen vor allem Freiwillige in Frage, die sich zum Zeitpunkt des Eisprunges einer laparoskopischen Tubensterilisation unterziehen. Auf diese Weise kann man das Handling des Instrumentariums erlernen und wird mit der Methode vertraut. STEPTOE und EDWARDS (1970) berichteten über eine Eiauffindungsrate von 33% bei ihren ersten 46 Fällen. In den folgenden Jahren wurde die Technik so ausgebaut, daß die Auffindungsrate auf über 90% anstieg (DOWNING, 1984).

14.6.2 Laparotomie

Die Gewinnung präovulatorischer Oozyten bei einer Laparotomie geht auf die Anfänge des IVF zurück. Sie diente meist der Gewinnung von Oozyten für experimentelle Zwecke (LOPATA et al., 1974). Es wurden jedoch anläßlich von Sterilitätsoperationen zum Zeitpunkt des Eisprunges auch Oozyten gewonnen, die nach extrakorporaler Befruchtung und Embryotransfer zu einer Schwangerschaft geführt haben (TROTNOW, 1982).

14.6.3 Ultraschallgelenkte Follikelpunktion

Die ultraschallgelenkte Follikelpunktion wurde erstmals von LENZ und LAURITZEN (1982) vorgenommen. Eine 0,6 oder 0,7 mm dicke Nadel wurde unter Lokalanästhesie perkutan und transvesikal an den Follikel herangeführt. Die Auffindungsrate für die Eizellen lag bei 50%. Die schwedische Gruppe um HAMMBERGER erreichte mit dieser Methode bereits eine Erfolgsquote von 87%, ohne wesentliche Komplikationen zu haben (WICKLAND et al., 1983). Der Vorteil der Methode beruht in erster Linie auf der Vermeidung der Allgemeinanästhesie. Der eigenen Erfahrung nach eignet sie sich nicht für jede Patientin, da das Durchstoßen des Peritoneums doch relativ oft als zu schmerzhaft empfunden wird. Für Frauen mit massiven Verwachsungen im kleinen Becken, bei welchen das Ovar vom Abdomen her nicht zugänglich ist, wäre die ultraschallgelenkte Follikelpunktion zweifellos eine gute Alternative zur Laparoskopie. Routinemäßig wird dieser Weg derzeit nur von wenigen Teams verwendet (FEICHTINGER und KEMETTER, 1984; WICKLAND et al., 1983; LENZ und LAURITZEN, 1982).

14.6.4 Transvaginale Follikelpunktion

Bei schweren Adhäsionen, die beide Ovarien vom Abdomen her unerreichbar und unzugänglich machen, ist eine laparoskopische Punktion unmöglich. Für diese Fälle, die etwa 5% der Patientinnen in einem IVF-Programm ausmachen, kann neben dem transkutanen auch der transvaginale Weg gewählt werden (GLEICHER und FRIBERG, 1983). Es wird ebenfalls unter Ultraschallsicht gearbeitet. Neben Linear- und Sektorschallköpfen stehen auch Vaginalsonden mit Zieleinrichtungen als Transducer zur Verfügung. Über eine Oozytenauffindungsrate von 60% wurde berichtet (ABATE et al., 1983).

14.7 Spermienpräparation

Die Spermien werden vor oder besser nach erfolgreicher Eiauffindung durch Masturbation gewonnen. Die Verflüssigung des Ejakulates bei Zimmertemperatur nimmt etwa 20 bis 30 Minuten in Anspruch und sollte während der Präinkubationszeit der Oozyten erfolgen. Mit einem Teil der Samenflüssigkeit wird neuerlich ein Spermiogramm und ein mikrobiologischer Befund erstellt. Eine Menge von 0,5 oder 0,6 ml Sperma wird für die Insemination benötigt. Sie wird mit 2,5 bis 3 ml Fertilisationsmedium (pH 7,6) vermischt und fünf bis zehn Minuten bei 500 oder 1000 g pro Minute zentrifugiert (LOPATA et al., 1980; TROUNSON et al., 1980). Der Überstand wird abgegossen, der Rest in 1,3—3 ml Fertilisationsmedium suspendiert und der beschriebene Vorgang wiederholt.

Neuerlich wird der Überstand verworfen und mit den so kapazitierten und sorgfältig vom Seminalplasma getrennten Spermatozoen durch Zugabe von 1,3—3 ml Fertilisationsmedium (s. S. 257) das definitive Inseminationsgemisch hergestellt (LOPATA et al., 1980; TROUNSON et al., 1980). Die Suspension wird fünfzehn bis dreißig Minuten im Inkubator bei 37 Grad mit einem Gasgemisch von 5% Sauerstoff, 5% Kohlendioxid und 90% Stickstoff equilibriert. Für die Insemination werden zwischen 10000 bis 1 Million Spermatozoen pro Milliliter benötigt; sie sind in ein bis zwei Tropfen der Suspension enthalten. Weitere Details über andrologische Aspekte der In vitro-Fertilisation sind in Kapitel 15 beschrieben.

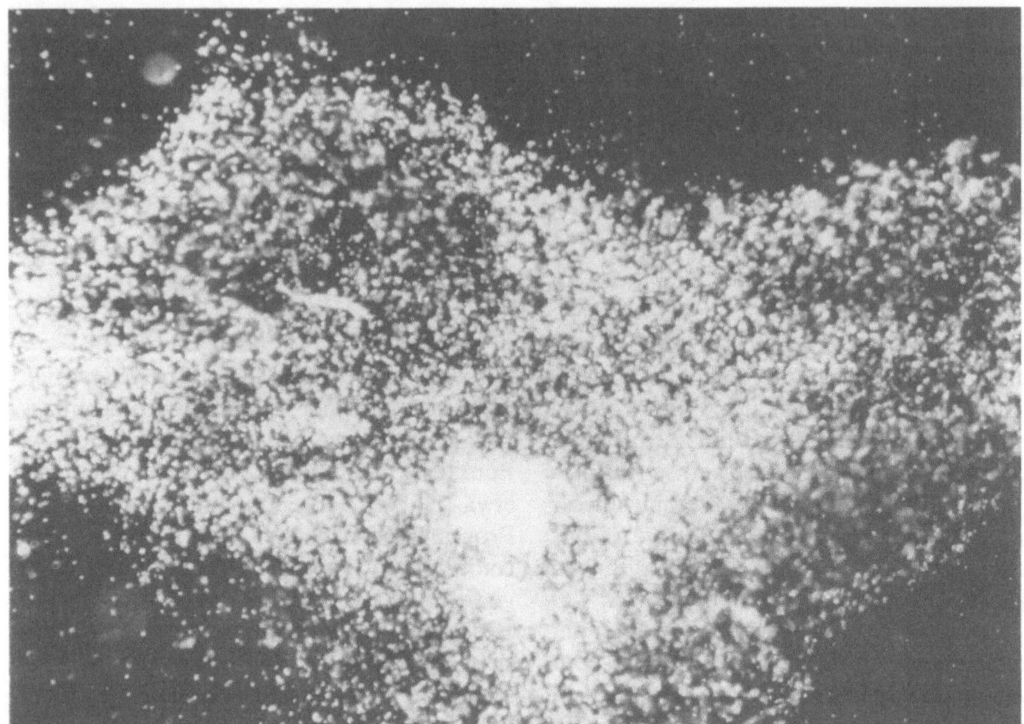

Abb. 14.1. Morphologisch reife Eizelle mit aufgelockertem Kumulus

14.8 In vitro-Fertilisation und Embryokultur

Die Eizellen für die IVF werden knapp vor der Ovulation gewonnen. Der Zeitpunkt des operativen Eingriffes ist vom Ovulationstiming abhängig (s. S. 238). Er liegt etwa 28—36 Stunden nach der HCG-Verabreichung oder 24—36 Stunden nach dem Start des LH-Anstieges. Wenn mehrere Follikel heranwachsen, kann man annehmen, daß diese verschieden reife Eizellen enthalten.

14.8.1 Eizellmorphologie

Die reife Eizelle ist von einem glasig-schleimigen Kumulus mit locker angeordneten Granulosazellen umgeben (Abb. 14.1). Die Corona radiata ist in der Regel so aufgelockert, daß man die darunterliegende Zona pellucida und den Zelleib der Oozyte erkennen kann (Abb. 14.2). Eine unreife Eizelle weist einen dichten Kumulus auf; er kann aber auch vollständig fehlen. Die Korona ist kompakt (Abb. 14.3). Gelegentlich ist die Oozyte nackt und läßt keine Polkörperchen erkennen. Der Zelleib, der von der Corona radiata verdeckt wird, beinhaltet oft noch ein Keimbläschen oder zeigt degenerative Erscheinungen (Abb. 14.4). Aufgrund der Morphologie der Eizellen kann mit einer gewissen Sicherheit eine Vorhersage über ihre Fertilisierbarkeit gemacht und auf diese Weise eine Auswahl getroffen werden. Statistisch wird die Befruchtungsrate auf die Gesamtzahl der präovulatorischen also *morphologisch reifen* Eizellen bezogen. Amerikanische Autoren haben versucht, den Reifegrad der Eizelle zu klassifizieren. So spricht L. L. VEECK (1983) von präovulatorischen und immaturen Eizellen. N. LAUFER (1983) bezeichnet die Eizelle samt begleitenden Formationen als Oozyten-Korona-

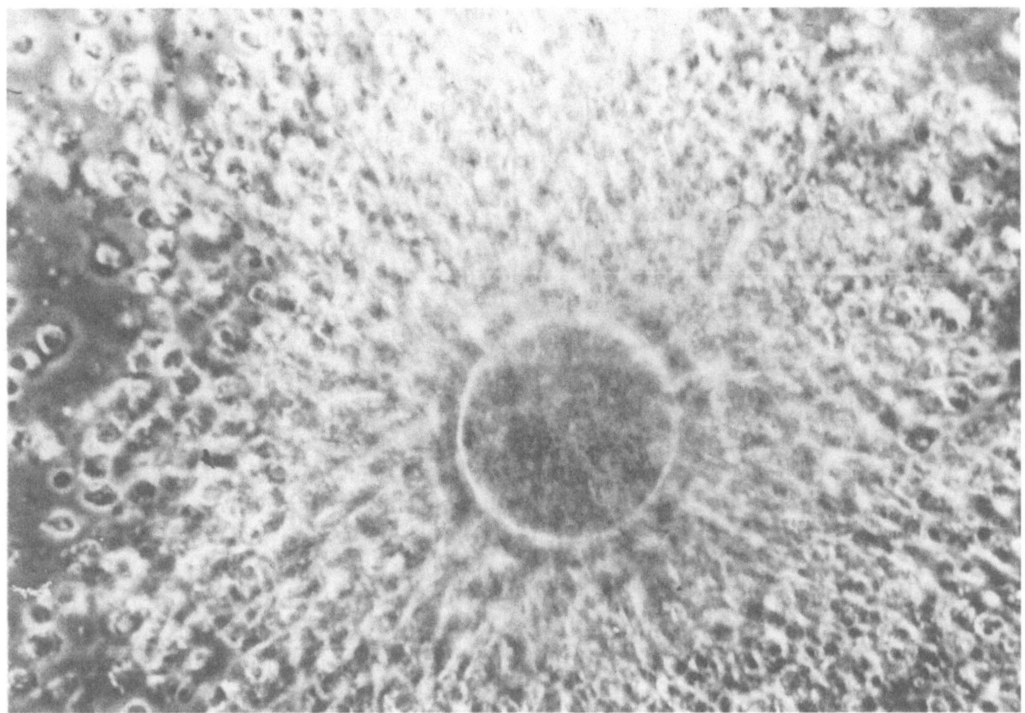

Abb. 14.2. Morphologisch reife Eizelle mit aufgelockerter Corona radiata. Der Zelleib der Oozyte deutlich erkennbar

Kumulus-Komplex; er unterscheidet zwischen einem immaturen, maturen und intermediären Typ. R. P. MARRS (1984) klassifiziert die Oozyten nach drei Stufen, wobei Grad 0—1 immature Eizellen umfassen soll, während mit Grad 2—3 reife Oozyten bezeichnet werden.

Nach eigenen Beobachtungen sind die einzelnen morphologischen Merkmale der Eizelle als Kriterien der Reife noch nicht genügend gesichert. Morphologische Veränderungen des Cumulus oophorus und der Corona radiata sind offensichtlich auch von der Art der medikamentösen Stimulation der Ovarien abhängig. Beispielsweise scheint die Größe und Reife des Cumulus oophorus von der Höhe der HCG-Dosis abhängig zu sein. Mit der Verabfolgung von 10 000 IE HCG erzielt man häufiger als mit 5000 IE eine Auflockerung des Kumulus, ohne daß die biologische Reife der Eizelle davon zwin-

gend abzuleiten wäre. Diese Feststellungen werden auch durch Untersuchungen von LOPATA (1984) bestätigt, bei denen die Korrelation der morphologischen Eireife mit biochemischen Parametern in nur sechs von 13 untersuchten Eizellen zu finden war. Selbst Oozyten im Keimbläschenstadium konnten in einem reifen Kumulus gefunden werden (LOPATA et al., 1984).

14.8.2 Die Eireife

14.8.2.1 Präinkubation

Werden mehrere Oozyten bei der Laparoskopie gewonnen, so sollte eine möglichst große Zahl befruchtet werden. Werden die Eizellen sofort nach der Gewinnung inseminiert, ist die Fertilisationsrate niedrig. Die Präinkubation der Oozyten von 3—6 Stunden (TROUNSON et al., 1982a) oder 6—8

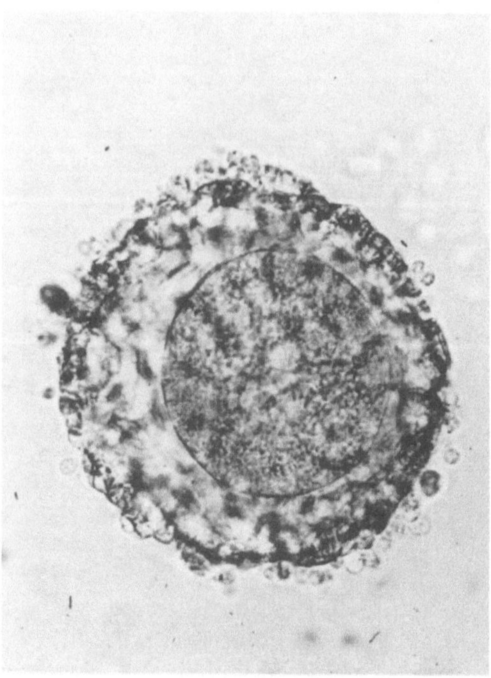

Abb. 14.3. Immature Eizelle mit kompakter Corona radiata

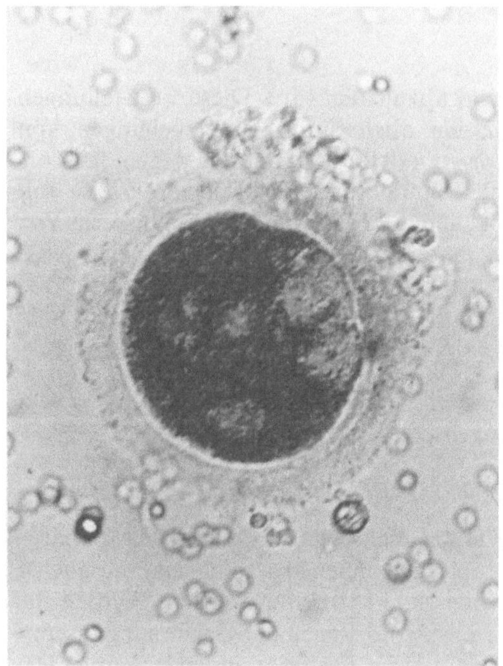

Abb. 14.4. Degenerierte Eizelle mit Vakuolen im Zytoplasma

Stunden (VEECK et al., 1983) hat die Fertilisationsquote beträchtlich verbessert. Es gelang sogar, immature Oozyten nach einer Inkubationszeit von 26—35 Stunden vor der Insemination zu fertilisieren (VEECK et al., 1983) und mit derartig befruchteten Eizellen Schwangerschaften zu erzielen.

14.8.2.2 HCG-Wirkung

Ein wichtiger Einfluß auf die Eireife wird der HCG-Verabreichung zugeschrieben. Durch die medikamentöse Stimulation der Ovarien mit Clomiphen, HMG oder reinem FSH wird der spontane LH-Peak, abhängig von der Dauer der Applikation und der Menge des Stimulationsmittels, oft vollständig unterdrückt (HODGEN, 1983). Die HCG-Verabreichung soll einerseits den LH-Peak imitieren und damit auch die letzte Phase in der nuklearen und zytoplasmatischen Reifung der Oozyte induzieren. Andererseits soll durch die Verabreichung von HCG die laparoskopische Follikelpunktion programmierbar werden. Die HCG-Verabreichung wird auf den Verlauf der Östrogenausscheidung und auf sonographische Parameter abgestimmt und kann je nach Zeitpunkt verschiedene Auswirkungen haben. Wird HCG zu spät gegeben, so können die reifsten Follikel zur Überreife gebracht werden; es resultieren postmature oder fragmentierte Eizellen. Diese lassen sich nicht befruchten oder sind von herabgesetzter Lebensfähigkeit (HODGEN, 1983). Die Fertilisationsrate präovulatorischer, also reifer Eizellen ist signifikant höher, wenn HCG *vor* dem E_2-Gipfel im Plasma gegeben wird, als wenn man es *bei* oder *nach* dem Gipfel verabfolgt (LOPATA, 1983).

14.8.3 Eizellkultur

Die Kultivierung biologischen Materials, wie dies für die IVF notwendig ist, muß unter bestimmten Voraussetzungen erfolgen. Das Überleben der Keimzellen ist nur dann gewährleistet, wenn Temperatur, Feuchtigkeit, pH-Wert und Osmolarität des

Tabelle 14.2. Medien für die Eizellkultur

Earle's Medium
Tyrode's Medium
Ham's-F-10 Medium
T 6-Medium
Whitten's Medium
Menezzo B_2 Medium
Menezzo B_3 Medium

Kulturmediums den Verhältnissen in vivo angeglichen sind. Für die Eizellkultur hat sich die kontinuierliche Begasung des Mediums mit 5% Sauerstoff, 5% Kohlendioxid und 90% Stickstoff bei 37 Grad Celsius und annähernd 100%iger Luftfeuchtigkeit bewährt. Die relativ niedere Sauerstoffspannung im Gasgemisch soll den experimentell im Eileiter erhobenen Werten entsprechen. Für die Begasung der Eikultur scheint es jedoch, wie auch für andere Zellkulturen, nur auf die Zumengung von 5% Kohlendioxid zu Luft anzukommen, da mit diesem Gemisch gleich gute Ergebnisse erzielt werden wie mit dem Gasgemisch der oben angegebenen Zusammensetzung (FEICHTINGER et al., 1983 a). Als Kulturgefäß wird meist ein Falconröhrchen oder eine Gewebskulturschale verwendet. Die Methode des Mikrotropfens unter Paraffinöl in einer Petrischale gibt gleich gute Erfolge (EDWARDS et al., 1980).

Als *Kulturmedium* ist eine Vielfalt von Substanzen in Gebrauch, die auch für Zellkulturen anderer Art Verwendung finden (Tab. 14.2). Dem *Fertilisationsmedium* werden 7,5—15%, dem *Wachstumsmedium* 15—20% Serum hinzugefügt. Das Serum stammt von der Mutter oder aus Nabelschnurblut und ist für 30 Minuten bei 55 Grad im Wasserbad zu inaktivieren. Anstatt Serum ist auch die Zugabe von bovinem oder humanem Serumalbumin oder auch von fetalem Kälberserum versucht worden. Wichtig scheint, daß das endgültige Gemisch unter Begasung eine Osmolarität von 280 bis 290 Milliosmol pro kg und einen pH-Wert von 7,4—7,6 aufweist. Die Wahl des Mediums hat offenbar keinen Einfluß auf die

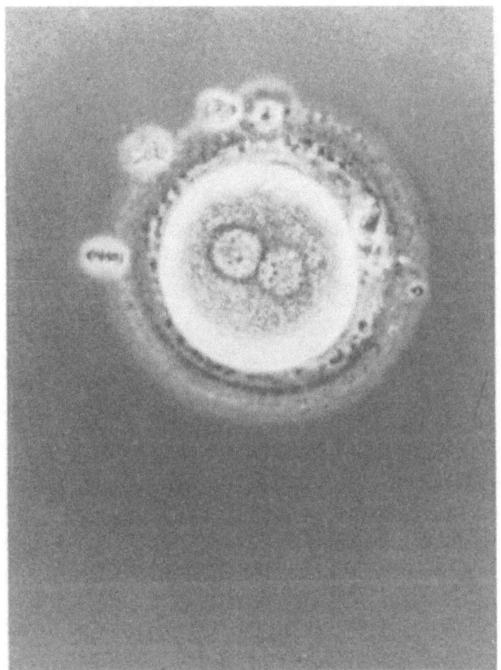

Abb. 14.5. Regulär befruchtete Eizelle im Vorkernstadium

Resultate der IVF, wenn die oben beschriebenen Grundprinzipien der Zellkultivierung eingehalten werden. Die wichtigste Prämisse für die Embryokultur ist die nachgewiesene Atoxizität aller verwendeten Materialien.

Die Corona radiata verliert vier bis sechs Stunden nach der Insemination eine große Zahl ihrer Zellen (EDWARDS et al., 1981 a). Nach 12—18 Stunden Bebrütung werden, wenn nötig, die restlichen Koronazellen mittels feiner Nadeln oder einer Pasteurpipette entfernt um Einblick in den Zelleib zu erlangen (EDWARDS et al., 1981 a; MOHR und TROUNSON, 1984). Diese Kontrolle ist wichtig, damit das reguläre Vorkernstadium als Zeichen der Fertilisation erkannt werden kann (Abb. 14.5). Eizellen mit drei oder mehr Vorkernen (Abb. 14.6 u. 14.7) kommen in ein bis vier Prozent vor (MOHR und TROUNSON, 1984; RUDAK et al., 1984). Aus ihnen können sich symmetrische Embryonen entwickeln, die, falls nach dem ET eine Implantation erfolgt, zum Abortus führen. Tri- oder polyploide Eizellen dürfen nicht

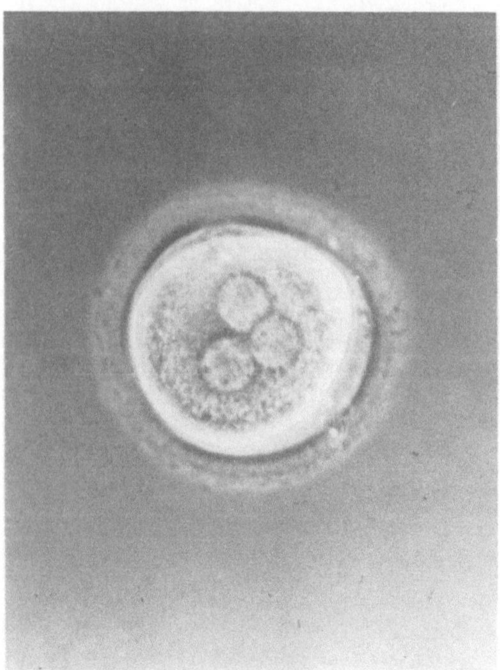

Abb. 14.6. Irregulär befruchtete Eizelle mit drei Vorkernen (Triploidie)

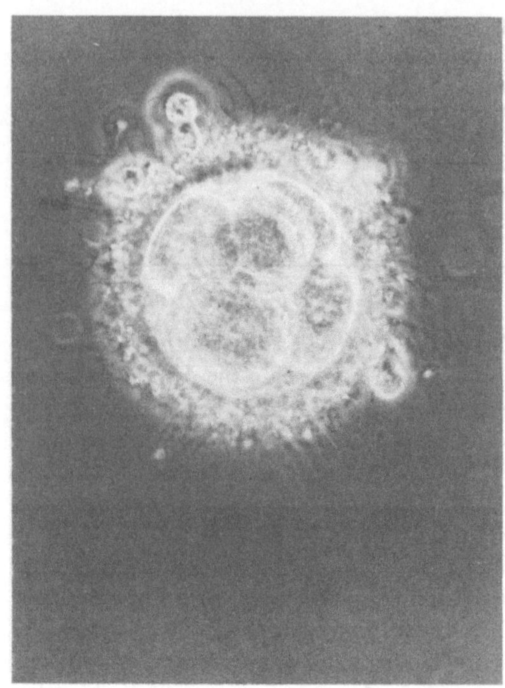

Abb. 14.8. Adäquat geteilter Embryo im Achtzellstadium. Durch Überlagerung sind nur sechs Blastomeren sichtbar

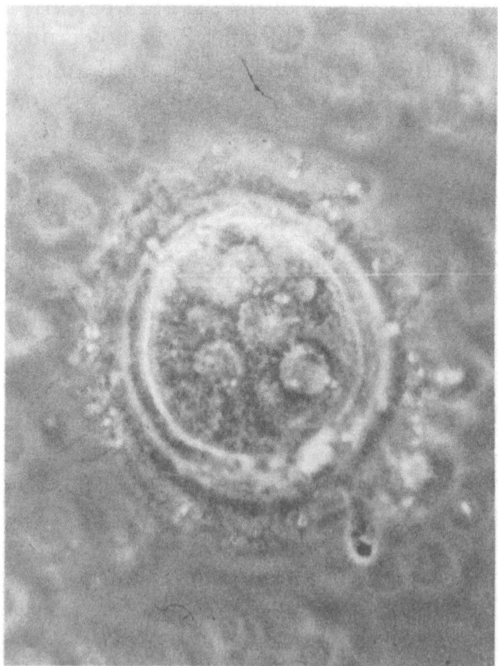

Abb. 14.7. Irregulär befruchtete Eizelle mit mehreren Vorkernen (Polyploidie)

transferiert werden, auch wenn in der weiteren Entwicklung scheinbar reguläre Teilungsstadien gefunden werden! Bis heute ist nicht bekannt, ob für das Phänomen der Polyploidie die Oozyte oder die Spermien verantwortlich sind (MOHR und TROUNSON, 1984). Befruchtete Eizellen, deren Vorkerne durch Syngamie verschmelzen, erreichen das erste Furchungsstadium zum Zweizellembryo etwa 21—33 Stunden nach der Insemination. Das Vier- bzw. Achtzellstadium wird im Mittel nach 38 bis 49 Stunden bzw. 48 bis 64 Stunden nach der Insemination erreicht (EDWARDS et al., 1981 a; MOHR und TROUNSON, 1984).

14.8.4 Morphologie und Implantationsvermögen des Embryos

Die Vitalität eines Embryos kann letzten Endes nur retrospektiv aufgrund seiner Implantationsfähigkeit und seiner weiteren Entwicklung beurteilt werden. Natürlich

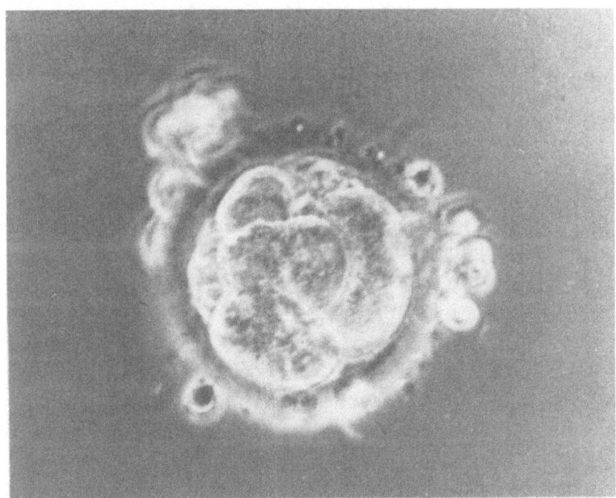

Abb. 14.9. Inadäquat geteilter, fragmentierter Embryo

wird letztere auch von anderen Faktoren beeinflußt, wie etwa durch das Milieu, in das er beim Transfer gelangt ist. In vitro gibt es nur wenige Parameter, die zumindest einen indirekten Hinweis auf die „Lebensqualität" des Embryos geben.

14.8.4.1 Wachstumsgeschwindigkeit

Seitdem die Möglichkeit besteht, Eizellen in vitro zu befruchten, gibt es genaue Aufzeichnungen über den zeitlichen Ablauf der einzelnen Teilungsphasen (EDWARDS et al., 1981 a; SUNDSTROM et al., 1981; TROUNSON et al., 1982 a; MOHR et al., 1983). Nach Beobachtungen von TROUNSON (1982) und MOHR (1983) befanden sich Embryonen, die sich erfolgreich implantiert hatten, früher im Zwei- und Vierzellstadium als Embryonen, mit denen die Implantation nicht gelang.

14.8.4.2 Morphologie

Eine Aussage über die morphologische Unversehrtheit der Embryonen läßt sich durch lichtmikroskopische Untersuchungen erzielen. Symmetrische Blastomeren sind der Ausdruck einer regelrechten Teilung (Abb. 14.8).

Nach MOHR (1984) waren Schwangerschaften vorzugsweise mit Embryonen guter morphologischer Qualität zu erzielen, jedoch haben auch inadäquat geteilte Embryonen zu Schwangerschaften geführt (MOHR und TROUNSON, 1984). Das widerspricht zwar der eigenen Erfahrung, doch sollten derartig fragmentierte Formen (Abb. 14.9) auf jeden Fall transferiert werden, da sich der Embryo aus jeder intakten Blastomere in diesem frühen Entwicklungsstadium vollwertig regenerieren kann (BEIER, 1982).

14.9 Embryotransfer

Embryonen können vor dem geplanten Transfer unterschiedlich lang kultiviert werden. In den ersten Transferprogrammen wurde der Embryo im Blastozystenstadium, also in dem Entwicklungsstadium transferiert, in dem er auch in vivo das Uteruskavum erreicht (STEPTOE und PURDY, 1971). Ein Erfolg blieb jedoch aus. Im anderen Extrem ist der Transfer der noch unbefruchteten, lediglich eine Stunde mit den Spermien inkubierten Eizelle versucht worden. Als Erfolg konnten zwei klinische Schwangerschaften registriert werden (CRAFT et al., 1982). Diese Beispiele zeigen, daß es beim Menschen offensichtlich kein bevorzugtes Entwicklungsstadium des Konzeptus gibt, das eine Implantation garantiert. Für den Erfolg sind sicherlich auch noch andere Faktoren maßgeblich. Heute erfolgen die meisten Transfers im Zwei- bis Achtzellenstadium. Dieses Entwicklungsstadium ist durchschnittlich nach 25—48 Stunden Kultivierung erreicht.

Der derzeitig *gebräuchlichste Weg,* Embryonen in die Gebärmutter rückzuführen, ist der Transport durch den Zervikalkanal. Die Frau wird am besten in eine Position gebracht, in der der Uterusfundus am stärksten absinkt. Das ist bei Anteversioflexio des Uterus die Knie-Ellbogen-Lage, bei Retroversioflexio hingegen die Lithotomie-Position. Vagina und Zervix werden vor dem Transfer in speculis eingestellt und mit Kulturmedium gereinigt. Die Überwindung des Zervikalkanals mit dem Transferbesteck sowie die Deponierung des oder der Embryonen in die Gebärmutterhöhle muß möglichst atraumatisch erfolgen. Gelingt die Sondierung des Gebärmutterhalses nicht, so wird der Uterus durch Anlegen einer Kugelzange und Zug an der vorderen Muttermundslippe gestreckt und so fixiert. Für den Transfer sind verschiedene Kathetertypen in Verwendung. Am gebräuchlichsten sind Katheter mit endständigen oder seitlich liegenden Auslässen. Es ist nicht gleichgültig, aus welchem *Material der Katheter* besteht. Geeignet sind Polyäthylen- und Teflonkatheter, während für Nylon bekannt ist, daß es auf Mäuseembryonen toxisch wirkt (LEETON et al., 1982). Meist wird eine Führungskanüle aus Metall, Gummi oder Kunststoff verwendet, um den Zervikalkanal leichter zu überwinden. Sie soll den Transferkatheter auch vor einer Kontamination mit Blut oder Bakterien schützen und ein atraumatisches Eindringen in das Uteruskavum gewährleisten.

Der Transferkatheter wird auf eine 1-ml-Spritze aufgesetzt. Als Transfermedium wird reines Kulturmedium oder ein Gemisch von

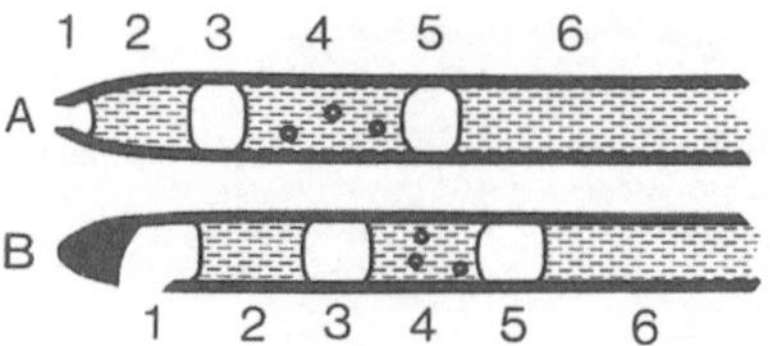

Abb. 14.10. Beladung des Katheters für den Embryotransfer. 1 endständiger (A) oder seitlicher Auslaß (B), 2 Kulturmedium, 3 Luftblase, 4 Kulturmedium mit Embryonen, 5 Luftblase, 6 Kulturmedium

Medium und 75—90%igem inaktiviertem Serum verwendet (FEICHTINGER et al., 1983 a; JONES et al., 1983 c). Die Beimengung von Serum soll die Viskosität des Mediums erhöhen und den Verbleib des Embryos im Uterus garantieren. Die bisherigen Ergebnisse sind jedoch diesbezüglich nicht überzeugend. Ein skandinavisches Team versucht, den Embryo in einen Fibrinclot zu betten, um damit die Implantationschance zu erhöhen (SUNDSTRÖM et al., 1984). Ergebnisse liegen noch nicht vor.

Das *Transfervolumen,* mit dem der Embryo oder die Embryonen in den Uterus gespült werden, liegt zwischen 20 und 50 Mikroliter (LOPATA et al., 1980; WOOD et al., 1981). Zum Ansaugen wird die 1-ml-Spritze verwendet. Angesaugt werden abwechselnd etwa 20 Mikroliter Medium, 5 Mikroliter Luft, die Embryonen in 10—20 Mikroliter Medium, wieder 5 Mikroliter Luft und schließlich neuerlich 5 Mikroliter Medium. Die embryotragende Flüssigkeitssäule liegt demnach zwischen zwei Luftblasen (Abb. 14.10), an denen die Embryonen nach der Transferierung anhaften und damit fixiert werden sollen. Nachdem die Embryonen in das Kavum eingeschwemmt worden sind, wird der Katheter für 30 Sekunden bis zu einer Minute im Uteruskavum belassen (LOPATA et al., 1980; LEETON et al., 1982). Während des Zurückziehens sollen noch wenige Mikroliter Medium nachgespült werden, um zu verhindern, daß der Embryo oder die Embryonen passiv in das Katheterlumen gelangen. Nach endgültiger Entfernung des Katheters wird dieser unter dem Stereomikroskop ausgespült und seine Spitze auf eventuell anhaftende Embryonen untersucht. Schleimfragmente und Blut weisen auf eine unerwünschte Traumatisierung der Mukosa hin. Wegen der möglichen Einschwemmung von Embryonen in das Tubenlumen und daraus entstehender Eileiterschwangerschaften wurde das Transfervolumen in der letzten Zeit auf 5—10 Mikroliter reduziert (TROTNOW et al., 1984). Die Frauen bleiben nach erfolgtem Transfer 4—24 Stunden unter stationärer Beobachtung (LOPATA et al., 1980; LEETON und KERIN, 1984). Durch Bestimmung von Östradiol, Progesteron und β-HCG im Serum soll die Implantation möglichst früh erkannt werden, um die Schwangerschaft entsprechend überwachen zu können. Ist das β-HCG bei zwei Bestimmungen in Abständen von einer Woche angestiegen und sprechen die Progesteronwerte für eine intakte Corpus luteum-Phase, so liegt eine *biochemische Schwangerschaft* vor. Von einer *klinischen Schwangerschaft* kann man erst sprechen, wenn bei der Ultraschalluntersuchung eine Fruchthöhle mit fetalen Strukturen zu erkennen ist. Der letzte Beweis ist die Herzaktion, die in der 6.—7. Woche post menstruationem sichtbar wird.

Die Anzahl der rückgeführten Embryonen beeinflußt die Schwangerschaftsrate. Es ist durchwegs eine größere Erfolgsquote zu erzielen, wenn mehr als eine befruchtete Eizelle transferiert wird; sie liegt bei der

Tabelle 14.3. Prozentsatz klinischer Schwangerschaften nach dem Transfer von einem, zwei oder drei Embryonen

Autor		Anzahl der Embryonen		
		1	2	3
GARCIA	1984	20%	24%	26%
EDWARDS	1984	17,6%	31,0%	42,9%
QUIGLEY	1984	7,4%	20%	12,5%
FEICHTINGER	1984	11,7%	30%	36,4%
TROUNSON	1984	10,3%	20,4%	25,6%
KERIN	1984	6%	24%	33%

Rückführung von drei Embryonen im Mittel bei 30% (Tab. 14.3). Der Erfolg hängt offenbar auch von der Art der ovariellen Stimulation ab. So verkürzen zum Beispiel hohe HMG-Dosen die Corpus luteum-Phase und stellen damit die Schwangerschaft in Frage. In solchen Fällen soll daher die Gelbkörperphase mit HCG substituiert werden. Obwohl die Mehrlingsrate bei der In vitro-Fertilisation höher liegt als in vivo, tritt trotz der Transferierung von mehreren Embryonen gewöhnlich nur eine Einlingsschwangerschaft ein. Da das uterine Milieu wahrscheinlich für alle transferierten Embryonen gleich gute Bedingungen aufweist, muß angenommen werden, daß es an der verschiedenen Vitalität der Embryonen liegt, wenn es nicht häufiger zu Mehrlingsschwangerschaften kommt.

Literatur

ABATE, V., STINCHI, M., ABATE, M. (1983): Egg recovery through vaginal fornices. Recent Progress in Human in vitro Fertilization. Congress Abstracts, Vienna, Juni 22—24, S. 50.

BEIER, H. M. (1982): Symposium über in vitro Fertilisation, 2.—4. Juni (Persönliche Mitteilung), Murnau.

BUTTERY, B., TROUNSON, A., MCMASTERS, R., WOOD, C. (1983): Evaluation of diagnostic ultrasound as a parameter of follicular development in an in vitro fertilization program. Fertil. Steril. **39**, 458.

CRAFT, I., MC LEOD, F., GREEN, ST., DJAHANBAKCH, O., BERNARD, A., TWIGG, H. (1982): Human pregnancy following oocyte and sperm transfer to the uterus. Lancet **ii**, 1031.

DIEDRICH, K., AL HASANI, S., VAN DER VEN, H., LEHMANN, F., KREBS, D. (1983): Ovarielle Stimulation in einem in vitro Fertilisierungsprogramm. Geburtsh. u. Frauenheilk. **43**, 486.

DOWNING, B. (1984): Oocyte pick-up. In: Clinical in vitro Fertilisation (WOOD, C., TROUNSON, A., Hrsg.), S. 67. Berlin-Heidelberg-New York-Tokyo: Springer.

EDWARDS, R. G., STEPTOE, P. C., PURDY, J. M. (1980): Establishing full-term human pregnancies using cleaving embryos grown in vitro. Br. J. Obstet. Gynecol. **87**, 737.

— PURDY, J. M., STEPTOE, P. C., WALTERS, D. E. (1981a): The growth of human preimplantation embryos in vitro. Am. J. Obstet. Gynecol. **141**, 108.

PURDY, J. M., 1981 b): Test-tube babies. Nature **293**, 253.
— FISHEL, S. B., COHEN, J., FEHILLY, C. B., PURDY, J. M., SLATER, S. M., STEPTOE, P. C., WEBSTER, J. M. (1984): Factors influencing the success of in vitro Fertilization for alleviating human infertility. J. in vitro Fertil. Embryo Transf. **1**, 3.
FEICHTINGER, W., SZALAY, S., KEMETER, P., BECK, A., JANISCH, H. (1981): In vitro Fertilisierung menschlicher Eizellen, sowie Embryotransfer. Geburtsh. u. Frauenheilk. **41**, 482.
— KEMETER, P., SZALAY, S. (1983 a): The Vienna program of in vitro fertilization and embryo transfer—a successful clinical treatment. Europ. J. Obstet. Gynec. Reprod. Biol. **15**, 8.
— — — JANISCH, H. (1983 b): Early hormone parameters and embryonic development in pregnancies established by in vitro fertilization and embryo transfer, S. 329. In: Fertilization of the Human Egg in vitro (BEIER, H. M., LINDNER, H. R., Hrsg.). Berlin-Heidelberg-New York-Tokyo: Springer.
— — (1984): Organization and computerized analysis of in vitro fertilization and embryo transfer programs. J. in vitro Fertil. Embryo Transf. **1**, 34.
GARCIA, J. E., JONES, G. S., ACOSTA, A. A., WRIGHT, G. (1983 a): Human menopausal gonadotropins, human chorionic gonadotropin follicular maturation for oocyte aspiration: Phase I, 1981. Fertil. Steril. **39**, 167.
— — — — (1983 b): Human menopausal gonadotropin, human chorionic gonadotropin follicular maturation for oocyte apsiration: Phase II, 1981. Fertil. Steril. **39**, 174.
— ACOSTA, A., ANDREWS, M. C., JONES, G. S., JONES, H. W., jr., MANTZAVINOS, T., MAYER, J., McDOWELL, J., SANDOW, B., VEECK, L., WHIBLEY, TH., WILKES, CH., WRIGHT, G., jr. (1984): In vitro fertilization in Norfolk, Virginia 1980–1983. J. in vitro Fertil. Embryo Transf. **1**, 24.
GEMZELL, C. Y., DICZFALUSY, E., TILLINGER, K. G. (1958): Clinical effect of human pituitary follicle stimulating hormone (FSH). J. Clin. Endocrinol. **18**, 138.
GLEICHER, N., FRIBERG, J. (1983): Alternative approaches to egg retrieval. Recent Progress in Human in vitro Fertilisation, Congress Abstracts, Vienna, June 22–24, S. 48.
HAMMERSTEIN, H. (1973): Further evidence in favour of a direct effect of clomiphencitrat on ovarian steroidgenesis, p. 640. In: Fertility and Sterility (HASEGAWA, T., HAYASHI, M., EBLING, F. J. G., HENDERSON, W., Hrsg.). Amsterdam: Excerpta Medica.
HODGEN, G. D. (1983): Hormonal stimulation of natural ovarian cycle and oocyte transfer for fertilization in vivo. In: In vitro Fertilization and Embryo Transfer (CROSIGNANI, P. G., RUBIN, B. L., Hrsg.), S. 239. London: Academic Press.
INSLER, V., MEHMED, H., EICHENBRENNER, I., SERR, D. M., LUNENFELD, B. (1972): The cervical score—a simple semiquantitative method for monitoring of the menstrual cycle. Internat. J. Gynecol. Obstet. **10**, 223.
JONES, H. W., jr., ACOSTA, A. A., GARCIA, J. E., SANDOW, B. A., VEECK, L. (1983 a): On the transfer of conceptus from oocytes fertilized in vitro. Fertil. Steril. **39**, 241.
— — ANDREWS, M. C., GARCIA, J. E., JONES, G. S., MANTZIAVINO, T., McDOWELL, J., SANDOWW, B., VEECK, L., WHIBLEY, T., WILKES, C., WRIGHT, G. (1983 b): The importance of the follocular phase to success and failure in in vitro fertilization. Fertil. Steril. **40**, 317.
— (1983 c): Factors influencing implantation and maintenance of pregnancy following embryo transfer. In: Fertilization of the Human Egg in vitro (BEIER, H. M., LINDNER, H. R., Hrsg.), S. 293. Berlin-Heidelberg-New York-Tokyo: Springer.
KERIN, J. F., WARNES, G. M., QUINN, P., KIRBY, CH., JEFFREY, R., MATTES, C. D., SEAMARK, R. F., TEXLER, K., ANTONAS, B., COX, L. W. (1984): In vitro Fertilization and Embryo Transfer Program; Department of Obstetrics and Gynecology, University of Adelaide at the Queen Elisabeth Hospital, Woodville South Australia. J. in vitro Fertil. Embryo Transf. **1**, 63.
KISTNER, R. W. (1965): Further observation on the effect of clomiphen citrat in anovulatory females. Am. J. Obstet. Gynecol. **92**, 380.
KOWATSCH, A., WINTER, R., URDL, W., PUSCH, H. (1984): Idiopathische Sterilität im Rahmen der in vitro Fertilisierung. Arch. Gynec. (im Druck).
LAUFER, N., DE CHERNEY, A. H., HASELTINE, F. P., POLAN, M. L., MEZER, H. C., DLUGI, A. M., SWEENEY, D., NERO, F., NAFTOLIS, F. (1983): The use of high dose human menopausal gonadotropin in an in vitro fertilization program. Fertil. Steril. **40**, 734.
— — TARLATZIS, B. C., ZUCKERMAN, A. L., POLAN, M. L., DLUGI, A. M., GRAEBE, R., BARULA, B., NAFTOLIS, F. (1984): Delaying human chorionic gonadotropin administration in human menopausal gonadotropin-induced cycles decreases successful in vitro fertilization of the human oocytes. Fertil. Steril. **42**, 198.
LAURITZEN, J. G., PAGEL, J. D., VANGSTED, P., STARUP, J. (1982): Results of repeated tuboplastics. Fertil. Steril. **37**, 68.
LEETON, J., TROUNSON, A., JESSUP, D., WOOD, C. (1982): The technique for human embryo transfer. Fertil. Steril. **38**, 156.
— KERIN, J. (1984): Embryo transfer. In: Clinical in vitro Fertilization (WOOD, C., TROUNSON, A., Hrsg.), S. 117. Berlin-Heidelberg-New York-Tokyo: Springer.
LENZ, S., LAURITZEN, J. G. (1982): Ultrasonically guided percutaneous aspiration of human follicles under local anesthesia. A new method of collecting oocytes for in vitro fertilization. Fertil. Steril. **38**, 673.

LOPATA, A., JOHNSTON, I. W. H., LEETON, J. F., MUCHNIKI, D., TALBOT, J. M., WOOD, C. (1974): Collection of human oocytes at laparoscopy and laparotomy. Fertil. Steril. **25**, 1030.

— — HOULT, I. J., SPEIRS, A. L. (1980): Pregnancy following intrauterine implantation of an embryo obtained by in vitro fertilization of a preovulatory egg. Fertil. Steril. **33**, 117.

— (1983): Concepts in human in vitro fertilization and embryo transfer. Fertil. Steril. **40**, 289.

— JONES, G. M., NAYADU, P., GOOK, D., DU PLESSIS, Y., BOURNE, H., LEVRAN, D. (1984): The potential of the human egg to produce viable embryos and pregnancies. J. in vitro Fertil. and Embryo Transf. **1**, 122.

MARRS, R. P., SAITO, H., YEE, B., SATO, F., BROWN, J. (1984): Effect of in vitro culture techniques upon oocyte fertilization and embryo development in human in vitro fertilization procedures. Fertil. Steril. **41**, 519.

MCBAIN, J. C., PEPPERELL, R. J. (1982): Use of bromocriptine in unexplained infertility. Clin. Reprod. Fertil. **1**, 145.

METTLER, L., SEKI, M., BAUKLOH, V., SEMM, K. (1981): Erste Ergebnisse zur extrakorporalen Befruchtung am Menschen. Geburtsh. u. Frauenheilk. **41**, 62.

MOHR, L., TROUNSON, A., LEETON, J. F., WOOD, C. (1983): Evaluation of normal and abnormal human embryo development during procedures in vitro. In: Fertilization of the Human Egg in vitro (BEIER, H. M., LINDNER, H. R., Hrsg.), S. 211. Berlin-Heidelberg-New York-Tokyo: Springer.

— — (1984): In vitro fertilization. In: Clinical in vitro Fertilization (WOOD, C., TROUNSON, A., Hrsg.), S. 107. Berlin-Heidelberg-New York-Tokyo: Springer.

MORGENSTERN, L. L., SOUPART, P. (1972): Oocyte recovery from the human ovary. Fertil. Steril. **23**, 751.

QUIGLEY, M. M., MAGLOD, N. F., WOLF, D. P. (1983): Comparison of two clomiphen citrate dosage regimens for follicular recruitment in an in vitro fertilization program. Fertil. Steril. **40**, 178.

— (1984 a): Patient screening and selection. In: Human in vitro Fertilization (WOLF, D. P., QUIGLEY, M. M., Hrsg.), S. 37. New York-London: Plenum Press.

— WOLF, D. P. (1984 b): Human in vitro fertilization and embryo transfer at the University of Texas, Houston. J. in vitro Fertil. Embryo Transf. **1**, 29.

— SCHMIDT, C. L., BEAUCHAMPS, P. J., OWENS, S. P., BERKOWITZ, A. S., WOLF, D. P. (1984 c): Human menopausal gonadotropins compared to clomiphen citrat for enhanced follicular recruitment in an in vitro fertilization program. Fertil. Steril. (im Druck).

RUDAK, E., DOHR, J., MASHIACH, S., NEBEL, L., GOLDMAN, B. (1984): Chromosome analysis of multinuclear human oocytes fertilized in vitro. Fertil. Steril. **41**, 538.

SCHENKEN, R., HODGEN, G. D. (1983): Hormonal stimulation of the ovarian cycle. J. Clin. Endocrin. Metabol. **57**, 50.

SCHIRREN, C. (1982): Praktische Andrologie, S. 13. Basel: Karger.

SCHMIDT, C. L. (1984): Enhanced follicular development with clomiphen citrat and human chorionic gonadotropin. In: Human in vitro Fertilization and Embryo Transfer (WOLF, D. P., QUIGLEY, M. M., Hrsg.). New York: Plenum Press.

SCHOEMAKER, J., WENTZ, A. C., JOUSE, G. S., DUBIN, N. H., SAPP, K. C. (1978): Stimulation of follicular growth with pure FSH in patients with anovulation and eleveted LH levels. Obstet. Gynecol. **51**, 270.

SCHULZ, K. D. (1972): Wirkungsmechanismus von Clomiphen im weiblichen Organismus. Geburtsh. u. Frauenheilk. **32**, 483.

— AUGUST, S., WUESTENBERG, B., HOELZEL, F. (1973): Östrogenlike and aniöstrogenic potencies of clomiphene citrate: Biochemical investigations. In: Fertility and Sterility (HASEGAWA, T., HAYASHI, M., EBLING, F. J. G., HENDERSON, I. W., Hrsg.), S. 642. Amsterdam: Excerpta Medica.

SEIBEL, M., MCARDLE, C. R., THOMPSON, I. E., BERGER, M. J., TAYMOR, M. L. (1982): The role of ultrasound in ovulations induction. A critical appraisal. Fertil. Steril. **36**, 573.

STEPTOE, P. C., EDWARDS, R. G. (1970): Laparoscopic recovery of preovulatory human oocytes after priming of ovaries with gonadotropins. Lancet i, 683.

— — PURDY, J. M. (1971): Human blastocysts grown in culture. Nature **229**, 132.

— — — (1980): Clinical aspects of pregnancies established with cleaving embryos grown in vitro. Br. J. Obstet. Gynecol. **87**, 757.

— WEBSTER, J. (1982): Laparoscopy of the normal and disordered ovary. In: Human Conception in vitro (EDWARDS, R. G., PURDY, J. M., Hrsg.), S. 97. London-New York: Academic Press.

SUNDSTRÖM, P., NILSSON, O., LIEDHOLM, P. (1981): Cleavage rate and morphology of early human embryos obtained after artificial fertilization and culture. Acta Obstet. Gynecol. Scand. **60**, 109.

— WRAMSBY, H., LIEDHOLM, P., KULLANDER, ST., PERSSON, P. H., LINDQUIST, G., NILSSON, O. (1984): Some clinical results of in vitro fertilization by the Malmö group, Sweden. J. in vitro Fertil. Embryo Transfer **1**, 48.

TESTART, J., FRYDMAN, R., FEINSTEIN, M. C., THEBAULT, A., ROGER, M., SCHOLLER, R. (1981): Interpretation of plasma luteinizing hormon assay for the collection of mature oocytes from women: definition of a luteinizing hormon surge-initiating rise. Fertil. Steril. **36**, 50.

— — DE MOUSON, J., LASALLE, B., BELAISCH, J. C. (1983): A study of factors affecting the success of human fertilization in vitro. Biol. Reprod. **15**, 415.

TROUNSON, A., LEETON, J. F., WOOD, C., WEBB, J., KOVACS, G. (1980): The investigation of idiopathic infertility by in vitro fertilization. Fertil. Steril. **34**, 431.

— MOHR, L. R., WOOD, C., LEETON, J. F. (1982a): Effect of delayed insemination on in vitro fertilization, culture and transfer of human embryos. J. Reprod. Fertil. **64**, 285.

— LEETON, J. F., WOOD, C. (1982b): In vitro fertilization and embryo transfer in the human. In: Follicular Maturation and Ovulation (ROLLAND, R., VAN HALL, E. V., MILLIER, S. G., McNATTY, K. P., SCHOEMAKER, J., Hrsg.), S. 313. Amsterdam: Excerpta Medica.

— WOOD, C. (1984): In vitro fertilization results, 1979–1982 at Monash University, Queen Victoria, and Epworth Medical Centres. J. in vitro Fertil. Embryo Transf. **1**, 42.

TROTNOW, S., KNIEWALD, T., AL-HASANI, S., BECKER, H. (1982): Pregnancy after in vitro fertilization of an oocyte aspirated during tubal surgery. Arch. Gynecol. **231**, 321.

— — HÜNLICH, T., KREUZER, E. (1984): Das Erlanger in vitro Fertilisationsprogramm. Geburtsh. u. Frauenheilk. **44**, 375.

URDL, W., WINTER, R., KOWATSCH, A., SCHWEDITSCH, M. (1984): Unterschiedliche Methoden der Ovulationsinduktion im Rahmen der in vitro Fertilisierung. Arch. Gynecol. (im Druck).

VEECK, L. L., WORTHAM, J. W. E., WITMYER, J., SANDOW, B. A., ACOSTA, A. A., GARCIA, J. E., JONES, G. S., JONES, H. W. (1983): Maturation and fertilization of morphologically immature human oocyte in a program of in vitro fertilization. Fertil. Steril. **39**, 594.

WHITELAW, M. J., GRAMS, L. R., STAMM, W. J. (1964): Clomiphen citrat. Its use and observations on its probable actions. Am. J. Obstet. Gynecol. **90**, 335.

WIKLAND, M., NILSSON, L., HANSSON, R., HAMBERGER, L., JANSON, P. O. (1983): Collection of human oocytes by the use of sonography. Fertil. Steril. **39**, 603.

WOOD, C., TROUNSON, A., LEETON, J., McKENZIE TALBOT, J., BUTTERY, B., WEBB, J., WOOD, J., JESSUP, D. (1981): A clinical assessment of nine pregnancies obtained by in vitro fertilization and embryo transfer. Fertil. Steril. **35**, 502.

WOOD, C., JOHNSTON, I. W. H. (1984): Selection of patients. In: Clinical in vitro Fertilization (WOOD, C., TROUNSON, A., Hrsg.), S. 27. Berlin-Heidelberg-New York-Tokyo: Springer.

15

Die In vitro-Fertilisation aus andrologischer Sicht

H. H. Pusch und *R. Winter*

15.1 Spermatologische Aspekte der In vitro-Fertilisation

15.1.1 Labortechnische Voraussetzungen

Die labortechnische Ausrüstung eines andrologischen Laboratoriums ist im wesentlichen identisch mit der apparativen Ausstattung eines normalen klinischen Labors. Für die andrologische Routinediagnostik sind ein binokulares Mikroskop mit Phasenkontrasteinrichtung, ein Photometer zur Bestimmung des Fruktosewertes, sowie eine Reihe von Zählkammern, Glasgeräten und Reagenzien notwendig, wie sie in jedem klinischen Labor vorhanden sind. Ein elektrisches Schüttelgerät zum Durchmischen der Spermaproben bzw. der Verdünnungsmedien hat sich sehr bewährt (Abb. 15.1). Die Spermamotilitätsbestimmung wird im Nativpräparat durchgeführt, dafür sind Objektträger und Deckgläschen notwendig. Die Auszählung der Spermatozoen erfolgt in der Zählkammer nach THOMA/ZEISS. Zur Herstellung eines gefärbten Ausstrichpräparates für die morphologische Differenzierung bedient man sich zweckmäßigerweise bereits vorgefärbter Objektträger, die eine rasche und zuverlässige Färbung des Ausstrichpräparates gewährleisten.

Eine Fotoeinrichtung am Mikroskop hat sich zur Dokumentation von Besonderheiten in den Spermapräparaten als nützlich erwiesen. Auch für die mikrobiologische Untersuchung des Spermas (Keimzahlbestimmung) sind keine aufwendigen Laboreinrichtungen nötig. Bei der Aufbereitung des Spermas für das In vitro-Fertilisationsverfahren ist neben den entsprechenden Spezialröhrchen aus Plastik (Falcontube o. ä.) eine Laborzentrifuge erforderlich. Die Herstellung des Nährmediums wird zweckmäßigerweise in einem Speziallabor für Gewebskulturen durchgeführt, damit eine konstante Qualität des Mediums und die entsprechenden Qualitätskontrollen an den einzelnen Chargen gewährleistet sind. Solange ausschließlich mit Frischsperma fertilisiert werden soll, kann auf die Anschaffung eines Spermatiefstgefriergerätes verzichtet werden. Für die Fertilisierung mit Kryosperma bzw. für die Tiefstgefrierung von Embryonen ist jedoch eine Kryokonservierungsanlage erforderlich (Abb. 15.2).

15.1.2 Rationelle Spermadiagnostik mit dem elektronischen Spermcounter

Die Erstellung von Spermiogrammen ist eine überaus arbeitsintensive und zeitaufwendige Tätigkeit, die hauptsächlich aus Mikroskopierarbeit besteht und ein entsprechendes Maß an Konzentration und Genauigkeit verlangt. Neben der üblichen Bestimmung der Spermatozoendichte und der morpholo-

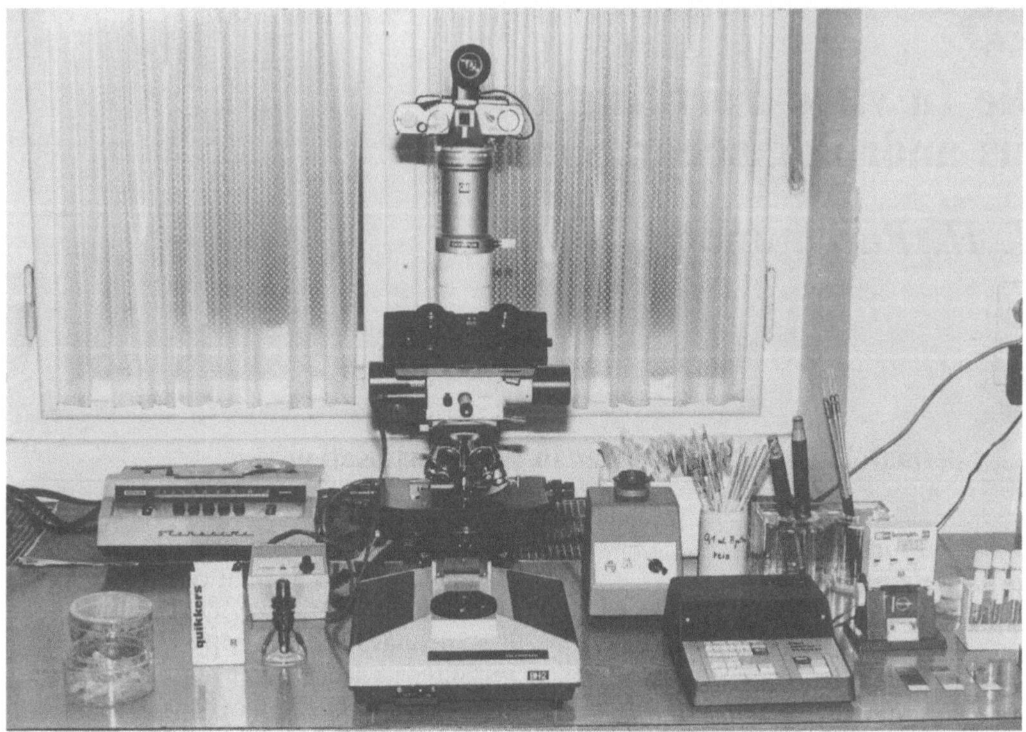

Abb. 15.1. Laborausrüstung: Mikroskop, elektrisches Schüttelgerät, Spermcounter, Reagenzien, Glasgeräte

gischen Qualität wird die Motilität über 4 Stunden bestimmt, und zwar sofort nach Einlangen des Ejakulates, nach 30, 60, 120 und 240 Minuten (SCHIRREN, 1982). Darüber hinaus werden bei Spermaproben, die zur In-vitro-Fertilisation verwendet werden, Langzeitbeobachtungen über 24 Stunden durchgeführt.

Zur Erleichterung der andrologischen Routinearbeit wurde im andrologischen Labor in Zusammenarbeit mit dem Institut für biomedizinische Technik der Technischen Universität Graz ein elektronischer Spermcounter entwickelt (PUSCH et al., 1982). Es handelt sich bei diesem Gerät um einen vollständigen Mikrocomputer, der drei Hauptfunktionen erfüllt:

1. Die Zählerfunktion: Die Anzahl der Spermatozoen und Rundzellen kann in einem Arbeitsgang in der mikroskopischen Zählkammer bestimmt werden. *2. Die Differen-*

zierungsfunktion: Hier werden zwei verschiedene Arten der morphologischen Differenzierung im Ausstrichpräparat ermöglicht. Bei der ersten, für den Routinebetrieb ausreichenden Methode, wird nur nach normalen und pathologischen Formen differenziert. Die zweite, aufwendigere Methode wird routinemäßig bei In vitro-Fertilisationen eingesetzt und ermöglicht es, pathologische Formen weiter zu differenzieren, und zwar nach Deformitäten an Kopf, Mittelstück, Schwanz und Protoplasma. Zusätzlich stehen Tasten zur morphologischen Differenzierung von Rundzellen zur Verfügung. Die Ergebnisse werden als Prozentsätze von normalen und pathologischen Formen angezeigt. Bei der erweiterten Differenzierung werden die Resultate auch in absoluten Zahlen dargestellt und wenn nötig auf 200 Zellen hochgerechnet. *3. Die Zeitintervallfunktion:* Eine weitere wesentliche Funk-

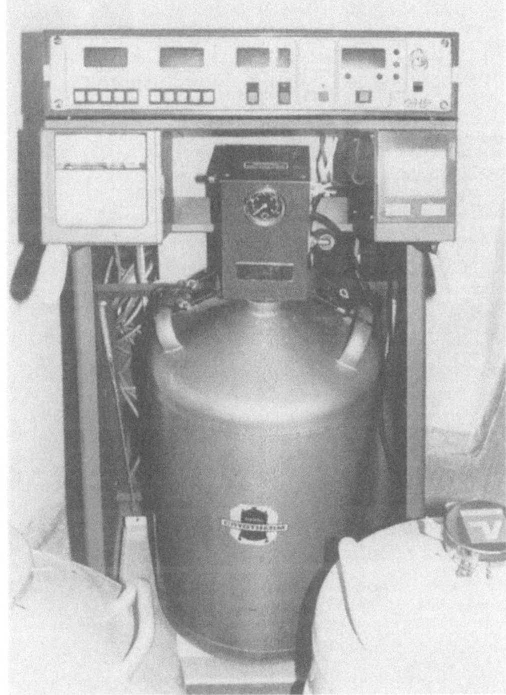

Abb. 15.2. Programmierbares Gerät zur Kryokonservierung von Humansperma

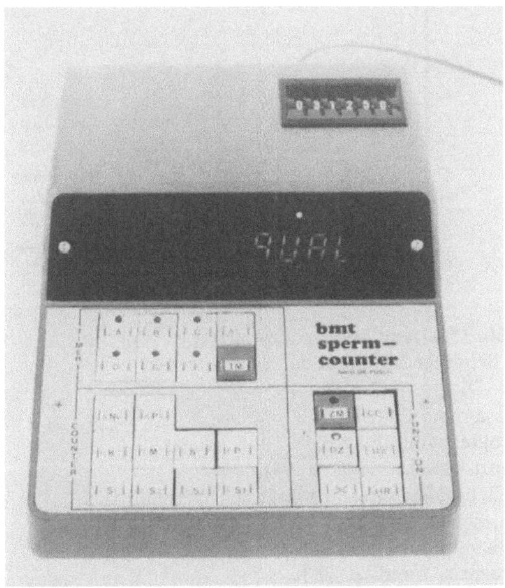

Abb. 15.3. Gesamtansicht des elektronischen Spermcounters. Maße des Gerätes: 23 × 19 cm. Darstellung des Tastenfeldes mit den verschiedenen Eingabe- und Abruftasten, sowie des Anzeigenfeldes mit der Siebensegment-Leuchtanzeige

tion ist die Zeitintervallfunktion, damit wird die exakte Einhaltung der vorgesehenen Zeiten für die Motilitätsbestimmungen gewährleistet. Die Zeiten für bis zu sechs verschiedene Proben können gleichzeitig in das Gerät eingegeben werden, so daß auch bei der Verarbeitung von mehreren Proben die Einhaltung der einzelnen Zeitabstände für die Motilitätsuntersuchung gegeben ist.

Aufgrund der beschriebenen Eigenschaften stellt der elektronische Spermcounter ein wertvolles Hilfsmittel für das andrologische Labor dar. Durch die wesentliche Zeitersparnis wird die Arbeitsdauer am Mikroskop reduziert und der Untersucher entlastet (Abb. 15.3).

15.1.3 Messung der Spermatozoenmotilität mit dem Laser-Doppler-Spektroskop

Die Einführung der Laser-Doppler-Spektroskopie (STEINER et al., 1978) zur exakten Bestimmung der Spermatozoenmotilität stellte für die Andrologie einen ganz wesentlichen Fortschritt dar. Anstelle der bislang geübten Schätzung der Beweglichkeit der Samenfäden im Nativpräparat mit unvermeidbaren subjektiven Fehlerquellen trat eine objektive und reproduzierbare Meßmethode.

Die Spermatozoenmotilität stellt ein entscheidendes Kriterium bei der Beurteilung der männlichen Fertilität dar. Das Laser-Doppler-Spektroskop (Abb. 15.4 und 15.5) erlaubt nicht nur eine Differenzierung zwischen Progressiv- und Gesamtmotilität, sondern gibt auch die mittlere Geschwindigkeit der Spermatozoen in μm/sec an.

Die Ausgabe der gemessenen Daten zur Spermatozoenmotilität erfolgt über den Drucker. Die graphische Darstellung der Autokorrelationsfunktion ist ebenfalls möglich. Dabei ergeben sich vom Prozeßrechner erstellte Kurven, die Ausdruck der motilitätsbedingten Verschiebung der Doppler-Frequenz im Laser-Streulicht sind. Abb. 15.6 a steht als Beispiel für ein Ejakulat mit sehr guter Beweglichkeit. In Abb. 15.6 b und

Abb. 15.4. Laser-Doppler-Spektroskop zur Messung der Spermatozoen-motilität: Grundgerät mit 4 m W HeNe-Laser

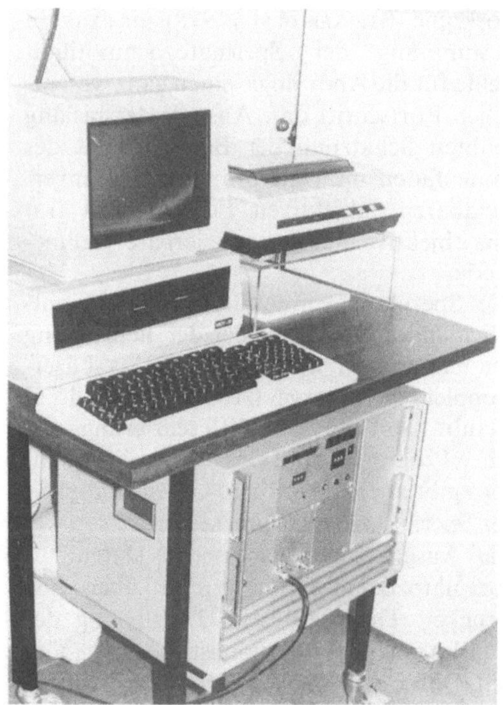

Abb. 15.5. Laser-Doppler-Spektroskop zur Messung der Spermatozoen-Motilität. Auswerteeinheit mit Autokorrelator und Steuereinheit bestehend aus Mikrocomputer mit Tastenfeld, Monitor und Matrix-Drucker

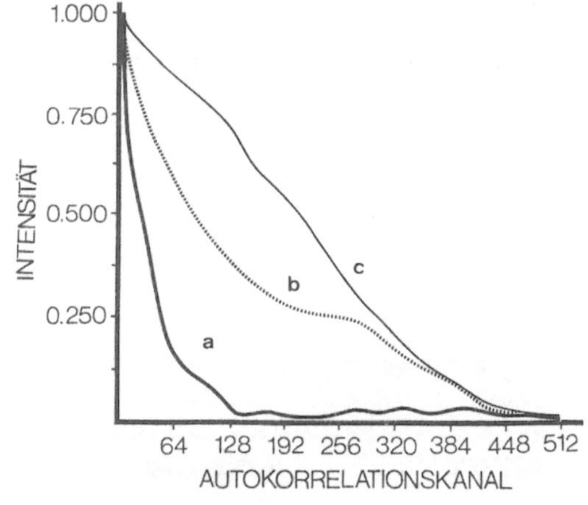

Abb. 15.6. Autokorrelationskurven
a Bei guter Motalität der Spermatozoen
Sp.-Dichte: 71,2 Mill./ml
Gesamtmotilität: 61%
Progressivmotilität: 39%
Mittl. Geschwindigkeit: 94 µm/sec
b Bei mäßig guter Motilität der Spermatozoen
Sp.-Dichte: 15,0 Mill./ml
Gesamtmotilität: 49%
Progressivmotilität: 26%
Mittl. Geschwindigkeit: 30 µm/sec
c Bei schlechter Motilität der Spermatozoen
Sp.-Dichte: 23,8 Mill./ml
Gesamtmotilität: 19%
Progressivmotilität: 4%
Mittl. Geschwindigkeit: 7 µm/sec

15.6 c sind Autokorrelationskurven von Spermaproben mit mäßiger und schlechter Motilität dargestellt.

Es liegt auf der Hand, daß die Verwendung derartig aufwendiger technischer Geräte dem Bereich der klinischen Forschung vorbehalten bleiben wird; außer Frage steht auch, daß auf dem Gebiet der In vitro-Fertilisation vom andrologischen Aspekt her noch sehr viel an Grundlagenforschung zu leisten sein wird. Dabei rückt die Spermatozoenmotilität zunehmend in den Brennpunkt des Interesses.

15.1.4 Vorbereitende Untersuchungen des Ejakulates

Die einlangende Spermaprobe, welche für eine In-Vitro-Fertilisation verwendet werden soll, wird zunächst mit physikalischen Methoden untersucht. Die Messung des pH-Wertes erfolgt mit Merck-Spezialindikatorpapier pH 6—8 oder mit einem elektronischen pH-Meßgerät mit Glaselektrode. Anschließend erfolgt eine Beurteilung der Menge des Ejakulates, der Farbe, des Geruches und der Viskosität. Nach Verflüssigung der Spermaprobe wird die Initialfruktose bestimmt, ein Teil des Untersuchungsgutes wird für die bakteriologische Untersuchung einschließlich der Keimzahl- und Resistenzbestimmung verwendet.

Unmittelbar nach dem Einlangen des Ejakulates im Labor wird die erste Motilitätsbestimmung durchgeführt, wobei der Prozentsatz der progressiv beweglichen Spermatozoen, der mäßig beweglichen und der unbeweglichen Samenfäden festgehalten wird. Die nächste derartige Untersuchung findet 30 Minuten post ejaculationem statt, in weiterer Folge wird die Motilität noch nach 60, 120 und 240 Minuten bestimmt. Zusätzlich wird die Beweglichkeit nach 24 Stunden im Nativpräparat, im Fertilisationsmedium bei Zimmertemperatur und bei 37° Celsius ermittelt. Diese Untersuchungen geben Aufschluß über das Langzeitmotilitätsverhalten der Spermatozoen.

Die morphologische Differenzierung der Spermatozoen erfolgt im gefärbten Ausstrichpräparat. Neben der Beurteilung des Prozentsatzes der normalgeformten und der fehlgebildeten Samenfäden wird eine erweiterte Differenzierung routinemäßig durchgeführt. Sie umfaßt die Bestimmung der Anzahl der Deformitäten am Spermatozoenkopf, -mittelstück, -schwanz und Protoplasmaanhängsel. Zusätzlich werden sogenannte Stecknadelkopfformen (Pinheads) und juvenile Formen in die Untersuchung mit einbezogen. Aus Dokumentationsgründen wird neben dem gefärbten Ausstrichpräparat noch ein luftgetrockneter Spermaausstrich hergestellt, der beliebig lange archivierbar ist und bei Bedarf nach PAPANICOLAOU gefärbt werden kann.

Tabelle 15.1. Übersicht der wichtigsten Spermiogrammdiagnosen

Nomenklatur	Sp.-Zahl (Mill./ml)	Morphologie (% normal)	Motilität (% normal)
Normozoospermie	> 40	> 60	> 60
Oligozoospermie	< 40	>/< 60	>/< 60
Azoospermie	—	—	—
Asthenozoospermie	> 40	> 60	< 60
Teratozoospermie	> 40	< 60	>/< 60
Nekrozoospermie	wie Normo- und Oligozoospermie	bis 60	—
Aspermie	kein Ejakulat	—	—

Tabelle 15.2. Übersicht der Normwerte des Ejakulates

Menge	2,0—6,0 ml
pH	7,2—7,8
Geruch	kastanienblütenartig
Farbe	grau-weißgelblich
Konsistenz	zähflüssig/flockig (Verflüssigung in 15—30 Minuten)
Spermatozoenzahl	über 40 Mill. Sp./ml
Spermatozoenmotilität	
sehr lebhaft	50% oder 40%
mäßig	20% oder 30%
unbeweglich	30%
Spermatozoenmorphologie	über 60% normal geformte Sp.
Fruktose	über 1200 y/ml
Phosphatase (sauer)	100—300 µg P_2O_5/30 Min.
Zitronensäure	300 mg%
Natrium	265 mg%
Kalium	54,2 mg%
Kalzium	26,6 mg%
Zink	470 µg/ml
Spermin	254—3180 y/ml
Spermidin	30—366 y/ml

Die Bestimmung der Spermatozoendichte und der Anzahl der Rundzellen im Ejakulat wird in der Thoma/Zeiss-Zählkammer durchgeführt. Nach Auszählung von 16 Kleinquadraten kann mittels des Spermcounters das Ergebnis in Millionen Spermatozoen bzw. Rundzellen pro ml Ejakulat direkt abgerufen werden. Die Untersuchung des Spermas wird mit der Erstellung einer Spermiogrammdiagnose abgeschlossen. Die einzelnen Diagnosen sind in Tab. 15.1 zusammengefaßt, die Normwerte des Ejakulates sind aus Tab. 15.2 ersichtlich.

15.1.5 Aufbereitung des Spermas, technische Vorgangsweise

Nach Eintreffen der Spermaprobe wird zunächst wie oben beschrieben vorgegangen, das erste Nativpräparat gibt dem Untersucher schon einen groben Überblick über die Qualität des Ejakulates. Nach 20—30 Minuten muß die vollständige Verflüssigung des Spermas eingetreten sein. Ein Teil des Ejakulates wird für die In vitro-Fertilisation speziell vorbereitet, mit dem verbleibenden Untersuchungsmaterial wird ein Spermiogramm erstellt. Nach TROUNSON (1980) werden 0,5 ml des gut durchgemengten Ejakulates in einer automatischen Pipette aufgezogen und in ein Zentrifugenröhrchen aus Plastik mit spitz zulaufendem Boden (Falcon o. ä. Typen) gebracht. Diese Ejakulatmenge wird mit 3 ml bereits begastem HAM F 10 Kulturmedium mit einem pH von 7,6 versetzt, gut durchmengt und anschließend zehn Minuten lang bei 1000 U/Minute zentrifugiert. Der Überstand wird abgegossen, der Bodensatz mit 2 ml Medium versetzt und gut durchmischt. Anschließend wird für fünf Minuten bei 1000 U/Minute zentrifugiert, abermals der Überstand dekantiert und das Spermapellet erneut in 2 ml Kulturmedium resuspendiert. Mit dieser Spermatozoensuspension kann dann inseminiert werden. Der Zeitaufwand für die beschriebene Manipulationen beträgt ca. eine Stunde, wenn sich das Ejakulat innerhalb von 20—30 Minuten verflüssigt.

15.1.6 Kapazitation des Spermas

Seit den grundlegenden Arbeiten von AUSTIN (1951) und CHANG (1951) ist bekannt, daß menschliche Spermatozoen zur Erlangung der Befruchtungsfähigkeit kapazitiert sein müssen. Unmittelbar post ejaculationem geht das Akrosin des Spermakopfes mit dem Humansperma-Trypsininhibitor, der im Spermaplasma vorhanden ist, eine reversible Verbindung ein. Diese Komplexbindung muß vor einer In-vitro-Fertilisation entfernt werden, um dem Spermatozoon ein Durchdringen der Zona pellucida zu ermöglichen. In vivo findet die Kapazitation bei der Wanderung der Spermatozoen durch den weiblichen Genitaltrakt statt (ZANEVELD und SCHUMACHER, 1981), dabei löst sich die Komplexbindung aus Akrosin und Humansperma-Trypsininhibitor und die in der Akrosomkappe lokalisierten Enzyme ermöglichen ein Durchdringen der Zona pellucida der Eizelle. Der Sinn der im vorigen Kapitel beschriebenen Aufbereitung des Spermas liegt in der Entfernung des Akrosin-Trypsininhibitorkomplexes. Mit dem Auswaschen des Spermaplasmas werden die Spermatozoen kapazitiert.

15.1.7 Zeitliche Koordinierung mit der Eizellgewinnung

Eine exakte zeitliche Koordinierung der einzelnen Arbeitsgänge bei der In vitro-Fertilisation ist von ausschlaggebender Bedeutung für den Erfolg des Verfahrens. Üblicherweise wird nach der laparoskopischen Follikelpunktion sofort eine Bestimmung des Reifegrades der Eizellen durchgeführt und in Abhängigkeit davon nach durchschnittlich vier bis sechs Stunden, auch später, der Inseminationszeitpunkt festgelegt.

Für den Andrologen steht also genügend Zeit zur Verfügung, den männlichen Partner zur Spermagewinnung zu bestellen und die nötigen labortechnischen Verfahren durchzuführen. Es ist sicherlich nicht sinnvoll, die Aufbereitung des Spermas lange vor der geplanten Inseminationszeit durchzuführen, da sonst Motilitätsverluste zu befürchten sind. Es hat sich bewährt, den Ehemann ein bis eineinhalb Stunden vor der geplanten Inseminationszeit zu bestellen. Erfahrungsgemäß reicht diese Zeitspanne aus; die Spermatozoen können unmittelbar nach dem Kapazitationsvorgang im frischen Zustand inseminiert werden. Im Falle anamnestisch bekannter Schwierigkeiten bei der Ejakulatgewinnung ist es günstig, einen entsprechenden Sicherheitszeitraum einzuplanen. Die zur Insemination verwendete Spermatozoenzahl ist abhängig von der Motilität der Spermatozoen, in der Regel wird die Zugabe von 200 000 bis zu einer Million Samenfäden zur Oozyte zur Fertilisation führen.

15.1.8 Motilitätssteigernde Maßnahmen in vitro

In Fällen von therapieresistenter Asthenozoospermie oder einer Oligozoospermie, die meist mit einer Asthenozoospermie kombiniert ist, stellt die hochgradig herabgesetzte Spermatozoenmotilität einen limitierenden Faktor für die Befruchtungsfähigkeit der Samenfäden dar. Der Zusatz von motilitätssteigernden Substanzen zum Ejakulat bietet sich im Rahmen der In vitro-Fertilisation für diese Fälle geradezu an. Eine Steigerung der Motilität um ca. 5 bis 10% wird schon durch die geringe Viskosität des Nährmediums gegenüber dem Spermaplasma hervorgerufen. Dieser Effekt ließ sich durch Messungen mittels Laser-Doppler-Spektroskopie objektivieren.

Nach SCHILL und PREISSLER (1977) führt die Zugabe von 5 KU Kallikrein/ml Ejakulat zu einer signifikanten Verbesserung der Spermatozoenmotilität in vitro. Ähnliche Effekte sind durch die Zugabe von Koffein (SCHOENFELD et al., 1973) zu erzielen.

15.1.9 Überlebensdauer der Spermatozoen unter verschiedenen Bedingungen

Die Zeitspanne, in der in einem Ejakulat bewegliche Samenfäden nachgewiesen werden können, schwankt außerordentlich stark. In der Regel wird man mit einer durchschnittlichen Überlebensdauer von etwa 24 bis 36 Stunden rechnen können. Diese Angaben beziehen sich auf native Ejakulate bei Zimmertemperatur. Es liegt auf der Hand, daß die Motilität, die in einem Ejakulat nach längerer Zeit festgestellt wird, in direkter Abhängigkeit zur Spermatozoendichte und der primär vorhandenen Motilität steht. Auch der Fruktosegehalt der Samenflüssigkeit spielt eine beträchtliche Rolle. Die Verflüssigungsfähigkeit des Spermaplasmas ist ebenfalls ein wesentlicher Faktor für das Motilitätsverhalten.

In einer Versuchsreihe wurde der Einfluß unterschiedlicher Temperaturen und des Fertilisationsmediums auf das Beweglich-

Tabelle 15.3. Langzeit-Motilitätsverhalten von Spermatozoen unter verschiedenen Bedingungen. Mittelwerte der Gesamtmotilität in Prozent. (n = 73)

	Post ejac.	30'	1^h	2^h	4^h	24^h
Nativ-sperma	42	48	50	51	49	27
Medium 20° C	—	54	55	56	55	30
Medium 37° C	—	56	58	58	49	8

keitsverhalten der Spermatozoen für die In vitro-Fertilisation untersucht. Wie aus Tab. 15.3 ersichtlich ist, zeigen sich erhebliche Unterschiede im Motilitätsverhalten und der Überlebensdauer im Nativpräparat bei Zimmertemperatur und im Fertilisationsmedium bei 20 und 37° Celsius. Es ist offenkundig, daß das höhere Temperaturniveau von 37° Celsius zu einer rascheren Stoffwechselaktivität im Spermatozoon und damit zwar zu einer besseren Motilität, aber auch zu einem frühzeitigen Verlust der Antriebsenergie und damit zum Nachlassen der Beweglichkeit führt. Für die Belange der In-vitro-Fertilisation spielt dieser Faktor jedoch eine geringe Rolle, da für die Penetration der Zona pellucida der Oozyte vor allem eine gute Motilität und eine intakte Akrosinfunktion erforderlich sind; lange Wegstrekken müssen nicht zurückgelegt werden. Unter dem Mikroskop läßt sich beobachten, mit welcher Vehemenz gut motile Spermatozoen in die Corona radiata der Eizelle einzudringen versuchen.

15.1.10 Beurteilung des Penetrationsvermögens der Spermatozoen

In Fällen von hochgradiger Oligozoospermie mit der meist gleichzeitig bestehenden Asthenozoospermie liegt die Fertilisationsrate nur bei etwa 50% (PUSCH et al., 1984). Nach AITKEN et al. (1983) liegt bei der

Oligozoospermie nicht nur eine Herabsetzung der Spermatozoendichte, der Motilität und der morphologischen Qualität vor, es findet sich auch eine signifikante Herabsetzung des Penetrationsvermögens der Zona pellucidafreien Hamsteroozyte. Um die bei oligozoospermen Ejakulaten zwar stark herabgesetzte, in 30% aber immerhin vorhandene Penetrationsfähigkeit für Hamsteroozyten zu nutzen, biete sich die In vitro-Fertilisation zur Therapie der männlichen Subfertilität geradezu an. Aufgrund der oben erwähnten Prozentzahlen wird jedoch deutlich, daß der Hamsteroozyten-Penetrationstest allein keine verbindliche prognostische Aussage über das Gelingen einer In vitro-Fertilisation beim Menschen zuläßt.

15.1.11 Optimierung und Standardisierung des Spermas zur Fertilisation

Die Angaben für die optimale Spermatozoendichte bei der In vitro-Fertilisation schwanken von zehntausend bis eine Million Spermatozoen pro ml. Im eigenen Material konnten wir in 62 Fällen mit einem durchschnittlichen Spermatozoenzusatz von 480 000 Sp./ml (niederster Wert: 230 000, höchster Wert: 1,8 Mill.) eine Fertilisation der Eizelle erreichen. Eine wesentliche Überschreitung dieser Spermatozoenzahlen ist zu vermeiden, da die Stoffwechselabbauprodukte der Spermatozoen den Chemismus des Fertilisationsmediums, in dem die Eizelle sich befindet, verändern können. Auch aus bakteriologischer Sicht ist es günstig, mit möglichst wenig Sperma auszukommen, da das Ejakulat naturgemäß nicht keimfrei sein kann, wenngleich es durch den Vorgang der Aufbereitung wesentlich keimärmer wird als das Nativsperma. Generell läßt sich feststellen, daß eine möglichst gute Spermaqualität die Chancen für die Fertilisation der Eizelle beträchtlich erhöht.

Eine Bakteriospermie, eine bekannte Verflüssigungsstörung oder eine Motilitätsstörung sollten rechtzeitig vor der Durchführung des In vitro-Fertilisationsverfahrens beim betreffenden Patienten durch systemische Therapiemaßnahmen beseitigt werden. Eine sexuelle Karenz von vier bis sechs Tagen ist anzustreben, um die zu erwartende Spermaqualität aufgrund der Voruntersuchungen möglichst richtig einschätzen zu können.

15.2 Klinische Andrologie und In vitro-Fertilisation

15.2.1 Die Grenzen des Spermiogrammbefundes bei der In vitro-Fertilisation

Die Erstellung eines Spermiogrammes verfolgt den Zweck, den momentanen Zustand des Mannes bezüglich seiner Zeugungsfähigkeit möglichst exakt zu erfassen. Dabei ist zu beachten, daß ein Spermiogrammbefund aus verschiedenen Gründen nur eine eingeschränkte Beurteilung der tatsächlichen Situation erlaubt. Das Ergebnis der Samenuntersuchung steht im direkten Zusammenhang mit der sexuellen Karenz. Auch wenn vor der Durchführung eines Spermiogramms eine standardisierte sexuelle Karenz von 5—6 Tagen eingehalten wird, so gibt es doch eine Reihe von Störfaktoren, die zu erheblichen Schwankungen in der Spermaqualität bei ein und demselben Patienten führen können. Banale Erkältungskrankheiten, Virusinfektionen, Entzündungen an den Genitalorganen, Änderungen in den Lebensgewohnheiten, vermehrter Nikotin- und Alkoholgenuß, körperliche oder seelische Belastungen, berufliche Noxen, ja sogar Freizeitgewohnheiten wie gehäufter Saunabesuch etc. können zu kurzfristigen Veränderungen der Spermaqualität führen. Schwankungen dieser Art sind bei einem Normalbefund oder einer nur unwesentlich eingeschränkten Zeugungsfähigkeit für das In vitro-Fertilisationsprogramm bedeutungslos. Wesentlich problematischer ist es, bei sehr stark eingeschränkter Spermaqualität eine Prognose über den Ausgang eines In vitro-Fertilisationsversuches zu erstellen. Um eine möglichst sichere Aussage treffen zu können, sind Spezialuntersuchungen erforderlich, die den Rahmen der üblicherweise durchgeführten Spermiogramme sprengen.

15.2.2 Die Erweiterung des Spermiogramms bei geplanter In vitro-Fertilisation

Unter diesem Begriff werden Erweiterungen und Ergänzungen des routinemäßigen Spermiogrammbefundes verstanden, die zu einer gezielten Beurteilung der für die geplante In vitro-Fertilisation relevanten Faktoren führen sollen. An erster Stelle ist hier die Ausdehnung der Motilitätsbeurteilung auf 24 Stunden anzuführen. Im andrologischen Labor der Universitätsfrauenklinik Graz wird nach SCHIRREN (1982) routinemäßig eine Beurteilung der Spermatozoenmotilität über 4 Stunden durchgeführt. Die zusätzliche Beurteilung der Motilität nach 24 Stunden im Nativpräparat bei Zimmertemperatur erlaubt eine genauere Beurteilung des Motilitätsverlustes, der zum Beispiel bei einer à priori bestehenden Asthenozoospermie klinisch bedeutsam ist.

Von besonderer Wichtigkeit ist eine exakte morphologische Differenzierung. Dabei genügt es keineswegs, nur den Prozentsatz an normalen und fehlgebildeten Spermatozoen zu bestimmen, sondern es soll auch eine nähere Differenzierung erfolgen, die über das Ausmaß der vorkommenden Fehlbildungen an Kopf, Mittelstück, Schwanz oder Protoplasmaanhängsel Auskunft gibt. Auch das Auftreten sogenannter Tapering Forms und Pinheads, sowie ein gehäuftes Vorkommen von Spermatogenesezellen im Ejakulat wird dokumentiert.

Analog zum Vorgehen bei der Frau, bei der die bakteriologischen Verhältnisse in Scheide und Zervikalkanal abgeklärt werden, wird beim Mann eine Bestimmung der Keimzahl im Ejakulat durchgeführt. Die diesbezüglich gewonnenen Erfahrungen zeigen, daß in etwa 17% mit pathologischen Keimzahlen von mehr als 10^4 Keimen/ml Ejakulat zu rechnen ist. Sobald eine Bakteriospermie vorliegt, wird eine Resistenzbestimmung der Keime durchgeführt, um eine adäquate antibiotische Behandlung einleiten zu können (MAYER et al., 1982).

Spezialuntersuchungen wie die Bestimmung des Akrosins oder des Humansperma-Trypsininhibitors sowie die Bestimmung des DNA-Gehaltes der Spermatozoen mittels Fluoreszenzspektroskopie können in bestimmten Fällen herangezogen werden, wenn es um die Abklärung ungewöhnlicher morphologischer Befunde geht.

15.2.3 Das Problem der Pathospermie

Zum gegebenen Zeitpunkt ist es noch völlig unklar, wo die Untergrenze der Spermaqualität liegt, mit der sich eine erfolgreiche In vitro-Fertilisation gerade noch durchführen läßt. Fertilisierungsergebnisse bei verschiedenen Spermiogrammdiagnosen sind in Tab. 15.4 zusammengesetzt (PUSCH et al., 1984). Eine zu geringe Spermatozoendichte kann durch sorgfältiges Anreichern der vorhandenen Samenfäden beim Zentrifugieren kompensiert werden, eine eingeschränkte Motilität läßt sich durch Zugabe von Kallikrein oder Koffein in vitro unter Umständen verbessern, keiner Behandlung zugänglich ist jedoch die morphologische Qualität. Dieses Problem ist insofern bedeutsam, als bei

Tabelle 15.4. Fertilisierungsergebnisse in Prozent bei verschiedenen Spermiogrammdiagnosen

Sp.-Diagnose	Anzahl	Fertil.	Embryonen
Normozoo- spermie	14	86%	71%
Asthenozoo- spermie	26	69%	69%
Teratozoo- spermie	14	50%	43%
Oligozoo- spermie	16	50%	25%

einer In vitro-Fertilisation die natürliche Auslese entfällt, die durch den weiten Weg, den Spermatozoen im inneren weiblichen Genitale zurücklegen müssen, bedingt ist. Die Gefahr, daß ein morphologisch defektes Spermatozoon in die Oozyte eindringt, ist sicher in vermehrtem Ausmaß gegeben. Aufschluß über das tatsächliche Risiko können nur konsequent durchgeführte genetische Untersuchungen am Abortusmaterial nach In vitro-Fertilisation und Embryotransfer bringen. Bis dahin wird es notwendig sein, Ejakulate mit einem stark erhöhten Prozentsatz an fehlgebildeten Formen von diesem Verfahren auszuschließen. Wo hier die Grenze gezogen werden muß, ist schwierig zu beurteilen, wenn man in Betracht zieht, daß der Mensch die einzige bekannte Säugetierspezies ist, bei der bis zu 40% fehlgebildeter Spermatozoen im Ejakulat noch als normal angesehen werden. Ejakulate mit mehr als 60% fehlgebildeter Spermatozoen sollen jedoch für eine In-vitro-Fertilisation nicht in Betracht gezogen werden.

15.2.4 Verflüssigungsstörung des Ejakulates als Fertilitätshindernis

Ausgedehnte Untersuchungen über die Bedeutung der Verflüssigungsstörung des menschlichen Ejakulates für die Fertilität des Mannes (PUSCH und PÜRSTNER, 1983) haben ergeben, daß eine manifeste Verflüssigungsstörung durchaus als Fertilitätshindernis zu betrachten ist, auch wenn alle sonstigen Spermiogrammparameter normal sind. Bei der In vitro-Fertilisation besteht jedoch die Möglichkeit, die hochvisköse, zähflüssige Spermakonsistenz durch das Fertilisationsmedium und den Waschvorgang zu beseitigen. Wenn dies nicht gelingen sollte, verbleibt noch die Möglichkeit, durch Hyaluronidasezusatz eine Verflüssigung des Koagulums in vitro zu erreichen. Bei der nachfolgenden Kapazitation wird die Hyaluronidase wieder entfernt, so daß keine negativen Auswirkungen auf die Eizelle zu befürchten sind. Im übrigen spielt die Hyaluronidase gemeinsam mit dem Akrosin beim

Eindringen der Spermatozoen in die Oozyte eine physiologische Rolle (ZANEVELD et al., 1970).

15.2.5 Therapiekonzepte zur Erlangung optimaler Spermaqualitäten vor IVF

Grundsätzlich ist es von Vorteil, wenn der männliche Partner schon vor der Aufnahme des Ehepaares in das In Vitro-Fertilisationsprogramm andrologisch untersucht wird. Eine Sterilitätsambulanz, die über gute Kontakte zu einem Andrologen bzw. über eine integrierte andrologische Sprechstunde verfügt, wird diese Forderung erfüllen können. Die möglichst frühzeitige Erfassung eines pathologischen Spermiogrammbefundes ist deshalb von Wichtigkeit, weil man sich vergegenwärtigen muß, daß ein Spermatogenesezyklus nach HELLER und CLERMONT (1963) im Durchschnitt 84 ± 6 Tage dauert. Bei Einleitung einer Therapie vergehen also mindestens drei Monate, bis die Behandlung voll zum Tragen kommt. Steht nur ein kürzerer Zeitraum zur Verfügung, so sollte auch in diesem Fall eine medikamentöse Therapie angestrebt werden. Zweckmäßigerweise werden dann Pharmaka verwendet, die hauptsächlich auf das Nebenhoden-Ductus deferens-Bläschendrüsensystem wirken, wie z. B. das Mesterolon. Dosierung: 50 bis 75 mg täglich per os. In einem entsprechenden Merkblatt wird der Patient darauf aufmerksam gemacht, daß die eingeleitete Behandlung auf jeden Fall bis zur Durchfüh-

rung des In vitro-Fertilisationsverfahrens weitergeführt werden soll. Eine asymptomatische Bakteriospermie wird entsprechend der vorliegenden Resistenzbestimmung mit einem oralen Antibiotikum über einen Zeitraum von zwei bis drei Wochen behandelt. Eine Kontrolle des bakteriologischen Befundes im Sperma sollte vor Durchführung des Programms erfolgen. Verflüssigungsstörungen des Ejakulates lassen sich mit Ichthobad bzw. Ichtopur-Suppositorien beheben (PUSCH, 1984). Eine Behandlung mit Tamoxifen, HMG-HCG oder Clomiphen ist nur sinnvoll, wenn ein Behandlungszeitraum von mindestens drei Monaten zur Verfügung steht.

15.2.6 Kryokonservierung von Spermatozoen und Embryonen

Die Kryokonservierung von menschlichem Sperma bei bestehender hochgradiger Pathospermie hat sich in den meisten Fällen als nicht zielführend erwiesen, da durch den Einfrier- und Auftauvorgang mit einem durchschnittlichen Motilitätsverlust von 30% zu rechnen ist (SMITH und STEINBERGER, 1973). Das Einfrieren von mehreren Spermaportionen und das gleichzeitige Auftauen zur Verwendung dieser Ejakulate für die In vitro-Fertilisation ist zwar bei hochgradiger Oligozoospermie theoretisch eine denkbare Lösung, die Praxis zeigt jedoch, daß der Motilitätsverlust hier enge Grenzen setzt. Bezüglich der Kryokonservierung von Embryonen liegen bislang international nur in wenigen Zentren Erfahrungen vor.

15.3 Erfahrungen mit der In vitro-Fertilisation zur Therapie der männlichen Infertilität

15.3.1 Die Grenzen der konventionellen Therapiemöglichkeiten

Einer Fülle von pathopyhsiologischen Mechanismen, die zu Störungen der männlichen Reproduktionsfähigkeit führen können,

steht eine nur geringe Zahl an wirksamen therapeutischen Möglichkeiten gegenüber. Sehr oft ist der genaue Wirkungsmechanismus der in der Andrologie verwendeten Pharmaka unbekannt. Die Folge ist, daß man die Wirksamkeit der Medikamente nicht exakt vorhersehen kann. Dazu kommt, daß verschiedene Patienten auch bei genau definierter Störung verschieden auf die gleiche Substanz reagieren. Aus der beschriebenen Situation geht hervor, daß die Therapie männlicher Fertilitätsstörungen von zahlreichen unbekannten Größen belastet ist, die im Einzelfall nicht kalkulierbar sind.

Mit großem Enthusiasmus wurden daher alle Methoden begrüßt, die den Andrologen der Sorge enthoben, die Spermaqualität mit medikamentösen Maßnahmen verbessern zu müssen. Der Gedanke, mit relativ wenigen Spermatozoen extracorporal fertilisieren zu können, stellte eine willkommene Bereicherung der eingeschränkten konventionellen Therapiemöglichkeiten dar.

15.3.2 Was kann die In vitro-Fertilisation der Andrologie leisten?

Die Übergänge zwischen der Subfertilität und der Infertilität des Mannes sind fließend und stellen letzten Endes ein Problem der Statistik und der Wahrscheinlichkeitsrechnung dar. Spermatozoendichte, -motilität, -morphologie und das Penetrationsvermögen sind die limitierenden Faktoren, die über eine Befruchtung entscheiden. Die klinische Praxis zeigt, daß unter 10 Mill. Sp./ml und weniger als 10% Progressivmotilität mit einer natürlichen Befruchtung nicht mehr gerechnet werden kann. Gerade bei einer derartig schlechten Ausgangssituation sind die therapeutischen Ansatzpunkte ebenfalls unzureichend. Hier hilft die extracorporale Fertilisierung, den circulus vitiosus zu durchbrechen, wenngleich einschränkend zu bemerken ist, daß auch in vitro bestimmte Mindestanforderungen an die Spermaqualität gestellt werden müssen. Dazu gehören nach wie vor eine gewisse Motilität und morphologische Qualität der Samenfäden. Der Vorteil der Methode liegt darin, daß in vitro die Möglichkeit der Beeinflussung der Spermaqualität größer sind. Die Beweglichkeit läßt sich in vitro durch den Zusatz von Pharmaka und durch Selektionsmaßnahmen steigern, die progressiv motile Sperma-

tozoen von schwach motilen oder immobilen trennen können (COMHAIRE et al., 1982). Durch Anreicherungsverfahren läßt sich auch aus einem extrem oligozoospermen Ejakulat die erforderliche Anzahl an Spermatozoen gewinnen. Darüber hinaus ergibt sich bei der In vitro-Fertilisation für den Andrologen die Chance, unter dem Mikroskop das Verhalten der Spermatozoen direkt an der Oozyte zu beobachten.

Therapieresistente Verflüssigungsstörungen und immunologische Phänomene wie z. B. die Autoagglutination der Spermatozoen lassen sich in vitro besser beherrschen als in vivo. Patienten mit retrograder Ejakulation, bei denen bisher mit dem aufwendigen Verfahren der Blasenspülung das Sperma zur homologen Insemination gewonnen wurde, kommen ebenfalls für die extrakorporale Fertilisierung in Frage. Selbst für Patienten mit Aplasie oder Verschluß des Ductus deferens steigen die Behandlungschancen. Das an einigen Zentren durchgeführte Verfahren der alloplastischen Spermatozele (WAGENKNECHT, 1978) erfährt dadurch neue Aktualität, daß die gewonnenen Samenfäden, mit denen bislang meist erfolglos mittels Portiokappe inseminiert wurde, mit mehr Chancen zur Fertilisierung einer Oozyte in vitro verwendet werden können.

15.3.3 Die therapieresistente Oligozoospermie als Indikation zur In vitro-Fertilisation

Die idiopathische Oligozoospermie mit und ohne Gonadotropinerhöhung ist im eigenen andrologischen Krankengut mit 46% die weitaus häufigste Spermiogrammdiagnose. Diese hohe Zahl unterstreicht die klinische und praktische Bedeutung des Symptoms „Oligozoospermie". Man muß sich vergegenwärtigen, daß dieser Diagnose ein multifaktorielles pathophysiologisches Geschehen zugrunde liegt, das sich einer vollständigen ätiologischen Abklärung meist entzieht. Gleichzeitig stellt die idiopathische Oligozoospermie therapeutisch das größte Problem dar, weil sie kaum beeinflußbar ist, besonders dann, wenn gleichzeitig eine Gonadotropinerhöhung als Ausdruck einer tiefgreifenden Schädigung des Keimepithels vorliegt. Das an einigen Zentren geübte Verfahren der Kryokonservierung des Ejakulates zur Anreicherung und nachfolgenden Insemination mittels Portiokappe wurde wegen der unvermeidlichen Motilitätsverluste beim Auftauen mittlerweile wieder weitgehend aufgegeben.

Eine isolierte Oligozoospermie, bei der also die Herabsetzung der Spermatozoendichte den einzigen pathologischen Faktor in einem Ejakulat darstellt, ist ausgesprochen selten. Sehr viel häufiger ist die Oligozoospermie mit einer Asthenozoospermie und einer Teratozoospermie kombiniert. Liegt eine Beeinträchtigung aller drei Spermaqualitäten vor, so verschlechtert sich die Prognose hinsichtlich der Fertilität ganz erheblich, ohne daß deswegen eine nennenswerte Verbesserung der Therapiemöglichkeiten eintritt.

15.3.4 Die Asthenozoospermie und das Problem der Penetration der Zona pellucida

Eine isolierte Asthenozoospermie läßt sich medikamentös relativ gut beeinflussen (SCHILL, 1982), wobei naturgemäß leichtere Motilitätsstörungen eher zu korrigieren sind als ein ganz ausgeprägter Motilitätsverlust, der im Extremfall bis zur Nekrozoospermie gehen kann. Die Asthenozoospermie stellt jedoch eindeutig eine Indikation zur In vitro-Fertilisation dar, vor allem dann, wenn man die motilitätssteigernden Maßnahmen in vitro ausnützen kann. Neben einer intakten enzymatischen Ausstattung des Spermatozoenkopfes ist es vor allem die propulsive Beweglichkeit, die es dem Spermatozoon ermöglicht, durch Cumulus oophorus und Corona radiata bis zur Zona pellucida vorzudringen und eine Impregnation der Oozyte zu erreichen.

15.3.5 Die Teratozoospermie und ihre Auswirkungen auf das Abortusrisiko

Im Gegensatz zu den Verhältnissen in der Tierwelt liegt beim Menschen der Prozentsatz der tolerablen fehlgebildeten Samenfäden mit 40% relativ hoch. Wird diese Marke jedoch überschritten, so steigt die Gefahr, daß Spermatozoen mit unvollständiger oder defekter genetischer Ausstattung zur Befruchtung gelangen. Diese ist vor allem dann gegeben, wenn in einem Ejakulat bei der erweiterten morphologischen Differenzierung ein stark erhöhter Anteil an Kopfdeformitäten nachgewiesen wird.

Die Frage, bis zu welchem Prozentsatz an fehlgebildeten Spermatozoen, d.h. bis zu welchem Grad der Teratozoospermie, ein Ejakulat zur In vitro-Fertilisation herangezogen werden kann, stellt eines der Kernprobleme dieser neuen Methode dar. Auch hier wird man mit Selektionsmethoden eine gewisse Anreicherung intakter Spermatozoenformen erreichen können, denn morphologisch grob veränderte Spermatozoen sind meist in ihrer Beweglichkeit beeinträchtigt. Eine endgültige Beurteilung des Problems ist erst beim Vorliegen entsprechender Fallzahlen möglich, die für eine statistische Untersuchung ausreichen. Eine wesentliche Rolle spielt auch die Enzymausstattung der Spermatozoen, im besonderen das Akrosin. Dieses proteolytische Enzym ist verantwortlich für die Fähigkeit des einzelnen Samenfadens, die Zona pellucida zu durchdringen. Die Bestimmung des Akrosins (SCHILL, 1976) ist Voraussetzung für die Beurteilung der Spermatozoen hinsichtlich ihrer Penetrationsfähigkeit. Abermals stellt die Gruppe der oligozoospermen Ejakulate ein Problem dar, da sich gezeigt hat, daß die Oligozoospermie häufig mit Defekten der Akrosommembranen gekoppelt ist, was zu falsch positiven Ergebnissen bei der Akrosinbestimmung führen kann. Vielleicht besteht hier aber dennoch die Möglichkeit ein zusätzliches diagnostisches Kriterium zu erarbeiten, das eine prognostische Aussage hinsichtlich der Fertilisierungschancen bei geplanter In vitro-Fertilisation zuläßt.

Literatur

AITKEN, R. J., TEMPLETON, A., SCHATS, R., BEST, F., RICHARDSON, D., DJAHANBAKHCH, O., LEES, M. (1983): Methods for assessing the functional capacity of human spermatozoa; their role in the selection of patients for in vitro-fertilization. In: Fertilization of the Human Egg in vitro (BEIER, H. M., LINDNER, H. R., Hrsg.), S. 147. Berlin-Heidelberg-New York-Tokyo: Springer.

AUSTIN, C. R. (1951): Observations on the penetration of the sperm into the mammalian egg. Aust. J. Scient. Res. B 4, 581.

CHANG, M. C. (1951): Fertilizing capacity of rabbit spermatozoa in the Fallopian tube. Nature 168, 697.

COMHAIRE, F., VERMEULEN, L., ZEGERS-HOCHSCHILD, F. (1982): Enhancement of sperm motility: selecting progressively motile spermatozoa. In: Treatment of Male Infertility (BAIN, J., et al., Hrsg.), S. 283. Berlin-Heidelberg-New York: Springer.

HELLER, C. G., CLERMONT, Y. (1963): Spermatogenesis in man: an estimate of its duration. Science 140, 184.

MAYER, H. O., WINTER, R., KOWATSCH, A., KOIDL, B., PUSCH, H., TSCHERNE, G., URDL, W. (1982): Mikrobiologische Untersuchungen als Screening bei in vitro Fertilisierung und Embryotransfer. Gynäk. Rdsch. 22, Suppl. 1, 115.

PUSCH, H., WIESSPEINER, G., HAUSL, A. (1982): Der elektronische Spermcounter — ein neues Gerät für die Spermadiagnostik. andrologia 14, 113.

— PÜRSTNER, P. (1983): Die Verflüssigungsstörung des Ejakulates — Zur Diagnostik und Therapie. Z. Hautkr. 58, 460.

— (1984): New aspects in diagnosis and therapy of liquefaction disturbances in human semen. J. Androl. 5, 128.

— WINTER, R., URDL, W., KOWATSCH, A., TSCHERNE, G. (1984): Andrologische Indikation zur in vitro Fertilisation. In: Fortschritte der Fertilitätsforschung 12, Kongreßbericht, Rothenburg o.d.T. 1983 (SCHIRREN, C., SEMM, K., Hrsg.), S. 712. Berlin: Grosse.

SCHILL, W. B. (1976): Biochemie und Funktion des Akrosin und seiner Inhibitoren beim Fortpflanzungsvorgang mit besonderer Berücksichtigung der klinischen Bedeutung. In: Proteinasen und Proteinase-Inhibitoren beim Menschen. (Fortschritte der Andrologie, Vol. 5.) Berlin: Grosse.

— PREISSLER, G. (1977): Improvement of cervical mucus spermatozoal penetration by kinins: A possible therapeutic approach in the treatment of male subfertility. In: The Uterine Cervix in Reproduction (INSLER, V., BETTENDORF, G., Hrsg.), S. 134. Stuttgart-New York: G. Thieme.

— (1982): Kinin releasing pancreatic proteinase kallikrein. In: Treatment of Male Infertility (BAIN, J., et al., Hrsg.), S. 131. Berlin-Heidelberg-New York: Springer.

SCHIRREN, C. (1982): Praktische Andrologie. Basel-München-Paris-London-New York-Sydney: S. Karger.

SCHOENFELD, C. Y., AMELAR, R. D., DUBIN, L. (1973): Stimulation of ejaculated human spermatozoa by caffeine: A preliminary report. Fertil. Steril. 24, 772.

SMITH, K. D., STEINBERGER, E. (1973): Survival of spermatozoa in a human sperm bank. Effects of long-term storage in liquid nitrogen. J. Am. Med. Assoc. 223, 774.

STEINER, R., HOFMANN, N., HARTMANN, R., BAUMEISTER, T., KAUFMANN, R. (1978): Laser-Doppler-Spektroskopie, a useful technique for objective measurements of sperm motility parameters. In: Proceedings of the Vth European Congress on Sterility and Fertility, Venice.

TROUNSON, A., LEETON, J., WOOD, C., WEBB, J., KOVACS, G. (1980): The Investigation of Idiopathic Infertility by in vitro Fertilization. Fertil. Steril. 34, 431.

WAGENKNECHT, L. V., LEIDENBERGER, F. A., SCHÜTTE, B., BECKER, H., SCHIRREN, C. (1978): Clinical experience with an alloplastic spermatocele. andrologia 10, 417.

ZANEVELD, L. J. D., WILLIAMS, W. L. (1970): A sperm enzyme that disperses the corona radiata and its inhibition by decapazitation factor. Biol. Reprod. 2, 363.

— SCHUMACHER, G. F. B. (1981): Kapazitation and Fertilisation. In: Menschliche Fortpflanzung (KAISER, R., SCHUMACHER, G. F. B., Hrsg.), S. 113. Stuttgart-New York: G. Thieme.

16
Gynäkologie im Kindes- und Jugendalter

G. Tscherne

16.1 Einleitung

Eine gesonderte Abhandlung von gynäkologischen Problemen im Kindes- und Jugendalter hat sich als berechtigt erwiesen und durchgesetzt. Im Sinne einer prophylaktischen Medizin ist das Erkennen von Störungen und Erkrankungen zu einem möglichst frühen Zeitpunkt Voraussetzung für eine rechtzeitige Festlegung von Behandlungsstrategien. Durch zunehmende Aufgeschlossenheit und gewachsenes Informationsbedürfnis der Eltern, durch die Akzeleration, durch eine liberalere Einstellung gegenüber sexualhygienischen und sexuellen Fragen kommt der Frauenarzt häufiger als früher in Kontakt mit Kindern und jungen Mädchen.

Er wird mit Problemen konfrontiert, zu deren Lösung ein spezielles Wissen und Können erforderlich ist. Dieses ist Gegenstand der Disziplin *„Kindergynäkologie"*, die allerdings immer im Zusammenhang mit dem gesamten Fachgebiet der Frauenheilkunde gesehen werden muß.

Eine Darstellung der kindergynäkologischen Problematik kann sich im gegebenen Rahmen nur nach Schwerpunkten gliedern, die für den Gynäkologen von praktischer Bedeutung sind und von ihm ein adäquates und richtiges Vorgehen entsprechend dem gegenwärtigen Wissensstand erfordern.

16.2 Entwicklung des Spezialgebietes

Die Entstehung der „Kindergynäkologie" ist an die Namen DOBSZAY, PETER und SCHAUFFLER gebunden. Der ungarische Pädiater László DOBSZAY hat 1939 mit seiner Monographie „Beiträge zur Physiologie und Klinik der weiblichen Genitalorgane im Kindesalter" die erste kindergynäkologische Publikation überhaupt vorgelegt. Erst in der Folge haben sich Gynäkologen dieser speziellen Materie angenommen. 1942 hat SCHAUFFLER in den USA ein Lehrbuch „Pediatric Gynecology" herausgebracht. In der

Tschechoslowakei haben PETER und später VESELY in den Vierzigerjahren die Spezialisierung dieses Zweiges vorangetrieben und ausgebaut bis zur Errichtung eines Lehrstuhls für Kindergynäkologie an der Karls-Universität in Prag. Die zunehmende Beachtung der Subdisziplin in den USA und in Europa, vor allem in den Oststaaten, fand ihren Niederschlag in der Einrichtung spezieller Institutionen in Kliniken und Fachabteilungen, der Gründung von nationalen und internationalen Arbeitskreisen und Gesellschaften und in einschlägigen Publikationen. Zusammenfassende Darstellungen geben Einblick in alle speziellen Fragen (PETER und VESELY, 1966; HIERSCHE, 1973; HEINZ und HOYME, 1974; HUBER und HIERSCHE, 1977; GARDNER, 1975; DEWHURST, 1980; HUFFMAN et al., 1981).

16.3 Aufgaben und interdisziplinäre Position der Kindergynäkologie

Im Kindesalter und in der Zeitspanne der Sexualentwicklung können bei Mädchen Anomalien, Störungen und Erkrankungen auftreten, deren Erkennung, Abklärung und Behandlung aufgrund ihrer Ähnlichkeit mit entsprechenden Problemen der erwachsenen Frau dem Gynäkologen näher liegen als dem Pädiater. Insbesondere ist ersterem die Untersuchung der Genitalorgane vertrauter. So ergeben sich Fragestellungen, die primär oder auch sekundär an den Frauenarzt herangetragen werden. Anlaß zu einer gynäkologischen Untersuchung in diesen Altersstufen sind meist folgende Veränderungen:

- Fehlerhafte Geschlechtsentwicklung: Störungen der Genitalentwicklung, Störungen der phänotypischen und körperlichen Entwicklung.
- Infektionen im Genitalbereich
- Blutungsanomalien
- Tumor oder Tumorverdacht
- Verletzungen

Da es sich vielfach um komplexe Störungen und Erkrankungen handelt, sind die Aufgaben der Kindergynäkologie oft nur in Kooperation mit benachbarten Disziplinen zu lösen. Spezielle gynäkologische Sprechstunden für Kinder und Jugendliche haben sich für die Herstellung und Aufrechterhaltung entsprechender Kontakte bewährt. Sie sind auch als übergeordnete Instanzen bei speziellen Fragestellungen anzusehen. In jeder

Klinik und in jedem Schwerpunktkrankenhaus sollte daher im Rahmen der Gynäkologischen Abteilung eine derartige Sprechstunde betrieben werden. Damit wäre das Modell für ein optimales Zusammenwirken vorgegeben:

Allgemeinmediziner $\rightleftarrows$ Gynäkologe $\rightleftarrows$ Pädiater

Gynäkologische Ambulanz
für Kinder und Jugendliche

Kinderklinik   Kinderchirurgie
Urologie   Psychiatrie   Genetik

Von besonderer Bedeutung ist die Kooperation zwischen Gynäkologen und Pädiatern. Fragen der Kompetenz müssen aufgrund der Art der Erkrankung oder der Störung gelöst werden; das Ziel ist immer das bestmögliche Ergebnis für das betroffene Mädchen. Das chronologische Alter spielt eine untergeordnete Rolle. Bei Entwicklungsanomalien und endokrinen Störungen, infolge der großen individuellen Schwankungen in der Reifung aber auch im Normalfall, ist eine eindeutige Zäsur nicht gegeben. Allein die spezielle Problematik des Einzelfalles hat über die Zuständigkeit eines Pädiaters oder des Gynäkologen zu entscheiden. Bei klinischer Zusammenarbeit sollte sich das Vorgehen zusätzlich an den besonderen Erfahrungen sowie diagnostischen und therapeutischen Möglichkeiten der betreffenden Institutionen orientieren.

16.4 Die gynäkologische Untersuchung im Kindes- und Jugendalter

16.4.1 Voraussetzungen und Vorbedingungen

Eine *gynäkologische Sprechstunde für Kinder und Jugendliche* sollte räumlich und zeitlich getrennt vom übrigen Ambulanzbetrieb abgehalten werden. Zur Vermeidung der Erwartungsangst ist auf kurze Wartezeiten in möglichst adaptierter Umgebung Wert zu legen. Arzt und hilfeleistendes Personal sind nach Eignung und Neigung für den Umgang mit Kindern auszuwählen und einzusetzen. Spezielle Einrichtungen sind nicht erforderlich.

Wesentlich für den Ablauf der Untersuchung ist die *Kontaktnahme* mit dem Mädchen und die Vermeidung jeglicher Verängstigung. Wenn das einleitende Gespräch und die Anamneseerhebung im Untersuchungsraum erfolgen, ist der Blick auf den Untersuchungsstuhl und andere Einrichtungen abzuschirmen. Die *allgemeine Untersuchung* ist dem Alter des Mädchens und der Art der Erkrankung oder Störung anzupassen und erfordert größte Rücksichtnahme. Beurteilung von Körperbau und Sexualentwicklung sind natürlich nur in entkleidetem Zustand möglich, aber auch dabei kann so vorgegangen werden, daß die Untersuchung als möglichst wenig unangenehm empfunden wird. Die eigentliche *gynäkologische Untersuchung* kann auf einem normalen Untersuchungsstuhl durchgeführt werden. Zweckmäßig ist eine Adaptierung, die das Aufstützen oder Einrasten der Beine auch bei kleinen Mädchen möglich macht. Dazu eignen sich gesondert angefertigte Halterungen, die auf den vorhandenen Beinhaltern für Erwachsene (am besten Steigbügelhalter) verschiebbar angebracht werden können (Abb. 16.1 und 16.3). Eine gute Lagerung ist Voraussetzung für eine zielführende Untersuchung. Zur Inspektion des äußeren Genitale ist eine entsprechende Beleuchtung notwendig. Nach Entfaltung der Vulva nach außen und hinten lassen sich der Introitus vaginae und der Hymenalsaum gut beurteilen. Angeschlossen werden spezielle Untersuchungen (s. unten). Die Handhabung von Instrumenten ist möglichst verdeckt und geräuscharm durchzuführen. Die Instrumente sollen vor der Anwendung auf Körpertemperatur erwärmt sein. Durch Erklärungen eines jeden Untersuchungsschrittes lassen sich Angst und Abwehr vermindern. Im Anschluß an die Untersuchung ist eine ausführliche *Information* über ihr Ergebnis in einer für das Mädchen und seine Begleitperson verständlichen Form unerläßlich.

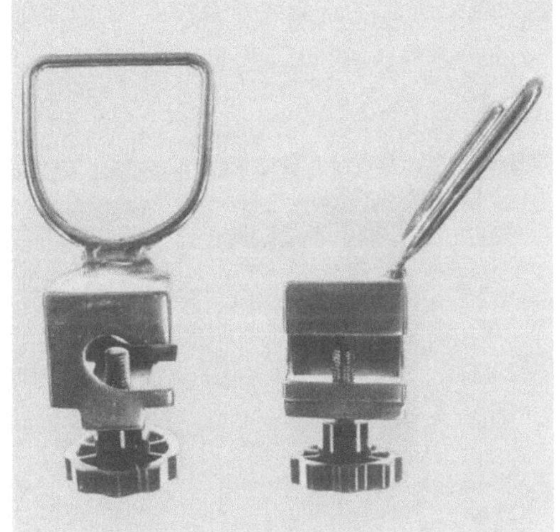

Abb. 16.1. Halterungen zum Einstützen der Beine für die gynäkologische Untersuchung bei Kindern. Sie können bei Bedarf verschiebbar an den Steigbügelhaltern eines normalen gynäkologischen Untersuchungsstuhles angebracht werden (s. a. Abb. 16.3)

Dadurch wird eine weitere Grundlage für problemlose zukünftige Untersuchungen geschaffen.

Die *Anwesenheit der Mutter* oder sonst einer vertrauten Person während der Untersuchung ist bei kleinen Mädchen wünschenswert. Sie kann das Kind beruhigen und halten, der untersuchende Arzt kann allfällige Veränderungen demonstrieren und notwendige Maßnahmen erklären. Die Begleitperson soll auch sehen, was bei der Untersuchung geschieht. Je älter die Mädchen sind, desto eher wird man die Untersuchung ohne Anwesenheit der Mutter durchführen. Mädchen in der Pubertät und Adoleszenz müssen Gelegenheit haben, ihre Probleme allein zu artikulieren. Das ergänzende Gespräch kann unmittelbar vor der Untersuchung erfolgen, nachdem die Mutter den Untersuchungsraum verlassen hat. Darauf ist besonders bei Müttern mit Overprotective-Tendenzen zu achten.

16.4.2. Spezielles Instrumentarium — spezielle Untersuchungsmethoden

Ein spezielles Instrumentarium ist nur für die Einstellung von Portio und Vagina not-

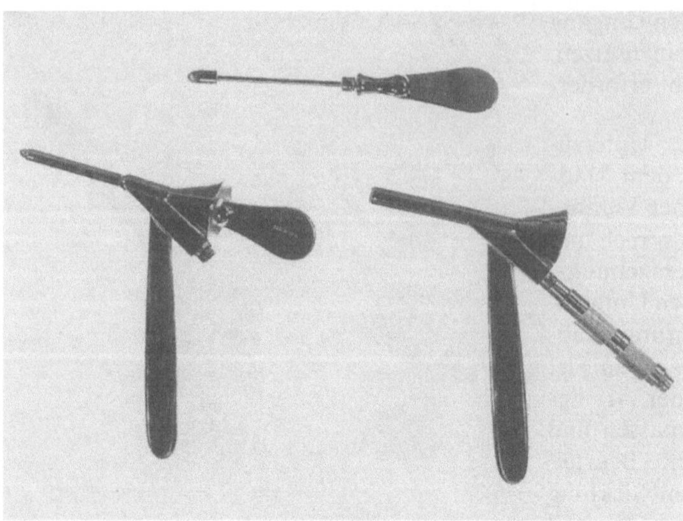

Abb. 16.2. Vaginoskop nach HUFFMAN-HUBER mit Obturator und An-
schlußteil für die Lichtquelle

wendig. Kleine Mädchen werden mit dem Vaginoskop untersucht. Ungefähr ab dem 10. Lebensjahr ist eine Spekulumeinstellung möglich. Bei Adoleszentinnen, die bereits sexuell aktiv geworden sind, ist die Untersuchung wie bei der erwachsenen Frau durchzuführen, einschließlich der Kolposkopie.

Für eine orientierende Sondierung der Scheide kann eine dicke Knopfsonde oder Uterussonde verwendet werden. Zur Sekretabnahme aus der Vagina eignen sich Platinösen und kleine Watteträger, bei Kindern am besten Kunststoffkatheter (HUBER, 1977 a; 1983). Auch zur Einbringung von Lösungen und Cremen in die Scheide sind Kunststoffkanülen bzw. -applikatoren zu empfehlen.

16.4.2.1 Die Vaginoskopie

Die Einstellung von Vagina und Portio bei kleinen Mädchen ist mittels der Vaginoskopie ohne Schwierigkeiten möglich. Sie erlaubt die Beurteilung jeglicher Veränderungen in diesem Bereich (TERRUHN, 1984). Die Methode ist einfach. Das am häufigsten verwendete Modell ist das Vaginoskop nach HUFFMAN-HUBER (Abb. 16.2 und 16.3). Eine Kaltlichtquelle dient zur Beleuchtung. Das Instrument wird in unterschiedlichen Abmessungen von 8—13 cm Länge und 6,5—11 mm Durchmesser angeboten. Die vaginoskopische Untersuchung ist nicht schmerzhaft und gelingt meist problemlos, besondere Vorbereitungen sind nicht notwendig. Befürchtungen betreffend Traumatisierung sind grundlos, auch bei Mädchen vor der Pubertät ist der normal angelegte Hymen in der Regel gut dehnbar. Zur Erzielung eines optimalen Untersuchungsergebnisses sollte daher immer, der Situation angepaßt, ein möglichst großes Vaginoskop verwendet werden. Schwierigkeiten ergeben sich bei Mädchen, die primär überängstlich, psychisch labil und inkooperativ sind, wenn eine unsachgemäße Untersuchung vorausgegangen ist oder bei unbewußt negativer Beeinflussung durch die Mutter. Von einer forcierten Untersuchung muß Abstand genommen werden; bei Widerstand ist die Wiederholung der Vaginoskopie zu einem späteren Zeitpunkt durchaus erfolgversprechend. Nur in Ausnahmefällen wird eine Narkose notwendig sein.

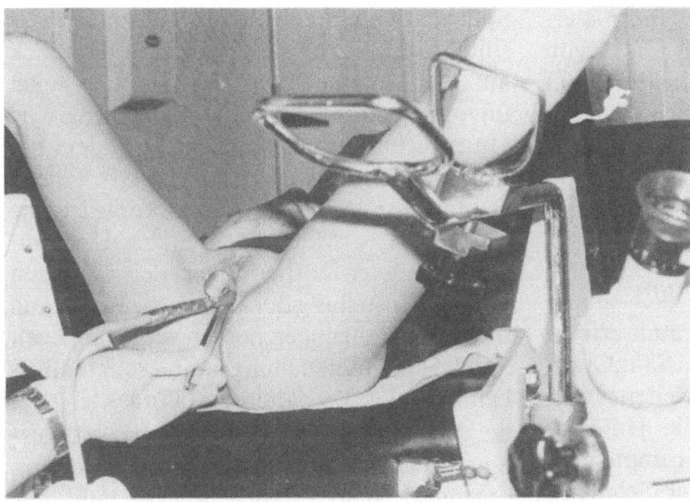

Abb. 16.3. Vaginoskopie. Vaginoskop in situ. Lagerung auf einem normalen gynäkologischen Untersuchungsstuhl, Einstützen der Beine in zusätzlich angebrachten Halterungen (s. a. Abb. 16.1)

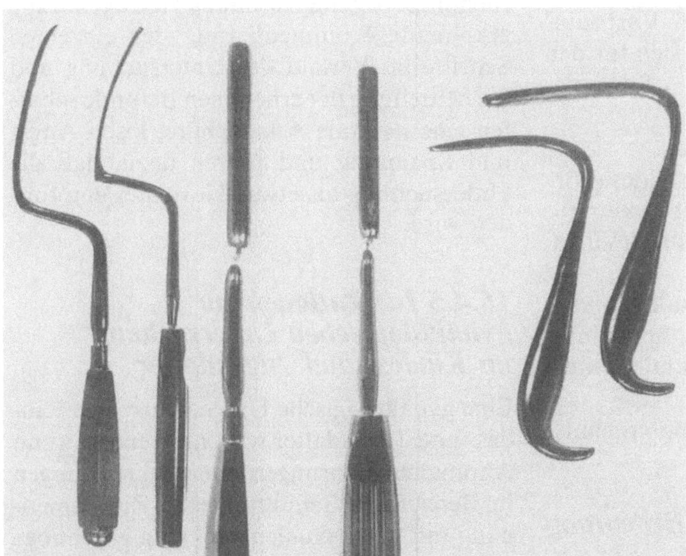

Abb. 16.4. Virgospekula für die gynäkologische Untersuchung von Mädchen. Getrennte vordere und hintere Blätter in unterschiedlichen Abmessungen

16.4.2.2 Spekulumeinstellung

Bei größeren Mädchen, je nach Entwicklung ungefähr ab dem 10. Lebensjahr, lassen sich Vagina und Portio mittels Spekula zur Ansicht bringen. Besonders geeignet sind Spezialanfertigungen sogenannter *Virgospekula*. Sie bestehen aus vorderen und hinteren Blättern in den Abmessungen 9:90 mm, 10:100 mm, 12:100 mm oder in sonstigen gewünschten Dimensionen (Abb. 16.4). Der Hymenalsaum ist nach bereits eingetretener

Östrogenisierung des Gewebes normalerweise sehr gut dehnbar, die Beurteilung von Vagina und Portio unter Beleuchtung mit dem Kolposkop optimal möglich. Bei der Untersuchung von Mädchen in der Pubertät und Adoleszenz ist eine Spekulumeinstellung obligat.

16.4.2.3 Rektale Untersuchung

Die Beurteilung des inneren Genitale erfolgt durch rektale Untersuchung. Bei Säuglingen und kleinen Mädchen bis zum zweiten (eventuell dritten) Lebensjahr ist die Untersuchung mit dem kleinen Finger zu empfehlen. Die Palpation ist bei geringerer Schmerzhaftigkeit ebenso gut durchführbar wie mit dem Zeigefinger.

16.4.3 Untersuchungsgang

Entsprechend den dargestellten Vorbedingungen und Grundlagen ergibt sich für den Ablauf der Untersuchung folgendes Schema:
- Kontaktnahme — Anamnese.
- Beurteilung des Erscheinungsbildes (körperliche Entwicklung, Sexualentwicklung).
- Beurteilung des äußeren Genitale (Vulva, Introitus vaginae, Hymen).
- Beurteilung des inneren Genitale (Sondierung der Vagina, Vaginoskopie, Spekulumeinstellung, Sekretabnahme, rektale Untersuchung).
- Mitteilung des Untersuchungsergebnisses.

16.4.4 Die psychologische Bedeutung der ersten gynäkologischen Untersuchung

Grundsätzlich ist festzuhalten, daß die erste gynäkologische Untersuchung bezüglich ihrer psychologischen Bedeutung nicht überbewertet werden soll. Befürchtungen hinsichtlich psychischer Traumatisierung oder anderer nachteiliger Folgen sind grundlos. Wichtige Voraussetzungen sind jedoch Einfühlungsvermögen, Herstellen eines guten Kontaktes und behutsames Vorgehen vor und bei der Untersuchung. Normalerweise sind Mädchen vor der Pubertät im Hinblick auf die Untersuchung des Genitale noch unvoreingenommen. Eine gynäkologische Untersuchung muß daher nicht anders bewertet werden als eine sonstige körperliche Exploration. Auch die Vaginoskopie ist eine diagnostische Methode, die der Untersuchung anderer Körperhöhlen gleichzusetzen ist. Die Einstellung der Eltern, die Erziehung und die Erfahrungen bei vorausgegangenen ärztlichen Untersuchungen sind sehr maßgebend für das Verhalten des Kindes.

Bei Mädchen in der Pubertät und Adoleszenz ist heute die bewußtere Einstellung gegenüber dem eigenen Körper und der eigenen Geschlechtlichkeit deutlich erkennbar. Sie ist sehr abhängig vom sozialen Milieu und der Erziehung; diesem persönlichen Hintergrund ist beim gesamten Untersuchungsvorgang Rechnung zu tragen. Eine erklärende Kommentierung der einzelnen Schritte im Verlauf der Untersuchung und die Mitteilung der erhobenen Befunde schaffen eine neutrale Atmosphäre, lösen Angst und Spannung und führen dazu, daß die Untersuchung als etwas Normales empfunden wird.

16.4.5 Indikationen zur gynäkologischen Untersuchung im Kindes- und Jugendalter

Eine gynäkologische Untersuchung im Kindes- und Jugendalter wird notwendig, wenn Anomalien, Störungen oder Erkrankungen im Bereich des Genitale oder im Zusammenhang mit der Sexualentwicklung erkennbar werden, also bei gegebenen Symptomen. Eine routinemäßige Vorsorgeuntersuchung in Kindheit und früher Pubertät ist nicht angebracht. HUFFMAN (1981) fordert wenigstens eine Untersuchung zwischen Menarche und 16. Lebensjahr zum Ausschluß angeborener Anomalien. Nach Aufnahme sexueller Beziehungen sollte mindestens einmal im Jahr eine gynäkologische Untersuchung erfolgen (HUBER, 1983).

Mitunter ist es nicht einfach, pathologische

Veränderungen und Entwicklungen zu erkennen, weil die Grenzen zwischen einer Variante auf konstitutioneller Basis und einer echten Anomalie fließend sind. Bei der Indikationsstellung zur Untersuchung und Abklärung gilt es, zwischen einem „Zuviel" und „Zufrüh" und dem Vernachlässigen wesentlicher Symptome die richtige Linie zu finden. Bei folgenden Abweichungen von der Norm (entsprechend der auf S. 272 gegebenen Gruppierung) ist eine gynäkologische Untersuchung angezeigt:

● Sichtbare Anomalien im Bereich des äußeren Genitale; Molimina menstrualia; Beeinträchtigung der Kohabitationsfähigkeit.

● Vorzeitige Entwicklung sekundärer Geschlechtsmerkmale (Brust, Schambehaarung, genitale Blutung); verzögerte Entwicklung sekundärer Geschlechtsmerkmale; dissoziierte Sexualentwicklung (Diskrepanzen zwischen Thelarche, Pubarche, Menarche); Kleinwuchs; Hochwuchs; Anomalien im Erscheinungsbild (Turner-Symptome, knabenhafter Habitus).

● Eitriger Fluor; blutig tingierter Fluor; anhaltender oder rezidivierender Fluor; entzündliche Veränderungen im Bereich der Vulva.

● Blutungen im Kindesalter; schwere dysfunktionelle Blutungen in Pubertät und Adoleszenz; Ausbleiben der Menarche bis über das 15. Lebensjahr hinaus; sekundäre Amenorrhoe.

● Verdrängungserscheinungen im Bereich von Becken und Unterbauch.

● Verletzungen jeglichen Grades im Genitalbereich.

Die Häufigkeit dieser Symptome und der Anteil im Spektrum der Indikationen zu einer gynäkologischen Untersuchung sind sehr unterschiedlich und wesentlich vom Alter und von regionalen Gegebenheiten abhängig. So machen entzündliche Erkrankungen bei Mädchen im prämenarchalen Alter rund 60% der Fälle aus, nach der Menarche nur mehr rund 25%. Die Gesamtzahl der Patientinnen und die Zusammensetzung nach den verschiedenen Krankheitsbil-

Tabelle 16.1. Häufigkeit der Indikationen zu einer kindergynäkologischen Untersuchung. Gynäkologische Ambulanz für Kinder und Jugendliche, Univ.-Frauenklinik Graz, 1976—1981. (612 Mädchen; Alter: bis 8 Jahre: 122; 8 bis 14 Jahre: 296; über 14 Jahre: 194)

Anomalien im Genitalbereich	8,9%
Störungen der phänotypischen und körperlichen Entwicklung	11,1%
Infektionen im Genitalbereich	40,5%
Fremdkörper	1,8%
Blutungsanomalien	26,1%
Tumor	1,5%
Andere Erkrankungen, Verdachtsmomente oder Fragestellungen	10,1%

dern hängt wesentlich davon ab, ob sie von einer Facharztpraxis, einer allgemeinen gynäkologischen Ambulanz oder einer speziellen gynäkologischen Sprechstunde für Kinder und Jugendliche stammt. Länder mit kindergynäkologischer Tradition weisen hohe Untersuchungsfrequenzen ihrer Ambulanzen auf. Einen Überblick über die Häufigkeit der einzelnen Indikationen insgesamt gibt Tab. 16.1.

16.4.5.1 Indikationen zur Vaginoskopie

Eine routinemäßige Vaginoskopie bei allen Mädchen, die zur Untersuchung in eine kindergynäkologische Sprechstunde kommen, ist nicht berechtigt. Ihr Einsatz hängt von den gegebenen Umständen und Symptomen ab und sollte durch die zu erwartenden Befunde gerechtfertigt sein. Unbedingt ist die Vaginoskopie bei folgenden Symptomen durchzuführen:

● Blutungen im Kindesalter,
● blutiger Fluor,
● rezidivierende Vulvovaginitis,
● Verdacht auf Fremdkörper.

16.5 Spezielle Diagnostik und Therapie

16.5.1 Fehlerhafte Geschlechtsentwicklung

Voraussetzung für eine ungestörte anatomische, physiologische und psychische Sexualreifung ist eine normale chromosomale, gonadale und hormonale Geschlechtsdifferenzierung sowie ein adäquates Milieu. Bei Fehlen dieser Voraussetzungen resultieren die unterschiedlichsten Anomalien, die in verschiedenen klinischen Symptomen und Syndromen ihren Ausdruck finden. Sie treten als angeborene Fehl- und Mißbildungen im Genitalbereich oder als Störung der phänotypischen und geschlechtlichen Entwicklung in Erscheinung. Dementsprechend wird die Erkennung und Diagnosestellung in verschiedenen Lebensaltern erfolgen.

Fehl- und Mißbildungen im Genitalbereich, die bereits im Neugeborenen- und Säuglingsalter erkennbar sind, werden vorwiegend vom Pädiater bzw. Neonatologen beobachtet und abgeklärt. Erfolgt die Erstuntersuchung durch den Geburtshelfer, so sollte auch dieser eine genaue Inspektion des äußeren Genitale und eine Sondierung der Vagina vornehmen. Die Festlegung des Geschlechtes kann eine schwerwiegende Entscheidung sein. Bei Unklarheiten sind kompetente Institutionen zu Rate zu ziehen. Entscheidende Bedeutung kommt dem klinischen Befund des äußeren Genitale zu.

Gynatresien, Aplasien, Stenosen, Doppelmißbildungen und Entwicklungsstörungen bei Gonadenanomalien machen sich überwiegend erst im Verlauf von Pubertät und Adoleszenz bemerkbar. Sie werden meist primär vom Gynäkologen diagnostiziert. Nur die Beachtung der Symptome führt zu einer frühen Erkennung solcher Anomalien, deren differentialdiagnostische Abklärung heute durch die zur Verfügung stehenden Untersuchungsmethoden weitgehend möglich geworden ist.

16.5.1.1 Störfaktoren der normalen Geschlechtsdifferenzierung

Das genetische Geschlecht wird bei der Befruchtung determiniert, das chromosomale Muster ist nach der Konjugation festgelegt. Die Gonadenanlage ist zunächst indifferent. Das Y-Chromosom als aktiver Faktor induziert die Entwicklung von Hoden. Bei fehlendem Y entwickelt sich ein Ovar. Der embryonale Hoden produziert Testosteron, welches die Differenzierung der Wolffschen Gänge und damit männlicher Geschlechtsorgane induziert. An der Rückbildung der Müllerschen Gänge ist das „Anti-Müllerian-Hormon" beteiligt. Dieses AMH (gleichzusetzen dem Faktor X) ist ein Gewebshormon, das im Hoden gebildet wird; fehlt es, bleiben die Müllerschen Gänge erhalten. Die Substanz scheint auch bei der Behandlung bestimmter gynäkologischer Malignome als wachstumshemmender Faktor Bedeutung zu gewinnen (s. S. 133). Bei fehlendem Testosteron bleiben die Müllerschen Gänge erhalten, es entwickeln sich weibliche Geschlechtsorgane. Die normale weibliche Geschlechtsdifferenzierung ist hormonunabhängig.

Diese Vorstellungen über die geschlechtliche Entwicklung haben sich durch Ergebnisse der Genforschung erweitert (DREWS, 1976). Die Entwicklung der Gonadenanlage und des Genitaltraktes wird durch genetische Information von Regulatorgenen bewirkt. Diese an das Y-Chromosom gebundenen Faktoren induzieren die Hodenanlage. Ein Tfm-Gen steuert die Ausbildung des Androgenrezeptors in den Erfolgsorganen und reguliert damit alle Androgenwirkungen im Körper. Ein HY-Antigen kommt an der Oberfläche aller männlichen Zellen vor und ist ebenfalls für die Hodendifferenzierung von Bedeutung.

Störungen bzw. *Anomalien der Geschlechtsdifferenzierung* ergeben sich daher bei fehlerhafter chromosomaler Anlage, fehlerhafter gonadaler Differenzierung, bei Gendefekten und pathologischen Hormonwirkungen. Sie treten in unterschiedlicher Ausprägung als *Intersexualität, Gonadendysgenesien* und *Fehlbildungen des Genitale* in Erscheinung. Bei der gegebenen Variabilität und dem Vorkommen komplexer Formen gibt es begriffliche und klinische Überschneidungen, die die Terminologie komplizieren. So können Gonadendysgenesien je nach der Beteiligung von Y-Chromosomen und damit HY-Antigen-Anteilen Erscheinungsformen von Intersexualität zeigen. Intersexualität kann bei normalem Kerngeschlecht durch hormonelle Fehlsteuerungen verursacht werden, wie jeglicher Einfluß von Androgenen auf die sich entwickelnden weiblichen Geschlechtsorgane Intersexualität hervorruft. Defekte von Genen im Zusammenhang mit Androgenrezeptoren sind für verschiedene Formen von Verweiblichung bei vorhandenen Hoden bis zur kompletten testikulären Feminisierung verantwortlich. Die Form der fehlerhaften Geschlechtsentwicklung und ihr Ausmaß sind von der Art der Störung, dem Zeitpunkt ihres Wirksamwerdens und ihrer Intensität abhängig.

16.5.1.2 Definitionen der normalen Pubertätsentwicklung

Die Pubertätsentwicklung ist ein komplexes Geschehen, das durch das Auftreten sekundärer Geschlechtsmerkmale erkennbar wird (SCHINDLER, 1983). Die Entwicklung der Brust, der Schambehaarung, der Axillarbehaarung, die Veränderung der Körperproportionen und das Wachstum sind sichtbare Zeichen dieses Vorganges. Der Beginn und die Intensität der Entwicklung erfolgt mit breiten individuellen Schwankungen, die zeitliche Aufeinanderfolge, in der die einzelnen Merkmale erkennbar werden, unterliegt aber einer gewissen Konstanz. Die Beachtung dieser *Korrelationen* ist für das Erkennen von Anomalien wesentlich. Nach dem 8. Lebensjahr beginnt die Funktion der hypothalamo-hypophysär-ovariellen Achse mit dem Ingangkommen der Östrogenproduk-

tion. Mit 10—11 Jahren ist die *Thelarche* (Beginn der Brustentwicklung) zu erwarten, etwas später die *Pubarche* (Auftreten der Schambehaarung). Zwei Jahre danach ist mit der *Menarche* zu rechnen. Dazwischen liegt der puberale Wachstumsschub und das Auftreten der Axillarbehaarung. Das Menarchealter liegt in Europa bei 12—13 Jahren. Zur Charakterisierung des fortschreitenden Grades der Sexualentwicklung hat TANNER (1962) für Brust und Pubesbehaarung fünf Stadien angegeben, die eine gute Beschreibung und Vergleichbarkeit möglich machen. Diese *Tanner-Stadien* haben sich allgemein durchgesetzt:

B_1 Fehlen jeglicher Brustentwicklung.
B_2 Tastbares Brustparenchym innerhalb der Areola, Brustknospe.
B_3 Deutlicher, über den Warzenvorhof hinausreichender Parenchymkörper.
B_4 Brustwarze und Areola prominieren über der weiter vergrößerten Brustdrüse, so daß eine Art Doppelkontur entsteht.
B_5 Normale Form der Brust, wie bei der reifen Frau. Areola und Mamille sind wieder in die Kontur einbezogen.

P_1 Keine Schambehaarung erkennbar.
P_2 Geringe Behaarung im Bereich der Labia majora.
P_3 Ausbreitung der Behaarung oberhalb der Symphyse.
P_4 Kräftige Behaarung im Bereich der Labia majora und des Mons pubis, wobei nur die lateralen Winkel freibleiben.
P_5 Typische Form der Behaarung, wie bei der reifen Frau.

Die Angabe $B_1 P_1$ bedeutet fehlende Pubertätsentwicklung, $B_5 P_5$ voll ausgebildete weibliche Geschlechtsmerkmale; dazwischen sind alle Entwicklungsstufen definierbar.

Die Zuordnung des sogenannten *Knochenalters* ist ein weiterer Parameter für die Beurteilung der Entwicklung und das Erkennen von Anomalien. Der Reifegrad ist durch röntgenologische Darstellung der Ossifikation der Handwurzelknochen (Handwurzelröntgen) objektivierbar, im Normalfall ent-

Tabelle 16.2. Reifekriterien junger Mädchen (FIGIJ, 1982; LAURITZEN, 1983)

Kriterien	Quantifizierung	Erklärung
Gynäkologisches Alter	> 3 (bis 5) Jahre	Jahre nach der Menarche
Zyklus	28 ± 6 Tage	keine längeren Oligo-Amenorrhoe-Episoden
Ovulation Gelbkörperbildung	ist aufgetreten	Basaltemperaturanstieg (> 10 Tage) Progesteron > 5 ng/ml Pregnandiol > 2 mg/24^h Ovulation kann durch 5×100 mg Clomiphen induziert werden.
Knochenalter	> 13,6 Jahre	97,5% des Wachstums beendet
Tanner-Stadien	> B_3 > P_3	Achselhaar vorhanden

spricht dieses biologische Alter dem chronologischen. Mit Erreichen der Reife beträgt es über 13,6 Jahre. Als Richtlinie für die Beurteilung gilt der Atlas von GREULICH und PYLE (1959). Im Falle einer beschleunigten oder verzögerten Sexualentwicklung eilt das Knochenalter voraus oder bleibt zurück. Unter *gynäkologischem Alter* versteht man die Jahre nach der Menarche. Die Pubertätsentwicklung ist mit dem Erreichen der Reife beendet. Die nach einer internationalen Übereinkunft 1982 festgelegten *Reifekriterien* sind in Tab. 16.2 zusammengefaßt.

16.5.1.3 Intersexualität

Diskrepanzen zwischen somatischer Geschlechtsdifferenzierung und chromosomalem bzw. gonadalem Geschlecht können als Intersexualität zusammengefaßt werden (OVERZIER, 1969; PRADER, 1978; DEWHURST, 1980; LAURITZEN, 1982). Es handelt sich um Anomalien im Bereich des Genitale und des phänotypischen Erscheinungsbildes, die eine eindeutige Zuordnung zu einem Geschlecht unmöglich machen. Dieser Zustand wird als Pseudohermaphroditismus bezeichnet, je nach Art der Gonaden wird ein männlicher und weiblicher Scheinzwitter unterschieden. Das Genitale ist mehr oder weniger vollständig zum entgegengesetzten Geschlecht hin differenziert, also der gonadalen Anlage

widersprechend. Diese Differenzierung entspricht in keiner Weise dem gesamten Spektrum von Anomalien, deren Erfassung und Ordnung äußerst schwierig ist und zu den unterschiedlichsten Einteilungen geführt hat (s. a. S. 279). So ist die testikuläre Feminisierung eigentlich eine Sonderform des Pseudohermaphroditismus masculinus und das adrenogenitale Syndrom ist nicht dem Pseudohermaphroditismus femininus gleichzusetzen. Übersichtlich kann nach PRADER (1978) zwischen abnormer Gonadenentwicklung, abnormer Genitalentwicklung bei normalen Hoden und abnormer Genitalentwicklung bei normalen Ovarien unterschieden werden. Die hier gewählte Gruppierung ist stark vereinfacht. Unter bewußter Weglassung zahlreicher spezieller Krankheitsbilder soll zur Erleichterung des Verständnisses lediglich auf die praktisch wichtigen Erscheinungsformen mit den prinzipiellen klinischen Konsequenzen hingewiesen werden.

16.5.1.3.1 Pseudohermaphroditismus masculinus

Definitionsgemäß handelt es sich um eine partielle oder totale Verweiblichung der Genitalsphäre und des Phänotyps bei Vorliegen von Hoden. Klinisch resultiert eine mehr oder weniger vollständige testikuläre Feminisierung; aber auch spezielle Formen von

Gonadendysgenesien können zu Diskrepanzen zwischen Erscheinungsbild und chromosomalem Geschlecht führen. Als häufigste Varianten können gelten:

Testikuläre Feminisierung: Die komplette (totale) testikuläre Feminisierung ist durch einen Androgenrezeptordefekt (Tfm-Gen) mit dem Ergebnis einer vollständigen Androgenresistenz verursacht. Der Karyotyp ist normal männlich (46,XY), die Gonaden sind endokrin aktive Hoden, die in der Position von Ovarien oder im Leistenkanal zu liegen kommen. Das äußere Genitale ist weiblich, die Scheide ist als unterschiedlich langes Rudiment angelegt. Uterus, Ovarien und Tuben fehlen. Das Erscheinungsbild ist weiblich, in der Pubertät entwickeln sich Brüste. Die Anomalie wird gewöhnlich erst in der Adoleszenz erkannt, wobei fehlende Körperbehaarung (*„Hairless women"*), Amenorrhoe oder die Unmöglichkeit einer normalen Kohabitation die Hinweise geben. Das Vorgehen nach Bekanntwerden der Diagnose ist zunächst konservativ. Die Hoden sollen belassen werden, ihre endokrine Funktion bewirkt die Sexualentwicklung. Nach abgeschlossener Geschlechtsreifung ist die Exstirpation angezeigt, weil eine mögliche maligne Entartung intraabdomineller, aber auch im Leistenkanal gelegener Hoden in Rechnung zu stellen ist (MORRIS und MAHESH, 1963; REHDER, 1976). Nach operativer Entfernung der Gonaden ist mit einer hormonellen Substitution in Form einer Östrogentherapie wie bei Zustand nach Ovariektomie zu beginnen. Bei Entfernung der Hoden im Kindesalter, wie sie gelegentlich anläßlich einer Leistenbruchoperation wissentlich oder unwissentlich erfolgt, ist eine Östrogenbehandlung zur Induzierung der Sexualentwicklung einzuleiten, wobei anfangs wie bei Gonadendysgenesie vorgegangen wird (s. S. 283). Zur Ermöglichung normaler Kohabitationen ist eine plastisch-chirurgische Scheidenbildung indiziert. Für die Wahl von Zeitpunkt und Methode gelten die gleichen Richtlinien wie bei Vaginalaplasie (s. S. 285).

Die als Mädchen aufgewachsenen Jugendlichen sollen über ihr wahres Geschlecht keinesfalls aufgeklärt werden. Ihr gesamtes Verhalten und sexuelles Empfinden ist weiblich. Bei der Information über die vorliegende Anomalie, der Absprache der notwendigen Maßnahmen und ihres Zeitpunktes sowie der sich ergebenden Konsequenzen muß mit äußerster Diskretion und psychologischem Einfühlungsvermögen vorgegangen werden.

Inkomplette (partielle) testikuläre Feminisierung: Ursächlich kommt es durch Enzym- und Gendefekte zu einer inkompletten Androgenresistenz. Die Gonaden, es sind Hoden, sind mehr oder weniger deszendiert. Klinisch resultieren verschiedene Formen von Intersexualität mit zwittrigem äußeren Genitale. Im Laufe der Entwicklung kann es zu einer unterschiedlich starken Virilisierung kommen, auch eine Behaarung tritt auf. Bei diesen Formen ist das Sexualverhalten häufig männlich.

Bei auftretenden Zeichen von Virilisierung, erkennbar an Klitorishypertrophie und Behaarung, ist eine frühe Gonadenexstirpation indiziert, um die allgemeine und vor allem die psychosexuelle Entwicklung möglichst in die weibliche Richtung weiterlaufen zu lassen. Nach Entfernung der Hoden ist eine Substitutionsbehandlung mit Östrogenen einzuleiten. Bezüglich einer eventuellen Scheidenplastik gilt das gleiche wie bei anderen Vaginalaplasien (s. S. 285). Andere operative Korrekturen im Genitalbereich sollten nur nach eingehenden Überlegungen vorgenommen werden und Institutionen überlassen bleiben, die mit dieser Problematik vertraut sind. Das gilt insbesondere für die Klitorisresektion (MARBERGER et al., 1975).

Chromosomale Anomalien: Die XY-Gonadendysgenesie, das Swyer-Syndrom, ist auch eine Form der Intersexualität, weil bei normal männlichem Chromosomensatz eine weibliche Geschlechtsentwicklung gegeben ist. Der Störung liegt ein Defekt des HY-Antigensystems zugrunde. Hoden sind nicht differenziert, es liegen hormonell inaktive Streak-Gonaden vor. Das äußere und innere Genitale ist weiblich. Eine Sexualentwicklung fehlt in den meisten Fällen entsprechend dem hypergonadotropen Hypogonadismus.

Bei partiellen Defekten im HY-Antigensystem können rudimentäre testikuläre Strukturen vorliegen, die wieder in verschiedenen phänotypischen Erscheinungsbildern ihren Ausdruck finden. Das gilt auch für Gonadendysgenesien mit chromosomalen Mosaikstrukturen mit einem Y.

Auf die klinische Problematik dieser Anomalien wird bei den Gonadendysgenesien eingegangen (s. S. 284).

16.5.1.3.2
Pseudohermaphroditismus femininus

Die mehr oder weniger ausgeprägte Ausbildung eines männlichen Genitale bei Vorhandensein von Ovarien ergibt das Bild des weiblichen Scheinzwitters. Ursache ist das Wirksamwerden von Androgenen im Verlauf der Entwicklung. Das bedeutendste klinische Bild ist das *adrenogenitale Syndrom (AGS)*.

Das *kongenitale AGS* ist durch eine antenatale Virilisierung gekennzeichnet. Die Ursache liegt in autosomal rezessiv vererbten *Enzymdefekten,* die zu einer primären Störung der Cortisolbiosynthese mit erhöhter ACTH-Sekretion, Nebennierenrindenhyperplasie und Androgenüberproduktion führen. Die Defekte betreffen die 21-Hydroxylase, 11-Hydroxylase, aber auch andere Enzyme (BLUNCK, 1977; LAURITZEN, 1982). Am häufigsten ist der 21-Hydroxylase-Defekt, der im Neugeborenen- und Säuglingsalter mit einem Salzverlustsyndrom einhergehen kann. Das äußere Genitale zeigt je nach Ausprägung der Enzymdefekte eine graduell unterschiedliche Maskulinisierung (PRADER, 1978). Die notwendigen Maßnahmen sind vom klinischen Pädiater zu treffen. Da eine vollkommene Virilisierung des äußeren Genitale selten ist, wird das Geschlecht bei der Geburt meistens als weiblich

bestimmt, die Kinder wachsen als Mädchen auf. Operative Korrekturen am äußeren Genitale (Klitorisresektion bzw. -verlagerung) werden aus psychologischen Gründen früh durchzuführen sein. Bezüglich einer operativen Scheidenbildung ist vom Standpunkt des Gynäkologen aus wieder die Einhaltung der Richtlinien zu fordern, die für das Vorgehen bei Vaginalaplasie gelten (s. S. 285).

Das *erworbene AGS* tritt als hormonell bedingte Virilisierung bei primär weiblicher Entwicklung in Erscheinung. Auf seine klinische Bedeutung wurde bei der Besprechung der androgenetischen Amenorrhoe eingegangen (s. S. 223).

16.5.1.4 Gonadendysgenesie

Diese angeborene Entwicklungsstörung ist charakterisiert durch *Streak-Gonaden* an Stelle von differenzierten Ovarien. Die bindegewebigen Leisten enthalten keine Keimzellen und Follikel und sind daher nicht imstande, eine hormonelle Funktion zu entfalten.

Das bekannteste und häufigste Bild ist das sogenannte Turner-Syndrom mit seinen Varianten hinsichtlich Chromosomensatz und phänotypischem Erscheinungsbild. Daneben gibt es zahlreiche weitere Formen mit verschiedenen Zusammensetzungen im Chromosomenmuster und den entsprechenden phänotypischen Anomalien und klinischen Konsequenzen (MCDONOUGH, 1972; MCDONOUGH et al., 1977; SIMPSON, 1979; DEWHURST, 1980; BRECKWOLDT et al., 1981). Gonadendysgenesien werden meist erst im Verlauf der Entwicklung erkannt, da Hinweise im Kindesalter spärlich sind. Abweichungen von der normalen Körpergröße und fehlende Sexualentwicklung sind die signifikantesten Symptome. Funktionell liegt ein *hypergonadotroper Hypogonadismus* vor. Die frühe FSH-Bestimmung in der Pubertät ist daher ein wesentlicher Faktor für die Erkennung einer derartigen Anomalie. Erhöhte FSH-Werte stellen die Indikation zur *zytogenetischen Untersuchung* dar.

Da in seltenen Fällen auch bei dysgenetischen Gonaden eine Sexualentwicklung erkennbar sein kann und die FSH-Ausscheidung nicht unbedingt erhöht sein muß, ist bei jeder primären Amenorrhoe, bei der sich eine Entwicklungsanomalie nicht sicher ausschließen läßt, eine zytogenetische Untersuchung zu veranlassen. Die Reifebestimmung anhand des Knochenalters ergänzt die diagnostischen Maßnahmen. Eine Laparoskopie zwecks Gonadenbiopsie zur histologischen Untersuchung und Chromosomenanalyse im Gonadengewebe ist nur dann indiziert, wenn eine echte Erweiterung des Befundes zu erwarten ist; sie ist zum Beispiel bei einem eindeutigen Turner-Syndrom unnotwendig. Damit führen folgende Maßnahmen zur Erkennung und Abklärung der Gonadendysgenesie:

● Beachtung phänotypischer Anomalien (Kleinwuchs, Hochwuchs, knabenhafter Habitus, Turner-Symptome).
● Registrierung fehlender Sexualentwicklung (Brust, Schambehaarung).
● Beachtung des Ausbleibens der Menarche (Grenze: 15. Lebensjahr).
● FSH-Bestimmung (im Pubertätsalter).
● Zytogenetische Untersuchung (bei klinischen Verdachtsfällen; bei erhöhten FSH-Werten).
● Bestimmung des Knochenalters.
● Laparoskopie mit Gonadenbiopsie (nur bei gegebener Indikation).

Die Therapie der Gonadendysgenesie kann nur symptomatisch sein und besteht in einer hormonellen *Substitutionsbehandlung*. Durch Östrogene läßt sich die Sexualentwicklung induzieren, mittels zusätzlicher Gestagenmedikation sind Blutungen auslösbar. Das sinnvollste Vorgehen besteht in einer frühen niedrig dosierten Östrogenbehandlung, auf die erst später die Verabreichung von Hormonkombinationen folgen sollte (s. unten). Die Substitutionsbehandlung ist als Langzeittherapie durchzuführen, um somatische Schäden durch den Östrogenmangel zu verhindern. Die Östrogenmedikation wirkt sich auch im psychischen und intellektuellen Bereich positiv aus. Die Be-

treuung von Mädchen mit Gonadendysgenesie erfordert Zuwendung und Einfühlungsvermögen, die Aufklärung über die Folgen der Anomalie soll schrittweise erfolgen. Im Falle einer eindeutigen Gonadendysgenesie muß die Prognose hinsichtlich der Fertilität negativ gestellt werden, obwohl es Mitteilungen über Schwangerschaften bei Turner-Syndrom gibt (NIELSEN et al., 1979).

16.5.1.4.1 Das Turner-Syndrom

Es ist charakterisiert durch die bekannten Symptome, wie Kleinwuchs, Pterygium colli, tiefer Haaransatz, Cubitus valgus, Pigmentnaevi und durch mangelhafte bzw. fehlende Sexualentwicklung. Die Häufigkeit des Vorkommens wird mit 1:2000—2500 angegeben. Der chromosomale Befund lautet in über der Hälfte der Fälle 45,XO, es fehlt also ein X-Chromosom. Daneben gibt es zahlreiche Mosaike, die ebenfalls das klinische Bild des Turner-Symdroms zur Folge haben. Die einzelnen Symptome sind in ihrer Ausprägung sehr unterschiedlich und nicht streng zum Karyotyp korreliert. Obligat sind *Kleinwuchs* und *primäre Amenorrhoe*. Intellektuell sind die Mädchen mäßig oder gar nicht beeinträchtigt, psychische Probleme ergeben sich vorwiegend aus dem Kleinwuchs.

Für die *hormonelle Substitutionstherapie* werden verschiedene Schemata angegeben (McDONOUGH, 1972; NEU und GARDNER, 1975; PRADER, 1978; LUCKY et al., 1979; DEWHURST, 1981; LAURITZEN, 1983); gewöhnlich wird eine sequentiale Östrogen-Gestagen-Behandlung durchgeführt. Mit der Östrogensubstitution sollte früh begonnen werden, um eine langsame, dem Normalen angepaßte Sexualentwicklung zu induzieren. Dazu genügt eine Dosis in der Größenordnung von 10 µg Äthinylöstradiol pro Tag (LUCKY et al., 1979; BRECKWOLDT et al., 1980; DEWHURST, 1980; TSCHERNE, 1983). Der Zeitpunkt des Beginnes einer solchen Medikation hängt vom chronologischen Alter, dem Entwicklungsgrad und der FSH-

Ausscheidung ab. Wird etwa im 12. bis 13. Lebensjahr begonnen, so kann eine solche niedrig dosierte Östrogenbehandlung auch über einen längeren Zeitraum weitergeführt werden. Erst nach eingetretener Pubertätsentwicklung oder wenn Durchbruchsblutungen auftreten, soll auf die zyklische Gabe von Östrogen-Gestagen-Kombinationen übergegangen werden. Je später die Diagnose gestellt wird, desto geraffter wird die Behandlung sein, das heißt desto früher werden Kombinationspräparate angewendet werden, weil dann auch Blutungen eher erwünscht sind. Ein solches Vorgehen trägt neben der somatischen auch der psychologischen Situation Rechnung.

Im Hinblick auf das *Wachstum* und die erreichbare Endgröße scheint ebenfalls eine früh beginnende niedrig dosierte Östrogenlangzeittherapie optimal zu sein. Der Einfluß einer zusätzlichen Gabe von Androgenen (Fluoxymestron, Oxandrolon, Dehydroepiandrosteronsulfat) auf das Wachstumsverhalten ist nicht gesichert; es gibt keine schlüssigen Hinweise dafür, daß die Wachstumsgeschwindigkeit und die Endgröße positiv beeinflußt werden können (LUCKY et al., 1979). Hingegen könnte sich eine zu frühe Behandlung mit standardisierten Östrogen-Gestagen-Kombinationen durch Beschleunigung der Knochenreifung nachteilig auf die Größe auswirken.

16.5.1.4.2 Gonadendysgenesien mit einem Y im Chromosomensatz

Ihnen ist gemeinsam, daß sie, im Gegensatz zu den anderen Formen der Gonadendysgenesie, ein erhöhtes *Tumorrisiko* tragen (TETER und BOCZKOWSKI, 1967; SCULLY, 1970; TSCHERNE et al., 1974).

Die *reine Gonadendysgenesie* (Swyer-Syndrom) mit männlichem Chromosomensatz 46, XY ist kaum frühzeitig erkennbar, weil erst die mangelhafte weibliche Differenzierung, eventuell ein knabenhafter Habitus oder eine erhöhte Körpergröße, Hinweise auf die Anomalie sind. Meist erfolgt die Diagnose erst über die FSH-Bestimmung bei

Ausbleiben der Menarche. Eine möglichst frühe Erkennung ist aber wegen des erhöhten Risikos bezüglich Tumorbildung und maligner Entartung der Gonaden besonders wichtig. Dieses Risiko ergibt sich für alle Gonadendysgenesien, die ein Y im Chromosomensatz enthalten, auch für verschiedenste Mosaike. Ihre phänotypische Entsprechung ist vielfältig und reicht vom knabenhaften Habitus bis zu einer Turner-Symptomatik, kann also für die endgültige Diagnose nur richtungweisend sein.

In allen diesen Fällen ist die *prophylaktische Exstirpation der Gonaden* angezeigt. Wurde ein Y im Chromosomensatz nachgewiesen, erübrigt sich die diagnostische Laparoskopie; die Laparotomie mit Exstirpation der Adnexe kann primär durchgeführt werden. Der Entschluß dazu fällt leicht, weil die Gonaden funktionslos sind. Eine exakte histologische Untersuchung, besonders wenn bereits ein Tumor (Gonadoblastom, Dysgerminom) vorliegt, ist von wesentlicher Bedeutung. Sie entscheidet auch über eventuelle adjuvante Maßnahmen. Im eigenen Krankengut mußte eines von vier Mädchen (im Alter von 15—18 Jahren) mit einem Gonadentumor bei männlichem Chromosomenmuster wegen histologischer Malignität nachbestrahlt werden. Es blieb rezidivfrei, ebenso wie zwei Mädchen, bei denen die operative Entfernung eines Gonadoblastoms als Therapie ausreichend war. Ein 15jähriges Mädchen ist an einem weit fortgeschrittenen malignen Dysgerminom trotz Operation und Strahlenbehandlung zugrundegegangen.

16.5.1.5 Atresien, Aplasien und Doppelmißbildungen

Entwicklungshemmungen unterschiedlicher Genese können zu verschieden ausgeprägten Formen von Anomalien im Bereich des Genitale führen. Das Kerngeschlecht ist weiblich, die Gonaden entsprechen funktionstüchtigen Ovarien. Diese Anomalien machen sich meist erst im Lauf der Entwicklung bemerkbar, sei es durch Retention von

Menstrualblut nach der Menarche oder überhaupt erst im Zusammenhang mit Fertilität, Schwangerschaft und Geburt. Sie beschäftigen daher vorwiegend den Gynäkologen, der die Art und den Zeitpunkt der notwendigen Maßnahmen festlegen muß. Zur Abklärung gehört eine *Exploration des Harntraktes*, da relativ häufig Fehlbildungen der Nieren und der ableitenden Harnwege vorliegen.

16.5.1.5.1 Hymenalatresie

Spätestens bei Auftreten von Molimina menstrualia ist die Diagnose unschwer zu stellen. Allerdings werden immer wieder verschleppte Fälle mit großem Hämatokolpos beobachtet, die erst anläßlich einer gynäkologischen Untersuchung wegen Verdachtes auf einen Tumor diagnostiziert werden. Der Rückstau des Menstrualblutes bleibt gewöhnlich auf die Scheide beschränkt, so daß über dem Hämatokolpos der kleine Uterus zu tasten ist. Eine Inzision oder besser Exzision der Hymenalmembran ist die Therapie der Wahl. Adjuvante Antibiotikagaben zur Infektionsprophylaxe sind gerechtfertigt.

16.5.1.5.2 Aplasie der Vagina

Der charakteristische Befund ist das Fehlen der Vagina mit mehr oder weniger ausgeprägten Uterusrudimenten. Die Sexualentwicklung der Mädchen verläuft bei normal weiblicher chromosomaler und gonadaler Anlage ungestört. Die Diagnose wird anläßlich einer Untersuchung wegen primärer Amenorrhoe oder erst wegen Kohabitationsschwierigkeiten gestellt.

Bei der Untersuchung ist ein Hymenalsaum ausnehmbar, mehr oder weniger knapp dahinter findet sich ein membranartiger Verschluß, so daß ein kurzer Rezessus vorhanden sein kann. Bei der rektalen Palpation ist ein Uterusrudiment oder lediglich eine quere Leiste zu tasten. Zur Objektivierung des Befundes ist eine Laparoskopie indiziert. Beim *Mayer-Rokitansky-Küster-Syndrom* sieht man typischerweise beiderseits lateral am Ende einer queren Leiste gelegene Mus-

kelknospen, von denen mehr oder weniger hypoplastische, unterschiedlich lange Tuben ausgehen. Die Ovarien sind normal ausgebildet.

Die Behandlung besteht in der plastisch-chirurgischen Bildung einer Vagina zur Ermöglichung normaler Kohabitationen. Bei der Aufklärung der Mädchen über ihren Zustand und die damit verbundene Sterilität ist größte Rücksichtnahme geboten. Erfahrungsgemäß bedeutet die Erkenntnis der Gegebenheiten ein schockierendes Erlebnis. Die Scheidenbildung soll möglichst lange hinausgeschoben werden und erst dann erfolgen, wenn bei entsprechendem Alter und geistiger Reife sowie einer festen Partnerbeziehung die Voraussetzungen für regelmäßige Kohabitationen gegeben sind. Diese Vorbedingungen werden gewöhnlich nicht vor dem 17.—18. Lebensjahr erreicht. Für das operative Vorgehen stehen zahlreiche Methoden zur Verfügung (LANG, 1976, 1980; DEWHURST, 1980):

● Unblutige Dehnung des Rezessus (FRANCK).

● Vulvovaginoplastik (WILLIAMS).

● Auskleidung des Vaginalrohres mit freien Hauttransplantaten (KIRSCHNER und WAGNER; MCINDOE und BARNISTER; Modifikationen).

● Deckung mit umgekehrtem Dermislappen (BRUCK).

● Auskleidung der gebildeten Scheide mit Hilfe eines Maschentransplantates (LANG).

● Auskleidung des Vaginalrohres durch Peritoneum (DAVIDOV; FRIEDBERG).

● Dünndarmscheide, Rektumscheide, Sigmascheide.

● Methode nach VECCHIETTI.

Das Gemeinsame aller Verfahren besteht in der Eröffnung eines Hohlraumes zwischen Blase und Rektum, die Unterschiede ergeben sich durch die Wahl des Materials zu seiner Auskleidung. Die Problematik liegt in der Vermeidung der narbigen Schrumpfung der Neovagina. Das führte auch zu Versuchen einer Scheidenbildung durch aufwendige Operationsmethoden, wie z. B. mittels ausgeschalteter Darmabschnitte. Wegen der hohen Risken sind solche Verfahren nur bedingt anwendbar. Im eigenen Bereich hat sich die Auskleidung des Scheidenrohres mit Spalthaut in Form eines Maschentransplantates (Mesh-graft) durchaus bewährt und zu befriedigenden Resultaten geführt. Der Nachteil der Verwendung von Dermis- oder Epidermislappen liegt in den zurückbleibenden Narben nach ihrer Entnahme und in der notwendigen Nachbehandlung mit Prothesen. Sehr gute Ergebnisse verspricht die neueste, von VECCHIETTI 1979 angegebene Methode (VECCHIETTI, 1980; JANISCH et al., 1984). Dabei wird das Spatium rectovesicale vom Abdomen her eröffnet, die Auskleidung des Vaginalrohres erfolgt durch die verschließende Membran, die mittels einer Kunststoffolive apparativ gesteuert hochgezogen wird.

16.5.1.5.3 Doppelmißbildungen

Sie kommen in graduell unterschiedlicher Ausprägung vor und führen zu den bekannten Verdoppelungen im Bereich von Corpus und Cervix uteri sowie zu Septen in Uterus und Vagina. Klinisch treten sie überwiegend erst später in Zusammenhang mit Störungen der Fertilität oder als Komplikationen bei Schwangerschaften und Geburten in Erscheinung. Scheidensepten können zu Kohabitationsbeschwerden führen.

Komplikationen bereits im jugendlichen Alter ergeben sich, wenn ein Teil der Doppelanlage atretisch ist (z. B. bei rudimentärem Nebenhorn des Uterus). In solchen Fällen kommt es zur Stauung von Menstrualblut mit Schmerzsymptomatik und zu einem Tumorbefund. Neben der klinischen, radiologischen und sonographischen Untersuchung ist zur Diagnosestellung die Laparoskopie einzusetzen. Wenn es nicht möglich ist, eine Kommunikation mit der nach außen führenden Vagina herzustellen, muß der atretische Anteil reseziert werden.

16.5.2 Entzündungen und Infektionen im Genitalbereich

Entzündliche Erkrankungen im Genitalbereich treten bei Kindern vorwiegend als Vulvovaginitis in Erscheinung. Sie ist der häufigste Anlaß für eine gynäkologische Untersuchung in den Altersstufen bis zur Menarche. Eine aszendierende entzündliche Adnexerkrankung kommt bei Kindern und Mädchen vor der Menarche praktisch nicht, vor der Kohabitarche sehr selten vor. Das sollte auch bei einer gynäkologischen Untersuchung wegen Schmerzen im Unterbauch berücksichtigt werden. An die Möglichkeit einer deszendierenden entzündlichen Erkrankung der rechten Adnexe ist bei phlegmonöser oder perforierender Appendizitis zu denken.

Mit der immer früheren Aufnahme sexueller Kontakte haben auch Adnexitiden bei jungen Mädchen zugenommen. Die Behandlung wird sich eher im Rahmen einer normalen gynäkologischen Sprechstunde oder stationär abspielen. Sie sollte entsprechend den Richtlinien der Adnexitistherapie besonders sorgfältig und intensiv durchgeführt werden, um eine restitutio ad integrum zu erreichen.

16.5.2.1 Vulvovaginitis

Entzündliche Erkrankungen von Vulva und Vagina machen den größten Teil (70%) der Genitalerkrankungen im Kindesalter aus. Sie beschäftigen den Allgemeinmediziner, den Pädiater und den Gynäkologen. Als letzte Instanz ist der „Kindergynäkologe" anzusehen, besonders dann, wenn eine Vulvovaginitis durch Therapieresistenz oder

Tabelle 16.3. Häufigste Ursachen einer Vulvovaginitis im Kindesalter

Infektionen
   Bakterien (Enterokokken, Coli, Staphylokokken, Streptokokken, Proteus)
   Mykosen (Candida albicans)
   Protozoen (Trichomonas vaginalis)

Darmparasiten (Oxyuren)

Chemische oder mechanische Reize, Allergien
Fremdkörper

Neigung zum Rezidivieren Probleme macht. Die häufigsten Ursachen einer Vulvovaginitis im Kindesalter sind in Tab. 16.3 zusammengefaßt. Zum Unterschied von Adoleszenz und Erwachsenenalter sind unspezifische bakterielle Infektionen (40%) bzw. fehlender Keimnachweis (30%) wesentlich häufiger als spezifische Infektionen mit Soor oder Trichomonaden (30%). Begünstigend für das Zustandekommen unspezifischer Entzündungen ist der mangelhafte Epithelaufbau in der nichtöstrogenisierten Vagina. Ein wesentlicher ätiologischer Faktor ist ungenügende Hygiene im Genitalbereich (ESSER, 1977; ESSER, 1979). Ein Fluor ohne nachweisbare Infektion ist endogen bedingt als Folge von Allgemeinerkrankungen oder hormonellen und vegetativen Störungen.

16.5.2.1.1 Abklärende Untersuchung

Die sorgfältige Inspektion bei guter Beleuchtung gibt Aufschluß über die Art der entzündlichen Veränderungen im Bereich des äußeren Genitale und der umgebenden Hautareale, über vorhandene Beläge und über das aus der Vagina austretende Sekret. Dieses wird mikroskopisch im Nativpräparat oder im gefärbten Ausstrich untersucht. Bereits im Nativpräparat ist eine weitgehende Klärung möglich; das Ausmaß von Bakterienbesiedelung und Leukozyten ist gut beurteilbar, Soor und Trichomonaden sind erkennbar. Eine kulturelle Untersuchung auf Candida albicans sollte trotzdem immer durchgeführt werden, am einfachsten mittels Microstix Candida®; im Zweifelsfall sind zur Diagnose Selektivnährböden (z.B. Nickerson-Medium, Sabouraud-Agar) zu verwenden. Eine Bakterienkultur mit Antibiogramm ist nur bei Therapieresistenz und rezidivierenden Infektionen notwendig. Die Untersuchung auf Darmparasiten ist wichtig. Bei rezidivierenden Infektionen ist auch ein Diabetes mellitus auszuschließen. Therapieresistenter und blutig tingierter Fluor sind Indikationen zur Vaginoskopie. Durch das Vaginoskop läßt sich auch Sekret aus der Tiefe der Scheide abnehmen (s. S. 274).

16.5.2.1.2 Unspezifische Infektionen

Diese der Häufigkeit nach wichtigste Form der Vulvovaginitis bei Mädchen im Alter von ungefähr 2—8 Jahren geht mit einer Rötung der Vulva und auch der umgebenden Hautpartien sowie mit gelblichem Fluor einher. Brennen und Jucken werden fakultativ angegeben. Bakteriologisch findet sich eine Mischflora aus aeroben und anaeroben Keimen, die aber auch bei Kindern ohne Symptome angetroffen werden kann (HAMMERSCHLAG et al., 1978; GERSTNER et al., 1982).

Die Therapie ist als Lokalbehandlung durchzuführen. Für die äußere Anwendung sind Cremen mit Antibiotika und Kortikoiden geeignet. Wesentlich ist die zusätzliche intravaginale Applikation von antibiotischen Lösungen, z. B. Nebacetin. Diese Behandlung muß mindestens über eine Woche gehen und kann nach entsprechender Information und Belehrung der Mütter zuhause durchgeführt werden. Bei ungenügendem Ergebnis bewährt sich als Erweiterung einer solchen Basistherapie die intravaginale Applikation von Dequaliniumchlorid (Dequavagyn®). Es handelt sich um ein Depotpräparat, das in Form eines Gels zweimal im Abstand von einer Woche in die Scheide eingebracht wird, wobei ein für Kinder geeigneter Applikator dem Behandlungsset beigegeben ist (Abb. 16.5). Auch Betaisodona-Gel kann mittels eines eigenen für Kinder geeigneten Applikators intravaginal angewendet werden.

Die gebräuchlichen Sitzbäder mit Zusätzen von Kamillosan, Kaliumpermanganat, Thiosept oder Betaisodona sind allein zur Behandlung einer Vulvovaginitis nicht ausreichend. Die entzündlichen Veränderungen klingen zwar ab, bei fehlender kausaler, vor allem intravaginaler Therapie kommt es aber sehr häufig zum Wiederauftreten der Symptome. Die wiederholte und längere Zeit fortgesetzte Anwendung von Sitzbädern ist auch nicht günstig, da nicht selten eine Gewöhnung, ja geradezu eine Fixierung von seiten des Kindes und der Mutter eintritt.

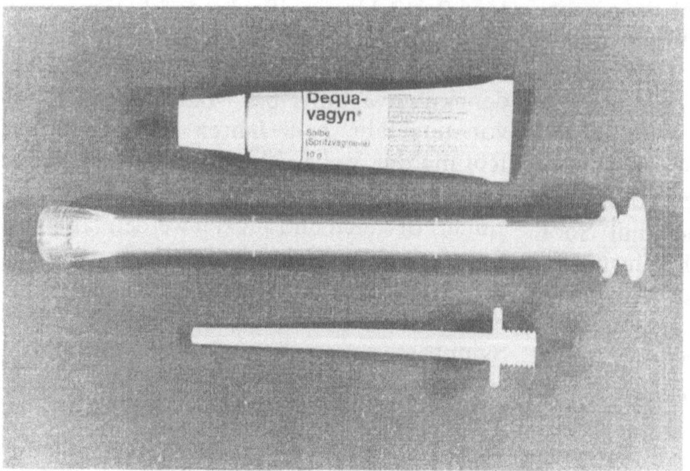

Abb. 16.5. Applikator für das Einbringen von Salben in die Vagina bei Kindern; dem normalen Applikator im Therapieset beigegeben

Ein Wiederauftreten von Entzündungserscheinungen ist allerdings auch bei sachgemäßer Behandlung zu beobachten. Solche rezidivierenden Formen einer unspezifischen Vulvovaginitis, die eine bedeutende endogene und vegetative Komponente haben können, persistieren mitunter über lange Zeiträume und erweisen sich als therapeutisch schwer beeinflußbar. In diesen Fällen läßt sich auch eine protrahierte symptomatische Behandlung nicht vermeiden. Der Versuch einer intermittierenden Östrioltherapie (Ovestin®, 500 µg pro Tag durch 10 Tage) kommt als adjuvante Maßnahme in Frage.

16.5.2.1.3 Vulvovaginitis bei Fremdkörpern

Eine kindliche Vulvovaginitis ist in etwa 3—5% durch Fremdkörper verursacht (HUBER, 1977; HUFFMAN, 1977). Charakteristisch sind anhaltender Fluor, rezidivierende Vulvovaginitis und eventuell auch blutige Abgänge. Der sichere Nachweis gelingt mittels der Vaginoskopie. Sehr kleine oder formbare Fremdkörper lassen sich mit einer Faßzange unmittelbar durch das Vaginoskop entfernen. Im Falle von größeren und sperrigen Gegenständen ist das nicht möglich. Immer sollte aber versucht werden, den

Fremdkörper sofort zu entfernen. Die Einstellung mittels kleiner Virgospekula schafft einen guten Zugang, der Hymen läßt sich weit dehnen (s. S. 275). Die Kooperation der Mädchen ist bei solchen Manipulationen meist sehr gut, weil sie froh sind, daß das ihnen bekannte unangenehme Problem gelöst wird (Abb. 16.6). Forcierte Versuche der Fremdkörperentfernung sind allerdings zu vermeiden. Ergeben sich Schwierigkeiten, so muß der Eingriff in Narkose durchgeführt werden. Im Anschluß an eine Fremdkörperentfernung ist eine Desinfektion der Vagina mit Antiseptika als Nachbehandlung ausreichend. Die entzündlichen Begleiterscheinungen und der Fluor bilden sich rasch zurück.

16.5.2.1.4 Mykosen

Überwiegend finden sich Candidamykosen. Sie kommen auch bei Kindern vor, häufiger aber in Pubertät und Adoleszenz, nach eingetretener Östrogenisierung des Gewebes. Begünstigend sind ein reduzierter Allgemeinzustand, konsumierende Erkrankungen, insbesondere ihre antibiotische Behandlung, sowie Stoffwechselstörungen, wie Diabetes mellitus. Die Symptomatik ist mit Rötung, Schwellung, weißlichen Belägen und Juckreiz typisch, muß aber nicht in

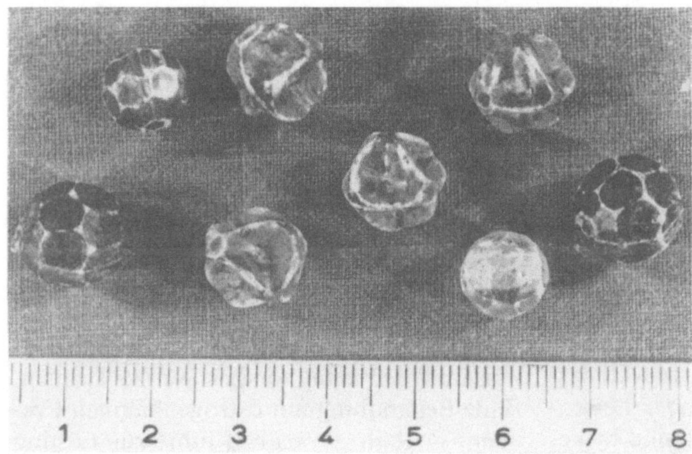

Abb. 16.6. Fremdkörper in der Vagina (Pat. Th. B., 7⁹/₁₂ Jahre). Neun Monate lang Behandlung wegen rezidivierenden blutigen Fluors und Harnweginfektionen. Vaginoskopie: Fremdkörper. Die Einstellung der Vagina gelingt mittels kleiner Virgospekula ohne Anästhesie problemlos. Entfernung von insgesamt acht verschiedenfarbigen facettierten Glaskugeln. Hymen im Anschluß an den Eingriff intakt, keine Blutung

voller Ausprägung in Erscheinung treten. Erst bei Candidanachweis (s. S. 287) ist die Diagnose gesichert.

Die Therapie besteht in einer Lokalbehandlung mit fungiziden Substanzen. Für die äußere Anwendung eignen sich kombinierte antimykotisch-antibiotisch wirksame Cremen mit Kortikoidzusatz. Für die ergänzende intravaginale Behandlung ist Dequaliniumchlorid (Dequavagyn®) zu empfehlen, das neben seiner antibakteriellen auch eine fungizide Wirkung entfaltet (s. oben). Bei Mädchen in der Adoleszenz sind die üblichen antimykotischen Vaginalovula anwendbar. Von Sitzbädern ist eher abzuraten, weil durch die Aufweichung der Haut die Abheilung der Pilzinfektion verzögert wird. Bei Notwendigkeit einer systemischen Behandlung ist das Breitspektrumantimykotikum Ketoconazol (Nizoral®) sehr wirksam, die Indikation ist bei Kindern allerdings streng zu stellen. Die Aufklärung bzw. Beseitigung und Behandlung einer eventuellen Grundkrankheit ist immer in die Maßnahmen einzubeziehen.

16.5.2.1.5 Trichomoniasis

Eine Trichomonadeninfektion ist vor der Östrogenisierung des Scheidenepithels selten (Soyka und Milek, 1980). Die Symptomatik muß nicht typisch sein. Im Falle einer Infektion sind die Trichomonaden im Nativpräparat nachweisbar. Im Kindesalter ist eine perorale Stoßbehandlung mit Metronidazol oder Tinidazol ausreichend. Für Mädchen unter 40 kg sollte die Erwachsenendosis entsprechend dem Körpergewicht reduziert werden. Bei ausgeprägter Vulvitis ist eine adjuvante unspezifische Lokalbehandlung durchzuführen (s. S. 287). Im Adoleszentenalter verläuft die Erkrankung typisch, die Therapie gestaltet sich wie bei erwachsenen Frauen.

16.5.2.1.6 Andere spezifische Infektionen

Seltenere Erkrankungen im Bereich von Vulva und Vagina wie Gonorrhoe, Infektion mit Mykoplasmen oder Chlamydien, Herpes, Condylomata acuminata oder Pediculosis pubis sind nach den dafür geltenden Richtlinien zu behandeln (DECKER, 1983).

16.5.2.2 Fluor und Vulvaerkrankungen ohne nachweisbare Infektion

Ein *unspezifischer Fluor* tritt in der Pubertät durch die beginnende Östrogenisierung als Fluor albus auf, er ist physiologisch und bedarf keiner Behandlung. Die Diagnose ergibt sich aus der Beurteilung des Nativpräparates; man findet Epithelien und Döderleinstäbchen, kaum Bakterien oder Leukozyten. Bei stärkerer Ausprägung sind hygienische Maßnahmen zur Vermeidung einer Superinfektion zu veranlassen (ESSER, 1977), wie eventuell auch die Applikation von Milchsäurepräparaten (Lactolavol®, Spuman®).

Ein *Transsudationsfluor* bei Allgemeinerkrankungen ist meist vorübergehend und bedarf ebenfalls keiner Therapie. Auch hier fehlen die Parameter einer Entzündung. Anhaltender oder rezidivierender Fluor kann auch Ausdruck einer vegetativen Dysregulation sein, besonders bei Konfliktsituationen während der Pubertät.

Bei Rötungen und Juckreiz im Bereich der Vulva und fehlenden Erregern ist an eine *Allergie* oder an *mechanische Reize* zu denken. Nach Ausschalten der Noxen führt eine Lokalbehandlung mit kortikoidhaltigen Salben zum Abklingen der Symptome.

16.5.2.2.1 Lichen sclerosus et atrophicus

Veränderungen nach Art eines LSA vulvae kommen auch im Kindesalter vor, fallweise so ausgeprägt, daß sie zum therapeutischen Problem werden. Die Therapie beschränkt sich auf eine symptomatische Lokalbehandlung in Zusammenarbeit mit dem Dermatologen. In erster Linie sind hiefür kortikoidhaltige Cremen (Volon A®) und Moorbäder geeignet, eventuell kombiniert mit lokaler Östrogenapplikation (Ovestin-Creme, Premarin-Creme). Die Wirkung einer peroralen Östriolmedikation ist fragwürdig.

16.5.2.2.2 Synechie der Labia minora

Erworbene Verklebungen der kleinen Labien gehen im allgemeinen nicht mit entzündlichen Veränderungen einher und zeigen keine klinische Symptomatik. Die Veränderung fällt gewöhnlich den Müttern auf, die dann mit dem Kind zur Untersuchung kommen. Die Differentialdiagnose zu Atresien und Aplasien gelingt durch genaue Inspektion und Unterfahrung der Synechie mit einer Knopfsonde, wobei auch der Introitus und die Vagina sondiert werden können. Eine Behandlung mit östrogenhaltigen Cremen (Ovestin, Premarin) führt zur Lösung der Verklebungen. Eine 10tägige Behandlung sollte nicht überschritten werden, um eine zu starke Resorption zu vermeiden. Bei unzureichendem Ergebnis ist eine Wiederholung nach zwei Wochen angezeigt.

16.5.3 Blutungsanomalien

Bei genitalen Blutungen in der Kindheit und bei Blutungsstörungen in der Pubertät oder Adoleszenz wird wohl immer der Gynäkologe zu Rate gezogen werden. Vorrangig ist die Differenzierung zwischen noch physiologischen Ereignissen und Erkrankungen, die einer Behandlung bedürfen. Zur Diagnosestellung sind Anamnese und klinische Untersuchung je nach Bedarf durch endoskopische, radiologische und endokrinologische Befunde zu ergänzen.

16.5.3.1 Blutungen im Kindesalter

In der Neugeborenenperiode kommen Blutungen physiologisch vor. Bei 2—3% der Mädchen werden Abbruchblutungen in unterschiedlicher Stärke bemerkbar, die inner-

Tabelle 16.4. Ursachen genitaler Blutungen im Kindesalter (vor der Menarche)

Entzündungen (Kolpitis)
Fremdkörper
Hormonelle Ursachen (Pubertas praecox; exogene Hormonzufuhr)
Geschwülste
Verletzungen

halb der ersten Lebenswoche auftreten und nur wenige Tage anhalten. Anschließend gibt es keine physiologische Blutung bis zur Menarche. Alle vorher beobachteten Blutungen sind pathologisch und müssen abgeklärt werden (Tab. 16.4). Die sorgfältige Inspektion des äußeren Genitale läßt Blutungsquellen wie Entzündungen oder Verletzungen erkennen. Eine Beurteilung der Vagina und der Portio ist nur mittels Vaginoskopie möglich. Entzündliche Veränderungen oder Fremdkörper als Blutungsursache sowie auch Tumoren sind auf diese Weise nachweisbar. *Neubildungen* sind allerdings sehr selten. Es wurden Angiofibrome der Scheide sowie Polypen und Papillome der Zervix beschrieben (TERRUHN, 1984). Das Traubensarkom oder die Adenose der Vagina gehören bei uns zu extrem seltenen Beobachtungen. Letztere wurde in angloamerikanischen Ländern bei Mädchen gesehen, deren Mütter während der Schwangerschaft wegen eines drohenden Abortus mit Diaethylstilboestrol (DES) behandelt worden sind (BURGHARDT, 1984). Kleine Eingriffe, wie Probeexzisionen oder die Entfernung eines Polypen, lassen sich durch das Vaginoskop durchführen.

Die Einstufung einer Blutung als Menarche ist nur bei Zuordnung zur gesamten Entwicklung möglich. Blutungen ohne sonstige Zeichen einer Sexualentwicklung erfordern Abklärung. Das Menarchealter unterliegt großen individuellen Schwankungen und hat sich insgesamt im Rahmen der Akzeleration nach vorne verlagert. Blutungen vor dem 8. Lebensjahr sind auf jeden Fall pathologisch und im Hinblick auf eine Pubertas praecox abzuklären.

Die *Pubertas praecox* macht sich im allgemeinen zunächst durch vorzeitige (vor dem 7. Lebensjahr eintretende) Entwicklung von Brustgewebe oder Schambehaarung bemerkbar. Die Abklärung und Behandlung fällt eher in die Kompetenz des klinischen Pädiaters und pädiatrischen Endokrinologen (BLUNCK, 1977; BIERICH, 1983). Zur Erhebung eines gynäkologischen und vaginoskopischen Befundes sollte aber der Kindergynäkologe herangezogen werden. Das gilt besonders bei Grenzfällen und in einem Alter, in dem eine Therapie nicht mehr als sinnvoll erscheint. Zur Differentialdiagnose sind Hormonbestimmungen, GnRH-Tests, die Bestimmung des Knochenalters und eine neurologische und radiologische zerebrale Diagnostik angezeigt.

16.5.3.2 Blutungsstörungen im Jugendalter

Anomalien der menstruellen Blutungen nach der Menarche sind aufgrund der zunächst unvollständigen Ausreifung der hypothalamo-hypophysär-ovariellen Achse nichts Außergewöhnliches. Pulsatile GnRH-Sekretion und LH/FSH-ratio erreichen erst nach Durchgangsstadien ein Muster wie bei normalem biphasischem Zyklus mit der Etablierung vollwertig funktionierender Regelkreise (SCHINDLER, 1983). Im ersten Jahr nach der Menarche treten Blutungsanomalien bei fast der Hälfte der Mädchen auf. Nur bei schwerer Ausprägung erreichen sie Krankheitswert. In diesen Fällen ist eine Abklärung und Behandlung einzuleiten (LAURITZEN, 1983). Blutungsstörungen treten als Tempoanomalien, als verstärkte und verlängerte Blutungen oder als azyklische Blutungsepisoden unterschiedlicher Dauer in Erscheinung. Es handelt sich überwiegend um anovulatorische Formen, d. h. um östrogene Entzugsblutungen aus einem hyperplastischen bzw. glandulär-zystischen Endometrium bei Follikelpersistenz.

16.5.3.2.1 Die juvenile Metrorrhagie (Metropathia haemorrhagica juvenilis)

Unter dieser Bezeichnung können irreguläre dysfunktionelle Blutungen zusammengefaßt werden. Das unregelmäßige Blutungsmuster ist entweder bereits im Anschluß an die Menarche gegeben oder stellt sich erst nach einem mehr oder weniger langen Zeitraum mit normalen Blutungen ein.

Die Diagnose ergibt sich zunächst aus der Anamnese. Diese wieder stützt sich auf den Menstruationskalender, daher sollte jedes Mädchen ab der Menarche genaue Aufzeichnungen über seinen Zyklus machen. Organische Ursachen müssen durch eine gynäkologische Untersuchung mit Spekulumeinstellung und rektaler Palpation ausgeschlossen werden. An eine entzündliche Erkrankung im Genitalbereich und auch an eine Gerinnungsstörung sollte gedacht werden. Weitere Abklärungen und endokrinologische Untersuchungen sind zunächst nicht erforderlich.

Eine *hormonelle Behandlung* ist in jedem Alter möglich. Durch Verabreichung einer Östrogen-Gestagen-Kombination in peroraler Form (z. B. Primosiston®) ist ein Sistieren der Blutung innerhalb weniger Tage zu erreichen. Bezüglich der Abbruchblutung nach Beendigung der Medikation ist das Mädchen bzw. seine Mutter genau zu informieren. Dosierung und Dauer der Behandlung unterscheiden sich nicht vom Vorgehen bei Erwachsenen. Bei intermittierend aufgetretenen kurzfristigen Blutungsanomalien kann eine einmalige Behandlung zur Normalisierung führen. Bei schwereren Störungen ist eine Rezidivprophylaxe durchzuführen. Je nach Anamnese, Alter und Genitalbefund eignet sich dazu eine Östrogen-Gestagen-Gabe vom 18. oder 20. bis zum 26. Zyklustag, eine alleinige Gestagenbehandlung in der zweiten Zyklushälfte oder eine zyklische Verabreichung eines niedrig dosierten Kombinationspräparates vom 5. bis 26. Zyklustag über mehrere Zyklen. Eine Ovulationsinduktion (z. B. mit Clomiphen) ist nicht indiziert.

16.5.3.2.2 Hypermenorrhoe

Verstärkte Regelblutungen über eine längere Periode führen zu unphysiologischem Blutverlust. Eine Behandlung ist daher angezeigt. Am besten geeignet sind Uterotonika und Substanzen zur Hemmung der lokalen Fibrinolyse (z. B. Cyclokapron®). Ergänzend ist eine Anämiebehandlung einzuleiten.

16.5.3.2.3 Polymenorrhoe

Die Indikation zu einer Therapie ergibt sich aus der unangenehmen Situation der zu kurzen blutungsfreien Intervalle und der konsekutiven Anämie. Die zweckmäßigste Behandlung besteht in der zyklischen Gabe eines niedrig dosierten Östrogen-Gestagen-Präparates vom 5.—26. Zyklustag, zunächst über drei Zyklen. Je nach Erfolg muß sie unter Umständen länger fortgesetzt werden.

16.5.3.2.4 Oligomenorrhoe

Verlängerte Blutungsintervalle bis zu 2—3 Monaten sind im Adoleszentenalter häufig zu beobachten. Die Wertigkeit ist abhängig von der allgemeinen Entwicklung des Mädchens, vom körperlichen Erscheinungsbild und dem psychosozialen Hintergrund.
Vor der Kohabitarche ergeben sich aus diesem Blutungsmuster keine Konsequenzen. Eine Behandlung ist nicht notwendig, wenn keine weiteren Symptome oder phänotypischen Auffälligkeiten auf eine spezielle Form einer Störung der Ovarialfunktion oder eine Erkrankung anderer endokriner Organe hinweisen. In der späteren Adoleszenz ist eine Gestagenbehandlung in der zweiten Zyklushälfte zur Induzierung regelmäßiger Blutungen aus einem transformierten Endometrium in Erwägung zu ziehen (LAURITZEN, 1983).
Nach Aufnehmen sexueller Beziehungen ergibt sich die unangenehme Situation der lange ausbleibenden Menstruationsblutungen und die Problematik der Kontrazeption. Die optimale Maßnahme ist die Verabreichung eines niedrig dosierten Ovulationshemmers. Die Gefahr einer Verschlechterung der Zyklusstörung nach Absetzen des Hormonpräparates ist relativ gering zu veranschlagen (MALL-HAEFELI et al., 1979; REY-STOCKER, 1980; LAURITZEN, 1983).
Bei Oligomenorrhoe im Rahmen eines polyzystischen Ovar-Syndroms (PCO-Syndrom, sogenanntes Stein-Leventhal-Syndrom) (s. S. 221) ist eine hormonelle Behandlung angebracht, um die permanente östrogene Dominanz und die gestörte ovarielle Steroidhor-

monbiosynthese zu durchbrechen. Dazu ist wieder eine Gestagenbehandlung in der zweiten Zyklushälfte geeignet, bei Wunsch nach Antikonzeption ein niedrig dosierter Ovulationshemmer. Bei Hirsutismus kann ein Kombinationspräparat mit einem Antiandrogen (Diane®) verwendet werden. Das PCO-Syndrom wird bereits in der Pubertät und Adoleszenz erkennbar, der charakteristische endokrine Befund ist die hohe LH/FSH ratio.

16.5.3.2.5 Amenorrhoe

Auf das *primäre* Ausbleiben der Regelblutung als Symptom verschiedener Anomalien wurde bereits im Rahmen der gestörten Geschlechtsdifferenzierung eingegangen. Wenn bis zum 15. Lebensjahr keine Blutung aufgetreten ist, ist eine Abklärung einzuleiten. Nur auf diese Weise können krankhafte Veränderungen frühzeitig erkannt und die notwendigen therapeutischen Maßnahmen rechtzeitig eingeleitet werden. Die Differentialdiagnose der primären Amenorrhoe wird an anderer Stelle ausführlich behandelt (s. S. 209).

Eine *sekundäre Amenorrhoe* sollte immer Anlaß für eine gynäkologische Untersuchung sein. Auch im jugendlichen Alter ist an eine Schwangerschaft zu denken, selbst wenn die Möglichkeit entschieden negiert wird. Eine häufige Ursache im Adoleszentenalter sind Veränderungen des Körpergewichtes, insbesondere Gewichtsverlust und Magersucht. Auf die Diagnostik und Therapie spezieller Formen von sekundären Amenorrhoen, die auch im Adoleszentenalter häufig auftreten, wird an anderer Stelle eingegangen (s. S. 216).

16.5.3.2.6 Dysmenorrhoe (Algomenorrhoe)

Eine Dysmenorrhoe im Adoleszentenalter ist überwiegend funktionell bedingt. Als Ursache kommen neurovegetative oder hor-

monelle Komponenten, überschüssige Bildung von Prostaglandinen sowie eine Hypoplasie des Uterus in Frage (DAWOOD, 1981; HERBST, 1984). Charakteristisch sind starke krampfartige Schmerzen im Bereich des Uterus. Daneben können allgemeine Symptome, wie Kopfschmerzen, kolikartige Bauchschmerzen und Kreislaufstörungen bis zum Kollaps, zu einer schweren Beeinträchtigung der Mädchen führen. Die Therapie sollte je nach dem Schweregrad stufenweise erfolgen, und zwar in der Reihenfolge: Spasmoanalgetika — Prostaglandinsynthetasehemmer — hormonelle Behandlung. Von den zahlreichen zur Verfügung stehenden Spasmoanalgetika ist dasjenige zu finden, das im individuellen Fall die beste Wirksamkeit zeigt. Bei nachlassender Wirkung ist ein Wechsel des Präparates zu versuchen. Antiphlogistika vom Typ der Prostaglandinsynthetasehemmer (z. B. Parkemed®, Indocid®) haben sich sehr bewährt. Da die Einnahme jeweils nur kurzzeitig erfolgt, kann die Behandlung bei Bedarf in jedem Zyklus wiederholt werden. Zur hormonellen Therapie eignen sich am besten Retroprogesterone (Dydrogesteron). Im Falle der Anwendung von Ovulationshemmern ist zu berücksichtigen, daß niedrig dosierte Präparate eher weniger wirksam sind und daß Algomenorrhoen auch unter Pilleneinnahme auftreten können.

16.5.4 Tumoren

Genitaltumoren sind bei Kindern und jungen Mädchen selten (BÄSSLER, 1973; HIERSCHE, 1977; DEWHURST, 1980). Diagnostik und Therapie liegen überwiegend in der Hand von Pädiatern und Kinderchirurgen, der Gynäkologe wird eventuell zu ergänzenden Untersuchungen herangezogen. Auch Geschwülste der Brustdrüse stellen seltene Ereignisse dar (BÄSSLER, 1973; CAPRARO und DEWHURST, 1975; BRECKWOLDT und PETERS, 1983).

Literatur

BÄSSLER, R. (1973): Pathologie der weiblichen Genital- und Mammatumoren in Kindesalter und Adoleszenz. Gynäkologe 6, 49.

BIERICH, J. R. (1983): Diagnostik und Therapie der Frühreife beim Mädchen. Gynäkologe 16, 61.

BLUNCK, W. (1977): Pädiatrische Endokrinologie. München-Wien-Baltimore: Urban u. Schwarzenberg.

BRECKWOLDT, M., ROLL, H., ZAHRADNIK, N. P., AMANN, K., RECK, K., PETERS, F. (1980): Plasma levels of FSH and LH in patients with gonadal dysgenesis during sequential estrogen/progestogen therapy. Arch. Gynecol. 230, 159.

— SIEBERS, J. W., MÜLLER, W. (1981): Die primäre Ovarialinsuffizienz. Gynäkologe 14, 131.

— PETERS, F. (1983): Diagnostik und Therapie von Brustdrüsenerkrankungen während Pubertät und Adoleszenz. Gynäkologe 16, 48.

BURGHARDT, E. (1984): Kolposkopie, spezielle Zervixpathologie. Stuttgart-New York: G. Thieme.

CAPRARO, V. J., DEWHURST, C. J. (1975): Breast disorders in childhood and adolescence. Clin. Obstet. Gynecol. 18, 25.

DAWOOD, M. Y. (1981): Dysmenorrhea. Baltimore: Williams and Wilkins.

DECKER, K. (1983): Diagnostik und Therapie genitaler Infektionen während Kindheit, Pubertät und Adoleszenz. Gynäkologe 16, 56.

DEWHURST, C. J. (1980): Practical Pediatric and Adolescent Gynecology. (Reproductive Medicine, Vol. 1.) New York-Basel: Marcel Dekker.

— (1981): Gonadal dysgenesis. In: The Gynecology of childhood and Adolescence (HUFFMAN, J. W. et al., Hrsg.). Philadelphia-London-Toronto: W. B. Saunders.

DOBSZAY, L. (1939): Beiträge zur Physiologie und Klinik der weiblichen Genitalorgane im Kindesalter. Leipzig: Barth.

DREWS, U. (1976): Die Entwicklung der Sexualorgane: Von der genetischen Information zur morphologischen Differenzierung. Gynäkologe 9, 3.

ESSER, J. (1977): Sexualhygienische und hygienische Probleme in Kindheit und Adoleszenz. In: Praxis der Gynäkologie im Kindes- und Jugendalter (HUBER, A., HIERSCHE, H.-D., Hrsg.), S. 220. Stuttgart: G. Thieme.

— (1979): Hygiene im Kindes- und Jugendalter. Fortschr. Med. 97, 891.

GARDNER, L. I. (1975): Endocrine and Genetic Diseases of Childhood and Adolescence, 2. Aufl. Philadelphia-London-Toronto: W. B. Saunders.

GERSTNER, G. J., GRÜNBERGER, W., BOSCHITSCH, E., ROTTER, M. (1982): Vaginal organisms in prepubertal children with and without vulvovaginitis. Arch. Gynecol. 231, 247.

GREULICH, W. W., PYLE, S. I. (1959): Radiographic Atlas of Skeletal Development of the Hand and Wrist, 2. Aufl. Stanford, Cal.: Stanford University Press.

HAMMERSCHLAG, M. R., ALPERT, S., ROSNER, L., THURSTON, P., SEMINE, D., McCOMB, D., McCORMACK, W. M. (1978): Microbiology of the vagina in children: normal and potentially pathogenic organisms. Pediatrics 62, 57.

HEINZ, M., HOYME, S. (1974): Gynäkologie des Kindes- und Jugendalters, 2. Aufl. Stuttgart: Enke.

HERBST, S. (1984): Pathogenese und Therapie der Dysmenorrhoe. Gynäkologe 17, 153.

HIERSCHE, H. D. (1973): Kindergynäkologie I und II. Gynäkologe 6, 1.

— (1977): Genitaltumoren. In: Praxis der Gynäkologie im Kindes- und Jugendalter (HUBER, A., HIERSCHE, H. D., Hrsg.), S. 99. Stuttgart: G. Thieme.

HUBER, A., HIERSCHE, H.-D. (1977): Praxis der Gynäkologie im Kindes- und Jugendalter. Stuttgart: G. Thieme.

— (1977a): Untersuchungsmethoden. In: Praxis der Gynäkologie im Kindes- und Jugendalter (HUBER, A., HIERSCHE, H. D., Hrsg.), S. 31. Stuttgart: G. Thieme.

— (1977b): Vulvovaginitis bei Kindern und Jugendlichen. Gynäkol. Prax. 1, 325, 511, 703.

— (1983): Gynäkologische Untersuchungen während Pubertät und Adoleszenz. Gynäkologe 16, 13.

HUFFMAN, J. W. (1977): Premenarchal vulvovaginitis. Clin. Obstet. Gynecol. 20, 581.

— DEWHURST, C. J., CAPRARO, V. J. (1981): The Gynecology of Childhood and Adolescence, 2. Aufl. Philadelphia-London-Toronto: W. B. Saunders.

JANISCH, H., RISS, P., SCHIEDER, K., ROGAN, A. M. (1984): Die Operation nach Vecchietti zur Bildung einer Neovagina: Technik und Ergebnisse. Geburtsh. u. Frauenheilk. 44, 53.

LANG, N. (1976): Die operative Therapie der Fehlbildungen des äußeren Genitales und der Vagina zur Herstellung eines weiblichen Genitales. Gynäkologe 9, 76.

— (1980): Operationen zur Wiederherstellung der Funktion bei angeborenem oder erworbenem Verschluß oder Stenose der Vagina. Gynäkologe 13, 123.

LAURITZEN, C. (1982): Die Intersexualität. In: Klinik der Frauenheilkunde und Geburtshilfe (DÖDERLEIN, G., WULF, K. H., Hrsg.), B. V, Ergänzungslieferung, S. 613. München-Wien-Baltimore: Urban und Schwarzenberg.

— (1983): Diagnostik und Therapie der Zyklusstörungen während Pubertät und Adoleszenz. Gynäkologe 16, 32.

LUCKY, A. W., MARYNICK, S. P., REBAR, R. W., CUTLER, G. B., GLEU, M., JOHNSONBAUGH, R. E., LORIAUX, D. L. (1979): Replacement oral ethinylestradiol therapy for gonadal dysgenesis: Growth and adrenal androgen studies. Acta Endocrinol. (Copenh.) **91**, 519.

MALL-HAEFELI, M., WERNER-ZODROW, I., UETTWILLER, A. (1979): Vergleichende Untersuchungen mit verschieden dosierten oralen Kontrazeptiva. Geburtsh. u. Frauenheilk. **39**, 563.

MARBERGER, M., MARBERGER, H., STOCKAMP, K., STAUB, E. (1975): Die Korrektur des intersexuellen Genitale in die weibliche Richtung. Akt. Urol. **6**, 99.

McDONOUGH, P. G. (1972): Gonadal dysgenesis and its Variants. Ped. Clinics N. Amer. **19**, 631.

— BYRD, J. R., THO, P. T., MAHESH, V. B. (1977): Phenotypic and cytogenetic findings in 82 patients with ovarian failure. Fertil. Steril. **28**, 638.

MORRIS, J. M., MAHESH, V. B. (1963): Further observations on the syndrome "testicular feminization". Amer. J. Obstet. Gynec. **87**, 731.

NEU, R. L., GARDNER, L. I. (1975): Abnormalities of the sex chromosomes. In: Endocrine and Genetic Diseases of Childhood and Adolescence, 2. Aufl. Philadelphia-London-Toronto: W. B. Saunders.

NIELSEN, J., SILLESEN, J., HANSEN, K. B. (1979): Fertility in women with Turner's syndrome. Case report and review of literature. Br. J. Obstet. Gynecol. **86**, 833.

OVERZIER, C. (1969): Die Intersexualität. In: Gynäkologie und Geburtshilfe (KÄSER, O., FRIEDBERG, V., OBER, K. G., THOMSEN, K., ZANDER, J., Hrsg.), Vol. I, S. 93. Stuttgart: G. Thieme.

PETER, R., VESELY, K. (1966): Kindergynäkologie. Leipzig: Thieme.

PRADER, A. (1978): Störungen der Geschlechtsdifferenzierung (Intersexualität). In: Klinik der inneren Sekretion (LABHART, A., Hrsg.). Berlin-Heidelberg-New York: Springer.

REHDER, H. (1976): Gonadentumoren bei Intersexualität. Gynäkologe **9**, 30.

REY-STOCKER, I. (1980): Wie werden endokrine Reifungsvorgänge durch hormonale Kontrazeptiva beeinflußt? In: Probleme der Kontrazeption bei der Jugendlichen (HUBER, A., Hrsg.). Amsterdam-Oxford-Princeton: Excerpta Medica.

SCHAUFFLER, G. C. (1958): Pediatric Gynecology. Chicago: Year Book Medical Publishers (1. Aufl. 1942).

SCHINDLER, A. E. (1983): Endokrine und morphologische Veränderungen während Pubertät und Adoleszenz. Gynäkologe **16**, 2.

SCULLY, R. (1970): Gonadoblastoma. A review of 74 cases. Cancer **25**, 1340.

SIMPSON, J. L. (1979): Gonadal dysgenesis and sex chromosome abnormalities. Phenotypic/karyotypic Correlations. In: Genetic Mechanism of Sexual Development (VALLET, H. L., PORTER, J. H., Hrsg.). New York: Academic Press.

SOYKA, E., MILEK, E. (1980): Trichomoniasis vaginalis im Kindesalter. Gynäkol. Prax. **4**, 473.

TANNER, J. M. (1962): Growth at Adolescence, 2. Aufl. Oxford: Blackwell.

TERRUHN, V. (1984): Die Bedeutung der vaginoskopischen Untersuchung in der kindergynäkologischen Praxis. Gynäkol. prax. **8**, 83.

TETER, J., BOCZKOWSKI, K. (1967): Occurrence of tumors in dysgenetic gonads. Cancer **20**, 1301.

TSCHERNE, G., BEHMEL, A., FLADERER, H. (1974): Malignes Dysgerminom bei Mädchen mit männlichem Chromosomensatz. Wien. med. Wschr. **124**, 275.

— (1983): Estrogen substitution therapy in gonadal dysgenesis. In: Proc. X[th] World Congress of Gynecology and Obstetrics (NEWTON, M., Hrsg.). New York: Academy Professional Information Services.

VECCHIETTI, G. (1979): Le néo-vagin dans le syndrome de Rokitansky-Küster-Hauser. Rev. Méd. Suisse Romande **99**, 593.

— (1980): Die Neovagina beim Rokitansky-Küster-Hauser-Syndrom. Gynäkologe **13**, 112.

17
Pränatale Diagnose genetischer Defekte

R. Winter und *H. Hofmann*

17.1 Einleitung

Chromosomenanomalien, angeborene Stoffwechseldefekte und Verschlußstörungen des Neuralrohres, sind schwere Erkrankungen, die zum Tode des Neugeborenen führen können, in den meisten Fällen jedoch Debilität und lebenslanges Siechtum nach sich ziehen. Jeder Geburtshelfer und Arzt, der mit dem Problem genetischer Defekte konfrontiert wird, muß wissen, daß Erbkrankheiten nicht heilbar sind. Die Aufklärung der Eltern über die Bedeutung möglicher Erkrankungen sollte durch den Humangenetiker, den Pädiater und auch den Geburtshelfer in eindringlicher und verständlicher Form erfolgen. Bezüglich der Konsequenzen, die sich aus der kindlichen Erkrankung ergeben könnten, muß allerdings in jedem Fall die Einstellung der Eltern berücksichtigt und respektiert werden.

Die genetische Beratung muß die Möglichkeiten und die Grenzen, aber auch die Risiken der pränatalen Diagnostik aufzeigen. Auch die Frage, ob und wo eine Schwangerschaftsunterbrechung erfolgen wird, falls ein pathologischer Befund erhoben wird, ist vor dem Eingriff zu klären. Zu bevorzugen ist das Zentrum, in dem die genetische Amniozentese durchgeführt wurde, um die exakte Dokumentation, wie auch die Kontrolle des Chromosomenbefundes durch Anlegen einer Gewebekultur aus dem Abortusmaterial zu gewährleisten. Dem Geburtshelfer fällt auch die wichtige Aufgabe zu, jede Mißbildung bei Fehl-, Tot- oder Lebendgeburten genau zu registrieren und sie in enger Zusammenarbeit mit dem Pathologen, Pädiater und Humangenetiker einem Krankheitsbild oder Syndrom zuzuordnen. Die Aufzeichnungen werden oft erst nach Jahren wieder als wichtige Unterlagen für eine nächste genetische Beratung benötigt und dienen dann zur Beurteilung vor allem eines möglichen Wiederholungsrisikos.

Nach der unerwarteten Geburt eines mißgebildeten Kindes hat der Geburtshelfer die Pflicht, die Eltern bei Eintritt einer neuerlichen Schwangerschaft auf die Möglichkeit der genetischen Beratung hinzuweisen.

Im Rahmen der pränatalen Diagnostik kann der Geburtshelfer bei gegebener Indikation chromosomale Schäden des Ungeborenen mit einem hohen Maß an Sicherheit voraussagen. Eltern, die mit einem nachweisbaren genetischen Risiko belastet sind oder die durch die Geburt eines kranken Kindes zu Risikoträgern wurden, können durch die Möglichkeit der vorgeburtlichen Erkennung von Erbschäden Hoffnung auf gesunde Nachkommen haben.

17.2 Indikationen und das Wiederholungsrisiko

Die Indikation zur pränatalen Diagnose ist prinzipiell nur dann gegeben, wenn die befürchtete Erkrankung des Feten aus dem Fruchtwasser diagnostizierbar ist und das Risiko, ein erkranktes Kind auf die Welt zu bringen, das Basisrisiko der Normalbevölkerung übersteigt. Auch ist der notwendige Eingriff nur dann sinnvoll, wenn das erwartete Risiko höher ist, als das Abortusrisiko nach der Amniozentese.

Die Indikationen zur pränatalen Abklärung von Erbkrankheiten lassen sich in sieben Risikogruppen zusammenfassen (Tab. 17.1).

17.2.1 Altersindikation

Mit zunehmendem Alter der Frau steigt das Risiko für Chromosomenveränderungen des Kindes (Abb. 17.1). Die Abhängigkeit bestimmter kindlicher Erkrankungen, besonders des Down-Syndromes, vom Gebäralter der Mutter wurde früh erkannt und immer wieder bestätigt. Auch das erhöhte Alter des Vaters hat, in Kombination mit dem höheren Gebäralter der Mutter, einen

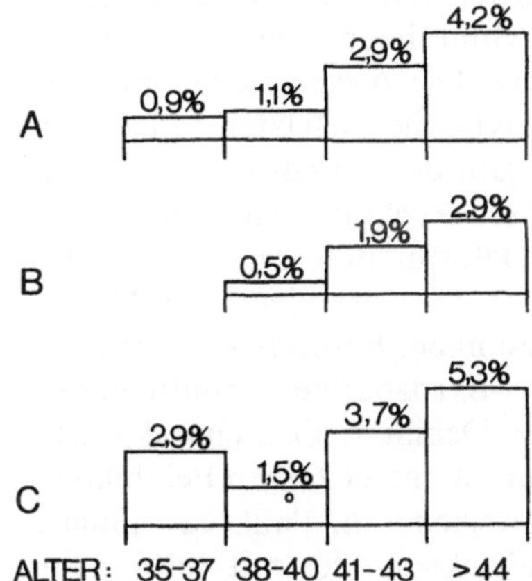

Abb. 17.1. Risiko für Trisomie 21 bei zunehmendem Alter der Mutter (**A**), des Vaters (**B**), beider Eltern (**C**) (mod. nach I. Blatt 1982)

negativen Einfluß auf die Entstehung der Trisomie 21. Die Wahrscheinlichkeit, mongoloide Kinder zu zeugen, steigt für Väter über 40 Lebensjahren signifikant an (STENE, 1979). Wie aus der Abb. 17.1 ersichtlich, liegt das Risiko einer Chromosomenanomalie schon in der mütterlichen Altersgruppe von 35—37 Jahren mit etwa 1% höher als das Basisrisiko der Normalbevölkerung von 0,5%. Es wäre daher wünschenswert, alle Schwangeren dieser Gruppe einer pränatalen Diagnostik zuzuführen. Aus finanziellen und organisatorischen Gründen ist dies nicht immer möglich. Wird jedoch eine 38jährige über das Risiko von Chromosomenanomalien nicht unterrichtet und werden ihr nicht die Möglichkeiten einer pränatalen Diagnostik geboten, ist das zweifellos eine schwerwiegende Unterlassung.

Die häufigste und bekannteste der altersabhängigen Veränderungen ist die *Trisomie 21*, die 86,5% der Chromosomenveränderungen ausmacht (VAN NIEKERK, 1978). Das Down-Syndrom tritt mit einer Häufigkeit von 1:600 bis 1:800 Lebendgeburten auf (JAKOBS et al., 1974; REHDER, 1978).

Die wichtigste Folge des *Down-Syndromes*

Tabelle 17.1. Prozentuelle Verteilung der Indikationen zur genetischen Amniozentese anhand von 2080 Fällen (Graz, Juli 1974—Dezember 1983)

1. Alter der Eltern	1496	71,9%
2. Vorangegangenes Kind mit chromosomal bedingter Fehlbildung (z. B. DOWN)	281	13,5%
3. Eltern Träger balanzierter Chromosomenaberrationen	17	0,82%
4. X-rezessive Erbleiden	14	0,67%
5. Stoffwechseldefekte	11	0,53%
6. Vorangegangenes Kind mit Dysraphie	125	6,0%
7. Andere Indikationen	136	6,54%
	2080	100,0%

ist die allgemeine körperliche und geistige Retardierung. Der Phänotyp ist geprägt von Kleinwüchsigkeit mit quadratischem Kopf und flachem Hinterhaupt. Der Hals ist meist dick und kurz. Die Augen stehen eng beieinander, die typische nach lateral ansteigende Lidachse gibt dem Syndrom seinen Namen. Die Ohren setzen tief am Kopf an und weisen oft Deformitäten der Ohrmuschel auf. Die Nase ist meist klein, der Nasenrücken eingesunken. Besonders die Makroglossie und Mikrognathie vermitteln den Eindruck der Debilität. Das charakteristische Aussehen ist mit leichteren Fehlbildungen, wie Darmstenosen, Pankreas anulare und Rippendefekten oder mit schwereren Fehlbildungen des Herzens und des Gehirns assoziiert. 50% der mongoloiden Kinder versterben in der Neugeborenen- oder Säuglingsperiode. Die Lebenserwartung nach dem ersten Lebensjahr ist jedoch kaum geringer als für gesunde Kinder (VALENTINE, 1968).

Wesentlich seltener als das Down-Syndrom kommt das *Edwards-Syndrom*, die Trisomie 18, vor. Seine Frequenz wird mit einer unter 4000—10 000 Geburten angegeben (VALENTINE, 1968; HAMERTON et al., 1975). Die charakteristischen Merkmale sind die cranio-faciale Dysmorphie, muskuläre Hypertonie und die Ausbildung von Wiegenkufenfüßen. An inneren Fehlbildungen finden sich neben Herz-, Nieren- und Skelettmißbildungen Ösophagusatresie und Zwerchfelldefekte sowie Dysraphien im ventralen und dorsalen Körperbereich. Die Mortalitätsrate dieser Kinder liegt im ersten Lebensjahr bei 90%.

17.2.2 Vorangegangenes Kind mit chromosomal bedingten Fehlbildungen

Das Wiederholungsrisiko nach der Geburt eines chromosomal abnormen Kindes liegt nur bei 1% (I. Blatt, 1977). Beim Down-Syndrom besteht offenbar kein ursächlicher Zusammenhang zwischen einem vorausgegangenen und einem eventuell neuerlichem Schaden und daher kein echtes Wiederholungsrisiko. Lediglich das Altersrisiko bleibt auch für weitere Schwangerschaften bestehen. Erfahrungsgemäß rechnen aber die meisten Eltern mit einer größeren *Wiederholungsgefahr* und kommen oft erst dann zu dem Entschluß, eine weitere Schwangerschaft zu riskieren, wenn sie einerseits auf das geringe Risiko aufmerksam gemacht und andererseits über die diagnostischen Möglichkeiten in der Frühschwangerschaft aufgeklärt wurden.

17.2.3 Verdacht auf X-rezessive Erbleiden

Von den geschlechtsgebundenen Erbleiden kommen vor allem die *Hämophilie* und die progressive *Muskeldystrophie Duchenne* für die pränatale Diagnostik in Frage. Im Vererbungsvorgang sind weibliche Individuen nur die Konduktoren, während männliche Nachkommen zu 50% erkranken. Die Möglichkeit einer fetoskopischen Entnahme von fetalem Blut und Gewebsproben berechtigt zu der Hoffnung, zwischen gesunden und erkrankten männlichen Nachkommen unterscheiden zu können. Bei der Hämophilie können die fetalen Plasmafaktoren VIII C und IX, die um die 18. bis 20. Schwangerschaftswoche in einer Konzentration von 50 IE/dl */—12,8 SD beziehungsweise 12,5 IE*/—2,4 SD im fetalen Blut vorhanden sind, nachgewiesen werden (MIBASHAN et al., 1979). Die dazu nötige fetoskopische Blutentnahme aus der Plazenta erfordert höchstes Geschick und muß speziellen Zentren vorbehalten bleiben. Das entnommene Blut darf weder mit mütterlichem Blut noch mit Fruchtwasser kontaminiert sein.

Während die pränatale Diagnose der Hämophilie in spezialisierten Zentren ein Routineverfahren ist, hat der Nachweis der Kreatin-Phosphokinase-Aktivität im fetalen Plasma zum Ausschluß der Muskeldystrophie Duchenne nicht die erwarteten Erfolge gebracht. Diese progredient verlaufende Erkrankung, deren Manifestation erst zwi-

Tabelle 17.2. Angeborene Stoffwechselerkrankungen, die in der Schwangerschaft diagnostiziert oder ausgeschlossen werden können (modifiziert nach MILUNSKY, 1979)

Kohlenhydratstoffwechselerkrankung	*Fettstoffwechselerkrankung*
Galaktosämie (Transferase Typ)	GM 1 Gangliosidose
Galaktosämie (Kinase Typ)	GM 2 Gangliosidose (Sandhoff, Tay-Sachs)
Glykogenose II (Mb. Pompe)	Sphingomyelin-Lipidose (Mb. Niemann-Pick)
Glykogenose III (Mb. Cori)	Glucosyl-Ceramid-Lipidose (Mb. Gaucher)
Glykogenose IV (Mb. Andersen)	Galactosyl-Ceramid-Lipidose (Mb. Krabbe)
Pyruvat-Dehydrogenase-Mangel	Ceramid-Trihexidose (Mb. Fabry)
Pyruvat-Decarboxylase-Mangel	Phytansäure-Hydroxylase-Mangel (Mb. Refsum)
Fucosidase-Mangel	Metachromatische Leukodystrophie
Mannosidase-Mangel	Ceramidase-Mangel (Mb. Farber)
Mucolipidose IV	Saure Lipase-Mangel (Mb. Wolman)

Aminosäurestoffwechselerkrankung	*Mucopolysaccharidstoffwechselerkrankungen (MPS)*
Ahornsirupkrankheit	MPS I (Mb. Hurler)
Arginin-Succinin-Azidurie	MPS II (Mb. Hunter)
Citrullinämie	MPS III A (Mb. Sanfilippo)
Histidinämie	MPS III B (Mb. Sanfilippo)
Homocystinurie	MPS V (Mb. Scheie)
Hyperammonämie	MPS VI (Mb. Maroteaux-Lamy)
Hyperglycinämie (nicht ketotische Form)	MPS VII
Hyperglycinämie (ketotische Form)	
Hyperleucinämie	
Hypervalinämie	
Methylmalonazidämie	
Ornithin-Transcarbamylase-Mangel	
Tyrosinämie	

Mucolipidosestoffwechselerkrankung (MLS)	*Andere Stoffwechselerkrankungen*
MLS II	Adenosin-Deaminase-Mangel (kombinierter Immundefekt)
MLS III	Adrenogenitales Syndrom
MLS IV	Ceroid-Lipofuscinose
	Cystinose
	Hypophosphatasie
	Encephalopathie (Mb. Leigh's)
	Lesch-Nyhan-Syndrom
	Mb. Menkes
	Myotone Muskeldystrophie
	Sichelzell-Anämie
	β-Thalassämie
	Xeroderma pigmentosum

schen dem 3. und 5. Lebensjahr auftritt, ist durch zunehmende Schwäche und erhöhte Ermüdbarkeit bis zum Gehverlust bei fortschreitendem Muskelschwund gekennzeichnet. Der Tod tritt in der Regel durch interkurrente Infekte der Atmungsorgane und kardiovaskuläre Insuffizienz nach dystrophischer Herzmuskelschädigung ein. Nach ersten Berichten über die Möglichkeit einer Unterscheidung zwischen gesunden und erkrankten männlichen Feten durch die Bestimmung der Kreatin-Phosphokinase aus fetalem Plasma wurden die Erwartungen jedoch aufgrund einer Reihe von falsch negativen Diagnosen enttäuscht (GOLBUS et al., 1979). Die pränatale Diagnose muß daher vorläufig auf die Feststellung des fetalen Geschlechtes beschränkt bleiben.

Tabelle 17.3. Register Pränataler Diagnostikstellen für biochemische Untersuchungen (modifiziert nach I. Blatt 1982)

BRD

Prof. Dr. BREMER, Dr. WENDEL	Universitätskinderklinik	Düsseldorf
Prof. Dr. GOEDDE, Dr. WILLERS, Dr. SINGH	Institut für Humangenetik	Hamburg
Prof. Dr. BICKEL, Dr. HARMS	Universitätskinderklinik	Heidelberg
Prof. Dr. SPRANGER, Prof. Dr. CANTZ, Prof. Dr. GEHLER	Universitätskinderklinik	Mainz
Arbeitsgruppe SCHAUB: PD Dr. SCHAUB, Dr. SHIN-BUEHRIN	Universitätskinderklinik Stoffwechsellabor	München
Dr. SANDHOFF, Dr. CHRISTOMANOU	Max-Planck-Institut für Psychiatrie	München
Prof. Dr. KRESSE, Prof. Dr. V. FIGURA	Westfälische Wilhelms-Universität, Physiologisch-Chemisches Institut	Münster
Dr. HARZER	Institut für Hirnforschung der Universität Tübingen	Tübingen

Schweiz

U. WIESMANN	Universitätskinderklinik Inselspital	Bern

England:

C. H. RODECK, S. CAMPELL, R. S. MIBASHAN	King's College Hospital	London

Holland:

J. F. KOSTER, H. GALJAARD, M. F. NIERMEIJER	Dept. für Biochemie, Dept. für Zellbiologie und Genetik Med. Fakultät der Erasmus-Universität	Rotterdam
H. GALJAARD, W. J. KLEIJER, M. F. NIERMEIJER	Dept. für Zellbiologie und Genetik Medizinische Fakultät der Erasmus-Universität	Rotterdam

Frankreich:

M. MATHIEU	Lab. de Enzymologie, Hôpital Debrousse	Lyon

Schweden:

L. SVENNERHOLM	Dept. für Neurochemie, Psychiatrisches Forschungszentrum Hisings Backa	Göteborg

17.2.4 Erbliche Stoffwechselerkrankungen

Zur Zeit sind etwa 280 erbliche Stoffwechselerkrankungen mit den zugrundeliegenden metabolischen Defekten bekannt (McKusick, 1978). Das klinische Erscheinungsbild beruht in der überwiegenden Zahl der Fälle auf einer Störung der psychomotorischen Entwicklung, die in den ersten Lebenswochen und Monaten oft nicht als krankhaft erkannt wird. Eine frühzeitige Erkennung der Erkrankung hängt somit sehr von der Aufmerksamkeit, dem Beobachtungsvermögen und dem Wissen der Eltern ab. Da es aber nur für wenige Stoffwechselkrankheiten eine wirksame Therapie gibt, ist das fatale Schicksal der Erkrankten meist unabwendbar.

Die meisten Stoffwechselerkrankungen werden *autosomal rezessiv* vererbt. Somit besteht ein Wiederholungsrisiko von 25 bis 50%. Aus Fruchtwasser und Amnionzellkulturen kann heute der biochemische Nachweis dieser Defekte in etwa 60 Krankheitsformen bereits pränatal erbracht werden (Tab. 17.2). Dazu werden Mikrospektrophotometrie, Mikrofluormetrie, Radiometrie, Chromatographie und Elektrophorese eingesetzt.

Die Indikation zur Stoffwechselabklärung wird im Vergleich zur Chromosomenuntersuchung eher selten gestellt. Unter 2080 Fällen wurden im eigenen Krankengut 0,5% wegen des Verdachtes auf das Vorliegen einer erblichen Stoffwechselerkrankung abgeklärt. In anderen Zentren liegt die Frequenz zwischen 1 und 7% (GALJAARD, 1980 a). Diese sind jedoch zum Teil auf den Nachweis biochemischer Defekte spezialisiert. Eine solche Zentralisation ist unbedingt notwendig, um genügende Erfahrung in der Diagnose seltener biochemischer Defekte zu ermöglichen. In Tab. 17.3 sind einige Zentren in Europa angeführt, die Stoffwechseluntersuchungen aus Amnionflüssigkeit und Amnionzellen durchführen. Ein spezielles Problem bei den erblichen Stoffwechselerkrankungen stellt der Diabetes mellitus dar. Es gibt zwar keinen Anhaltspunkt für eine erhöhte Rate an Chromosomenaberrationen, doch ist bekannt,

daß beim Diabetes Dysraphien häufiger vorkommen als in der Normalpopulation (Tab. 17.4). Nach dem neuesten Wissensstand hängt die Mißbildungsrate direkt mit der präkonzeptionellen Einstellung der Diabetierinnen zusammen (s. S. 368).

17.2.5 Eltern als Träger balancierter Strukturaberrationen

Es gibt phänotypisch gesunde Individuen, deren Chromosomenmorphologie verändert ist. Das heißt, daß Genorte, die für ein bestimmtes Chromosom typisch sind, in einem anderen Chromosom nachgewiesen werden können. Wenn es bei solchen Verlagerungen zu keinem Verlust genetischen Materiales gekommen ist, wird der Zustand als „*balanciert*" bezeichnet. Für die Kinder von Trägern derartiger Strukturaberrationen besteht die Gefahr, daß sie mit chromosomalen Defekten geboren werden. In solchen Fällen kann erst die Geburt eines kranken Kindes, ähnlich wie bei den X-rezessiven Erbleiden, der erste Hinweis auf die elterliche Prädisposition sein. In seltenen Fällen wird ein Elternteil als balancierter Translokationsträger frühzeitig erkannt, wenn sich das Ehepaar z. B. wegen wiederholt eingetretener Fehlgeburten einer genetischen Abklärung unterzieht.

Große Untersuchungsreihen haben gezeigt, daß spontan eingetretene Fehlgeburten vor der 12. Schwangerschaftswoche in bis zu 60% auf letalen Chromosomenanomalien beruhen (BOUÉ et al., 1975; KNÖRR und KNÖRR-GÄRTNER, 1977 a). Das Wiederholungsrisiko für genetisch defekte Kinder beträgt nach einem bereits erkrankten Kind bis zu 13%. Daher sollte bei bekannten balancierten chromosomalen Strukturaberrationen der Eltern eine pränatale Diagnose unbedingt empfohlen werden.

17.2.6 Vorangegangenes Kind mit Neuralrohrdefekt und Anencephalie

Verschlußstörungen des Neuralrohres, wie Anencephalus und Spina bifida, sind schwerwiegende Mißbildungen, die entwe-

Tabelle 17.4. Angeborene Mißbildungen bei Kindern von Diabetikerinnen und Kindern der Normalbevölkerung in Birmingham (modifiziert nach SOLER, 1976)

Mißbildungen	Diabetes (%)	Normale Population (%)
Anencephalus	0,58	0,2
Spina bifida	0,58	0,25

der mit dem Leben nicht vereinbar sind oder mit schweren motorischen und sensiblen Ausfällen einhergehen können. Ihre Ätiologie ist nicht bekannt. Pathogenetisch fallen sie in die frühembryonale Entwicklungsphase um den 14.—20. Schwangerschaftstag (CHAUBE und SWINYARD, 1975; ROTT, 1975). Familiär gehäuftes Auftreten sowie die Beobachtung, daß Dysraphien in bestimmten geographischen Regionen, in bestimmten Jahreszeiten (Winter) und bei Erstgebärenden häufiger vorkommen, lassen sowohl auf genetische als auch auf exogene Faktoren schließen (ROTT, 1975). Ein Zusammenhang mit der diabetischen Stoffwechselstörung wurde bereits hervorgerufen (s. S. 368). In Europa haben Anencephalus und Spina bifida eine Häufigkeit von 1:1000 (BROCK, 1979). Wurde bereits ein Kind mit einer Dysraphie geboren, so liegt das Wiederholungsrisiko bei 5%. Sind bereits 2 Kinder mit solchen Störungen geboren worden, so erhöht sich das Risiko auf 10% (CHAUBE und SWINYARD, 1975; ROTT, 1975). Bei den häufig betroffenen Erstgebärenden kann die Anamnese natürlich keine Hinweise ergeben. Mit der Ultraschalldiagnostik ist es heute jedoch möglich anencephale Feten bereits ab der 13. Schwangerschaftswoche zu erkennen (HANSMANN, 1979).

Die *Alphafetoproteinbestimmung* im Fruchtwasser ist eine wertvolle Hilfe für die Diagnose der Dysraphien. Offene Verschlußstörungen des Wirbelkanales können mit einem hohen Maß an Sicherheit diagnostiziert werden (Abb. 17.2) (BROCK, 1976; MILUNSKI und ALPERT, 1976a; WEISS et al., 1978). Auch bei ventralen Spaltbildungen, Fällen mit Duodenal- und Oesophagusatresie sowie angeborener Nephrose können die Werte pathologisch erhöht sein.

Das Alphafetoprotein (AFP) wird im Dottersack, der fetalen Leber und dem Gastrointestinaltrakt gebildet. Es ist im fetalen Kreislauf sowie im Liquor cerebrospinalis in hohen Konzentrationen vorhanden. Liegt eine Dysraphie vor, so gelangt das AFP z. B. via Liquor in das Fruchtwasser. Aus dem Fruchtwasser wird es resorbiert und kann

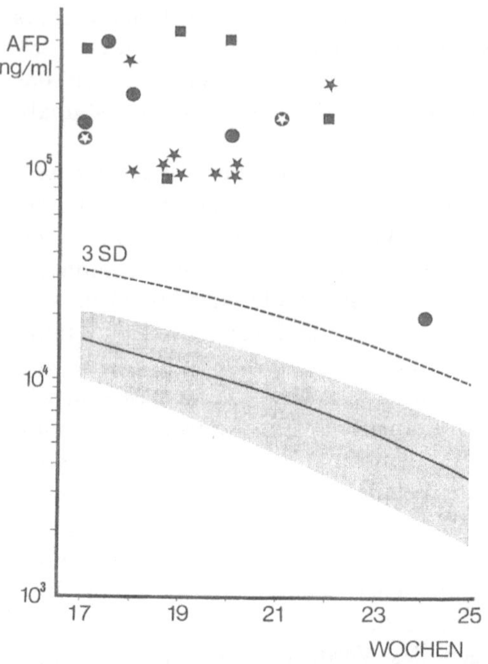

Abb. 17.2. Alphafetoproteinwerte von 20 Fällen mit Dysraphien; ⊘ Anencephalus, ■ Spina bifida aperta, ● Endocephalocele, ★ Omphalocele (Graz, Juli 1974—Dezember 1983).
3 SD Dreifache Standardabweichung

dann auch im mütterlichen Serum nachgewiesen werden. Die AFP-Konzentration im Fruchtwasser steigt unter normalen Bedingungen von der 6. bis zur 16. Gestationswoche beständig an, sinkt dann bis zur 24. Woche auf niedrigere Werte, um schließlich bis zum Geburtstermin gleichzubleiben. Die Werte der AFP-Ausscheidung variieren von Labor zu Labor und werden in Nanogramm pro Milliliter angegeben, wenn der Nachweis radioimmunologisch erfolgt. Immunelektrophorese und radiale Immundiffusion sind brauchbare, jedoch weniger empfindliche Nachweismethoden. Werden Werte erhoben, die über der dreifachen Standardabweichung liegen, so besteht der dringende Verdacht auf eine Dysraphie. In derartig gelagerten Fällen sollte möglichst rasch eine Kontrolluntersuchung nach neuerlicher Amniozentese erfolgen, um den zuerst erhobenen Wert zu bestätigen.

Der radioimmunologische Nachweis von

AFP *im mütterlichen Serum* ist ebenfalls möglich. Damit könnte sich die Amniozentese an und für sich erübrigen. Auch ein Screening der Schwangeren auf breiter Basis könnte auf diese Weise möglich sein. Entgegenzuhalten ist jedoch, daß um die 17. Schwangerschaftswoche nur etwa in 88% der Feten mit Spina bifida und Anencephalus Werte gefunden werden, die die 95. Percentile der Normalwerte übersteigen (GALJAARD, 1980 b). Zu berücksichtigen ist auch, daß Zwillingsschwangerschaften, Missed abortion und intrauteriner Fruchttod ebenfalls mit erhöhten Alphafetoproteinwerten im mütterlichen Serum einhergehen können und somit differentialdiagnostisch von Dysraphien unterschieden werden müssen. Schließlich sind auch die Kosten eines Screenings nicht zu übersehen, wenn die für Anencephalus und Spina bifida in Mitteleuropa gültige Frequenz von 1:1000 angenommen wird. Die Kosten-Nutzen-Rechnung liegt zweifellos für solche Regionen anders, in denen die Häufigkeit für diese Veränderungen 6:1000 beträgt (BROCK, 1979).

Letztlich muß in Betracht gezogen werden, daß die Diagnose der Anencephalie, dorsaler und ventraler Spaltbildungen mit großer Sicherheit im Ultraschall möglich ist, so daß sich in Zukunft die AFP-Bestimmung auf die Diagnose der tiefsitzenden Spina bifida und auf Veränderungen der inneren Organe, die mit einer AFP-Erhöhung einhergehen, beschränken wird.

17.2.7 Andere Indikationen

In diese Gruppe fallen vor allem Schwangere, die beruflich mit behinderten Kindern zu tun haben und bei Eintritt einer Schwangerschaft oft unter schwerem psychischen Druck stehen und die genetische Abklärung eher aus einer Panikreaktion heraus begehren. Nach einem ausführlichen Gespräch, bei dem das Mißbildungsrisiko gegenüber dem Risiko des Eingriffes abzuwägen ist, wird gegebenenfalls, mehr aus psychischer als aus medizinisch-genetischer Sicht, die Amniozentese vorzunehmen sein.

17.3 Organisation

Bei geplanter Amniozentese sollte eine erste Ultraschalluntersuchung zwischen der 8. und 12. Schwangerschaftswoche durchgeführt werden. Sie dient zur genauen Gestationszeitbestimmung und Lokalisation der Plazenta. Mögliche Erschwernisse des Eingriffes können bei dieser Gelegenheit beurteilt werden. Die Ultraschalluntersuchung erfolgt am besten durch den Operateur selbst oder in seiner Anwesenheit.

Der Versand von Fruchtwasser ist heute über Kontinente hinweg möglich (GADOW et al., 1976). Trotzdem ist es einleuchtend, daß der sicherste Transportbehälter der mütterliche Uterus ist (KNÖRR, 1977 b). Aus diesem Grunde ist es zweifellos besser, die Schwangeren anreisen zu lassen, als Fruchtwasser zu versenden.

Die Amniozentese wird ambulant vorgenommen. Der eigenen Erfahrung nach war es in keinem Fall unmittelbar nach der Punktion zu Komplikationen gekommen, die einen stationären Aufenthalt notwendig gemacht hätten.

Der Eingriff sollte allerdings nur in Zentren mit einer Amniozentesefrequenz von 300—500 Punktionen pro Jahr gemacht werden. Das Team der punktierenden Ärzte soll klein gehalten werden, um die entsprechende Erfahrung zu gewährleisten.

Da beim Einstich in die Fruchthöhle fetale Erythrozyten in den mütterlichen Kreislauf gelangen können, ist eine Sensibilisierung bei Rh-negativen Müttern möglich. Bei transplazentaren Eingriffen ist diese Gefahr besonders groß. Um eine Antikörperbildung zu verhindern, müssen daher alle Rh-negativen Frauen nach der Amniozentese eine Anti-D-Prophylaxe erhalten.

17.4 Technik der Amniozentese

Die Technik der Fruchtwasserentnahme ist weitgehend standardisiert. Die Punktion erfolgt in Lokalanästhesie zwischen der 15. und 18. Woche, im Mittel in der 17. Schwangerschaftswoche. Verwendet wird eine Einmalpunktionsnadel, die einen Außendurchmesser von 0,9 mm aufweist und mit einem Mandrin verschlossen ist. In der 17. Schwangerschaftswoche beträgt die Fruchtwassermenge etwa 170—200 ml. Zur Diagnostik werden 20 ml aspiriert. Für die genetische Untersuchung werden 15 ml benötigt. In den restlichen 5 ml wird der Alphafetoproteingehalt radioimmunologisch bestimmt.

Der späteste Termin für den Eingriff aus genetischer Indikation ist die 20. Schwangerschaftswoche, um eine indizierte und gewünschte Schwangerschaftsunterbrechung noch rechtzeitig durchführen zu können. Jede Amniozentese soll unter Ultraschallsicht erfolgen. Damit kann die Zahl vergeblicher Punktionen oder die Häufigkeit der Aspiration von blutiger Amnionflüssigkeit reduziert werden. Ein Schallkopf mit schmaler Transducerleiste erlaubt es, die Punktionsnadel der Ebene der Ultraschalluntersuchung anzunähern ohne die Sterilität bei dem Eingriff zu gefährden. Die allgemeine Verbesserung der Resultate von ultraschallgelenkten Punktionen sind nicht allein auf die zunehmende Erfahrung des punktierenden Teams zurückzuführen, sondern auch der Möglichkeit des dreidimensionalen Sehens zuzuschreiben.

Besonderer Wert ist auf eine sorgfältige Desinfektion des Punktionsgebietes zu legen. Sie erfolgt am besten mit 80%igem Alkohol als Flächendesinfektion. Die Einwirkungsdauer des Desinfektionsmittels beträgt etwa 5 Minuten. Nach der Amniozentese wird eine vaginale Untersuchung vorgenommen, um den Verschlußapparat der Gebärmutter zu überprüfen. Danach wird die Schwangere in ambulante Betreuung entlassen. Eine Woche nach der Amniozentese werden die Schwangeren zu einer neuerlichen Ultraschalluntersuchung bestellt, bei der die Vitalität des oder der Feten überprüft wird. Bei dieser Gelegenheit erfolgt auch die genaue Befragung über das Auftreten von Schmerzen, Blutungen, Fieber oder Fruchtwasserabgabe nach der Punktion.

Bei *Zwillingsschwangerschaften* wird am besten um die 18.—19. Schwangerschaftswoche punktiert. Anläßlich der ersten Ultraschalluntersuchung zwischen der 8. und 12. Schwangerschaftswoche kann die Lage einer Trennwand am besten diagnostiziert werden. Genaue graphische Aufzeichnungen über das Vorhandensein dieses Septums erleichtern das Auffinden beider Fruchthöhlen am Punktionstermin. Die Punktion erfordert eine besondere Technik. Bei biamniotischen Zwillingen müssen beide Fruchthöhlen getrennt punktiert werden. Nach Desinfektion des Unterbauches, wie oben beschrieben, wird an Stellen mit möglichst großer Fruchtwasserlakunen unter Ultraschallsicht eingestochen. Nachdem 20 ml entnommen worden sind, wird nun in die zuerst punktierte Fruchthöhle 2 ml einer verdünnten Indigokarminlösung (1,8 ml physiologische Kochsalzlösung und 2,0 ml Indigokarmin) eingespritzt. Danach wird die Nadel zurückgezogen und für den zweiten Einstich eine neue Nadel genommen. Bei der Punktion der zweiten Fruchthöhle zeigt die Aspiration von klar-gelblichem Fruchtwasser an, daß tatsächlich die Amnionhöhle des zweiten Zwillings getroffen wurde. Anderenfalls würde leicht bläuliches Fruchtwasser gewonnen werden. Das Aspirat muß genau bezeichnet werden, damit es auch dem richtigen Feten zugeordnet werden kann. Seitdem die Amniozentese unter Ultraschallsicht erfolgt, gelingt es bei biamniotischen Verhältnissen durchwegs, beide Feten abzuklären.

17.5 Das Risiko der genetischen Amniozentese

Als Komplikationen, die unmittelbar mit dem Eingriff in Zusammenhang gebracht werden können, sind der Abortus, der Blasensprung, die Infektion der Fruchthöhle sowie mütterliche und kindliche Verletzungen zu nennen (Tab. 17.5). Wird die Abortusfrequenz berechnet, so müssen alle Fehlgeburten berücksichtigt werden, die nach der Amniozentese bis zur 28. Schwangerschaftswoche auftreten.

Nach den Untersuchungen der Deutschen Forschungsgemeinschaft aus dem Jahre 1982 ist die Abortusrate nach der genetischen Amniozentese signifikant vom Durchmesser der Punktionsnadel abhängig (I. Blatt, 1982). Die gleiche Beobachtung konnte an der Grazer Klinik gemacht werden. Von 1974 bis 1978 wurden Nadeln mit einem Durchmesser von 1,2 mm verwendet. In diesem Zeitraum kam es unter 685 Fällen zu 18 Fehlgeburten, das sind 2,6%. Vergleichsweise traten im Zeitraum 1979—1983 bei Verwendung einer Einmalpunktionsnadel mit einem Durchmesser von 0,9 mm nur 17 Fehlgeburten unter 1395 Fällen auf, was einer Frequenz von 1,2% entspricht.

Mütterliche Verletzungen und Blutungen sind bei entsprechender Sorgfalt weitgehend zu vermeiden. Relativ häufig tritt hingegen ein Fruchtwasserabgang oder ein Fruchtwasserträufeln nach der Punktion auf (Tab. 17.5). Es ist ratsam, die Schwangeren im vorhinein auf diese Möglichkeit aufmerksam zu machen und sie anzuhalten, bei geringstem Verdacht auf einen Fruchtwasserabgang Bettruhe einzuhalten und sich in stationäre Pflege zu begeben. In 10 eigenen Fällen ist es auf diese Weise nur einmal zu einem Abortus gekommen.

Bei fetaler Verletzung kann zwischen Schnitt- und Stichverletzung unterschieden werden. Längliche Hautnarben oder Furchen beim Neugeborenen können aktiv durch den Operateur oder passiv durch Kindesbewegungen bei tangentialem Stich entstanden sein. Sie sind mit großer Wahrscheinlichkeit auf die Amniozentese zurückzuführen. Anders ist es bei grübchenförmigen Einziehungen, die die Folge einer Stichverletzung sein können, aber auch ohne vorausgegangenen intrauterinen Eingriff gesehen werden (RAUSKOLB et al., 1978).

Eine schwerwiegende Komplikation stellt die *intrauterine Infektion* nach der genetischen Amniozentese dar. Das klinische Erscheinungsbild reicht von Symptomlosigkeit bis zum septischen Schock. In einer Studie der Deutschen Forschungsgemeinschaft über pränatale Diagnostik wurden 35 Fälle von Fehlgeburten analysiert, die bis zu 4 Wochen nach der Amniozentese erfolgten. Dabei zeigte sich, daß in zwei Dritteln dieser Fälle eine intrauterine Infektion als Abortusursache in Betracht gezogen werden konnte (I. Blatt, 1982). JONATHA (1977) berichtete über einen Fall mit tödlichem Ausgang der Infektion trotz Hysterektomie. Als Infektionsquelle kommen kontaminierte Haut und Ultraschallkontaktgel, unsterile Punktionsnadeln und die Perforation einer vor dem Uterus liegenden Dickdarmschlinge in Frage. Um diesen bekannten Gefahren zu entgegen, sollten nur einzeln verpackte Einmalgeräte als Punktionsnadeln verwendet werden. Die Amniozentese darf nie durch das Ultraschallgel erfolgen und sollte vorwiegend auf die zentralen Abschnitte der Uterusvorderwand gerichtet sein. Durch sorgfältige Desinfektion des Punktionsgebietes und genaue Berücksichtigung der Einwirkungszeiten des Desinfiziens müßten intrauterine Infektionen nach der Amniozentese weitgehend zu vermeiden sein.

Tabelle 17.5. Komplikationen nach der Amniozentese bei 2080 Fällen
(Graz, Juli 1974—Dezember 1983)

1. Abortus oder Missed abortion	35	1,68%
2. Fruchtwasserabgang	10	0,5%
3. Fetale Verletzungen	(2)	
4. Infektion der Amnionhöhle	3	0,1%
5. Mütterliche Verletzung	0	
6. Blutung	0	

17.6 Möglichkeiten und Grenzen der genetischen Amniozentese

Bei der genetischen Beratung muß eindringlich darauf hingewiesen werden, daß die Fruchtwasseruntersuchung nur den Ausschluß oder den Nachweis ganz bestimmter Erbkrankheiten erbringen kann. Keineswegs ist mit ihr eine Garantie für ein gesundes Kind gegeben. Es muß unmißverständlich zum Ausdruck gebracht werden, daß es außer den diagnostizierbaren Chromosomenaberrationen, Stoffwechseldefekten und offenen Spaltbildungen auch noch andere Mißbildungen gibt, die sich der Diagnostik entziehen können.

Anhand von Indikationslisten (Tab. 17.1 und 17.2) kann man sich über die Möglichkeiten der Fruchtwasseruntersuchung im Rahmen der pränatalen Diagnostik leicht informieren. Weit schwieriger ist es, ihre Grenzen und ihr Versagen genau zu kennen. Es kann nämlich aus verschiedenen Gründen zu Schwierigkeiten bei der Befunderstellung kommen (Tab. 17.6).

Die erfolgreiche *Fruchtwassergewinnung* ist Voraussetzung für ein verwertbares Kulturergebnis. Dieses wird in der 17. Schwangerschaftswoche in 95 bis 99% erzielt (I. Blatt, 1982). Im eigenen Material konnte bei 2080 Punktionen, bei ein bis maximal drei Insertionsversuchen, in 99,3% Fruchtwasser gewonnen werden. Ein spezielles Problem stellt die *Zwillingsschwangerschaft* dar. Kann nur eine Fruchthöhle punktiert werden, so muß man die pränatale Diagnose als mißlungen bezeichnen. Durch die frühzeitige Erfassung der Schwangeren und die genaue Ortung einer Trennwand, wie bereits beschrieben, konnten seit 1978 im eigenen Kollektiv 22 von 23 biamniotischen Zwillingsschwanger-

Tabelle 17.6. Probleme bei der Befunderstellung

Mißlingen der Punktion
Mißlingen der Amnionzellkultur
Falsch positive AFP-Werte
Falsch negative AFP-Werte
Falsche Interpretation des richtigen Ergebnisses

---

schaften erfolgreich abgeklärt werden. Durch die ultraschallgelenkte Punktionstechnik sollte die Fruchtwassergewinnung heute kein Problem mehr darstellen.

Ein zu *geringes Wachstum* der Aminozellen unter Kulturbedingungen muß ebenfalls in Betracht gezogen werden und kann mehrere Ursachen haben. Bei der Amniozentese werden fetale Zellen, die aus dem Nasenrachenraum, Urogenitaltrakt und der Körperoberfläche stammen, mit dem Fruchtwasser aspiriert. Die Zellen, durch Zentrifugation angereichert, wachsen in vitro weiter und werden für die Chromosomenpräparation verwendet. Können zu wenig vitale Zellen gewonnen werden, so muß der Kulturansatz wiederholt, das heißt, es muß neuerlich eine Fruchtwasserprobe entnommen werden. Diese Entscheidung wird etwa fünf Tage nach dem Beginn des Kultivierungsvorganges zu treffen sein. Eine bakterielle, toxische oder durch Blut verursachte Kontamination des Fruchtwassers kann ebenfalls zu geringes Zellwachstum verursachen. Der Operateur hat deshalb darauf zu achten, daß er eine blutige Verunreinigung vermeidet. Bei 2080 eigenen Fällen ist dies in 97,7% gelungen. Eine bakterielle Kontamination ist durch streng aseptische Vorgangsweise zu verhindern (s. S. 304).

Die Amniozentese ist unbedingt zu wiederholen, wenn *grenzwertige* oder *pathologische Alphafetoproteinwerte* nachgewiesen wurden und die Ultraschalluntersuchung keinen Hinweis auf eine Dysraphie ergab. Unter 2080 eigenen Alphafetoproteinbestimmungen war der Befund in zwei Fällen falsch positiv.

Auch andere Forschungsgruppen berichteten über falsche positive Ergebnisse (BROCK, 1975 a; MILUNSKY und ALPERT, 1976 b; STIRRAT et al., 1979) der Alphafetoproteinbestimmung. Störfaktoren, wie blutige braune, mißfärbige Fruchtwässer oder Gestationszeitirrtümer und Zwillingsschwangerschaften sind bekannte Fehlerquellen (MILUNSKY und ALPERT, 1976 a; BROCK et al., 1975 b; MILUNSKY und ALPERT, 1976 b; WEISE et al., 1978). Daneben gibt es noch einen kleinen Prozentsatz von nicht erklärbaren pathologischen Werten. Auch mit falsch negativen Befunden muß bei der Suche nach Dysraphien in etwa 10% gerechnet werden (MILUNKSY und ALPERT, 1976 b). Gedeckte Veränderungen können nämlich mit normalen Alphafetoproteinwerten einhergehen und

sind mit dieser Methode allein nicht erfaßbar. In fraglichen Fällen von dorsalen Dysraphien ist die *Azetylcholinesterase* zu bestimmen. Ihr Nachweis ist bei Verschlußstörungen des Neuralrohres spezifischer und empfindlicher als der des Alphafetoproteins. Sowohl falsch negative als auch falsch positive Alphafetoproteinwerte können durch die Bestimmung der Azetylcholinesterase korrigiert werden (READ et al., 1982).

17.7 Konsequenzen der pränatalen Diagnostik

Für Familien, die bereits ein geschädigtes Kind haben, ist die Möglichkeit der pränatalen Diagnose eine entscheidende Hilfe bei dem Entschluß zu weiteren Schwangerschaften. Weniger als 4% werden mit der Tatsache konfrontiert, daß ihr noch ungeborenes Kind mit einer bestimmten Mißbildung behaftet ist. Wie sie dieses Wissen verarbeiten, ist durchaus eine Sache der persönlichen

Einstellung. Der Wunsch für eine Schwangerschaftsunterbrechung muß von den Eltern kommen. Es ist nicht Sache des Arztes, zu entscheiden, ob Leben lebenswert ist oder nicht. Die medizinische Wissenschaft ist heute lediglich imstande, eine kindliche Fehlentwicklung so früh aufzudecken, daß eine nach der derzeitigen Gesetzeslage mögliche Entscheidung realisiert werden kann.

17.8 Pränatale Diagnose aus Chorionzotten

HAHNEMANN und MOHR (1968, 1969) verwendeten als erste Choriongewebe für genetische Untersuchungen. Die Gewebsentnahme erfolgte mittels der von MORI (1956) und WESTIN (1957) angegebenen Technik der transzervikalen hysteroskopischen Untersuchungen des Feten. In neuerer Zeit waren es chinesische Wissenschaftler (HORWELL et al., 1983) und russische Autoren (KAZY et al., 1982), die diese Methode in die klinische Routine der pränatalen Diagnostik genetischer Defekte einführten. Die genetische Amniozentese wird aus Gründen der optimalen Zellausbeute zwischen der 15. und 17. Schwangerschaftswoche durchgeführt. Die Chorionbiopsie kann im Gegensatz dazu bereits im ersten Trimenon erfolgen; der optimale Zeitpunkt ist die 6.—12. Schwangerschaftswoche (SIMONI et al., 1983). Der Zeitpunkt und die Technik der Chorion-

biopsie bietet wesentliche Vorteile im Vergleich zur genetischen Amniozentese. Zum einen ist es möglich, innerhalb weniger Stunden zu einer Diagnose zu kommen, da Choriongewebe ohne vorherige Kultivierung zur Karyotypisierung herangezogen werden kann (BRAMBATI und SIMONI, 1983). Zum anderen wird der psychologisch ungünstige Faktor einer langen Wartezeit bis zum Ergebnis der Chorionuntersuchung nach der Amniozentese auf wenige Stunden reduziert. Ein weiterer positiver Aspekt ist die Möglichkeit der frühen Intervention in Fällen eines pathologischen Ergebnisses. Die Gefahr ungünstiger Folgen nach Entleerung der Gebärmutter in der Frühschwangerschaft ist zweifellos geringer als bei Schwangerschaften jenseits der 18. Woche, die nach Einlangen des Fruchtwasserbefundes in der Regel erreicht ist.

17.8.1 Methode der Gewebsentnahme

In Steinschnittlage ohne Narkose wird nach sorgfältiger Desinfektion der Vagina die Portio in speculis eingestellt. Die vordere Muttermundslippe wird mit einer Kugelzange gefaßt. Durch leichten Zug soll der Winkel zwischen Zervix und Corpus uteri vergrößert werden. Ein Aufdehnen des Zervikalkanales ist nicht notwendig. Die Lokalisation des Trophoblasten mittels Ultraschall erleichtert das Heranführen des Aspirationsgerätes an das Choriongewebe, das auf verschiedene Arten gewonnen werden kann (Tab. 17.7).

Die sicherste Methode der Gewebsentnahme dürfte die transzervikale Biopsie oder die Aspiration von Chorionzotten unter Ultraschallsicht sein (KAZY et al., 1982; SIMONI et al., 1983). Beim Einführen der flexiblen Biopsiezange durch den äußeren Muttermund und dem Vordringen bis zum Choriongewebe ist gelegentlich eine Strecke bis zu 10 cm zu überwinden (KAZY et al., 1982). Zur Gewebsentnahme kann auch ein flexibler, etwa 16 cm langer und 1,5 mm dicker Portexkatheter (Portex Ltd., England) verwendet werden, der zur besseren Führung mit einem biegsamen Aluminiumobturator verschlossen ist (OLD et al., 1982; WARD et al., 1983). Er wird unter Ultraschallsicht so weit vorgeschoben, bis das Implantationsgebiet des Chorion frondosum erreicht ist. Danach wird der Obturator entfernt und eine 20-mm-Spritze angesetzt. Durch Erzeugung eines Unterdruckes von etwa 10 ml wird Choriongewebe aspiriert, in dem der Katheter gleichzeitig zurückgezogen wird. Der Vorgang kann etwa dreimal wiederholt

Tabelle 17.7. Möglichkeiten zur Gewinnung von Choriongewebe

I. Transzervikal
   a) Biopsie oder Aspiration unter Ultraschallsicht (SIMONI et al., 1983)
   b) Embryofetoskopie (KAZY et al., 1982)
   c) Blindaspiration (HORWELL et al., 1983)

II. Transabdominal (ALVARES, 1964)

---

werden, um genügend Choriongewebe zu gewinnen. Die Dauer des ganzen Vorganges beträgt 10—15 Minuten und ist in 96% erfolgreich (SIMONI et al., 1983). Bei Rhesusnegativen Müttern wird, wie nach der genetischen Amniozentese, eine Anti-D-Prophylaxe angewandt. Alle weiteren in Tab. 17.7 angeführten Biopsiemethoden sind entweder umständlicher oder von geringerer Treffsicherheit.

17.8.2 Das Risiko der Chorionbiopsie

Das Risiko der Choriongewebsentnahme liegt in der Auslösung einer Fehlgeburt. Ursächlich kommt ein Hämatom im Haftgebiet des Trophoblasten oder eine Infektion in Frage. Auch eine Eröffnung des Amnions mit nachfolgendem Blasensprung ist möglich (HORWELL et al., 1983). Derartige Komplikationen werden bei entsprechender Erfahrung weitgehend zu vermeiden sein. Die Beeinträchtigung der Funktion des Trophoblasten als Ursache einer Fehlgeburt ist unwahrscheinlich, da die Gesamtmenge an Choriongewebe in der 6.—10. Schwangerschaftswoche etwa 16—25 g beträgt und die bei der Biopsie entnommen 10 bis 40 mg nur einen verschwindenden Bruchteil des Gesamtvolumens ausmachen. In diesem Zusammenhang ist auch zu bedenken, daß die Häufigkeit des natürlichen Keimverlustes von der Blastozyste bis zur 6. Embryonalwoche etwa 66% ausmacht (WITSCHI, 1969). Die Untersuchung von Abortusmaterial hat gezeigt, daß zwischen der 2. und 12. Entwicklungswoche, also dem Zeitraum, in dem die Chorionbiopsie durchgeführt wird, in rund 62% Chromosomenanomalien nachweisbar sind (BOUÉ et al., 1976). Das hat zu bedeuten, daß durch die Chorionbiopsie zu dem frühen Zeitpunkt wesentlich häufiger chromosomale Aberration gefunden werden müssen als mittels der Amniozentese im 2. Schwangerschaftsdrittel. Demnach muß auch die durch den Eingriff nicht beeinflußte Abortusfrequenz deutlich höher liegen als nach einer Fruchtwasseruntersuchung in der 16. Schwangerschaftswoche.

17.8.3 Zytogenetische Untersuchung

Für die Chromosomendiagnostik werden 10 bis 40 mg Gewebe benötigt (SIMONI et al., 1983). Unter dem Stereomikroskop werden unter 40facher Vergrößerung mütterliche Gewebsfragmente von Chorionzotten getrennt, indem deziduales Gewebe nach Waschen des Aspirates in heparinisiertem Gewebskulturmedium sorgfältig mit einer Pasteurpipette entfernt wird. Nach spezieller Aufarbeitung der gewonnenen Chorionzotten ist eine Typisierung anhand der reichlich vorhandenen Mitosen im Zytotrophoblastgewebe möglich (WATANABE et al., 1978). Sie erfolgt nach direkter Chromosomenpräparation und ermöglicht die Erstellung des fetalen Karyotyps innerhalb weniger Stunden. Im Vergleich zu der Kultivierung von Amnionzellen ist die Methode wesentlich kostengünstiger und unvergleichlich schneller durchzuführen. Neben dem fetalen Karyogramm können auch enzymatische Untersuchungen autosomal-rezessiver Stoffwechselerkrankungen angestellt werden. In Choriongewebe sind gegebenenfalls die gleichen Enzymveränderungen nachzuweisen, die die fetale Erkrankung ausmachen. Eine Reihe von Enzymen konnte bereits nachgewiesen werden (Tab. 17.8). Zweifellos ist der Nachweis weiterer Enzyme nur eine Frage der Zeit. Auch bei der Enzymdiagnostik aus Choriongewebe liegt der Vorteil in der frühzeitigen und raschen Diagnose, die bereits einen Tag nach der Biopsie vorliegen kann. Neben der Chromosomen- und Geschlechtsdiagnostik aus Chorionzotten wird in naher Zukunft die Diagnose all jener Stoffwechselerkrankungen aus Choriongewebe ebenso möglich werden, wie dies heute aus Amniozellkulturen bereits Routine ist.

Tabelle 17.8. Enzyme, die in Choriongewebe nachgewiesen wurden (KAZY et al., 1982)

Beta-D-Galaktosidase
Beta-D-Glukuronidase
Alpha-L-Fukosidase
Beta-D-Mannosidase
Beta-D-Hexosaminidase
Arylsulfatase
Sphingomyelinase

Literatur

ALVAREZ, H. (1964): Morphology and physiopathology of the human placenta. Obstet. Gynec. 23, 813.

BOUÉ, J., BOUÉ, A., LAZAR, P. (1975): Retrospective and prospective epidemiological studies of 1500 karyotyped spontaneous human aortions. Teratology 12, 11.

— PHILIPPE, J., GIROND, A., BOUÉ, A. (1976): Phenotypic expression of lethal chromosomal anomalies in human abortuses. Teratology 14, 3.

BRAMBATI, B., SIMONI, G. (1983): Diagnosis of fetal trisomy 21 in the first trimester. Lancet i, 586.

BROCK, D. J. H. (1976): The prenatal diagnosis of neural tube defects. Obstet. Gynec. Survey 31, 32.

— (1975a): Antenatal misdiagnosis of neural tube defects. Lancet ii, 495.

— SCRINGEOUR, J. B., NELSON, M. M. (1975b): Amniotic fluid alpha fetoprotein measurements in the early prenatal diagnosis of central nervous system disorders. Clin. Genet. J. 8, 163.

— (1979): Neural tube defects in amniotic fluid and maternal serum. In: Prenatal Diagnosis (MURKEN, J. D., et al., Hrsg.), S. 88. Stuttgart: Enke.

CHAUBE, S., SWINYARD, A. (1975): The present status of prenatal detection of neural tube defects. Amer. J. Obstet. Gynec. 121, 429.

GADOW, E. C., PAZ, E. J., CASTILLA, E. E., ROTHE, D. J., CEDERQUIST, L. L. (1976): Prenatal detection of chromosome aberrations after intercontinental transport of amniotic fluid. J. Obstet. Gynec. 14, 165.

GALJAARD, H. (1980a): Practical experience with prenatal diagnosis of genetic metabolic disease. In: Genetic Metabolic Diseases (GALJAARD, H., Hrsg.), S. 625. Amsterdam: Elsevier, North-Holland Biochemical Press.

— (1980b): Some aspects of future development, 3. Prevention and prenatal monitoring. In: Genetic Metabolic Diseases (GALJAARD, H., Hrsg.), S. 749. Amsterdam: Elsevier, North-Holland Biochemical Press.

GOLBUS, M. S., STEPHENS, J. D., MAHONEY, M. J., HOBBINS, J. C., HASELTINE, F. P., CASKEY, C. T., BANKER, B. Q. (1979): Failure of fetal creatine Phosphokinase as a diagnostic indicator of duchenne muscular dystrophy. New Engl. J. Med. 121, 860.

HAHNEMANN, N., MOHR, J. (1968): Genetic diagnosis in the embryo by means of biopsy from extra embryonic membranes. Bull. Europ. Soc. Hum. Genet. 2, 23.

— — (1969): Antenatal foetal diagnosis in genetic disease. Bull. Europ. Soc. Hum. Genet. 3, 47.

HAMERTON, J. L., CANNING, N., RAY, M., SMITH, S. (1975): A cytogenetic survey of 14,069 newborn infants. Clin. Genet. 8, 223.

HANSMANN, M. (1979): Prenatal ultrasound diagnosis. In: Prenatal Diagnosis (MURKEN, J. D., et al., Hrsg.). Stuttgart: Enke.

HORWELL, D. H., LOEFFLER, F. E., COLEMAN, V. D. (1983): Assessment of a transcervical aspiration technique for chorionic villus biopsy in the first trimester of pregnancy. Brit. J. Obstet. Gynec. 90, 196.

I. Blatt (1977): 13. Informationsblatt über die Dokumentation der Untersuchungen im Rahmen des Schwerpunktprogrammes Pränatale Diagnostik genetisch bedingter Defekte. MURKEN, J. D., STENGEL-RUTKOWSKI, S., Kinderpoliklinik der Universität München, Abteilung f. pädiatrische Genetik, Goethestraße 2, D-8000 München 2.

— (1982): 16. Informationsblatt über die Dokumentation der Untersuchungen im Rahmen des Schwerpunktprogrammes Pränatale Diagnostik genetisch bedingter Defekte. MURKEN, J. D., STENGEL-RUTKOWSKI, S., Kinderpoliklinik der Universität München, Abteilung f. pädiatrische Genetik, Goethestraße 2, D-8000 München 2.

JAKOBS, P. A., MELVILLE, M., RATCLIFFE, S. (1974): The incidence of Down's syndrome in correlation to the maternal age. Ann. Hum. Genet. 37, 359.

JONATHA, W., KNÖRR, K. (1977): Intrauterine Infektion nach diagnostischer Amniozentese in der Frühschwangerschaft. In: 13. Informationsblatt über die Dokumentation der Untersuchungen im Rahmen des Schwerpunktprogrammes Pränatale Diagnostik genetisch bedingter Defekte. MURKEN, J. D., STENGEL-RUTKOWSKI, S., Kinderpoliklinik der Universität München, Abteilung f. pädiatrische Genetik, Goethestraße 2, D-8000 München 2.

KAZY, Z., ROZOVSKY, I. S., BAKHAREV, V. A. (1982): Chorion biopsy in early pregnancy: A method of early prenatal diagnosis for inherited disorders. Prenatal Diagnosis 2, 39.

KNÖRR, K., KNÖRR-GÄRTNER, H. (1977 a): Das Abortgeschehen unter genetischen Aspekten. Gynäkologe 10, 3.

— (1977 b): Mündliche Mitteilung am 8. Kongreß für Perinatale Medizin, Berlin.

MCKUSICK, VA. A. (1978): Mendelian Inheritance in Man: Catalogs of Autosomal Dominant Autosomal Recessiv and X-linked Phenotypes, 5. Aufl. Baltimore: John Hopkins University Press.

MIBASHAN, R. S., THUMPSTON, J. K., RODECK, C. H., EDWARDS, R. J., SINGER, J. D., WHITE, J. M., CAMPBELL, S. (1979): Plasma assay of fetal factors VIII C and IX for prenatal diagnosis of Haemophilia. Lancet ii, 1309.

MILUNSKY, A., ALPERT, E. (1976 a): Prenatal diagnosis of neural tube defects. I. Problems and Pitfalls: Analysis of 2,495 cases using the alphafetoprotein assay. Obstet. J. Gynec. 48, 1.

— — (1976 b): Prenatal diagnosis of neural tube defects. II. Analysis of false positive and false negative alphafetoprotein results. Obstet. J. Gynec. 48, 1.

— — (1974): The value of alphafetoprotein in the prenatal diagnosis of neural tube defects. J. Pediat. 84, 889.

— (1979): Prenatal diagnosis of hereditary biochemical disorders of metabolism. In: Genetic Disorders and the Fetus, S. 209. New York: Plenum Press.

MORI, C. (1956): A study on the intrauterine self development of the early human fetus by hysteroskopy. J. Jpn. Obstet. Gynec. Soc. 3, 374.

VAN NIEKERK, W. A. (1978): Chromosomes and gynecologist. Amer. J. Obstet. Gynec. 130, 862.

OLD, J. M., WARD, R. H. T., KARAGOZHI, F., PETRON, M., MODELL, B., WEATHERALL, D. J. (1982): First trimester fetal diagnosis for haemoglobinopathies: Three cases. Lancet ii, 413.

RAUSKOLB, R., FUHRMANN-RIEGER, A., FUHRMANN, W., JOVANOVIC, V. (1978): Hautdefekte bei Neugeborenen oder Feten als fragliche Verletzungsfolge nach Amniozentese in der Frühschwangerschaft. Geburtsh. u. Frauenheik. 38, 107.

READ, A. P., FENDL, S. J., DOMAI, D., HARRIS, R. (1982): Amniotic fluid acetyl-cholinesterase: a retrospective and prospective study of the qualitative method. Brit. J. Obstet. Gynec. 89, 111.

REHDER, H. (1978): Embryopathologie bei Chromosomenaberrationen. In: Pränatale Diagnostik (MURKEN, J. D., STENGEL-RUTKOWSKI, S., Hrsg.). Stuttgart: Enke.

ROTT, H. D. (1975): Zum derzeitigen Stand der pränatalen Diagnostik neuraler Dysraphien. Geburtsh. u. Frauenheilk. 35, 7.

SIMONI, G., BRAMBATI, B., DANESINO, C., ROSELLA, F., TERZOLI, G. L., FERRARI, M., FRACCARO, M. (1983): Efficient direct chromosome analyses and Enzyme Determinations from chorionic villi samples in the first trimester of pregnancy. Hum. Genet. 63, 349.

SOLER, N. N. (1976): Diabetic pregnancy and congenital malformations. In: Perinatal Medicine (ROOTH, G., BRATTEBY, L. E., Hrsg.), S. 108. Stockholm: Almqvist and Wiksell.

STENE, J. (1979): Vater-Alter-Effekt. In: 14. Informationsblatt über die Dokumentation der Untersuchungen im Rahmen des Schwerpunktprogrammes Pränatale Diagnostik genetisch bedingter Defekte. MURKEN, J. D., STENGEL-RUTKOWSKI, S., Kinderpoliklinik der Universität München, Abteilung f. pädiatrische Genetik, Goethestraße 2, D-8000 München 2.

STIRRAT, G. M., TURNBULL, A. C., BENNETT, M. J., BOBROW, M., LINDENBAUM, R. H., WALD, N. J., CUCKLE, H. S. (1979): Clinical dilemmas arising from the antenatal diagnosis of neural tube defects. Brit. J. Obstet. Gynec. **86**, 3.

VALENTINE, G. (1968): Störungen durch autosomale Anomalien. (Die Chromosomenstörungen.) Berlin-Heidelberg-New York: Springer.

WATANABE, M., ITO, T., YAMAMOTO, M., WATANABE, G. (1978): Origin of mitotic cells of the chorionic villi in direct chromosome analysis. Hum. Genet. **44**, 191.

WARD, R. H. T., MODELL, B., PETRON, M., KARA-GOZHI, F., DOURATSOS, E. (1983): Method of samling chorionic villi in first trimester of pregnancy under guidance of real time ultrasound. Brit. Med. J. **286**, 1542.

WEISE, W., QUENT, P., HEMKE, G. (1978): Risiko der Amniozentese in der pränatalen Diagnostik genetischer Defekte. Zbl. Gynäk. **100**, 769.

WEISS, P. A. M., PÜRSTNER, P., LICHTENEGGER, W., WINTER, R. (1978): Alpha-fetoprotein content of amniotic fluid in normal and abnormal pregnancies. J. Obstet. Gynec. **51**, 582.

WESTIN, B. (1957): Technique and estimation of oxygenation of the human fetus in utero by means of hystero-photography. Acta Pädiatr. **46**, 117.

WITSCHI, E. (1969): Teratogenic effects from overripeness of the egg. In: Congenital Malformations. Proceedings of the 3rd International Congress (FRASER, F. C., MCKUSICK, A., Hrsg.). Amsterdam-New York: Excerpta Medica.

18
Plasmapherese zur Behandlung der schweren fetalen Rhesuserkrankung

P. A. M. Weiss

18.1 Die intrauterine Bluttransfusion des Feten

LILEY hat im Jahre 1963 eine Methode publiziert, mit der es möglich war, Feten mit schwerem rhesusbedingtem Morbus hämolyticus intrauterin durch Bluttransfusionen zu behandeln. Seither wurde die intrauterine Transfusion (IUT) in vielen Zentren angewandt. Trotzdem kann sie nur als ein verzweifelter Versuch in sonst aussichtslosen Fällen gewertet werden, da der Eingriff selbst mit einem Mortalitätsrisiko von rund 20% belastet ist, während die Überlebensraten der betroffenen Kinder nur zwischen 46 und 19% liegt (Tab. 18.1). Verbesserungen der Ergebnisse im Laufe der Zeit (OGBORN et al., 1977, Tab. 18.1) sind eher auf Fortschritte in der Neonatologie als auf die Entwicklung der Behandlungsmethode selbst zurückzuführen. Neben der Gefahr des intrauterinen Fruchttodes als Folge des Eingriffes sowie der Verletzungsgefahr (Tab. 18.1) werden andere Komplikationen, wie der vorzeitige Blasensprung (KLAUSCH et al., 1980), die Ausbildung eines Volvolus (FRASER et al., 1976) oder Spätkomplikationen, wie Dünndarmstenosen (LAMBRECHT et al., 1980) beschrieben.

PALMER und GORDON (1976) sowie ROBERTSON et al. (1976) haben nach der kritischen Auswertung ihres Patientengutes (107 bzw. 206 Fällen mit rund 450 intrauterinen Transfusionen, s. Tab. 18.1) vorgeschlagen, die intrauterine Transfusion als Behandlung des Morbus hämolyticus fetalis aufzulassen und nach geeigneteren Behandlungsmethoden zu suchen, da bei rein konservativem Vorgehen (82 Fälle) die Überlebensrate um 6% höher lag als in der Gruppe (206 Fälle), die mit IUT behandelt wurde (ROBERTSON et al., 1976). Eigene Ergebnisse aus den Jahren 1971 bis 1974 zeigten ebenfalls, daß ein konservatives Vorgehen den Resultaten der IUT nicht unterlegen sein muß (WEISS und WINTER, 1977): Während die perinatale Mortalität von 7 Behandlungszentren bei intrauteriner Transfusion im vergleichbaren Zeitraum insgesamt 54% betrug und bei Feten ohne und mit Hydrops der Durchschnitt bei 38 und 81% lag (s. Tab. 18.1), waren die entsprechenden Resultate im eigenen Krankengut (Zone III nach LILEY) unter konservativem Vorgehen 45% bzw. 17 und 80%.

Durch die prophylaktische Verabfolgung von humanem Anti-Rh_0-Immunglobulin an rhesusnegative Schwangere nach Geburten, Aborten und Amniozentesen hat die Häufigkeit einer Rhesussensibilisierung in den letzten 10 Jahren drastisch abgenommen. In naher Zukunft werden nur noch äußerst selten sensibilisierte Schwangere nach Impfversagern (Unterdosierung von Anti-Rh_0-Immunglobulin), schwere fetomaternaler Transfusion während der ersten Schwangerschaft (ROSEGGER et al., 1983) oder nach einer maternofetalen Transfusion bei Rh

Tabelle 18.1. Behandlungserfolge der intrauterinen Transfusion (IUT) bei schwerer fetaler Rhesuserkrankung

Quelle	Fallzahl (Zeitraum)	Indikation zur IUT Fruchtwasser-befund	Zahl der IUT (pro Fall)	Frühester Zeitpunkt der IUT, Schwanger-schaftswoche	Komplikationen: A: Todesfälle i. d. ersten 24 bis 48 Stunden nach IUT B: Todesfälle durch Verletzungen	Perinatale Mortalität A: insgesamt B: ohne Hydrops C: mit Hydrops
PALMER und GORDON, 1976 Sheffield	107 (6 Jahre)	> 0,6 mg/dl Bilirubin im Fruchtwasser	142	< 24	A: 19%	A: 60% C: 100%
ROBERTSON, E G. et al., 1976 Newcastle	206 (10 Jahre)	Bilirubin ratio > 1,1			A: 30% B: 20%	A: 56%
OGBORN et al., 1977 London	165 (12 Jahre)	$\Delta E_{450} > 0,2$	280	24,0	A: 13,3% B: 3,6%	A: 67%
BOWMAN, 1978 Winnipeg	257 (14 Jahre)	Zone III und oberes Viertel der Zone II nach LILEY	611	21,5	B: 20%	A: 41% B: 32% C: 64%
KLAUSCH et al., 1980 Rostok	44 (10 Jahre)	Zone II b bis Zone III nach LILEY	63 (1—3)	28,0	A: 16% vorzeitiger Blasensprung 41%	A: 59% B: 24% C: 81%
BERKOWITZ und HOBBINS, 1981 New Haven	17 (3,5 Jahre)	Zone III nach LILEY	37 (1—4)	24,5		A: 29% B: 20% C: 43%
FRIGOLETTO et al., 1981 Boston	365 (15 Jahre)	etwa Zone III nach LILEY	(1—5)	22,0	A: bis 20%	A: 57—51% B: 47—38% C: 93—77%
Gemeinsame Auswertung	1161		2130 (1—5)		A: 21% B: 16%	A: 54,4% B: 38,4% C: 81,6%

Tabelle 18.2. Behandlungserfolge der Plasmapherese bei schwerer fetaler Rhesuserkrankung

Quelle	Fall-zahl	Behandlungs-beginn (Behandlungs-dauer) Wochen	Ausgetauschte Plasmamenge, Liter	Titerabfall von Anti-D	Zusatz-therapie (Fallzahl)	Perinatale Mortalität (%)	Anmerkungen
POWELL, jr., 1968 Galveston	8	10—35 (1—18)	2,4—42,6	signifikant	IUT (5) keine (3) Mercaptan	80 0*	Bei den Fällen ohne IUT 4 perinatale Verluste in der Anamnese. Bei den Fällen mit IUT 8 perinatale Verluste in der Anamnese. Genaue Untersuchungen über das Verhalten von Plasmaproteinen
CLARKE et al., 1970 Liverpool/London	8	10—35	4,2—10,4	signifikant	IUT (8)	50	Überlebensrate höher als aus der Anamnese zu erwarten. IgG-Abfall spiegelt den Abfall von Anti-D
KOVÁCS et al., 1973 Szeged	1	31 (3)	12,3	signifikant auf ⅛	keine	0	Signifikanter Abfall von Bilirubin im Fruchtwasser ΔE_{450} 0,248 → 0,120 Nur eine Austauschtransfusion nötig
FRASER/LEHANE et al., 1976 Bristol/Liverpool	96	10—34	bis 36	signifikant auf Hälfte oder Viertel	IUT (44) keine (52)	39 38	Keine Komplikationen bei der Plasmapherese. Häufig Frühgeburtsbestrebungen bei IUT, IUT ohne Plasmapherese 67% PNM
TILZ et al., 1977 Graz	3	27—32 (—8)	5,8—10,5	signifikant	Humanalbumin hochdosiert (3)	0	Anamnestisch infauste Fälle. Signifikanter Zusammenhang zwischen Verhalten von Antikörpertiter und Bilirubingehalt im Plasma (siehe Abb. 18.1)

Quelle	Fall-zahl	Behandlungs-beginn (Behandlungs-dauer) Wochen	Ausgetauschte Plasmamenge, Liter	Titerabfall von Anti-D	Zusatz-therapie (Fallzahl)	Perinatale Mortalität (%)	Anmerkungen
GRAHAM POLE et al., 1977 Glasgow	8	16—27 (7—16)	24—237	signifikant mit Ausnahme eines Falles	IUT (3) keine (5)	100 60	Bei 6 Fällen Fruchtwasser-bilirubingehalt unter dem der vorangegangenen Schwangerschaft. Gesamteiweiß 1—2 g ↓ IgG 1100 → 500 mg/dl
WOYTON et al., 1979 Wroclaw	12			in 10 von 12 Fällen	keine	33	
ROBINSON und TOVEY 1980, Leeds	14	12—30 (2—22)	10—123	fast immer	IUT (2) keine (12)	100 25	Austausch im Mittel 3.2 l/Woche
DU et al., 1980 SAF	2	17—18 (12—14)	185—220	einmal Abfall, einmal kein Anstieg	keine	0	Abfall von IgG und IgA ohne Nebenwirkungen. Jeweils rasche Nor-malisierung von IgM
HAUTH et al., 1981 Lackland	2	21—26 (7—10)	5—15 pro Woche	signifikant	IUT (2)	50	1mal Frühgeburt durch Blasensprung bei IUT. Signifikante Korrelation zwischen ΔE_{450} und Antikörpertiter
Gemeinsame Auswertung	154	10—35 (1—22)	2,4—237	signifikant	IUT (64) keine (90)	48,7 33,0	

IUT = intrauterine Transfusion.
* Ein Rhesus-negatives Kind (wurde bei der gemeinsamen Auswertung ausgeschieden).

positiver Mutter und Rh negativem Kind (SCOTT et al., 1977) zu beobachten sein. Zur Prophylaxe der Sensibilisierung im Verlauf der ersten Schwangerschaft wird heute bereits Anti-D-Immunoglobulin in der Spätschwangerschaft (etwa ab der 28. Schwangerschaftswoche) verabreicht (BOWMAN, 1978 a; HERMANN et al., 1984).

Durch die Abnahme der Frequenz von schweren fetalen Erkrankungen wird auch die Technik der IUT notgedrungen immer weniger geübt werden; sie wird in absehbarer Zeit nur noch in wenigen speziellen Fällen zur Anwendung kommen.

18.2 Intrauterine Transfusion und Plasmapheresebehandlung

Die fetale Rhesuserkrankung ist durch mütterliche Antikörper bedingt, die die fetalen Erythrozyten schädigen. Eine kausale Behandlung ist daher nur durch die Elimination der Anti-D-Antikörper oder zumindest durch eine Senkung des Antikörpertiters im mütterlichen Blut möglich.

Nach der technischen Entwicklung von *Komponentenseparatoren,* die in der Hämatologie und der inneren Medizin aus verschiedenen Indikationen angewandt werden, lag es nahe, die Möglichkeiten des kontinuierlichen oder diskontinuierlichen Plasmaaustausches auch zur Behandlung der fetalen Rhesuserkrankung einzusetzen.

POWELL jr. (1968) wandte die Plasmapherese erstmals bei Schwangeren mit schwer rhesusgeschädigten Feten an und führte auch Untersuchungen über den Proteinhaushalt in der Gravidität unter plasmapheretischer Behandlung durch. Er konnte feststellen, daß es möglich ist, den Rhesusantikörpertiter durch das Verfahren positiv zu beeinflussen und daß die dabei in Verlust geratenen Serumproteine in der Schwangerschaft rasch nachproduziert werden. Nach und nach wurden in verschiedenen Zentren Plasmapheresebehandlungen entweder allein oder in Kombination mit intrauterinen Transfusionen bei schwerem Morbus hämolyticus fetalis durchgeführt (Tab. 18.2). Bei der Sichtung des Schrifttums zeigt sich, daß es regelmäßig möglich war, den Antikörpertiter der sensibilisierten Schwangeren zu senken, die Situation des Fetus zu verbessern und die Überlebensrate der Kinder anzuhe-

ben. Ernsthafte Komplikationen traten bei rund 500 Plasmapheresen in keinem Fall auf. Der Vergleich der Behandlungserfolge bei schwerem fetalen Rhesusschaden 17 Behandlungszentren (Tab. 18.1, 18.2) zeigt, daß die *perinatale Mortalität* bei der intrauterinen Transfusion allein 54% betrug, während sie bei der Kombination von Plasmapherese und IUT auf 49% und bei der Plasmapheresebehandlung allein auf 33% herabgesetzt werden konnte. In Zentren, die alle drei alternativen Behandlungsmethoden anwandten, lagen die perinatalen Verluste bei der IUT um 67%, bei der kombinierten

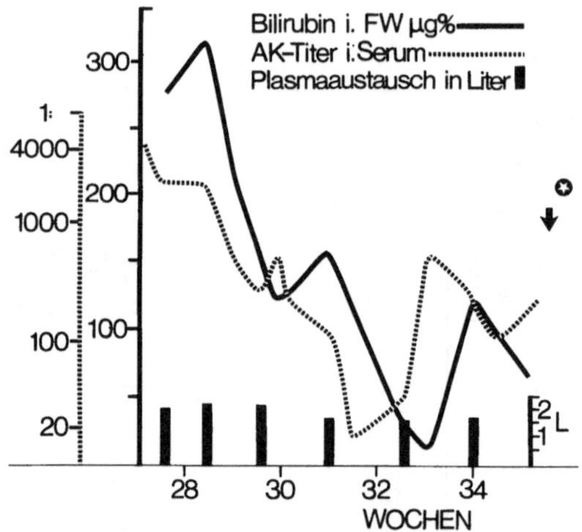

Abb. 18.1. Fall K. M. Univ.-Frauenklinik Graz 1977. Verlauf des mütterlichen Anti-D-Antikörpertiters und des Spiegels von indirektem Bilirubin im Fruchtwasser bei schwerer Rhesusinkompatibilität unter Plasmapheresebehandlung. ↓ Zeitpunkt der Geburt; ✪ Postpartaler Anti-D-Titer nach Boosterung durch die Geburt; *FW* Fruchtwasser; *AK* Antikörper

Behandlung um 39% und bei der Plasmapheresebehandlung zwischen 38 und 28% (FRASER et al., 1976).

Die eigenen Erfahrungen beruhen auf drei Fällen mit infauster Prognose, bei denen die Schwangerschaft zu einem guten Ende geführt werden konnte. Bei den drei Frauen ist es in den vorangegangenen Schwangerschaften zum rhesusbedingten intrauterinen Fruchttod gekommen. Der Bilirubingehalt im Fruchtwasser war in allen drei Fällen stark erhöht, die Ultraschalluntersuchung ergab jeweils einen beginnenden Hydrops und der anti-D-Titer war bis auf 1:4000 erhöht. Unter der Plasmapheresebehandlung ist der Antikörpertiter und dazu korrespondierend auch der Bilirubingehalt im Fruchtwasser drastisch abgesunken (Abb. 18.1). Die Entbindung erfolgte zweimal in der 36. und einmal in der 37. Woche durch Spontangeburt. Die Neugeborenen zeigten keine Zeichen des Hydrops, ihre Aufzucht war unproblematisch. Sie benötigten lediglich ein bis zwei Austauschtransfusionen.

18.3 Die Plasmapheresebehandlung. Praktisches Vorgehen

18.3.1 Indikation

Die Plasmapherese wird bei schwerer fetaler Erkrankung, d. i. bei Fruchtwasserbefunden entsprechend der Zone III nach LILEY, bei freiem Bilirubin von > 200 µg% bei dünnschichtchromatographischer Bestimmung (WEISS und WINTER, 1977), bei entsprechenden ultraschalldiagnostischen Hinweisen (WEISS, 1974) und vor allem auch bei rhesusbedingten perinatalen Todesfällen in der Anamnese durchgeführt. Als zusätzliche Indikation kann noch ein hoher Anti-D-Titer der Schwangeren (> 1:256) oder ein rascher Titeranstieg gelten.

und rasche Nachproduktion von Anti-D-Antikörpern zu unterdrücken (TILZ et al., 1977). Die *Intensität der Behandlung* richtet sich einerseits nach den Antikörperspiegel der Schwangeren, der deutlich unter den Ausgangswert gesenkt werden soll (zumindest ist ein Anstieg des Antikörpertiters hintanzuhalten) und andererseits nach dem Zustand des Ungeborenen. *Fluktuierende Antikörpertiter* bei gleichzeitigem Absinken von IgG weisen auf eine fetomaternale Transfusion zum Zeitpunkt der Plasmapheresebehandlung hin (CLARKE et al., 1970).

18.3.2 Ablauf der Plasmapheresebehandlung

Der eigenen Erfahrung nach empfiehlt es sich, den *Behandlungsbeginn* wie bei der IUT zu terminisieren (Tab. 18.1). PEPERELL und DOOPER (1978) empfehlen einen möglichst frühen Behandlungsbeginn. Ist die Plasmapheresebehandlung indiziert, sollten *ein- bis zweimal wöchentlich* 1500 bis 2500 ml Plasma je nach Verfügbarkeit durch Frischplasma, Plasmakonserven oder Plasmaproteinfraktion ersetzt werden (Abb. 18.1). Mit der Verabfolgung von 25 g ungespaltenem *Gammaglobulin* nach jeder Plasmapherese wird beabsichtigt, eine unspezifische Boosterung

18.3.3 Die Überwachung des Fetus

Das Vorgehen hinsichtlich der Frequenz der Amniozentesen zur Beurteilung des fetalen Zustandes und die Wahl des Zeitpunktes der Geburt folgt einem Plan, der von ROBERTSON (1969) vorgeschlagen wurde. Die Notwendigkeit von Amniozentesen ist jedoch sorgsam abzuwägen, um eine fetomaternale Transfusion und eine Boosterung der mütterlichen Antikörperbildung zu vermeiden. Die sorgfältige Ultraschalluntersuchung kann bei den heutigen technischen Gegebenheiten eine Amniozentese in vielen Fällen ersetzen. Bei der Beurteilung des fetalen Zustandes anhand der Fruchtwasseruntersuchung ziehen wir den dünnschichtchromatographischen Nachweis von indirektem Bilirubin der spektralphotometrischen Untersuchung vor, die bei Anwesenheit anderer Pigmente im Fruchtwasser, insbesondere nach vorangegangenen Amniozentesen (Blutfarbstoff, Methämoglobin), zu einer drastischen Über- jedoch auch Unterbewertung des fetalen Zustandes führen kann (WEISS und WINTER, 1977). Bei der dünnschichtchromatographischen Bestimmung ist zu berücksichtigen, daß die Normwerte des Bilirubins wegen der hohen Spezifität der Methode niedriger liegen als bei der Bestimmung mit anderen Methoden. Z. B. sind Bilirubinwerte über 200 μg% der Zone III nach LILEY zuzuordnen.

Neben der Fahndung nach spezifischen rhesusbedingten Risiken des Fetus ist selbstverständlich ein intensives *Monitoring* wie bei jeder Risikoschwangerschaft durchzuführen.

In letzter Zeit wurde von ANDERSON und CORDERO (1980) berichtet, daß bei der Gabe von *Hydrocortison* an sensibilisierte Schwangere mit beeinträchtigtem Kind ein abrupter Abfall der ΔE_{450}-Werte mit entsprechender Besserung der fetalen Situation zu beobachten war. Es wird vermutet, daß der diesbezügliche Wirkungsmechanismus der Glukokortikoide auf einer Herabsetzung der Antigen-Antikörperaffinität beruht. Da die vorzeitige Einleitung der Geburt bei schwerer Rhesusinkompatibilität in hohem Maß wahrscheinlich ist, kann gegen eine adjuvante Anwendung von Glukokortikoiden bei der Plasmapheresebehandlung sicher nichts einzuwenden sein, zumal diese auch zur Beschleunigung der Lungenreifung indiziert sind.

Literatur

ANDERSON, C. W., CORDERO, L. (1980): Changes in amniotic fluid optical density at 450 μm in Rh-sensitized patients after maternal hydrocortisone treatment. Am. J. Obstet. Gynecol. **137**, 820.

BERKOWITZ, R. L., HOBBINS, J. C. (1981): Intrauterine transfusion utilizing ultrasound. Obstet. Gynecol. **57**, 33.

BOWMAN, J. M. (1978): The management of Rh-isoimmunization. Obstet. Gynecol. **52**, 1.

— (1978a): Suppression of Rh isoimmunization. A review. Can. Obstet. Gynecol. **52**, 385.

CLARKE, C. A., BRADLEY, J., ELSON, C. J., DONOHOE, W. T. A., LEHANE, D., HUGHES-JONES, N. C. (1970): Intensive plasmapheresis as a therapeutic measure in rhesus-immunised women. Lancet **ii**, 793.

DU, P., HEYNS, A., ODENDAAL, H. J., SLABBER, C. F. (1980): Severe Rh-iso-immunization and intensive plasma exchange during pregnancy. S. Afr. Med. J. **58**, 884.

FRASER, J. D., BENETT, M. O., BOTHAMLEY, J. E., AIRTH, G. R., LEHANE, D., McCARTHY, M., ROBERTS, F. M. (1976): Intensive antenatal plasmapheresis in severe rhesus isoimmunisation. Lancet **ii**, 6.

FRIGOLETTO, jr., F. D., UMANSKY, I., BIRNHOLZ, J., ACKER, D., EASTERDAY, C. L., HARRIS, G. B. C., GRISCOM, N. T. (1981): Intrauterine fetal transfusion in 365 fetuses during fifteen years. Am. J. Obstet. Gynecol. **139**, 781.

GRAHAM POLE, J., BARR, W., WILLAUGHBY, M. L. N. (1977): Continuous flow plasmapheresis in management of severe rhesus desease. Brit. J. Med. **1**, 1185.

HAUTH, J. C., BREKKEN, A. L., POLLACK, W. (1981): Plasmapheresis as an adjunct to management of Rh-isoimmunization. Obstet. Gynecol. **57**, 132.

HERMANN, M., KJELLMAN, H., LJUNGGREN, CH. (1984): Antenatal prophylaxis of Rh immunization with 250 μg anti-D immunglobulin. Acta Obstet. Gynecol. Scand. Suppl. **124**, 1.

KLAUSCH, B., KYANK, H., HILLE, M., MÜLLER, S., STARK, K.-H., PLESSE, R., PELZ, L. (1980): Erfahrungen mit der intrauterinen fetalen Transfusion bei schwerem Rh-bedingtem Morbus haemolyticus fetalis. Zbl. Gynäkol. **102**, 689.

KOVÁCS, L., KESFRÜ, T. L., IMRE, G. (1973): Plasmapheresis in Rh isoimmunisation. Lancet **ii**, 1253.

LAMBRECHT, W., FISCHER, K., POSCHMANN, A., HELLWEGE, H. H. (1980): Dünndarmstenosen als Folge intrauteriner Bluttransfusion. Z. Kinderchir. Grenzgeb. **30**, 29.

LILEY, A. W. (1963): Intrauterine transfusion of foetus in haemolytic disease. Br. Med. J. **2**, 1107.

OGBORN, A. D. R., HUNT, K. M., GORDON, H. (1977): Factors affecting fetal survival after intrauterine transfusion for rhesus isoimmunization. Brit. J. Obstet. Gynaecol. **84**, 665.

PALMER, A., GORDON, R. R. (1976): A critical review of intrauterine fetal transfusion. Brit. J. Obstet. Gynaecol. **83**, 688.

Pepperel, R. J., Cooper, J. A. (1978): Intense antenatal plasmapheresis in severe rhesus isoimmunization. Aust. N. Z. J. Obstet. Gynaecol. **18**, 121.

Powell, jr., L. C. (1968): Intense plasmapheresis in the pregnant Rh-sensitized woman. Am. J. Obstet. Gynecol. **101**, 153.

Robertson, E. G., Brown, A., Ellis, M. J., Walker, W. (1976): Intrauterine transfusion in the management of severe rhesus isoimmunization. Brit. J. Obstet. Gynecol. **83**, 694.

Robertson, J. G. (1969): Management of patients with Rh isoimmunization based on amniotic fluid examination. Am. J. Obstet. Gynecol. **103**, 713.

Robinson, E. A. E., Tovey, L. A. D. (1980): Intensive plasma exchange in the management of severe Rh disease. Br. J. Haematol. **45**, 621.

Rosegger, H., Pickel, H., Trittenwein, G., Schober, I. (1983): Chronische feto-maternale Transfusion. Pädiatrie und Pädologie **18**, 393.

Scott, J. R., Beer, A. E., Guy, L. R., Liesch, M., Elbert, G. (1977): Pathogenesis of Rh-immunization in primingravidas. Fetomaternal versus maternofetal bleeding. Obstet. Gynecol. **49**, 9.

Tilz, G. P., Weiss, P. A. M., Teubl, I., Lanzer, G., Vollmann, H. (1977): Successful plasma exchange in rhesus incompatibility. Lancet **i**, 203.

Weiss, P. A. M. (1974): Typische Ultraschallbilder bei schwerer fetaler Rhesuserkrankung. Geburtsh. u. Frauenheilk. **34**, 640—644.

— Winter, R. (1977): Die Überwachung der Rhesusschwangerschaft mittels einer quantitativen Bestimmung von Bilirubin im Fruchtwasser. Wien. klin. Wschr. **89**, 294.

Woyton, J., Partyka, T., Gajewska, E. (1979): The use of plasmapheresis in pregnancy with antenatal prediction of a serious hemolytic disease due to Rh immunization. Arch. Immunol. Ther. Exp. **26**, 1139.

19
Prostaglandine in der Geburtshilfe

W. Lichtenegger

19.1 Entdeckung und Chemie der Prostaglandine

1930 entdeckten Kurzrock und Lieb, daß menschliche Samenflüssigkeit die Motilität menschlicher Uterusmuskelstreifen in vitro beeinflußt. Aufgrund dieser Erkenntnisse sowie eigener gleichwertiger Untersuchungsergebnisse gab von Euler 1935 einer aus der Samenflüssigkeit extrahierbaren Substanzgruppe den Namen Prostaglandine (PG).

Erst 1960 gelang es Bergström und Sjövall, die ersten beiden Substanzen dieser Gruppe (PGE_1 und PGF_1) zu isolieren, rein darzustellen, ihr Molekulargewicht zu bestimmen und die Summenformeln aufzustellen. 1965 ist Ängard und Samuelsson die Biosynthese dieser beiden Prostaglandine gelungen.

Bei den Prostaglandinen handelt es sich um Lipide, und zwar um zyklische Polyenfettsäuren mit 20 C-Atomen. Die einzelnen Prostaglandine unterscheiden sich voneinander durch die Zahl und Art der Radikale sowie den Sättigungsgrad des Fünferringes und der aliphatischen Kette. Verschiedene Klassen werden mit dem Buchstaben A, B, C, D, E, F und I bezeichnet. Diese können weiter unterteilt werden, und zwar nach der Zahl der Doppelbindungen in den Seitenketten, z. B. in die Untergruppen E_1 und E_2 sowie E_3 oder nach verschiedenen isomerischen Formen in die Untergruppen F_1 Alpha, F_1 Beta usw. Neben den sogenannten *Primärprostaglandinen E und F* unterscheidet man die *sekundären Prostaglandine,* die sich alle vom Prostaglandin E ableiten.

Die Primärprostaglandine E und F spielen die Rolle chemischer Mediatoren mit lokalem oder auf die nächste Umgebung begrenztem Effekt. Im Vordergrund steht ihre Wirkung an der Zellmembran. Treten sie in den Kreislauf über, so ist ihre Bindung an das Plasmaprotein relativ schwach und ihre *Halbwertszeit* mit 1—3 Minuten kurz. Schließlich werden sie nach nur einer Passage durch Leber und Lunge fast vollständig eliminiert.

19.2 Wirkung der Prostaglandine am weiblichen reproduktiven System

Obwohl Prostaglandine ubiquitär in den Zellen des Organismus gebildet werden, hat sich die Forschung bisher am meisten mit ihrer physiologischen Rolle im reproduktiven System befaßt. Es besteht heute kein Zweifel, daß in *jeder Phase des Fortpflanzungsprozesses,* vom Eisprung über die Konzeption bis zur Geburt, den Prostaglandinen eine funktionelle Bedeutung zukommt (BEHRMANN, 1974; LINDBLOM, 1978). Die meisten Untersuchungen wurden bisher am Uterus, und zwar am menschlichen Uterus, durchgeführt.

Am nichtschwangeren Uterus spielen die Prostaglandine beim Mechanismus der *Menstruation* eine wichtige Rolle (PICKLES, 1957; KARIM, 1975; LIPPERT, 1977). Nach Untersuchungen von LUNDSTRÖM (1978) sind die endometrialen Prostaglandinkonzentrationen von F_2 Alpha zu Beginn der Proliferationsphase niedrig und erreichen ein Maximum kurz vor Beginn der Menstruation. Die *Dysmenorrhoe* soll eine Folge der Prostaglandinüberproduktion sein (LUNDSTRÖM, 1980; HENZL, 1980). Weitere funktionelle Wirkungsgebiete der Prostaglandine sind der *Spermatransport* und die Befruchtung (BYGDEMAN, 1966; BYGDEMAN et al., 1966).

In der *Frühschwangerschaft* kommt den Prostaglandinen *keine* erkennbare *physiologische Bedeutung* zu. GREEN und Mitarbeiter (1974) fanden 13,14-dihydro-15-keto PGF (PGFM), den Metaboliten von PGE_2 und PGF_2 Alpha, in der Frühschwangerschaft in einer Konzentration von nur 25 pg/ml Serum. KEIRSE (1974) konnte nachweisen, daß im zweiten Trimenon PGE_2 und PGF_2

Alpha im Fruchtwasser in einer Konzentration von je etwa 0,1 ng/ml vorhanden sind, um unter der Wehentätigkeit auf 12 ng bzw. 22 ng/ml (PGE_2) anzusteigen.

In dem komplexen und trotz zahlreicher Hypothesen noch nicht wirklich aufgeklärten Vorgang der *Weheninduktion am Termin,* spielen die Prostaglandine sicherlich *eine wesentliche Rolle.* Nach McDONALD et al. (1978) erfolgt der Weheneintritt aufgrund eines besonderen Chemismus, der zur Erhöhung der Prostaglandinvorstufe Arachidonsäure führt. GREEN et al. (1974) beobachteten unter der Geburt einen Anstieg von PGFM von 200 pg/ml bei 2 cm Zervixweite auf 600 pg/ml bei verstrichenem Muttermund. MITCHELL (1977) fand einen PGFM-Anstieg im mütterlichen Serum nach vaginaler Untersuchung und nach dem Blasensprung am Termin. Die Bedeutung der Prostaglandine für den Geburtsmechanismus wurde auch durch Untersuchungen von HUSSLEIN et al. (1981) aufgezeigt. Bei Geburten mit spontanem Wehenbeginn stieg die PGFM-Konzentration signifikant an. Hingegen kam es bei Geburtseinleitungen mit Oxytocin nur dann zu einem Anstieg des PGFM-Spiegels, wenn die Geburtseinleitung erfolgreich war.

19.3. Prostaglandine für die Anwendung in der Schwangerschaft

Bei den natürlichen Prostaglandinen (*erste Generation*) PGF_2 Alpha und PGE_2 schränkte die hohe Rate an Nebenwirkungen, besonders von seiten des Gastrointestinaltraktes, und die kurze Halbwertzeit das Spektrum der möglichen Anwendungen ein. PGE_2 und PGF_2 Alpha werden als Gel oder Suppositorien zur Zervixreifung im ersten Trimenon und am Termin eingesetzt. Die intravenöse Applikation wird nur noch am Termin zur Geburtseinleitung und bei atonischer Nachblutung verwendet. Die natürlichen Prostaglandine sind als Prostin F_2 Alpha® und Prostin E_2® im Handel erhältlich.

Die Herstellung von Prostaglandinderivaten führte zur Entwicklung einer *zweiten Generation* von Prostaglandinen mit längerer Halbwertszeit. Dazu gehören das 15-Methyl PGF_2 Alpha, der 15-Methyl PGF_2 Alpha-Methylester oder das 16/16-Dimethyl PGE_2. Jedoch war auch ihre Applikation mit unerwünscht starken Nebenwirkungen verbunden. Diese Substanzen sind nicht registriert und nur für klinische Anwendungen bestimmt.

Erst mit der Entwicklung einer *dritten Generation,* nämlich dem 16/16-Dimethyl PGE_1 Methylester oder dem 16-Phenoxy PGE_2 oder dem 9-Deoxo-16-16-Dimethyl-9-

Tabelle 19.1. Prostaglandine (PG) in der Geburtshilfe

	Anwendung		Nebenwirkungen/Stärke		Dosierung
1. Generation					
PGF_2 Alpha Handelsbezeichnung Prostin F_2 Alpha	Geburtseinleitung atonische Nachblutung intraamniale Abortinduktion	O O O	Bronchospasmus, Kreislaufschock Nausea, Vomitus, Diarrhoe, Venenentzündung, Fieber	+ + + + + + + +	intravenös 0,5—10,0 µg/min intraamnial 40 mg
PGE_2 Handelsbezeichnung Prostin E_2	Geburtseinleitung atonische Nachblutung intraamniale Abortinduktion	● ● O	Bronchospasmus, Kreislaufschock Nausea, Vomitus, Diarrhoe, Fieber, Venenentzündung	+ + + + + +	intravenös 0,25—5,0 µg/min intraamnial 10 mg
PGE_2-Gel (kann magistraliter hergestellt werden)	Zervixreifung im ersten Trimenon Zervixreifung am Termin	O ●	Nausea, Vomitus	+	intrazervikal 3—5 mg intrazervikal 0,5 mg
PGE_2 Vaginal- Suppositorien (nicht im Handel erhältlich)	Zervixreifung am Termin	●	Nausea, Vomitus	+	intravaginal 3 mg
2. Generation					
15-Methyl PGF_2 Alpha 15-Methyl PGE_2 (und Methylester) (nicht im Handel erhältlich)	Beendigung intakter und gestörter Schwangerschaften im zweiten Trimenon	O	Bronchospasmus Nausea, Vomitus, Diarrhoe, Fieber, schmerzhafte Uterus- kontraktionen	+ + + + +	intramuskulär 250—500 µg/3stdl. intravaginal 3 mg extraamnial 250 µg intraamnial 5 µg
16/16-Dimethyl PGE_2 (nicht im Handel erhältlich)	Beendigung intakter und gestörter Schwangerschaften im zweiten Trimenon	O	Bronchospasmus schmerzhafte Uterus- kontraktionen, Nausea, Vomitus, Diarrhoe, Fieber	+ + + + +	intramuskulär 500 µg/3stdl. intravaginal 400—120 µg extraamnial 500 µg

3. Generation

16-phenoxy PGE$_2$
Handelsbezeichnung
Nalador 500®

Zervixreifung im ersten Trimenon	●	Schüttelfrost, Kollaps	+	intramuskulär 500 µg/6stdl.
Beendigung gestörter und		Nausea, Vomitus, Fieber	+	extraamnial 25—100 µg
intakter Schwangerschaften		schmerzhafte Uterus-	+	intraamnial 1000 µg
im zweiten Trimenon	●	kontraktionen	+	intravenös 1—8,5 µg/min.
Atonische Nachblutung	●			

* 16,16-dimethyl PGE$_1$
Methylester (ONO 802)
(nicht im Handel erhältlich)

* 16,16-dimethyl-9-Methylen
PGE$_2$
(nicht im Handel erhältlich)

---

   * Bezüglich der Anwendung dieser beiden Substanzen gibt es nur wenig Erfahrungen, so daß eine endgültige Aussage nicht getroffen werden kann.
+ + + Starke Nebenwirkungen.
  + + Mittelstarke Nebenwirkungen.
   + Schwache Nebenwirkungen.

  O Anwendung möglich, jedoch Nebenwirkungen und Applikationsform beachten.
  ● Anwendung empfohlen.

Methylen PGE$_2$ gelang die Herstellung von Prostaglandinen mit hoher Effizienz und geringen substanzspezifischen Nebenwirkungen. Von den Prostaglandinderivaten

der dritten Generation ist bis jetzt nur das 16-Phenoxy PGE$_2$ unter dem Namen Nalador® im Handel (Tab. 19.1).

19.4 Nebenwirkungen der Prostaglandine

Die therapeutische Anwendbarkeit der Prostaglandine ist im hohen Maße von der Anzahl und Stärke der Nebenwirkungen abhängig. Die bekannten Nebenwirkungen (Kreislaufveränderungen, Bronchospasmus, Fieber, Nausea, Vomitus, Diarrhoe) bei Prostaglandinapplikation sind durch die Wirkung auf die verschiedenen Organe bedingt.

Prostaglandine haben eine *hämodynamische Wirkung*. Sie führen zu einem Anstieg von Herzfrequenz und Herzminutenvolumen sowie zum Abfall des Blutdruckes. Daraus resultieren die Nebenwirkungen wie Hypotension und Kollaps bis hin zum Schockzustand.

Auf die *Bronchialmuskulatur* haben die Prostaglandine eine bronchokonstriktorische Wirkung. Es kommt zu hypoxischen Zuständen und alveolärer Vasokonstriktion. Besonders bei Asthmatikern kann es zum Auftreten starker Atemfunktionseinschränkungen kommen.

Im *Zentralnervensystem* bewirken Prostaglandine eine Sedierung sowie einen Anstieg der Körpertemperatur.

Im *Gastrointestinaltrakt* kommt es zu einer Magensäuresekretionshemmung, einer Stimulierung der Dünndarmsekretion sowie einer Steigerung der Dünndarmpassage und der Darmmotilität. Daraus resultieren Nausea, Vomitus und Diarrhoe.

An der *Niere* kontrollieren die Prostaglandine den renalen Blutfluß, die Natrium- und Kaliumausscheidung und üben einen Einfluß auf die Diurese und somit auch auf den Blutdruck aus.

Die Nebenwirkungen treten hauptsächlich dann auf, wenn eine *größere Prostaglandinkonzentration* in den Kreislauf übertritt. Es

besteht ein enger Zusammenhang zwischen Häufigkeit und Stärke der *Nebenwirkungen* und der *Applikationsform,* da je nach der gewählten Verabreichungsform unterschiedlich hohe Dosen von Prostaglandin gegeben werden müssen. Generell kann gesagt werden, daß bei parenteraler Gabe höhere Dosen notwendig sind, um den gewünschten Effekt zu erzielen, als bei lokaler Applikation.

Die *natürlichen Prostaglandine* werden in der Frühschwangerschaft wegen der hohen Rate an Nebenwirkungen nur mehr lokal appliziert. Vor allem die starken Nebenwirkungen von seiten des Gastrointestinaltraktes konnten dadurch verringert und die lokalen Venenreaktionen vermieden werden. Als einzige Ausnahme von der Regel „hohe Dosis — hohe Nebenwirkungsrate" gilt die intraamniale Applikation. Bei der intraamnialen Gabe wirkt das Fruchtwasser als Depot. Die Freisetzung von Prostaglandin über die Eihäute erfolgt nur langsam und in geringer Dosis, so daß die Nebenwirkungen in nur geringem Maße auftreten.

Die Entwicklung der Prostaglandine der *zweiten Generation* durch Methylierung und Veresterung führte sowohl zu einer Verlängerung der Halbwertszeit, wie auch zu einer Verminderung der Nebenwirkungen gegenüber den natürlichen Substanzen. Der letztere Vorteil beruht auf einer verstärkt uterusspezifischen Wirkung dieser Substanzen, wodurch es möglich wird, mit geringeren Dosen den gewünschten Effekt zu erzielen.

Die Entwicklung der *dritten Generation* von Prostaglandinen durch Verkürzung auf 16 C-Atome oder durch Phenoxylierung erbrachte noch selektiver wirkende Substanzen. 16-Phenoxy PGE_2 besitzt etwa eine zwanzigfach höhere abortive Potenz als PGE_2. Andere biologische Funktionen, wie Darmmotilität, Tonisierung der Blutgefäße und der Bronchialmuskulatur sind zwar erhalten geblieben; ihre Wirksamkeit ist aber im Vergleich zu der natürlichen Substanz herabgesetzt oder nicht in dem Maße potenziert wie die uterotone Wirkung (SCHMIDT-GOLLWITZER, 1977). Der gewünschte Effekt kann mit diesen Substanzen demnach sowohl durch parenterale als auch lokale Verabfolgung geringerer Mengen ohne wesentliche Nebenwirkungen erreicht werden.

Am Termin sind die natürlichen Prostaglandine in einer vielfach *geringeren Dosierung* wirksam als in der Frühgravidität, so daß auch die Nebenwirkungen wesentlich geringer bleiben. Trotzdem wird auch am Termin der lokalen Anwendung von Prostaglandin immer mehr der Vorzug gegeben. Neben der Verminderung der Nebenwirkungen bietet diese Applikationsform auch noch andere Vorteile gegenüber der intravenösen Einleitung mit Prostaglandin oder Oxytocin, die sich besonders im Hinblick auf Geburtsdauer, Entbindungsart und Beeinträchtigung des Kindes auswirken.

19.5 Anwendungsbereich der Prostaglandine in der Schwangerschaft

Im Hinblick auf ihre Wirkungsmechanismen, aber auch auf die Nebenwirkungen ist bezüglich des Einsatzes der Prostaglandine streng zu unterscheiden zwischen der
- Anwendung in der Frühschwangerschaft und der
- Anwendung am Termin.

Im ersten und zweiten Trimenon sind die Prostaglandine der *dritten Generation* als Substanz der Wahl anzusehen. *Am Termin* können nur die *natürlichen Prostaglandine* eingesetzt werden, da ihre Halbwertszeit kurz und damit die Wirkung zeitlich limitiert ist.

19.5.1 Anwendung von Prostaglandinen im ersten und zweiten Trimenon

Für die Anwendung der Prostaglandine in diesen Abschnitten der Schwangerschaft haben sich nicht zuletzt durch die Entwicklung der dritten Generation dieser Wirkstoffe grundsätzlich neue Möglichkeiten ergeben. Die natürlichen Prostaglandine F_2 Alpha und E_2 wurden zunächst nur jenseits der 12. Schwangerschaftswoche angewendet. Die Prostaglandine der zweiten Generation waren vornehmlich auch nur für die Anwendung im zweiten Trimenon bestimmt. Erst die Entwicklung der Prostaglandinderivate

der dritten Generation mit dem niedrigen substanzspezifischen Nebenwirkungen ermöglichte auch den Einsatz im ersten Trimenon der Gravidität. Damit ergeben sich nunmehr folgende Indikationen zur Prostaglandinanwendung in den ersten Schwangerschaftsdritteln:
- Zervixreifung vor Schwangerschaftsabbruch,
- Abortinduktion,
- Abortinduktion bei Missed abortion und Blasenmole.

19.5.1.1 Zervixreifung vor einem geplanten Schwangerschaftsabbruch

Obwohl die Saugkürettage beim Schwangerschaftsabbruch im ersten Trimenon als Methode der Wahl gilt, muß auch bei Anwendung dieses Verfahrens mit einer nicht geringen Zahl von Früh- und Spätkomplikationen gerechnet werden (KIRCHHOFF, 1977). Sie beruhen in einem erheblichen Maße auf der mechanischen Dilatation des Zervikalkanals vor der Kürettage.

Mit der Anwendung von Prostaglandinen kann anstelle der mechanischen Dilatation gewissermaßen eine *chemische Erweiterung* erreicht werden: Durch Kollagenverlust kommt es zu einer Auflockerung, d. h. zu

Tabelle 19.2. Zervixreifung im ersten Trimenon

Substanz	Applikation	Dosierung	Erfolg lt. Literatur	Nebenwirkungen/Stärke	
PGF_{2a}-Gel	intrazervikal	5,0 mg	60%	Nausea, Vomitus	+ +
PGF_2-Gel		0,5 mg	60—70%	Fieber, Kollaps, Zervixläsion	+ +
Methylanaloga von	intrazervikal	600—1000 µg	70—80%	Nausea, Vomitus, Diarrhoe, Flush	+ + + +
PGF_{2a} und E_2	intramuskulär	250 µg	80—90%	Hypotension	+ + +
16-phenoxy PGE_2	intramuskulär	500 µg	81%	Kollaps	+

einer Reifung der Zervix, womit die Verletzungsgefahr vor der geplanten Kürettage wesentlich vermindert wird (DANFORTH, 1974, MAILLOT, 1979).

Prostaglandine können zur Zervixreifung (Priming oder Softening) sowohl lokal als auch parenteral verabreicht werden. Die natürlichen Prostaglandine E_2 und F_2 Alpha werden als Gel mittels Katheter oder mit einer auf eine Einmalspritze aufgesetzten Olive intrazervikal appliziert (SIEVERS, 1978; KÜHNLE, 1977; BRENNER, 1973). Die Ergebnisse waren relativ gut, die Nebenwirkungsrate gering (Tab. 19.2).

Bei parenteraler Applikation muß mit einer hohen Rate an Nebenwirkungen (Übelkeit und Erbrechen) gerechnet werden. Unabhängig von der verwendeten Substanz brachte der Einsatz der Methylanaloga von Prostaglandin E_2 und F_2 Alpha im Hinblick auf die Nebenwirkungsrate keine wesentlichen Verbesserungen. Die intramuskuläre Anwendung von 15-Methyl-PGF_2 Alpha und 16/16-Dimethyl PGE_2 führte noch zu den besten Ergebnissen im Hinblick auf die Zervixdilatation, ist jedoch ebenfalls mit starken Nebenwirkungen von seiten des Gastrointestinaltraktes verbunden (TOPPOZADA, 1973; BALLARD, 1974; KARIM, 1973; BRENNER, 1975; LUNDSTRÖM, 1977). Erst seit dem Einsatz von 16-Phenoxy PGE_2 — einem Prostaglandin der dritten Generation — ist es möglich geworden, die Zervixdilatation fast ohne Nebenwirkungen (Tab. 19.2) durch eine intramuskuläre Gabe zu erreichen (KARIM, 1978; LICHTENEGGER, 1978).

19.5.1.2 Abortinduktion bei intakter Schwangerschaft

Die intravenöse Applikation von PGF_2 Alpha und PGE_2 wurde erstmals von KARIM und FILSHIE sowie von ROTH-BRANDEL et al. zur Beendigung von Frühschwangerschaften erfolgreich angewandt. Diese Wirkungsweise von intravenös verabreichten Prostaglandinen wurde später durch eine große Zahl klinischer Untersuchungen bestätigt (CSAPO, 1971; ANDERSON, 1972; HENDRICKS, 1971). Bei der intravenösen Verabreichung der natürlichen Prostaglandine kommt es zu starken Nebenwirkungen wie Übelkeit, Erbrechen, Diarrhoe, Fieber sowie Venenentzündungen an der Punktionsstelle. Der Einsatz der Methylanaloga PGF_2 Alpha und E_2 führte zu keiner wesentlichen Besserung. Die intravenöse Gabe von 16-Phenoxy PGE_2 hingegen kann, wie von zahlreichen Untersuchungen bestätigt wurde, ohne starke Nebenwirkungen zur Abortinduktion eingesetzt werden (Tab. 19.3). Die Erfolgsrate ist mit über 95% außerordentlich hoch. Schüttelfrost sowie leichte Übelkeit wurden als einzige, nicht sehr schwerwiegende Nebenwirkungen registriert (SCHMITT-GOLLWITZER, 1979; SCHMITT-GOLLWITZER, 1980; KARIM, 1979).

Die intramuskuläre oder subkutane Applikation natürlicher Prostaglandine ist wegen der starken Schmerzen an der Punktionsstelle sowie der geringen Wirksamkeit für die Abortinduktion nicht geeignet. Erst die Entwicklung der 15-Methylanaloga von Prostaglandin F₂ Alpha und E₂ sowie des 16/16-PGE₂-Dimethylester ermöglichte durch *wiederholte intramuskuläre Injektion* eine erfolgreiche Anwendung der Prostaglandine zur Unterbrechung von Schwangerschaften im zweiten Trimenon (KARIM, 1976; KARIM, 1977). Jedoch kommt es auch bei der Behandlung mit diesen Substanzen zu unangenehmen Nebenwirkungen (Tab. 19.3). Mit 16-Phenoxy-Prostaglandin E₂ kann innerhalb von 12—24 Stunden intramuskulär appliziert ein Abortus induziert werden. Die Erfolgsrate ist mit 95% dem Erfolg der intravenösen Applikation vergleichbar. Die Nebenwirkungen sind außerordentlich gering (LICHTENEGGER, 1984; SCHMITT-GOLLWITZER, 1981; KARIM, 1978). Aufgrund der eigenen Erfahrung ist diese Applikationsform besonders im Hinblick auf die Patienten bei weitem vorzuziehen.

Die orale Verabreichung der natürlichen Prostaglandine F₂ und E₂ sowie der Methylanaloga von Prostaglandin E₂ führt bei starken Nebenwirkungen von seiten des Gastrointestinaltraktes nur selten zum gewünschten Ziel (KARIM, 1971; KARIM und AMY, 1978). Der orale Einsatz von Prostaglandinen und deren Analoga wurde aus diesen Gründen gänzlich aufgegeben.

Die vaginale Applikation wurde wegen der einfachen Art der Verabreichung vielfach erprobt (KARIM, 1971; WIQUIST, 1972, BRENNER, 1972). Ihre Wirkung beruht auf der systemischen Absorption des Pharmakons. Bei der Verabreichung von natürlichen Prostaglandinen kommt es aufgrund der notwendigerweise hohen Dosis dementsprechend häufig zum Auftreten von Nebenwirkungen. Durch die vaginale Gabe der Methylanaloga von PGE₂ und PGF₂ Alpha (freie Säure oder Methylester) kann eine Schwangerschaft im zweiten Trimenon erfolgreich unterbrochen werden (BYGDEMAN, 1977; KARIM, 1976; KARIM, 1977). Es kommt jedoch auch bei der Anwendung dieser beiden Prostaglandinanaloga häufig zu starken Nebenwirkungen. Die besten Ergebnisse wurden bei der Verwendung von 16/16-Dimethyl PGE₂, erzielt (MARTIN, 1976; KA-

RIM, 1977; LUNDSTRÖM, 1977). Dieses Derivat wird in Form von Suppositorien in dreistündlichen Abständen appliziert. In 90% der Fälle kommt es innerhalb von 24 Stunden zum Abortus. Die Nebenwirkungen sind relativ gering (Tab. 19.3).

Die extraamniale Applikation, also die Injektion von Prostaglandinen in den extraamniotischen Raum, bewirkt eine adäquate Stimulation des Myometriums bei gleichzeitig niedrigem Plasmaprostaglandinspiegel. Ein Schwangerschaftsabbruch durch extraamniale Verabreichung von natürlichem Prostaglandin E₂ oder F₂ Alpha kann mit wesentlich *geringeren Dosen* erzielt werden, als sie für eine intravenöse Gabe erforderlich sind. Dementsprechend kommt es auch weniger häufig zu Nebenwirkungen. Der Nachteil der Methode besteht in der Notwendigkeit einer längeren Liegedauer des Intrauterinkatheters und der wiederholten Injektion des Pharmakons. Eine Erleichterung konnte durch die Verabfolgung einer Einzeldosis erreicht werden. Die *Single-shot-Behandlung* wurde erstmals mit 9 ml einer 5%igen viskösen Lösung von Hydroxymethylzellulose und 1,5 mg Prostaglandin E₂ durchgeführt (MACKENZIE, 1975). Die langsame Freisetzung des Prostaglandins führte, ohne wesentliche Beschwerden zu verursachen, innerhalb von 24 Stunden zum Abortus. Eine andere Methode besteht in der Applikation einer Einzeldosis der Methylanaloga von Prostaglandin F₂ Alpha und E₂ (KARIM, 1976; WHO Task Force, 1977). Sie führt in 85% der Fälle innerhalb von 24 Stunden zum Abortus (Tab. 19.3). Nebenwirkungen treten relativ selten auf. Mit den Prostaglandinen der dritten Generation kann extraamnial mit der geringsten Einzeldosis ein Abortus induziert werden. Allerdings ist die Abortusrate wesentlich niedriger als bei intravenöser oder intramuskulärer Applikation (LICHTENEGGER, 1984; YEO, 1978; SCHMITT-GOLLWITZER, 1979).

Die intraamniale Applikation wurde erstmals mit Prostaglandin E₂ und F₂ Alpha vorgenommen (KARIM, 1971; KARIM und SHARMA, 1971; BYGDEMAN, 1971). Das Fruchtwasser

Tabelle 19.3. Abortinduktion im zweiten Trimenon

Substanz	Applikation	Dosierung	Erfolg lt. Literatur	Nebenwirkungen/Stärke	
$PGF_2\alpha$	intraamnial	40 mg	90%	Nausea, Vomitus,	+ + +
				Diarrhoe, Fieber	+ + +
PGE_2	extraamnial	1,5 mg	90%	Nausea, Vomitus	+ + +
	intraamnial	10 mg	95%	Diarrhoe, Fieber	+ +
15-Methylanaloga PGF_2 und PGE_2	intramuskulär	250 µg/ 3stdl.	93%	Nausea, Vomitus, Fieber, Diarrhoe	+ + + +
	intravaginal	3 mg	60%	Nausea, Vomitus, Diarrhoe, schmerzhafte Uteruskontraktionen	+ + + + + +
	extraamnial	250 µg	85%	Nausea, Vomitus, Diarrhoe	+ + + +
	intraamnial	5 mg	90%	Nausea, Vomitus, Diarrhoe, Fieber, schmerzhafte Uteruskontraktionen	+ + + + + +
16/16 Dimethyl PGE_2	intramuskulär	500 µg/ 3stdl.	92%	Nausea, Vomitus	+ +
	intravaginal	400—1200 µg/ 4stdl.	90%	Diarrhoe, Fieber	+ +
	extraamnial	500 µg	66%	schmerzhafte Uteruskontraktionen	+ +
16-phenoxy PGE_2	intravenös	1—8,3 µ/ min	98%	Nausea, Schüttelfrost	+ +
	intramuskulär	500 µg/ 6stdl	95%	Nausea, schmerzhafte Uteruskontraktionen	+ +
	extraamnial	25—100 µg	84%	Nausea, Vomitus	+
	intraamnial	1000 µg	80%	Nausea, schmerzhafte Uteruskontraktionen	+ +

wirkt als Depot für die injizierten Prostaglandine, die die fetalen Membranen durchdringen und das Myometrium stimulieren. Daher ist es möglich, *hohe Dosen* von Prostaglandin auf einmal in das Fruchtwasser zu injizieren und den Uterus für mehrere Stunden zu stimulieren. Die Applikation erfolgt transabdominal unter Ultraschallsicht mittels *Amniozentese*. Bei Versuchen, die Prostaglandine in unterschiedlicher Dosierung zu applizieren (hohe Einzeldosen bzw. mehrere kleine Dosen), wurden keine Unterschiede in der Erfolgsrate erzielt (NYBERG, 1973; BRENNER, 1973; BERGSTRÖM, 1973). Allgemein ist man der Auffassung, daß es bei

exakter intraamnialer Verabreichung seltener zu Nebenwirkungen kommt als bei anderen Darreichungswegen. Dennoch ist es ratsam, das Mittel langsam zu injizieren, um Unverträglichkeitserscheinungen frühzeitig zu erkennen. Wird bei der Amniozentese *blutiges Fruchtwasser* aspiriert, ist eine intraamniale Verabreichung *kontraindiziert*. Bessere Ergebnisse als mit den natürlichen Prostaglandinen wurden bei der intraamnialer Gabe der 15-Methylanaloga von PGE_2 und PGF_2 Alpha erzielt (KARIM, 1976; DINGFELDER, 1975). Es wurde versucht, diese Erfolge noch weiter zu verbessern, indem man die Einzeldosen erhöhte. Dies führte

Tabelle 19.4. Prostaglandine bei Missed abortion und Blasenmole

Substanz	Applikation	Dosierung	Erfolg lt. Literatur	Nebenwirkungen/Stärke
Methylanaloga PGF$_2$ und E$_2$	intramuskulär	250 µg/3stdl.	94—100%	Nausea, Vomitus, + + Diarrhoe, Fieber + +
16-phenoxy PGE$_2$	intramuskulär	500 µg/6stdl.	98—100%	Nausea, Vomitus +
	intravenös	8 µg/min	98—100%	Nausea, Vomitus +

jedoch nur zu einem vermehrten Auftreten von Nebenwirkungen, ohne gleichzeitig eine signifikante Verbesserung der Wirksamkeit zu erreichen (KARIM, 1978). Mit einer einmaligen intraamnialen Gabe von Prostaglandinen der dritten Generation (Nalador®) kann ein Abortus erfolgreich induziert werden. Die Rate der Nebenwirkungen ist außerordentlich gering (Tab. 19.3).

Trotz aller Vorteile wird diese Applikationsform wegen des relativ großen Aufwandes, der mit der Amniozentese verbunden ist und des Risikos einer intravasalen Applikation hoher Dosen kaum noch verwendet.

19.5.1.3 Abortinduktion bei Missed abortion und Blasenmole

Im Jahre 1970 wurde erstmals von KARIM über die erfolgreiche Anwendung von Prostaglandin E$_2$ zur Ausstoßung bei Missed abortion und Blasenmolen berichtet. Im weiteren konnte nachgewiesen werden, daß die auf unterschiedlichem Wege (intravenös, vaginal, intra- und extraamnial) verabreichten natürlichen Prostaglandine E$_2$ und F$_2$ Alpha in einer niedrigeren Dosierung wirksam waren, als sie für die Unterbrechung einer intakten Schwangerschaft notwendig ist (EMBREY, 1974; ROBERTS, 1974; NAISSMITH, 1976). Obwohl die *intraamniale Injektion* im allgemeinen von wenig systemischen Nebenwirkungen begleitet wird, ist ihre Anwendung bei Missed abortion mit starken Reaktionen verbunden, die wahrscheinlich auf eine *beschleunigte Penetration* des Prostaglandins durch die bei abgestorbener Frucht veränderte Membran zurückzuführen sind.

Die intramuskuläre Verabreichung der Methylanaloga von Prostaglandin E$_2$ und F$_2$ Alpha im dreistündlichen Intervall hat sich als äußerst wirksam erwiesen. Die Nebenwirkungsrate ist relativ gering (WHO Task Force, 1977; LAUERSON, 1976). 16-Phenoxy PGE$_2$ kann sowohl intramuskulär als auch intravenös zur Ausstoßung von Blasenmole und Missed abortion appliziert werden (Tab. 19.4). Nebenwirkungen treten selten und nur in geringer Intensität auf. Die gefürchteten starken Blutungen bei der Behandlung dieser gestörten Frühschwangerschaften werden bei Prostaglandinanwendung auf ein Minimum reduziert (LICHTENEGGER, 1977; GRUBER, 1980).

19.5.2 Anwendung der Prostaglandine am Termin

Der Effekt, den die Prostaglandine am Termin auf den Uterusmuskel haben, äußert sich in zweifacher Hinsicht:

Zum einen durch die Erhöhung der Uterusmotilität oder der Wehenbereitschaft, zum anderen durch eine Reifung der Zervix.

Trotz dieser positiven Wirkungsmechanismen werden Prostaglandine zum Zweck der Geburtseinleitung nur selten angewendet. Es hat sich eingebürgert, sie am Termin nur zum Zweck der *Zervixreifung oder bei indizierter Geburtseinleitung* und *unreifem Verschlußapparat* einzusetzen. Folgende Indikationen für die Anwendung von Prostaglandinen am Termin sollten unbestritten sein:

● Induktion der Zervixreifung,

Tabelle 19.5. Zervixreifung am Termin

Substanz	Applikation	Dosierung	Erfolg lt. Literatur*	Sektio-frequenz	Nebenwirkungen/ Stärke
PGE_2-Gel	intrazervikal	0,5 mg/3 ml Gel	83—95%	8,0%	Nausea, Vomitus +
PGE_2-Lösung	Portiokappe	1,5 mg/1,5 ml 0,9% NACl	82%	6,5%	Nausea, Vomitus +
PGE_2-Vaginalsupp.	intravaginal	3 mg	91%	9,3%	Nausea +

* s. Text

- Geburtseinleitung bei EPH-Gestose und unreifer Zervix,
- mangelhafter Geburtsfortschritt bei Oxytocinanwendung,
- atonische Nachblutung.

19.5.2.1 Induktion der Zervixreifung am Termin

Die rechtzeitige Beendigung einer Risikoschwangerschaft stellt einen wichtigen Schritt in dem Bemühen dar, dem mütterlichen und fetalen Risiko zu begegnen. Nach wie vor wird bei der Indikation zur Beendigung einer ausgetragenen Schwangerschaft von den meisten Geburtshelfern empfohlen, die Geburtseinleitung mit Oxytocininfusion durchzuführen. Dabei muß immer wieder in Kauf genommen werden, daß Geburtseinleitungen bei fehlender oder ungenügender Zervixreife ein zusätzliches Risiko für das Kind und bei daraus resultierenden operativen Entbindungen auch ein Risiko für die Mutter beinhalten. Von der unkomplizierten Schwangerschaft her ist bekannt, daß Geburtseinleitungen bei unreifer Zervix oft mit einem protrahierten Geburtsverlauf sowie vermehrten sub- und postpartalen Komplikationen und schließlich mit einer gesteigerten Frequenz an operativen Entbindungen einhergehen. Ein Kind, das bereits vor Wehenbeginn bedroht erscheint, das kaum noch über Reserven verfügt und daher schon bei normaler Geburtsdauer und physiologischem Geburtsstreß Zeichen der Dekompensation zeigt, kann durch einen schwierigen Geburtsverlauf infolge Einleitung bei unreifer Zervix über das kritische Maß belastet werden.

Im Vergleich zu der Geburtseinleitung lediglich mit Oxytocin oder mit Prostaglandin F_2 Alpha und E_2 intravenös (s. unten) konnten die geburtshilflichen Ergebnisse durch die vorausgegangene Zervixreifung mittels intrazervikaler und intravaginaler Applikation von Prostaglandin E_2 deutlich verbessert werden. Die Vorteile der lokalen Prostaglandinanwendung äußern sich besonders in folgenden Parametern (Tab. 19.5 und 19.6):

- kindliche Beeinträchtigung unter der Geburt,
- Geburtsdauer,
- Entbindungsart,
- kindliche Beeinträchtigung post partum.

Aus Tab. 19.6 geht hervor, daß mit der lokalen Prostaglandinapplikation nicht nur eine Zervixreifung erreicht werden kann, sondern daß in etwa 90% der Fälle bei dieser Applikationsform der Prostaglandine auch die Geburt in Gang kommt. Diese Beobachtung deckt sich mit den Ergebnissen anderer Untersucher (GÖSCHEN, 1982; GÖSCHEN, 1980; GORDEN, 1979).

Zur Zervixreifung wird heute nur noch Prostaglandin E_2 eingesetzt. Als Applikationsform stehen Prostaglandin E_2-Gel für die intrazervikale Gabe, eine Prostaglandin E_2-Lösung für die Portiokappe und schließlich Prostaglandin E_2-Suppositorien für die vaginale Verabfolgung zur Verfügung.

Tabelle 19.6. Zervixreifung mit Prostaglandin E_2 intravaginal (Graz 1980—1983)

N	Risiko-schwanger-schaften	Sektio-frequenz	CTG-Ver-änderungen nach 3 Stunden	Geburts-dauer	Wehenbeginn $\leqslant 3$ Std. $\leqslant 6$ Std.		Zusätzliche Wehenmittel unter der Geburt	Apgar-Score $\leqslant 7$
527	38,5%	9,3%	4,9%	6,4 Std.	59,4%		21,8%	3%
				Primipara	Multipara	31,9%		
	Anstieg im Pelvic Score			90,1%	91,2%			
	Unveränderte Zervix			7,8%	7,2%			
	Geburt innerhalb von 12 Std.			79,3%	88,6%			

Zur Zervixreifung mit Prostaglandin-Gel wird ein Tylose-Gel verwendet, das magistraliter hergestellt werden kann. Von GÖSCHEN (1982) wurde eine Hydroxymethylzellulose als Transportmedium benützt. Die Prostaglandindosis schwankt von 0,4—1,0 mg Prostaglandin E_2 in 3 ml Gel. Als adäquate Dosis werden 0,4—0,5 mg angegeben (Tab. 19.5). Bei Steigerung der Dosis kann im Hinblick auf die Zervixreifung kein Unterschied in der Wirkung gefunden werden, hingegen nimmt die Rate der Nebenwirkungen deutlich zu. Das Prostaglandin E_2-Gel wird in Einmal-Spritzen von 10 ml bei — 20°Celsius gelagert. Die Auftauzeit beträgt ca. 30 Minuten. Die Wirksamkeit der Prostaglandinsubstanz ist in dieser Form für mindestens 3 Monate gewährleistet. Bei der Anwendung dieses Prostaglandin E_2-Gels intrazervikal kann in 83—95% der Fälle der gewünschte Erfolg erzielt werden (THIERY, 1977; WINGERUP, 1979; WINGERUP, 1978; GÖSCHEN, 1982).

Die Portiokappe (Portio-Zervixadapter Wisap, Art.-Nr. 1245 B bei zarter Portio, Art.-Nr. 1245 C bei plumper Portio) wird mit einer Kornzange eingeführt und der Portio uteri je nach Größe angepaßt. Zur Fixation wird über einen Kunststoffschlauch, der mit der Kappe verbunden ist, unter Zuhilfenahme einer 20-ml-Spritze ein möglichst weitgehendes Vakuum hergestellt. Nach maximaler Aspiration wird die am Schlauch befindliche Klemme geschlossen. Daraufhin wird über einen zweiten Schlauch eine Lösung aus zwei Ampullen Prostaglandin E_2 (1 mg PGE$_2$/ml in Ampullen à 0,75 ml) und 1,5 ml 9%iger Kochsalzlösung instilliert. Die perizervikal applizierte Wirkstoffmenge beträgt somit 1,5 mg Prostaglandin E_2 (Tab. 19.5). Die Kappe wird in der Regel 6 Stunden belassen. Nach Auftreten von kräftigen Wehen oder nach Blasensprung wird die Prostaglandinlösung aufgezogen und die Portiokappe entfernt. Mit dieser Methode konnte in über 82% erfolgreich eine Reifung der Zervix erzielt werden (GRÜNBERGER, 1979; GRÜNBERGER, 1980; GRÜNBERGER, 1981).

Prostaglandinsuppositorien werden intravaginal in einer Dosierung von 3 mg in den hinteren Fornix oder in den Zervikalkanal gelegt (Tab. 19.5). Dazu kommt ein Betaisodona Vaginal-Suppositorium, das durch Schaumbildung eine bessere Auflösung der Tabletten gewährleistet und das Infektionsrisiko vermindert. Kommt es innerhalb von 12 Stunden nicht zur Geburt, so wird der Zustand der Zervix registriert und das Verfahren nach einem Tag wiederholt (Tab. 19.6). Erfahrungsgemäß kann in 91% eine ausreichende Zervixreifung erzielt werden (ELDER, 1981; KHOO, 1981; LICHTENEGGER, 1982).

19.5.2.2 Parenterale Geburtseinleitung mit Prostaglandin

Eine Geburtseinleitung kann sowohl durch intravenöse als auch durch orale Verbfolgung von Prostaglandin durchgeführt werden.

Tabelle 19.7. Geburtseinleitung mit Prostaglandin

Substanz	Applikation	Dosierung	Erfolg	Sektio-frequenz	Nebenwirkungen/Stärke	
PGF_2[1 2 3 7] α	intravenös	0,25—5,0 µg/min	88%	12—25%	Nausea, Vomitus,	+ +
					Diarrhoe	+ +
					Venenentzündung	+ +
PGE_2[1 3 4 5 6 7]	intravenös	0,5—1,0 µg/min	90%	32%	Nausea, Vomitus,	+ +
					Diarrhoe	+ +
					Venenentzündung	+ +

[1] ANDERSON (1972), [2] LINDMARK (1975), [3] ROUX (1977), [4] LICHTENEGGER (1981), [5] LICHTENEGGER (1982), [6] BLAZELY (1971), [7] BROWN (1973).

Die orale Gabe wurde wegen der zum Teil erheblichen Nebenwirkungen von seiten des Gastrointestinaltraktes und besonders wegen der schlechten Steuerbarkeit der Wirkung von den Gesundheitsbehörden in Österreich, in der Schweiz und in der Bundesrepublik Deutschland *untersagt.*

Die intravenöse Geburtseinleitung wird mit Prostaglandin E_2, das in einer niedrigen Dosierung verwendet werden kann (Tab. 19.7), vorgenommen. Eine ganze Reihe von Doppelblinduntersuchungen, mit welchen Oxytocin und Prostaglandin bei der intravenösen Applikation miteinander verglichen wurden, zeigten für die Geburtseinleitung keine Überlegenheit der einen gegenüber der anderen Substanz (LICHTENEGGER, 1981; BLAZELY, 1971; BROWN, 1973). Als Vorteil der Prostaglandine wird angeführt, daß sie zum Unterschied von Oxytocin keinen antidiuretischen Effekt haben. Deshalb wird ihre *Anwendung* vor allem bei *Schwangeren mit EPH-Gestose* und *unreifer Zervix* empfohlen. Eine weitere Indikation ist ein *mangelhafter Geburtsfortschritt bei Oxytocinanwendung.*

Aufgrund der Vorteile der lokalen Applikation bleibt die intravenöse Gabe auf diese beiden Indikationen beschränkt. Der mit dieser Substanz wenig vertraute Geburtshelfer muß wissen und beachten, daß bei der intravenösen Prostaglandinapplikation relativ lange keine Veränderungen am Verschlußapparat auftreten. Erst nach längerer Latenzzeit kommt es plötzlich zur Eröffnung des Muttermundes und sehr rasch auch zur Geburt. Bei Unkenntnis dieser Tatsache kann eine vermeintlich protrahierte Geburt zu voreiligem Handeln verleiten.

19.5.2.3 Postpartale Blutungen, Atonie

Seit einigen Jahren werden Prostaglandine bei atonischen Nachblutungen verabreicht. Prostaglandin E_2 wurde zunächst in einer Dosierung von 0,5 µg bis 5 µg/min, FGF_2 Alpha mit einer Dosis von 0,5 bis 10,0 µg/min intravenös appliziert. Die bei dieser Dosierung auftretenden systemischen Nebenwirkungen werden in Kauf genommen. Seit 1980 wird auch bei dieser Indikation wegen der geringeren Nebenwirkungsrate und der größeren uterusselektiven Wirkung nur noch 16-Phenoxy Prostaglandin E_2 angewendet. Es werden 1000 µg 16-Phenoxy PGE_2 in 500 ml physiologischer Kochsalzlösung mit einer Geschwindigkeit von etwa 7 bis 8 µg/min infundiert. In derartig behandelten Fällen aller Schweregrade kommt es in der Regel nach 6 bis 8 Minuten zu einem Sistieren der Blutung bei ausreichender Uteruskontraktion. In einigen Fällen wurden zusätzlich 500 µg 16-Phenoxy PGE_2 intramuskulär appliziert. Außer Volumssubstitution bzw. Frischblutkonserven war eine weitere Behandlung nicht notwendig (SCHENK, 1981; KARIM, 1978). Im Rahmen eigener Untersuchungen hat es sich gezeigt, daß bei Erstgebärenden öfter ein sehr schmerzhafter Dauertonus von etwa 15 bis 20 Minuten mit anschließend geringer Sickerblutung auftritt. In 14 Fällen wurde die Prostaglandingabe, abgesehen von diesem Effekt, reaktionslos vertragen; allgemeine Nebenwirkungen wurden nicht beobachtet. In diesem vorläufig noch kleinen Kollektiv erwies sich das 16-Phenoxy PGE_2 als wirksames Mittel zur Behandlung von postpartalen Blutungen.

Literatur

ANDERSON, G. G., et al. (1972): The induction of therapeutic abortion using intravenous prostaglandin F_2 Alpha. Contraception 5, 303.

— HOBBINS, J. C., SPEROFF, L., CALDWELL, B. V. (1972): Intravenous prostaglandins E_2 und $F_{2\alpha}$ and syntocinon for the induction of term labour. J. Reprod. Med. 9, 287.

ÄNGGARD, E., SAMUELSSON, B. (1965): Biosynthesis of prostaglandins from arachidonic acid in guinea pig lung. J. Biol. Chem. 240, 3518.

BALLARD, C. A., QUILLIGAN, E. J. (1974): Mid trimester abortion with intramuscular injection of 15-methyl prostaglandin E_2. Contraception 9, 523.

BEHRMAN, H. R., CALDWELL, B. V. (1974): Reproductive Physiology (MTP International Review of Science, Vol. 8), S. 63. Baltimore: University Park Press.

BERGSTRÖM, S., SJÖVALL, J. (1960): The isolation of prostaglandin F from sheep prostate glands. Acta Scand. 14, 1693.

— (1973): Prostaglandins in Fertility Control, Vol. 3. Stockholm: WHO Research and Training Centre on Human Reproduction.

BLAZELY, J. M., GILLESPIE, A. (1971): Doubleblind trial of prostaglandin E_2 and oxytocin in induction of labour. Lancet i, 152.

BRENNER, W. E., et al. (1972): Vaginal administration of prostaglandin F_2 Alpha for inducing therapeutic abortion. Prostaglandins 1, 455.

— DINGFELDER, L., STAUROVSKY, G. (1973): Vaginally administrated PGE_2 for cervical dilatation in nulliparas prior to suction curettage. Prostaglandins 4, 819.

— HENDRIKS, C. H., FISHBURNE, J. I., BROOKSMA, J. T., STAUROVSKY, L. G., HARELL, L. C. (1973): Induction of therapeutic abortion with intraamniotically administered prostaglandin $F_{2\alpha}$. A comparison of three repeated-injection dose schedules. Am. J. Obstet. Gynecol. 116, 923.

— et al. (1973): Vaginally administered PGF_2 Alpha for cervical dilatation in nulliparas prior to suction curettage. Prostaglandins 4, 819.

— DINGFELDER, J. R., STAUROVSKY, L. G. (1975): The efficacy and safety of intramuscularly administered 15 (S) 15-Methyl prostaglandin E_2 methyl ester for induction of artifacient abortion. Am. J. Obstet. Gynecol. 123, 19.

BROWN, A. A., et al. (1973): Induction of labour by amniotomy and intravenous infusions of oxytocic drugs—A comparison between prostaglandis and oxytocin. J. Obstet. Gynecol. Br. Commonw. 80, 111.

BYGDEMAN, M., HOMBERG, M., SAMUELSSON, B. (1966): The content of different prostaglandins in human seminal fluid and their threshold doses on the human myometrium. Mem. Soc. Endocrinol. 14, 49.

— HOEMBERG, O. (1966): Isolation and identification of prostaglandins from vain seminal plasma. Acta Chem. Scand. 20, 2308.

— et al. (1971): Induction of mid trimester abortion by intraamniotic administration of prostaglandin $F_{2\alpha}$ Alpha. Acta Physiol. Scand. 82, 415.

— GANGULT, A., KINOSHITA, K. et al. (1977): Development of a vaginal suppository suitable for single administration for interruption of second trimester pregnancy. Contraception 15, 129.

CSAPO, A. I., et al. (1971): The efficacy and acceptability of intavenously administered prostaglandin F_2 Alpha as an abortifacient. Amer. J. Obstet. Gynecol. 111, 1059.

DANFORTH, D. N., VEIS, A., BREM, M., WEINSTEIN, H. G., BUCKINGHAM, J. C., MANALO, P. (1974): The effect of pregnancy and labour on the human cervix. Changes in collagen, glycoproteins and glycosaminoglycans. Am. J. Obstet. Gynecol. 120, 641.

DINGFELDER, J. R., BLOCK, , J., BRENNER, W. E., STAUROVSKY, L. G., GRUBER, W. (1975): Intraamniotic administration of 15 (S)-15-methyl prostaglandin $F_{2\alpha}$ for the induction of mid trimester abortion. Am. J. Obstet Gynecol. 125, 821.

ELDER, M. (1981): Induction of labour with prostaglandins at term pregnancy. In: Prostaglandine in Gynäkologie und Geburtshilfe (HEPP, H., SCHÜSSLER, B., Hrsg.), S. 94. Berlin-Heidelberg-New York: Springer.

EMBREY, M. P., et al. (1974): Extraamniotic prostaglandins in the management of intrauterine fetal death, anencephaly and hydatidiform mole. J. Obstet. Gynecol. Brit. Cwlth. 81, 47.

GORDON-WRIGHT, A. P., ELDER, M. G. (1979): Prostaglandin E_2 tablets used intravaginally for the induction of labour. Brit. J. Obstet. Gynec. **86**, 32.

GÖSCHEN, K., PAKZAD, S. (1980): Risks occurring in birth induction without considering cervix maturity. J. Perinat. Med. **8**, 27.

— SALING, E. (1982): Induktion der Zervixreife mit Oxytocin — versus $PGF_{2\alpha}$ — Infusion versus PGE_2-Gel intrazervikal bei Risikoschwangeren mit unreifer Zervix. Geburtsh. und Frauenheilk. **42**, 810.

GREEN, K., BYGDEMAN, M., TOPPOZADA, M., WIQUIST, N. (1974): The role of prostaglandins in human parturition. Am. J. Obstet. Gynecol. **120**, 23.

GRUBER, W. S., BAUMGARTEN, K. (1980): Intravenous PGE_2 and 16-phenoxy PGE_2 methylsulfonylamide for induction of fetal death in utero. Am. J. Obstet. Gynecol. **137**, 8.

GRÜNBERGER, W., HUSSLEIN, P. (1979): „Portio-Priming" bei Terminüberschreitung und niedrigem Pelvic-Score. Geburtsh. u. Frauenheilk. **39**, 793.

— — (1980): Geburtseinleitung durch lokale Applikation von PGE_2 mittels Portio-Kappe. Arch. Gynecol. **229**, 245.

— (1981): Die Prostaglandin-Kappe — eine neue Form der Geburtseinleitung. In: Prostaglandine in Gynäkologie und Geburtshilfe (HEPP, H., SCHÜSSLER, B., Hrsg.), S. 129. Berlin-Heidelberg-New York: Springer.

HENDRICKS, C. H., et al. (1971): Efficacy and tolerance of intravenous prostaglandins F_2 Alpha and E_2. Amer. J. Obstet. Gynecol. **111**, 564.

HENZL, M. R. (1980): Treatment of dysmenorrhea. In: Prostaglandins and Dysmenorrhea. New Awareness, New Understanding, New Therapy, S. 13. New York: Academy Professional Informations Services.

HUSSLEIN, P., FUCHS, A. R., FUCHS, F. (1981): Oxytocin and the initiation of human parturition. I. Prostaglandin release during induction of labour by oxytocin. Am. J. Obstet. Gynecol. **141**, 688.

KARIM, S. M. M., FILSHIE, G. M. (1970): Therapeutic abortion using prostaglandin F_2 Alpha. Lancet i, 157.

— (1971): The use of prostaglandins in abortion. In: Abortion, techniques and services. Proceedings of the Conference, New York, June 3—5, S. 68—77. Excerpta Medica.

— SHARMA, S. D. (1971): Second trimester abortion with single intraamniotic injection of prostaglandins E_2 or F_2 Alpha. Lancet ii, 47.

— TRUSSEL, R. R. (1971): The use of prostaglandins in obstetrics. East African Med. J. **48**, 1.

— AMY, J. J. (1973): Effect of prostaglandin 16,16-dimethyl E_2 methyl ester on the pregnant human uterus. Prostaglandins **4**, 581.

— et al. (1974): Abortifacient action of orally administered 16,16-dimethyl prostaglandin E_2 and its methyl ester. Prostaglandins **6**, 349.

— HILLIER, K. (1975): Physiological roles and pharmacological actions of prostaglandins in relation to human reproduction. In: Prostaglandins and Reproduction (KARIM, S. M., Hrsg.), S. 23. Lancester: MTP Press.

— (1976): Singapore experience with prostaglandins — Routine use and Recent advances. In: Obstetrical and Gynaecological Uses of Prostaglandins. Proceedings of Asien Federation of Obstetrics and Gynaecology. First Internat. Congress (KARIM, S. M. M., Hrsg.), S. 127. Lancaster: MTP Press.

— RATNAM, S. S. (1976): Termination of abnormal intrauterine pregnancies with intramuscular administration of 15 Methyl prostaglandin $F_{2\alpha}$. Brit. J. Obstet. Gynecol. **83**, 835.

— — (1977): Termination of pregnancy with vaginal administration of 16,16-dimethyl prostaglandin E_2 p-penzaldehyde semicarbazone ester. Br. J. Obstet. Gynecol. **84**, 135.

— — (1978): Termination of second trimester pregnancy with intramuscular administration of 16-phenoxy-w-tetranor PGE_2 methylsuflonylamide (SHB 286). IRCS Medical Sciences **6**, 146.

— AMY, J. J. (1978): Prostaglandins and human reproduction. In: Scientific Basis of Obstetrics and Gynecology (MAC DONALD, R. R., Hrsg.), S. 345. Edinburgh: Churchill-Livingston.

— (1979): Prostaglandins in obstetrics and gynecology. In: International Sulprostone Symposium (FRIEBEL, K., SCHNEIDER, A., WÜRFEL, H., Hrsg.), S. 7. Berlin: Medico Scientific Series of Schering AG.

KEIRSE, M. J. N. C., FLINT, A. P. F., TURNBULL, A. C. (1974): Prostaglandins in amniotic fluid during pregnancy and labour. J. Obstet. Gynecol. Br. Cwlth. **81**, 131.

KHOO, P. P. T., KALSHEKAR, M., JOG, M., ELDER, M. (1981): Induction of labour with prostaglandin E_2 vaginal tablets. Europ. J. Obstet. Gynecol. reprod. Biol. **11**, 313.

KIRCHKOFF, H. (1977): Schwangerschaftsabbruch und Perinatalmedizin. Geburtsh. u. Frauenheilk. **37**, 849.

KÜHNLE, H., GRANDE, P., KUHN, W. (1977): Vermeidung dilatationsbedingter Komplikationen beim Schwangerschaftsabbruch durch intrazervikale Applikation eines prostaglandinhaltigen Gels. Geburtsh. Frauenheilk. **37**, 675.

KURZROCK, R., LIEB, C. C. (1930): Biochemical studies of human semen. II. The action of semen on the human uterus. Proc. Soc. Exp. Biol. Med. **28**, 268.

LAUERSEN, N. H., WILSON, K. H. (1976): Termination of mid trimester pregnancy by serial intramusculär injections of 15 (S)-15-methyl-prostaglandin $F_{2\alpha}$. Am. J. Obstet. Gynecol. **124**, 169.

LICHTENEGGER, W. (1977): Abortinduktion mit Prostaglandin F_2 Alpha und einem neuen E_2-Derivat. Wien. Med. Wschr. **127**, 536.

— SCHÖDEL, P., WEISS, P. A. M. (1979): Early experiences with Sulprostone in cervical maturation. In:

International Sulprostone Symposium, S. 7. Berlin: Medico—Scientific Series of Schering AG.

— (1981): Prostaglandin E_2 i.v. versus oxytocin. In: Prostaglandine in Gynäkologie und Geburtshilfe (HEPP, H., SCHÜSSLER, B., Hrsg.), S. 105. Berlin-Heidelberg-New York: Springer.

— ZEICHEN, E. (1982): Prostaglandine zur Geburtseinleitung. Wien. med. Wschr. 132, 564.

— (1984): 16-phenoxy-Prostaglandin E_2 zur Abortinduktion bei intakter und gestörter Schwangerschaft. Geburtsh. u. Frauenheilk. 44, 752.

LINDBLOM, B., et al. (1978): Human oviductal contractility, prostaglandins and local adrenergic receptos. Fertil. Steril. 30, 553.

LINDMARK, G., ZADOR, G., NILSSON, B. A. (1975): The induction of labour with prostaglandin $F_{2\alpha}$ by intravenous infusion. I. Uterine activity, fetal heart rate, and clinical conditions of the newborns. Acta Obstet. Gynecol. Scand. Suppl. 37, 17.

LIPPERT, T. H. (1977): Die Prostaglandine in der reproduktiven Physiologie. Klin. Wschr. 55, 515.

LUNDSTRÖM, U., BYGDEMAN, M., FOTIOV, S., GREEN, K., KINOSHITA, K. (1977): Abortion in early pregnancy by vaginal administration of 16,16-dimethyl PGE_2 in comparision with vakuum aspiration. Contraception 16, 167.

— LUNDSTRÖM, V., GREEN, K. (1978): Endogenous levels of prostaglandin $F_{2\alpha}$ and its main metabolites in plasma and endometrium of normal and dysmenorrhoic women. Am. J. Obstet Gynecol. 130, 640.

— (1980): The role of prostaglandins in dysmenorrhea. In: Prostaglandins and Dysmenorrhea. New Awareness, New Understanding, New Therapy, S. 5. New York: Academy Professional Information Services.

MACDONALD, P. C., PORTER, J. C., SCHWARZ, B. E., JOHNSTON, J. M. (1978): Initiation of parturition in the human female. Sem. Perinatol. 2, 273.

MACKENZIE, I. Z., HILLIER, K., ENBREY, M. P. (1975): Single extra-amniotic injection of prostaglandin E_2 in viscous gel to induce mid-trimester abortion. Brit. Med. J. 1, 240.

MARTIN, J. N., BYGDEMAN, M., KAMADAN, M., et al. (1976): Vaginally administered 16,16-dimethyl-PGE_2 for induction of mid-trimester abortion. Prostaglandins 11, 123.

— — RAMADAN, M., GREEN, K., LEADER, A., LUNDSTRÖM, V., WIGVIST, N. (1976): Vaginally administered 16,16-dimethyl PGE_2 for induction of mid-trimester abortion. Prostaglandins 11, 123.

MEILLOT, K., VON, STUHLSATZ, H. W., MOHANARADHAKRISHNAN, V., GREILING, H. (1979): Changes in the glycosamino glycan distribution pattern in the human uterine cervix during pregnancy and labour. Am. J. Obstet. Gynecol. 135, 563.

MITCHELL, M. D., FLINT, A. P. F., BIBBY, J., et al. (1977): Rapid increases in plasma prostaglandin concentrations after vaginal examination and amniotomy. Br. Med. J. 2, 1183.

NAISMITH, W. C. M. K., BARR, W. (1974): Simultaneous infusion of prostaglandin E_2 and oxytocin in the management of intrauterine death of the fetus, missed abortion and hydatidiform mole. J. Obstet. Gynecol. Brit. Cwlth. 81, 146.

NYBERG, R. (1973): Therapeutic abortion by intraamniotic administration of prostaglandin $F_{2\alpha}$. ADV. Bio. Sci. 9, 533.

PICKLES, V. R. (1957): A plain muscle stimulant in the menstrum. Nature 180, 1198.

ROBERTS, G. (1974): Induction of labour and abortion by intravenous prostaglandins in pregnancies complicated by intrauterine fetal death and hydatidiform mole. Current Med. Res. Opin. 2, 342.

ROTH-BRANDEL, M., et al. (1970): Prostaglandins for induction of therapeutic abortion. Lancet i, 190.

ROUX, J. F., MOFID, U., MOSS, P. L., DMYTRUS, K. C. (1977): Effect of elective induction of labour with prostaglandin $E_{2\alpha}$ and E_2 and oxytocin on uterine contraction and relaxation. Am. J. Obstet. Gynecol. 127, 718.

SCHENK, G. (1981): Anwendung von Sulproston in der Nachgeburtsperiode. In: Prostaglandine in Gynäkologie und Geburtshilfe (HEPP, H., SCHÜSSLER, B., Hrsg.), S. 141. Berlin-Heidelberg-New York: Springer.

SCHMIDT-GOLLWITZER, M., et al. (1977): Erste Erfahrungen mit einem neuen Prostaglandin E_2-Derivat. Geburtsh. u. Frauenheilk. 37, 1030.

SCHMIDT-GOLLWITZER, K., SCHÜSSLER, B., ELGER, W., SCHMIDT-GOLLWITZER, M. (1979): Neue therapeutische Möglichkeiten bei der Beendigung intakter und gestörter Schwangerschaften: Erfahrungen mit dem Prostaglandin E_2-Derivat Sulproston. Geburtsh. u. Frauenheilk. 39, 667.

— — — — (1980): Improvement in artificial second-trimester abortion with a new tissue selective prostaglandin E_2-derivative. Am. J. Obstet. Gynecol. 137, 867.

— HOEBICH, D., HARDT, W., SCHÜSSLER, B., SCHMIDT-GOLLWITZER, M. (1981): Induction of abortion with sulprostone, a utero selective prostaglandin E_2 derivative: intramusculare route of application. Int. J. Fertil. 26, 86.

SIEVERS, S., HILTMANN, W. D., WIEST, W., LIEBENSTEIN, J. (1978): Auswirkungen und Nebenwirkungen von intrazervikal applizierten Prostaglandin F_2 alpha in der Frühschwangerschaft. Geburtsh. u. Frauenheilk. 38, 800.

THIERY, M. C., DEFOORT, P., BENIJITS, G., VAN EYCK, J., HENNAY, T., VON KETS, H., MARTENS, G. (1977): Effectiveness of extraovular injection of prostaglandin E_2 in tylose gel to ripen the cervix prior to elective induction of labour at term. Prostaglandins 14, 38.

TOPPOZODA, M., et al. (1973): Prostaglandin administration for induction of mid-trimester abortion in complicated pregnancies. Lancet ii, 1420.

WIGUIST, N., BEGUIN, F., BYGDEMAN, M., TOPPOZODA, M. (1972): Vaginal administration of prostaglandin. Prostagland. Fertil. Control 3, 164.

WINGERUP, L., ANDERSSON, K. E., STENBERG, P., ULMSTEIN, U. (1978): Prostaglandin E_2 in viscous gel for ripening the uterine cervix and induction of labour at term. Proc., XX. Nordic Congress of Obstet. Gynecol., Bergen, Norway, S. 106.

— — ULMSTEIN, U. (1979): Ripening of the cervix and induction of labour in patients at term by single intracervical application of prostaglandin E_2 in viscous gel. Acta Obstet. Gynecol. Scand., Suppl. **84**, 11.

World Health Organization Task Force on the Use of Prostaglandins for the Regulation of Fertility (1977): Prostaglandins and abortion. I. Intramuscular administration of 15-methyl prostaglandin F_2 Alpha for induction of abortion in weeks 10 to 20 of pregnancy. Am. J. Obstet. Gynecol. **129**, 593.

— Prostaglandins and abortion (1977): II. Single extraamniotic administration of 0.92 mg of 15-methyl prostaglandin F_2 Alpha in Hyskon for termination of pregnancies in weeks 10 to 20 of gestation: An International multicenter study. Am. J. Obstet. Gynecol. **129**, 597.

YEO, K. C., LIM, A. L., CHOO, H. T., KARIM, S. M. M., RATNAM, S. S. (1978): Termination of pregnancy with extraamniotic administration of 16-phenoxy tetranor PGE_2 methylsulfonylamide. Singapore, J. Obstet. Gynecol. **9**, 69.

20
Diabetes mellitus und Schwangerschaft

P. A. M. Weiss und *H. Hofmann*

20.1 Einleitung

Der Diabetes mellitus in der Schwangerschaft ist durch die komplizierte Verstrickung pathophysiologischer Vorgänge bei Mutter und Kind gekennzeichnet. Durch die Wechselwirkung der kybernetischen Systeme der Schwangeren und des Fetus bedürfen beide beteiligte einer steten Überwachung, da aus mütterlichem Wohlergehen nicht zwangsläufig ein fetales Wohlergehen abzuleiten ist. Der Diabetes mellitus in der Schwangerschaft ist somit eine faszinierende Herausforderung an die betreuenden Ärzte. Erste Berichte über Diabetes mellitus und Schwangerschaft liegen rund 160 Jahre zurück. Eine ausführliche Darstellung geschichtlicher Daten ist einer Übersicht von HEISIG (1975) zu entnehmen. Nach der Entdeckung und therapeutischen Anwendung von Insulin im Jahre 1922 stieg zunächst die *Fertilität* der ehedem meist infertilen Diabetikerinnen sprunghaft an, die *Abortusfrequenz* hingegen sowie die *mütterliche Mortalität* nahmen drastisch ab. Die *perinatale Mortalität* (PNM) blieb demgegenüber zunächst weiterhin hoch. Am Ende des zweiten Weltkrieges betrug sie noch 40—50% (HEISIG, 1975). Im Jahre 1970 wurde in einem Referat von DAWEKE und HÜTER nach Auswertung von 36 Publikationen eine mittlere PNM von nur mehr 16,9% erhoben. DRURY et al. (1977) gaben bei einem Krankengut von 600 diabetischen Schwangeren eine PNM von insgesamt 9,5% an (Tab. 20.1) und bezeichneten eine Mortalität von etwa 5% für das bestmöglich erreichbare Resultat. Heute ist die PNM in einigen spezialisierten Zentren unter 5% gesunken (Tab. 20.1), außerhalb derselben ist sie jedoch, je nach Dauer und zusätzlichen Komplikationen des Diabetes, nach wie vor wesentlich höher. So konnte AUINGER (1978) eine PNM von 65% in der geburtshilflichen Anamnese seines Krankengutes erheben.

Ein deutlicher Zusammenhang besteht zwischen der Klassifikation des Diabetes nach WHITE (Kapitel 20.2) und der Prognose des Kindes (Tab. 20.2). Dieser Zusammenhang ist nur bei sehr niedrigen Mortalitätsziffern insgesamt nicht erkennbar. Bei PBSP-Fällen (s. S. 343) und bei mütterlichen Komplikationen wie EPH-Gestose oder Hydramnion ist eine PNM bis 25% zu erwarten (AUINGER, 1978, DRURY et al., 1977). Auch eine PNM von 0% wird in einzelnen Publikationen angegeben (ADASHI et al., 1979; JOVANOVIC et al., 1981). Dies kann jedoch nur auf einen Zufall zurückzuführen sein, der bei kleinen Fallzahlen möglich ist, da allein 40% der PNM durch lebensunfähige Mißbildungen bedingt ist.

Untersuchungen von KARLSSON und KJELLMER (1972) sowie von JOVANOVIC und PETERSON (1980) konnten zeigen, daß ein enger Zusammenhang zwischen der *mittleren Blut-*

Tabelle 20.1. Mütterliche und kindliche Komplikationen bei Diabetes mellitus

	Fallzahl	mittlere Gestationszeit (Woch.)	Hydramnion	EPH-Gestose, Hypertonie (Harnwegsinfekt)	Sektiofrequenz	Perinatale Mortalität ungereinigt (gereinigt)	Mißbildungsrate	SGA/LGA	> 4000 g (Fetopathie)	RDS	Hypoglykämie	Hypokalzämie	Hyperbilirubinämie
ARTNER et al., 1981 Wien	143 316*	37,3	10,1*	25,9* (4,4*)	45,0 27,0*	15,3 7,5*	9,8 4,4*	/47,1*	(44,9*)	52,3*	65,5*	10,7*	18,8*
AUINGER, 1978 Wien	74 90*	37	3,3*	14,4* (5,5*)	52,0*	12,2 13,3* (11,3)	5,4	12,0*	19,0*				
AYROMLOOI et al., 1977 New York	75 132		15,0 10,0*	36,0 35,0* (15,0) (11,0*)	45,3 38,6*	16,0 12,9* (10,6*)	9,3 8,3*	8,0/20,0 5,3*/19,7*		23,0 12,6*	58,0 39,5*	44,0 26,9*	59,0 42,0*
CORWIN, 1979 Portland	147 200*		16,0*	16,5*	79,6 69,0*	14,8 12,4*				25,0*			
DRURY et al., 1977 Dublin	482 558*		10,3*	10,3*	23,0*	10,5 9,5* (7,7*)	6,4*						
FUHRMANN et al., 1977 Berlin	36 73*	37 38*	29,0 18,3*	21,0 20,0* (39,0) (30,4*)	61,0 41,2*	(2,7*)	13,8 8,2*		(46,0) (32,3*)				
FUHRMANN, 1981 Karlsburg	350		9,0	3,0 (20,0)		2,3	5,3		(5,0)	10,0	10,0		5,0
GABBE et al., 1977 Los Angeles	260	37,9		24,0	55,0	4,6	7,0	8,0/	22,0	6,0			
GOLDSTEIN et al., 1978 Irvine	29	37—38			82,7	3,3	16,6	6,6/26,6		10,0	36,0	23,3	20,0

	n												
GUILLEN et al., 1978	71	37,5			52,0	1,4				10,0	49,0	15,0	
Havanna	88*					3,4*							
GYVES et al., 1977	28					14,3							
Cleveland	96*				38,0*	4,2*		/17,7*	10,4*	11,5*	14,6*		
HAUKKAMAA et al., 1980	45	~ 37,2		24,0	66,6	2,2			20,0	8,9			
Helsinki	94*	~ 38,0*		33,0*	55,3*	1,1*	4,4*		22,0*	5,3*	10,6*	5,3*	8,5*
				(17,0*)									
JEFFERY et al., 1977	154	36—37				10,4							
Melbourne	207*	37—38*			33,0*	7,8*	7,5*						
KITZMILLER et al., 1978	134	~ 36,5	35,0	14,0	72,7	3,7	9,7	3,7/36,6	11,2	7,6	48,5	23,9	20,9
Boston	147*												
KRAUS und KONRAD, 1981	110*	35,3—			62,0*	9,0*	9,0*						
München		37,9											
LANGE et al., 1979	87				39,0	6,6				13,3			
Karl-Marx-Stadt													
LEVENO et al., 1979	120	~ 37,0			75,0	4,1		/37,0		8,0	28,0	14,0	18,0
Dallas													
MARTIN et al., 1979	45		9,0	13,0	54,0	4,4	12,0	2,0/7,0		28,0	42,0	9,0	
Halifax						(2,2)							
SCHNEIDER et al., 1980	108	~ 36		13,8	64,0	2,7	11,9	/40,0					
Wisconsin													
Mittelwerte unter	2388	~ 37,0	16,3	15,0	62,6	7,6	8,2	6,4/31,8	18,5	10,3	29,3	21,8	16,5
Berücksichtigung der				(20,7)		(7,9)							
Fallzahlen der ein-	2111*	~ 37,7*	11,0*	18,9*	37,5*	8,7*	6,3*	8,0*/35,3*	17,0*	29,6*	44,4*	13,7*	22,7*
zelnen Zentren				(10,2)*		(5,0*)			(42,5*)				
Eigene Fälle	123	38,6	4,9	17,9	43,9	0,8	1,6	6,5/11,4	2,4	7,3	6,5	7,3	28,5
Graz, 1978—1983						(0,8)			(2,4)				
	325*	39,6*	13,5*	13,5*	22,0*	3,4*	3,1*	2,5*/11,1*	7,1*	2,8*	3,1*	2,8*	15,7*
						(0,9)*			(0,9)*				

Alle Angaben in %.
*:   inklusive White-A-Fälle.
SGA: small for gestational age.
LGA: large for gestational age.
RDS: respiratory distress syndrome.

Tabelle 20.2. Die Abhängigkeit der perinatalen Mortalität vom White-Stadium

	Fallzahl	Perinatale Mortalität in den White-Klassen						
		A	B	C	D	F—R	A—R	B—R
GABBE et al., 1977	260		4,2%	5,3%	6,3%	6,3%		4,6%
ARTNER et al., 1981	316	1,16%	4,54%	15,8%	27,78%		7,59%	15,38
DRURY et al., 1977	600	3,0%	10,0%	11,0%	8,0%	20,0%	9,5%	10,5%
AUINGER et al., 1978	90	18,0%	8,0%	18,0%	0	50,0%	13,3%	12,2%
CORWIN, 1979	200	5,5%	8,7%	14,7%	23,8%		12,4%	14,8%
JEFFERY et al., 1977	207	0,0%	7,0%	14,5%	3,7%	23,0%	7,8%	10,4%
Mittelwerte*	1673	3,45%	7,43%	12,27%	12,39%	19,79%	9,47%	11,09% (12,29%)[1]

* Unter Berücksichtigung der Fallzahlen.

[1] Mortalität ohne Berücksichtigung der Fälle von GABBE et al., da in dieser Publikation keine White-A-Fälle ausgewertet wurden. Diese Zahl zeigt, daß die PNM etwa um ein Viertel höher ist, wenn nur insulinpflichtige Fälle auswertet werden.

glukose (MBG) während der Schwangerschaft und der PNM besteht. Während bei einer MBG von 200—250 mg% (11,1—13,8 mmol/l) die PNM rund 50% beträgt, sind die perinatalen Verluste bei einer MBG von 100 mg% (5,5 mmol/l) etwa bei 5% gelegen (Abb. 20.1). Bei diabetischer Ketoazidose muß mit einer PNM von nahezu 100% gerechnet werden.

Ein gefürchtetes Ereignis bei diabetischen Schwangeren ist der intrauterine Fruchttod (IFT), der meist unvermutet auftritt. Über-

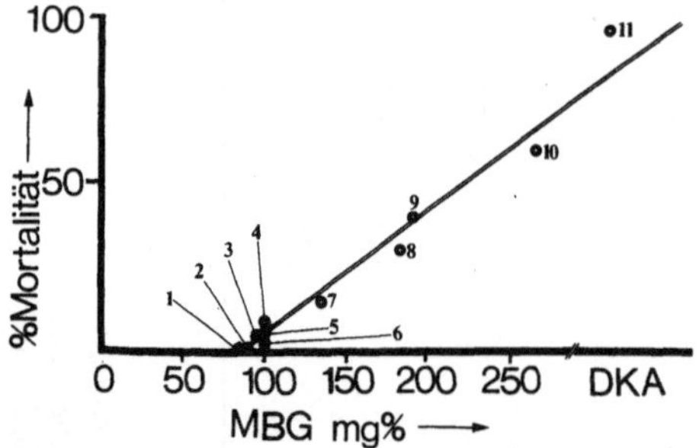

Abb. 20.1. Korrelation zwischen der mittleren Blutglukose (MBG) und der perinatalen Mortalität nach JOVANOVIC und PETERSON (1980). DKA: Diabetische Ketoazidose. 1 TYSON, 1979, 2 FUHRMANN, 1980, 3 MARTIN, 1979, 4 TYSON, 1976, 5 KARLSSON, 1972, 6 ESSEX, 1973, 7 JOSLIN, 1956—1975, 8 KARLSSON, 1972, 9 PEDERSEN, 1969, 10 JOSLIN, 1924—1938, 11 JOSLIN, 1922

schwere Kinder, d. h. Kinder mit *fetalem Hyperinsulinismus,* scheinen das höchste relative Risiko eines IFT zu tragen. NORTH et al. (1977) beobachtete bei 5471 Neugeborenen diabetischer Mütter ein Überwiegen von überschweren Kindern bei lebend- und totgeborenen Kindern. Eine Überzahl an untergewichtigen Kindern wurde nur bei lebend-, nicht jedoch bei totgeborenen Kindern gefunden. Daraus folgt, daß einer normoglykämischen Stoffwechselführung (MBG < 100 mg%, < 5,5 mmol/l) während der Schwangerschaft eine maßgebliche Bedeutung zur Senkung der PNM zukommt.

Da in den letzten Jahren die PNM durch diese Erkenntnisse minimiert werden konnte, steht heute die *fetale und neonatale Morbidität* zur Beurteilung des Behandlungserfolges im Vordergrund. Diese Morbidität wird in den meisten Veröffentlichungen nicht oder nur unvollständig angeführt. GABBE et al. (1977 a) konnten bei 260 Neugeborenen insulinpflichtiger Diabetikerinnen in 65% eine durch den Diabetes der Mutter bedingte Erkrankung verschiedenen Ausmaßes feststellen. SCHNEIDER et al. (1980) sahen bei 108 Neugeborenen in 75,2% eine diabetogene Erkrankung und ARTNER et al. (1981) beschrieben bei 32 bis 50% der Neugeborenen einen „cushingoiden" Aspekt.

Die diabetesspezifische Erkrankung des Neonaten ist der Hyperinsulinismus, der bei nicht ausreichend straffer Stoffwechselführung auftritt. Dieser verursacht die typische *diabetogene Fetopathie* mit cushingoidem Aussehen, Übergewicht, Stoffwechselveränderungen, Adaptationsschwäche etc. (Kap. 20.5.17). Untergewichtige Kinder (small for dates, SFD) sind hingegen bei Diabetikerinnen mit Gefäßkomplikationen zu finden. Die Ursache ist in einer pränatalen Dystrophie aufgrund einer Plazentainsuffizienz gelegen. Aber auch diese ist weitestgehend durch eine Entwicklungsstörung der Plazenta bei schlechter metabolischer Kontrolle bedingt (SEMMLER et al., 1982; BJÖRK und PERSSON, 1982; ASMUSSEN, 1982).

Einen beträchtlichen Einfluß auf die Rate und das Ausmaß der neonatalen Morbidität haben der Zeitpunkt und die Art der Entbindung — die ihrerseits wieder von der Qualität der Stoffwechselführung abhängen. Je näher eine Schwangerschaft aufgrund einer guten fetalen Kondition an den errechneten Geburtstermin herangebracht werden kann, desto geringer wird die Rate der neonatalen Morbidität und der operativen Entbindung. Zur Zeit werden immer noch rund 70% der Geburten bei Diabetikerinnen vorzeitig eingeleitet. Die hohe Versagerquote bei der Geburtseinleitung verursacht eine hohe Sektiofrequenz (Tab. 20.1), insbesondere bei schlechter Kondition des Ungeborenen.

Operative Eingriffe bei Diabetikerinnen sind im Vergleich zu Stoffwechselgesunden mit höheren Risiken und vermehrten Komplikationen belastet. So tritt z. B. eine Infektionsmorbidität nach Kaiserschnitten bei Diabetikerinnen etwa sechsmal häufiger auf als bei Stoffwechselgesunden (DIAMOND et al., 1983). Für das Kind bringt die Schnittentbindung erst recht keine Vorteile (ROBERT et al., 1975; DRURY et al., 1977; PLOTZ et al., 1978; NIESEN, 1978). Vermutlich wird durch die Sectio per se das Risiko des Atemnotsyndroms und der PNM bei Neonaten angehoben (USHER et al., 1971).

Der spontane Wehenbeginn und die vaginale Geburt können allerdings nur dann angestrebt werden, wenn das Ungeborene gesund ist. Eine normoglykämische Stoffwechselführung sowie eine engmaschige Überwachung der vitalen Funktionen, aber auch der Stoffwechselsituation des Fetus sind dazu Voraussetzung.

Eine straffe, der Schwangerschaft angepaßte Stoffwechselführung hat nicht nur eine positive Auswirkung auf das Kind. Auch mütterliche Schwangerschaftskomplikationen wie Pyelonephritis, Bakteriurie, EPH-Gestose und Hydramnion, die bei Diabetes mellitus gehäuft auftreten, können weitestgehend vermieden werden.

Aus dieser einleitenden Übersicht ist abzuleiten, daß heute Zahlen über die perinatal Mortalität bei Diabetes mellitus nur mehr bedingt als Maß für die Qualität der Betreuung von diabetischen Schwangeren gelten können. Als *Qualitätskriterium* muß vielmehr eine *niedrige Rate an neonataler Morbidität* bei einer *hohen Rate von Spontangeburten reifer Kinder* nach weitestgehend *unkomplizierter Schwangerschaft* angesehen werden.

Da bei der diabetischen Schwangerschaft aufwendige und hochspezialisierte Behandlungs- und Überwachungsmethoden notwendig sind, sind bestmögliche Resultate nur in spezialisierten Zentren zu erwarten (KOHLHOFF, 1982). Ein optimaler Betreuungsgrad ist erst erreichbar, wenn mindestens 50 diabetische Schwangere pro Jahr in einem Zentrum behandelt werden (PEDERSON, 1977). Es ist daher dringend anzuraten, daß sich die geburtshilflichen Abteilungen eines Einzugsgebietes von etwa 15 000 Geburten im Interesse der Patientinnen auf ein Zentrum einigen, an dem diabetische Schwangere betreut werden. Dieses Zentrum muß so ausgestattet sein, daß eine interdisziplinäre Zusammenarbeit zwischen Geburtshelfern und Diabetologen, Nephrologen, Ophthalmologen, Neonatologen sowie biochemischem Labor und Isotopenlabor gewährleistet ist. Eine neonatologische Intensivstation ist für die geburtshilflichen Ergebnisse von ausschlaggebender Bedeutung (COWETT und SCHWARTZ, 1982).

Da das Ungeborene wesentlich höhere Ansprüche an die Qualität der Stoffwechselführung stellt als die Schwangere selbst, muß die Behandlung vornehmlich an den fetalen Bedürfnissen ausgerichtet sein. Diesen Gesichtspunkt kann am ehesten der Geburtshelfer vertreten; ihm steht auch das notwendige diagnostische Rüstzeug (Sonographie, Kardiotokographie, Amniozentese etc.) zur Verfügung. Für den Internisten kann nur die Schwangere im Vordergrund stehen, das Ungeborene ist seiner Routinediagnostik nicht zugänglich. Um Kommunikationsschwierigkeiten sowie divergierende therapeutische Konzepte zu vermeiden, muß der Diabetologe in der Schwangerenbetreuung über ein hohes Maß an geburtshilflichem Wissen verfügen, während der Geburtshelfer mit der Stoffwechselführung von diabetischen Schwangeren vertraut sein muß. Nicht zuletzt aus organisatorischen und psychologischen Gründen sollte die Diagnostik und Therapie möglichst in einer Hand sein. Die schwangere Diabetikerin braucht erfahrungsgemäß eine Bezugsperson. Da bei der diabetischen Schwangeren das Ungeborene das höhere Risiko trägt, sollte der *spezialisierte* Geburtshelfer auch die Stoffwechselführung übernehmen und sie gleichermaßen nach mütterlichen und kindlichen Bedürfnissen ausrichten. Der Internist soll bei außergewöhnlichen Problemen beigezogen werden. Dieses Konzept ist bereits seit längerer Zeit von FUHRMANN und seinen Mitarbeitern im Zentralinstitut für Diabetes „Gerhard KATSCH" in Karlsburg verwirklicht und hat sich seither gut bewährt. Im folgenden wird das Grazer Modell vorgestellt, das unter Berücksichtigung des internationalen Schrifttums zusätzlich eigene Konzepte und Erfahrungen hinsichtlich Diagnostik und Therapie bei Diabetes mellitus und Schwangerschaft einbringt.

20.2 Nomenklatur und Stadieneinteilung

Der Diabetes mellitus ist eine der häufigsten Stoffwechselerkrankungen, von der etwa 2 bis 5% der Weltbevölkerung betroffen sein dürften (SCHERNTHANER, 1980). Nach Richtlinien der National Diabetes Data Group (1979) sowie des WHO Expert Committee on Diabetes Mellitus (1980) erfolgt eine Klassifizierung des „heterogenen Syndroms" Diabetes mellitus nach seiner Ätiopathogenese, wie in Tab. 20.3 angegeben.

Neben der WHO-Nomenklatur sind jedoch eine Reihe von Synonyma weiterhin gebräuchlich.

Der *Typ-I-Diabetes* wird auch als „Jugendlicher Diabetes", IDD (insulin-dependent-diabetes) oder JOD (juvenile-onset-diabetes) bezeichnet. Der Gipfel des Manifestationsalters liegt bei 9 Jahren (SCHERNTHANER, 1980). Der *Typ-II-Diabetes* wird auch „Alters-(Erwachsenen-)Diabetes", NIDD (non-insulin-dependent-diabetes) oder MOD (maturity-onset-diabetes genannt). Der Typ-II-Diabetes hat eine Untergruppe, die MODY (maturity-onset-diabetes of young people) oder auch Typ-III-Diabetes genannt wird. Die Häufigkeit der Manifestation nimmt mit dem Alter zu. HOLLINGSWORTH (1983)

Tabelle 20.3. Einteilung des Diabetes mellitus

Diabetes mellitus
● *Typ I:* insulinabhängiger Diabetes
● *Typ II:* nicht insulinabhängiger Diabetes
ohne / mit Übergewicht
● *Sekundärer Diabetes:* Pankreatopriver Diabetes, Diabetes bei Endokrinopathien etc.
● *Verminderte Glukosetoleranz*
ohne / mit Übergewicht
● *Schwangerschaftsdiabetes*

konnte jedoch bereits bei einer 12jährigen Schwangeren einen Typ-II-Diabetes beobachten.

Auch für die *verminderte Glukosetoleranz* werden Synonyma wie subklinischer, chemischer oder latenter Diabetes verwendet.

Der *Schwangerschaftsdiabetes* (Gestations-, White-A-Diabetes) ist eine KH-Stoffwechselstörung, die im Verlauf der Schwangerschaft beginnt und mit ihr endet. Da der Schwangerschaftsdiabetes zumeist durch einen Glukosetoleranztest aufgedeckt wird, werden auf ihn auch häufig die Synonyma für die verminderte Glukosetoleranz angewandt.

Beim sogenannten *„potentiellen Diabetes"* handelt es sich um klinische (und) oder anamnestische Merkmale, die erfahrungsgemäß auf eine Diabetesneigung hinweisen. Diese Gruppe muß in jährlichen Abständen, besonders jedoch, wenn eine Schwangerschaft eintritt, einer Kontrolle des KH-Stoffwechsels unterzogen werden, um eine verminderte Glucosetoleranz oder eine Diabetesmanifestation möglichst frühzeitig zu erkennen. Auf den potentiellen Diabetes wird im weiteren (Kap. 20.4.1.1) genauer eingegangen.

Das Manifestationsalter, diabetogene Gefäßerkrankungen sowie zusätzliche Schwangerschaftskomplikationen bestimmen neben der Qualität der Stoffwechselführung das Ausmaß der perinatalen Mortalität, kindlichen Morbidität und das Mißbildungsrisiko. Zur Erstellung der kindlichen Prognose, für den klinischen Sprachgebrauch, jedoch auch, um geburtshilfliche Erfolge vergleichen zu können, ist eine Klassifikation des Diabetes in der Schwangerschaft erforderlich. Neben der klassischen Einteilung nach WHITE (1959) und der erweiterten Einteilung nach WHITE (1974, 1978) werden Klassifikation nach PEDERSEN und MOLSTED PEDERSEN (1965), TYSON und HOCK (1976) sowie nach PYKE (ESSEX et al., 1973) angewandt.

PEDERSEN und MOLSTED PEDERSEN (1965) beziehen ihre Einteilung auf mütterliche Komplikationen, die während der Schwangerschaft auftreten und die als „prognostically bad signs in pregnancy" (PBSP) bezeichnet werden. Zu den prognostisch ungünstigen Fällen werden

● die klinische Pyelonephritis (positive Harnkultur und Fieber),
● das Präkoma oder die schwere Azidose (venöser Bikarbonatgehalt unter 10 mEqu/l bzw. 10—17 mEqu/l),
● der schwangerschaftsbedingte Hochdruck (Gestose, Toxämie) und
● „Neglectors" gerechnet.

Zur Gruppe der Neglektoren gehören Schwangere, deren präpartale Betreuung vorwiegend aus eigenem Verschulden inadäquat war (Verweigerung der Behandlung, Erstaufnahme während der Geburt oder im letzten Trimenon, Psychopathie, niedriger IQ).

Bei der Einteilung nach PYKE werden 3 Gruppen differenziert:

I. Der Gestationsdiabetes (die Stoffwechselstörung beginnt im Verlauf der Schwangerschaft und endet mit der Schwangerschaft).

II. Der Prägestationsdiabetes (die Stoffwechselstörung begann vor der Konzeption und besteht nach der Schwangerschaft weiter).

A. Ohne Komplikationen.

B. Mit Komplikationen (Retinopathie, Nephropathie, Makroangiopathie).

Diese Gruppen nach PYKE können wiederum jeweils in Untergruppen

● mit guter Stoffwechselkontrolle und
● mit nicht optimaler Stoffwechselkontrolle

unterteilt werden (JOVANOVIC und PETERSON, 1982).

Wir verwenden eine modifizierte Klassifikation, der die White-Einteilung zugrundeliegt. Die Klassen A—R nach WHITE werden durch eine Klasse AB und Bo erweitert, darüber hinaus wird die PBSP-Klassifikation in die Beurteilung mit einbezogen (Tab. 20.4).

Bei der Gruppe AB handelt es sich um Schwangere, die aufgrund ihrer eigenen Stoffwechsellage diätetisch behandelt werden könnten, die jedoch durch einen erhöhten Fruchtwasserinsulingehalt einen *fetalen Hyperinsulinismus* ausweisen. Da eine Insulinbehandlung nur im Hinblick auf die Bedürfnisse des Ungeborenen erfolgt, handelt es sich nicht um echte „*insulinpflichtige*" und somit White-B-Diabetikerinnen, sondern um eine Gruppe, die zwischen A und B gelegen ist. Die Gruppe Bo entspricht einer Sonderform der Klasse B nach WHITE und umfaßt Schwangere mit *Erstmanifestation* eines insulinpflichtigen Diabetes in der

Tabelle 20.4. Klassifikation des Diabetes mellitus in der Schwangerschaft

Klassifikation nach White (1974)		Modifiziertes Schema der Univ.-Frauenklinik, Graz	
A	Glukosetoleranztest abnormal. Keine Symptome. Eine Euglykämie wird aufrechterhalten durch eine entsprechende Diät, aber ohne Insulin	A	Gleiche Definition
	Insulinbehandlung	AB	Gleiche Definition, jedoch erhöhter Fruchtwasserinsulinspiegel. Insulinbehandlung ausschließlich aus fetaler Indikation
	Insulinpflichtiger Diabetes	Bo	Erstmanifestation eines insulinpflichtigen Diabetes in der Schwangerschaft. Pathologischer Nüchternblutzucker. Pathologische Tagesprofile
B	Beginn nach dem 20. Lebensjahr oder Dauer weniger als 10 Jahre	B	Gleiche Definition
C	Beginn zwischen dem 10. und 19. Lebensjahr oder Dauer von 10—19 Jahren	C	Gleiche Definition
D	Beginn vor dem 10. Lebensjahr oder Dauer von mehr als 20 Jahren oder benigne Retinopathie	D	Gleiche Definition
E	Kalzifikation von Beckenarterien		
F	Glomerulosklerose		
R	Proliferative Retinopathie	R	Gleiche Definition
RF	Glomerulosklerose und proliferative Retinopathie		
G	Mehrfache geburtshilfliche Mißerfolge (habituelle Aborte und/oder Totgeburten)		
H	Koronarsklerose		
T	Zustand nach Nierentransplantation		
		PBSP	Pyelonephritis, Präkoma, schwere Azidose, EPH-Gestose, Neglektoren

Schwangerschaft, mit oder ohne postpartaler Remission.

Diese zwei Gruppen werden besonders hervorgehoben, da sich heute aus ihnen die schwersten diabetogenen Fetalerkrankungen rekrutieren. Dies ist darin begründet, daß gerade bei diesen Fällen die Diagnose der Stoffwechselstörung entweder überhaupt nicht oder erst zu einem sehr späten Zeitpunkt der Schwangerschaft erfolgt.

Zur Definition von Gefäßschäden verwenden wir ausschließlich die Klassifikation R nach White, da die Retinopathie des juvenilen Diabetikers anderen Gefäßerkrankungen (Nephropathie, Koronarsklerose) vorangeht, und vor allem einer exakten Diagnose ohne besonderen Aufwand zugänglich ist. Alle Diabetikerinnen mit einer proliferierenden Retinopathie werden als R-Fälle klassifiziert. Liegt eine background Retinopathie vor, fügen wir als Hinweis auf das Vorliegen eines beginnenden Gefäßschadens an die White-Klasse ein R an. Darüber hinaus werden die prognostischen Belastungen nach Pedersen berücksichtigt. Wir klassifizieren daher eine Schwangere mit Diabetes mellitus seit dem 6. Lebensjahr, einer Retinopathie im Stadium I und einer Pyelitis als D/R/PBSP-Diabetikerin.

Eine Einteilung nach rein klinischen Parametern, also etwa nach der Qualität der Stoffwechselführung (JOVANOVIC und PETERSON, 1982) kann natürlich eine Aussage hinsichtlich der kindlichen Prognose geben. Sie sagt jedoch nichts über die Qualität der

Betreuung und Führung der Schwangeren aus, da etwa eine White-B-Diabetikerin leichter normoglykämisch zu führen ist als eine Diabetikerin der Klasse D. Aus der vorgeschlagenen Klassifikation kann sowohl die Prognose des Kindes als auch nach Vorliegen der geburtshiflichen Ergebnisse die Qualität der medizinischen Betreuung abgeleitet werden.

20.3 Physiologie und Pathophysiologie

Die Therapie des Diabetes mellitus in der Schwangerschaft hat die Korrektur pathologischer Stoffwechselveränderungen und die Imitation physiologischer Vorgänge durch Maßnahmen der Restriktion (Diät) und Substitution (Insulinzufuhr) zum Ziel. Kenntnisse über (patho-)physiologische Grundlagen sind somit Voraussetzung jeglicher Diagnostik und Therapie. Die zahlreichen Stoffwechselveränderungen in der Schwangerschaft, die im Zusammenhang mit dem Kohlenhydrat-Stoffwechsel stehen, werden zum Teil in Verbindung mit klinischen Fragestellungen in den einzelnen Kapiteln beschrieben. Aus Platzgründen erfolgt eine tabellarische Zusammenfassung wichtiger Stoffwechselvorgänge, wobei Literaturangaben vorwiegend auf Übersichtsreferate beschränkt sind (Tab. 20.5, 20.6).

20.3.1 Veränderungen des Stoffwechsels in der Schwangerschaft

Die Art der Stoffwechselveränderungen bei gesunden und diabetischen Schwangeren sind in der Tab. 20.5 angeführt. Sie gibt einen Überblick über die Glukose-Insulinhomöostase und den damit assoziierten Fettstoffwechsel.

20.3.2 Die hormonelle Beeinflussung des Kohlenhydratstoffwechsel in der Schwangerschaft

Neben sonstigen Veränderungen im mütterlichen Endokrinium wird durch die Plazenta

als hochpotentem endokrinen Organ in den mütterlichen Stoffwechsel stark eingegriffen (Tab. 20.6). Insgesamt wirkt die Schwangerschaft durch die plazentare Synthese von Steroid- und Proteohormonen diabetogen. Sie ist daher der günstigste Zeitraum, eine bereits latent vorhandene diabetische Stoffwechsellage aufzudecken.

20.3.3 Die Insulinhomöostase in der fetoplazentaren Einheit

Durch die Verstrickung der kybernetischen Systeme von Mutter und Kind kann der zunächst gesunde Fetus der Diabetikerin aufgrund der Stoffwechselimbalance der Mutter eine *Endokrinopathie* entwickeln, insbesondere durch den Umstand, daß zwar die Glukose ungehindert die Plazenta passieren kann, nicht jedoch mütterliches oder kindliches Insulin. Die Erkrankung des Ungeborenen kann durch den Nachweis einer vermehrten fetalen Insulinproduktion frühzeitig erkannt und damit gezielt behandelt werden.

20.3.3.1 Die Insulinhomöostase in der fetoplazentaren Einheit bei stoffwechselgesunden Schwangeren

Die Insulinbiosynthese beim Menschen wird besonders durch D-Glukose (Dextrose) unter Vermittlung des Zyklo-AMP-Systems stimuliert (CERASI und GRILL, 1977; SCHATZ, 1977). Glukagon und Wachstumshormon verstärken den Glukose-Effekt auf die Beta-

Tabelle 20.5. Abweichungen des Stoffwechsels bei normaler Schwangerschaft (NSS), Gestationsdiabetes (NIDD, non insulin dependent diabetes) und insulinpflichtigem Diabetes (IDD)

Stoffwechselparameter	Verhalten in der Schwangerschaft	Vermutliche Ursache für das abweichende Verhalten in der Schwangerschaft	Bemerkungen	Literatur
Nüchternblutzucker bei NSS 60—70 mg%	⬇	Periphere Glukoseutilisation ⬆ Abschöpfung durch die fetoplazentare Einheit	Abfall 10—20% (∼ 15 mg%, ∼ 0,83 mmol/l) Glukoseabschöpfung durch den Fetus im letzten Trimenon 30—50 g/Tag	Nüchternblutzucker bis Glukosetoleranz: BELLMANN, 1978a; FUHRMANN, 1982a; SERVICE und NELSON, 1980; PERSSON und LUNELL, 1975; HOLLINGSWORTH, 1983; FREDHOLM et al., 1978; RATHGEN, 1980; LIPSHITZ und VINIK, 1978; VAN LIERDE et al., 1982
bei NIDD 70 mg%—110 mg%	⬆	Periphere Insulinresistenz	Meist bei Adipositas	
bei IDD 110 mg%	Je nach Stoffwechselführung	Insulinmangel		
Blutzucker postprandial bei NSS 130—140 mg%	⬆	Antiinsulinäre Hormone (Tab. 20.6)	MAGE (mean amplitude of glycemic excursions) ∼ 45 mg%	
bei NIDD 150—160 mg%	⬆	Periphere Insulinresistenz, verzögerte Insulinsekretion in den Betazellen	MAGE ∼ 60 mg%	
bei IDD	Abhängig von der Insulinbehandlung		MAGE bei stabilem Diabetes ∼ 75 mg% labilem Diabetes > 125 mg%	
Mittlere Blutglukose bei NSS 90—100 mg%	—		Nüchternwerte ⬇ Postprandiale Werte ⬆	
bei NIDD ∼ 100 mg%	⬆	Wie oben	Unterscheidet sich oft nur diskret von Werten der NSS	

Stoffwechselparameter	Verhalten in der Schwangerschaft	Vermutliche Ursache für das abweichende Verhalten in der Schwangerschaft	Bemerkungen	Literatur
bei IDD	Abhängig von der Insulinbehandlung			
bei Betamimetikagabe (Tolbutamid, Hexoprenalin, Ritodrine)	⬆	Glykogenolyse ⇑ Lipolyse ⇑	Anstieg bei NSS um ~ 30 mg%, bei IDD um ~ 70 mg%. Wirkungsbeginn nach 30 Minuten. Die Stoffwechselwirkung nimmt bei Dauertokolyse ab	
Glukosetoleranz	[↑] ⬇	(HCG, siehe Tab. 20.6) Antiinsulinäre Hormone	i.v. GTT: Glukosetoleranz in der Frühschwangerschaft ⇑ in der Spätschwangerschaft ⇓ oGTT: mit fortschreitender Schwangerschaft: ⇓ Blutzuckermaximum später, Glukosetoleranz ⇓	
Sekretion von Insulin (+ *Proinsulin*) bei NSS	⬆	Betazellhyperplasie (siehe Tab. 20.6)	Maximum in den Morgenstunden. Sowohl Nüchternspiegel als auch stimulierte Spiegel mit der Gestationszeit zunehmend. 60′ nach Betamimetikagabe Insulinsekretion 3fach erhöht	Sekretion von Insulin bis Insulinantikörper: BELLMANN, 1978; BURT und DAVIDSON, 1974; DAWEKE und HÜTER, 1970; PERSSON und LUNELL, 1975; HOLLINGSWORTH, 1983; FREDHOLM et al., 1978; RATHGEN, 1980; LIPSHITZ und VINIK, 1978; TURNER et al., 1977; STEEL et al., 1979; BELLMANN und HARTMANN, 1975; PEDERSEN et al., 1982; KAHN, 1982; OMORI et al., 1982; TOYODA, 1982; EXON und DIXON, 1974; MYLVAGANAM et al., 1983; SCHERNTHANER, 1980; MUCK und HOMMEL, 1977; WEBER et al., 1978

Tabelle 20.5: Fortsetzung

Stoffwechselparameter	Verhalten in der Schwangerschaft	Vermutliche Ursache für das abweichende Verhalten in der Schwangerschaft	Bemerkungen	Literatur
bei NIDD	↑ [↑]	Circulus vitiosus Rezeptormangel Hyperglykämie Hyperinsulinismus Niederregulation der Rezeptoren (down regulation)	Erhöhte Nüchternwerte, verzögerte Sekretion auf Glukosereize. Kein Zusammenhang Insulinsekretion Glukosetoleranz in Einzelfällen	
bei IDD	[↑]	Betazellhyperplasie (siehe Tab. 20.6)	Residualfunktion ⇧ falls noch vorhanden	
bei Betamimetikagabe	↑	Direkte Wirkung auf Betazellen	3fache Erhöhung des Insulinspiegels	
Insulinwirkung Frühschwangerschaft: (vor der 20. Woche)	↑	HCG (?) (siehe Tab. 20.6)	Bei NSS, NIDD und IDD gleich	
Spätschwangerschaft (nach der 20. Woche)	↓	Antiinsulinäre Hormone (siehe Tab. 20.6) post-receptor-defect?	Verminderte periphere Wirkung	
Insulinabbau *in der Plazenta*	?	Zwei abbauende Enzymsysteme i. d. Plazenta nachweisbar	Bedeutung für Mehrbedarf an Insulin i. d. Schwangerschaft unwahrscheinlich, da 1. Seruminsulinspiegel erhöht. 2. Kinetik und Halbwertszeit vom Insulin unverändert. 3. Arteriovenöse Differenz im Nabelschnurblut Null	
Insulinrezeptoren bei NSS	—		Membranprotein MG 300 000—1 000 000 Circadiane Schwankungen. Hohe Bindungswerte um Mitternacht und i. d. frühen Morgenstunden. Nadir am Nachmittag	

Stoffwechselparameter	Verhalten in der Schwangerschaft	Vermutliche Ursache für das abweichende Verhalten in der Schwangerschaft	Bemerkungen	Literatur
bei NIDD	↓	down regulation	Rezeptorzahl bei Übergewicht nach einigen Tagen Diät ⇧	
bei IDD	↑	Wegen Insulinmangels	Insulinbedarf > 80 E/24-St.: Insulinrezeptorantoantikörper?	
Insulinantikörper bei IDD	— (↓)	Östrogene?	Vorwiegend Ig G-Antikörper. ~ 90% aller Diabetikerinnen. Konventionelles Insulin ⇧ Protamin Zink Insulin ⇧ ⇧ MC-Insulin ⇩ Bei hohem AK-Spiegel Insulinbedarf 20—25% ⇧ Insulin AK gehen ungehindert auf den Fetus über	
Freie Fettsäuren und Glyzerol bei NSS 1. Schwangerschaftshälfte 2. Schwangerschaftshälte	↓ ↑	Vermehrte Mobilisation und Utilisation von Fett	Bei NIDD signifikant höher, bei IDD ⇩ in den Nachmittagsstunden nach Betamimetika signifikant ⇧	Freie Fettsäure und Glyzerol bis Glykosiliertes Hämoglobin: PERSSON und LUNELL, 1975; HOLLINGSWORTH, 1983; FREDHOLM et al., 1978; LIPSHITZ, 1978; FUHRMANN, 1982; PHELPS et al., 1983; WIDNESS et al., 1980; O'SHAUGNESSY et al., 1979; KJAERGAARD und DITZEL, 1979
Ketonkörper			Bei IDD und NIDD deutlich erhöht	
Glykosiliertes Hämoglobin bei NSS bis 24. Woche nach 24. Woche	↓ ↑	Gegenläufig zur Insulinempfindlichkeit in der Schwangerschaft	Korrelation mit der MBG von 8—16 Wochen bei NIDD und IDD je nach Stoffwechselqualität erhöht	

Tabelle 20.6. Hormonelle Beeinflussung des Kohlenhydratstoffwechsels in der Schwangerschaft

Hormon	Verhalten in der Schwangerschaft	Herkunft	Wirkung	Angriffspunkt	Bemerkungen	Literatur
Insulin	Anstieg mit Maximum im II. und III. Trimester. Wirkungsanstieg bis zur 17. Woche, zunehmende Wirkungsminderung bis zur 36. Woche, danach wieder Wirkungsanstieg.	Pankreas Inselorgan Beta-Zellen	Blutzuckersenkung	periph. Glukoseverwertung ⇧ Glykogensynthese ⇧ Lipolyse ⇩	Proinsulin zu Insulin in konstantem Verhältnis. Auf Glukosereiz Insulingipfel früher. Insulin-Glukoseindex ⇧	BELLMANN, 1978 a; RATHGEN, 1980; PERSSON und LUNELL, 1975
Glukagon	Anstieg 2.—3. Trimenon 36. Woche: + 30%	Pankreas Inselorgan Alpha-Zellen	Diabetogen	Glukoneogenese ⇧ Glykogenolyse ⇧ Glukoseoutput Leber ⇧ Lipolyse ⇧	Steiler Abfall unter Glukosebelastung. NIDD Normbereich. IDD signifikant ⇩ Hexoprenalin⇧	BELLMANN, 1978 a; HOLLINGSWORTH, 1983; RATHGEN, 1980; LIPSHITZ und VINIK, 1978; TURNER et al., 1977
Thyroxin	Kontinuierlicher Anstieg.	Thyroidea	Diabetogen	Enterale Glukoseresorption ⇧ Glukoseabbau Fettgewebe ⇧ Lipolyse ⇧	Thyroxinbindendes Globulin ⇧ Freies Thyroxin gleichbleibend	BELLMANN, 1978; DAWEKE und HÜTER, 1970
Glucocorticoide (Cortisol)	Kontinuierlicher Anstieg	Nebennierenrinde (Plazenta?)	Insulinantagonistisch	Periphere Glukoseutilisation ⇩ Glukoneogenese ⇧	3. Trimester Serumspiegel auf das dreifache ⇧ Cortisol im Fruchtwasser: steiler Anstieg i. d. 36. Woche, geringer Anstieg bei IDD: Signum malum	BELLMANN, 1978; DAWEKE und HÜTER, 1970; HOLLINGSWORTH, 1983; BRAZY et al., 1978; RATHGEN, 1980

Hormon	Verhalten in der Schwangerschaft	Herkunft	Wirkung	Angriffspunkt	Bemerkungen	Literatur
Adrenalin *Noradrenalin*	Gleichbleibender Anstieg während der Geburt	Nebenniere	Diabetogen	Glykogenolyse ⇧ Milchsäurebildung ⇧ Glukoneogenese aus Milchsäure Lipolyse ⇧ Freie Fettsäuren und Glycerin ⇧	Keine systematischen Untersuchungen in der Schwangerschaft	BELLMANN, 1978; RATHGEN, 1980
Wachstumshormon (STH, HGH)	Abnehmend (?)	Hypophysen-Vorderlappen	Insulinantagonistisch	Glukoseutilisation ⇩ Insulinsekretion ⇧ Lipolyse ⇩	STH gehemmt durch HPL Progesteron Cortisol Freie Fettsäuren	BELLMANN, 1978; DAWEKE und HÜTER, 1970; RATHGEN, 1980
Prolaktin	Kontinuierlicher Anstieg	Hypophysen-Vorderlappen	Verminderung der Glucosetoleranz	Lipolyse ⇧ Freie Fettsäuren ⇧ Glyzerin ⇧	Anstieg auf das 10fache am Ende der Schwangerschaft Bei NIDD ⇩ Bei IDD ⇧	BELLMANN, 1978; HOLLINGSWORTH, 1983; RATHGEN, 1980; KIVINEN et al., 1979
Choriongonadotropin (HCG)	1. Gipfel I. Trimenon 2. (niedriger) Gipfel III. Trimenon	Trophoblast	Blutzuckersenkend	Insulinotrop B-Zellstimulierung Hemmung des Insulinabbaues	2. Gipfel bei weiblichen Feten. Gewichtszunahme des Inselapparates und Relation Beta- zu Alphazellen zunehmend (Tierversuch)	BELLMANN, 1978; DAWEKE und HÜTER, 1970; HINCKERS, 1978; RATHGEN, 1980; FUHRMANN, 1982
Plazentares Lactogen (HPL, HCS)	Ab der 6. Woche ansteigend bis 36. oder 38. Woche, danach Plateau oder Abfall	Trophoblast	Insulinantagonistisch	Glukoseutilisation ↓ Insulinwirkung ↓ Freie Fettsäuren ↑ Lipolyse ↑	Glukosetoleranz ↓ Trotz Insulinsekretion ↑ Direkter sekretionssteigernder Effekt auf Beta-Zellen	BELLMANN, 1978; DAWEKE und HÜTER, 1970; PERSSON und LUNELL, 1975; HOLLINGSWORTH, 1983; RATHGEN, 1980; FUHRMANN, 1982

Tabelle 20.6: Fortsetzung

Hormon	Verhalten in der Schwangerschaft	Herkunft	Wirkung	Angriffspunkt	Bemerkungen	Literatur
Östrogene	Kontinuierlicher Anstieg	Trophoblast	Insulinsynergistisch	Sensibilität für Insulin in Fettgewebe und Muskeln ↑ Glukoseresorption im Dünndarm ↑	♀ Östrogene ansteigend bis zur Geburt, ♂ ansteigend bis 35. oder 36. Woche	BELLMANN, 1978; HOLLINGSWORTH, 1983; HINCKERS, 1978; RATHGEN, 1980; FUHRMANN, 1982
Progesteron	Kontinuierlicher Anstieg	Trophoblast	Cortisolantagonistisch	Glykogeneinlagerung ↑ Periphere Glukoseutilisation ↑ Insulinsynthese ↑		BELLMANN, 1978; HOLLINGSWORTH, 1983; HINCKERS, 1978; RATHGEN, 1980; FUHRMANN, 1982

Zellen des Inselorganes. Ein hoher Blutinsulinspiegel hingegen bewirkt keine unmittelbare „feed-back"-Hemmung der Insulinproduktion (ZILKER et al., 1977).

Beim Fetus kann bereits in der 11. Woche eine Insulinproduktion nachgewiesen werden. Eine Stimulation zu vermehrter Insulinbiosynthese in vitro gelingt jedoch erst bei unphysiologisch hohen Glukosekonzentrationen im Nährmedium (40 mmol/l, 720 mg/dl) (REIHER et al., 1981, 1982). Bei Glukosekonzentrationen, die in vivo möglich sind, ist die Insulinproduktion bei Feten stoffwechselgesunder Schwangerer selbst am Ende der Tragzeit kaum stimulierbar (PATERSON et al., 1968; FEIGE et al., 1977). Es besteht beim Fetus im Normfall eine *„unreife" Insulinsekretionsdynamik* (BELLMANN, 1978).

Insulin gelangt ab der 12. Schwangerschaftswoche mit dem fetalen Harn in das Fruchtwasser. Zwischen der 12. und der 16. Schwangerschaftswoche ist Fruchtwasserinsulin nur in Spuren nachzuweisen (1,3 bis 2,5 µE/ml) (WEISS et al., 1984 c).

In der 16. Woche ist ein stufenförmiger Anstieg des Insulingehaltes im Fruchtwasser auf rund 4,3 µE/ml erkennbar. Zwischen der 16. und der 42. Schwangerschaftswoche steigt der mittlere Insulingehalt im Fruchtwasser von 4,3 µE/ml auf 9,1 µE/ml an. In den letzten 5 Schwangerschaftswochen verhält sich das Insulin im Nabelschnurblut, fetalem Harn und Fruchtwasser wie 100:92:77.

Bei Verlaufskontrollen im Abstand von Wochen oder Monaten ist der Fruchtwasserinsulinspiegel stabil, d. h. wiederholt bestimmte Insulinwerte bei derselben Schwangeren sind entweder stets im oberen oder aber im unteren Perzentilenbereich der Norm gelegen (WEISS, 1979). Bei Verlaufskontrollen über einen Zeitraum von Stunden sind keine nennenswerten tageszeitlichen Schwankungen nachzuweisen.

Der Fruchtwasserinsulinspiegel ist bei groben kindlichen Mißbildungen, bei intrauterinem Fruchttod, bei EPH-Gestose, Plazentainsuffizienz und pränataler Dystrophie signifikant erniedrigt, bei fetaler Erythroblastose sowie bei der Behandlung mit Glukokortikoiden und Betamimetika hingegen erhöht (WEISS et al., 1984 c).

20.3.3.2 Die Insulinhomöostase in der fetoplazentaren Einheit bei Schwangeren mit Diabetes mellitus

Bei ständigem Glukoseüberangebot an den Fetus entwickelt sich allmählich eine Überfunktion des fetalen Inselorganes (GABBE und QUILLIGAN, 1977). Dabei kommt es mit zunehmender Gestationszeit zur zunehmend rascheren und stärkeren Insulinantwort auf gleiche Glukosereize. Ist das fetale Inselorgan in seiner Funktion bereits aufgeschaukelt, bewirken Glukoseimpulse, bei denen ein gesunder Fetus noch nicht reagiert, eine vermehrte Insulinausschüttung (OBENSHAIN et al., 1970; FEIGE et al., 1977). So konnte FEIGE bei einer Glukosebelastung der Mutter unter der Geburt einen nahezu 9fachen Anstieg des fetalen Insulinspiegels beobachten (*„reife" Insulinsekretionsdynamik*). Eigene Untersuchungen konnten zeigen, daß Neugeborene mit diabetogener Fetopathie auf eine intravenöse Glukosebelastung (1,5 g Glukose/kg Körpergewicht) fünfmal mehr Insulin produzieren als stoffwechselgesunde Kinder. Da der Insulinüberschuß des Ungeborenen die fetoplazentare Einheit nicht verlassen kann (Plazentaschranke), wird ein überproportionierter Anteil des fetomaternalen Glukosepools im fetalen Stoffwechsel umgesetzt.

Die Insulinproduktion des Fetus kann beträchlich sein. Der höchste Fruchtwasserinsulinspiegel wurde mit 625 µE/ml bei einer Schwangeren mit Gestationsdiabetes in der 37. Woche gemessen. Das ist nahezu das 100fache der Norm. Bezogen auf das Geburtsgewicht des Kindes von 4050 g kann eine fetale Insulinproduktion hochgerechnet werden, die die mütterliche bei weitem übersteigt. Ganz allgemein muß bei überstimulierten Kindern mit einem Insulinanfall gerechnet werden, der nicht ohne Einfluß auf die mütterliche Glukosetoleranz sein kann, insbesondere da der Fetus doppelt so rasch Glukose aufnimmt als Erwachsene (BELL-MANN, 1978). Untersuchungen von SPELLACY et al. (1980) sprechen ebenfalls für einen Einfluß des Fetus auf den mütterlichen Kohlenhydratstoffwechsel. Er fand bei Zwillingsschwangerschaften signifikant niedrigere Blutglukosespiegel unter Glukosebelastung trotz verminderter Insulinbiosynthese dieser Schwangeren.

Während in der Regel die mütterliche Glukosetoleranz im Verlauf der Schwangerschaft abnimmt, konnte bei Schwangeren mit fetalem Hyperinsulinismus nach der 35. Woche eine scheinbare Zunahme der Glukosetoleranz um durchschnittlich 20 mg/dl (1,1 mmol/l) beobachtet werden (WEISS et al., 1984). Diese Tatsache weist darauf hin, daß der Fetus Blutglukosespitzen von Diabetikerinnen zu kompensieren und damit Glukoseprofile zu glätten vermag. Der hyperinsulinämische Fetus entfaltet zunehmend eine Sogwirkung auf die mütterliche Glukose, wodurch sich die Stoffwechselsituation der Schwangeren scheinbar verbessert, die Situation des Ungeborenen hingegen durch eine Insulinmast verschlechtert. Die „biochemische" Fetopathie läuft im Verborgenen ab und kann nur durch die Insulinbestimmung im Fruchtwasser objektiv beurteilt werden. Sie hat bei Fortbestand eine zunehmende „somatische" Fetopathie mit Übergewicht, verstärktem Fettansatz, Viszeromegalie und dem typisch cushingoiden Aspekt zur Folge.

Bis zur 24. Schwangerschaftswoche ist das fetale Inselorgan mit in vivo möglichen Glukosekonzentrationen nur mäßig stimulierbar (Abb. 20.2). Erst ab der 26. Woche sind bei Diabetikerinnen mit schlechter Stoffwechselführung Fruchtwasserinsulinwerte nachzuweisen, die deutlich über dem 2-Sigmabereich der Norm gelegen sind. Ein voll ausgeprägter fetaler Hyperinsulinismus und damit der Beginn der „somatischen" Fetopathie ist erst um die 28. Schwangerschaftswoche zu erwarten.

Die nutritive Plazentafunktion hat einen wesentlichen Einfluß auf die Glukoseversor-

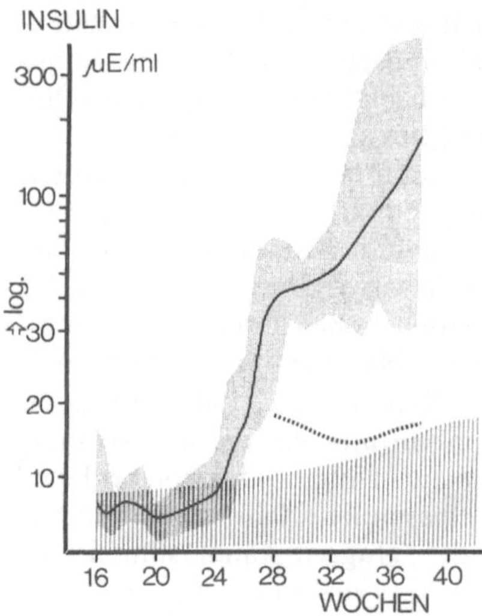

Abb. 20.2. Der Fruchtwasserinsulingehalt bei insulinpflichtigen Diabetikerinnen unter konventioneller Stoffwechselführung (durchgezogene Linie: Mittelwert, punktierte Fläche: Streubereich). Die Verlaufskurve wurde aus Fruchtwasserwerten von 84 Diabetikerinnen erstellt. 45 Proben stammen aus der 16. bis 27. Schwangerschaftswoche. Die Abflachung der Kurve in der 28. Schwangerschaftswoche ist nur vorgetäuscht, da die Skala für den Fruchtwasserinsulingehalt ab 30 µE/ml logarithmisch ist. Schraffiert: Normbereich des Fruchtwasserinsulingehaltes zwischen der 3. und 97. Perzentile (WEISS et al., 1984). Unterbrochene Linie: mittlerer Fruchtwasserinsulingehalt bei 91 Schwangeren unter tokolytischer Therapie mit Ritodrine

gung des Kindes und damit auf die Stimulation des Inselorganes. So ist bekannt, daß das Ungeborene bei Plazentainsuffizienz trotz Hyperglykämie der Schwangeren an einem Glukosemangel leiden kann (ABELL et al., 1976; SARLES und ADAMSONS, 1978). Ein weiterer wichtiger Faktor bei der Genese der diabetogenen Fetalerkrankung ist die individuelle Ansprechbarkeit des fetalen Inselorganes auf Glukosereize. Selbst bei Zwillingen kann ein Kind eine diabetogene Fetalerkrankung haben, während das andere gesund ist (BURKE et al., 1979). Im eigenen Krankengut betrug die Differenz des Insulingehaltes im Nabelschnurblut von Zwillingen bis zu 27 µE/ml.

Von HINCKERS (1978) wird außerdem eine geschlechtsspezifische Disposition weiblicher Früchte zur diabetogenen Fetopathie angegeben.

Bei konventionell geführten Diabetikerinnen (ein bis zwei tägliche Insulingaben, mittlere Blutglukose > 120 mg/dl, > 6,6 mmol/l) ist ein fetaler Hyperinsulinismus jedoch nahezu mit Sicherheit zu erwarten (Abb. 20.2). Bei Diabetikerinnen mit *intensivierter* konventioneller Therapie (zumindest 3 tägliche Insulingaben, mittlere Blutglukose < 120 mg/dl, < 6,6 mmol/l) tritt ein fetaler Hyperinsulinismus in etwa

30% der Fälle auf. *Es kann für den Einzelfall kein Grenzwert der mütterlichen Glykämie angegeben werden, der eine diabetogene Fetopathie nach sich zieht oder ausschließt.* Ein fetaler Hyperinsulinismus kann sowohl bei scheinbar guter Stoffwechselkontrolle (PERSSON et al., 1982; WEISS et al., 1978; WEISS, 1979) als auch bei normalen Werten des mütterlichen Glykohämoglobins (BURKART et al., 1984) vorliegen. Er kann aber auch bei Diabetikerinnen mit schlechter Stoffwechselführung fehlen.

20.4 Die Kohlenhydrattoleranzstörungen in der Schwangerschaft

Kohlenhydrattoleranzstörungen (KHTS) in der Schwangerschaft werden häufig nicht erkannt. Wird eine KHTS nachgewiesen, so erhebt sich die Frage nach der adäquaten Therapie. Für die Schwangere selbst wäre, wenn überhaupt, eine diätetische Behandlung ausreichend. Bei einer Anzahl von Fällen jedoch ist der Fetus von der Kohlenhydratstoffwechselstörung (KHSS) mitbetroffen und entwickelt einen Hyperinsulinismus. In diesen Fällen ist eine Insulintherapie indiziert, um eine diabetogene Fetopathie des Ungeborenen hintanzuhalten.

Die Insulintherapie erfolgt in diesen Fällen ausschließlich im Interesse des intrauterinen Patienten (Kap. 20.3.3.2).

Die Insulinbehandlung ist mit einem hohen medizinischen und ökonomischen Aufwand belastet und birgt darüber hinaus eine beträchtliche psychische Belastung der Schwangeren sowie naturgemäß gewisse Risiken in sich. Es muß somit eine strenge Indikationsstellung zur Insulintherapie gefordert werden. Die Indikation ergibt sich aus dem Nachweis eines fetalen Hyperinsulinismus.

Die fetalen Risiken bei mütterlichen Kohlenhydratstoffwechselstörungen werden im Schrifttum verschieden bewertet. Dies ist zum Teil auf unterschiedliche Kriterien bei der Definition von KHSS zurückzuführen. Insbesondere besteht ein *wesentlicher Unterschied* des fetalen Risikos bei *erkannten* und *unerkannten KHSS.* Wird eine KHSS erkannt, resultiert aus der gezielten

Überwachung und Therapie naturgemäß eine perinatale Mortalität ähnlich wie bei Stoffwechselgesunden.

Eigene Untersuchungen (WEISS, et al., 1984) konnten zeigen, daß bei *unerkannten* KHSS *mit* fetalem Hyperinsulinismus eine perinatale Mortalität von 16,7% zu erwarten ist (Tab. 20.7). Dies deckt sich weitestgehend mit Beobachtungen von O'SULLIVAN et al. (1974), die bei einer bestimmten Risikogruppe eine perinatale Mortalität von 16,1% angeben. In einer prospektiven Studie von SALZBERGER und LIBAN (1975) wurden 1000 pränatale Todesfälle analysiert. In 28% war eine Zuckerstoffwechselstörung die wahrscheinliche Todesursache. Dabei handelte es sich nur in 4,8% um einen bereits erkannten insulinpflichtigen Diabetes mellitus. Untersuchungen von JACKSON und WOOLF (1958) ergaben 29% Totgeburten bei prädiabetischen Frauen im Zeitraum von 5 Jahren vor der Diabetesmanifestation. ROVERSI (1979) schließlich fand bei White-A-Diabetikerinnen eine perinatale Mortalität von 24,5% in der Geburtenanamnese.

Das hohe kindliche Risiko bei unerkannten KHSS und die hohe Inzidenz der KHSS im allgemeinen von rund 1 bis 2% aller Schwangerschaften weist auf deren eminente geburtshifliche Bedeutung hin. Das Fahnden nach KHSS sollte somit heute zur Routine der Schwangerenvorsorge zählen.

20.4.1 Screening nach Kohlenhydratstoffwechselstörungen

20.4.1.1 Zielgruppen

Ein generelles Screening mittels eines Glukosetoleranztests (GTT) bei jeder Schwangeren wäre zweifellos eine Ideallösung und ist

Tabelle 20.7 Anamnestische Angaben von 90 Schwangerschaften bei 36 Multiparae mit hohen Fruchtwasserinsulinwerten

	Vergleichsgruppe derselben Periode (2215 MP)	Fälle mit erhöhtem Fruchtwasserinsulingehalt	Multiplikationsfaktor	Unterschied (Signifikanz)
Alter	28,2	29,1	—	n.s.
Fruchtwasserinsulingehalt	6,9 μE/ml	23,3 μE/ml	3,4fach	p < 0,0001
Kinder über 4000 g	7,3%	12,2%	1,7fach	n.s.
Mißbildungen	0,5%	3,3%	6,7fach	p < 0,001
Perinatale Mortalität	1,3%	16,7%	12,8fach	p < 0,0001

Tabelle 20.8. Potentieller Diabetes

Anamnestische Hinweise		Klinische Hinweise	
Ungeklärte perinatale Verluste	2 Punkte	Hydramnion	3 Punkte
Kinder > 4000 g*	1 Punkt	Alter > 30 Jahre	2 Punkte
Wiederholte Frühgeburten	1 Punkt	Große fetoplazentare Einheit (Ultraschall)	2 Punkte
Wiederholte Aborte	1 Punkt	Adipositas	1 Punkt
Diabetes in der Familie	1 Punkt	Wiederholte Glukosurie	1 Punkt
Mißbildung	1 Punkt	EPH-Gestose oder rezidiv. Harnwegsinfekt	1 Punkt

3 und mehr Punkte: Indikation zur Fruchtwasserinsulinbestimmung auch bei normalem oGTT.
* Pro Kind > 4000 g je 1 Punkt.

unbedingt anzustreben. Aus praktischen Gründen ist dies jedoch nicht immer möglich. Bei „potentiellem" Diabetes (s. S. 343) hingegen ist ein Screening kategorisch zu fordern. Hinweise auf potentiellen Diabetes sind in der Tabelle 20.8 zusammengefaßt und mit Punkten bewertet. Die Punktebewertung hat für die Indikation zur Fruchtwasserdiagnostik Bedeutung und wird dort erläutert (s. S. 358).

Als weiteres Auswahlkriterium zur gezielten Glukosebelastung kann der Nüchternblutzucker (NBZ) herangezogen werden (PEDERSON, 1977; FUHRMANN, 1982a; MILLER und STEINHOFF, 1982). Werden nur Schwangere mit NBZ-Werten von 80 mg% (4,4 mmol/l) und darüber einer Glukosebelastung unterzogen, betrifft dies nur jede 6. oder 7. Schwangere; die Erfassungsrate von KHTS hingegen beträgt rund 88%. Auch ein Vorscreening durch die Bestimmung eines Einstundenwertes nach Belastung mit 50 g Glucose wird vorgeschlagen. Ein vollständiger oGTT wird erst bei Blutglukosewerten über 130 mg% (7,2 mmol/l) (O'SULLIVAN, 1973) oder 140 mg% (7,7 mmol/l) (GILLMER, 1980) empfohlen.

20.4.1.2 Zeitpunkt des Screenings

Durch die Schwangerschaft kommt es zu dynamischen Veränderungen im Kohlenhydratstoffwechsel (KHSW) (BELLMANN, 1978a). Im letzten Schwangerschaftsdrittel werden Glukosekonzentrationen gemessen, die 10 bis 20% unter den Werten außerhalb der Schwangerschaft liegen. Im Gegensatz dazu kommt es zu einer Verminderung der Glukosetoleranz (PEDERSEN, 1977), und dies trotz zunehmender Insulinbiosynthese (KÜHL, 1975). Als günstigster Zeitpunkt für einen GTT bietet sich der Zeitraum zwischen der 20. und der 22. Schwangerschaftswoche (SSW) an. Zu diesem Zeitpunkt liegt einerseits bereits die typische Stoffwechselcharakteristik der Schwangerschaft vor, andererseits bleibt auch noch ausreichend Zeit für therapeutische Konsequenzen bei krankhaftem Befund. Vor der 20. SSW könnte der insulinotrope Effekt von HCG das Ergebnis beeinflussen (Kap. 20.5.8.1), während nach der 28. SSW der Fetus das Ergebnis verfälschen kann (Kap. 20.3.3.2). Auch die Tageszeit hat Einfluß auf die Ergebnisse des GTT. Aufgrund der zirkadianen Rhythmik der Glukosetoleranz (GRABNER et al., 1975) sollte ein GTT stets in den Morgenstunden durchgeführt werden.

20.4.1.3 Methodik des Glukosetoleranztests

Die Methodik des GTT wird im Schrifttum sehr uneinheitlich gehandhabt. Es werden Methoden angegeben, bei denen die Glukosebelastung einerseits intravenös (i.v. GTT), andererseits peroral erfolgt. Beim oralen Glukosetoleranztest (oGTT) wiederum wird die Glukosebelastung mit 50 g, 75 g, 100 g, 1 g/kg, 1,5 g/kg, etc. gemacht (Übersicht bei: HEISIG, 1975; LANG et al., 1978; MILLER und STEINHOFF, 1982). Darüber hinaus werden Blutzuckerbestimmungen aus Kapillarblut, venösem Blut oder Serum beschrieben, und das mit verschiedenen Bestimmungsmethoden. Vereinzelt wird eine diätetische Vorbehandlung empfohlen. Auch die Auswertung nach verschiedenen Grenzwerten der Blutglukose trägt nicht dazu bei, daß die Ergebnisse verschiedener Untersucher miteinander verglichen werden können.

Solange nicht schlüssig feststeht, welches Verfahren vorzuziehen ist, sollte jene Methode angewandt werden, mit welcher der Untersucher die größte eigene Erfahrung hat. Der oGTT nach den Kriterien von O'SULLIVAN und MAHAN (1966) hat zum Screening von Schwangeren die weiteste Verbreitung gefunden.

An der Grazer Klinik wird 1 g Glukose/kg Körpergewicht verabreicht. Wir sind der Ansicht, daß für vergleichbare Resultate etwa eine 40 kg oder 120 kg schwere Schwangere — um Extremfälle zu nennen — nicht mit einer gleichbleibenden Glukosemenge belastet werden kann. Dem oGTT geht keine besondere Diätanweisung voraus.

Er wird nach einer Nahrungskarenz über Nacht an der nüchternen Schwangeren in den frühen Morgenstunden (Beginn etwa 8 Uhr) durchgeführt. Die Glukose wird in etwa 250 ml Wasser aufgelöst und innerhalb einiger Minuten getrunken. Auf Wunsch kann eine Geschmackskorrektur mit etwas Zitronensäure erfolgen. Die Blutzuckerbestimmung erfolgt nüchtern sowie eine Stunde und zwei Stunden nach der Glukosegabe aus Kapillarblut mit einer Hexokinasemethode. Zur Beurteilung wird der höchste Blutzuckerwert herangezogen. Meist handelt es sich um den Einstundenwert, vereinzelt jedoch auch um den Wert nach zwei Stunden. Belastungswerte ab 160 mg% (8,9 mmol/l) werden als abnormal oder grenzwertig, ab 200 mg% (11,1 mmol/l) als pathologisch bezeichnet.

20.4.2 Weitere Diagnostik

20.4.2.1 Blutzuckerkontrollen

Eine Schwangere mit gestörter Glukosetoleranz (> 160 mg%, > 8,9 mmol/l unter Belastung) muß als Risikoschwangerschaft angesehen und entsprechend engmaschig (alle 14 Tage) kontrolliert werden. Anläßlich dieser Kontrollen sind Bestimmungen des Nüchternblutzuckers einzuplanen. Überschreitet dieser trotz diätetischer Behandlung 110 mg% (6,1 mmol/l) und ist dieser Wert wiederholt nachzuweisen, muß ein insulinpflichtiger Diabetes mellitus mit Erstmanife-

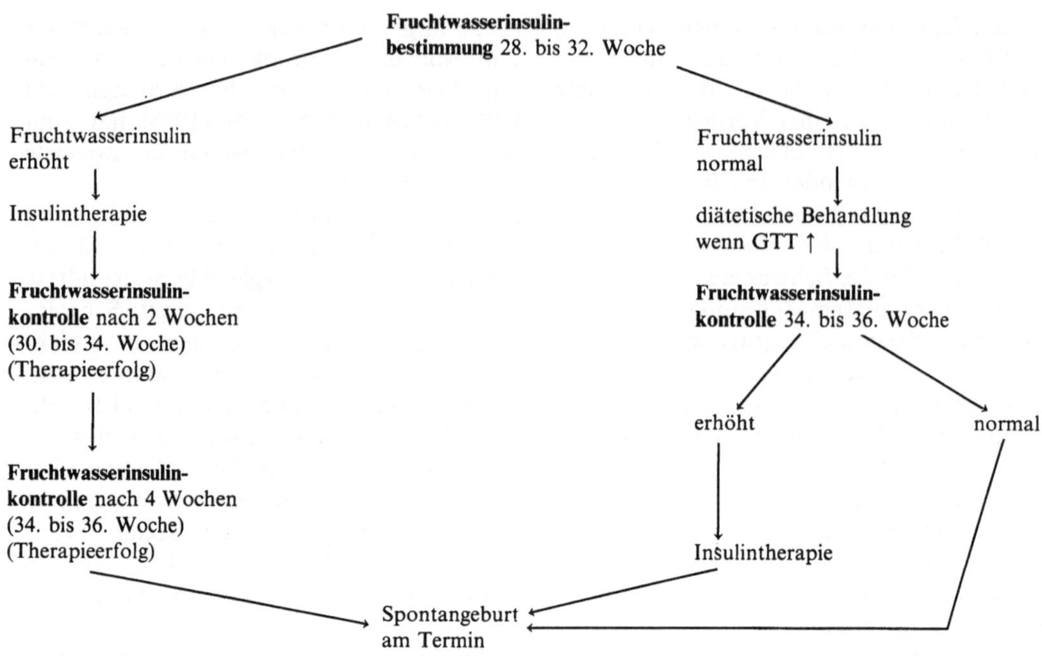

Abb. 20.3. Fruchtwasserinsulindiagnostik bei Kohlenhydratstoffwechselstörungen

station in der Schwangerschaft (B_0, s. S. 344) angenommen werden.

20.4.2.2
Fruchtwasserinsulinbestimmung

Die Indikation zur Fruchtwasserinsulinbestimmung ergibt sich

● bei Schwangeren mit einem Glukosebelastungswert von 160 mg (8,9 mmol/l) und darüber, außerdem

● bei potentiellem Diabetes mit 3 oder mehr Gewichtspunkten im Score auch im Falle eines normalen oGTT (siehe Tab. 20.8). Die erste Fruchtwasseruntersuchung soll in der 28. bis 30. Schwangerschaftswoche stattfinden (siehe Abb. 20.3). Wird eine KHSS erst nach der 28. Woche erfaßt, so soll die Amniozentese ehestmöglich erfolgen. Eine Kontrollamniozentese ist in der 35. bis 36. Woche angebracht.

Bei Belastungswerten von > 200 mg% (> 11,1 mmol/l) ist in rund 36% der Fälle ein fetaler Hyperinsulinismus (und eine diabetogene Fetopathie) zu erwarten. Anderer-

seits konnte bei potentiellem Diabetes auch bei normalem oGTT in rund 9% der Fälle ein Hyperinsulinismus des Neugeborenen festgestellt werden. Daher empfiehlt sich bei schwerwiegenden Hinweisen (Score) eine Fruchtwasserinsulinbestimmung auch bei normalem oGTT. Der NBZ sowie der Zweistundenwert bei Glucosebelastung weist bei A- und AB-Fällen (s. S. 344) keinen statistisch signifikanten Unterschied auf (Tab. 20.9).

Die Einstundenmittelwerte des oGTT von 177 ± 25 mg% bei A-Fällen einerseits und 198 ± 36 mg% bei AB-Fällen andererseits unterscheiden sich zwar statistisch signifikant (Tab. 20.9), werden jedoch die Fälle gesondert verglichen, so besteht eine beträchtliche Überlappung der individuellen Einzelwerte.

Die HbA_1-Werte von A-Fällen ($5,8 \pm 0,9\%$) und AB-Fällen ($6,2 \pm 0,9\%$) zeigen keinen statistisch signifikaten Unterschied (Tab. 20.9). Der Fruchtwasserinsulingehalt bei A und AB-Diabetes ist hingegen signifikant verschieden und ermöglicht es, die Klassen voneinander abzugrenzen (Tab. 20.9). Der Zeitpunkt der ersten Fruchtwasseruntersuchung leitet sich vom Beginn der Überstimulierbarkeit des fetalen Inselorganes ab (Kap.

Tabelle 20.9. Diagnostische und therapeutische Daten bei Schwangeren mit potentiellem Diabetes (N = 139)

	oGTT oB. (N = 51)	A-Fälle (N = 69)	AB-Fälle (N = 19)	Unterschied A : AB
Alter	$28,0 \pm 5,7$	$28,4 \pm 6,1$	$31,4 \pm 6$	$p = 0,03$
Para (NP)	$1,6 \pm 1,9 (16)$	$1,6 \pm 2,0 (23)$	$2,4 \pm 2,0 (4)$	
NBZ mg%	$82,4 \pm 7,3$	$93,0 \pm 15,4$	$91,8 \pm 16,7$	n.s.
oGTT 1^h mg%	$126,8 \pm 15,4$	$177,4 \pm 24,6$	$197,9 \pm 35,8$	$p = < 0,01$
oGTT 2^h mg%	$105,8 \pm 15,7$	$140,3 \pm 30,9$	$148,5 \pm 33,5$	n.s.
HbA_1%	$5,3 \pm 1,8$	$5,8 \pm 0,9$	$6,2 \pm 0,9$	n.s.
Fruchtwasserinsulin µE/ml (Woche)	$(29) 6,3 \pm 3,1$	$(31) 7,1 \pm 2,7$	$(29) 20,7 \pm 10,9$	$p = < 0,0001$
MBG vor Insulin-* behandlung, mg%	—	—	98 ± 9	
MBG nach Insulin-* behandlung, mg%	—	—	82 ± 10	
Insulinbedarf E/24^h	—	—	$64,6 \pm 29,5$	
Geburtsgewicht	3355 ± 545	3505 ± 593	3385 ± 566	n.s.
Kind > 4000 g	7,8%	20,4%	5,3%	
Nabelschnurblut- insulingehalt µE/ml	$10,0 \pm 3,6$	$12,4 \pm 6,8$	$11,1 \pm 4,6$	n.s.

oGTT: oraler Glukosetoleranztest, NP: Nullipara, NBZ: Nüchternblutzucker, MBG: mittlere Blutglukose.
* Mittlere Blutglukose aus zehn Blutzuckerbestimmungen in 24 Stunden.

20.3.3.2). Die Kontrolluntersuchung in der 35. bis 36. Woche überprüft einerseits den bis dahin erreichten Therapieerfolg und deckt andererseits Fälle mit später Überstimulierung des fetalen Inselorganes auf.

20.4.3 Behandlung
20.4.3.1 Diätetische Behandlung

Die diätetische Behandlung bei KHSS ist gleich wie beim insulinpflichtigen Diabetes mellitus in der Schwangerschaft und wird dort beschrieben (Kap. 20.5.9). Sie ist indiziert, wenn beim GTT grenzwertige oder pathologische Blutglukosewerte erhoben werden.

SPELLACY et al. (1977) berichten, daß ein relativer Mangel an Vitamin B_6 mit gewissen Fällen von Gestationsdiabetes verbunden ist. Unter der Behandlung mit 100 mg B_6 täglich wird ein Absinken von Plasmainsulin- und -glukosewerten, sowie eine signifikante Verbesserung der Glukosetoleranz beschrieben.

20.4.3.2 Insulinbehandlung

Eine Insulinbehandlung ist indiziert, wenn unter der Diät NBZ-Werte über 110 mg% (6,1 mmol/l) auftreten. Es handelt sich dann um die Erstmanifestation eines insulinpflichtigen Diabetes in der Schwangerschaft (B_0). Häufiger ergibt sich die Indikation zur Insulinbehandlung durch Fruchtwasserinsulinwerte, die die 97. Perzentile der Norm überschreiten (AB-Diabetes).

Bei AB-Diabetikerinnen handelt es sich zumeist um Typ-II-Diabetikerinnen mit erhöhten Plasmainsulinwerten und peripherer Insulinresistenz (MUCK und HOMMEL, 1977; TURNER et al., 1977; DEMPE et al., 1978; HOMMEL und MUCK, 1977). *Diese Schwangeren haben in der Regel einen besonders hohen Insulinbedarf.*

Die Insulinbehandlung von AB-Diabetikerinnen erfordert eine gewisse Überwindung des herkömmlichen ärztlichen Denkens. Es ist auf den ersten Blick nicht einleuchtend, einer Schwangeren mit „*normalen*" Blutzuckerwerten hohe Dosen von Insulin zu verabreichen. Durch die therapeutische Insulinzufuhr wird zunächst die eigene Insulin-(über)produktion der Patientin gebremst, ein evidenter therapeutischer Effekt bleibt vorerst aus. Erst ab einer individuellen Grenzdosis an Insulin beginnt die mittlere Blutglukose abzusinken.

Der Insulinbedarf kann unter Zuhilfenahme eines Biostators rasch ermittelt werden (Kap. 20.5.8.4). Da dieser selten zur Verfügung steht, muß der Insulinbedarf zumeist empirisch gefunden werden. Zu diesem Zweck wird am besten ähnlich dem Prinzip der maximalen Toleranz nach ROVERSI et al. (1979) vorgegangen. Dabei werden die Insulindosen schrittweise angehoben, bis leichte hypoglykämische Zeichen auftreten. Ist dies der Fall, so wird die entsprechende Einzeldosis um 4 E reduziert. Bei Frauen, die zum ersten Mal einer Insulintherapie unterzogen werden, empfiehlt sich die Anwendung von Humaninsulin, um einer Insulinantikörperbildung vorzubeugen. Zur Behandlung des AB-Diabetes haben sich die Behandlungsschemata 1 und 2 bewährt (Kap. 20.5.8.3). Die Verabreichung einer einzelnen Dosis von Depotinsulin betrachten wir als nicht sinnvoll, da damit der ohnedies erhöhte basale Insulinspiegel (HOLLINGWORTH, 1983; PERSSON und LUNELL, 1975) noch weiter angehoben wird. Nachdem die Stoffwechselstörung vornehmlich in einem verzögerten Insulinrespons auf Nahrungsaufnahme beruht (PERSSON und LUNELL, 1975), ist es wesentlich sinnvoller, die Hauptmahlzeiten durch Gaben eines rasch- und kurzwirksamen Insulins abzudecken. Ist der individuelle Insulinbedarf gefunden, bleibt die weitere Stoffwechselführung der AB-Diabetikerin unproblematisch. Bei der AB-Diabetikerin besteht *keine Zunahme des Insulinbedarfes* im Verlauf der Schwangerschaft.

In der Literatur werden zum Teil keine überzeugenden Erfolge der Insulinbehandlung bei latentem Diabetes angegeben (O'SULLIVAN, 1966). Die Ursachen dürften darin gelegen sein, daß einerseits durch das Fehlen fetaler Parameter keine scharfe Abgrenzung zur Gruppe jener Schwangeren möglich war, bei denen eine diätetische Behandlung ausreicht. Andererseits ist die angegebene Behandlung mit Insulinmengen von 10 bis 30 E/24-Stunden (O'SULLIVAN et al., 1966; O'SULLIVAN et al., 1974; COUSTAN und LEWIS, 1978) aus unserer Sicht unzureichend.

Bei einer Behandlung, die an den fetalen Bedürfnissen ausgerichtet ist (Fruchtwasserinsulinkontrollen), ist der mittlere Insulinbedarf bei 65 E/24-Stunden gelegen. Die mittlere Blutglukose (MBG, Kap. 20.5.7.1) sinkt unter dieser Behandlung um 15 bis 20 mg% (0,8 bis 1,1 mmol/l) (Tab. 20.9).

20.4.4 Die Überwachung von Schwangerschaft, Geburt und Wochenbett

Neben den bereits besprochenen Blutzuckerkontrollen und Fruchtwasserinsulinbestimmungen wird die Schwangerenbetreuung wie bei jeder anderen Risikoschwangerschaft durchgeführt; das heißt, die Untersuchungsfrequenz wird, dem individuellen Risiko angepaßt, höher sein als bei gesunden Schwangeren. Besonderes Augenmerk ist einer regelmäßigen Fetometrie zu widmen, um ein akzeleriertes Wachstum frühzeitig zu erkennen. Schwangere mit Gestationsdiabetes neigen zur EPH-Gestose und zu Harnwegsinfekten. Regelmäßige Untersuchungen des Harnes, einschließlich Keimzahlbestimmungen, sind daher erforderlich. Die Geburt ist, wie jede Risikogeburt, unter fetalem Monitoring zu leiten. Bei Kindern über 4000 g ist mit einer längeren Geburtsdauer, mit einer Häufung der Schulterdystokie sowie mit einer höheren Sectiofrequenz zu rechnen (MODANLOU et al., 1980; MODANLOU et al., 1982; PARKS und ZIEL, 1978). Während eine verstärkte postpartale Blutung bei der Geburt normalgewichtiger Kinder in 0,07% zu beobachten ist, tritt diese bei schweren Kindern in 15,6% auf (PARKS und ZIEL, 1978). Nach der Geburt schwerer Kinder ist daher die Gabe von Uterotonika oder Prostaglandinen ratsam.

Bei Neugeborenen über 4000 g muß in 5,2% mit dem Auftreten einer Hypoglykämie gerechnet werden (GOLDITCH und KIRKMAN, 1978). Das diagnostische und therapeutische Vorgehen bei diesen Kindern ist gleich dem

Tabelle 20.10. Faktoren mit Einfluß auf das Geburtsgewicht

	Anzahl der ausgewerteten Geburten	Berücksichtigte Faktoren		Zusätzliche Information oder Hilfen
THOMSON et al., 1968 Newcastle	52 000	mütterliche: äußere: fetale:	Gewicht, Größe, Parität Sozialstatus Geschlecht	Perzentilentabellen[1] Tabellen zur Korrektur nach Größe und Gewicht der Mutter
BRENNER et al., 1976 North Carolina	30 772	mütterliche: äußere: fetale:	Parität, Alter, Rasse Sozialstatus Geschlecht	Perzentilentabellen[2] Perzentilenkurven Diagramme zur Gewichtskorrektur nach Parität, Rasse und Geschlecht
WILLCOX, 1981 North Carolina	nicht angegeben	mütterliche: äußere: fetale:	Rasse Sozialstatus Zigarettenkonsum Zwillinge, Drillinge Vierlinge	Wachstumskurven für Mehrlinge
HOHENAUER, 1980 Linz	7 180	mütterliche: äußere: fetale:	Gewicht, Parität — Geschlecht	Perzentilentabellen[3] Perzentilenkurven Vergleich der 10. Perzentilen von 8 publizierten Standards

[1] 5., 10., 25., 50., 75., 90. und 95. Perzentile.
[2] 10., 25., 50., 75. und 90. Perzentile.
[3] 3., 10., 25., 50., 75., 90. und 97. Perzentile.

bei Neugeborenen insulinpflichtiger Diabetikerinnen (Kap. 20.5.17).
Nach der Entbindung von Frauen mit Gestationsdiabetes, die während der Schwangerschaft mit Insulin (vor allem mit Depotinsulin) behandelt wurden, können Hypoglykämien auftreten. Diese kommen dadurch zustande, daß die Serumspiegel der antiinsulinären Plazentahormone post partum rasch absinken, während noch exogenes Insulin aus der Subkutis resorbiert wird. Eine diesbezügliche Observanz des 1. Wochenbettages ist daher erforderlich. Frauen mit echtem Gestationsdiabetes benötigen nach der Entbindung keine weitere Insulintherapie.

20.4.5 Die Beurteilung des Geburtsgewichtes

Das Gewicht, die Länge und der Kopfumfang des Neugeborenen sind wichtige objektive Beurteilungskriterien. Für die Diagnose von Kohlenhydratstoffwechselstörungen ist das Geburtsgewicht von besonderem Interesse, da ein schweres Kind oft der erste Hinweis auf eine diabetische Stoffwechsellage ist. Die Bewertung des Geburtsgewichtes setzt gültige Standardwerte voraus. Die weiteste Verbreitung haben die Denver-Standards (LUBCHENCO et al., 1963) gefunden, die als die zunächst einzig verfügbaren auch im deutschen Sprachraum angewandt wurden (und werden). Die Denver-Standards sind jedoch für unseren Sprachraum ungeeignet, da die Gewichtsperzentilen wegen spezifischer (rassischer, soziökonomischer höhenlagebedingter) Voraussetzungen beim Denver-Untersuchungsgut deutlich unter den Perzentilen des neuen deutschen Standards (HOHENAUER, 1980) liegen. Die Differenz beträgt bis zu 230 g. Auch andere, amerikanische, britische, schottische und schwedische Standards liegen der Reihenfolge nach höher als die Denver-Standards (TANNER, 1970). Neben geographisch bedingten Unterschieden ist noch eine Reihe zusätzlicher Faktoren zu berücksichtigen, bevor eine Über- oder Unterschreitung der Gewichtsnorm diagnostiziert werden kann (Tab. 20.10). Allein durch den Einfluß der Größe und des Gewichtes der Mutter ist mit einer Variation des kindlichen Gewichtes um mehr als ± 400 g zu rechnen. Dazu kommt eine Variabilität von jeweils ± 100 g in Abhängigkeit von der mütterlichen Parität und dem Geschlecht des Kindes. Je nachdem, ob es zu einer Subtraktion oder Addition dieser Varianten kommt, kann sich das Geburtsgewicht zweier gesunder reifer Kinder um 1000 g unterscheiden. Zur Entscheidung, ob ein Kind übergewichtig (hypertroph, large for date, LFD) oder untergewichtig (hypotroph, dystroph, small for date, SFD) ist, müssen neben dem Gestationsalter die Faktoren der Tabelle 20.10 bei der Beurteilung mitberücksichtigt werden. Für den deutschen Sprachraum eignen sich vor allem die Gewichtsperzentilen nach HOHENAUER (1980), die in einer prospektiven Studie von 60 geburtshilflichen Abteilungen in der BRD, der DDR, der Schweiz und in Österreich erhoben wurden.

20.4.6 Das Neugeborene über 4000 g

Obwohl das „Normalgewicht" ein individuelles Maß ist, wurden Neugeborene über 4000 g schon immer besonders registriert. Diese empirische obere Gewichtsgrenze ausgetragener Kinder entstammt der Vorära gültiger Standards und wird auch heute noch zahlreichen Publikationen zugrundegelegt. Sie entspricht etwa der 90. Gewichtsperzentile der neuen deutschen Standards (HOHENAUER, 1980), wenn das Geburtsgewicht von Knaben und Mädchen gemeinsam ausgewertet wird.

● Wird eine Schwangere mit bekanntem Gestationsdiabetes von einem Neugeborenen über 4000 g entbunden, muß zunächst eine unzureichende Behandlung vermutet werden (Kap. 20.5.17, 20.5.18, s. S. 409 und 411).

● Wird nach scheinbar komplikationsloser Schwangerschaft ein Kind über 4000 g geboren, ist nach einer unerkannten KH-Toleranzstörung zu fahnden.

Kinder von 4000 g und darüber sind insgesamt mit einer Häufigkeit von 6 bis 10% zu erwarten (Tab. 20.11, 20.12). Es besteht ein Zusammenhang mit einem *Gebäralter* von über 35 Jahren, mit *Multiparität*, mit vorangegangenen *schweren Kindern*, einer *Übertragung*, einem *Übergewicht* zu Beginn der Schwangerschaft, starker *Gewichtszunahme* während der Schwangerschaft, mit *Gestationsdiabetes* und einem *Diabetes mellitus* (ABELL et al., 1976; PARKS und ZIEL, 1978; SCHINDLER und MEYFORT, 1979; MODANLOU et al., 1980; GROSS et al., 1980; CALANDRA et al., 1981). Die Ursachen für ein Geburtsgewicht von 4000 g und darüber sind somit genetische, uteroplazentare, ernährungsbedingte und fetale Faktoren (VORHER, 1982).

Zu den *genetischen Faktoren* müssen primär Rassenmerkmale gerechnet werden. Auch die Prädominanz von Knaben in der Gruppe schwerer Kinder ist genetisch bedingt; sie wird bei zunehmendem Geburtsgewicht bemerkbar (SCHINDLER und MEYFORT, 1979). Im eigenen Geburtengut lag der Anteil an Knaben bei einem Geburtsgewicht von über 4000 g bei 70%, bei Gewichten von über 4500 g bei 76% und über 5000 g bei 82% (Tab. 20.12). Bei stoffwechselgesunden Frauen, die immer etwa gleich schwere übergewichtige Kinder gebären, ist ebenfalls eine genetische Ursache anzunehmen. Liegt hingegen eine KH-Toleranzstörung vor, so ist jedes weitere Kind in typischer Weise schwerer als das vorangegangene.

Das höhere Geburtsgewicht bei Multiparae dürfte durch *uteroplazentare Faktoren* verursacht sein, da eine vorangegangene Schwangerschaft das Strombett der uterinen Gefäße erweitert.

Die Assoziation eines höheren Geburtsgewichtes mit einem *höheren Gebäralter* macht mehrere Interpretationen möglich. Einerseits ist das Lebensalter zwangsläufig mit der

Tabelle 20.11. Häufigkeit von Neugeborenen über 4000 g

Neugeborene $\geqslant$ 4000 g Anzahl	% aller Geburten $\geqslant$ 4000 g	$\geqslant$ 4500 g	$\geqslant$ 5000 g	Anteil an Knaben	Quelle, lokale Zuordnung
1099	9,3%	1,2%	0,1%	66,9%—94,1%	SCHINDLER und MEYFORT, 1979, Tübingen
4000—5000[1]	7,0—10,7%[2]	1,3%		69,7%	MODANLOU et al., 1980, 1982 Long Beach
137		0,86%[3]		71,6%	OATS et al., 1980 Melbourne
2909	7,1%[4]	0,83%[4]	0,1%[4]	KA	AUINGER, 1978 Wien
398	5,2%	0,3%[5]	0,02%	KA	FISCHL et al., 1981 Wien
801	8,1%	1,3%	0,14%	62,0%	GOLDITCH und KIRKMAN, 1978, San Francisco
2394	6,3%	0,7%	0,04%	70,0—82,0%	Eigenes Geburtengut Graz (siehe Tab. 20.12)

[1] Keine genauen Angaben.
[2] Von 1960—1980 ansteigend.
[3] $\geqslant$ 4540 g.
[4] Mittelwerte 1952—1976.
[5] $\geqslant$ 4600 g.
KA = keine Angaben

Ordnungszahl von Geburten korreliert, andererseits nimmt mit zunehmendem Lebensalter die Glukosetoleranz ab.

Von speziellem Interesse im Hinblick auf die Thematik sind die ernährungsbedingten und fetalen Faktoren, da ihnen prädiabetische und diabetische Störungen zugrunde liegen können. Die Rate an schweren Kindern aus diesen zuletzt genannten Gründen ist unbekannt.

Die *Überernährung* bewirkt ein höheres Nahrungsangebot an das Ungeborene, welches wiederum die fetale Insulinproduktion anregt. Insulin ist ein wichtiges Wachstumshormon für den Feten, was auch im Tierversuch nachgewiesen werden konnte (PICON, 1967). Da die Wirkung von Insulin auf Zellen von der Anzahl der Insulinrezeptoren pro Zelle und der Insulinaffinität der Rezeptoren abhängt, muß Insulin für den Fetus eine größere Bedeutung haben als später für den Erwachsenen, da Monozyten des Fetus im Vergleich zu Erwachsenenmonozyten eine mehr als sechsfache Rezeptoranzahl sowie eine doppelte Rezeptaffinität haben (THORSSON et al., 1977). Des weiteren hat das Geburtsgewicht eine positive Korrelation zum Nabelschnurinsulingehalt (SPELLACY et al., 1973; WEISS et al., 1984 a). Bei Schwangeren mit Überernährung und normaler Glukosetoleranz besteht zwar noch kein pathologischer fetaler Hyperinsulinismus, die Insulinbiosynthese läuft jedoch im oberen grenzphysiologischen Bereich ab.

In den kargen Nachkriegsjahren 1949 bis 1952 betrug die Rate an Kindern über 4000 g konstant um 4,3%. Mit dem Ende der Lebensmittelrationierung stieg im Einzugsbereich der Grazer Klinik die Häufigkeit der schweren Kinder sprunghaft auf rund 6,3% an (Tab. 20.12). Seit den sechziger Jahren ist die weitverbreitete Überernährung ein zu-

Tabelle 20.12. Der Einfluß der Ernährung auf die Inzidenz von Kindern über 4000 g

Jahr	Anzahl der Geburten	Neugeborene ≥ 4000 g Anzahl (%)	davon Knaben Anzahl (%)	Neugeborene ≥ 4500 g Anzahl (%)	davon Knaben Anzahl (%)	Neugeborene ≥ 5000 g Anzahl (%)	davon Knaben Anzahl (%)
A. Gruppe 1 (Nahrungsmangel, Lebensmittelrationierung)							
1949	1 842	66 (3,6%)	49 (74%)	5 (0,3%)	4	0	0
1950	1 776	87 (4,8%)	58 (67%)	9 (0,5%)	6	0	0
1951	1 715	77 (4,5%)	60 (78%)	16 (0,9%)	16	1	1
1952	1 750	77 (4,4%)	52 (68%)	11 (0,6%)	8	2	2
Total	7 083	307 (4,3%)	219 (71%)	41 (0,6%)	34 (83%)	3 (0,04%)	3 (100%)
B. Gruppe 2 (Ende der Lebensmittelrationierung, normales Angebot an Nahrungsmitteln)							
1953	2 054	133 (6,7%)	95 (71%)	14 (0,7%)	8	1	0
1954	2 288	141 (6,2%)	104 (74%)	17 (0,7%)	14	0	0
1955	2 591	160 (6,2%)	107 (67%)	19 (0,7%)	11	2	1
1956	2 958	175 (6,0%)	119 (68%)	19 (0,6%)	12	0	0
1957	3 154	203 (6,4%)	142 (70%)	24 (0,8%)	19	2	2
1958	3 382	215 (6,4%)	160 (74%)	26 (0,8%)	24	3	3
Total	16 427	1027 (6,3%)	727 (71%)	119 (0,7%)	88 (74%)	9 (0,05%)	6 (67%)
C. Gruppe 3 (Lebensmittelüberangebot, verbreitete Überernährung)							
1979	4 560	339 (7,4%)	238 (70%)	20 (0,4%)	15	0	0
1980	4 770	353 (7,4%)	232 (66%)	47 (1,0%)	38	3	3
1981	4 974	368 (7,4%)	267 (73%)	32 (0,6%)	22	2	2
Total	14 304	1060 (7,4%)	737 (70%)	99 (0,7%)	75 (76%)	5 (0,03%)	5 (100%)
Mittelwerte A + B + C	37 814	2394 (6,33%)	1683 (70%)	259 (0,7%)	197 (76%)	17 (0,04%)	14 (82%)

nehmendes volksgesundheitliches Problem. In den Jahren 1979—1981 betrug die Inzidenz von Kindern über 4000 g bereits 7,4% (Tab. 20.12).

Eine *Kohlenhydrattoleranzstörung* (latenter Diabetes) während der Schwangerschaft vermag einen echten fetalen Hyperinsulinismus zu bewirken; der Insulintiter kann auf das 20- bis 30fache der Norm erhöht sein (Kap. 20.3.3.2). Bei Insulinbestimmungen aus Nabelschnurblut von Kindern über 4000 g konnte insgesamt in rund einem Viertel der Fälle (24,5%) ein Hyperinsulinismus und somit eine *KH-Toleranzstörung der Mutter* als mutmaßlicher *fetaler Faktor* der Hypertrophie gefunden werden. Unter der Annahme, daß in Zeiten des Nahrungsmittelmangels die Häufigkeit von KH-Toleranzstörungen zumindest halbiert ist, könnte aus den Zahlen der Tab. 20.12 abgeleitet werden, daß in einem weiteren Viertel der Kinder über 4000 g (27,2%) eine *Überernährung* als ursächlicher Faktor beteiligt ist. Im eigenen Geburtengut würde dies heute für 1,8 und 2% aller Neugeborenen zutreffen.

20.4.7 Die sonographische Schätzung des fetalen Gewichtes und die sonographische Diagnose der diabetogenen Fetopathie

Entsprechend den Gewichtsperzentilen für Neugeborene gibt es Standardwerte für biometrische Maße (HANSMANN, 1976; WARSOF

Tabelle 20.13. Formeln zur Gewichtsberechnung des Fetus

Formel	Quelle
Log 10 (Geburtsgewicht) = —1,7492 + 0,166 (BPD) + 0,046 (AC)—2,646 (AC × BPD)/1000	SHEPPART, et al., 1982
Gewicht = 378 BPD + 416 ThQ—4450	*MILLER, 1980
Gewicht = 349 BPD + 384 ThQ + 384 ThQ + 22 TR—4260	
Gewicht = —1,05775 (BPD) + 0,649145 (ThQ) + 0,0930707 BPD^2—0,0205620 ThQ^2 + 0,515263	*HANSMANN, 1976
Gewicht = —1,33450 BPD + 0,798429 ThAP + 0,103458 BPD^2—0,0254788 ThAP^2 + 1,35470	

BPD = Biparietaler Durchmesser
AC = Abdominelle Zirkumferenz (i. d. Höhe der Umbilikalvene)
ThQ = Thorax Querdurchmesser (am kranialen Ende der Vena umbilicalis)
TR = Trunkuslänge
ThAP = Thoraxdurchmesser anterior
* = Fluchtentafeln (Nomogramme) in der Publikation enthalten

et al., 1977; MILLER, 1980; OTT und DOYLE, 1982; SHEPARD et al., 1982). Da anhand eines einzigen Maßes, z. B. des biparietalen Schädeldurchmessers, nur sehr ungenaue Gewichtsschätzungen möglich sind, wurden zwei oder drei Meßparameter zur Gewichtsberechnung herangezogen. Mit Hilfe von Computeranalysen oder mit empirisch gewonnenen Koeffizienten wurden Formeln oder Fluchtentafeln (Nomogramme) entwickelt, mit denen das fetale Gewicht angenähert bestimmt werden kann (Tab. 20.13). Während das genetisch bedingt große Kind eher proportioniert heranwächst, verändert sich bei Feten von überernährten Frauen und von *Gestationsdiabetikerinnen* das Schädel-Thorax-Verhältnis. WLADIMIROFF et al. (1978) fanden bei übergroßen Kindern die Schädelmaße nicht häufiger über der 97. Perzentile als im Normalkollektiv, den Thoraxdurchmesser hingegen in 47%. Die *Thoraxmaße* sind daher bei Verdacht auf Gestationsdiabetes diagnostisch bedeutsamer als der biparietale Schädeldurchmesser. Das Übergewicht dieser Feten ist zu einem großen Teil durch vermehrten (subkutanen) Fettansatz bedingt, wobei die Hautfaltendicke bei diabetogener Fetopathie, postpartal gemessen, eine lineare Beziehung zum Nüchternblutzucker der Mutter hat (WHITE-LAW, 1977). Wird sonographisch ein großes Kind vermutet, empfiehlt sich ein Screening nach einer Kohlenhydratstoffwechselstörung.

Der Fetus der *insulinpflichtigen Diabetikerin* hat ein anderes Wachstumsverhalten als der Fetus stoffwechselgesunder Schwangerer. Bereits in der Frühschwangerschaft (7.—14. Woche) kann ein verzögertes embryonales Wachstum auftreten (PEDERSEN und MOLSTED PEDERSEN, 1981). Zwischen der 20. und der 32. Woche sind die mittleren biparietalen Schädelmaße signifikant unter der Norm gelegen (AANTAA, 1980, 1277 Meßdaten an Diabetikerinnen). Die Normwerte werden erst wieder in der 36.—40. Woche erreicht. Diese Tatsache läßt sich durch diabetesbedingte Entwicklungsstörungen des Trophoblasten in der 1. Schwangerschaftshälfte erklären. Erst bei Auftreten eines fetalen Hyperinsulinismus zwischen der 26. und der 30. Schwangerschaftswoche findet ein akzeleriertes Wachstum statt. Die diabetogene Fetopathie kann jedoch manchmal auch bei fetalem „Normalgewicht" sonographisch diagnostiziert werden, indem nachgewiesen wird, daß durch die Überproportion an Fettgewebe und die Viszeromegalie der

Querdurchmesser des Abdomens über der 95. Perzentile gelegen ist (GRANDJEAN et al., 1980; HOLLÄNDER, 1976) oder daß eine Disproportion zwischen den Maßen des Schädels und des Abdomens besteht.

20.4.8 Postpartales Diabetes-screening

Nach der Geburt von Kindern über 4000 g muß nach KH-Toleranzstörungen der Mutter gefahndet werden. *Der oGTT im Wochenbett* ist bekanntlich eine äußerst unzuverlässige Methode (BENJAMIN, 1968). Wir haben bei Wöchnerinnen mit erwiesenem Gestationsdiabetes und fetopathischem Kind wiederholt normale Belastungswerte erhalten. Die Ursache dafür dürfte im Wegfall des diabetogenen Streß der Schwangerschaft liegen, wodurch die Glukosetoleranz im Wochenbett verbessert wird. In analoger Weise kommt es bei insulinpflichtigen Diabetikerinnen zu einem drastischen Abfall des Insulinbedarfes in den ersten Wochenbettagen.

Während bei potentiellem Diabetes in der Schwangerschaft in 30—40% erhöhte Zuckerspiegel unter Glukosebelastung auftreten (FUHRMANN, 1982; WEISS et al., 1984), ist dies im Wochenbett nur noch in 2,5% der Fall (SALZBERGER et al., 1975 a). Aber auch falsch positive Ergebnisse müssen möglich sein, da im Schrifttum nach der Geburt schwerer Kinder bis zu 50% pathologische Testergebnisse angegeben werden (WOLF et al., 1981). Eine derart hohe Inzidenz an Kohlenhydratstoffwechselstörungen ist jedoch unwahrscheinlich. Während ein wiederholter oGTT bei stoffwechselgesunden Frauen sehr ähnlich ausfällt (LIND und HARRIS, 1976), ist er bei Vorliegen von Glukosetoleranzstörungen nur schlecht reproduzierbar (FUHRMANN, 1982). Insgesamt ist die Aussage bezüglich einer diabetogenen Stoffwechsellage der Wöchnerin so unsicher, daß der oGTT im Wochenbett als nahezu unbrauchbar bezeichnet werden kann.

Auch die Bestimmung der *glykosilierten Hämoglobine* (GH, HA$_1$, HbA$_1$, HbA$_{1c}$) bei Wöchnerinnen konnte nicht, wie erhofft, neue diagnostische Möglichkeiten erschließen. Die Treffsicherheit ist dem oGTT sogar unterlegen (FADEL et al., 1979). Die Verteilungsflächen der HbA$_1$-Werte, selbst von insulinpflichtigen Diabetikerinnen, überlappen sich stark mit jenen stoffwechselgesunder Frauen. Nüchternblutzuckerwerte von 100 und 140 mg/dl (5,5 und 7,7 mmol/l) können durch die Bestimmung von HbA$_1$-Werten nicht unterschieden werden. Die Bestimmung von GH ist daher als Screeningmethode ungeeignet (O'SHAUGHNESSY et al., 1979; FADEL et al., 1979). Betreffend die *Korrelation von HbA$_1$-Werten mit dem Geburtsgewicht* haben POLLAK und BREHM (1981) signifikant erhöhte Werte von GH bei schweren Kindern beschrieben. GRÄFENSTEIN und DUCHNA (1981) sowie amerikanische Autoren (COEN et al., 1980; FADEL et al., 1979; O'SHAUGHNESSY et al., 1979) konnten hingegen keine Korrelation zwischen dem Geburtsgewicht und GH-Werten nachweisen.

Da mit einem Glukoseüberangebot an das Ungeborene ein fetaler Hyperinsulinismus verbunden ist (OBENSHAIN et al., 1970; WEISS et al., 1978; WEISS, 1979; SOSENKO et al., 1979; WEISS et al., 1984, 1984 a), gibt der *Insulingehalt im Nabelschnurblut* den sichersten Hinweis darauf, ob eine KH-Stoffwechselstörung vorliegt, die von *geburtshilflicher Bedeutung* ist. Dies ist letztlich die Fragestellung, die für den Geburtshelfer, besonders für das Management einer weiteren Schwangerschaft von Interesse ist. Es wird daher empfohlen, bei Kindern über 4000 g, aber auch bei klinischem Verdacht auf Gestationsdiabetes (Geburtsgewicht > 90. Perzentile, belastende Faktoren), eine Insulinbestimmung im Nabelschnurblut durchzuführen. Bei bereits erkanntem und behandeltem Gestationsdiabetes ist der Insulintiter ein Maß zur retrospektiven *Qualitätskontrolle* der Behandlung. Der Normalbereich (Tab. 10.23, S. 396) sowie Angaben über die Methodik der Bestimmung von Insulin im Nabelschnurblut sind im Kapitel 20.5.18 abgehandelt.

Bei Frauen, die überschwere Kinder geboren haben, empfiehlt es sich, den KH-Stoffwechsel zumindest zweijährlich zu kontrollieren. Nach der Geburt von Kindern über 4500 g wurde in einem Beobachtungszeitraum von 12 Jahren bei 60% dieser Frauen eine diabetische Stoffwechsellage festgestellt (MICKAL et al., 1966).

20.5 Der insulinpflichtige Diabetes mellitus in der Schwangerschaft

20.5.1 Häufigkeit des Diabetes mellitus in der Schwangerschaft

Die Häufigkeit des Diabetes in der Schwangerschaft ist wesentlich geringer als die Diabeteshäufigkeit insgesamt. Dies liegt darin begründet, daß sich ein Großteil des Typ-II-Diabetes (MOD) erst nach Ende der Reproduktionsphase manifestiert und andererseits eine Reihe von Typ-I-Diabetikerinnen (JOD) auf Kinder verzichtet. Der manifeste Diabetes mellitus in der Schwangerschaft ist mit einer Häufigkeit von 0,1 bis 0,5% zu erwarten (WHEELER et al., 1982; BEARD und OAKLEY, 1976). Kohlenhydrattoleranzstörungen werden hingegen etwa 10mal häufiger gefunden ($\sim$ 2%). Die Frequenz der Erkrankung hat weltweit eine steigende Tendenz.

Exaktere Angaben sind schwierig. In Diabeteszentren häufen sich die Fälle naturgemäß. Im eigenen Bereich lag die Häufigkeit insulinpflichtiger Diabetikerinnen vor 1975 recht konstant bei 0,2% ($\sim$ 4500 Geburten/Jahr). Nach dem Ausbau eines Zentrums für Diabetes und Schwangerschaft stieg die Frequenz behandelter Fälle auf rund 1,0% an.

20.5.2 Das Problem der Mißbildungen (Häufigkeit und Ätiologie)

Das Mißbildungsrisiko bei Diabetes wird mit 3 bis 7%, vereinzelt jedoch bis 15% angegeben (GABBE, 1977; DAY und INSLEY, 1976). Das Risiko steigt mit fortschreitendem White-Stadium. Bei der Auswertung von 19 Publikationen aus den Jahren 1977 bis 1981 betrug die Mißbildungsrate bei 2388 Neugeborenen insulinpflichtiger Diabetikerinnen 8,2% (Tab. 20.1, S. 338). Diese Inzidenz hat sich in den letzten 25 Jahren nicht verändert. Zur Zeit wird etwa 40% der perinatalen Mortalität bei Diabetes mellitus durch angeborene Mißbildungen verursacht (GABBE, 1977; MILLS et al., 1979). Im Vergleich mit Schwangerschaften bei Stoffwechselgesunden ist die Mißbildungsrate somit auf das 2- bis 4fache erhöht.

Eine deutliche Korrelation besteht zwischen dem mütterlichen HbA_1- oder HbA_{1c}-Spiegel in der Frühschwangerschaft und der Inzidenz von Mißbildungen (MILLER et al., 1981; LESLIE et al., 1978). Der HbA_{1c}-Wert reflektiert die mittlere Blutglukosekonzentration der letzten 4 bis 8 Wochen (DUNN et al., 1979). Liegt der Wert unter 8,5%, so ist mit einer Mißbildungshäufigkeit von 3,4% zu rechnen, während bei HbA_{1c}-Werten von 8,6% und darüber die Frequenz auf 22,4% ansteigt (MILLER et al., 1981).

Diabetesspezifische Mißbildungen sind nicht bekannt. Es gibt jedoch unterschiedliche Häufigkeitsraten einzelner Mißbildungen im Vergleich zu Stoffwechselgesunden (KUCERA, 1971). So sind etwa Neuralrohrdefekte 2—3mal häufiger (1,2—2,5%), kardiovaskuläre Fehlbildungen 4mal häufiger (2,3 bis 3,4%), eine kaudale Regression hingegen 252mal häufiger ($\sim$ 1,0%) als bei Stoffwechselgesunden.

Das Mißbildungsrisiko ist schon bei Glucosetoleranzstörungen erhöht (ADASHI et al., 1979). Retrospektive Untersuchungen am eigenen Krankengut ergaben mit 3,3% eine sechsfach erhöhte Mißbildungsrate (WEISS et al., 1984), eine prospektive Studie ergab sogar eine Häufigkeit von 5,1% (AMANKWAH et al., 1981).

Mögliche ätiologische Faktoren für Fehlbildungen bei Diabetes mellitus sind in der Tab. 20.14 angegeben.

Tabelle 20.14. Mögliche Ursachen fetaler Fehlbildungen bei Diabetes mellitus (GABBE, 1977)

I	* Genetische Faktoren
II	Metabolische Faktoren
	A Hyperglykämie
	B * Hypoglykämie
	C Ketoazidose
	D Hypoxie
III	Teratogene Faktoren
	A * Insulin
	B Orale Antidiabetika
	C * Synthetische Östrogene und Gestagene

* Als Ursache unwahrscheinlich.

Genetische Faktoren sind wegen der Heterogenität der Mißbildungen als Ursache unwahrscheinlich. Auch die *Hypoglykämie* scheint keinen Einfluß auf die Teratogenese zu haben (KARLSON und KJELLMER, 1972). Anderenfalls müßte bei straffer Stoffwechselführung, die zwangsläufig mit hypoglykämischen Episoden einhergeht, die Mißbildungsrate steigen. *Zugeführtes Insulin* als ätiologischer Faktor ist ebenfalls auszuschließen. Einerseits gelangt von außen zugeführtes Insulin nicht in die fetoplazentare Einheit (ADAM et al., 1969; KALHAN et al., 1975), andererseits sinkt die Mißbildungsrate bei vermehrter Insulinzufuhr im Rahmen einer straffen Stoffwechselführung. Orale Antidiabetika sind in der Frühschwangerschaft strikte zu meiden, da ihre teratogene Wirkung nicht auszuschließen ist. Im Tierversuch bewirken *Ketonkörper* Störungen der embryonalen Morphogenese. Es treten vermehrt Neuralrohrdefekte sowie Wachstumsretardierungen auf (HORTON und SADLER, 1983). Man kann annehmen, daß Ketonkörper auch beim Menschen Mißbildungen verursachen. Ketonkörper sind bei Diabetikern vermehrt nachzuweisen (PERSON und LUNELL, 1975), besonders, wenn eine kohlenhydratreduzierte Diät durchgeführt wird (POTTER et al., 1982). PEDERSEN und MOLSTED-PEDERSEN (1981), sowie KÜHL und Mitarb. (1983) berichteten über klinische Beobachtungen bei streng geführten Diabetikerinnen, die sich mit den zuvor erwähnten

Beobachtungen von HORTON und SADLER im Tierversuch deckten: Sie konnten durch Ultraschalluntersuchungen vereinzelt Wachstumsverzögerungen in der frühen Schwangerschaft nachweisen. Bei diesen Früchten traten auch signifikant gehäuft Mißbildungen auf. Auch eine *Hypoxie* des Trophoblasten im Rahmen diabetogener Gefäßerkrankungen ist als Ätiologie von Mißbildungen denkbar (INGALLS et al., 1952). Die wahrscheinlichste Ursache ist jedoch die *Hyperglykämie* (WATANABE und INGALLS, 1983; HORI et al., 1966). Insbesonders starke *Glukoseschwankungen* haben eine negative Auswirkung auf die Morphogenese (GABBE, 1977). Nach eigenen Beobachtungen könnten auch Veränderungen der *osmotischen Verhältnisse* durch eine zu hohe Glukosekonzentration in der Embryotrophoblasteinheit die Morphogenese stören: Bei Untersuchungen des Fruchtwassers in der Frühschwangerschaft konnten Glukosekonzentrationen bis zu 270 mg/dl beobachtet werden — was etwa dem sechsfachen der Norm entspricht.

PEDERSEN (1978) sowie KARLSSON und KJELMER (1972) haben darauf hingewiesen, daß die Häufigkeit von Mißbildungen bei „guter" Stoffwechselführung zum Zeitpunkt der Nidation (mittleren Blutglukose < 100 mg/dl, < 5,5 mmol/l) abnimmt. FUHRMANN (1982) konnte in einer prospektiven Studie zeigen, daß bei Früchten von 228 Diabetikerinnen trotz normoglykämischer Stoffwechselführung ab der 10.—16. Schwangerschaftswoche 7,9% Mißbildungen auftraten. *Bei 110 Frauen mit straffer Stoffwechselführung vor der Konzeption hingegen trat in keinem Fall eine Mißbildung auf.* Diese Beobachtungen zeigen, daß therapeutisch verabreichtes Insulin und hypoglykämische Episoden keine Mißbildungen verursachen, womit diese durch lange Zeit vorgebrachten Argumente für eine liberalere Stoffwechselführung in der Frühschwangerschaft unhaltbar geworden sind. Die Ergebnisse von FUHRMANN demonstrieren die eminente Bedeutung einer *präkonzeptionellen normoglykämischen Stoffwechseleinstellung*.

Wird diese fachgerecht durchgeführt, ist das Mißbildungsrisiko der Diabetikerin wahrscheinlich nicht höher als bei stoffwechselgesunden Frauen. Eine straffe Stoffwechseleinstellung auch nach frühzeitig nachgewiesener Schwangerschaft kann Fehlbildungen nicht mehr verhindern, da gerade die schwersten Malformationen bereits in der 3.—4. (spätestens 6.) Woche post ovulationem (5. bis 6. Woche post menstruationem) entstehen (MILLS, 1979).

20.5.3 Die präkonzeptionelle normoglykämische Stoffwechseleinstellung (präkonzeptionelle Einstellung)

Die präkonzeptionelle Einstellung hat unter Gesichtspunkten zu erfolgen, wie sie für die Behandlung in der Schwangerschaft gelten (Kap. 20.5.8). Sie ist nur dann sinnvoll, wenn biphasische Zyklen sichergestellt sind (Basaltemperatur). Engmaschige Blutzuckerprofile, eine intensivierte Insulintherapie sowie das Beherrschen der Blutzuckerselbstkontrolle und der Selbstanpassung der Insulintherapie durch die Patienten sind Vorbedingung für eine ambulante normoglykämische (MBG < 100 mg/dl, < 5,5 mmol/l) Stoffwechseleinstellung. Eine sorgfältige Schulung der Patientin steht daher im Vordergrund. Die Stoffwechseleinstellung mit einer einzigen Gabe von Depot- oder Kombinationsinsulin ist nicht möglich. Es werden zumindest zwei Insulingaben im Tag als Kombination von Altinsulin und Depotinsulin morgens und abends nötig sein. Aber auch dieses Regime ist nur bei stabilen Diabetikerinnen anwendbar. Bei labiler Stoffwechsellage sind täglich mehrere Insulingaben nötig, ähnlich oder gleich der Insulintherapie während der Schwangerschaft (s. S. 379). Bei hochgradig instabilem Diabetes (Brittle-Diabetes) wird unter Umständen eine Insulinpumpenbehandlung notwendig sein. Ist eine normoglykämische Stoffwechsellage erreicht, soll die Schwangerschaft möglichst bald angestrebt werden, da die Compliance der Patientin nicht unbegrenzt andauert. Der Eintritt der Schwangerschaft ist in den meisten Fällen die maximale Motivation zur weiteren Mitarbeit der Patientin.

20.5.4 Antikonzeption und Familienplanung

Eine geplante Schwangerschaft setzt eine geeignete Antikonzeption voraus. Die Auswahl der bestmöglichen Antikonzeption kann nur individuell nach einer sorgsamen Abwägung von Risiko und Nutzen erfolgen.

20.5.4.1 Barriere-Methoden (Diaphragma, Kondom, Schaumovula)

Sie bieten bei richtiger Anwendung einen ausreichenden Schutz gegen Schwangerschaften (STEEL und DUNCAN, 1980). Natürlich ist die Sicherheit des Schutzes dieser Methoden auch von der Intelligenz der Diabetikerin abhängig. Barriere-Methoden sollten vor der Ehe bzw. vor einer fixen Partnerschaft empfohlen werden.

20.5.4.2 Hormonale Antikonzeption (Orale Kontrazeption, oK)

Der Diabetes mellitus galt lange als (zumindest relative) Kontraindikation für die oK. Als Begründung wurde der negative Einfluß der oK auf den Kohlenhydrat- und Lipidstoffwechsel, auf den Blutdruck sowie auf die Blutgerinnung als Nebenwirkung genannt (SPELLACY 1982; OAKLEY 1982). Für diese Nebenwirkungen findet sich gerade bei der Diabetikerin eine Prädisposition. Durch die laufende Weiterentwicklung von niedrig dosierten Ovulationshemmern verschiedener Zusammensetzung konnten jedoch die Bedenken gegen die orale Kontrazeption bei Diabetikerinnen immer mehr zerstreut werden.

Die Blutgerinnung wird besonders durch den Östrogenanteil der Antikonzeptiva im Sinne eines erhöhten Thromboserisikos beeinflußt. Jedoch wird die Östrogenwirkung durch die Art und Menge des Gestagenantei-

Tabelle 20.15. Stoffwechselwirkung von Gestagenen

Gestagen	Norethisteron	Äthynodiol-diazetat	Norgestrel
Blutzuckerveränderung	leicht	mäßig	stark
Plasmainsulinveränderung	mäßig	mäßig	stark
Insulinrezeptorabnahme	—	—	signifikant

les des jeweiligen Ovulationshemmers modifiziert (BONNAR und SABRA, 1982).

Der Gestagenanteil hingegen kann eine Erhöhung des Blutdruckes verursachen und beeinflußt darüber hinaus den Lipid- und Kohlenhydrathaushalt, indem er den Triglyzerid- und Glukose-Blutspiegel erhöht. Aber auch der Insulinhaushalt wird durch Gestagene beeinflußt. Während der Plasmainsulingehalt unter Gestageneinwirkung ansteigt, vermindert sich die Anzahl von Insulinrezeptoren (SPELLACY, 1982). Insgesamt wird die Glukosetoleranz vermindert.

Alle diese Nebenwirkungen sind offenbar von der Potenz des Gestagenanteiles abhängig (Abb. 20.4). Die genannten Stoffwechselwirkungen sind daher bei Norgestrel ausgeprägt, bei Norethisteron hingegen nur noch angedeutet vorhanden (Tab. 20.15).

Analog der Östrogenwirkung wird auch die Gestagenwirkung von Ovulationshemmern durch deren Zusammensetzung modifiziert. Kombinationspräparate mit niedriger Östrogendosierung (< 50 µg) sind weniger stoffwechselwirksam. Kombinationspräparate wiederum bewirken eine stärkere Abnahme der Glukosetoleranz als Sequentialpräparate ähnlicher Dosierung (WYNN und PATH, 1982). Alle diese theoretischen Grundlagen müssen bei der Auswahl eines geeigneten Ovulationshemmers für Diabetikerinnen wegen deren besonderen Gefäß- und Stoffwechselsituation berücksichtigt werden.

Die Mini-Gestagen-Pille ist wenig stoffwechselwirksam und hat darüber hinaus wenig andere Nebenwirkungen (RAADBERG et al., 1982; LOCH et al., 1976). Sie wäre für Diabetikerinnen, besonders für Frauen mit subklinischem (latenten) Diabetes, Adiposi-

tas und Hypertonie, geeignet. Es ergeben sich jedoch häufig Blutungsanomalien, wodurch ihr Einsatz begrenzt bleibt.

Bei der Auswahl eines geeigneten kombinierten Ovulationshemmers soll der Östrogenanteil einerseits unter 50 µg liegen, vor allem sollte aber auch die Gestagenkomponente sowohl hinsichtlich ihrer gestagenen Potenz als auch ihrer Dosis niedrig gewählt werden. In der Abb. 20.4 sind geläufige Ovulationshemmer sowohl nach ihrer gestagenen Potenz als auch nach ihrer Gestagendosis geordnet und mit einer Ordnungszahl versehen. Bei der Auswahl eines Präparates, das den individuellen Ansprüchen der Diabetikerin entspricht, soll darauf geachtet werden, daß die Summe aus der Ordnungszahl der gestagenen Potenz und der Ordnungszahl der Gestagendosis möglichst klein bleibt.

Eine Reihe von Untersuchungen weist darauf hin, daß die neuentwickelten Dreiphasenpräparate offenbar aufgrund ihrer besonderen Galenik wenig Auswirkungen auf Blutgerinnung, Blutdruck, Lipid und Kohlenhydratstoffwechsel haben (IRSIGLER et al., 1982 a; BONNAR und SABRA, 1982; BRIGGS und BRIGGS, 1982, LACHNIT-FIXON, 1982). Sie scheinen somit auch für Diabetikerinnen geeignet zu sein.

Bei Frauen mit KH-Toleranzstörungen oder vorangegangenem Gestationsdiabetes wurden noch stärkere Vorbehalte gegen eine hormonelle Kontrazeption als beim insulinpflichtigen Diabetes vorgebracht (TAUBERT und KUHL, 1981). Es wurde die Entwicklung eines irreversiblen manifesten Diabetes befürchtet. Neuere Untersuchungen konnten jedoch zeigen, daß auch bei diesen

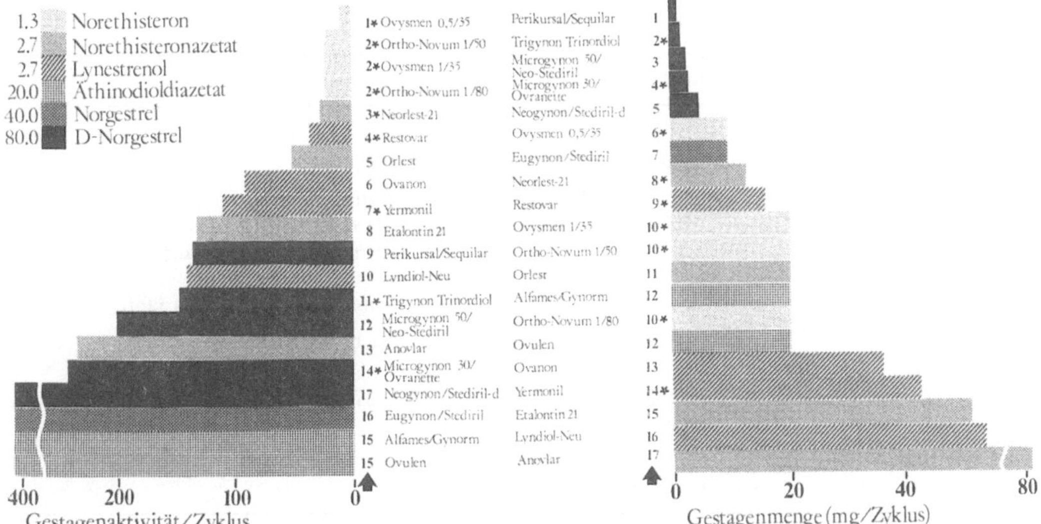

Abb. 20.4. Ovulationshemmer nach Gestagenaktivität (gestagenen Potenz) und Gestagenmenge geordnet. Die Zahlen im linken oberen Bildabschnitt weisen die Gestagenaktivität bezogen auf Medroxyprogesteronazetat (= 1) aus. Durch Addition der Ordnungszahlen (Pfeile) der Gestagenaktivität und der Gestagenmenge kann die mutmaßliche Eignung eines Ovulationshemmers geschätzt werden. Präparate, deren Östrogenanteil weniger als 50 µg/Tag beträgt, sind mit einem Sternchen bezeichnet.
Synonyma:
Alfames-E = Ovulen 50, Ovuline 50
Anovlar = Anovlar 21
Etalontin 21 = Etalontin. Norlestrin
Eugynon = Eugynon 50

Gynorm = Alfames E (siehe oben)
Lyndiol neu = Lyndiol
Microgynon 30 = Minidril
Microgynon 50 = Ediwal 21
Neogynon = Neogynon 21
Neorlest 21 = Neorlest, Loestrin 20
Orlest = Miniovlar, Orlest 21, Milli-anovlar
Ovranette = Stediril-d 150/30, Minidril (siehe oben)
Ovulen = Ovulen 1, Ovulen 1 mg
Ovysmen 0,5/35 = Modicon, Brevinor, Ovysmen
Ovysmen 1/35 = Neocon, Norimin
Perikursal = Binordiol
Restovar = Ovoresta-M, Ministat, Ovamezzo
Stediril-d = Ovran
Trigynon = Triquilar, Logynon

Frauen ein niedrig dosierter Ovulationshemmer angewandt werden kann (SKOUBY et al., 1982).
Bei der Verordnung von Ovulationshemmern an Diabetikerinnen sollten folgende Vorbedingungen erfüllt sein:
● Es soll eine fixe Partnerschaft bestehen.
● Der Diabetes soll eine Dauer von 10 Jahren nicht überschritten haben.
● Es darf keine diabetogene Retinopathie vorliegen.
Darüber hinaus sind die allgemeingültigen Vorsichtsmaßnahmen und Kontraindikationen bei Ovulationshemmern zu beachten. Ovulationshemmer und Diabetes mellitus sind prädisponierende Faktoren für Vaginalmykosen. Tritt eine Soorkolpitis auf, ist

der Ovulationshemmer zumindest vorübergehend abzusetzen. Die Behandlung der Kolpitis kann als Einmaltherapie mit 500 mg Clotrimazol erfolgen (BURMUCIC und KOWATSCH, 1984).
Besonders in den ersten Monaten einer hormonellen Antikonzeption sind Stoffwechselkontrollen häufiger als sonst ratsam, da der Insulinbedarf möglicherweise ansteigt. Die oK sollte nicht länger als 2—3 Jahre angewandt werden, da die Beeinflussung des Stoffwechsels mit der Einnahmedauer zunimmt (WYNN und PATH, 1982).
Es ist der Diabetikerin zu raten, ihr Reproduktionsprogramm möglichst frühzeitig abzuwickeln, auch deshalb, weil ihr Gefäßalter dem Lebensalter um 10 Jahre vorauseilt.

Tabelle 20.16. Strategie der Antikonzeption bei Diabetes mellitus

Kontrazeptivum	Indikation	Zu beachten
Barrieremethoden	Vor der Ehe (kein fixer Partner)	Sicherheit vom IQ abhängig
Orale Kontrazeption	Ehe — fixer Partner	Östrogenanteil < 50 µg Gestagene niedrig dosiert Diabetesdauer < 10 Jahre keine Retinopathie Einnahmedauer < 2 (3) Jahre
IUD	Ehe — fixer Partner	Nicht bei Nulliparae
	Wenn bereits ein gesundes Kind geboren wurde	Aplikation unter besonders sterilen Kautelen
Tubensterilisation	Nach abgeschlossenem Familienprogramm*	

* Möglichst nicht mehr als zwei Kinder.

20.5.4.3 Intrauterinpessare (IUD)

Bezüglich der Anwendung des IUD gibt es divergierende Meinungen hinsichtlich ihrer Zuverlässigkeit bei Diabetikerinnen (GOS-DEN et al., 1982; WIESE, 1977). Es ist jedoch in hohem Maße unwahrscheinlich, daß der Schutz durch IUD bei Diabetikerinnen anders sein sollte als bei Stoffwechselgesunden. Diabetikerinnen unterliegen einer höheren Infektionsgefährdung. Ein IUD sollte daher keiner Nullipara empfohlen werden, um eine aufsteigende Entzündung mit ihren Folgen zu vermeiden. Die Applikation des IUD erfolgt nach Sanierung einer pathologischen Scheidenflora unter besonderer Beachtung steriler Kautelen. Darüber hinaus empfiehlt sich eine antibiotische Nachbehandlung für 3 Tage, die auch gegen Anaerobier gerichtet sein soll.

20.5.4.4 Laparoskopische Tubensterilisation

Hat die Diabetikerin ihr Familienprogramm abgeschlossen, sollte ihr die Möglichkeit der Tubensterilisation geboten werden. Vorteile und Risken dieser Methode sind bei BURMU-CIC (1982) sowie bei VESSELY et al. (1983) angegeben.

Die Tab. 20.16 enthält zusammengefaßt die Strategie der Antikonzeption, wie sie chronologisch bei der Diabetikerin verfolgt werden kann. Insulinpflichtige Diabetikerinnen sollten sich mit zwei Kindern begnügen, da sonst das Management der eigenen Erkrankung leidet.

20.5.5 Kontraindikationen für eine Schwangerschaft

Die Frage der Kontraindikationen für eine Schwangerschaft muß durch die Dringlichkeit des Kinderwunsches maßgeblich beeinflußt werden. Dieser ist allerdings oft charakteristisch für das Psychogramm der Diabetikerin, nicht zuletzt als Wunsch zur Selbstbestätigung als vollwertige Frau. Rät man derartig fixierten Frauen von einer Schwangerschaft ab, können psychische Alterationen ausgelöst werden, die vereinzelt bis zu Suizidgedanken reichen. Die Diabetikerin wird daher nach einem aufklärenden Gespräch selbst mitentscheiden müssen, ob sie die Verstärkung bestehender Komplikationen, z. B. einer Visusminderung, zugunsten der Schwangerschaft riskieren will. Liegen bereits *Gefäßkomplikationen* vor, so erliegen rund 20% der Mütter ihrer Erkrankung, bevor ihr Kind 10 Jahre alt ist (HARE und WHITE, 1977). Diese Tatsache liegt jedoch nicht in der Schwangerschaft begründet, sondern in der allgemein schlechten Prognose des Diabetes mellitus mit Gefäßveränderungen. Moderne Behandlungsmethoden (intensivierte konventionelle Therapie, Insulinpumpenbehandlung, Selbstkontrolle) ermöglichen es heute, daß nahezu jede Diabetikerin, vorausgesetzt sie wird einer sachgerechten Führung unterzogen, ein gesundes Kind haben kann, ohne daß sich dadurch ihre Prognose verschlechtert.

Die *proliferierende Retinopathie (White-R-Diabetes)* wurde als Kontraindikation für eine Schwangerschaft angesehen (BEETHAM, 1950). Sie ist vor allem bei Diabetikerinnen mit einem Krankheitsbeginn vor dem 11. Lebensjahr und mit einem hohen Insulinbedarf zu finden (MOLONEY und DRURY, 1982). Die Progression der Retinopathie korreliert mit dem Spiegel des glykosilierten Hämoglobins (BRUNNER et al., 1982), wobei dessen höhere Sauerstoffaffinität und geringere Sauerstoffabgabe als Ursache vermutet wird (DITZEL et al., 1979). Auch heute wird noch vereinzelt über ein rasches Fortschreiten der Retinopathie bei Schwangerschaft berichtet (LANDER et al., 1982). Durch den Wandel der Diabetestherapie in den letzten Jahren mit intensiver Stoffwechselführung bereits in der Frühschwangerschaft sowie durch Ergebnisse aus Untersuchungen von Vergleichsgruppen und aus Longitudinalstudien ergibt sich jedoch zunehmend ein neues Bild hinsichtlich der Bedeutung der Schwangerschaft für die Retinopathie. CORSTENSEN et al. (1982) wiesen an Vergleichsgruppen mit und ohne vorangegangene Schwangerschaften nach, daß eine oder zwei Schwangerschaften das Ausmaß einer Retinopathie, Nephropathie oder Neuropathie nicht beeinflussen. DIBBLE et al. (1982), CASSER et al. (1978), sowie MOLONEY et al. (1982) fanden bei intensiv betreuten Patientinnen eine gute Prognose im Hinblick auf die Retinopathie sowie eine postpartale Rückbildung von Veränderungen während der Schwangerschaft. GERKE und MAYER-SCHWINKERATH (1982) sahen nach Schwangerschaften eine Besserung der Fundusbefunde, wie wir es auch am eigenen Patientengut vereinzelt feststellen konnten. Unbestritten ist jedoch die Empfehlung einer Laserkoagulationsbehandlung vor und während der Schwangerschaft, die eine Progredienz, ob per se oder schwangerschaftsbedingt, weitestgehend verhindert.

Auch die *diabetogene Nephropathie (White-F-Diabetes)* in der Schwangerschaft ist zu beherrschen. KITZMILLER et al. (1981) fanden trotz zunehmender Proteinurie im Verlauf der Schwangerschaft keinen beschleunigten Abfall der Kreatinin-Clearance, wenn die Gravide intensiv betreut worden ist. Bei dringendem Kinderwunsch raten wir daher von einer Schwangerschaft nur dann ab, wenn unmittelbar eine Erblindung droht, oder wenn eine Nierenschädigung soweit fortgeschritten ist, daß unter der Belastung der Schwangerschaft mit einem Nierenversagen gerechnet werden muß. Eine absolute Kontraindikation ist die *Koronarsklerose (White-H-Diabetes, ischemic heart disease)*. Von 12 Fällen, die in der Literatur beschrieben sind, endeten 8 Schwangerschaften mit dem Tod der Mutter (SILFEN et al., 1980).

Die Vererbung bei Diabetes mellitus ist insgesamt ungeklärt. Es besteht ein unterschiedlicher Erbgang bei JOD und MOD(Y) (TATTERSALL et al., 1975) (s. S. 342). Darüber hinaus sind Manifestationsfaktoren wie Übergewicht, Schwangerschaft, Virusinfekte, Autoimmunophänomene und HLA-Assoziationen an der Manifestation des Diabetes mellitus maßgeblich beteiligt (SAUER und BIGALKE, 1978; SCHERNTHANER, 1980).

Die Frage nach dem *Diabetesrisiko des Kindes* wird meist von juvenilen Diabetikerinnen mit einem stoffwechselgesunden Partner gestellt. Dieses Risiko ist mit 1,5% bis zum 25. Lebensjahr kleiner als lange Zeit angenommen (KÖBBERLING und BRUGGEBOES, 1980). Höhere Erbraten sind allerdings bei MODY und der Partnerkombination JOD + JOD, MOD + JOD, und MOD + MOD zu erwarten (SAUER und BIGALKE, 1978; TATTERSALL et al., 1975). Bei MOD wird sich jedoch dem Geburtshelfer die

Frage nach der Vererbung kaum stellen, da die Diabetesmanifestation meist nach der Reproduktionsphase auftritt.

20.5.6 Allgemeine Untersuchungen

Vor der Planung einer Schwangerschaft sollte eine komplette

- internistische,
- ophthalmologische
- gynäkologische Durchuntersuchung

erfolgen. Besonderes Augenmerk ist der Beurteilung der *Nierenfunktion* (Kreatininclearance) und der Untersuchung auf *Harnwegsinfekte* (Keimzahlbestimmung) zu widmen. Die ophthalmologische Untersuchung soll klären, ob eine behandlungsbedürftige *Retinopathie* vorliegt, während bei der gynäkologischen Exploration auch festzustellen ist, ob *biphasische Zyklen* ablaufen.

Liegt bereits eine Schwangerschaft vor, ist neben den allgemeinen und Laboruntersuchungen eine

- Augenspiegelung in der Früh- und in der Spätschwangerschaft
- Bestimmung der Kreatininclearance in der Mitte und am Ende der Schwangerschaft
- eine monatliche Untersuchung des Harnes auf Eiweiß, Sediment und Keimzahl

anzuraten. Diese Untersuchungen sind im Wochenbett zu wiederholen.

20.5.7 Die Stoffwechselkontrolle in der Schwangerschaft

20.5.7.1 Qualitätskriterien der Stoffwechselkontrolle

Neben der mittleren Blutglukose ist auch die Stabilität des Stoffwechsels für das „fetal outcome" von Bedeutung (ARTAL et al., 1983). Als Qualitätskriterien der Stabilität des Stoffwechsels sind die Begriffe MBG (mittlere Blutglukose), MAGE (mean amplitude glycemic excursions; SERVICE et al., 1970), M-value (SCHLICHTKRULL et al., 1965) und MODD (mean of daily differences; MOLNAR et al., 1972) verbreitet. Die Methoden und Formeln zur Berechnung dieser Größen sind bei SERVICE und NELSON (1980)

Tabelle 20.17. Qualitätskriterien des Stoffwechsels (SERVICE und NELSON, 1980)

	Stoffwechsel-gesund	Stabiler Diabetes	Labiler Diabetes
MBG	~ 90	~ 125	> 175
MAGE	~ 45	~ 75	> 125
M-value	~ 1	~ 10	> 30
MODD	~ 7	~ 25	> 40

übersichtlich dargestellt. Die genannten Größen bei Stoffwechselgesunden, stabilen und labilen Diabetikerinnen können der Tab. 20.17 entnommen werden. Die Berechnung dieser Größen erfordert eine kontinuierliche, zumindest sehr engmaschige (stündliche) Blutzuckerkontrolle, die in der Praxis kaum möglich ist. Von MOLNAR et al. (1974) liegen jedoch Untersuchungen vor, nach denen der Blutglukosewert 80 Minuten nach dem Frühstück gut mit dem MAGE-Wert korreliert. Die MBG stimmt gut mit dem Mittelwert aus dem Nüchternblutzuckerwert und dem Blutzuckerwert 80 Minuten nach dem Frühstück überein, während der MODD-Wert mit der Differenz zweier Nüchternblutzuckerwerte an aufeinanderfolgenden Tagen übereinstimmt. Bei Gestationsdiabetes spiegeln Blutzuckerwerte zwischen 0 und 6 Uhr die mittlere Blutglukose wieder. Mittelwerte aus Blutzuckerwerten vor dem Frühstück, vor dem Mittagessen und zwei Stunden nach dem Abendessen sind besonders eng mit der mittleren Blutglukose korreliert (RIZVI et al., 1980).

Den eigenen Erfahrungen nach genügt die Berechnung der Standardabweichung der Blutzuckerwerte einer Woche um die Stabilität des Stoffwechsels zu beurteilen. Liegt diese unter 30 bis 40 mg/dl (1,6 bis 2,2 mmol/l), kann von einer stabilen Stoffwechsellage gesprochen werden.

Instabile Diabetikerinnen haben bei intensivierter konventioneller Insulintherapie ein höheres Hypoglykämierisiko als stabile Patientinnen. Durch die Infusion von 40 mE Insulin/Stunde/kg Körpergewicht durch

BIOSTATOR

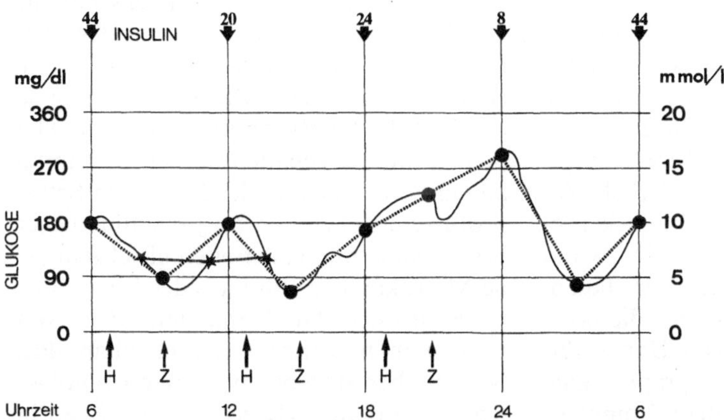

Abb. 20.5. Kontinuierliche Bestimmung der Blutglukose am Biostator bei einer White-R-Brittle-Diabetikerin in der 7. Schwangerschaftswoche (durchgezogene Linie). Bei dreistündlich erhobenen Blutzuckerwerten (Punkte, strichlierte Linie) kann ein hinlänglich genauer Überblick über die Glykämie gewonnen werden. Bei drei punktuellen Bestimmungen der Blutglukose (Sterne) kann ein völlig falsches Bild über die Glykämie der Diabetikerin entstehen. Im vorliegenden Fall würde man bei Blutzuckerkontrollen etwa um 8, 11 und 14 Uhr eine stabile mittlere Blutglukose von 105 mg/dl vermuten. In Wirklichkeit beträgt die MBG über 160 mg/dl bei hochgradiger Stoffwechsellabilität. Pfeile am oberen Bildrand: Altinsulingaben, insgesamt 96 E/24 Stunden. Pfeile am unteren Bildrand: Nahrungsaufnahme. *H* Hauptmahlzeiten, *Z* Zwischenmahlzeiten

100 Minuten können Diabetikerinnen mit hohem Hypoglykämierisiko daran erkannt werden, daß Blutzuckerwerte unter 35 mg/dl auftreten (WHITE et al., 1983). Bei instabilen Diabetikerinnen scheint eine unzulängliche Gegenregulation aufgrund einer unzureichenden Glukagon- und Adrenalinantwort auf hypoglykämische Phasen vorzuliegen. Neben der Qualität der Stoffwechselführung ist eine individuelle Disposition, die Restfunktion der Betazellen und der Zeitpunkt der Schwangerschaft für die Stabilität des Stoffwechsels von Bedeutung. Ist eine Residualfunktion des Inselorganes vorhanden, so ist der Stoffwechsel stabiler (LUTTERMAN et al., 1981; SERVICE und NELSON, 1980). Im eigenen Krankengut war bei stabilen Diabetikerinnen ein doppelt so hoher mittlerer C-Peptidspiegel als bei instabilen Diabetikerinnen nachzuweisen (1,4 ng/ml und 0,75 ng/ml). Zunehmend stabiler wird der Stoffwechsel in der 2. Schwangerschaftshälfte. Selbst bei Fällen mit Brittle-Diabetes

kann der MAGE-Wert auf die Hälfte des Wertes der Frühschwangerschaft absinken (LEV-RAN et al., 1977). Dies sollte einerseits bei der Indikationsstellung zur Pumpenbehandlung bedacht werden, andererseits darf bei bereits installierter Pumpenbehandlung die Zunahme der Stoffwechselqualität nicht ausschließlich der Pumpe zugute gehalten werden.

20.5.7.2 Art und Frequenz der Blutzuckerkontrolle

Die weitverbreitete Methode der Stoffwechselkontrolle von Diabetikern anhand von drei Blutzuckerwerten ist für die Schwangerschaft nicht ausreichend. Die Abb. 20.5 zeigt an einem Biostatorprofil, daß bei einer tatsächlichen MBG von 160 mg/dl (8,9 mmol/l) mit nur 3 punktuellen Blutzuckerwerten unter Umständen eine MBG von 105 mg/dl (5,8 mmol/l) kalkuliert wird. Wegen der hohen Ansprüche des Fetus an den Stoffwechsel der Schwangeren, besonders auch in den Nachtstunden, und wegen des dynamischen Verlaufs des Insulinbedarfs während der Schwangerschaft müssen engmaschige Blutzuckerprofile erhoben werden. Je nach Stabilität des Stoffwechsels sind 1 bis 2 Tagesprofile pro Woche mit 9 (bis 10) Blutzuckerwerten erforderlich. An der Grazer Klinik werden die Blutzuckerbestimmungen um 6, 8, 9, 12, 15, 18, 21, 24 und 3 Uhr (6 Uhr) durchgeführt. Mit diesem Profil ist sowohl die prä- als auch die postprandiale Glykämie rund um die Uhr erfaßt. Das therapeutische Ziel sind präprandiale Glukosewerte unter 100 mg/dl (5,5 mmol/l), postprandiale Werte unter 160 mg/dl (8,9 mmol/l) und eine MBG unter 100 mg/dl (5,5 mmol/l). Zwischen den Tagesprofilen sind täglich je nach der Stabilität des Stoffwechsels neben dem Nüchternblutzucker zwei bis vier Stichproben der Glykämie erforderlich. Zusätzliche Blutzuckerkontrollen erfolgen bei Verdacht auf Hyper- oder Hypoglykämie, bei Diätfehlern oder außergewöhnlichen Belastungen, bei interkurrenten Erkrankungen etc. Auch von Tag zu Tag zeitverschobene Blutzuckerkontrollen haben sich bewährt. Eine derart engmaschige Überwachung der Glykämie ist nur durch Blutzuckerselbstkontrollen möglich. Schwangere Diabetikerinnen sind maximal motiviert. Patientinnen mit Insulininfusionspumpen haben, ohne dazu veranlaßt zu werden, aus eigener Initiative bis zu 1500 Blutzuckerbestimmungen im Verlauf ihrer Schwangerschaft durchgeführt.

20.5.7.3 Blutzuckerselbstkontrolle

Die Blutzuckerselbstkontrolle ist nahezu Vorbedingung für den erfolgreichen Ausgang einer Schwangerschaft bei Diabetesmellitus. Sie erfolgt mit Blutzuckerteststreifen. Bei der Auswertung der Streifen mit einem Reflektometer lassen sich Ergebnisse erzielen, die sehr gut mit den Ergebnissen der enzymatischen Blutzuckerbestimmung im Laboratorium übereinstimmen (IRSIGLER et al., 1982). Die Anwendung eines Reflekto-

meters ist der Beurteilung mit freiem Auge vorzuziehen, da die visuelle Farbschätzung von Diabetikern bereits lange vor dem Auftreten einer Retinopathie gestört sein kann (LACROIX et al., 1982). Zur Überprüfung der Qualität der Selbstkontrolle sollen die Diabetikerinnen angehalten werden, vor ambulanten Kontrollen an der Klinik ein Selbstprofil zu erstellen und bei jeder Blutzuckerbestimmung mit Teststreifen gleichzeitig eine Mikrokapillare Blut aus der Fingerbeere zu entnehmen. Die Kapillaren (10 µl Blut) werden in numerierte verschließbare Probenröhrchen eingebracht, die ein Hämolysereagenz enthalten (Gluco-quant®, Boehringer Mannheim, Gluc-DH®, E. Merck Darmstadt). Das Hämolysat ist im Kühlschrank zumindest eine Woche haltbar. Die mitgebrachten Proben werden hinsichtlich ihres Glukosegehaltes analysiert und mit den Werten des Eigenprofiles verglichen.

20.5.7.4 Die Bestimmung von Glykohämoglobin

Der klinische Informationswert glykosylierter Hämoglobine zur retrospektiven Beurteilung der Glykämie eines längeren Zeitraumes ist unbestritten (SCHERNTHANER et al., 1980; NATHAN et al., 1984). Für diagnostische Zwecke wird entweder die Summe der glykosilierten Hämoglobine (HbA_1) oder HbA_{1c} als Hauptfraktion der „Minor components" bestimmt. Beide Bestimmungen scheinen hinsichtlich ihres Aussagewertes ebenbürtig zu sein. Während ein HbA_1-Wert von 7,0% (HbA_{1c}-Wert von 5,0%) einer mittleren Blutglukose von 87 mg/dl (4,8 mmol/l) entspricht, weist ein HbA_1-Wert von 11% (HbA_{1c}-Wert von ~ 8%) auf eine mittlere Blutglukose von etwa 200 mg/dl (11,0 mmol/l) hin (BERGER und SONNENBERG, 1980). In der Schwangerschaft gibt das glykosilierte Hämoglobin Auskunft über die Glykämie der letzten 8 Wochen (O'SHAUGHNESSY et al., 1979). Bei stoffwechselgesunden Frauen wird ein Absinken (WIDNESS et al., 1980) bzw. ein biphasischer Verlauf der Glykohämoglobine mit dem

Nadir in der 24. Schwangerschaftswoche (PHELPS et al., 1983) beschrieben. Eine Abhängigkeit vom Lebensalter zeigt sich in einem Anstieg von 0,053% pro Jahr (GRÄFENSTEIN und DUCHNA, 1981). Erhöhte HbA_1-Werte sind nach tokolytischer Therapie mit Betamimetika nachzuweisen (NIEDERAU et al., 1981). Glykosiliertes Hämoglobin ist ein rein mütterlicher Parameter und vermittelt keine Prognose hinsichtlich einer diabetogenen Fetopathie (O'SHAUGHNESSY et al., 1979; GRAEFENSTEIN und DUCHNA, 1981; FADEL et al., 1979; BURKART, 1984). Durch monatliche Verlaufskontrollen bei diabetischen Schwangeren sind jedoch wertvolle Informationen über den Trend der Stoffwechselqualität zu erlangen (KJAERGAARD und DITZEL, 1979).

20.5.7.5 Schulung

Eine normoglykämische Stoffwechselführung setzt eine intensive Schulung der Diabetiker voraus, wodurch ein weitestgehendes Selbst-Management der Erkrankung möglich wird (BERGER et al., 1983; JOVANOVIC et al., 1980; SKYLER et al., 1980). Dadurch ergeben sich zusätzlich beträchtliche ökonomische Vorteile, da die Zeit stationärer Aufenthalte drastisch abnimmt (GOLDSTEIN et al., 1983). Auf die Schulung kann hier nicht im Detail eingegangen werden. Sie geschieht am besten anhand gegebener Anleitungen (DANKMEIJER, 1981; TRAVIS und HÜRTER, 1980; MEHNERT und STANDL, 1975; ROBBERS und TRAUMANN, 1980; BERGER et al., 1981).

Schwangere Diabetikerinnen müssen besonders mit der Blutzuckerselbstkontrolle vertraut gemacht werden. Darüber hinaus müssen sie die Insulinselbstanpassung anhand ihrer Blutzuckerprotokolle erlernen. Dies setzt eine gute Kenntnis hinsichtlich der Wirkungsdynamik und der Wirkungsdauer von Insulin sowie der damit verbundenen Stoffwechselvorgänge voraus. Die Schwangere muß vor allem wissen, daß Hyperglykämien auch der Ausdruck einer Überinsulinisierung mit entsprechender Gegenregulation

sein können. Vornehmlich hohe Nüchternblutzuckerwerte am Morgen können Folge einer nächtlichen Hypoglykämie sein (Somogyi-Effekt). Die Behandlung ist falsch, wenn in diesem Fall, anstatt die abendliche (oder nächtliche) Insulindosis zu senken, die morgendliche Dosis angehoben wird. Die Patientinnen müssen begreifen, daß für einen präprandialen Blutzuckerwert die vorangegangene Insulindosis verantwortlich ist und korrigiert werden muß und nicht die darauffolgende. Es empfiehlt sich, die Protokolle der Blutzuckerselbstkontrolle bei jeder ambulanten Kontrolle mit den Schwangeren zu besprechend und die Anpassung der Insulintherapie von der Schwangeren selbst vornehmen zu lassen. Ein korrigierendes oder belehrendes Eingreifen des Arztes soll aus Gründen der Schulung nur dann erfolgen, wenn die Patientin eine Fehlentscheidung trifft. Patientinnen mit Insulinpumpen müssen mit der Handhabung und Programmierung ihrer Geräte sowie mit der Katheterpflege, den Fehlermöglichkeiten der Pumpe und dem Nachfüllen von Insulin vertraut sein.

20.5.8 Die Insulinbehandlung in der Schwangerschaft

Die Insulintherapie in der Schwangerschaft ist vorwiegend auf den *„intrauterinen Patienten"* ausgerichtet, der wesentlich höhere Ansprüche an die Stoffwechselqualität stellt als die Schwangere selbst.

Eine weitestgehend ungestörte embryonale und fetale Entwicklung setzt eine normoglykämische Stoffwechselführung voraus: das heißt, eine mittlere Blutglukose (MBG) von 70 bis 100 mg% (3,9—5,5 mmol/l) mit möglichst geringen tageszeitlichen Schwankungen (IRSIGLER, 1978; TAMAS et al., 1981; SERVICE et al., 1970). Die ideale Insulintherapie sollte auch den physiologischen Hyperinsulinismus und das Absinken der MBG (KÜHL, 1975) im Vorlauf der Schwangerschaft Stoffwechselgesunder imitieren. Die Insulinbehandlung der schwangeren Diabetikerin muß individuell gehandhabt werden.

Darüber hinaus können jedoch Regelhaftig-
keiten beobachtet werden, deren Kenntnis
eine gute Stoffwechseleinstellung erleichtern.

20.5.8.1 Der Insulinbedarf im Verlauf der Schwangerschaft

Während der Schwangerschaft ist insgesamt
eine Zunahme des Insulinbedarfes um rund
34 E/24ʰ regelhaft (WEISS und WINTER,
1982). Es werden dafür vorwiegend „antiinsulinäre" Hormone, wie z. B.: Plazentares
Laktogen, Kortisol, Progesteron etc. verantwortlich gemacht (Übersicht bei BELLMANN,
1978 und JOVANOVIC und PETERSON, 1982).
Als Ursache für die Zunahme des Insulinbedarfes während der Schwangerschaft wurde
aber auch eine Degradation von Insulin
durch Plazentaenzyme angenommen
(FREINKEL, 1965; POSTNER, 1975). Dagegen
sprechen jedoch Untersuchungen, die nachweisen, daß sich weder die Kinetik (BELL-
MANN und HARTMANN, 1975) noch die Halbwertszeit (BURT und DAVIDSON, 1975) von
zugeführtem Insulin bei Schwangeren und
Nichtschwangeren unterscheiden. Mit Sicherheit muß sich die Zunahme des Körpergewichtes der Schwangeren auf den Insulinbedarf auswirken.

Werden diabetische Schwangere relativ spät
(nach der 12. Woche) erfaßt oder wird zum
Schwangerschaftsbeginn eine etwas liberalere Stoffwechselführung gehandhabt
(MBG 100 bis 120 mg%, 5,5 bis 6,6 mmol/l),
so scheint der Insulinbedarf fortlaufend anzusteigen (MILLER, 1981; WEISS und WINTER,
1982; JOVANOVIC und PETERSON, 1982). Bei
sehr straffer Stoffwechselführung hingegen
bereits zu Beginn der Schwangerschaft, besonders bei präkonzeptioneller normoglykämischer Einstellung, ist eine Abnahme des
Insulinbedarfes ab der 11. Schwangerschaftswoche mit einem Minimum (bis 13%)
des Insulinbedarfes um die 17. Schwangerschaftswoche die Regel (Abb. 20.6) (WEISS
und HOFMANN, 1984 c). Es ist dies wahrscheinlich auf eine Verbesserung der Insulin-
wirkung durch einen „insulinotropen" Ef-

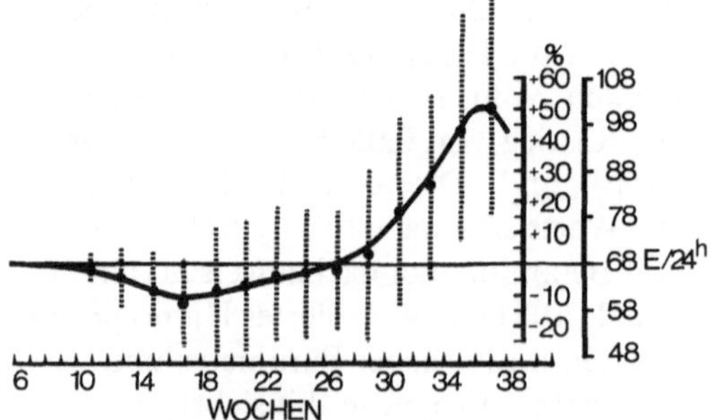

Abb. 20.6. Insulinbedarf im Verlauf der Schwangerschaft bei normoglykämischer Stoffwechselführung bereits vor der 8. Schwangerschaftswoche. Mittelwerte
und Standardabweichungen (aus: WEISS und HOF-
MANN, 1984 c)

fekt von Choriongonadotropin zurückzuführen (BELLMANN, 1978 a; YEN, 1973). Treten im beschriebenen Zeitraum hypoglykämische Episoden auf, die zur Reduktion der
Insulindosis zwingen, so kann das nahezu als
Beweis einer normoglykämischen Stoffwechselführung gelten.

Von diesem Minimum ausgehend, ist im
weiteren Schwangerschaftsverlauf zunächst
ein flacher ($\sim 1,3\%$/Woche $= \sim 5\%$/Monat),
zwischen der 28. und 36. Woche hingegen
ein steilerer Anstieg des Insulinbedarfes
($\sim 5,5\%$/Woche $= \sim 22\%$/Monat) zu beobachten. Nach der 36. Woche kommt es
gewöhnlich zum Abfall des Insulinbedarfes,
der unserer Meinung nach physiologisch ist.
Er fällt nämlich mit einem Plateau (SPELLACY
et al., 1974) oder sogar Absinken (ARTNER
et al., 1977) von HPL (antiinsulinäre Wirkung) und einem Anstieg von HCG (insulinotrope Wirkung) zusammen. Darüber hinaus ist eine Glukoseabschöpfung durch das
nunmehr reife Ungeborene von Bedeutung
(WEISS et al., 1984), (Kap. 20.3.3.2, S. 354).
Fieberhafte Erkrankungen, körperliche Belastungen oder Bewegungsarmut (etwa bei
stationärem Aufenthalt) bewirken einen
Mehr- bzw. Minderbedarf an Insulin, der
individuell ausgeglichen werden muß. Der
Wechsel von stationärer zu ambulanter Behandlung ist daher manchmal, vor allem in
der Frühschwangerschaft, mit einer Abnah-

me des Insulinbedarfes verbunden. Die Feinabstimmung der Insulintherapie muß unter häuslichen Bedingungen von der Schwangeren selbst durchgeführt werden.

Eine Behandlung mit Betamimetika zur Tokolyse oder Glukokortikoiden zur Induktion der Lungenreife verursacht einen Mehrbedarf an Insulin (s. S. 403).

Bei der Kombinationsbehandlung mit Alt- und Depotinsulin ist nach eigenen Erfahrungen der Bedarf an Depotinsulin über weite Strecken der Schwangerschaft nahezu konstant (WEISS und HOFMANN, 1984c). Dies deckt sich auch mit Beobachtungen anderer Autoren (BARANYI et al., 1981). Der Bedarf an Depotinsulin beträgt in den ersten zwei Schwangerschaftsdritteln etwas mehr als die Hälfte des gesamten Insulinbedarfes. Erst ab der 30. Woche pflegt ein geringer absoluter Mehrbedarf aufzutreten. Der relative Bedarf an Depotinsulin hingegen fällt am Ende der Schwangerschaft auf etwa 45% ab, da der Bedarf an Kurzzeitinsulin stärker ansteigt.

20.5.8.2 Der aktuelle Insulinbedarf (Iakt)

Der aktuelle Insulinbedarf läßt sich aus der verabreichten Insulinmenge (Iv) und der mittleren Blutglukose (MBG) über 24 (besser 48) Stunden abschätzen. Die MBG bei einer bekannten Insulindosis ist eine gegenläufige Größe, die in hohem Maße von der individuellen Patientencharakteristik (Körpergewicht, periphere Insulinresistenz, Insulinempfindlichkeit, antinsulinäre und insulinotrope Hormone, Insulinantikörper, Eßgewohnheiten etc.) beeinflußt wird. Wird die MBG und die verabreichte Insulinmenge zur Berechnung des aktuellen Insulinbedarfes herangezogen, werden diese erwähnten Patientencharakteristika von selbst in der Berechnung berücksichtigt. Es hat sich gezeigt, daß zur Senkung der MBG um 100 mg%/dl die verabreichte Insulinmenge um rund 65% erhöht werden muß. Der aktuelle Insulinbedarf für das Behandlungs-

ziel: MBG = 100 mg/dl (5,5 mmol/l) errechnet sich demnach nach der Formel:

$$\text{Iakt} = \text{Iv} + \text{Iv}(\text{MBG} - 100)\,0{,}0065$$

Ein Beispiel: Eine Schwangere hat unter der Behandlung mit 40 E Insulin/24ʰ eine mittlere Blutglukose von 160 mg%/dl. In diesem Fall wird die voraussichtliche aktuelle Insulindosis für eine MBG von ~ 100 mg%/dl:

$$40 + 40\,(160 - 100)\,0{,}0065 \quad \text{und somit}$$

55,6 E/24ʰ betragen.

Besteht eine Differenz von mehr als 20% zwischen der verabreichten und der aktuell benötigten Insulindosis, muß die neue Anpassung schrittweise erfolgen, da eine drastische Senkung der Hyperglykämie auch bei Blutglukosewerte über 70 mg/dl (3,9 mmol/l), ein subjektives Gefühl der Hypoglykämie vermittelt. Die Diabetikerinnen müssen sich, vor allem wenn sie über einen längeren Zeitraum schlecht eingestellt waren, erst allmählich an eine Normoglykämie gewöhnen. Die Berechnung des Insulinbedarfes nach der angeführten Formel ist nur beim Insulinmangeldiabetes (Typ-I-Diabetes) anwendbar. Beim Typ-II-Diabetes (Gestationsdiabetes, KHTS), muß der Insulinbedarf auf andere Weise ermittelt werden (s. S. 359).

20.5.8.3 Art und Frequenz der Insulingaben

Zur Aufteilung der aktuellen Insulindosis über 24 Stunden haben sich vier Behandlungsschemata bewährt (WEISS und HOFMANN, 1984c), die entweder Kurzzeitinsulin oder die Kombination von Kurzzeit- mit Intermediär- oder Langzeit-Insulin in verschiedener Aufteilung und Kombination enthalten (Abb. 20.7). Die Aufteilung und Kombination erfolgt nicht willkürlich, sondern leitet sich von der Resorptionsdynamik und Wirkungsdauer der Insuline ab (SCHLICHKRULL, 1977). Der Insulinbedarf ist in den Morgenstunden unabhängig von der Nahrungsaufnahme am höchsten. Wahrscheinlich ist dies im Tagesrhythmus der

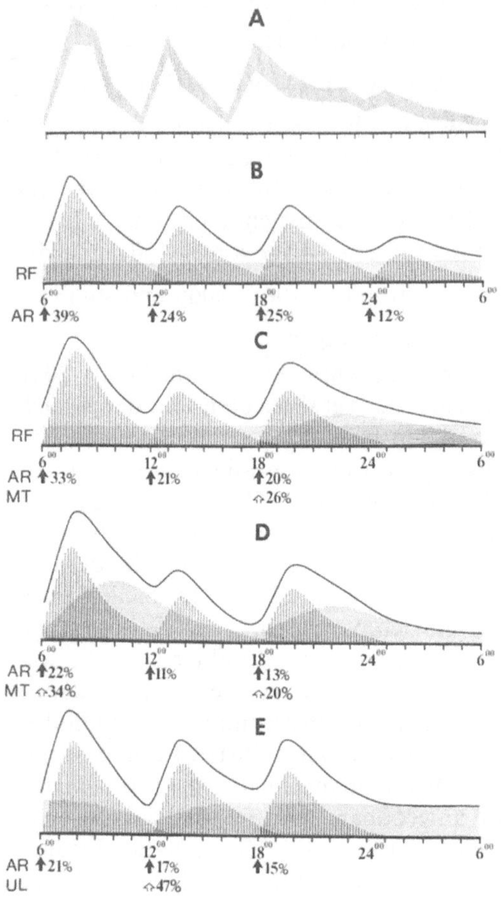

Abb. 20.7. A Insulinsekretion bei stoffwechselgesunden Schwangeren nach LEWIS et al. (1976). Mittelwerte mit Standardabweichung. **B** Resorptionsmuster bei der Gabe von vier Dosen Aktrapid (Schema 1). Horizontal schraffiert: Basale Restfunktion (*RF*), senkrecht schraffiert: Aktrapid (*AR*), Linie: Summationskurve. **C** Resorptionsmuster bei der Gabe von dreimal täglich Aktrapid und einmal Monotard am Abend (Schema 2). Horizontal schraffiert: Basale Restfunktion (*RF*) und Monotard (*MT*), senkrecht schraffiert: Aktrapid (*AR*), Linie: Summationskurve. **D** Resorptionsmuster bei der Gabe von dreimal Aktrapid und zweimal Monotard (Schema 3). Horizontal schraffiert: Monotard (*MT*), senkrecht schraffiert: Aktrapid (*AR*), Linie: Summationskurve. **E** Resorptionsmuster bei der Gabe von dreimal Aktrapid und einmal Ultralente (Schema 4). Horizontal schraffiert: Ultralente (*UL*), senkrecht schraffiert: Aktrapid (*AR*), Linie: Summationskurve. — Die Prozentzahlen unter den Abbildungen geben die mittlere statistische Verteilung des Insulins in seine Einzelgaben an. 100% ist der gesamte tägliche Insulinbedarf. Die Skala entspricht der Tageszeit (aus: WEISS und HOFMANN, 1984c)

Kortisolproduktion mit dem Gipfel in den Morgenstunden begründet.

Bei den vorliegenden Schemata wurde Aktrapid® MC und Monotard® MC (teilweise als Humanactrapid und Humanmonotard) sowie Ultralente® MC verwendet. Ultralente wird in zunehmenden Maß durch Ultratard abgelöst, das sich von Humaninsulin ableitet. Diese Schemata sind jedoch prinzipiell mit kleinen Variationen auch auf entsprechende andere Insulinsorten anwendbar. Die Abb. 20.7 zeigt die Resorptionsmuster der Insulinkombinationen, die in den beschriebenen Therapieschemata verabreicht werden. Durch Addition ergeben sich jeweils Summationskurven, die sich ähneln und weitestgehend mit dem Insulinsekretionsmuster stoffwechselgesunder Schwangerer (LEWIS et al., 1976) deckungsgleich sind (Abb. 20.7 A).

Zu beachten ist, daß die Wirkungsdauer von Depotinsulinen in der Schwangerschaft um etwa ein Drittel kürzer ist als außerhalb der Schwangerschaft (BARANYI et al., 1981). Daher muß z. B. Monotard in der Schwangerschaft als Intermediärinsulin und nicht als Langzeitinsulin angesehen werden.

Schema 1. Die Behandlung mit vier Dosen Kurzzeitinsulin (Abb. 20.7B): Der aktuelle Insulinbedarf teilt sich bei diesem Schema im Verhältnis von 39%, 25%, 26% und 10% auf. Die einzelnen Insulindosen werden um 6, 12, 18 und 24 Uhr verabreicht. Das Verhältnis der Einzeldosen zueinander ist auch bei zunehmendem Insulinbedarf im Verlauf der Schwangerschaft konstant. Ist der aktuelle Insulinbedarf bekannt, so können die voraussichtlichen Einzeldosen der Tab. 20.18 entnommen werden.

Dieses Schema ist vorzugsweise bei Diabetikerinnen anwendbar, die noch eine, wenn auch geringe basale Insulinsekretion haben. Bei einer Diabetesmanifestation nach dem 6. Lebensjahr ist eine Residualfunktion (C-Peptid < 0,05 pmol/ml) in 53% der Fälle nachweisbar (SCHERNTHANER, 1980). Klinisch ist eine basale Insulinsekretion dann zu vermuten, wenn eine relativ stabile Stoff-

Tabelle 20.18. Voraussichtliche Aufteilung von Insulin bei der Behandlung mit vier Einzeldosen von kurzwirksamen Insulin

Aktueller Insulinbedarf E 24^h	Aufteilung in E*				Insulinbedarf E 24^h	Aufteilung in E*			
	6 Uhr	12 Uhr	18 Uhr	24 Uhr		6 Uhr	12 Uhr	18 Uhr	24 Uhr
100%	39%	24%	25%	12%	100%	39%	24%	25%	12%
28	10,92	6,72	7,00	3,36	68	26,52	16,32	17,00	8,16
30	11,70	7,20	7,50	3,60	70	27,30	16,80	17,50	8,40
32	12,48	7,68	8,00	3,84	72	28,08	17,28	18,00	8,64
34	13,26	8,16	8,50	4,08	74	28,86	17,76	18,50	8,88
36	14,04	8,64	9,00	4,32	76	29,64	18,24	19,00	9,12
38	14,82	9,12	9,50	4,56	78	30,42	18,72	19,50	9,36
40	15,60	9,60	10,00	4,80	80	31,20	19,20	20,00	9,60
42	16,38	10,08	10,50	5,04	82	31,98	19,68	20,50	9,84
44	17,16	10,56	11,00	5,28	84	32,76	20,16	21,00	10,08
46	17,94	11,04	11,50	5,52	86	33,54	20,64	21,50	10,32
48	18,72	11,52	12,00	5,76	88	34,32	21,12	22,00	10,56
50	19,50	12,00	12,50	6,00	90	35,10	21,60	22,50	10,80
52	20,28	12,48	13,00	6,24	92	35,88	22,08	23,00	11,04
54	21,06	12,96	13,50	6,48	94	36,66	22,56	23,50	11,28
56	21,84	13,44	14,00	6,72	96	37,44	23,04	24,00	11,52
58	22,62	13,92	14,50	6,96	98	38,22	23,52	24,50	11,76
60	23,40	14,40	15,00	7,20	100	39,00	24,00	25,00	12,00
62	24,18	14,88	15,50	7,44	102	39,78	24,48	25,50	12,24
64	24,96	15,36	16,00	7,68	104	40,56	24,96	26,00	12,48
66	25,74	15,84	16,50	7,92	106	41,34	25,44	26,50	12,72

* Die Untersuchungen wurden mit Aktrapid durchgeführt.

wechsellage vorliegt und die Stoffwechselführung mit keinen großen Schwierigkeiten verbunden ist (SERVICE und NELSON, 1980). Theoretisch wird dieses Schema daher in erster Linie bei den Klassen AB, Bo und B anzuwenden sein. Aber auch bei den Klassen C bis D mit Ausnahme von R-Fällen ist dieses Schema immer wieder mit Erfolg anwendbar. Eine Stoffwechseleinstellung mit Alt-Insulin erfordert eine Verabreichung *zumindest* alle 6 Stunden, was sich aus der Wirkungsdauer von Alt-Insulin ableitet.

Schema 2. Die Behandlung mit drei Dosen Kurzzeitinsulin und einer Gabe von Intermediärinsulin (Abb. 20.7 C):

Dieses Schema ist eine Modifikation des Schema 1. Der aktuelle Insulinbedarf verteilt sich auf 33, 21 und 20% Altinsulin um 6, 12 und 18 Uhr sowie einer zusätzlichen Dosis von 26% Intermediärinsulin um 18

Uhr. Das Verhältnis der Einzeldosen zueinander bleibt auch bei zunehmendem Insulinbedarf konstant. Ist der aktuelle Insulinbedarf bekannt, so können die voraussichtlichen Einzeldosen der Tab. 20.19 entnommen werden. Dieses Insulinschema ist in den gleichen Fällen indiziert, wie bei Schema 1 beschrieben und wird im eigenen Krankengut in zunehmendem Maße angewandt. Der Vorteil liegt darin, daß um Mitternacht kein Insulin verabreicht werden muß und somit die nächtliche Belästigung der Schwangeren wegfällt.

Schema 3. Die Behandlung mit drei Dosen Kurzzeitinsulin und zwei Dosen Intermediärinsulin (Abb. 20.7 D):

Bei diesem Schema wird um 6, 12 und 18 Uhr Altinsulin, um 6 und 18 Uhr zusätzlich Intermediärinsulin verabreicht. In der Abb. 20.7 D ist wie auch in Abb. 20.7 E

Tabelle 20.19. Voraussichtliche Aufteilung von Insulin bei der Behandlung mit 3 Einzeldosen kurzwirksamen Insulins und einer Dosis von Intermediärinsulin

Insulin-bedarf E/24^h	Aufteilung in E* AR 6 Uhr	AR 12 Uhr	AR 18 Uhr	MT 18 Uhr	Insulin-bedarf E/24^h	Aufteilung in E* AR 6 Uhr	AR 12 Uhr	AR 18 Uhr	MT 18 Uhr
100%	33%	21%	20%	26%	100%	33%	21%	20%	26%
28	9,24	5,88	5,60	7,28	68	22,44	14,28	13,60	17,68
30	9,90	6,30	6,00	7,80	70	23,10	14,70	14,00	18,20
32	10,56	6,72	6,40	8,32	72	23,76	15,12	14,40	18,72
34	11,22	7,14	6,80	8,84	74	24,42	15,54	14,80	19,24
36	11,88	7,56	7,20	9,36	76	25,08	15,96	15,20	19,76
38	12,54	7,98	7,60	9,88	78	25,74	16,38	15,60	20,28
40	13,20	8,40	8,00	10,40	80	26,40	16,80	16,00	20,80
42	13,86	8,82	8,40	10,92	82	27,06	17,22	16,40	21,32
44	14,52	9,24	8,80	11,44	84	27,72	17,64	16,80	21,84
46	15,18	9,66	9,20	11,96	86	28,38	18,06	17,20	22,36
48	15,84	10,08	9,60	12,48	88	29,04	18,48	17,60	22,88
50	16,50	10,50	10,00	13,00	90	29,70	18,90	18,00	23,40
52	17,16	10,92	10,40	13,52	92	30,36	19,32	18,40	23,92
54	17,82	11,34	10,80	14,04	94	31,02	19,74	18,80	24,44
56	18,48	11,76	11,20	14,56	96	31,68	20,16	19,20	24,96
58	19,14	12,18	11,60	15,08	98	32,34	20,58	19,60	25,48
60	19,80	12,60	12,00	15,60	100	33,00	21,00	20,00	26,00
62	20,46	13,02	12,40	16,12	102	33,66	21,42	20,40	26,52
64	21,12	13,44	12,80	16,64	104	34,32	21,84	20,80	27,04
66	21,78	13,86	13,20	17,16	106	34,98	22,26	21,20	27,56

* Die Untersuchungen wurden mit Aktrapid und Monotard durchgeführt.

Tabelle 20.20. Koeffizient zur Berechnung des Anteiles an Depotinsulin im Verlauf der Schwangerschaft

Schwanger-schafts-woche	Koeffizient für Monotard K_{WMT}	Koeffizient für Ultralente K_{WUL}	Schwanger-schafts-woche	Koeffizient für Monotard K_{WMT}	Koeffizient für Ultralente K_{WUL}
8.	0,580	0,475	24.	0,532	0,512
10.	0,580	0,475	26.	0,520	0,505
12.	0,575	0,480	28.	0,510	0,493
14.	0,570	0,485	30.	0,500	0,475
16.	0,565	0,490	32.	0,487	0,460
18.	0,560	0,500	34.	0,473	0,448
20.	0,552	0,510	36.	0,465	0,445
22.	0,542	0,512	38.	0,460	0,445

ist ein statistisch mittleres Verteilungsmuster abgebildet, das erst der Gestationszeit angepaßt werden muß. Das Verhältnis von Kurzzeitinsulin zu Depotinsulin verändert sich im Verlauf der Schwangerschaft, während die Aufteilung der Anteile in ihre Einzeldosen konstant bleibt. So verteilt sich der Aktrapidanteil auf 48, 24 und 28%, der Monotardanteil auf 62 und 38%. Ist Iakt bekannt, so muß zur Berechnung des Verhältnisses von Alt- zu Depot-Insulin ein Koeffizient (K_{WMT}) mit einbezogen werden, der den Anteil an Monotard entsprechend der Gestationszeit verändert (Tab. 20.20).

Die Verteilung des Insulines berechnet sich demnach nach der Formel

Aktrapid   6 Uhr : Iakt · $(1 - K_{WMT})$ · 0,48
12 Uhr : Iakt · $(1 - K_{WMT})$ · 0,24
18 Uhr : Iakt · $(1 - K_{WMT})$ · 0,28
Monotard 6 Uhr : Iakt · K_{WMT} · 0,62
18 Uhr : Iakt · K_{WMT} · 0,38

Dieses Schema ist vorzugsweise bei Diabetikerinnen ohne wirksame Restfunktion der Inselzellen, also vorwiegend in den Klassen C bis R nach WHITE, anzuwenden. Der Anteil an Depot-Insulin ahmt die Basalsekretion der Stoffwechselgesunden nach, während der Anteil an Altinsulin die Hauptmahlzeiten abdeckt.

In Einzelfällen ist zu beachten, daß besonders bei geringem Insulinbedarf ($< 50 \, E/24^h$) der prozentuelle Anteil des Bedarfes an Depotinsulin höher als angegeben sein kann. Wie aus der Abb. 20.7 D hervorgeht, besteht zwischen 16 und 18 Uhr ein Resorptionsminimum. Dieses kann in vereinzelten Fällen eine zusätzliche Gabe an rasch wirksamem Insulin notwendig machen.

Schema 4. Die Behandlung mit drei Dosen Kurzzeitinsulin und einer Gabe Langzeitinsulin (Abb. 20.7 E): Bei diesem Schema wird um 6, 12 und 18 Uhr Altinsulin und um 12 Uhr zusätzlich Ultralente verabreicht. Zur Berechnung der Einzeldosen muß wie beim vorangehenden Schema ein Koeffizient (K_{WUL}) mit einbezogen werden, der den Anteil an Ultralente entsprechend der Gestationszeit verändert (Tab. 20.20). Die Aufteilung des Kurzzeitinsulines in seine Einzeldosen ist mit 40, 32 und 28% unabhängig von der Gestationszeit konstant. Die Verteilung des Insulins berechnet sich demnach nach der Formel:

Aktrapid   6 Uhr : Iakt · $(1 - K_{WUL})$ · 0,40
12 Uhr : Iakt · $(1 - K_{WUL})$ · 0,32
18 Uhr : Iakt · $(1 - K_{WUL})$ · 0,28
Ultralente 12 Uhr : Iakt · K_{WUL}

Auch mit dem Schema 4 wird eine basale Insulinsekretion simuliert. Durch die Verabreichung von Ultralente um 12 Uhr sind

kritische Perioden höheren basalen Insulinbedarfes am besten abgedeckt (BARANYI et al., 1981). Neuerdings ersetzen wir Ultralente durch Ultratard, wobei letzteres um 18 Uhr verabreicht wird.

Dieses Schema eignet sich besonders für Schwangere mit sehr instabilem Diabetes der höheren White-Klassen.

Die Dosierung von Ultralente oder Ultratard muß im Einzelfall sehr sorgfältig angepaßt werden, da ein zu hoher Anteil die Gefahr der protrahierten Hypoglykämie, besonders in den frühen Morgenstunden, in sich birgt. Ein Resorptionsminimum von 10 bis 12 Uhr kann in seltenen Fällen eine zusätzliche Gabe von Altinsulin notwendig machen.

Alle Insulingaben müssen einen zeitlichen Bezug zur Nahrungsmittelaufnahme haben. Die zeitliche Abstimmung von Insulingaben und Essenszeiten sind im Kapitel 20.5.9 angegeben.

Mit den angeführten Therapieschemata wird in den meisten Fällen das Auslangen gefunden. Nur in vereinzelten Fällen müssen individuelle Schemata gefunden werden. Vor allem bei sehr hohem Bedarf an Altinsulin gelingt die Einstellung oft nur durch die Verabreichung von fünf bis sechs „verzettelter" Dosen, da eine Einzeldosis von mehr als 40 E sinnlos ist. Auch eine zeitliche Verschiebung zwischen dem Anteil an Alt- und Depotinsulin der Abenddosis kann vereinzelt notwendig sein, um einen Blutzuckeranstieg in den frühen Morgenstunden (dawn phenomenon) zu verhindern.

20.5.8.4 Stoffwechseleinstellung unter Biostatorkontrolle

Kontinuierliches Glukosemonitoring brachte wesentliche Erkenntnisse für die Steuerung der Insulintherapie (ALBISSER et al., 1974; CLEMENS et al., 1976; PFEIFFER et al., 1974).

Bei der Ermittlung des Insulinbedarfes unter computergesteuerter *intravenöser* Insulinapplikation am Biostator (closed loop system) kann ein rascher Überblick über die individuell benötigte Menge und tageszeitliche Verteilung von Insulin gewonnen werden (individueller Biorhythmus). Die Anwendung dieser Biostatordaten auf die s.c. Insulintherapie erfordert jedoch Umrechnungsfaktoren (IRSIGLER und KRITZ, 1983), da sich die intravenöse von der subkutanen Wirkung des Insulins unterscheidet.

Bei der *subcutanen* Applikation von Insulin unter Glukosemonitoring hingegen kann der Insulinbedarf zur konventionellen Therapie direkt ermittelt werden. Dazu werden in kurzen Abständen kleine Dosen eines kurzwirksamen Insulins injiziert (verzettelte Insulindosen). Die Höhe der ersten Dosis orientiert sich einerseits am Blutzuckerspiegel, andererseits an der vermutlichen Insulinresistenz, die aus der Höhe des Insulinbedarfes hervorgeht. Die Frequenz der Verabreichung wieder orientiert sich an der Reaktion des Blutzuckerspiegels auf Insulingaben. Dabei wird im allgemeinen so vorgegangen, daß stündlich Insulin verabreicht wird. Wird ein Abwärtstrend des Blutzuckerspiegels sichtbar, werden die verabreichten Dosen vermindert. Wird ein Blutzuckerspiegel von 70—80 mg% erreicht oder unterschritten, wird solange kein Insulin verabreicht, bis wieder ein Trend zum Anstieg des Blutzuckerspiegels zu erkennen ist. Mahlzeiten werden auch bei niedrigem Blutzuckerspiegel durch Insulingaben abgedeckt. Da sowohl die protrahierte Resorption von Insulin als auch von Kohlenhydraten in Rechnung gestellt werden muß, erfolgt die entsprechende s.c. Insulinverabreichung am besten etwa 30 Minuten vor der Nahrungsaufnahme und zwar in Abhängigkeit von der Insulintoleranz die sich bereits am Beginn des procedere abzeichnet. Aber auch bei Insulingaben, die keinen Mahlzeiten zugeordnet sind, muß berücksichtigt werden, daß der volle Wirkungseintritt erst nach 30 Minuten zu erwarten ist. Diabetikerinnen mit eigener Insulinproduktion haben eine wesentlich höhere Insulintoleranz. Es besteht keine besondere Neigung zur plötzlichen Hypoglykämie mit anschließender Hyperglykämie aufgrund von Gegenregulations-

vorgängen. Die verzettelten Insulindosen können schließlich zusammengefaßt und in Form eines Behandlungsschemas über den Tag verteilt werden. Nach der Stoffwechseleinstellung am Biostator werden in den nachfolgenden Tagen zumeist nur noch geringe Dosiskorrekturen nötig sein. Die Biostatoreinstellung hat somit den Vorteil, daß sehr rasch eine gute Stoffwechselführung gefunden wird. Die Vorgangsweise bei Erst- oder Neueinstellungen mittels eines kontinuierlichen Glukogrammes ist je nach der Ausgangssituation der Stoffwechsellage unterschiedlich. Sie soll daher an einigen typischen Beispielen erläutert werden, die die Gesetzmäßigkeiten des Stoffwechsels in den verschiedenen Diabetesstadien erkennen lassen.

Die Ersteinstellung am Biostator bei Diabetes mellitus AB (siehe Klassifikation): AB-Diabetikerinnen sind Sonderfälle, da die Insulinbehandlung an praktisch normoglykämischen Schwangeren vorgenommen wird. Des weiteren wird die Insulinbehandlung beim AB-Diabetes zumeist erst im letzten Trimenon begonnen (siehe Kap. 20.4). White-AB-Diabetikerinnen haben gewöhnlich einen unerwartet hohen Insulinbedarf (Abb. 20.8 a, Tab. 20.21: Fall 1). Dies liegt einerseits daran, daß es sich um Typ-II-Diabetikerinnen handelt [MOD(Y), siehe Klassifikation] und andererseits das letzte Schwangerschaftsdrittel von antiinsulinären Plazentahormonen dominiert wird (Übersicht bei JOVANOVIC und PETERSON, 1982). Besonders der HPL-Spiegel scheint bei diesen Fällen über der Norm zu liegen (FUHRMANN et al., 1980).

Die Biostatorersteinstellung bei einer 33jährigen White-AB-Diabetikerin in der 27. Schwangerschaftswoche ist in der Abb. 20.8 a dargestellt. In diesem Fall werden unter Monitoring in der Regel stündlich 8 Einheiten kurzwirksames Insulin subkutan verabreicht. Die Insulintoleranz beträgt 144 Einheiten/24-Stunden. Die Blutzuckerkurve zeigt unter diesem Vorgehen einen normoglykämischen Verlauf ohne überschießende Gegenregulationen, Schwankungen oder Hypoglykämien. Da die Behandlung eine normoglykämische „Diabetikerin", die nach verbreiteter Ansicht keinen *Bedarf* an Insulin hat, sind hier die Termini: Insulinbedarf, Insulintoleranz und Insulinverbrauch gleichzusetzen.

Da die eigene Insulinproduktion zunächst weitestgehend zurückgedrängt und darüber hinaus das durch die Schwangerschaft bedingte Defizit abgedeckt werden muß, wird der Insulinverbrauch bei einer Ersteinstellung am Biostator anfangs höher sein als im weiteren Behandlungsverlauf. Aus diesen Gründen ist der Verbrauch der ersten 6 Stunden von der Gesamtdosis abzuziehen, um zum voraussichtlichen Insulinbe-

BIOSTATOR

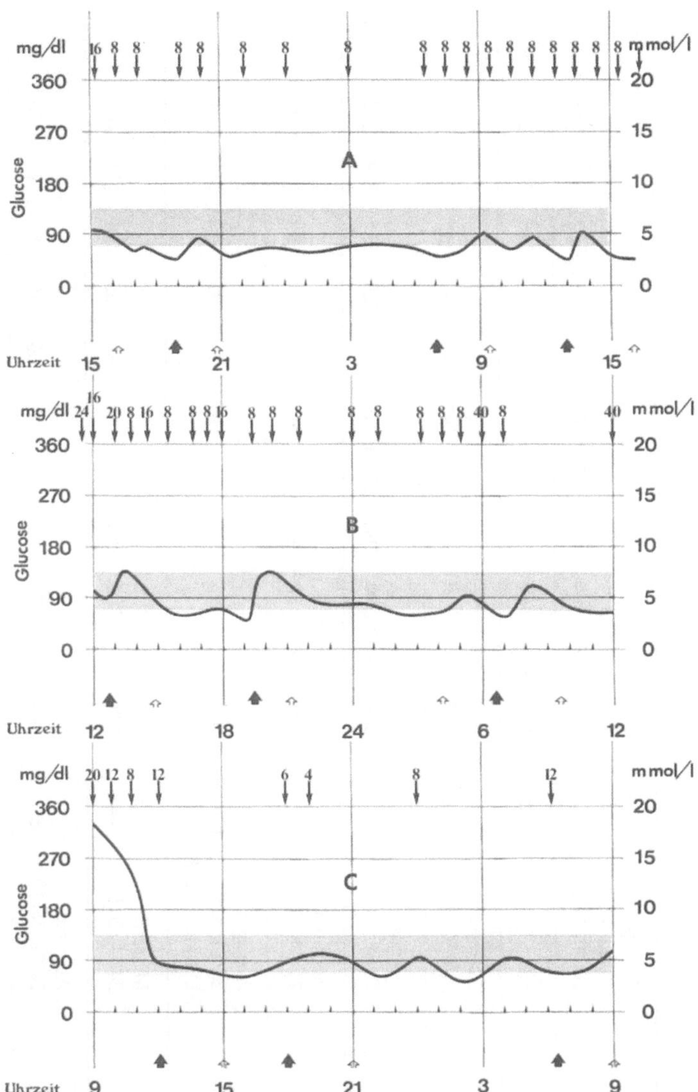

Abb. 20.8. Stoffwechseleinstellung unter Biostatorkontrolle. **A** bei einer AB-Diabetikerin; **B** bei der Umstellung einer Typ-II-Diabetikerin von oraler auf Insulintherapie und **C** bei Diabetesmanifestation in der Schwangerschaft. Abwärts gerichtete Pfeile: Insulingaben. Linie: Verlauf der Blutglukose; Graue Zone: normoglykämischer Bereich. Aufwärts gerichtete Pfeile: Haupt- und Zwischenmahlzeiten. Detaillierte Erläuterungen sind im Text enthalten

Tabelle 20.21. Stoffwechseleinstellung am künstlichen Pankreas (Biostator) bei Diabetes mellitus in der Schwangerschaft

Alter	Klassi-fikation	Biostator-einstel-lung	Schwanger-schafts-woche	Insulin-dosierung	Insulin E/24-St.	Blutzuckerprofil (mg%)										Mitt-lere Blut-glucose	HbA$_1$ vor-, 1 Monat nach Biostator-einst.
						6^h	8^h	9^h	12^h	15^h	18^h	21^h	24^h	3^h	6^h		
Fall 1 33 à AB		vorher	27	0	0	80	92	148	67	91	104	103	71	74	80	91	7,6%
		nachher	28	Actrapid 36/28/24/8 E	96	66	104	56	104	81	75	94	82	86	68	82	7,0%
Fall 2 36 à B		vorher	14	Glutril 1/—/1	0	95	100	157	113	102	116	110	73	63	93	102	10,6%
		nachher	15	Actrapid 40/20/40/ 20/40/20 E	180	89	123	84	96	112	100	65	61	82	70	88	6,8%
Fall 3 28 à B$_0$		vorher	21	0	0	196	—	345	231	153	137	143	287	176	205	208	9,5%
		nachher	22	Actrapid 16/8/8/4 E	36	124	—	111	108	78	192	186	163	62	101	125	5,8%
Fall 4 35 à		vorher	10	Höchst CR 52 E	52	261	—	270	196	270	316	297	228	235	259	259	11,4%
	C/R	nachher	14	Actrapid 24/14/16/8	62	120	—	68	68	85	117	117	—	85	122	98	9,2%
		nachher	20	Actrapid 20/12/16 E Ultralente 58 E	106	63	—	95	75	89	65	78	97	—	85	81	7,8%
Fall 5 29 à		vorher	10	Mixtard 24/—/20 E	44	170	—	300	186	156	166	186	65	98	134	162	12,5%
	D/R	nachher	11	Actrapid 24/16/16/10	66	88	—	78	72	72	85	66	79	69	92	70	9,2%

BIOSTATOR

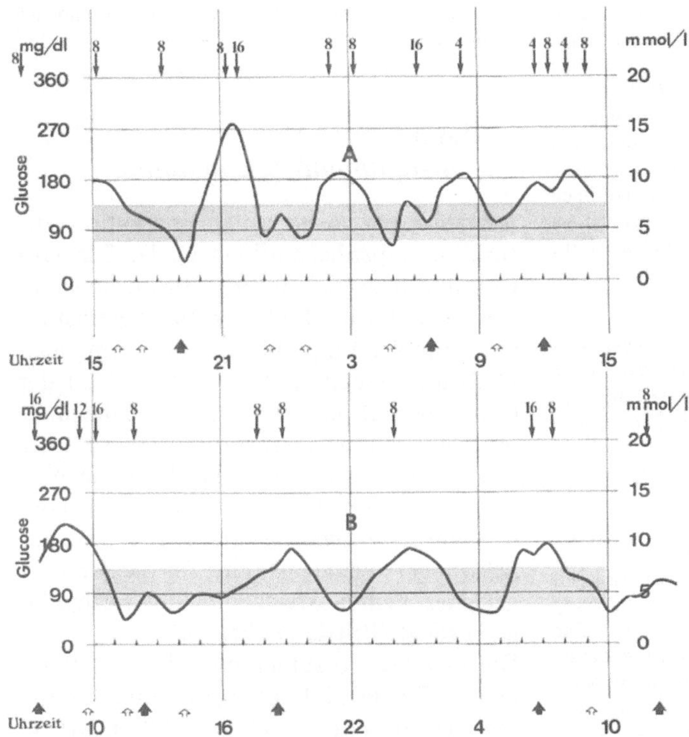

Abb. 20.9. Stoffwechseleinstellung unter Biostatorkontrolle. **A** bei labiler und **B** bei stabiler Stoffwechsellage. Symbole wie bei Abb. 20.8. Genauere Angaben sind im Text enthalten

darf/24-Stunden für die weitere Behandlung zu gelangen (Tab. 20.21: Fall 1). Die Verteilung über den Tag kann, was die Größenordnung der Einzeldosen betrifft, durch das Zusammenziehen von je 6 Biostatorstunden oder mit Hilfe der Behandlungsschemata 1 oder 2 (Tab. 20.18, 20.19) geschätzt werden.

Die Umstellung einer Sulfonyl-Harnstoff-Therapie auf Insulin unter Biostatorkontrolle: Auch in diesen Fällen handelt es sich um Typ-II-Diabetikerinnen mit hohem Insulinbedarf aufgrund einer peripheren Insulinresistenz. Vor der Biostatoreinstellung müssen orale Antidiabetika rechtzeitig abgesetzt werden, um eine überlappende Wirkung mit der Insulintherapie zu vermeiden.

Abb. 20.8 b zeigt den Verlauf einer Umstellung von oraler Medikation auf Insulin an einer 36jährigen White-B-Diabetikerin in der 14. Schwangerschaftswoche. Trotz hoher s.c.-Gaben von Insulin (236 Einheiten/24-Stunden) tritt keine Hypoglykämie auf. Auch in diesen Fällen wird die Dosis in ähnlicher Art wie bei AB-Diabetikerinnen reduziert. Einige Tage nach der Biostatoreinstellung war die weitere Behandlung mit 180 Einheiten/24-Stunden in 6 Einzeldosen alle 4 Stunden fixiert (Tab. 20.21, Fall 2).

Stoffwechseleinstellung am Biostator bei Diabetes-Erstmanifestation in der Schwangerschaft (White B₀): Bei der Erstmanifestation in der Schwangerschaft kann es sich sowohl um einen MOD(Y)-Typ als auch um einen Typ-I-Diabetes handeln. Die Patienten dieser Gruppe sind häufig normal- oder untergewichtige Frauen ohne periphere Insulinresistenz (Typ-I-Diabetes). Wegen der Insulinempfindlichkeit wird eine subtile Bestimmung des zumeist nicht allzu hohen Insulinbedarfes erforderlich.

Darüber hinaus ist jedoch die Stoffwechselführung wie bei allen Diabetikerinnen mit einer Residualfunktion der B-Zellen, unproblematisch. Die Stoffwechsellage bleibt ohne stärkere Blutzuckerschwankungen und ohne Hypoglykämieneigung stabil.

Abb. 20.8 c zeigt das Vorgehen bei der Ersteinstellung einer 27jährigen B_0-Diabetikerin in der 21. Schwangerschaftswoche. Wegen der hohen Blutzuckerwerte am Beginn der Behandlung wird zunächst mit höheren stündlichen Insulindosen begonnen, die einen raschen Blutzuckersturz bewirken. Im weiteren werden bei einem Blutzuckeranstieg über 90 mg/dl (5,0 mmol/l) und zu den Hauptmahlzeiten subcutane Insulindosen verabfolgt. Werden vom gesamten Insulinverbrauch in 24 Stunden die ersten 3 Dosen abgezogen, die nötig waren, um das vorliegende Insulindefizit aufzufüllen und den Blutzuckerspiegel in den Normbereich zu bringen, ergibt sich angenähert der Insulinbedarf zur weiteren Behandlung (Tab. 20.21, Fall 3).

Stoffwechselkorrektur insulinpflichtiger Diabetikerinnen (B bis D) am Biostator. Zum Unterschied von den bisher beschriebenen Fällen handelt es sich um Patientinnen, die bereits mit Insulin behandelt wurden. Die normoglykämische Stoffwechselführung wird in der Regel mit fortschreitender Diabetesdauer und abnehmender Residualfunktion des Inselorganes schwieriger. Bei nur geringer Überinsulinisierung kann es zu starken Blutzuckerschwankungen, schweren hypoglykämischen Schockzuständen und Gegenregulationsvorgängen kommen. Auch in diesen Fällen vermag das Monitoring Hinweise zum therapeutischen Vorgehen zu geben. Die Abb. 20.9 a zeigt das Beispiel einer stoffwechsellabilen Diabetikerin (C/R) in der 10. Schwangerschaftswoche. Schon nach 3 Insulingaben im Abstand von je 3 Stunden kommt es zum Auftreten einer deutlichen, auch subjektiv empfundenen Hypoglykämie mit rascher Gegenregulation. Um 23 , 1 und 5 Uhr treten subjektiv hypoglykämische Episoden auf, die zu anschließender Gegenregulation führen. Damit zeigt sich eine deutliche Tendenz zur Stoffwechsellabilität, die sich auch durch 5 bis 6 Insulingaben nicht beherrschen läßt. In solchen Fällen kann eine Kombinationsbehandlung mit Depot-Insulin oder eine Insulinpumpenbehandlung zielführend sein. In diesem Fall konnte eine stabile normoglykämische Stoffwechselführung mit dem Behandlungsschema 4 erzielt werden (Tab. 20.21, Fall 4).

Das Beispiel einer relativ stabilen Stoffwechsellage trotz vorgeschrittenem Diabetesstadium wird an einer 29jährigen D/R-Diabetikerin in der 10. Schwangerschaftswoche demonstriert (Abb. 20.9 b). Nach 3 s.c.-Insulingaben kommt es zum raschen Abfall des Blutzuckerspiegels mit leichter Hypoglykämie um 11 Uhr, jedoch ohne Auftreten einer Gegenregulation. Trotz des niederen Blutzuckerspiegels werden zur Abdeckung der Hauptmahlzeiten mittags 8 Einheiten Altinsulin verabreicht. Erst um 17 Uhr steigt der Blutzuckerwert wieder über 90 mg% (5,0 mmol/l). Im weiteren Verlauf werden jeweils bei Blutzuckeranstieg verzettelte Dosen kurzwirksamen Insulins verabreicht. Die Ermittlung des Insulinbedarfes ist in diesem Fall leicht, da die Schwangere 30 Stunden am Biostator angeschlossen war. Bleiben die ersten 6 Stunden unberücksichtigt (Adapta-

tionsphase), so kann in den folgenden 24 Stunden der Insulinbedarf hinsichtlich Menge und Verteilung direkt abgelesen werden. Mit vier Dosen kurzwirksamen Insulins war eine normoglykämische Führung möglich (Tab. 20.21, Fall 5).

20.5.8.5
Die Insulinpumpenbehandlung

Indikation und Route: Eine Indikation zur Insulinpumpenbehandlung in der Schwangerschaft liegt nach eigenen Erfahrungen in rund 5 bis 8% der Fälle vor. In Übereinstimmung mit den Empfehlungen der „American Diabetes Association" (1982) wird an der Grazer Klinik eine Insulinpumpenbehandlung nur dann durchgeführt, wenn trotz intensivierter konventioneller Therapie mit 3 bis 5 Insulininjektionen, ausgefeilter Diät bei guter Motivation und Mitarbeit der Schwangeren eine instabile, für die Schwangerschaft nicht ausreichende Stoffwechsellage vorliegt (Brittle-Diabetes).

Die *subcutane* Insulinapplikation mit Pumpen ist für instabile Diabetikerinnen wenig geeignet (IRSIGLER und KRITZ, 1983). Es sind gegenüber einer intensivierten konventionellen Therapie keine entscheidenden Verbesserungen der Stoffwechselqualität zu erzielen (SCHIFFRIN und BELMONTE, 1982; IRSIGLER und KRITZ, 1980; COHEN et al., 1982), während Hypoglykämien vermehrt auftreten (PORR et al., 1981). Im eigenen Krankengut waren bei subkutaner Pumpenbehandlung etwa 1 bis 2 Hypoglykämien pro Woche zu beobachten, während nach Einleitung der intraperitonealen Insulinanwendung Hypoglykämien nahezu schlagartig sistierten (Abb. 20.10). Insbesondere bei Brittle-Diabetes mit hohem Insulinbedarf muß auch an eine verstärkte subkutane Degradation von Insulin gedacht werden (SANTIAGO et al., 1981; KRAEGEN et al., 1981). Da sowohl die intravenöse (KRITZ et al., 1981; WILLMS et al., 1981) als auch die intraperitoneale (SELAM et al., 1983; SCHADE et al., 1981; KRITZ et al., 1981) Verabreichung eine bessere Stoffwechselkontrolle ermöglicht, ist eine subkutane Pumpenbehandlung während der

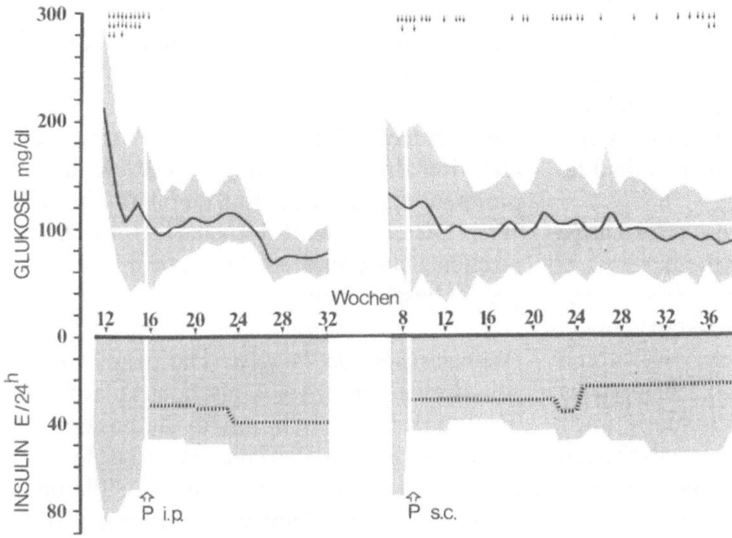

Abb. 20.10. Schematische Darstellung einer intraperitonealen (i.p. linke Bildhälfte) und einer subkutanen (s.c. rechte Bildhälfte) Insulinpumpenbehandlung bei instabilem Diabetes. Obere Bildhälfte: Mittlere Blutglukose und deren Standardabweichung in den einzelnen Schwangerschaftswochen. Die Glykämie wurde aus 942 (i.p.) bzw. 1042 (s.c.) Blutzuckerwerten berechnet. Die Pfeile geben Hypoglykämien an. Untere Bildhälfte: Insulinverbrauch. Die unterbrochene Linie gibt den Anteil der Basalrate am gesamten Insulinverbrauch an. *P* Beginn der Pumpenbehandlung

Schwangerschaft nur selten indiziert. Wir wenden die subkutane Pumpentherapie bei grenzwertig labilem Stoffwechsel an, vor allem, wenn die Schwangere selbst den Wunsch zur Pumpenbehandlung äußert. Die Verbesserung der Stoffwechselqualität wird in erster Linie durch die Motivation zur forcierten Selbstkontrolle erreicht (PORR et al., 1981). Ein Vorteil der subkutanen Pumpentherapie liegt darin, daß kein chirurgischer Eingriff nötig ist. Daher wird sie auch am häufigsten angewandt. Die intravenöse und intraperitoneale Route ist mit einer Katheterinvasion verbunden und erfordert eine chirurgische Intervention. Der *intravenöse* Weg hat sich uns weniger als der intraperitoneale Zugang bewährt, da der blutumspülte Katheter zur Verstopfung mit Fibrin neigt. Auch bei der intravenösen Pumpenbehandlung ist eine Hypoglykämieneigung zu beobachten, allerdings nicht im selben Ausmaß wie beim subkutanen Weg.

Die *intraperitoneale* Insulinverabreichung hat eine Reihe von Vorteilen, besonders bei der kurzfristigen Anwendung während einer Schwangerschaft:

● Die Kathetergängigkeit bleibt erhalten,
● Insulin nimmt den physiologischen Weg über den portalen Kreislauf, der unphysiologische
● periphere Hyperinsulinismus tritt nicht auf; auch erfolgt über die große Resorptionsfläche eine
● prompte Resorption von Insulin (SCHADE et al., 1981).

Auch spricht einiges dafür, daß die Passage von Insulin durch die Leber eine Bedeutung für die Stabilität des Stoffwechsels hat. Bei Stoffwechselgesunden verhält sich die portale zur peripheren Insulinkonzentration wie 2,3 : 1 (KRAEGEN, 1981).

Katheterimplantation: Für die *subkutane* Insulinapplikation wird eine zarte Kanüle in die

Subkutis der Bauchdecke gelegt. Beim Nachfüllen des Insulinreservoires der Pumpe wird der Katheter samt fix montierter Nadel gewechselt. Es ist darauf zu achten, daß die Nadel ausreichend tief im subkutanen Gewebe liegt und mit einem selbstklebenden Verband fixiert ist.

Für die *intravenöse* Route wird ein der Länge nach gespaltener Subklaviakatheter verwendet. Dieser wird zur Infektionsprophylaxe zusätzlich durch einen etwa 5 cm langen subcutanen Tunnel nach lateral und unten geführt. Durch den Subclaviakatheter wird der 0,3 mm dicke Katheter der Insulinpumpe in einer Länge von rund 12 cm vorgeschoben und mit einer Vicrylnaht an der Haut fixiert. Der gespaltene Katheter, der als Schiene dient, wird anschließend entfernt.

Der *Intraperitonealkatheter* wird mit Hilfe eines modifizierten Trokars nach BENKOFF, der in zwei Teile zerlegt werden kann, in die freie Bauchhöhle geführt. Das Vorgehen entspricht dem bei der Laparoskopie. Nach der Inzision der Haut im unteren Anteil der Nabelgrube ($\sim$ 1 cm) und dem Anlegen eines Pneumoperitoneums wird der Trocar in üblicher Weise durch die Bauchdecken gestoßen. Von der Inzisionsstelle aus wird mit einer großlumigen Kanüle nach links lateral und unten ein etwa 7 cm langer subkutaner Tunnel gebildet. Nach dem Durchschieben des Katheters durch die Kanüle wird diese entfernt. Nun wird über das proximale Ende des Katheters eine Dacronmuffe geschoben. Anschließend wird die Katheterspitze unter fortlaufendem Spülen des Katheters mit physiologischer Kochsalzlösung so durch den Trokar in die Bauchhöhle eingeführt, daß der Katheter etwa 10—12 cm frei in die Bauchhöhle ragt. Der in zwei Hälften zerlegbare Trokar kann nun entfernt werden. Die Dakronmuffe wird mit einem nicht resorbierbaren Faden an den Katheter ligiert, so daß sie in der Subkutis der Nabelgrube zu liegen kommt. Nach dem Einheilen verhindert sie ein Gleiten des Katheters. Der kosmetische Effekt ist bei diesem Vorgehen sehr zufriedenstellend. Dieser Gesichtspunkt darf nicht unterschätzt werden, da

eine passagere Anwendung der Pumpe während der Schwangerschaft keine bleibende Spuren hinterlassen soll.

Pumpenmodelle: Peristaltikpumpen sind für alle drei Insulinrouten geeignet. Kolbenpumpen eignen sich für den subkutanen Weg. Die einzelnen Pumpentypen mit technischen Daten sind bei IRSIGLER und KRITZ (1983) beschrieben.

Programmierung der Pumpen: Die Insulinpumpen ahmen den physiologischen Ablauf der Insulininkretion nach, indem die basale Insulinsekretion des Pankreas mit einer kontinuierlichen „Basalrate", die Insulinausschüttung nach Mahlzeiten hingegen mit einer „Abrufrate" imitiert wird. Stoffwechselgesunde haben einen basalen Insulinbedarf von rund 24,5 E/24^h und einen glukoseäquivalenten Insulinbedarf von etwa 1,35 E pro 12,5 g verzehrter Glukose (WALDHÄUSL et al., 1981). Unter der Anwendung dieser theoretischen Grundlagen sowie mit empirischen Formeln für die Programmierung der Insulinpumpen auf der Grundlage von Biostatorprofilen bzw. der Menge des subkutan verabreichten Insulins (IRSIGLER und KRITZ, 1983) kann der Prototyp einer Pumpentherapie kalkuliert werden. Die Feinabstimmung muß sich an den Blutzuckerprofilen ausrichten. In der Schwangerschaft müssen frei programmierbare Pumpen zur Anwendung kommen, da die Basalrate etwa um 4 Uhr morgens angehoben werden muß. Um diese Zeit beginnt der Insulinbedarf zu steigen (dawn phenomenon). Daher benötigen Diabetiker beim Frühstück 0,34 E Insulin/g Kohlenhydrat, während zu Mittag oder am Abend 0,26 bzw. 0,23 E Insulin ein g Kohlenhydrat abdecken (KERNER et al., 1981). Ein Zusammenhang des Mehrbedarfes mit dem Kortisoltagesrhythmus ist wahrscheinlich. Wird der morgendliche Mehrbedarf an Insulin bei der Programmierung der Pumpen nicht berücksichtigt, beginnt der Tag mit hyperglykämischen Werten. Im Mittel werden 50 bis 70% des Insulinbedarfes als Basalrate verabreicht.

Katheterpflege: Die Eintrittsstelle des Katheters ist zur Infektionsprophylaxe täglich sorgfältig zu pflegen. Zur Abdeckung eignen sich selbstklebende Verbände, die möglichst hautschonend sein sollen. Die Anwendung von antibiotischem Puder und von Polyvinylpyrrolidon-Jod-Komplexen (Betaisodona®) hat sich bewährt.

Infektionen in Form von Abszessen können insbesondere bei der subkutanen Pumpenbehandlung auftreten. Ist ein Kaiserschnitt erforderlich, kann eine präexistente Infektion Anlaß für Komplikationen werden (Wundinfektion, Peritonitis). Allein aus diesem Grund muß die Indikationsstellung zur Pumpenbehandlung in der Schwangerschaft restriktiv sein.

20.5.9 Diätetische Behandlung

Die diätetische Behandlung der schwangeren Diabetikerin unterscheidet sich nicht wesentlich von der Diabetesdiät außerhalb der Schwangerschaft. In den letzten Jahren haben sich die Ansichten hinsichtlich der Diabetesdiät jedoch insgesamt gewandelt. Im Vordergrund steht als grundlegendes Prinzip die Kalorienbegrenzung auf 1800—2000 Kcal (7530—8370 KJ) (MATZKIES et al., 1982). Als Faustregel wird ein *Kalorienbedarf* von 30 bis 35 Kcal/kg (125 bis 146 KJ/kg) des *Sollgewichtes* angenommen. Dieses ist am einfachsten nach dem Broca-Index (Körpergröße in cm minus 100 mal 0,9 = kg Sollgewicht) zu berechnen. Beim Vergleich des Sollgewichtes mit dem Referenzstandard der Körpermasse nach JELLIF-FE (1966), der auf umfangreichen Untersuchungen amerikanischer und kanadischer Versicherungsanstalten beruht, ergibt der Broca-Index bei kleinen Frauen allerdings ein zu niedriges, bei großen Frauen hingegen zu hohes Sollgewicht. Bei einer Körpergröße zwischen 155 und 175 cm besteht jedoch eine hinlänglich genaue Übereinstimmung zwischen dem Referenzstandard und dem Broca-Index. Da der Broca-Index einfach anzuwenden ist und die meisten Frauen der erwähnten Größenkategorie angehören, wird dieser Index in der Regel allein verwendet. In der Gravidität muß das Sollgewicht um die schwangerschaftsbedingte physiologische Gewichtszunahme korrigiert werden. Diese ist zwischen dem V. und VII. Lunarmonat am größten (Wissenschaftliche Tabellen Geigy 1982). Die 50. Perzentile für die wöchentliche Gewichtszunahme bei gesunden Schwangeren beträgt für die 13. bis 20. Woche 0,42 kg, für die 20. bis 30. Woche 0,48 kg, zwischen der 30. und 36. Woche 0,42 kg und von der 36. bis zur 40. Woche 0,37 kg (HYTTEN, 1982). Die Schwangerschaft ist mit einem Mehrbedarf von rund 25 000 Kcal (104 600 KJ) verbunden, der sich auf die ganze Zeit einer ausgetragenen Schwangerschaft verteilt (EMERSON, 1975). Dies entspricht einem mittleren Mehrbedarf von lediglich 90 Kcal (376 KJ) pro Tag. Eine Schwangere muß somit keineswegs „für zwei" essen, wie es im Volksmund behauptet wird. Eine Überernährung mit vermehrter Gewichtszunahme ist gerade bei der diabetischen Schwangeren strikt zu vermeiden, da sie neben Stoffwechselschwierigkeiten ein erhöhtes Gestoserisiko bewirkt.

Die Kohlenhydratrestriktion bei Diabetes mellitus ist obsolet geworden. Anhand von Cross-over-Studien konnte nachgewiesen werden, daß eine kohlenhydrat- (und rohfaser-) reiche Diät alle Stoffwechselparameter (Blutzuckerspiegel prä- und postprandial, Triglyzeridspiegel, HbA_1-Wert) positiv beeinflußt (SIMPSON et al., 1981). Darüber hinaus wird der Insulinbedarf von Schwangeren damit herabgesetzt (NEY et al., 1982). *Der Kohlenhydratanteil* bei diabetischen Schwangeren sollte daher 50—60% des Kalorienbedarfes ausmachen (~ 215 g, ~ 18 BE). Der *Rohfaseranteil* soll über 12 g betragen. Monomere Kohlenhydrate und freie Stärke sind zu meiden. Kohlenhydrate mit niedrigem Blutzuckerindex sind vorzuziehen. Es sollte daher auch der überholte Begriff der „Weißbroteinheiten" verlassen werden, da er die Patienten zum Genuß von zwar nicht verbotenem, aber wenig erwünschtem Weißbrot (Blutzuckerindex 69) animiert (MEHNERT, 1979).

Die Schwangere hat einen hohen *Eiweißbedarf* (~ 25% des Kalorienbedarfes). Der Eiweißanteil soll 1,5—2 g/kg Körpergewicht betragen, möglichst nicht weniger als 100 g/Tag. Bei der Auswahl der Eiweißnahrung ist auf verstecktes Fett zu achten. Mageres Fleisch und Fisch sind verarbeitetem Fleisch (Wurstwaren, Brotaufstriche) vorzuziehen; bei Käse sind fettarme Sorten angebracht.

Bei der konventionellen Diabetesdiät wurde ein Verhältnis von Kohlenhydraten : Eiweiß : Fett wie 40 : 20 : 40 vorgeschlagen. Da jedoch, wie besprochen, ein Kohlenhydratanteil von 50—60% und ein Eiweißanteil von 25% vorzuziehen ist, sollte der *Fettanteil* nur mehr 15—25% des Kalorienbedarfes betragen. Es ist daher stets auf versteckte Fette zu achten, um die Ernährung fettarm zu gestalten. Auf Fette als Brotaufstrich sollte verzichtet werden. Bei Ölen und Fetten für Salate und zum Kochen sind solche mit mehrfach ungesättigten Fettsäuren (Linolsäure, Arachidonsäure) vorzuziehen; es wird ihnen ein günstiger Einfluß auf die Mikroangiopathie zugeschrieben (MATZKIES et al., 1982).

Eine *natriumrestriktive* und *kaliumbetonte Ernährung* ist von Vorteil. Ansonsten besteht in der Schwangerschaft ein vermehrter Bedarf an Kalzium, Magnesium und Phosphor. Eine umfassende Information über den Gehalt an Eiweiß, Fett, Kohlenhydraten, Wasser, Ballaststoffen, Cholesterin, Vitaminen und Mineralstoffen in rund 800 Lebensmitteln bietet „Die große Nährwert-Tabelle" (CREMER et al., 1983).

Die *Aufteilung der Nahrungszufuhr* über den Tag erfolgt in drei Haupt- und drei Zwischenmahlzeiten. Die Verteilung der Nahrungsaufnahme auf viele kleine Mahlzeiten zu unkonventionellen Zeiten läßt sich nicht mit den etablierten Eßgewohnheiten unseres Kulturkreises vereinbaren und würde die Diabetikerin in Familie und Gesellschaft zur Außenseiterin stempeln. Sie wird sich daher nur selten bereit finden, ein solches Regime zu akzeptieren. Die geprägten Eßgewohnheiten sind bei diätetischen Vorschriften

unbedingt in Rechnung zu stellen. Es ist z. B. wenig sinnvoll, aus Gründen einer Stoffwechselkorrektur beim Frühstück Kalorien für eine Spätmahlzeit abzuzweigen, wenn die Patientin als Folge vormittags Hunger leidet. Die Insulintherapie muß an das Essen angepaßt werden und nicht das Essen an die Insulintherapie.

Beim *Schwangerschaftsdiabetes* (White-A-Diabetes) wurde bisher meistens eine kohlenhydratrestriktive Diät verordnet (AUINGER, 1978). Bei der Restriktion von Kohlenhydraten wird jedoch die Bildung von Ketonkörper gefördert (katabole Stoffwechselsituation) (POTTER et al., 1982). Eine prompte Vermehrung der Ketonkörper findet aber auch bei einer Unterschreitung des Kalorienbedarfes (~ 1500 Kcal, 6280 KJ) statt, da die Schwangere leichter in eine katabole Situation („accelerated starvation") gerät, als eine Patientin außerhalb der Schwangerschaft (FREINKEL, 1964; RUDOLF und SHERWIN, 1983; HOET, 1977). Die Ketose in der Frühschwangerschaft ist strikt zu vermeiden, da Ketonkörper mutmaßlich embryonale Fehlbildungen verursachen (s. S. 368). Es ist daher besonders in der Frühschwangerschaft eine Diät nach den besprochenen Gesichtspunkten (kohlenhydratreich, rohfaserreich, kalorienbilanziert) anzuwenden.

Beim latenten Diabetes wird durch eine rohfaserreiche Kost der unphysiologische postprandiale Insulinpeak normalisiert (FRASER et al., 1983).

Nach der Embryonalzeit sind Ketonkörper an sich unbedenklich, zumindest gibt es keine experimentellen Studien, die zeigen würden, daß Ketone für den Fetus potentiell toxisch wären. Der Fetus verwendet Ketonkörper sogar als Energiequelle und schützt sich damit selbst vor Auswirkungen einer mütterlichen Hungerketose (RUDOLF und SHERWIN, 1983). Frühere Berichte über eine negative Auswirkung von Ketonkörpern auf die fetale Hirnentwicklung (CHURCHIL et al., 1969) haben nicht beachtet, daß es nicht die Ketose oder Ketoazidose selbst ist, die sich auf den Fetus auswirkt, sondern die Stoffwechselentgleisung der insulinpflichtigen Diabetikerinnen, auf der die Ketose beruht. STELDINGER und WEBER (1981) berichteten über eine diabetische Schwangere mit einer Dauerketose, bei der die Ketokörper im Harn und Serum aufgrund einer Atkins-Diät (60—80 g Fett, 15—20 g Kohlenhydrate, Gemüse-, 100—150 g Eiweiß/Tag) während der gesamten Schwangerschaft das 10fache der Norm betrugen. Dabei bestand eine Normoglykämie mit Blutzuckerwerten zwischen 60 und 90 mg%. Das reifgeborene Kind war gesund, die somatomotorische und intellektuelle Entwicklung im ersten Lebensjahr war unauffällig.

Die *insulinpflichtige Diabetikerin* wurde gewöhnlich vor Eintritt einer Schwangerschaft bereits durch viele Jahre diätetisch behandelt. Ist die Diabetikerin normalgewichtig und die Diät nicht in hohem Maße unvernünftig, so sind keine einschneidenden Änderungen aufgrund einer Schwangerschaft angebracht, da sie erfahrungsgemäß kaum konsequent befolgt werden. Kleinere Korrekturen im Sinne der beschriebenen Strategie sollen angeregt werden. Eine grobe Änderung muß den Wunsch und Willen der Patientin zur Kooperation voraussetzen.

Der tägliche Insulinbedarf ist im wesentlichen eine individuelle Größe und wird durch Diätumstellungen wenig verändert. Neuere Untersuchungen am Biostator konnten zeigen, daß der Insulinbedarf bei isokalorischer Ernährung mit unterschiedlichem Kohlenhydratanteil sowie bei konstantem Kohlenhydratanteil mit unterschiedlicher Kalorienmenge praktisch gleich ist (NAJEMNIK et al., 1981).

Der Abstand der Mahlzeiten von der Insulingabe (*Spritzen-Eßabstand*) ist abhängig vom Wirkungseintritt und -maximum des Insulins sowie von der Applikationsart (s.c., i.v., i.p.). Da die maximale Wirkung von s.c. verabreichtem Altinsulin etwa nach 1½ Stunden, die maximale Kohlenhydratresorption hingegen nach etwa einer Stunde zu erwarten ist, sollte Altinsulin 30 Minuten vor Mahlzeiten verabreicht werden. Zu berücksichtigen ist, daß Humaninsulin etwas rascher resorbiert wird. Individuelle Beobachtungen müssen den Spritzen-Eßabstand optimieren.

Hypoglykämische Episoden sollten nicht durch die Gabe von Zucker (Zuckerwasser, Traubenzucker, süßer Tee) behandelt werden. Die rasche Resorption von Zucker potenziert sich mit Gegenregulationsvorgängen des Stoffwechsels, die gegen die Hypoglykämie gerichtet sind und bewirkt ein sprunghaftes Blutzuckerverhalten mit nachfolgender Instabilität. Bei subjektiver Hypoglykämie und einem Blutzuckerwert unter 70 mg/dl (3,9 mmol/l) (Selbstkontrolle!) soll ein Viertelliter Milch getrunken werden. Ergibt eine Blutzuckerkontrolle nach 15 Minuten neuerlich einen Wert unter 70 mg/dl, wird dieser Vorgang wiederholt (JOVANOVIC et al., 1982).

Die *parenterale Ernährung* bei Diabetes mellitus wird selten indiziert sein. Grundlegendes ist bei KLEINBERGER (1981) angegeben. Eine totale parenterale Ernährung in der Schwangerschaft aufgrund einer hämorrhagischen Gastritis mit Gastroparese ist von LAVIN und Mitarb. (1982) beschrieben.

20.5.10 Überwachung der fetoplazentaren Einheit

20.5.10.1 Mißbildungsscreening

Zur Mißbildungsdiagnostik steht die Sonographie im Vordergrund, durch die eine Reihe von Fehlbildungen frühzeitig erkannt werden kann (HOBBINS et al., 1979; BERNASCHEK et al., 1980; HANSMANN, 1981; WINTER, 1981). Gezielte Ultraschalluntersuchungen bereits im ersten, besonders jedoch im zweiten Trimester sind erforderlich. Dabei ist es vorteilhaft, systematisch nach einer Checkliste vorzugehen (MÜLLER-HOLVE et al., 1981). Extremitätenfehlbildungen oder ein kaudales Regressionssyndrom sind außerordentlich schwer zu diagnostizieren. Um zu einer richtigen Diagnose zu gelangen, müssen die Extremitätenknochen vermessen werden. Standardmaße sind bei HOFFBAUER et al. (1980) (16 fetale Parameter) und TERIN-

Tablle 20.22. Indikationen zur Fruchtwasserdiagnostik in der 15. bis 18. Schwangerschaftswoche

Indikation	Mißbildungs-risiko	Schrifttum
Hydramnion	18,0%	HOBBINS et al., 1979
Frühe fetale Wachstumsverzögerung (kombiniert mit hoher White-Klasse D, F)	18,0% (27,0%)	PEDERSEN und MOLSTED, PEDERSEN, 1981
$HbA_{1c} > 8,6\%$	22,4%	MILLER et al., 1981

DE et al. (1982) (6 fetale Parameter) nachzuschlagen. Die Beobachtung einer normalen fetalen Blasenfunktion macht eine kaudale Regression unwahrscheinlich (COUSINS, 1983).

Das Mißbildungsrisiko bei Diabetikerinnen ist sogar höher als das jener stoffwechselgesunden Frauen, die wegen ihres höheren Alters heute allgemein einer pränatalen Diagnostik unterzogen werden. Daher ist bei Diabetikerinnen eine Amniozentese zwischen der 15. und 18. Schwangerschaftswoche angebracht (s. S. 301). Nur bei Diabetikerinnen, bei denen eine „präkonzeptionelle Einstellung" vorgenommen wird oder bei denen eine zufriedenstellende Stoffwechselsituation zum Zeitpunkt der Diagnose der Schwangerschaft besteht, wird man auf die generelle Indikation verzichten können. Bei einer Zielgruppe von Diabetikerinnen mit besonders hohem Mißbildungsrisiko (Tab. 20.22) empfehlen wir jedoch auch weiterhin die Amniozentese.

Das Fruchtwasser wird zur Diagnose von Neuralrohrdefekten, Omphalozelen, etc. auf seinen Gehalt an Alpha-Fetoprotein (AFP) analysiert (WEISS et al., 1978). Da, vor allem durch Beimengung von fetalem Blut zum Fruchtwasser, falsch positive Werte möglich sind (MILUNSKY und ALPERT, 1976), empfiehlt sich die simultane Bestimmung der Azethylcholinesterase (Report of the Collaborative Acetylcholinesterase Study 1981, MILUNSKY und SAPIRSTEIN, 1982). Mit dieser Kombination wird bei Neuralrohrdefekten eine Treffsicherheit von 99% erreicht (s. a. S. 302).

Auch die Bestimmung von AFP im Serum wird als Screeningmethode vorgeschlagen (MILUNSKY et al., 1982; COUSINS, 1983). Sie ergibt jedoch auch eine große Anzahl falsch positiver Ergebnisse (NADLER und SIMPSON, 1979). Da bei erhöhten Serum-AFP-Werten die Wahrscheinlichkeit eines Neuralrohrdefektes nur etwa 1:20 beträgt, andererseits jedoch bei rund 20% von Neuralrohrdefekten die AFP-Werte im Serum im Normbereich liegen (Report of U.K. Collaborative Study on Alpha-fetoprotein in Relation to Neuraltube-Defects 1977), halten wir die Zuverlässigkeit der Suchmethode dem Risiko bei Diabetes nicht als angemessen (s. a. Kap. 17).

Das Risiko von Chromosomenanomalien ist bei Diabetes mellitus nicht erhöht. Ist jedoch Fruchtwasser verfügbar, empfiehlt sich auch bei Schwangeren unter 35 Jahren eine Chromosomenanalyse. Das an und für sich schwere Schicksal der Diabetikerin rechtfertigt alle Maßnahmen, die geeignet sind, der Patientin weitere Belastungen zu ersparen. Im eigenen Krankengut wurde z. B. bei einer 30jährigen White-D-Diabetikerin ein Cri-du-Chat-Syndrom diagnostiziert.

Das frischgewonnene Fruchtwasser ist des weiteren auf seinen Glukosegehalt zu analysieren. Besonders bei Neuralrohrdefekten (PETTIT et al., 1977; GUIBAUD et al., 1978; WEISS et al., 1984 b), jedoch auch bei verschiedenen anderen groben Mißbildungen (WEISS et al., 1984 b), ist der Glukosegehalt im Fruchtwasser signifikant vermindert (s. S. 398).

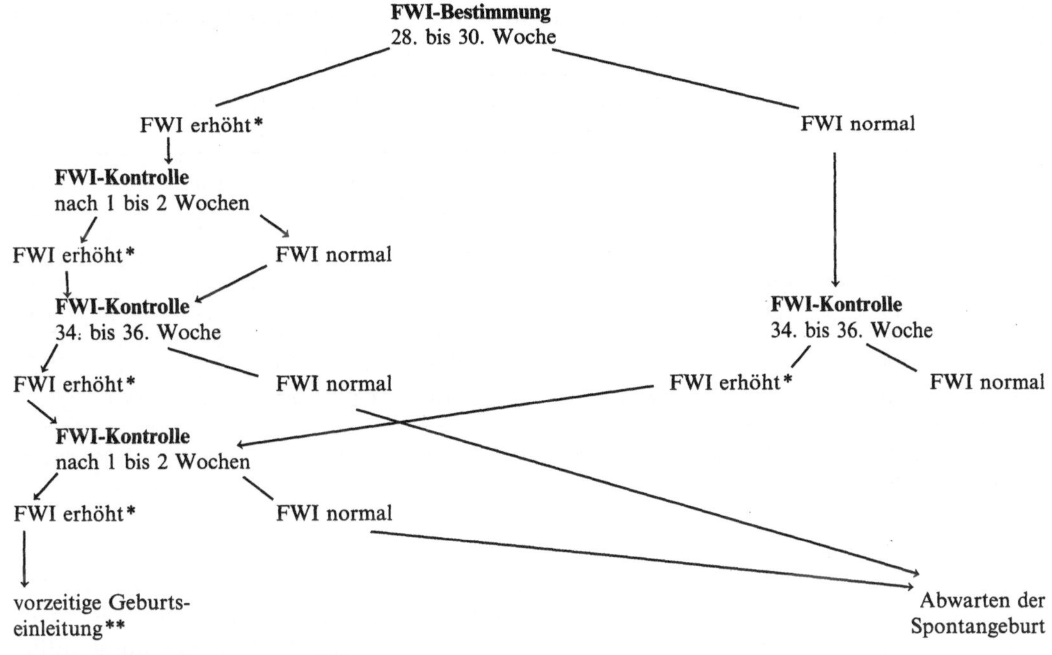

Abb. 20.11. Die Überwachung der fetalen Stoffwechselsituation anhand des Fruchtwasserinsulin(FWI)-Gehaltes

Im dritten Schwangerschaftstrimester kann eine verminderte Östriolausscheidung auf Fehlbildungen des Fetus hinweisen (DREW et al., 1978).

20.5.10.2 Fruchtwasserdiagnostik

Fruchtwasser ist ein wertvolles Untersuchungsmaterial, da es nur durch eine invasive Methode, die Amniozentese, gewonnen werden kann. Daher sollten mit jeder Fruchtwasserprobe alle in Frage kommenden Analysen durchgeführt werden, um auf diese Weise auch unerwartete Risiken diagnostizieren zu können (WEISS et al., 1984).

Die Bestimmung von Insulin im Fruchtwasser: Insulin wurde zuerst im Fruchtwasser nachgewiesen (CASPER und BENJAMIN, 1970; SPELLACY et al., 1973; DRAISY et al., 1977) und im weiteren als prognostischer Parameter des Fetus bei Diabetes und Schwangerschaft

erkannt (WEISS et al., 1975; NEWMAN und TUTERA, 1976; WEISS et al., 1978, 1979, 1984; BURKART et al., 1984).

Auch die Bestimmung des *C-Peptids im Fruchtwasser* gibt Auskunft über die fetale Insulinproduktion. Bei fetalem Hyperinsulinismus besteht eine lineare Korrelation zwischen der Höhe des Insulin- und des C-Peptidspiegels im Fruchtwasser (LIN et al., 1981; PERSSON et al., 1982; BURKART et al., 1984).

Die nachteiligen Folgen des fetalen Hyperinsulinismus sind unbestritten. Aus mütterlichen Parametern läßt sich im Einzelfall die fetale Stoffwechselsituation nicht beurteilen (siehe auch Kapitel 20.3.3). Eine mittlere mütterliche Blutglukose von 90 mg/dl (5,0 mmol/l) kann in einem Fall den Anforderungen des Fetus entsprechen, während im anderen Fall eine mittlere Blutglukose von 70 mg/dl (3,9 mmol/l) erforderlich ist, um ihm ideale Stoffwechselbedingungen zu bieten.

Tabelle 20.23. Fruchtwasserinsulingehalt bei 458 gesunden Schwangeren. Statistische Daten zwischen der 27. und 42. Woche. (Angaben in µE/ml)

Woche	Fall-zahl	Mittel-wert	Standard-abweichung	Streu-bereich	Perzentilen geglättet				
					3%	10%	50%	90%	97%
27/28	45	6,0	2,9	1,5—12,8	2,0	3,2	6,0	10,4	11,2
29/30	36	6,5	3,0	1,8—13,5	2,0	3,2	6,1	10,8	11,7
31/32	63	7,2	3,4	1,0—14,5	2,0	3,2	6,2	11,3	12,2
33/34	86	6,7	3,4	0,3—14,4	1,9	3,0	6,3	11,7	12,8
35/36	80	6,9	3,7	1,2—15,5	1,8	2,9	6,4	11,8	13,5
37/38	70	7,0	3,9	1,0—20,0	1,5	2,8	6,6	12,2	14,9
39/40	60	7,3	4,4	1,0—20,0	1,2	2,8	6,8	13,4	17,2
41/42	18	9,1	5,7	1,0—23,0	1,1	3,4	7,5	15,3	18,0
NS*	180	9,2	4,4	0,4—20,0	1,4	4,3	8,8	15,4	17,7

* NS = Insulingehalt im Nabelschnurblut bei 180 gesunden Neugeborenen mit einem mittleren Geburtsgewicht von 3243 Gramm.

Darüber hinaus verursacht der dynamische Anstieg des Insulinbedarfes im Verlauf der Schwangerschaft zeitweise ein Nachhinken der Therapie.

Nach eigenen Erfahrungen ist daher bei jeder Schwangeren mit insulinpflichtigem Diabetes mellitus auch bei scheinbar zufriedenstellender aktueller Stoffwechselsituation eine Fruchtwasseruntersuchung angebracht. Das diagnostische Vorgehen ist in der Abb. 20.11 dargestellt.

Da ein fetaler Hyperinsulinismus bereits in der 28. Woche möglich ist (s. Abb. 20.2, S. 354), wird eine erste Fruchtwasseruntersuchung zwischen der 28. und der 30. Woche gemacht. Bei erhöhtem Fruchtwasserinsulingehalt (> 97. Perzentile, Tab. 20.23) ist die weitere Stoffwechselführung auch um den Preis wiederholter Hypoglykämien zu straffen, da in diesem Fall bereits geringe glykämische Exkursionen das fetale Inselorgan weiter aufschaukeln. Es ist erstaunlich, wie eine als bestmöglich erachtete Stoffwechselführung unter dem Imperativ eines erhöhten Fruchtwasserinsulintiters immer noch verbessert werden kann. Dazu genügen oft geringe diätetische Umstellungen oder zeitliche Verschiebungen der Insulingaben. Mit einer zusätzlichen kleine Insulingabe in der Nacht, kann ein Glukoseanstieg in den Morgenstunden (dawn phenomenon) kompensiert werden. Eine weitere Kontrolle des Fruchtwasserinsulingehaltes ein bis zwei Wochen nach der Erstuntersuchung sollte den Erfolg therapeutischer Maßnahmen sichern. Steigt der Insulintiter weiterhin an, so ist nach Maßgabe der Stoffwechselsituation eine Insulinpumpenbehandlung indiziert.

Von besonderem Interesse ist die fetale Insulinhomöostase, wenn die diabetische Schwangere spät in Behandlung kommt. Im eigenen Krankengut wurde rund ein Drittel der schwangeren Diabetikerinnen erstmals nach der 26. Schwangerschaftswoche zugewiesen. Liegt der Fruchtwasserinsulingehalt bei der ersten Kontrolle im Normbereich, so war die vorangegangene Stoffwechselqualität für den Fetus ausreichend.

Ein weiterer wichtiger Zeitpunkt für die Fruchtwasseruntersuchung liegt etwa zwischen der 34. und der 36. Schwangerschaftswoche. Auch bei normaler Fetometrie kann ein fetaler Hyperinsulinismus vorliegen, da die *„somatische" Fetopathie* (Übergewicht) erst als Folge einer bereits länger bestehenden *„biochemischen"* Fetopathie (Hyperinsulinismus) auftritt. Vice versa kann eine Straffung der Stoffwechselführung eine somatische Fetopathie zum Stillstand jedoch nicht mehr zur Rückbildung bringen, während die biochemische Fetopathie reversibel ist. Dem Kind erwächst jedoch nur aus der biochemischen Fetopathie ein Risiko, die somatische Fetopathie für sich ist höchstens geburtsmechanisch von Bedeutung. Ist der Fruchtwasserinsulingehalt erhöht (> 97. Perzentile), sollte daher zunächst der Versuch einer Stoffwechseloptimierung gemacht werden. Der Therapieerfolg kann anhand einer Fruchtwasserinsulinkontrolle in der 36. bis 38. Woche überprüft werden. Sollte bei dieser Kontrolle der Fruchtwasserinsulingehalt noch immer erhöht sein, empfiehlt sich eine vorzeitige Geburtseinleitung, da ein fetaler Hyperinsulinismus die Gefahr des plötzlichen intrauterinen Fruchttodes in sich birgt. War der Fruchtwasserinsulingehalt in der 34. bis 36. Woche im Normbereich oder ist es gelungen, ihn nach vorübergehender Erhöhung in den Normbereich zu bringen, kann vorbehaltlich normaler kardiotokographischer Befunde der spontane Wehenbeginn selbst bei Überschreitung des Geburtstermines abgewartet werden.

Bei sehr niedrigem Gehalt an Insulin im Fruchtwasser (< 10. Perzentile), besonders in Kombination mit anderen Zeichen pränataler Dystrophie (Ultraschallbiometrie, Oligohydramnion), leidet der Fetus an Glukosemangel. Seine Insulinsynthese ist durch die verminderte Glukosestimulation herabgesetzt (De Prins et al., 1983; Vorherr, 1982; Abell et al., 1976; Phillips et al., 1969; van Asche et al., 1977; Gabbe und Qillingan, 1977). Diese Unterversorgung kann je nach Plazentafunktion graduell unterschiedlich und unabhängig von der Glykämie der Mutter sein (Sarles und Adamsons, 1978). Sie bewirkt eine signifikante Erhöhung der perinatalen Mortalität (Abell et al., 1976; Phillips et al., 1968). Auch nachteilige Auswirkungen des Glukosemangels auf die fetale Hirnentwicklung sind möglich (Stehbens et al., 1977; Zuppinger et al., 1981). In diesen Fällen ist eine Anhebung der mittleren Blutglukose um etwa 30 mg/dl angebracht, da eine zu straffe Stoffwechselführung die fetale Dystrophie verstärkt.

Insgesamt kann zumeist mit zwei Insulinbestimmungen im Fruchtwasser das Auslangen gefunden werden (Abb. 20.11), bei etwa 30% der Diabetikerinnen sind drei oder mehr Bestimmungen erforderlich.

Für die Zuverlässigkeit der *Insulinbestimmung* im Fruchtwasser und fetalem Harn (siehe auch Kap. 20.5.18) ist die *Methodik* von ausschlaggebender Bedeutung. Im eigenen Bereich wurden fünf verschiedene im Handel erhältliche Radioimmunoassays parallel geprüft. Aufgrund des geringen Eiweißgehaltes von Fruchtwasser ($1/16$ des Serumeiweißgehaltes, Benzie et al., 1974) sind mit Fällungsmethoden (PEG) und Doppelantikörpermethoden keine reproduzierbaren Werte zu erlangen (Weiss et al., 1984 c). Präzipitationsmethoden sind vom Eiweißgehalt der Proben abhängig, da sie auf den Eiweißgehalt des Serums abgestimmt sind. Reproduzierbare Werte sind mit einer Solid-Phase-Methode auf Sephadexbasis zu erzielen (Phadebas®, Phadeseph®). Geringe Beimengungen von Blut oder Mekonium zum Fruchtwasser scheinen keinen Einfluß auf die Bestimmungsergebnisse zu haben. Das *Filtrieren von Fruchtwasser* ist unbedingt zu *vermeiden,* da Insulin zum großen Teil am Filter absorbiert wird.

Insulinantikörper sind im Fruchtwasser nicht oder in nur unbedeutenden Mengen vorhanden. Fuhrmann und Keilacker (1983) konnten in 100 Fruchtwasserproben insulinpflichtiger Diabetikerinnen (B bis R) keine Antikörper nachweisen. Persson et al. (1982) sowie Tchobroutsky et al. (1980) fanden in 7% bzw. 2% der Fruchtwasserproben Antikörper. Die Insulinbindungskapazität der Antikörper im Fruchtwasser beträgt jedoch nur 0,08—0,22 µE/ml und ist somit im Hinblick auf die Analyse des Insulingehaltes im Fruchtwasser unbedeutend, da sie einen Bestimmungsfehler von < 1% verursacht.

Der eigenen Ansicht nach ist die Fruchtwasserinsulinbestimmung der Bestimmung von *C-Peptid im Fruchtwasser* vorzuziehen. Zur Zeit sind Aussagen hinsichtlich der Richtigkeit radioimmunologischer C-Peptid-Bestimmungen nicht möglich, da eine immunchemische Identität zwischen Standard und Probe fehlt. Literaturangaben über C-Peptidkonzentrationen unterscheiden sich um den Faktor 4 (BEISCHER, 1982). Auch gibt es Kreuzreaktionen mit Proinsulin und C-Peptidbruchstücken (BEISCHER, 1982; SOSENKO et al., 1979). Darüber hinaus muß bei insulinpflichtigen Diabetikerinnen auch mit Antikörpern gegen C-Peptid gerechnet werden (PEACOCK et al., 1983). Für die Bestimmung von C-Peptid ist analog der Insulinbestimmung ein negativer Einfluß des niedrigen Proteingehaltes von Fruchtwasserproben auf das Analysenergebnis anzunehmen. Dies stellt einen zusätzlichen Unsicherheitsfaktor dar.

Die Bestimmung der fetalen Lungenreife: Mit der Bestimmung des *Lezithin-Sphyngomyelin-Verhältnisses* (L/S-Ratio) im Fruchtwasser (GLUCK et al., 1971) und mit der Bestimmung der *Stabilität von Schaum* in äthanolischem Fruchtwasser (CLEMENTS et al., 1972) wurde es möglich, eine Prognose hinsichtlich der Gefahr eines Atemnotsyndromes für das Ungeborene zu stellen. Beide Methoden sind heute gleichermaßen verbreitet und in ihrem prognositischem Wert einander ebenbürtig (SHER et al., 1980; MORRISON et al., 1978; MOODLEY et al., 1978). Während einige Autoren eine verzögerte fetale Lungenreifung bei Diabetes mellitus angeben (GLUCK und KULOVICH, 1973; GOLDKRAUD und SLATTERY, 1979; DIEDRICH et al., 1981), konnte die Mehrzahl von Untersuchern keine Unterschiede der Lungenreifung im Vergleich mit Stoffwechselgesunden feststellen (TABSH et al., 1982; GABBE et al., 1977; CURET et al., 1979; TCHOBROUTSKY et al., 1978). MUELLER-HEUBACH et al. (1978) haben über ein erhöhtes RDS-Risiko bei Diabetikerinnen trotz einer L/S-Ratio > 2 berichtet. Diese unterschiedlichen Aussagen dürften vornehmlich auf methodischen Unterschieden in der Bestimmung der L/S-Ratio sowie auf unterschiedliche Beurteilungskriterien für die Diagnose des Atemnotsyndroms beruhen (LOWENSOHN und GABBE, 1979). Allerdings haben verschiedene Autoren eine gegenläufige Relation von Lezithin und Insulin im Fruchtwasser beschrieben und daraus eine

Inhibition der Lezithinsynthese durch Insulin abgeleitet (SMITH et al., 1975; ROBERT et al., 1975; DRAISEY, 1977). Dies könnte die RDS-Anfälligkeit selbst reifer Neugeborener mit diabetogener Fetopathie erklären.

HALLMAN und TERAMO (1979) messen bei diabetischen Schwangeren *Phosphorlipidprofilen* einen hohen prognostischen Wert bei und beobachteten Atemnotsyndrome trotz L/S-Werten von > 2 nur bei Fehlen von Phosphatidylglyzerol.

BRAZY et al. (1978) beschreiben einen verspäteten Anstieg von *Kortisol im Fruchtwasser* von Diabetikerinnen als Hinweis auf eine hohe RDS-Gefährdung, während O'NEIL et al. (1978) die RDS-Prognose aus dem Verhältnis von *Fettsäuren* (Palmitinsäure/Stearinsäure) ableiten.

Zur Zeit werden nahezu an allen Diabeteszentren zwischen der 35. und der 38. Schwangerschaftswoche wöchentlich Amniozentesen zur Bestimmung der fetalen Lungenreife durchgeführt (DRURY et al., 1977; FUHRMANN, 1982; CORWIN, 1979; GYVES et al., 1977; GUILLEN et al., 1978; AYROMLOOI et al., 1977; GOLDSTEIN et al., 1978; LEVENO et al., 1979; GABBE et al., 1977; MARTIN et al., 1979; KITZMILLER et al., 1978; TELLER et al., 1976). Wir selbst bestimmen die Lungenreife des Fetus nur im Rahmen der Fruchtwasserinsulinbestimmungen unter Anwendung eines modifizierten Schaumtests (WEISS, 1977). An und für sich hat die Lungenreifebestimmung wenig praktische Bedeutung, da bei normalem Fruchtwasserinsulingehalt keine vorzeitige Geburtseinleitung erfolgen muß. Sind hingegen Zeichen einer fetalen Gefährdung nachzuweisen, ist die Schwangerschaft zumeist ohne Rücksicht auf die Ergebnisse der Lungenreifebestimmung zu beenden.

Die Bestimmung der Glukose im Fruchtwasser: Angaben über den Glukosegehalt im Fruchtwasser lagen vorwiegend vom letzten Schwangerschaftsdrittel vor (SEEDS et al., 1979; WOOD und SHERLINE, 1975; CASSADY et al., 1977; ARCHIMAUT et al., 1974; SPELLACY et al., 1973; PEDERSEN, 1954; NEWMAN

Tabelle 20.24. Glukosegehalt im Fruchtwasser bei 1655 gesunden Schwangeren (Angaben in mg%)

Woche	Fall-zahl	Mittel-wert (mg/dl)	SD*	Bereich	Perzentilen 3.	10.	50.	90.	97.	Perzentilen geglättet 3.	10.	50.	90.	97.
14/15	26	44,8	11,8	26—78	26	31	42	55	64	25	30	41	54	64
16/17	428	45,9	9,8	13—86	29	35	45	57	67	29	35	45	57	66
18/19	537	44,2	9,2	21—79	28	33	44	57	64	28	34	44	57	64
20/21	117	41,3	10,4	18—92	24	29	41	52	59	24	30	41	52	60
22—27	46	36,1	10,0	15—70	15	23	35	47	50	18	24	37	46	52
28/29	80	32,4	9,1	5—53	16	21	33	43	49	13	20	33	44	49
30/31	44	30,1	10,4	7—57	12	18	29	41	49	12	18	32	43	49
32/33	66	30,2	12,0	3—61	4	15	32	45	50	11	17	30	42	49
34/35	88	27,5	9,9	3—60	11	14	26,5	39	46	10	16	28	41	48
36/37	76	26,1	9,8	6—50	11	15	26	39	46	9	14	26	39	45
38/39	54	22,2	9,4	7—47	8	11	20	34	40	7	12	21	34	39
40—42	93	15,8	6,6	1—37	4	9	15	24	27	4	9	15	24	28

* Standardabweichung.

und TUTERA, 1976). Nur wenige Veröffentlichungen brachten Daten aus der ersten Schwangerschaftshälfte (DRAZANCIC und KOVACIC, 1974; RULE et al., 1981). Da der Fruchtwasserglukosegehalt im Verlauf der Schwangerschaft dynamisch ist, bedarf es großer Untersuchungsreihen, um den Normbereich zuverlässig zu bestimmen. An der Grazer Klinik wurde daher in den letzten vier Jahren der Glukosegehalt in rund 2500 Fruchtwasserproben von der 14. bis zur 42. Schwangerschaftswoche gemessen. Normwerte und Perzentilen der Norm sind der Tab. 20.24 zu entnehmen. Die Herkunft der Fruchtwasserglukose ist unbekannt. Es wird vermutet, daß sie mit dem fetalen Harn in das Fruchtwasser gelangt (WOOD und SHERLINE, 1975; SPELLACY et al., 1973). Eigene Untersuchungen zeigten, daß der Glukosegehalt des Harnes von Neugeborenen und des Fruchtwassers am Ende der Schwangerschaft praktisch ident sind. Der mütterliche Blutglukosespiegel korreliert sowohl mit dem fetalen Blutzuckerspiegel als auch mit dem Fruchtwasserglukosegehalt. Der Glukosegradient Mutter:Fetus:Fruchtwasser beträgt am Ende der Schwangerschaft rund 12:8:2 (FEIGE et al., 1979). Es wurde gefunden, daß die Fruchtwasserglukose den glykämischen Exkursionen der Schwangeren mit einer Latenzzeit von etwa 250 Minuten, jedoch mit einer wesentlich geringeren Amplitude folgt (WEISS et al., 1984 b). Die Fruchtwasserglukose entspricht somit einem „memory like system" für die mütterliche Stoffwechselsituation der letzten Stunden (ARCHIMAUT et al., 1974).

Der Glukosegehalt des Fruchtwassers ist bei diabetischer Stoffwechsellage erhöht, wenn die Stoffwechselführung nicht normoglykämisch ist. Dies gilt gleichermaßen für den insulinpflichtigen Diabetes mellitus wie auch für Glukosetoleranzstörungen in der Schwangerschaft.

Bei verschiedenen Mißbildungen (major defects), vor allem bei Neuralrohrdefekten (PETTIT et al., 1977; GUIBAUD et al., 1978; WEISS et al., 1984 b), liegen 68% der Glukosewerte unter der 10. Perzentile, 44% unter der 3. Perzentile. Bei Fruchtwasserglukosewerten unter der 10. Perzentile (Tab. 20.24) soll daher stets an die Möglichkeit einer groben Mißbildung gedacht werden.

Bei Hydramnion (ohne fetale Mißbildung) ist der Fruchtwasserglukosespiegel nicht vermindert.

Weitere Hinweise auf ein hohes fetales Risiko bei Diabetes mellitus sind ein signifikanter Anstieg der *Osmolarität* des Fruchtwassers (BAILEY et al., 1976) oder ein Abfall des *Fruchtwasserkreatiningehaltes* (CASSADY et al., 1975). Die perinatale Mortalität war in diesen Fällen auf das 2,3- bzw. 13fache erhöht.

20.5.10.3
Plazentafunktionsdiagnostik

a) Die Bestimmung von Östriol: Wie auch andere Autoren (DRURY et al., 1977; HAUKKAMAA et al., 1980; SCHNEIDER et al., 1980) sind wir der Ansicht, daß der Östriolbestimmung im Harn keine wesentliche Bedeutung für die Überwachung der diabetischen Schwangerschaft zukommt. Wir selbst haben seit 1975 bei diabetischen Schwangeren rund 1000 Östriolbestimmungen im Harn durchgeführt, ohne daß sich daraus je eine wesentliche geburtshilfliche Konsequenz ergeben hätte. Die Östriolausscheidung ist bei Diabetikerinnen mit fetopathischem Ungeborenen häufig höher als bei Stoffwechselgesunden, da sie die fetoplazentare Masse spiegelt. Eine herabgesetzte Östriolausscheidung ist bei Antibiotikagabe (ADLERCREUTZ et al., 1977), bei der Gabe von Glukokortikoiden, bei einem Sulfatasemangel der Plazenta (BRAUNSTEIN et al., 1976) und bei fetalen Mißbildungen (DREW et al., 1978) zu erwarten. Zu dem ohnedies geringen prognostischen Wert von Harnöstrogenen und dem möglichen störenden Einfluß von Medikamenten gesellen sich noch häufig Fehler beim Harnsammeln.

Eine gewisse Aussage bezüglich des fetalen Risikos scheint durch die Bestimmung des freien (unkonjugierten) Östriols im Plasma möglich zu sein (DISTLER et al., 1987, WHITTLE et al., 1979). Eine tägliche Bestimmung ist jedoch Voraussetzung.

Andererseits können bei herabgesetzter renaler Clearance, ein nicht seltener Zustand bei Diabetes und Gestose, Östrogene trotz verminderter Synthese durch ihre Kumulation im Plasma beträchtlich erhöht sein (NACHTIGALL et al., 1968). Wir selbst fanden bei Fällen mit Präeklampsie in mehr als 30% erhöhte Plasmaöstriolwerte.

Die „direkte" Bestimmung der fetoplazentaren Masse durch eine Ultraschalluntersuchung sowie der Plazentafunktion durch die Cardiotokographie ist einer „indirekten" Methode, wie der Östriolbestimmung vorzuziehen.

b) Die Bestimmung des Plazentalaktogens (HPL, HCS): HPL reflektiert weniger die Plazentafunktion als die plazentare Masse (JOSIMOVICH et al., 1970). Bei der diabetischen Schwangerschaft ist der HPL-Spiegel im Serum daher häufig signifikant erhöht (SOLER et al., 1975; PERSSON und LUNELL, 1975; TYSON und HOCK, 1976; SPELLACY et al., 1974). Auch bei Kohlenhydrattoleranzstörungen finden sich oft hohe HPL-Serumspiegel (FUHRMANN et al., 1980). Ein unmittelbarer Zusammenhang mit der Glykämie der Schwangeren scheint nicht vorgegeben, da der HPL-Spiegel unter Glukosebelastung unverändert bleibt (PRIETO et al., 1976; FUHRMANN et al., 1980). Bereits nach der 34. Schwangerschaftswoche kommt es bei Diabetikerinnen zu einem leichten Absinken des HPL-Spiegels, während dies bei Stoffwechselgesunden erst in der 37. Woche erfolgt (ARTNER et al., 1977). Wir stimmen mit verschiedenen Autoren (SOLER et al., 1975; PLOTZ et al., 1978; JOSIMOVICH et al., 1970; GAROFF, 1976) überein, daß HPL-Bestimmungen keine wesentliche Bedeutung für das Management diabetischer Schwangerer beizumessen ist. Durch die HPL-Bestimmung können keine fetalen Risken aufgedeckt werden, die nicht bereits klinisch erkennbar sind (ZLATNIK et al., 1979).

c) Die kardiotokographische Überwachung: Die Kardiotokographie nimmt im Hinblick auf die Diagnose der Plazentainsuffizienz eine zentrale Stellung ein. Im Vordergrund besonders der ambulanten Überwachung steht der Nonstress-Test (NST) (KEEGAN et al., 1980). Während bei reaktivem NST (Akzelerationen von > 10 Schlägen bei Kindesbewegungen oder beim Weckversuch durch Stoßpalpationen) die perinatale Mortalität 0 beträgt (LEVENO et al., 1983; NOCHIMSON et al., 1978; MENDENHALL et al., 1980), wird sie beim nicht reaktivem NST (keine Akzelerationen) mit 15 bis 41% angegeben (MENDENHALL et al., 1980; LEVENO et al., 1983). Nur in rund der Hälfte der Fälle sind Neugeborene nach nicht reaktivem NST unauffällig. Zum Ausschluß einer aktuellen fetalen Gefährdung genügt eine einzige Akzeleration (MENDENHALL et al., 1980). Eine besonders signifikante Information ergibt der NST, wenn er unmittelbar nach einer Amniozentese durchgeführt wird (KLEIN et al., 1981). Bei reaktivem NST beträgt die Gefahr eines intrauterinen Fruchttodes innerhalb der nächsten Woche weniger als 1% (SCHIFRIN, 1977). Ein Oxytozinbelastungstest (OBT, OCT, CST) ist selten indiziert und oft nicht sehr aussagekräftig. Bei provozierten Wehen muß mit 25 bis 40% falsch positiven Befunden gerechnet werden (FREEMAN et al., 1976; JOVANOVIC und PETERSON, 1982). Die Wiederholung eines suspekten Tests ist daher fast immer notwendig (BRUCE et al., 1978). Ein OBT empfiehlt sich nach einem nicht reaktiven NST. Während falsch positive Ergebnisse des OBT häufig sind, muß mit falsch negativen Ergebnissen nicht gerechnet werden (CÜRET und OLSEON, 1980). Treten spontane Wehen auf, dies ist im letzten Schwangerschaftsdrittel sehr häufig der Fall, so ist ein OBT überflüssig. Es empfiehlt sich daher, die Schwangeren an den Kardiotokographen anzuschließen und zunächst 30 Minuten zuzuwarten, ob nicht spontane Kontraktionen auftreten.

Eine Geburtseinleitung bei reifem Kind wird empfohlen, wenn zweimal hintereinander nicht reaktive NST nachgewiesen werden. Bei unreifem Kind ist eine Geburtseinleitung nach zwei abnormalen NST und einem pathologischen OBT angebracht (JOVANOVIC und PETERSEN, 1982). Ein sinuoides Herzfrequenzmuster kündigt eine schlechte kindliche Prognose an (SIBAI et al., 1980) und erfordert eine unmittelbare Intervention. Bei diabetogener Fetopathie ist häufig eine eingeengte Oszillation zu beobachten (FUHRMANN, 1978). Im eigenen Krankengut wurden passager eingeengte Oszillationen von CTG-Kurven in Phasen mütterlicher Hypo-

glykämie (Blutglukose < 50 mg/dl) gesehen. Aber auch bei mütterlicher Ketoazidose treten Zeichen eines akuten „fetal distress" (Oszillationsverlust, Spätdezelerationen) auf, die mit der Normalisierung des mütterlichen Stoffwechsels wieder verschwinden (VAN LIERDE et al., 1982).

Insgesamt wurden von FUHRMANN (1978) bei diabetischen Schwangeren bis zum Entbindungszeitpunkt in 43% der Fälle präpathologische oder pathologische CTG's registriert. Im eigenen Krankengut waren die präpartalen Kardiotokogramme in 13% abnorm. In zwei Drittel dieser Fälle handelte es sich um PBSP-Diabetikerinnen (s. S. 343).

Die Frequenz kardiotokographischer Kontrollen bei Diabetes kann nicht genormt werden. Sie richtet sich nach der mütterlichen und kindlichen Stoffwechselsituation und nach PBSP-Zeichen. Eine generelle Forderung von täglich ein bis zwei Kontrollen ab der 36. Woche erscheinen eher als übertrieben.

20.5.10.4 Ultraschalluntersuchungen

Die sonographische Diagnose einer diabetogenen Fetopathie sowie die sonographische Beurteilung des fetalen Gewichtes wurde bereits in Kap. 20.4.7 besprochen. Es muß jedoch darauf hingewiesen werden, daß die Diagnose der Fetopathie nur möglich ist, wenn diese mit einer fetalen Hypertrophie einhergeht (SEMMLER et al., 1978). Das ist bei insulinpflichtigen Diabetikerinnen oft nicht der Fall. Bei eutrophen Früchten sind Aussagen bezüglich einer diabetogenen Erkrankung kaum möglich. Andererseits muß Diabetikerinnen wie auch stoffwechselgesunden Schwangeren in rund 5 bis 10% ein Kind über 4000 g zugebilligt werden, ohne daß ein fetaler Hyperinsulinismus vorliegt. Die Bestimmung des Insulingehaltes im Fruchtwasser vermag die differentialdiagnostischen Fragen zu klären.

Auch die Dicke und das Volumen der Plazenta kann Hinweise auf die fetale Stoffwechselsituation geben (TARRÓ, 1979). Darüber hinaus können auch größere Infarktherde der Plazenta diagnostiziert werden (PLOTZ et al., 1978).

Das Hydramnion ist eine häufige Komplikation bei diabetischen Schwangeren (Tab. 20.1, S. 338). Die Inzidenz ist jedoch auch bei Glukosetoleranzstörungen beträchtlich (ENGELHARDT, 1974). Es kann einerseits durch die osmotische Wirkung der Glukose im Fruchtwasser und andererseits durch Schluckstörungen des Fetus bei diabetogener Fetopathie verursacht sein. Liegen dem Hydramnion keine fetalen Mißbildungen zugrunde, beruht dieses mit hoher Wahrscheinlichkeit auf einer unzureichenden Stoffwechselführung. Bei 14 Diabetikerinnen, die zwischen der 27. und der 33. Schwangerschaftswoche mit Hydramnion zugewiesen wurden, hatte sich die Fruchtwassermenge durch eine normoglykämische Stoffwechseleinstellung in jedem einzelnen Fall normalisiert.

Einen Hinweis auf den fetalen Zustand können auch fetale Atembewegungen vermitteln (MANNING et al., 1979), deren Frequenz offenbar durch den mütterlichen Glukosespiegel beeinflußt wird (NATALE et al., 1981). Auch die Frequenz der Kindesbewegungen haben prognostische Bedeutung (MANNING et al., 1979 a).

20.5.11 Schwangerenvorsorge

Bei komplikationslosem Schwangerschaftsverlauf sind zunächst ambulante Kontrollen im Abstand von 14 Tagen ausreichend. Entsprechend den vermutlichen individuellen Risiken erfolgt eine engmaschigere Kontrolle ab der 32. bis 36. Woche. Neben den geburtshilflichen Untersuchungen und der Kontrolle des Stoffwechsels erfolgt bei jeder Konsultation eine weitere Schulung, indem die Protokolle der Blutzuckerselbstkontrolle und die Anpassung der Insulintherapie an die selbst gemessenen Blutzuckerwerte mit der Patientin besprochen werden.

20.5.12 Stationäre Behandlung

Über Vor- und Nachteile einer routinemäßigen stationären Behandlung diabetischer

Schwangerer sind die Ansichten uneinheitlich. In verschiedenen Zentren erfolgt eine intermittierende Hospitalisierung diabetischer Schwangerer (GOLDSTEIN et al., 1978; GABBE et al., 1977 a), wobei bis zu vier stationäre Aufenthalte vorgesehen sind (FUHRMANN, 1982), während andere Behandlungszentren (JEFFERY et al., 1977; GYVES et al., 1977; DRURY et al., 1977; CORWIN, 1979) auf regelmäßige Aufnahmen verzichten. Dementsprechend beträgt die Dauer des stationären Aufenthaltes zwischen 7,2 Tagen (CORWIN, 1979) und etwa 60 Tagen (FUHRMANN, 1982).

Auch der Zeitpunkt der Hospitalisation vor der Geburt wird unterschiedlich angegeben. MARTIN et al. (1979) empfehlen die stationäre Aufnahme ein bis zwei Wochen vor dem von Priscilla WHITE vorgeschlagenen Entbindungszeitpunkt der einzelnen Diabetesklassen, während andere generell eine Aufnahme ab der 28. (GUGLIUCCI et al., 1976), 32. (FUHRMANN, 1982) oder 34. Woche (GYVES et al., 1977; GOLDSTEIN et al., 1978; GABBE et al., 1977 a) fordern. Mit zunehmender Anwendung des „home monitoring" und der Insulinselbstanpassung der Patienten kann auf die Hospitalisierung mehr und mehr verzichtet werden. Eine erfolgreiche Betreuung diabetischer Schwangerer durch ambulante Kontrollen ist zumeist möglich (LEWIS et al., 1976; CORWIN, 1979; SCHNEIDER et al., 1980; STELDINGER und WEBER, 1981 a). Die Behandlungskosten werden dadurch auf weniger als ein Viertel gesenkt (SCHNEIDER et al., 1980). Wir empfehlen, schwangere Diabetikerinnen bei Übernahme der Behandlung für drei bis sieben Tage aufzunehmen. In dieser Zeit kann eine Durchuntersuchung, eine normoglykämische Stoffwechseleinstellung und vor allem eine intensive Schulung eingeleitet werden. Die weitere Betreuung und Schulung wird ambulant durchgeführt. Stationäre Aufnahmen erfolgen ausschließlich bei Komplikationen, wie EPH-Gestose, Harnwegsinfekt, Stoffwechselentgleisung, fetale Retardierung, erhöhter Fruchtwasserinsulinwert, Hydramnion etc. Ist eine Patientin inkooperativ oder aufgrund ihrer mentalen Voraussetzungen nicht in der Lage, eine Blutzuckerselbstkontrolle und Insulindosisanpassung durchzuführen, lassen sich allerdings längere stationäre Aufenthalte nicht vermeiden. Bei stabiler Stoffwechsellage und normalen fetalen Parametern (Fetometrie, CTG, Fruchtwasserinsulingehalt) kann die Aufnahme zur Geburt unabhängig von der White-Klasse, bei spontanem Wehenbeginn oder in der 40. Schwangerschaftswoche erfolgen.

20.5.13 Der Zeitpunkt der Geburt

20.5.13.1 Terminisierung der Geburt

Wurde noch vor 10 Jahren in Abhängigkeit vom White-Stadium die Geburt ab der 35. Woche so eingeleitet, wird heute die Schwangerschaft bei Diabetes mellitus vorwiegend in der 37. bis 38. Woche beendet (TELLER et al., 1976; JEFFRY et al., 1977). Die Terminisierung erfolgt nach der Lungenreifung des Fetus, die durch wöchentliche Fruchtwasseruntersuchungen in der 35. bis 38. Woche bestimmt wird. In den meisten Zentren werden zwischen 55 und 100% der Geburten eingeleitet (MARTIN et al., 1979; AYROMLOOI et al., 1977; SCHNEIDER et al., 1980; DRURY et al., 1977; GOLDSTEIN et al., 1978). Wir sind der Meinung, daß mit dem heutigen therapeutischen und diagnostischen Rüstzeug eine Frequenz von 8 bis 10% Geburtseinleitungen nicht überschritten werden muß. Sie sollte nur dann erfolgen, wenn objektiv nachweisbare Risiken (CTG-Alterationen, fetaler Hyperinsulinismus, Plazentainsuffizienz, Präeklampsie, Brittle-Diabetes etc.) gegeben sind. Bei normalen kardiotokographischen Befunden und normalem Fruchtwasserinsulingehalt kann unabhängig von der White-Klasse der spontane Wehenbeginn abgewartet werden. Im eigenen Krankengut wurden unter 123 insulinpflichtigen Diabetikerinnen 35 White-B bis R-Fälle zwischen der 40. und der 41. Schwangerschaftswoche entbunden. Die mittlere Tragzeit (Tokolysefälle ausgeschlossen) betrug insgesamt 38,6 Wochen.

20.5.13.2 Geburtseinleitung

Ist eine Geburtseinleitung indiziert, empfiehlt sich die intravaginale Anwendung von Prostaglandin E_2 (s. a. Kap. 19). SHEPHERD et al. (1981) konnte durch die intravaginale Prostaglandinapplikation bei 1000 unausgewählten Schwangeren die Rate mißglückter Geburtseinleitungen von 42% auf 2,5% senken. Im eigenen Patientengut kam es nach intravaginaler Applikation von Prostaglandintabletten (PGE$_2$, 3 mg) bei Erst- bzw. Mehrgebärenden bei einem Pelvic-Score (BISHOP, 1964) von über 7 in 93,8 bzw. 100% zur Geburt. Bei einem Pelvic-Score unter 7 war die Einleitung bei 48 bzw. 75% erfolgreich (LICHTENEGGER und ZEICHEN, 1982). Führt dieses Vorgehen nicht unmittelbar zur Geburt, so bewirkt es zumindest eine Zervixreifung (Priming), die eine nachfolgende Geburtseinleitung durch eine weitere intravaginale Prostaglandingabe oder durch Sprengen der Fruchtblase und intravenöse Wehenmittelgabe erleichtert. Die Geburtseinleitung bei der Diabetikerin sollte zunächst mit 1,5 mg PGE$_2$ versucht werden und hat selbstverständlich unter fetalem Monitoring zu erfolgen.

20.5.13.3 Tokolyse

Die Frühgeburtlichkeit bei Diabetes mellitus ist deutlich erhöht. Sie wird mit 11 bis 29% angegeben (HAUKKAMAA et al., 1980; AUINGER, 1978; FUHRMANN et al., 1977). *Betamimetika* beeinflussen den Kohlenhydratstoffwechsel im Sinne einer Herabsetzung der Glukosetoleranz (URBAN et al., 1972). Bei Stoffwechselgesunden ist neben einem Anstieg der Blutglukose und der freien Fettsäuren auch ein Anstieg des Glukagon- und Insulinspiegels zu beobachten (LIPSHITZ und VINIK, 1978; KAUPPILA et al., 1978). Die mittlere Blutglukose steigt um rund 40 mg% (2,2 mmol/l) an (SMYTHE und SAKAKINI, 1981). Bei insulinpflichtigen Diabetikerinnen kann der Stoffwechsel unter Betamimetikabehandlung beträchtlich außer Kontrolle geraten (VAN LIERDE et al., 1982). Der Insulinbedarf kann sich besonders zu Behandlungsbeginn bis auf das Vierfache erhöhen (ROST et al., 1982). Nach ungefähr drei Tagen stabilisiert sich der Mehrbedarf auf etwa 50%. Engmaschige Blutzuckerkontrollen und eine sorgfältige Anpassung des Insulinbedarfes sind erforderlich, um eine Stoffwechselentgleisung zu verhindern. Bei Schwangeren mit labilem Stoffwechsel kann die Behandlung mit einer intravenösen Insulininfusion erforderlich werden. Zu Beginn einer tokolytischen Behandlung kann auch der Einsatz des Biostators (closed loop) sehr hilfreich sein. Von ELLIOT (1983) wurden kürzlich gute Erfolge einer Tokolyse mit Magnesiumsulfat mitgeteilt (355 Fälle). Da von Magnesiumsulfat keine Auswirkungen auf den Kohlenhydratstoffwechsel zu erwarten sind, könnte mit seiner Anwendung eine gute Alternative gegeben sein.

20.5.13.4 Induktion der Lungenreifung

Bei rund der Hälfte der Tokolysen wird die Verabreichung von Glukokortikoiden zur Lungeninduktion erforderlich sein. Glukokortikoide bewirken ebenfalls einen Blutzuckeranstieg und einen höheren Insulinbedarf (etwa + 50%). Als Alternative ohne Stoffwechselwirkung bietet sich Ambroxol (Mucosolvan®) an, das in einer Dosierung von 1 g/Tag als Kurzinfusion verabreicht wird (LORENZ et al., 1974; ZAHN et al., 1978; MÜLLER-TYL und SALZER, 1978). Unter dieser Behandlung kann das Atemnotsyndrom bei Frühgeburten auf ein Viertel reduziert werden (LÖWENBERG et al., 1981). Gute Erfolge der RDS-Prophylaxe bei Diabetes scheinen durch die Behandlung mit DIMIT (3,5-Dimethyl-3-Isopropyl-L-Thyronin) erzielbar zu sein (NEUFELD und MELMED, 1981), die gleichzeitig auch zu einer Senkung der Blutglukose führt. Die Behandlungsmethode befindet sich jedoch noch im Stadium des Tierversuches.

20.5.14 Geburtsmodus — Sektioindikation

Die Häufigkeit von Schnittentbindungen zur Lösung geburtshilflicher Probleme ist im letzten Dezenium sowohl in Europa als auch in den USA auf das dreifache angestiegen. Da das Ausmaß der perinatalen Mortalität im gleichen Zeitraum drastisch gesunken ist, ist man versucht, einen kausalen Zusammenhang herzustellen. O'DRISCOLL und FOLEY (1983) konnten am Geburtengut des Maternity Hospitals in Dublin jedoch eindrucksvoll zeigen, daß die perinatale Mortalität in den letzten 10 Jahren bei gleichbleibender Sektiofrequenz um 5% zumindest ebenso deutlich hätte gesenkt werden können. Vieles weist darauf hin, daß bessere geburtshilfliche Ergebnisse in erster Linie auf eine verbesserte Schwangerenvorsorge, Geburtenüberwachung und auf Fortschritte in der Neonatologie zurückzuführen sind. Dies gilt vor allem auch für die Schwangerschaft bei Diabetes mellitus. Der Diabetes für sich ist keine Indikation zur Schnittentbindung, da diese, abgesehen von den Nachteilen für die Mutter (DIAMOND et al., 1983), auch nicht die schonendste Entbindungsart für das Kind ist (NIESEN, 1978; DRURY et al., 1977; PLOTZ et al., 1978). Untersuchungen des Säure-Basen-Haushaltes bei reifen Neonaten (THALME et al., 1975) und Untersuchungen zur Häufigkeit perinataler Hirnblutungen in Abhängigkeit vom Geburtsmodus (BROCKERHOFF et al., 1981) ergaben keine Vorteile für die Schnittentbindung. Selbst für das Frühgeborene bringt die Schnittentbindung bei Diabetes mellitus gegenüber der vaginalen Entbindung nur Nachteile (USHER et al., 1971; ROBERT et al., 1975). Es ist sogar unwahrscheinlich, daß die Schnittentbindung bei einer Nephropathie oder Retinopathie, die häufig als Sektioindikation gelten, Vorteile bringen kann. Der Operationsschock, die Möglichkeit eines stärkeren Blutverlustes mit hypovolämischem Schock, die höhere Inzidenz postoperativer fieberhafter Infektionen mit dem entsprechenden Anfall von Toxinen sowie die katabole Situation nach Operationen mit Ketoazidosetendenz der Diabetikerinnen führen eher zu zusätzlichen Komplikationen. So konnte MOLONEY und DRURY (1982 keine negativen Auswirkungen der Spontan-

Tabelle 20.25 A. Sektioindikationen bei 123 insulinpflichtigen Diabetikerinnen (1978—1983)

Hauptindikation	Fall-zahl	(%)	Zusätzliche Nebenindikationen (Tab. 20.25 B)
Zust. nach Kaiserschnitt	12	9,8	1, 1, 1, 2, 3, 4, 4, 4, 5, 5, 8, 10, 10, 11, 12
Zust. nach wiederholtem Kaiserschnitt	6	4,9	1, 3, 4
Kombination von Nebenindikationen	8	6,5	1, 1, 1, 1, 2, 3, 3, 3, 4, 4, 5, 6, 6, 6, 7, 7, 7 9, 11, 11
Beckenendlage	7	5,7	1, 1, 2, 2, 2, 3, 4, 6, 6, 7, 7, 9, 9, 12
Intrauterine Asphyxie	6	4,9	1, 1, 1, 2, 2, 5, 8, 8
Schädel-Becken-Mißverhältnis	6	4,9	1, 1, 1, 2, 2, 5, 5, 8, 10
Einstellungsanomalien	4	3,3	1, 1, 8, 10, 13, 13, 14, 14
Uterusmißbildungen	3	2,4	A, 3, 6, B, 1, 9, C
Querlage	2	1,6	2, 3, 15
Total	54	43,9	

Tabelle 20.25 B. Nebenindikationen nach der Häufigkeit geordnet

Nebenindikation	Fall-zahl	Nebenindikation	Fall-zahl
1 CTG-Alterationen	18	10 Mißfarbenes Fruchtwasser	4
2 Vorzeitiger Blasensprung	9	11 Fetopathie	3
3 Präeklampsie	8	12 Gemini	2
4 Anamnestisch Totgeburt	7	13 Hoher Schrägstand	2
5 Protrahierte Geburt	6	14 Hoher Geradstand	2
6 Frühgeburt	6	15 Hydramnion	1
7 Alte Primipara	5	A Uterus bicornis, Vaginalseptum	1
8 Skalp pH < 7,2	5	B Uterus arcuatus	1
9 Pränatale Dystrophie	4	C Uterus duplex	1

geburt auf eine proliferative Retinopathie feststellen. Soll der Schwangeren aus ophthalmologischer Indikation das Pressen erspart werden, kann dies durch eine Beckenausgangszange oder Vakuumextraktion erreicht werden.

Die durchschnittliche Sektiofrequenz an Diabeteszentren betrug vor etwa 5 Jahren 63% (s. Tab. 20.1). Sie kann heute mit über 70% angenommen werden. Ein beträchtlicher Anteil der Schnittentbindungen bei Diabetes beruht auf der Angst des Geburtshelfers vor dem unvermutet auftretenden intrauterinen Fruchttod. Da sich dieser in erster Linie bei fetalem Hyperinsulinismus ereignet (NORTH et al., 1977), kann durch die richtige Beurteilung der fetalen Stoffwechselsituation (s. S. 395) diese Indikation entfallen. Im eigenen Krankengut beträgt die Kaiserschnittrate bei insulinpflichtigen Diabetikerinnen 43,9%. Da aus einem großen Zuzugsgebiet viele Schwangere mit vorangegangenem Kaiserschnitt extra muros zugewiesen werden, ist die Sektiofrequenz durch dieses Erbe belastet. Bei insulinpflichtigen Diabetikerinnen, die ohne vorangegangenen Kaiserschnitt betreut wurden, betrug die Sektiofrequenz rund 33%. Man

Tabelle 20.26. Stoffwechselführung von Diabetikerinnen bei elektiver Geburt (Beginn 8 Uhr morgens)

		Vor der Geburt	Während der Geburt	Angestrebte Blutglukose-werte	BZ-Kontrollen	Stoffwechsel Korrekturen	Quelle
A	Spontangeburt (nüchtern)	kein Insulin NaCl-Lösung 0,9%	Glukose 5% i.v. 2,55 mg/kg KG/min ①	70—90 mg/dl	stündlich	bei BZ < 60 mg/dl Glukose 5,1 mg/kg KG/min; bei BZ > 140 2 E Insulin s.c./ Stunde bis zur BZ Normalisierung	JOVANOVIC und PETERSON, 1982
	Sektio (nüchtern)	Insulindosis entsprechend der üblichen *Abenddosis*	Nach Sektio Insulingabe alle 8 Stunden wiederholen	wie oben	wie oben	wie oben	
B	Spontangeburt und Sektio (nüchtern)	kein Insulin	Glukose 5% i.v. 8 g/Stunde ② Insulininfusion 1—2 E/Stunde	90—125 mg/dl	etwa stündlich	je nach Blut-zuckerwert 0,5—6,0 E Insulin ④ pro Stunde	WEST und LOWY, 1977
C	Spontangeburt und Sektio bei stabiler Stoff-wechsellage (nüchtern)	Insulin, die Hälfte der üblichen Morgendosis an Depot-insulin	Lävulose 5%	100 mg%	engmaschig	bei BZ-Werten < 100 mg/dl Infusionsgeschwin-digkeit der Lävu-lose steigern	PLOTZ et al., 1978
	Bei hochgradig labiler Stoff-wechsellage (Brittle Dia-betes)	wie oben	500 ml Glukose 5% + 8 E Insulin	100 mg%	engmaschig	bei BZ-Werten von 150—250 mg/dl zusätzlich 8—12 E Insulin, bei 250—300 mg/dl zusätzlich 16—24 E Insulin	

| D | Spontangeburt und Sektio (nüchtern) | Insulinbedarf in der Schwangerschaft > 60 E/24-h 24 E NPH s.c. Bedarf < 60 E/ 24-h 16 E NPH s.c. | Glukose 5% 10 g/Stunde ③ | < 90 mg% | 1. Nüchtern 2. Muttermundsweite < 5 cm 3. 5—10 cm 4. Geburt | Glukoseinfusion bis zur 1. Nahrungsaufnahme. Postpartal zwischen 22 u. 24-h 8—12 E NPH | SOLER und MALINS, 1978 |

① Bei 60 kg Körpergewicht 9,18 g/Stunde = 184 ml Glukose 5%.
② 160 ml Glukose 5%/Stunde.
③ 200 ml Glukose 5%/Stunde.
④ 500 ml NaCl 0,9% + 20 E Insulin, 1 E = 25 ml.

kann daraus schließen, daß bei guter Behandlung und Überwachung während der Schwangerschaft die Sektiorate von durchschnittlich zwei Drittel (Tab. 20.1, S. 338) auf rund ein Drittel gesenkt werden kann. Die Tabellen 20.25 A und 20.25 B zeigen die Haupt- und Nebenindikationen zur Sektio sowie deren quantitative Bedeutung hinsichtlich der Sektiofrequenz. Die Indikationen zur Sektio unterscheiden sich qualitativ nicht von jenen bei Stoffwechselgesunden. Dies gilt auch für die primäre Sektioindikation. Mit fortschreitender White-Klasse wird sich unter der Geburt zunehmend häufig eine Indikation zur Schnittentbindung ergeben. Diese beruhen in der Regel auf einer Plazentainsuffizienz bei Diabetes mit Gefäßerkrankungen. Darüber hinaus scheinen Frauen mit einer Diabetesmanifestation bereits im frühen Kindesalter nicht näher definierbare Wachstumsstörungen des knöchernen Beckens zu erleiden. Während die Distantia spinarum, cristarum, trochanterica sowie die Conjugata externa und vera bei White-B-Diabetikerinnen im Mittel 26,0, 29,6, 33,9, 21,7 und 11,7 cm mißt, betragen diese Maße bei White-R-Diabetikerinnen 24,4, 27,9, 32,0, 20,9 und 11,3 cm. Der Unterschied zwischen den Maßen der Distantia spinarum und cristarum ist statistisch signifikant.

20.5.15 Die Geburtsleitung

Die Überwachung des Fetus während der Geburt unterscheidet sich bei diabetischen Schwangeren nicht von der Überwachung bei anderen Risikogeburten. Von einer fetalen Mikroblutgasanalyse soll großzügig Gebrauch gemacht werden. Die fetalen Risiken durch die Mikroblutentnahme sind unbedeutend (BAUMGARTEN, 1981). Die Indikation (mißfarbiges Fruchtwasser, CTG-Alterationen) ist in etwa 35% gegeben. In zwei Drittel dieser Fälle kann eine fetale Azidose ausgeschlossen und somit eine Schnittentbindung vermieden werden.
Der Insulinbedarf und damit das Stoffwech-

selregime erfahren während der Geburt eine wesentliche Änderung. Da die Geburt unter Nahrungskarenz erfolgt, ist die Zufuhr von Glukose in Form von Infusionen erforderlich. Neben der Versorgung der Schwangeren mit Energie und Flüssigkeit sollen Hypoglykämien und Hungerketosen vermieden werden. Der Insulinbedarf ist während der Geburt reduziert. In Tab. 20.26 sind vier praktikable Behandlungsschemata zur Stoffwechselführung während der Geburt angegeben. Sie sind auf eine elektive Geburtseinleitung bei nüchternen Schwangeren mit Beginn um 8 Uhr morgens abgestimmt. Für Geburten nach spontanem Wehenbeginn bietet sich besonders ein Stoffwechselregime an, das von WEST und LOWY (1977) angegeben wurde (Tab. 20.26 B).
Bei Schwangeren mit Insulinpumpenbehandlung kann analog zu den konventionellen Behandlungsschemata in Kombination mit einer Glukoseinfusion die halbe Basalrate programmiert werden. Hypoglykämien sind zu vermeiden, da sie die Geburt protrahieren (SOLER und MALINS, 1978). Mütterliche Hyperglykämien stimulieren hingegen das fetale Inselorgan, was wieder konsektiv zur Neugeborenenhypoglykämie infolge eines hohen Plasmainsulinspiegels führen kann. SOLER und MALINS (1978) fanden nach einer mittleren Blutglukose von weniger als 90 mg/dl (5,0 mmol/l) während der Geburt 7% Neugeborenenhypoglykämien, während die Häufigkeit bei über 130 mg/dl (7,2 mmol/l) auf 41% anstieg. Darüber hinaus scheint die mütterliche Hyperglykämie die Toleranz des Fetus für einen Sauerstoffmangel infolge vermehrter Laktoazidose herabzusetzen (MYERS, 1977).

20.5.16 Das Wochenbett

Wegen der erhöhten Infektionsgefahr bei insulinpflichtigen Diabetikerinnen ist während einer Schnittentbindung, aber auch bei vaginalen geburtshilflichen Operationen eine prophylaktische Antibiotikagabe indiziert. Auf eine besonders sorgsame Wochenbetthygiene und Brustpflege ist zu achten.

Der Insulinbedarf fällt nach der Geburt drastisch ab, da der Blutspiegel der antiinsulinären Plazentahormone (insbesondere HPL) rasch absinkt. Manchmal wird in den ersten zwei Wochenbettagen überhaupt kein Insulin benötigt (LEWIS et al., 1976). Im Mittel beträgt der Bedarf am ersten Wochenbettag etwa 60% des Bedarfes *vor* der Schwangerschaft (MILLER, 1981). Das Unterschreiten des prägraviden Insulinbedarfes ist wahrscheinlich durch eine schwangerschaftsbedingt verminderte Somatotropinausschüttung bei Hypoglykämie verursacht (SPELLACY et al., 1970), die auch noch in den ersten Wochenbettagen anhält. Vom 5. bis zum 15. Wochenbettag werden im Mittel 90 bis 97% der Insulindosis vor der Schwangerschaft benötigt (etwa 5 bis 3,5 Einheiten weniger als vor der Schwangerschaft) (MILLER, 1981). An die mögliche Gefahr der Hypoglykämie muß in den ersten zwei Wochenbettagen vor allem bei Frauen gedacht werden, die präpartal mit Langzeitinsulin behandelt wurden. Entsprechend ihrer protrahierten Resorptionskinetik wirken diese Insuline lange nach. Diese Gefahr darf nicht unterschätzt werden. GABBE et al. (1976) beschreiben in einer Analyse von Todesursachen bei Diabetes mellitus und Schwangerschaft neben zwei hypoglykämiebedingten Todesfällen in der Frühschwangerschaft auch einen mütterlichen Todesfall nach Schnittentbindung durch Hypoglykämie.

Wegen der großen individuellen Unterschiede kann kein einheitliches Vorgehen hinsichtlich der Insulintherapie im Wochenbett angegeben werden. Es empfiehlt sich daher, engmaschige Blutzuckerkontrollen (je nach Wochenbettag und Stoffwechselsituation ein- bis vierstündlich) durchzuführen und die Insulinbehandlung mit kleinen Einzeldosen von Altinsulin dem jeweils zuletzt erhobenen Blutzuckerwert anzupassen. Hat sich die in 24 Stunden benötigte Gesamtmenge der Tagesdosis vor der Schwangerschaft angenähert, kann wieder auf das Behandlungsschema übergegangen werden, das vor der Schwangerschaft gültig war. Die Feinabstimmung der Insulinbehandlung erfolgt am besten durch Blutzuckerselbstkontrolle und Selbstanpassung.

Aus psychologischen Gründen und im Interesse des Neugeborenen sollen Diabetikerinnen ihre Kinder stillen. Das Zufüttern muß sich an der Stilleistung der Diabetikerin orientieren. Ein Liter Muttermilch enthält 700 Kcal. Bei der kalorischen Bilanzierung der Diät muß die Stilleistung mitberücksichtigt werden.

20.5.17 Das Neugeborene der Diabetikerin

Etwa zwei Drittel der Neugeborenen von Diabetikerinnen haben in irgend einer Form eine Erkrankung, die durch den mütterlichen Diabetes bedingt ist (GABBE et al., 1977). Im wesentlichen beruht dieser Umstand auf einer fetalen Über- oder Unterversorgung mit Glukose, die eine entsprechende Insulinantwort des Fetus nach sich zieht (GABBE und QUILLIGAN, 1977; BELLMANN, 1978; SHELLEY et al., 1975; SARLES und ADAMSON, 1978). Die spezifische Erkrankung ist die diabetogene Fetopathie. Sie beruht auf einem fetalen Hyperinsulinismus mit seinen Folgeerscheinungen (Tab. 20.27). Bei Diabetikerinnen mit systemischen Gefäßerkrankungen kann es aufgrund eines Glukosemangels im Rahmen einer Plazentainsuffizienz aber auch zu einem Hypoinsulinismus und einer pränatalen Dystrophie kommen (Tab. 20.28). Auch eine Überschneidung dieser konträren fetalen Störungen ist möglich, d. h., eine pränatale Dystrophie kann mit einem Hyperinsulinismus kombiniert sein. Eine solche an sich paradoxe Situation könnte darauf beruhen, daß der Glukosetransport durch die Plazenta einerseits ungestört abläuft, während eine Mangelversorgung hinsichtlich anderer essentieller Nährstoffe, wie etwa der Aminosäuren oder Fettsäuren (SAINTONGE et al., 1983; HULL, 1975), besteht.

Tabelle 20.27. Fetale Folgen bei mütterlicher Hyperglykämie (Diabetikerinnen ohne systemische Gefäß-erkrankungen — White-Klassen A, B, C und D)

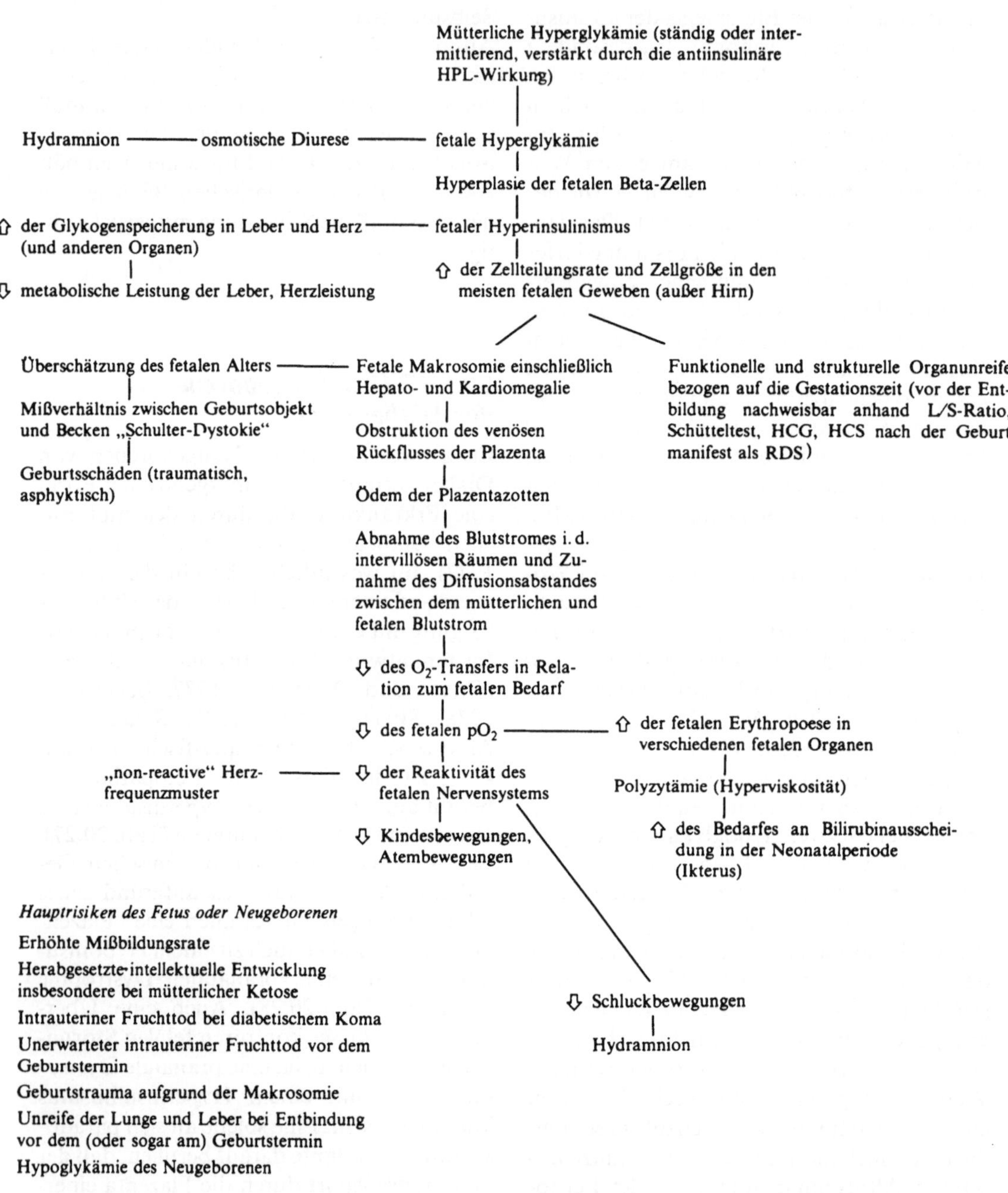

Hauptrisiken des Fetus oder Neugeborenen

Erhöhte Mißbildungsrate

Herabgesetzte intellektuelle Entwicklung insbesondere bei mütterlicher Ketose

Intrauteriner Fruchttod bei diabetischem Koma

Unerwarteter intrauteriner Fruchttod vor dem Geburtstermin

Geburtstrauma aufgrund der Makrosomie

Unreife der Lunge und Leber bei Entbindung vor dem (oder sogar am) Geburtstermin

Hypoglykämie des Neugeborenen

Tabelle 20.28. Fetale Folgen bei mütterlicher Hyperglykämie. Diabetikerinnen mit systemischen Gefäßerkrankungen (White-Klassen F, R, vereinzelt D) und Patienten mit Gefäßerkrankungen, die nicht in direkter Beziehung zum Diabetes mellitus stehen (z. B.: EPH-Gestose, essentielle Hypertonie, chronische Glomerulonephritis)

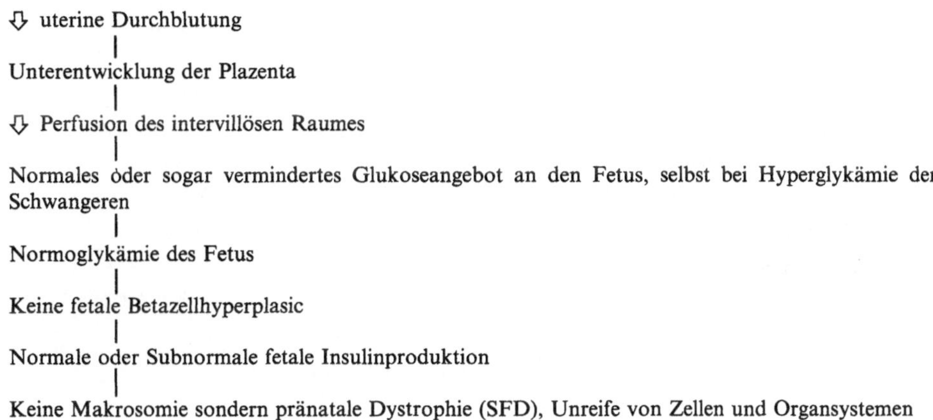

Hauptrisiken des Fetus oder Neugeborenen

Frühgeburt
Vorzeitige Lösung der richtigsitzenden Plazenta
Intrapartale Asphyxie

20.5.18 Qualitätskontrolle der Stoffwechselführung am Zustand des Neugeborenen

Aus dem Ausmaß pathophysiologischer Veränderungen beim Neugeborenen (Tab. 20.27) kann auf die Qualität der Stoffwechselführung während der Schwangerschaft geschlossen werden. Dabei steht der Nachweis des fetalen Hyperinsulinismus im Vordergrund. Zur Beurteilung des Neugeborenen bietet sich ein Score nach THALME und EDSTRÖM (1974) an, der einer eigenen Modifikation unterzogen wurde (Tab. 20.29).

Das *Geburtsgewicht* als Qualitätsparameter wird in Kap. 20.4.5 besprochen. Der Beurteilung müssen die regional gültigen Gewichtsstandards zugrunde gelegt werden. Per definitionem ist bei Neugeborenen stoffwechselgesunder Frauen ein Überschreiten der 90. und der 97. Gewichtsperzentile in 10 bzw. 3% die Regel. Ein gleichgroßer Anteil schwerer Kinder ist auch bei gut eingestellten Diabetikerinnen zu erwarten. Das Geburtsgewicht ist somit kein diabetesspezifisches Beurteilungskriterium.

Der *klinische Aspekt* der diabetogenen Fetalerkrankung (somatische Fetopathie) leitet sich aus dem cushingoiden Aussehen, der Plethora, der tomatenroten Haut, aus der Kurzhalsigkeit, den ausgeprägten Fettpolstern, dem dichten dunklen Kopfhaar, der Hypertrichose an den Ohrmuscheln, der Hypotonie der Muskulatur, der „Froschhaltung" sowie der Hepato-, Spleno- und Kardiomegalie ab. Darüber hinaus besteht eine Hypertrophie der Nabelschnur. Die Differenzierung in „leicht" und „schwer" muß subjektiv erfolgen, wobei allerdings bei der „leichten" Fetopathie nur einige wenige Krankheitszeichen vorliegen sollen.

Der ausgeprägte *Gewichtsverlust* fetopathischer Kinder in den ersten Lebenstagen ist durch Störungen im Wasser- und Elektrolythaushalt bedingt, die eine Harnflut im Gefolge haben.

Das *Atemnotsyndrom* (RDS) ist für Neuge-

Tabelle 20.29. Beurteilung des Neugeborenen zur Qualitätskontrolle der Diabetestherapie in der Schwangerschaft

	Punkte	0	1	2	4
Geburtsgewicht/* Gestationszeit		$< 90\%$	$\geqslant 90\%$	$\geqslant 97\%$	
Diabetogene Fetalerkrankung (klinischer Aspekt)		keine	leicht	schwer	
Gewichtsverlust		9%	9—11%	$> 11\%$	
Atemnotsyndrom klinisch**		0—2	3—5	6—10	
röntgenologisch***		I	II—III	IV	
Übererregbarkeit		keine	leicht	schwer	
Hypoglykämie in den ersten 3 Lebensstunden		$\geqslant 30\,mg\%$	20—29%	$\leqslant 20\,mg\%$	
Hyperbilirubinämie		$< 12\,mg\%$	$\geqslant 12\,mg\%$		
Polyzythämie		$Hb < 20\,g\%$	$Hb \geqslant 20\,g\%$		
Venöser HKT		$Hkt < 70$	$Hkt \geqslant 70$		
Kongenitale Anomalie		keine	vorhanden		
Hypokalzämie				$\leqslant 4\,mEq/l$	
Nabelblutinsulin[+]		$< 20\,\mu E/ml$	$20—39\,\mu E/ml$	$40—59\,\mu E/ml$	$\geqslant 60\,\mu E/ml$
C-Peptid[++]		$< 1,7\,ng/ml$	$1,7—3,6\,ng/ml$	$3,7—5,6\,ng/ml$	$\geqslant 5,7\,ng/ml$

    * Gewichtsperzentilen nach HOHENAUER.
  ** Silverman-Index (SILVERMAN und ANDERSON, 1956).
*** GIEDION et al., 1973.
  [+] Phadebas® Insulin-Test.
[++] RIA-gnost® hC-Peptid.

(Min.: 0, Max.: 21)

borene von Diabetikerinnen nicht pathognomonisch. Die Inzidenz ist jedoch bei Kindern diabetischer Mütter deutlich erhöht. Die Beurteilung des RDS empfiehlt sich nach dem Silverman-Index (SILVERMAN und ANDERSON, 1956), kann jedoch auch röntgenologisch (GIEDION et al., 1973) erfolgen.

Die Hyperexzitabilität von Neugeborenen ist ebenfalls gehäuft mit mütterlichem Diabetes assoziiert, ohne daß eine Hypokalzämie oder Hypoglykämie als Ursache nachzuweisen sein muß. Grobe Winkelbewegungen der Extremitäten, Vibrationen der Hände und feiner Tremor der Finger sind ein Ausdruck leichter Übererregbarkeit, während Krampfanfälle als Zeichen schwerer Übererregbarkeit einzustufen sind. Letztere sind meist doch mit einer Hypokalzämie verbunden.

Eine *Hypoglykämie* des fetopathischen Neugeborenen (< 30 mg%, $< 1,7$ mmol/l bei Reifgeborenen, $< 20\,mg\%$, $< 1,1$ mmol/l bei Frühgeborenen und Mangelgeburten) ist in erster Linie auf den kindlichen Hyperinsulinismus zurückzuführen. Vermutlich trägt zur Hypoglykämie auch die verminderte Glukoseproduktion (KALHAN et al., 1977) und/oder der Glukagonmangel (WILLIAMS et al., 1979) bei. Auch nach tokolytischer Therapie mit Betamimetika kann eine Hypoglykämie des Neugeborenen auftreten (WEIDINGER et al., 1976; ROSANELLI et al., 1982). Vier Fünftel aller Hypoglykämien sind asymptomatisch (GABBE und QUILLIGAN, 1977). Eine routinemäßige Blutzuckerbestimmung, besonders in den ersten drei Lebensstunden, sollte bei Neugeborenen von Diabetikerinnen obligat sein. Blutzuckerteststreifen sind im unteren Meßbereich zu ungenau und eignen sich nur zu einem groben Vorscreening.

Eine *Hyperbilirubinämie,* eine *Polyzythämie* sowie *kongenitale Anomalien* treten ebenfalls bei Neugeborenen diabetischer Frauen gehäuft auf, ohne jedoch diabetesspezifisch zu sein.

Die *Hypokalzämie* fetopathischer Neugeborener ist wahrscheinlich auf einen Mangel an Parathormon zurückzuführen (CRUIKSHANK et al., 1983).

Der Gehalt an *Insulin oder C-Peptid im Nabelschnurblut* gibt Auskunft über die Insulinproduktionsrate des Neugeborenen (WEISS et al., 1984; SOSENKO et al., 1979). Diese wird umso höher sein, je schlechter die Stoffwechselführung der Schwangeren insbesondere im 3. Trimester war. Der Hyperinsulinismus des Neugeborenen ist *diabetesspezifisch* und somit ein „harter" Parameter zur Qualitätskontrolle der Stoffwechselführung in der Schwangerschaft. Die erhöhte Insulinproduktion mit daraus folgender Hypoglykämie des Neugeborenen muß nicht immer mit einer Makrosomie assoziiert sein (SOSENKO et al., 1982). Da der Hyperinsulinismus der Makrosomie (somatischen Fetopathie) einerseits vorangeht, andererseits plazentare und fetale Faktoren die Entwicklung einer Makrosomie trotz fetalem Hyperinsulinismus verhindern können, spricht auch die Eutrophie nicht gegen einen Hyperinsulinismus (biochemische Fetopathie). Tatsächlich weisen Neugeborene diabetischer Frauen drei- bis viermal häufiger eine Hypoglykämie als eine Makrosomie auf (ADASHI et al., 1979). Die Bestimmung von Insulin bzw. C-Peptid aus Nabelschnurblut sollte daher bei allen Neugeborenen diabetischer Mütter routinemäßig durchgeführt werden.

Die Normwerte des Insulingehaltes im Nabelschnurblut können der Tabelle 20.23 (s. S. 396) entnommen werden. Der Gehalt an C-Peptid im Nabelschnurblut zeigt bei Stoff-

wechselgesunden und nicht insulinpflichtigen Diabetikerinnen eine signifikante lineare Korrelation zum Insulingehalt (K: 0,758, A: —0,2895, B: 0,0987, p: < 0,001). Wir empfehlen bei Diabetikerinnen der Klassen A, AB und B_0 als Qualitätskontrolle die Insulinbestimmung aus Nabelschnurblut. In den Klassen B bis R hingegen muß mit Insulinantikörpern gerechnet werden, deren Bindungskapazität ausreicht, die Bestimmungsergebnisse zu verfälschen. Es ist in diesen Fällen die Bestimmung von C-Peptid im Nabelschnurblut als Qualitätskontrolle vorzuziehen (Tab. 20.29). Die Nachteile der C-Peptidbestimmung (Kreuzreaktion mit Proinsulin, C-Peptidantikörper etc.), wie sie bei der Fruchtwasseranalytik (s. S. 397) gegeben sind, haben jedoch auch hier ihre Gültigkeit. Auch die Insulinausscheidung im Harn von Neugeborenen gibt Hinweise auf die fetale Insulinproduktion. Der Insulintiter im Harn ist am ersten Lebenstag praktisch ident mit dem Insulinspiegel im Fruchtwasser (WEISS et al., 1984). Wird das Neugeborene mit Glukoseinfusionen behandelt, ergeben sich durch die zusätzliche Stimulation der kindlichen Betazellen jedoch inadäquat hohe Harninsulinwerte.

Neuere Untersuchungen von SOSENKO et al. (1982) lassen vermuten, daß mit der Bestimmung des glykosilierten Hämoglobins im Nabelschnurblut ein zusätzlicher Hinweis auf die Qualität der Stoffwechselführung in der Schwangerschaft verfügbar sein könnte.

20.5.19 Weiteres Schicksal der Kinder von Diabetikerinnen

Das Schicksal der Kinder von Diabetikerinnen ist weitestgehend von der Qualität der mütterlichen Stoffwechselführung abhängig. Die Rate an *Mißbildungen* kann durch eine straffe Stoffwechselführung zum Zeitpunkt der Konzeption von rund 8,0% (Tab. 20.1, S. 338) auf rund 1,0% reduziert werden (FUHRMANN et al., 1983).

Ein normoglykämischer Stoffwechsel in der 1. Schwangerschaftshälfte trägt zu einer normalen Entwicklung der Plazenta bei (PERS-

SON, 1982; SEMMLER et al., 1982). Damit kann die Inzidenz der Plazentainsuffizienz mit intrauteriner Wachstumsretardierung des Fetus von rund 10% auf etwa 5% gesenkt werden (ZOBEL et al., 1984). Da bei der Wachstumsretardation mit einer *Beeinträchtigung der Hirnentwicklung* gerechnet werden muß, die mit dem Ausmaß des fetalen Untergewichtes korreliert (STEHBENS et al., 1977; KARCH et al., 1977), kann eine strenge Einstellung in der ersten Schwangerschaftshälfte auch für das weitere Schicksal des Kindes von Bedeutung sein.

Bei unzureichender Stoffwechselführung in der zweiten Schwangerschaftshälfte muß mit einem fetalen Hyperinsulinismus und einer fetalen Makrosomie gerechnet werden. Der fetale Hyperinsulinismus verursacht Hypoglykämien beim Neugeborenen, die bis zu 95% asymptomatisch verlaufen (CUMMINS und NORRISH, 1980). Auswirkungen von Hypoglykämien im Sinne von *„minimal brain defects"* sind denkbar, jedoch schwer nachzuweisen. Kinder mit diabetogener Fetopathie neigen im Schulalter sowie im Adoleszentenalter zur *Adipositas* (VOHR et al., 1980; PETTIT et al., 1983). In 25% haben diese Kinder unter Glukosebelastung einen *„Insulin-high-response"* *und 18% einen pathologischen oGTT* (AMENDT et al., 1976). Auch ein verzögerter Insulinanstieg nach Glukosebelastung wie beim Typ-II-Diabetes wurde beschrieben (ROSENKRANZ et al., 1979). Es ist anzunehmen, daß bereits intrauterin eine Schädigung und Erschöpfung der fetalen Betazellen stattfindet, die das spätere Auftreten eines Diabetes mellitus zur Folge haben kann (VAN ASCHE et al., 1983). Die vorzeitige Einleitung der Geburt, vor allem bei Vorliegen einer diabetogenen Fetalerkrankung, hat eine hohe Inzidenz an Atemnotsyndromen zur Folge. Ist eine Langzeitbeatmung erforderlich, muß mit *Beatmungsschäden*, wie etwa der bronchopulmonalen Dysplasie, gerechnet werden (TAGHIZADEH und REYNOLDS, 1976).

Literatur

AANTAA, K., FORSS, M. (1980): Growth of the fetal biparietal diameter in different types of pregnancies. Radiology **137**, 167.

ABELL, D. A., BEISCHER, N. A., WOOD, C. (1976): Routine testing for gestational diabetes, pregnancy hypoglycemia and fetal growth retardation, and results of treatment. J. Perinat. Med. **4**, 197.

ADAM, P., TERAMO, K., RAIHA, N., GITLIN, D., SCHWARTZ, R. (1969): Human fetal insulin metabolism early in gestation. Diabetes **18**, 409.

ADASHI, E. Y., PINTO, H., TYSON, J. E. (1979): Impact of maternal euglycemia on fetal outcome in diabetic pregnancy. Am. J. Obstet. Gynecol. **133**, 268.

ADLERCREUTZ, H., MARTIN, F., LEHTINEN, T., TIKKANEN, M. J., PULKKINEN, M. O. (1977): Effect of ampicillin administration on plasma conjugated and unconjugated estrogen and progersteron levels in pregnancy. Am. J. Obstet. Gynecol. **128**, 266.

ALBISSER, A. M., LEIBEL, B. S., EWART, T. G., DAVIDOVAC, Z., BOTZ, C. K., ZINGG, W. (1974): An artificial endocrine pancreas. Diabetes **23**, 380.

AMANKWAH, K. S., KAUFMANN, R., ROLLER, R. W., DOWSON-SANNDERS, B. (1981): Incidence of congenital abnormalities in infants of gestational diabetic mothers. J. Perinat. Med. **9**, 223.

AMENDT, P., MICHAELIS, D., HILDMANN, W. (1976): Clinical and metabolic studies in children of diabetic mothers. Endokrinologie **67**, 351.

American Diabetes Association (1982): Indications for use of continuous insulin delivery systems and self measurement of blood glucose. Diabetes Care **5**, 140.

ARCHIMAUT, G., BELIZAN, J. M., ROSS, N. A., ALTHABE, O. (1974): Glucose concentration in amniotic fluid: its possible significance in diabetic pregnancy. Am. J. Obstet. Gynecol. **119**, 596.

ARTAL, R., GOLDE, S. H., DOREY, F., MC CLELLAN, S. N., GRATACOS, J., LIRETTE, T., MONTORO, M., WU, P. Y. K., ANDERSON, B., MESTMAN, J. (1983): The effect of plasma glucose variability on neonatal outcome in the pregnant diabetic patient. Am. J. Obstet. Gynecol. **147**, 537.

ARTNER, J., BAUMUNG, H., OGRIS, E. (1977): Humanes plazentares Laktogen und Choriongonadotropin bei diabetischen Schwangerschaften. Wien. klin. Wschr. **89**, 524.

— IRSIGLER, K., OGRIS, E., ROSENKRANZ, A. (1981): Diabetes und Schwangerschaft. Z. Geburtsh. u. Perinat. **185**, 125.

ASMUSSEN, J. (1982): Vascular morphology in diabetic placentas. Contrib. Gynecol. Obstet. **5**, 76.

ASSAL, J. PH., FROESCH, E. R. (1978): Die Therapie des Diabetes mellitus. In: Klinik der inneren Sekretion (LABHART, A., Hrsg.), S. 755—756. Berlin-Heidelberg-New York: Springer.

AUINGER, W. (1978): Diabetes und Schwangerschaft: 1. Mitteilung. Wien. klin. Wschr. **90**, 109.

— (1978 a): Diabetes und Schwangerschaft: 2. Mitteilung. Veränderungen der Kohlenhydrattoleranz und des Kindesgewichtes unter Diätbehandlung bei latentem Diabetes in der Schwangerschaft. Wien. klin. Wschr. **90**, 263.

AYROMLOOI, J., MANN, L. J., WEISS, R. R., TEJANI, N. A., PAYDAR, M. (1977): Modern management of the diabetic pregnancy. Obstet. Gynecol. **49**, 137.

BAILEY, P., BLAKE, M., YOUNGER, B., HINKLEY, C., CASSADY, G. (1976): Amniotic fluid osmolality in pregnancies complicated by diabetes. Am. J. Obstet. Gynecol. **124**, 257.

BARANYI, E., TAMAS, jr., GY., DIMENY, E., KERENYI, Z., PETRANYI, jr., Gy., EGYED, J., BEKEFI, D. (1981): Basal insulin supplementation: a new form of treatment of pregnant diabetics. In: New Approaches to Insulin Therapy (IRSIGLER, K., et al., Hrsg.), S. 463—470. Falcon House, Lancester: MTP Press.

BAUMGARTEN, K. (1981): The advantages and risks of feto-maternal monitoring. J. Perinat. Med. **9**, 257.

BEARD, R. W., OAKLEY, N. W. (1976): The fetus of the diabetic. In: Fetal Physiology and Medicine. The Basis of Perinatology (BEARD, R. W., NATHANIELSZ, P. W., Hrsg.), S. 137—157. Philadelphia: W. B. Saunders.

BEETHAM, W. (1950): Diabetic retinopathy in pregnancy. Trans. Am Ophthalmol. Soc. **48**, 205.

BEISCHER, W. (1982): Das Vorkommen von Proinsulin und C-Peptid bei Gesunden und bei Diabetikerinnen. Fortschr. Med. **100**, 1508.

BELLMANN, O. (1978): Zur Regulation des Kohlenhydratstoffwechsels beim Foeten und Neugeborenen — ein Konzept. Gynäkologe **11**, 88.

— (1978 a): Der Einfluß der normalen Schwangerschaft auf den Kohlenhydratstoffwechsel. Gynäkologe **11**, 56.

— HARTMANN, E. (1975): Influence of pregnancy on the kinetics of insulin. Am. J. Obstet. Gynecol. **122**, 829.

BENJAMIN, F. (1968): Glucose tolerance tests in the early puerperium. Am. J. Obstet. Gynecol. **100**, 1102.

BENZIE, R. J., DORAN, T. A., HARKINS, J. L., OWEN, V. M. J., PORTER, C. J. (1974): Composition of the amniotic fluid and maternal serum in pregnancy. Am. J. Obstet. Gynecol. **119**, 798.

BERGER, M., CHANTELAU, E., CÜPPERS, H., GÖSSERINGER, G., JÖRGENS, V., SONNENBERG, G., WASSER, K. (1981): Neuer Schulungskurs. Diabetes-Journal **31**, 287.

— MÜHLHAUSER, J., JÖRGENS, V. (1983): Die Evaluation der Diabetiker-Edukation. Fortschr. Med. **101**, 212.

BERGER, W., SONNENBERG, G. E. (1980): Blutzuckertagesprofile und Hämoglobin A_1 bzw. A_1C zur Überwachung der Diabetesbehandlung. Schweiz. med. Wschr. **110**, 485.

BERNASCHEK, G., DADAK, CH., KRATOCHWIL, A. (1980): Frühzeitige Diagnose fetaler Mißbildungen durch Ultraschall. Geburtsh. u. Frauenheilk. **40**, 868.

BISHOP, E. H. (1964): Pelvic scoring for elective induction. Obstet. Gynecol. **24**, 266.

BJÖRK, O., PERSSON, B. (1982): Placental changes in relation to the degree of metabolic control in diabetes mellitus. Placenta 3, 367.

BONNAR, J., SABRA, A. (1982): Comparative data on the effects of low-dose oral contraceptives on coagulation. Update on triphasic oral contraception. San Francisco: Excerpta Medica.

BRAUNSTEIN, G. D., ZIEL, F. H., ALLEN, A., VAN DE VELDE, R., WADE, M. E. (1976): Prenatal diagnosis of placental steroid sulfatase deficiency. Am. J. Obstet. Gynecol. **126**, 716.

BRAZY, J. E., CRENSHAW, M. C., BRUMLEY, G. W. (1978): Amniotic fluid cortisol in normal and diabetic pregnant women and its relation to respiratory disease in the neonate. Am. J. Obstet. Gynecol. **132**, 567.

BRENNER, W. E., EDELMANN, D. A., HENDRICKS, C. H. (1976): A standard of fetal growth for the United States of America. Am. J. Obstet. Gynecol. **126**, 555.

BRIGGS, M. H., BRIGGS, M. (1982): Comparative metabolic effects of oral contraceptives containing levonorgestrel or desogestrel. San Francisco: Excerpta Medica.

BROCKERHOFF, P., BRAND, M., LUDWIG, B. (1981): Untersuchungen zur Häufigkeit perinataler Hirnblutungen und deren Abhängigkeit vom Geburtsverlauf mit Hilfe der cranialen Computertomographie. Geburtsh. u. Frauenheilk. **41**, 597.

BRUCE, S. L., PETRIE, R. H., YEN, S. Y. (1978): The suspicions contraction stress test. Obstet. Gynecol. **51**, 415

BRUNNER, H., SCHMUT, O., FASCHINGER, CHR. (1982): HbA_1 als Parameter für die Progression der diabetischen Retinopathie. Klin. Mbl. Augenheilk. **181**, 326.

BURKART, W., DAME, W. R., RUPPIN, E., SCHNEIDER, H. P. G. (1984): Die Bedeutung von Hormonen im Fruchtwasser. I. Insulin und C-Peptid. Geburtsh. u. Frauenheilk. **44**, 781.

BURKE, B. J., SHERIFF, R. J., SAVAGE, P. E., DIXON, H. G. (1979): Diabetic twin pregnancy: An unequal result. Lancet i, 1372.

BURMUCIC, R. (1982): Erfahrungen mit der laparoskopischen Tubensterilisation. Wien. klin. Wschr. **94**, 77.

BURMUCIC, R., KOWATSCH, A. (1984): Behandlungsergebnisse nach einmaliger lokaler Applikation von Clotrimazol 500 mg bei Vaginalmykosen in der Schwangerschaft. Wien. med. Wschr. **134**, 15.

BURT, R. L., DAVIDSON, I. W. F. (1974): Insulin halflive and utilization in normal pregnancy. Obstet. Gynecol. **43**, 161.

CALANDRA, C., ABELL, D. A., BEISCHER, N. A. (1981): Maternal obesity in pregnancy. Obstet. Gynecol. **57**, 8.

CASPER, D. J., BENJAMIN, F. (1970): Immunoreactive insulin in amniotic fluid. Obstet. Gynecol. **35**, 389.

CASSADY, G., BLAKE, M., BAILEY, P., YOUNGER, B., SUMNERS, J. (1977): Amniotic fluid glucose in pregnancies complicated by diabetes. Am. J. Obstet. Gynecol. **127**, 21.

— HINKLEY, C., BAILEY, P., BLAKE, M., YOUNGER, B. (1975): Amniotic fluid creatinin in pregnancies complicated by diabetes. Am. J. Obstet. Gynecol. **122**, 13

CASSAR, J., KOHNER, E. M., HAMILTON, A. M., GORDON, H., JOPLIN, G. F. (1978): Diabetic retinopathy and pregnancy. Diabetologia **15**, 105.

CERASI, E., GRILL, V. (1977): Die Rolle des zyklischen AMP bei der Kontrolle der Insulinsekretion. Münch. med. Wschr. **119**, 1229.

CHURCHIL, J. A., BERENDES, H. W., NEMORE, J. (1969): Neuropsychological deficits in children of diabetic mothers. A report from the collaborative study of cerebral palsy. Am. J. Obstet. Gynecol. **105**, 257.

CLEMENS, A. H., CHANG, P. H., KERNER, W., MYERS, R. W., PFEIFFER, E. F. (1976): Development of an electrochemical blood glucose analyzer and new control algorithms for a glucose controlled insulin infusion system (artificial beta cell). Diabetes, Excerpta Medica International Congress Series **413**, 841.

CLEMENTS, J. A., PLATZKER, A. C. G., TIERMEY, D. F., HOBEL, C. J., CREASY, R. K., MARGOLIS, A. J., THIBEAULT, D. W., TOOLEY, W. H., OTT, W. (1972): Assessment of the risk of the respiratory distress syndrome by a rapid test for surfactant in amniotic fluid. N. Engl. J. Med. **286**, 1077.

COEN, R. W., PORRESCO, R., COUSINS, L., SANDLER, J. A. (1980): Postpartum glycosylated hemoglobin levels in mothers of large-for-gestational age infants. Am. J. Obstet. Gynecol. **136**, 380.

COHEN, A. W., LISTON, R. M., MENUTI, M. T. (1982): Glycemic control in pregnant diabetic women using a continuous subcutaneous insulin infusion pump. J. Reprod. Med. **27**, 651.

CORSTENSEN, L. L., FROST-LARSEN, K., FUGLEBERG, S., NERUP, J. (1982): Does pregnancy influence the prognosis of uncomplicated insulin-dependent diabetes mellitus? Diabetes Care **5**, 1.

CORWIN, R. S. (1979): Pregnancy complicated by diabetes mellitus in private practice: a review of ten years. Am. J. Obstet. Gynecol. **134**, 156.

COUSINS, L. (1983): Congenital anomalies among infants of diabetic mothers. Etiology, prevention, prenatal diagnosis. Am. J. Obstet. Gynecol. **147**, 333.

COUSTAN, D. R., LEWIS, S. B. (1978): Insulin therapy for gestational diabetes. Obstet. Gynecol. **51**, 306.

COWETT, R. M., SCHWARTZ, R. (1982): The infant of the diabetic mother. Pediatr. Clin. North Am. **29**, 1213.

CREMER, H. D., AIGN, W., ELMADFA, I., MUSKAT, E., SCHÄFER, H. (1983): Die große Nährwert-Tabelle. Die Kalorien/Joule- und Nährstoffgehalte unserer Lebensmittel. München: Gräfe und Unzer.

CRUIKSHANK, D. P., PITKIN, R. M., VARNER, M. W. (1983): Calcium metabolism in diabetic mother, fetus, and newborn infant. Am. J. Obstet. Gynecol. **145**, 1010.

CUMMINS, M., NORRISH, M. (1980): Follow-up of children with diabetic mothers. Arch. Dis. Child **55**, 259.

CURET, L. B., OLSON, R. W. (1980): Oxytocin challenge tests and urinary estriols in the management of high-risk pregnancies. Obstet. Gynecol. **55**, 296.

— — SCHNEIDER, J. M., ZACHMANN, R. D. (1979): Effect of diabetes mellitus on amniotic fluid lecithin/sphingomyelin ratio and respiratory distress syndrome. Am. J. Obstet. Gynecol. **135**, 10.

DANKMEIJER, H. F. (1981): Diabetes mellitus. A guide for the general practitioner. Hrsg. Boehringer Ingelheim GmbH.

DAWEKE, H., HÜTER, K. A. (1970): Diabetes und Gravidität. Verh. d. Dtsch. Ges. f. inn. Med. **76**, 341.

DAY, R. E., INSLEY, J. (1976): Maternal diabetes mellitus and congenital malformation. Arch. Dis. Child. **51**, 935.

DEMPE, A., MICHAELIS, D., HEINKE, P., FRANKE, D., SEITZ, W., BARTHEL, D., BAUCH, K. (1978): Häufigkeit des Gestationsdiabetes sowie der Veränderung der Insulinsekretion bei Schwangeren. 1. Mitteilung: Untersuchungen von diabetesverdächtigen Schwangeren mittels des Glukoseinfusionstests (GIT). Zbl. Gynäkol. **100**, 1559.

DE PRINS, F., VAN ASCHE, A., MILNER, R. D. G. (1983): C-peptide levels in amniotic fluid in experimental fetal growth retardation. Biol. Neonate **43**, 181.

DIAMOND, M. P., SALYER, S. L., VAUGHN, W., BOEHM, F. H., ENTMAN, S. S. (1983): Infectious morbidity following caesarean section: An increased occurrence in diabetic pregnancies. Diabetologia **25**, 150.

DIBBLE, C. M., KOCHENOUR, N. K., WORLEY, R. J., TYLER, F. H., SWARTZ, M. (1982): Effect of pregnancy on diabetic retinopathy. Obstet. Gynecol. **59**, 699.

DIEDRICH, K., LEHMANN, F., KREBS, D. (1981): Die antepartale Beurteilung der Lungenreife in der Risikoschwangerschaft. Geburtsh. u. Frauenheilk. **41**, 107.

DISTLER, W., GABBE, S. G., FREEMAN, R., MESTMAN, J. H., GOEBELSMANN, U. (1978): Estriol in pregnancy. V. Unconjugated and total plasma estriol in the management of pregnant diabetic patients. Am. J. Obstet. Gynecol. **130**, 424.

DITZEL, J., NIELSEN, N. U., KJAERGAARD, J. J. (1979): Hemoglobin A_{1c} and red cell oxygen release capacity in relation to early retinal changes in newly discovered overt and chemical diabetes. Metabolism **28**, Suppl. 1, 440.

DRAISEY, T. F., GAGNEJA, G. L., THIBERT, R. J. (1977): Pulmonary surfactant and amniotic fluid insulin. Obstet. Gynecol. **50**, 197.

DRAZANCIC, A., KUVACIC, J. (1974): Amniotic fluid glucose concentration. Am. J. Obstet. Gynecol. **120**, 40.

DREW, J. H., ABELL, D. A., BEISCHER, N. A. (1978): Congenital malformation, abnormal glucose tolerance and estriol excretion in pregnancy. Obstet. Gynecol. **51**, 129.

DRURY, M. J., GREENE, A. T., STRONGE, J. M. (1977): Pregnancy complicated by clinical diabetes mellitus. A study of 600 pregnancies. Obstet. Gynecol. **49**, 519.

DUNN, P. J., COLE, R. A., SOELDNER, J. S. (1979): Temporal relationship of glycosylated haemoglobin concentrations to glucose control in diabetics. Diabetologia **17**, 213.

Editorial (1980): Haemoglobin A_1 and diabetes: a reappraisal. Brit. Med. J. **281**, 1304.

ELLIOT, J. P. (1983): Magnesium sulfate as a tocolytic agent. Am. J. Obstet. Gynecol. **147**, 277.

EMERSON, K. (1975): Maternal energy as a guide to diet in pregnancy. In: Early Diabetes in Early Life (CAMERINI-DAVALOS, R. A., COLE, H. S., Hrsg.), S. 435. New York: Academic Press.

ENGELHARDT, W. (1974): Hydramnion und Glukosetoleranz. Geburtsh. u. Frauenheilk. **34**, 851.

ESSEX, N. L., PYKE, D. A., WATKINS, P. J., BRUNDENELL, J. M., GAMSU, H. R. (1973): Diabetic Pregnancy. Br. Med. J. **4**, 89.

EXON, P. D., DIXON, K. (1974): Insulin antibodies in diabetic pregnancy. Lancet ii, 126.

FADEL, H. E., HAMMOUD, S. D., HUFF, T. A., HARP, R. J. (1979): Glycosylated hemoglobins in normal pregnancy and gestational diabetes mellitus. Obstet. Gynecol. **54**, 322.

FEIGE, A., KELLERMANN, W., MITZKAT, H. J., LEHMANN, V. (1979): Glukosekinetik im Fruchtwasser sub partu während intravenöser Glukoseinfusion an die Mutter. Z. Geburtsh. u. Perinat. **183**, 45.

— KUNZEL, W., MITZKAT, H. J. (1977): Fetal and maternal blood glucose, insulin and acid base observations following maternal glucose infusion. J. Perinat. Med. **5**, 84.

FISCHL, F., BINSTORFER, E., REINOLD, E. (1981): Neugeborene über 4000 Gramm. Wien. med. Wschr. **131**, 471.

FRASER, R. B., FORD, F. A., MILNER, R. D. G. (1983): A controlled trial of a high dietary fibre intake in pregnancy-effects on plasma glucose and insulin levels. Diabetologia **25**, 238.

FREDHOLM, B. B., LUNELL, N. O., PERSSON, B., WAGNER, W. (1978): Actions of Salbutamol in late pregnancy: Plasma cyclic AMP, insulin and C-peptide, carbohydrate and lipid metabolites in diabetic and nondiabetic women. Diabetologia **14**, 235.

FREEMAN, R. K., GOEBELSMAN, U., NOCHIMSON, D., CETRULO, C. (1976): An evaluation of the significance of a positive oxytocin challenge test. Obstet. Gynecol. **47**, 8.

FREINKEL, N. (1965): Effects of the conceptus on maternal metabolism during pregnancy. In: On the Nature and Treatment of Diabetes (LEIBEL, B. S., WRENSHALL, G. A., Hrsg.), S. 679. Amsterdam: Excerpta Medica.

FUHRMANN, K. (1978): Kriterien zur Terminisierung der diabetischen Schwangerschaft aus kardiotokographischer und ultraschalldiagnostischer Sicht. In: Diabetes-Probleme in der Schwangerschaft (IRSIGLER, K., REGAL, H., BRÄNDLE, J., Hrsg.). München-Wien-Baltimore: Urban und Schwarzenberg.

— (1982): Diabetic control and outcome in the pregnant patient. In: Diabetes Management in the 80's (PETERSON, C. M., Hrsg.), S. 66—79. New York: Praeger.

— (1982 a): Gestationsdiabetes — Endokrinmetabolische Veränderungen, Diagnostik, Reproduzierbarkeit und prädisponierende Faktoren. Inaugural-Dissertation, Ernst-Moritz-Arndt-Universität, Greifswald.

— KEILACKER, H. (1983): Insulinantikörper im Fruchtwasser. Persönliche Mitteilung.

— KOHLHOFF, R., REIHER, H., SEEGER, W. J., SEMMLER, K. (1977): Erfahrungen mit der zentralisierten Betreuung schwangerer Diabetikerinnen — Ergebnisse des Behandlungszeitraumes 1976. Zbl. Gynäkol. **99**, 1537.

— SEMMLER, K., REIHER, H. (1980): Das Verhalten des HPL (Humanes plazentares Laktogen) unter Glukoseinfusionsbelastung in der Spätschwangerschaft. Zbl. Gynäkol. **102**, 1031.

— REIHER, H., SEMMLER, K., FISCHER, F., FISCHER, M., GLOCKNER, E. (1983): Prevention of congenital malformations in infants of insulin-dependent diabetic mothers. Diabetes Care **6**, 219.

GABBE, S. G. (1977): Congenital malformations in infants of diabetic mothers. Obstet. Gynecol. Surv. **32**, 125.

— LOWENSOHN, R. J., MESTMAN, J. H., FREEMAN, R. K., GOEBELSMANN, U. (1977): Lecithin/Sphingomyelin ratio in pregnancies complicated by diabetes mellitus. Am. J. Obstet. Gynecol. **128**, 757.

— MESTMAN, J. H., FREEMANN, R. K., GOEBELSMANN, U. T., LOWENSOHN, R. J., NOCHIMSON, D., CETRULO, C., QUILLIGAN, E. J. (1977 a): Management and outcome of pregnancy in diabetes mellitus, class B to R. Am. J. Obstet. Gynecol. **129**, 723.

— — HIBBARD, L. T. (1976): Maternal mortality in diabetes mellitus. An 18.-Year survey. Obstet. Gynecol. **48**, 549.

GABE, S. G., QUILLIGAN, E. J. (1977): Fetal carbohydrate metabolism: Its clinical importance. Am. J. Obstet. Gynecol. **127**, 92.

GAROFF, L. (1976): Prediction of fetal outcome by urinary estriol, maternal serum placental lactogen, and alpha-fetoprotein in diabetes and hepatosis of pregnancy. Obstet. Gynecol. **48**, 659.

GERKE, E., MEYER-SCHWINKERATH, G. (1982): Proliferative diabetische Retinopathie und Schwangerschaft. Klin. Mbl. Augenheilk. **181**, 170.

GIEDION, A., HAEFLINGER, H., DANGEL, P. (1973): Acute pulmonary X-ray changes in hyaline membrane disease treated with artificial ventilation and positive endexspiratory pressure (PEEP). Pediat. Radiol. **1**, 154.

GILLMER, M. D. G., OAKLEY, N. W., BEARD, R. W., NITHYANANTHAN, R., CAWSTON, M. (1980): Screening for diabetes during pregnancy. British J. Obstet. Gynec. **87**, 377.

GLUCK, L., KULOVICH, M. V., BORER, R. C., BRENNER, P. H., ANDERSON, G. G., SPELLACY, W. N. (1971): Diagnosis of the respiratory distress syndrome by amniocentesis. Am. J. Obstet. Gynecol. **109**, 440.

— — (1973): Lecithin/sphingomyelin ratios in amniotic fluid in normal and abnormal pregnancy. Am. J. Obstet. Gynecol. **115**, 539.

GOLDITCH, I. M., KIRKMAN, K. (1978): The large fetus. Management and outcome. Obstet. Gynecol. **52**, 26.

GOLDKRAND, J. W., SLATTERY, D. S. (1979): Patterns of pulmonary maturation in normal and abnormal pregnancy. Obstet. Gynecol. **53**, 348.

GOLDSTEIN, A. J., CRONK, D. A., GARITE, T., AMLIE, R. N. (1978): Perinatal outcome in the diabetic pregnancy: A retrospective analysis. J. Reprod. Med. **20**, 61.

— ELLIOTT, J., LEDERMAN, S., WORCESTER, B., RUSSELL, P., LINZEY, E. M. (1983): Economic effects of selfmonitoring of blood glucose concentrations by women with insulin dependent diabetes during pregnancy. J. Reprod. Med. **126**, 449.

GOSDEN, C., STEEL, J., ROSS, A., SPRINGBETT, A. (1982): Intrauterine contraceptive devices in diabetic women. Lancet **3**, 530.

GRABNER, W., MATZKIES, F., PRESTELE, H., ROSE, A., DANIEL, M., PHILLIP, J., FISCHER, K. (1975): Untersuchungen zur circadianen Rhythmik der Glucosetoleranz. Klin. Wschr. **53**, 773.

GRAEFENSTEIN, K., DUCHNA, W. (1981): Zur Abhängigkeit des HbA$_1$ (Glykohämoglobin) von Lebensalter, Schwangerschaft und Glukosetoleranz. Z. Ges. Inn. Med. **36**, 920.

GRANDJEAN, H., SARRAMON, M. F., DE MONZON, J., REME, J. M., PONTONIER, G. (1980): Detection of gestational diabetes by means of ultrasonic diagnosis of excessive fetal growth. Am. J. Obstet. Gynecol. **138**, 790.

GROSS, T., SOKOL, R. J., KING, K. C. (1980): Obesity in pregnancy: risks and outcome. Obstet. Gynecol. **56**, 446.

GUGLIUCCI, C. L., O'SULLIVAN, M. J., OPPERMAN, W., GORDON, M., STONE, M. L. (1976): Intensive care of the pregnant diabetic. Am. J. Obstet. Gynecol. **125**, 435.

GUIBAUD, S., BONNET, M., KHALIL, F., COMBET, A., THOULON, J. M., DUMONT, M. (1978): Glucose concentration in amniotic fluid from anencephalic pregnancies (letter). Lancet **i**, 661.

GUILLÉN, A. M., AMADOR, V., GÓMEZ, E. D., VIVÓ, P. V., DE ACOSTA, O. M. (1978): Unsere Erfahrungen mit der prähypoglykämisierenden Insulinbehandlung bei der Betreuung der schwangeren Diabetikerin. Zbl. Gynäkol. **100**, 1481.

GYVES, M. T., RODMAN, H. M., LITTLE, A. B., FANAROFF, A. A., MERKATZ, I. R. (1977): A modern approach to management of pregnant diabetics: A two-year analysis of perinatal outcome. Am. J. Obstet. Gynecol. **128**, 606.

HALLMAN, M., TERAMO, K. (1979): Amniotic fluid phospholipid profile as a predictor of fetal maturity in diabetic pregnancies. Obstet. Gynecol. **54**, 703.

HANSMANN, M. (1976): Ultraschallbiometrie im II. und III. Trimester der Schwangerschaft. Gynäkologe **9**, 133.

— (1981): Nachweis und Ausschluß fetaler Entwicklungsstörungen mittels Ultraschallscreening und gezielter Untersuchung — ein Mehrstufenkonzept. Ultraschall **2**, 206.

HARE, J. W., WHITE, P. (1977): Pregnancy in diabetes complicated by vascular disease. Diabetes **26**, 953.

HAUKKAMAA, M., NILSSON, C. G., LUKKAINEN, T. (1980): Screening, management, and outcome of pregnancy in diabetic mothers. Obstet. Gynecol. **55**, 596.

HEISIG, N. (1975): Diabetes und Schwangerschaft. Stuttgart: G. Thieme.

HINCKERS, H. J. (1978): Kindesgeschlecht und Glukosetoleranz: Untersuchungen mittels des kontinuierlich registrierten i.v.-Glukosetoleranztests (i.v.-Glucogramm). Gynäkologe **11**, 99.

HOBBINS, J. C., GRANNUM, P. A. T., BERKOWITZ, R. L., SILVERMAN, R., MAHONEY, M. J. (1979): Ultrasound in the diagnosis of congenital anomalies. Am. J. Obstet. Gynecol. **134**, 331.

HOET, J. J. (1977): Diabetes und Schwangerschaft. Münch. med. Wschr. **119**, 659.

HOFBAUER, H., ARABIN, B., PACHALY, J. (1980): Über die sonographische Messung multipler fetaler Körperparameter. Ultraschall **1**, 84.

HOHENAUER, L. (1980): Intrauterine Wachstumskurven für den Deutschen Sprachraum. Z. Geburtsh. u. Perinat. **184**, 167.

HOLLÄNDER, H. J. (1976): Das Ultraschallbild des Feten im zweiten und dritten Trimester der Schwangerschaft. Gynäkologe **9**, 123.

HOLLINGSWORTH, D. R. (1983): Alterations of maternal metabolism in normal and diabetic pregnancies: Differences in insulin dependent and gestational diabetes. Am. J. Obstet. Gynecol. **146**, 417.

HOMMEL, G., MUCK, B. R. (1977): Ein diskriminanz-analytischer Ansatz zur Beurteilung der Glukose-toleranz Schwangerer anhand von Seruminsulin-Verlaufsbeobachtungen. Arch. Gynäk. **223**, 315.

HORII, K., WATANABE, G., INGALLS, T. H. (1966): Experimental diabetes in pregnant mice: prevention of congenital malformations in offspring by insulin. Diabetes **15**, 194.

HORTON, W. E., SADLER, T. W. (1983): Effects of maternal diabetes on early embryogenesis. Alterations in morphogenesis produced by the ketone body, B-Hydroxybutyrate. Diabetes **32**, 610.

HULL, D. (1975): Storage and supply of fatty acids before and after birth. Br. Med. Bull. **31**, 32.

HYTTEN, F. E. (1982): Körpermasse und Körpergewicht Erwachsener. In: Wissenschaftliche Tabellen Geigy. Teilband Somatometrie und Biochemie, 8. Aufl. Basel: Ciba-Geigy.

INGALLS, T. H., CEWLEY, F. J., PRINDLE, R. A. (1952): Experimental production of congential anomalies. N. Engl. J. Med. **247**, 758.

IRSIGLER, K. (1978): Was ist eine gute Diabeteseinstellung? In: Diabetes-Probleme in der Schwangerschaft (IRSIGLER, K. et al., Hrsg.), S. 53—66. München-Wien-Baltimore: Urban und Schwarzenberg.

— BALI, CH., ARTNER, J. (1982): Home monitoring and open-loop systems in pregnancy. In: Diabetes Management in the 80's (PETERSON, C. M., Hrsg.), S. 268—279. New York: Praeger.

— GRABNER, E., REGAL, H. (1982a): Metabolische Wirkungen eines Dreistufenkontraceptivums. Amsterdam: Excerpta Medica.

— KRITZ, H. (1980): Alternate routes of insulin delivery. Diabetes Care **3**, 219.

— — (1983): Neue Wege in der Diabetestherapie. Extern tragbare und inplantable Insulindosiergeräte. Int. Welt **6**, 37.

JACKSON, W. P. U., WOOLF, N. (1958): Maternal prediabetes as a cause of the unexplained stillbirth. Diabetes **7**, 446.

JEFFERY, P., MARTIN, F. I. R., HEATH, P., DAHLENBURG, G. W., MOUNTAIN, K. R., EVANS, J. H. (1977): Pregnancy in diabetic women. Med. J. Aust. **2**, 41.

JELLIFFE, D. B. (1966): In: Wissenschaftliche Tabellen Geigy (1982). Teilband Somatometrie und Biochemie, 8. Aufl. Basel: Ciba-Geigy.

JOSIMOVICH, J. B., KOSOR, B., BOCCELLA, L., MINITZ, D. H., HUTCHINSON, D. L. (1970): Placental lactogen in maternal serum as an index of fetal health. Obstet. Gynecol. **36**, 244.

JOVANOVIC, L., BRAUN, C. B., DRUZIN, M. L., PETERSON, C. M. (1982): The management of diabetes and pregnancy. In: Diabetes Management in the 80's (PETERSON, C. M., Hrsg.), S. 248—266. New York: Praeger.

— DRUZIN, M., PETERSON, C. (1981): Effect of euglycemia on the outcome of pregnancy in insulin-dependent diabetic women as compared with normal control subjects. Am. J. Obstet. Gynecol. **71**, 921.

— PETERSON, C. M. (1982): Optimal insulin delivery for the pregnant diabetic patient. Diabetes Care **5**, Suppl. 1, 24.

KAHN, R. C. (1982): Insulin receptors and syndroms of insulin resistance. Diabetes Care **5**, Suppl. 1, 98.

KALHAN, S. C., SAVIN, S. M., ADAM, P. A. J. (1977): Attenuated glucose production rate in newborn infants of insulin dependent diabetic mothers. N. Engl. J. Med. **296**, 375.

— SCHWARTZ, R., ADAM, P. (1975): Placental barrier to human insulin J 125 in insulin-dependent diabetic mothers. J. Clin. Endocrinol. Metab. **40**, 139.

KARCH, D., POTTHOFF, S., PETRICH, CH. (1977): Mütterlicher Diabetes und Gehirnentwicklung des Neugeborenen. Mschr. Kinderheilk. **125**, 386.

KARLSSON, K., KJELLMER, J. (1972): The outcome of diabetic pregnancies in relation to the mother's blood sugar level. Am. J. Obstet. Gynecol. **112**, 213.

KAUPPILA, A., TUIMALA, R., YLIKORKALA, O., HAAPALATHI, J., KARPPANEN, H., VINIKKA, L. (1978): Effects of ritodrine and isoxsuprine with and without dexamethason during late pregnancy. Obstet. Gynecol. **51**, 288.

KEEGAN, jr., K. A., PAUL, R. H., BROUSSARD, P. M., McCART, D., SMITH, M. A. (1980): Antepartum fetal heart rate testing. V. The nonstress test—an out patient approach. Am. J. Obstet. Gynecol. **136**, 81.

KERNER, W., BEISCHER, W., PFEIFFER, E. F. (1981): Comparison of diurnal blood glucose levels in juvenile diabetics under feed back-controlled pre-programmed insulin infusion. In: New Approaches to Insulin Therapy (IRSIGLER, K., KUNZ, K. N., OWENS, D. R., REGAL, H., Hrsg.), S. 101—102. Falcon House, Lancaster: MTP Press.

KITZMILLER, J. L., BROWN, E. R., PHILIPPE, M., STARK, A. R., ACKER, D., KALDANY, A., SINGH, S., HARE, J. W. (1981): Diabetic nephropathy and perinatal outcome. Am. J. Obstet. Gynecol. **141**, 741.

— CLOHERTY, J. P., YOUNGER, M. D., TABATABAII, A., ROTHCHILD, S. B., SOSENKO, J., EPSTEIN, M. F., SINGH, S., NEFF, R. K. (1978): Diabetic pregnancy and perinatal morbidity. Am. J. Obstet. Gynecol. **131**, 560.

KIVINEN, S., YLIKORKALA, O., PUUKKA, M. (1979): Prolactin response to thyrotropin-releasing hormone in normal and complicated late pregnancies. Obstet. Gynecol. **54**, 695.

KJAERGAARD, J. J., DITZEL, J. (1979): Hemoglobin A_{1c} as an index of long term blood glucose regulation in diabetic pregnancy. Diabetes **28**, 694.

KLEIN, S. A., YOUNG, B. K., WILSON, S. J., KATZ, M. (1981): Continuous fetal monitoring following third trimester amniocentesis. Obstet. Gynecol. **58**, 444.

KLEINBERGER, G. (1981): Parenterale Ernährung bei Diabetes mellitus, Bd. 5. In: Aktuelle Probleme der klinischen Ernährung (LOCHS, H., GRÜNET, A., DRUML, W., Hrsg.), Bd. 5, S. 98—108. München: W. Zuckschwerdt.

KÖBBERLING, J., BRUGGEBOES, B. (1980): Prevalence of diabetes among children of insulin-dependent diabetic mothers. Diabetologia **18**, 459.

KOHLHOFF, R. (1982): Zur perinatalen Morbidität von Kindern diabetischer Mütter. Eine Analyse des Krankengutes von 1960—1980. Pädiat. Grenzgeb. **21**, 259.

KRAEGEN, E. W. (1981): The necessity and feasibility of normalizing plasma insulin levels in diabetic using insulin delivery systems. In: New Approaches to Insulin Therapy (IRSIGLER, K., KUNZ, K. N., OWENS, D. R., REGAL, H., Hrsg.), S. 249—256. Falcon House, Lancester: MTP Press.

— CHISHOLM, D. J., ZELENKA, G. S. (1981): Plasma insulin responses to varying profiles of open-loop subcutaneous insulin infusion in man. In: New Approaches to Insulin Therapy (IRSIGLER, K., KUNZ, K. N., OWENS, D. R., REGAL, H., Hrsg.), S. 25—30. Falcon House, Lancaster: MTP Press.

KRAUS, B., KONRAD, TH. (1981): Diabetes und Schwangerschaft. Gynäkol. Rdsch. **21**, Suppl. 2, 138.

KRITZ, H.,HAGMÜLLER, G., KASPAR, L., IRSIGLER, K. (1981): Alternative routs of insulin delivery in long-term treatment with open loop systems. In: New Approaches to Insulin Therapy (IRSIGLER, K., KUNZ, K. N., OWENS, D. R., REGAL, H., Hrsg.). Falcon House, Lancaster: MTP Press.

KUCERA, J. (1971): Rate and type of congenital anomalies among offspring of diabetic women. J. Reprod. Med. **7**, 61.

KÜHL, C. (1975): Glucose metabolism during and after pregnancy in normal and gestational diabetic women. I. Influence of normal pregnancy on serum glucose and insulin concentration during basal fasting conditions and after a challenge with glucose. Acta Endocrinol. (Kbh.) **79**, 709.

— MOLLER-JENSEN, B., PEDERSEN, J. F., MOLSTED-PEDERSEN, L. (1983): Influence of intensified pre- and postconceptional metabolic control on early fetal growth delay in diabetic pregnancy. Diabetologia **25**, 173.

KUSS, E. (1976): Biochemie und praepartale Diagnostik der Lungenreifung. J. Clin. Chem. Clin. Biochem. **14**, 505.

LACHNIT-FIXSON, U. (1982): Development and Clinical Evaluation of Triphasic Oral Contraception. San Francisco: Excerpta Medica. 1983.

LACROIX, S., EKOE, J. M., ASSAL, J. PH., LEUENBERGER, P. M. (1982):Problèmes de lecture de tests colorimétriques urinaires chez les diabétiques. Klin. Mbl. Augenheilk. **120**, 407.

LANG, N., BELLMANN, O., HINCKERS, H. J., SCHLEBUSCH, H. (1978): Diagnostik und klinische Bedeutung des Gestationsdiabetes. Gynäkologe **11**, 78.

LANDER, TH., KRAUS, B., STANDL, E., MELMERT, H. (1982): Zum Einfluß einer Schwangerschaft auf die diabetische Retinopathie bei Typ-I-Diabetikerinnen. Akt. Endocr. Stoffw. **2**, 80.

LANGE, J., TILLER, R., KREMSS, B. (1979): Klinische Erfahrungen bei der Betreuung und Entbindung von Schwangeren mit insulinpflichtigem Diabetes mellitus. Zbl. Gynäkol. **101**, 902.

LAVIN, J. P., GIMMON, Z., MIODOVNIK, M., MEYENFELDT, M., FISCHER, J. E. (1982): Total parenteral nutrition in a pregnant insulin requiring diabetic. Obstet. Gynecol. **59**, 660.

LESLIE, R. D. G., PYKE, D. A., JOHN, P. N., WHITE, J. M. (1978): Haemoglobin A_1 in diabetic pregnancy. Lancet **ii**, 958.

LEVENKO, K. J., HAUTH, J. C., GILSTRAP, L. C., WHALLEY, P. J. (1979): Appraisal of "rigid" blood glucose control during pregnancy in the overtly diabetic women. Am. J. Obstet. Gynecol. **135**, 853.

— WILLIAMS, M. L., DePALMA, R. T., WHALLEY, P. J. (1983): Perinatal outcome in the absence of antepartum fetal heart rate acceleration. Obstet. Gynecol. **61**, 347.

LEV-RAN, A., GOLDMAN, J. A. (1977): Brittle diabetes in pregnancy. Diabetes **26**, 926.

LEWIS, S. B., MURRAY, W. K., WALLIN, J. D., CONSTAN, D. R., DAANE, T. A., TREDWAY, D. R., NAVINS, J. P. (1976): Improved glucose control in nonhospitalized pregnant diabetic patients. Obstet. Gynecol. **48**, 260.

— WALLIN, J. D., KUZUYA, H., COUSTAN, D. R., DANNE, T. A., RUBENSTEIN, A. H. (1976): Circadian variation of serum glucose, C-peptide immunoreactivity and free insulin in normal and insulin treated diabetic pregnant subjects. Diabetologia **12**, 343.

LICHTENEGGER, W., ZEICHEN, E. (1982): Prostaglandine zur Geburtseinleitung. Wien. klin. Wschr. **94**, 564.

LIN, C. C., RIVER, PH., MOAWAD, A. H., LOWENSOHN, R. J., BLIX, P. M., ABRAHAM, M., RUBENSTEIN, A. H. (1981): Prenatal assessment of fetal outcome by amniotic fluid C-peptide levels in pregnant diabetic women. Am. J. Obstet. Gynecol. **141**, 671.

LIND, T., HARRIS, V. G. (1976): Changes in the oral glucose tolerance test during the puerperium. Brit. J. Obstet Gynaecol. **83**, 460.

LIPSHITZ, J., VINIK, A. V. (1978): The effects of hexoprenalin, a Beta-2-sympathomimetic drug, on maternal glucose, insulin glucagon and free fatty acid level. Am. J. Obstet. Gynecol. **130**, 761.

LOCH, E. G., KAISER, E., CHRISTL, H. (1976): Auswirkungen der Minigestagenpille (Exlutona) auf Kohlenhydrat- und Fettstoffwechsel. Med. Klin. **71**, 1684.

LORENZ, U., RÜTTGERS, H., FUX, G., KUBLI, F. (1974): Fetal pulmonary surfactant induction by bromhexine metabolite VIII. Am. J. Obstet. Gynecol. **119**, 1126.

LÖWENBERG, E., JIMÉNERZ, L., MARTINEZ, M., POMMIER, M. (1981): Effects of ambroxol (NA 872) on biochemical fetal lung maturity and prevention of the respiratory distress syndrome. Prog. Resp. Res. 15, 240.

LOWENSOHN, R. J., GABBE, S. G. (1979): The value of lecithin/sphingomyelin ratios in diabetes: A critical review. Am. J. Obstet. Gynecol. 134, 702.

LUBCHENCO, L. O., HANSEMANN, L., DRESSLER, M., BOYD, E. (1963): Intrauterine growth as estimated from liveborn birth weight data at 24 to 42 weeks of gestation. Pediatrics 32, 793.

LUTTERMAN, J. A., BEURAAD, T. J., VAN'T LAAR, A. (1981): The relationship beetween insulin secretion and metabolic stability in type I (insulin dependent) diabetes. Diabetologia 21, 99.

MANNING, F. A., PLATT, L. D., SIPOS, L., KEEGAN, K. A. (1979): Fetal breathing movements and the nonstress test in high-risk pregnancies. Am. J. Obstet. Gynecol. 135, 511.

— — — (1979 a): Fetal movements in human pregnancies in the third trimester. Obstet. Gynecol. 54, 699.

MARTIN, T. R., ALLEN, A. C., STINSON, D. (1979): Overt diabetes in pregnancy. Am. J. Obstet. Gynecol. 133, 275.

MATZKIES, F., DAUZ, U., BAUMANN, M., DORGUTH, B. (1982): Tagespläne zur diätetischen Behandlung des Diabetes mellitus. Fortschr. Med. 100, 266.

MEHNERT, H. (1979): Diätbehandlung des Diabetes mellitus. Monatskurse für die ärztliche Fortbildung 8, 257.

— STANDL, E. (1975): Ärztlicher Rat für Diabetiker. Stuttgart: G. Thieme.

MENDENHALL, H. W., O'LEARY, J. A., PHILLIPS, K. O. (1980): The nonstress test: The value of a single acceleration in evaluation the fetus at risk. Am. J. Obstet. Gynecol. 136, 87.

MICKAL, A., BEGNEAUD, W. P., WEESE, W. H. (1966): Glucose tolerance an excessively large infants: A twelve year followup study. Am. J. Obstet. Gynecol. 94, 62.

MILLER, E. C. (1980): Zum Problem der Gewichtsbestimmung des Feten durch Ultraschallbiometrie. Zbl. Gynäkol. 102, 272.

— (1981): Insulinbedarf der Diabetikerin in der Schwangerschaft, unter der Geburt und im Wochenbett. Geburtsh. u. Frauenheilk. 41, 362.

— STEINHOFF, R. (1982): Diabetesscreening in der Schwangerschaft. Geburtsh. u. Frauenheilk. 42, 583.

MILLER, E., HARE, J. W., CLOHERTY, J. P., DUNN, P. J., GLEASON, R. E., SOELDNER, J. S., KITZMILLER, J. L. (1981): Elevated maternal hemoglobin A_{1c} in early pregnancy and major congenital anomalies in infants of diabetic mothers. N. Engl. J. Med. 304, 1331.

MILLS, J. L., BAKER, L., GOLDMAN, A. S. (1979): Malformations in infants of diabetic mothers occur before the seventh gestational week. Implications for treatment. Diabetes 28, 292.

MILUNSKY, A., ALPERT, E. (1976): Prenatal diagnosis of neural tube devects. II Analysis of false positive and false negative alpha-fetoprotein results. Obstet. Gynecol. 48, 6.

— — KITZMILLER, J. L., YOUNGER, M. D., NEFF, R. K. (1982): Prenatal diagnosis of neural tube defects. VIII. The importance of serum alpha-fetoprotein screening in diabetic pregnant women. Am. J. Obstet. Gynecol. 142, 1030.

— SAPIRSTEIN, V. S. (1982): Prenatal diagnosis of open neural tube defects using the amniotic fluid acetylcholinesterase assay. Obstet. Gynecol. 59, 1.

MODANLOU, H. D., DORCHESTER, W. L., THOROSIAN, A., FREEMAN, R. K. (1980): Makrosomia—maternal, fetal, and neonatal implications. Obstet. Gynecol. 55, 420.

— KOMATSU, G., DORCHESTER, W., FREEMAN, R. K., BOSU, S. K. (1982): Large-for-gestational-age neonates: Anthropometric reasons for shoulder dystocia. Obstet. Gynecol. 60, 417.

MOLNAR, G. D., TAYLOR, W. F., HO, M. M. (1972): Day to day variation of continuously monitored glycemia. A further measure of diabetic instability. Diabetologia 8, 342.

— — LANGWORTHY, A. (1974): On measuring the adequacy of diabetes regulation: Comparison of continuously monitored blood glucose patterns with values at selected time points. Diabetologia 10, 139.

MOLONEY, J. B. M., DRURY, M. I. (1982): The effect of pregnancy on the natural course of diabetic retinopathy. Am. J. Ophthalmol. 93, 745.

MOODLEY, J., PEGARARO, R., FAIRBROTHER, P., KAMBARAN, S. R., VAN MIDDELKOOP, A. (1978): Comparison of amniotic fluid optical density on foam stability test in predicting fetal lung maturity. Obstet. Gynecol. 51, 490.

MORELL, B., WALTER, H., PORR, O., STURZENEGGER, J., FROESCH, E. R. (1981): Preliminary results in four patients treated during a 4-month period with a portable intravenous insulin infusion apparatus. In: New Approaches to Insulin Therapy (IRSIGLER, K., KUNZ, K. N., OWENS, D. R., REGAL, H., Hrsg.), S. 41—46. Falcon House, Lancaster: MTP Press.

MORRISON, J. C., WHYBREW, W. D., BUCOVAZ, E. T. (1978): The L/S ratio and shake test in normal and abnormal pregnancies. Obstet. Gynecol. 52, 410.

MUCK, B. R., HOMMEL, G. (1977): Plasma insulin response following intravenous glucose in gestational diabetes. Arch. Gynäk. 223, 259.

MUELLER-HEUBACH, E., CARITIS, S. N., EDELSTONE, D. J., TURNER, J. H. (1978): Lecithin/sphingomyelin ratio in amniotic fluid and its value for the prediction of neonatal respiratory distress syndrome in pregnant diabetic women. Am. J. Obstet. Gynecol. 130, 28.

MÜLLER-HOLVE, W., GARBE, U., KOHLMANN, H., MARTIN, K. (1981): Ultraschall-Basis-Untersuchung (U.B.U.) in der Schwangerschaft. Geburtsh. u. Frauenheilk. **41**, 607.

MÜLLER-TYL, E., SALZER, H. (1978): Einfluß von Dexamethason und Ambroxol auf die Reifung der fetalen Lunge. Atemwegs- u. Lungenkrkh. **4**, Suppl. 1, 42.

MYERS, R. E. (1977): Experimental models of perinatal brain damage: Relevance to human pathology. In: Intrauterine asphyxia and the developing fetal brain (GLUCK, L., Hrsg.), S. 37—97. Chicago: Year Book Medical Publishers.

MYLVAGANAM, R., STOWERS, J. M., STEEL, J. M., WALLACE, J., McHENDRY, J. C., WRIGHT, A. D. (1983): Insulinimmunogenicity in pregnancy: Maternal and fetal studies. Diabetologia **24**, 19.

NACHTIGALL, L., BASSETT, M., HOGSANDER, U., LEVITZ, M. (1968): Plasma estriol levels in normal and abnormal pregnancies: An index of fetal welfare. Am. J. Obstet. Gynecol. **101**, 638.

NADLER, H. L., SIMPSON, J. L. (1979): Maternal serum alpha-fetoprotein screening: Promise not yet fulfilled. Am. J. Obstet. Gynecol. **135**, 1.

NAJEMNIK, C., KRITZ, H., IRSIGLER, K. (1981): Persönliche Mitteilung.

NATALE, R., RICHARDSON, B., PATRICK, J. (1981): Effect of intravenous glucose infusion on human fetal brathing activity. Obstet. Gynecol. **59**, 320.

NATHAN, D. M., SINGER, D. E., HURXTHAL, K., GOODSON, J. D. (1984): The clinical information value of the glykosylated hemoglobin assay. N. Engl. J. Med. **310**, 341.

National Diabetes Group (1979): Classification and diagnosis of diabetes mellitus and other categories of glucose intolerance. Diabetes **28**, 1039.

NEUFELD, N., MELMED, S. (1981): 3,5-Dimethyl-3-Isopropyl-L-Thyronine therapy in diabetic pregnancy. J. Clin. Invest. **68**, 1605.

NEWMAN, R. L., TUTERA, G. (1976): The glucose-insulin ratio in amniotic fluid. Obstet. Gynecol. **47**, 599.

NEY, D., HOLLINGSWORTH, D. R., COUSINS, L. (1982): Decreased insulin requirement and improved control of diabetes in pregnant women given a high-carbohydrate, high-fiber, low fat diet. Diabetes Care **5**, 529.

NIEDERAU, C. M., POTTHOFF, S., REINAUER, H. (1981): Hyperglykämie als Risikofaktor in der Schwangerschaft. Z. Geburtsh. u. Perinat. **185**, 137.

NIESEN, M. (1978): Die Betreuung der Neugeborenen diabetischer Mütter. Gynäkologe **11**, 92.

NOCHIMSON, D. J., TURBEVILLE, J., TERRY, J. E., PETRIC, R. H., LUNDY, L. E. (1978): The nonstress test. Obstet. Gynecol. **51**, 419.

NORTH, A. F., MAZUMDAR, S., LOGRILLO, V. M. (1977): Birth weight, gestational age, and perinatal deaths in 5,471 infants of diabetic mothers. J. Pediatr. **90**, 444.

OAKLEY, N. (1982): Contraception and diabetes. Br. J. Fam. Plann. **8**, 55.

OATS, J. N., ABELL, D. A., BEISCHER, N. A., BROOMHALL, G. R. (1980): Maternal glucose tolerance during pregnancy with excessive size infants. Obstet. Gynecol. **55**, 184.

OBENSHAIN, S. S., ADAM, P. A. J., KING, K. C., TERAMO, K., RAIVIO, K. O., RÄIHÄ, N., SCHWARTZ, R. (1970): Human fetal insulin response to sustained maternal hyperglycemia. N. Engl. J. Med. **283**, 566.

O'DRISCOLL, K., FOLEY, M. (1983): Correlation of decrease in perinatal mortality and increase in cesarean section rates. Obstet. Gynecol. **61**, 1.

OMORI, Y., MINEI, S., SAITO, M., HIRATA, Y. (1982): Insulin-receptor autoantibody detected by the human placental membrane method: Six patients with insulin-receptor autoantibody in Japan. Tohoku J. exp. Med. **138**, 319.

O'NEIL, G. J., DAVIES, J. J., SIU, J. (1978): Palmitic/stearic ratio of amniotic fluid in diabetic and nondiabetic pregnancies and its relationship to development of respiratory distress syndrome. Am. J. Obstet. Gynecol. **132**, 519.

O'SHAUGNESSY, R., RUSS, J., ZUSPAN, F. P. (1979): Glycosylated hemoglobins and diabetes mellitus in pregnancy. Am. J. Obstet. Gynecol. **135**, 783.

O'SULLIVAN, J. B., GELLIS, S. S., DANDROW, R. V., TENNEY, B. O. (1966): The potential diabetic and her treatment in pregnancy. Obstet. Gynecol. **27**, 683.

— MAHAN, C. M., CHARLES, D., DANDROW, R. V. (1973): Screening criteria for high-risk gestational diabetic patients. Am. J. Obstet. Gynecol. **116**, 895.

— — — — (1974): Medical treatment of the gestational diabetic. Obstet. Gynecol. **43**, 817.

OTT, W. J., DOYLE, S. (1982): Normal ultrasonic fetal weight curve. Obstet. Gynecol. **59**, 603.

PARKS, D. G., ZIEL, H. K. (1978): Macrosomia. A proposed indication for primary cesarian section. Obstet. Gynecol. **52**, 407.

PATERSON, P., PAGE, D., TAFT, P., PHILLIPS, L. (1968): Study of fetal and maternal insulin levels during labour. J. Obstet. Gynaec. Brit. Cwth. **75**, 917.

PEACOCK, J., TATTERSALL, R. B., TAYLOR, A., DOUGLAS, C. A., REEVES, W. G. (1983): Effects of new insulins on insulin and C-peptide antibodies, insulin dose and diabetic control. Lancet **i**, 149.

PEDERSEN, J. (1954): Glucose content of the amniotic fluid in diabetic pregnancies. Acta endocrinol. **15**, 342.

— (1977): The Pregnant Diabetic and Her Newborn. Kopenhagen: Munksgaard.

— (1978): 1. Lainzer Diabetes-Symposium: Diabetesprobleme in der Schwangerschaft. Persönliche Mitteilung.

PEDERSEN, O., HJOLLUND, E., LINDSKOV, H. O., BECK-NIELSEN, H., JENSEN, J. (1982): Circadian profiles of insulin receptors in insulin-dependent diabetics in usual and poor metabolic control. Am. J. Physiol. **242**, E 127.

PEDERSEN, J., MOLSTED PEDERSEN, L. (1965): Prognosis of the outcome of pregnancies in diabetics. A new classification. Acta Endocrinol. (Kb.) **50**, 70.

PEDERSEN, J. E., MOLSTED PEDERSEN, L. (1981): Early fetal growth delay detected by ultrasound marks increased risks of congenital malformation in diabetic pregnancy. Br. Med. J. **283**, 269.

PERSSON, B., HEDING, L. G., LUNELL, N. O., PSCHERA, H., STANGENBERG, M., WAGNER, J. (1982): Fetal beta cell function in diabetic pregnancy. Amniotic fluid concentrations of proinsulin, insulin, and C-peptide during the last trimester of pregnancy. Am. J. Obstet. Gynecol. **144**, 455.

— LUNELL, N. O. (1975): Metabolic control in diabetic pregnancy. Variations in plasma concentrations of glucose, free fatty acids, glycerol, ketone bodies, insulin and human chorionic sommatomammotropin during the last trimester. Am. J. Obstet. Gynecol. **122**, 737.

PETTITT, D. J., BAIRD, H. R., ALECK, K. A., BENNETT, P. H., KNOWLER, W. C. (1983): Excessive obesity in offspring of Pima Indian women with diabetes during pregnancy. N. Engl. J. Med. **308**, 242.

PETTIT, B. R., KING, G. S., BLAU, K. (1977): Low glucose concentrations in amniotic fluid from anencephalic pregnancies (letter). Lancet ii, 1288.

PFEIFFER, E. F., THUM, CH., CLEMENS, A. H. (1974): An artificial beta cell. A continuous control of blood sugar by external regulation of insulin infusion. Horm. Metab. Res. **6**, 339.

PHELPS, R. L., HONIG, G. R., GREEN, D., METZGER, B. E., FREDERIKSEN, M. C., FREINKEL, N. (1983): Biphasic changes in hemoglobin A_{1c} concentrations during normal human pregnancy. Am. J. Obstet. Gynecol. **147**, 651.

PHILLIPS, L., LUMLEY, J., PATERSON, P., WOOD, C. (1968): Fetal hypoglycemia. Am. J. Obstet. Gynecol. **102**, 371.

PICON, L. (1967): Effect of insulin on growth and biochemical composition of the rat fetus. Endocrinology **81**, 1419.

PLOTZ, E. J., LANG, N., HANSMANN, M., HINCKERS, H. J., GARSTKA, G., NIESEN, M., BELLMANN, O. (1978): Diabetes mellitus und Schwangerschaft. Gynäkologe **11**, 67.

POLLAK, A., BREHM, R. (1981): Glykosyliertes Hämoglobin bei Müttern von übergewichtigen Neugeborenen. Gynäk. Rdsch. **21**, Suppl. 2, 164.

PORR, O., MORELL, B., FROESCH, E. R. (1981): Die Einstellung des juvenilen Diabetikers mit dem Insulindosiergerät: Indikation und Nutzen. Schweiz. med. Wschr. **111**, 1131.

POSNER, B. J. (1975): Insulin placental interactions. In: Early Diabetes in Early Life (CAMERINI DAVALOS, R. A., COLE, H. S., Hrsg.), S. 257. New York: Academic Press.

POTTER, J. M., RECKLESS, J. P. D., CULLEN, D. R. (1982): Diurnal variations in blood intermediary metabolites in mild gestational diabetic patients and the effect of a carbohydrate restricted diet. Diatetologia **19**, 68.

PRIETO, J. C., CIFNENTES, J., SERRANO-RIOS, M. (1976): hCS regulation during pregnancy. Obstet. Gynecol. **48**, 297.

RAADBERG, T., GUSTAFSON, A., SKRYTEN, A., KARLSSON, K. (1982): Oral contraception in diabetic women. A cross over study on serum and high density lipoprotein (HDL) lipids and diabetic control during progestogen and combined estrogen/progestogen contraception. Horm. Metab. Res. **14**, 61.

RATHGEN, G. H. (1980): In: Physiologie der Schwangerschaft (FRIEDBERG, V., RATHGEN, G. H., Hrsg.). Stuttgart-New York: G. Thieme.

REIHER, H., FUHRMANN, K., WOLTANSKI, K. P., HAHN, H. J. (1982): Untersuchungen am humanen fetalen Pankreas — Methodenkritik zur Gewebegewinnung. Zbl. Gynäkol. **104**, 213.

— WOLTANSKY, P., HAHN, J. (1981): Effect of glucose on human fetal pancreatic tissue in vitro. Acta biol. med. germ. **40**, 61.

Report of the Collaborative Acetylcholinesterase Study (1981): Amniotic fluid acetylcholinesterase electrophoresis as a secondary test in the diagnosis of anencephaly and open spina bifida in early pregnancy. Lancet i, 321.

Report of U.K. Collaborative Study on Alpha-fetoprotein in Relation to Neural-tube Defects (1977): Maternal serum-alpha-fetoprotein measurement in antenatal screening for anencephaly and spina bifida in early pregnancy. Lancet ii, 1323.

RIZVI, J., GILLMER, M. D. G., OAKLEY, N. W., BEARD, R. W. (1980): Evaluation of plasma glucose control in pregnancy complicated by chemical diabetes. Brit. J. Obstet. Gynaecol. **87**, 383.

ROBBERS, H., TRAUMANN, K. J. (1980): Diätbuch für Zuckerkranke. Stuttgart: G. Thieme.

ROBERT, M. F., NEFF, R. K., HUBBELL, J. P., TAEUSCH, H. W., AVERY, M. E. (1975): Association between maternal diabetes and the respiratory-distress syndrom in the newborn. N. Engl. J. Med. **294**, 357.

ROSANELLI, K., LICHTENEGGER, W., WEISS, P. A. M. (1982): Über die Wirkung der Tokolyse durch beta-Mimetika auf den Fet und das Neugeborene. Z. Geburtsh. u. Perinat. **186**, 93.

ROSENKRANZ, A., SEDLAK, W., OGRIS, E. (1979): Kohlenhydratstoffwechseluntersuchungen bei Kindern diabetischer Mütter. Wien. klin. Wschr. **91**, 563.

ROSENKRANZ, W. (1980): Die Bedeutung genetischer Untersuchungen für die praktische Medizin. Wien. med. Wschr. **130**, 643.

ROST, J., FREUDE, G., FUCHS, G., BALI, CH., KRIZ, H., IRSIGLER, K., LEODOLTER, S. (1982): Frühgeburtlichkeit bei schwangeren Diabetikerinnen. Gynäk. Rdsch. **22**, Suppl. 1, 180.

ROVERSI, G. D., GARGIOLO, M., NICOLINI, U., PEDRETTI, E., MARINI, A., BARBARANI, V., PENEFF, P. (1979): A new approach to the treatment of diabetic pregnant women. Report of 479 cases seen from 1963 to 1975. Am. J. Obstet. Gynecol. **135**, 567.

RUDOLF, M. C. J., SHERWIN, R. S. (1983): Maternal ketosis and its effects on the fetus. Clin. Endocrin. Metabol. **12**, 413.

RULE, A. H., SLIOGERIS, V., FARBER, M., BRITTON, G., VANDERVOORDE, J. (1981): Relation of glucose to alphafetoprotein in amniotic fluid. Obstet. Gynecol. **57**, 310.

SAINTONGE, J., COTÉ, R. (1983): Intrauterine growth retardation and diabetic pregnancy: Two types of fetal malnutrition. Am. J. Obstet. Gynecol. **146**, 194.

SALZBERGER, M., LIBAN, E. (1975): Diabetes and antenatal fetal death. Isr. J. Med. Sci **11**, 623.

— SHARON, A., LIBAN, E. (1975): Significance of the oral glucose tolerance test performed on the third day after delivery for the diagnosis of diabetes in pregnancy. Isr. J. Med. Sci. **11**, 629.

SANTIAGO, J. V., SARGEANT, D. T., WHITE, N. (1981): The syndrome of excessive degradation of subcutaneously injected insulin: treatment with aprotinin. In: New Approaches to Insulin Therapy (IRSIGLER, K., KUNZ, K. N., OWENS, D. R., REGAL, H., Hrsg.), S. 145—150. Falcon House, Lancester: MTP Press.

SARLES, M. D., ADAMSONS, K. (1978): Diabetes: New management concepts. Perinatal Care **2**, 13.

SAUER, H., BIGALKE, C. (1978): Genetische Aspekte des Diabetes mellitus. Gynäkologie **11**, 103.

SCHADE, D. S., EATON, R. P., SPENCER, W. (1981): The advantages of the peritoneal route of insulin delivery. In: New Approaches to Insulin Therapy (IRSIGLER, K., KUNZ, K. N., OWENS, D. R., REGAL, H., Hrsg.), S. 31—39. Falcon House, Lancaster: MTP Press.

SCHATZ, H. (1977): Biosynthese von Insulin. Dtsch. med. Wschr. **102**, 734—740.

SCHERNTHANER, G. (1980): Neue Aspekte in der Pathogenese und im Krankheitsverlauf des Typ-I-Diabetes mellitus. Wien. klin. Wschr. **92**, Suppl. 114, 1.

— MÜLLER, M. M., PRAGER, R., MÜHLHAUSER, I. (1980): Die klinische Bedeutung des Glykohämoglobins (HbA$_1$). Wien. klin. Wschr. **92**, Suppl. 115, 1.

SCHIFFRIN, A., BELMONTE, M. M. (1982): Comparison between continuous subcutaneous insulin infusion and multiple injections of insulin. Diabetes **31**, 255.

SCHIFRIN, B. S. (1977): Antepartum fetal heart rate monitoring. In: Intrauterine Asphyxia and the Developing Fetal Brain (GLUCK, L., Hrsg.). Chicago: Year Book Medical Publishers.

SCHINDLER, A. E., MEYFORT, J. (1979): Übergewichtigkeit von Mutter und Kind und Glukosetoleranztest im Wochenbett. Geburtsh. u. Frauenheilk. **39**, 593.

SCHLICHTKRULL, J. (1977): The absorption of Insulin. Acta Paediatr. Scand. (Suppl.) **270**, 97.

— MUNK, O., JERSILD, M. (1965): The M-value, an index of bloos-sugar control in diabetics. Acta Med. Scand. **177**, 95.

SCHNEIDER, J. M., CURET, L. B., OLSON, R. W., SHAY, G. (1980): Ambulatory care of the pregnant diabetic. Obstet. Gynecol. **56**, 144.

SEEDS, A. E., LEUNG, L. S., TABOR, M. W., RUSSELL, P. T. (1979): Changes in amniotic fluid glucose, beta-hydroxy-butyrate, glycerol, and lactate concentration in diabetic pregnancy. Am. J. Obstet. Gynecol. **135**, 887.

SELAM, J. L., MIROUZE, J., SLINGENEYER, A., HEDON, B., MILLET, P., CHAPTAL, P. A., ORGETTI, A. (1983): Two year's experience of ambulatory peritoneal insulin infusion. In: Diabetes Treatment with Implantable Insulin Infusion Systems (IRSIGLER, K., KRITZ, H., LOVETT, R., Hrsg.), S. 132—136. München-Wien-Baltimore: Urban und Schwarzenberg.

SEMMLER, K., EMMERICH, P., FUHRMANN, K., GODEL, E. (1982): Reifungsstörungen der Plazenta in Relation zur Qualität der metabolischen Kontrolle während der Schwangerschaft beim insulinpflichtigen und Gestationsdiabetes. Zentralbl. Gynäkol. **104**, 1494.

— FUHRMANN, K., ISSEL, E. P., PRENZLAU, P. (1978): Die Wertigkeit der Ultraschallfetometrie zur Beurteilung des Schwangerschaftsverlaufes bei Diabetes mellitus. Zbl. Gynäkol. **100**, 788.

SERVICE, F. J., MOLNAR, G. D., ROSEVEAR, J. W., ACKERMAN, E., GATEWOOD, L. C., TAYLOR, W. F. (1970): Mean amplitude of glycemic excursions, a measure of diabetic instability. Diabetes **19**, 644.

— NELSON, R. L. (1980): Characteristics of glycemic stability. Diabetes Care **3**, 58.

SHELLY, H. J., BASSET, J. M., MILNER, R. D. G. (1975): Control of carbohydrate metabolism in the fetus and newborn. Br. Med. Bull. **31**, 37.

SHEPARD, M. J., RICHARDS, V. A., BERKOWITZ, R. L., WARSOF, S. L., HOBBINS, J. C. (1982): An evaluation of two equations for predicting fetal weight by ultrasound. Am. J. Obstet. Gynecol. **142**, 47.

SHEPHERD, J. H., BENNETT, M. J., LAURENCE, D., MOORE, F., SIMS, C. D. (1981): Prostaglandin vaginal suppositories: A sinple and safe approach to the induction of labor. Obstet. Gynecol. **58**, 596.

SHER, G., STATLAND, B. E., FREER, D. E. (1980): Clinical evaluation of the quantitative foam stability index test. Obstet. Gynecol. **55**, 617.

SIBAI, B. M., LIPSHITZ, J., SCHNEIDER, J. M., ANDERSON, G. D., MORRISON, J. C., DILTS, jr., P. V. (1980): Sinusoidal fetal heart rate pattern. Obstet. Gynecol. **55**, 637.

SILFEN, S. L., WAPNER, R. J., GABBE, S. G. (1980): Maternal outcome in class H diabetes mellitus. Obstet. Gynecol. **55**, 749.

SILVERMAN, W., ANDERSON, D. H. (1956): A controlled chemical trial of effects of water mist on obstructive respiratory signs, death rate and necrobsy findings among premature infants. Pediatrics **17**, 1.

SIMPSON, H. C. R., LONSLEY, S., GEEKIE, M., SIMPSON, R. W., CARTER, R. D., HOCKADAY, T. D. R., MANN, J. J. (1981): A high carbohydrate leguminous fibre diet improves all aspects of diabetic control. Lancet i, 1.

SKOUBY, S. O., MOLSTED-PEDERSON, L., KÜHL, C. (1982): Low dose oral contraception in women with previous gestational diabetes. Obstet. Gynecol. **59**, 325.

SKYLER, J. S., O'SULLIVAN, M. J., ROBERTSON, E. G. (1980): Blood glucose control during pregnancy. Diabetes Care 3, 69.

SMITH, B. T., GIROND, C. J. P., ROBERT, M., AVERY, M. E. (1975): Insulin antagonism of cortisol action of lecithin synthesis by cultured fetal lung cells. J. Pediat. **87**, 953.

SMYTHE, A. R., SAKAKINI, J. (1980): Maternal metabolic alterations secundary to terbutaline therapy for premature labor. Obstet. Gynecol. **57**, 566.

SOLER, N. G., MALINS, J. M. (1978): Diabetic pregnancy: Management of diabetes on the day of delivery. Diabetologia **15**, 441.

— NICHOLSON, H. O., MALINS, J. M. (1975): Serial determinations of human placental lactogen in the management of diabetic pregnancy. Lancet i, 54.

SOSENKO, J. M., KITZMILLER, J. L., FLUCKINGER, R., LOO, S. W. H., YOUNGER, D. M., GABBAY, K. H. (1982): Umbilical cord glycosylated hemoglobin in infant of diabetic mothers: relationships to neonatal hypoglycemia, macrosomia, and cord serum C-peptide. Diabetes Care **5**, 566.

SOSENKO, I. R., KITZMILLER, J. L., LOO, S. W., BLIX, P., RUBENSTEIN, A. H., GABBAY, K. H. (1979): The infant of the diabetic mother. Correlation of increased cord C-peptide levels with macrosomia and hypoglycemia. N. Eng. J. Med. **301**, 859.

SPELLACY, W. N. (1982): Carbohydrate metabolism during treatment with estrogen, progestogen, and low-dose oral contraceptives. Am. J. Obstet. Gynecol. **142**, 732.

— BUHI, W. C., BIRK, S. A. (1970): Human growth hormone and placental lactogen levels in midpregnancy and late post partum. Obstet. Gynecol. **36**, 238.

— — — (1977): Vitamin B_6 treatment of gestational diabetes mellitus. Am. J. Obstet. Gynecol. **127**, 599.

— — — (1980): Carbohydrate metabolism in women with a twin pregnancy. Obstet. Gynecol. **55**, 688.

— — — McCREARY, S. A. (1974): Distribution of human placental lactogen in the last half of normal and complicated pregnancies. Am. J. Obstet. Gynecol. **120**, 214.

— — BRADLEY, B., HOLSINGER, K. K. (1973): Maternal, fetal and amniotic fluid levels of glucose, insulin and growth hormone. Obstet. Gynecol. **41**, 323.

STEEL, J. M., DUNCAN, C. J. P. (1980): Contraception for the insulin dependent diabetic women. The view from one clinic. Diabetes Care 3, 557.

STEEL, R. B., MOSLEY, J. D., SMITH, C. H. (1979):

Insulin and placenta: Degradation and stabilization, binding to microvillous membrane receptors, and aminoacid uptake. Am. J. Obstet. Gynecol. **135**, 522.

STEHBENS, J. A., BAKER, G. L., KITCHEL, M. (1977): Outcome at ages 1, 3, and 5 years of children born to diabetic women. Am. J. Obstet. Gynecol. **127**, 408.

STELDINGER, R., WEBER, B. (1981): Dauerketose und Kindesentwicklung. Kasuistik einer Gestationsdiabetikerin mit Atkins-Diät während der Schwangerschaft. Gynäk. Rdsch. **21**, Suppl. 2, 165.

— — (1981 a): Ambulante Intensivüberwachung insulinbedürftiger schwangerer Frauen. Gynäk. Rdsch. **21**, Suppl. 2, 153.

TABSH, K. M. A., BRINKMAN, C. R., BASHORE, R. A. (1982): Lecithin: sphingomyelin ratio in pregnancies complicated by insulin-dependent diabetes mellitus. Obstet. Gynecol. **59**, 353.

TAGHIZADEH, A., REYNOLDS, E. O. R. (1976): Pathogenesis of broncho-pulmonary dysplasia following hyaline membrane disease. Am. J. Pathol. **82**, 241.

TAMAS, jr., GY, BARANYI, E., PETRANYI, jr., GY, DIMENY, E., BANYAI, Z., KERENYI, Z. (1981): Improvement of metabolic control: criteria for normoglycaemia in diabetic pregnancy. In: New Approaches to Insulin Therapy (IRSIGLER, K., et al., Hrsg.), S. 455—462. Falcon House, Lancaster: MTP Press.

TANNER, J. M. (1970): Standards for birth weight or intra-uterine growth. Pediatrics **46**, 1.

TARRÓ, S. (1979): Ultraschallzeichen der intrauterinen Stoffwechselstörung. Zbl. Gynäkol. **101**, 41.

TATTERSALL, R. B., FAJANS, S. S., ARBOR, A. (1975): A difference between the inheritance of classical Juvenile-onset and Maturity-onset type diabetes of young people. Diabetes **24**, 44.

TAUBERT, H. D., KUHL, H. (1981): Kontrazeption mit Hormonen, S. 279. Stuttgart-New York: G. Thieme.

TCHOBROUTSKY, C., AMIEL-TISON, C., CEDARD, L., ESCHWEGE, E., ROUVILLOIS, J. L., TCHOBROUTSKY, G. (1978): The lecithin/sphyngomyelin ratio in 132 insulindependent diabetic pregnancies. Am. J. Obstet. Gynecol. **130**, 754.

TCHOBROUTSKY, G., HEARD, I., TCHOBROUTSKY, C., ESCHWEGE, E. (1980): Amniotic fluid C-peptid in normal and insulin-dependent diabetic pregnancies. Diabetologia **18**, 289.

TELLER, W. M., CORNBLATH, M., ENGELHARDT, W., GUTBERLET, R. L., HEISIG, N., MENY, R., MINTZ, D. H., MUELLER-HEUBACH, E., RIEGEL, K. (1976): Probleme des Diabetes mellitus in der Schwangerschaft und während der Neugeborenenperiode. Ein internationales schriftliches Rundtischgespräch. Pädiatr. Prax. **17**, 439.

TERINDE, R., DRIEDGER, E., MÜLLER, J. E. A., KOZLOWSKI, P., SCHADEWALDT, J. (1982): Extremitätenwachstum, Gestationsalter-Schätzung und Mißbildungsdiagnostik durch Ultraschall-Vermessung fetaler Knochen im II. Trimenon. Z. Geburtsh. u. Perinat. **186**, 125.

THALME, B., EDSTRÖM, K. (1974): Intravenous glucose tolerance test and its relation to a scoring system for the degree of diabetic fetopathy in newborn infants. J. Perinat. Med. **2**, 233.

— — BROBERGER, U., ENGSTRÖM, L., KRETZSCHMAR, G. (1975): Acid-base and electrolyte balance in infants of diabetic mothers. Acta Obstet. Gynec. Scand. **54**, 129.

THOMSON, A. M., BILLEWICZ, W. Z., HYTTEN, F. E. (1968): The assessment of fetal growth. J. Obstet. Gynaec. Brit. Cwlth. **77**, 903.

THORSSON, A. V., HINTZ, R. L. (1977): Insulin receptors in the newborn. Increase in receptor affinity and number. N. Engl. J. Med. **297**, 908.

TOYODA, N. (1982): Insulin receptors on erythrocytes in normal and obese pregnant women during the follicular and luteal phases. Am. J. Obstet. Gynecol. **144**, 679.

TRAVIS, L. B., HÜRTER, P. (1980): Einführungskurs für Kinder und Jugendliche mit Diabetes mellitus. Bund diabetischer Kinder (Gerhards u. Co. OHG). Frankfurt a. M.

TURNER, R. C., HARRIS, E., BLOOM, S. R., UREN, C. (1977): Relation of fasting plasma glucose concentration to plasma insulin and glucagon concentrations. Studies in latent diabetics and women who have produced large-for-dates babies. Diabetes **26**, 166.

TYSON, J. E., HOCK, R. H. (1976): Gestational and pregestational diabetes: An approach to therapy. Am. J. Obstet. Gynecol. **125**, 1009.

URBAN, G., BAUMGARTEN, K., BAUMUNG, H., BECK, A., FRÖHLICH, H., GRUBER, W., SEIDL, A. (1972): Die Beeinflussung des Glukosetoleranztestes bei normalen Schwangerschaften mit Ritodrine und Th 1165 a. In: Proceedings of the International Symposium on the Treatment of Foetal Risks, Baden.

USHER, R. H., ALLEN, A. C., MC LEAN, F. H. (1971): Risk of respiratory distress syndrome related to gestational age, route of delivery and maternal diabetes. Am. J. Obstet. Gynecol. **111**, 826.

VAN ASCHE, F. A., DE PRINS, L. A. u. F. (1983): Degranulation of the insulin-producing betacells in an infant of a diabetic mother. Case report. Br. J. Obstet. Gynaecol. **90**, 182.

— — AERTS, L., VERJANS, L. (1977): The endocrine pancreas in small-for-dates infants. Br. J. Obstet. Gynecol. **84**, 751.

VAN LIERDE, M., BUYSSCHAERT, M., DE HERTOGH, R. (1982): Administration intraveineuse de Ritodrine chez le diabétique insuline-dépendante enceinte répercussions métaboliques. J. Gynecol. Obstet. Biol. Reprod. **11**, 869.

VESSEY, M., HUGGINS, G., LAWLESS, M., MCPHERSON, K., YEATES, D. (1983): Tubal sterilization: findings in a large prospective study. Brit. J. Obstet. Gynecol. **90**, 203.

VOHR, B. R., LIPSITT, L. P., OH, W. (1980): Somatic growth of children of diabetic mothers with reference to birth size. J. Pediatr. **97**, 196.

VORHERR, H. (1982): Factors influencing fetal growth. Am. J. Obstet. Gynecol. **142**, 577.

WALDHÄUSL, W., FRANCESCONI, M., BRATUSCH-MARRAIN, P., KORN, A., NOWOTNY, P. (1981): Calculation of insulin requirement for insulin dependent diabetics treated with open-loop. In: New Approaches to Insulin Therapy (IRSIGLER, K., KUNZ, K. N., OWENS, D. R., REGAL, H., Hrsg.), S. 137—144. Falcon House, Lancaster: MTP Press.

WARSOF, S. L., GOHARI, P., BERKOWITZ, R. L., HOBBINS, J. C. (1977): The estimation of fetal weight by computer-assisted analysis. Am. J. Obstet. Gynecol. **128**, 881.

WATANABE, G., INGALLS, T. H. (1963): Congenital malformations in the offspring of alloxan-diabetic mice. Diabetes **12**, 66.

WEBER, B., TECH, J., SCHMIDT, H., OBERDISSE, U. (1978): Antibody formation and insulin requirements in diabetic children during treatment with purified commercial pork insulins. Europ. J. Ped. **128**, 89.

WEIDINGER, H., MOHR, D., HALLER, K., HILTMANN, W. D., VOGEL, M. (1976): Zeitlicher Verlauf der Blutglukose des immunoreaktiven Insulins und der Kaliumionen bei Neugeborenen nach langzeitiger und akuter Gabe von Partusisten mit und ohne Isoptin. Z. Geburtsh. Perinat. **180**, 258.

WEISS, P. A. M. (1977): Erste Ergebnisse mit einem modifizierten Fruchtwasserschaumtest. Wien. med. Wschr. **127**, 548.

— (1979): Die Überwachung des Ungeborenen bei Diabetes mellitus an Hand von Fruchtwasserinsulinwerten. Wien. klin. Wschr. **91**, 293.

— HOFMANN, H., WINTER, R., PÜRSTNER, P., LICHTENEGGER, W. (1984): Gestational diabetes and screening during pregnancy. Obstet. Gynecol. **63**, 776.

— — PÜRSTNER, P., WINTER, R., LICHTENEGGER, W. (1984 a): The fetal insulin balance: Gestational diabetes and postpartal screening. Obstet. Gynecol. **64**, 65.

— — WINTER, R., PÜRSTNER, P., LICHTENEGGER, W. (1984 b): Amniotic fluid glucose values in normal and abnormal pregnancies. Obstet. Gynecol. **65** (im Druck).

— — (1984 c): Intensified conventional insulin therapy for the pregnant diabetic patient. Obstet. Gynecol. **64**, 629.

— LICHTENEGGER, W., PÜRSTNER, P. (1975): Insulin im Fruchtwasser bei gesunden und diabetischen Schwangeren. VII. Akademische Tagung deutschsprechender Hochschullehrer in der Gynäkologie und Geburtshilfe. Kongreßband.

— — WINTER, R., PÜRSTNER, P. (1978): Insulin levels in amniotic fluid. Management of pregnancy in diabetes. Obstet. Gynecol. **51**, 393.

— Pürstner, P., Lichtenegger, W., Winter, R. (1978 a): Alpha-fetoprotein content of amniotic fluid in normal and abnormal pregnancies. Obstet. Gynecol. **51**, 582.

— — Winter, R., Lichtenegger, W. (1984 c): Insulin levels in amniotic fluid of normal and abnormal pregnancies. Obstet. Gynecol. **63**, 371.

— Winter, R. (1982): Der Anstieg des Insulinbedarfes bei der schwangeren Diabetikerin. Geburtsh. u. Frauenheilk. **42**, 61.

West, T. E. T., Lowy, C. (1977): Control of blood glucose during labour in diabetic women with combined glucose and low dose insulin infusion. Brit. Med. J. **1**, 1252.

Wheeler, F. C., Gollmar, C. W., Deeb, L. C. (1982): Diabetes and pregnancy in South Carolina: Prevalence, perinatal mortality, and neonatal morbidity in 1978. Diabetes Care **5**, 561.

White, P. (1959): Pregnancy complicating diabetes. In: The Treatment of Diabetes mellitus (Joslin, E. P., et al., Hrsg.), S. 690. Philadelphia: Lea and Febiger.

— (1974): Diabetes mellitus in pregnancy. Clin. Perinat. **1**, 331.

— (1978): Classification of obstetric diabetes. Am. J. Obstet. Gynecol. **130**, 228.

White, N. H., Skor, D. A., Cryer, Ph. E., Levandosky, L. A., Bier, D. M., Santiago, J. V. (1983): Identification of type I diabetic patients at increased risk for hypoglycemia during intensive therapy. N. Engl. J. Med. **308**, 485.

Whitelaw, A. (1977): Subcutaneous fat in newborn infants of diabetic mothers: An indication of quality of diabetic control. Lancet **i**, 15.

Whittle, M. J., Anderson, D., Lowensohn, R. J., Mestman, J. H., Paul, R. H., Goebelsman, U. (1979): Estriol in pregnancy. VI. Experience with unconjugated plasma ostriol assays and antepartum fetal heart rate testing in diabetic pregnancies. Am. J. Obstet. Gynecol. **135**, 764.

WHO Expert Committee on Diabetes mellitus (1980): Second Report. Techn. Report Series **646**, 7.

Widness, J. A., Schwartz, H. C., Kahn, C., Oh, W., Schwartz, R. (1980): Glycohemoglobin in diabetic pregnancy: A sequential study. Am. J. Obstet. Gynecol. **136**, 1024.

Wiese, J. (1977): Intrauterin contraception in diabetic women. Fertil. Steril. **28**, 422.

Wilcox, A. J. (1981): Birth weight, gestation, and the fetal growth curve. Am. J. Obstet. Gynecol. **139**, 863.

Williams, P. R., Sperling, M. A., Racasa, Z. (1979): Blunting of spontaneous and alanin-stimulated glucagon secretion in newborn infants of diabetic mothers. Am. J. Obstet. Gynecol. **133**, 51.

Willms, B., Talaulicar, M., Franetzki, M. (1981): Treatment of brittle diabetics with portable insulin infusion systems. In: New Approaches to Insulin Therapy (Irsigler, K., Kunz, K. N., Owens, D. R., Regal, H., Hrsg.), S. 79—84. Falcon House, Lancaster: MTP Press.

Winter, R. (1981): Die Diagnose angeborener fetaler Mißbildungen mittels Ultraschall. Ultraschall **2**, 235.

— (1983): Präpartale Diagnose fetaler Mißbildungen aus der Sicht des Geburtshelfers. Wien. klin. Wschr. **95**, 67.

Wissenschaftliche Tabellen Geigy (1982): Teilband Somatometrie und Biochemie. 8. Aufl. Basel: Ciba-Geigy.

Wladimiroff, J. W., Bloemsma, C. A., Wallenburg, H. C. S. (1978): Ultrasonic diagnosis of the large-for-dates infant. Obstet. Gynecol. **52**, 285.

Wolff, F., Jung, C., Bolte, A. (1981): Ist der postpartale Glucosetoleranztest bei Müttern makrosomer Neugeborener sinnvoll? Gynäk. Rdsch. **21**, Suppl. 2, 160.

Wood, G. P., Sherline, D. M. (1973): Amniotic fluid glucose: A maternal, fetal, and neonatal correlation. Am. J. Obstet. Gynecol. **122**, 151.

Wynn, V., Path, F. R. C. (1982): Effect of duration of low-dose oral contraceptive administration on carbohydrate metabolism. Am. J. Obstet. Gynecol. **142**, 739.

Yen, S. S. C. (1973): Endocrine regulation of metabolic homeostasis during pregnancy. Clin. Obstet. Gynecol. **16**, 130.

Zahn, V., Zach, H. P., Sigmund, R. (1978): Über die Möglichkeit der pränatalen Behandlung des Atemnotsyndroms bei Frühgeburten mit Ambrexol. Atemwegs- u. Lungenkrkh. **4**, Suppl. 1, 35.

Zilker, Th., Paterek, K., Ermler, R., Bottermann, P. (1977): Untersuchungen zur Frage einer Autoregulation der Insulinsekretion. Klin. Wschr. **55**, 475.

Zlatnik, F. J., Varner, M. W., Hauser, K. S. (1979): Human plazental lactogen: A predictor of perinatal outcome? Obstet. Gynecol. **54**, 205.

Zobel, G., Rosegger, H., Hofmann, H., Weiss, P. A. M. (1984): Intrauterine growth retardation in intensively controlled insulin dependent diabetic pregnant women. Diabetes Care. In Vorbereitung.

Zuppinger, K., Wiesmann, U., Siegrist, H. P., Schäfer, T., Sandru, L., Schwarz, H. P., Herschkowitz, N. (1981): Effect of glucose deprivation on sulfatide synthesis and oligodendrocytes in cultured brain cells of newborn mice. Pediatr. Res. **15**, 319.

21

Das Problem der Beckenendlage

R. Winter und *H. Hofmann*

21.1 Einleitung

Werden nur Einlingsschwangerschaften berücksichtigt, kommen etwa vier Beckenendlagen (BEL) auf 100 Geburten. Die Geburtsleitung dieser regelwidrigen Poleinstellung oder atypischen Längslage ist ein vieldiskutiertes Problem, für dessen Lösung es keine allgemein gültigen Regeln gibt und das demnach immer wieder individuell betrachtet werden muß.

Bei BEL ist die perinatale Mortalität drei- bis zehnmal, die Frühgeburtenrate drei- bis fünfmal höher als bei Schädellagen. Die Häufigkeit von Apgarwerten unter 7 ist fünfmal größer, während schwere Azidosen (pH unter 7,10) doppelt so häufig vorkommen wie bei vorangehendem Kopf. Während der Geburt kommt es drei- bis fünfmal häufiger zum vorzeitigen Blasensprung, Nabelschnurvorfall und zur vorzeitigen Plazentalösung. Das Vorkommen von Mißbildungen ist bei BEL um das Dreifache erhöht. Letztere Tatsache steht in engem Zusammenhang mit der Frühgeburtenfrequenz bei BEL und beruht einfach auf dem Umstand, daß sich Mißbildungen häufiger in BEL präsentieren. Das Geburtstrauma ist eine gefürchtete Komplikation bei den BEL-Kindern und in etwa 50% die Ursache der perinatalen Mortalität.

Diese Häufung von ungünstigen Faktoren war immer wieder Grund für Überlegungen, die eine möglichst risikoarme Geburtslei-

tung im Auge hatten. Schon im Jahre 1937 kam der Vorschlag, den unvorhersehbaren Gefahren der vaginalen Entbindung bei BEL durch die *Schnittentbindung* zu begegnen (BRANDNER, 1937). Derartige Empfehlungen sind 1959 von WRIGHT, 1972 von TAYLOR und 1973 von KUBLI wiederholt worden. Die primäre Sektio bei der BEL hat sich jedoch bis heute nicht durchgesetzt. Allerdings sehen wir uns derzeit in der Situation, daß die Sektiofrequenz weltweit im Steigen begriffen ist. Aus mehreren Gründen ist es schwer vorstellbar, daß diese Entwicklung wieder rückläufig werden könnte. Bei steigender Sektiofrequenz besteht in vielen Gebärhäusern immer weniger Möglichkeit, die Kunst der vaginalen Entbindung zu üben. Sie soll verschiedentlich gar nicht mehr gelehrt werden (KUBLI, zit. bei HOCHULI und KÄCH, 1981). Dazu kommt die immer stärker spürbare Tendenz der Eltern, bei Geburtstraumen Regressionsansprüche zu stellen. Auch besondere Umstände, die die Sektiofrequenz fördern, dürfen nicht übersehen werden: Nach einer Studie von HICKL (1980) betrug die durchschnittliche jährliche Geburtenzahl pro Entbindungsanstalt (1975) in der BRD 330 und (1978) in Österreich 640. Davon sind etwa 4% BEL. Die BEL-Geburt wird damit in vielen Häusern zu einem seltenen Ereignis, das sich durchschnittlich ein- bis dreimal im

Monat ergibt und mit großer Wahrscheinlichkeit in einem Kaiserschnitt endet.

Auf der anderen Seite darf nicht übersehen werden, daß die erhöhte Sektiorate zwingend mit einer höheren mütterlichen Morbidität und Mortalität einhergeht, die um das Fünf- bis Achtfache höher liegt als nach vaginaler Geburt (KUBLI, 1975 a; DE LA FUENTE et al., 1977). Die mütterliche Morbidität ist nach der selektiven Sektio zwar geringer, doch werden schwere Komplikationen mit tödlichem Ausgang, wie Ileus und embolische Geschehen, bei Laparotomien nie ganz zu umgehen sein.

Bei reifen Kindern geht die Steigerung der Sektiofrequenz nicht mit einer Senkung der perinatalen Mortalität einher. Es stellt sich damit die Frage, wie sinnvoll eine weitere Erhöhung der Sektiofrequenz in dieser Gruppe wäre. Selbst wenn man den Kaiserschnitt als schonendste Geburtsart für das Kind anerkennt, ist beim Vergleich der Spätmorbidität von reifen BEL-Kindern bis heute kein Unterschied zwischen vaginal und abdominal Geborenen zu erkennen. Zumindest liegt ein Gegenbeweis in Form von Nachuntersuchungen an randomisierten Kollektiven nicht vor. Somit kann in dieser Gewichtsgruppe ein Einfluß des Kaiserschnittes weder auf die kindliche Mortalität noch auf die Spätmorbidität statistisch bewiesen werden. Damit ergibt sich der Schluß, daß bei richtiger Selektion unter Berücksichtigung der Tragzeit und des Kindesgewichtes das vaginale Entbindungsverfahren bei BEL weiterhin seine Berechtigung behalten muß.

21.2 Die vaginale Geburt aus Beckenendlage

Eine bedingte Auswahl der Schwangeren zur vaginalen Entbindung bei BEL sollte *schon präpartal* durchgeführt werden. Die wichtigsten Kriterien sind das Größenverhältnis zwischen Geburtsobjekt und Geburtskanal, der Ablauf vorausgegangener Geburten sowie die Existenz und die Art von Mißbildungen. Die Primiparität allein spricht nicht gegen die Geburt auf natürlichem Wege.

Für die Beurteilung des Geburtsobjektes sind auch die klassischen Methoden der geburtshilflichen Diagnostik, wie die Leopoldschen Handgriffe, anzuwenden. Auch auf die äußere Beckenmessung sollte im Sinne einer disziplinierten geburtshilflichen Untersuchung nicht verzichtet werden. Eine relativ genaue *Größenbestimmung* des *Geburtsobjektes* ist mit der Ultraschalluntersuchung möglich. Durch Bestimmung des biparietalen Schädeldurchmessers und des queren Thoraxdurchmessers kann das tatsächliche Geburtsgewicht mit einer Genauigkeit von ± 250 g geschätzt werden. Zu bedenken ist allerdings, daß bei der BEL in etwa 30% der Fälle der biparietale Schädeldurchmesser im dritten Trimenon deutlich kleiner ist als bei Schädellagen (HANSMANN, 1976), wodurch die Unsicherheit bei der präpartalen Gewichtsbestimmung im Vergleich zur Schädellage größer wird. Da bei der BEL häufiger Mißbildungen vorkommen, muß bei jeder Ultraschalluntersuchung auf diese Möglichkeit geachtet werden. Sie beeinflußt die Entscheidung zur Geburtsleitung in wesentlichem Maße.

Weit schwieriger ist es, die *funktionelle Weite des Geburtskanales* zu bestimmen. Während einige Autoren von der Notwendigkeit der röntgenologischen Beckenmessung überzeugt sind (HOCHULI und KÄCH, 1981; KUBLI, 1975 a), ist sie nach der eigenen Erfahrung, besonders bei größerer Geburtenfrequenz, unpraktikabel. Auch andere Zentren setzen sie nicht ein (RAMZIN und STAMM, 1981; ROVINSKI et al., 1973).

Verschiedene *Scores* sollten die Entscheidung zur Leitung der BEL-Geburt erleichtern; sie berücksichtigen geburtshilfliche und anamnestische Parameter. Im *Zatuchni-Andros Score* gehen Parität, Schwangerschaftswoche, geschätztes Kindesgewicht, vorangegangene BEL-Geburten, Muttermundsweite und Höhenstand des Steißes bei der Aufnahme in die Berechnung ein. Es ergeben sich maximal elf Punkte. Bei einer Punkteanzahl von 4 bis 11 soll bei reifen BEL-Kindern die vaginale Entbindung risikoarm sein, während bei 0—3 Punkten die Sektio vorzuziehen wäre. Bemerkenswert ist, daß sich bei Anwendung dieses Scores eine Sektiofrequenz bei reifen BEL bis knapp über 20% ergibt (ZATUCHNI und ANDROS, 1967).

Beim *BEL-Index von Westin* werden die röntgenologischen Maße des Beckeneinganges, der Beckenhöhle und des Beckenausganges sowie das geschätzte Kindesgewicht, die Art der Präsentation des Steißes, vorangegangene Geburten und die Reife des Verschlußapparates berücksichtigt. Maximal sind 20 Punkte zu erreichen. Ab 12 Punkten soll eine unkomplizierte vaginale Entbindung zu erwarten sein (WESTIN, 1977).

Alle diese Scores sind Entscheidungshilfen bei der Wahl des Geburtsweges; sie können jedoch keine Gewähr für den Ausgang einer vaginalen Entbindung sein. Die Entscheidung über den Entbindungsweg muß stets aufgrund aller bekannten Fakten von einem erfahrenen Geburtshelfer getroffen werden. Die *Leitung der vaginalen Geburt* setzt die Möglichkeit des lückenlosen *Monitorings* und der Durchführung von Mikroblutanalysen voraus. Es ist stets im Auge zu behalten, daß die subpartale Asphyxie bei der BEL häufiger vorkommt als bei der Schädellage. Eine Entspannung des Beckenbodens durch *Schmerzausschaltung* begünstigt den Geburtsverlauf. Nach eigener Erfahrung erfüllt die Pudendusanästhesie diesen Zweck. Andere ziehen eine Voll- oder Durchtrittsnarkose vor (KUBLI, 1975a; MANN und GALLANT, 1979). Bezüglich der Notwendigkeit einer ausgiebigen *Episiotomie* herrscht allgemeine Übereinstimmung. Eine stehende Fruchtblase ist für die vollständige Erweiterung des Muttermundes von Nutzen. Bei vorzeitigem Blasensprung, reifen Geburtswegen und reifem Kind wird die Geburt wegen der Gefahr einer Nabelschnurkomplikation eingeleitet (HOCHULI und KÄCH, 1981). Zu Beginn der Austreibungsperiode wird ein intravenöser Zugang zum Kreislauf der Mutter hergestellt, um nötigenfalls Wehenmittel über den Perfusor verabreichen zu können.

Der gewiegte Geburtshelfer wird trachten, den bekannten Gefahren bei Eintritt und Durchtritt des kindlichen Schädels in bzw. durch das kleine Becken auf schonendste Weise zu begegnen. Besonders geeignet ist die *Methode nach Bracht* und die *assistierte Spontangeburt nach Thiessen*. Beide Methoden vermeiden Torsions- und Traktionsrisiken weitgehend. Der Brachtsche Handgriff wird als bekannt vorausgesetzt. Bei der Methode nach THIESSEN wird der Steiß nach dem Einschneiden im Beckenausgang zurückgehalten, damit er in der darauffolgenden Wehe mit dem nachfolgenden Kopf spontan geboren werden kann. Der bereits ausgetretene Steiß wird nur gestützt, um zu verhindern, daß er durch sein Eigengewicht aus der Beckenführungslinie gerät. Kommt die Spontanentwicklung nach der Geburt der vorderen Skapularspitze zum Stillstand, muß eine der bekannten Manualhilfen zur Entwicklung der Schultern und/oder des Kopfes angewendet werden. Das Neugeborene wird sofort abgesaugt und provisorisch abgenabelt. Der Kinderarzt, der bereits während des Geburtsaktes anwesend sein sollte, übernimmt das Kind zur weiteren Versorgung.

21.3 Die Geburt durch Kaiserschnitt

21.3.1 Kaiserschnitt bei Beckenendlagenkindern über 2500 Gramm

Reife und unreife Kinder verhalten sich bezüglich des Geburtsmechanismus, ihrer Vulnerabilität und Widerstandsfähigkeit gegenüber geburtshilflichen Manipulationen sehr unterschiedlich. Die kritische Grenze dürfte bei einem Geburtsgewicht von 2500 Gramm liegen. Reife Kinder in BEL, also Kinder über 2500 Gramm, werden nach

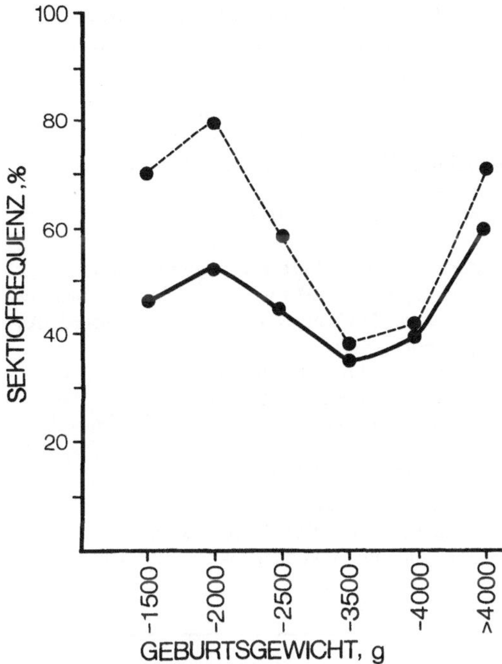

Abb. 21.1. Sektiofrequenz bei BEL verschiedener Gewichtsklassen in fünf (1979 bis 1983; n = 1078; ●– – –●) und zehn (1974 bis 1983; n = 1935; ●——●) Jahren. (Graz)

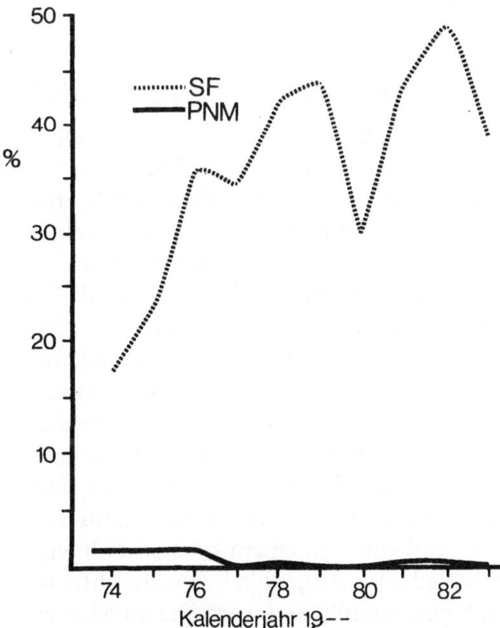

Abb. 21.2. Sektiofrequenz (*SF*) und gereinigte perinatale Mortalität (*PNM*) bei 1562 BEL-Kindern über 2500 Gramm. (Graz 1974 bis 1983)

exakter Selektion in überwiegender Zahl auf vaginalem Wege geboren. Es ist allerdings sinnvoll, auch diese Gewichtsklasse in drei Untergruppen zu betrachten.

21.3.1.1 Gewichtsklasse von 2500—3500 Gramm

In der Gewichtsklasse von 2500—3500 Gramm, in die etwa 60% aller Kinder in BEL fallen, sollte eine Sektiofrequenz von 30—35% nicht überschritten werden müssen (Abb. 21.1). Die Entscheidung zur *primären Sektio* ist daher besonders streng zu erwägen. Kephalopelvine Dysproportionen spielen kaum eine Rolle und führen auch kaum zu Komplikationen. Der vorangehende Steiß gewährleistet bei reifen Kindern eine ausreichende Dehnung des weichen Geburtskanales für den Durchtritt des nachfolgenden Kopfes.

Die *perinatale Mortalität* steht in keiner signifikanten Abhängigkeit zum Entbindungsmodus (DE CRESPIGNY und PEPPERELL, 1979; RAMZIN und STAMM, 1981; BOWES et al., 1979). Auch im eigenen großen Geburtengut ist kein statistisch signifikanter Zusammenhang zwischen Sektiofrequenz und perinataler Mortalität zu erkennen: Im Beobachtungszeitraum von zehn Jahren ist bei einer Sektiofrequenz von 30 und 34% kein Kind perinatal verstorben (Abb. 21.2).

Zweifellos wird auch die gesamte Sektiofrequenz bei der BEL von dieser zahlenmäßig größten Gewichtsgruppe bestimmt. Es erscheint somit möglich, die Frage der Häufigkeit von Schnittentbindungen in den Griff zu bekommen, wenn das Augenmerk besonders auf diese Gruppe der reifen BEL-Kinder gerichtet wird.

21.3.1.2 Gewichtsklasse von 3500 bis 4000 Gramm

Sie stellt im eigenen Krankengut mit 17% die zweitgrößte Gruppe dar und umfaßt gewissermaßen einen Übergangsbereich zwischen den normalgewichtigen und den schweren BEL-Kindern. Der Meinung, daß BEL-Kinder über 3500 Gramm besser durch primären Kaiserschnitt geboren werden sollten (ROVINSKI et al., 1973), muß widersprochen werden. Aus den vorliegenden Daten ist zu erkennen (Abb. 21.1), daß Kinder dieser Gewichtsklasse im überwiegenden Maße vaginal entbunden werden können. Die konstante Indikationsstellung über 10 Jahre mit einer gleichbleibenden Sektiofrequenz von etwa 40% ohne perinatalen Todesfall dürfte dies bestätigen. Die Selektion zur primären Sektio wird darauf abzielen, diejenigen Kinder durch Schnittentbindung zu gebären, die sich einem Geburtsgewicht von 4000 Gramm nähern.

21.3.1.3 Gewichtsklasse über 4000 Gramm

Anders liegen die Verhältnisse bei den schweren Kindern über 4000 Gramm. Im eigenen Geburtengut repräsentieren sie eine kleine Gruppe von 3,6% der BEL. Als wichtigstes Problem ergeben sich Dysproportionen zwischen Geburtsobjekt und Geburtskanal mit der Gefahr geburtstraumatischer Komplikationen. Ihm wird durch großzügige Indikation zur Schnittentbindung zu begegnen sein. Die primäre Sektio beruht in der Regel auf der Gewichtsbestimmung. Die sekundäre Indikation ergibt sich am häufigsten bei Geburtsstillstand wegen primärer oder sekundärer Wehenschwäche und hochstehendem Steiß: Das Kind stellt sich gewissermaßen die Indikation selbst. Die Sektiofrequenz liegt in dieser Gewichtsklasse vernünftigerweise um 70% (Abb. 21.1); sie genügt zur Vermeidung der perinatalen Mortalität und Morbidität. Vom Management her wäre es denkbar, alle Kinder dieser Gruppe einer primären Schnittentbindung zuzuführen.

Das Gewicht der BEL-Kinder ist somit ein wesentlicher Faktor bei der Indikationsstellung zum Kaiserschnitt. Natürlich gibt es eine Reihe anderer Gründe, die Anlaß zur Schnittentbindung geben (Tab. 21.1). Das Verhältnis von primärer zu sekundärer Sektio beträgt im eigenen Kollektiv 63:37. Daraus ergibt sich, daß die Indikation zum

Tabelle 21.1. Indikationen zur Sektio bei BEL

1. Primäre Sektio

Frühgeburt kleiner als 2500 Gramm
Großes Kind über 3500 Gramm
Vorzeitiger Blasensprung bei unreifem Verschluß-
    apparat
Verengtes Becken I. bis II. Grades
Zustand nach Operationen am Uterus
Zustand nach Totgeburt, kein lebendes Kind
Erkrankungen der Mutter, wie Diabetes mellitus,
    schwere EPH-Gestose, Zustand nach Hüftgelenks-
    operationen usw.
Alte Primipara (älter als 30 Jahre)
Zustand nach Sterilitätsbehandlung
Uterusmißbildungen, Myome

2. Sekundäre Indikationen

Intrauterine Asphyxie
Blutungen bei vorzeitiger Plazentalösung
Primäre und/oder sekundäre Wehenschwäche, protra-
hierter Geburtsverlauf
Nabelschnurvorfall

Kaiserschnitt in knapp zwei Drittel der Fälle primär gestellt worden ist. Eine Indikationsliste zur Sektio ist eine Entscheidungshilfe, doch muß jeder Fall individuell betrachtet werden.

21.3.2 Frühgeburt und Kaiserschnitt

Betrachtet man das gesamte BEL-Problem kritisch, so wird man zum Schluß kommen müssen, daß die hohe Mortalität und Morbidität fast ausschließlich durch die Frühgeburten bedingt sind. Die Frühgeburtenrate bei BEL liegt zwei- bis fünfmal höher als bei Schädellagen und beträgt im eigenen Kollektiv etwa 20% (Tab. 21.2). Bei der vaginalen Geburt der frühgeborenen BEL-Kinder führt die Diskrepanz zwischen dem kleinen vorangehenden Steiß und dem relativ großen nachfolgenden Kopf, öfter als bei Normalgewichtigen, zu geburtsmechanischen Schwierigkeiten. In einem solchen Fall wird der Schädel im Augenblick des Durchtrittes durch den unvollständig eröffneten Muttermund gleichsam gefangen. Er muß durch entsprechende Kunstgriffe, die wiederum dosierte Kraftanwendung erfordern, befreit

Tabelle 21.2. Häufigkeit der Frühgeburten zwischen 1000 und 2500 Gramm, ohne Berücksichtigung der intrauterin abgestorbenen und nicht lebensfähigen Mißbildungen. (Graz 1974—1983)

Jahr	Anzahl der Beckenendlagen	Frühgeburten 1000— 2500 g	(%)
1974	176	45	25,6
1975	191	42	22,0
1976	162	31	19,1
1977	157	20	12,7
1978	171	34	19,9
1979	210	32	15,2
1980	227	40	17,6
1981	210	40	19,0
1982	227	53	23,3
1983	204	36	17,6
Gesamt	1935	373	19,3

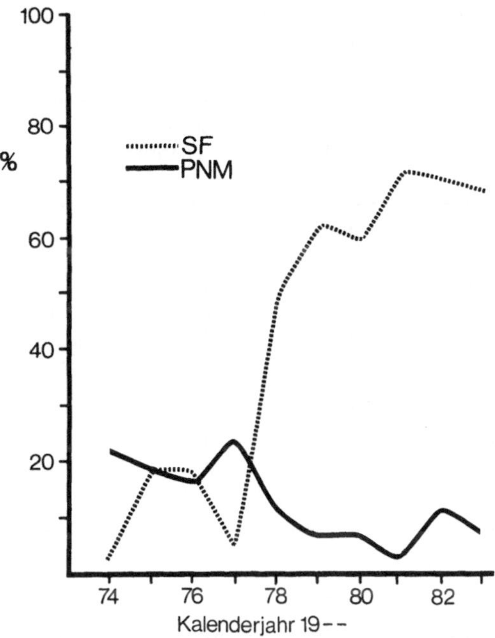

Abb. 21.3. Sektiofrequenz (*SF*) und gereinigte perinatale Mortalität (*PNM*) bei 373 BEL-Kindern unter 2500 Gramm (Graz 1974 bis 1983) stehen in signifikanter Abhängigkeit zueinander; P < 0,01, Chi-Quadrat-Test

werden. Allzuoft liegt darin auch der Grund für die Geburtsverletzung und die Asphyxie. Neben diesem Risiko sind vorzeitiger Blasensprung und Nabelschnurvorfall weitere ungünstige Faktoren.

Aufgrund der Analyse der häufigsten Komplikationen müßte das Problem durch eine systematische Schnittentbindung aller BEL-Kinder zwischen 1000 und 2500 Gramm zu lösen sein. (GOLDENBERG und NELSON, 1977; LYONS und PAPSIN, 1978; INGEMARSSON et al., 1978; DUENHOELTER et al., 1979). DE CRESPIGNY und PEPPERELL (1978) kommen zu dem Schluß, daß alle Beckenendlagen mit einem Gewicht zwischen *1000 und 2000 Gramm* einer systematischen Schnittentbindung zugeführt werden sollten, während BOWES und Mitarbeiter (1979) der Ansicht waren, daß BEL-Kinder unter *1500 Gramm* besser durch Sektio zu entbinden sind. Solche unterschiedlichen Auffassungen über den Entbindungsweg der Frühgeburten in BEL bestehen auch heute noch. Ein Faktum ist jedoch bei den Frühgeborenen im Gegensatz zu den reifen BEL evident: *Die perinatale Mortalität der Frühgeborenen steht in signifikanter Abhängigkeit zur Sektiofrequenz* (Abb. 21.3).

Nach eigenen Erfahrungen ist auch das Problem der Frühgeburten wie das der reifen BEL am besten in Gewichtsklassen zu analysieren.

21.3.2.1 Gewichtsklasse von 2000—2500 Gramm

Vergleichbar mit den BEL-Kindern der Gewichtsgruppe 3500 bis 4000 Gramm (s. S. 431) repräsentieren die Frühgeborenen dieser Gewichtsklasse ebenfalls einen Übergangsbereich zu den leichteren Frühgeborenen (Abb. 21.1). Insgesamt 9,4% aller BEL des eigenen Kollektives fallen in diese Gruppe. Bei einer Sektiofrequenz von 40% war von 1974 bis 1983 nur ein Todesfall zu beklagen (Tab. 21.3). Dieses Resultat ist deshalb besonders bemerkenswert, weil 1978 an der Grazer Klinik der Beschluß gefaßt wurde, die Frühgeborenen in BEL einer systematischen Schnittentbindung zuzuführen. Trotzdem sind in dieser Gewichtsgrup-

Tabelle 21.3. Gereinigte perinatale Mortalität frühgeborener Kinder in BEL. Gewichtsklasse 2000—2500 Gramm. (Graz 1974—1983)

Jahr	Anzahl der Frühgeborenen	postpartal verstorben	(%)
1974	20	0	
1975	21	0	
1976	16	0	
1977	7	1	14,2
1978	20	0	
1979	18	0	
1980	21	0	
1981	23	0	
1982	18	0	
1983	18	0	
Gesamt	182	1	0,6

Tabelle 21.4. Gereinigte perinatale Mortalität frühgeborener Kinder in BEL. Gewichtsklasse 1500—2000 Gramm. (Graz 1974—1983)

Jahr	Anzahl der Beckenendlagen	postpartal verstorben	(%)
1974	19	6	31,5
1975	9	2	22,2
1976	11	2	18,1
1977	4	2	50,0
1978	6	1	16,6
1979	8	1	12,5
1980	13	2	15,3
1981	11	0	0
1982	18	1	5,5
1983	7	0	0
Gesamt	106	17	16,0

pe nur 39% der BEL-Kinder durch Kaiserschnitt geboren worden, ein Prozentsatz, der sich statistisch nicht von der 36%igen Sektiofrequenz bei allen BEL über 2500 Gramm unterscheidet. Eine klinische Analyse zeigte, daß die BEL-Kinder zwischen 2000 und 2500 Gramm durch die Unsicherheit der Gewichtsschätzung zu etwa 60% der Gruppe der reifen BEL zugeordnet und somit für den vaginalen Geburtsverlauf bestimmt worden waren. Retrospektiv gesehen waren diese Entscheidungen richtig. Trotzdem ist die generelle Indikation zur primären Schnittentbindung aller BEL unter 2500 Gramm nicht geändert worden. Die Sektiofrequenz konnte sich auf diese Weise in dem Übergangsbereich, der sich offensichtlich auch für die vaginale Geburt eignet, frei einpendeln, ohne die Resultate zu gefährden.

21.3.2.2 Gewichtsklasse von 1500—2000 Gramm

Nur 5,5% aller BEL des eigenen Geburtengutes fallen in dieser Gruppe, in der es zu einem drastischen Anstieg der perinatalen Mortalität kommt (Tab. 21.4). Aus der Tabelle geht aber auch hervor, wie positiv sich die Erhöhung der Sektiofrequenz ab

1978 auf die Mortalität dieser kleinen Kinder ausgewirkt hat. Es scheint damit bewiesen, daß diese Kinder bei systematischer Schnittentbindung die größte Überlebenschance und das geringste Morbiditätsrisiko zu tragen haben.

21.3.2.3 Gewichtsklasse von 1000—1500 Gramm

4,3% der BEL des Grazer Kollektives fallen in diese Gewichtsgruppe. Mit etwa 35% liegt ihre Mortalität doppelt so hoch wie in der vorausgegangenen Gewichtsklasse (Tab. 21.5). Beide Gruppen zusammengefaßt machen nur etwa 10% aller BEL aus, gaben jedoch Grund für 82,5% der Mortalität in den letzten zehn Jahren. Berücksichtigt man nur die letzten fünf Jahre, so gehörten knapp 89% aller verstorbenen BEL-Kinder diesen beiden Gruppen an.

In diesen Gewichtsklassen wird die Verletzungsmöglichkeit immer größer. Auch beim Kaiserschnitt sind Geburtsverletzungen möglich. Zum Problem der erhöhten Vulnerabilität kommt die Organunreife, die in zunehmendem Maße respiratorische und metabolische Probleme verursacht. Neben der Gewährleistung operativer Geschicklichkeit zur möglichst atraumatischen Ent-

Tabelle 21.5. Gereinigte perinatale Mortalität frühgeborener Kinder in BEL. Gewichtsklasse 1000—1500 Gramm. (Graz 1974—1983)

Jahr	Anzahl der Becken- endlagen	postpartal verstorben	(%)
1974	6	4	66,6
1975	12	6	50,0
1976	4	3	75,0
1977	9	2	22,2
1978	8	3	37,5
1979	6	1	16,6
1980	6	1	16,6
1981	6	1	16,6
1982	17	6	35,2
1983	11	3	27,2
Gesamt	85	30	35,3

wicklung dieser kleinsten Früchte bei der Sektio ist die systematische Schnittentbindung nur im Zusammenhang mit pädiatrischer Intensivversorgung sinnvoll (s. S. 452 ff). Wenn die Intensivbehandlung nicht zur Routine der Gebärabteilung gehört, sollte der Geburtshelfer die Schwangere, wenn immer möglich, einem entsprechend ausgestatteten Zentrum zuweisen.

21.3.2.4 Gewichtsklasse von 500—1000 Gramm

Bis zu welchem Kindesgewicht die Sektio der Mutter zumutbar ist, kann bis heute nur schwer beantwortet werden. Amerikanische Statistiken umfassen Gewichte bis zu 500 Gramm (GIMOVSKY und PAUL, 1982; GOLDENBERG und NELSON, 1977; MANN und GALLANT, 1979; BRENNER et al., 1973; ROSEN und CHIK, 1984). Die Überlebenswahrscheinlichkeit dieser Kinder hängt weitgehend von den neonatologischen Behandlungsmöglichkeiten ab (s. S. 452 ff). Die Überlebenschance beträgt etwa 30% und ist mit einem hohen Morbiditätsrisiko verbunden (ROSEN und CHIK, 1984). Irgendwann sind die Grenzen der Überlebensfähigkeit erreicht. Die Geburtshelfer sind vorerst gut beraten, bei diesem Problem an den Grundsatz zu denken, der im Zeitalter der Perinatologie in Vergessenheit geraten zu sein scheint: *Leben und Gesundheit der Mutter gehen vor!* Das Kind ist nötigenfalls seinem Schicksal zu überlassen, denn die Mutter kann wieder schwanger werden. So gesehen, ist die Sektio bei BEL-Kindern der Gewichtsklasse 500—1000 Gramm eher abzulehnen.

21.4 Parität und Beckenendlage

Einlingsgeburten aus Steißlage kommen bei Erstgebärenden häufiger vor als bei Mehrgebärenden (Tab. 21.6). Der Grund für diesen Umstand ist nicht bekannt.

Nach RUPEK (1972) konnte die Sterblichkeit der Kinder von Erstgebärenden in BEL noch 1967 der perinatalen Mortalität unreifer Kinder gleichgesetzt werden. Durch eine großzügige Indikation zur Schnittentbindung bei Erstgebärenden wurde bereits 1970 die Mortalität reifer Kinder in BEL stark reduziert (RUPEK et al., 1972).

Der Einfluß der Parität auf das Mortalitäts- und Morbiditätsrisiko bei BEL wird heute sehr unterschiedlich bewertet. BRENNER (1978), KAUPPILA (1975) und DÖRDELMANN (1971) finden keinen Unterschied in der perinatalen Sterblichkeit der Kinder von Erst- und Mehrgebärenden. SCHWENZEL (1973) und ZIMMERMANN (1978) konnten ein gleich hohes Azidoserisiko nachweisen, während ROVINSKI (1973) bei den Mehrgebärenden eine höhere Rate asphyxiebedingter Todesfälle unter reifen BEL-Kindern fand als bei den Erstgebärenden. Nach KUBLI (1975 a) sind die Kinder von Mehrgebärenden nicht weniger gefährdet als die von Erstgebärenden.

Tabelle 21.6. Häufigkeit von BEL bei Erst- und Mehrgebährenden

Autor	Jahr	BEL	Erstgebärende (%)	Mehrgebärende (%)
DÖRING	1974	500	67,4	32,6
Münchner Perinatalstudie 1975	1977	694	62,0	38,0
KOHLMORGEN	1975	432	59,0	41,0
UFK Basel		442	59,0	41,0
ROVINSKI*	1973	1720	49,6	50,4
RUPEK	1972	693	58,0	42,0
KAUPPILA*	1975	731	57,7	42,3
Graz	1974 bis 1983	1935	58,7	41,3

* Nur BEL-Kinder über 2500 Gramm.

Im eigenen Krankengut ist der Einfluß der Parität nur auf das Resultat der vaginalen Entbindung *bei Frühgeburten* statistisch signifikant (Tab. 21.7). Über einen Zeitraum von 10 Jahren (1974 bis 1983) ist unter den 967 BEL-Kindern über 2500 Gramm, die vaginal geboren wurden, bei Erst- und Mehrgebärenden kein Unterschied in der gereinigten Mortalität zu erkennen. Hingegen sind im gleichen Zeitraum signifikant mehr frühgeborene Kinder von Mehrgebärenden verstorben als von Erstgebärenden. Dieser Unterschied ist aber nicht mit der Sektiofrequenz zu erklären, da Erst- und Mehrgebärende diesbezüglich gleich behandelt wurden. Das heißt, daß das perinatale Risiko zu Lasten der vaginalen Geburten ging, die für Frühgeburten von Mehrgebärenden offenbar eine stärkere Gefährdung darstellt.

Tabelle 21.7. Gereinigte perinatale Mortalität vaginal entbundener reifer und unreifer Kinder aus BEL von Erst- und Mehrgebärenden. (Graz 1974—1983)

Jahr	Erstgebärende BEL	< 2500	gest.	> 2500	gest.	Mehrgebärende BEL	< 2500	gest.	> 2500	gest.
1974	94	22	2	72	1	56	16	8	40	0
1975	62	19	3	43	2	86	13	4	73	0
1976	51	12	2	39	0	58	8	3	50	1
1977	58	8	3	50	0	51	5	2	46	0
1978	50	11	1	39	0	46	8	0	38	0
1979	56	9	0	47	0	55	7	2	48	0
1980	88	15	0	73	0	59	11	2	48	0
1981	57	12	1	45	0	52	9	0	43	1
1982	62	14	0	48	0	42	10	3	32	1
1983	66	12	0	54	0	47	8	0	39	0
Gesamt	644	134	12 (9,0%)*	510	3 (0,6%)*	552	95	24 (25,3%)*	457	3 (0,7%)+

* $P < 0,01$; Chi-Quadrat-Test.
+ Nicht signifikant.

21.5 Die Fußlage

Die Fußlage kann man als die extremste Form der BEL bezeichnen. Die Diskrepanz zwischen den Umfängen von Steiß und Kopf ist bei der Fußlage im Vergleich zu der reinen Steißlage oder Steißfußlage umso größer, je kleiner das Fußlagenkind ist. Die vorangehenden Teile führen während der Geburt zur unvollständigen Dehnung des Muttermun-

Tabelle 21.8. Frequenz der Fußlage bei Einlingsgeburten

MARTIUS	(1979)	9,0%
RAMZIN	(1981)	9,0%
DÖRING	(1974)	11,2%
KAUPPILA	(1975)	23,9%
MANN	(1979)	24,0%
ROSEN	(1983)	33,0%
GRIMOVSKY	(1982)	35,5%
GRAVES	(1979)	30,0%
Graz	(1974 bis 1983)	12,3%

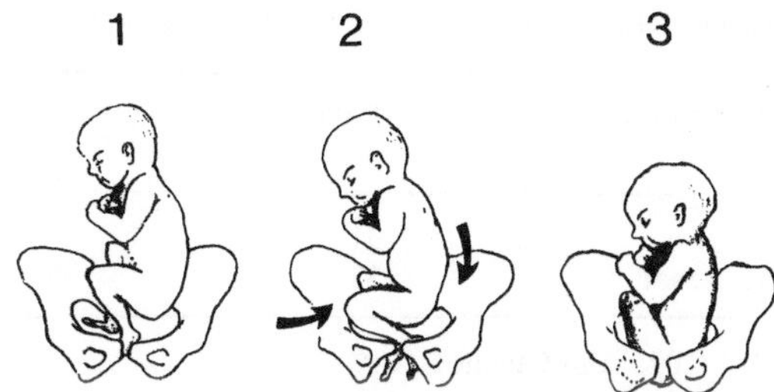

Abb. 21.4. Möglicher geburtsmechanischer Vorgang, bei dem sich aus einer vollkommenen Fußlage über Beckeneingang im weiteren Geburtsverlauf eine vollkommene Steißfußlage entwickelt. Durch Abstemmen der Knie an der Linea terminalis (→) tritt der Steiß zunächst allein tiefer (↓), wodurch schließlich eine Steißfußlage zustande kommt

des und zur Weichteildystokie mit erschwertem Durchtritt des Schädels; die Gefahr von Trauma und Asphyxie ist groß.

Die in der Literatur vorliegenden Zahlen über die Frequenz der Fußlage bei Einlingsgeburten differieren zum Teil beträchtlich (Tab. 21.8). Dies beruht sicherlich auf der Frage der Definition. Steht der Steiß noch über dem Beckeneingang, so wird eine Fußlage wahrscheinlich öfter diagnostiziert als bei bereits tiefergetretenem vorangehenden Teil. Damit will gesagt werden, daß eine Fußlage über Beckeneingang nach eigenen Beobachtungen öfter als wahrscheinlich erwartet zu einer Steißfußlage werden kann (Abb. 21.4). Möglicherweise wird verschiedentlich bereits zu einem Zeitpunkt operativ interveniert, zu dem der Steiß noch keine richtige Beziehung zum Becken aufgenommen hat.

Es hat sich vielfach eingebürgert, das Problem der Geburtsleitung bei Fußlage einfach durch die primäre Schnittentbindung zu lösen. Die oben angeführten Fakten scheinen dieses Vorgehen zu rechtfertigen. Aber auch diesbezüglich dürfte es besser sein, nicht zu verallgemeinern, sondern das Problem der reifen und unreifen Fußlagen getrennt zu betrachten.

21.5.1 Fußlagen über 2500 Gramm

In dem Zeitraum von 1974—1983 sind an der Grazer Klinik 176 Kinder über 2500 Gramm aus Fußlage geboren worden. Trotz allgemeinem Trend zur Schnittentbindung sind 74 reife Fußlagenkinder aufgrund der fortgeschrittenen Geburt bei Eintritt in den Kreißsaal auf vaginalem Wege geboren worden. Keines dieser Kinder ist verstorben. Die übrigen 102 Fußlagenkinder wurden durch Kaiserschnitt geboren, womit eine Sektiofrequenz von knapp 58% gegeben war. Nach dem Kaiserschnitt verstarb ein Kind an einem Geburtstrauma. Die gereinigte perinatale Mortalität betrug bei den reifen Fußlagenkindern demnach 0,57% (Tab. 21.9).

Tabelle 21.9. Gereinigte perinatale Mortalität von 176 Fußlagenkindern über 2500 Gramm. (Graz 1974—1983)

Entbindungsmodus	Fälle	postpartal verstorben	Prozent	Sektiofrequenz
Vaginal	74	0	0,0	
Abdinomal	102	1	0,98	57,9
Gesamt	176	1	0,57	

Tabelle 21.10. Gereinigte perinatale Mortalität von 63 Fußlagenkindern unter 2500 Gramm. (Graz 1974—1983)

Entbindungsmodus	Fälle	postpartal verstorben	Prozent	Sektio-frequenz
Vaginal	31	9	29,0*	
Abdominal	32	2	6,2*	50,7%

* $P < 0,025$; Chi-Quadrat-Test.

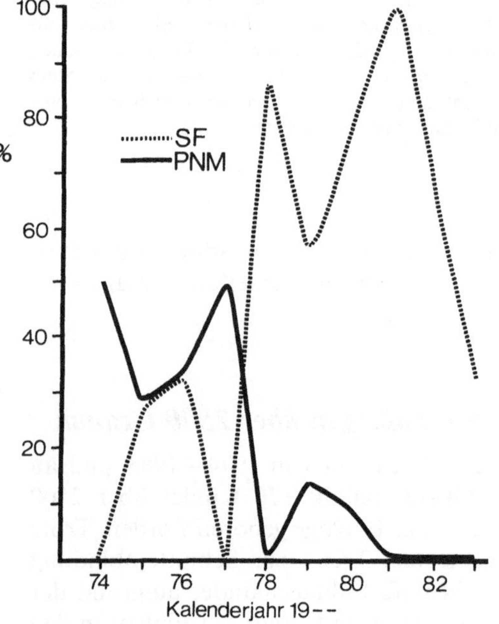

Abb. 21.5. Sektiofrequenz (*SF*) und gereinigte perinatale Mortalität (*PNM*) bei 63 frühgeborenen Fußlagenkindern (Graz 1974 bis 1983)

Dies entspricht exakt der gereinigten perinatalen Mortalität aller reifen BEL-Kinder der gleichen Gewichtsklasse. Eine Verminderung der perinatalen Mortalität durch eine

Erhöhung der Sektiofrequenz ist bei den reifen Fußlagenkindern, wie bei allen reifen BEL, aufgrund der eigenen Erfahrung statistisch nicht beweisbar. Die Sektioindikation ist demnach auch bei reifen Kindern aus Fußlage, wie bei allen anderen Formen der BEL, individuell zu stellen. Im allgemeinen müßte die Frequenz der Schnittentbindung 50% nicht wesentlich überschreiten.

21.5.2 Fußlagen unter 2500 Gramm

Wie bei den übrigen BEL wird die perinatale Mortalität fast ausschließlich durch die Frühgeburtensterblichkeit der Fußlagenkinder belastet. Die Frequenz von Kindern unter 2500 Gramm liegt etwas über 3% aller Fußlagen. Bei einer Sektiofrequenz von 50,7% verstarben signifikant weniger Kinder nach Kaiserschnitt als nach vaginaler Geburt (Tab. 21.10). Die Mortalität ist demnach eindeutig von der Sektiofrequenz abhängig (Abb. 21.5). Eine höhere Gefährdung frühgeborener Fußlagenkinder im Vergleich zu den übrigen frühgeborenen BEL läßt sich hingegen statistisch nicht belegen (Tab. 21.11). Trotzdem wird man bei untergewichtigen Kindern aus Fußlage grundsätzlich zur Schnittentbindung tendieren.

Tabelle 21.11. Vergleich der gereinigten perinatalen Mortalität frühgeborener BEL-Kinder und frühgeborener Kinder aus Fußlage. (Graz 1974—1983)

Frühgeborene aus BEL (< 2500 Gramm)	Perinatal verstorben	(%)	Frühgeborene aus Fußlage	Perinatal verstorben	(%)
310	37	11,9[+]	63	11	17,4[+]

[+] Nicht signifikant.

21.6 Die Morbidität bei Beckenendlage

Nachdem die Mortalität der BEL durch die Erhöhung der Sektiofrequenz auf einen akzeptablen Wert gebracht werden konnte, gilt heute die Morbidität mehr denn je als Maßstab für die Qualität der Geburtsleitung. Früh- und Spätmorbidität müssen unterschiedlich beurteilt werden.

Die Ausbildung neuropädiatrischer Handicaps, wie schwerer mentaler Retardierungen oder von Zerebralparesen, werden zu 85 bzw. 55% pränatalen Faktoren angelastet (HAAGBERG et al., 1975). Die Bewertung von einzelnen ursächlichen Faktoren ist allerdings bis heute unsicher geblieben. Kindliche Risiken, wie Frühgeburtlichkeit, Mangelentwicklung oder Makrosomie, niedere Apgar- und pH-Werte sind oft mit mütterlichen Risiken, wie Diabetes mellitus, Gestose und höherem Alter kombiniert.

Der Zusammenhang zwischen Schweregrad einer Asphyxie und der Inzidenz von Frühmorbidität ist evident; eine klar faßbare Beziehung dieser Faktoren zur Spätmorbidität läßt sich jedoch nicht herstellen (ROSEGGER et al., 1984). Absolute Werte für PO_2, PCO_2 und pH, bei welchen eine permanente Gehirnschädigung auftritt, sind bisher nicht bekannt. Auch besteht keine Korrelation zwischen den fünf Minuten post partum gemessenen Astrupwerten und der Spätprognose (ROSEGGER et al., 1984). Zur Frage der Spätmorbidität reifer und unreifer BEL-Kinder in bezug zum Entbindungsweg fehlen bis heute prospektive randomisierte Untersuchungen: Es konnte bislang auch noch nicht schlüssig erwiesen werden, ob der abdominale oder vaginale Entbindungsweg für reife oder unreife BEL-Kinder diesbezüglich zu bevorzugen sei. Aufgrund der Analyse großer Kollektive dürfte es lediglich für die kleinsten Frühgeborenen feststehen, daß die Schnittentbindung von Vorteil ist.

21.6.1 Frühmorbidität

Die Ursachen für Primär- oder Frühmorbidität sind Mißbildungen, Geburtstraumen und Asphyxie (HOCHULI et al., 1977).

Tabelle 21.12 Frequenz der Mißbildungen bei BEL

Autor		BEL	(%)
BRENNER	1973	1016	6,3
KAUPPILA TSL	1975	975	6,3
KAUPPILA TKS	1975	1252	12,5
UFK Basel	1979	442	9,0
UFK Graz	1983	2019	10,0

Tabelle 21.13. Mit dem extrauterinen Leben nicht vereinbare Mißbildungen im Kollektiv von 2019 BEL. (Graz 1974—1983)

Anencephalus mit und ohne Meningocelen	5
Hydrocephalus mit und ohne Meningocelen	3
Potter-Syndrom	5
Thanatophorer Zwergwuchs	1
Epidermiolysis bullosa congenita	2
Osteogenesis imperfecta (Typ Vrolik)	3
Hochgradige Aortenisthmusstenose	1
Trisomie 13	1
Trisomie 18	2

21.6.1.1 Mißbildungen

Die Definition der Mißbildungen ist nicht einheitlich. Kinder mit schwereren Mißbildungen liegen bevorzugt in Beckenendlage; daher kommen Mißbildungen bei Kindern aus BEL dreimal häufiger vor als bei Schädellagen (BRENNER, 1978). Bezogen auf die BEL allein liegt ihre Frequenz zwischen 6 und 12% (Tab. 21.12). Diese hohe Frequenz erfordert eine exakte Ultraschalldiagnostik bei allen Schwangeren, bei denen das Kind im dritten Trimenon in BEL liegt. Während lebensunfähige Mißbildungen bei der Berechnung der gereinigten perinatalen Mortalität nicht berücksichtigt werden, belasten die lebensfähigen und zum Teil schweren Malformationen die Morbidität der BEL-Kinder erheblich (Tab. 21.13 und 21.14).

21.6.1.2 Geburtstrauma

Verletzungen des Zentralnervensystems sind die häufigsten Todes- und Morbiditätsursa-

Tabelle 21.14. Lebensfähige Mißbildungen im Kollektiv von 2019 BEL. (Graz 1974—1983)

Lokalisation und Art der Mißbildungen	
ZNS	8
Ohr	2
Gaumenspalte	1
Niere	6
Herz	10
Darm	3
Omphalocele	2
Gastroschisis	1
Extremitäten	5
Genitale	11
Multiple Mißbildungen	2
Trisomie 21	3
Hüftluxation	51
Hüftdysplasien	10
Abduktionshemmung	46
Pierre-Robin-Syndrom	1
Caudales Regressionssyndrom	2
Ichthyosis congenita	2
Arthrogrypnosis multiplex congenita	1
Gesamt	167

chen bei BEL-Kindern. Verstirbt das Kind nicht perinatal, so drohen schwerwiegende Folgen wie z. B. Hydrocephalus, spastische Lähmung oder ischämische Läsionen durch Beeinträchtigung des Versorgungsgebietes der Arteria vertebralis. Die Schädelverletzungen erfolgen durchwegs durch zu rasche Dekompression des Kopfes (TANK et al., 1971). Das Risiko der traumatischen Morbidität ist für Erst- und Mehrgebärende gleich hoch (ROVINSKI et al., 1973).

Verletzungen des Halsmarks und der peripheren Nerven der oberen Körperhälfte führen zu Quadriplegie, Erbscher und Klumpkescher Lähmung; sie werden der Manualhilfe bei der vaginalen Entwicklung des BEL-Kindes angelastet (RAMZIN und STAMM, 1981). Bei leichten Verletzungen können sie völlig ausheilen; anderenfalls ziehen sie Dauerschäden nach sich.

Frakturen von Clavicula, Humerus und Femur kommen 28mal häufiger bei BEL als bei Schädellagen vor (DUNN, 1976). Sie heilen in der Regel rasch und problemlos ab, sind jedoch Zwischenfälle, die die Eltern verständlicherweise beunruhigen können und sogar zu Regreßansprüchen Anlaß geben.

21.6.1.3 Asphyxie

Azidosen und niedrige Apgarzahlen kommen signifikant häufiger bei vaginalen Geburten aus BEL als bei Schädellagen vor (SCHWENZEL et al., 1973; BRENNER et al., 1974; KAUPPILA, 1975; KUBLI et al., 1975 b). Die Frequenz liegt nach KUBLI (1975 b) bei 4 bis 10%. Im eigenen Patientengut waren unter 995 mittels Mikroblutuntersuchung überwachten Geburtsverläufen bei BEL 6,2% schwere Azidosen zu verzeichnen (Tab. 21.15). Die Gründe für die Azidose liegen auf der Hand: In der Austreibungsperiode muß der nachfolgende Kopf durch Kompression der Nabelschnur unweigerlich zur hämodynamischen Beeinträchtigung des Nabelschnurkreislaufes führen. Die Folgen

Tabelle 21.15. Frequenz schwerer Azidosen bei 995 BEL-Kindern. (Graz 1979—1983)

BEL		N	< 7,10	(%)	< 7,00	(%)
> 2500 g	vaginale Geburt	484	31	6,4	13	2,6
	Sektio	324	6	1,8	2	0,6
< 2500 g	vaginale Geburt	65	3	4,6	1	1,5
	Sektio	122	4	3,2	2	1,6
	Gesamt	995	44	4,4	18	1,8

sind niedrige Apgar- und Blutgaswerte bei Neugeborenen. Das Azidoserisiko ist nicht vom Gestationsalter oder der Parität abhängig (KUBLI et al., 1975 b; ZIMMERMANN et al., 1978; RAMZIN und STAMM, 1981). Tritt die Asphyxie nur während der Kopfentwicklung auf, so ist sie meist von kurzer Dauer. Wichtig ist es, Hypoxien, die schon vor oder während der frühen Austreibungsperiode auftreten, rechtzeitig zu erfassen. Sie verlängern sonst die Gesamtzeit des eingeschränkten Gasaustausches und erhöhen damit die Gefahr. Die Qualität der Geburtsleitung bei BEL hängt von der Aufdeckung und der raschen Reaktion auf solche Vorkommnisse ab. Nach den heutigen Regeln der Reanimation hat die Behandlung unmittelbar nach der Geburt zu erfolgen (s. S. 444 ff). Selbst die schwerste Asphyxie hat damit noch eine gute Prognose (ROSANELLI und ROSEGGER, 1984).

21.6.2 Spätmorbidität

Zur endgültigen Beurteilung der Auswirkung von vaginaler oder abdominaler Geburt bei reifen und unreifen Kinder aus BEL muß auch die Frequenz von bleibenden, durch den Geburtsakt verursachten Schäden berücksichtigt werden. Wie schon erwähnt, stehen geeignete prospektive Untersuchungen noch aus. Bisher vorliegende retrospektive Untersuchungen ergeben kein einheitliches Bild. Auch ist die methodische Vorgangsweise verschiedener Autoren sehr unterschiedlich. Die meisten statistischen Analysen sind angreifbar (BERG et al., 1984). Alle bisher publizierten Daten wurden retrospektiv erhoben und beruhen nicht auf randomisierten Untersuchungen.

NELLIGAN (1976) konnte nachweisen, daß zehn Jahre nach vaginaler Geburt aus BEL kein signifikanter Unterschied im Intelligenzquotienten bei Knaben und Mädchen bestand. Der Autor drückt die Meinung aus, daß die kindliche Spätentwicklung nicht durch das geburtshilfliche Management beeinflußt wird. HOHLWEG-MAJERT (1975) untersuchte die geistige und motorische Entwicklung von drei- bis siebenjährigen Kin-

dern aus BEL und konnte weder einen Intelligenzdefekt noch eine verminderte oder verspätete motorische Entwicklung im Vergleich mit Kindern aus Schädellagen finden. Auch HOCHULI (1981) konnte bei der Gegenüberstellung von vaginal und abdominal geborenen BEL-Kindern keinen Unterschied in der Spätmorbidität erkennen, wenn psychomotorische Retardierung, geringgradige Zerebrallähmung, Verhaltensstörungen und Mißbildungen als Handicap berücksichtigt wurden. Hingegen fand INGERMARSSON (1978) eine eindrucksvoll höhere Spätmorbidität bei vaginal geborenen Frühgeburten aus BEL, die 24% im Vergleich zu 2,5% bei abdominal geborenen Kindern ausmachte. Die Nachuntersuchungen erfolgten zwischen dem ersten und fünften Lebensjahr. MANZKE (1978) und KRAUSE (1984) stellten bei Fünf- bis Sechsjährigen statistisch signifikant bessere Ergebnisse im Raven-Intelligenztest nach Sektio im Vergleich zu den vaginal geborenen BEL-Kindern aller Gewichtsklassen fest. Der Vergleich innerhalb der Gruppe der reif Geborenen allein erbrachte hingegen keinen faßbaren Unterschied. FIANU (1976, 1979) wiederum fand bei acht- bis fünfzehnjährigen vaginal geborenen BEL-Kindern 20% Hyperkinesien und/oder Lernschwierigkeiten gegenüber 1% bei den durch Sektio geborenen Kindern.

Im eigenen Material wurde versucht, eine Aussage über den günstigsten Entbindungsweg bei Frühgeburten zwischen 1000 und 1500 Gramm zu treffen. Das Geburtengut wurde ebenfalls retrospektiv analysiert (Tab. 21.16). Nach Ausschluß jeglichen maternalen Risikos, wie schwerer EPH-Gestose, Diabetes mellitus, Rhesus-Sensibilisierung und aller Mütter über 35 Jahre konnten 32 Fälle, bei welchen die Geburt durch *primäre Sektio* beendet wurde, ausgewertet werden. Dieser Gruppe stehen 29 vaginal entbundene BEL-Kinder gegenüber, die der gleichen Gewichtsklasse angehören und nach gleichen Kriterien ausgewählt worden sind. Die Kinder wurden vom ersten bis zum sechsten Lebensjahr auf einen psychomoto-

Tabelle 21.16. Entbindungsmodus und Spätschäden bei frühgeborenen BEL-Kindern von 1000—1500 Gramm. (Graz 1979—1983)

Entbindungsmodus	N	Neonatal verstorben	Überlebende	Spätschäden
Vaginale Geburt	29	14	15	5 (33,3%)
Sektio	32	10	22	3 (13,6%)

rischen Rückstand hin untersucht. Mit 33,3% fanden sich wesentlich häufiger schwere bleibende Veränderungen nach vaginaler Geburt als nach Kaiserschnitt, der mit einer Spätmorbidität von 13,6% belastet war (Tab. 21.16). Auch daraus läßt sich der Schluß ziehen, daß für BEL-Kinder zwischen 1000 und 1500 Gramm der *primäre Kaiserschnitt* die Entbindungsmethode der Wahl ist.

Literatur

BERG, D. (1984): Bericht der Standardkommission „Beckenendlage". Z. Geburtsh. u. Perinat. **188**, 100.

BOWES, W. A., TAYLOR, E. S., O'BRIEN, M., BOWES, CH. (1979): Breech delivery: Evaluation of the method of delivery on perinatal results and maternal morbidity. Am. J. Obstet. Gynecol. **135**, 965.

BRANDER, T. (1937): Über intrakranielle Geburtsverletzungen im Anschluß an Geburt in Beckenendlage. Mschr. Geburtsh. Gynäk. **105**, 205.

BRENNER, W. E., BRUCE, R. D., HENDRICKS, C. H. (1974): The characteristics and perils of breech presentation. Am. J. Obstet. Gynecol. **118**, 700.

— (1978): Breech presentation. Clin. Obstet. Gynecol. **21**, 511.

DE CRESPIGNY, L. C. R., PEPERELL, R. J. (1979): Perinatal mortality and morbidity in breech presentation. Obstet. Gynecol. **53**, 141.

DE LA FUENTE, P., HERNANDEZ-GARCIA, J. M., ESCALENTE, J. M., USANDIZAGA, J. A. (1977): Caesarean operation: Indications and maternal and fetal mortality. Obstet. Gynecol. **3**, 135.

DÖRDELMANN, P., EGGER, H., PRAUSE, D. (1971): Geburten aus Beckenendlage in der Universitäts-Frauenklinik Erlangen. Geburtsh. u. Frauenheilk. **31**, 697.

DÖRING, G. K., HOSSFELD, C. G. (1974): Ergebnisse der prospektiven Geburtsleitung bei 500 Einlingsgeburten aus Beckenendlage. Geburtsh. u. Frauenheilk. **34**, 436.

DUENHOELTER, J. H., WELLS, C. E., REISCH, J. S., SANTO-RAMOS, R., JIMENEZ, J. M. (1979): A paired controlled study of vaginal and abdominal delivery of low birth weight breech fetus. Obstet. Gynecol. **54**, 310.

DUNN, P. M. (1976): Breech delivery: Perinatal morbidity and mortality. In: Perinatal Medicine (ROOTH, G., BRATTEBY, L. E., Hrsg.). Stockholm: Almqvist and Wiksell.

FIANU, S. (1976): Fetal mortality and morbidity following breech delivery. Acta Obstet. Gynecol. Scand., Suppl. **56**, 73.

— JOELSSON, I. (1979): Minimal brain dysfunction in children born in breech presentation. Acta Obstet. Gynecol. Scand. **58**, 295.

GIMOVSKY, M., PAUL, R. H. (1982): Singleton breech presentation in labor: Experience in 1980. Am. J. Obstet. Gynecol. **143**, 733.

GOLDENBERG, R. L., NELSON, K. G. (1977): The premature breech. Am. J. Obstet. Gynecol. **127**, 240.

GRAVES, W. K. (1980): Breech delivery in twenty years of practice. Am. J. Obstet. Gynecol. **137**, 229.

HAAGBERG, B., HAAGBERG, G., OLOW, I. (1975): The changing panorama of cerebral palsy in Sweden 1954–1970 I. Analysis of the various syndromes. Acta Pediat. Scand. **64**, 187.

HANSMANN, M. (1976): Ultraschallbiometrie im II. und III. Trimester der Schwangerschaft. Gynäkologe **9**, 133.

HICKL, E. J. (1980): Zur derzeitigen Situation in der Geburtshilfe. 43. Tagung der Deutschen Gesellschaft für Geburtshilfe und Gynäkologie, Hamburg.

HOCHULI, E., DUBLER, O., BORNHAUSER, E., SCHOOP, E. (1977): Die kindliche Entwicklung nach vaginaler und abdominaler Entbindung bei Beckenendlagen. Geburtsh. u. Frauenheilk. **37**, 4.

HOCHULI, E., KÄCH, O. (1981): Die Beckenendlage. Geburtsh. u. Frauenheilk. **41**, 23.

HOLWEG-MAJERT, P., WILLARD, M. (1975): Nachuntersuchungen der aus Beckenendlage geborenen Kinder im Lebensalter von 3—7 Jahren auf ihre geistige und motorische Entwicklung. Z. Geburtsh. Perinat. **179**, 441.

INGEMARSSON, I., WESTGREN, M., SVENNINGSEN, N. W. (1978): Long-term follow-up of preterm infants in breech presentation delivered by caesarean section. Lancet **ii**, 172.

KAUPPILA, O. (1975): The perinatal mortality in breech deliveries and observations on affecting factors. Acta Obstet. Gynecol. Scand., Suppl. **39**, 52.

KOHLMORGEN, K., SEIDENSCHNUR, G., RISSMANN, M. (1975): Kritische Anmerkung zur Geburtsleitung und perinatalen Mortalität bei Beckenendlagen-Einlingsgeburten. Zbl. Gynäk. **23**, 1426.

KRAUSE, W., DAUTE, K. H., THIELE, G., FUHRMEISTER, E. N., BURGMEIER, J., DONCZIK, J., MICHELS, W. (1984): Morbiditätsuntersuchungen bei Beckenendlagenkindern nach vaginaler und abdominaler Geburt, bezogen auf reife und untergewichtige Kinder. Z. Geburtsh. u. Perinat. **188**, 80.

KUBLI, F. (1975a): Geburtsleitung bei Beckendlagen. Gynäkologe **8**, 48.

— RÜTTGERS, H., MEYER-MENK, M. (1975b): Die fetale Azidosegefährdung bei vaginaler Geburt aus Beckenendlage. Z. Geburtsh. Perinat. **179**, 1.

— (1980): Zitiert bei HOCHULI 1981.

LYONS, E. R., PAPSIN, F. R. (1978): Caesarean section in the management of breech presentation. Am. J. Obstet. Gynecol. **130**, 558.

MANN, L. I., GALLANT, J. M. (1979): Modern management of the breech delivery. Am. J. Obstet. Gynecol. **134**, 611.

MANZKE, H. (1978): Morbidity among infants born in breech presentation. J. Perinat. Med. **6**, 127.

MARTIUS, G. (1979): Beckenendlagen (Hebammenlehrbuch). Stuttgart: G. Thieme.

NELIGAN, G. A. (1976): The quality of the survivors of breech delivery in a geographically defined population. In: Perinatal Medicine (ROOTH, G., BRATTEBY, L. E., Hrsg.), S. 61. Stockholm: Almqvist and Wiksell.

RAMZIN, M. S., STAMM, H. (1981): Beckenendlage. In: Gynäkologie und Geburtshilfe (KÄSER, O., et al., Hrsg.), Bd. II/2, Kap. 14.8.

ROSANELLI, K., ROSEGGER, H. (1984): Schwere peripartale Azidosen (NapH unter 7,00). Klinik und Therapie. Klin. Pädiat. **196**, 287.

ROSEGGER, H., ROSANELLI, K., KRATKY, M. (1984): Schwere peripartale Azidose des reifen Neugeborenen (NapH unter 7,00). Frühmorbidität und frühe Entwicklung. Klin. Pädiat. **196**, 880.

ROSEN, G. M.; CHIK, L. (1984): The effect of delivery route on outcome in breech presentation. Am. J. Obstet. Gynecol. **148**, 909.

ROVINSKY, J. J., MILLER, J. A., KAPLAN, S. (1973): Management of breech presentation at term. Am. J. Obstet. Gynecol. **115**, 497.

RUPEK, R., FELDMANN, H. U., TENHAEFF, D. (1972): Zur abdominalen Schnittentbindung bei Erstgebärenden mit Beckenendlage. Z. Geburtsh. Perinat. **176**, 139.

SCHWENZEL, W., GLOSS, H. P., LAMBERTI, G., NOWACK, H. (1973): Die perinatale Gefährdung bei der Geburt aus Beckenlage. Z. Geburtsh. Perinat. **117**, 178.

TANK, E. S., DAVIS, R., HOLT, J. F., MORLEY, G. W. (1971): Mechanism of trauma during breech delivery. Obstet. Gynecol. **38**, 761.

TAYLOR, E. S. (1972): Editorial comment. Obstet. Gynecol. Surv. **27**, 252.

WESTIN, B. (1977): Evaluation of a feto-pelvic scoring system in the management of breech presentation. Acta Obstet. Gynecol. Scand. **56**, 505.

WRIGHT, R. (1959): Reduction of perinatal mortality and morbidity in breech delivery through routine use of caesarean section. Obstet. Gynecol. **14**, 758.

ZATUCHNI, G. I., ANDROS, G. J. (1967): Prognostic index for vaginal delivery in breech presentation at term. Am. J. Obstet. Gynecol. **98**, 854.

ZIMMERMANN, P., ZIMMERMANN, M., DEHNHARD, F. (1978): Noch eine Untersuchung zur Frage des optimalen Entbindungsmodus bei Beckenendlage. Z. Geburtsh. u. Perinat. **182**, 125.

22
Die erweiterte Erstversorgung von Neugeborenen

H. Rosegger

22.1 Allgemeiner Teil

22.1.1 Erstversorgung bei Geburten ohne Risiko

Grundsätzlich wird jedes Neugeborene nach der Geburt gewissen Prozeduren unterzogen, die man Erstversorgung nennt: Nach unkomplizierter Schwangerschaft und Geburt wird das Neugeborene von der Hebamme abgesaugt, abgenabelt, gewogen, gemessen, es erhält zur Prophylaxe des Morbus hämorrhagicus neonatorum ein wasserlösliches Vitamin-K-Präparat (1 mg) intramuskulär verabreicht sowie eine Form der Credéschen Prophylaxe. Während der Adaptationsphase wird das Kind von Mutter und Hebamme genau beobachtet, danach kommt es zusammen mit der Mutter auf die Wochenbettstation.

22.1.2 Erstversorgung bei schlechtem Zustand des Kindes — Reanimation

Der Erstversorgung oder Reanimation eines per definitionem asphyktischen Neugeborenen (z. B. niedriger Apgar-Wert) kommt in der Kette von Risikoerkennung und Betreuung als Schlußglied große Bedeutung zu. Durch eine gut funktionierende Zusammenarbeit zwischen Geburtshelfer, Hebamme — Kinderschwestern und Kinderarzt — wurde beispielsweise die Inzidenz an postasphyktischen Komplikationen weitestgehend reduziert. Die Wiederbelebung selbst zählt zum etablierten therapeutischen Repertoire aller Geburtenstationen und erfolgt nach großteils standardisierten Regeln. Ihr Ziel ist eine Stabilisierung der kardiorespiratorischen Funktion bei Garantie des Energie- und Flüssigkeitsbedarfes unter Vermeidung von Wärmeverlusten (ABRAMSON, 1973; DAVIES et al., 1972; KLAUS und FANAROFF, 1978; MENZEL, 1983).

22.1.3 Nicht vorhersehbare Probleme und Risikogruppen — „erweiterte Erstversorgung"

Die meisten perinatalen Notfälle sind vorhersehbar und werden vom Reanimationsteam im Gebärsaal erwartet. Man wird aber immer wieder mit Neugeborenen konfrontiert, die nach normal anmutendem Adaptationsbeginn mehr oder minder gravierende Adaptationsprobleme aufweisen: In derartigen oft unerwarteten Situationen, aber auch in anderen Fällen, fehlt zunächst das Motiv für „Wiederbelebungsmaßnahmen". Mitunter stellt sich jedoch später heraus, daß etwa eine bloße Berieselung des Kindes mit Sauerstoff über einen Trichter oder halbherziges Absaugen mekoniumhaltigen Sekretes aus dem Nasen-Rachen-Raum erfolglos bleiben. Unserer Auffassung nach sollte man daher die in folgende Gruppen fallenden Kinder

Tabelle 22.1. Apgar-Score. Standardisierte Schema zur raschen Beurteilung *jedes* Neugeborenen eine Minute und fünf Minuten nach der Geburt

	0	1	2
Hautfarbe	blau, weiß	blaue Akren Körper rosig	rosig
Atmung	keine	unregelmäßig	regelm., weint
Muskeltonus	schlaff	mittel	Spontanmotorik
Reaktion beim Absaugen	keine	Schniefen	Husten, Würgen
Herzfrequenz	nicht hörbar	< 100	> 100

einer sogenannten *„erweiterten Erstversorgung"* zuführen:

● Frühgeborene < 1800 g (auch ohne Asphyxie),

● alle Kinder mit mekoniumhaltigem Fruchtwasser,

● Kinder mit postnatal auftretenden Atemstörungen ohne erkennbare Zeichen der „klassischen" Asphyxie.

22.1.3.1 Definition der „erweiterten Erstversorgung"

Unter der „erweiterten Erstversorgung" wird die Anwendung von Reanimationsmaßnahmen auf ein Patientengut mit hohem Krankheitsrisiko verstanden, selbst wenn Zeichen der klassischen Asphyxie fehlen. Die beiden Hauptziele sind: Die Reduktion potentiell schädigender Noxen und die Adaptationsunterstützung.

22.1.3.2 Apgar-Score und Versorgungsmodus

Die Beurteilung des Neugeborenen wird üblicherweise eine Minute und fünf Minuten nach der Geburt nach dem von Apgar vorgeschlagenen Schema durchgeführt (Tab. 22.1). Ein Apgar-Score von 7 bis 10 wird als „normal" beurteilt; das Gros dieser Kinder wird, wie oben angedeutet, je nach medizinischer Schule, erstversorgt. Ein Apgar-Score von 4 bis 6 inklusive (der blauen Asphyxie entsprechend) wird als leicht- bis mittelgradige Asphyxie bezeichnet und ist mitunter von Adaptationsstörungen begleitet. Kinder aus dieser Gruppe können von einer „erweiterten Erstversorgung" profitieren. Ein Apgar-Score von 0 bis 3 Punkten (der weißen oder blassen Asphyxie entsprechend) wird als schwerste und schwere Asphyxie bewertet: Nur die Erstversorgung dieser „scheintoten" Kinder kann als echte primäre Reanimation bezeichnet werden.

22.1.4 Technik und Vorgangsweise bei der erweiterten Erstversorgung

22.1.4.1 Vorbereitung des Reanimationsplatzes

Die Überprüfung des Reanimationsplatzes erfolgt am besten jeweils bei Dienstantritt *und* nach jeder Benützung. Dabei muß immer wieder auf den verfügbaren Stand an Substanzen und Utensilien geachtet werden (s. Tab. 23.3 b, c, S. 475 f), im besonderen aber auf die klaglose Funktion von Absauger, Beatmungsgeräten und der Lichtquelle am Laryngoskop.

22.1.4.2 Behandlung des Neugeborenen — Freimachen der Atemwege

Bereits nach der Geburt des kindlichen Kopfes kann von der Hebamme mittels eines Mukusextraktors Sekret aus dem Oropharynx abgesaugt werden. Sobald die Nabelschnur durchtrennt ist, wird das Kind in leichter Kopftieflage auf den beheizten Reanimationsplatz gelegt. Die weiteren Manipulationen beim Absaugen richten sich nach der Beschaffenheit des Sekretes und dem Zustandes des Kindes (s. S. 452 ff „spezielle Probleme"). *Bei Frühgeborenen müssen sämtliche Handgriffe betont vorsichtig und schonend durchgeführt werden!* Es wurde verschiedentlich nachgewiesen, daß Manipulationen, wie etwa endotracheales Absaugen oder das Intubationsmanöver, zu signifikanten Steigerungen des intrakranialen Druckes führen (RAJU et al., 1980) und somit möglicherweise das Auftreten einer intrazerebralen Blutung begünstigen.

22.1.4.3. Sauerstoffzufuhr und Beatmung

22.1.4.3.1 Beatmung mit Gesichtsmaske und Beutel

Der Vorteil einer Maskenbeatmung liegt in der einfachen Durchführbarkeit; Ungeübte sollen sich daher damit begnügen. Sie wird mittels eines für die Pädiatrie geeigneten Beatmungsbeutels durchgeführt (s. Abb. 23.4, S. 476). Folgende Richtlinien werden empfohlen: Wenn das Kind eine ausreichende Spontanatmung aufweist, rekommandieren wir zuerst die Anwendung eines „Masken-CPAP"* von *maximal 4 cm H_2O* (am PEEP**-Ventil des Beatmungsbeutels einzustellen) ohne aktive Beatmungsstöße bei über Nase und Mund des Kindes dichtend aufgesetzter Maske (DICK et al., 1977).

Entschließt man sich jedoch zu einer aktiven Beatmung mit positivem Druck, so sollte man sich nach der vorhandenen Spontanatmung des Kindes richten; wahllos und mit zu hoher Frequenz ausgeführte Beatmungsstöße führen bei Neugeborenen sehr oft zur reflektorischen Hemmung der Inspiration (Hering-Breuer-Reflex). Es handelt sich hierbei um einen möglicherweise vagal mediierten Eigenreflex, der wahrscheinlich durch Afferenzen aus Dehnungsrezeptoren der Lunge zustandekommt und den Tonus

der Expirationsmuskulatur erhöht (genaueres bei BARTELS et al., 1972; STRANG, 1977).

Die aktive Handbeatmung erfolgt üblicherweise *ohne* PEEP (positiv endexpiratorischer Druck), mit einer geschätzten Frequenz von 20 Atemzügen/Minute und einem geschätzten Inspirationsspitzendruck von maximal 25 cm H_2O. Man beachte, daß bei unsachgemäßer Beutelbeatmung sehr hohe Inspirationsdrucke erzielt werden können! (Jeder mit der Erstversorgung Neugeborener Betraute soll daher seine Handbeatmung einmal manometrisch kontrollieren!) (BEYER und MESSMER, 1981; NELSON et al., 1977).

Wird ein zyanotisches Neugeborenes nicht sofort rosig, so soll keinesfalls versucht werden, durch forcierte Inspirationsspitzendrucke den Verlauf zu beschleunigen. Das große Gefahrenmoment jeder Beatmung, besonders aber der Beatmung über eine dichtsitzende Gesichtsmaske, liegt neben einer Beeinflussung der Gesamthämodynamik und der regionalen Organdurchblutung in der Lungenruptur. Außerdem führt der jatrogene Meteorismus, der bei Maskenbeatmung häufig beobachtet wird, mitunter zu einer Beeinträchtigung der Ventilation; Kinder mit Mißbildungen des Zwerchfelles werden so in extremer Weise gefährdet!

22.1.4.3.2 Beatmung über einen Endotrachealtubus

Die effektivste und bei korrekter Anwendung auch schonendste Methode zur Adaptationshilfe ist die Beatmung über einen geradlumigen Endotrachealkatheter***. Der Vorteil liegt nicht nur im erleichterten Zugang zu den oberen Atemwegen (Fortsetzung einer Tracheobronchialreinigung), sondern vor allem in einem relativ geringen Pneumothoraxrisiko: Die richtig gelegten und fixierten Endotrachealkatheter dichten nicht vollständig ab — ein eventueller Beatmungsüberdruck kann zwischen Tubus und

---

* CPAP = continuous positive airway pressure.
** PEEP = positive end expiratory pressure.
*** Tubusgrößen (Lumen) nach Körpergewicht. < 1 kg … 2 mm, 1—2,5 kg … 2,5 mm, > 2,5 kg … 3/3,5 mm.

Trachealwand wie durch ein Sicherheitsventil nach außen entweichen. So wurde bei 3500 registrierten Intubationen in vier Jahren nur sieben a- und oligosymptomatische Pneumothoraces (pleuraler Luftraum) im Rahmen der Erstversorgung beobachtet (2,0‰), zwei davon bei Kindern mit gravierenden Lungenperfusionsproblemen, fünf bei massiver Mekoniumaspiration (ROSEGGER et al., persönliche Beobachtung).

Wegen der einfacheren Technik ist bei der erweiterten Erstversorgung die *orotracheale Intubation* vorzuziehen. Unter den praktizierten Intubationstechniken empfehlen wir jene, die eine starke Dorsalflexion des Kopfes vermeidet. Sie läßt sich mit großer Geschwindigkeit (ca. 10—20 Sekunden) und geringer Belastung für das Kind durchführen.

22.1.4.3.3 Intubationstechnik

Das Kind wird dabei mit gebeugter HWS gelagert. In dieser Lagerung ist auch die Nasotrachealintubation ohne Zuhilfenahme einer Magill-Zange möglich. Der Laryngoskopgriff wird nun mit der einen Hand bleistiftartig gefaßt und der Wisconsinspatel durch den mit dem Zeigefinger der anderen Hand geöffneten Mund des Kindes eingebracht, bis die Spatelspitze die Pharynxwand berührt. Die Zunge wird dabei seitwärts gedrängt. Nach Absaugen von etwaigem Sekret wird der Spatel unter Sicht sachte hochgezogen, so daß der Reihenfolge nach unter der Spatelspitze sichtbar werden: der Eintritt in die Speiseröhre, die beiden Arytaenoidknorpel und der Eingang in den Kehlkopf. Die Epiglottis bleibt von der Spatelspitze mitgefaßt — man darf also bei dieser Art der Intubation die Epiglottis keineswegs sehen und keinen Einblick in die Vallecula haben!

Nun wird entweder von einer Hilfsperson oder mit dem gestreckten Zeigefinger der freien Hand ein vorsichtiger Druck nach dorsal auf das Krikoid und den Larynx ausgeübt, wodurch der Larynxeingang nach oral gekippt und somit deutlich sichtbar wird.

Nachdem das Intubationsfeld so eingestellt ist, übernimmt der gestreckte fünfte Finger der Laryngoskophand diesen Druck auf den Larynx, durch den zusätzlich auch der Ösophagus komprimiert und ein Ausfließen von verschlucktem Sekret verhindert wird. Während der Intubation kann das Kind durch den offenen Larynx atmen.

Jetzt wird rasch unter Sicht Sekret aus Larynx und Trachea abgesaugt, danach wird der Tubus durch den Mund eingeführt.

Gelegentlich ist die Stimmritze geschlossen, wodurch sich die Intubation verzögert. Keinesfalls darf man dann versuchen, dieses Hindernis mechanisch zu überwinden. Mitunter muß ein tiefer unten liegendes Hindernis durch vorsichtiges Drehen des Tubus überwunden werden. Schwerwiegende mechanische Verletzungen, wie sie in der Literatur angeführt sind (EDISON und HOLINGER, 1973), wurden im eigenen Patientengut bei nunmehr 3500 so durchgeführten Intubationen in keinem Fall gesehen.

21.1.4.3.4 Nasotracheale Intubation

Die technisch schwierigere Variante (mit oder ohne Magill-Zange) gilt vor allem als für den Transport von Neugeborenen sichere Intubationsart. Sie soll auch dann angewendet werden, wenn eine längere Beatmung vorauszusehen ist, z. B. bei Atemnotsyndrom oder schwerster Asphyxie; die Einstellung des Intubationsfeldes erfolgt auf die geschilderte Weise. Der Tubus wird über den leichter durchgängigen Nasengang unter leichten Drehbewegungen mit Richtung kaudal (nicht dorsal!) eingeführt und so weit vorgeschoben, bis die Spitze hinter dem Gaumensegel sichtbar wird. Diese läßt sich nun mit der Säuglings-Magill-Zange erfassen und in den Larynx einführen.

Bei einiger Übung gelingt die Intubation auch ohne Magill-Zange: Hierzu rückt man sich den Larynx durch Druck von außen so zurecht, daß die Tubusspitze beim Vorschieben direkt in den offenstehenden Larynxeingang dringt. Diese Technik ist bei der Intu-

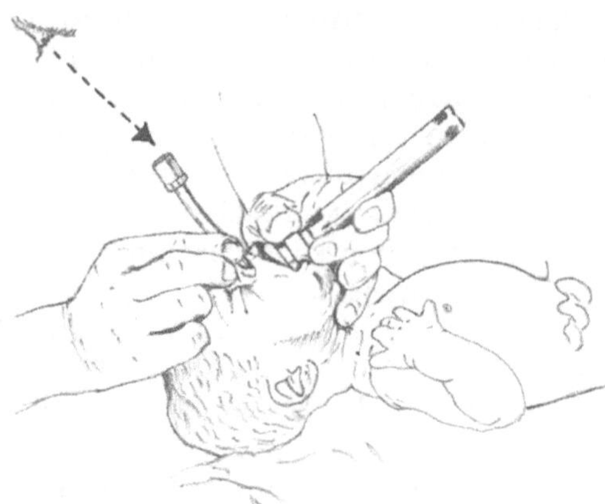

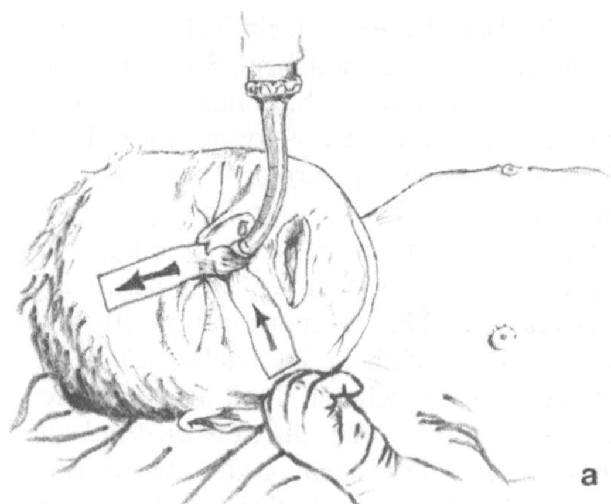

Abb. 22.1. Endotracheale (nasotracheale) Intubation eines reifen Neugeborenen bei Flexionshaltung des Kopfes: Die Laryngoskophand (hier li) hält den Griff des pädiatrischen Laryngoskopes wie einen Bleistift. Man beachte den kleinen Finger, der — hier gut sichtbar — einen Druck auf das Krikoid ausübt, wodurch der Larynxeingang in das Blickfeld gerät. Die Epiglottis ist von der Spatelspitze mitgefaßt. Der geradlumige, leicht gekrümmte Endotrachealkatheter (∅ 3 mm) wird über das bessere durchgängige Nasenloch eingeführt. Eine Katheterfaßzange (Magill) ist bei dieser Lagerung nicht immer notwendig, sie sollte jedoch stets griffbereit sein. (Näheres im Text)

Abb. 22.2 a. Fixierung des Endotrachealtubus nach nasotrachealer Intubation (Transport, Fortsetzung der Beatmung geplant): Ein ca. 12 bis 15 cm langer, schmaler Leukoplaststreifen wird beginnend an der rechten Wange des Kindes knapp über dem Nasenloch um den Tubus geschlungen und entlang des Nasenrückens schließlich bis zur Stirn geführt. In gleicher Weise kann ein zweiter Streifen von der linken Wange aus geklebt werden. Zuvor Reinigung und Entfettung der Haut mit Wundbenzin oder Alkohol

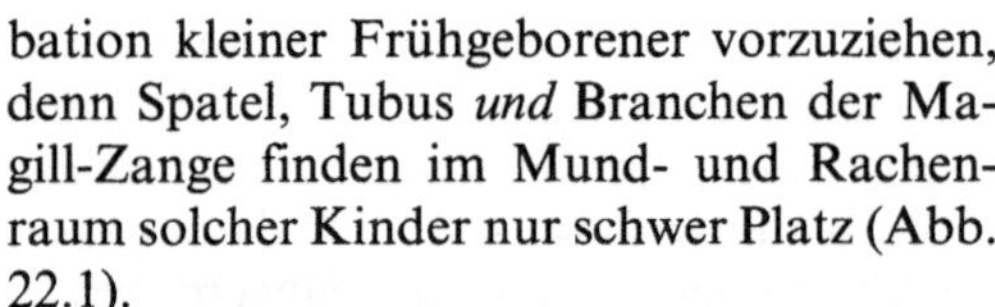

bation kleiner Frühgeborener vorzuziehen, denn Spatel, Tubus *und* Branchen der Magill-Zange finden im Mund- und Rachenraum solcher Kinder nur schwer Platz (Abb. 22.1).

Das Bestreichen des Tubus mit Xylocain-Gel zur Anästhesie der Schleimhäute ist nicht in jedem Fall empfehlenswert: Entschließt man sich nämlich nach der Erstversorgung zur Extubation, so bleiben Teile der Laryngeal- und Pharyngealschleimhaut anästhetisch, wodurch es im weiteren zur Aspiration von Speichel und Schleim kommen kann.

Nach der Intubation ist die Belüftung der Lungen — insbesondere des linken Oberlappens — auskultatorisch zu überprüfen und nötigenfalls die Tubuslage zu korrigieren. Bei korrekter Lage wird der Tubus mittels vorbereiteter Heftpflasterstreifen entsprechend Abb. 22.2 fixiert.

Die Beutelbeatmung erfolgt auch bei intu-

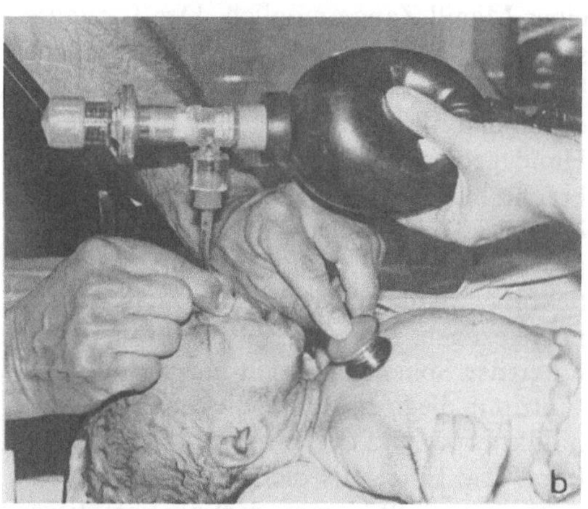

Abb. 22.2 b. Beutelbeatmung eines eben nasotracheal intubierten Neugeborenen. Kontrolle der Lungenbelüftung mit dem Stethoskop

bierten Kindern nach den oben genannten Richtlinien und bewirkt infolge der höheren Inspirationsspitzendrucke eine suffiziente Eröffnung und Belüftung der Lungen (Abb. 22.2 b).

Muß die Beatmung länger als 10 Minuten fortgeführt werden, so empfiehlt sich die Verwendung eines Kleinrespirators, der am Reanimationsplatz fix montiert sein soll und zumindest eine wahlweise Einstellung von 100 und 50% Sauerstoff ermöglicht* (FiO$_2$, 1,0 und 0,5) (s. Abb. 23.2, S. 474).

Folgende *normierte Beatmungsparameter* haben sich für nahezu alle bei der Erstversorgung anfallenden Eventualitäten bewährt: Frequenz 20/Min., Spitzendruck 20—26 cm H$_2$O, PEEP 0—2, Inspirations- zu Expirationsverhältnis 1:2 (RATNER et al., 1982). Keinesfalls darf man ein endotracheal intubiertes Kind frei, d. h. ohne geringen künstlichen Gegendruck wie CPAP, PEEP oder IPPV** atmen lassen.

Während der beschriebenen Maßnahmen wird von einer Zweitperson der Nabelarterien-pH-Wert und der ca. 5 Minuten nach der Geburt aus der Ferse des Kindes abgenommene kapillare pH-Wert gemessen. Die dabei erhaltenen Werte werden zur weiteren Behandlung des Kindes entsprechend Tab. 22.2 herangezogen (WULF, 1966).

22.1.4.4 Hyperoxietest (HOT)

Unter dem Hyperoxietest versteht man die Messung der arteriellen Sauerstoffspannung (PaO$_2$) bei Zufuhr höhere O$_2$-Konzentrationen als 21%. Er wird üblicherweise bei zwei klinischen Situationen angewendet:

● zur Stellung einer Beatmungsindikation (Lungenfunktionsdiagnostik) und
● zur Diagnose angeborener Herzfehler.

Im Rahmen der erweiterten Erstversorgung scheint ein HOT dann indiziert, wenn der Zustand des Kindes nach klinischen Symptomen nicht sicher einzuordnen ist, mit anderen Worten, wenn man sich nicht darüber klar werden kann, ob eine Extubation vom Kind vertragen wird oder nicht.

22.1.4.4.1 Technik des HOT

Um die Interpretation zu erleichtern, wird der HOT in 100% O$_2$ am normiert beatmeten Kind, etwa eine Stunde post partum, durchgeführt (Beatmungsgrößen siehe unter „Beatmung").

Im Prinzip kann Blut aus irgendeiner Arterie zur Messung verwendet werden. Einfach ist die Blindpunktion der A. radialis (TODRES et al., 1975); vor dieser muß allerdings ein adäquater ulnarer Kollateralkreislauf nachgewiesen werden. Dazu wird die Hand des Kindes durch vorsichtigen Druck blutleer gemacht und Radial- wie auch Ulnararterie gleichzeitig komprimiert. Nun läßt man die Ulnararterie frei und beobachtet bei fortlaufender Kompression der A. radialis das Wiedereinschießen des Blutes als Rötung der Hand (Allan-Test). Für die Punktion empfehlen sich Einmalgeräte***, die bei einfacher Handhabung eine anaerobe Abnahme in Kapillarröhrchen garantieren.

Die Hand des Kindes wird in gestrecktem Zustand auf die ebene Unterlage gebreitet (der Punkteur kann die Hand leicht selber in dieser Lage festhalten). Die Punktionsnadel wird dann an der proximalen Beugefalte des Handgelenkes in der Mitte des radialen Drittels in einem ungefähren Winkel von 70° eingestochen und danach vorsichtig und langsam rückgezogen, bis man das arterielle Blut in die beiden Kapillaren des Punktionsgerätes aufsteigen sieht. Das Kind soll dabei ruhig atmen. Nach Entfernung der Nadel soll die A. radialis mindestens fünf Minuten lang vorsichtig manuell komprimiert werden. Modifizierte Techniken, bei denen die Arterie zuerst palpiert oder durch Transillumination dargestellt wird, sind möglich.

22.1.4.4.2 Interpretation des HOT

In normiert beatmetem Zustand und bei normaler Lungenfunktion soll der HOT-Wert (= PaO$_2$ in 100%) ca. eine Stunde post partum zwischen 300 bis 500 torr (40 bis

---

* Der Tubus soll bei längerer Respiratortherapie gekürzt werden (ca. 5—7 cm über dem Nasenloch), um Totraum und Resistance zu vermindern.

** IPPV: intermittent positive pressure ventilation — normale Beatmung.

*** AVL-microsampler-Einmalgeräte: 2 Kapillaren werden gefüllt und ermöglichen Doppelmessungen.

66 kPa) liegen. Bei solchen Werten ist auch für Frühgeborene das spätere Auftreten eines Atemnotsyndromes unwahrscheinlich (MÜLLER et al., 1978; ROSEGGER und KASTNER, 1984). Niedrigere Werte sprechen für eine pathologische Funktion des kardiopulmonalen Systems [z. B. Atemnotsyndrom, Schocklunge, PFC-Syndrom (s. S. 461), Herzfehler] und stellen eine Indikation zur weiteren Beatmung dar.

22.1.4.4.3 Fehlerquellen des HOT

Punktion einer Vene, „Fischen" aus einem Hämatom bei schlechter Punktion der A. radialis, mangelhafte Lungenbelüftung, Kind atmet gegen den Respirator und wehrt sich bei der Punktion (re-li-Shunt) (HUCH et al., 1983).

22.1.4.5 Flüssigkeitsbehandlung

22.1.4.5.1 Gefahren — Vorteile

Der routinemäßige, unkritische Gebrauch von Bikarbonat und Humanalbumin ist bei der Erstversorgung Neugeborener in vielen Fällen ineffektiv und sogar kontraindiziert (CORBET et al., 1977; EIDELMAN und HOBBS, 1978). Ist die Abatmung von Kohlendioxyd (CO_2) nicht gewährleistet, so kann infundiertes Bikarbonat seine Pufferfunktion nicht ausüben, da die Infusion in ein geschlossenes System erfolgt. In diesem Fall verhindert die CO_2-Ansammlung die zur Pufferung notwendige Dissoziation von Natriumbikarbonat (OSTREA und ODELL, 1972). Grundsätzlich muß demnach *vor* einer geplanten Alkaligabe die ventilatorische Funktion gesichert sein.

Die rasche Infusion (Bolusgabe) von Bikarbonat und von anderen hyperosmolaren Lösungen führt zu einer erheblichen Steigerung der Serumosmalität und in deren Folge zu einer Volumenausweitung im Intravasalraum (BAUM und ROBERTSON, 1975). Zusammenhänge zwischen raschen und vor allem wiederholten Bikarbonatgaben, Hyperosmolalität, Hypernatriämie und Auftreten intrakranieller Blutungen, von denen in erster Linie Frühgeborene betroffen sind, werden in der Literatur beschrieben (SIMMONS et al., 1974; THOMAS, 1976; VOLPE, 1977). Da aber eine große Reihe anderer Faktoren ebenfalls mit der Inzidenz von intrakraniellen Blutungen korreliert, bleibt die tatsächliche Rolle der Bikarbonatgabe in der Genese der intraventrikulären Blutung vorerst noch zu diskutieren (DYKES et al., 1980; KENNY et al., 1978).

Langsame Infusionen sind auch bei Frühgeborenen nicht mit einer Häufung von intrakraniellen Blutungen assoziiert (BAUM und ROBERTSON, 1975). Zudem kommt es während der Infusion hyperosmolarer und alkalischer Lösungen rascher zur Normalisierung einer gestörten kardiopulmonalen Funktion (DAWES, 1968) und damit zur Normalisierung der Blutgase.

Neben der Belüftung spielt die Durchblutung der Lungen eine entscheidende Rolle bei der Adaptation. Eine verminderte Lungenperfusion kann beim Frühgeborenen kombiniert mit einem Surfactantmangel auftreten. Bei reifgeborenen Kindern kann sie zu schwerwiegenden Störungen der Oxygenierung Anlaß geben (z. B. PFC-Syndroms und ein sogenanntes sekundäres Membransyndrom bedingen.

Eine insuffiziente Ventilation führt zu einem Anstieg des CO_2-Partialdruckes, die Hypoxämie zu einer metabolischen Azidose durch Laktat- und Pyruvatansammlung. Diese Veränderungen bewirken eine Zunahme der Vasokonstriktion im Lungenstrombett sowie eine Beeinträchtigung der Funktion des linken Ventrikels. Blut wird vermehrt durch die fetalen Kanäle (Duktus arteriosus, Foramen ovale) unter Umgehung des Lungenkreislaufes von rechts nach links geleitet, die Hypoxämie im Körperkreislauf nimmt zu und die pulmonale Vasokonstriktion führt zu einer Erhöhung des Totraumes, somit also zu einer weiteren Steigerung des PCO_2. Zelluntergang im Lungengewebe sowie Transsudation von Plasmabestandteilen in das Lungeninterstitium und in die Alveolen führen schließlich zu einem „sekundären" Surfactantmangel.

Hohe H^+-Konzentration und PCO_2-Werte sind darüber hinaus mit einem teilweisen Verlust der Autoregulation der Gehirndurchblutung, einer enormen Steigerung derselben und einer Häufung von intraventrikulären Blutungen verbunden (BUCCIARELLI und EITZMAN, 1979; LOU et al., 1969; STRANG et al., 1978; DYKES et al., 1980). Der „Circulus vitiosus" kann durch Beatmung und Infusion unterbrochen werden.

22.1.4.5.2 Dosierung

Bei der erweiterten Erstversorgung *reifer* Neugeborener trachte man in *keinem* Fall danach, eine bestehende metabolische Azidose vollständig auszugleichen. Eine langsam in eine periphere Vene verabreichte Erstinfusion von ungefähr 1,4 ml der 8,4%igen Bikarbonatlösung/kg/Min., gemischt mit Glukose zu gleichen Teilen, im Zusammenhang mit einer funktionierenden Beatmung dient lediglich als „Starter", der die verzögert ablaufende kardiopulmonale Adaptation beschleunigen soll. Dabei kann die endgültige Korrektur der Blutgase und des pH-Wertes dann als Ergebnis funktionierender physiologischer Mechanismen abgewartet werden.

Drei Substanzen finden Verwendung: Glukose (5, 10%), $NaHCO_3$ (8,4%), Humanalbumin (5 und 20%). Trispuffer (THAM) wird im Kreißsaal nicht verwendet, desgleichen ist im Rahmen der Erstversorgung von Kalziumgaben abzuraten (ROSEGGER, 1983).

Die Flüssigkeitsbehandlung erfolgt stets als dritter Schritt in der erweiterten Erstversorgung: Sie ist kontraindiziert bei insuffizienter Spontanatmung oder nichtfunktionierender maschineller Beatmung.

Die Infusion wird als Standardlösung bei reifen, normalgewichtigen Neugeborenen in 2 Varianten gegeben:

Variante a): 5 mVal = 5 ml $NaHCO_3$ + 5 ml Glukose 10%ig.

Variante b): wie a) + 5 ml Humanalbumin. Variante b) wird zur Erstversorgung von

kardiopulmonalen Adaptationsstörungen empfohlen (s. S. 464).

Reife Neugeborene mit normalem Geburtsgewicht ($\sim$ 3500 g) erhalten in folgenden Situationen eine Infusion:

- Schockzustand, schlechte oder herabgesetzte periphere Durchblutung (Rekapillarsierungszeit > 3 Sek.)
- persistierende Zyanose bei funktionierender Beatmung mit 100% O_2
- Azidose (NApH < 7,10; cap. pH < 7,10)
- persistierende Atemstörung und Blässe nach Erstversorgung, hoher PCO_2 ($\geqslant$ 80 mm Hg 5 Min. pp)

Bei Frühgeborenen und Kindern mit niedrigem Geburtsgewicht darf wegen des erhöhten Risikos für Gehirnblutungen eine Volumentherapie mit hyperosmolaren Lösungen nur nach strengster Indikation erfolgen!

22.1.4.5.3 Applikation

Die Gabe der Infusion erfolgt über eine periphere Vene der oberen Körperhälfte (Skalpvene, Handrücken) in einer Geschwindigkeit von etwa 1—2 ml des Gemisches/kg/Min. 30 Minuten nach der Infusion wird eine neuerliche Messung von pH und Blutgasen vorgenommen.

Legen einer Dauerkanüle: Ist eine weitere Behandlung des Kindes geplant, so wird eine Kunststoffdauerkanüle in eine periphere Vene der oberen Körperhälfte gelegt (Kubitalvenen möglichst ausgenommen). Derartige Kanülen halten üblicherweise sogar in Skalpvenen für die ersten 80 Lebensstunden. Sie eigenen sich auch zur Applikation einer parenteralen Ernährung.

Nabelvenenkatheterismus: Da er als Notfallsmaßnahme gilt, muß er bei der erweiterten Erstversorgung praktisch nie angewendet werden.

Nadelinjektionen in ein Nabelgefäß (ohne Nabelkatheterismus) gelten als obsolet und werden wegen der inhärenten Gefahren überhaupt nicht mehr durchgeführt (MÜLLER et al., 1980).

22.2 Spezielle Probleme

22.2.1 Erweiterte Erstversorgung von Frühgeborenen — Die Adaptationshilfe

Der Prozentsatz für Frühgeborene liegt im deutschen Sprachraum bei etwas über 6% des Gesamtgeburtengutes (ALEXANIANTS und BEGUIN, 1979). Eine Reduktion dieser Rate ist trotz wehenhemmender Maßnahmen und anderer Neuerungen auf dem Gebiet der Perinatalmedizin noch nicht nachweislich gelungen (BAUMGARTEN, 1980). Fortschritte auf dem Gebiet der Neonatalmedizin haben zwar zu einer drastischen Verringerung der Frühgeborenenmortalität geführt; diese stellt aber noch immer das Hauptkontingent in der neonatalen und damit in der perinatalen Mortalität.

Während es heute möglich ist, durch präventive und therapeutische Maßnahmen sowohl Inzidenz als auch Schweregrad des Atemnotsyndroms (IRDS) zu senken, wurden bisher noch keine wirksamen Prinzipien zur selektiven Prophylaxe der Gehirnblutung (IVH) gefunden.

Bis hin zur 34. Gestationswoche — entsprechend einem Geburtsgewicht von 1400—2400 g (HOHENAUER, 1980), respektive 1790—2530 g (NAEYE und DIXON, 1978) — rangieren intrakranielle Blutungen mit und ohne begleitende Atemstörung als Todesursache an vorderster Stelle (SCOPES, 1971; SHINNAR et al., 1982).

Auf den Zusammenhang zwischen IVH und der Asphyxie mit stark erhöhtem CO_2-Partialdruck wurde bereits hingewiesen (s. S. 450).

Während sich die Asphyxie sehr rasch unmittelbar nach der Geburt feststellen läßt und ihr Grad meist gut beurteilbar ist, so daß die Indikation zur Intervention rasch gestellt werden kann, gilt dies für Adaptationsstörungen, das IRDS und das Apnoesyndrom nicht immer. Derartige Zustände treten gewöhnlich erst nach einer mehr minder langen Latenzperiode auf. Die Tatsache, daß ein Frühgeborenes mit hohem

Apgar-Score geboren wurde, daß also keine Asphyxie vorliegt, schließt Komplikationen im folgenden postnatalen Lebensabschnitt keineswegs aus!

Aus diesem Grund ist die generelle Anwendung von Maßnahmen zur gezielten Adaptationsunterstützung bei diesem Kollektiv zu empfehlen.

22.2.1.1 Besserung der Prognose bei frühem Therapiebeginn

Es konnte mehrfach demonstriert werden, daß die Prognose für ein Frühgeborenes unabhängig von der Ausgangslage umso schlechter wurde, je später man bei Auftreten einer Atemstörung mit der Behandlung begonnen hat. Wurde mit einer maschinellen Beatmung so lange zugewartet, bis eindeutige Zeichen der Ateminsuffizienz aufgetreten waren (Zyanose, Tachypnoe, Hyperkapnie, Azidose), so war die Prognose wesentlich schlechter als bei jenen Kindern, die vor Erreichen solcher Symptome eine Atemhilfe erhalten hatten (DREW, 1982). In verschiedenen kontrollierten Studien wurde ein präventiver und protektiver Effekt einer frühzeitigen Sauerstoffgabe, Beatmung und Bikarbonatinfusion nachgewiesen. Je eher mit einer künstlichen Atmung begonnen wurde, desto günstiger waren Verlauf und Überlebungschancen bei IRDS (ROBSON und HEY, 1982; OMER et al., 1974; KENNY et al., 1976).

22.2.1.2 Adaptationsschwäche des „Kleinen Frühgeborenen"

Eine insuffiziente Lungenbelüftung kann selbst bei Erwachsenen, bei reifen Neugeborenen und vor allem bei kleinen Frühgeborenen zu einem Verlust an vorhandenem Oberflächenfaktor (Surfactant) führen: Ein sekundäres Atemnotsyndrom ist die Folge. Dies ist umso eher bei kleinen Frühgeborenen möglich, als in ihren Lungen zwar Surfactant vorhanden ist, aber doch Probleme in der Nachbildung derselben bestehen und die geringen Vorräte rasch verbraucht werden (MERRITT und FARRELL, 1976).

Kleine Frühgeborene arbeiten mit ihrer Atemmuskulatur von vornherein nahe an der Ermüdungsschwelle (MILIC-EMILI, 1983). Kinder, die an Ateminsuffizienz verstarben, hatten deutlich niedrigere Kohlenhydratkonzentrationen im Zwerchfellmuskel als Frühgeborene, die aus anderen Ursachen verstorben sind (SHELLEY, 1964). Schon aus diesem Grund allein tendieren kleine Frühgeborene zur Mangelbelüftung ihrer Lungen und zur respiratorischen Insuffizienz.

Selbst eine an sich harmlose Adaptationsstörung, wie sie als beinahe typisch für das kleine Frühgeborene angesehen werden kann (HEY und HULL, 1971), erhöht somit das Risiko für eine globale Ateminsuffizienz und führt weit eher zu einem durch sekundären Surfactantmangel bedingten Atemnotsyndrom und im weiteren möglicherweise über den genannten Weg zu einer intrakraniellen Blutung als dies bei reifen Kindern der Fall ist.

22.2.1.3 Atemnotsyndrom

Auch das idiopathische Atemnotsyndrom (IRDS, primärer Surfactantmangel) unterliegt einer gewissen Dynamik. Es muß nicht notwendigerweise unmittelbar nach der Geburt symptomatisch und somit klinisch diagnostizierbar sein, vielmehr entsteht es sehr oft erst nach einer Latenzperiode von ungefähr 0,5—6 Stunden, wenn das Kind primär unbehandelt bleibt (SCOPES, 1971).

Infolge unzureichender Belüftung der Alveolen kommt es zur Hyperkapnie und Hypoxie, die nicht nur das Risiko einer intraventrikulären Blutung erhöhen, sondern auch eine Verminderung der Lungendurchblutung durch Gefäßverengung bewirken; dadurch wiederum nehmen Hypoxie und Hyperkapnie im Sinne eines circulus vitiosus zu.

Setzt eine maschinelle Beatmung erst im Vollbild des IRDS ein, so sind üblicherweise wesentlich höhere Beatmungsdrucke zu Er-

haltung einer mit dem Leben zu vereinbarenden Oxygenierung notwendig. Zusammenhänge zwischen dem Schweregrad eines Atemnotsyndromes, hohen Inspirationsdrucken, der Pneumothoraxrate und der Inzidenz intrazerebraler Blutungen sind bekannt (SHINNAR et al., 1982; VOLPE, 1977).

22.2.1.4 Frühe Interventionen

Unter diesen Überlegungen erscheint eine möglichst frühzeitige Atemhilfe angebracht. Adaptationsstörungen und deren Folgen lassen sich durch den unselektiven Einsatz atemunterstützender Maßnahmen unmittelbar nach der Geburt meist vermeiden. Ein IRDS kann zwar nicht in allen Fällen verhindert werden, doch ist aufgrund des oben Gesagten anzunehmen, daß Dauer und Schweregrad der Erkrankung durch frühzeitigen Beatmungsbeginn verringert werden.

Zudem braucht die Indikation für eine längerdauernde Beatmungstherapie bei unselektiver Anwendung von atemunterstützenden Maßnahmen weder in Eile noch als Notfallsmaßnahme oder aus einer krisenhaft zunehmenden Mangelsituation heraus gestellt zu werden, sondern sie erfolgt stets aufgrund von Beobachtungs- und Meßergebnissen bei gutem kindlichen Zustand.

22.2.1.5 Vorgangsweise bei der Adaptationshilfe

22.2.1.5.1 Atemhilfe — Beatmung

Jedes Frühgeborene mit einem geschätzten Geburtsgewicht von < 1800 g erhält unmittelbar nach der Geburt — also ca. 10—20 Sekunden nach Durchtrennung der Nabelschnur — eine Form der Atemhilfe (s. S. 446 ff). Für den Erfahrenen empfiehlt sich die schonende, rasche endotracheale Intubation und Handbeatmung (Technik s. S. 447). Der Tubus wird unter dosierter Beatmung mit dem Beutel während der nächsten ein bis zwei Minuten mit vorbereiteten Heftpflasterstreifen fixiert (Abb. 22.2) und die Beatmung danach über einen am Reanimations-

Tabelle 22.2. Beurteilung von maschinell beatmeten Neugeborenen im Kreißsaal während der Erstversorgung ca. 10 bis 30 Minuten nach der Geburt

	Rubrik I Extubation	Rubrik II Abklärung	Rubrik III Beatmung
Hautkolorit (in 100% O_2)	rosig	blaß-rosig	zyanotisch
Rekaillarsierungszeit*	< 3 Sek.	3—4 Sek.	> 4 Sek.
Herzfrequenz	120—160	100—120	< 100
Atemfrequenz	< 50	50—80	> 80 (oder 0—10)
Atemtyp	normal, ruhig	leichte Einzie- hungen, geringes Nasenflügeln**	starke Einzie- hungen, deutliches Nasenflügeln**
Belüftung	gut hörbar gute Atem- exkursion	mäßig hörbar geringe Atem- exkursionen	kaum hörbar keine Atem- exkursionen
Spontanaktivität	gut	gering—mäßig	keine
NApH-Wert	> 7,20	7,20—7,10	< 7,10
Fersen-pH 5 Min. pp	> 7,20	7,10—7,20	< 7,10
PCO_2 5 Min. pp	< 60 torr	60—80 torr	> 80 torr
HOT (fakultativ)	300—500 torr	200—300 torr	< 200 torr

 * Rekapillarisierungszeit (man drückt eine Hautstelle am Oberschenkel mit dem Finger blutleer und stoppt die Zeit bis zur Wiederrötung). Die pH-Werte werden von einer Zweitperson während der Reanimation bestimmt (Laborantin). Über den HOT (Hyperoxietest) s. S. 449. Näheres im Text.
 ** Auch am intubierten Kind sichtbar.

platz fix montierten Kleinrespirator mit den niedrigsten, auf S. 449 genannten Beatmungsgrößen fortgesetzt (üblicherweise ab der 3.—5. Lebensminute).

Es sei nochmals ausdrücklich darauf hingewiesen, daß Frühgeborene auf das Intubationsmanöver empfindlich reagieren können; so steigern insbesondere unsachgemäße und frustrane Intubationsversuche durch Vertiefung der Hypoxie, Anstieg des CO_2-Partialdruckes und des intrakraniellen Druckes das Risiko zur IVH (RAJU et al., 1980; STOELTING, 1977). Aber selbst die Maskenbeatmung scheint keinesfalls gefahrlos zu sein: Anstiege der Arginin-Vasopressin-Ausscheidung im Harn während der Maskenbeatmung wurden nachgewiesen und mit dem späteren Auftreten einer massiven IVH in Zusammenhang gebracht (REES et al., 1984).

Jedes Kind erhält einen dauerhaften Venen-zugang (Abbocath Nr. 18 bis 22, Stirnvene oder Vene am Handrücken). Bis hierher wird dieses Vorgehen unselektiv, das heißt, ohne Rücksicht auf den Zustand des Kindes, durchgeführt.

22.2.1.5.2 Beurteilung des Frühgeborenen — Adaptationsstatus

Während der Beatmung wird der Adaptationszustand des Kindes laufend registriert (Tab. 22.2):

● Bestehen inspiratorische Einziehungen und Nasenflügelatmung?

● Wie hoch ist die Herzfrequenz und die spontane Atemfrequenz?

● Wie ist die Lungenbelüftung (Auskultation)?

● Wie sind Hautkolorit und periphere Durchblutung der Akren (Rekapillarisierungszeit)?

● Wie ist der Vitalitätsgrad des Kindes?

Zusätzlich zu diesen klinischen Größen erfolgt die Beurteilung anhand des inzwischen gemessenen Nabelarterien-pH-Wertes und des pH- und PCO_2-Wertes im fünf Minuten nach der Geburt abgenommenen Kapillarblut.

Guter Zustand: Sind Zustand und Meßwerte ideal (Tab. 22.2, Rubrik I), so wird nach etwa 10—20 Minuten die Beatmung mit 50% Sauerstoff und stark reduzierter Frequenz (10/Min.) weitere 20 Minuten fortgesetzt und das Kind schließlich am Reanimationstisch extubiert. Dies gilt vor allem bei Kindern im oberen Gewichtsbereich (um 1800 g).

Fraglicher Zustand: Im Zweifelsfall (Tab. 22.2, Rubrik II) wird das Kind in beatmetem Zustand auf die Spezialabteilung für Neugeborene (s. S. 468) in einen Inkubator verlegt, wo bei fortgesetzter Beatmung folgende zwei diagnostische Schritte vorgenommen werden: Ein Thoraxröntgenbild und ein HOT (zur Technik des HOT s. S. 449).

Bei unauffälligem Thoraxröntgenbild und HOT-Werten von 300—500 torr (40—60 kPa) ist auch das spätere Auftreten eines IRDS unwahrscheinlich (MÜLLER et al., 1978). Diese Kinder können rasch extubiert werden.

Bei HOT-Werten von 200 bis 300 torr (26—40 kPa) und normalem Thorax-Röntgen kann die Entwöhnung vom Respirator und die Extubation innerhalb der ersten 4 Lebensstunden mit geringem Risiko vorgenommen werden. Die Kinder müssen natürlich lückenlos überwacht und monitorisiert werden; die Sauerstoffdosierung im Inkubator (eventuell Kopfkästchen) orientiert sich dabei an den transkutan gemessenen $tcPO_2$-Werten, die zwischen 60 und 90 torr (8 bis 12 kPa) liegen sollen (HUCH et al., 1983). In den Stunden nach der Extubation ist außerdem auf eine exakte Reinigung des Nasen-Rachen-Raumes, unterstützt von einer vorsichtigen Thoraxphysiotherapie, zu achten, da der Fremdkörperreiz durch den Tubus auch nach der Extubation zur anhaltenden Schleimproduktion in den oberen Atemwegen und damit zur Atemwegsobstruktion veranlaßt.

Seit Einführung dieser Maßnahmen ist im eigenen Bereich die Zahl an Kindern, die wegen eines schweren IRDS (Grad 4, weiße Lunge) auf die Intensivstation verlegt und beatmet werden müssen, deutlich abgesunken. Notfallsintubationen kommen an der SCU nicht mehr vor.

Während bei Bikarbonatinfusionen, besonders bei Bolusgaben, Zurückhaltung geübt werden soll, sollte mit einer *vorsichtigen kontinuierlichen intravenösen Ernährungs- und Flüssigkeitsbehandlung* möglichst bald, am besten noch im Kreißsaal, begonnen werden: Für die ersten 12 Stunden reicht gewöhnlich eine Dauerinfusion, bestehend aus 20 ml/kg Körpergewicht einer 10%igen Glukoselösung (8 kcal/kg), durch eine geringe Menge Natriumbikarbonat (0,5 bis 1 mEQ/kg Körpergewicht) alkalisiert, wodurch das kardio-respiratorische System beschleunigt adaptiert und stabilisiert wird. Eine Bolusgabe respektive Überbelastung des Frühgeborenenorganismus mit Natrium wird vermieden.

Schlechter Zustand: (Tab. 22.2, Rubrik III) Liegen die Werte für den HOT < 200 torr (< 26 kPa) und/oder besteht ein pathologisches Thoraxröntgenbild im Sinne eines IRDS, so folgt einer Extubation mit Sicherheit eine Ateminsuffizienz. Es empfiehlt sich daher, diese Kinder intubiert zu belassen und sie zur weiteren Beatmung an eine entsprechende Intensivstation zu verlegen (Kap. 23, Tab. 23.1).

Die Betreuung an einer I-Station sollte auch bei Kindern mit Geburtsgewichten < 1500 g erwogen werden. Selbst bei reifen Lungen und guten Meßwerten ist die Gefahr von spontanen Atemstillständen mit nachfolgenden Lungenveränderungen und der Neigung zur IVH sehr hoch! In solchen Fällen ist zumindest eine ständige Intubationsbereitschaft oder eine schonende, atmungsregulierende Atemhilfe (z. B. pharyngealer oder nasaler CPAP) empfehlenswert (ROSEGGER und MÜLLER, 1978).

22.2.2 Erweiterte Erstversorgung bei Kindern mit mekoniumhaltigem Fruchtwasser

Mekonium (Kindspech) wird von etwa 90% der gesunden reifen Neugeborenen innerhalb des ersten Lebenstages abgesetzt (SMITH, 1976). Der intrauterine Mekoniumabgang ist jedoch keine Seltenheit.

Üblicherweise schätzt man in der Geburtshilfe den Mekoniumgehalt des Fruchtwassers und beschreibt dieses ja nach Grad der Beimischung als „leicht mißfarbig", „stark mißfarbig" oder „erbsbreiartig". Fruchtwasser mit hohem Mekoniumgehalt (erbsbreiartig) wird gefunden, wenn die Ausscheidung größerer Mengen kurz vor der Geburt oder über längere Zeiträume wiederholt stattgefunden hat, während leicht mißfarbiges Fruchtwasser bedeutet, daß entweder nur wenig Mekonium abgesetzt wurde oder daß eine einmalige Ausscheidung längere Zeit vor der Geburt erfolgt ist (ABRAMOVICI et al., 1974).

Gelangt mekoniumhaltiges Fruchtwasser (FW) in die Atemwege des Kindes, so kann dies zum Mekoniumaspirations-Syndrom (MAS) führen, einem typischen Krankenbild, dessen Letalität bei voller Ausprägung sehr hoch ist.

Trotz dieser Tatsache wird das mekoniumhaltige FW in seiner Bedeutung für den Zustand des Feten unterschiedlich beurteilt, da ein offenkundiger Zusammenhang zwischen intrauterinem Mekoniumabgang und Bedrohung des Feten bzw. Zustand des Neugeborenen nicht vorliegt.

22.2.2.1 Schwangerschaftspathologie und mekoniumhaltiges FW

Insgesamt findet man in dem Kollektiv mit mekoniumhaltigem Fruchtwasser Gestosefälle und Nabelschnurumschlingungen häufiger als bei klarem FW. Fälle von EPH-Gestose und Plazentainsuffizienz ausgenommen, entspricht das Plazentargewicht jenem terminmäßig vergleichbarer, unauffälliger Schwangerschaften. Mütterliches Alter und Parität unterscheiden sich nicht von Normalkollektiven. Eine Geschlechtsdifferenz bei den Kindern liegt nicht vor.

22.2.2.2 Mißfarbiges FW und intrapartales Monitoring

Im allgemeinen gilt mekoniumhaltiges FW als ein mehr oder minder deutliches Signal einer fetalen Notsituation; perinatale Morbidität und Mortalität sind erhöht und liegen laut älteren Berichten zwischen 4,5 und 8,8% (ABRAMOVICI et al., 1974; GREGORY et al., 1974). Mekonium im FW *alleine*, ohne weitere Anzeichen einer akuten fetalen Asphyxie, ist kein Grund für ein aktives geburtshilfliches Vorgehen; es wird aber als Zeichen eines länger anhaltenden, zumindest zeitweise kompensierten fetalen O_2-Mangels gewertet (HOBEL, 1970; SALING, 1968).

22.2.2.3 CTG

Das Zeitintervall von zumeist unbekannter Dauer, das zwischen Mekoniumabgang und Geburt verstreicht, ist ein den postnatalen Zustand des Kindes mitbestimmender Faktor; der pränatale Mekoniumabgang erfolgt aber meist von Mutter und Geburtshelfer unbemerkt. Der Zeitpunkt ist mit den Methoden der fetalen Überwachung weder vorhersagbar noch sicher nachweisbar. Eindeutige Beziehungen zu typischen CTG-Mustern oder zur fetalen Herzfrequenz fehlen. Man weiß aber, daß die Prognose für den Fetus schlechter ist, wenn bei bereits vorhandenen späten Dezelerationen Mekonium in das FW abgegeben wird (MILLER et al., 1975).

22.2.2.4 Fetaler pH-Wert

Eine faßbare gesetzmäßige Beziehung zwischen Mekoniumgehalt des FW (leicht mißfarbig, stark mißfarbig, erbsbreiartig) und dem aus der kindlichen Kopfschwarte sub partu gemessenen pH-Wert besteht nicht (ROSEGGER et al., 1982). Niedrige pH-Werte knapp vor der Geburt korrelieren wohl mit dem Grad der Asphyxie, hingegen ist ein sicherer Zusammenhang zwischen Verringerung des pH-Wertes und Mekoniumabgang noch nicht nachgewiesen worden.

22.2.2.5 Diagnose des mißfarbigen FW

Üblicherweise wird das Vorhandensein von mißfarbigem FW zufällig festgestellt: In einem Kollektiv von 255 Geburten erfolgte die Diagnose bei 77% der Fälle beim Blasensprung oder nach der Amniotomie, in 8% bei einer Amnioskopie und im Rest während der Austreibung bzw. nach der Geburt des Kindes.

22.2.2.6 Mißfarbiges FW und Apgar-Wert

Der Zustand des Neugeborenen unmittelbar nach der Geburt korreliert nicht mit dem Mekoniumgehalt im FW, wohl aber liegen die Apgar-Werte bei nicht reanimierten Kindern mit mißfarbigem FW im Schnitt tiefer als bei Kontrollkindern mit klarem FW (MILLER, 1975).

22.2.2.7 Pathomechanismus — pränatale Ereignisse

Tierexperimente und Beobachtungen an menschlichen Feten lassen darauf schließen, daß zumindest ab der 37. Gestationswoche Zustände von chronischer, noch kompensierter Hypoxie zur Aktivierung gewisser vagaler Reflexe führen (SALING, 1968); die Darmperistaltik des Fetus nimmt zu, der Analsphinkter erschlafft, Mekonium wird ausgeschieden (BACSIK, 1977; HOBEL, 1970).

Ultraschalluntersuchungen zeigten, daß der menschliche Fetus bereits mit 11 Gestationswochen irreguläre Atembewegungen ausführt. Mit fortschreitender Schwangerschaftsdauer nehmen diese an Intensität, Frequenz und Organisation zu (BODDY und ROBINSON, 1971). Im Tierexperiment wurde wiederum nachgewiesen, daß bei künstlicher Senkung des O_2-Partialdruckes (PaO_2) im fetalen Blut diese Atembewegungen zuerst sistieren, um sich dann mit Anstieg des CO_2-

Partialdruckes ($PaCO_2$) bei allmählicher Frequenzzunahme konvulsivisch zu vertiefen (BODDY et al., 1974).

Während normale Atembewegungen kaum zu einem nennenswerten Transport von visköser Amnionflüssigkeit in die Atemwege des Fetus führen, können diese forcierten Atembewegungen sehr wohl Flüssigkeit in Trachea und Bronchien befördern.

Nach einer kurzen Apnoe-Phase, während der sich Mekonium im Fruchtwasser verteilt, kommt es demnach bei Fortbestand der Hypoxie zum Einsetzen tiefer Atembewegungen, wodurch das mekoniumhaltige Material zumindest in die oberen Atemwege gelangen kann. Gleichzeitig werden größere Mengen davon verschluckt.

22.2.2.7.1 Fruchtwasserkinetik und Mekoniumgehalt

Amnionflüssigkeit wird aus mehreren Quellen gebildet, von denen in erster Linie das Amnionepithel sowie der kindliche Harntrakt zu nennen sind. Der Anteil der fetalen Lungenflüssigkeit am Gesamtfruchtwasser wurde am fetalen Lamm mit etwa 80—280 ml ermittelt (BOSTON et al., 1968).

Die Resorption der Amnionflüssigkeit läuft in der Endgestation wiederum direkt über das Amnionepithel, ferner über Haut und Gastrointestinaltrakt des Fetus, über den etwa 450 ml/24 Stunden eliminiert werden. Die ausgetauschte FW-Menge wird beim reifen menschlichen Fetus auf etwa 3 ½ Liter pro Stunde geschätzt, wovon 40% über den Fetus selbst laufen (HUTCHINSON et al., 1959).

22.2.2.7.2 Zeitintervall zwischen Mekoniumabgang und Geburt

Kurzes Intervall: Wird das Kind nach dem Mekoniumabgang geboren, so können Zeichen von Asphyxie vorhanden sein wie etwa ein niedriger Apgar-Wert, Azidose, ein niedriger PaO_2 im Nabelschnurblut und im Blut des Kindes (MILLER et al., 1975).

Längeres Intervall: Das Kind kann sich noch vor der Geburt wieder erholen; Apgar, pH sowie Blutgase sind unauffällig. In beiden Fällen befinden sich meist große Mengen von mekoniumhaltigem FW im Magen. Versäumt man nach der Geburt die Reinigung des Nasenrachenraumes, so kann das darin deponierte Mekonium durch die nun einsetzende Spontanatmung in Trachea und Bronchien befördert werden und somit nach einer Latenzzeit von 6—12 Stunden zu den Symptomen des Mekoniumaspirations-Syndromes (MAS) führen.

Langes Intervall — Günstiger Verlauf: Wird das Kind nach dem Mekoniumabgang *nicht* geboren und war die Noxe einmalig, so kann sich das Kind intrauterin nicht nur wieder erholen, sondern die durch die Hypoxie stimulierte Peristaltik und die forcierten Atembewegungen sistieren auch; das ausgeschiedene Mekonium wird allmählich wieder eliminiert, da Sekretion und Resorption des Fruchtwassers unvermindert anhalten.

Im Laufe der Zeit wird in die oberen Atemwege eingedrungenes Material durch die Zilientätigkeit des Bronchial- und Trachealepithels nach oral befördert und durch die fortschreitende Produktion von Lungenflüssigkeit verdünnt und verdrängt.

Bei der Geburt ist das FW dann nur noch leicht mißfärbig, Zeichen von Asphyxie fehlen, der Zustand des Kindes ist gut; unter Umständen deuten eine grünliche Verfärbung von Nabelschnurrest und Fingernägeln auf das überstandene Ereignis hin — in den Atemwegen wie auch im Magen findet sich kein oder nur stark verdünntes Mekonium. Apgar, pH-Werte und Blutgase unterscheiden sich in solchen Fällen nicht vom Normalkollektiv. Die Prognose ist gut, ein MAS tritt kaum je auf.

Langes Intervall — Ungünstiger Verlauf: In seltenen Fällen persistiert die zur Hypoxie führende Noxe! Die Notsituation des Fetus verschlechtert sich, Mekonium wird wiederholt schubweise abgesetzt und in größeren Mengen aspiriert, so daß es sogar tiefer in die Atemwege eindringen kann. Bleibt die Not-situation unentdeckt, so kommt es zum intrauterinen Fruchttod. Wenn jedoch die Geburt noch vorher erfolgt, ist das Neugeborene akut bedroht: Zu den Symptomen der schweren Asphyxie (Apgar < 4, niedriger PaO_2 und pH) gesellen sich die Symptome eines „angeborenen MAS". Diese seltenen Fälle haben naturgemäß die schlechteste Prognose.

22.2.2.8 Typen des MAS

Nach dem oben Gesagten können bei unversorgten Kindern drei Typen des MAS unterschieden werden:

1. nicht asphyktische Kinder mit „spät" auftretendem MAS;
2. asphyktische Kinder mit „spät" auftretendem MAS;
3. asphyktische Kinder mit angeborenem MAS.

Typ 1 und 2 sind einer wirksamen Prävention durch die pädiatrische Erstversorgung zugänglich.

22.2.2.9 Pathomechanismus — Postnatale Ereignisse. Stadien

22.2.2.9.1 Stadium 1

Nach einer 6—12stündigen Latenzperiode auf die Aspiration (= tatsächliches Einatmen von mekoniumhaltigem Material!) führen Mekoniumpartikel zu einer vorwiegend mechanischen Obstruktion der kleinen peripheren Atemwege, begleitet von einem Absinken des PaO_2 und einem Anstieg des $PaCO_2$ (Ventilations-Perfusions-Verteilungsstörung). Die jenseits der teilweise verlegten Bronchiolen liegenden Alveolen sind zwar noch gut durchblutet, jedoch nur noch unvollkommen belüftet. Die funktionelle Residualkapazität (FRC) steigt an (Tyler et al., 1978).

22.2.2.9.2 Stadium 2

24 bis 48 Stunden nach der Aspiration weisen die Lungen vorwiegend zelluläre Nekrosen und größere atelektatische Bezirke auf: Die FRC sinkt wieder auf Normalwerte

ab und ein zunehmender vorerst intrapulmonaler Rechts-links-Shunt tritt auf.

Um diesen Zeitpunkt erhöhen sich der pulmonale Gefäßwiderstand und der Pulmonalarteriendruck bei offenem Ductus arteriosus und Foramen ovale, wodurch der Rechts-links-Shunt eine zusätzliche Steigerung erfährt; hieraus wiederum resultiert ein weiteres Absinken des PaO_2 (BEITZKE und ZACH, 1978; Fox et al., 1977; MURPHY et al., 1981).

Die Ursachen für diese Veränderungen des Lungenkreislaufes sind letztlich unbekannt. Die nachgewiesene Reduktion des Herzzeitvolumens beruht auf einer Obstruktion des venösen Rückstromes durch das erhöhte Lungenvolumen. Möglicherweise sind aus dem Mekonium stammende wasserlösliche, hitzelabile Komponenten mit Phospholipase-Aktivität an einem entzündungsähnlichen Prozeß beteiligt. Produkte der Arachidonsäure (Thromboxane, Prostaglandine), die von derartigen Reaktionen stammen, könnten am Zustandekommen der pulmonalen Gefäßreaktionen und an einer Steigerung der Gefäßpermeabilität beteiligt sein (ROSEGGER und ROSCHER, 1981; SEEGER et al., 1982).

22.2.2.10 Klinisches Bild

22.2.2.10.1 Symptome

Die Symptome des MAS entwickeln sich (mit Ausnahme des „angeborenen" MAS) üblicherweise nach einer Latenzperiode von 6 bis 12 Stunden. Im typischen Fall handelt es sich um ein reifgeborenes oder etwas übertragenes Kind mit mekoniumverfärbtem Nabelschnurrest, grünlich tingierten Nägeln, Mekonium im Rachen, Mund und vor dem Larynxeingang.

Zunächst tritt eine zunehmende Steigerung der Atemfrequenz auf (Extremwerte von 120/Min.), der Zustand verschlechtert sich mitunter dramatisch.

Während am Beginn der Erkrankung thorakale Einziehungen nicht selten sind, fehlen diese im vollausgeprägten 1. Stadium. Es finden sich dann vornehmlich Zeichen der

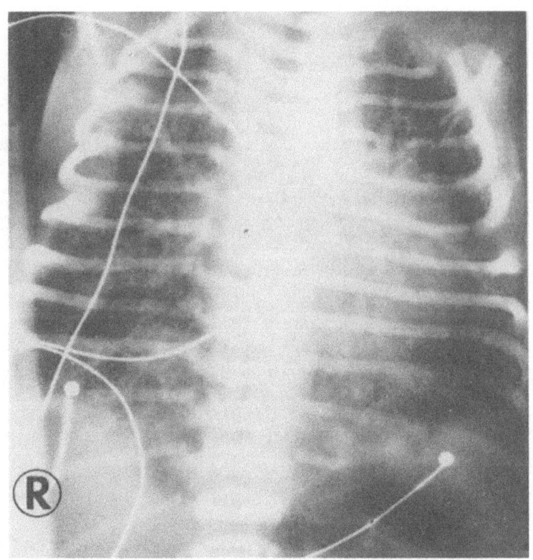

Abb. 22.3. Typisches Röntgenbild eines reifen Neugeborenen mit Mekoniumaspirationssyndrom (Beschreibung im Text). [Nach ROSEGGER (1983): Wien. klin. Wschr. 95, 6]

pulmonalen Überblähung, charakterisiert durch Inspirationsstellung des Thorax, vorgewölbte Zwischenrippenräume, Blähung des Abdomen infolge Zwerchfelltiefstandes. Verschiedene untypische Rasselgeräusche lassen sich anfangs auskultieren, später ist das Atemgeräusch abgeschwächt.

In schweren Fällen von MAS tritt die Hypoxie in den Vordergrund: Es kommt zum drastischen Absinken des PaO_2 mit Zyanose, welche auch bei Gabe von 100% O_2 bestehen bleibt.

22.2.2.10.2 Röntgenbild des MAS

Das typische Thoraxröntgenbild des vollausgeprägten MAS zeigt grobe unregelmäßige Verschattungen, die der Aufteilung des Bronchialbaumes folgen. Gebiete mit Überblähung (oft kokadenförmig angeordnet) wechseln mit atelektatischen Bezirken (Abb. 22.3). Die Lungenperipherie ist vorwiegend überbläht, das Zwerchfell tiefstehend. Gelegentlich — vor allem nach rigorosen Reanimationsmaßnahmen — wird ein interstitielles Emphysem, aber auch ein spontaner Pneumothorax mit oder ohne Pneumomediastinum beobachtet. Die Überblähung

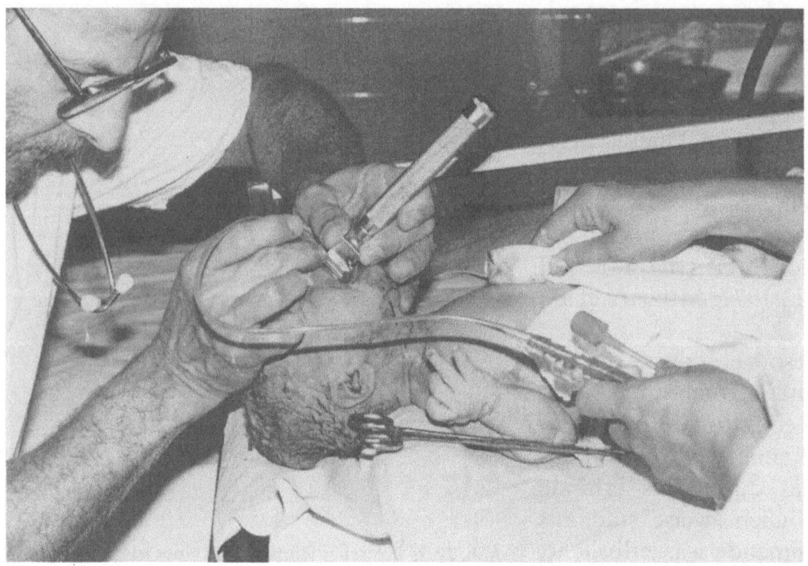

Abb. 22.4. Endotracheales Absaugen bei stark mißfarbigem Fruchtwasser unter laryngoskopischer Sicht. Der Larynx ist hierbei bereits zur Intubation (orotracheal oder nasotracheal) eingestellt. Die Schwester hält den Tabus bereit

kann unabhängig vom klinischen Bild über mehrere Monate bestehen bleiben. Üblicherweise bessert sich der radiologische Befund jedoch innerhalb von 24 Stunden.

22.2.2.10.3 Prognose

Während sich in leichten Fällen von MAS die Symptome des 1. Stadiums innerhalb weniger Tage zurückbilden können, heilen schwere Fälle mit pulmonaler Vasokonstriktion praktisch nie spontan. Sie bedürfen einer langwierigen Therapie und weisen eine hohe Letalität auf. Gravierende pulmonale Spätfolgen werden bei Überlebenden nach schwerem MAS hingegen nicht gefunden, es sei denn, daß eine längerdauernde Respiratortherapie notwendig war (BORKENSTEIN et al., 1980).

22.2.2.11 Prophylaxie — Erweiterte Erstversorgung von Kindern mit mißfarbigem FW

Prophylaktische Maßnahmen müssen unmittelbar nach der Geburt des Kindes vorge-

nommen werden, um wirksam zu sein! Folgende Vorgangsweise wird bei *allen Fällen* mit mißfarbigem FW empfohlen:

● Gründliches Absaugen des im Nasopharynx deponierten mekoniumhaltigen Materials unmittelbar nach der Geburt des kindlichen Kopfes (Hebamme).

● Fortsetzung der Reinigung unter laryngoskopischer Sicht (Arzt). Finden sich Mekoniumpartikel vor der Stimmritze, so muß unbedingt endotracheal abgesaugt werden (zur Einstellung des Larynx s. S. 447 und Abb. 22.4).

Da aber Mekonium auch dann in der Trachea vorkommen kann, wenn vor der Stimmritze keine Partikel sichtbar sind, empfiehlt es sich, bei allen Kindern mit stark mißfarbigem und erbsbreiartigem FW endotracheal abzusaugen (GREGORY et al., 1974; TING und BRADY, 1975).

Besteht eine ausgeprägte Asphyxie ($A_1 < 4$), findet sich sehr viel oder sehr dickes Mekonium in der Trachea oder verschlechtert sich der Zustand des Kindes während der Manipulation, so wird endotracheal intubiert und beatmet (s. S. 446 ff). In etlichen derartigen Fällen läßt sich die Trachealtoilette über den Endotrachealtubus fortsetzen und durch Vibrations- und Klopfmassage des Thorax ergänzen. Intubierte Neugeborene können zwischen diesen Manövern und danach mit einem Beatmungsbeutel mit niedriger Frequenz (10—20/Min.) und Maximaldrucken 25 cm H_2O beatmet und nach 5 bis 10 Minuten wieder extubiert werden. Zugleich können nochmals der Nasen- und Rachenraum sowie der Magen durch Absaugen gründlich gereinigt werden. Iatrogene Läsionen sind bei Einhaltung dieser Vorgangsweise extrem selten (ROSEGGER et al., 1982).

22.2.2.11.1 „Lungenwaschung"

Wenn das mekoniumhaltige Material mit den beschriebenen Maßnahmen nur inkomplett oder gar nicht aus der Trachea entfernt werden kann (im eigenen Krankengut bei etwa 0,4% der Fälle mit mißfarbigem FW — also sehr selten — beobachtet), so hat sich eine sogenannte Lungen- oder Trachealwaschung mit lauwarmer physiologischer Kochsalzlösung bewährt. Die Lösung wird über den Endotrachealtubus in zwei bis drei Portionen à 5—10 ml mit einer Spritze rasch instilliert. Nach kurzer Vibrationsmassage des Thorax, während der der Tubus manuell verschlossen wird, läßt sich das gelöste und verdünnte Mekonium samt der eingebrachten Kochsalzlösung wesentlich besser und gründlicher absaugen (ENAYAT et al., 1975; ROSEGGER et al., 1982; ROSEGGER, 1983).
Neugeborene, bei denen derartig drastische Maßnahmen zur Erstversorgung notwendig sind, sollen allerdings nicht mehr extubiert werden, sondern sind in jedem Fall an eine Intensivstation zu verlegen.
Seit der Einführung einer routinemäßigen, erweiterten Erstversorgung von Kindern mit mißfarbigem FW ist die Rate von an MAS Verstorbenen um mehr als das Fünffache zurückgegangen, nämlich von 1,2‰ des gesamten Geburtengutes auf 0,02‰ (ROSEGGER, 1983).

22.2.3 Erweiterte Erstversorgung bei Kindern mit unerwarteter Zyanose nach der Geburt: Die verzögerte Adaptation und das „PFC-Syndrom"

Das pulmonale Gefäßbett des reifen Neugeborenen ist noch sehr labil und kann jederzeit in den fetalen Status der Vasokonstriktion zurückkehren. Zustände, die mit einer normalen Oxygenierung oder Lungenexpansion nach der Geburt interferieren, können den physiologischen Adaptationsprozeß und die damit verbundene Ausweitung des pulmonalen Gefäßbettes verhindern, verzögern oder rückgängig machen (HAWORTH, 1981; RUDOLPH, 1979). Spezifische Stimuli und gewisse Erkrankungen, die zu einer Vasokonstriktion der Lungengefäße führen, sind beschrieben worden (Tab. 22.3).

Tabelle 22.3. Mögliche Ursachen der pulmonalen Vasokonstriktion und Hypoperfusion

Peripartale Asphyxie
„Verzögerte Adaptation"
Idiopathisches Atemnotsyndrom
Mekoniumaspiration
Pneumothorax
Hyperviskositätssyndrom (hoher HKT)
Geburtstrauma des ZNS
Konnatale Lungenhypoplasie
Konnatale Herzmißbildung
Intrauteriner Duktusverschluß
Pharmaka (z. B. Indomethazin) an die Mutter
„Permanenter intrauteriner Streß"
Iidiopathisches PFC-Syndrom (GERSONY)
u. a.

Als Ursachen für eine pulmonale Vasokonstriktion verdienen die „verzögerte Adaptation des reifen Neugeborenen" und das „Syndrom der persistierenden fetalen Zirkulation" (PFC-Syndrom) eine besondere Betrachtung, da beide Krankheitsbilder in ihren Anfangsphasen nicht gut von einander unterscheidbar sind und sehr oft ohne eine faßbare Ursache auftreten.

22.2.3.1 Klinik

Gemeinsam mit anderen Krankheitsbildern ist sowohl der verzögerten Adaptation als

Tabelle 22.4. Synonyma für das klinische Bild der „Verzögerten Adaptation"

Pulmonal-zirkulatorische Dysadaptation
Kardiopulmonale Maladaptation
Transient respiratory distress of the newborn (TRDN)
Wet-lung
Fluid-lung
Neonatales Lungenödem
Sektiosyndrom
Transiente Tachypnoe des Neugeborenen
Kardiopulmonales Neugeborenensyndrom
Postasphyxiesyndrom

Das klinische Bild einer verzögerten Adaptation kann viele Ursachen haben. Eine benigne „verzögerte Adaptation" wird unter verschiedenen Bezeichnungen diagnostiziert, wobei teils radiologische Kriterien, teils klinische Symptome zur Namensgebung verwendet werden. Schwere Formen wie die pulmonal-zirkulatorische Dysadaptation resp. die kardiopulmonale Maladaptation bilden Übergänge zum echten „PFC-Syndrom"

auch dem PFC-Syndrom eine über die Geburt hinaus persistierende Zyanose. Der gravierende Unterschied liegt aber in der Prognose.

22.2.3.1.1 „Verzögerte Adaptation"

Während die Asphyxie ein gut definierbares klinisches Bild ist, charakterisiert durch einen niedrigen Apgar-Wert und Azidämie, trifft das für die verzögerte Adaptation nicht zu: Hier handelt es sich um ein schlecht definierbares klinisches Bild, wahrscheinlich unterschiedlicher Ätiologie, mit mäßig ausgeprägter Zyanose, die im allgemeinen gut auf Sauerstoffgabe anspricht, ferner Tachypnoe verschiedenen Ausmaßes, Nasenflügelatmung und gelegentlichem Stöhnen bei Irritabilität und uncharakteristischem Thoraxröntgenbild. Alle diese Symptome sistieren aber üblicherweise spontan.
Synonyma für das klinische Bild der verzögerten Adaptation und verwandte Zustandsbilder sind in Tab. 22.4 angeführt (HJALMARSON, 1981; PROD'HOM, 1971; SWISCHUK, 1970; STRANG, 1977).

22.2.3.1.2 Syndrom der persistierenden fetalen Zirkulation — PFC-Syndrom

Das klinische Bild des PFC-Syndromes (GERSONY, 1969) ist charakteristiert durch zunehmende Zyanose, die weder auf Sauerstoff noch auf Beatmung mit oder ohne positiv endexpiratorischem Druck (PEEP) nennenswert reagiert. Die Atemfrequenz der üblicherweise reifen, normalgewichtigen Neugeborenen ist erhöht, Nasenflügelatmung, Stöhnen und geringgradige Einziehungen im Thoraxbereich treten in ähnlicher Weise wie bei der verzögerten Adaptation auf. Das Atemgeräusch ist normal, uncharakteristische Mitralinsuffizienzgeräusche sind hingegen gelegentlich hörbar. Das Thoraxröntgen zeigt gut expandierte Lungen, die Gefäßzeichnung kann normal oder etwas vermindert sein, selten findet sich eine pulmonal-venöse Stauung. Auch die Herzgröße schwankt zwischen normal, mäßig oder massiv dilatiert. Im letzten Fall täuschen Kardiomegalie, persistierende Zyanose und Geräusche bei Zeichen von Rechts- und Linksinsuffizienz einen dekompensierten angeborenen Herzfehler vor.

Die arterielle O_2-Spannung ist maximal verringert, der CO_2-Wert geringgradig erhöht; milde Azidose, Hypoglykämie und oft massive Hypokalziämie werden häufig beobachtet.

Viele der geschilderten Veränderungen sind auf einen extrem erhöhten Widerstand im Pulmonalgefäßsystem mit daraus resultierender pulmonaler Hypertension und Rechts-links-Shunt durch Ductus arteriosus und Foramen ovale zurückzuführen (BEITZKE und ZACH, 1978; GERSONY et al., 1969; MURPHY et al., 1981).

Während bei voller Ausprägung ein PFC-Syndrom kaum je übersehen werden kann, ist es in seinen Anfangsphasen sehr oft von der benignen verzögerten Adaptation nicht zu unterscheiden. Vermutlich existieren auch Mischformen (kardiopulmonale Maladaptation).

Hinweiszeichen aus der Schwangerschaftsanamnese oder dem intrapartalen Monitoring fehlen üblicherweise. So wie bei den Kindern mit verzögerter Adaptation handelt es sich auch bei PFC-Patienten meist um normalgewichtige reife Kinder, deren Apgar-Werte im oberen Bereich liegen. Ein Wert von 10 wird allerdings nicht erreicht. Der Kinderarzt wird wohl aus diesen Gründen gewöhnlich erst wenige Minuten nach der Geburt wegen der persistierenden und zunehmenden Atemstörung und Zyanose gerufen!

Er findet ein Kind vor, dessen Zyanose paradoxerweise trotz tiefer Atembewegungen und heftigen Schreiens zunimmt. Halbherzige Reanimationsmaßnahmen, z. B. Sauerstoffgabe per Trichter, sind wirkungslos, mitunter wird die angebotene Sauerstoffmaske vom Kind heftig abgewehrt. Der Gesichtsausdruck des kleinen Patienten wirkt gequält, die Augen sind aufgerissen, Vitalität und Exzitation stehen aber derart im Vordergrund, daß man an einer schlechten Prognose zuerst grundsätzlich zweifelt. Oft wird unmittelbar nach der Geburt Harn in hohem Strahl und in erstaunlich großen Mengen abgesetzt.

22.2.3.2 Differentialdiagnose des klinischen Bildes der verzögerten Adaptation

Tabelle 22.5 gibt die pädiatrischen Diagnosen in der Reihenfolge ihrer Häufigkeit an, die bei dem klinischen Bild der verzögerten Adaptation gestellt werden. Weit mehr als die Hälfte der Fälle entpuppen sich tatsächlich als leicht- bis mittelgradige Adaptationsstörung, deren Ursache von den meisten Autoren in einer passagären Herzinsuffizienz mit begleitendem flüchtigem Lungenödem aufgrund einer intrauterinen oder intrapartalen Asphyxie gesehen wird (PROD-'HOM, 1971; STRANG, 1977).

Geburtstraumen des kindlichen Schädels, Hypoglykämieattacken, Beeinträchtigungen des kindlichen Kreislaufs durch hypervisköses Blut bei Polyglobulie, idiopathisches Atemnotsyndrom (RDS) und in

Tabelle 22.5. Pädiatrische Diagnosen in 156 Fällen von klinisch „verzögerter Adaptation"

„Verzögerter Adaptation" milder Verlauf	28%
Neonatales Lungenödem (STRANG)	19%
Postasphyxiesyndrom (PROD'HOM)	11%
TRDN (SWISCHUK)	8%
Geburtstrauma	8%
Hypoglykämie	6%
Hoher HKT (Hyperviskosität)	5%
Idiopathisches Atemnotsyndrom	4%
Idiopathisches PFC-Syndrom (GERSONY)	3%
Sepsis	2%
Amnioninfektionssyndrom	1%
Blutaspiration	1%
Angeborene Herzfehler	1%
„Drug depression"	1%
Pneumothorax	0,5%

Eine Reihe harmloser Zustände aber auch kritischer Erkrankungen können sich anfangs unter dem klinischen Bild der „verzögerten Adaptation" präsentieren. Diese Symptomatik allein ermöglicht also keineswegs eine präzise Diagnose.

seltenen Fällen neonatale Sepsis, Aspiration oder angeborene Herzfehler präsentieren sich nach der Geburt anfangs unter dem klinischen Bild einer verzögerten Adaptation.

Im eigenen Krankengut wurde das idiopathische PFC-Syndrom in nur 3% der Fälle von klinisch verzögerter Adaptation, also relativ selten, beobachtet.

22.2.3.3 Ursachen der verzögerten Adaptation

Als auslösender Faktor für die verzögerte Adaptation rangiert die perinatale Asphyxie an erster Stelle. So wurde auch im eigenen Krankengut in 30% der Fälle mit postnataler Atemstörung und Zyanose die Diagnose peripartale Asphyxie ($Apgar_1 < 7$) gestellt. In 70% der Fälle waren Dyspnoe und Zyanose aber nicht durch eine klinische diagnostizierbare Asphyxie erklärbar.

Von den Kindern mit dem klinischen Bild der verzögerten Adaptation, die etwa 3% des Gesamtgeburtengutes ausmachen, ging bei über 70% eine normale Schwangerschaft voraus, die Entbindung war in mehr als der

Hälfte der Fälle unauffällig, in etwa einem Viertel der Geburten erfolgte eine operative Entbindung. Etwas gehäuft beobachtet wurden Fälle von EPH-Gestose, Zwillingsschwangerschaften, vorzeitigem Blasensprung, Terminüberschreitung, Beckenendlage, rascher Austreibung mit Dekompression des kindlichen Schädels und Nabelschnurumschlingungen.

Das intrapartale Monitoring (CTG, Amnioskopie, Gewebe-pH-Bestimmung aus dem vorliegenden Kindesteil) liefern keinen verwertbaren Anhaltspunkt zur Voraussage und Diagnose des PFC-Syndromes oder der verzögerten Adaptation.

22.2.3.4 Ursachen des PFC-Syndromes

Über die Ursachen des PFC-Syndromes besteht eine weit größere Unklarheit: Wahrscheinlich decken sie sich weitgehend mit jenen für die verzögerte Adaptation. Einer Hypothese zufolge führen im Fruchtwasser enthaltene vasoaktive Substanzen im Rahmen einer echten Fruchtwasseraspiration während der Geburt zur primären Gefäßverengung im Lungenstrombett; eine Bestätigung dieser Annahme fehlt vorläufig noch (ROSCHER und ROSEGGER, 1983).

22.2.3.5 Prophylaxe des PFC-Syndromes und Therapie der verzögerten Adaptation: Erweiterte Erstversorgung dyspnoischer und zyanotischer Kinder

Untersuchungen am eigenen Krankengut zeigten, daß bei schwer asphyktischen (A_1 0 bis 3) und schwer azidämischen reifen Neugeborenen (NApH $\leqslant$ 7,00) mit klarem Fruchtwasser kein einziges Kind Probleme im Sinne einer kardiopulmonalen Maladaptation oder gar eines PFC-Syndromes entwickelte, wenn die volle Palette der Reanimationsmaßnahmen, wie endotracheale Intubation, gründliches Absaugen, Beatmung bis zur Normalisierung des pH-Wertes und der Blutgase, eventuell ergänzt durch eine Infusion (s. S. 451), angewendet worden war (ROSNALLI und ROSEGGER, 1983; ROSEGGER et al., 1983). Zwei Interpretationen sind zur Erklärung dieser Tatsache möglich: Entweder besteht kein Zusammenhang zwischen schwerer Asphyxie/Azidose und einer schweren Adaptationsstörung respektive dem Bild des PFC-Syndromes, oder die Reanimationsmaßnahmen verhindern deren Manifestation.

Auf der Basis der letzteren Annahme wurden von den genannten Autoren in einer prospektiven Untersuchung über 300 Patienten mit postnataler Dyspnoe und Zyanose einer erweiterten Erstversorgung unterzogen. Aus dieser Gruppe entwickelte kein einziges Kind Zeichen der schweren Adaptationsstörung oder des idiopathischen PFC-Syndromes.

Wenn auch die wahren Zusammenhänge zwischen den empfohlenen Maßnahmen und dem positiven Ergebnis nicht bekannt sind, so kann zumindest vermutet werden, daß die Entfernung von aspiriertem Fruchtwasser, die kompromißlose Belüftung der Lungen und die Stabilisierung der Herz-Kreislauf-Funktion ein eventuell auftretendes PFC-Syndrom oder eine schwere Form der kardiopulmonalen Maladaptation bereits in ihren Anfangsphasen abblocken. Beobachtungen aus der klinischen Praxis häufen sich, denenzufolge bei Reifgeborenen vor allem die langsame Infusion von alkalischen, hypertonen Lösungen zu einer raschen Besserung der Symptome und zur Normalisierung des Zustandes beim klinischen Bild der verzögerten Adaptation führen.

Literatur

ABRAMOVICI, H., BRANDES, J. M., FUCHS, K., TIMOR-TRITSCH, J. (1974): Meconium during delivery a sign of compensated fetal distress. Amer. J. Obstet. Gynecol. **118**, 251.

ABRAMSON, H. (Hrsg.) (1973): Resuscitation of the Newborn Infant, 3. Aufl. St. Louis: Mosby.

ALEXANIANTS, S., BÈGUIN, F. (1979): Collective prevention of low birth weight. In: Perinatal Medicine, Sixth European Congress, Vienna (THALHAMMER, O., BAUMGARTEN, K., POLLAK, A., Hrsg.), S. 128—134. Stuttgart: G. Thieme.

BACSIK, R. D. (1977): Meconium aspiration syndrome. Pediat. Clin. Amer. **24**, 463.

BARTELS, H., RIEGEL, K., WENNER, J., WULF, H. (1972): Perinatale Atmung. Berlin-Heidelberg-New York: Springer.

BAUM, J. D., ROBERTSON, N. R. C. (1975): Immediate effects of alkaline infusion in infants with respiratory distress syndrome. J. Pediatr. **87**, 255.

BAUMGARTEN, K. (1980): Prevention of premature Labor. In: Clinical Perinatology (ALADJEM, S., et al., Hrsg.), Kap. 17, S. 382—415. St. Louis: Mosby.

BEITZKE, A., ZACH, M. (1978): Persistierende pulmonale Hypertonie des Neugeborenen. Wien. klin. Wschr. **90**, 830.

BEYER, J., MESSMER, K. (1981): Der Einfluß von PEEP-Beatmung auf Gesamthämodynamik und regionale Organdurchblutung. Klin. Wschr. **59**, 1289.

BODDY, K., DAWES, D. M., ROBINSON, J. (1974): Intrauterine fetal breathing. In: Modern Perinatal Care (GLUCK, L., Hrsg.). Chicago: Year Book Medical Publishers.

— ROBINSON, J. (1971): External method for detection of fetal breathing in utero. Lancet ii, 1231.

BORKENSTEIN, J., BORKENSTEIN, M., ROSEGGER, H. (1980): Pulmonary function studies in long term survivers with artificial ventilation in the neonatal period. Acta Paediat. Scand. **69**, 159.

BOSTON, R. W., HUMPHRYS, P. W., NORMAND, I. C. S., REYNOLDS, E. O. R., STRANG, L. B. (1968): Formation of liquid in the lungs of the foetal lamb. Biol. Neonat. **12**, 306.

BUCCIARELLI, R. L., EITZMAN, D. V. (1979): Cerebral blood flow during acute acidosis in perinatal goats. Pediat. Res. **13**, 178.

CORBET, A. J., ADAMS, J. M., KENNY, J. D., KENNEDY, J., RUDOLPH, A. J. (1977): Controlled trial of bicarbonate therapy in high risk premature infants. J. Pediatr. **91**, 771.

DAVIES, P. A., ROBINSON, R. J., SCOPES, J. W., TIZARD, J. P. M., WIGGLESWORTH, J. S. (1972): Medical care of newborn babies. In: Clinics in Developmental Medicine, Vol. 44/45 (Spastics International Medical Publications). London: Heinemann/Philadelphia: Lippincott.

DAWES, G. S. (1968): Birth asphyxia, resuscitation and brain damage. In: Foetal and Neonatal Physiology (DAWES, G. S., Hrsg.). Chicago: Year Book Medical Publishers.

DICK, W., MILEWSKI, P., TRAUB, E. (1977): Ein neues PEEP-Ventil. Möglichkeiten der Anwendung von PEEP und CPAP bei Handbeatmungsgeräten. Anaesthesist **26**, 631.

DREW, J. H. (1982): Immediate intubation at birth of the very-low-birth-weight infant. Effect on survival. Am. J. Dis. Child **136**, 207.

DYKES, F. D., LAZZARA, A., AHMANN, P., BLUMENSTEIN, B., SCHWARTZ, J., BRANN, A. W. (1980): Intraventricular hemorrhage: A prospective evaluation of etiopathogenesis. Pediatrics **66**, 42.

EDISON, B., HOLINGER, P. H. (1973): Traumatic pharyngeal pseudodiverticulum in the newborn infant. J. Pediatr. **82**, 483.

EIDELMAN, A. I., HOBBS, J. F. (1978): Bicarbonate therapy revisited. A study in therapeutic revisionism. Am. J. Dis. Child **132**, 847.

ENAYAT, U., ROSEGGER, H., WENDLER, H. (1975): Die „Lungenwaschung" als Therapie sekundärer Atelektasen beim Früh- und Neugeborenen. Wien. klin. Wschr. **87**, 725.

FOX, W. W., GEWITZ, M. H., DINWIDDIE, R., DRUMMOND, W. H., PECKHAM, G. J. (1977): Pulmonary hypertension in the perinatal syndromes. Pediatrics **59**, 205.

GERSONY, W. M., DUC, G. V., SINCLAIR, J. G. (1969): PFC-Syndrome (Persistance of fetal circulation). Circulation **40**, Suppl. II, 87.

GREGORY, G. A., GOODING, C. A., PHIBBS, R. H., TOOLEY, W. H. (1974): Meconium aspiration in infants—a prospective study. J. Pediatr. **85**, 848.

HAWORTH, S. G. (1981): Normal structural and functional adaptation to extrauterine life. J. Pediatr. **98**, 915.

HEY, E., HULL, D. (1971): Lung function at birth in babies developing respiratory distress. J. Obstet. Gynaecol. Br. Commonw. **78**, 1137.

HOBEL, C. J. (1970): Intrapartum clinical assessment of fetal distress. Amer. J. Obstet. Gynecol. **110**, 582.

HOHENAUER, L. (1980): Intrauterine Wachstumskurven für den Deutschen Sprachraum. Z. Geburtsh. u. Perinat. **184**, 167.

HUCH, R., HUCH, A., ROOTH, G. (Hrsg.) (1983): An Atlas of Oxygen-Cardiorespirograms in Newborn Infants (CARRUTHERS, B., Hrsg.). London: Wolfe Medical Publ.

HUTCHINSON, D. L., GRAY, M. J., PENTL, A. A., ALVARZ, H., CALDEYRO-BARCIA, R., KAPLAN, B., LIND, J. (1959): The role of the fetus in the water exchange of the amniotic fluid of normal and hydramniotic patients. J. Clin. Invest. **38**, 971.

HYALMARSON, O. (1981): Epidemiology and classification of acute, neonatal respiratory disorders. Acta Paediatr. Scand. **70**, 773.

KENNY, J. D., ADAMS, J. M., CORBET, A. J. S., RUDOLPH, A. J. (1976): The role of acidosis at birth in the development of hyaline membrane disease. Pediatrics **58**, 184.

— GARCIA-PRATS, J. A., HILLIARD, J. L., CORBET, A. J. S., RUDOLPH, A. J. (1978): Hypercarbia at birth: A possible role in the pathogenesis of intraventricular hemorrhage. Pediatrics **62**, 465.

KLAUS, M. H., FANAROFF, A. A. (1978): Das Risiko-Neugeborene. Stuttgart-New York: G. Fischer.

LOU, H. C., LASSEN, N. A., TWEED, W. A., et al. (1969): Pressure passive cerebral blood flow and the breakdown of the blood brain barrier in experimental fetal asphyxia. Acta Pediatr. Scand. **68**, 57.

MENZEL, K. (Hrsg.) (1983): Neonatologische Intensivbetreuung. Stuttgart-New York: G. Thieme.

MERRITT, T. A., FARRELL, P. M. (1976): Diminished pulmonary lecithin synthesis in acidosis: experimental findings as related to the respiratory distress syndrome. Pediatrics **57**, 32.

MILIC-EMILI, J. (1983): Respiratory muscle fatigue and its implications in RDS. In: Pulmonary Surfactant System (COSMI, E. V., SCARPELLI, E. M., Hrsg.), S. 135—141. Amsterdam-New York-Oxford: Elsevier.

MILLER, F. C., SACKS, D. A., YEHSY-PAUL, R. H., SCHIFRIN, B. S., MARTIN, C. B., jr., HON, E. H. (1975): Significance of meconium during labor. Amer. J. Obstet. Gynecol. **122**, 573.

MÜLLER, W. D., ROSEGGER, H., HAIDVOGL, M. (1978): Die Indikation zum nasalen CPAP beim idiopathischen Atemnotsyndrom gestützt auf das Ergebnis zweimaliger Hyperoxie-Tests. Mschr. Kinderheilk. **126**, 565.

— HAIDVOGL, M., STIX, H., MUTZ, I. D. (1980): Schwere Organschädigung nach Fehlinjektion von Trispuffer in die Nabelarterie. Gynäkol. Prax. **4**, 621.

MURPHY, J. D., RABINOVATICH, M., GOLDSTEIN, J. D., REID, L. M. (1981): The structural basis of persistent pulmonary hypertension of the newborn infant. J. Pediatr. **98**, 962.

NAEYE, R. L., DIXON, J. B. (1978): Distortions in fetal growth standards. Pediat. Res. **12**, 987.

NELSON, R. M., EGAN, E. A., EITZMAN, D. V. (1977): Increased hypoxemia in neonates secondary to the use of continuous positive airway pressure. J. Pediatr. **91**, 87.

OMER, M. I. A., ROBSON, E., NELIGAN, G. A. (1974): Can initial resuscitation of preterm babies reduce the death rate from hyaline membrane disease? Arch. Dis. Child. **49**, 219.

OSTREA, E. M., jr., ODELL, J. B. (1972): The influence of bicarbonate administration on blood pH in a closed system: Clinical implications. J. Pediatr. **80**, 671.

PROD'HOM, L. S. (1971): The paediatric aspect of fetal asphyxia: the post-asphyxia syndrome. Proc. 2nd Europ. Congr. Perinatal Medicine, London, 1970, S. 131—144. Basel: Karger.

RAJU, T. N. K., VIDYASAGAR, D., TORRES, C., GRUNDY, D., BENNET, E. J. (1980): Intracranial pressure during intubation and anaesthesia in infants. J. Pediatr. **96**, 860.

RATNER, I., HERNANDEZ, J., ACCURSO, F. (1982): Low peak inspiratory pressures for ventilation of infants with hyaline membrane disease. J. Pediatr. **100**, 802.

REES, L., BROOK, C. G. D., SHAW, J. C. L., FORSLING, M. L. (1984): Hyponatraemia in the first week of life in preterm infants. Part I: Arginine vasopressin secretion. Arch. Dis. Child. **59**, 414.

ROBSON, E., HEY, E. (1982): Resuscitation of preterm babies at birth reduces the risk of death from hyaline membrane disease. Arch. Dis. Childhood **57**, 184.

ROSANELLI, K., ROSEGGER, H. (1984): Schwere peripartale Azidosen (NApH $\leqslant$ 7,00): Klinik und Therapie. Klin. Pädiat. **196**, 287.

ROSCHER, A. A., ROSEGGER, H. (1983): Effect of meconium and amniotic fluid on activation of phospholipase A_2 in cultured human fibroblasts. IRCS Med. Sci. **11**, 494.

ROSEGGER, H., MÜLLER, W. D. (1978): Die Behandlung des Atemnotsyndroms Neugeborener mittels kontinuierlich positiven Atemwegdruckes über zwei kurze Nasentuben (Nasen-CPAP). Mschr. Kinderheilk. **126**, 32.

— ROSCHER, A. (1981): Effect of meconium on activation of phospholipase A_2 in cultured human fibroblasts. Pediat. Res. **15**, 1188.

— ROSANELLI, K., HOFMANN, H., PÜRSTNER, P. (1982): Mekoniumhaltiges Fruchtwasser: Geburtshilflich-pädiatrisches Management zur Vermeidung des Mekoniumaspirationssyndromes. Klin. Pädiat. **194**, 381.

— (1983): Mekoniumaspirationssyndrom, Teil 1 und 2. Wien. klin. Wschr. **95**, 6.

— ROSANELLI, K., KRATKY, M. (1984): Schwere peripartale Azidose des reifen Neugeborenen (NApH $\leqslant$ 7,00) — Früh- und Spätmorbidität. Klin. Pädiatrie **196**, 281.

— KASTNER, U. (1984): Der Hyperoxietest beim normiert beatmeten Neugeborenen zur Beurteilung der kardio-respiratorischen Prognose (in Vorbereitung).

RUDOLPH, A. M. (1977): Fetal and neonatal pulmonary circulation. Am. Rev. Resp. Dis. **115**, 11.

SALING, E. (1968): Foetal and Neonatal Hypoxia in Relation to Clinical Obstetric Practice. London: Edward Arnold.

SCOPES, J. (1971): Respiratory distress syndrome. In: Recent Advances in Pediatrics (GAIRDNER, L., HULL, D., Hrsg.), 4. Aufl., S. 89—117. London: Churchill.

SEEGER, W., WOLF, H., STÄHLER, G., NEUHOF, H., RÒKA, L. (1982): Increased pulmonary vascular resistance and permeability due to arachidonic metabolism in isolated rabbit lungs. Prostaglandins **23**, 157.

SHELLEY, H. J. (1964): Carbohydrate reserves in the newborn infant. Br. med. J. **1**, 273.

SHINNAR, S., MOLTENI, R. A., GAMMON, K., D'SOUZA, B. J., ALTMAN, J., FREEMAN, J. M. (1982): Intraventricular hemorrhage in the premature infant: A changing outlook. N. Engl. J. Med. **306**, 1464.

SIMMONS, M. A., ADCOCK, E. W., BARD, N., et al. (1974): Hypernatremia and intracranial hemorrhage in neonates. N. Engl. J. Med. **291**, 6.

SMITH, C. A. (1976): Physiology of the digestive tract. In: The Physiology of the Newborn Infant (SMITH, C. A., NELSON, N. M., Hrsg.), 4. Aufl. Springfield, Ill.: Ch. C Thomas.

STOELTING, R. K. (1977): Circulatory response to laryngoscopy and tracheal intubation with or without prior oropharyngeal viscous lidocaine. Anesth. Analg. **56**, 618.

STRANG, L. B. (1977): Neonatal Respiration. Physiological and clinical studies. Oxford: Blackwell.

SWISCHUK, L. E. (1970): Transient respiratory distress of the newborn—TRDN: a temporary disturbance of a normal phenomenon. Am. J. Roentgenol. Radium Ther. Nucl. Med. **108**, 557.

THOMAS, D. B. (1976): Hyperosmolarity and intraventricular hemorrhage in premature babies. Acta Paediatr. Scand. **65**, 429.

TING, P., BRADY, J. P. (1975): Tracheal suction in meconium aspiration. Am. J. Obstet. Gynecol. **122**, 767.

TODRES, D. I., ROGERS, M. C., SHANNON, D. C., MOYLAN, F. M. B., RYAN, J. (1975): Percutaneous catheterization of the radial artery in the critically ill neonate. J. Pediatr. **87**, 273.

TYLER, D. C., MURPHY, J., CHENEY, F. W. (1978): Mechanical and chemical damage to lung tissue caused by meconium aspiration. Pediatrics **62**, 454.

VOLPE, J. J. (1977): Neonatal intracranial hemorrhage: Pathophysiology, neuropathology and clinical factors. Clin. Perinatol. **4**, 77.

WULF, H. (1966): Die arterielle Sauerstoffspannung in der Neugeborenenzeit. Geburtsh. und Frauenheilk. **26**, 833.

23
Modell und Ausrüstung einer Spezialpflegeeinheit für Neugeborene (SCU) an einer großen Gebärklinik

H. Rosegger

23.1 Konzepte

Das Fach „Perinatologie" bietet Pädiatern und Geburtshelfern einen weiten Raum zur interdisziplinären Zusammenarbeit. Diese entwickelte sich an verschiedenen Zentren unterschiedlich, den jeweiligen vorgegebenen geographischen, baulichen, personellen Bedingungen und der technischen Ausstattung angepaßt. Die meisten so entstandenen Modelle sind demnach historisch gewachsen — nur wenige konnten geplant werden. Grundsätzlich lassen sich zwei extreme Konzepte skizzieren:

23.1.1 Zwei vollkommen voneinander getrennte Häuser

Der Kinderklinik obliegt die Versorgung aller von außen zugewiesener Patienten, die Gebärklinik betreibt entweder eine eigene Neonatologie oder verlegt alle kranken und gefährdeten Kinder. Derartige Modelle, die üblicherweise aus Distanzgründen entstanden sind, weisen etliche Nachteile auf, von denen im ersten Fall der doppelte Personal- und Materialaufwand sowie die schwierige Verfügbarkeit von Spezialisten pädiatrischer Teilgebiete an der Gebärklinik, im zweiten Fall das Transportproblem erwähnt seien.

23.1.2 Perinatalzentrum

Wesentlich günstiger ist die Unterbringung von Gebär- und Neugeborenenstation unter einem Dach, womöglich in einem Stockwerk, die Neugeborenenstation im Anschluß an den Kreißsaal und an die Kinderklinik. Derartige Verhältnisse werden bei der Neuplanung eines großen Klinikkomplexes anzustreben sein (BRANS, 1983). Der bedeutendste Vorteil eines derartigen Modells ist der Wegfall des Transportes mit seinen negativen Auswirkungen auf die mitunter schwerkranken Kinder (JUNG et al., 1983; KORONES, 1983).

Es hat sich als praktisch erwiesen, drei Ebenen in der Neugeborenenversorgung zu definieren:

Ebene 1: Sie wird an jeder Geburtenabteilung installiert und enthält die Wochenbettstation mit der konventionellen Neonatologie (Gesundenuntersuchung, Stoffwechselscreening, Diagnose kleinerer Probleme, Mütterberatung etc.).

Ebene 2 (Intermediate Care): Sie wird nur an größeren Häusern eingerichtet und enthält die Spezialpflege für Neugeborene (Überwachung gefährdeter Neugeborener, Frühgeborenenpflege, Diagnostik und Therapie von Erkrankungen ohne unmittelbare Lebensbedrohung).

Ebene 3 (Maximal-Care Intensivneonatologie): Sie wird nur an Zentralkrankenanstalten eingerichtet. (Behandlung von Zuständen mit akuter unmittelbarer Lebensbedrohung, Durchführung lebenserhaltender

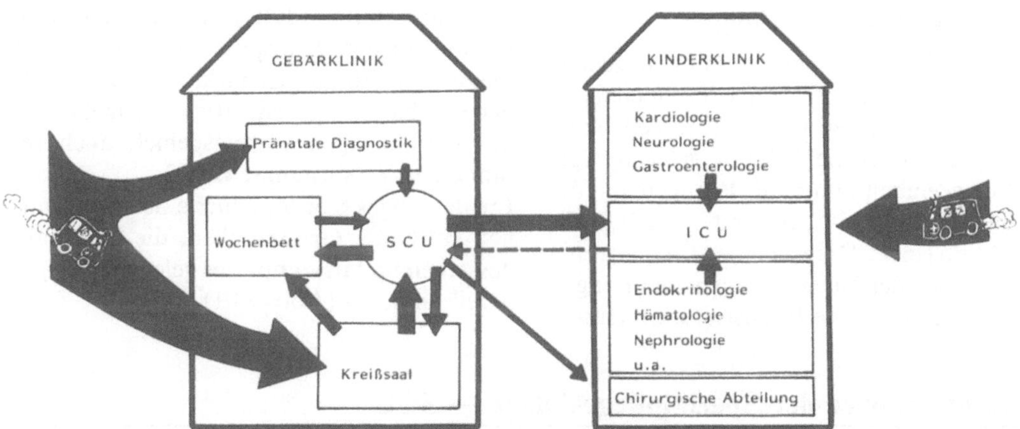

Abb. 23.1. Bei räumlich getrennten, innerhalb desselben Spitalskomplexes gelegenen Großkliniken hat sich das Konzept der Kompetenzteilung mit definierten Tätigkeitsbereichen bewährt: Die an der Gebärklinik gelegene Spezialpflegeeinheit für Neugeborene (SCU) nimmt dabei die Funktion einer Drehscheibe für das weitere Schicksal der Neugeborenen ein. Die neonatologische Intensivstation (ICU) der Kinderklinik kommt auch für den Transport schwerkranker Neugeborener auf

Maßnahmen, Postoperativenpflege, riskante diagnostische Eingriffe etc.).

Die Rentabilität und Effektivität äußerst kostspieliger Intensivstationen sind neben vielen anderen Faktoren vor allem von Anzahl, Struktur und Größe der medizinischen Einrichtungen einer Region abhängig. Regionalkinderkrankenhäuser mit weniger als 80 Betten sollten weder Intensivpflege noch Intensivtransporte durchführen (SCHÄFER, 1975). Schwerpunktskliniken — insbesondere Universitäts-Kliniken — müssen hingegen pädiatrische Intensivmedizin betreiben und für den Transport gefährdeter Neugeborener aufkommen. Die Einrichtung zweier gleich ausgerüsteter Intensivstationen für Neugeborene im selben Spitalskomplex an der Kinder- und der Gebärabteilung ist aus personal- und kostentechnischen Gründen genau abzuwägen und abhängig von der Zahl der zu betreuenden Risikofälle. Nach gegenwärtigen Angaben ist mit einer Rate von 30—40% Risikogeburten im gesamten Geburtengut zu rechnen. Mehr als die Hälfte dieser Kinder bedarf zumindest einer kurzdauernden Beobachtung (SWYER, 1979). Ein geringerer Prozentsatz — etwa 3 bis 5% der

Gesamtgeburtenzahl oder ca. 10 bis 12% der Risikokinder — müssen an eine Intensivabteilung verlegt werden (KORONES, 1983; MÜLLER et al., 1981; SCHÄFER, 1975; STEIN et al., 1983). Bei räumlicher Trennung von Erstversorgungsstelle (Gebärsaal) und Intensivneonatologie muß ein komplettes Neugeborenentransportsystem eingerichtet werden. Während Gebärabteilungen mit weniger als 1000 Geburten pro Jahr zu klein sind um neben der obligaten Wochenbettstation eine eigene Neonatologie als rentabel erscheinen zu lassen, benötigen Kliniken mit 1000 bis 1500 Geburten pro Jahr zumindest eine „Minispezialabteilung" mit ein bis zwei Inkubatoren, zwei Beobachtungsplätzen (WHITBY et al., 1982) und einem Pädiater oder zumindest einem perinatologisch geschulten Arzt, der für akut auftretende Notfälle 24 Stunden pro Tag einsatzbereit ist. Großkliniken mit mehr als 4000 Geburten pro Jahr bedürfen hingegen einer eigenen Neugeborenen- und Säuglingsstation der Ebenen 1 und 2. Etliche Kliniken dieser Größe betreiben sogar eigene Intensivabteilungen (BURNARD, 1979; JUNG et al., 1983; KORONES, 1983).

23.1.3 Kompetenzteilung

Bewährt hat sich bei getrennt liegenden Kliniken das Konzept einer Kompetenzteilung mit genau definierten Tätigkeitsbereichen: Die an der Gebärklinik gelegene Spezialpflegeeinheit nimmt als Pflegeeinheit der Ebene 2 (Special-Care-Unit = SCU) die Funktion einer „Drehscheibe" für das weitere Schicksal der Neugeborenen ein (Triage). Die neonatologische Intensivstation (Intensive-Care-Unit = ICU) der Kinderklinik kommt für den Transport auf und versorgt die Intensivfälle der Gebärklinik sowie sämtliche behandlungsbedürftige Neugeborene aus dem übrigen Einzugsgebiet, auch im Sinne der Versorgungsebene 2.
Ein derartiges Konzept dürfte sich für räumlich getrennte Großkliniken, die innerhalb desselben Spitalskomplexes gelegen sind, generell anbieten (Abb. 23.1).

23.2 Funktionen der Spezialpflegeeinheit — SCU

23.2.1 Kreißsaalneonatologie

Bei jeder Risikogeburt ist ein Pädiater anwesend, beurteilt das Neugeborene und führt, wenn notwendig, die *Erstversorgung* oder einen *Therapiebeginn* durch. Dann entscheidet er im Rahmen der strukturellen Gegebenheiten über den ersten Pflegeort für das Kind:

Wochenbettstation — bei unauffälligem, nicht gefährdetem Neugeborenen.

Tabelle 23.1. Indikationen für die Verlegung von Kindern an die Intensivstation (ICU)

A. Direkt aus dem Kreißsaal

    Geburtsgewicht unter 1500 g
    Gestationsalter unter 32 Wochen
    Schwere pp Asphyxie mit persistierendem Schockzustand
    Jede „kardiale Reanimation"
    Hydrops fetalis und Anaemia gravis
    Intubierte und reanimierte Frühgeborene (> 1500 g), die trotz Beatmung (s. Tab. 23.2) und auch nach Initialpufferung schlechte Blutgaswerte haben (insb. PCO_2 über 70, 30 Min. pp bei laufender Beatmung am Reanimationstisch)
    Chirurgische Patienten (Omphalozele, Ösophagusatresie etc.) werden direkt an die Kinderchirurgie oder als Zwischenstation an die Kinderklinik verlegt.

B. Aus dem Kreißsaal oder von einer Station (SCU, Wochenbett)

    Bei noch intubierten Frühgeborenen: s. Tab. 22.2, S. 454, Rubrik III.

    Bei nicht intubierten Frühgeborenen: (ein oder mehrere der folgenden Punkte) wie oben und/oder

        zunehmende Atemstörung
        Zyanose trotz O_2-Zufuhr
        ansteigender O_2-Bedarf
        ansteigender PCO_2 (trotz freier Atemwege)
        Krampfanfall (nach Ausschluß von Hypoglykämie, Hypokalziämie)
        Meningitis
        schweres Mekoniumaspirationssyndrom
        Pneumothorax
        Vitium cordis congenitum
        Asphyxie, komplizierte schwere Formen mit Gehirnödem
        Geburtstraumen (mechanisch, Atemdepression)
        nekrotisierende Enterokolitis (Chirurgie)
        zunehmender Ikterus mit Indikation zum Blutaustausch
        alle „Sekundär-Reanimationen"

SCU — Risikokinder mit höhergradiger Gefährdung oder nicht unmittelbar lebensbedrohlicher manifester Erkrankung.
ICU — höchstgradiges Risiko, lebensgefährliche Erkrankung, Notwendigkeit der Erhaltung einer Vitalfunktion.
(Indikationen zur Verlegung an die einzelnen Versorgungsebenen s. Tab. 23.1 und 23.2.)

23.2.2 Observanz, Diagnose und Behandlung von Neugeborenen an der SCU

Tabelle 23.2 listet die häufigsten Zustände und Krankheitsbilder auf, die an der SCU versorgt und behandelt werden. Grundsätzlich ist das Spektrum der Tätigkeiten an der Pflegeebene 2 abhängig vom medizinischen Ausbildungsstandard der Ärzte und Schwestern, von räumlichen Gegebenheiten und der apparativen Einrichtung. Als modifizierende Faktoren treten hinzu: Distanz und Kapazität der benachbarten ICU.

23.2.3 Routineuntersuchung gesunder Kinder

Alle Neugeborenen (auch Nichtrisikofälle) werden am 1. und 5. Lebenstag pädiatrisch untersucht. In diesem Zusammenhang erfolgt die Diagnose nicht schwerwiegender Erkrankungen oder Störungen (Hüftdysplasie, Fußdeformitäten, Kefalhämatom etc.), die Mütterberatung, aber auch die gelegentliche frühzeitige Diagnose schwerwiegender Erkrankungen wie Herzvitien, Stoffwechselstörungen u. a.

23.2.4 Ambulante Nachuntersuchungen

Diese werden in besonderen Fällen an der SCU vorgenommen und betreffen Kinder nach Asphyxie, Wachstumsretardierungen, Plexusparesen, Ernährungsstörungen u. a.

Tabelle 23.2. Indikationen zur Aufnahme an die Spezialpflegeeinheit (SCU)

A   Mütterliche Risikofaktoren und pathologische Schwangerschaft

unbedingt:
　　Endokrinopathie (Diabetes)
　　Blutungen (Spätgravidität)
　　Fieber
　　Infektionen (Lues, Röteln, Toxoplasmose)
　　Erbleiden (Galaktosämie, Hämophilie u. a.)

fakultativ:
　　Medikamente
　　Alkohol — Drogenabusus
　　EPH-Gestose, Plazentainsuffizienz
　　Hydramnion — Oligohydramnion
　　vorzeitiger Blasensprung
　　Terminüberschreitung (> 42 Wochen)
　　soziale Gründe
　　sehr alte Primipara

B.   Pathologischer Geburtsverlauf (fakultativ)
　　protrahierte Geburt
　　„Sturzgeburt"
　　operative Geburt (Forzeps, Vakuum)
　　intrauterine Asphyxie (pathologisches
　　　　intrapartales Monitoring)
　　Lageanomalie (BEL) u. a.

C.   Pädiatrische Indikationen
　　Frühgeburt (< 37 Wochen)
　　niedriges Geburtsgewicht (< 2500 g)
　　neonatale Asphyxie
　　anhaltende Adaptationsstörungen
　　Zyanose, Atemstörungen
　　Schock, Zirkulationsstörung
　　erbsbreiartig mißfarbiges Fruchtwasser
　　starkter Ikterus, Blässe, Ödem
　　Mißbildungen
　　Verletzungen

Jede später auftretende Erkrankung
Jedes unklare Zustandsbild

In diesen Bereich fällt auch die telefonische Betreuung und Beratung bei Stillschwierigkeiten oder Ernährungsproblemen, die in Zusammenarbeit mit praktizierenden Pädiatern oder der Kinderklinik durchgeführt wird.

23.3 Personalschlüssel

23.3.1 Ärztliches Personal

Der ärztliche Personalbedarf läßt sich ungefähr mit einem Arzt je 1000 Geburten pro Jahr angeben (SHERIDAN, 1983). Befindet sich eine Kinderabteilung in der Nähe, so kann der Bedarf in Form eines pädiatrischen Konsiliarius abgestattet werden; der Nachtdienst wird ebenfalls von der nahegelegenen Kinderabteilung gestellt.

Isoliert gelegene Gebärabteilungen mit 1000—1500 Geburten (= 300—400 Risikogeburten im Jahr) haben einen eigenen pädiatrischen Dienst notwendig. In solchen Fällen ist die Versorgung rund um die Uhr unter Umständen problematisch. Abwechselnde Bereitschaftsdienste haben sich nicht immer zur Zufriedenheit bewährt.

An größeren Gebärkliniken hat sich der Austausch von ärztlichem Personal zwischen ICU (Kinderklinik) und SCU (Gebärklinik) als vorteilhaft erwiesen, wobei sechs Monate Dienst an der SCU zur pädiatrischen Fachausbildung eingerechnet werden. Neben dem evidenten Ausbildungsvorteil wird ein Konkurrenzdenken zwischen ICU und SCU sowie eine „pädiatrische Isolation" der letzteren Abteilung weitgehend hintangehalten; das diagnostische und therapeutische Vorgehen beider Institutionen ist aufeinander abgestimmt und angeglichen.

23.3.2 Pflegepersonal

Der Schlüssel für das Pflegepersonal sieht eine geringere Dichte als an einer ICU vor, da ein Großteil der Kinder lediglich zur Beobachtung aufgenommen wird (SHERIDAN, 1983). Zu berücksichtigen sind allerdings der arbeitsaufwendige Prozeß der Erstversorgung im Kreißsaal und der hohen Patientendurchgang. Im allgemeinen versorgt eine Schwester drei Patienten. An einer großen Gebärklinik mit 4000—5000 Geburten im Jahr und einem Patientendurchgang von etwa 1700 Kindern durch die SCU ist ein Personalstand von mindestens 15 diplomierten Säuglingsschwestern, fünf Stationsgehilfinnen und zwei Hilfskräften (z. B. Reinigungspersonal) notwendig (40-Stunden-Woche, vier Wochen Jahresurlaub).

23.4 Vorteile des Modells
der „Kompetenzteilung mit definierten Tätigkeitsbereichen"

23.4.1 SCU — ICU

Einsparung am Personal- und Gerätesektor. Eine diesbezügliche Abstimmung mit der benachbarten ICU muß grundsätzlich erfolgen. Die *selektionierte Zuweisung* von vordiagnostizierten und/oder anbehandelten Patienten schützt die ICU vor zu hohen Belagziffern und damit vor der Gefahr einer leistungsmindernden Überforderung (MARSHALL und KASMAN, 1980). Ein zusätzliches Entlastungsventil ist die Möglichkeit der *Patientenrückverlegung* nach Abschluß der Intensivpflege. Die Rückverlegung an die Gebärklinik bietet darüber hinaus den Vorteil einer engeren Kontaktnahme eventuell noch hospitalisierter Mütter zu ihren Neugeborenen (WHITBY et al., 1982).

23.4.2 SCU-Mütter

Die SCU ist den Müttern frei zugänglich — Neugeborene an der SCU werden grundsätzlich gestillt. Durch den freien Zutritt ist auch das Stillen von Frühgeborenen wesentlich erleichtert. Vaterbesuch kann je nach räumlichen Verhältnissen ermöglich werden.

23.4.3 SCU-Geburtshilfe

Pränatale Visiten: Bei Problemfällen wird das obstetrische und pädiatrische Vorgehen gemeinsam besprochen. Geburtshelfer und Neonatologie informieren einander über zu erwartende Probleme. Den Eltern wird das Ergebnis solcher Diskussion mitgeteilt. Besonders betroffen sind Problemfälle, bei denen durch die *pränatale Diagnostik* Mißbildungen des Urogenitaltraktes, des Zentralnervensystemes u. a. festgestellt wurden (s. S. 296 ff). Entbindungsmodus und Art der Erstversorgung werden auf das spezielle Problem abgestimmt und eine rasche kausale (z. B. chirurgische) Behandlung angestrebt. In diesem Zusammenhang verdient die erweiterte interdisziplinäre Zusammenarbeit mit Kinderchirurgen, Neurochirurgen, Urologen, Genetikern und anderen Spezialisten Erwähnung.

In jedem Fall kann die pränatal begonnene und im Kreißsaal fortgesetzte Behandlung nahtlos an den jeweils am besten geeigneten Stellen weitergeführt werden; Versorgungslücken treten nicht mehr auf. Der gegenseitige Erfahrungsaustausch und Informationsfluß zwischen Geburtshelfern und Kinderärzten verbessert die Versorgungsleistung zusätzlich.

23.5 Apparative Ausrüstung einer großen Spezialpflegeeinheit für Neugeborene (SCU)

Die Räume einer Spezialpflegeeinheit für Neugeborene (SCU) sollen in unmittelbarer Nähe zum Gebärsaal liegen oder zumindest eine gute Verbindung zu diesem aufweisen. Die Größe der Station hängt vom verfügbaren Platz, Patientendurchgang und von der allgemeinen Konzeption der Geburtenstation ab: So können beispielsweise gewisse Agenden (Sterilisation, Verpackung, Umkleideräume für Personal etc.) in das Gesamtkonzept der Klinik miteinbezogen werden. Die flächenmäßige Dimensionierung kann etwas geringer gewählt werden, als dies für eine Intensivpflegeeinheit angegeben wird [ROSENKRANZ, 1973; SCHÄFER (Hrsg.), 1975]. Genug *Raum für stillende Mütter* sollte jedoch eingeplant sein.

Bei der Errichtung von Funktionsräumen sind folgende wichtige Punkte zu berücksichtigen: Schleuse = Umkleideraum für Mütter und Väter, Abfertigung von Patienten = Sprechzimmer (Entlassung von Kindern, ambulante Untersuchungen), Frauenmilchsammelstelle und Milchküche, Handlaboratorium, Sterilisation von Kleingeräten, Arztdienstzimmer, Archiv — Sekretariat.

Eine jährliche Geburtenrate von ca. 5000 angenommen, ist an einer SCU mit einem Patientendurchgang von 1500—1800 Neugeborenen zu rechnen, wovon etwa 600—800 lediglich zur Phototherapie von durchschnittlich ein bis zwei Tagen Dauer und etwa 800—1200 zur anderweitigen Behandlung, respektive Beobachtung, oft nur kurzzeitig, aufgenommen werden. Die vorliegenden Angaben beziehen sich auf diese Zahlen. Der rasche technische Fortschritt führt zu einem Prozeß kontinuierlicher Erneuerungen auf dem Gebiet der apparativen Einrichtungen, die zur Versorgung und Überwachung von Neugeborenen gehören. Auflistungen von Geräten sind daher oft schon veraltet, ehe sie in Druck gehen. Die folgende Beschreibung wurde aus diesem Grund bewußt allgemein gehalten und berücksichtigt in erster Linie Geräte, deren Notwendigkeit an repräsentativen Einheiten bestätigt ist.

Die unten aufgeschlüsselte Ausrüstung bewährt sich bei einer durchschnittlichen Belagzahl von 20 Kindern und bis zu einem Maximalbelag von 30 Neugeborenen (davon acht „problematische" Kinder, der Rest zur Behandlung oder zur Beobachtung und Ernährung, wobei die Entlassung gesunder Frühgeborener und reifer Kinder mit niedrigem Geburtsgewicht mit etwa 2200 g erfolgt, eine Gewichtszunahme vorausgesetzt).

Die Aufzählung der Ausrüstungsgegenstände erfolgt in 3 Abschnitten:

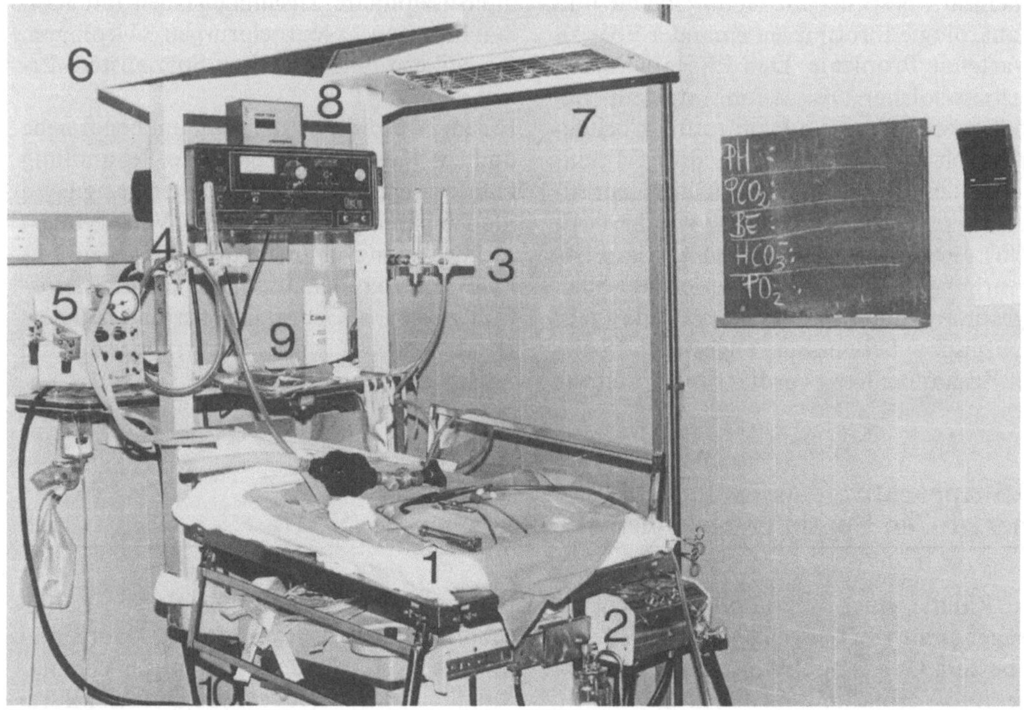

Abb. 23.2. Erstversorgungs- und Reanimationseinheit im Kreißsaal (s. Tab. 23.3 a)

1. Erstversorgung- und Reanimationseinheit im Kreißsaal.
2. Ausrüstung der SCU — Überwachung und Pflege.
3. Ausrüstung zur speziellen Diagnostik.
Bezüglich der Einrichtung einer Milchbank/Milchküche verweisen wir auf die Spezialliteratur.

23.5.1 Erstversorgungs- und Reanimationseinheit im Kreißsaal (Abb. 23.2)

(Auflistung der Geräte s. Tab. 23.3 a)
Die Reanimationseinheit soll womöglich in einem eigenen Raum oder einer dafür gewidmeten Stelle innerhalb des Gebärsaalareals unweit der SCU untergebracht sein. Eine Gegensprechanlage zwischen Reanimationsraum und SCU dient zur Anforderung und raschen Information des Reanimationsteams oder zur Durchgabe von Laborwerten, wenn diese nicht direkt neben dem Reanimationsraum gemessen werden kön-

Tabelle 23.3 a. Erstversorgungs- und Reanimationseinheit Kreißsaal (s. Abb. 23.2)

1	Fahrbarer Tisch mit neigbarer, von 3 Seiten zugänglicher beheizter Arbeitsfläche
2	Absaugevorrichtung mit verstellbarem Saugdruck
3	O_2-Zufuhr (Flowmeter) für Trichter (Maske)
4	O_2-Zufuhr mit Beatmungsbeutel
5	Notbeatmungsgerät/Respirator, fix montiert, mit eigener Gasversorgung (FiO_2 1,0 und 0,5); mindestens 2 Schlauchsysteme
6	Beheizung (Wärmestrahler), regulierbar
7	Beleuchtung (Flächen- *und* Punktleuchte)
8	Stoppuhr ("Apgar-Timer")
9	Ablagefläche für gebrauchsbereites Instrumentarium (s. Tab. 23.3 b, c)
10	Vorratsbehälter für Windeln, sterile Abdecktücher und andere Reservegegenstände

nen. Auf einer kleinen Wandtafel neben dem Reanimationsplatz werden wichtige Ereignisse oder Meßgrößen notiert.
Der Reanimationsplatz wird nach *jeder* Re-

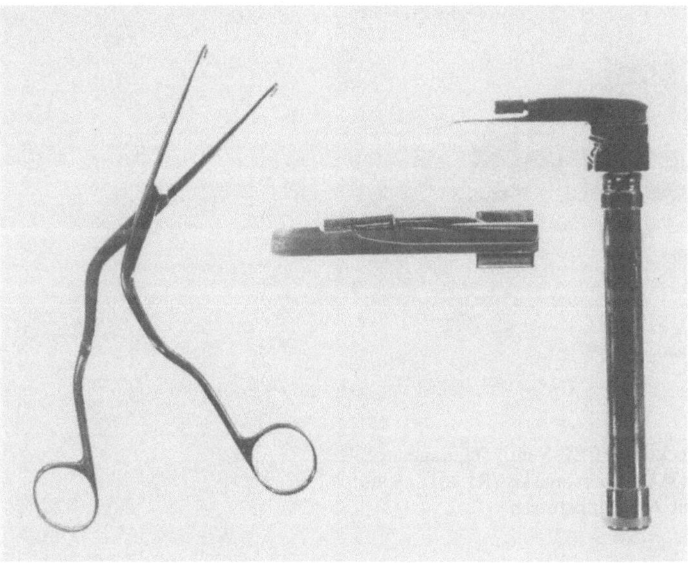

Abb. 23.3. Laryngoskop mit geraden Wisconsin-Spateln für Neugeborene (Größen 0 und 1). Magill-Kathetereinführzange zur nasotrachealen Intubation Neugeborener

Tabelle 23.3 b. Reanimationsinstrumentarium und Zubehör

Laryngoskop(e) mit geraden Wisconsin-Spateln für Neugeborene (Größen 0 und 1) (Abb. 23.3) Reservebirnchen, Reservebatterien

Magill-Kathetereinführzange zur nasotrachealen Intubation für Neugeborene (Abb. 23.3)

Baby-Beatmungsbeutel (ev. mit PEEP-Ventil) (Abb. 23.4)

Gesichtsmasken (RENDELL) in Größen 0 und 1 (Abb. 23.4)

Endotrachealkatheter ohne Ballon, kontrastgebend mit Anschlußstutzen (ca. 160 lang) in den Größen 2,0 mm, 2,5 mm, 3,0 mm, 3,5 mm $\varnothing$ (Abb. 23.4)*

Pädiatrisches Stethoskop (angekettet)

Absaugkatheter (Sogregulierung, seitliche Augen) Ch 06, 08, 10*

Nabelschnurklemmen*

Ernährungssonden in verschiedenen Stärken*

Spritzen (Tbin, 5 ml, 10 ml, 20 ml)*

Flügelkanülen, 0,5 mm Außendurchmesser*

Kunststoff-Verweilkanülen zur Venenpunktion für Neugeborene in passenden Größen (0,7 mm Außendurchmesser) und Verschlußkonen*

Lanzetten und Kapillaren zur Blutentnahme*

Reinigungsalkohol, Tupfer, Desinfektionslösungen (auch für Hände), Verbandsspray, Heftpflaster, Dextrostix, Nahtmaterial, Scheren, Pinzetten

Nabelkatheter* und Nabelkatheterbesteck (s. Tab. 23.3 d) steril

Pleuradrains* und Besteck zur Pleuradrainage

---

* Einmalgeräte

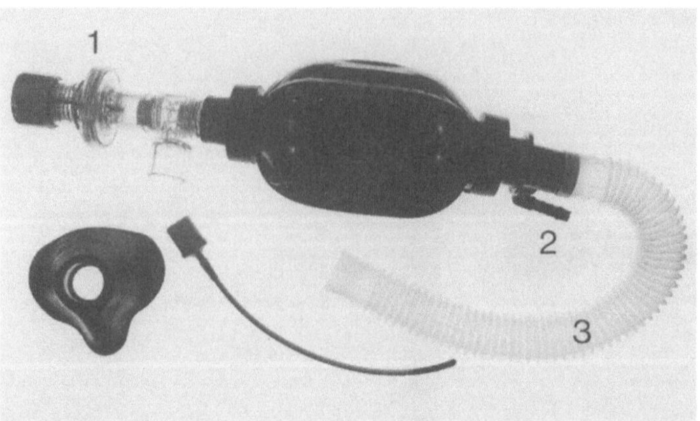

Abb. 23.4. Beatmungsbeutel mit angestecktem PEEP-Ventil (**1**), Sauerstoff-
anschluß (**2**) und Sauerstoffreservoir (**3**). Gesichtsmaske (RENDELL) und
geradelumiger Endotrachealkatheter mit Anschlußstutzen

Tabelle 23.3 c

Substanzen

Aqua bidest in Ampullen und Flaschen
Glukose 5- und 10%ig (Ampullen à 10 ml, Durch-
    schnittsflaschen à 150 ml)
Humanalbumin 20%ig (Durchstichfläschchen à 10 ml)
NaCl 0,9%ig (Ampullen à 10 ml)
Natriumbicarbonat 8,4% (1 ml = 1 mEQ) (Ampullen à
    20 ml)

Medikamente

Adrenalin (Suprarenin) 1:1000 (1 ml)
Atropin sulf. 0,005 (1 ml)
Dexamethason (1 ml)
Glucagon
    (Durchstichfläschchen 1 mg + Lösungsmittel 1 ml)
Nalorphin (Naloxon-HCl, 0,02 mg/ml)
Phenobarbital (20%ig, 1 ml)
Prednisolon (1 ml)
Valium (2 ml)
Vitamin-K (Konakion 0,5 ml = 1 mg)

Tabelle 23.3 d. Nabelkatheterbesteck

Schere — gerade, spitz-spitz, ca. 13 cm
Pinzette, anatomisch, ca. 13 cm
Pinzette, chirurgisch, ca. 13 cm
Splitterpinzette, ca. 11,5 cm
Gefäßklemmen (z. B. Crile Baby), ca. 14 cm (2 Stück)
Nadelhalter (z. B. Lichtenberg), ca. 20 cm
Skalpell mit Klinge
Knopfsonde, dünn
(Nabelkatheter extra)

Abdecktücher
Schlitztuch
Kugel- und Stieltupfer
Kompresse
„Reiter" zur Versorgung des Nabelstumpfes
Nahtmaterial (Seide, Catgut)

---

animation oder erweiterten Erstversorgung
flächensterilisiert und mit sterilen Tüchern
neu abgedeckt. Laryngoskopspatel, Magill-
Zange, Beutel und Maske werden nach jeder
Benutzung ausgetauscht. Das Respirator-
schlauchsystem wird täglich einmal gewechselt, ebenso die Sauerstoffschlauchleitungen
und die Leitungen samt Rezipienten für den
Sauger (CRAVEN et al., 1982).

Anmerkung: Bei der Erstversorgung kann
auf eine Befeuchtung der Atemgase verzichtet werden; die Verwendung trockener Gase
verhindert eine rasche Kontamination der
Geräte mit Keimen und ist bei Kurzzeitbeat-
mung ($\leqslant$ 30 Min.) höchstwahrscheinlich für
das Kind ungefährlich (CHALON, 1980).
Neben dem Reanimationsplatz befindet sich
eine Ablage mit übersichtlich angeordneten
Fächern zur Aufbewahrung von hinreichen-
den Mengen an Reservegeräten, Utensilien
zur Versorgung und Medikamenten (Tab.
23.3 b, c), weiters eine Arbeitsfläche zur In-
fusionsvorbereitung.

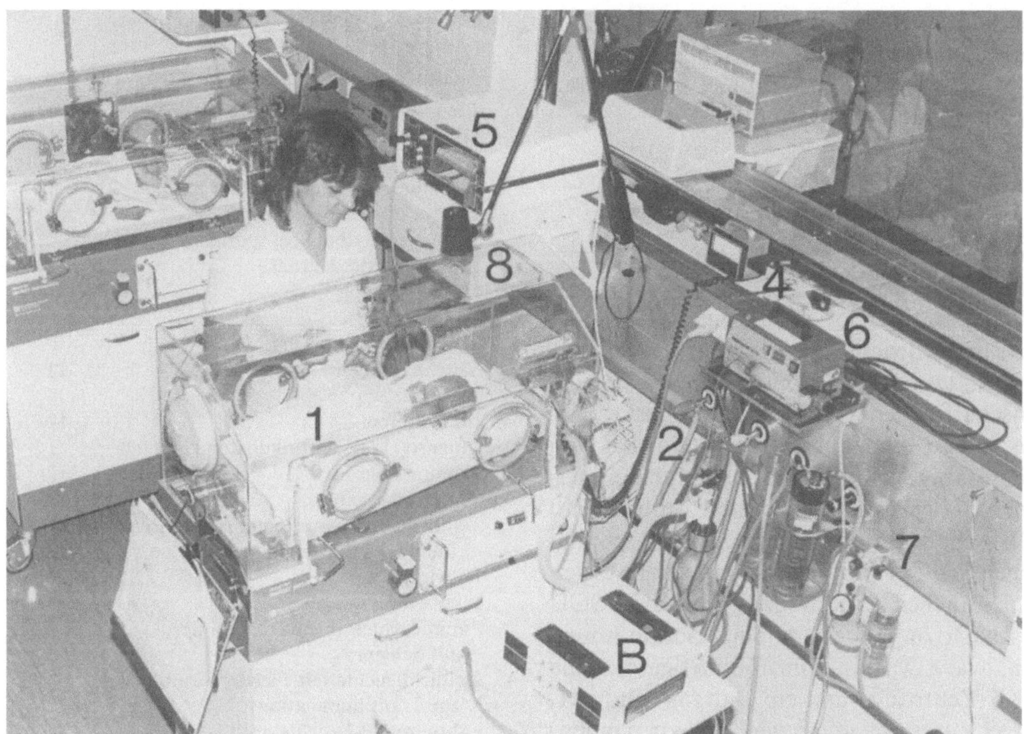

Abb. 23.5. Versorgungseinheit an der Spezialpflegestation (SCU) (s. Tab. 23.4). *B* Blutdruckmeßgerät

Tabelle 23.4. SCU-Versorgungseinheit
(s. Abb. 23.5)

a) 1. Inkubator (mit großer Öffnung)

2. Gasmischgerät für O_2 und Luft mit Heizung, Befeuchtung und Flowmeter

3. Kopfkästchen zur O_2-Therapie

4. O_2-Meßgerät

5. Monitor (Atmung, Herzfrequenz, fallweise $tcPO_2$) mit Alarmeinrichtung

6. 2 Infusionspumpen mit Ablagefächern

7. Bronchusabsaugeeinrichtung und Sonden

8. OP-Leuchte, klein

Intubationsbesteck und Tuben
Beatmungsbeutel (mit PEEP-Ventil)

b) Überwachungsplatz
Bett, Wärmebett oder Inkubator
O_2-Meßgerät (fallweise)
Monitor (fallweise) oder Apnoematratze
Infusionspumpe (fallweise)

c) Phototherapie-Einheit
Inkubator oder Wärmebett (fallweise ausgerüstet wie a oder b)
Phototherapielampe

23.5.2 Ausrüstung der SCU zur Pflege und Überwachung (Tab. 23.4 und Abb. 23.5)

Die in den folgenden Tabellen angeführten Ausrüstungsgegenstände gestatten den gleichzeitigen Betrieb von vier kompletten SCU-Versorgungseinheiten (Tab. 23.4) sowie von fünf Wärme- und zehn Säuglingsbetten.

Respiratoren zählen nicht zur Standardausrüstung, können aber wahlweise hinzugefügt werden (sekundäre Reanimation, Überbrückung einer Beatmung bis zum Einlangen des Intensivtransportes).

Die Atemgase an der SCU werden durch entsprechende sterile und beheizbare Einmalsysteme befeuchtet.

Ein der SCU angehöriger Transportinkubator, ausgestattet mit Heizung, Beleuchtung, trockener O_2-Versorgung, Monitor und Respirator, bewährt sich nicht nur bei der Verlegung schwerkranker Neugeborener, sondern auch beim Transport von Kindern zu anderweitigen diagnostischen Einheiten (z. B. Computertomographie, Herzambulanz etc.).

23.5.3 Ausrüstung zur Diagnostik

(Auflistung siehe unter „Geräte und Laborzubehör", Tab. 23.5.)
Die apparative Einrichtung einer SCU sollte stets unter Beachtung des strukturellen Hintergrundes erfolgen. So ist beispielsweise die Anschaffung eines teuren Geräteparkes Luxus, wenn eine gut ausgerüstete und leistungsfähige Kinderklinik unweit einer kleinen SCU gelegen ist. Mobile Röntgen- und Ultraschallgeräte können auch an verschiedenen Stellen *eines* Hauses eingesetzt werden und brauchen keineswegs eigens für die SCU beschafft zu werden. Andere Geräte hingegen, wie etwa ein Bilirubinmeßgerät, eine HKT-Zentrifuge und ein Blutgas- und pH-Meter (um nur einige wichtige zu nennen) *müssen* rund um die Uhr verfügbar sein.

Tabelle 23.5

A. Einrichtung, Diagnostik

Wandschienensystem, fix montiert, eingebaute Gasversorgung für Sauerstoff und Atemluft über Wandleitungen. Pro Versorgungsplatz mindestens 2 O_2-Auslässe und 2 Preßluftauslässe (Saugleitung nicht erforderlich, da Sauger mit Preßluft betreibbar). Pro Beobachtungsplatz: Einmal O_2, einmal Preßluft

Elektrische Versorgung: Pro Versorgungsplatz 6—8 Steckdosen mit Notstrom: pro Beobachtungsplatz 4 Steckdosen

Infusionsrichteplatz mit „Laminar Airflow"

Fahrbares Röntgengerät und entsprechende Entwicklungseinrichtung, letztere in einem belüfteten und getrennten Raum. Röntgenschaukasten

EKG-Schreiber (3-Kanal)*

Ultraschallgerät (Sektor, 5 oder 7,5 MHZ)*
Brutschrank (Blutkulturen)
Kühlschränke mit Tiefkühlfach

(—20°)*	4
Milchpumpen	2

Fortsetzung von Tab. 23.5

B. Laborzubehör (Handlabor):	
Blutgas- und pH-Meter	1
HKT-Zentrifuge	1
Zentrifuge für Blutproben	1
Bilirubinometer (Gesamtbilirubin)	1 (2)
Blutzuckerstreifenmeßgerät	1
Urometer (halbmikro, spezifisches Gewicht des Harns)	2
Harn-Osometer*	1

C. Ausrüstungsgegenstände	
Säuglingsbetten	13
Wärmebetten	7
Inkubatoren	17
(Intensiv)Transportinkubator komplett	1
Respirator groß	1
Transportrespirator (davon 1mal am Reanimationstisch, 1mal am Transportinkubator)	2
Babywaagen	5
Inkubatorenwaagen	2
Punktleuchten (klein) fix montiert auf Schiene)	6
Kaltlichtleuchte mit Fieberglasoptik zur Transillumination)	1
Fahrbare OP-Leuchte groß	1
Fahrbare Wärmelampe	1

Überwachung/Therapie	
Monitoren mit Herzfrequenz- und Apnoealarm	4
davon tcPO$_2$	2
Monitor; transportabel (Batteriebetrieb)	1
Apnoematratzen	3
Blutdruckmeßgerät für Neugeborene	1
O_2-Konzentrationsmeßgerät zur kontinuierlichen Meßung des Umgebungssauerstoffes (FiO$_2$)	5
Gasmischeinrichtung (O_2 und Druckluft) mit Flowmeter, steriler Befeuchtung und thermostatisch geregelter Beheizung	4
Bronchusabsauger (fix montiert, Schiene)	4
Bronchusabsauger (fahrbar)	3
Pleuradrainage	1
Dauerinfusionspumpen, 0,1 ml/Std. Minimum	8
Phototherapiegeräte zur Senkung des Bilirubinspiegels	6
Wasserdampfvernebler (zur sterilen Vernebelung)	1

---

* Fallweise von anderen Stationen zur Verfügung gestellt.

Literatur

BRANS, Y. W. (1983): Planning a perinatal center. From vision to reality. Clin. Perinatol. **10**, 3.

BURNARD, E. D. (1977): New approaches in neonatal intensive care. Med. J. Aust. **2**, 835.

CHALON, J. (1980): Low humidity and damage to tracheal mucosa. Bull. N.Y. Acad. Med. **56**, 314.

CRAVEN, D. E., CONNOLLY, M. G., LICHTENBERGER, D. A., PRIMEAU, P. J., McCABE, W. R. (1982): Contamination of mechanical ventilators with tubing changes every 24 or 48 hours. N. Engl. J. Med. **306**, 1505.

JUNG, A. L., KOCHENOUR, N. K., BOSE, C. L. (1983): The University of Utah perinatal center; an innovative design. Clin. Perinatol. **10**, 109.

KORONES, S. B. (1983): Evolution of nursery design and function: the Memphis story. Clin. Perinatol. **10**, 127.

MARSHALL, R. E., KASMAN, C. (1980): Burnout in the neonatal intensive care unit. Pediatrics **65**, 1161.

MÜLLER, W. D., TROP, M., ROSEGGER, H. (1981): Beurteilung des Kindes, Indikation der Überweisung zur pädiatrischen Behandlung und Möglichkeiten der Rückverlegung. In: Geburtsh. Kinderheilk.: Gemeinsame aktuelle, praktische Probleme (HÖVELS, O., HALBERSTADT, E., VON LOEWENICH, V., ECKERT, I., Hrsg.). Stuttgart-New York: G. Thieme.

SCHÄFER, K. H. (Hrsg.) (1975): Aktuelle Fragen: Von der Deutschen Gesellschaft für Kinderheilkunde beschlossene Richtlinien für die Betreuung von Risikoneugeborenen. Mschr. Kinderheilk. **123**, 41.

SHERIDAN, J. F. (1983): The typical perinatal center. An overview of perinatal health services in the united states. Clin. Perinat. **10**, 31.

STEIN, J. I., ROSEGGER, H., WINTER, R., MAURER, G. (1983): Special care unit (SCU) in einer großen Gebärklinik als Drehscheibe für das Neugeborene (Abstract). Klin. Pädiat. **195**, 19.

SWYER, P. R. (1979): The regional organisation of special care for the neonate. Clin. North. Amer. **17**, 761.

WHITBY, C., DECATES, C. R., ROBERTSON, N. R. C. (1982): Infants weighing 1.8–2.5 kg: should they be cared for in neonatal units or postnatal wards? Lancet i, 322.

Sachverzeichnis

Halbfette Seitenzahlen verweisen auf die ausführliche
Behandlung des Stichwortes.